水と緑の計画学

萩原良巳　編著
萩原清子

新しい都市・地域の姿を求めて

京都大学学術出版会

口絵　子供たちの水辺のトータルイメージ

子供たちの描いた約8000枚の絵をもとに，最大公約数的に総合化したイラストレーション．本文 P.336 を参照．

まえがき

1. 21世紀は水の時代

「水と緑」については多くの著作や研究論文が出版されている．そしてその多くは，いわゆる日本を含む先進国では，特に人間社会を快適にすることを目的としたものが主流となっているようである．

しかしながら，2008年5月2～3日にかけて生じたミャンマーのサイクロンによる風水害*，さらに阪神淡路大震災の30倍のエネルギーを放出した2008年5月12日の中国の四川大震災**，また日本では，2008年6月14日の岩手・宮城内陸地震災害が発生し，初期段階における飲料水や生活用水の確保の重要性が特に指摘されている．さらに，日本の多くの都市の水道施設の老朽化が飲料水質の劣化と震災リスクを高め，台風や梅雨期の豪雨はもちろんとしても狭い地域にゲリラ的に豪雨が発生する傾向にある．河川などの外水だけでなく，都市部の内水が大問題となっている．異常気象や大地震による自然現象がトリガーとなって人々の生存基盤を脅かしているのである．以上は，ごく最近の一部の災害例を挙げただけで，過去をひも解けば，もっとひどい災害例がたくさんあることを断っておこう．

世界中で大規模灌漑による沙漠化と塩害が進行している．特に，中央アジア，インドのパンジャブ地域，中国の各地，そしてオーストラリアや北米では旱魃・渇水災害が長期間継続している．例えば，2009年時点で，オーストラリアでは10年に1度と計算された旱魃が10年以上，100年に1度と計算された旱魃がすでに2年続いている．実際，2008年4月にキャンベラからアデレードに向かう機上から見たオーストラリアの大地は悲惨であった．貯水池はすべて枯れ，緑は皆無であり，完全な沙漠であった．アデレードの町も辛うじて，町の中心に造ったダムのおかげで水と緑を演出していた．また，ガンジス川流域では地下水のヒ素汚染が深刻で，地下水を利用する飲料水や農業用水などが人々の健康リスクを高めている***．さらに，中国の多くのほとんどの主要流域では都市排水，工場排水，そして残留農薬による大規模高濃度の水質汚染により，人々の目の

---

* 同年5月20日：死者・行方不明者は13万人，被災者2000万人を超える．

** 2009年5月で死者・生き埋め者約9万人，被災者1000万人をはるかに超える．

*** バングラデシュでは海外援助の多くが飲料用井戸の建設に向けられたため，現在数1000万人がヒ素中毒によるがんなどの発症の危機にあるし，インドでは科学的研究はなされているが，国是である自律のためヒ素汚染の実態さえつかめていない．例えば長崎大学坂本准教授による2008年の西ベンガル州コルカタ近郊のカリヤニの農村調査では，すべての井戸がヒ素汚染されていたが人々はその事実を認知していなかった．

前の河川や湖沼の水資源が利用できず大規模貯水ダムや南水北調などの巨大導水施設の建設に依存し，結果として大規模環境破壊を繰り返し，開発と環境災害のエンドレス・ループに落ち込んでいるようである．このことは中国だけではなくインドや東南アジア，中央アジアなどを含む，豊かになるために経済発展に邁進しているほとんどの国で生じている普遍的な現象である．経済的豊かさを求める社会現象がトリガーとなって人々の生存基盤を脅かしているのである．

以上のことからも明らかなように，「水と緑」の問題は最貧国や途上国と同様，多くの先進国の人々にとっても死活問題となってきている．そして，経済力や軍事力あるいは両方で優位に立つ国が水資源の囲い込みを行っている．例えば，中国はメコン川の上流に位置し，多数の大規模ダムの建設を行い，特に下流のラオス，カンボジア，そしてベトナムを水資源開発によりコントロールできる立場にある[*]．また，インドはガンジス川の大規模ダムや堰の水資源開発によりバングラデシュやネパールに大きな被害[**]を与えている．そのうえ，バングラデシュを取り囲むような新たな水資源開発プロジェクトを発表し，2003年にはバングラデシュのマスメディアは戦争を叫んでいた．さらに，トルコはユーフラテス川の上流の水資源開発により下流のシリアやイラクに強い影響力を行使でき，ピース・ウォーターとしてアラブ諸国に石油より高価な水資源を供給し影響力を強化しようとしている．いわゆる上流国による自国の生存と勢力拡大がトリガーとなって，下流の他国の人々の生存可能性を脅かしているのである．世界では相対的に雨に恵まれてきた島国の日本人にはピンとこないようであるが，世界では水が経済的のみならず石油と同様に政治的な資源であることは自明である．国連が21世紀を「**水の時代**」と呼ぶのは，地球規模で観てみれば，当然であろう．

2. 【自然災害】から【自然・社会環境複合災害】へのパラダイムシフトの認知

日本を含む多くの国や地域で，社会システムが多くの誘因をもつ単純な自然災害と呼べない大規模【自然・社会環境複合災害】が人々の生存基盤を脅かしていることがわかる．できるだけ単純に地球を（モデル論的に）考え，自然は地球物理的法則に従うジオシステムとそれを被覆する生態学的法則に従うエコシステムとそれらを利用しつつそれらから決定的な影響を受け逆に決定的な影響を与える不安定な複数（無数）の社会のルールに従うソシオシステムの3つのシステムから構成されるとしよう．これらの研究は伝統的に自然科学・社会科学・人文科学などのように個別的・独立科学と考えられ，現在でも，まだ大学受験では理科系や文科系というように分けられている．20世紀後半か

---

[*]例えば，カンボジアでは中国のダム操作によりメコン川本川では洪水頻発による河川沿岸が浸食され，巨大遊水地ともいえたトンレサップ湖に河川水が逆流せず魚類が撃滅して漁業が成り立たず，焼畑農業が拡大し各地で環境破壊が進行している．
[**]バングラデシュには雨季の洪水頻繁と乾季の旱魃，ネパールには水没．

まえがき

ら専門横断的に近いシステム科学・数理科学・情報科学・生命科学などの新しい科学が生まれてきた．専門性とその深化が進めば進むほど，その総合化 (integrated) がより重要な時代となってきたと認識できよう．ここで，上記のジオ・エコ・ソシオシステムをシステム科学のフレームで考えることにしよう．これらを総合化するためには，まず個々のシステムのモデル化を行う必要がある．この個々のシステムの現象を眺める場合，例えば可視光線で観るか，赤外線で観るか，紫外線で観るか，X線で観るかによってモデル化が異なる．このようなことから，総合化のためには互いの観る光線をどのようなレベルで近似するかが重要な課題になる．長波で観れば現象が見られなくなるし，X線で観れば全体が観られなくなるというような問題である．これについての一般理論をシステム科学が提供してくれるが，どのような光線で観るかは研究対象によるしかないことを断っておこう．

さて，当然のことながら，この地球はこれらの3つのシステムの相互作用により運動を行っていると考えることができる．そうであれば，純粋の自然災害とはソシオシステムがジオシステムやエコシステムに影響を与えない場合で，そしてその場合に限り生じることになる．人類史的にみれば産業革命期以前の災害は**自然災害**と呼ぶことができよう．ところが，現在ではソシオの一部の欲望がジオやエコを破壊し汚染する結果，**環境破壊災害**や**環境汚染災害**が頻繁に起こるようになってきた．そのうえ，先のソシオの一部に参画できないもしくは無視された多くの人々の宗教や少数民族あるいは貧困層などの被差別理由による**環境文化災害***が無視できないほど世界で増大してきている．以上のように，災害は自然災害と環境災害に分類でき，環境災害は破壊・汚染・文化災害により構成されると考えることにしよう．なお，環境文化災害のトリガーは自然現象と環境破壊・環境汚染災害であり，戦争を除くこの災害は特に水 (河川・湖沼・海) の民や緑 (山や草原) の民の文化を破壊もしくは汚染して生じることとなる．また，文化が女性に肉体的・精神的に過負荷を与える場合，この文化災害はいわゆるジェンダー問題となる．

こうして，わたしたちは以前から【水と緑の基本問題は自然・社会環境災害に対する人々の生存可能性 (survivability) の問題】であると考え，古くは『水資源と環境 (萩原清子著；勁草書房，1990)，新しくは『コンフリクトマネジメント―水資源の社会リスク』(萩原良巳・坂本麻衣子共著；勁草書房，2006) と『環境と防災の土木計画学』(萩原良巳著；京都大学学術出版会，2008) を世に問い，わたしたちを含む人々の視線から見た生存基盤とは何かを問うてきた．この間にあらゆる研究やマスメディアのキーワードが，例えば「温暖化 (global warming)」や「持続可能性 (sustainability) と地球・環境にやさしい (friendly)」，そして最近では持続可能性のための「ガバナンス (governance)」という言葉が専門用語から一般用語になりひとつの社会活動の規範を形成する言葉となってきた．

---

*ここでは，文化を最も単純に「価値の体系とその生活様式」と考えることにしよう．

地球規模の環境と災害リスクマネジメントのために，世界中の生存可能性で苦しむ個々の人々や国・地域をあたかも無視するように規範的な社会的一般ルールを提案することに躍起となり学問も政治力学に支配されつつある状況にあると思うようになってきたのはわたしたちだけであろうか．

3. 地球気候変動の最近の議論と動向

ここで，「水と緑の計画学」に大きい影響を与える**地球気候変動**の最近の議論と動向の概略を BBC の電子版をもとにして述べておこう．2010 年 12 月，コペンハーゲンの UN（国連）気候サミットでは，2009 年ノーベル平和賞が授与された IPCC（UN の気候変動における政府間パネル）の報告（各国の温暖化対策の根拠）をもとに，192 の国と地方が温室効果ガス（greenhouse gas）排出削減と人為的気候変動の制限の地球規模の合意を目的としていた．しかし，このサミットは大失敗であった．その理由は，「温暖化に関する科学的論争」「IPCC 第 4 次報告における誤りや疑惑（データねつ造疑惑の Climategate 事件）」であった．

科学的論争；何人かのコメンターである科学者は現代の温暖化が温室ガス排出だけがその理由ではないと主張した．さらに，地球は温暖化しておらず新条約は経済成長と福祉を痛めつけると主張した．温暖化を懐疑している科学者の問題提議に対する IPCC の回答という形式で議論がなされ，内容は，紙面の都合上割愛するが，以下の興味深い 10 項目であった．

(1) 地球の温度は上昇しているのか？ (2) 平均気温の上昇は止まったか？ (3) 地球は最近の過去に温かくなったのか？ (4) コンピュータモデルは信頼できるか？ (5) モデルが予測するように大気は動かない，(6) 太陽が地球の影響を司る，(7) 気温上昇の後に CO_2 は上昇する，(8) ハリケーンと北極の氷の長期データが乏しい，(9) 水蒸気は CO_2 より大きな温室効果ガス，(10) 気候変動より大きな地球問題がある

IPCC 第 4 次報告書の（特に）温暖化影響評価における根拠の怪しい記述；

(1) 「ヒマラヤの氷河が 2035 年までに解けてなくなる可能性が高い」という記述は，IPCC が誤りと認め陳謝．
(2) 気候変動で「アマゾンの熱帯雨林の 40％が危機に直面」という記述は WWF（世界自然保護基金）の「森林火災」に関する研究報告を根拠にしていることが判明．さらに，「アフリカの穀物収穫が 2020 年には半減する」という根拠．
(3) 「オランダの国土の 55％が海面より低い」という記述は，正しくは「国土の 26％が海面より低く，29％が海面より高い洪水の影響を受けやすい」．IPCC が誤りを認めて陳謝．など．

こうして IPCC への信頼が著しく傷ついた．この報告書は危機感を煽る内容で，環境団体の文書を参考にするなど，IPCC が報告書作成の際の基準であった，科学的審査を

受けた論文に基づくものではなかった．

UN も IPCC 報告書作成の問題点の検証を IAC (Inter-Academic Council) に依頼した．

地球気候変動問題における Climategate 事件；これは科学における現代の典型的な E-メイル事件である．ハッカーが地球環境問題で著名な英国の University of East Anglia's Climate Research Unit (CRU) の Phil Jones 教授の E-メイルを公開し，データねつ造が問題になった．大学当局は温暖化懐疑派のハッカーがやったといっている．当のジョーンズ教授も自殺も考えるほど追いつめられた．この問題は未解決であるが，著しく IPCC の信用を傷つけた．

サミット後の影響；欧米では問題が表面化して以来，温暖化の科学予測に不振が拡がり，対策を巡る議論も停滞している．連合王国では多くの温暖化支持者が懐疑派に転向し，合衆国では石油大手コノコフィリップスなど 3 社は 2010 年 2 月，温暖化対策を推進する企業団体から離脱するなど，懐疑派へ合流する動きが強まっている．また，欧米では，危機感を煽るのではなく，率直に議論する動きが出てき始めた．この 10 年間，温室効果ガスが増える一方なのに気温上昇がないという矛盾を，温暖化問題で主導的な連合王国の研究者が公的に認めるようになってきている．

次に，仮に温暖化しているとした場合の影響を述べておこう．経済学者の中には，温暖化は経済に良いという人もいる．温暖化していくプロセスのなかでプラス面も出てくる．シミュレーション結果では，温暖化すると極地方は温度が上がるが熱帯のほうは温度がそれほど上がらない．それで北のほうで人間活動地域が広がるということである．日本では北海道や東北で利用可能な土地がもっと広がるということである．

温暖化の影響による日本の水資源問題；温暖化すれば日本の水収支はマイナスになると考えられている．理由は以下の 2 つである．

(1) すでにインフラが現在の水資源に合うように造られているから，降水・降雪の地域がずれる．

(2) 温暖化により降水量も全体的に減る．

おおざっぱに考えれば，東京・大阪・福岡都市域は，だいたい現在の沖縄型になると想定されている．これは夏の旱魃型で，夏期に雨が降らず稲作などが致命的になる．基本的には梅雨が早くなって，夏が猛暑で，冬の雪はどんどん北へ行ってしまう．台風は温暖化により減る傾向になる．今までは巨大台風が増えるといわれていたが，最新の計算結果（どんな前提条件？）でいくと違うということである．結果として，台風が来なくなれば日本の水資源は不足になる．並みの台風 1 つで日本の総水消費量くらい雨を運んでくるから．日本は，水資源ということについては，ものすごく気候変動に敏感な場所にある．日本の水資源に寄与する要因は 3 つしかなく，冬の降雪・梅雨・台風である．そのうち台風が減ることは非常な影響を与える．

温暖化による各国の影響；IPCC 報告の中では，日本はあまり大きな影響を受けない国に入っている．これは比較の問題で，大陸の内陸部のほうが圧倒的に影響を受け，海

に囲まれている国は相対的にマイルドである．合衆国ではマイナスが大きく，ロシアではプラスということである．中国では全体的な収支ではマイナスが大きい．ヨーロッパでは，南ヨーロッパはカラカラに，北のスカンディナヴィア半島などはよくなる．温暖化により地球全体として降水量は増加するが，増える雨は，基本的には熱帯に降り，しかも海上で降ることになる．台湾あたりの亜熱帯が熱帯になるから，中国南部とか，アジアモンスーン地域とか，インドとかにもっとたくさん雨が降る．中緯度の降水はそんなにない．結局，地球規模で降水量が増えても水資源としてはあまり使われないということになる．

4．「持続可能性」と「ガバナンス」の裏側

　地球の「温暖化」という言葉は地球史的時間スケールで「気候変動」と変わり，「環境にやさしく」あるためには人類が絶滅するかソシオシステムがエコシステムやジオシステムに悪い影響を与えないほどつつましくなることが1つの解であることも明らかなことではないだろうか．また，誰のための「持続可能性」かが問われなくてはならないだろう．多分，少数民族や世界人口にかなりの割合で存在する貧困層の状態をいわゆる先進国が持続することを前提にしているのではなかろうか．また，この錦の御旗のもとに，EUは総体として何も環境がよくならない排出権取引という概念を用いて環境ビジネスで一過性の利益を獲得するようなルール作りに躍起となっているようである．本質的な意味でも中・長期的に考えてみても，無から利益を得る勝手な静的な社会的ルールに地球のダイナミクスは納得しないであろうと思われる．

　また，「ガバナンス」という言葉は，辞書を引けば，1. government; exercise of authority; control, 2. a method or system of government or management とある．ここでは，これを a system of management として理解しておくが，この言葉に気をつける必要があろう．主体（government とか authority）とは何か，誰のためか，その構造とは何かを考えなければならないし，経済学で使う「情報の非対称性」はどうなっているのかを吟味しなければならないだろう．こうして持続可能性は生存可能性が前提条件であることがわかる．ある一部の社会の持続可能性のためにその他の社会が生存可能性を即座に失うかそれを持続的に失っていく結果を生み出す可能性を無視するわけにはいかないであろう．

5．ロゴスからレンマへ～情報・知識社会から知性・知恵社会へ

　いま，この世界でも日本でも人々や社会が安全・安心に生存できる社会を創り上げていく「やさしさ」が重要であろう．日本語の「人」は決して a human being ではなく人が人を「支える」を意味し，「人間」も human beings ではなく，「支えあう間」と解釈す

ればよいのではなかろうか．それでは，現実の厳しい社会に対し未来の豊かな感性に育まれた「やさしさ」の社会を構築するために何を考えればよいのだろうか．このためには，まず**ロゴスの論理***から**レンマの論理****にという思考のパラダイムシフトが必要となろう．前者はデカルトの論理であり，現代社会を風靡する**情報社会**や**知識社会**の論理の原点であり，人や自然に支配されるか支配する論理であろう．一方，後者はデカルトより古い時代に考えられた日本の禅の「空」もしくは「相待」の論理であり，これからの未来社会を構築するための**知性社会**や**知恵社会**の論理の原点であり，人や自然との共生の論理であろう．これがなければ，日本語で表現している「人」と「人間」は意味をもたないのではないだろうか．

それでは，確保しなければならない生存可能性のために何を考えればよいのだろうか．とりあえずの現実を解決することの重要性は論を待たないが，中・長期的視座がなく近視眼的 (myopic) であるならば現実問題の解決法が「モグラたたき」か「ばら撒き」になり，次の世代に付けを回すことになりかねないのが現実であろう．このために，中・長期視座で具体的な中国を中心とした例を考えてみよう．

中国では，1979 年に鄧小平主席が「白い猫も黒い猫も鼠を捕ればよい猫だ」という有名な言葉を用いて，中国を国際社会に開放した．また，日中の領土問題に関しては「次の世代に任せましょう」ということで，一気に日中友好に火がついたことは記憶に新しい歴史的事実であろう．この後，江沢民の愛国教育により中国で反日感情が沸騰したが，歴史認識の差異をことさら自国の優位性としてお互いどちらが正しいかという威嚇を伴う外交ディベートで憎しみあうより，日中関係の古代からの履歴認識を科学的事実の検証をもとに行うべきではなかろうか．歴史は過ぎ去った過去の事実を自国にとって都合のよい解釈あるいは仮説で行う部分が多く，さらにこれを自国の優位性を主張する愛国イデオロギーとする傾向が強い．日本と朝鮮半島との関係も同様なことがいえよう．

中国が開放政策を採りだしてから，中国建国以来続いていたソ連型の人民公社を中心とする社会が崩壊し，人々の生活が不安定となり，人力で建設した多くのダムや導水路の水利施設の人力による維持管理が不可能になり，全国的に自然環境と社会環境がドラスティックに変化した．多雨地域の長江流域ではダムや貯水池の崩壊によりますます水災害がひどくなり，下流の太湖流域は生活排水・工場排水・残留農薬のため太湖をはじめとする河川・湖沼は死滅しつつある．寡雨地域の黄河流域では水の過剰利用のため中・下流では断流（河川表流水がなくなること）が頻繁に起こるようになってきた***．さらに，北京や天津を含む華北省を中心とした河海流域では，大規模な地下水利用のため，地下水位が極端に低下し，表流水は工場排水や残留農薬のため利用できず，極端な水不足と沙漠化が激しい．いまでは北京の北東 100 km 未満に沙漠が侵攻し，この急速な砂

---

*あることがAであれば，非Aではない．
**あることはAでもなければ非Aでもなく，Aでもあれば非Aでもある．
*** 2007 年のヒアリングよれば，黄河水利委員会は山東省の黄河観点上流ダムによる人為的な毎秒 50m^3 を流し断流ではないと主張している．

漠化現象により有害物質を含む黄砂が毎年海を越え日本列島を襲うようになってきている．果たしてこれが自然現象であろうか．中国では自然・社会環境（破壊・汚染・文化）の複合災害が噴出し，この複合災害リスクが毎年あるいは傾向的に増加している．

　その一方で，黒い猫はより豊かになり白い猫はより貧しくなってきている．極端な格差社会が生まれ，黒い猫は持続的発展を願い，白い猫は生存可能性そのものが危うくなってきている．このよう例は，日本社会でもみられ，わずか15年前には中流意識をもつ人が90％で，鄧小平主席の政策やマレーシアのマハティール首相の「ルックイースト」という政策のモデルとなった日本の社会システムは，この10年間でもろくも崩れ去った．実に下らない「勝ち組・負け組」を肯定的に受け入れる格差社会に関して，政府はもとよりマスメディアも，そしてポピュリズムの波に乗った有権者の責任は重い．また，2008年の合衆国から世界に広がっていった金融危機は新古典派経済学の理念を矮小化した拝金主義の結果であり，2009年時点の合衆国や中国では1927年の世界金融恐慌の後出現したケインズ流のニューディール政策を採ろうとしているようにみえる．特に，中国は一応格差是正をうたう西部大開発が世界経済を引っ張ることを意識しているようである．

6. 【水と緑の計画学】における【双対性】と【仁】の意義と方法論

　以上の議論から明らかになることは
① 社会の変化（崩壊）
② 自然（ジオ・エコ）・社会（ソシオ）環境の変化
③ 自然・環境（破壊・汚染・文化）複合災害の発生

が質と量を変えながら（部分的フィードバックを含む）循環（円環）的に時間軸で運動しているように思われる．この循環的運動が人々から生存可能性を奪わないために必要なものが，いわゆる中・長期的な人々が共有できる高邁なヴィジョンであろう．そして，このヴィジョンは単一価値観に基づくファシズムに近い人類の持続可能性のための「地球・環境にやさしい」ことよりも，本来，人にやさしかった地球・環境が人間のため限界に近づき，生存可能性のために人が互いに支えあう「人にやさしい」社会の実現に向かうメタ論理（理念）とアクタ論理（実践）により構成される社会（あるいは公共；必ずしも官だけではない）的「水と緑の計画学」であろう．これを上記①〜③に④として加えることにより，生存可能性の「水と緑の計画学」のダイナミックな社会現象の中における意義が明解になるだろう．

　もし学問を「方法の体系化」と定義することができるとしたら，学問としての計画学の対象は何でもよいはずである．いままでの議論から，本書では，いわゆる「持続可能性」を枕ことば的に唱えるだけでは現実的でないと考え，「生存可能性」という現実を直視したパラダイムシフトを前提とした，必ずしも従来の多くの著書や論文のように楽し

まえがき

くはないが生存のために必要な「水と緑の計画学」とは何かを問い，人類の絶対的な生存基盤を構成しているこの体系化の可能性を試みることにした．このために，まず次の2つのメタレベルの概念を導入しよう．

① 環境と災害の双対性（duality）：環境の質の低いところは災害耐性が弱い，逆に環境の質の高いところは災害耐性も強い．

② 社会的公正のためのゲーム理論における仁（nucleolus）のアナロジー：平均的な社会を対象とするのではなく，最大不幸の人々の最小化を目指す社会を対象とする．

前者は社会のメタ認知で，後者は本書のメタ目的である．次に本書のアクタレベルの目的を以下のように設定しよう．

① 「水と緑」を，人々の生存可能性のための環境基盤と考え，この環境リスクマネジメントをメタ計画方法論体系（システム）として提案しよう．

② この枠組みで，近年，国内外の社会問題となっている「水と緑」の環境（破壊，汚染，文化）災害リスクと自然災害リスクが複合的に絡みあう諸問題を取り上げ，その解決法と未来の展望を論じ，次の世代に何を残せばよいのか論じることにしょう．

このような目的を遂行する「水と緑の計画学」は，従来型の個別専門型縦割り計画学では不可能であるので，種々異なる専門分野〔土木計画学，防災工学，河川工学，環境工学，景観工学，衛生（上江水道）工学，情報学，生態学，森林学，造園学，経済学，応用経済学，地域学，心理学，社会学，歴史学など〕の横断的な参加型協働が必要不可欠であることはいうまでもない．本書に参加している研究者・実務家・学生では十分ではないことは認識しているが論を展開するのには必要不可欠な人々が集まった．全体としては「緑」の専門家が少ないが，当然のことながら「水と緑」の水は生物の生存のための必要条件であり，緑は水なくして存在しないが，水と協働することによりあらゆる生物の生存条件であるという認識を前提としている．こうして，本書のメタ・アクタ論理を展開するかぎり本書はハンドブックではありえず，最新の「水の緑」の研究成果を上述の「仁」と「双対性」の概念を用いて，メタ計画方法論体系に位置づけ，今後の総合的な創造的学術展開とその実践を行う魁であることを目指すものである．なお，ここで提案するメタ計画方法論はシステムズ・アナリシスをベースとした中・長期的な未来をみつめる循環的なメタ適応計画方法論である．その構成要素は順次，

① 問題の明確化（水と緑の問題の共有と認知の構造化）

② 調査（ジオ・エコ・ソシオ調査の総合化）

③ 分析（ジオ・エコ・ソシオ情報の縮約化による総合化と代替案の目的と境界条件の設定）

④ 代替案の設計（最大不幸の最小化）

⑤ 代替案の評価（効率だけではなく公正概念による）

⑥　コンフリクトマネジメント（競合の緩和）

によって構成されている．⑥が時間の経過により新たに①にフィードバックされるが，個々の構成要素は全体の循環システムをフラクタルのように入れ子構造としてもっていることが特徴的である．例えば，②の調査の段階ではジオ・エコ・ソシオ調査が同等の位置を占め，ジオでは降雨・流出調査，エコではジオの影響下における指標生物の個体数調査，ソシオでは人々の災害リスクや人々の水と緑に関する印象による感性環境評価などが行われるとすれば，それぞれの個別専門性を結合する時空間スケールや精度も議論されることになる．このとき，当然のことながら，新たな問題の明確化プロセスが入り込むことは自明のことであろう．③の分析の段階でも，将来的には物理モデルや生態モデル，さらに社会モデルが統計学的あるいは数理科学的に結合されるシステム思考が意識されなければならない．このときも，②と同様に①〜⑥の循環的プロセスが入れ子構造として入ることになる．

本書は，個別専門的研究がどのプロセスにあるか確認でき，異なる専門性をもつ研究仲間が自分の研究の位置と意義を互いに確認しあうことが可能で，偏狭な専門性にこだわることなく，互いの専門性を尊敬しながら対話型納得のいくレベルに向かうメタ論理プロセスである．また，このメタ方法論を参加者が弁証法的に改善すればよいという意味でも，きわめて柔らかいシステムになっているという点で魁的な学問の出発点となるメタ計画方法論であるということもできよう．こうして，好奇心と冒険心にあふれた人々が執筆し編著者がそれぞれの専門性を尊重するのではなく尊敬して，どちらかといえば納得のいく論文というよりは新規性に富んだ挑戦的な論文を基底として本書を編集したことを断っておこう．

7. 本書の講成

次に本書の構成とその要約を述べておこう．なお各章は，1章の計画学序説で，その必要性と位置づけを行っている．

1章では，まず『水と緑』とは何かを議論し，水と緑がどれだけ人々の感性を豊かにしてくれたかを述べ，この水と緑の存在の評価がどうあればよいのか議論し，天からの恵みであり恐怖であった『雨水』の計画の歴史と都市・地域環境における現象，水環境からみた現在の都市・地域計画が生存可能性を前提とした持続可能性のためのパラダイムシフトの枠組みを提案し，地球規模と日本の水資源問題が前者では生存可能性の問題であるのに対し後者は持続可能性の問題であることを示し，これらを受けて人類の生存基盤である水と緑の『環境と災害の双対性』に着目し，メタGES（ジオ・エコ・ソシオ）環境システム・メタ計画の輪廻システムを提示し，メタ適応的計画方法論を提案しよう．

2章では，まずバングラデシュの飲料水ヒ素汚染と屋久島の獣害を取り上げ，住民の生存基盤リスクを示すとともに大学と日本と現地のNPOが協働した研究・実践結果を

論じよう．次いで，森林資源をめぐる多様なステークホルダー間で協働して森林管理を実現するための森林ガバナンスを論じ，最後に災害と環境のガバナンスの特性化を論じそのガバナンスとは何かを論じよう．

3章では，河川環境の物理的・生態的形成過程を示し，河川水と地下水間の水・物質循環の解明を試み，河川生態の保全と生態からみた環境評価を行う．さらに，環境問題に苦しむ中国における河川水質管理の実際を示し，最近話題になっている閉鎖水域の水質汚濁負荷の排出枠取引の可能性を論じよう．

4章では，居住空間や都市河川の緑量評価を行い，水辺の景観要素にみる人口と自然の対峙を考えることにより，視野の狭い水辺評価から周辺山並みなど（借景）を考慮した評価法の重要性を示す．また，最近環境にやさしいという意味でイデオロギー化している有機性廃棄物のリサイクル評価を行うことにより，精神的な掛け声だけの環境問題解決法ではすまない現実を示そう．

5章では，水と緑の遊び文化空間と防災空間の双対性を論じ，次いで江戸時代の水辺遊び空間の形成と構造を論じ，子供たちの遊び文化のための水辺空間を論じるとともに都市域水辺デザイン論を展開する．そして，公園・緑地の双対（遊びと減災）機能の評価を階層システム論的に行おう．

6章では，従来，よく行ってきた数値で示す水辺の環境評価法を深く反省し，人々の感性による評価論を展開し，感性階層システムとしての評価システムを提案する．このとき，人々の水辺感性評価に，生態指標である底生動物やそれを捕食する魚類・鳥類が四季別空間別にどのような影響を与えるかを論じ，同時に上下流間における感性環境評価を通し流域の多様性と統合という水辺環境マネジメントの課題を解決する方法を提示しよう．最後に京都鴨川と中国北京の水辺の比較分析を行うことにより，日中の人々の感性環境評価の差異を明らかにしよう．

7章では，飲料水健康リスクを考え，まず残留消毒剤による水道水供給リスクとバングラデシュの飲料水ヒ素汚染リスク軽減計画プロセスを論じ，健康リスクを考慮した飲料水供給制度設計を経済学の視座から提案するとともに，現在，日本全国で問題になっている老朽水道システムの施設更新とその評価法を論じよう．

8章では，大渇水と大震災による水供給リスク軽減の情報システムを論じ，渇水災害リスク評価法を提案する．そして，阪神・淡路大震災の教訓を生かした安定性と安全性という総合評価軸を用いた（流域概念では表現できないので）広域水循環圏震災リスク診断法を提案しよう．

9章では，最近の都市部のゲリラ豪雨にも対応できる計画降雨と計画高水量の5種類の決定モデルを提案し，生活者参加型治水計画方法論を示し，外水氾濫による都市水害リスクと局所的内水浸水リスクを軽減する方法を提示する．最後に，地域コミュニティの水害リスクコミュニケーションを論じよう．

10章では，水資源コンフリクトを取りあげ，地球規模の問題と日本の問題を論じ，

そのマネジメントシステムを提案する．そして，階層システム論，多基準分析法，ゲーム理論の拡張によるコンフリクトマネジメント方法論を示すことにより，この問題の一筋縄ではいかない困難性を示しておこう．

11章では，世界の神話にみる水とは何かを整理し，中国の水辺ネットワークの歴史的変遷と京都の水辺の歴史的変遷を論じる．特に前者では現在の中国の水資源不足による生存可能性の苦悩を，後者では下流市街部から無視され孤立感にさいなまれている高齢社会と経済の停滞による都市内限界集落をもつ京都鴨川上流部の生存可能性の苦悩を論じよう．

なお，本書の内容には，中国における河川環境のモニタリングシステムやガンジス川やナイル川の環境と開発の国際的コンフリクト，そして安全な飲料水と衛生問題で苦しむ開発途上国を代表してバングラデシュの問題を取り扱っている．これらの論文の一部はすでに国際会議や雑誌などで発表しており，またベトナムや中央アジアなどの水と緑の問題に適用可能であるから本書は十分に国際交流に寄与すると考えている．また，本書は，工学，理学，農学，経済学，社会学などの若手研究者の広い視野を育成することを目的とした（大学院生や官公庁，民間企業，NPO法人などの研修用）教科書として使用可能である．

萩原良巳
萩原清子
2010年5月21日

目　　次

口絵
まえがき……………………………………………………………………………………… i

1　水と緑の計画学序説 …………………………………………………………… 1
1.1　水と緑とは何だろう ………………………………………………………… 1
　　1.1.1　水の出現　1
　　1.1.2　メソポタミアにおける水と緑の神話　5
　　1.1.3　日本人の水と緑にまつわる信仰　5
1.2　水と緑の遊びと感性 ……………………………………………………… 11
　　1.2.1　子供たちの遊び　11
　　1.2.2　雨・水にかかわる言葉　13
　　1.2.3　感性空間　17
1.3　水と緑の評価とマネジメント …………………………………………… 26
　　1.3.1　格差社会をどうするか　26
　　1.3.2　環境の価値の経済的評価　33
　　1.3.3　リスクの経済的評価　38
　　1.3.4　環境と防災のガバナンス論　42
1.4　雨水計画の歴史と都市環境 ……………………………………………… 44
　　1.4.1　雨水計画の歴史的変遷　45
　　1.4.2.　河川行政と下水道行政により河川が分割された問題点　49
　　1.4.3　雨水計画と水質管理　53
　　1.4.4　生活者参加型の都市環境と雨水計画の時代　55
1.5　水環境から地域・都市計画へのパラダイムシフト …………………… 57
　　1.5.1　都市域の水環境問題　57
　　1.5.2　環境インパクトアセスメント（EIA）を内部化した都市・地域計画　62
　　1.5.3　水資源環境から地域・都市計画へのパラダイムシフト　69
1.6　水資源問題 ………………………………………………………………… 71
　　1.6.1　地球規模の水資源問題　71
　　1.6.2　日本の水資源問題とその社会リスク　76

1.7 水と緑の計画学のメタ論理 ………………………………………………………… 79
　1.7.1 「自然」と「天然」 79
　1.7.2 環境の認識〜GES環境 80
　1.7.3 計画の輪廻 82
　1.7.4 参加型適応的計画方法論 83

2 水と緑の生活リスクとガバナンス論 …………………………………………… 91
2.1 生活者の苦悩とガバナンス論 …………………………………………………… 91
2.2 水と緑の生活リスク ……………………………………………………………… 99
　2.2.1 バングラデシュにおける井戸水ヒ素汚染問題と衛生改善 99
　2.2.2 屋久島における地域住民の「森」の価値：猿害と森林管理 125
2.3 森林ガバナンスの機能と今日的課題 ………………………………………… 133
　2.3.1 森林ガバナンスの構造と機能 133
　2.3.2 意味の構造 135
　2.3.3 正統化の構造 139
　2.3.4 支配の構造 142
2.4 21世紀社会の災害と環境のガバナンス ……………………………………… 146
　2.4.1 環境と防災のガバナンスの特性化 146
　2.4.2 都市・地域を生命体システムとしてとらえた総合防災マネジメント方法論 147
　2.4.3 生命体の知恵としての多様性 151
　2.4.4 共助・自助のネットワークとしての地域防災力の向上 152
　2.4.5 生命体システムの機能不全とみた環境問題 152
　2.4.6 防災と環境のリスクとコンフリクトの特性化 154

3 水域環境論 …………………………………………………………………………… 161
3.1 水環境問題と最近の動き ……………………………………………………… 161
3.2 河川環境の形成 ………………………………………………………………… 166
　3.2.1 河川環境の特徴 166
　3.2.2 河川環境と流動変動 167
　3.2.3 流動変動がハビタットや生物に及ぼす影響 168
　3.2.4 出水が河川環境の形成に果たす役割 174
3.3 鴨川における河川水と地下水間の水・物質循環の解明 …………………… 175
　3.3.1 鴨川流域の特性・水文資料・現地観測 175
　3.3.2 河川流量・水質観測結果と考察 180

3.3.3　地下水からの湧水に関する観測　183
　　3.3.4　流動および水質解析モデル　186
　　3.3.5　モデルの再現性の検証　192
　　3.3.6　汚濁物質挙動モデル　197
　3.4　河川生態調査と環境評価 …………………………………………………………… 199
　　3.4.1　底生動物調査　199
　　3.4.2　魚類と鳥類の生態調査　209
　　3.4.3　ツバメと水鳥の生態調査　213
　　3.4.4　都市域河川における生物相の保全　217
　3.5　中国の流域面源負荷流出モデルの同定方法と実際 ………………………………… 225
　　3.5.1　負荷流出システムのモデル化　225
　　3.5.2　モデルパラメータの同定方法　226
　　3.5.3　中国浙江省の実河川への適用　231
　3.6　閉鎖性水域での水質汚濁負荷の排出権取引の可能性 ……………………………… 233
　　3.6.1　排出枠取引制度とその特徴　233
　　3.6.2　閉鎖性水域における水質汚濁負荷削減調整への排出枠取引の適用性について　234
　　3.6.3　水質汚濁負荷削減調整への排出枠取引の適用　239

4　都市域緑環境論 …………………………………………………………………………… 247

　4.1　生活者にとって緑とは何か ………………………………………………………… 247
　4.2　居住環境における緑量評価 ………………………………………………………… 252
　　4.2.1　居住環境における緑視　253
　　4.2.2　都市居住環境における鉢植えの役割　259
　　4.2.3　緑量評価　263
　4.3　水辺の景観要素にみる人工と自然の対峙 ………………………………………… 266
　　4.3.1　都市河川の自然要素とその評価　266
　　4.3.2　景観要素の測定　268
　　4.3.3　河川空間内外の自然　269
　　4.3.4　自然享受のための水辺計画の方向　272
　4.4　有機性廃棄物の循環からみた緑地のあり方 ……………………………………… 274
　　4.4.1　有機性廃棄物堆肥利用と都市内緑地　274
　　4.4.2　堆肥の品質レベルと堆肥生産量　280
　　4.4.3　R緑地への土壌還元を前提とした家庭生ゴミ堆肥化システム　283
　4.5　政策立案支援のための多基準分析による評価手法 ……………………………… 298
　　4.5.1　多基準分析とその課題　298

4.5.2　政策立案支援のための評価手法の提案　299
　　4.5.3　家庭からの剪定枝葉回収システムにおける評価　304

5　水と緑の遊び空間論　315
5.1　水と緑の遊び空間と防災空間の双対性　315
5.2　江戸時代の水辺遊び空間の形成と構造　318
　　5.2.1　近世までの水辺空間の変遷　318
　　5.2.2　四条河原における遊興空間　320
　　5.2.3　近代以降の水辺空間の変遷　322
　　5.2.4　先斗町における遊興空間　327
5.3　子供たちの遊び文化のための水辺空間　330
　　5.3.1　子供のための水と緑の遊び環境の価値　330
　　5.3.2　子供たちの水辺と遊びのデザインクライテリア　333
5.4　都市域河川の水辺デザイン　341
　　5.4.1　水辺の機能と水辺デザイン仮説とその検証　341
　　5.4.2　共分散構造分析による水辺デザイン要素の抽出　347
　　5.4.3　撮影写真によるデザイン要素の具象化　351
　　5.4.4　デザイン仮説による水辺デザイン作成事例　351
5.5　公園緑地の双対（遊びと減災）機能の評価　361
　　5.5.1　公園緑地の階層性と生活者からみた整備　362
　　5.5.2　公園緑地空間配置の遊びと減災からみた評価　373
　　5.5.3　公園緑地の震災時避難行動から減災価値評価　381

6　水辺環境の感性評価論　395
6.1　水辺環境の感性評価システムの提案　395
6.2　季節の移ろいと空間特性による水辺環境評価　400
　　6.2.1　四季別水辺空間別の遊びと印象の特徴　400
　　6.2.2　印象とGES環境の関連　403
　　6.2.3　印象のプロフィール　410
　　6.2.4　因子分析による印象の解釈と地方語による表現　410
6.3　印象による上下流域の水辺GES環境評価　421
　　6.3.1　上下流域の地域特性　421
　　6.3.2　地域の個性　435
　　6.3.3　地域のGES環境評価モデル　444

6.3.4　印象のプロフィールと地域差　451
　　6.3.5　因子分析による地域差の解釈　453
　　6.3.6　釣り人のプロフィールと因子分析　455
　6.4.　社会からみた生態（エコ）環境評価 ……………………………………………457
　　6.4.1　生活者からみた魚類・鳥類評価　457
　　6.4.2　水辺住民の鳥類評価　461
　　6.4.3　鳥類が水辺住民の印象に与える影響　463
　　6.4.4　都市域雨水調節池の生態系創出に果たす役割　467
　6.5　北京の水辺整備のコンセプトと実際 …………………………………………478
　　6.5.1　中国における水辺整備に関するコンセプト　478
　　6.5.2　北京市の水辺整備の実際とその印象評価　480
　　6.5.3　水辺整備事業の多基準評価　484
　　6.5.4　水辺整備におけるコンフリクトの実際　486

7　飲料水健康リスク論　491

　7.1　日常時の飲料水リスク軽減の総合課題 ………………………………………491
　7.2　残留塩素リスクの軽減 …………………………………………………………496
　　7.2.1　塩素の効用と諸リスクに関する問題点　496
　　7.2.2　代替残留消毒剤としてのクロラミンの得失　499
　　7.2.3　国と地方の課題　506
　7.3　バングラデシュ飲料水ヒ素汚染 ………………………………………………507
　　7.3.1　飲料水ヒ素汚染災害の問題点の明確化　507
　　7.3.2　バングラデシュの農村の現地調査　509
　　7.3.3　安全な飲料水に対する欲求度のモデル化　514
　　7.3.4　水運びストレスの計量　521
　　7.3.5　ヒ素汚染災害軽減の水利施設整備計画　526
　7.4　健康リスクを考慮した飲料水供給制度設計 …………………………………535
　　7.4.1　厚生経済学の基本定理　535
　　7.4.2　リスク下での選好　539
　　7.4.3　リスク下での水供給　542
　　7.4.4　制度設計の条件　546
　7.5　ライフラインとしての水道システムの施設更新と評価 ……………………548
　　7.5.1　更新による効果の定量化　548
　　7.5.2　水供給レベルの評価指標　551
　　7.5.3　最適投資水準と評価　555

8 渇水と震災の水供給リスク論 ……………………………………………………… 563

8.1 非日常時の水供給リスク軽減の総合課題 …………………………………… 563
8.2 水道供給リスクマネジメントの情報システム ……………………………… 574
  8.2.1 現行制度の情報システム　574
  8.2.2 地震災害における情報システム　575
  8.2.3 渇水災害における情報システム　584
  8.2.4 被害軽減のための情報システム　587
  8.2.5 地震災害軽減のための情報システム　589
8.3 渇水災害リスク …………………………………………………………………… 594
  8.3.1 貯水池による水資源開発の利水安全度　594
  8.3.2 日常時の節水意識と渇水時の節水行動　602
  8.3.3 沖縄離島問題：沖縄県の島嶼における地域環境と水需要構造の変化　618
8.4 安定性と安全性による淀川水循環圏の震災リスク評価 …………………… 629
  8.4.1 水循環階層システムモデルとネットワークとしての表現　629
  8.4.2 震災時を想定した大都市域水循環システムの総合的診断　634
  8.4.3 水循環システムの安定性と安全性　645
  8.4.4 下水処理水を利用した水辺創生による震災リスクの軽減　652
  8.4.5 安定性と安全性からみた淀川水循環圏の地域震災リスク診断　660

9 水災害環境論 ……………………………………………………………………… 671

9.1 水災害軽減のための計画方法論の構築に向けて …………………………… 671
9.2 計画降雨・計画高水量の決定問題のモデル化 ……………………………… 677
  9.2.1 計画降雨モデル　677
  9.2.2 自然の脅威を極大とした治水規模決定問題のモデル化　681
  9.2.3 エントロピー・モデルによる計画降雨波形決定モデル　686
  9.2.4 積分方程式，多目標計画法，DPによる方法　690
9.3 生活者参加型治水計画論 ………………………………………………………… 697
  9.3.1 調査票設計プロセス　697
  9.3.2 生活者参加型河川改修代替案評価のための計画情報の抽出　706
  9.3.3 生活者の意識による河川改修代替案の評価　711
9.4 都市水害とその予測 ……………………………………………………………… 716
  9.4.1 都市水害の特徴　716
  9.4.2 都市流域に基づく都市水害モデル　718
  9.4.3 京都市内域への適用　724

9.4.4　地下空間の浸水実験―京都市御池地下街を対象として　727
　9.4.5　地下空間の浸水解析法の適用事例―大阪市梅田地下街を対象として　731
9.5　都市域の局所的浸水リスク……………………………………………………… 735
　9.5.1　都市域浸水問題の解決の方向性　735
　9.5.2　公的整備のための浸水対策重点地区の絞り込みに関する方法論　737
　9.5.3　地表面・地下水路システム氾濫解析モデルとその検証　741
9.6　自律的避難のための水害リスク・コミュニケーション支援システムの開発…… 748
　9.6.1　水害リスク・コミュニケーションの支援　748
　9.6.2　水害リスク・コミュニケーション支援システムの構築　753
　9.6.3　検証実験について　757
　9.6.4　検証実験の結果と考察　760

10　水資源コンフリクト論……………………………………………………… 767

10.1　コンフリクトマネジメントとは何か………………………………………… 767
10.2　コンフリクト事例の特定化…………………………………………………… 777
　10.2.1　水資源の囲い込みによるコンフリクト事例―国際河川を例として　777
　10.2.2　開発と環境のコンフリクト事例と分類―日本の一級河川を例として　784
　10.2.3　水資源コンフリクトマネジメントの定義　791
　10.2.4　第3者機関の事例―仲裁者・調整者・寄贈者　794
10.3　水資源開発と環境保全の合意形成…………………………………………… 798
　10.3.1　合意形成と意思決定　798
　10.3.2　水資源開発代替案の多元的評価モデルの構築　801
　10.3.3　満足関数の吉野川可動堰問題への適用　804
　10.3.4　効率と公正の評価　805
10.4　階層システム論的合意形成…………………………………………………… 809
　10.4.1　階層システム論の概要と分解原理　809
　10.4.2　河川水質保全のための中央政府と地方政府の対話型分権制度設計　816
　10.4.3　実流域への適用事例　821
10.5　調整者によるコンフリクトマネジメント―ガンジス川を例にして………… 823
　10.5.1　第3者機関が介入するガンジス川のGMCRの均衡解　823
　10.5.2　スタッケルベルグ均衡解　828
　10.5.3　進化ゲーム理論による均衡解　828
10.6　調整者と寄贈者によるコンフリクトマネジメント………………………… 834
　10.6.1　コンフリクトの変化要因モデル　834
　10.6.2　シナジェティクスによる意見分布モデル　835

        10.6.3 相互評価モデルによるマネジメント　840
        10.6.4 相互評価による長良川コンフリクト分析　844

11 水辺の歴史的変遷　859

    11.1 水辺の歴史と履歴　859
    11.2 神話に見る水　861
        11.2.1 川の水はどこから来ているのか　861
        11.2.2 メソポタミアの神話　862
        11.2.3 エジプトの神話　863
        11.2.4 インドの神話　865
        11.2.5 中国の神話　867
    11.3 中国都城の水辺ネットワークの歴史的変遷　868
        11.3.1 中国の都市計画思想と都市構造　868
        11.3.2 中国の水資源開発と水辺ネットワーク　870
        11.3.3 長安城と北京城の歴史的変遷　876
        11.3.4 北京市を含む海河流域の水資源危機　882
        11.3.5 現代北京の水資源問題　889
    11.4 京都の水辺の歴史的変遷　891
        11.4.1 平安京の水辺構築とその変遷　891
        11.4.2 室町時代の水辺の変遷　898
        11.4.3 豊臣秀吉の都市計画　899
        11.4.4 角倉了以と保津峡・高瀬川の開削　901
        11.4.5 幕末の西高瀬川の開削と琵琶湖第1疎水事業　904
        11.4.6 都市の近代化と水辺の喪失，そして現代の水辺　906
        11.4.7 鴨川流域の現代的課題　910
        11.4.8 鴨川上流域の文化と苦悩　922

数学的補遺　935

    補遺A　クラメールの関連係数　935
    補遺B　因子分析　937
        1　因子分析とは　938
        2　因子分析モデル　939
        3　因子負荷量の推定　940
        4　因子軸の回転（規準バリマックス法）　943

目　次

　　5　因子得点の推定　943
　補遺C　ウィシャート分布の導出過程　945
　　1　多変量正規分布からの独立標本　945
　　2　ウィシャート分布の定義　947
　　3　平均ベクトルと分散共分散行列の独立性　948
　　4　多変量回帰分析　949
　　5　多変量正規分布からの標本における条件付分布とウィシャート分布　952
　　6　ウィシャート行列の三角分解　955
　　7　ウィシャート分布の密度関数　958

あとがき……………………………………………………………………963

索　　引……………………………………………………………………969

著者(担当)一覧……………………………………………………………977

xxi

水と緑の計画学序説

1.1 水と緑とは何だろう

1.1.1 水の出現[1)]

　約2500年前，ギリシア哲学の父といわれたミレトスのタレスは，「万物は水である」という命題で，自分の学派の思想を築いた．タレスを引くまでもなく，現在の水が地球に占める位置と重要さはますます大きくなってきている．植物の樹液や動物の血液のなか，地面に降る雨のなか，海に注ぐ川をみれば，水が地球の上で描いている循環システムがわかる．

　地球生命にとって重要な水は次の2つの偶然から現れた．それは，まず酸素と結合できるように軽くてふわふわした水素を引き付けておけるだけの重力をもつ「ちょうどよい大きさ」の地球になったこと．次に，平均温度が水の氷点と沸点の間の非常に狭い範囲におさまる地球が太陽から「ちょうどよい距離」の軌道に乗ったことである（コラム1参照）．そして，水は生体の要素が一定の相互作用をもつシステムを創り出したのである．このシステムは地球規模の水循環システムかも知れないし，海流システムあるいは大陸の河川システムかもしれない．また，動物の体内の血液循環システムかもしれないし生きた細胞内部の微視的システムなのかも知れない．

　水は，18世紀前半の近代史に至るまで，古代の元素・水であった．そのころ，水素と酸素は爆発性の気体であることは知られていたが，水との関係は気づかれてはいなかった．18世紀後半に，連合王国（英国）のヘンリー・キャベンディシュが「水は可燃空気である」と唱え，フランスのアントワーヌ・ラボアジェは，その「可燃空気とは水素」であると唱え，水の1つの元素で正確な名称であると説明した．こうして，ギリシア語の水という語 hudor に「生ずる・つくる」という意味の genero の略語を合わせて「水素 hydrogen」という言葉ができたのである．水素とは水をつくるものということである．こうして，ラボアジェにより，水は H_2O となった．フランス革命でギロチンにかけら

1

れた彼の墓碑銘は【H_2O】である．彼らは「軽い爆発性の気体である水素と酸素が2対1の割合で結合すると水になる」という事実を立証した．こうして，H_2O は科学が物質の原子的な性質をつかむ突破口になったのである（コラム2参照）．

さて，新しく誕生した惑星の地殻が固まると，多量の分子状態の水素が岩に閉じ込められ，火山活動によって多くの元素が解き放たれたとき，純粋な水素も大気中にほとばしり出る．この燃えやすい気体は，岩の割れ目から放出され，地震で砕かれた岩から出た酸素と衝突する．結合していないHとOは，反対の電荷をもっているから，いつでも静電気的な引力が働き水素が酸素により燃える．水素が酸化されるのである．燃えるとふつうは灰が残るか気体となって空中に消える．鉄が酸化されると赤いサビとなる．水素が酸化されて（燃えて）できる【灰】が【水】である．火山活動によって地殻深くの岩のなかから水素ガスを放出しているところでは，このような現象はいまも起こっている．地下深くの岩穴から吹き上げてくるHと空気中を渦巻くOが衝突すると，無数の水素と酸素の原子が一緒になり，水をつくるカオス状態ができ上がる．こうして，10億年ほど（地質学的時間）をかけて，海盆を満たしていったのである．そして，この水の

コラム ❶ 水の出現と生命の誕生

太陽系ができる過程で，宇宙塵のぐるぐる渦巻く帯電した粒子の雲は，放射線と磁気エネルギーのカオスであった．その内部の温度は数千万度に達し，熱核反応が始まり，水素の核と他の原子が激しく衝突した．これが太陽の輻射のエネルギー源である．しかし，宇宙塵雲のうちで惑星地球となった部分は太陽に比べれば，それからはるかに遠くの取るに足らないものであった．地球となる宇宙塵雲は，猛烈な攪乱運動を起こし，そこでは無数のイオン粒子が無数の原子とぶつかり，水素がヘリウムに変わり，窒素に変換され，連鎖反応が無限に長い時間を経て，多種多様な元素を生み出していった．この塵雲が冷却すると表面が固まり，太陽と一体となった他の惑星とともに，軌道を描くようになった．

宇宙塵雲の猛烈な磁場が無限の時間をかけ静まると，物質は固まり岩石の結晶に化した．こうして，水素の一部が宇宙空間に散逸する前に捕まえられた．岩に閉じ込められた水素は，炭素・ケイ素・リン・硫黄・鉄・マグネシウム・カリウム・ナトリウムなどの元素と結合したように酸素とも結びついた．岩に閉じ込められた水素のほかに，生まれたばかりの地球は，その大気中の軽いガスの中に，多量の水素を蓄えていた．それは，有毒なメタンガスやアンモニアガスとして炭素や窒素と結びついていた．

地球の芯は，重い鉄とニッケルで，表面には，陸地を作る軽い岩，すなわち花崗岩（半分は酸素で，外にケイ素・アルミニウム・マグネシウムなどを含む）やさらに軽い石灰岩（カルシウム・炭素・酸素を含む）が浮かんでいる．窒素・炭素・酸素それに水素は，原初の大気中に漂っていた．生命はまずこの表層に宿り，身近に最も大切な多くの元素を見つけた．

次いで，2つの偶然から液体の水が現れた．地球が冷えて，地殻ができ軌道を回る惑星となったとき，酸素と結合できるように軽くてふわふわした水素を引き付けておくだけの重力をもつ「ちょうどよい大きさ」になった．そして，平均温度が水の氷点と沸点の間の非常に狭い範囲におさまる地球が太陽から「ちょうどよい距離」の軌道に乗った．地球は，宇宙の力が

すべては，目に見える水，見えない水蒸気，目に見える雲中の水滴の3つの状態を永久に繰り返し，わずかでも増えたり減ったりすることはない．そして，地球の水のかなりの部分は，一時，氷河や極氷という第4の状態に固定されている．こうして，地球の水の量は一定である．最近の気候変動による氷河や極氷の融解は先の3つの状態量が増加したことになる．したがって，毎年ほぼ同じ降水量があり，雨・雪の地理的な分配量が，風の気まぐれや海の移ろいで変化するという，単なる統計学的な乱れ現象ではなく，乱れの極端化を伴う分配の構造変化を起こしているとみることができよう．先の3つの状態量の総量が増え，状態間のフラックスが変化しているのである．このような地球規模での気候変動も，21世紀が「水（資源の争奪）の時代」といわれるゆえんである．これらの議論を10章の水資源コンフリクト事例の特定化で詳しく考えることにしよう．

さて，以上の水とは何かという地球物理・地球化学の自然科学史的側面から，次に人文科学史的側面から人類の創生神話における水を眺めてみよう．

うまくはたらきあった特別のものである．原子核破壊装置として，いろいろな元素を創り，これらが化学結合して分子を創り，それが結晶して岩石の地殻となった．その間に，生きた細胞に必要な他の元素とともに，大量の酸素と水素が地表や大気中に捕捉されたのである．しかし，これだけでは生命のような現象は起こらない．地球をとりまく海が必要であった．

地球が冷えて，地殻ができるくらいになると，燃えたぎる溶岩流に引き裂かれた玄武岩の荒地のくぼみに水が集まり，水は蒸気となって熱を空気中に発散するようになった．水蒸気は地球の最初の大気であったメタンやアンモニアと混ざりあい，冷却が始まった．そして，火山は静まり，冷えた領域が広がり，水たまりが湖になり，川が流れ，水が地球を覆い始め，海が広がり始めた．数億年前には海の藻類が大気中に遊離酸素原子を送り込み，はじめの有毒な大気を呼吸可能な空気に変えた．海が広がるとともに気温も緩和され，水は火山の蒸気として噴出した．そして，冷えた大気中に厚い雲が形成され，絶え間ないどしゃぶりが続き，海の水位は上昇した．

生物の進化は海水の組成の進化から始まったといえよう．火山や岩石の深みから噴出しあるいは豪雨によってもたらされた水は，有機元素を岩石から溶出させ大気から洗い出した．こうして，海水は塩分を含む特殊な状態になった．宇宙塵の渦の中でできた生命体を形成する素材としての諸元素が溶出され，海という混合装置で，衝突・結合・分離を繰り返し，毎秒数百万の組み合わせが作られ，不安定な分子を創った．水の原子は，その特異な力を生かして，生きた細胞にとって適切な場に適切な分子を集め，組織し，育てていったのである．つまり，水は生体の要素が一定の相互作用をもつシステムを創り出したのである．このシステムは地球規模の水循環システムかもしれないし，海流システムあるいは大陸の河川システムかもしれない．また，動物の体内の血液循環システムかもしれないし，生きた細胞内部の微視的システムなのかもしれない．

コラム ❷ H_2O の発見とドルトンの法則

　水は，18世紀前半の近代史にいたるまで，古代の元素・水であった．そのころ水素と酸素は，爆発性の気体であることは知られていたが，水との関係は気づかれてはいなかった．1784年1月に連合王国（英国）の化学者ヘンリー・キャベンディシュは「水に電流を流したらなにが起こるか」という実験で「水が消える」という結果から，「水は元素としての水でない，水は（少なくとも火花の中で空気に変換される）可燃空気である」とロイヤル・ソサエティ（英国学士院）刊行の論文で発表した．このとき，「この可燃空気が水素と酸素が2対1の割合で混ざったものである」ことを発見していたのである．水分子は水素と酸素がしっかり結びつき，ほとんど壊すことができないくらい強く一体となったものである．それは，20世紀の科学が発見した放射線と電気分解によって，はじめて分解されたものであった．このとき，1784年4月に蒸気機関の発明者であるジェームズ・ワットが同じことを論文に書いた．彼がキャベンディシュに出し抜かれたことで「ひどく頭にきた」ことは有名な話であるが，化学史では両者が発見者として同等の名誉が与えられている．

　「キャベンディシュのいう可燃空気とは何か，特殊な水蒸気なのか」という問題に対し，数学・植物学・化学で名声を博していた，アカデミー・フランセーズ（フランス学士院）のアントワーヌ・ラボアジェは，やはり実験により「ちがう．水素である．」ことを証明した．つまり，彼は，水素というのが，この水の元素の1つである正確な名称であると説明したのである．こうして，ギリシャ語の水という語 hudor に「生じる・作る」という意味の genero の略語を合わせて「水素 hydrogen」という言葉ができたのである．水素とは水を作るものということである．こうして，ラボアジェにより，水は H_2O となった．フランス革命でギロチンにかけられた彼の墓碑銘は【H_2O】である．彼らは「軽い爆発性の気体である水素と酸素が2対1の割合で結合すると水になる」という事実を立証した．こうして，H_2O は科学が物質の原子的な性質をつかむ突破口になったのである．

　では，水素と酸素を結びつける力とは何かという疑問が浮かんでくるであろう．連合王国（英国）の色覚異常の化学者ジョン・ドルトン（1766～1844）は，化学へ原子概念を導入して科学的原子論の基礎を築き，これから倍数比例の法則を導き出した．古代ギリシャの原子論を受け継ぎ，「各元素はそれぞれ一定の化学的性質および一定の質量を有する原子からなり，化合物はこれらの原子が結合した分子からなる」ことを実証的に確立し原子説を唱えた．また，1801年に発見した気体の分圧に関する法則はドルトンの法則と呼ばれ，「数種の気体を混合した混合気体の圧力は，成分各気体がその混合気体と同温同体積において示す圧力の和に等しい」というものであった．ドルトンはキャベンディシュがガラス管の中の水の消滅をみていたときは，まだ18歳の教師で，1年生の子供に「英語・ラテン語・ギリシャ語・フランス語・書き方・算術」を教えていた．ドルトンがそれぞれの元素の記号体系を提唱したとき，彼は化学者ではなく哲学者とみなされていた．彼の原子論に関する最初の報文は『化学哲学の新体系』という題で1808年に出版されている．水にきっかけを与えられたドルトンは，その後近代化学の基礎を築き上げることができたのである．

1.1.2 メソポタミアにおける水と緑の神話

(1) 水と緑の起源[2)~4)]

ここでは,メソポタミア神話における水と緑の起源をみてみよう.いわゆる「生命の水」の神話を創りだしたのはシュメール・アッカド人で,水神エア(エンキ)が「生命の水」を管理していた.水神エアはこれだけではなく,人類創造神話,不死神話,洪水神話,天上覇権神話で主役もしくは主役を補佐する重要な役割を演じている.こうしたいくつもの神話は,メソポタミアからまとまって東西世界へ少しずつ浸透していったようにみえる[5)].西に向かっては,聖書,ギリシア,スキタイ,ケルト,北欧神話に波及し,東に向かっては,インド,中国,東南アジア,東アジア,シベリアの神話にその余波が達している.

明らかに,旧約聖書の「創世記」の起源となったこの水神エアの神話では,妻ニンフルサグの生命に必要な水の要求にエアが応え水を湧き出させ,エアと孫娘の交わりが緑の起源となったと語られている(コラム3参照).

(2) 森林破壊の神話[2)6)]

人類が文字を使用して書き残した最古の物語であるアッカド語の『ギルガメシュ叙事詩』にはウルクの半伝説的王の話が書かれている.それによれば,人類の都市文明の誕生が森の大規模破壊をもたらし,最高神エンリルがいらいらしながら森の神フンババに森を守らせているにもかかわらず,そのフンババが殺害され,ギルガメシュがさらなる森の破壊を行い,最高神が激怒し,人間に7年間の飢餓を引き起こしたと書かれている.

なお,メソポタミアを含む世界四大文明における水の重要性については11章の水辺の歴史的変遷の神話にみる水の要約で説明することにしよう.

1.1.3 日本人の水と緑にまつわる信仰[8)~10)]

私たち日本人が「山」という言葉を使うとき,ほとんどの場合「森」も含めて考えているようである.例えば,山火事は「山の森の火事」であり,山の神という場合「山の森の神」*を意味している場合が多い.私たちが普段眺める山々はほとんど森の緑に覆われているから,これは当然のことである.山の(森の)神は猟師や木こりの神と農民の神に分かれ,後者の神は春には山から下って田の神となり秋の収穫後に山へ帰る.

記紀神話の倭健命(ヤマトタケルノミコ)は,伊吹山の山の神を取り押さえに行ったとき,山の神の降らす氷雨と霧に巻かれてさまよい病気になって死ぬという物語である.山の神は,古事記では白猪で,日本書紀では大蛇となっている.このことからも,古代

---

*ただし,山岳信仰は山の火山性や地形を崇拝の対象としている.

コラム ❸　水神エアの神話

　水神エアは地上における生命の主宰者で，運命の決定者・生命の授与者・社会の創造者で，すべての難問に策略や奸計，知性で答える者でもある．人間が野獣のような無法な方法で生活していたはるか昔に，一部は人間で一部は魚であった双頭の神エアはペルシャ湾の奥まりに，小船に乗って現れた．そして，人間に手工芸・耕作・文字・法律・土木建築・魔術を教えて，ユーフラテス川とティグリス川に沿った湿地帯に住んで一族を支配し，すべてが金属と珍しい石でできた「深淵の館」と呼ばれる神殿を建てたという．

　祭司たちはエアの浄めの神としての力を象徴的に示す浄化の祭儀を執り行うときに，しばしば魚の形をした衣服を身につけた．エアのアッカド人の称号は「水の家の主」を意味していた．この水とは，シュメール人によってアブズと名づけられていた地下の甘い水（淡水）のことである．

　現在では，ペルシャ湾にあるバフラインと同一視されているディルムンに水神エアは妻ニンフルサグ（大地母神）とともに住んでいた．そこは幸せな場所で，動物は互いに傷つけあうことなく，病気も老齢も知られていなかった．欠けているのは甘い水だけだった．

　エアは創造神ではないが，生命を与え，世界を整える神である．彼は清らかな妻ニンフルサグとともに寝起きをしていた．ある日，彼女はエアを呼び，生命に必要な水を求めた．エアは答えた．「太陽が1回転すれば，甘い水（淡水）を運んでくれる．そして，お前のために，お前の広大な土地に水を湧き出させるだろう．」

　エアは妻と交わり，続いて娘と，さらに孫娘とも交わった．彼だけが生命全体の源だったからである．妻は孫娘に，交わる前にエアに果実を求めるように指示した．こうして，エアと孫娘の交わりは緑（植物）の起源となった．

　しかし，エアは植物に寿命を与えるのを忘れ，妻が創り育てた8種類の（禁断の）植物を貪り食ったとき，争いが生じた．彼女は死の呪いを彼に投げかけ，病が彼の体の8つの部分を襲った．極端なまでに衰弱してしまったエアを哀れみ，配偶者の苦悩を癒す8柱の神々を創造し，夫に「命のまなざし」を向け，衰弱から立ち直らせた．

　この神話は，明らかに旧約聖書の「創世記」の起源となっている．アダムの妻のエヴァとエアの脇腹を癒すために創造された「肋骨の貴婦人」ニンティとはある種の共通性をもち，エヴァが禁断の果実を食べる話はエデンの「生命の木」がエアが食べた植物を思い出させる．生命の木という表現はないが，儀式の中心的役割をもつ神聖な木「キスカス」が「アブズの上に植えられて」いたことが知られている．

　人間の創造に関するシュメールの神話は，食物を得ることがいかに困難であるかを神々が嘆くことから始まっている．眠りから覚めたエアは，召使いが欲しいという神々の要望に応えて「粘土」から人間を造り，シッパルの王ジウスドラに大洪水の警告を与えた．神々は自分たちの召使いである人間がうるさいので飽き，地上の人間を絶滅させることを決めたのである．メソポタミア神話では「水と緑の起源」が以上のように語られている．

コラム ❹　シュメール時代のギルガメシュ叙事詩

　人類が文字を使用して書き残した最古の物語であるアッカド語の『ギルガメシュ叙事詩』には，ウルクの半伝説的王の話が書かれている．それは，アッシリア帝国最後の大王アッシュール・バニパル（BC669～626）が熱心に収集した楔形文字で書かれた古文献の中の1つであった．1872年大英博物館のジョージ・スミスにより，この叙事詩は粘土板の破片から12枚の粘土板に復元された．この叙事詩は，遅くとも新シュメール時代のBC3000年紀末には成立していたとみなされ，BC12世紀ころのバビロニア時代にアッカド語で書かれたものである．叙事詩の主人公ギルガメシュはBC2600年ころのメソポタミア南部の都市国家ウルクの実在の王である．

　女神と人間の結合（おそらく新年の祭りの中で行われる支配者と身分の高い女祭司との聖婚）から生まれたので，2/3が神で，1/3が人間であるといわれていた．この叙事詩では，ギルガメシュは威圧的で性的な非行を行いがちな暴君として描かれ，人々は神々に助けを懇願し，地母神アルルが，唾と粘土からエンキドゥと呼ばれる毛深い草食の野生の男を大草原に造り上げた．その知らせを聞いたギルガメシュは，肉体的快楽を知らないエンキドゥを罠にかけるため，神殿の巫女（聖なる売春婦）[7]を送るよう命令した．女はこの野生の男を洗練された手管で扱い，ギルガメシュを倒すという彼の野望を萎えさせた．こうして戦いはエンキドゥの敗北に終わり，英雄たちの生涯にわたる友情が始まった．

　この2人は一緒になって冒険を始めた．この冒険のはじめに森の神，火を吐く巨人フンババのことが書かれている．

　南メソポタミアの低地のウルクはすでに森が少なかった．都市を造り，神殿を建て，青銅器の鋳造や土器を焼くためにはどうしても材木が必要であった．

　シュメールの最高神エンリルに命ぜられた半身半獣のフンババは，梢を高く聳えさせるレバノン杉（主として古代地中海のクレタ島，ギリシャのミケーネ，そしてエジプトへレバノンから輸出されたためにレバノン杉と呼ばれているが，ユーフラテス川上流，例えば現在の東トルコのクルド人地域もこの杉に覆われていた．）森を守っていた．ところがある日，ウルクの王ギルガメシュが，自らの王宮建設のため強力な青銅製の手斧をもってやってきて，レバノン杉を切り始めた．怒り狂ったフンババは，嵐のような唸り声を出し，口から炎を吐きながら，ギルガメシュに襲いかかった．しかし，ギルガメシュと同行していたエンキドゥは手ごわかった．フンババは死の直前「お前の望むだけの木を与えるから」と命乞いをするがエンキドゥは無視するようギルガメシュを強要し，フンババは頭を切られ惨殺された．ギルガメシュとエンキドゥは，高く聳えるレバノン杉を切り倒し，筏に組んで，ユーフラテス川をメソポタミア南部の都市国家ニップルに向けて流した．屈強の森の神フンババは，文明を手にした人間の王ギルガメシュに敗れたのである．森の神フンババの殺害を知ったエンリルは「大地を炎に変え食物を火で焼き尽くす」と激怒する．天空神アヌは人間に7年間の飢饉を引き起こし，エンキドゥに死を与える．この後，独りになったギルガメシュは，後の旧約聖書「創世記」のノアになる．大洪水で生き残り不死となったギルガメシュの祖先ウトナピシュティムに苦労して会い，自分が1/3人間で死すべきことを思い出すなど興味ある話が続く．

の人々は「山は動物の体であり，「森」はその皮であると考えていたようである．

　獣である山*は，その全身を覆っている毛皮の色を季節によって変えた．春から夏にかけて，緑は白みを帯びた色から始まり日増しに濃くなっていく．秋がやってくると，いきなり燃え立つような赤や黄色に変わり，冬が近づくと木の葉は落ち山全体が灰色がかった茶色のみすぼらしい姿になり，ときおり真っ白な毛皮をまとう．私たちにとって，山は生きている．古代人もきっとそうではなかったか．「山」と「森」を一体とした表象をも，私たちは「緑」と呼ぶことにしよう．なお，ここでいう『表象』とは，【知覚に基づいて意識に現れる外的対象の像】で，「山と森が一体化した四季折々にその色を変える緑」であり「evergreen の緑」ではなく『心象 mental image としての緑』であることを断っておこう．山稼ぎ人（山で伐木，採炭などに従事する人）にとって，山に生える樹木は山の神の所有物とされ，また，特定の樹木には山の神が降ると信じられている．この特別な木を伐ることはタブーであり，触ることさえ許されないものであった．神の木以外の木の伐採のときでも，山の神の怒りを買わないように慎重に儀式を行っている．山の神と田の神との関係を述べれば次のようになる．森や木と関わる山の神が，田畑を耕す農耕民の地神や植生神，すなわちその祭場の特徴が木や石であるような神と同一視され助長され，農耕民の儀礼の多くが山の神の儀礼に転用されたのである．つまり，山の神は田の神に飲み込まれたのである．以上の準備をもとにして，以下では水と緑の信仰をひも解くことにしよう．

　日本人は水田農耕を通じて，雨・水がいかに大切かを感じ，雨・水の信仰が生まれた．水の恩恵と脅威への恐れから水を「水神」として崇拝し，水に神が宿り，水は神である

> **コラム❺　箸墓伝説**
>
> 　日本書紀の箸墓伝説による三輪山のヌシは蛇であり，以下この伝説を述べることにしよう．三輪山のオオモノヌシは毎夜恋人ヤマトトビモモソヒメの明かりを消した寝間を訪れ愛を交わした．ある晩，モモソヒメはオオモノヌシに「一目でいいから，明るい日の下であなたの顔をみたい」と頼んだところ，彼はしばらく考え，「私の姿を見ても決して驚かないという約束なら，明朝私はあなたの櫛箱の中に入っていましょう」と悲しげに答えた．運命の朝，ヒメが櫛箱を開けると，中から小さな蛇がかま首を持ち上げ，ヒメは驚きのあまり大声で叫んでしまった．すると，蛇はたちまち輝くばかりの美しく凛々しい若者になり，「あなたは約束を破り，私の素性に驚き，恥をかかせました．私もあなたに恥をかかせましょう」といって，オオモノヌシは空を翔けて三輪山へ帰ってしまった．モモソヒメはがっくりとしてその場に座り込んだところに箸があり，大切な陰部を突き刺して死んでしまった．オオモノヌシの言葉どおり，恥ずかしい死に方が与えられたのである．人々は逢坂山から石を運んでモモソヒメの墓を作り，その墓は箸墓と呼ばれるようになった．なお，この箸は蛇を象徴していると解釈されている．

---

*日本の山々が季節感のない針葉樹に覆われるようになったのは，ここ150年ぐらいのことである．

と考えた．日本人は，水源神として，まず山の神を信じた．古代では山は雲の出るところと信じられ，雲は山の岩から出ると思われていた．岩は「雲根（くもね）」と呼ばれ，神霊も岩に宿るという信仰は「巌座（いわね）」といわれ，典型的なものは奈良の三輪山である．三輪山には巨石があって，山全体が御神体になっている．

　日本が深い森に覆われていたころ，蛇はその森の主で，蛇信仰は健在であった．いまでも蛇を御神体とする神社にお参りしている．どこの神社にもある注連縄（しめなわ）は雄と雌の二匹の蛇が交合している姿を表象*している．したがって，神社にお参りすることは無意識に蛇信仰を行っているということになるだろう．三輪山のオオモノヌシを祀る奈良県桜井市の大神（おおみわ）神社には，巨木「巳の神杉」があり，その洞に大蛇が生息しているといわれている．人々はいまでも酒や卵を供えてお参りしている．つまり，蛇は「水と緑」の神とみることができよう．なお，東南アジアの（インド起源の）水神ナーガ[11]や東アジアの龍が信仰され，これらも蛇を起源とする信仰に分類されよう．また，日本とまったく同じ注連縄をヒンズー教の島バリ島でも見たことがある．

　江戸時代まで森の食物連鎖の頂点に立っていたのは狼だった．埼玉県三峯神社に狼の彫像がある．人々は狼を，畑を荒らす害獣を退治してくれる神として崇めたのかもしれない．日本では，江戸時代以降の大植林で原生林や雑木林が壊滅的に減少し森の生態システムが破壊された．このため1905年日本狼は絶滅した．狼信仰はほとんど知られていないが，狐信仰，つまり稲荷信仰はいまも盛んである．狐は春先に山から里に降り，秋の収穫が終わると再び山に帰る．しかしながら，京都の鴨川源流の岩屋山志明院では，近年狐の姿が見えなくなっている．この原因は鹿害で，森の熊笹などの下草を食べつくし，狐の餌になる小動物がいなくなったからである．

　さまざまな暮らしのなかで水の恩恵にあずかった日本人は，その水を一族の信仰の対象として生活に取り入れるようになってきた．つまり，自分たちの暮らしに水の精霊の力をもち込むようになってきた．いわゆる大阪の住吉三神，福岡の宗像三神が代表で，大分の宇佐八幡ももともと水の神であり，港や海そして川の守り神として信仰が広がっていった．平安京遷都が行われたとき，京都盆地の入り口の淀川沿いに，この水の神をもってきて，海と海から川をつたって寄せる悪霊を防いでもらう呪術を信じて祀ったのが岩清水八幡宮である．人々は毎日海や川に接しているので，水に対する強い恐れと敬いの気持ちを大切にして，神の加護を願い，一族の結束を固めていたのである．こうして，日本では古代から今日まで水には神が宿るとして敬い，水や自然と敵対するのではなく調和を図ろうと努力してきたのである．古代では，草や木の一本一本に神が宿ると考えられていたが，水の神を最も大切なものと認識していたのである．

　水は生活に密着したものであるから，当然水神たちは私たちの生活の近いところに存

---

*具体的な絵や石刻は男女の人面をもつ蛇でインドオリッサ州のコナーク寺院や中国でよく見られ，特に中国では女の人面をもつ蛇は女媧と呼ばれている．

在し，近くに存在する川や井戸や滝などに人々は神の姿をみ，敬ってきた．有名な和歌山の那智の滝の信仰も水神信仰である．滝の修行が始まったのは約1300年前のことであり，ご神体は滝そのものである．熊野灘を航海する人々にはよい目印であり，水災害を防ぐためにも，その信仰が広まっていった．浄土信仰が盛んになってきたとき，この那智の滝を観音浄土へ通う道だとして，貴賎に関係なく多くの人々がここから身を投げて浄土を目指した．平家物語の平維盛もこの滝から入水し極楽へと向かったのである．那智神社は滝を中心とする水の信仰で，熊野本宮は熊野川を中心とする水の信仰で，熊野新宮は海の信仰である．熊野三山は水の信仰から起こったものである．

井戸も身近な水の神としての信仰対象となっている．奈良の香具山のふもとに，神話に出てくる泣沢女神を祀った，拝殿と泣沢という井戸があるだけの神社がある．この場合，井戸そのものが女神の宿るご神体である．

出雲神話の「八岐大蛇」も，8本に分かれた河川（斐伊川）を意味し，川を古代人は大蛇とみたのであろう．また，秋田の田沢湖畔にあるたつ子像にはその女性が魚を食べ水神になったという民間説話がある．

元旦の朝早くにくむ水を「若水」という．若水を神棚に供え，元旦の神への供物や家族の食事の用意をするための水にし，口をすすいだりお茶をたてたりする．大晦日に行われる京都の八坂神社のオケラ参りは，若水を煮るための火種を持ち帰る歳時である．若水くみは，水がもつ魂を若返らせる霊力を用いて，自身の若返りを図ろうとする年ごとの繰り返しの再生のための儀式である．また，死ぬときの「末期の水」は死後の世界に向けての再生の儀式である．つまり，いままでの生の期間のこの世の穢（けが）れをとり，体は死ぬものの魂が新しい世界に向けて復活するための水である．ただし，墓参りに行って墓石に水をかけるのは仏教の教えによる．仏教では餓鬼道という世界があり，そこでは常に水が不足しており，先祖の亡者の誰かが乾きで苦しんでいるかもしれないので，どうかそんな苦しみから早く楽になってください，早く渇きを癒（いや）してください，という意味で墓に水をかけるのである．

古代人にとって水は恐ろしくもありありがたいものであった．過ちを犯したら，人に対してではなく神に対して償いをした．このとき神との媒介になるものが水で，罪で汚れた体を水で洗い流して禊をし，熱湯の中に手を入れて罪を犯したかどうかを占った．やけどをすれば嘘をついたとして罰せられるのである．水は生命を左右する重大なものであった．なお，蛇足ながら，熱湯に手に入れて犯罪の証拠とする制度は，ヨーロッパの魔女裁判でよく行われていた[12]ことを付け加えておこう．

京都では「鴨川の水で産湯をつかい」という言葉がある．古代では水とお湯は同義語であった．生命に関して大事なときに用いる水は禊（みそ）ぎである．禊の祓いは凶事を祓うときが多いが，逆にみれば吉事を待望しているためでもある．産湯はこれからの生命を祝い，再生された魂を寿（ことほ）ぐための儀式であり，若水，末期の水と同じ性質のものである．鴨川の水は常世から流れてくる水で，禊のための水である．だか

ら，天皇家が産湯に使うので，最上流の「雲が畑」の人々が不浄のものを流さないように1000年も生活してきたのである．このように，生命を司る水は人生のサイクル，転生のサイクルをめぐり，生命はめぐり，生まれ変わり，人の魂に終わりはないという信仰につながってきた．

　以上のような神話や物語，そして慣習が生まれた背景や身近な水神を考えた心理からいえることは，古代や中世の人々が水との共存を強め，水を尊び，恐れ，そして水を観察し，水を利用して知恵を磨き，生活を発展させるもとになったということであろうか．

　こうして，私たちの「水と緑の計画学」では，水の信仰という文化的側面を無視するわけにいかなくなる．これらの文化の議論を11章で具体的により深め，1.7節の計画方法論のメタ要素として導入し，5章と6章の参加型水辺計画における環境評価システム構築の際に具体的な評価項目として考えることにする．

　このために，これからの新しい「水と緑の計画学」の基本的な視座を考えることにしよう．まずは，環境の価値をどのように評価するかということである．ここでは，環境経済学的評価ではなく，四季の移ろいなどを感じる私たちの感性（主観的環境認識）を前提とした，より総合的な環境心理学的評価法を考えることにしよう．具体的には，「水と緑」（例えば水辺）に対する感性（主観的環境認識項目）に着目した印象により「水と緑」（水辺）「像」を構成し，水辺空間における周辺山々の「心象の緑」をも含む環境評価である．つまり，私たちの誰もがもっている五感を中心とした『感性評価の視座』である．次に考えなければならないことは，人が「水と緑」の何に，例えば嬉しいときや悲しいときに，すっぽりと環境【シェルター（避難場所）】に包まれるような水と緑を考え，そのための（いわゆる）ガバナンス論が有意であるか有意でないかを考える『マネジメントの視座』である．これらの議論を1.3節で行うことにしよう．

1.2 水と緑の遊びと感性

1.2.1 子供たちの遊び

　水と緑は人間に，精神的にも肉体的にも，遊び（思うことをして心を慰めること）行動を通して強い影響を与え続けている．

　1938年に『ホモ・ルーデンス（遊び人間）』を著した，オランダのヨハン・ホイジンガ[13]は文化の根底に遊びを見出し，「文化は遊びの形式の中に成立した．文化は原初のころから遊ばれるものであった」と述べ，「遊びとは，あるはっきりと定められた時間，空間の範囲内で行われる自発的な行為もしくは活動である．それは自発的に受け入れた規制に従っている．その規制はいったん受け入れられた以上は絶対的な拘束力をもっている．遊びの目的は行為そのものの中にある．それは緊張と歓びの感情を伴い，またこ

れは〈日常生活〉とは〈別のもの〉という意識に裏付けられている.」

　この定義で空間を水と緑の空間と置き換えれば，この空間は上記の遊びを提供する場である．もちろん，遊びにはいろいろな分類の仕方がある．一般的には，例えば「競う，演じる，賭ける，感じる，作る」と分類することができる．また，水と緑に特に関係の深い「感じる」は，次のような行動で構成される．すなわち，「見る・聴く，触れる・触れあう，食べる・飲む・かぐ，ぐるぐるまわる・ぐるぐるまわす，(何かを)驚かす・怖がる，錯覚する，スリルを楽しむ，集める，とる，飼う・育てる，移動する，使う・消費する，与える，壊す・やっつける」である[14]．

　そして，水のある地形や環境は子供に非常に人気があり，また多様な水陸の野生動物を支え，すべてのレクリエーションの場の大きな美的構成要素になる．水はその感覚的性質，つまり音，手触り，状態の変化(水，蒸気，場合によっては氷)，濡れた感じなどによって遊びに非常に大きな価値をもっている．水は基本的な物質であり，子供(だけではないが)を引きつける限りない力をもっている．水は興奮させ，またくつろがせる．また，樹木と草本などの緑は，日除け，野生小動物の住居，豊かな感覚，ゆったりとした空間，境界があいまいな空間，隠れることのできる空間，そして親しみやすい雰囲気を与えてくれる．このような子供たちのための水と緑の水辺を創生するために，子供たちの絵画情報とアンケート調査から水辺のデザインクライテリア[15]を5.3節で考えよう．

　いま，子供に注目すれば，「国際遊び場協会(IPA)」はマルタ宣言(1977)で次のような採択を行っている．

① 遊びはすべての子供のもつ潜在能力の開発に欠くことのできないものである．それは栄養・健康・保護・教育などと同様に，子供にとって基本的に必要なものである．
② 子供は世界の将来にとって礎である．
③ 遊びは単なる暇つぶしではなく生活である．
④ 遊びは本能的なものであり，自主的なものであり，自然にわきおこるものであり，生まれながらのものである．遊びは探求であり，コミュニケーションであり，自己表現である．遊びは行動と思考を結びつける．
⑤ 遊びは充足感と成就感を与えてくれる．
⑥ 遊びは歴史やあらゆる文化に通じていていつも人間とともにあった．遊びは生活のすべての面に影響を与えている．子供は遊びを通して，肉体的に，知的に，情緒的に，社会的に発達する．
⑦ 遊びは生きることを学ぶ術である．

　この宣言は子供のものだけではないように思える．若い人にも，高齢者にも，いろいろなハンディをもった人にもあてはまる．水と緑が生活者のものであるかぎり，あらゆる人にとってオープンで，遊びの中心として，あらゆる人々に使い込まれるものであろ

う．

　こうして「水と緑の計画学」の参加形態は次の3つのメタレベルと4つのアクタレベルの3C・4Aで構成されることになる[15]．

メタレベル：Concern（関心をもつ），Care（いとおしむ），Commitment（関わる）
アクタレベル：まつり，あそび，なりわい，まもり

　メタレベルの「関心をもつ」は畏敬を，「いとおしむ」は愛憎を伴う場合もある．「関わる」は参加を意味する場合が多い．

　京都の鴨川の例では，以下のことがいえよう．すなわち，鴨川源流域の雲が畑，貴船・鞍馬，大原地区をはじめ，東山や市街地鴨川の水辺では寺社が多く存在し，その本来の水と緑の文化は「まつり」を中心に「あそび」「なりわい」「まもり」で構成されていた．江戸時代以来1990年ころまでの林業の発展により雑木林が失われ，明治以降の琵琶湖疏水の開発などの近代化により，流域の文化が変化し，多くの水と緑が失われた．「まつり」や「まもり」は地元の人々にとっては重要な宗教行事であるが，いまでは観光資源化し，「あそび」が大きなウエイトをもち，それがもたらす「なりわい」が経済的に重要になっている．このため，市街地からアクセスが悪い雲が畑地区では過疎化（あえて，限界集落と呼ばない）し，「虫おい」という伝統行事が消滅し，「松明上げ」の行事を行うのも困難になりつつある．一方，大原地区では，新たに「大原女（おはらめ）祭」が創作され，より観光色を強化している．市街地と上流域の社会的・経済的格差だけでなく，上流域にも格差が深刻になりつつある．こうして必然的に，「水と緑の計画学」は河川や森林だけの個別部分解を求めるだけではなく，総合的な都市・地域計画の枠組みで議論をしなければならなくなる．

1.2.2　雨・水にかかわる言葉[16]

　私たちは，言葉で［もの］を「感じ」，「考え」，人と「コミュニケーション」を図り，「悲しんだり」，「喜んだり」，そして「あきらめたり」する，ある種の文化的存在である．このため，日常生活では何でもない「雨」という言葉を再確認することによって，現代の都市生活を再認識することが必要となる．

　以下では，ことわざや雨に関する言葉を考察することによって，私たちの生活と雨との関わりが1つの文化様式を形成していることを確認しよう．

(1)　ことわざにみる「雨・水」の分類

　古来より，水は人間が生きていくためになくてはならないものであり，また人間が生きていくための恐怖の的でもあった．このため，水を例えにしたことわざが数多く残されている．ここでは，日常の会話や文章でよく使われている「故事・成語」と「ことわざ・格言」の中で，水に関するものを抽出し，その中で水がどのように「例え」として用いられているかを分析してみよう．

48個の「雨・水」に関することわざを複数の辞書より抽出し，「水」の機能に着目して分類すれば大きく以下の5つに分類される．すなわち，（動）（静）（容）（無）（性）である．
動：水流の激しさを例えたもの
　川を流れる水の勢いや急流・滝を例えたことわざには次のようなものがある．
　『浅い川も深くわたれ，河童の川流れ，暴虎馮河，身を捨ててこそ浮かぶ瀬もあり，浅瀬に仇波，懸河の弁，飛鳥川の淵瀬，一瀉千里，鯉の滝登り，山雨来たらんとして風楼に満つ，疾風迅雷，車軸を流す，青天の霹靂，鞭を投じて流れを断つ』
　いかにも白い波しぶきや，ゴーゴーという水流の音をイメージさせてくれる．
静：水の穏やかさを例えたもの
　上記に比較して，水の穏やかさを例えたことわざとしては次のようなものがある．
　『君子の交わりは淡き水の如し，行雲流水，光風霽月，五風十雨，知者は水を楽しむ，古川に水絶えず，水至りて渠なる，明鏡止水，落花流水の情』
　水のもつすがすがしさや，静けさを例えて，心のうつろいを表現しているものが多い．また，ゆったりとした流れからやさしさを感じさせる．
容：水のもつ包容力を例えたもの
　水は汚れを抱き込み，また来るものをやさしく包んでくれる雰囲気がある．
　『魚心あれば水心，河海は細流を選ばず，大海は芥を選ばず，源清ければ流れ清し』
無：水のむなしさを例えたもの
　激しさ，穏やかさ，やさしさがある反面，水にはどうしようもないむなしさもある．
　『石が流れて木の葉が沈む，井の中の蛙大海を知らず，遠水近火を救わず，渇に臨みて井を穿つ，端倪すべからず，百年河清を待つ，覆水盆に返らず，水清ければ魚棲まず，水に絵を描く，水は方円の器に随う』
性：人の性や心理を例えたもの
　根気，忘れっぽさ，意地っ張り，お調子者といった人間の性のたとえとして使われているものとして次のようなものがある．
　『雨だれ石を穿つ，雨晴れて傘を忘れる，雨降って地固まる，石に漱ぎ流れに枕す，餓鬼の目に水見えず，渇しても盗泉の水を飲まず，我田引水，雨後の筍』
　以上のようなことわざからも明らかなように，「雨・水」は私たちの生活ときわめて多様な形で密着した存在で，その物性や流れの特徴を例えて，人の細かい心理や生きていくうえでの貴重な規範や教訓を与えてくれる．しかしながら，現在の都市生活で，上述のようなことわざが実感できる環境のある都市が日本にどれくらいあるのだろうか．換言すれば，いま必要とされている都市環境の創造は，「雨水」に関してこのようなことわざが実感できる「感性」都市を目指すことではなかろうか．

1 水と緑の計画学序説

```
                降り方からみた雨の分類
```

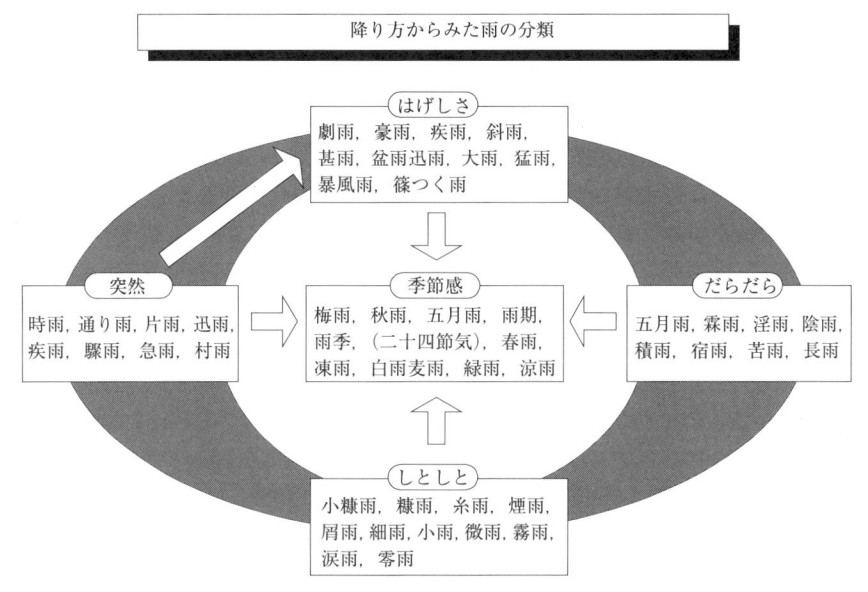

```
                    ┌─ はげしさ ─┐
                    │ 劇雨，豪雨，疾雨，斜雨，│
                    │ 甚雨，盆雨迅雨，大雨，猛雨，│
                    │ 暴風雨，篠つく雨 │
                    └───────┘
                         ↓
  ┌─ 突然 ─┐      ┌─ 季節感 ─┐      ┌─ だらだら ─┐
  │時雨，通り雨，片雨，迅雨，│→│梅雨，秋雨，五月雨，雨期，│←│五月雨，霖雨，淫雨，陰雨，│
  │疾雨，驟雨，急雨，村雨 │  │雨季，（二十四節気），春雨，│  │積雨，宿雨，苦雨，長雨 │
  └──────────┘  │凍雨，白雨麦雨，緑雨，涼雨 │  └──────────┘
                    └────────┘
                         ↑
                    ┌─ しとしと ─┐
                    │ 小糠雨，糠雨，糸雨，煙雨，│
                    │ 屑雨，細雨，小雨，微雨，霧雨，│
                    │ 涙雨，零雨 │
                    └───────┘
```

図 1.2.1　雨の降り方からみた「雨」の表現の分類

(2)　辞書にみる「雨」の表現の分類

「雨」はその降り方，時と場所によってさまざまな形容がつけられる．また，さまざまに形容される「雨」と「生活者」の関わりを表した表現も多い．そこで，複数の辞書を頼りにさまざまな「雨」の表現を約 200 抽出し，雨の降り方に関する分類と生活者との関わりを考察する．

1）　雨の降り方に関する分類

まず，現象としての「降り方」に着目すれば，図 1.2.1 を得た．雨の降り方は，大きく雨の強度（降り方）に関する表現（「はげしさ」，「しとしと」）と時間の長短による表現（「だらだら」，「突然」）に分類される．

古来中国からの伝承による漢字文化の特徴をあますとこなく発揮している様がみてとれ，実にさまざまな漢字を形容詞として用い，見るだけで雨の状況が把握できる．そして，これらのさまざまな雨の表現は，アジアモンスーン地帯の最大の特徴である梅雨期や台風期といった季節感を表す多様な表現を醸成している．また，主たる農産物が米であることから，米作りに関連した季節を表す言葉（二十四節気）の形成に関わっていると判断できる．

以上のことからも，私たちは，本来「雨」に関して非常に感受性が強い文化にはぐくまれた環境に育ってきたということができる．

```
┌─ 畏敬 ─────────────────┐
│ 苦雨，劇雨，豪雨，疾雨，斜雨，凍 │
│ 雨，氷雨，盆雨，猛雨，‥‥    │
└──────────────────────┘

┌─ 恩恵 ─────────────────┐
│ 雨乞い，祈雨，求雨，雨男？，雨風， │
│ 雨露，嘉沢，甘雨，喜雨，五風十雨， │
│ 十風五雨，恵雨，好雨，膏雨，慈雨， │
│ 翠雨，沢雨，霊雨．        │
└──────────────────────┘

┌─ 道具 ─────────────────┐
│ 雨樋，雨具，雨靴，雨傘，雨宿り，  │
│ 雨除け，雨衣，雨戸‥‥‥      │
└──────────────────────┘

┌─ 戦争 ─────────────────┐
│ 雨矢，弾雨，砲煙弾雨，血の雨．   │
└──────────────────────┘
```

図 1.2.2　生活者と雨との関わり

2) 生活者と雨との関わりを表す言葉

　生活者と雨の関わりを表す言葉としては，まず，「畏敬」が挙げられる．次いで，「恩恵」としての表現が非常に多い．そして，「道具」が挙げられ，最後に「戦い」を形容する表現がある．これらを図示すれば，図 1.2.2 を得る．

　元来，雨は「狂暴」である．生活者が，「もうやんでくれ」と願っても，大気中の水分が底を突くまで大地に降り続ける．生活者は，その間ひたすら屋内に閉じこもり（あるいは，安全な場所に避難して），農地や家屋が破壊されないことを祈っているのである．古来より，生活者はそのように狂暴にふるまう雨を「畏敬」の対象として認識し，狂暴な雨の様子を「苦」，「劇」，「豪」，…などといった形容詞をつけて表しているのである．

　一方，雨は大地に生活するもの（人間，動植物など生けるものすべて）にとって必要不可欠な資源であり，多大な「恩恵」を受けているのである．特に，農作物の成長に欠かせない恵みとしての雨の表現が非常に多い．農作物の成長に合わせて適切に降る雨をさまざまな形容詞をつけて表している．例えば，恵雨，好雨，膏雨，慈雨，翠雨，沢雨，霊雨などである．また，雨乞い，祈雨，求雨など，恵みの雨を求めるための行動としての表現も多々ある．

　三内丸山遺跡の発掘などでも明らかになったように，縄文時代からすでに人間は雨から自分の身を守る竪穴式住居を開発していた．雨をしのぐ雨具は，そのころから発達してきている．当時は家のまわりに濠を掘った簡単なものであったかもしれないが，現在

でいう雨水渠のはしりであったろう．以来，建物に使われた道具や，雨が降っている最中でも屋外で活動できるようにするための種々の雨具が開発されてきている．

また，雨の状態そのものを表すものではないが，雨の降り方の激しさをたとえて，戦いのすさまじさを形容する言葉として，図中のような言葉も生み出されている．

以上のように，よきにつけ悪しきにつけ，雨に関わる言葉は人々の生活に深く入り込み，空を見上げて一喜一憂する姿が目に浮かぶ．現代人が何か貴重な感性を失っているように思われてならないのは，私たちだけであろうか．こうして，都市環境の創生は，老若男女や社会的にハンディキャップを背負っている人々も含んだあらゆる生活者が季節を感じながら感性をはぐくみ，「人間性を回復する場」の時空間計画となる．

1.2.3 感性空間[17)18)]

現在よく行われているコンセプト化された空間デザインは，それを利用する私たちに，私たちの感性を意図的に誘導したり制約しているという「わざとらしさ」と専制が感じられるようになってきた．例えば，どこの都市河川の水辺もマニュアル化されていて金太郎飴的な感じがするのは私たちだけであろうか．このようなどこのコンセプト空間も似たり寄ったりのマニュアル型デザインが多いことを批判し，設計者のコンセプトの押しつけから脱却し，私たちの感性が全開する感性空間とは「何か」をこの節で議論することにしよう．

(1) 五感と感性

ある環境（例えば水辺空間）で「なんだか落ちつく」という言葉の意味を考えることにしよう．「この空間で私は落ちつく」と「この空間は私にとって落ちつく」は同じ意味をもっている．「私」も「空間」も主語であり，これは「落ちつき」が「私」と「空間」の関係そのものであることを示している．「落ちつく」という表現を用いることができるのは，私と空間の関係を私自身が感知し，それを「落ちつく」という言葉で表現するからである．このことから，「落ちつき」をとらえる感性は，主観と客観という近代ヨーロッパの二元論的な対立図式を超える領域にあることがわかる．

ヨーロッパの歴史では，感性は，外界からの情報を受け，その情報を知性に伝えるものにしかすぎず，知性や理性より劣るものと見なされてきた．感性は，人間の欲望に近く，知性や理性によって支配されるべきものという考えが主流であった．そして，ヨーロッパ的な感性は，合理的な価値判断では重要な役割を果たさないか，あるいは理性的判断に対立するものである．この考えに反旗を翻した小説や絵画の名作（といわれるもの）がヨーロッパで続出したことは，例を挙げるまでもない周知の事実である．また，日本の浮世絵がヨーロッパ絵画に大きな影響を与えた事実を考えるとよいだろう．私たちにとって，感性が豊かであることは人間の自己実現にとってなによりも重要なものであろう．

日本の絵画表現には，空間と身体との相関を示唆する要素が濃厚に現れているものが多い．広重の浮世絵の中には，空間の中に位置する構成要素を構造化しつつ霧とか雨という大気の触覚的な「しっとりとした」空間を現す感性的空間があり，源氏物語絵巻の「あはれ」の空間も感性的空間である．これらの感性的空間では，空間とそこに描かれている物や人物，そして，鑑賞者を全体として包み込む感性的な雰囲気が満ちあふれている．鑑賞者が「しっとり」した気分や「あはれ」の感慨を抱くとき，絵画空間と鑑賞者をつなぐ何かがはたらいている．これを「感性」と呼ぶことができよう．

　ヨーロッパの哲学では，プラトンやカントのように伝統的に，感性は理性の下位に位置づけられ，不確実であいまいな認識しか与えない能力，あるいは理性的認識に素材を提供する能力として考えられてきた．ロマン主義では，理性に対する感情の優位が唱えられてはいたが，感性的な認識は理性的・合理的な認識に対立する主観的なもので，客観的な認識に劣るとされていた．「しっとり」というようなあいまいな認識は非合理的で科学的認識ではないとされていたのである．ヨーロッパ的な感性は，合理的な価値判断において，重要な役割をもたないか，あるいは理性的判断に対立するものであった．俗にいう「プラトニック・ラヴ」は感性を排除した新約聖書におけるアガペー（「絶対愛」あるいは「普遍愛」）に近く，感性に依存するエロスに対して優れたものであると公には信じられてきた．

　中国の哲学では，伝統的に「感」を次のように理解してきた．人間は宇宙全体を構成している物質的要素により形成され，人間の身体はもちろん精神的作用もこの要素からなる．この要素はそれ自体のうちにエネルギーの偏りをもち，この偏りが熱の偏りとして現れると，運動が生じる．熱くなったものは相対的に運動能力が高まり，冷たくなったものは相対的に運動能力が低くなり，静止する状態に向かう．この2つの状態は相互作用により宇宙全体とその中の生物を造り出す．この相互作用を「感」という．「感」は「交感」や「感応」という概念でも表現され，相互作用によって「感（うご）くこと」である．対立するエネルギー状態にある物質は相互に交感し凝集することによって宇宙全体をつくり出す．

　空間はこのエネルギーをもつもので満たされ，これを「気」と呼ぶ．気が拡散した状態が空間である．拡散した物質が凝集することで物質がつくり出されるから，物質は常に空間全体との相互作用のうちにある．人間もそのような物体のひとつであるから，身体も精神もこの気という要素によって成立している．人間は身体的形態を得ることにより外界から隔てられてはいるが，身体は空間の相互作用によって動かされ，これにより精神の働きが発生する．精神の働きとは基本的には「感（交感・感応）」で，この交感で内と外の区別が生じる．内に「自我」の意識が生まれるが，本来，これは常に外界の存在と運動と連動している．人間は自我の意識を固定化し実体化する傾向がある．自我の実体化は，人間の精神機能が自己の存在にとらわれた結果生じるものであるから，環境と人間との根源的連続性を正しくとらえていないといえよう．

人間以外のすべての生物も同じ働きによって発生する．生物の発生は，雄と雌，男と女という対立原理の相互作用によって成立する．これも感（交感）である．人間と宇宙，人間とすべての生物はこのような意味で連続している．エネルギーの偏りは空間の構造（天と地，上と下，東西南北）によって異なり，人間も生物もその空間の中に生体(the physical structure and material substance of an animal or plant)的配置をもつ．したがって，人間の生体的配置と精神をつくる要素のはたらきに応じて交感のあり方が決まる．交感がうまくはたらけば環境のありさまを正しく認識し，環境の運動に正しく対応できる．この認識は環境と自己の関連性についての認識を含んでいなければならない．人間の行為の適切さとは，環境と自己の対応関係が適切なものとなっていることであり，この基礎になるのが環境の状態に対する感応能力である．適切な感応は「感通」ともいわれ，自己と環境のあり方とが適合している状態である．人間と環境の関連の認識，行為の適切さ，環境の変化に対応する自己の変革と創造とは不可分な関係にある．

　環境に対する人間の感応能力の基本が五感である．五感は周知のように「視・聴・嗅・触・味」という感覚から構成される．人間も含む哺乳類の生まれたての赤子は，まず嗅覚・触覚という2つの感覚をはたらかせ母乳の味覚を知るのだろう．そして，聴覚で母体を認識し，しばらくして視覚で確認するのではなかろうか．これら五感の感覚作用は後の知性の端緒であるという意味で重要なことであろう．

(2) 視覚の専制と他の感覚の復権

　近代ヨーロッパ文明では，この五感のうち，視覚が独走し専制的支配的存在であった．このことは，近代科学技術の発展に大きく貢献した反面，見るものと見られるものの分離，主体と対象（客体）の分離を引き起こし，ひいては支配するものと支配されるものとの社会的分離を引き起こした．この典型的な例は人間の肌の色による人種差別として現れた．その具体的な例が，インド・ヨーロッパ語族とドラヴィダ語族という言語学上の概念を人種の概念にすりかえたヨーロッパの学者の罪は大きく，アーリア人＝白人＝バラモン階級という考え方（アーリア人神話；コラム6[19]参照）を提唱した．これは視覚の専制支配の具体例であると同時に第二次世界大戦勃発のヒトラーのイデオロギーの基盤となった．

　こうして，近代文明の視覚の独走，あるいは視覚の専制支配に対し，触覚の回復が要求され，ヨーロッパ的思考の限界に挑む『混合体の哲学』でミシェル・セールは触覚の復権，さらにルソーによって「精神的なものを少しももたない感覚」「肉体的，物質的で，想像力になんら語りかけない感官」として蔑まれてきた味覚や嗅覚の復権を試みている．ミシェル・セールの著書の面白い部分を抜粋しよう．【（味覚をなくした）死んだ舌のことを語ろうではないか，死んだ口が言う．おお，哲学者や学者たちの至宝，（演説をする）黄金の口なるわが双子よ，覚えているだろうか．規則reglesという語とリエットrillettes（豚または鵞鳥の挽肉をラードで長時間煮詰めたパテ）という語の語源はラテン語

のregulae（規定）であることを，デカルトよ，教えていただきたい．帰納法inductionという語と腸詰andouilleという語の語源は，俗ラテン語のinductileという語ではないだろうか．ベーコンよ，お教え願いたい．知的言語は，このようにして自分の権利を発展させたのであり，自分と類縁関係にある言語の中に，その共通の四つ辻，その2つの分岐する場が示されているのではないだろうか】

人間の認識能力の中で，触覚は環境（赤子にとって母親は環境そのもの）に触れる最も重要な能力であり，全身にはりめぐらされている．これに対して，視覚や聴覚は環境との相互作用によって環境の一部を切り取っている．視覚は顔面の情報だけを切り取り，聴覚は空間の一定方向の情報だけを選択する．視・聴・味は人間の基本的な欲求を満たすものであるため，逆に過剰な欲求，欲望の原因になる．これらの感覚からの情報が限定され，このため欲望が固定化されると，環境への適切な対応が阻害され，「落ちつき」を失った状態になる．嗅覚は，環境が好ましいかそうでないか，安全かそうでないかなどの感覚で他の4つの感覚を補佐している．

(3) **コンセプト空間から感性空間へ**

こうして，例えば大都市域の水辺では五感が全開できる水辺（遊び）空間が重要となるのである．目が自然を堪能でき，心地よい水の流れや風に揺れる緑の音を聴き，好ま

コラム ❻　アーリア人神話の捏造

インド・ヨーロッパ語の祖語はいったいいつどこでどのような人々によって話されていたかという問題の答えは出ていない．どの地方に発祥したのかわからないのだから，当然祖語がどのように拡散し，それぞれの地域で固有の言語を成立させたのかも推測の域を出ない．1859年，ヒンズーイズムの聖典「リグ・ヴェーダ」の翻訳を行っていたドイツの東洋学者のマックス・ミュラーは，インド・ヨーロッパ祖語を話すアーリア人が，東はインド西はヨーロッパまで広域に広がったという仮説を立てる．アーリアとはサンスクリット語で「高貴」を意味する形容詞である．また，インド・イラン語の言語を担うある集団は自ら「アーリア」と称していたので，ミュラーはそれをインド・ヨーロッパ祖語の話し手であると解釈した．アーリア人こそヨーロッパ人，ペルシャ人，高階層（バラモン）のインド人の共通の祖先である，という説が広まるにつれ，インド・ヨーロッパ語族という言語学上の概念が当時の偏見に満ちた人種の概念にすり替わってしまったのである．一方，ミュラーの少し前にフランスの東洋学者アルチュール・ゴビノー伯爵が「人種不平等論」（1853～1855）の中で，白人の優越性を強調するのにアーリアのことばを用いたため，歴史上の偉大な出来事はすべてアーリア人が成し遂げたという滅茶苦茶な「アーリア人神話」が，ナチスの世界観に引き継がれていったのである．さらに，ヒューストン・チェンバレン（ワーグナーの娘婿）は「19世紀の基礎」（1899～1901）で，アーリア人の血を純粋に受け継ぐものとしてゲルマン民族を讃え，言語学と人種の混同を行い，セム族の血で汚してはならないと説いた．結果は，ユダヤ人，ロマ（ジプシー），スラヴ人などの大虐殺につながったのである．

しい水と緑の匂いをかぎ，さわやかな風や水に触れられ，また水と緑に触れる．そして，おいしい空気を思い切り吸い込み味わえる水辺が必要なのである．

　以上の議論から，感性は，(気候や風土を含む) 環境システムと (自己の) 生体システムとの関連を (五感を基調として) 把握する能力として定義することができよう．感性は，『環境と自己の生体との交感能力であり，その交感の適切性を判断する能力』である．水辺でいえば，水辺環境空間と自己の身体から発する五感とを統合的にとらえる能力であるといえよう．

　なお，感性の「性」は能力を意味し，性はそのままでは能力が発揮されていない状態である．水辺の「性能デザイン」ということばを考えてみれば，人の五感に感応して能力を発揮するデザインということになるだろうか．そして，性が環境との交感によって能力を発揮した状態を「情」という．「情」とは「感情」の情であり，性が感じて情となる．性は人間の場合には，人間性として個々に備わっているが，人間は生体的に個体差を有している．人間は生まれ出たときから個なのであり，その配置の中ですでに個性的存在であり，個人はそれぞれ固有の空間と履歴をもっている．したがって，人間として同じであっても，環境との相互作用が同一の状態を発生させるとは限らないのである．こうして，人間の心のはたらきは，この「性」と「情」の統合，すなわち精神的な作用の発現能力とその能力が環境と相互作用して発生する現実的な状態とを合成したものとして理解される．こうして，「感」という作用が「性」と「情」をつなぐキー概念であることがわかる．

　ヨーロッパ的思考においては，人間の精神は (内的な能力としての) 性を環境から切り離された独立なものと考え，これにより自我が環境から切り離され，それ自体存在しうるものとする考え方が現れた．これが自我の実体化である．デカルトの「我考える故に我在り」という言葉はその象徴であろう．自我を実体化 (絶対化) するということは，自我の起源である感性的能力を自我そのものから排除することになる．人間にとって，自己の存在とは，環境との結びつきのうちに存在することであり，この関係の喪失が「自己の存在の喪失」であろう．

　デカルトの偉大さは，人それぞれの履歴を抹消してはじめて見出される良識をもった平等な自己の思想を展開したことである．このため，人種や家柄，身分にしばられない思考の主体としての自我の概念が重要になる．しかしながら，履歴を抹消された自己という人間像には，孤独な (都会) 社会で生きる誰でもない誰か，誰でもよい誰か，というようなイメージがつきまとわないだろうか．

　自己とは生体的存在としての履歴ではないのであろうか．人間の履歴が空間 (個人が認知しうる環境空間) 的な生体的存在であるというとき，当然のことながら，履歴をもつ空間のなかで，人は自分の履歴を積み，その履歴によって，再び空間が履歴を重ねていくから，時間地理学[20]でも明らかなように，人間の履歴と空間の履歴とを切り離すことはできない．

自己が自己であるということの認識が生まれるとき，自己の生体の置かれた空間（生体空間；個人の履歴にその移動が刻印されたすべての空間）のありさまは，自己の記憶と対となるであろう．そのような「体験」を「原体験」と呼び，その体験の場の風景を「原風景」として認識する．空間と自己との関わりを発見するということは自己の履歴の発見である．積み重ねられた履歴から，履歴に組み込まれた体験を思い起こすとき，人は自分の存在を知ることになる．自己を知る最初の体験は，それまでの自分と違う自己の発見である．その意識は，風景の中に埋もれている自分を掘り出すことである．この風景と自己の関係の把握から自己の変容が始まるのである．この自己変容の起点が「原体験」で，その場の風景が「原風景」と考えることができよう．原体験とは，生体空間での自己変容プロセスを想起したとき，時間的な起点となる体験である．そして，原風景とは，自己変容の自覚と共に想起される生体空間のありさまである．

　日本の大都市域の水辺の多くは，すでに述べたように，高度経済成長期に，道路や下水道の普及などにより失われ，残った水辺の多くもコンクリート三面張りの，醜く，人が近寄りがたいものばかりになった．そして，アメニティや多自然型などの言葉をキーワードとして，水辺の再生事業が多く行われるようになってきた．これはよいことであるが，どこの水辺も，金太郎飴的なよく似た水辺として再生されてきた．それらは，新しいコンセプト空間で，その水辺から見える風景はコンセプト風景である．例えば，東京の隅田川や大阪の大川の水辺や，韓国ソウルや中国北京の水辺再生事業の水辺も，高層ビルの間にあるコンセプト空間であり，水辺から見える風景もコンセプト風景である．

　しかし，編著者が生まれ育った京都の鴨川の水辺からは，東山や北山が見え，下鴨神社をはじめ多くの寺社仏閣があり，上流を眺めれば北山の九重の山肌が，霞んだりくっきりしたりしながら，奥域を見せる．毎年8月16日には五山の送り火のある大文字山や比叡山が連なる東山の山肌が季節の移ろいを見せてくれる．東アジアでは，風景は山水といわれ，山と川の出会いの姿は風景の原型であろう．そして，山水は単なる風景でなく，自然と人間が一体になれる空間でもある．これは，明らかに規範的なコンセプトを超えるもので，コンセプト空間でもコンセプト風景でもない．周辺の四季の山々に抱かれる京都府の「鴨川花回廊」というプロジェクトの実現意義は，桜の季節には多くのイヴェントが行われ，参加者が一時の喧騒を楽しみながら，山水という季節的輪廻の悠久を味わうことができることであろう．

　しかし，人は風景から離脱し，思考によって環境（世界）について考えることができる．このとき，思考は個別的な風景から離れる．生体空間を離れ，コンセプトによって環境を思惟する．コンセプトは個別的な知覚対象とは異なり，普遍的な存在である．普遍的に思考するということは，ヨーロッパ的なローカルな自己の生体から離れて思考することである．つまり，どこにいて何をしているでもない，そして誰でもない誰かである自己の思惟する対象がコンセプトである．コンセプトは自分の生体だけに出現する風

景とは異なり，誰にも共通に認識される「普遍」として，人間の理解能力，知識の対象である．

　人間は，生体として環境の事物に働きかけ，それらの配置や構造を変化させることができる．そのとき，人間は環境をどのように変えるべきかを思考する．この思考はふつう普遍的概念によって行われるから，風景を普遍的コンセプトによって計画し，再編することができる．こうして再編された風景は「コンセプト風景」にほかならない．もちろん，コンセプト風景も風景であるから個人の生体の五感は反応する．しかし，その風景はすでにコンセプト的に理解できるものとして存在しているから，その風景の意味を容易に理解できることになる．

　風景の再編は，配置や履歴を抹消して，純粋にコンセプト的な枠組みに基づいて行うことが可能である．風景全体のコンセプト化である．多くの場合，このコンセプト化は価値概念を伴い，価値の程度により空間はゾーニングされることになる．コンセプトによって操作し，意味づけ，価値づけるという人間行為の結果として造成される空間である．価値概念は普遍的であるから，これがいたるところで実現されることになる．前述したように，金太郎飴的水辺空間が続出するのである．

　都市公園を例にとれば，公園は緑地か震災時などの緊急避難場所である．緑地とは視覚的風景であり，自然のもつ，他の感覚（聴・触・嗅・味）的経験の可能性は無視される．このため，自然の多い公園というのは単に木の多い公園となり，雑草が多い風景は緑地から排除される．環境がよく整備された公園では，雑草は抜き取られる．大都市域の水辺公園も同様である．

　「水に親しむ」というコンセプトを河川空間に実現しようというとき，その空間を「原風景の空間」「原体験の空間」としてコンセプト化しようする．しかし，原風景や原体験が他者の操作のもとにあるとき，自己の体験は自己のものではなく，他者につくられたものである．制度化されたコンセプトの多くは平均的なものであり，場合によっては専制的なものであるから，制度化されたコンセプトからはずれる行為をすることによって，その体験がはじめて原体験になるのではないだろうか．個人（特に子供たち）にとって，与えられたコンセプトに完全に適合できない（苦痛や苦悩などのゆらぎがある）場合が多々ある．完全なコンセプトのなかにあるとき，人は自己を意識しなくてすむ．個人のゆらぎが増幅し，社会がずれを容認しないとき，ずれをもつ個人は居場所を失い，ひきこもり，あるいは暴走することになる．

　コンセプトからのずれや逸脱は人間の精神の重要なはたらきではなかろうか．このはたらきは，コンセプトにとらわれることなく，環境と自己との関わりをとらえる感性のはたらきではないのであろうか．コンセプト水辺空間で，例えば子供が，若者あるいは高齢者が何もしないでぼんやりしていることが価値概念に反することになるのであろうか．環境の中で自己の配置や環境と自己の関わりを五感で感知する能力が感性である．環境に対して素直であればあるほど，既存のコンセプトからずれる自分を見出すことも

ありうるのは当然のことである．感性は，そのようなずれを用意し，逸脱の契機となる能力であるとともに，ずれや逸脱を認める新しいコンセプトの源泉になる能力であるともいえるのである．

　空から，洪水時のバングラデシュのガンジス川とブラマプトラ川の合流点やメコン川を眺めれば，河川というものは境界が固定されていないことがわかり，私たちが学生時代に学んだ河川工学や水の流体力学は水道（みずのみち）理論であることがわかる．これは，世界や日本の河川をみる自己の変容の起点となった原体験で原風景である．また，東北地方の遠野で見た洪水直後の北上川支川の猿ヶ石川の自然堤防と鮭の産卵をはじめてみたとき感激し，自分がなじんできた京都の鴨川の人工くささを感じ，自己変容の起点となった．中央アジアのアラル海に注ぐはずのアムダリア川や黄河下流のやせてガリガリになった水辺に立ったとき，人間の欲望の恐ろしさを実感した．オーストラリアのアデレードからシドニーに戻るときに見た，眼下の広漠たる旱魃地帯に目を覆いたくなった．ウィーンからブダペストに向かうドナウ川の船上で，堤防の上にのぞく教会の尖塔を見たときも，セーヌ川の洪水のときパリだけは浸水がなく，その上下流では被災していたときも，ヨーロッパの自然とは何かを問うようになった．自己の感性を切り捨てられない個人は，語りだせば限りがないほど原体験をもち，たびたびの自己変容を迫られる．

　これらが私たちの生体空間であり原体験と原風景である．日常の仕事に追われているときには，ほとんど記憶の片隅に眠っているが，いざというときには，むっくり起きてきて，これらの原体験が，何か「違うぞ・変だぞ」と語りかけてくるのである．これらのことから，一見普遍性をもっているかのように振る舞うコンセプト空間は，多くの場合，人の目的と時空間の制約を受けた前提条件付きのもので専制的であることがわかる．いまも未来の人々にとって重要な水辺計画の変容は，「コンセプト風景」から「感性風景」へのパラダイムシフトである．普遍的（メタ）思考とローカルな（アクタ）風景の統合プロセスが必要となる．具体的には水辺の洪水問題を考えるとき，メタ的には洪水リスクを軽減することであるが，アクタ的には多くの代替案を抽出し，経済的評価軸だけなく，心理的な感性評価軸の導入が必要であろう．

(4) **感性空間の創造のための議論**

　ところで，感性空間形成のために重要な「水と緑」の議論を少ししておこう．緑に対する人々の考え方は多様で，団地のベランダや古い町の路地の鉢植えも山々の森も緑の範疇に入る．緑の機能を考えてみれば，それは階層的であることがわかる．遺伝子レベル・種のレベル・群集レベル・生態レベル・風土レベルなどであろう．ここで考えているのは風土レベルの地域・都市の緑であるから，このレベルの五感をゆさぶる「環境美」を創造するためには緑だけでは不十分であり，地域・都市レベルの「水と緑のネットワーク」システムを創造することを考えることにしよう．このことを考えるためには，

1 水と緑の計画学序説

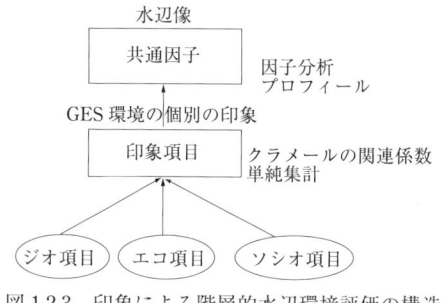

```
                水辺像
              ┌──────┐
              │ 共通因子 │    因子分析
              └──────┘    プロフィール
                  ↑
         GES環境の個別の印象
              ┌──────┐
              │ 印象項目 │    クラメールの関連係数
              └──────┘    単純集計
               ↗  ↑  ↖
         (ジオ項目)(エコ項目)(ソシオ項目)
```

図 1.2.3　印象による階層的水辺環境評価の構造

まず水域環境と緑環境の議論が必要になる．

まず水については，「河川環境はどのようなメカニズムで形成されるのか」，「どのような環境汚染リスクや生態リスクを抱えているのか」，「どのような解決方法を考えなければならないのか」などの議論を3章の水域環境論で行おう．次に緑については，五感のうち視覚に着目した「居住空間の緑量評価」と「水辺の景観の人工と自然の対峙」，そして都市のゴミ（有機性廃棄物は約60％）問題解決と緑環境形成に重要と考えられながら，制度的問題や生成物の品質管理の問題でなかなか実現できない「有機廃棄物や一般家庭からの剪定枝葉などのリサイクルによる緑環境造りのための"土づくり"」の議論を，4章の都市域緑環境論で行おう．

また，5章の水と緑の遊び空間論では，ゾーニングされた都市の公園・緑地における水と緑の役割を論じる．そして，6章の水辺環境の感性による評価論では，四季の移ろいなどを感じる私たちの感性（主観的環境認識）を前提とした，より総合的な環境心理学的評価法を考えることにしよう．具体的には，水辺に対する感性に着目した印象により水辺「像」を構成し，水辺空間における周辺山々の「心象の緑」をも含む図1.2.3のような環境感性評価システムを構築しよう．

水辺を利用する人々はいちいち水質を測ったり，鳥や花木の数を数えることなく，多いか少ないか，きれいか汚いかなどを主観的に認識している[21]．そして，これらがその水辺に対する印象を構成し，その水辺を利用したり，存在をうれしく思ったりする．すなわち，水辺のGES (Geo, Eco, Socio) 環境から印象（自然な感じ，親しみやすいなど）が構成され，それらがさらに水辺のイメージ（像）を構成していると考えられる．「印象」は水辺を定量的でなく感性的にとらえるものであり，水辺環境の複数の要素から構成されると考えられ，ひとつの総合評価指標とみなすことができる．この環境感性評価システムを用いて，次世代に残すべき水辺の環境感性認識を明らかにすることが重要で，将来の水辺整備の方向性を示すことができよう．この議論も6章で行うことにしよう．

1.3 水と緑の評価とマネジメント

本節の議論は，まえがきでも述べたように，この社会をどのような視座で眺めるかということから始めよう．

周知のように，わずか20年前には，日本人の90％は中流意識をもっていたとされていた．ところが，20世紀の最後の10年と21世紀のはじめの10年は「失われた20年」として，一部の大企業やヒルズ族に代表される虚業会社を除き日本経済が停滞し，21世紀に入って，時の政権は新古典経済学の規範「市場原理主義」をもちこみ，大企業の高景気のひきかえに格差社会を進行させ，この10年の間に，経済的のみならず耐えがたい社会的格差を増長させてきた．現在ではOECDの相対貧困率は，トルコと合衆国に次いで下から3位になり，研究・教育のGDP比では最下位となっている．そして，このような社会では算術平均的な指標が意味をもち，社会・経済メカニズムもこの算術平均指標で議論がなされていた．日本のあらゆる社会・経済的側面で格差社会が進行しているため高齢者問題，年金問題，医療問題などで，私たちは老若男女を問わず日常的な安心・安全の確保が困難になってきている．また，世界経済の牽引力として期待されているインド・中国をはじめ多くの国でもこの格差社会は急速に進行している．このような時代においては，従来踏襲型の算術平均的社会を前提とした水と緑の評価やマネジメントは意味をもたなくなってきているように思える．そして，生活者参加型評価やマネジメントを考えるためには，この格差社会を冷徹に眺め，この社会をより好ましい方向にもっていくための評価法やマネジメントシステムを考える必要がある．

このため，本節では，まず格差社会をどのように認知し，どうすればよいのか考えることにしよう．そして，それを出発点として，環境の価値と評価法，リスクの経済評価法，そして水と緑に関わる環境と防災のガバナンスを論じることにしよう．

1.3.1 格差社会をどうするか

(1) ジニ係数と格差社会の分布
1) ジニ係数

1922年にイタリアの統計学者ジニは，所得分布について，人員の累積 N の対数は所得金額の累積 S の対数（いずれも高額者から累加）の1次式で表されるというジニ法則を発表した．これから，所得分配の不平等度を測る指標としてジニ係数（Gini coefficient）が提唱された．縦軸に累積所得の百分比，横軸に累積人員の百分比をとるとき，対角線は分配の完全平等性を示し，現実の分配は対角線を弦とする弓形の曲線で示される（図1.3.1）．これをローレンツ曲線とよぶ．

世界（特に開発途上国）でも21世紀に入ってからの日本でも，貧富の差が急速に拡大

1 水と緑の計画学序説

```
        Y
        累
        積
        金   均等分布線        ローレンツ曲線
        額        ↘           ↙

           45°

              累積度数 X
```

図 1.3.1　ローレンツ曲線

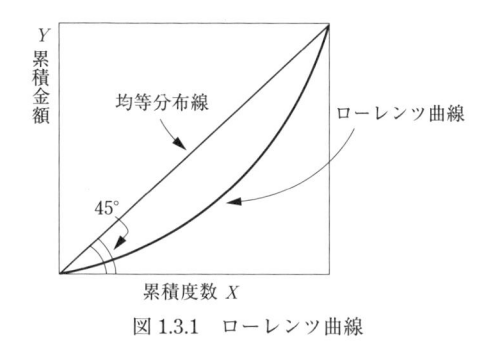

している．日本では，所得のジニ係数*22)23)が21世紀に入って0.5に近づいている．仏独型より貧富の差が激しい英米型に向かっている．

2） 格差社会の分布

現在の日本社会の多くの側面において，社会的平均が意味をもたなくなり，経済的な勝ち組か負け組かが流行として喧伝されている．そして，負け組の中に後期高齢者（何？）や要介護者などを含み，厳しい社会環境の整備が自立だとか民営化などという政策として実行されている．簡単にいえば，日本社会全体が白内障（知的老齢症候群）にかかり，ぼーっとしか社会現象が見えず，スポット的なつまらない社会現象や論理的におかしい詭弁を，スポットライトが当たっているという理由だけで，それがいいんだという錯覚に陥り，仕方がないからこれしかないと思い込み，社会的弱者（自分自身も含め）を無視し，大勢に乗り遅れないように，自らマインドコントロールを仕掛けているといえよう．そのうえ，日本国憲法で保障されている国民の権利である年金問題や医療保険問題では，ずさんな行政が，特に高齢者を中心とした国民生活を破壊しつつある．ヨーロッパの友人と話していても，彼らの国の話であれば，当然のこととして，このような原因を作った官僚や政治家は監獄に入っているはずであろうとのことである．政府が国民を裏切っているのである．これは，社会システムが未熟な後進国そのものの姿であろう．

社会現象を理解しようとするとき，一般的に目的論的に意味のある社会特性に着目（モデル化）して考えるという手法をとる．社会システムは，個々の社会作用素（個人，コミュニティ，都市・地域，国など）のはたらきと社会作用素間の関係を表す構造により構成される．そして，このシステムに時間軸を導入し，社会システムの安定性の議論が重要となる．しかしながら，その前に，この社会システムを構成する作用素をどのように認識しているかという議論を行う必要がある．このため，「社会分布とは何か」を考えなければならない．これを，計画学の視座から，統計学の基礎理論における前提条件

---
*不平等を図る尺度．平等であれば0に近づき，不平等であれば1に近づく．そして，この値が0.5であるとは，1/4の人が総所得の3/4を得ている状態を表す．

と仮定を中心に考えてみよう．

ⅰ) 母集団と標本

統計学では社会作用素（以下個人と考える）の集合を母集団(population)や標本(sample)という．母集団は社会を構成する全体の集団で，これに対して母集団の中から選ばれる一部分の集まりのことを標本という．したがって，誰のための計画かという問題に対して，どのような母集団を対象とするか，そしてどのような標本を採択するかが非常に重要な問題となる．例えば，1961年の伊勢湾台風大水害や1995年の阪神・淡路大震災の被災経験（多くは環境質の悪い生活）者とその他の人のリスク認知の差の拡大が進んでいる．最近の中国や開発途上国では，経済発展とともに，富める人はより富み貧しい人はより貧しくなってきている．日本社会も貧富の差に応じて消費行動が2極化してきている．計画者はこのような社会における平均とか偏差とは何かを改めて問う必要がある．このため，統計学の最も美しい正規分布を構成する前提条件とは何かをまず明らかにしよう．それは，どのような母集団を対象とし，標本をどのように選択するかの問題でもある．

例えば都市・地域の生活者が，被災経験の有無と貧富で4つのグループで構成されているとしよう．そして被災経験者は少なく貧しい人が多いとする．これが本来の救済されるはずの母集団である．なんらかの都市・地域全域的な計画を作成するとき，どのような標本をとればよいのかが問題になる．統計学の教えるところによれば，標本は代表的標本でなければならないと教え，最も単純でわかりやすい方法は，単純無作為抽出法であると教えてくれる．

問題は統計学の理論体系にあるのではなく，「何を目的とした計画か」によって母集団をどのようにみ，標本をどのように選択するかという問題であろう．経済的成長をし続け，豊かなアメニティを追求し，そして高水準のハイテク化と民間の災害保険なども含めた高福祉高負担の地域・都市の計画を平均的な指標で作成するとしよう．もしそうならば，1つの極の被災経験者で貧しい人たちは（算術平均値の上昇に寄与できないという理由で）災害保険会社からはもちろん計画者からも無視され，もう1つの極の生活環境質の高い被災経験のない富める人たちを中心に計画していくほうが算術平均的な目標達成が容易で効率的であることが推察できよう．このとき，公共(public)とは何かということが問題になろう．

ⅱ) 統計でうそをつかないようにしよう

私たちが社会システムを考えるとき，多くの場合統計学を使う．まず，統計学を用いて「うそ」をつかないためにはどのようなことに注意が必要かを一般的に以下に述べておこう[24]．

① 統計の作成；例えば，どのような平均（算術平均，幾何平均，中央値，最頻値など）で地域・都市の平均的な姿をどのようにイメージするかが重要になる．算術平均では貧しい人の影は薄くなるが，少なくとも中央値や最頻値では陽に貧しい人が出てく

ることになる．こうして，ジニ係数がきわめて高い都市・地域や国ではその平均像を記述する算術平均は意味をもたないことがわかる．実際，OECD の（相対的）貧困率の算出には中央値という平均を用いている．
② 調査方法；例えば，標本数の多少と算術平均が意味をもつかもたないかによって調査方法が変わる．
③ 隠蔽したデータ；算術平均と中央値が異なっている場合，どちらの平均値を使用しているかを明らかにしなければならない．また，ある大災害で死者数のうち 60％が高齢者であるというためには，高齢者の生活の質が低かったのかどうかという知識などを伴わなければ，どのような意味があるかを考えなければならない．同様に，最近やっと公表されるようになった，ある都市・地域で，大地震でおおよそ 10,000 人が死亡するという推計値が公表されても，どのような条件が重なったときにどのような属性の人が死亡するのかがイメージできなければ，この推計値は意味をもたないだろう．

以上のほか，統計的結果を解釈するときに問題のすりかえを行っていないか，そして本当に意味のある結果なのかどうかを十分考える必要がある．ここでは，統計学で最も基本となる大数の法則と中心極限定理[25]を示しておこう．

(2) 大数の法則と平均値

一般に，ある事象 A の起こる確率 $P(A)=p$ が与えられているとき，n 回独立試行を行って A が x 回起こる確率は，次式のような 2 項分布 $B_{n,p}(x)$ (binomial distribution) で与えられる．

$$f(x) = {}_nC_x p^x (1-p)^{n-x} \quad (x=0, 1, 2, \cdots, n) \tag{1.3.1}$$

なお，平均と分散はそれぞれ $\mu = np$，$\sigma^2 = np(1-p)$ であることが知られている．

2 項分布で n を大きくすれば，この分布はだんだん対称形になる*．確率変数 X が平均値から標準偏差の α 倍以上離れている確率は全体の $1/\alpha^2$ より小さい（$1-1/\alpha^2$ より大きい）ことを表すチェビシェフの不等式

$$\frac{1}{\alpha^2} \geq P(|X-\mu| \geq \alpha\sigma) \quad \Leftrightarrow \quad 1-\frac{1}{\alpha^2} \leq P(|X-\mu| \geq \alpha\sigma) \tag{1.3.2}$$

で，先の平均と偏差を代入すれば，任意の正数 α に対して，次式が成立する．

$$P(|X-np| \leq \alpha\sqrt{np(1-p)}) \geq 1-\frac{1}{\alpha^2}$$

---

*μ を固定して n を大きくしていくとポアソン分布になり，1 日の交通事故数や 1 ヶ月の有感地震の回数など，非常に多数の人や物の中で，あまり起こらない事柄によく当てはまる分布．

また，確率 P は 1 を超えることはないから，上式のカッコ内の両辺を n で割ると次式を得る．

$$1 \geq P\left(\left|\frac{X}{n}-p\right| \leq \alpha\sqrt{\frac{p(1-p)}{n}}\right) \geq 1-\frac{1}{\alpha^2} \tag{1.3.3}$$

ここで，α をどのように大きくしても，$\sqrt{n}$ をそれよりもっと大きくすれば，$\alpha\sqrt{p(1-p)/n}$ はいくらでも小さくすることができる．$\alpha\sqrt{p(1-p)/n}$ を ε とおけば式 (1.3.3) は次式となる．

$$1 \geq P\left(p-\varepsilon \leq \frac{X}{n} \leq p+\varepsilon\right) \geq 1-\frac{1}{\alpha^2} \tag{1.3.4}$$

ここで，α を十分大きくとれば，式 (1.3.4) の確率は 1 に限りなく近づく．そして，n を α^2 に比べて十分大きくすれば，ε は非常に小さくなるから，X/n が p に近い値をとる確率がほとんど 1 になることを示している．こうして，次の法則を得る．

大数の法則；1 回 1 回の試行で，ある事象 A が起こるかどうかはなんともいえないが，試行回数を増せば増すほど，その事象の起こる割合は一定の値 p に近づいてくる ⇒ 2 項分布 $B_{n,p}(x)$ で $t=x/n$ とおいて $n\to\infty$ とすると，t の分布はディラックのデルタ $\delta_p(t)$ に近づく．

なお，ディラックのデルタとは以下のような性質をもつと定義する．

$$\delta_a(x)=\begin{cases}0 & (x\neq a)\\ \infty & (x=a)\end{cases}, \quad \text{ここに，} \int_{-\infty}^{\infty}\delta_a(x)dx=1, \quad \int_{-\infty}^{\infty}\delta_a(x)f(x)\,dx=f(a)$$

チェビシェフの不等式は 2 項分布だけでなく，どのような分布に対しても当てはまるから，式 (1.3.4) から，大数の法則は $n\to\infty$ のとき $X/n=p$ であることを主張する．これを形式的に記述すれば以下のようになる．

弱大数の法則；確率変数列 $X_1, X_2, \cdots$ が独立[*]で，平均値 μ と有限の分散の同じ分布関数をもつとする．このとき，任意の $\varepsilon>0$ に対して次式が成立する．

$$\lim_{n\to\infty}P\left(\left|\frac{X_1+X_2+\cdots+X_n}{n}-\mu\right|<\varepsilon\right)=1 \tag{1.3.5}$$

強大数の法則；$\{X_n\}$ は上の条件を満たすものとし，任意の $\varepsilon>0$，$\delta>0$ に対して，あ

---

[*]無限個の確率変数が独立であるというのは，そのうちの任意の有限個の確率変数が独立なこと．

る番号 $N=N(\varepsilon, \delta)$ が存在し，すべての $\gamma>0$ に対して次式が成立する．

$$\lim_{n\to\infty} P\left(\left|\frac{X_1+X_2+\cdots+X_n}{n}-\mu\right|<\varepsilon, n=N, N+1, \cdots, N+\gamma\right) \geq 1-\delta \tag{1.3.6}$$

$\{X_n\}$ を1つの確率空間上の可測関数と考えれば，上式は次のようになる．

$$P\left(\lim_{n\to\infty}\frac{X_1+X_2+\cdots+X_n}{n}=\mu\right)=1 \tag{1.3.7}$$

以上が大数の法則の説明である．なんら前提条件を考えずに，結果 $n\to\infty$ のとき，$X/n=p$ だけで社会システムの平均を考えてよいのかどうかという問題が生じる．この議論は理論の是非の問題ではないことは自明であろう．社会システムで考えなければならないことは，母集団から抽出した標本の特性を表す確率変数列が本当に独立であるかどうか，平均値そのものに意味があるのかどうか，さらに本当に有限の分散の同じ分布関数をもつのかどうかであろう．例えば，社会調査でなんとか平均値らしきものがわかったとしても分散が有限かどうかわからない場合はどうすればよいのか[*]など，社会システムで平均を考える場合，理論の前提条件や仮定を十分に考える必要があろう．式 (1.3.7) のような有限な算術平均が標本数を無限に増加させればある確定値 μ に限りなく近づくという論理の前提と，この（算術）平均値の意味の有無を，(1) で言及した母集団の設定と重ね合わせて社会システムでは真剣に考えなければならない．次に統計学のよりどころとなる確率論における中心極限定理を考え，社会システムを正規分布を中心として考えることの是非を議論しよう．

(3) 中心極限定理と格差社会分布の表現

中心極限定理；確率変数列 $\{X_n\}$ が独立で，平均値 μ と X_n の共通の分散 σ^2 をもつとするとき，次式が成立する．

$$\lim_{n\to\infty} P\left(\alpha \leq \frac{X_1+X_2+\cdots+X_n-n\mu}{\sqrt{n}\sigma} \leq b\right) = \frac{1}{\sqrt{2\pi}}\int_a^b e^{-x^2/2}dx \tag{1.3.8}$$

2項分布 (1.3.1) では，x は $0, 1, 2, \cdots$ という離散変数であったが，式 (1.3.8) では連続変数と考えている．式 (1.3.8) の右辺は，平均 0，分散 1 の標準正規分布 $N(0,1)$ である．

なお，ここでの前提条件は確率変数列 $\{X_n\}$ が独立で，平均値 μ と X_n の共通の分散 σ^2 をもつということであった．私たちが社会システムを「じーっ」と眺めたとき意味のあ

---

[*]有限だと仮定し，どのような分布形をもっているかわからないような場合は，チェビシェフの不等式を用いて議論は可能である．

る平均値と共通の分散をもっているとみなす根拠が本当にあるのだろうか．そして，もちろん中心極限定理が成り立たない分布も存在する．

　以下では，21世紀になってより貧富の差が激しくなってきた日本や国際社会の正規分布の1次結合を用いた格差社会の分布[26]を示そう．

命題；$x_i (i=1, 2, \cdots, n)$ が互いに独立で，その分布が正規分布 $N(\mu_i, \sigma_i^2)$ のとき，

$$y = c_0 + \sum_{i=1}^{n} c_i x_i \text{ は，}$$

$$\text{平均；} \mu_y = c_0 + \sum_{i=1}^{n} c_i \mu_i, \quad \text{分散；} \sigma_{y^2} = \sum_{i=1}^{n} c_i^2 \sigma_i^2$$

の正規分布に従う．

　これを証明するためには，次の3つの簡単な場合：すなわち，
1) x が $N(\mu, \sigma^2)$ の分布のとき，$x+c$ は $N(\mu+c, \sigma^2)$ の分布に従う，
2) x が $N(\mu, \sigma^2)$ の分布のとき，cx は $N(c\mu, c^2\sigma^2)$ の分布に従う，
3) x_1, x_2 が独立で $N(\mu_i, \sigma_i^2) (i=1,2)$ の分布のとき，x_1+x_2 は $N(\mu_1+\mu_2, \sigma_1^2+\sigma_2^2)$ の分布に従う，

を示し，これらを順次組み合わせればよい．ただし，x_1, x_2, x_3 が独立なら x_1+x_2 と x_3 も独立であるという付加的な注意，あるいは x_1, x_2 が独立なら x_1+c, cx_1 と x_2 も独立，などの注意が必要である．ここでは証明を割愛するが，1), 2) は直感的に自明であるが，3) の証明は複雑であることを断っておこう．問題は社会システムで3) の解釈が錯誤しやすいので説明をしておこう．

　先進国のような所得の高いグループ（例えば日本）の所得の分布を正規分布と考えよう．また，非常に所得の低いグループ（たとえばバングラデシュ）の所得の分布もまた正規分布と考えよう．この2つのグループの分布は当然独立であり，これらをかき混ぜて所得の分布を調査したら，やはり正規分布になるのか，ふたこぶラクダのような分布にならないのか．

　これは自然な疑問であり，陥りやすい誤解である．2つのグループを混ぜて合併集合を作ってその分布をみるというのと，変数 x_1+x_2 の分布をみるというのは異なる概念なのである．x, y を独立な1変数として2つの分布 $p(x), q(y)$ があるとき，x も y も所得のように等質なものとして，合併集合の分布とは，$\alpha p(x) + \beta q(y)$，（(α, β) は集団の比率）のことであり，x_1+x_2 の分布とは，文字どおり x の値と y の値を加えること，例えば日本人の所得にバングラデシュ人の所得を加えた所得の分布であって，決して2つのグループをかき混ぜた混成グループの所得の分布ではない．混成グループの分布

$$\alpha p(x) + \beta q(y) = \frac{\alpha}{\sqrt{2\pi}\sigma_1} e^{-(x-\mu_1)^2/2\sigma_1^2} + \frac{\beta}{\sqrt{2\pi}\sigma_2} e^{-(x-\mu_2)^2/2\sigma_2^2} \quad (1.3.9)$$

は，みればわかるように $\mu_1=\mu_2$ かつ $\sigma_1=\sigma_2$ というナンセンスな場合を除いて，正規分布ではなく，極端な場合はふたこぶラクダのようなものになる．上記の 3) を錯誤した結果，かの国の首相のブレイン（たぶん学識経験者）が基本的な確率分布の取り扱いを間違え，2005 年ころの首相が「日本は格差社会ではない」と明言したと推測される．

3) の「2 つの正規分布の和は，また正規分布で，和の平均は平均の和になり，和の分散は分散の和になる」という誤解しやすい表現が，このような誤解を招くことになる．

だが，このような誤解で，日本の貧富の差はそれほどでもないというような詭弁的論調につなげることだけは避けたいものである．つまり，もし x_1；富裕層の所得，x_2；貧困層の所得であるとしたら，x_1+x_2 の分布 $N(\mu_1+\mu_2,\ \sigma_1^2+\sigma_2^2)$ では貧困層は富裕層に圧倒され無視される分布になろう．このためには，私たちも社会システムを語るとき，社会全体の正規分布の平均をもとにした社会指標に別離を告げ，式 (1.3.9) に示されるような不公平な分布形をもとに社会的正義や社会的公正を実現する社会システム計画論を展開することが必要となろう．例えば，$\min|\mu_1-\mu_2|$ と $\min\sigma_2$ を実現するために社会作用（ノード機能）と社会構造（リンク機能）をコントロール・ベクトルパラメータとした（例えば水と緑を基層とした）環境と防災の計画方法論を構築することが必要となろう．

1.3.2　環境の価値の経済的評価

いわゆる費用便益分析プロセスの便益評価において，環境の価値評価は近年特に必要となってきている．しかしながら，その評価の方法はそれほど簡単ではない．ここでは，環境の（価値）評価におけるさまざまなアプローチによる方法を紹介しておこう．まず，環境の価値は利用価値と非利用価値に分ける考え方を示す．環境の価値評価をする手法は大きく 2 つに分けられるが，はじめに環境財と関係のある市場（代理市場）データを用いる手法を，次いで人々への直接質問によって評価を行う手法を紹介する．

環境の価値評価に関しては，手法の手順を説明する本や資料も手に入るようになっている．また，特に直接質問によって評価を行う CVM (Contingent Valuation Method) は考え方の基礎にある補償変分や等価変分の十分な理解なしに安易に使われることが多くなっている．このため，各手法の適用可能性を必要かつ十分に考えることが重要である．

(1) 環境の価値と経済的評価手法の分類
1) 環境の価値

環境の価値は利用価値と非利用価値からなると考えられている（表 1.3.1）[27]．利用価値は取水やレクリエーションなど実際に利用することに伴う価値である．一方，非利用価値としては，存在価値（環境が保全されて存在しているということへの満足）や遺贈価値（子孫へ環境を残そうということへの意志）があるとされている．

最初に非利用価値を考慮しようとした考え方の出発点は，以下のようなことである．つまり，ある人は実際にはその場所に行かなくても，他の人が利用できるような場所が

表 1.3.1　環境の価値

利用価値	実際の利用価値：レクリエーション，取水など 直接的利用：木材，レクリエーション，医薬品，居住，利水など 間接的利用：流域保護，大気汚染の減少，ミクロの気象など オプション価値：上述の将来の利用
非利用価値	存在価値：環境が保全されて存在しているということへの満足 遺贈価値：子孫へ環境を残そうということへの意志

存在し，また，将来世代が利用できるということを知ることで満足するであろうと考えるのである．非利用価値として，存在価値（環境資源が存在するということに対する支払意思額），遺贈価値（将来世代に自然資源を賦与することから得られる満足に対する支払意思額）が挙げられている[15]．

しかし，この非利用価値については現在でも意見が分かれており，この価値そのものを評価することへの疑問も出されている．用語自体も統一されておらず，利用価値と並んで，存在価値，固有の価値，という表され方をすることもある．また，経済学者の多くは非利用価値の存在を認め，小さくない値であると思ってはいるがことばの使い方や定義などに疑問を呈示している．特に，非利用価値をもつにいたる動機やその測定に対して批判的である．

非利用価値についての主としてその測定法に関する問題はあるものの，非利用価値そのものの存在はおおよそ認められているようである．したがって，環境の総経済的価値は，以下のように表される．

　　　　総経済的価値＝利用価値＋非利用価値

ところで，総経済的価値はいつどのような場合においても評価されるべきものとは考えられない．非利用価値を含む総経済的価値の評価が必要とされる状況は次のような場合とみなされる．

① 不可逆性
② 不確実性
③ 唯一性（例えば，独特の風景など）

2） 環境の価値の経済的評価手法

人々の厚生は，財やサービス（私的財，公共財）の消費ばかりでなく，環境（資源）からの財やサービス（通常これらは非市場財である）の量や質にも依存している．これら財・サービスの変化が人々の厚生にどのような影響を与えるかがその経済的価値を測る基礎となっている．これらを実際にどのように計測するかということから，環境の経済的評価手法は，環境財と関係のある市場（代理市場）データを用いるものと人々への直接質問によって評価を行うものとに大きく分けられる[28][29]（表1.3.2）．

1 水と緑の計画学序説

表 1.3.2　経済的評価手法

データの種類	行動の種類	
	実際の行動	仮想的状態
	（顕示選好データ：RP データ）	（表明選好データ：SP データ）
直接的	費用節約アプローチ	仮想的市場法 離散的選択モデル法
間接的	回避費用アプローチ 旅行費用アプローチ ヘドニックアプローチ 離散的選択モデル法	仮想的順位法 仮想的行動法 コンジョイント分析 離散的選択モデル法

(2)　データ特性による手法の特性

1) 環境財と関係のある市場（代理市場）データを用いるもの
   （顕示選好法：RP（Revealed Preference）データ）

ⅰ）費用節約アプローチ（Cost Saving Approach）

例えば，都市用水供給の場合には，水源の水質（原水）は生産要素の1つであり，水質の変化によって生産費用は変化する．水質が都市用水の生産において他の生産要素と完全代替財である場合には，原水水質の改善は生産要素投入費用の削減につながる．この費用節約額が水源の環境汚染を防ぐことによる水質改善効果の評価となる[30)31)]．

ⅱ）回避費用アプローチ（Averting Expenditure Approach）

水源での環境汚染による原水水質の悪化によって，水道水に異臭を感じる人が多くなっている．そのため，多くの人々が湯冷ましやミネラルウォーターを利用している．このような行動は異臭味を回避する行動と見なされる．この回避行動と水質が完全代替であれば，観察可能な回避行動から回避支出額を求め，水道水質の経済的評価を行うことができる[30)31)]．

ⅲ）旅行費用アプローチ（Travel Cost Approach）

人々が湖や河川を訪れるという場合を想定する．水質の改善は人々がそこでレクリエーション活動をしなければ何の価値もない（ここでは利用価値のみ考えている）．もしそうであれば，水質とそこへの訪問回数で測られるレクリエーション活動は弱い補完関係にある．湖や河川の環境汚染による水質の悪化があった場合の水質改善による便益は，水質の改善前と後のその場所への訪問の需要曲線（変数に水質を含む）の間の面積（消費者余剰の差）から求めることができる．

ⅳ）ヘドニック・アプローチ（Hedonic Approach）

この手法は居住資産価値と環境条件の差に相関が認められる．例えば，きれいな空気という環境質は地価あるいは住宅価格に資本化される（キャピタリゼーション仮説）という点を根拠としている．すなわち，人々は環境のよい（例えば，きれいな空気，土壌汚染

がない，浸水の心配がないなど）住居を求めるであろうということから，改善前後の資産データを利用して浸水や環境汚染リスクを測ろうというものである．

地価や住宅価格を被説明変数とし，これを説明する環境質（大気や土壌の質，浸水の可能性など）を変数とする市場価格関数を推定したうえで，そのパラメータから環境質の評価をしようとするものである．

すでに，騒音，大気，水質，廃棄物，緑等のアメニティなどの環境質や社会資本*機能などにヘドニック・アプローチが適用され価値が計測されている．

この手法の適用条件を少し詳しく説明しよう．まず，上述のキャピタリゼーション仮説が成立する条件は，

① 消費者の同質性（すべての消費者が同じ効用関数と所得をもつ）
② 地域の開放性（地域間の移住は自由で移動コストは0）

である．

また，社会資本整備の便益の測定が可能となるのは，次のいずれか1つの条件が成立する場合である．

① 社会資本整備プロジェクトが小さく，環境質や社会資本水準の変化が小さい，
② 影響を受ける地域の面積が小さい，
③ 土地と他の財の間に代替性がない．

これらの条件が成立しない場合には，評価値は過大評価になったり，過少評価になったりする．しかし，以上の適用条件はきついので，可能ならば iii) の旅行費用アプローチなどによる消費者余剰で行うほうがよいとされている．

ⅴ）離散的選択モデル法（Discrete Choice Model Method）

離散的選択モデルはランダム効用理論に基づいている．基本的には iii) の旅行費用アプローチの発展型であり，以下に述べる CVM あるいはコンジョイント分析とも結合可能である．つまり，データとしては，RP データとともに後述の SP データを用いることも可能である．ランダム効用理論は，完全合理性の仮定に基づいてはいるが，ランダム項の解釈によって，人々の気まぐれを反映するものとなっている．

例えば，水辺環境の創出を例にとれば，その基本的考え方は，生活者（個人）による水辺の利用状況から水辺環境を評価し，生活者にとって最も望ましい（個人の効用を最大化する）水辺環境（水辺環境の整備理念，整備項目，整備レベルなど）を決定するということである．

したがって，「個人が水辺利用行動の基本的な意思決定単位であり，個人はある選択状況の中から最も望ましい選択肢を選択する」という基本的前提をおく．水辺利用行動の選択肢のもつ「望ましさ」，あるいは「効用」は，その選択肢のもつ特性と，その個人の属性によって異なると考えられる．

---

*交通サービス，上・下水道サービス，河川の防災空間，公園などの空間．

ランダム効用理論では，この効用が確率的に変動すると考える．その理由としては，次のものが挙げられる．個人の行動は必ずしも常に合理的選択行動に厳密に従うとは限らない．気紛れといった形で別の行動ルールをとることも考えられる．また，利用可能な選択肢の範囲やその特性についての情報不足や個人の社会的属性その他の要因など観測不可能なものもある．これらのことを前提として環境評価を行うことができる[32]〜[34]．

2） 人々への直接質問によって評価を行うもの〔表明選好法：SP (Stated Preference) データ〕[35]

ⅰ） 仮想的市場法 (Contingent Valuation Method: CVM)〔仮想的順位法 (Contingent Ranking Method: CRM)，仮想的行動法 (Contingent Activity Method) なども含む〕

この手法では，非市場財，すなわち実際の市場で取り引きされない財やサービスの貨幣評価を個人に質問する．例えば，環境汚染を低減することに対して個人がどれだけ支払うかが表明されるような市場（仮想的市場）をつくる．そして，ある特定の場所で水泳や釣りができるようになるような環境汚染の低減案に対する評価を個人に尋ねる．例えば，以下のような質問をする．

環境汚染が低減され，水泳が可能となるような水質に改善されると想定するとき，この環境汚染低減策に対してどれだけ支払う意思があるか (CV or CS)．

環境汚染低減策が行われないと想定するとき，水質の改善後と同じくらいの満足を得るためには最低限どれだけの補償が必要か (EV or ES)．

ⅱ） コンジョイント分析 (Conjoint Analysis)

これは，さまざまな属性別に人々の選好を評価する手法の総称である．上記の仮想的順位付け法とほぼ同じアプローチであるが，より明確に多属性を扱う．

なお，SPデータによる方法に関しては，バイアスの存在などさまざまな問題点が指摘されており，その解決のためさまざまな提案が行われている．したがって，その使用にあたっては十分な注意が必要である．また，RPデータが利用可能な場合にはできるだけRPデータを用いる方法の適用を考えるのが望ましい．

しかしながら，上述のような経済学的環境評価だけでよいのだろうかという疑問がわかざるを得ない．なぜなら，私たちが次の世代またその次の世代に残す，環境の非利用価値や利用価値のうちオプション価値を何で測ればよいのであろうか．日本は世界自然・文化遺産を申請することに関しては非常に熱心ではある．しかし，国立公園でさえ規制の枠がゆるく，さまざまな経済活動を優先して非利用価値を低下させ，いまの利用価値を優先させているようである．このようなときに，次の世代に残す利用価値や非利用価値のために，（ヨーロッパで視覚を除いて動物的という意味と理性的でないという理由で侮蔑の対象となってきた）人間の最も人間らしい五感の復権が重要ではないだろうか．例えば，生活者（特に将来の大人となる子供や高齢者）のために，日常的に身近な水辺空間をどのような感性空間として創造あるいは再生するかは水と緑の計画学の重要課題ではなかろうか．このため，前節で感性空間を議論したのである．

1.3.3　リスクの経済的評価[36]

(1)　不確実性下での意思決定

リスク心理学によれば，リスクは大きく以下の2つに分けられる．
① 危険な事象
② 危険な事象が起こる確率

である．以下では，②を明示的に考慮してリスクの経済的評価法を考えることとしよう．

認知心理学によれば，意思決定とは，ある複数の選択肢の中から，1つあるいはいくつかの選択肢を採択することであると見なすことができる．意思決定は意思決定環境の知識の性質から分類すると，以下の3つに分けられる[37]．

1) **確実性下での意思決定**

選択肢を選んだことによる結果が確実に決まってくるような状況での意思決定．ただし，選択肢を採択した結果の範囲を時間的・空間的に大きく考えると，確実性下での意思決定はほとんど存在しないことになる．

2) **リスク下での意思決定**

ここでのリスクは，選択肢を採択したことによる可能な結果が既知の確率で生じる場合と定義する．このリスクは「測定可能な不確実性」(measurable uncertainty) とみなされる．

3) **不確実性下での意思決定**

ここでいう不確実性下とは，選択肢を採択したことによる結果の確率が既知でない状況をいう．確率で表現不可能な状況というのは，確率の公理を満たすような数値で不確実性の程度が表現不可能な場合であり，例えば，数値で表現できないが「たぶん大丈夫だろう」というように言語的には表現可能な場合や，不確実性の程度に関してわからない状況などが考えられる．この不確実性下での意思決定には，そもそもどのような結果が起こりうるかもわかっていない場合がある．特に，このような状況を積極的に含めて考える場合，無知 (ignorance) の状況での意思決定と呼ぶことがある．

リスク下での意思決定を考えるものとしては，個人の行動が完全合理性を有していることを前提とした期待効用理論がある．完全合理性の仮定では，次のような人間を想定することになる．

① 完全なる情報の保有者（あらゆる可能な行為の選択肢，およびそれらの行為の結果に対する効用の知識をもつ．不確かな状況のもとでは，事象の生起確率を知る）であり，さらに，

② 行動選択の際に，すべての選択対象に対して，再帰性（同じ対象に対しては常に同一の順序をつける），完全性（すべての対象に順序をつけることができる），推移性（対象AはBより選好される，かつ，BはCより選好されるとき，Aは必ずCより選好される）

を有する選好順序をつけることができる，というものである．

(2) **完全合理性下における価値と選択の代替モデル**

リスクを，危険事象の生起確率と危険事象の生起による被害の積（リスク＝危険事象の生起確率×被害）で定義する．ここでは簡単化のため，被害程度を一定とし，危険事象については起こるか起こらないかの2状態しかないものとする．

モデルの基本的な仮定は次のとおりである．個人の効用（U）は，集合財 X と被害 A で表される．被害 A は確率 π で A^*，確率 $(1-\pi)$ で 0（被害なし）となるとする．個人は被害程度 A^* と生起確率 π を知っているものとする．

一方，政府はリスクの被害やその確率を減らすためになんらかの公共政策を実施するものとし，被害程度を低下させる政策を「リスク低減政策」，被害の生起確率を小さくする政策を「リスク回避政策」と呼ぶ．

ここでは，被害の生起確率を減少させた場合のリスク変化の価値を測るモデルを示す．個人は以下で表される期待効用を最大化するものとする．

$$\max E(U) = \pi V(M, A^*) + (1-\pi) V(M, 0)$$

ただし，U は効用関数，$V(\cdot)$ は間接効用関数，M は所得である．

これより，生起確率 π が変化したことに対する限界的な支払い意思額（Willingness To Pay: WTP）は，所得の限界効用の期待価値で貨幣換算された π の限界期待（負）効用に等しいものとなる．

さて，被害の生起確率は，被害対策の私的負担 R と公的負担 G によって決まるとする．

$$\pi = \pi(R, G)$$

個人は，所与の G のもとで期待効用を最大化する R を選択する．

$$\max E(U) = \pi(R, G) V(M-R, A(R, G)) + (1-\pi(R, G)) V(M-R, 0)$$

これより，

$$\frac{dM}{dG} = -\frac{\pi_G}{\pi_R} = \frac{\partial R}{\partial G}$$

を得る．つまり，公的負担の限界的増加に対する個人の WTP は，π の減少に対する私的負担と公的負担の限界生産性の比，または R と G の限界代替率に等しい．したがって，観察可能である $\pi(R, G)$ がわかれば WTP を求めることができる．

フォン・ノイマンとモルゲンシュテルン（VMN）は，上述の合理性の仮定を受け入れるならば，人々の選好が，期待効用が最大となる選択肢を選ぶことに等しいことを明ら

かにした.

　期待効用理論ではリスク下の効用は一般に期待効用関数で表される．リスクのある状態 A からリスクが減少した状態 B となることによって期待が変化し，実現する効用が U^A から U^B となったときに，その変化分を代替財（EV・CV）で表したものがリスク減少分の価値となる．

　この変化分は対象とする事象が生じた後（事後）に表すことも可能である（例えば，浸水による被害額で）．しかし，浸水や環境汚染という事象が生じない，あるいは浸水や環境汚染による被害を少なくするための代替案を考慮する場合には，人々がどのくらい支払う意思があるかを知ることが必要であろう．

　事象が生起する前（事前）の支払い意思額は，期待効用理論ではオプション価格で表される．オプション価格は危険事象が起こらないように状態を変化（代替案の実行）させるための最大支払い額である．オプション価格とオプション価値の関係は以下のように表される．

　　　　オプション価格
　　　＝期待消費者余剰（CS or CV or EV）＋オプション価値

　上式からわかるように，オプション価値は，人々がリスク下ではより慎重な行動をとるという仮説（危険回避行動仮説）に基づいている．例えば，健康を損なうかもしれないというリスクが存在すると，人々はより健康に注意するようになるが，それでも健康を害するかもしれないという不安感が残る．この不安感を貨幣単位で表現した値がオプション価値である．

　意思決定においては長い間，完全合理性に基づく効用最大化が考えられてきた．しかし，実際の人間の選択においては，実験経済学や認知心理学上の知見から，リスク下の選択や確率判断において完全合理性の仮定に反するシステマティックなバイアスが存在することが知られている．

(3) 限定合理性下の一般選好指標モデル

　これまで，完全合理性を仮定した効用理論だけでは十分に記述できない現象が多くの心理学者から示された．すなわち，人々の行動はかなり合理的な側面を有しているが，このようなモデルに当てはまらない行動が非常に多い，というものである．例えば，コイン投げで連続して表が出たとき，多くの人は次も表が出る確率を過小評価してしまうというような「ギャンブラーの誤信」，現在の状態やこれまでの経緯は特別扱いされる「代表性効果」，などが心理実験によって示されている．さらに，アレのパラドックス[*]やエルスバーグのパラドックス[**]など期待効用理論や主観的期待効用理論では説明でき

---

[*]確実な利得を不確実な利得よりもきわめて高く選好する．
[**]人々はあいまいさを避けようとする．

1 水と緑の計画学序説

ない現象も示されている．

また，人々が意思決定問題に直面した場合，その問題を心理的にどのように解釈するかが人々の意思決定の結果に大きな影響を与える．まったく同じ意思決定問題が与えられ，各選択肢の客観的特徴がまったく同じでも，その問題の心理的な構成の仕方（フレーミング）によって結果が異なることがある（フレーミング効果あるいは心的構成効果）．

さらに，人間は意思決定に際し，情報処理能力の制約〔この意味で限定合理性（bounded rationality）〕から，あらゆる可能性を網羅して考慮したり，すべての選択肢を評価して決定を行うことはできないために，目的関数を「最大化」する代わりに「満足化」したりするというものである．カーネマンとツヴェルスキーは完全合理性に対して，「簡便法的合理性（heuristic rationality）」を提唱した[38]．合理性の限界は，視野や計算など「認知能力の限界」，効用最大化を唯一の規範とすることに対する「動機の限界」，モデル設計者の「観察能力の限界」など，さまざまな側面から考えられる．

以上の知見に基づき，選択主体およびモデル設計者の能力や合理性には限界があるとする限定合理性の立場で選択行動のモデル化が試みられている．例えば，消費者行動理論やゲームの理論などにおいて，従来の期待効用最大化問題の仮定を緩める，確率項を導入する，情報集合を明示する，などの手法が試みられている[39]．これを以下に示そう．

まず期待効用理論に基づくリスク評価の考え方を示し，次いでその発展形として完全合理性に基づかないリスク評価を示すこととする．このため，期待効用関数を任意の選好指標に拡張する場合を考えよう．

価値と選択の代替モデルの場合，リスク変化の限界的価値を表す最終式において間接効用関数がキャンセル・アウトされるため，VNM型期待効用関数ではなく任意の選好関数を仮定してよいことになるから，次の任意の選好関数を仮定しよう．

$$I = f(M, A, \pi)$$

また，ここでは生起確率を

$$\pi^* = \pi(R, G)$$

と表す．

これより，以下の関係を得る．

$$\frac{dM}{dG} = -\frac{f_\pi \cdot \pi^*_G}{f_{M^*}} = -\frac{\pi^*_G}{\pi^*_R}$$

つまり，リスクを減少させる公的負担への限界的WTPは，私的負担によるリスク減少と公的負担によるリスク減少の限界代替率と等しい．

以上のように，厚生の変化を測る一手法として，リスク削減または回避のための私的・公的な市場行動のトレード・オフを用いて経済的評価を導出するモデルを示した．

本モデルでは，効用関数のキャンセル・アウトにより従来のように関数型に強い制約を受けずリスクに対する個人の自己防衛消費および政府の公共投資が観察できさえすればよいことから，さまざまな都市環境におけるリスクの評価に適用可能であると思われる．

例えば，飲料水の水質変化における水道水利用とペットボトル購入，渇水地域における各戸の貯水漕とダム投資，地震に対する防災商品の購入と社会基盤の耐震設備投資などのトレード・オフを利用することが考えられる．

以上のような考え方を用い，7.4節では私たちが毎日利用する安全であるべき飲料水の健康リスクを回避する水道水供給の制度設計を議論することにしよう．

1.3.4 環境と防災のガバナンス論

現在では，地球気候変動問題，水資源の枯渇や水災害問題，地震等の災害問題，有害化学物質汚染や資源リサイクル問題などのように，その関連分野・科学的メカニズム・時空間スケール・関連主体が多様化・複雑化している．このような課題に関する政策形成やその実施主体も複雑に多様化・階層化している．このような複雑に多様化・階層化された環境と災害問題に対処するため，戦略的な視座から新たなガバナンス（governance）の必要性が高まってきたといわれている[40]．

ガバナンスの定義は種々ある．ここでランダムハウス英英辞典を引いてみると，以下のようになる．

① government; exercise of authority; control.
② a method or system of government or management.

ここでは，後者と考えることにすれば，マネジメントのシステムでその方法論を意味しているようである．このように理解すれば，ことさらガバナンスということばを使わなくても昔からやっているではないかと思われるが，次に経済学辞典を引いてみる[36]と以下のように政治経済的に記述されている．

「統治のあり方のこと．1980年代以降の開発途上国における政府の役割に関する議論のなかで，効率的かつ公正な開発を進めるためには，責任の明確性，透明性，予測可能性，公開性，民主主義，法の支配などを要件とする「よい統治」が確立されるべきであるとの主張がなされた．」

このような視点からみれば，2008年5月アジアで生じた社会環境と自然環境の大破壊を伴う大災害，5月2～3日にかけてのミャンマーのサイクロンによる大風水害*と12日のマグニチュード8**という巨大地震による中国四川大震災***のガバナンスでいちばん問題であるのは，「透明性・公開性・民主主義」であろう．

---

*例ミャンマー政府発表：死者約13万人．
**震源の深さ約10 km．
***中国政府発表：死者・行方不明者9万人，被災者4500万人．

それに比べ，災害のスケールの差は歴然としているが，2008年6月14日の岩手・宮城内陸地震マグニチュード7.2（震源の深さ約8km，震度6強）では，日本の中央・地方政府とボランティアなど市民団体の活動は，先の「透明性・公開性・民主主義」という意味で，よいガバナンスを行っていたといえるだろう．このような意味で，ガバナンスは，単なる統治やマネジメントのシステムではなく制度のよし悪し，つまり「質」が大きな問題となる．いままでの日本政府の年金や医療のガバナンスは，ある明確な目的（財政再建）のためだけの統治制度（システム）の（不正や責任を不問にした）秩序の維持のために，社会的弱者に対して「責任の明確性をうやむやにし，透明性に欠け，公開性に欠け，民主主義ではない，乱暴で残酷な法の支配をもくろむ」というとんでもない格差社会を増幅させるガバナンスである．（非人間的言葉であるが）後期高齢者を含む（これも無礼な言葉ではあるが）社会的弱者も，重要な社会・自然環境のガバナンスの担い手であることを忘れてはならない．以下では2つのガバナンス論を要約しておこう．

最初はリベラリズムの立場から論じられるガバナンス論である[41)42)]．ガバナンスは社会的な制度の設立やその活動を伴い，「ルールの体系や意思決定の手続き，そして社会的実践を規定し，そのような実践に参加する主体間の相互作用を導くような計画的な行動」と定義されている．そして，「制度」は「（公式・非公式）ルールの集合」で，この制度の1つに「ガバナンス・システム」があり，「ある社会集団のメンバーに共通の関心ごとについて，集団選択を行うための特別な制度」である．また，ガバナンス・システムの1つに「レジーム」があり，「限定された問題や単一の問題を扱う」．そしてもっと狭い意味で，事務局や実態的な「組織」（政府など）があると定義している．

次に国連のグローバル・ガバナンス委員会のガバナンス論[43)]を紹介しよう．ここでは，政府間関係と見なされていたグローバル・ガバナンスを非政府組織（NGO），市民社会，多国籍企業，学会，マスメディアなど社会の多様な主体の相互関係を含むものとしてとらえている．そして，ガバナンスを「個人と機関，私と他の個人とが共通の問題に取り組む多くの方法の集合であり，相反する，あるいは多様な利害関係を調整し，協力的な行動をとる継続的なプロセス」と定義されている．

以上の議論からも明らかなように，単純な2階層システムとガバナンスを考えてみれば，イメージモデル的には第1階層に納税者を中心とした市民，企業，マスメディアやボランティアなどを含むNPOなどの独立した自治的な多様性と多元性を有する社会グループが存在し，第2階層には統治を委託された国際組織や中央・地方政府のシステムなどが存在するとみることができる．第1階層の構成各グループは（社会・自然）環境・防災問題に関して種々の要求*を第2階層に行う．第2階層の（ここにもコンフリクトがある）統治グループは，第1グループの要求を整理・分析し，よりよい目的遂行のために調整・統合のための制約を第1階層の各グループに課す．これを受けて第1階層の独立

---

*もちろん，第1階層の多様性と多元性をもつ構成グループ間にコンフリクトが生じることはよくある．

な各グループは修正案を作成し，第2階層の各グループに提案する．このような調整イタレーション (iteration) プロセスを行うことによって収束すれば，よりよい環境と防災のガバナンスが行われることになる．もし収束しなければ，まず総選挙などにより第2階層の制度設計を行う基盤を作り，第2階層の統治システムを再生させることになる．なお，このガバナンスの考え方には，上位（中央・地方政府システムなど）と下位（納税者などの社会グループ）という概念はないことを強調しておこう．

ただし，第1階層の強烈な格差社会では，生きるか死ぬかという瀬戸際に追い込まれないかぎり，あきらめて死あるいは社会からの脱出を選択するグループを形成するかあるいは暴動やテロ行為を含む反乱などでグループを構成することは世界史の教えるところである．この意味で，いわゆる先進国が主導している持続可能性 (sustainability) の意味を十分考えておく必要があろう．発展途上国の格差社会を前提とした（いわゆる）先進国の持続可能性，あるいは一国の弱者切捨て（あるいは無視）による持続可能性の追求は，社会正義とそこから生まれる社会的公正という視座から許してはならないガバナンスであろう．

こうして，「環境と防災のガバナンス」を定義すれば，『現在の環境と防災の諸問題解決と将来方向の決定のために*，社会的コンフリクトの調整（仕組みとプロセス）システムを内蔵した（他律的ではなく，秩序の改革も含む）自律的システム』となる．ここで，「自律」ということばは「それ自体のうちに独立の目的・意義・価値をもつこと」を意味している．

以上の議論については，再度第2章で，バングラデシュ農村と屋久島の生活者の苦悩を具体的に明らかにしたうえで，ゲーム論を中心とした森林ガバナンス論と環境と防災のメタガバナンス論を展開しよう．また，前述した第1階層や第2階層におけるコンフリクトの（時間軸も含む）調整メカニズムとそのプロセスについては10章で議論することにしよう．

次に，日本の雨水計画の歴史的変遷を述べ，それが行政の都合により水辺が河川行政と下水道行政に分割され，制度的な狭間が新たな水災害リスクを生んだ事実を確認するとともに，これからの都市環境にとって特に重要な雨水計画とは何か考えることにしよう．

1.4　雨水計画の歴史と都市環境

日本における都市と雨水の関係は，歴史的にみて，大きく5つのステージに分けられる．すなわち，

① 雨水が都市計画の主要な要因であった時代（古代〜江戸期）

---

*責任の明確性，透明性，予測可能性，公開性，民主主義，法の支配などを要件とする．

② 衛生目的に限定され放置される時代 (明治～戦中期)
③ 都市から水辺が急速に消滅する環境汚染の時代 (戦後～高度成長期)
④ 河川行政と下水道行政により河川が分割された時代 (安定成長～バブル期)
⑤ 生活者参加の時代 (ポストバブル期～21世紀初頭・現在)

である．以下においては，歴史的に都市と雨水の関係を眺めることによって，これからの都市環境の重要な要因である雨水計画を展望してみよう．

1.4.1 雨水計画の歴史的変遷

(1) 雨水が都市計画の主要な要因であった

中国では古来，北・西に山，東に河，南に海を備えた宮都が，四神相応の理想の地であるとされてきた．日本の古代都城の選地も多くこれに習っている．そして，治水・土木・環境面でも検討が加えられた．

日本において，最初の都市づくりがなされたのは (中国の理想の地を具現化してはいなかったが) 藤原京 (694年) であった．この都市では，都市内の輸送の便と道路を乾燥させ雨水を排除するという目的のため，すべての道路の両側に側溝が設けられた．その最大のものは道路幅員 17.7 m の両側にそれぞれ幅 7.1 m の水路であった．これが，わが国最初の都市雨水排水システムである[44]．そして，多くの条坊交差点では，交通に重点がおかれず，大きな橋は架けられず，路面の交通よりも側溝の排水機能を重視していた[45]．

その後，平城京 (710～783年) 跡からも幅 2.6 m，深さ 1.5 m の角石積みの大水路が発見され，平城京 74 年の間には，通行の優先関係を上回る自然の威力が生じ，排水を優先する場合もあった．また，暗渠の存在も確認されている．なお，水は北から南に流れ，基本的に排水もこの経路をとっていた．つまり，下水も東・西・北から秋篠川や佐保川に流れ込んだ．ただし，設計段階での治水対策が，まだまだ不十分であったことがわかっている[45]．

長岡京は水上交通の利便を考えて移された都であった．全体的に西が高く東に低い地形の中で，宮城だけを特別高い位置にとったため，水は西から東に流れることになる．雨水処理としては樋 (とゆ) のない古代には，屋根からの雨水を受ける施設として「雨落ち溝」が設けられていた．内裏では，雨落ち溝および凝灰岩製の暗渠も存在した．しかしながら，天子が高所から南に面して政を行うという唐 (中国) の長安城をまねた立地は，降雨にも強い構造のはずであったが，792年の集中豪雨は傾斜を一気に流れ下り，集中豪雨に対する防災技術を知らなかった長岡京は壊滅した[45]．

平安京 (794～1869年) は北に高く南に低い扇状地上に立地している．したがって，基本的に水は北から南に流れる．平安京は現在も町がそのまま利用されているという歴史性ゆえ，条坊交差点を検出することはきわめて困難である．つまり，平安京の考古学的な実態はほとんどわかっていない．ただし，雨水排水用の溝渠が張りめぐらされてい

たといわれている．鴨川や桂川とそれらの支流や開削された堀川などの主排水路により自然の排水路に恵まれ，また浸透性のよい土質であることから，大規模な排水遺構は発見されていない．

　武士が歴史の表舞台に登場してから戦国時代後期までは，山城台地と平地部の接線に濠がめぐらされ，この防備上の水路が城下町の排水幹線になっていた．

　天下一統がなされ，1583年に豊臣秀吉により築城された大阪城とその城下町では，防備と水運の堀が雨水幹線排水システムとなっていたことはよく知られている．南北に東横堀川と西横堀川を配し，これを排水幹線としていた．街区はほぼ正方形に区画され，区画の中央に基本的には東西に排水溝が設けられていた．そして，これらは「太閤下水」あるいは「背割下水」と呼ばれ，通常幅0.303～1.2m，中には幅1.8～3.6mに及ぶものもあった．その後江戸期に入り，良好な宅地の開発と水運を目的に，排水不能な土地に新堀を掘削し低地の地揚げが行われた[46]．1590年，徳川家康により江戸城下町も改造に着手された．江戸は十分な平地がなかったため，ため水を疎通させるために堀を掘削し，この掘削土で埋立地を造成するという方法がとられた．排水溝については，大阪と同様に背割下水で構成されていた[16]．

　以上のことから明らかなように，この時代における都市計画の根本は雨水計画であったといえ，それも決して単一目的的な合理性をもったものではなく，多目的な総合化されたものであった．時代とともにより多目的化し（道路，水運，防御，土地開発などと組み合わせて），そこに住む人々は「水」と日常的に接しなければ生きていけなかった．このため，雨と多くの水辺が，単に機能的な世界だけでなく，信仰や芸術を含む精神世界に密接につながっていた．1.2節で述べたことわざや言葉が日常的に生き生きとしていた時代であった．いまの時代は，水道の蛇口とトイレのフラッシュと雨以外に水と接するには，なんという努力が必要なことか．

(2)　**雨水が既存の水路で放置された**

　明治時代に入り，わが国の近代的市街地は，外国人居留地に始まったということができる．居留地の多くは埋立地や低湿地に立地したため，道路の機能を確保するため排水をよくすることが必須であり，日本でもコレラが流行の兆しをみせていたことと併せて下水道整備が求められた．また，既成の市街地に対する下水道整備の始まりは神田下水にみられる．神田下水は実験的に造られたものといわれているが，神田が選ばれたのは，民家が密集し水はけが悪く，土地が湿潤でコレラの温床となっていたためである．神田下水は，構造的には優れたものであり現在も使われているが，一般の民家が接続したわけではなく，管理の面で課題を残し，2年で工事はストップした．

　その後，下水道整備の議論がもち上がってくるわけであるが，この時代を代表する言葉に「本末論」がある．これは，1884年東京府知事が内務卿山形有朋に東京の市区改正（都市計画）を要望する上申書の中に，「道路・橋梁・河川は本なり，水道・家屋・下

水は末なり」と述べた部分のことを指している．しかしながら，市区改正議論の中に水道，下水道の必要性は何度も取り上げられ，水道，下水道の改良が無視されてきたというわけではなく，東京市区改正条例（1888年，今日の法律にあたる）に取り込まれているし，来日したばかりの内務省衛生局雇工師バルトンを主任とする6名の上水下水計画設計調査委員により，1889年「東京市下水設計第一報告書」がまとめられている．

しかしながら，下水道の整備，特に雨水排除機能の改良は当時の日本の経済力のもとでは，高い優先度を与えられなかった．下水道に比べて，衛生状態を改善し，コレラなどの伝染病患者数減少により直接的にはたらく水道の整備が優先され，バルトンらのこの計画も延期の憂き目にあってしまい，雨水排水のための改良工事が細々と続けられた．

その後も東京をはじめとする都市への人口流入は続き，ゴミや汚水の量も増え続け，公共街渠の流下能力が汚水の量に追いつかずいたるところで滞留を起こすようになった．こうしたなか，内務省衛生局長後藤新平は，「汚物清掃法」と「下水道法」をセットとする案を作成し，1900年両法は同時に制定・公布された．下水道法は，汚物の一形態の汚水と雨水を排除し土地の清潔を保つものとされた．

明治期の排除方式については，バルトンが「東京市下水設計第一報告書」において分流式を提案し，その後中島鋭治が1907年「東京市下水設計調査報告書」で合流式を提案している．この間約20年の隔たりがあるが，いずれもがそれぞれの排除方式選択の理由としては経済性を挙げている．バルトンは，汚水はポンプによるくみ上げが必要なので，雨の多い日本でその量を最少限にとどめたいと述べている．つまり，雨水は既往街渠により河川に放流することを前提としていたためである．

一方，中島が計画した明治末期には都市域も拡大し，過去30年間の降雨資料に基づく32 mm/hrの計画降雨は既往の側溝などでは排除できないことから，新たに雨水排除のための管渠を敷設するなら，合流式を採用したほうが経済的という根拠になっている．バルトンも日本の多くの都市（大阪，名古屋，広島，神戸，仙台，広島，下関）の下水道工事の計画策定に携わったが，例えば広島では合流式を提案している．新たな雨水排除のための管渠が必要かどうかが排除方式選択のキーになっていたのである．

中島が計画・設計した合流式では，合流管の遮集（流下）能力を計画汚水量の3倍として，この量までを下水処理場で処理するものとしており，その理由として街路上の汚濁物質を河川に放流することが衛生上好ましくないことを挙げている．これは，現在の雨天時汚濁流出の制御につながっている．なお，バルトンも中島も当時し尿が肥料として用いられていたことから，汚水の中にし尿を含まない下水道システムを考えていた．

このように，1880年代末から下水道計画の議論は繰り返されてきたわけであるが，1900年までに下水道に着手した都市は，東京，大阪，仙台のみであり，東京市にしても，神田下水以外に，中島鋭治の計画が事業化され建設に移されたのは1911年のことである．すなわち，本格的に下水道整備が行われたのは，1910年以降であるということが

47

できる．

20世紀に入って，都市化はさらに進行することになるが，人口が増え，生産活動も活発化するなかで，都市の生活環境が改善されることはなかった．都市環境衛生目的で都市からの下水排除の必要性が叫ばれながら，当時の富国強兵政策のもとで，下水道事業の優先度はきわめて低かった．

その後，第1次世界大戦後の不況の時期に失業対策事業として下水道事業が進んだものの，戦時体制に入り下水道整備は放置された．

(3) **都市河川が災害と環境悪化の元凶と思われた**

敗戦後の混乱期を過ぎ，1950年代に入ると朝鮮戦争の特需を起点に，日本経済は息を吹き返し，産業の発展に伴う社会構造の急激な変化が起こった．それは急激な都市への人口集中であった．ところで，敗戦後日本の社会資本と制度はあらゆる面で不十分で台風などによる多大な災害を被るような状態が続いていた．そして，殺人傷害事件といえる水俣病問題を筆頭に，公共用水域の水質汚濁をはじめとする各種のいわゆる公害問題が噴出しだした．

都市化の進展に伴う農地・山林などの市街地化は雨水の浸透面積の減少をもたらし，雨水の流出量が増大し，これまで氾濫したことがなかった都市河川で水害が発生するようになってきた．同時に，都市用水や工業用水の増大は地下水の過剰揚水を引き起こし，各地で地盤沈下による浸水被害リスクも高まった．

このような社会状況から，1963年に第1次下水道整備事業5ヶ年計画が策定され，この主たる目的は合流式下水道を前提とした市街地における浸水の解消であった．一方，治水行政は1945年から1960年まで，戦後の荒廃した日本を襲った大型台風や梅雨末期の集中豪雨による大水害に対応するためにがんばり，1965年以降になると大河川の氾濫による災害は相対的に目立たなくなった．しかしながら，整備の遅れた都市河川の氾濫や市街地の浸水が多発するようになってきた．このため，同年を初年度とする第2次治水事業5ヶ年計画において，「急速に発展する市街化およびその周辺地域における河川の整備」の必要性が打ち出され，その後の第3次治水事業5ヶ年計画において「中小河川特に都市河川の整備」が重点施策の1つとなった．1971年の河川審議会都市河川小委員会は「都市河川の改修は急を要する」として，シビル・ミニマム（暫定計画）と称する1時間雨量50 mm程度の降雨に対応可能な改修を10年かけて整備することを提案した．

一方では，さらなる経済成長と大都市への人口の集中が加速された結果として工場廃水や生活廃水が多くの都市河川を「くさい・汚い・みにくい」ドブ川にした．都市河川の存在そのものが醜悪であった．

こうして1970年の第64回国会（いわゆる公害国会）で，公害対策基本法の改正とともに水質汚濁防止法が制定された．この際，水質環境基準が定められ，この基準の達成を

1 水と緑の計画学序説

目的に工場排水規制などの施策が実行に移された.

このとき,下水道法の改正が併せ行われ,下水道の目的に「公共用水域の水質保全」がうたわれた.そして,水質環境基準を達成するために,流域単位で市町村の下水道計画の上位計画となる「流総計画」の策定が法的に位置づけられた.下水道整備による水質保全は河川流量と密接な関係があるため,流総計画の策定にあたっては下水道整備が河川に与えるインパクトを検討することになっていた.流総計画が流域水質管理の一環として位置づけられたのである.これを機に,下水道整備の方針が原則として分流式に変更された.そして,合流式下水道の雨天時越流水質の改善が注目されるようになってきた.

このころ,やっとシステム概念が定着し,コンピュータの発展があり,流総計画においても数理計画モデル[47)48)]や計画学が導入されるようになってきた.例えば,水質環境基準を制約条件あるいは境界条件として,「いつ,どこ(の市町村)に,どれだけの」下水道整備を行えばよいかというような問題が解けるようになってきた[49)].しかしながら,流総計画のフレームは限りない経済成長を前提としたものであったため,先のモデル分析では解空間が非常に狭く,水質環境基準を緩めるか,あるいはこれを絶対視すれば流総計画のフレームを(下水道整備率をパラメータとして)制御変数にするしかできないことがわかった[50)51)].後者は,環境保全のために人間活動を制御するもの[52)]で,当時の行政の到底受け入れられるものではなく日本社会では無視された.

当時,下水道整備はようやく大都市における事業が本格化しようという状況であった.そして,水質保全の第一義的目的は有機汚濁の解消で,下水道整備は有機物指標を対象とした下水処理を目的としていた.その後,海域に対するCOD総量規制の導入,指定湖沼を対象とした窒素・リンの水質環境基準が設定され,さらに海域についても同様に栄養塩類の水質環境基準設定が進み,閉鎖性水域の富栄養化防止を意図した水質管理行政へと変革してきた.

河川水域においても,水道水水質基準の改正に伴う,水質環境基準の改正が行われ,新たな水質規制項目に対応した高い水質安全性を確保する必要性が生じた.また都市における環境管理計画では,より快適な水環境の社会的要請が,既往の水質環境基準にとらわれない,独自の水域ごとの水質目標を設定する動きとなって生まれてきた.

1.4.2 河川行政と下水道行政により河川が分割された問題点

(1) 河川の分割

1973年に,市街地の多発する浸水問題に対処するため,管理の不十分な普通河川の管理領域を旧建設省の都市局長および河川局長通達により分断した.それは,原則として流域面積200 ha 以上は河川で,200 ha 以下は下水道として管理するということであった.そして,下水道として,200 ha 以上を管理できる条件が定められた.すなわち,

① 下水道の面的整備と一体として整備することが適当なもの,

② 著しく市街化が進み，または市街化することが予想される区域にあって空間として河川機能を必要としないもの

も下水道となってしまった．

そして，この行政による都市河川の分断が，「くさい・汚い・みにくい」ドブ川を，きれいな川として復活させてくれなかった．都市生活者にとっても迷惑な存在であったから，下水道の普及につれて，大都市の不要となった（誰にとって？）水路や小河川は埋め立てられ，地下化された．特に道路のために蓋をされ，暗渠化され，地域住民から水辺を奪い去った．京都の歴史遺産である堀川の無残な姿は，毎日眺めて通勤している人間に耐えがたい苦痛を与えていた*．また，大阪でも「まちづくりの知恵」として，駐車場のため長堀川を埋め立て，歴史的に貴重な正連寺川も都市交通のために埋め立てられた[53]．『臭いものに蓋』をしてきたのである．戦後から現在にいたるまで大阪の水辺の四十数％が失われたのである．

さらに，この行政による管理の合理化をねらった都市河川の分断は，管理主体が異なることに起因する，次のような新たな問題を生じさせた．すなわち，河川と下水道の整備のアンバランスとそれによる競合が生じ，それぞれの機能を十分に果たせなくしたことである．具体的に述べれば，下水道が整備されても河川の整備が遅れ，下水道の吐き口を縮小したり，ポンプの運転を抑制するといった問題が多々生じていることである．高度に土地利用が進んだ市街地内の河川の整備には，河道の拡幅や堤防の嵩上げに新たな用地が必要となり，その確保が非常に困難であるため，この内外水のバランスがとれないのである．

このような状況から，1978年に「総合治水対策事業」が河川で発足した．これは，横浜の鶴見川や大阪の寝屋川などの市街化の進行した都市河川で，河道における対策だけでなく，遊水池の設置，公園，広場などでの貯留，透水性舗装など流域での対策を幅広く取り入れ，場合によっては下水道の河川への排出抑制をも要求するものであった．

この結果，下水道でもパラダイムシフトが生じた．すなわち，従来のような「速やかに河川へ排除する」という論理から貯留浸透を考慮した「流出抑制」も考える論理に転換してきた．1986年からスタートした第6次下水道整備事業5ヶ年計画では，一時期の汚水対策重視から雨水対策の重要性が再認識されるようになった．

(2) 河川と下水の計画目標（治水安全度）の乖離[54]

都市域において浸水が発生する原因は，専門的には，外水が溢流して氾濫する場合と内水が排除しきれずに氾濫する場合がある．最近の日本における発生回数の割合をみれば，後者が圧倒的に多い．浸水 (inundation) と洪水 (flooding) との違いとしては，浸水

---

*なお，現在，堀川と西高瀬川を二条城の堀で結ぶ清流復活事業の一部は2009年に完成しているが，後の1.7.2項で述べる環境と災害の双対性という認識は皆無である．

に比べて洪水の場合は冠水時間が比較的長く，発生原因として破堤や高潮が関係する場合が多いことが挙げられている．しかしながら，計画論的には両者を厳密に区別する意味はない．

河川整備による浸水対策は，河川沿いの計画基準点において計画目標を超えない降雨により発生した流入水量を安全に通過させる意味で「線的整備」である．それに対して，下水道整備による浸水対策は，流域内のどの地点においても浸水が発生しないような「面的（・点的）整備」である．

1）河川の計画目標

旧建設省河川砂防技術基準（案）*によれば，「計画の規模は一般には計画降雨の降雨量の年超過確率で評価するものとして，その決定に当たっては，河川の重要度を重視するとともに，既往洪水による被害の実態，経済効果等を総合的に考慮して定める」ことになっている．ここでいう河川の重要度は，総合河川計画における河川およびその流域の評価に基づき，洪水防御計画の目的に応じて河川の大きさ，その対象となる地域の社会的経済的重要性，想定される被害の量的，および過去の災害の履歴などの要因を考慮して定められている．おおよその基準として，河川をその重要度に応じてA級，B級，C級，D級，およびE級の5段階に区分している．

一般に，一級河川の主要区間はA級〜B級，一級河川のその他の区間および二級河川の都市に関わる河川はC級となっている．ちなみに，淀川など代表的な大河川の下流部では年超過確率で200年に1度の大雨にも対応できる（以下「200分の1」と記述する）**ように計画されている．そして，大都市を貫流する多摩川，鶴見川は150分の1，中小河川で都心を流下する帷子川（横浜），寝屋川（大阪）などは100分の1となっている．また，日本全国43の流域面積が20 km²以下の低地河川***の整備計画の規模は100分の1から30分の1となっている．

2）下水道の計画目標

河川に比べて下水道整備の計画目標ははるかに低い．「下水道施設設計指針」では，都市排水計画の規模については「確率年は原則として5〜10年とする」と定められている．また，1985年に出された都市計画中央審議会答申では，下水道の長期整備目標について「下水道整備予定区域のすべての区域において，少なくとも10年に1回程度の大雨によって浸水する区域の解消を図る」としている．「国土建設の長期構想」の中でも同様の考え方が述べられている．

これより，計画規模が約10年と約5年のグループに分かれているものの長期的には皆10年を目指している．しかしながら，札幌では確率年を5年から10年というように2倍にしても時間雨量は1.1〜1.2倍にしかならず，その差は4〜10 mm程度である．こ

---

*最近，残念ながら技術を固定しかねない（案）が削除された．
**ただし，この200年に1度はいつ起こるかわからないことに留意．
***都市雨水の流出先となる河川が多く含まれている．

こに，計画降雨規模をどのようにして決めるかという重要な問題が提議される．気候変動や特に社会環境やそれに伴う自然環境の変化が都市の水循環を変えていることを考えれば，この決定の方法論をじっくり吟味する必要があることは自明である．

以上が日本の現実であるが，以下では参考のために合衆国（米国）と連合王国（英国）ではどのようになっているのかをみてみよう．

3） 欧米における計画目標

まず合衆国では，WPCF (Water Pollution Control Federation) の作成した「下水管渠の設計と施工」によれば，雨水計画の安全度は建設費と被害軽減額が一致するように決められるべきであるとしながらも，実際に費用便益の研究が行われていないため，設計者が他の類似地域で行われた記録に基づいて判断することになっている．計画規模の実態はおおむね次のようになっている．

・住居地区では，計画降雨の確率年はおよそ2～10年で，5年が最も一般的である．
・商業地域および資産評価の高い地区（都心部）では10～50年である．
・下水道の放流先となる都市河川では50年以上である．

計画降雨の確率年で日本の計画と比べると，住居地区や都市河川ではほぼ同じ整備レベルで，商業地区（都心）では日本よりやや高い整備レベルになっているといえるが，合衆国より日本の都市の集積度が通常高いことを考えると，浸水被害に対する安全度は合衆国のほうがはるかに高いといえる．

次に連合王国では，WRC (Water Research Center) の管渠補修マニュアルによれば，現在の計画レベルは住居地区では5年確率未満，道路では3年未満であるが，それぞれ10年確率と5年確率を目標に改善が進められている．また，新規建設の雨水排除計画では，それぞれ20年確率と10年確率で整備されている．

(3) まとめ

以上述べてきたことをまとめると，以下のようになる．

河川と下水道の計画規模は上述のように非常に大きな開きがある．この開きのあまりの大きさを考えると，雨水計画における投資効率とリスクマネジメント・システムとしてみた場合の内水・外水というサブシステム間の整合性をどのように考えるかがきわめて重要となる．河川行政と下水道行政の境界が投資効率とリスク管理を総合的に考える都市域の雨水計画の実際的な作成を困難にしている．

次に，都市雨水の整備の基本理念としては，経済的効率性の追求と必要最低限の確保の2つがある．経済的効率性を追求する場合に，整備費用が浸水被害軽減額を上回らないように計画規模を決めなければならないが，便益の計測が困難なため，実態としてシビル・ミニマムとなる計画規模を設定して整備が行われている．ついでながら欧米と比較すれば，日本の浸水対策における下水道の計画規模は，降雨量の確率年ではやや低い．日本の都市の集積度が比較的高いことを考えれば，浸水被害額でみた安全度レベルは降

雨量確率年以上の差があると容易に想像される．

　最後に，都市雨水計画の計画目標である「計画降雨」の作成方法にも大きな問題があり，さらに降った雨がどのように流出するかを記述する解析手法にも問題があることを指摘しておこう．

　以上の問題の議論を9.2節の計画降雨・高水流量決定問題として議論することにしよう．

1.4.3　雨水計画と水質管理

　すでに，雨が降れば晴天時に都市に蓄積された汚染物質が雨水とともにその姿を現すと述べた．この汚染物質の雨水流出による水系への移行が，環境汚染リスクをもたらす．

　ここまで，都市と雨水との関わりの変遷をみてきたが，雨水流出に起因して，あるいは雨天時にどのような汚染・汚濁現象が起こっているのか，そして，そのことに対してどのような措置がとられてきたのか整理しておくことにしよう．

　一言でいえば，いままでは，合流式下水道において雨水を取り込む能力が小さいときの雨天時下水の越流問題以外に雨水計画と水質管理計画との接点はほとんどみられなかった．これは，これまでの水質管理計画の枠組みが非常に限定的なものでしかなかったためということができる．都市の水環境と雨水とがもつ関わりあいをみるなかで，雨水計画と水質管理計画が本来どのような接点をもち，従来の枠組みではどういうところが問題なのかみていきたい．

(1)　合流式下水道の問題

　明治期における都市下水排除方式に関する議論については，1.4.1項で述べた．多くの都市では，拡大する都市域からの雨水排除の必要性が高く，排除方式として合流式が採用された．合流式下水道は，汚水と雨水を1つの管で排除する方式であり，雨天時の流量増に対してすべてを下水処理場まで輸送することは困難であるから，雨水を含めた流量が一定量以上になったときには，オーバーフロー（越流）させる構造になっている．この一定流量のこと遮集量と称している．すなわち，遮集量以上の流量をもたらすような降雨時には，汚水の一部が雨水で希釈されているとはいえ，無処理のまま放流されるのである．

　現在では，このような問題を合流式下水道雨天時汚濁問題として改善の対象にしようという認識はあるが，合流式が採択された当初は，汚濁物質の比重は大きく越流はしにくいという「比重二層論」などという考え方で，越流の影響は小さいと判断された．実際には，汚水が単純に希釈されるだけでなく，降雨初期には，集水域に蓄積された大量の汚染物質が管内に流入し，それに管内に堆積していた汚濁物質が巻き上げられ，普段の汚水濃度をはるかに超える雨天時下水濃度になることも，今日では知られている．

合流式下水道の雨天時越流に関しては，遮集量がどの程度かが問題になるのであるが，すでに述べたように，中島は汚水量の2倍までの雨水流出を受け入れる3倍という遮集倍率を提案している．これは，「希釈論」の発想である．降雨強度が小さいほど高い生起頻度をもつものであるから，汚水量が小さい場合には，越流の頻度は高いものになってしまう．さらに，計画時点の汚水量と比べて，人口密度の増加や水使用量の増加で汚水量が増えてしまったときには，越流頻度がさらに増えるばかりでなく，越流時の希釈もほとんど期待できないことになる．遮集管の容量を決めるに際しては，基本的に汚水量に適正な遮集雨水量を加えなければならない．

　ところで，下水道行政においては，1970年の下水道法改正に伴い，水質保全行政との一貫性が強く打ち出されたわけであるが，これを期に雨天時合流下水に起因する汚濁への配慮から，新たに下水道に着手する都市や，拡大する整備区域に対して分流式の採用を原則とするようになった．一方で，越流水に起因する汚濁対策の検討が進められたが，既成市街地における遮集能力増強は難しく，また，下水処理場までの遮集量を大きくとったとしても，収集した汚濁負荷量に対して適切な措置をとらなければ，汚濁物質を移動させたにすぎないことから，合流式下水道の改善対策に本格的に取り組む都市は少なかった．

　水質保全上の観点から推奨された分流式であるが，水質保全上問題がないわけではない．1つは，密集した市街地道路などにおけるノンポイントソースの問題であり，さらには，

① 汚水管を雨水管につなぐという誤接
② 告示区域内の未接続
③ ベランダ・庭先などに置かれた洗濯機からの排水など，本来処理すべき雑排水の一部が雨水管に流されるといった管理面の不徹底に起因する汚濁原因がある．後者のほうの実態は無論よくわからないが，分流式下水道の機能が発揮されるためには，排水区での下水道利用者を含めた面的管理が重要になってくる．

(2) 水環境と雨水との関わり

　前項で述べたことは，雨水と汚濁，あるいは水質保全との直接の関わりであったが，水環境との関わりはこれだけにとどまらない．

　ひとつは，閉鎖性水域に対する雨天時負荷の寄与である．下水道の整備などに伴い，生活系，工場系の汚濁負荷排出量は減少しているにもかかわらず，大都市域を流域にもつ閉鎖性水域の水質改善は停滞している．この原因として，栄養塩類の低減が進んでいないため，富栄養の状況が改善されていないなどいくつか考えられるが，都市域や農地などからのノンポイントソースの流入も原因として考えられている．

　前項で述べた合流式下水道の越流水の問題も，排出する側からの定量化は進んでいるものの，受水域で生じている影響や問題については調査されている例は少ない．受水

域の水利用の条件や容量によって，越流水のインパクトはまったく異なるのは当然である．親水整備の行われている地点に，雨水吐室があるなどの縦割りに起因するミスマッチもみられる．

また，水環境は水が存在してこそ意味のあるものであり，水量確保は水環境の前提となる．しかしながら，晴天時，特に都市河川などで十分な水量が得られない状況がみられており，都市河川の水質改善が進まない一因となっている．これは，都市化に伴う不浸透面積の増大に対して雨水を速やかに排除するという機能を優先させた結果であるといえる．さらにいえば，同じ水量でも質の向上により，利用価値は高くなる．このように，水環境の管理は水量管理と水質管理一体となって行われなければならないが，現状の問題の多くは，水量管理と水質管理が『ばらばら』であったことの結果である．

(3) 従来の水質管理計画の限界

これまで実施されてきた水質保全方策は，点源から排出される有機物負荷*を主たる制御対象としてきたにすぎない．そして，水質の評価という面では，最近のきめ細かな環境への要請に対して，水質環境基準という空間的にも時間断面的にも限定された基準でしか評価されてこなかった面がある．

また，水質保全のための施設整備としての下水道も，その整備形態によっては，都市河川の流量の減少を招くことも少なくない．

すなわち，いまだに水質改善が進まないのは下水道整備率が低いからといった論調が少なくないが，従来の水質管理計画の制御対象および評価の方法が非常に限定的であったことが問題なのである．当然，いったんはあらゆる汚濁負荷を俎上にのせて，この中から制御対象にしていくべき優先度を決めなければならない．また，都市生活者の要請に対応して，もっと身のまわりの水域に対しても水量・水質目標を設定していく必要がある．国レベルで決定された水質環境基準を参考にすることはかまわないが，身近な環境をどうするかまで，国の指導に従う必要はないのである．

そして，水質改善に寄与すると考えられている方策が，汚濁負荷の効率的収集と処理，雨水の速やかな排除という縦割り的で単一目的的に水を扱ってきたあまり，総合的な視点を欠き，都市の水循環を分断するなど新たな問題をもたらしている．

1.4.4 生活者参加型の都市環境と雨水計画の時代

旧国土庁（現国土交通省）がまとめている水資源白書によれば，環境と水に関する旧建設省（現国土交通省）を中心とした国の事業の開始時期は1985年ころである．これには，当時，わが国がいわゆる「公害」問題としてしか環境を認識していなかったことの反省と，1977年のOECD環境委員会による「外圧」の影響を無視することはできな

---

*栄養塩類除去も閉鎖性水域での有機物生産の制御を目的としている．

い[15]．また，当時はバブル期で景気もよかった．そして，一方では日本全国をゴルフ場にしてしまうようなリゾート開発が喧伝されてはいたが，もう一方ではアメニティ（amenities）ということばが日本語に加えられ，いまお金のあるうちに真面目に何とか都市環境をよくしようという動きもあった．

なお，日本人がこのことばを一般的に用いる場合かなり狭い範囲で使用しているので，若干脱線して，amenity と amenities をランダムハウスの英英辞書で引くことにしよう．まず前者は以下のようである．

① an agreeable way or manner; courtesy; civility.
② any feature that provides comfort, convenience, or pleasure:
③ the quality of being pleasing or agreeable in situation, prospect, disposition, etc.;
④ amenities; lavatory; bathroom: used as a euphemism.

そして後者は，

① a feature that makes a property more attractive: accessibility; good design; proximity to shops, schools, public transportation and recreation facilities; beautiful scenery; pleasant and congenial neighbors
② agreeable or pleasurable places or features, technically but frequently a euphemism for the so-called smallest room, or bathroom

となっている．都市環境の一部をこのことばで表現する場合，複数形を常時使用するほうがよいようである．また，このことばは，都市の生活者を中心にしたことばであることも留意しておこう．

さて，いままで，何の定義をもせずに都市生活者という言葉を使ってきたがここではきちっと定義しておこう．生活者とは「複数の地域（例えば職場のある地域や家庭のある地域など）に属しながら，多様な役割（例えば，納税者で生産者で遊び人で住民でなど）を演じている消費者」と定義される[55]．そして，個人は複数の地域でいろいろな問題に直面している．したがって，個人はあるときには，ひとつの地域に属する個人であり，ひとつの役割から物事をとらえようとする．そして，別のあるときには，別の地域に属し，別の役割から物事を考える．生活者としては，いろいろな立場で多様な角度から物事をみていることになる．そして，その所属する地域や役割は一定ではない．

そして，個人と住民という共通集合で眺めてみても，住民であるし，コミュニティの一員であるし，市民で国民で，そして地球人でもあるというように空間的な階層システムにおいてもその役割は異なってくる．

私たちの問題，すなわち都市環境と雨水計画に限定しても，多様な役割が必要とされる．例えば，常時浸水の危険から逃れうる住民は，一戸建てに住んでいる場合，逃れられない住民のために雨水の排水抑制を考えなければならないだろうし，コミュニティや集合住宅に住んでいる場合も町内会やマンションで考える必要が生じてくるだろう．そして，市民あるいは県民としては地方税や下水道料金を支払っている以上，雨水対策の

適切さを監視する権利があるし，その雨水が単に排除されるだけでなく，上述の都市（や地域）環境の amenities に貢献するように口をはさまなければならない．そして，その雨水の排除のプロセスで新たな環境汚染リスクが生じることを回避するプログラムを行政に提示させることも必要となるかもしれない．また，国民として所得税を支払っている以上，大河川と都市河川のいわゆる内外水問題が適切に解決されているかどうかを監視する必要がある．また，個人として，浸水地区にボランティアとして参加することも必要であるかもしれない．このように，生活者として雨水計画になんらかの形でコミットメントする時代がきたようである．

しかしながら，現実の大都市の雨水に対する対策はお寒いかぎりである．例えば，東京における中小河川の暫定改修または基本計画目標は時間 50 mm で降雨の生起確率では3.2年とされており[56]，これを目標に改修が進められているのが実状である．そして，バブル期に大阪や東京で計画・建設された大規模地下放水路の費用便益は正当なものであったろうか．さらに，大都市の下水道施設の老朽化が激しい．

以上で論じてきたことからも明らかなように，いま必要とされている「都市環境」の維持と創生のための「雨水計画」は，ある限定的な目的に対応した「もの（構造物）を造りさえすればよい」という「20世紀型の設計思想」から脱却することである．

1.5 水環境から地域・都市計画へのパラダイムシフト

1.5.1 都市域の水環境問題

(1) 都市水環境とは何か

都市に降った雨はどこへ行きどのような水災害や水環境問題を引き起こすのかという問題の認識[16]のためには，まず流域における水循環と水環境を明らかにしなければならない．これを模式的に示せば，図 1.5.1 のようになる．以下，この図をもとにして水災害と水環境の問題を考察しよう．

水は太陽からのエネルギーを受け，蒸発・降雨・流出という自然の水循環を営んでいる．都市において，私たち人間はこの自然の水循環プロセスにはたらきかけ，また制御しようとして，水利用システム（貯水池・上水道・下水道・都市河川など）という人工的な水循環システムを構築しながら，都市活動を支えてきた．

しかしながら，高密度に集積した都市活動を支えるための水資源開発と水環境の両立は必ずしも容易ではなくなり，多くの場合数十年にわたるコンフリクトが生じる[57]．特に，今後都市化のさらなる進展が予想される地域においてもそうでない地域においても，開発と環境のいずれもが，従来よりも高度な（例えば治水）安全度や高レベルの環境質を要求しようという場合には，問題はもっと複雑になる．

都市に生活する人々は，都市という生活空間の中で生活している．さらに，その空間

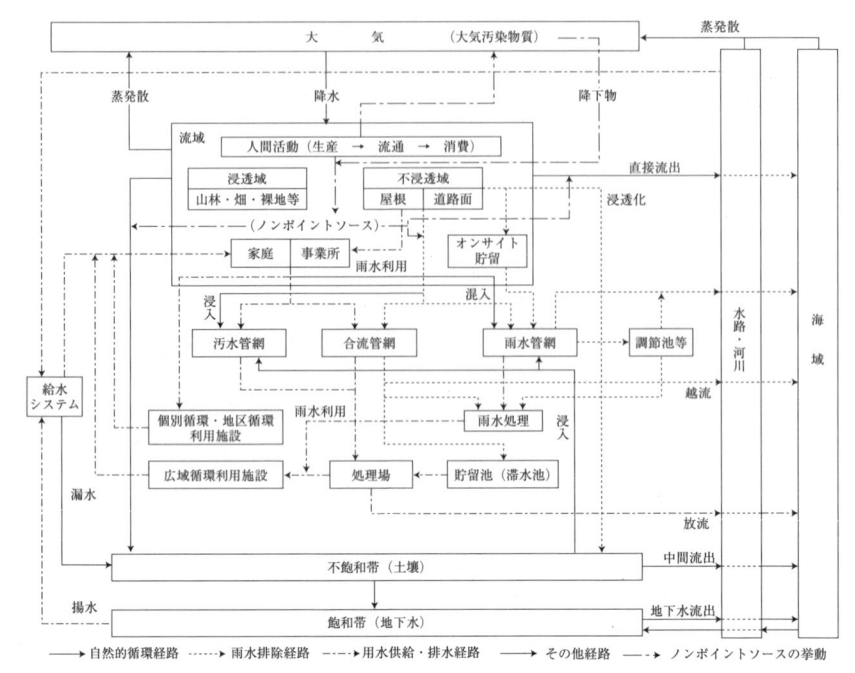

図 1.5.1　大都市域の水循環システム

はさまざまな都市環境の要素によって特性づけられている．このような都市環境要素は大きく，都市自然環境，都市社会環境に分類できる．そして，この場合の自然環境は箱庭自然[15]といえよう．

　雨水は，都市水環境というシステムの入力であり，当然のことながらこれら都市水環境とさまざまな接点をもつと考えられる．したがって，雨水管理は都市水環境の特性を方向づけるものであると考えてよいであろう．しかし，これまでの都市計画では，都市全体の水環境をどのように整えていったらよいかという発想がなかった．これは個々の建築デザイン，河川のゾーニングによるコンセプト空間としての親水的な修景が行われても，都市デザイン，水辺のグランドデザインなど，都市全体の環境計画がなされてこなかったといってよいだろう．雨水に関していえば，それがリスクを伴うもの，邪魔者として扱われてきたがために，都市環境に活かす方途がいくつもあるにもかかわらず，その前に速やかに排除するシステムが形成され，いざ活用しようとすると後戻りを余儀なくされてしまうのである．雨水を活かすためには，再び雨と人との距離を小さくしようという動機付けが必要である．

(2) 都市水環境問題の背景

　都市の水環境をめぐっては，高度経済成長期の劣悪な状況を脱したものの，ここ二十数年閉鎖性水域で水質環境基準の達成率に向上がみられず，都市河川水域においても低水流量の減少に伴う水質改善の停滞，（地域によって）水需要の逼迫や渇水の頻発など，質的・量的に問題は少なくない．特に都市河川にみられる水質・水量の問題や河川構造から，都市化以前の生物相が変化し，より単純な生態システムへと変わってきている．

　水環境問題の解決を図るためには，水環境がこのような状況を呈してきた背景を明らかにする必要がある．図1.5.2は，都市化と水環境問題の関連，ならびに直面している課題をまとめたものである．この図に示すように，水環境の状態は水域・流域の自然特性を反映するとともに，流域における人間活動とこれに伴う水循環，ならびに水循環に伴って輸送・流出される汚濁負荷の挙動に影響を受けている．

　都市化の過程は，都市域の水循環において，上下水道をはじめとする人工的な水循環システムのウエイトを高めてきた．特に下水道の主たる機能は，前述したように，生活廃水などの排除と処理，住環境の快適性の確保ならびに公共用水域の水質保全が挙げられる．しかしながら，いくつかの政令都市で100％の下水道整備率を達成しているにもかかわらず水環境問題が解決できないのはなぜなのであろうか．これには以下のようなことが考えられる．

① 下水道をはじめ，従来の水質保全対策は点源から排出される有機性汚濁を主たる制御対象としてきたにすぎない．
② 都市化に伴う不浸透率の増大に対して，雨水を速やかに排除するという機能を優先させたことから，流域の保水力を失い低水時の流量低下をもたらした．
③ 源頭水源を有しない都市河川では，下水道の整備形態によっては，流下流量を減少させることとなった．

　つまり，従来のインフラストラクチュア整備としての下水道整備は，諸外国と比べ普及率が低かったことから量的充足を求める必要性が高く，制度的にも効率性を追求した．縦割り的・単一機能的に汚水・雨水を「収集→処理→放流」といった下水道機能の追求を第一義的目的とし計画されてきた．目的と手段をごちゃ混ぜにしたのである．

　しかしながら，下水道が水環境と関連する領域は広く，下水道とその他の水環境に関わる計画とが相互に関連する要因も多岐にわたり増加している．したがって，現在の水環境問題は，例えば下水道だけで解決できるわけがないというように，20世紀型個別計画の量的整備だけでは対応できないのである．

　しかしそうはいっても，都市域に関わる水循環構成要素の中で量的にも質的インパクトの制御可能性の面でも下水道の重要性はますます高まっている．そして，必要なことは，より広い都市水環境システムという枠組みの中で下水道システムを1つのサブシステムとして位置づけることが必要であろう．

図 1.5.2 都市域の水環境問題

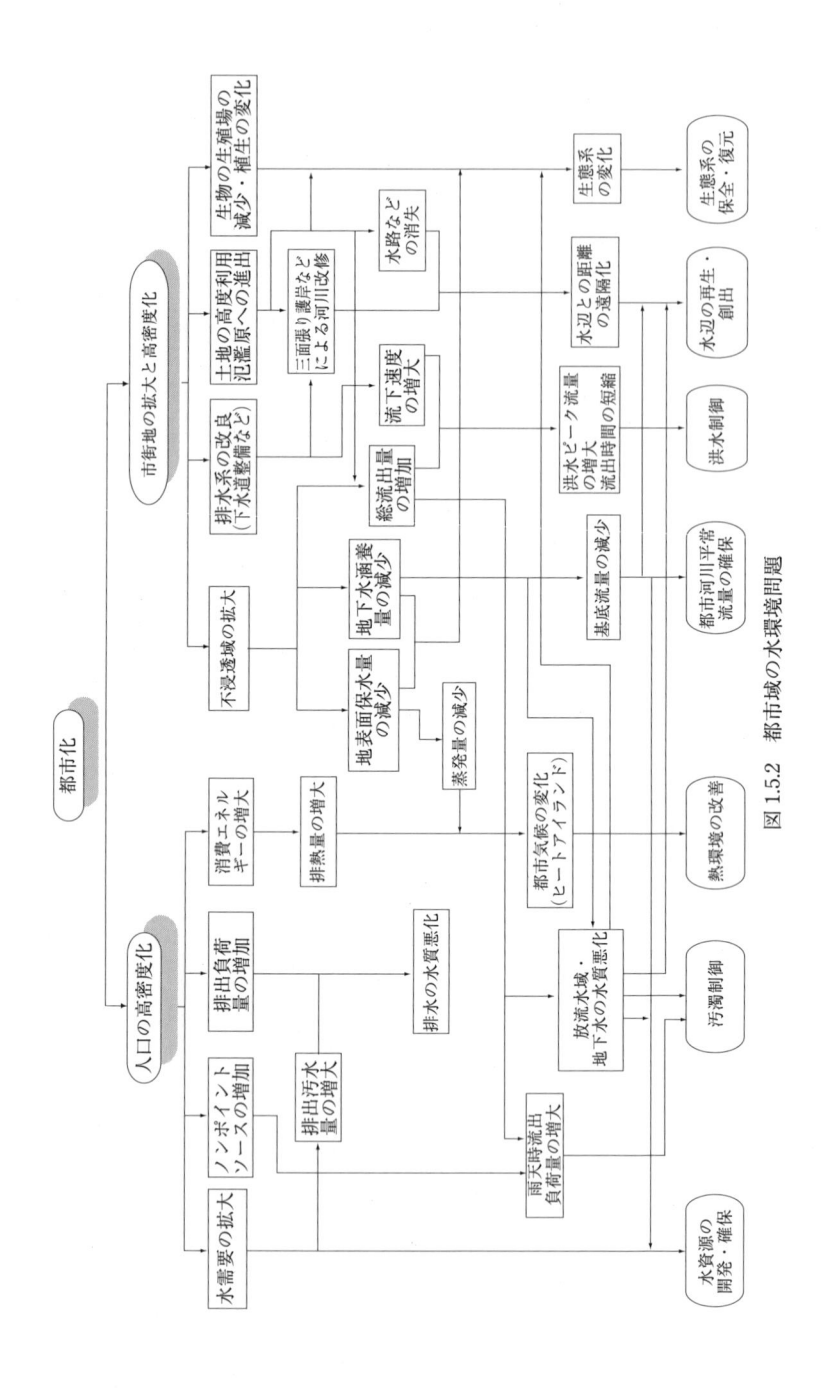

(3) 都市水循環のリスク[16]

大都市（圏）における水循環システムの有するリスクは，大きく分けて以下の6種類が考えられる．すなわち，

①浸水リスク，②渇水リスク，③環境汚染リスク，④生態リスク，

⑤健康リスク，⑥震災リスク（震災時の水循環システムの崩壊や消火用水の確保など）

である．上の順序はリスクのおおよそのリターン・ピリオドの小ささに着目して並べたものである．ただし，④〜⑥は未知の要因が支配的なリスクで，③と④ならびに③と⑤はきわめて密接な関係があるリスクである．そして，これらのリスクの低減があるレベル（計画目標）以内に落ち着いて，はじめて都市の水環境の再生（創生）の議論が可能となる．

ここで，（降）雨との関係で上記のリスクを考えてみれば，震災リスクは雨とは結果的に関連するが直接的ではない．広い意味での生態リスクや健康リスクは，環境汚染リスクの結果生じることになる．そして，渇水リスクは少雨時に生じるものである．したがって，大都市（圏）における水環境リスクは，基本的には浸水リスクと環境汚染リスクの2つが根源的なリスクであると認識される．そして，この2つのリスクは，合流式下水道を有する大都市で大きな水環境問題となっていることに注意をしておこう．さらに，これらのリスクはまったく切り離されて異なる次元で計画されている事実も指摘しておこう．

これらの水環境問題を総合的に取り扱うための必要条件は，雨水に起因する都市水災害と水環境問題が深く都市の水循環と関わりをもっているという事実の認識と図1.5.3に示したような都市の空間の広がりの階層システムとして認識することから始まるという視座が要求されるのである．

この図に示すように，現実に（また，将来も）水環境リスクは対象都市・地域空間階層構造・流域階層構造・生活者階層構造・行政階層構造の絡みにより規定されている．このような問題解決のためには，従来の狭い個別的な学問領域を固守しては実行不可能となる．このために，総合的なアプローチ（Integrated Approach）が必要となる．

以上の議論からも明らかなように，都市域の水環境問題は非常に多くのリスクを抱え込んでいる．このため，本書では，浸水リスクの問題を9章の水災害環境論で取り上げることにしよう．渇水リスクについても，2005年の四国大渇水があったように，日本では大きな社会問題が起こっているし，外国を眺めれば，インドや中国のように目の前の河川の環境汚染で，量があっても毒が流れている（非水資源）状態が増加してきている．また，オーストラリアでは100年に1度という大旱魃が2008年時点でもう2年（10年に1度が10年以上）続いている．また，大地震により水資源関連施設が破壊されることから給水不能となり，渇水（断水）現象が生じる．これらの渇水リスクと環境汚染リスクの議論を8章の渇水と震災の水供給リスクと3章の水域環境論で議論することにしよう．そして，健康リスクを7章の飲料水健康リスク論で議論する．この場合，世界の

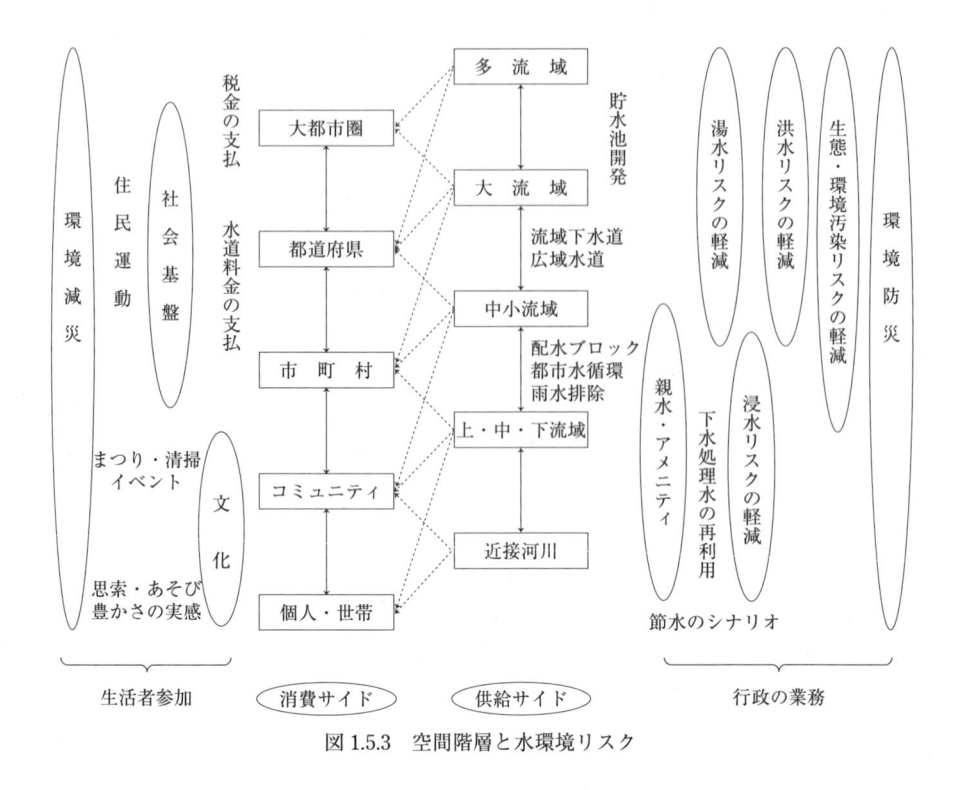

図 1.5.3 空間階層と水環境リスク

最貧国で地下水のヒ素汚染で苦しむバングラデシュの健康リスク軽減をも議論することにしよう．なお，生態リスクについては3章の水域環境論の3.2節，3.4節で議論をしておくことにする．ただし，総合的な生態学的議論は不十分である．これは，生態環境調査研究が狭い河道内の線や池の点に議論が集中し，流域・地域レベルの研究が編著者の周辺には見当たらなかったため，本書のような水と緑の計画学の中心的役割をいまだ果たしていないので，今後の課題としよう．

1.5.2 環境インパクトアセスメント (EIA) を内部化した都市・地域計画

　従来の都市・地域計画では，公共用水域（河川・湖・海域など）の環境要素は内部化された計画要素として取り扱われず，単に計画が作成された後の結果の出力もしくはチェックとして，いわゆる環境インパクトアセスメントの一部を構成するものであった．技術的には，これは数理計画モデルと力学を中心とする現象分析モデルを取り扱う専門性の違いによるモデル間の統合が困難であったことに原因があるようである．ここでは，まず，1980年に公表した環境容量という概念の解釈と1977年に公表した環境インパクトアセスメントを計画要素として内部化した地域水環境問題を取り上げることにしよう．

(1) 人間活動と水域の接点としての環境容量[58]

1970年代，環境からみた人間活動の評価は，多くの場合，末石冨太郎が提唱した環境容量[59]（いま風にいえば「持続可能性」のための枠組み）に依存すると心ある環境システムの研究者は考えるようになった．つまり，人間の習性が活動の活発化を指向するという前提に立つとき容量の大小によって活動のレベルが規定，換言すれば評価されるということであった．ところで，この1970年代に議論され，論争者が互いに勝手な思いでコンセプトを描き，議論がかみあわない場合が多かった環境容量*を考えよう．

ここでは，水の計画にとって重要な，ジオシステムを代表する水域の汚染伝搬モデルとソシオシステムの人間活動と水域の接点についての計画学的な議論をしておこう．

1) 汚染伝搬モデル

自然の水系において，汚染物質が媒体である水に運ばれて伝搬していく過程を記述する基礎式は，連続の収支式から導かれる．収支式の一般系は次式のようなものである．

$$\frac{\partial f}{\partial t} = R(f) - \mathrm{div}(vf) + S \tag{1.5.1}$$

ここに，f は水質水量を示す状態変数で，左辺は時間当たり蓄積量，右辺はそれぞれ生成消滅割合，流体による移送割合，そして排出源放出強度を表している．なお，v は速度ベクトルである．この式中の状態変数 f にどのような物理量を与えるかによって各種の収支式が導かれるが，水汚染については，f が流体の「運動量」，「質量」，「熱量」，そして「濃度」という4つが基礎となる．これらの収支式に加えて，速度項（「運動」）を記述する $R(f)$ と流体の「物性」を表す状態方程式が与えられると，水域の汚染状況を解析する基礎式がそろったことになる．これらの6種の式が互いにどのような関係にあるかを要約したのが図1.5.4である．

周知のごとく運動方程式と連続の式が流れの場の情報 v を与え，これを受けて汚染物質の拡散方程式が解かれる．このとき，対象汚染物質の変化特性 R，すなわち，反応，沈降，冷却などの情報が必要である．ところで，状態方程式は水温と密度の関係を与えるもので，鉛直温度分布が流体に及ぼす影響を規定する．このループがフィードバックしているので，厳密にはすべての方程式を連立して解かなければならない．しかし，一般にはこれを解くのは困難であり，状況に応じて大幅な近似化が余儀なくされる（表1.5.1）．

第1段階の近似は，流れ v がある時間平均値 $\bar{v}$ と乱れ成分 v' に分けられるということ，そして，この v' が乱れ拡散係数として扱えるという仮定のもとで遂行される．結果はナヴィエストークスの式，物質濃度と温度を状態変数として通常いわれるところの拡散方

---
*現在も持続可能性とガバナンスの議論がなかなかかみあわず，国際政治力学でEUの主張が世界を統一しそうである．

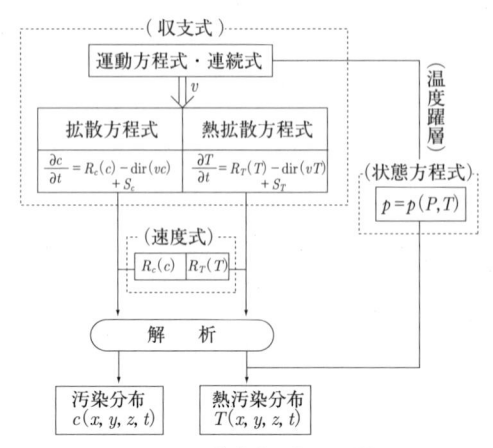

図 1.5.4　基礎式の相互関係

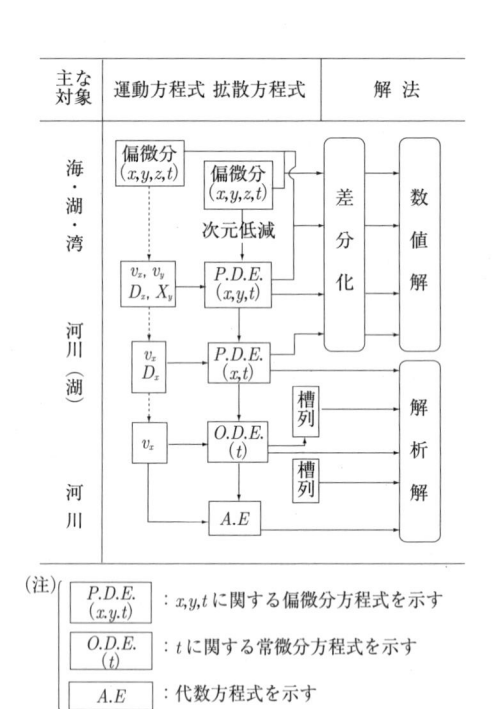

（注）
- $\dfrac{P.D.E.}{(x,y,t)}$：x,y,t に関する偏微分方程式を示す
- $\dfrac{O.D.E.}{(t)}$：t に関する常微分方程式を示す
- $A.E$：代数方程式を示す

程式が2つ,そして温度変動幅を小と仮定した状態方程式である.

第2段階の近似は,4つもある独立変数 (x, y, z, t) をどのように減らすかにある.もちろん対象水域が海のように3次元的広がりをもつものか,河川のように1次元的形状であるかによってもこの選択は支配されるが,それ以上にモデルをどのような目的に使おうとするかにかかっている.ここでは,偏微分方程式から出発した近似の順序を表1.5.1に示す.

2) 人間活動と水域の接点

水域からみた人間活動の評価は,多くの場合,持続可能のための環境容量に依存すると考えられる.つまり,人間の習性が活動の活発化を指向するという前提に立つとき,容量の大小によって活動のレベルが規定,換言すれば評価される.

ところで,この環境容量という概念は非常にあいまいで,おおむね次の4つのことを意味しているようである.

① 汚染浄化能,
② 環境場の物理的広がり,
③ 生態系影響の限界,
④ 許容排出総量.

これらは,いずれも人間活動による環境への廃棄物放出によって汚染がもたらされる一連の過程のどれかの項に対応している.そこで,この過程を記述する基礎式との対応において,上記の4つの定義を位置づけてみよう.

式 (1.5.1) の f を汚染レベル C に置き換えれば次式を得る.

$$\text{基礎式}: \frac{\partial C}{\partial t} + \text{div}(vC) - S + R = 0 \tag{1.5.2}$$

$$\text{平均化}: \int_T dt \int_V dv \left[\frac{\partial C}{\partial t} + \text{div}(vC) - S + R \right] = 0 \tag{1.5.3}$$

$$\text{汚染値}: C = C(S, R, v, V, T) \leqq C^* \tag{1.5.4}$$

$$\text{許容排出量}: R(C^*, R, v, V, T) \leqq R^* \tag{1.5.5}$$

上記のことから理解されるのは,①の定義は式 (1.5.2) の汚染浄化能 S の項をどのように評価するかを述べたものであり,②は式 (1.5.3) の積分領域 V という項をいかに決めるかを,そして③は式 (1.5.4) の C^*(汚染レベルの許容限界)をどのように設定すべきかを指示したものであると解釈できる.そして,これら諸条件が明確に設定された時点で,式 (1.5.5) によって許容排出強度 R^*(または,これに基づいた許容人間活動量)が規定されることになる.いいかえると,①②③は④を求めるための前提条件として重要な要因,視点を指示したものである.したがって,どれを環境容量の定義とするかは議論の余地はあるにしても,少なくとも①〜③それ自体は制御可能量ではなく,最終的に求

められた④がはじめて規制や計画などの制御量として用いられるものである.

④を水環境の問題に置き換えて考えてみれば,人間活動の水配分と水利用プロセスを含む水循環圏そのものが制御対象となることが明らかである.つまり,④の水環境容量というものは人間活動ひいては社会環境システムそのものの持続可能性評価になっている.

この問題の現代版として,3.6節で東京湾を事例とした閉鎖性水域での水質汚濁負荷の排出権取引の可能性を論じることにしよう.

次に,水と緑に大きな影響を与える地域計画の策定過程に環境インパクトアセスメント過程を組み込んだ計画方法論を,いま様に再解釈して,環境容量概念を用いて説明しよう.

(2) 環境と共存するための都市・地域計画[61]

1) 地域計画のフレーム

かつての多くの地域計画の策定は,図1.5.5に示すようなプロセス[61]を用いていた.この時代の土木学会の土木計画学は「計画の予測と評価」をどうするかを考えるだけで,計画の境界条件を無視していた時代である.この図のフレーム作成のための計画の分析は構想計画を作成することが目的で,計画目標を決定する予測が中心となっていた.この予測手法として計量モデルやシステムダイナミクスモデルが開発されていた.しかし,境界条件を得るための分析は,環境の質・量のあるレベルの環境容量を求めることであり,1970年代当時,土木計画者は誰も考えようとはしなかった.

当然のこととして,この当時の地域計画のフレーム作成の目的は地域開発であり,計画の構想はこの開発を実現するためのベクトルを示すものであった.このため,地域計量モデルは経済面が中心となり,計量経済モデルが多くの場合使用されることになる.この時代,日本は水俣病に代表される*4大公害で日本社会が騒然となっていた.もちろん,経済以外の側面も考慮するために種々のモデルが開発されていたが,やっと合衆国(米国)から導入された環境アセスメントが日本で話題になり始めたころである.外国から導入された持続可能性やガバナンス論の,日本でわいわいがやがやという,喧騒と隆盛が現在とよく似ている.いずれにしても,現在の中国やインドのように急激な経済発展を遂げている国々は,かつての日本のように,経済を中心とした計画が上位にあり,いわば尻拭い的な環境計画が下位にあるのが現実であろう.つまり,環境計画の入力情報は,環境問題を外部化した経済中心のモデルから抽出されたフレームにより構成されているといっても過言ではないだろう.この結果が,中国やインドのような国内外における水資源の囲い込み現象が起こり,しかも目の前の水資源が汚染のために使えない,また旱魃や渇水で水がないというようなちぐはぐな現象を生じさせることになる.

---

*私たちは,いまでも企業による殺人傷害事件と考えている.

1 水と緑の計画学序説

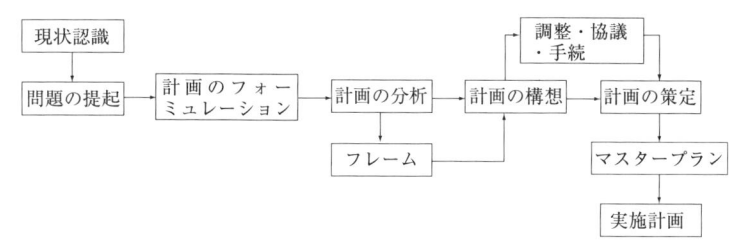

```
現状認識 ─┐
         ├→ 計画のフォー → 計画の分析 → 計画の構想 → 調整・協議・手続
問題の提起 ┘   ミュレーション      ↓                    ↓
                              フレーム              計画の策定
                                                      ↓
                                                  マスタープラン
                                                      ↓
                                                   実施計画
```

図 1.5.5　地域計画の策定過程

したがって，水資源（水量・水質保全）からみた地域計画のフレームというものが存在してよいはずである．

2）環境インパクトアセスメント過程

私たちが学生時代に学んだ合衆国直輸入の EIA (Environmental Impact Assessment) は（現在の日本のようにきわめて狭い事業計画や事業実施の評価に使われるだけでなく）多様な自然・社会環境特性値で構成された，いわゆるチェックリスト法であった．当時の最も進んだ基本的な EIA 手法[62]を図 1.5.6 に示しておこう．

当時の EIA の研究は，そのあるべき姿の概念研究と手法の開発研究に分かれていた．現在，特に日本では，手法の開発はずいぶんと進んでいるようにみえるが，概念研究がそれに追いついていないように思われる．この理由はいたって簡単で，EIA の制度化が遅れ，狭い範囲の運用を始めるようになってからも，国の行政の縦割事業という最も下位（現実）の事業にのみ適用してきたからである．つまり，私たちが学生時代に現れた（本来的な）EIA の高邁な概念を矮小化したためである．なお最近では，今の日本の制度ではだめだということで，戦略的 EIA が提唱されていることを断っておこう．

図 1.5.6 にもどれば，当初確認手法としてネットワーク法，解釈手法としては個別解釈法と重み付け法を併用した EIA 基本フレームが提案された．その概略は以下のようになる．すなわち，インパクト要因リストの各項目を見積もった段階，物理・化学的環境要素リストの各項目を予測した段階，および生物的環境要素リストの各項目を予測した段階のそれぞれの時点で，あらかじめ定められた排出基準，環境基準，保全基準に照らして，その許容範囲にあるか否かを検討し，この段階に応じた個別解釈によって許容範囲を超えるものがあれば，当該行為の再検討を義務づけ，許容範囲を超えるものがなくなってはじめて，次の段階に進む過程である．そして，単独で重要な項目が許容範囲を超えていないことが確かめられると，多様な人間への影響が予測され，多種多様な影響をできるだけ論理的に集約し，当該行為の評価をより明確に行いやすくするための重み付け法が採用されていた．ただし，この図 1.5.6 では，自然環境インパクトのみを考え社会環境インパクトを考えていなかったことがわかる．したがって，社会環境の基盤となる水環境計画，ひいては都市・地域計画を考える自然・社会環境インパクトアセスメントを考えなければ，つまり環境容量（持続可能性）のコンセプトを内部化した計画の

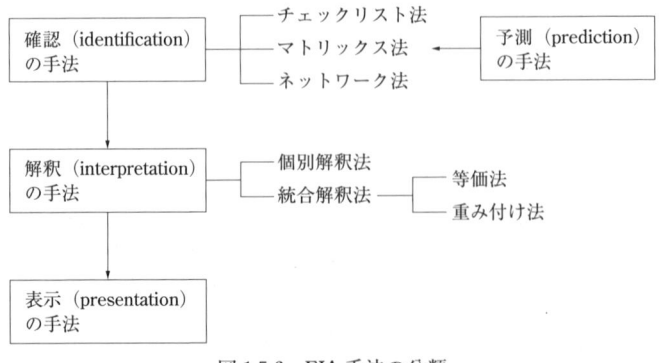

```
確認（identification）─┬─ チェックリスト法      予測（prediction）
の手法            ├─ マトリックス法         の手法
                  └─ ネットワーク法

解釈（interpretation）─┬─ 個別解釈法 ─── 等価法
の手法            └─ 統合解釈法 ─── 重み付け法

表示（presentation）
の手法
```

図1.5.6　EIA手法の分類

作成プロセスを考案する必要を感じ，以下のような計画策定過程を提案することになった．

3）地域計画とEIA[60]

上述のEIAフレームは，ダム，下水処理場，道路や大規模工場などの事業実施（建設）という行為に対応したものであり，（本来，これらの事業実施の対象を構成要素とする）地域計画の策定過程の実施計画に対する基本フレームであるといえよう．地域計画過程の熟度を考えてみれば，計画の分析が完了した段階，計画の構想が完了した段階，そして実施計画が完了した段階の3段階が考えられ，これを図1.5.5とEIAとの関連で示せば図1.5.7のようになる．以下，これを説明しよう．なお，ここでは，EIA（日本では矮小化されたが）の本来的な姿として，自然的なものだけでなく社会的なジェンダー問題やエスニック（日本では先住民アイヌの人たち）問題などを取り扱うSIA (Social Impact Assessment)[63)64)]も含むとしておこう．

① 第1次EIA：この段階は広義には計画の分析に内部化されるものであるが，計画の分析における計量モデルが対象とする単位は，空間的には点，時間的には一般に年単位である．したがって，対象地域内の特性差が記述されることは少なく，年以下の時間単位の議論もわからない．ここでの評価は計画コンセプトの是非を提示することになろう．

② 第2次EIA：計画の構想段階で，運輸・交通施設や水資源関連施設などの計画が空間的にも時間的にも明らかになっている．したがって，上述のEIA過程で地域計画の構想を評価することになる．この段階では，計画の細部まで特定できないが，どのような地域構成要素が自然・社会環境に悪いか，あるいは複合的汚染などの評価が可能である．こうして，計画構成要素の組み換え代替案を行うことになる．

③ 第3次EIA：②で特に問題となる地域構成要素に対して，上述のEIA過程を適用し，個別計画構成要素原案に対し廃止あるいは廃棄も含む代替案作成を行う．

以上がEIA過程を内部化した地域計画の提案である．EIAの役割が先の環境容量の4

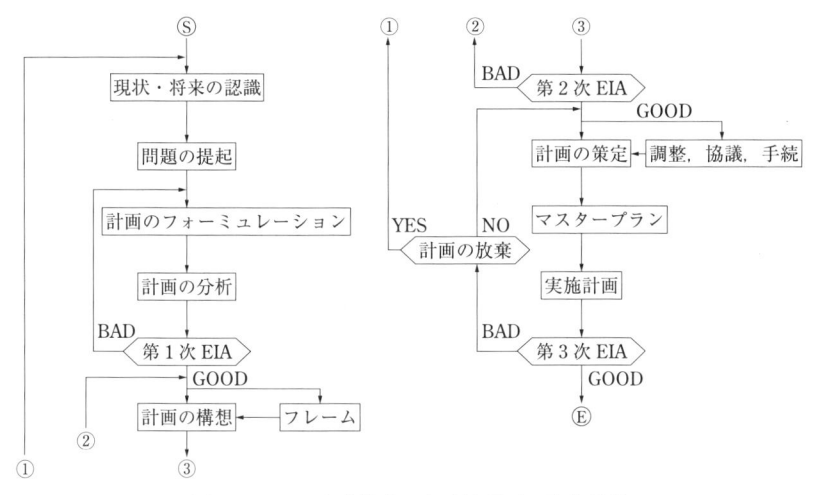

図 1.5.7 EIA を内部化した地域計画の策定過程

つの概念を表現していることになる．私たちのこのような論文は，当時無視されたが，このような考え方で，その後の水環境研究を進め，豊富な事例研究をもとに，水環境から地域・都市計画のパラダイムの必要性を論じたものが次項である．

1.5.3 水資源環境から地域・都市計画へのパラダイムシフト[65)66)]

まず，基本的な認識を確認しておこう．水資源問題の根源には，社会システムの活動と自然システムのアンバランスによる洪水や渇水そして水環境の悪化という現象がある．この現象は一言でいえば，自然システムの中で地域社会システムが適正な姿で形成されていないということである．

この問題を解決するために，日本では，広域利水・広域水道・流域下水道と呼ばれる水利形態の拡大を行ってきた．この結果，自然システムの不均一性に起因する水環境問題，上下流問題が大きな問題となってきた．また，日本の歴史過程により，まず農業水利が全国的に張りめぐらされ，明治以降，水力発電が強化され，そして第二次世界大戦敗戦後，都市用水・工業用水のための水利システムが整備されてきた．このため，水利用目的間の競合が必然的に大きくなってきた．これらのことから，地域水資源問題を4つの問題に集約し，11 のサブシステムからなる計画方法論を構成しよう．ここで4つの問題とは以下のことである．

①広域化，②水環境，③上下流，④目的間の競合

これを図示すれば，図 1.5.8 のようになる．

当然のことながら，このシステムの基本入力は自然システムで生成される降雨であり，社会活動である．そして，状態量は水の運動量で，制御変数は水利施設である．出

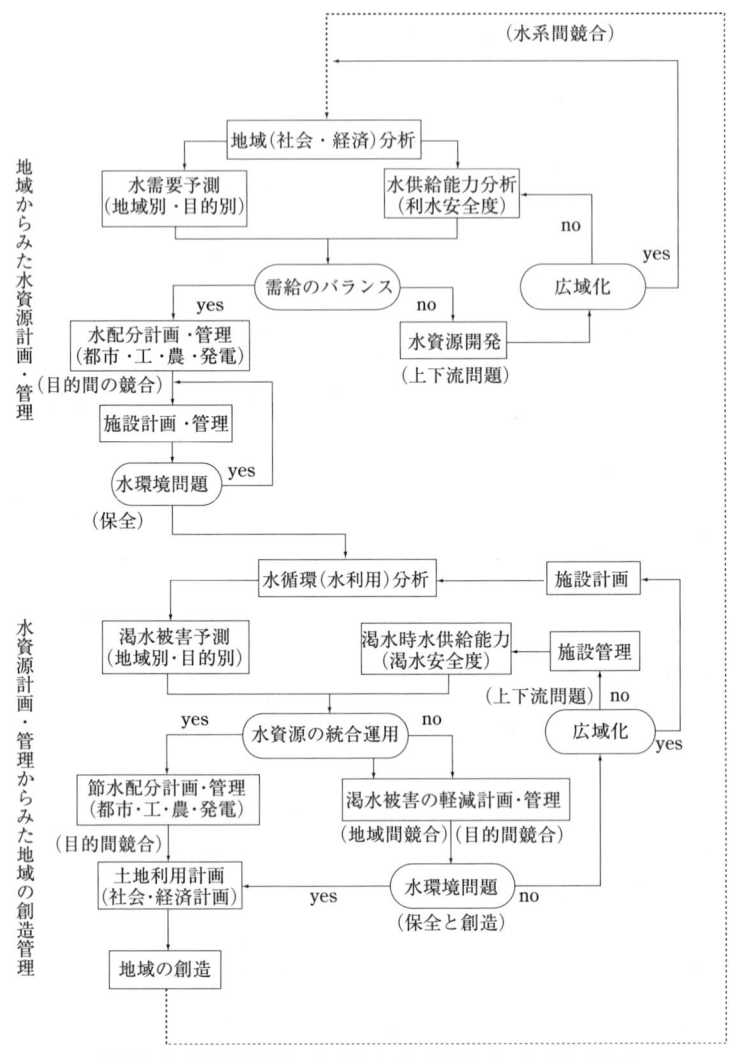

図 1.5.8　地域水資源マネジメントの循環プロセスシステム

力は地域土地利用で，ひいては社会システムの活動の適正化（場合によっては規制）である．

　以上のことから，この図は「地域からみた水資源利用の見直し」「水資源利用からみた地域の創造（再構成）」という循環的な計画方法論を提案している．前者の基本的な発想は水を環境要素と考え，後者では水（量と質）を希少資源と考え，社会システムの制約もしくは境界条件と考えている．つまり，前者は「人間は住みたいように住み，水資源

1 水と緑の計画学序説

は与えられるもの」と考え，後者は「水は流れたいように流れるから，人間は，これに従って生きる」というような例えができるかもしれない．

前者の総合的な分析モデルとして1977年にシステムダイナミクスモデルを開発した[67]．ここでは，異常渇水，大震災，水需要の落ち込み，さらに環境保護運動は考えていなかったが，水資源の開発効率を導入しただけで1970年を始点として2000年を終点とした30年シミュレーションの結果，2000年時点では水資源の開発ができなくなることを予測した．つまり，このシミュレーション結果は，現在のダム問題，すなわち水需給の恒常的逼迫がなく開発効率が悪いダム開発が問題となることを予測していた．しかしながら，このモデルでは全体として大まかな傾向はつかめたが，上記の4つの問題を議論することは困難であった．このため，政策論的だけでなくこれも含めた計画論方法論として図1.5.8を作成した．ここには先に指摘した4つの問題が内包されている．

この図からもわかるように，上の部分では社会システムの活動を最大化しているのに対し，下の部分では環境容量というコンセプトのもとに社会システムの活動に制約をかけている．いま様の言葉を使えば，持続可能な社会を水資源から考えていることになる．

少し表現を変えれば，この図の上側は，古典的な（水需要＞水供給）で，現在の中国やインドのように需要があるから供給するという計画・管理プロセス（かつての日本や現在の中国やインドなど）を示し，下側は平常時では（水需要＜水供給）で，異常渇水や水環境汚染を含む水資源リスクマネジメントや水資源の社会リスクであるコンフリクトマネジメントを行う，新しい地域創造を目的とした水環境マネジメントシステムである．

ところで，計画は時間軸において瞬時に行われることはありえず，当然，各サブシステム間にはタイムラグが生じる．このため，この図のシステムは時間軸のまわりを螺旋状に動く．そして，この動きが安定になってきたとき，この地域の水資源利用が安定してきたと考えることができよう．しかしながら，現実にはこの図のサブシステムの多くは独立に計画され，お互いの関連の整合性をとるコーディネーション（ガバナンス）システムが重要であることは論をまたないであろう．したがって，今の日本には水資源に関する新たな制度設計が必要であるといえよう．

1.6 水資源問題

1.6.1 地球規模の水資源問題

(1) 地球規模の水資源の社会リスク要因

BC6世紀ごろの前古典期ギリシャの自然哲学*の祖といわれるタレスは，自然現象の

---

*イオニア学派による万物の根源の探求．

根底にある「万物の根源（アルケー）は水である」と主張した）．後のヘラクレイトスは「火」，ピタゴラスは「数」，またデモクリトスは「原子」というように唯一の要素を考えていた[68]．一方，BC7世紀ごろに成立した古代インドのウパニシャッド哲学ではギリシャ哲学とは異なり，「世界は地・水・火・風・空という5つの要素から構成される」と考えていた．この考えがバラモン教に対する宗教改革としてBC6世紀に登場した仏教に受け継がれ，仏教哲学として中国に渡った．9世紀初頭の遣唐使の「4つの船」のうち難破を免れた2つの船のそれぞれに留学生最澄と空海が同乗していた．当時の中国ではインド仏教の最後に現れた密教の経典が次々と翻訳されていた時代で，空海はこれを日本に導入した[69]．こうして五輪塔〔四角形（土），円（水），上向き三角形（火），半月形（風），宝珠（空）〕[70] が日本文化の1つの形象となった．ほぼ同時代に出現した古代ギリシャ哲学では世界の根源を唯一の要素で考え，古代インド哲学では複数の要素で考える特徴がみられ，後者がなお現代日本に生き続けているのは興味深い．また，同時に水に対する見方もヨーロッパ起源の文化とアジア起源の文化では異なるようである．

　水は限られた資源である．地球上の水の量は，おおよそ 14 億 km^3 であるといわれている．そのうちの 97.5％が海水で，淡水は 2.5％である．淡水の大部分は南極や北極などの氷で，地下水を含めた河川・湖沼にある淡水は 0.8％であるが，人間が使いやすい河川・湖沼の水はわずか 0.01％でしかない．

　この人間にとって必要不可欠な水資源は現在においても将来においても，多くの問題を抱えている．現象的な主なものとして，旱魃・渇水，洪水，水環境汚染がまず浮かび上がる．

　旱魃・渇水問題に関しては，近未来に世界的な水資源の枯渇によって，よりひどい水争いが各地で起こると国際的に認知され，『21世紀は水の時代』といわれてから久しい．水文学の領域では，一般に年に1人当たり 1000 m^3 以下の水しか利用できない国は水不足であり，年に1人当たり 1700 m^3 の水しか利用できない国は「水のストレス」にさらされているといわれる．国連によれば，アフリカだけでその大陸の人口の 1/3 にあたる3億人がすでに水不足の状況のなかで生活し，世界の31ヶ国は現在「水ストレス」の状態にあると指摘されている．2025年までに世界人口は15億人増えると予想されているが，その 2/3 は深刻な水不足の状態におかれ，1/3 は極限的な水飢饉の生活を強いられることになるだろうといわれている．また，国連経済社会理事会の報告によれば，水ストレスに悩む人々（世界人口の26％）の 3/4 は第3世界に住み，水ストレスにあえぐ低所得国の人々は2025年には世界人口の47％になると予想されている[71]．

　地球規模の水資源の社会リスクの大きな原因は多々あり，地域によっても異なるが，主な要因を示せば以下のようになる[57]．

① 降雨の分布の偏在と変動
② 世界人口の急激な増加
③ 水需要原単位の増加

④　灌漑水利による塩害化や砂漠化
⑤　地下水の過剰揚水による枯渇
⑥　水環境汚染による衛生問題と水源の減少
⑦　洪水による社会の病弊と破壊
⑧　国境（国による水資源の囲い込み）
⑨　マネジメントシステムの不備あるいは欠落

なお，これらの説明は参考文献[57]に詳述してあるので割愛する．ここでは，「水は誰のものか」を考え，地球規模の水資源コンフリクトの発生メカニズムを述べることにする．

(2)　「水は誰のものか」

ここのテーマは「水は誰のものか」という問題と「水道の民営化」問題である．まず，水はこの地球を循環しているという事実からいえることは，水循環のどこかを断ち切って私有化し市場原理に任せることがよいというような，1980年代に一時的に栄えた新古典派経済学の学説は地球物理学的法則や生態学的法則を無視することから始まり，資源の無駄遣いと環境汚染を増幅させている事実を指摘しておこう．

例えば，水消費のためには水を閉じ込める容器が必要となり，この容器のために資源を使い，消費後リサイクルされない分は環境に放置され，リサイクルするためには，熱力学第2法則によりエントロピー増大をきたし，新たなエネルギーやコストがかかる．これらを閉じたシステムで考えず，より低コストの他のシステム外にスピルオーバーさせたとしても，もともと地球は有限であるから，地球規模（地球物理学的法則）でみれば，資源の減少と環境破壊（生態学的法則の破壊）は進行する．大きい市場でなければ地球の環境容量内に収まるかもしれないが，それでもこのような水の生産者は原材料の水を私有化しているはずである．結果は，開発途上国でみられるように金持ちはボトル水を飲み，貧しい人は不衛生的な水を飲み健康リスクに悩むことになる．

同様の問題が世界銀行*の融資を中心とした世界的な水道の民営化にもいえる．水道の利用は集中しているため，下水処理をきちっとして自然の水循環システムに返さなければならない．もしこのようなことを民間企業がすれば，採算がとれない，あるいは利益が大幅に減少する．さらに，利潤最大のために水道料金を設定するはずである．例えば，フィリピンのマニラ（人口約1300万人）のように，やはり貧しい人は負担できない．水道料金が以前の4倍になり，生きるための盗水が頻繁に起こっていた．マニラッド（世界銀行が融資したフランスのコンゴロマリットとフィリピン最大財閥による水道合弁会社）は，環境問題の放置と貧しい人の切り捨てを行い，そのうえ，施設の不備に起因する水

---

*トップは必ずアメリカ人で，合衆国のもと国防長官が総裁であった時代もある．

道水汚染が原因でコレラの流行をきたし，利益*が得られないからフランスのグローバル企業は撤退した．こうして，マニラッドは2005年(8年間で)倒産した．コングロマリットは莫大な利益を掠め取り，地元財閥ひいては政府に多額の負債を残した．そして，この付けは国民負担となる．民営化の完全な失敗といえる．より苦しむのは貧しい人たちである．南米ボリビアでは，2000年水道民営化直後の料金値上げで暴動が起こり，企業は撤退した．南アフリカでも，民営化による料金値上げで飲料水を手に入れられず，汚染された河川水を飲みコレラが流行した．水道事業は地域密着型独占形態をとることから，できるだけ安い(生きるために必要な)飲料水を求める生活者(消費者)とできるだけ利益を上げたい私的供給者のコンフリクトが常時存在する．水は誰のものかが鋭く問われる．何もかも民営化で解決できるものではないことの例証である．

さらに，大震災を受ける可能性のある地域では，1995年の阪神・淡路大震災の経験や2008年5月の中国四川大震災から，私企業が行う復旧は不可能であろう．私企業としては放置したほうが得策となる．同様なことが災害保険でもいえる．この地球で平均的に何かをよくすることができるためには，一握りの豊かな人と大多数の貧しい人をすべて母集団にしたときの分布が，例えば確率・統計学で学ぶ中心極限定理を用いて，正規分布のような理論分布に乗る必要があるが，こんなことはありえないし，保険会社は利益を得るため1.3.1項(3)で述べたふたこぶラクダの所得分布の貧しい集団を彼らの利益を生む母集団から排除するはずである．経済学のパラダイムだけではこのような問題を解決できるわけがないことを指摘しておこう．

要するに，現在のどのような国においても，公共(public；官だけではない)部門の役割は，長期的視点から社会全体(特に社会的弱者)の利益を考えることにある．これに対して，民間(private)部門は短期的視点から，個人的(株主の)利益を考えればよいという構図になっている．したがって，現在の日本は，まさに長期的展望を拙速に放棄するために(実質的な意味で官ではなく)公共部門の縮小に走っている．一方，25年以上前に，ヨーロッパで公共部門を縮小し，ある意味で失敗した国々では，長期的展望に立つ公共部門の拡大に歩み始めているようにうかがえる．

(3) **水資源コンフリクトの発生メカニズム**

先に地球規模の水資源の社会リスク要因を列挙したが，この絡みを要約すれば，次のようなことがいえる．

『**利用できる水資源は地球上の水のわずか0.01％で有限で，その絶対量は一定とみなしてもよいが，偏在し変動している①ため利用できる地域が限定されている．世界人口と水需要原単位が急増し(②〜③)，水利用による水資源の枯渇や水環境汚染による劣化が深刻になり(④〜⑥)，利用可能な水資源量の縮小とその配分の減少をきたす．**

---

*売り上げの1%(ドル建て)とフランス人技術者の高額な給料，利益隠しのための子会社への発注．

さらに洪水⑦などの災害で社会は疲弊し，人為的な境界（国境など）と上下流など地政学的位置関係による水資源の囲い込みや水資源管理システムの不備（⑧～⑨）により国際的な（人為的境界をもつという意味で国内的にも）水利用の不公平性が生じる．こうして水資源コンフリクトが発生する．』

このように世界における『水資源の社会リスク』は究極的には『水資源コンフリクト』に収束していくことがわかる．

具体的な例を示そう．例えばバングラデシュでは，ガンジス川の堤防の内側に農民や貧困層が土で家を作り生活している．洪水が起こって河岸が浸食され生活の場をなくした者たちは，都会に流れ，再び河川沿いにスラムを形成し，幼い女子が都会や他国（インドやタイ）に売られ売春をして生活する[72]．ひとたび洪水が起これば長期間水は引かず，上水道が利用できない多数の貧困層に伝染病が発生する．また，バングラデシュの土地には元来ヒ素が含有されており，地下水はヒ素に汚染されている可能性が高い．貧困層はこのような（多少の対策はなされているが）井戸を利用し続け，富裕層は上水道もしくはペットボトルで飲料水を確保する．

災害による死者の95％以上は途上国での被害であるといわれており[73]，その被害の絶対額は大きな値ではないが国内総生産の対比をとれば先進国とは比べものにならない負担である．貧困は渇水，洪水，水環境汚染と悪循環のループを形成し，実被害により発展途上国は発展に向けてまた何歩も遅れることになる．

バングラデシュ（途上国一般）では，文化的性差別問題も大きい．通常，水まわりは女性によって管理され，水くみや運搬は主に女性の仕事とされる．水くみや運搬は重労働であり，これが女性の活動を大きく制限する．このように水の管理は女性が行っているが，村全体での水管理などに関する取り決めの場に女性は参加できないことが多い．さらに，災害に対する被害は女性のほうが大きいという報告もある[74]．バングラデシュで発生した1991年4月のサイクロン災害では，20～49歳の女性の死亡率は男性の4～5倍に達している．

さらに，途上国では水管理システムが確立されていない場合が多い．このため，途上国では水道管からの漏水や，（生きるための）盗水により，かなりの量が行方不明になる．日本ではこのような無収水率は10％以下であるが，途上国では平均30％以上で，50％を超えることも珍しくはない．また，水配分の制度がないために，上下流の水配分問題なども生じる．上流で灌漑施設・上水道・水力発電のために取水量が増え，下流で水が不足するのである．

これらに加えて，隣国インドはガンジス川のバングラデシュ国境近くの上流にファラッカ堰を建設し，さらにチベットから流れてくるブラマプトラ川などの水系の水資源の囲い込みを計画し，バングラデシュの人々の不公平感不満感を増幅させている．

1.6.2 日本の水資源問題とその社会リスク

(1) 日本の水資源問題の特性

　日本は古来より稲作中心の生活を営んできた．稲作は小麦生産よりも単位面積当たり5～10倍も多量の水を必要とする．このため，灌漑は日本の河川管理における主目的のひとつであった．日本の河川は勾配が急で，短時間のうちに海へと流れ出る．このような河川の特徴は灌漑のための水利用に加え，大雨時の洪水対策を行ううえで知恵を要した．明治時代に入ると近代化が進み，工業用水の需要が急激に増加，都市部に近代水道の整備が進み，水力発電事業が大きく発展するなど，水との関わり方に変化が生じた．そして第二次世界大戦後に高度経済成長期に突入すると都市人口が急増し，これに伴って生活用水，工業用水，農業用水の需要がますます増加した．この対策のために，多目的ダムの建設などによる水資源の総合的な開発が着手された．開発の指針となる総合的な河川行政のあり方を定める「河川法」は1896年に制定され，大水害や時代の変化に伴い1964年，1997年に大改正された．

　日本は世界的にみると降水量が多く相対的に水が豊かな国であるが，河川の流量は1年を通じて変動が大きく，毎年のように各地で渇水が発生している．2002～2003年には全国109の一級水系内20水系で取水制限が実施されており，渇水の被害は減少の傾向をたどっているとはいえない．

　また，2004年には過去最多の10個の台風が日本に上陸し，豪雨により河川が氾濫した．死者数215名，住宅被害計約24万5000棟（うち床上床下被害16万9771棟）の被害と，公共土木施設被害約11億円を計上した．

　以上のように，渇水，洪水対策とも日本において改善されてきているとはいえ，被害は決してなくならず，ときには自然の猛威が甚大な被害をもたらすこともある．1997年の河川法改正まで，河川の整備計画は治水・利水を目的として行われてきた．1997年の河川法改正では，長良川河口堰建設をめぐって開発推進派と環境保護派の対立が激化し，日本社会の風潮が環境保護に傾斜するなかで，河川の整備計画の目的に「河川環境の整備と保全」が加えられた．また，計画策定プロセスにおける地域住民参加をうたっている点も，それまでの河川法から大きく改正された点である．

　長良川河口堰問題における環境と開発のコンフリクトを契機として改正された河川法ではあるが，その修正点は結果的に公共事業計画の本質をカバーすることになった．すなわち，近年の渇水・洪水被害において，ハード面だけの対策では人間は自然の猛威に対応しかねることが明らかとなり，防災と環境の並存や，日常時と非日常の連携，また少子高齢化社会においては特に重要となる共助のためのコミュニティ形成とその活動が，災害に対し粘り強く柔軟な街づくりのために欠くことができないという視点が盛り込まれたのである．

(2) 水資源開発の反対運動の生起時期と反対理由

世界と日本の水資源コンフリクトを比較した場合，世界における主たる水資源コンフリクトは絶対的な水不足に起因して発生しているが，日本における水資源コンフリクトは主に環境と開発という問題が争点となっているといえる[57]．日本におけるコンフリクトを具体的に眺めれば，水没予定地域の住民による生活保全運動から自然保護運動，多様な運動の合流など，時代とともにその特徴が変化していると考えられる．日本におけるコンフリクトの特徴を，戦後から現在までの河川開発に対する反対運動とその特徴などについて，以下概説しておこう．

1950年代以前：ダムによる水没問題に対する反対運動が多いが，尾瀬原ダムや小歩危（こぼけ）ダムのように，自然環境や名勝を守るための運動も展開される．また，水没問題でも，1950年代の半ばころまでは，田子倉ダムのように究極の目標は有利な補償を勝ち取ることにおかれていたが，後半に入ると下筌（しもうけ）・松原ダムのようにダム建設の目的そのものに真正面から疑問を投げかける運動も行われるようになる．

1960年代：水没問題に対する反対運動がほとんどで，1950年代後半と同様，計画の妥当性や公共性に疑義を呈する運動が多く行われる．

1970年代：これまで同様，水没問題に対する反対運動が多いものの，反対理由は多様化の傾向をみせる．自然環境や漁業，文化，地域生活への影響を懸念するもののほか，小川原湖河口堰のように水需要量の予測など計画手法に対する疑問を投げかけるものも現れ始める．

1980年代：水没問題に対する反対運動はほとんどなくなり，複数の理由を掲げて反対する運動が数多く展開される．特に自然環境への影響を懸念したものと水需要量予測の過大性を理由としたものが多いという特徴を示している*．また，長良川河口堰に代表されるように，多様なメディアを利用して世論に訴えかけ，多様な主体が運動の担い手となるネットワーク型の運動が登場する．すなわち，それまでの反対運動は地元の住民あるいは建設により直接的な不利益を被る人々によるものがほとんどであったが，このころより地元以外の人々が積極的に関与するケースがみられるようになる．

1990年代以降：長良川河口堰問題を発端として，全国で反対運動が急増する．また，吉野川第十堰や川辺川ダムなどのように，研究者や専門家，文化人などが反対運動に協力し，より技術的な観点から反対運動を展開するケースが多くみられる．特にこれまでの水需要量予測だけでなく，基本高水流量の計算に代表される治水計画に対する疑問を提示するのがこの年代の特徴である．この背景としては，1990年代半ばからのインターネットの爆発的な普及が挙げられる．行政や専門家などから公表されるデータに誰でも簡単にアクセスできるようになったことが技術的視点からの反対運動を急増させ，ま

---

*図1.6.1をみても，この年代は高度経済成長期における水需要量の急増が減少あるいは横ばいに転じて落ち着いたころである．

流域別ダム・堰反対運動数

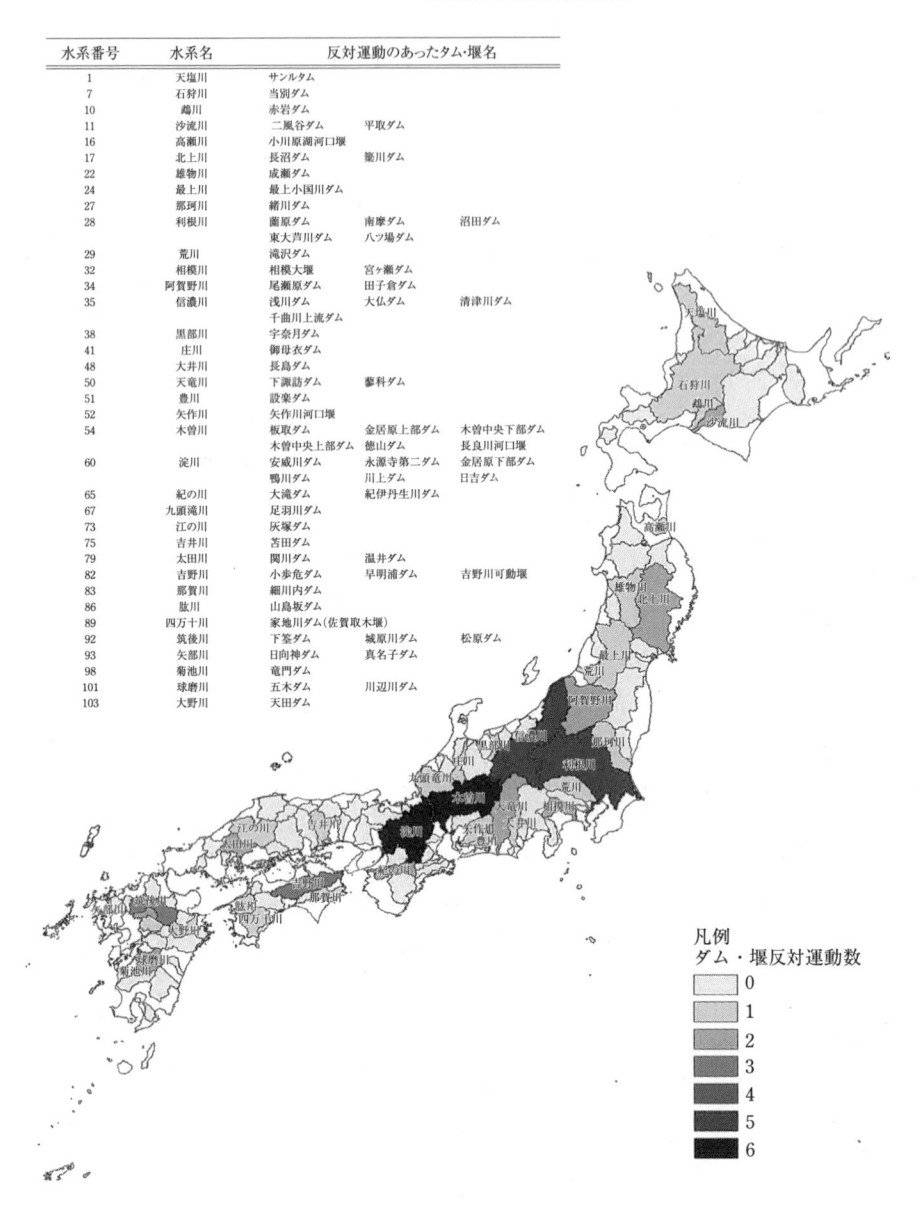

水系番号	水系名	反対運動のあったダム・堰名		
1	天塩川	サンルダム		
7	石狩川	当別ダム		
10	鵡川	赤岩ダム		
11	沙流川	二風谷ダム	平取ダム	
16	高瀬川	小川原湖河口堰		
17	北上川	長沼ダム	簗川ダム	
22	雄物川	成瀬ダム		
24	最上川	最上小国川ダム		
27	那珂川	緒川ダム		
28	利根川	薗原ダム	南摩ダム	沼田ダム
		東大芦川ダム	八ツ場ダム	
29	荒川	滝沢ダム		
32	相模川	相模大堰	宮ヶ瀬ダム	
34	阿賀野川	尾瀬ダム	田子倉ダム	
35	信濃川	浅川ダム	大仏ダム	清津川ダム
		千曲川上流ダム		
38	黒部川	宇奈月ダム		
41	庄川	御母衣ダム		
48	大井川	長島ダム		
50	天竜川	下諏訪ダム	蓼科ダム	
51	豊川	設楽ダム		
52	矢作川	矢作川河口堰		
54	木曽川	板取ダム	金居原上部ダム	木曽中央下部ダム
		木曽中央上部ダム	徳山ダム	長良川河口堰
60	淀川	安威川第二ダム	永源寺第二ダム	金居原下部ダム
		鴨川ダム	川上ダム	日吉ダム
65	紀の川	大滝ダム	紀伊丹生川ダム	
67	九頭竜川	足羽川ダム		
73	江の川	灰塚ダム		
75	吉井川	苫田ダム		
79	太田川	関川ダム	温井ダム	
82	吉野川	小歩危ダム	早明浦ダム	吉野川可動堰
83	那賀川	細川内ダム		
86	肱川	山鳥坂ダム		
89	四万十川	家地川ダム(佐賀取木堰)		
92	筑後川	下筌ダム	城原川ダム	松原ダム
93	矢部川	日向神ダム	真名子ダム	
98	菊池川	竜門ダム		
101	球磨川	五木ダム	川辺川ダム	
103	大野川	天田ダム		

図 1.6.1　流域別ダム・堰反対運動数

たデータを公表しないことが「何かを隠しているのではないか」という疑念をもたせるきっかけにもなったと考えられる．

以上みてきたように，世界における主たる水資源コンフリクトは絶対的な水不足に起因して発生しているが，日本における水資源コンフリクトは主に環境と開発という問題が争点となっているといえる．日本における水資源コンフリクトは，水資源が相対的に豊富で，また島国であるため隣接国とのコンフリクトがないという，ある意味では贅沢なコンフリクトであるといえるだろう．

世界の水資源問題で述べたように，水不足に起因して多国間で繰り広げられる国際的な水資源コンフリクトが今後頻発する可能性は高い．当該国間での膠着したコンフリクト状態が長らく続いた後，国々がそれぞれ軍事力による解決に踏み出し，ひいては戦争が勃発するというシナリオも将来的には決して大げさな話ではない．したがって，今後は水紛争の火種は大きくなる前にあらかじめ消しておくか，少なくとも小さくしておくという認識が重要となってくるものと考えられる．こうして，水資源コンフリクトにおけるマネジメントの必要性が平和のために重要となる．

国内の問題であるからといって，日本におけるコンフリクトの解決も決して容易ではない．縦割り型の行政，行政と住民の解離，ときには問題を煽り立てるだけのマスコミといった多くのことがらが障壁として存在しているからである．日本においても，公共事業が立ち上がれば解決が簡単ではないコンフリクトがまず発生することになるという認識は決して行き過ぎたものではない．コンフリクトが生じることがわかっているならば，それをなんとか激化させないようにマネジメントしていこうという発想は日本においても重要であることは言を待たないであろう．これらの議論はまとめて10章の水資源コンフリクト論で行うことにしよう．次に，水と緑の計画学のメタ論理を提示しよう．

1.7 水と緑の計画学のメタ論理

1.7.1 「自然」と「天然」[15]

私たち，特に日本人が「自然」という用語を使うとき，ふと「天然」と「自然」はどこが違うのだろうという疑問が生じる．それで仕方なく辞書のお世話になり，引いてみると，広辞苑では「天然」とは「人為が加わっていないこと，自然のままであること．また，そのさま．」が最初にあり，反意語は「人工」となっている．そして，次に「自然」を引いてみると，最初に「山や川，草，木など，人間と人間の手が加わったものを除いた，この世のあらゆるもの．」と定義されていた．そして，3番めに「人間の手の加わらない，そのもの本来のありのままの状態，天然」とも記述されていた．これでは「自然」

と「天然」のどこが違うのかわからない．「自然」という言葉のほうがなんとなく哲学的に記述されてはいるがよくわからない．

そこで，「nature」を，ランダムハウスの英英辞典で調べてみると，最初に「the peculiar quality or character or basic constitution of person or thing」とある．そして，他の定義でも人間を排除した意味はない．用いる辞書（日本語と英語）によって表現や順序が異なるのである．これでわかることは，日本人の「自然」と欧米人の「nature」の言葉の使い方が異なっているということである．

日本人は「自然」をほとんど「天然」の意味に用い，『自然環境』とは放置しておくものと考え，一方欧米人は「nature」をほとんど「artificial (made or changed to resemble something natural)」の意味に用い，『natural environment，自然環境』とは人間の管理下におかなければならないと考えているようである．この違いは長い歴史と文化に培われた差異であり，そう簡単に埋まるものではない．しかも，「文化」を「価値の体系」あるいはこれに基づく「生活様式」と考えるならば，そのギャップは大きい．

欧米人が『自然環境』を公共財とみなすことになんの抵抗もないのに比べ，日本人にとって『自然環境』は「天然」のものであるから，手を触れてはいけない存在（古代では畏れ敬う存在）であり，公共財と見なすことができず，その破壊や汚染に対して，自分自身が直接的に関わることについては感情的に対応することはあっても，自分自身が間接的に関わることについて冷徹に対応することが少ないように見受けられる．

特にヨーロッパは，産業革命以前は農業と放牧で，以降は工業で，徹底的な自然破壊を行ってきた歴史をもつから，『自然環境』の再生と保護には積極的である．あの有名なドイツのライン渓谷の（ドナウ川の源流でもある）シュバルツバルト（黒い森）も人工林であることを考えれば，彼らの努力は並大抵なものではなく，酸性雨によって枯れることには耐えられないのである．

日本は火山灰の堆積も多く，土地が肥えているうえに，湿潤温暖であったから，明治神宮の森も簡単に100年くらいで造れた．ささやかな一戸建てに住む人は，ちょっと油断すると，自分の庭が「天然」庭に変貌することをよく経験するはずである．日本の都市の建物と道路を更地にすれば草ぼうぼうとなり，努力をすればどこでも森が造られるのである．少子化社会が定着している今日，100年先を見越して，人口減少を前提とした「水と緑」の豊かな都市社会基盤「計画」を，東京のものまねではない，各都市が真剣に考える時期にきているのではないだろうかと思われる．

1.7.2 環境の認識～GES環境[15) 75)]

世界はジオ・エコ・ソシオの3層のシステムから構成されるとすれば，水と緑に関する災害の原因と結果はこれらのシステムを出入りし，絡み合っていると考えることができる．これを図示すると図1.7.1のようになる．これから，環境と災害は双対関係にあることがわかる．ジオシステムとは地球物理的法則で支配されるシステム，エコシステ

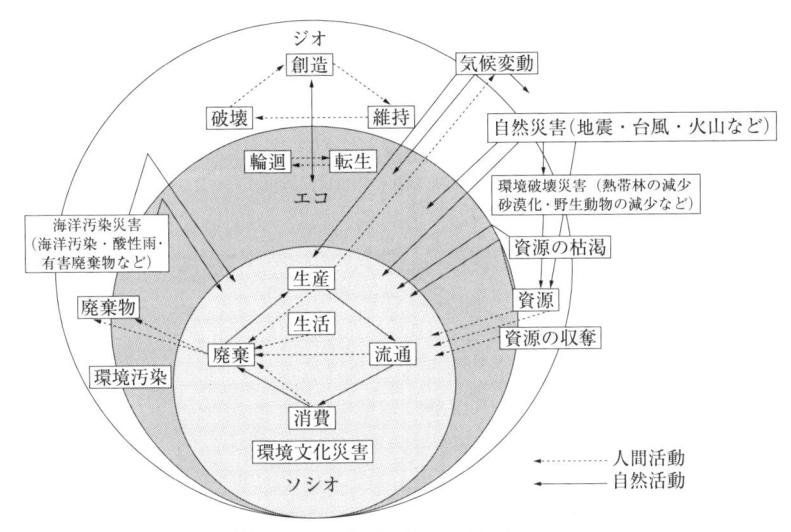

図 1.7.1　水と緑の環境と災害の認識

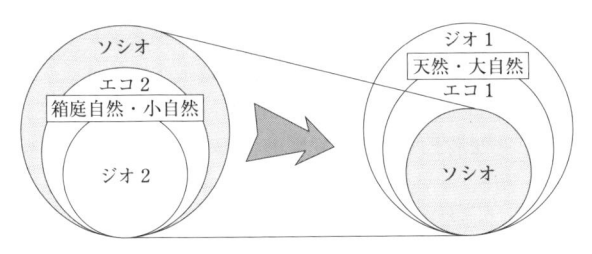

図 1.7.2　都市と流域の環境認識の差異

ムとは生態学的法則に支配されるシステム，そしてソシオシステムとは人間や社会のふるまいを支配するルールによって動かされるシステムのことである．ソシオシステムが直接ジオシステムに影響を与え，両極の氷やヒマラヤなどの氷河を溶かし，水の流動性を高める結果，気候の極端化が進行し，大洪水や大旱魃を引き起こし，エコシステムの破壊を伴う沙漠化現象が全地球規模で進行していることは周知の事実である．

インドのヒンズーイズムのある流派では，破壊（シヴァ神），維持（ヴィシュヌ神），創造（ブラーフマ神）が三位一体という思想がある．これは，上記の地球物理学的法則を表したものと考えることができる．そして，バラモン教に対する宗教改革として起こったジャイナ教や仏教にはヒンズーイズムより明解な輪廻・転生思想がある．これは，いわば生態学的法則を表したものである．人間や社会のふるまいを支配する法則は，デカルト以来のヨーロッパや合衆国のガバナンス方法論が地球を席巻しているようにみえる．これを図 1.7.2 の左図に示しておこう．

図 1.7.2 では，ソシオはエコに，エコはジオに含まれる．地球環境全体でソシオが大きくなればなるほど，ソシオは決してエコやジオにやさしくありえない*．現在のように節度を超えたソシオが水資源や食料の不足やさらなるエコとジオの破壊による地球規模の災害によって，ソシオの存在基盤が崩壊しかけているのである．つまり，図 1.7.2 の左図のメタ的地球の思想が，現実の図 1.7.1 の地球環境システムを制御しきれない危機的状況をもたらしたといえよう．

21 世紀になってからの地球環境問題は，世界的な気候変動問題に起因する地域気候の極端化現象で，図 1.7.1 のソシオシステムの活動が直接ジオシステムに多大な影響を与え，この結果がエコシステムとソシオシステムに強い負の影響を与えるフィードバック現象である．つまり，図 1.7.2 のソシオシステムが自然（ジオ・エコシステム）を思いのままに制御できるというデカルト以来の思想（メタ原理）が瓦解したことを表している．こうして，いま世界中で問題となっている「持続可能なガバナンス論」とは図 1.7.2 の矢印を指向し，地球規模のルールをどのように構築するかということになろう．

地球規模の話から地域・都市レベルの水と緑の話に戻ることにしよう．図 1.7.2 の都市ではジオ 2 とエコ 2 はソシオに閉じ込められている．ここで，図 1.5.1 の大都市域の水循環システムを考えれば，いちばん外側のジオ 1 から雨がソシオに入力され，このソシオとこの内部にあるエコ 2 に貯留され，ジオ 2 を構成するくぼ地や地下に浸透・貯留され，都市河川に流出することになる．

このとき．重要なことは水と緑の問題を地域（流域）レベルでジオを規定すれば，当然，エコもソシオも地域（流域）に規定される．したがって，水と緑の有するジオ・エコ・ソシオの相互作用による地域環境（含む災害）リスクを考えなければならないことがわかる．単なる河道のみや森林だけや都市社会だけの議論だけではどうしようもないのである．

1.7.3 計画の輪廻[15) 16)]

水と緑に関する災害の原因と結果はジオ・エコ・ソシオの中で絡み合っているという認識のもとでは，中長期的な環境変化と防災・減災のための水と緑の計画の循環システムは図 1.7.3 のように構成することができる．

図 1.7.1，図 1.7.3 における災害のうち，自然災害はジオシステムに起因し，他のシステムに影響をもたらす．環境破壊災害，環境汚染災害はソシオシステムに起因し，他のシステムに影響をもたらす．環境文化災害はソシオシステムに端を発し，ソシオシステムに影響をもたらす．つまり，環境文化災害とは人々が文化（価値の体系と生活様式）を守る（あるいは守れない）ことがジオ・エコを通して結果的に人間に災害をもたらすことになるような災害のことをさす．例えば，京都などの古都の街なみ保存運動は，防災・

---

*やさしくあるためには，エコやジオの立場に立てば，ソシオはないほうがよいのである．

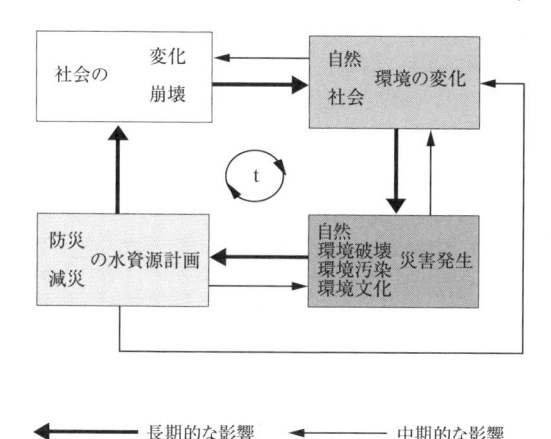

図 1.7.3　中長期的な環境変化と防災・減災のための水資源計画循環システム

減災対策なくしては災害に対する脆弱性を放置することにつながりかねない．地球の人口爆発が社会に飢えと貧困をもたらすという現象も環境文化災害の1つとして認識できるだろう．また，鴨川の上流域の林業の不振や過疎化，それによる土の流出や斜面崩壊などのリスク，さらに獣害リスクなども複合的環境文化災害といえよう．

ソシオシステムを地球全体として認識したとき，このシステムは国境という現実に分割され，新たな水と緑の問題が生じることになる．すなわち，国境はまずソシオシステムを区分し，これにより発生する縄張り意識，同族意識（少数民族問題），これらが極端化した場合の排他主義は，上述したジオ・エコ・ソシオシステムにおける現象としての水資源問題に加え，『水争い』というコンフリクト現象をもたらすのである．

1.7.4　参加型適応的計画方法論[57) 76)]

(1) 計画方法論のシステム化

システムズ・アナリシスを次のように定義する．「複雑な問題を解決するために意思決定者の目的を的確に定義し，代替案（alternatives）を体系的に比較評価し，もし必要であれば新しく代替案を開発することによって，意思決定者が最善の代替案を選択するための助けとなるように設計された体系的な方法である．」

一般に，「システム」とは次のような特徴を備えたものとして定義される．
① 全体を構成する部分や要素からなり，それらは相互にはたらきあいながら全体としてあるはたらき（機能）を果たしている．
② 全体を規定し，外部（環境）と内部を画する境界を有している．
③ 部分や要素それ自体が，①や②の特性を備えた小さなシステム（サブシステム，下位システム）である場合が多い．このような「入れ子構造」を「階層構造」という．

図 1.7.1 の GES 環境の認識と図 1.7.3 の計画の輪廻，そしてシステムズ・アナリシス

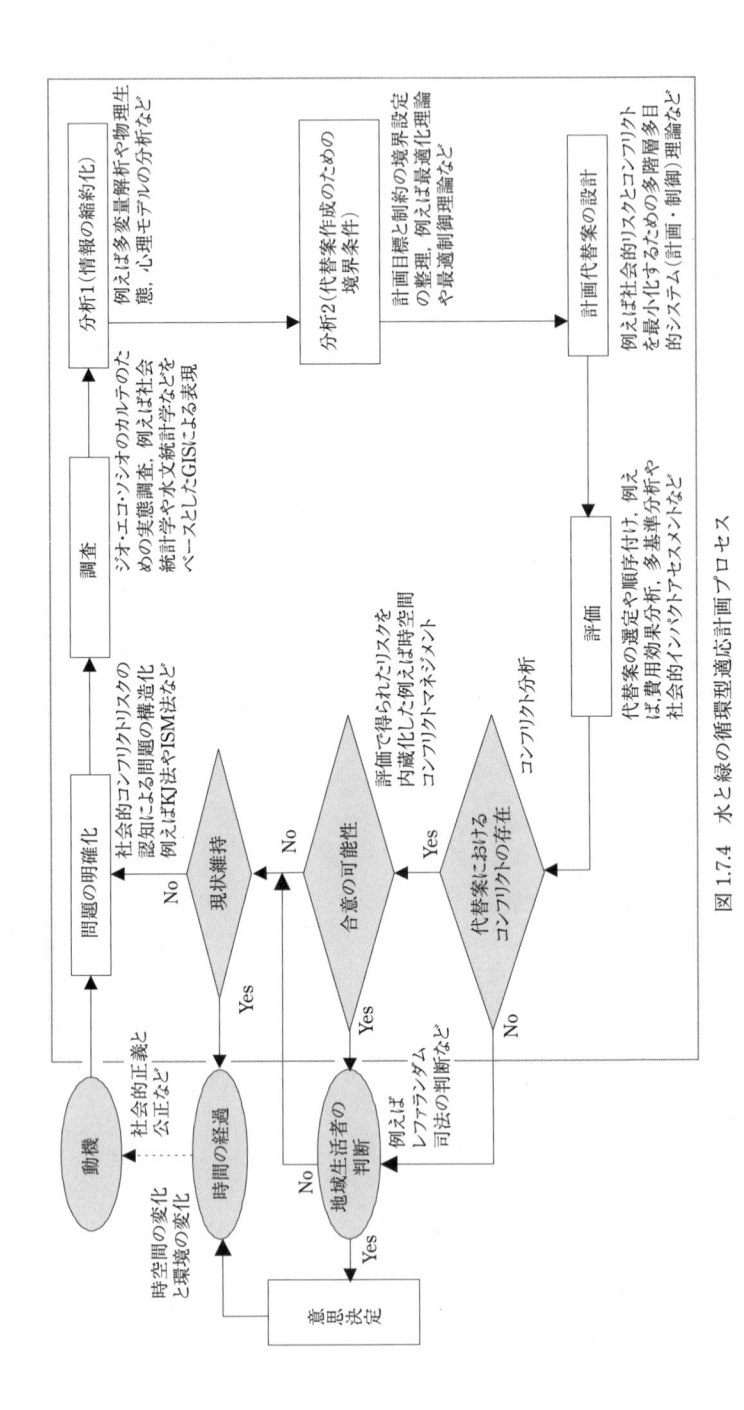

図 1.7.4 水と緑の循環型適応計画プロセス

をもとに適応的計画方法論をフィードバックと意思決定と時間経過の不確実性を考慮して構成すれば図1.7.4を得る．この図において示されるように，水と緑の循環型適応計画の一連のプロセスは「問題の明確化」，「調査」，「分析1（情報の縮約化）」，「分析2（代替案作成のための境界条件）」，「計画代替案の設計」，「評価」，そしてコンフリクトマネジメントによって構成され，意思決定を含まない．意思決定を支援する問題解決のプロセスの合理化を目的としているのである．

(2) 生活者参加の計画場面

システムズ・アナリシスにおいて生活者参加はさまざまな局面で可能である．例えば，「問題の明確化」では地域住民（住民票のある人）だけではなくその地域に住んではいないが働きに来る人なども含めて（これらの総称を以下では（地域）生活者[60]と呼ぶ）参加して問題を列挙してもらい，問題の構造化を行わなければ，地域生活者にとって意味のない問題の明確化になることは自明である．次の「調査」に社会調査が含まれていれば，当然，生活者の協力が必要となる．そして，「調査」の段階で，情報公開が伴う生活者の参加は不可欠であろう．

「分析1，2」には生活者参加は，専門的すぎ，難しい．「代替案の設計」の段階では目的の明確化という部分があるから，生活者の参加は可能である．

「評価」の段階では使う手法にもよるが，先の社会調査を受けて，生活者参加が可能な部分もある．このとき，注意しなければならないことがある．特に環境評価のうち経済評価部分である．多くの研究や報告書をみていると前提条件や仮定を無視した結果だけのものが多いということである．例えば水と緑の環境の評価のために整備前後の効用の差を用いるような場合，「時間費用の問題」の解決や「所得の限界効用一定という仮定」が認められるかどうかを真面目に考えなければならない．

最後の「コンフリクトマネジメント」では，まず「代替案におけるコンフリクトの存在の可能性」を調べ，そして「合意の可能性」を分析と，「同意の可能性」を探る．この段階で問題がないという結論が出たとしても，まだ意思決定には踏み込まない．意思決定の前に一度生活者の判断を通すことが，公共事業計画としての水と緑の計画の本来の目的的にも，また無意味な税金を使わないという意味でも，そして手続き的公正という観点からも重要であると考えている．

合意の可能性がなく，同意の可能性もない場合，もう一度問題の明確化からシステムズ・アナリシスのプロセスを始めるか，もしくは現状を維持し，社会環境などの外的変化を待つ．ここで現状を維持することは，結果的にずるずると現状に甘んじることを意味するわけではない．図1.7.1に示すように，地域はジオ・エコ・ソシオが相互に影響を与えながら存在するものであり，図1.7.3に示すように，これらは時間とともに変化する．このような地域システムの変化を前提とし，その変化を待ち，それに応じて再びその計画の再構成を目的的に行うのである．逆に，なんらかの意思決定が行われた場合

は，地域システムが時間とともに変化することを忘れてはならない．変化に応じて改めて将来の計画を立案するのである．このような視点を持ち合わせない計画は柔軟性に欠け，社会のニーズから解離して当初の目的だけが暴走すれば，新たなコンフリクトの火種ともなりかねない．

生活者は，上述のように，計画プロセスの多くの場面で参加することが可能である．水と緑の計画における生活者の参加は，1.2.1項の子供たちの遊びで述べたように3C・4Aである．再掲すれば以下のようである．

メタレベル；Concern（関心をもつ），Care（気にする），Comitmment（意見をいう）
アクタレベル；まつる，あそぶ，なりわい，まもる

アクタレベルの「まつり」に関しては，1.1節でも述べたように，古代から現在にいたるまで「水と緑」は多く人々の信仰対象である．そして，顕在的な祀りや潜在的な祭りにそれをうかがうことができる．「あそぶ」に関しても，「まつり」に関係する遊び空間が文化空間となって，世界や日本各地に存在している．「なりわい」に関しては，林業・漁業が，またそれに関わる生業は多数数えられる．豆腐や湯葉を中心とした京料理などはその代表的なものであろう．「まもり」に関しては，祈る信仰形態はもちろんのこととして，個人・コミュニティレベルでのボランティア活動としての護りもあるし，公共財としての水と緑の守りは官公庁の義務である．この参加を前提とした水と緑の計画論の議論を5章の遊び空間論と6章の水辺環境の感性による評価論で行うことにしよう．

次に，生活者の参加形態を考えれば，メタとアクタの基本的な組み合わせ（3×4）があることになる．生活者の参加はこの基本形態や基本形態の合併集合で表現されよう．こうして，「参加」という言葉が同じであっても，参加者の意識における参加形態が異なれば，当然のこととして，話や議論がかみあわない現象が生じエンドレスの不毛の議論が延々と続くことになる．図1.7.4の図で「意思決定」を除外した理由は，最終的な意思決定は納税者でもある生活者のレファランダムや訴訟を起こすなどという政治的な参加がありうると考えたからである．

以上がシステムズ・アナリシスの手順である．システムズ・アナリシスは，その手順からも明らかなように，未来志向の不確実性を伴う動的な適応計画システム（adaptive planning system）である．また，システムズ・アナリシスの「意思決定を含まない」という特徴は，学問としての計画学が（政治的）意思決定という行為と一線を画するものである．水と緑の計画は公共の目的をもち，その結果は地域の生活者に還元される．そして，その生活者は多様な価値観をもつ集団であり，また，その価値観は時間の経過に伴って変化する．昨今の計画の策定プロセスにおける生活者参加（誰かが強制するというニュアンスのあるpublic involvementとはいいたくない）の機運の高まりから，このような地域生活者の多様な価値観を計画に反映することが今後ますます望まれるようになるだろう．

さまざまな価値観を有する人々が計画に関わるようになれば，彼らの間で意見の衝突

(コンフリクト)が起こることになる.水と緑の計画においては,今後世界的には水資源の逼迫が予想されていること,ますます多様な価値観や生存のための戦略が計画に絡んでくることを思えば,このようなコンフリクトの発生は避けられないものとなるであろう.

社会システムによっても公共事業に対する認識は異なる.例えば,かつての社会主義国では中央政府の主導のもと生活者に与えられるものであった.一方,例えば合衆国(米国)では早くから公共事業における地域住民参加が重視されてきた.このような生活者の公共事業に対する認識の相違は,コンフリクトの発生の有無や,その構造に相違をもたらすはずである.また,国際河川における水利施設の建設などにおいては複数の国々が利害関係者(ステークホルダー)となるが,多国間のこれまでの関係によってコンフリクトの性質は変わってくる.例えば,EU圏におけるライン川の管理と,いまだに歴史的・宗教的に対立が続くインドとバングラデシュをまたがるガンジス川の整備では,発生するコンフリクトの性質は明らかに相違がある.このような違いから,現象の何が重要かを認識する視座もまた大きく異なったものとなると考えられる.いずれにしろ,コンフリクトマネジメントの認識が重要なことには変わりない.

コンフリクトというものは,例えば一度なんらかの悪い均衡状態に落ち着いてしまうと,そこからよい均衡状態へ向けて抜け出すことが非常に困難になったり,後手後手な対応がかえって信頼感を損なう原因となったりすることがある.コンフリクトの発生が予想される場合には,計画の早い段階で,それまでに作成した代替案の背景と,もたらされる原因を公開し,コンフリクトの本質的な争点を明らかにするのがよい.水と緑の計画をはじめ土木計画の対象は公共の事業であるため,しかるべき情報公開がなされれば,利害関係者はそれぞれの価値観のもとでの合理性をもってふるまいうると考えられる.このように条件付き合理的な議論がなされうる場を早期に確保することが,コンフリクトの本質的な争点を明らかにし,時間の経過に伴う人々の価値観の変化に対して柔軟さを持ち合わせた計画を行ううえで必要な条件であるといえるだろう.このようなコンフリクトの集中的な議論を10章の水資源のコンフリクト論でしよう.

こうして,本書の目的は,新しい都市・地域を創生するために,従来型のサステナブルやガバナンスのための計画ではなく,また表層的な美を求めるような計画でもなく,サバイバル(生存可能性)のためにいま真剣に取り組まなければならない計画方法論を思考することである.このため「水と緑」の有する環境(破壊,汚染,文化)リスクと災害リスクで何が問題でどのように解決しなければならないかということを種々異なる専門分野(土木計画学,防災工学,河川工学,環境工学,衛生(上下水道)工学,情報学,生態学,森林学,経済学,応用経済学,地域学,社会学,心理学,歴史学など)の最新の研究と異なる専門分野への挑戦的研究,そして古くても発想がいまだ新しい研究を体系的に紹介し,従来,まったく別個に各論的に取り上げられていたこれらの異分野の研究がシステムズ・アナリシスをもとにした適応計画方法論として総合的に体系化できる可能性を提

示することにある.

参考文献

1) Platt, R: ***WATER ― The World of Life***, Prentice-Hall, Inc., 1971
2) アーサー・コッテル:『世界神話辞典』, 柏書房, 1993
3) フェルナン・コント:ラルース世界の神々『神話百科』, 原書房, 2006
4) イヴ・ボンヌフォア:『世界神話大事典』, 大修館書店, 2001
5) 金光仁三郎;『ユーラシアの創生神話〔水の伝承〕』, 大修館書店, 2007
6) 安田喜憲・菅原聡編:『森と文明』, 講座文明と環境 第9巻, 朝倉書店, 1996
7) Nancy Qualls-Corbett: ***The Sacred Prostitute-Eternal Aspect of the Feminine***, Toronto Inner City Books, 1988
8) 西川静一:『森林文化の社会学』, 佛教大学研究叢書, ミネルバア書房, 2008
9) 樋口清之:『水と日本人―日本人はなぜ水に流したがるのか』, ガイア, 1990
10) 安田喜憲:『森を守る文明支配する文明』, PHP新書, 1997
11) Jamsai, S.: ***NAGA-Cultural Origin in Siam and West Pacific***, Oxford University Press, 1988
12) Scarre, G. and J. Callow; *Witchcraft and Magic in Sixteenth-and Seventeenth-Century Europe-* ***Studies in European History***, Palgrave, 2001
13) ホイジンガ:『ホモ・ルーデンス』, 中公文庫, 1973
14) 坪内嘉男監修:『遊びの大事典』, 東京書籍, 1989
15) 萩原良巳・萩原清子・高橋邦夫:『都市環境と水辺計画―システムズ・アナリシスによる』, 勁草書房, 1998
16) 堤武・萩原良巳編著:『都市環境と雨水計画―リスクマネジメントによる』, 勁草書房, 2000
17) 桑子敏雄:『感性の哲学』, NHKブックス, 2001
18) ミシェル・セール:『五感―混合体の哲学』, 叢書・ウニベルシタス, 法政大学出版局, 1991
19) 荒井良夫・岡本耕平・神谷浩夫・川口太郎:『都市の空間と時間』, 古今書院, 1996
20) 21世紀研究会編:『新・民族の世界地図』, 文藝春秋, 2006
21) Hagihara, K. and Y. Hagihara: *The Role of Environmental Valuation in Public Policymaking: the Case of Urban Waterside Area in Japan*, ***Environment and Planning C: Government and Policy***, Vol. 22, Pp3-13 2004
22) 三浦展;『下流社会』光文社新書, 2005
23) 金森久雄・荒憲治郎・森口親司編:『経済学辞典第3版』, 有斐閣, 1998
24) ダレル・ハレ:『統計でウソをつく法』講談社, 1968
25) 赤 摂也;『確率論入門』培風館, 1958
26) 小針明宏;『確率・統計入門』岩波書店, 1973
27) Freeman III, A. M.: *The Measurement of Environmental and Resource Values: Theory and Methods*, ***Resources for the Future***, 1993
28) Krutilla, J.: *Conservation Reconsidered..*" ***American Economic Review***, Vol. 57. pp. 777-786 1967
29) 萩原清子・萩原良巳:水質の経済的評価, **環境科学会誌** Vol. 6, No. 3. pp. 201-213 1993
30) 萩原清子:「環境の経済的評価―特に水環境を中心として―」, 京都大学防災研究所水資源研究センター研究報告, 第16号. pp. 13-21, 1996
31) Hagihara, K. and Y. Hagihara..: *Measuring the Benefits of Water Quality Improvement in Municipal Water Use: the Case of Lake Biwa.*, ***Environment and Planning C: Government and Policy***., Vol. 8, pp. 195-201 1990
32) 萩原清子:『水資源と環境』勁草書房. 1990

33) 清水　丞.:『都市域における水辺の環境評価に関する方法論的研究』東京都立大学大学院都市科学研究科博士論文　2001
34) 萩原清子編著:『環境の評価と意思決定』東京都立大学都市研究所　2004
35) Hagihara, K. and Y. Hagihara: *The role of environmental valuation in public policymaking: the case of urban waterside area in Japan*, **Environment and Planning C: Government and Policy**, 22, 3-13, 2004
36) Hagihara, K., Asahi, C. and Hagihara, Y.; *Marginal willingness to pay for public investment under urban environmental risk: the case of municipal water use*, **Environment and Planning C: Government and Policy**, 22, 349-362. 2004
37) 市川伸一編:『認知心理学』，東京大学出版会，1996
38) Kahneman, D., Slovic, P. and Tversky, A. ed.,; ***Judgment under Uncertainty: Heuristics and Biases***, Cambridge University Press. 1982
39) 宮嶋　勝:『公共計画の評価と決定理論』，企画センター，1982
40) 松下和夫編著:『環境ガバナンス論』，京都大学学術出版会，2007
41) Young, O. R. (ed.): ***Global Environmental Governance***, MIT Press, 1997
42) Young, O. R: ***International Governance: Protecting the Environment in a Stateless Society***, Cornell University Press, 1994
43) グローバル・ガバナンス委員会（京都フォーラム監訳）:『地球リーダーシップ』，NHK出版，1995
44) 下水道協会:『日本の下水道史』，1991
45) 山中　章:『日本古代都城の研究』，柏書房，1997
46) 大阪市下水道技術協会:『大阪市の下水道事業誌（第一巻）』，1983
47) 高松武一郎・内藤正明ほか：広域下水道システムの最適計画，**下水道協会誌**，Vol. 8, No. 81, pp. 16-23，1971
48) 内藤正明・内藤美紀子・森尾秀治：流域下水道システム計画の1例，**下水道協会誌**，Vol. 10, No. 106, pp. 28-35，1973
49) 堤　武・萩原良巳他：下水道整備計画に関するシステム論的研究1―とくに河川汚濁と面整備について，**第9回衛生工学研究討論会講演論文集**，pp. 48-55，1973
50) 萩原清子・萩原良巳：沿岸海域への汚濁インパクトを考慮した地域水配分計画，**地域学研究**，第7巻，pp. 61-75，1977
51) 萩原良巳・萩原清子：河川水量負荷状態方程式と地域水配分，**地域学研究**，第8巻，pp. 39-51，1978
52) 萩原良巳：水環境計画に関するシステム論的研究，**京都大学博士学位論文**，1976
53) 大阪市:『大阪のまちづくり―きのう・今日・あす―』，1991
54) 張　昇平・萩原良巳・浅田一洋：都市浸水対策の課題と対応について，日本リスク研究学会第10回研究発表会論文集，pp. 136-141，1997
55) 萩原清子編著:『新・生活者から見た経済学』，文眞堂，2001
56) 東京都建設局:『東京の中小河川』，1985
57) 萩原良巳・坂本麻衣子:『コンフリクトマネジメント―水資源の社会リスク』，勁草書房，2006
58) 萩原良巳・内藤正明：水環境のシステム解析，**環境情報科学**，9-1, pp7-19，1980
59) 末石冨太郎:『都市環境の蘇生』，中公新書，1975
60) 堤　武・萩原良巳：下水道計画の策定過程とその周辺，**土木技術**，pp. 37-44，32巻5号，1977
61) 米谷栄二編:『土木計画学便覧』，丸善，1976
62) 政策科学研究所：環境影響評価における手法のグランドデザインと地域社会特性に応じた評価プログラム開発に関する調査研究Ⅰ，1976
63) Barrow, C. J.: ***Environmental and Social Impact Assessment - An Introduction***, Arnold,

1997
64) Barrow, C. J.: *Social Impact Assessment-An Introduction*, Oxford University Press, 2000
65) 萩原良巳：水資源と環境，京都大学防災研究所水資源研究センター研究報告，第15号，pp. 51-71，1995
66) Watanabe, H. and Hagihara, Y.: *Planning and Management of Water Resources Systems*, **Journal of Hydroscience and Hydraulic Engineering**, No. SI-3, pp. 219-223, 1993
67) 萩原良巳・小泉明・辻本善博：水需給構造ならびにその変化過程の分析，第14回衛生工学研究討論会講演論文集，pp. 139-144，1978
68) 荻　弘之：『哲学の原風景―古代ギリシャの知恵とことば』，NHK出版，1999
69) 吉田　孝：『体系日本の歴史3　古代国家の歩み』，小学館，1988
70) 頼富本宏：『マンダラ講話』，朱鷺書房，1998
71) マルク・ド・ヴィリエ：『ウオーター―水の戦争』，共同通信社，2002
72) Brown, Louise: *Sex Slave-The Trafficking of Women in Asia*, Asia Books, Virago Press, 2000
73) 井口武雄：大規模リスクへの対応，オペレーションズ・リサーチ，第41号　第2巻，pp. 80-84, 1996
74) Ikeda, K: *Gender Differnces in Human Loss and Vulnerability in Natural Disaster.* ***A Case Study of Gender Studies***, 2.2, 1995
75) Hagihara, Y., Takahashi, K. and K. Hagihara: *A Methodology of Spatial Planning for Waterside Area*, ***Studies in Regional Science***, Vol. 25, No. 2, pp. 19-45, 1995
76) 萩原良巳：『環境と防災の土木計画学』，京都大学学術出版会，2008

水と緑の生活リスクとガバナンス論

2.1 生活者の苦悩とガバナンス論

　安全な水供給と衛生は，人間の生存にとって欠かせない条件であり，持続可能な開発の基盤である．国際的にこのような認識がなされているものの，開発途上国においては10億人以上が安全な飲料水にアクセスできず，約26億人が衛生設備へのアクセスができない状況にある[1]．2002年に開催された「持続可能な開発に関する地球サミット」において，2015年までに安全な飲料水にアクセスできない人口，トイレなどの衛生施設へアクセスできない人口をともに半減することが目標として採択され，それぞれ国連ミレニアム開発目標 (Millennium Developing Goal) におけるサブのゴール，ならびにゴール達成のための指標として取り上げられている[2]．この目標に対応して国別の計画策定が進められている[3]が，このようなマクロな目標をどのような技術によって達成させるかについて，ローカルな地域社会レベルで十分な議論がなされているわけではない．

　南アジアに位置するバングラデシュは，14.8万 km^2 の国土面積に1億4000万人以上の人口を抱える，人口密度の非常に高い国である．その国土の大部分はガンジス川，ブラマプトラ川，メグナ川の広大なデルタからなる平坦な低地である．気候は熱帯性モンスーンに属し，毎年洪水がデルタへ肥沃な土壌を運ぶ．このような農業に適した自然条件を有する典型的な農業国である．一方，この国はさまざまな困難と脆弱性を抱えている．代表的な例が，毎年のように繰り返される洪水被害であるが，こうした困難を克服しようとしたときに，過密な人口，貧困，低識字率，不十分なインフラなどの脆弱な要因が解決を妨げている現状がある．

　国民の生存基盤となる安全な水供給と衛生インフラについても課題は多い．飲料水に関しては，国民の8割が1000万本にのぼる家庭用の井戸を利用することによって，伝染病などによる健康リスクは軽減された．しかし，1993年に井戸水ヒ素汚染が確認され，井戸水のヒ素汚染地域は図 2.1.1 に示すように，国土の7割に及んでいる．政府の水質基準を上回る濃度のヒ素を含む井戸水利用者数は3000万人以上とされるが，実態

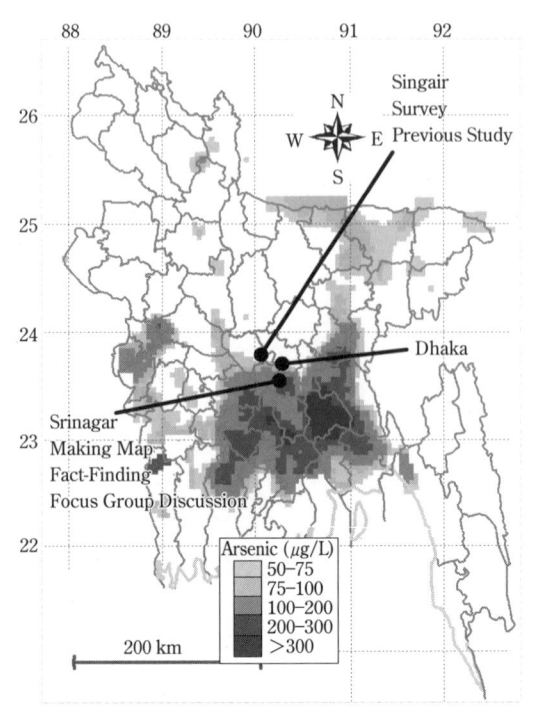

図 2.1.1　バングラデシュのヒ素汚染地域と社会環境調査地域

把握すら遅れており，汚染地域の広がりを考えると今後がん患者発生のリスクは非常に高い．この意味で飲料水ヒ素汚染問題はまさに生存可能性の問題であろう．また，衛生に関しては，2002年時点で，国民の約半数は，トイレをもたないか，下部構造を有せず，ため池などの水面や地面の上に直接排泄するだけのトイレ (hanging latrine) を使用しており[1]，政府の方針によって pit latrine と呼ばれるトイレの普及が進められているところである．しかしながら，このタイプのトイレは，後述するように持続可能な衛生設備といえない．

貧しい人々を含め地域住民が安全な飲料水源にアクセスするとともに，トイレを設置し，し尿の衛生的な管理を行っていくためには，地域住民が受け入れ可能な技術の要件と導入の方法論を明らかにする必要がある．こうした技術が備えるべき要件は，地域住民のニーズにマッチし，その地域で供給可能な資材，地域の財政と人材のもとで設置・管理が可能で地域の人々の福祉の向上に寄与することであり，本節ではこうした技術を適正技術と呼ぶこととする[4]．これは，単に安価で単純な技術ということではなく，必要に応じて，現地の地域社会における改善意思の形成や人材養成が求められるものである[5]．

次に，日本の屋久島の森林問題に移ろう．地球の気候変動などにより森林の荒廃は世

界的に進行している．そして，森林の様相は各時代の（生態学的にいえば）ヒトの価値観に伴い大きく変化してきた．日本についていえば，1960年代以降，石油エネルギーへの転換と拡大造林政策によって，全国の広葉樹林の多くが針葉樹人工林に置き換えられた．当時木材として経済価値が高かった針葉樹は，現在では輸入外材に代替され管理放棄が進んでいる．

このような変化を生態系という視点からみると，自然林の消失は，そこに依存する多くの生物の生息地の消失を意味する．生態的地位の高い大型哺乳類は，相対的に広範囲の生息地を要するため，生息地の消失・減少・分断化は，地域個体群の絶滅をもたらすこともある．また，動物によっては，生息場所を人里近くに移し，新たな環境に適応して定着する場合もある．野生動物とヒトとの距離が近づいたことで，両者の軋轢が頻繁に発生するようになった．野生動物がヒトにもたらす危害や被害は獣害と呼ばれ，被害をもたらす動物は害獣とみなされる．

(1) 屋久島の森林利用

ここでは，近年，ヤクシマザル（*Macaca fuscata yakui*）やヤクシカ（*Cervus nippon yakushimae*）による農作物被害が問題視されている鹿児島県屋久島の森林利用を考えよう．屋久島は，北緯30°東経130°に位置する面積約500 km^{2}の山岳島である．島の9割が森林で占められ，亜熱帯植生から亜高山帯植生にいたる植生の垂直分布がみられる[6)7)]．地域住民の森林に対する空間認識は，大きく「前岳」と「奥岳」に区別され，異なる扱いを受けてきた．前岳は海岸部からそびえる標高約1200 mまでの山々で，奥岳は前岳に囲まれた島内奥の険峻な山々の部分を表す[8)]．奥岳は，かつて神聖な空間として，一切の生産活動は禁じられていた．奥岳のヤクスギが利用価値の高い資源として伐採され始めたのは，江戸時代以降である．江戸時代にヤクスギの約7割が伐採されたと見積もられているが，それらの伐採は，基本的に人力による拓伐であった．そのため，生態系を大きく変化させることはなかった．しかし，1953年以降，チェーンソー導入により伐採は加速され，1970年代に終息する．

一方，前岳は，古くから地域住民の生活空間として活用されていた．屋久島では，ヒトの居住地は，沿岸部の狭い平野部に限られている．図2.1.2に示す各集落は，前岳にあたる常緑広葉樹林（以下，照葉樹林）を利用してきたのである．明治以降は，森林の8割が国有林に組み込まれ，地域住民はその一部を薪炭共用林として利用・管理してきた．図2.1.3は，屋久島南部の小島地区における1960年から2000年にかけての土地利用図である．過去40年間に田畑と居住地の配置に大きな変化はないが，60年から80年にかけて，照葉樹林帯が広範囲にスギの植林地に置き換わっている．80年には果樹園が山側に拡大しており，2000年には果樹園に転用した畑がさらに増加したという特徴がみられる．

近年の森林利用の変化をもたらした主な社会的要因は，エネルギー転換，拡大造林政

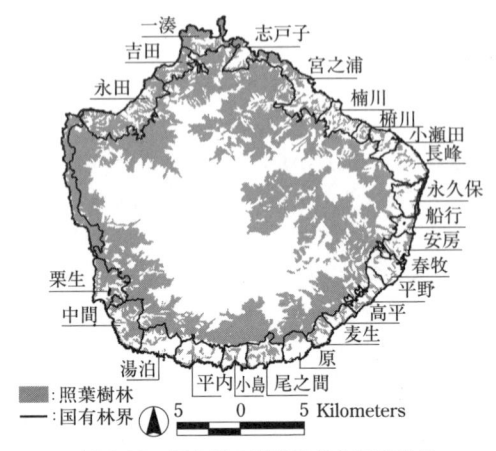

図 2.1.2　屋久島の照葉樹林と国有林界

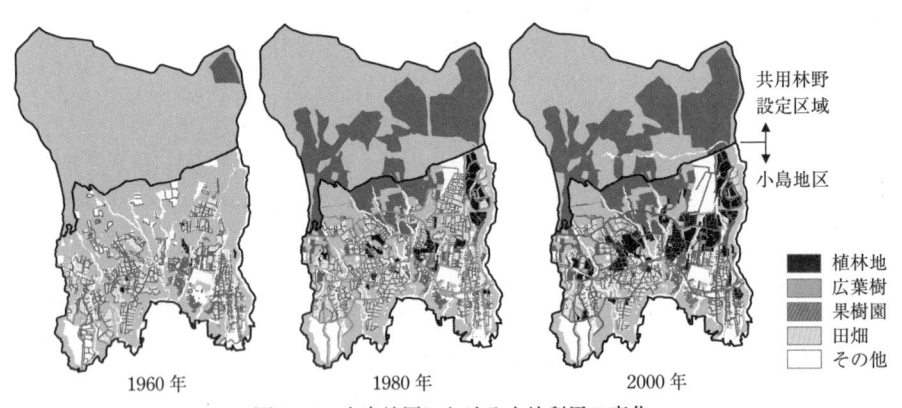

図 2.1.3　小島地区における土地利用の変化

策，木材の貿易自由化である．1960 年ころ，エネルギー源が薪炭から石油に転換したことで，薪炭林の利用価値が下がった．60 年から 80 年にかけての土地利用変化は，高度経済成長期にとられた拡大造林政策によって，利用価値の下がった広葉樹が伐採され，スギ植林地に置き換わったことを示す．このころチェーンソーが導入され，皆伐が効率的に行えるようになったこともある．その後，貿易摩擦解消の一環として日本の木材市場が開放され，為替レートの変動も相まって，輸入外材が増大し，国産材価格は下落した．現在では，伐採しても採算が合わないため，間伐などの施業放棄が進んでいる．

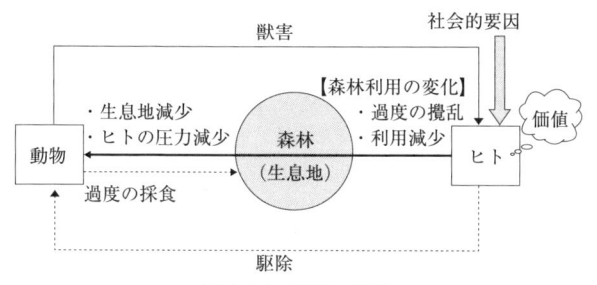

図2.1.4 問題の構造

(2) 猿害問題

農業面では，1980年ごろよりヤクシマザルによる農作物への被害(以下，猿害)が急増し，1990年代後半ごろより，ヤクシカによる被害も急増した．ここでは，顕著な被害が長きにわたる猿害を対象とする．猿害による被害作物は，農作物全般にわたるが，なかでも，屋久島の重要な換金作物であるポンカン・タンカンといった柑橘系の果樹の被害が深刻である．被害の急増に伴い，ヤクシマザルの有害駆除数も増加し，年間400頭から600頭のサルが継続的に捕獲されているが，被害は年変動が大きく，必ずしも捕獲の効果は上がっていない．

ヤクシマザルは，標高約1800m以上の亜高山帯草原を除く，島のほぼ全域に分布する．特に，「前岳」にあたる照葉樹林帯では，上部域に比べ高密度で生息すると推定されている[9)10)]．照葉樹林では，ヤクシマザルの採食対象植物の質と量が豊富であり，食物が全般的に乏しい冬季に採食物が豊かであることが，高密度の生息を可能にしていると考えられている．つまり，「前岳」は，地域住民に日常的に利用されてきた森林であると同時に，ヤクシマザルにとっては，生息に適した森林でもある．近年，照葉樹林帯が大規模に伐採されたことは，猿害急増の一因であると考えられている[11)]．

獣害問題の最も難しい点は，図2.1.4に示すように，(多くの環境問題と同様に)ヒトが被害者であると同時に加害者でもあることである*．獣害の多くは，ヒトによる森林利用の変化に付随した問題と考えられているため，これをマネジメントするためには，ヒトの行動が生態系にもたらす影響，ヒトの価値観とその行動の関係についての理解が必要である．

以上の，バングラデシュの飲料水ヒ素汚染問題と屋久島の森林と獣害問題における生活者の苦悩を2.2節で取り上げ，その解決法を議論しよう．次に，森林ガバナンスの問題を考えよう．

1968年に生物学者HardinがScience誌に「コモンズの悲劇(The Tragedy of the

---

*ただし，ここでいう「ヒト」とは，さまざまな利害関係者を含めた総体としてのヒトであるので，同一人物という意味ではない．

Commons)」を寄稿して以来,欧米を中心にコモンズ論が活発に議論されてきた[12].ハーディン(Hardin)は,この論文の中で,英国の共有牧草地(コモンズ)において合理的な牛飼いが自分の牛を牧草地に放し続ける結果,牧草地が再生不可能な不毛の地に帰してしまう運命にあるという衝撃的な議論を展開し,大きな注目を集めた.しかし,ハーディンの指摘に対して,多くの社会科学者からさまざまな批判が投げかけられた[13].ハーディンの主張の誤りは,コモンズを「オープンアクセス」とした前提条件にある.すなわち,誰もが自然資源を自由に利用できることが仮定されている.実際にはコモンズは地域社会によって管理されており,長期にわたって持続的な自然資源の利用を実現している事例が数多く存在することが明らかにされた[14) 15)].このようなコモンズは,特にローカルコモンズ(local commons)と呼ばれ,自然資源にアクセスする権利が一定の集団・メンバーに限定されている.

近年のグローバリゼーションに代表される社会経済的環境の変化のなかで,ローカルコモンズの枠組みが解体されつつある.すなわち,自然資源を利用し,アクセスする権利が地域住民だけに限定されず,都市域に住む人々や企業,NPOやNGO,その他の専門家や技術者など,多様なステークホルダーもまた自然資源にアクセスすることを求めている.このようなコモンズは,ローカルコモンズとは対照的にグローバルコモンズ(global commons)と呼ばれている[16].特に,森林資源に対して,水源の涵養,二酸化炭素の吸収など,その広域的な機能が着目されている.また,地域の過疎化が進行するなかで,地域住民だけで森林資源を管理することが困難となりつつある.このような状況のもとで,地域とその他の都市域に住まうさまざまなステークホルダーの間で森林資源を協働(コラボレーション)して利用・管理するための森林管理のあり方が模索されている.

しかしながら,地域外部のステークホルダーが森林管理に参画した結果,地域住民との対立が発生する多くの事例が観察されている.このような問題は,森林資源のシンプリフィケーションとしてしばしば顕在化する[17].Scottは,森林資源の有する多様な機能の中から特定の機能のみに集中し,それに合わせて森林の植生を画一化する指向性をシンプリフィケーションと定義し,政府や森林技術者主導の森林管理を批判している.すなわち,政府や森林技術者が,自分の価値観に基づいて複雑な森林資源を規格化し,制御しやすい状態に再編成することによって,地域の実情とは乖離した森林管理が実施される可能性が存在する.特に,単一種の画一的なプランテーションや森林資源の過剰な保護は,地域住民を森林資源の利用から締め出すことになりかねない.協働的な森林管理を実現するうえでは,森林資源の機能と個々の機能を要求するステークホルダーの多様性をふまえたうえで,森林管理のあり方に関してステークホルダーの間で可能な限り合意を形成することが必要とされる.2.3節で,この議論を取り上げ,どのようにすればよいのかを論じよう.

環境ガバナンス論はかなり議論されるようになってきたが,災害ガバナンス論あるい

は1.3.4項で述べた環境と防災を同時に考えた環境防災ガバナンス論は皆無のようである．このため，まず，私たちの関心のあるガバナンスについてふれておこう．

　計画マネジメント者にとってのガバナンスとは何か．それは常に本質的課題を検討し，有効な解決策が実践できるようにするための組織論的・制度論的枠組みを事前にメタレベルとして立てておき，それを基盤として具体的な問題に対してアクタレベルで計画し，マネジメントすることを指している．その意味で，ガバナンスは多層的で入れ子構造的な計画・マネジメントの方式を想定している．また，メタレベルがアクタレベルを構造的に規定し，逆にアクタレベルの具体的展開が長期的にみるとメタレベルの構造に影響を与え，変化し，進化させるというような協働的 (synergetic) な動特性を考えている．さらにいえば，「アクタレベルの計画・マネジメントを当事者として担う計画マネジメントの主体」(ステークホルダー) は多様で複数ありえて，各主体は独立ではあるが相互に協力的や対立的に関係しあって全体としてガバナンスを有効にしている．この意味で，主体間は階層的ではなく水平的で参加型の関係にあると見なすのである．

　いささか複雑なのは，専門家としての「計画マネジメント者」は，方法論とともに，「アクタレベルの計画マネジメントを当事者として担う計画マネジメントの主体」の複眼的視点を，現場に即して獲得する努力が常に求められるという点にある．そのうえで，メタレベルでの構造的規定を「外部的設定可能な社会システム」として対象化し，記述し，的確にその特性を提示することが求められる．これは，主として規範的 (normative) な科学が築いてきたアプローチであろう．その一方で，現場において観察し，Plan-Do-Check-Action (PDCA) のプロセス・サイクルの動的過程で専門的知識を提供するとともに，それを「実践として可能になる」(implemented) 営為を記述しなければならない．それは，実証的 (positive) な科学のアプローチであろう．

　ところがその一方で，PDCAサイクルの過程に計画マネジメント者自身が関与することで，その影響から自身が自由ではありえないということを自覚しておく必要もある．これはアクションリサーチが主旨としているところであろう．そこでは，「意味論的知識再構成とその共通理解への科学」が新しいタイプの科学として登場してくることになる．さらに重要なことは，計画マネジメント者自身の「構造化された視点や価値判断」もおのずから投影されるはずであるという点である．これは倫理学や哲学的領域に関わる問題とも考えられるが，同時に，現場から計画マネジメント者が具体的に学ぶことも多くある．それが咀嚼され，抽象化されて，次第に「構造化された視点や価値判断」を持続的に再構築していくことにもつながりうる．この意味では，計画マネジメント者には経験科学的アプローチが素養として求められる．

　もちろん，「科学する計画マネジメント者」は科学的営みのあらゆる側面で上述したすべての要請を満たすことは，理想的にはありえても現実には不可能である．むしろ重要なのは，そのような重層的で複眼的な視点と，自己言及的な計画マネジメントの複雑なダイナミズムを把握するパースペクティブをもち，そのうえで，個々の研究を相対化

し，他者にもその関連性（relevance）が理解できるような「知識獲得と実践化の技術」を紡ぎ上げていくべきではなかろうか．それはある意味で，伝統的な科学の領域を超えた「実践適用科学」（implementation science）を構築していく挑戦につながるであろう．

　本章は，上述の意味で，目先の水と緑の問題解決だけでなく，これらの問題を，地域・都市問題の枠組みで，どのようにメタレベルで考えアクタレベルで実践し，また実践から得た知性と知恵を用いてメタレベルでの方法論をどのように構成するかというヒントを読者に与える章となっている．以下，具体的にこの章を概観する．

2.2 節：まず，バングラデシュについては 2 つの問題に関する対策などの経緯をまとめ，この国で水と衛生に関する対策が進まない要因を整理するとともに，バングラデシュのさまざまな社会開発との関連を明らかにする．そして，住民アンケート調査の結果から，ヒ素汚染が判明した後の住民の行動や意識，非衛生に起因する健康リスク認知とトイレの改善意思について整理する．適正技術に関しては，ヒ素汚染対策については考えられる技術の適用性について考察し，衛生改善については NPO 法人日本下水文化研究会（以下英文略称である JADE と表記）がバングラデシュの農村地域で行っている衛生改善プロジェクトの経験を通じて，具体的な適正技術について論じる．また，地域コミュニティが主体的に適正技術を受け入れ，自立的に設置・管理していくためのプロセスを提案するとともに，水と衛生に関わるプロジェクトが地域社会において持続可能な技術として定着するために必要な事項について考察する．

　次に，屋久島問題では，まず地域社会の価値観に注目し，地域社会の自然観における獣害の位置付け，ならびに地域社会の森林の価値観と保全意識の関係について考察する．そして，森林（今回の場合，照葉樹林）が残される条件とは，森林の多様な価値が認識されることで，保全行動に参加する意志をもつ屋久島島民が，島外者の島に対する森林保全要望としての非利用価値も十分意識し，そのためのサービスとして保全をとらえている側面もあることを示し，そのうえでなお，地域住民が森林を保全するには，利用価値が重要であることを示すことにしよう．

　屋久島低地部の森林は，全体としては照葉樹林からスギ林へ転換し，管理放棄が進行しつつある．しかし，地区別にみると，現在の管理状況は異なり，森林の利用頻度や利用形態といった地区固有の歴史的経緯がそれぞれの価値観に反映されているものと考えられる．異なる価値観をもつ管理主体の構成関係の違いが，管理状況にどのように反映されているのか調べることが今後の課題であるが，この議論は次の 2.3 節の森林ガバナンスの機能と課題で論じよう．

2.3 節：ここでは，まず森林ガバナンスの構造が意味の構造，正統化の構造，支配の構造という 3 つの部分構造により構成されることを明らかにするとともに，各部分構造に対して，森林管理の問題特性，問題分析の方法，今後の研究課題をとりまとめる．ま

ず，意味の構造において，森林管理者と個人との間のコミュニケーション過程をコミュニケーションゲームとして定式化し，両者のコミュニケーションを疎外する要因を分析する．特に，森林管理者と個人が異なる認識体系を有している状況を分析するために，主観的ゲームの概念を提案し，言語の共有化を図ることの重要性を明らかにする．次に，正統性概念が，実用的，道徳的，認識的正統性という3つの正統性概念により構成されることを明らかにするとともに，認識的正統性を確保するための要件を整理する．そして最後に，森林ガバナンスにおける信頼の問題を検討し，信頼形成のための制度設計に関わる研究の方向性をとりまとめることにしよう．

　森林資源をめぐる社会経済環境が変化しつつあるなかで，専門家や技術者あるいは研究者の果たすべき役割に対しても再考が促されている．特に，森林管理において，プロフェショナル主導の統治の限界が指摘されている現在，プロフェショナルが森林および他のステークホルダーとどのような関わりあいをもつべきかが重大な検討課題である．本節で指摘した森林ガバナンス概念においては，プロフェショナルも1人のステークホルダーであり，プロフェショナルを含めたステークホルダーの間で森林管理をめぐる秩序を維持することが求められる．そのためには，プロフェショナルの意識の変革を促すとともに，プロフェショナルの有する知見が，森林管理の現場に活かされるためのプラットフォームづくりが求められている．

　2.4節：ここでは，前述の議論を受けて，生命体システム (Vitae System) の基礎理論の開発と生命体システムの概念図式を援用した実証研究やフィールド研究のアプローチが並行して行われつつ，いずれ出会うことによって，両者が融合した防災と環境の実践科学 (Implementation Science) が創生できる可能性を論じる．

2.2　水と緑の生活リスク

2.2.1　バングラデシュにおける井戸水ヒ素汚染問題と衛生改善

　ここでは，バングラデシュにおける井戸水ヒ素汚染問題と衛生改善を取り上げる．この2つの問題の関係性は深く，環境インパクトを配慮していないトイレを使用することにより，し尿がため池などの汚染源になる可能性が高い．この国では，ため池の水は生活用水として広く使われており，特に，ヒ素で汚染された井戸水代替の飲料水源としてため池などの表流水が考えられている場合には，し尿による環境汚染リスクを最小限に抑える必要がある．ヒ素汚染地域の広がりを考えると，衛生の確保が安全な水源確保の前提になる地域は，広範囲に及ぶと考えられる．

(1) 問題の経緯
1) バングラデシュにおけるヒ素汚染問題の発生と対策の経緯

1993年の汚染発見以降，数年間は原因が地質起因であることすらわからず，また分析機関などの水質検査体制が不十分であったことから，汚染の実態把握がなかなか進まなかった．最初の発見から6～7年が経過した1999～2000年ごろまでに，国土の70%に及ぶ地域に汚染が広がっていることや地域ごとのヒ素に汚染された井戸の割合などが汚染実態として明らかになり，飲料水源として全国に普及した井戸のおおよそ30%がバングラデシュ政府の飲料水基準である 50 μg/L を超えていることがわかった．ここからいえることは，ヒ素汚染リスクに暴露されている国民は少なく見積もっても3000万人にも及んでいるということである．

ヒ素汚染対策が本格的に動き出したのは，1998年に世界銀行の援助により，Bangladesh Arsenic Mitigation Water Supply Project (BAMWSP) が政府部内の Department of Public Health Engineering (DPHE) に設立されてからである[18]．このほか，関係省庁による委員会が設置されたが，関係機関の連携は進まず，効果が現れることはなかった．BAMWSP の最初の重点課題は，それまでに引き続いて汚染実態のいっそうの把握におかれた．しかしながら，バングラデシュの国民のおおよそ8割が飲料水源を家庭用井戸に依存しており，その数は1000万本にのぼることや，ヒ素の汚染が不規則な分布を示し，わずかな距離を離れただけでも，ヒ素濃度に大きな違いを示したり，経年的に濃度が上昇するケースがみられたりすることから，全国的な汚染実態の把握には歳月を要した．表2.2.1に BAMWSP（世銀援助），Danida（デンマーク），JICA/ANN（日本），Unicef（ユニセフ），World Vision（NGO），WPP（複数の NGO が形成するグループ）の6つの機関が分担して行ったヒ素汚染実態調査結果の概要を示す．全国507 upazila（郡）のうちこれまでにヒ素汚染が報告されているのは270郡に達し，495万本の井戸の水質検査の結果，144万本（29%）が政府基準を上回る汚染井戸と判明し，健康調査の結果，患者数は3万8430人であった．現在までに確認されたこの患者数は，汚染の広がりに比べ少なく，いまだ氷山の一角と考えられている．これには，ヒ素による健康被害を診断できる医師やヘルスワーカーの不足と養成・訓練体制の不備があると指摘されている．将来，ヒ素症状の患者，さらにはがん患者の爆発的な発生が懸念される．

1993年以来，政府機関，国際援助機関，NGO などはヒ素汚染問題に取り組み，多くのプロジェクトを立ち上げたが，横断的な連携がなく，取り組みが重複したり，限られた資源の適切な配分が妨げられたりするといった問題があった．そうしたことから，BAMWSP では，郡ごとに対策プロジェクトを担当する機関を割り振る措置がとられた．

管井戸の水質検査が全国規模で行われた後，汚染された管井戸の割合が40%以上の地域をホットスポットと称し，ホットスポットを中心に安全な代替水源の整備が行われたが，190の郡を分担している BAMWSP においては，プロジェクトがスタートしてか

表2.2.1　全国ヒ素汚染実態調査結果[6]

実施機関	郡数	井戸全数	汚染井戸	患者数
BAMWSP	190	303.6	88.6	29,500
Danida	8	16.0	10.4	762
JICA/AAN	1	3.3	0.8	312
Unicef	43	106.3	32.0	4,710
World Vision	13	43.9	9.4	803
WPP	15	21.5	2.8	2,343
合　計	270	494.7	144.0	38,430

（井戸数の単位：万本）

ら5年以上が経過した現在ですら，整備完了の郡数は36，実施中の郡数は17となっており，BAMWSP担当地域内でホットスポットの定義に該当する郡数62にすら達していない．上記の実施済みの対策の内容としては，ダグウェル整備が24郡で739本，ポンドサンドフィルターが3郡で13ヶ所，深井戸整備が15郡で2279本などとなっている．これらの代替水源手当てによる受益世帯数は約5万世帯とされるが，これは190郡の世帯数944万世帯はおろか，上記の62郡の世帯数292万世帯に比べてもきわめて少ない．

このほか，2001年ごろからバングラデシュ政府と国際援助機関が協力して，ヒ素汚染対策の国家方針の作成作業が進められ，2004年3月に首相を議長とする会議において，「ヒ素対策国家方針2004」が策定された[19]．その中では，ヒ素汚染地域において，井戸水に代わる水源による安全な飲料水の確保に努めること，ヒ素症の診断と治療を進めること，農業環境へのヒ素の影響について調査を行うことなどが述べられており，そのための人材養成，組織体制，研究開発，情報，関係者間の協力，国際協力のあり方について言及されている．また，この方針を実施するため，「バングラデシュヒ素対策実施計画」が策定されている．

2）　コミュニティレベルにおける井戸水ヒ素汚染問題

以上はマクロな計画の展開であるが，これらが，ヒ素汚染問題を抱えるすべての村やコミュニティレベルに浸透しているとは限らない．コミュニティレベルで，住民側の不満や不安が広がっているいくつかの例を紹介しよう．

ヒ素の水質検査の結果，危険であるとして赤く塗られた井戸を住民が依然として利用していることが各地で報告されている．例えば，Pubna県のBera郡の例[8]は，政府やNGOなどの援助機関がコミュニティを訪れ，住民に対して赤く塗った井戸について飲料不適と伝えた後，適切な代替水源を確保する方法などが指導されなかったため，住民は再び赤い井戸を使用せざるを得なかったというケースである．飲んではいけないといわれながら，どうしたらよいのか指導が受けられなかったわけである．代替水源が指示

されたとしても、そこへのアクセスが容易でないため、多くの人に利用されないといったケースも考えられる.

家庭用のヒ素除去装置の導入に関わる問題点もある. 除去装置を試験的にコミュニティに導入し、性能試験期間終了後、装置はそのままコミュニティに残されたものの、試験の結果は一切報告されず、住民はその装置の有効性がわからないまま使い続けたり、ろ材の洗浄などメンテナンスが容易でないことから、短期間で使わずに放置されてしまったケースもある. また、代替水源として深井戸が導入されながら、揚水用ポンプが故障したらそのまま修理せずに放置されたケースもある. これらは、アフターケアの体制欠如、使用者側のオーナー意識欠如の結果である. 数戸で利用する雨水タンクが共同で利用されていないケースもある.

健康調査のために医療チームが訪問し、頭髪や血液など各種の試料を採取して行った後、結果について何の報告もないというケース[20]もある.

こうした問題となる事例は現地の新聞にはしばしば報道されているが、類似の事例は枚挙に暇がないであろう. いずれも援助の送り手と受け手の間でのコミュニケーション不足に起因する問題であり、援助側が行った努力が実際のコミュニティレベルでの持続可能な対策として定着せず、投入した資源が有効に活かされていない.

3) ベンガル人の衛生意識とトイレの普及

バングラデシュでは、1970年代まで衛生へのアクセスをもつ人口はわずかであった. これは、バングラデシュを含むベンガル地方の宗教が、人々に対して清潔さの重要性を説き、排泄物に直接接触することを避けることを求め、こうした教えに依存した排泄習慣と関係がある. 一方、小さな子供たちは神聖なものと考えられ、子供の排泄物は汚いものではないとみなす習慣もある. 現在でも、トイレを有する家庭においても、幼い子供が屋外で排泄することをとがめることはない. 人々は排泄物に関することはプライバシーに属する問題としてとらえ、公の話題になることを避けてきた. そのため、トイレの衛生的側面やし尿の処理に関心が払われてこなかった. 多くの人々は自然の状態でプライバシーが保てるやぶの中で用を足してきた[21].

1980年代国連が行った「国際飲料水供給と衛生の10年」の期間に政府および国際機関によるトイレの普及が進められたなかで、世界的に主役を担ったのは、低コストのpit latrineと呼ばれるトイレであり、バングラデシュにおいてもその普及促進が図られ、現在に及んでいる[22]. pit latrineの下部構造は、地面に掘られたピットであり、その土地で得られた材料でライニングされたり、コンクリートリングを積み重ねてピットが作られている. 農村部では、土地を有効に使うため、写真2.2.1のようにバリと呼ばれる盛土した宅地の周辺部にトイレを作り、コンクリートリングのピットを斜面に設置する世帯が少なくない. また、便器にはにおいやハエを防ぐためにU字管で水封されたものもある. 上部構造は世帯の収入に応じて異なり、裕福な世帯ではれんが積みの上部構造をもっているが、貧しい世帯では竹を組んだ建材を使いプライベート空間を確保して

2 水と緑の生活リスクとガバナンス論

写真 2.2.1
宅地斜面に作られた pit latrine

写真 2.2.2
放棄された pit latrine

写真 2.2.3
穴があけられた pit latrine

写真 2.2.4
雨期に水没する pit latrine

いる.

　ピットはその大きさや使う人の数にもよるが，数ヶ月でいっぱいになる．持続的に使用するためには，内容物を除去する必要があるが，バングラデシュでは内容物を輸送するようなシステムや埋立地があるわけではなく，排泄物への関心も低いため，多くの場合，たまったし尿はピット内に残したまま，新たな pit latrine が作られる．写真 2.2.2 のように宅地内にいくつものトイレの残骸を見ることも珍しくない．しかしながら，農村でもバリのような宅地では，トイレ用地が限られているので，いくつもの pit latrine を作ることは容易でない．中には，新たなトイレを作らず，写真 2.2.3 のようにピットに故意に穴を開けて内容物を流出させたり，はじめからピットの底に排水管をつないだりしているケースも見られる．このようなことはなくても，ピットの底部は特に何も施していないので，水分は地下に浸透し，周辺のため池や地下水汚染の要因となる．また，洪水位が宅地の盛土レベルを越えたときにはトイレが使用できなくなり，内容物が流出する可能性が高い．洪水位が盛土レベルを越えなくても，バリの斜面に作られたピットは，写真 2.2.4 のように洪水期にはため池の中にほとんど水没することになる．このような管理状況を招きがちな pit latrine は，持続可能で環境負荷の小さい衛生設備ということはできない．

　井戸水ヒ素汚染対策が進んでこなかった要因として，すでに述べたように政府あるいは援助する側とそれを受け取る住民とのコミュニケーションの決定的な不足のほか，意思決定段階における住民の不在，それゆえに技術を利用する立場の住民にオーナー意識がないことが指摘できる．また，どういった技術が適正なのかという議論も不十分であり，政府が実施可能性のある方針を示していないことも挙げられる．

　こうした要因は衛生改善が進まない要因でもあるだろう．特に，適正技術に関して

は，pit latrine が持続可能な技術とはいえないにもかかわらず，バングラデシュでは pit latrine が衛生設備のほぼ唯一の選択肢となっている．しかも，ピットにたまったし尿の引き抜き，輸送，衛生的処理は行われていない地域がほとんどである．すなわち，pit latrine に替わる適正な技術が見出せていない現状が衛生改善に関する課題の解決を妨げている第1の要因ということができる．

バングラデシュでは，貧困以外にも低識字率といった社会的脆弱性も課題解決を難しくしている要因となっている．識字率が低いことは知識や情報の伝達を困難にする面があるが，問題認知にとって識字が必ずしも必要条件とはなっていないことが住民意識調査から示されている[23]．娯楽の少ない農村では劇を使った啓発活動がさまざまな分野で行われており，ポスターなど視覚に訴える情報伝達方法はすでに多用されており，その他デモンストレーション施設によって実際の効果をみせるなど，非識字者への情報伝達の工夫が求められる．社会的脆弱性の克服は容易なことではないので，それを前提とした適正技術の導入方法が求められる．

(2) **安全な水供給と衛生の改善の社会開発**

バングラデシュにおいて，安全な水供給と衛生の改善は，この国の困難と社会的脆弱性と関わる．ここでは，衛生と社会開発という観点でこの国における安全な水供給と衛生改善に関わる課題を整理する．

1) **貧困の解消**

衛生改善は健康リスクならびに経済リスクの軽減に寄与する．すなわち，健康を害することによる収入機会損失，貧困な家庭にとって負担の大きい医療費などの経済的負担を減じるものである．また，寄生虫によって栄養摂取が妨げられることも少なくなるため，栄養状態の改善にも寄与する．一方，長距離の水運びのために費やされる時間と労働からの解放は，収入機会の確保につながる．

2) **女性の地位向上と教育**

バングラデシュを含め，多くの国で水運びは女性の仕事となっており，水供給は女性の家事負担軽減，出産に関わる健康リスク軽減に寄与する．一方，プライバシーが確保できるトイレがもてるということは，女性が自由にトイレに行くことが可能になり，排泄を我慢するがゆえにかかる尿器官などの疾病のリスクが軽減できる．また，子供たちも水くみ労働から解放され，学校の男女別トイレ普及は，特に女子の就学機会増大につながる．

3) **健康リスクの軽減**

安全な水供給および衛生改善は幼児の死亡率を削減する．また，この国の洪水はほぼ毎年発生し，被害が大きいときには1〜2ヶ月継続することがあり，トイレが使用できなくなったり，洪水によるピット内容物の流出による衛生状況悪化が起こったりしている．こうしたことにも対応した衛生改善により，持続的に健康リスク軽減が可能とな

る.

4） 環境の持続可能性

バングラデシュでは飲料水として利用されている全国の井戸の30％以上がヒ素に汚染されており，ため池や浅井戸への水源転換がヒ素汚染対策のオプションとして考えられている．トイレの普及，ならびに衛生的なし尿管理は，ヒ素に汚染された井戸水に代わる水源の水質保全に寄与する．

5） バイオマス資源の活用

バングラデシュは資源制約の厳しい農業国である．高い人口密度を有するこの国で，肥料成分やエネルギー成分を有し，発生密度も高いバイオマスである人間のし尿の資源価値を活用することは，マクロな視点からも重要と考えられる．NPOのJADEのプロジェクトサイトであるComilla県の農村では，化学肥料を多用してきた経緯から，住民が農地の土壌の劣化を懸念しており，人間のし尿を農地へ適用する方法を模索している[24]．し尿の衛生的管理にとっても，し尿の地域内還元，すなわちし尿資源を地域内での活用することの適用性は高いと考えられる．

バングラデシュにとっての根源的な脆弱性と考えられる貧困の解消と安全な水供給および衛生改善の関係については前の(1)項で述べたが，この関係を健康リスクの構造から説明しておこう[25]．

安全な水源にアクセスできず，衛生改善がなされない貧困家庭では，家族の誰かがひとたび病気にかかれば，医療費を確保するために土地や家畜など貴重な資産を犠牲にし，その結果さらに貧困からの脱却を困難にする．女子の場合には，リプロダクティブ・ヘルスに関する十分な知識を得るチャンスをもたないまま，多産の状況に陥り，さらに高い幼児死亡率は多産の傾向に拍車をかける．このように，貧困ゆえに安全な水源へのアクセスや衛生改善が困難ということだけでなく，安全な水と衛生の確保ができないことが貧困の原因となり，貧困から脱却を難しくする．

健康リスクの状況を貧困，非衛生といった脆弱性と病原微生物や媒介動物などの病気の直接原因となる要因（ハザード）によって説明すると，図2.2.1のようになる．この図から，健康リスクと貧困の連鎖を断ち切るために，衛生改善によって脆弱性を克服することが重要であるということができる．

後述する住民意識調査においても，貧困地区のほうが発病頻度の高い家族をもつ世帯が多く，医薬へのアクセスが難しいという人が多いという結果になっている．また，高い発病頻度がトイレを改善したいという意思につながっている[26]．貧困ゆえにトイレが設置できない状況があるとしたら，地域社会全体の健康リスク軽減は期待できないため，トイレ設置に際して小規模金融などの経済的支援が必要になると考えられる．自らが負担することで，トイレに対するオーナー意識をもつことも重要である．

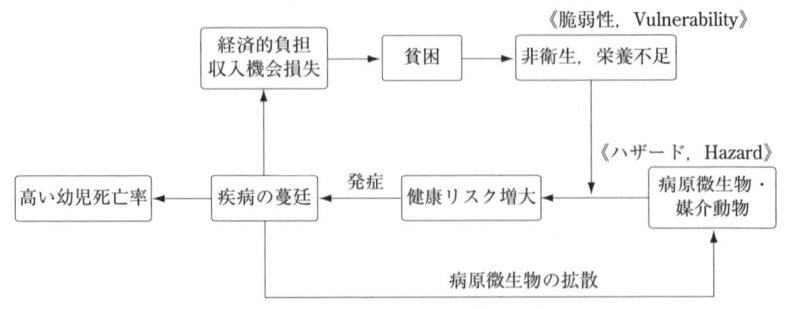

図 2.2.1　衛生・健康リスク・貧困の連鎖

(3) 井戸水ヒ素汚染に関する住民意識調査[25]
1) 目的および調査方法

　住民のニーズに見合ったヒ素汚染対策が持続可能な形でコミュニティに定着するためには，コミュニティの視点に立ってプロジェクトを計画し，実施することが必要である．住民の意識やニーズを把握するため，私たちは住民の飲料水のヒ素汚染に対する意識や汚染が判明した後の行動について，インタビュー方式によるアンケート調査を実施した．

　まず，ISM 法により，関連事項間の構造化を行ったうえで，現在の飲料水と水くみ仕事，飲料水ヒ素汚染に関する知識，問題意識，安全なオプションの利用意思，協力意思，現在の生活状況など 50 の調査項目を選定した．調査票は英訳のうえ，さらにベンガル語に翻訳して用いた．調査対象とするコミュニティはヒ素汚染地域で，調査に対する住民の協力可能性などを考慮し，首都ダッカから西に約 27 km の Manikganj 県，Singair 郡の 2 つの村 (Azimpur (以下 A 村) と Glora (以下 G 村)) を選定した．調査にあたっては，現地 NGO の EPRC (Environment and Population Research Center) の協力を得た．

　Singair 郡において，A 村は最もヒ素に汚染された地域の 1 つで，経済的に貧しい．一方，G 村はヒ素に汚染されていない地域であり，経済的には比較的豊かである．両村のおおよその人口，識字率，井戸の数は，A 村は 4000 人，25％，400 基，G 村は 1500 人，53％，300 基である．

　現地インタビュー調査は EPRC のスタッフにより，2003 年 9 月から 11 月にかけて行われた．得られたサンプル数は A 村で 110，G 村で 103 である．

2) 結果の概要
i) 回答者の属性

　回答者は，昼間の在宅者を対象としたため，女性が約 7 割を占め，年齢層は 20〜40 歳が多い．回答者の識字率は A 村では男性 55％，女性 39％，G 村では男性 74％，女性 79％であり，A 村は全国平均 (男性 54.4％，女性 32.4％) に近い．世帯主の職業は A 村では農業が，G 村では商店などサービス業が最多である．家族数は A 村では 4〜5 人，G

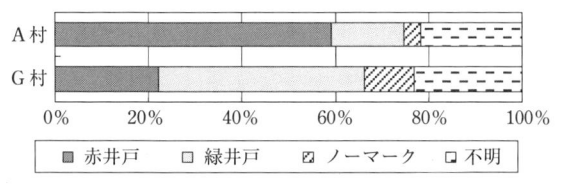

図 2.2.2　回答者使用井戸のマーキング

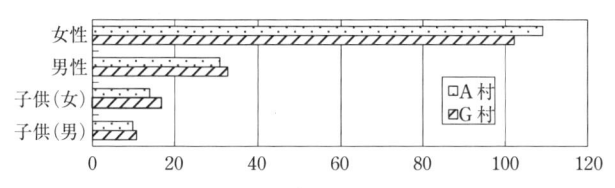

図 2.2.3　家庭で水くみの仕事をしている人（複数回答，人）

村では 6～7 人が最多で，平均はそれぞれ 6.2 人，5.9 人である．

ⅱ）現在の飲料水と水くみ

A 村，G 村とも飲料水は井戸水を利用している．回答者の使用井戸は A 村では 59％，G 村では 22％の井戸がヒ素濃度 0.05 mg/L 以上を示す赤で塗られている（図 2.2.2）．両村とも，家庭内で水くみの仕事は女性が中心となっているが，3 割程度の家庭では男性も水くみをしていると答えている（図 2.2.3）．

ⅲ）飲料水のヒ素汚染に関する知識ならびに問題意識

ヒ素による飲料水汚染の知識は A 村では 85％，G 村では 73％が有し，井戸にマーク（色）がついていることを A 村では 91％，G 村では 79％が知っていると答えている．その中で，色の示す意味の周知度は A 村では 92％，G 村では 94％である．飲料水ヒ素汚染の情報源は，テレビ，水質検査に来た人，近所の人などとなっている（図 2.2.4）．

飲料水のヒ素汚染への関心は AG 両村とも 90％以上がもっており，将来の健康に対する不安も大きい．こうした，関心，健康への不安を反映して，安全な飲料水に対する要望は A 村 98％，G 村 96％と双方の村ともきわめて高く，そのための費用についても，A 村で 83％，G 村で 78％が負担意思を示している．負担方法と併せて図 2.2.5 に示す．経済的に豊かな G 村のほうがお金で負担しようという回答者が多い．

ⅳ）ヒ素汚染判明後の住民の意識と行動

アンケート調査結果から，ヒ素濃度が基準を超えることを示す赤で塗られた井戸を使用している人（両村で 88 人：A 村 65 人，G 村 23 人）に着目して，彼らが使用している井戸が赤でマーキングされた後の対応や考え方をみていこう．

赤井戸の使用者のうち A 村では 49％（32 人），G 村では 74％（17 人）が飲用を継続していた（図 2.2.6）．なお，飲用利用を停止している人も飲用，炊事以外の用途には赤井戸を継続的に利用している．ヒ素の有害性に関する知識は赤井戸使用者に一様に高かっ

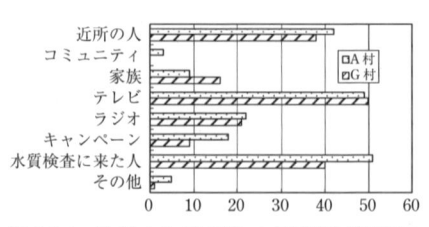

図 2.2.4 飲料水ヒ素汚染の情報源（複数回答，人）

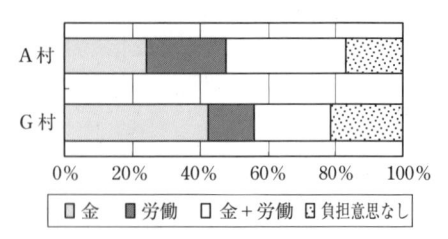

図 2.2.5 安全な水に対する負担意思と負担方法

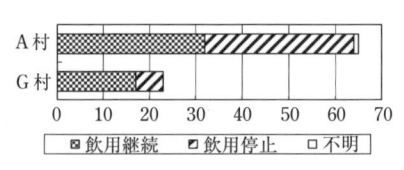

図 2.2.6 赤井戸使用者の対応

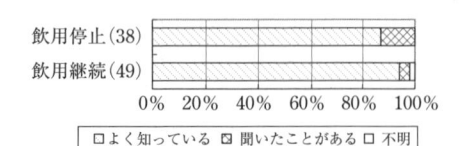

図 2.2.7 赤井戸使用者のヒ素汚染知識

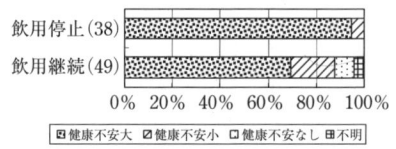

図 2.2.8 赤井戸使用者の子供の健康に対する意識

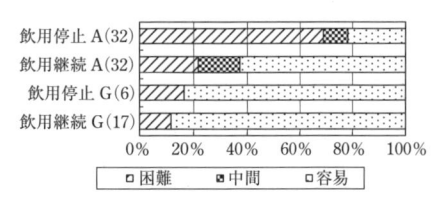

図 2.2.9 飲料水源へのアクセスの難易

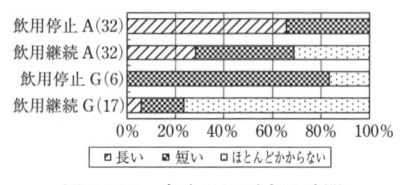

図 2.2.10 水くみに要する時間

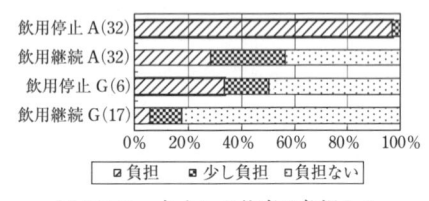

図 2.2.11 水くみの仕事は負担か？

た（図 2.2.7）が，子供の健康に大きな不安を感じている人の比率は，飲用をやめている人たちのほうが飲用を継続している人たちに比べて高い（図 2.2.8）．

次に，飲料水源へのアクセス，水くみにかかる時間，水くみを負担と感じているかについて，A 村，G 村の比較を含めてみていく（図 2.2.9 ～ 2.2.11）．A 村で飲用をやめた人たちは，飲料水源へのアクセスが困難で，このため水くみに要する時間も長く，32 人中 31 人が水くみは負担だと回答している．これらの回答は，飲用としての利用を継続している人たちとの好対照であり，それまで使用していた井戸から飲用水源を変更した場合，水くみが負担になっている．しかしながら，A 村では，飲用継続者であっても，

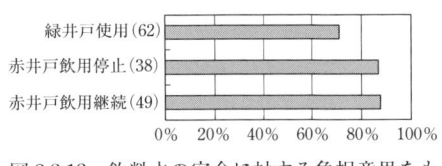

図 2.2.12 飲料水の安全に対する負担意思をもつ人の割合（井戸のマークによる相違）

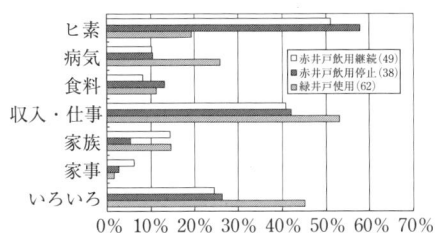

図 2.2.13 日常生活における問題（複数回答）

飲料水アクセスが困難，水くみにかかる時間が長いという回答もそれぞれ 21％，28％存在しており，ヒ素汚染問題を除いても，飲料水確保面で住民の負担は少なからず存在していたものと考えられる．

一方，G 村では飲用をやめた人たちは 6 人と少ないが，彼らのうち，飲料水源へのアクセスが困難とする回答者は 1 名のみであり，水くみに要する時間が長いという回答者もいなかった．G 村には赤井戸の数が少なく，コミュニティの中で緑井戸へのアクセスが容易な人たちが，自宅の井戸水の飲用をやめたものと考えられる．ただし，半数の人たちは，水くみを負担と感じている．

両村とも安全な飲料水への要望は高く，費用負担意思も高いことはすでに述べたが，井戸が汚染されている場合とそうでない場合を比較すると，図 2.2.12 に示すように赤井戸使用者が 86％，緑井戸使用者が 75％と赤井戸使用者のほうが高い負担意思を示している．赤井戸使用者で飲用として使い続けている人と停止した人での差はみられない．

日常生活において重要と考えている問題についての回答を図 2.2.13 に示すが，赤井戸の使用者のうち 50％を超える人たちがヒ素問題を重要と位置づけており，飲用として赤井戸の使用をやめている人のほうが重要と位置づけている人の割合が多い．緑井戸の使用者では，ヒ素問題を挙げている人は 20％であり，ヒ素に対する重要性のおき方に大きな違いを示している．ヒ素問題以外では，井戸のマーキングにかかわらず，収入・仕事を挙げている人が多く，問題がいくつもある（いろいろな問題で心理的負担が大きい）という回答では，緑井戸使用者と赤井戸使用者では差が大きくなっている．赤井戸利用世帯では，ヒ素問題がさまざまな日常生活上の課題の中でも特に深刻な問題となっていることをうかがわせる．

(4) 衛生改善に関する住民意識調査

私たちは，バングラデシュ住民が衛生改善行動を起こそうという意思形成に必要な情報を明らかにする目的で，インタビュー形式による住民意識調査を実施し，その結果についてすでに報告している[23]．その結果から，住民がトイレを改善しようという意思と衛生改善に対する潜在的要求の相違をみてみよう．住民意識調査は，首都ダッカより西方 35 km に位置する Manikganj 県の都市近郊の ward 1，ward 7 の 2 地区で行っ

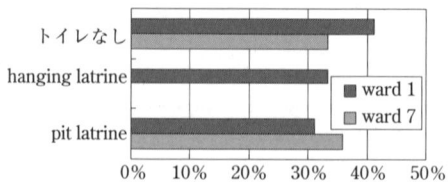

図 2.2.14 「使用中トイレを使い続けますか」という質問に対して「いいえ，改善したい」という回答割合

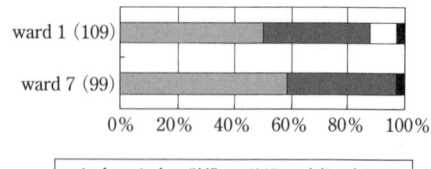

図 2.2.15 「非衛生に起因する病気の流行を防ぐためにトイレを改善したいか」という質問に対する改善意思を示した人の支払方法の回答

た．調査方法，調査時期，調査協力団体は，(3) で述べたアンケート調査と同様である．ward 1 は水田に囲まれ，農村的生活が残された地区であり，貧困世帯が多く，この地区の世帯の半数以上がトイレを有していない．ward 7 は比較的裕福な人が生活する住宅地となっており，この地区では 80%以上の人が pit latrine を使用し hanging latrine の使用者はいない．サンプル数は ward 1 が 111，ward 7 が 110 である．

1） トイレの改善意思

図 2.2.14 はいま使っているトイレを使い続けるかという質問に対して，改善したいという回答の割合を示しているが，30〜40%にとどまっており，トイレタイプによる差も小さい．図 2.2.15 は，「非衛生に起因する病気の流行を防ぐためにトイレを改善したいか」という質問に対し，改善したいという人には負担方法を回答してもらった結果である．この質問にほぼすべての回答者が改善を要求しており，負担の支払方法についても金銭による負担意志を示している．図 2.2.14 との相違は，非衛生に起因する健康への不安は多くの人が抱いているが，さまざまな生活改善の中でトイレの設置や改善を優先的に実施しようと考えている人が多くはないことである．

図 2.2.16 は，比較的裕福な人が生活する ward 7 で生活満足度と衛生を含めた生活環境改善要求の関係を示したものである．生活に満足している人，普段時間的ゆとりを感じている人は改善を強く望む人と現状に満足する人の割合がともに増大している．家計収入が安定すること，時間的余裕が生じることで，一部の人たちにおいて生活環境全般をさらによりよいものにしようという意思が形成されていることを示している．しかしながら，現状のトイレや生活環境に満足する人も増える傾向がある．

住民意識調査からうかがえることは，これまでキャンペーンなどが行われたにもかかわらず，地域社会において，衛生改善欲求を改善行動につながってはいないということである．

2） し尿に対する忌避意識

肥沃な農地を有するベンガル地域では，人間のし尿を農業利用する必要性が小さく，し尿を資源として扱う習慣がなかったことから，バングラデシュ住民がし尿に対する関

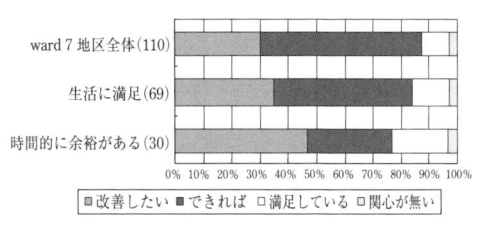

2 水と緑の生活リスクとガバナンス論

図 2.2.16 生活満足度と生活環境改善意志（カッコ内の数字はサンプル数を示す）

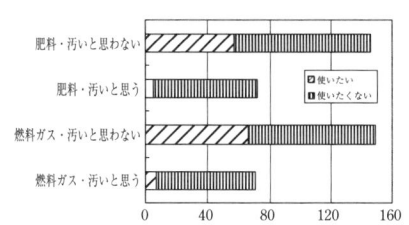

図 2.2.17 し尿資源を使いたい／使いたくないの回答者数

心示してこなかったことと関連して，バングラデシュ住民は，し尿に対する忌避感覚があると考えられる．忌避感覚はし尿への無関心さを表しているともいえる．住民意識調査では，図 2.2.17 に示すようにし尿の資源利用を汚いと考える人とそう考えない人で，し尿資源を用いた肥料や燃料ガスを使いたいという人の割合は大きく異なる．すなわち，し尿資源利用を進めようとしたとき，し尿に対する忌避感覚を払拭することが必要になる．しかしながら，先の (2) で示したように Comilla 県の，化学肥料によって劣化した土壌の改善ニーズのある地域では，人間のし尿を肥料として使いたいという住民の割合は非常に高い[25]．こうした地域の住民を除けば，多くの住民はし尿を資源として認識していないので，トイレの衛生的改善とし尿資源の利用とは別の課題としてとらえられていると考えられる．

(5) ヒ素汚染対策のための適正技術と適用上の課題

ヒ素汚染対策により，安全な飲料水にアクセスするための技術オプションは以下のように大別される．

* 井戸水からのヒ素の除去
* 水源利用の転換：深井戸（地下水），浅井戸（ダグウェル），表流水，雨水

技術を適用する規模としては，①各戸で行うもの，②コミュニティレベルで行うもの，③村レベルで行うものに分類される．③の場合，パイプによる給水が必要になるケースが多く，②の場合には，パイプ給水により住民，特に女性の水運びの負担が軽減される．さらに水源によっては，原水水質に対応して浄水処理が必要になる．水源，処理，給水，適用規模の関係を図 2.2.18 に図示する．同図は，農業国であるバングラデシュ農村における実績などを判断して作成したものであり，処理の必要性，適用規模などは絶対的なものではない．しかしながら，多くの技術オプションは，ほぼ各戸レベルまで普及した井戸と比べ，利用者にとって水くみの負担が少なからず増える可能性があることに注意する必要がある．

バングラデシュにおいては，地域によって異なる水源の利用可能性や経済的条件の違いから，利用可能なオプションは一律ではない．まず，対策オプションについて，これ

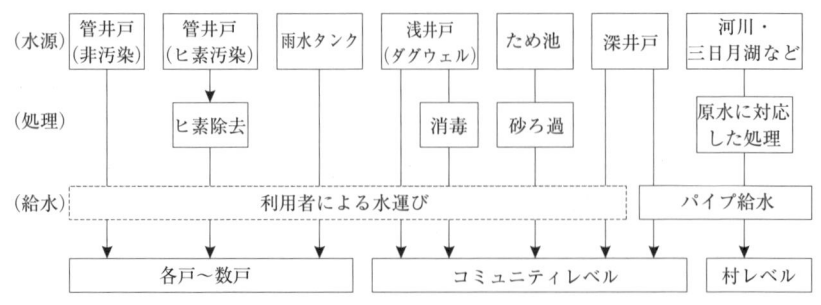

(水源)	管井戸(非汚染)	管井戸(ヒ素汚染)	雨水タンク	浅井戸(ダグウェル)	ため池		深井戸	河川・三日月湖など
(処理)		ヒ素除去		消毒	砂ろ過			原水に対応した処理
(給水)	利用者による水運び							パイプ給水
	各戸〜数戸			コミュニティレベル				村レベル

図 2.2.18　ヒ素汚染対策の技術オプション

までの経緯を概観しておこう．

　井戸水からのヒ素の除去は，ヒ素汚染が明らかになった当初には，暫定的対応として簡易な素焼きのろ過器や沈殿・ろ過による家庭での簡易処理装置が導入されたが，これらは，わずかの例外的事例を除いて，目詰まりなどにより長期間の継続的な利用に耐えられるものではないことが判明し，使われなくなった．これに対して，コミュニティにおける共同利用を目的とした各種のヒ素除去装置のプラントが欧米諸国のメーカーから持ち込まれた．バングラデシュ政府は，国際機関などの指導もあって，まず政府の技術認証機関である BCSIR (Bangladesh Council for Scientific and Industrial Research) による技術認証システムを確立することとし，カナダの非政府組織であるオンタリオ環境技術開発センターの技術協力を受けて5つの技術に関する認証試験を2年間にわたって実施した．その結果に基づいて，2004年2月にバングラデシュ政府は，認証を受けたヒ素除去の技術オプションの商品化を暫定承認した．これらの装置は4種類であり，今後，ヒ素汚染井戸の割合が80％を超える郡を中心に導入が計画されている．

　深井戸，浅井戸（ダグウェル），表流水，雨水などへの水源利用転換については，2.2.1項 (1) で述べたとおりである．

　パイプによる給水は，旧植民地時代に建設された水道が都市を中心に使われているが，村落における給水手段としての利用はこれまで行われてこなかった．先進国はもとより開発途上国であっても経済的に比較的恵まれた地域では，飲料水の汚染が判明した場合，水道の布設が解決手段となるのに対し，バングラデシュの農村においては水道による対応はとられてこなかった．しかし，最近になってバングラデシュにおいても，村落の人々が居住地において安全な水を支払い可能な対価で手に入れることのできるオプションとして，簡易水道 (rural piped water supply) がようやく注目されつつある．

　BAMWSP はバングラデシュ国内のヒ素汚染地域から20ヶ所を選定し，パイロット事業に着手している．現在10の水道事業者が選定され，BAMWSP の技術的，財政的支援によって事業を行うため，フィージビリティ報告書と詳細設計に取り組んでいる．

　以下，水源ごとに特徴ならびに留意点などをみていこう．

1) 井戸水からのヒ素除去

これまで，単に井戸と称してきたが，バングラデシュで1000万本に及んで普及している飲料用の井戸は，パイプを100mほどの深さに貫入させる管井戸（tube-well）である．これが，ヒ素で汚染されていない場合には問題ない．あるいは，周辺で安全な井戸があれば，それを共同で利用することも可能である．アンケート調査を行ったGlora村では，緑マークの井戸がたくさんあるので，自宅の井戸に赤マークをつけられた人が比較的容易に近隣の緑井戸を飲用に使用することが可能であったと考えられるが，そのことをおそらく心理的に負担あるいはやや負担に思っている人もいる．

Azimpur村のように緑マークの井戸が少なく，飲料水源を近くの安全な管井戸に頼れない場合，井戸水にヒ素除去装置の導入が考えられる．装置は簡便でローコストのものから，費用が高く数戸で共同利用しなければ貧しい人が利用できないものがある．前者の場合，各戸で使用しメンテナンスを行うことになるので，利用者が使い方を熟知しておかなければならない．そのための情報伝達は不可欠である．また，個人の資産になるものであるから，建設，維持管理の費用を負担し，オーナー意識をもつことが重要である．後者の場合，比較的経済的に裕福な人が中心になったり，病院などの施設で設置し周辺の人が費用分担しながら利用するといったケースがみられる．いずれにしても，限定されたケースになると考えられる．また，これを利用する人の多くは水くみの負担は小さくない．

こうした装置は除去能力を定期的な水質分析により確認することが必要であるがなかなか容易でない．ヒ素との共存の可能性が高い鉄分の除去をガバの葉で確認する方法があり，住民でも容易にできるが，ヒ素の除去の確認については十分条件を備えているわけではない．検査の頻度を補うとともに，自分たちで簡便に検査することは問題意識を持続するうえでも有効であるかもしれない．

もう1つの課題は除去されたヒ素の始末である．交換された濾材や洗浄水が地下水あるいはため池などにヒ素汚染をもたらさないように処理・処分することが必要である．単にヒ素除去能ばかりでなくこうした点まで含めた装置開発が求められる．また，こうした装置が広く普及した段階では，ヒ素を吸着した濾材が分散的に発生するところから，政府の役割として確実な回収・処分システムも考慮しなければならないであろう．

2) 雨水利用

屋根に降った雨水をタンクに貯留し各戸から数戸で利用する．雨水は容易に得られる飲料水源であるが，バングラデシュでは10月から4月にかけてほぼ7ヶ月の乾期の間貯留しておかなければならないので，利用者は乾期の間の使用量制限を厳守する必要があり，タンク容量は，1日に1人7〜10L程度の飲料水量に乾期期間を乗じたものとなっている．メンテナンスとしては，集水面である屋根面をきれいに保ち，初期の流出水をタンクへ入れない工夫，雨期が始まったときにタンクの清掃することなどが必要になる．地上設置のものと，地下設置のものがあり，数戸で共同利用するタンクの場合特

に地下式が多いが，洪水の多いこの国における衛生面を考えれば設置レベルに配慮する必要があり，その点で地上設置が望ましいといえる．

現在，バングラデシュのトイレに多用されているコンクリートリングを使ってローコスト化も進んでいる．年間を通じて利用を維持することが重要であるため，利用者が自ら設置し，オーナー意識をもつことが必要と考えられる．

3） 浅井戸（ダグウェル）

堀込式の井戸であり管井戸に比べて浅い．古くから飲料水源として使われていたが，管井戸に比べて病原菌汚染のリスクが高く，いったん廃れたが，基本的にヒ素に汚染されていないといわれているので，ヒ素汚染が問題視されて以降復活したものである．

次の4）ため池とも共通するが，バングラデシュでは地下水汚染までを配慮したトイレは，農村ではほとんど存在していないので，バクテリアなどの汚染は完全には防止できないと考えられる．したがって，適切な消毒が必要になる．構造的には，地表面から汚染物が浸入しない構造が求められ，浸入した浮遊物質，粒子状物質の除去も維持管理段階で考える必要がある．さらに，基本的に地下構造であり，洪水常襲地域では適用性は低いといえる．

4） ため池

管井戸が普及する以前，ため池は水利用用途に応じて使い分けられており，その中には飲用も含められていたが，管井戸の普及以降その点がルーズになっている．現状でも，歯磨き，食器や野菜洗い，沐浴用，洗濯などの生活用水用のため池は存在するが飲用には適さない．こうしたため池は，バクテリア汚染に配慮されている例は少ないとみられる．ため池の水源は降雨であり，降雨時に地表面の汚染物が流れ込むことになる．したがって，ダグウェルと同様で処理ならびに消毒が必要である．

バングラデシュでは，ため池を水源として，砂ろ過で処理するシステムが一部地域で行われており，ポンドサンドフィルターと呼ばれている．この場合，特定の池を飲用の水源とし，その水源管理が不可欠となる．また，ろ材となる砂の洗浄，洗浄水の処理なども必要になるため，地域コミュニティでの合意形成，ため池の提供者，維持管理の担当者などが必要になる．

1基当たりの利用者数はダグウェルより多くなるが，ともにパイプ給水される例はなく，利用者は水くみに通う必要があり，実際には片道数十分という例も少なくない．

5） 深井戸（ディープチューブウェル）

バングラデシュで普及してきた管井戸の深さは100m程度であるが，より深く貫入することでヒ素の含まれていない地下帯水層から揚水しようとするものである．しかしながら，深井戸は必ずしもヒ素汚染がないとはいえないということが次第にわかってきている[26]．また，時間とともに汚染が進行するケースもあるといわれる[27]．井戸掘削の不適切さから，ヒ素に汚染されたより浅い地下水層と混合する可能性も指摘されている．深井戸は設置費も高いことから，多くの世帯で利用されている．このため，定期的

な水質監視が欠かせない.

バングラデシュは,「緑の革命」時代,灌漑設備の整備などによって農業生産を飛躍的に高めたが,灌漑用水として表流水を得ることが難しい地域では深井戸が掘られている.こうした灌漑用深井戸を飲料水源にも利用している事例があり,水源が家屋から離れているため,パイプ給水されているケースが多い.パイプ給水における原単位,問題点については以下で述べる.

6） 各種表流水の利用

河川,灌漑用水路,三日月湖などの表流水を水源として飲料水を供給している事例は限られている.また,原水水質に応じた処理が必要であり,規模の経済性から比較的規模の大きな処理施設となるところから,パイプで給水することが利用者の利便性からも求められよう.バングラデシュはデルタの国であり,表流水は豊富に存在する.深井戸と比べてヒ素汚染リスクが小さく,ため池と比べてバクテリア汚染のリスクも小さく,乾期にも枯渇しないならば,河川などの表流水は飲料水源として十分考慮に値する.

ここで,パイプ給水について述べておこう.バングラデシュでは,飲料水のみの供給を意図したパイプ給水が多く,給水原単位は1人10 L/日程度未満である.この原単位は,雨水タンク容量の基礎にもなる.したがって,常時給水ではなく,決められた時間帯のみの給水になるケースが多い.そのため,給水時間以外は給水管に圧力がかからないので,汚染した水が給水管へ浸入する可能性がある.特に排水系統と給水系統が路面の下で交差することが少なくないと考えられるので,確実な施工と定期的な点検が必要になる.浄水段階の異常は発見しやすいが,給水管の破損などの発見は難しい面があるので,その検知の方法を管理に組み入れる必要がある.

洪水の影響を受けやすい地域では,宅地は盛土されているが,道路から離れて,1戸から十数戸ごとに島状に形成されている.このような地域で各戸の軒先まで給水することは困難であり,その地域でメインとなる道路に共用の水栓を設けるほうが当面は妥当である.また,同路面が洪水時の水面と比べて十分に高くなければ,洪水時に先に述べた汚染の可能性も高い.

なお,安全な水を村やコミュニティレベルで確保する場合,それを水源から利用者のもとへ人力で輸送することも給水のオプションとして考えられる.しかし,バングラデシュでポピュラーなリキシャでの輸送を考えたとき,いくつかのパイプ給水実績地区で受益住民が支払っている負担金のレベルの輸送費では,リキシャ引きは乗客を運んだ方が収入は大きくなり,人力による輸送は現実的ではないかもしれない.

7） 水道による給水[28]

前述のBAMWSPによる20ヶ所の簡易水道パイロット事業構想に対応し,2つの事業者が,それぞれの複数の村を対象にした事業実施予定地区において,水源の利用可能性,社会経済調査,基礎調査,需要分析,環境アセスメント結果をフィージビリティ報告書としてまとめている.これらの計画では,各戸1ヶ所または複数箇所の給水栓と共

同給水栓によって水需要に応じた給水を行うこととしており，地域住民は給水サービスに対応した水道料金を支払う意思があるとしている．これらのフィージビリティ報告書によると，水源はいずれも地下水であり，将来ヒ素や鉄による汚染が生じた場合には，浄水場の建設が行われることになっているところもある．BAMWSPによってフィージビリティ報告書およびプロジェクトプロポーザルが承認された後，事業者は事業に着手する．これによって，農村の飲料水供給に新しいオプションが加わるものと期待されている．

一方，都市域での事業として，BAMWSPはChapai Nawabganj Pourashavaにおいて既設の水道事業の拡張・更新事業を行った．事業内容としては，既存の井戸のリハビリテーション，井戸の新設，管路網更新と延長および配水塔の更新が含まれている．水源は地下水であるが，将来浄水場を建設することを想定し，河川水の水質調査も実施するとともに，水源の持続性を確認するため，地下水位の変化や水質検査は引き続き行われている．新規の給水世帯は103％増加するとともに，水源の補強によって給水時間は5時間延長され，1日11時間となった．この水道事業の拡張・更新に伴い，地方政府は毎月の水道料金を2倍にしたが，地元住民は，給水時間の延長，水質改善，水圧向上など，水道サービスは以前に比べて格段に改善されたと評価し，2倍の料金を払うのは当然と歓迎している．最も口径の小さい1/2インチ口径の利用者については毎月40タカが80タカ（約136円）となった．

以上で取り上げられた各種の技術オプションは，都市域の水道事業の拡張・更新を除いて，いずれも高度な技術を要するものではなく，また，現地で調達できる資材で建設することは可能であり，地域ニーズにきちんと対応するものであれば，適正技術と呼べるものである．しかし，従来の井戸に替わる水源の多くが，この国で改善の余地が大きい衛生あるいは毎年のように発生する洪水と関わりのある点に留意する必要がある．また，各戸で設置する雨水タンクにしても村レベルのパイプ給水にしても，管理能力が求められ，そのためには自分（たち）のものだというオーナー意識の形成が必要と考えられる．そうでなければ，故障が使用停止につながり，住民は持続可能な形で安全な飲料水にアクセスできないことになる．

(6) 適正技術による衛生改善プロジェクト[29]

ここでは，JADEがバングラデシュ農村域で行っている衛生改善プロジェクトを通して，具体的な適正技術について議論する．

1） プロジェクト対象地域の概要

プロジェクト対象地域は，首都ダッカの東方約100 kmに位置するComilla県内の4つの村であり，各村の人口は600人から1300人である．この地域は国土平均標高が10 m程度といわれるなかで約30 mの標高にあり，ヒ素汚染と洪水の影響を受けにくい地域である．

本プロジェクトは，バングラデシュの政府組織である BARD (Bangladesh Academy for Rural Development) をパートナーとして実施しているが，BARD では CVDP という農業生産力の向上，雇用の創出，職業訓練，就学の促進，識字教育，インフラ整備，栄養改善など農村総合開発のためのパイロット事業を進めており，4つの村はその対象となっている．CVDP village では，chairman と呼ばれるリーダーを中心に村人の合議でさまざまな決定をしている．毎週開催しているミーティングでは，男性，女性，子供の会議が別々に行われている．また，農村が自立的に協同組合を運営していくように，年次計画 (Annual Development Plan) を策定し，Household Resource Book として世帯情報をまとめ，これに施設情報を加えた農村情報をそれぞれ集約している．さらに，会員の積立金によって形成された資金から会員への小規模金融も行っている．トイレを設置する世帯は毎週行われている村の会議で選ばれる．選定条件は，トイレが必要なことときちんと管理することが約束できることなどである．

2) エコロジカルサニテーションの目的と導入過程

適正技術とは，当該地域で供給可能な資材，資金，人材のもとで，さまざまな制約条件を含む地域特性と地域ニーズに対応した技術である．トイレ・衛生に関わる適正技術は，衛生改善を徹底するとともに，し尿資源の地域内での活用，ヒ素汚染対策としてため池などを水源として考えている場合には，表流水を汚染しないことが求められる．

衛生改善とともにし尿を循環的に地域で利用するシステムは，かつての日本では社会システムとして確立していたが，高度成長期に廃れたものである．衛生面の機能を充実させながら，し尿の循環的利用を図る技術を途上国ばかりでなく，先進国にも適用していこうという動きがあり，エコロジカルサニテーション（以下エコサン）と称している．

適当なし尿の処分地を有せず，し尿の輸送システムも存在しないこの国においては，トイレの改善とともに，処分を含めたし尿の衛生的な管理が求められるが，新たな処分地確保，輸送システム導入は容易でない．また，し尿資源の地域内還元は，劣化土壌の改良という地域ニーズに対応するものでもある．すなわち，バングラデシュの農村において，エコサンは，衛生改善の徹底，し尿の衛生的管理のためのし尿資源の地域内還元，環境インパクトの軽減をもたらし，併せて長期的な使用，洪水時の使用を可能にすることを意図する．エコサンが目指す目的を図 2.2.19 に示す．

3) 適正技術と代替案の選定

ここでは，考えられる適正技術のオプションについて議論する．すでに述べたように，し尿の引き抜き，輸送，衛生的処分のシステムはバングラデシュのほとんどの地域で存在していないため，現在普及している pit latrine は衛生面，環境へのインパクト面，持続的な使用可能性の面から問題を有している．

2つのピットをもったタイプ (two pit latrine) が一部で使われており，ピットを交互に使用することは可能であるが，し尿の引き抜き，輸送，衛生的処分のシステムがなければ持続的に使用できず，ピットの容量が大きくなるだけで，基本的にピット1つの pit

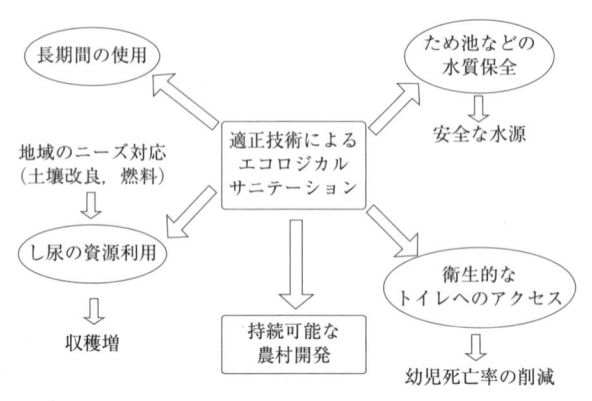

図 2.2.19　エコロジカルサニテーションの目的

latrine との違いはない．また，この国の実情から，内容物の引き抜きは人力によって行われているため，その作業は多くの人から嫌悪されている．

pit latrine を含めて，農村部における衛生改善のための技術代替案を表 2.2.1 に示す．セプティックタンクは，引き抜いた余剰残渣の衛生的処分のシステムがないことがバングラデシュでは pit latrine と同様問題になる．また，過剰な量の洗浄水を流したときには放流水質が悪化する場合があり，費用的にも高価である．余剰残渣の引き抜き作業は困難を伴うものと考えられる．

集落規模で下水道を敷設し，養魚池で汚水を処理することも想定できる．しかし，下水管の敷設費用が大きいこと，流下に必要な洗浄水の確保が特に乾期には容易でないことから，採択は難しい．土壌の浄化能力を活かしたトレンチによる処理については，それぞれの地域の土壌が処理に適しているか見極める必要があり，トレンチに流すための水が必要なこと，洪水時に冠水すれば使用が難しいことから適用は限定される．また，処理水質を維持するための土壌状態の監視には専門的知識が必要になると考えられる．

このようなことから，採択の可能性が高いのはし尿の引き抜き，輸送を前提とせず，トイレ単体でし尿の衛生的処理と資源利用のための加工を行うエコサン技術であると考えられる．排泄物の搬出と農地などへの還元によって，持続的な使用が可能となる．

以下では，バングラデシュの農村において，すでに述べた要件を満足するトイレデザインの例を示す．

農村における有機肥料源として人間のし尿の利用を考えたとき，その衛生面の配慮，すなわち病原菌，寄生虫卵を死滅させることが求められる．トイレ設計にあたっては，まず，病原体を含む便と病原体を含まず栄養分に富む尿を分離する．これは，尿によって便の安全化を阻害させないためでもある．トイレに貯留槽を設け，便の安全化と加工を図り，その後搬出，農地などに還元する．尿については，水で希釈し農地などへ散布する．資源の利用方法については，便の乾燥と安全化を進め農地へ還元する方法，湿式

2 水と緑の生活リスクとガバナンス論

表 2.2.1 バングラデシュ農村地域における衛生改善のための代替案

	処理形態	し尿分離[1]	エコサン[2]	排水	環境インパクト	資源利用	資源化物・残渣の取り扱い	維持管理	適用性	費用ランク[3]
Pit latrine/Two pit latrine	単体			地下浸透	表流水汚染,処分先の環境汚染	—	—	内容物の引き抜き作業は困難を伴う	持続的使用のためにはし尿の引き抜きが前提臭気・ハエの発生の抑制は可	Pit latrine: 1 Two pit latrine: 2
セプティックタンク	単体	○		水路放流	排水放流先の水質	—	液状残渣の引き抜きが必要	余剰残渣の引き抜き作業は困難を伴う	放流水量・水質の監視が必要	4
し尿分離・湿式(バイオガスプラント)	単体	○	○	水路放流(連続式の場合)	排水放流先の水質	燃料ガス残渣の農地散布,養魚池などへの放流	液状の資源化物を引き抜き・輸送	資源化物の引き抜き作業は困難を伴う		4
し尿分離・乾式	単体	○	○	排便後の洗浄水	小	土壌に乾燥した便	農地利用	資源化物の取り扱いは容易,便槽の乾燥維持が必要	洗浄水の始末が必要(植物を使った蒸発など)	3
コンポストトイレ	単体	○		—	小	コンポスト	農地利用	水分調整の必要,攪拌が必要	おがくずなどの添加,攪拌のための動力が必要	4
トレンチ・土壌浄化	単体または集合処理			地下浸透	地下水の汚染	—	—	放流水質維持のため土壌状況の監視が必要	トレンチへ流すための水が必要 洪水時の使用不可能	5
集落下水道(養魚池処理)	集合処理			洪水時のオーバーフロー	小	魚の捕獲池	魚の養殖	池の底泥浚渫が必要	下水管の敷設および下水管を流下させるために洗浄水が必要	6

注:1) し尿分離トイレとの組み合わせが想定されるものに○を付した.
2) エコサン技術に分類できる代替案に○を付した.
3) 大まかな大小関係のみを表し,数字が小さいほど安価である.

で便の分解により発生するバイオガスを回収しつつ,液状の余剰残渣を農地に還元する方法,おがくずなどと混合しコンポストを作る方法が考えられる.湿式方式では連続式,バッチ式が考えられるが,後者の場合には大きな槽容量が必要になる.

内容物の搬出のしやすさ,すなわち,乾式は湿式に比べ資源化物の取り扱いが容易で,貯留槽容量を小さくできるので有利である.コンポストトイレは炭素源の添加,攪拌などの動力が必要となる.したがって,エコサン技術の中で乾式の方法が費用面において有利である.バングラデシュでは,排便後肛門を水で洗う習慣があり,乾式の方法を適用するためには工夫が必要になる.この点に関し,同様の習慣を有するインドのケララ州では,排便後の洗浄水を便の貯留槽に入れず,隣接する蒸発用苗床に導く方法[27]が提案されている.この方法は,利用者にとってはわずらわしさを伴うが,便の乾燥を促進させることができる.便の貯留槽は2槽設けて交互に使用し,農地に散布する前に数ヶ月の貯留期間を確保する.良好な乾燥した便を得るためには利用者による正しいトイレの使用が不可欠となるので,利用者に対する教育と併用開始当初は使用状況の確認も必

図 2.2.20　エコサントイレのデザイン例

要となる．プロジェクトエリアにおいては，チェックリストを作成し，利用者が輪番により相互に確認する体制をとっており，現在のところ，便の乾燥状態などは良好である．

　洪水時の問題への対応に関しては，地上に防水性を確保した貯留槽を設け，便所のスラブ高さを地面から 70 cm ほど高くすることで，洪水時に冠水する頻度を低減する．防水性の確保は飲料水源となるため池などへの環境インパクト軽減のためにも必要である．貯留槽はレンガ造りとするなどできるだけ現地で調達可能な材料で建設し，プライベート空間を確保するための上部構造は，世帯主の負担とし，収入に応じて材料を選択し建設することとすれば，オーナー意識形成にも寄与すると考えられる．図 2.2.20 にこのトイレの構造を示す．

(7) 適正技術とその導入プロセス

　トイレ・衛生に関わる適正技術は，衛生改善を徹底するとともに，し尿資源の地域内での活用，ヒ素汚染対策としてため池などを水源として考えている場合には，表流水を汚染しないことが求められる．ここでは，コミュニティレベルにおける適正技術の導入プロセスを提案する．

1) 地域社会への導入プロセス

　地域コミュニティが主体的にトイレの普及，し尿の衛生的管理，し尿資源の活用を進めていくためには，地域社会において衛生改善意思の形成を図るとともに，地域住民自らが代替案を選択し，衛生改善のための技術を自立的に設置・管理していくことができ

2 水と緑の生活リスクとガバナンス論

図 2.2.21 コミュニティレベルにおける適正技術の導入プロセス

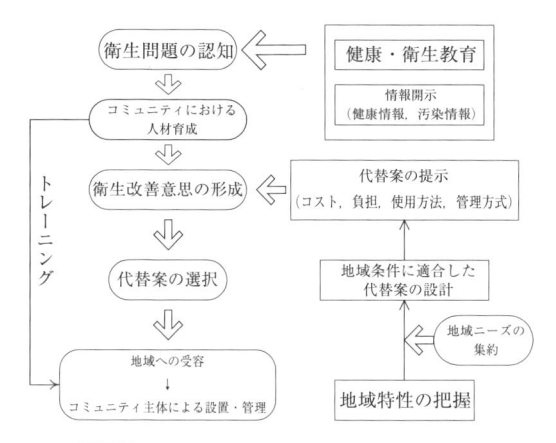

注：⬭ は，村人が主体的に参画するプロセスを示す．

るような人材育成，トレーニングが不可欠と考えられる．図 2.2.21 は，バングラデシュ農村のコミュニティレベルを想定したときの衛生改善のための適正技術の導入プロセスである．

図 2.2.21 に示したプロセスは，①地域住民からの問題提起，②地域住民による解決策の選択，③地方政府や NGO からの情報提供と人材育成の一体化，④地域住民による自立的管理を意図しており，バングラデシュで伝統的に行われてきた農村開発手法と通じるものである[28]．また，この導入プロセスは井戸水ヒ素汚染対策にも当てはまる．

2） 衛生改善意思形成にあたって必要な条件

私たちは，2.2.1 項 (4) で述べた住民意識調査に基づき共分散構造モデルを用いて，衛生改善意思に関わる意識構造を分析した[29]．潜在変数としては，「非衛生に起因する健康リスク認知」，「健康リスクに対する脆弱要因」，「し尿に対する忌避感覚」，「衛生改善意思」を仮定した．分析の結果，「衛生改善意思」に対し，し尿と河川の汚染との関係認知などに関連する「健康リスクの認知」が正の影響を示している．このことから，し尿がため池や河川の病原菌汚染の原因になりえること，非衛生に起因する身近な水域の汚染は健康リスクにとっての脆弱要因であることを伝えることが，住民の衛生改善意思形成にとって必要と考えられる．また，下痢の頻度などに関係する「健康リスクに対する脆弱要因」は，健康リスクに対する脆弱さを克服したいという欲求が衛生改善意思につながることを示唆している．

し尿に対する忌避感覚は衛生改善意思形成に対して阻害要因となっていることも示されたが，JADE のプロジェクトサイトのように土壌改良材などとしてし尿に着目している地域も存在しており，し尿の資源利用は，例えば化学肥料の減量など家計にとってのメリットも期待され，このような知識を伝搬するとともに，衛生改善と併せてし尿の農

業利用を意図した適正技術を提供することによって，忌避感覚の払拭，さらには衛生改善意思形成に寄与すると考えられる．先のプロジェクトサイトでは，衛生改善とし尿の資源利用を可能とするトイレを設置することによって，衛生への関心も高まっている[30]．知識の普及のためには，デモンストレーションによって施肥効果を示すなど，実験や体験を通じて理解を深めることが有効と考えられる．

井戸水ヒ素汚染対策については，従来図2.2.21の右側のプロセスが場合によってはまったく欠如し，地域住民が主体的に代替案を選択するようなことも少ない．また，自立的に管理するためのトレーニングや管理組織形成も不十分であったと考えられる．

(8) 協力支援にあたっての課題

ヒ素汚染対策に関するコミュニティレベルでの問題点から，地域コミュニティを主体とする事業として計画する必要があると考える．衛生改善については，地域コミュニティ主体のプロジェクトを紹介したが，ここで地域コミュニティを主体とする事業として計画するにあたって必要な事項を考察する．

1） 問題認知能力向上

今後，ヒ素汚染対策，衛生改善を推進するうえでは，問題の認知能力の向上が不可欠である．私たちの実態調査によると，家庭で水くみの仕事をしているのは女性が7割で，特に男性による問題認知が十分であるかどうかが今後の鍵を握るものと考えられる．すなわち，ヒ素汚染対策オプションの導入にあたっては，水くみの現状を変革しようというモーティベーションはもとより，維持管理にあたってのオーナー意識，費用負担など，いずれも各家庭における意思決定に主導権をもつ男性の理解が前提になると考えられる．日本においても，第二次世界大戦終了直後までは水くみは女性の仕事という状況がみられた[30]．戦後，女性の地位向上が叫ばれ，男性の意識が改革されていくなかで，台所の改善や家事の労力軽減などが進められ，これと相まって水道が都市のみならず，農山村にも広く普及していった歴史から学ぶべきものが多くある．この過程で，人々の衛生改善意思形成において非衛生に起因する健康リスク認知が最重要課題であったことはいうまでもない．

2） 住民ニーズの把握と対策オプションへの反映

対策プロジェクトの計画に際しては，住民の意見，特に女性の声を重視する必要がある．毎日の生活の中で，住民が飲料水や生活用水にどのようなニーズをもっているのかという実態把握が必要であり，図2.2.21に示したようにそこからプロジェクトを開始すべきである．その際，水くみに関わることの多い女性の意見を重視し，飲料水の運搬・輸送が負担の少ないものとすることが強く求められる．衛生改善においても(2)の安全な水供給と衛生の改善の社会開発で述べた理由から女性のニーズを尊重する必要がある．

また，毎年周期的に襲来する洪水や改善ニーズの高い衛生問題との関わりなど，バン

グラデシュの地域特性を重視することが求められる．水源汚染をもたらすリスクの小さい衛生改善オプションの選択，水源を含めた飲料水施設と衛生施設の適正配置が必要になる．洪水に関しては，衛生改善にも求められることであるが，洪水位を配慮した施設位置，施設レベルの設定，パイプ給水のルート，および送水先の選定などに配慮の必要がある．

ⅰ）改善のための合意形成

私たちの調査では，安全な水に対する負担意思を示した住民が2つの村でそれぞれ8割程度を占めた．また，赤く塗られた井戸を飲用に使用している人たちの中でヒ素を日常生活における問題として認識している人が半数以上あった．一方，緑井戸の使用者の中ではヒ素問題を取り上げた人の割合は2割程度であり，対策をコミュニティ規模で，あるいはさらに広域的に実施する場合には，緑井戸の使用者を含めた関係者の合意形成が課題になると考えられる．

衛生改善に関しても，貧しい人を含めた衛生的なトイレの設置がなければコミュニティレベルの健康リスク軽減は期待できないことから，関係者の合意形成が必要であり，場合によっては経済的な支援措置を含めて考える必要がある．

ⅱ）自立的管理のための人材育成と組織形成

導入する適正技術を持続可能なものとするためには，いかなるオプションについても地域コミュニティが主体となる自立的管理が不可欠である．そのための利用者意識の向上，管理に携わる人材の育成やコミュニティでの組織の形成は欠かせない．

ⅲ）政府の役割

地域社会が主体の計画とするなかで，政府はより広域的な視点，オプション技術の評価，ならびに新たな開発という役割を果たす必要があると考えられる．

* バングラデシュにおけるヒ素汚染対策の主力となってきた深井戸整備であるが，深井戸は必ずしも深層にヒ素汚染がないとはいえないことから，今後，広域的な水源の監視が必要である．
* ヒ素を吸着したろ材が二次汚染問題を起こさないような適正処分が必要であるが，処分地の確保・整備とともに回収方法の周知ならびに指導が必要である．
* これまでの対策の実績として受益人口がきわめて限られているので，より多くの人口に対して効果的である簡易水道などパイプ給水について，積極的な取り組みが必要である．
* 衛生に関しては，pit latrine の普及は経過的な措置と考え，持続可能性の観点から技術評価を行う必要がある．あるいは，pit latrine のライフサイクルを延長するために，衛生的なし尿の処理・処分システムを提案するべきである．

ⅳ）日本からの技術支援

上記のようなバングラデシュの特性や今後の対策オプションの方向を考えるとき，第二次世界大戦後の日本が水道や衛生に関して行ってきた取り組みの経験が役に立つと考

えられる．これまでの日本の技術協力においては，こうした経験を具体的にわかりやすく開発途上国に伝えるための取り組みが必ずしも十分でなかったと反省されるところである．簡易水道の普及やし尿の農地還元の実態，し尿処理の嚆矢などに関する現存する各種の映像や資料などを活用し，改善のためにどのような知恵が役立つかについて，開発途上国の人たちにわかりやすい教材を提供することが有効な支援につながるものと考える．

また，安全な水供給に関しては河川水等の浄水処理技術や給水パイプの監視方法など，衛生改善に関しては都市におけるし尿処理，し尿の農地還元方法など，それぞれバングラデシュの経済状況に見合った技術の開発を支援していくことが必要だろう．

アンケート調査から2年たってAzimple村を訪問した際，ある男性は2年前と比べヒ素除去装置の普及は進んでおり，すべての人がヒ素を除去した井戸水にアクセスできるようになったと歓迎していたが，union*の議員を努める女性は，そんなことはないという．装置が信頼おける装置ではないこと，装置へのアクセスが改善されたわけではないようである．事実，村の中を歩いていると水がめを抱えた女性が，村内の数少ない緑井戸で水をくみ，ときどき休みながら帰路についていた．

同じ状況でも男性と女性のとらえ方は大きく違う．別の村で雨水タンクを設置している世帯の夫婦に，同じ金があったら家の改築と安全な水のどちらを優先するかと尋ねたところ，彼らの答えは分かれ，妻の答えは安全な水を優先するということであった．

洪水の影響を受けやすい地域では，盛土した宅地と道路の間を竹で組まれた簡易な橋でつないでいる．足場は1本の竹である．その竹の上を20 kg近い水を運ぶのは重労働であり危険でもある．また，イスラムの教えにより女性の中には，外出することだけでも苦痛を感じる人もいるという．意識調査ではこうした女性の肉体的・精神的ストレスの把握が必要であり，また計画を進めるうえで，地元合意を得るには，男性への動機付けが必要である．このようなジェンダーの視点は，トイレをもたない状況がもたらす健康リスクにより影響を受けやすいのは女性であることから，衛生改善においても重要である．

以上のような認識から，今後の研究課題を述べる．①から④はヒ素汚染対策にも衛生改善にも共通する課題である．

① 地域コミュニティにおいて，潜在的ニーズを含め地域ニーズを発掘するとともに，ヒ素汚染リスク，非衛生がもたらす健康リスクに関する認知レベルを向上させ，安全な水を得るための動機付け，トイレの改善意思形成につなげていくため，リスクコミュニケーションモデルを開発する必要がある．

② 多様な地域ニーズに対応するヒ素汚染対策技術，エコサン技術の選択肢を開発す

---

*10程度の村で構成されるバングラデシュで最小の行政組織．

③ ヒ素汚染問題解消のための代替案は，ヒ素汚染に対する安心と水くみ労働の軽減という評価基準をもつ．また，エコサン技術も多目的であるとともに多様な評価基準をもつことから，多基準分析の適用による代替案の評価を行う．また，代替案の導入が地域コミュニティに及ぼす社会的インパクトを評価する方法論を開発する必要がある．

④ バングラデシュの多くの地域において緊急の課題となっている飲料水ヒ素汚染問題の解決と衛生改善は非常に関わりが深い．このため，衛生改善と安全な飲料水供給を併せた健康リスクを軽減するための計画方法論を開発する必要がある．

⑤ し尿の肥料成分の利用は化学肥料の抑制，土壌改良の効果が期待できるが，そのための必要量を確保するためには，農村住民ばかりでなく都市住民のし尿を含めた資源利用システムが求められてくる．したがって，都市におけるし尿管理，都市—農村間のし尿輸送システムを含めた広域的な衛生管理，資源環境管理システムを開発する必要がある．

適正技術は，地域の人々のニーズや発想，能力に基づくべきであり，海外からの技術協力を含めた外部者は，住民による衛生改善，水源保全，資源利用などの必要性の認知レベルの向上，これらのための能力開発の支援，あるいは土壌改善ニーズのような潜在的要求の発掘などを手助けすることにあると考えている．その意味で，具体の技術の提案や地域への導入を通じた経験もふまえながら，本論で示した課題の解決策を見出しつつ，より長期的に地域コミュニティの生活向上に寄与できる適正技術を考えていく必要があろう．

2.2.2 屋久島における地域住民の「森」の価値：猿害と森林管理[31]

(1) 地域住民の自然保全意識と猿害

1) 意識調査

日常的な森林利用が減少してきた現在において，地域住民の森林に対する意識調査（調査票調査）を行った．調査対象は屋久島全域の地域住民とし，2002年7月に実施した．

まず，意識構造とは，「行動」にいたる以前の「経験」→「認識」→「意識」→「意志」という各プロセスで構成されるものと仮定した．事前調査として，地域住民20名に自然の保全・猿害・照葉樹林の利用などに関してインタビューを行った．その情報をもとに，14名（事前インタビュアー2名を含む）でブレーンストーミングを行い，自然の保全行動に関連すると考えられる60の要素を抽出した．要素の内容から，60の要素を〈自然の保全意識〉，〈生活〉，〈サル〉という3つの分類群に分け，上述した各基本プロセスに相当する20の要素群に集約した．集約した20の要素群を，構造モデルの1つであるISM法 (Interpretive Structural Modeling)[32][33] を用いて階層構造化し，調査票に反映させた．

表 2.2.2 サンプル数と属性

	専業農家	森林関連産業	一般島民	無職	全体
国勢調査の分類により含まれる業種	専業農家	兼業農家, 林業, 製造業（木工加工, 建材加工, その他）, 観光関連産業（卸・小売, 観光業, 宿泊, 運輸業）	漁業, 通信業, 製造業（水産加工・酒造）, 公務員, 医療・福祉, 建設業, その他	−	
業種別人口[13]（比率）		4,871 (36%)[注1]	1,792 (13%)[注2]	−	13,593[注3]
回収サンプル数（比率）	76 (30%)	53 (21%)	83 (33%)	42 (17%)	254
平均年齢	67	54	54	71	60
最少年齢	44	29	24	47	24
最高年齢	87	84	83	95	95

注1) 国勢調査の就業分類より, 農業, 林業, 製造業, 運輸・通信業, 卸売・小売業・飲食店, サービス業を含む. 比率は, 業種別人口／総人口（非就業者を含む）.
注2) 国勢調査の就業分類より, 漁業, 鉱業, 建設業, 電気・ガス・熱供給・水道業, 金融・保険業, 不動産業, 公務を含む. 比率は, 職業別回収サンプル数／回収総サンプル数.
注3) 総人口：国勢調査の男女別人口合計.

　調査対象者は, 屋久島全域の地域住民から単純無作為抽出方式で抽出し（電話帳記載名から5名おきに選定), 男女比および各地区の世帯比とほぼ同一になるように調整した. 屋久島の現在の世帯数6117世帯（2002年現在）[34] [35]を母集団とし, サンプル数は, 標本論より推定信頼水準95%, 標本の許容誤差5%とした場合のサンプル数は$n=362$である. 30～40%の回収率を見込んで, 郵送法で2002年7月5日に計957通の調査票を配布した. 同時に, 屋久島23地区のうち猿害の大きい5地区（永田, 宮之浦, 春牧, 尾之間, 小島）の地区長に直接配布を依頼した（計138通）. いずれも2002年7月10日を返信の締め切りとし, 有効回答者は7月31日受取分までとした. 回答数は, 一般配布202通（回収率19.4%）, 地区長依頼分61通（回収率47.7%）, 計263通であった. 202通で推定信頼水準80%以上となるため, ほぼ十分であるとみなし, 分析に利用した. 回収サンプル数および属性を表2.2.2に示す.

2) 自然の保全意識

　まず, 自然の保全に関連する設問の5段階回答結果を図2.2.22に示す. 回答者の84%が「自然の保全が必要」, 79%が「照葉樹林の増加を望む」となっており, 全体的に自然の保全意識は高い. しかし, 「自然の保全が必要」とした回答者が多いにもかかわらず, 「保全行動への参加意志」については回答が二分した. また, 「ヒトとサルとの共生の可能性」に関しても否定的な回答（そう思わない・全くそう思わないとの回答）が47%にのぼった. 否定の主な理由は「島民に被害を与えるから」（否定的な回答者の84%）であった. そのうち農業従事者は否定的な回答者の54%であり, 実害経験の有無を問わ

図 2.2.22　自然の保全意識

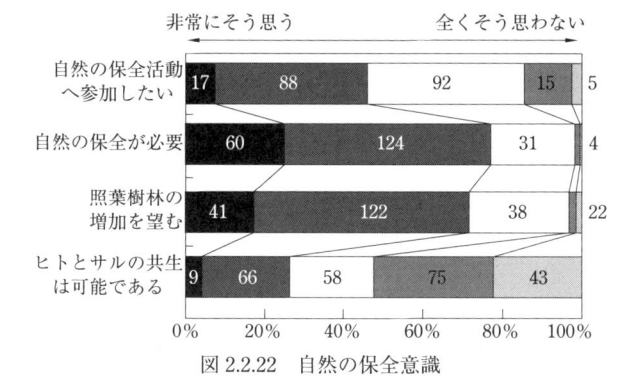

ず猿害の心理的影響は大きいといえる．

3）猿害の負担感と保全意識

次に，農業従事者の猿害の負担感と保全意識との因果関係を明らかにするために，共分散構造分析[36]によって，意識構造をモデル化した．分析にあたっては，観測変数（各設問項目）で構成される5つの潜在変数：「自然の保全意識」・「照葉樹林の利用価値」・「生き物に対する感情」・「生活の満足感」・「猿害の負担感」を設定し，潜在変数間の因果関係を調べた．その結果，「猿害の負担感」は「自然の保全意識」に対して，負の影響を与えていることが示された（図2.2.23）．ただし，「猿害の負担感」と「生き物に対する感情」の間には直接的な因果関係はみられず，「生き物に対する感情」は独立して「自然の保全意識」に正の影響があった．つまり，猿害の負担感は必ずしも生き物に対する感情を損なうわけでなく，逆に，生き物に対する感情によって猿害の負担感が変化するわけでもないと解釈できる．

4）保全インセンティブ

図2.2.24から，地域住民の自然の保全意識は全般的に高かったが，自分もなんらかの形で保全活動に参加しようとする意志については，回答が二分した．そこで，保全行動への積極的な意志を示すグループとそうでないグループを判別する要因が，保全インセンティブになりうるとみなし，数量化理論第II類[37][38]を用いた判別分析を行った．方法は，「自然の保全参加意志の有無」のほかに外的基準をもう1つ設け，2軸で類型グループを絞り込んだうえで，判別要因を抽出した．このような2軸分析は，水辺計画に関する地域住民の意識分析などに適用されている[39][40]．ここでは，第1軸を「保全への参加意志の有無」とした．第2軸は，「①自然保全の必要性の有無」，「②サルとの共生可能性の有無」，「③将来の生活の安心感」とした．第1象限から第4象限に分類される類型グループを，それぞれG1からG4とする（図2.2.24）．分析に使用したアイテムは，3）で示した共分散構造モデルを構成する観測変数および回答者の属性（年代・出身地・職業・性別・居住年数）である．

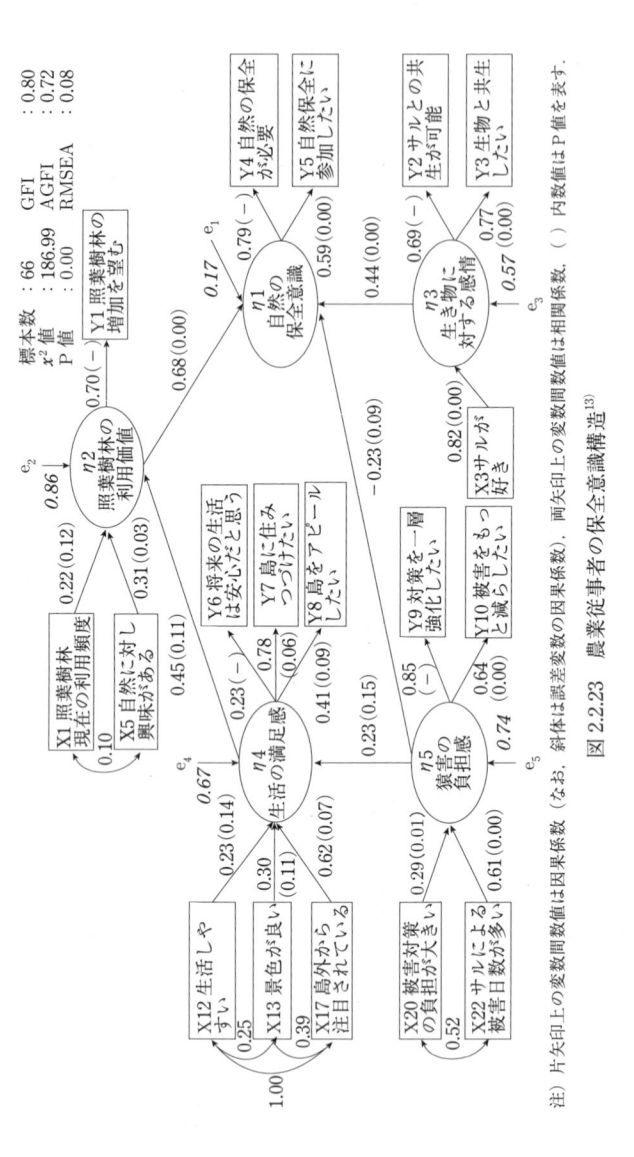

図 2.2.23　農業従事者の保全意識構造[13]

注) 片矢印上の変数間数値は因果係数（なお，斜体は誤差変数の因果係数），両矢印上の変数間数値は相関係数．( ) 内数値は P 値を表す．

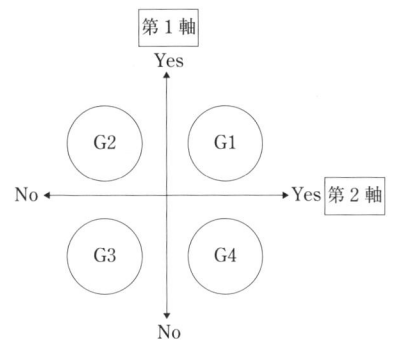

2 水と緑の生活リスクとガバナンス論

図 2.2.24　2軸分析における類型グループ

表 2.2.3　第2軸を①または②とした場合の判別アイテム[11]

レンジの順位	第2軸					
	①自然保全の必要性		②サルとの共生可能性		③将来の生活の安心感	
1位	自然に対し興味がある	1.063**	生き物と共生したい	1.182**	照葉樹林増加を望む	1.059**
2位	年代	0.973**	島をアピールしたい	0.456**	生活しやすい	0.726**
3位	照葉樹林増加を望む	0.940**	サルが好き	0.440**	島をアピールしたい	0.587**
4位	島をアピールしたい	0.724**	自然に対し興味がある	0.420**	生き物と共生したい	0.440
5位	職業	0.346	出身	0.332**	自然保全が必要である	0.358**
判別グループ（サンプル数）	G1(88) − G4(73)		G1(36) − G3(74)		G1(36) − G3(74)	
相関比	0.52		0.72		0.72	
P値	0.00		0.00		0.00	
判別的中率	75.30%		86.40%		86.40%	

** は $P < 0.001$，* は $P < 0.005$ で有意であることを示す．

　3つの分析結果を表 2.2.3 に示す．まず，第2軸を①自然保全の必要性とした場合の，G1 と G4 を判別するアイテムから，自然の保全を必要と思うにもかかわらず，保全行動への参加意志にいたらない要因は，自然に対する興味がないことや，高齢であること，照葉樹林の増加を望んでいないことであった．つまり，自然を保全したほうがいいと感じてはいても，自ら行動を起こすまでの関心はない，もしくは，行動を起こしたくても体力的にできないことが推察される．次に，第2軸をサルとの共生可能性とした場合の G1（自然の保全行動に参加したい，かつサルとの共生は可能である）と G3（自然の保全行動に参加したくない，かつサルとの共生は可能でない）を判別する要因の特徴は，1位の生き物との共生願望が2位以下のアイテムに比べ著しくレンジが大きかった．つまり，3)で述べたように，猿害の負担感が自然の保全意識に負の影響をもたらしている一方で，生き物と共生したいという気持ちは，保全行動へ向かわせるといえる．第2軸を将来の生活の安心感とした場合，保全行動により積極的で，生活の安心感をもっているグ

ループは，照葉樹林を増やしたいという願望や，島での暮らしやすさを感じていた．これら3つの分析結果に共通する興味深いアイテムは，島のアピール願望である．これは，自分自身の欲求を満たすというのではなく，島の自然をアピールできる材料として認識しており，外部者の欲求や期待に応じるために保全しようという意識である．逆にいえば，地域住民による自然の保全管理には，現在，都市域など外部者の要求が強く意識されているともいえよう．

以上より，屋久島の人々にとっては，サルは猿害をもたらす害獣というだけでなく，生き物としてみていることが示された．そして，生き物としての見方が自然の保全意識に正の影響を与えていた．つまり，地域住民にとって，「森林」と「サル」は，別個に切り離されたものでなく，いわば「森」という1つの総体として認識されているといえよう．

(2) 森林に対する価値観と保全意識[41]
1) 森林の利用価値・非利用価値

すでに述べたように，屋久島の森林の価値はその利用価値に左右されてきたが，1993年，ある転機が訪れた．島の一部が世界自然遺産に登録されたのである．これを機に，森林の非利用価値が，利用価値に匹敵する価値として，地域住民一般にも認識され始めた．遺産登録後の屋久島にて，栗山ら[42]は森林の利用価値および非利用価値に関する経済分析を行った．地域住民・外部の訪問者・屋久島を訪問していない一般人を対象に，1.3.3項でも述べたように，恣意的要素が入りやすいという意味でかなりの問題を抱えているCVM法[43]を用いて分析している．その結果，評価額の大部分が存在価値や遺産価値などの非利用価値であることが示された．確かに，保全行動は，経済効率の追求だけではない非利用価値に基づいて行われているようにみえる．その一方で，現在は材としての経済価値は低迷しているとはいえ，これまで地域住民は綿々と森を利用してきた．果たして，利用価値がなくとも，森林は残されうるのだろうか．ここでは，森林に対する価値観の異なるグループ間で，保全意識を比較し，価値観と保全意識の関係について考察した．

2) 価値の異なるグループ間の保全意識の比較[44]

まず，全回答者のうち，「照葉樹林を残したほうがよい」とする回答者は89％であった．照葉樹林を残したほうがよいとする回答者に，その理由を二肢回答してもらい（図2.2.25），利用価値と非利用価値に分類した（表2.2.4）．ただし，選択肢のうち「その他」は，いずれの分類にも含めていない．表2.2.4の分類をもとに，回答者を次の3つのグループに分けた：非利用価値のみを選択した回答者（非利用価値G）は73人，利用価値の項目のみを選択した回答者（利用価値G）は77人，非利用価値および利用価値の項目を選択した回答者（非利用価値&利用価値G）は78人である．

これら3つのグループ間で，「広葉樹林を増やすほうがよいかどうか」についての回

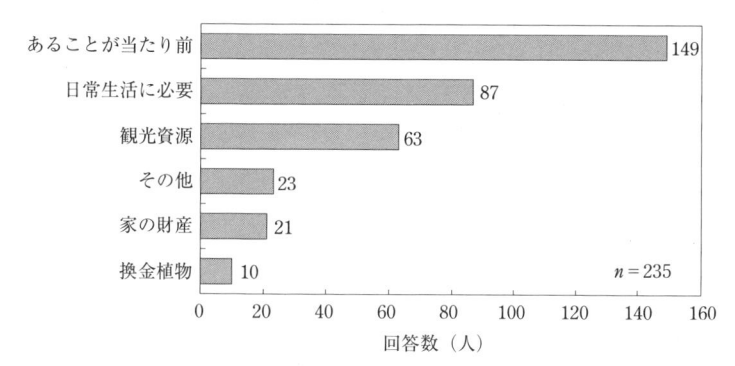

図 2.2.25　照葉樹林を残す理由（二肢回答）

- あることが当たり前　149
- 日常生活に必要　87
- 観光資源　63
- その他　23
- 家の財産　21
- 換金植物　10

$n = 235$

表 2.2.4　価値の異なるグループの分類

広葉樹林を残す理由	価値の分類	非利用価値 ＆利用価値G （78人）	利用価値G （77人）	非利用価値G （73人）
あることが当たり前	非利用価値（存在価値）	○	×	○
日常生活に必要 観光資源 家の財産 換金植物	利用価値（直接利用） 利用価値（間接利用） 利用価値（オプション） 利用価値（直接利用）	いずれか ○	いずれか ○	×
その他		―	―	―

○：項目を選択，×：項目を非選択，（　）内はサンプル数

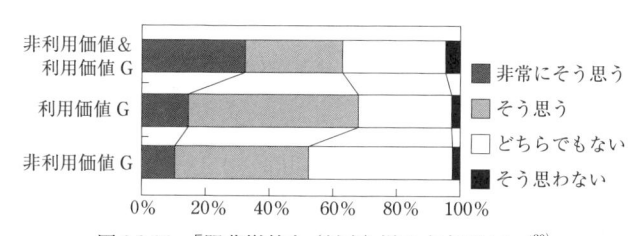

図 2.2.26　「照葉樹林を（将来）増やす方がよい」[20]

答を比較した．その結果，非利用価値＆利用価値Gが，「非常にそう思う」の回答率が最も高かった（図 2.2.26）．「非常にそう思う」と「そう思う」を肯定回答とすると，利用価値Gの肯定回答率が最も高かった．つまり，照葉樹林の増加に積極的なのは，照葉樹林に対してより多様な価値を認識しているグループである．換言すれば，非利用価値Gは，他のグループよりも消極的であり，照葉樹林の増加への積極性は，非利用価値よりむしろ利用価値が重要であるといえる．

よく利用する ← → 全く利用しない

図 2.2.27　照葉樹林の利用頻度

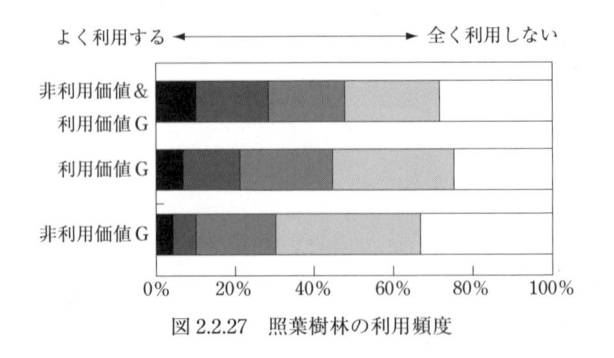

図 2.2.28　照葉樹林の利用形態

3）価値観を形成する要因

　次に，照葉樹林の現在の利用頻度と利用形態を 3 グループで比較した．まず，利用頻度については，非利用価値＆利用価値 G の利用頻度が高く，非利用価値 G が最も低い傾向があった（図 2.2.27）．

　現在照葉樹林を「全く利用しない」人を除いた回答者の照葉樹林の利用目的（7 項目から二肢回答）について，2 つの利用形態（直接利用，間接利用）に分類した．すなわち，食材採取・薪炭採取・工芸材・チップ材利用を「直接利用」，遊び場・観光を「間接利用」とし，利用形態を 3 グループで比較した．図 2.2.28 より，利用価値 G は直接利用が多く，非利用価値 G は間接利用が多く，非利用価値・利用価値 G は，直接・間接利用が同等だった．以上の傾向より，照葉樹林に対する価値観は，利用頻度や利用形態に依存していることが示唆された．

　以上より，森林（今回の場合，照葉樹林）が残される条件とは，森林の多様な価値が認識されていることが明らかになった．(1) の 4) の結果から，保全行動に参加する意志をもつ地域住民は，島外者の島に対する要望：非利用価値も十分意識し，そのためのサービスとして保全をとらえている側面もある．そういった側面もあるうえでなお，地域住民が森林を保全するには，利用価値が重要であることが示された．

　屋久島低地部の森林は，全体としては，照葉樹林からスギ林へ転換し，管理放棄が進行しつつある．しかし，地区別にみると，現在の管理状況は異なり，森林の利用頻度や利用形態といった地区固有の歴史的経緯がそれぞれの価値観に反映されているものと考えられる．

2.3 森林ガバナンスの機能と今日的課題

2.3.1 森林ガバナンスの構造と機能

(1) 森林資源をめぐるスケールの多様性

森林資源は個々の樹木というミクロな視点から，森林総体としてのマクロな視点にいたるまで，多様なスケールを用いて定義される．ここで，スケールとは，「森林資源に関わる生物・物理的，あるいは社会・経済的な現象について観察し，それに関する情報の体系を整理するための概念のレベル」を表す[7]．森林管理に関わる多様なステークホルダーは森林資源をさまざまなスケールを用いて眺めている．特に，森林資源をめぐって，地域住民はリアル（real）なスケールを，地域外部のステークホルダーはヴァーチャル（virtual）なスケールを有している場合が少なくない．すなわち，地域住民にとって，森林資源は食料源，エネルギー源であり，自分の生活に密接に関わるものである．そのため，地域住民は，個々の樹木の状態や手入れの方法など，具体的・専門的な認識に基づいて，森林管理を検討する．一方，都市域で生活する人々にとって，森林資源は生物多様性をもった資源の宝庫，あるいは炭素の吸収源としての機能を果たしており，このような認識に基づいて世界的な規模での森林面積の減少を危惧することが考えられよう．このとき，彼らは特定の森林資源を対象とした具体的な森林管理を認識しているのではなく，むしろ抽象的な認識体系のもとで森林管理を理解している．

このように，森林資源は，複雑な社会システムの一部として，個々のステークホルダーによって認識される異なるスケールが入れ子状になった複雑な系として理解される．森林の利用方法に関するステークホルダーの関心が1つのスケールの上で議論されるのであれば，森林管理の問題は複雑ではない．しかしながら，森林資源は非常に複雑な資源であり，それに対する営為は異なった複数のスケールの上で展開されると同時に，互いにスケールの異なる問題に影響を及ぼしあう．このように，森林資源とステークホルダーの関係は，いくつものスケールの異なった現象として展開しており，森林管理について議論する場合，対象とするスケールの違いに対して慎重にアプローチすることが必要となる．森林資源をめぐるスケールの多様性が森林管理に反映されない場合，シンプリフィケーションの問題が顕在化する結果となる．

(2) 森林ガバナンスの構造

森林資源が多様なスケールの総体として把握されるなかで，「いかにしてさまざまなステークホルダーの間で協働的な森林管理を実現するか」について検討することが重要である．その際，森林資源とステークホルダーとの関係の多様性・複雑性に起因して，いくつかの克服すべき課題が挙げられる．第1に，森林管理を実施するうえでは，多く

のステークホルダーによってその業務のよし悪しが評価されるが，異なるステークホルダーとの間で評価結果が一致するとは限らない．これは「problem of many eyes」と呼ばれる問題であり，森林管理をめぐるステークホルダーの価値観の多様性に起因する問題である．例えば，ある森林管理に対して，地域住民のローカルな視点に基づいて下された評価結果と都市域の住民によるより広域的な観点から下された評価結果とが一致しないことは十分起こりうる．このとき，森林管理者は，どのような判断基準に基づいて管理業務を実施すべきかを決定しなければならない．第2に，森林管理は，通常，それが執行される前に，多くの異なる主体によって検討され，修正が加えられる．この問題は「problem of many hands」と呼ばれるが，このような状況では，森林管理の結果に対して誰が責任を有するのかを同定することは非常に難しい．これら2つの問題に対する根本的な解決策は，個々のステークホルダーの責任領域を明確に定めることである．ここでは，この問題に対して森林ガバナンスの構造に着目する．政治学や行政学において，ガバナンス(governance)概念に関する多様な定義がなされているが，従来の研究においては，社会集団に対する外的な主体による統治という意味合いが強調されてきた[45]．しかしながら，森林をめぐって多様なステークホルダーの間で複雑なネットワークが存在するなかで，特定の主体による統治を通じて，個々のステークホルダーの責任領域を定めることは実質的に不可能であろう．また，森林管理の専門家による統治は，地域住民を森林の管理および利用から締め出し，前述したシンプリフィケーションの問題を引き起こしかねない．このような状況では，むしろ，個々のステークホルダーの自主性を確保しつつ，ステークホルダー間の社会的相互作用の結果，個々人の責任領域が定められるような秩序状態を実現することが重要である．すなわち，現在の森林管理において求められるガバナンスのあり方は，ステークホルダーに対する外的な統治ではなく，ステークホルダー間の秩序である．このような新しいガバナンス概念は，個々のステークホルダーが「あるべきものをあるべきところに」という動機に基づいてその責任領域を決定していく過程のなかで，漸次的に形成される一種の均衡状態を意味する．ただし，このような均衡状態を創出するうえでは，個々のステークホルダーの間で共通のルールや行動原理が受け入れられていることが前提となる．ここでは，ステークホルダー間の相互作用を規定するルール体系として，森林ガバナンスの3つの構造に着目する．ここで，構造(structure)は，ルールや資源のシステムであり，無形な秩序として複数主体間の相互作用に影響を及ぼすとともに，その相互作用によって再生産される．社会学者Giddensは，構造を3つのタイプ，①意味の構造(structure of signification)，②正統化の構造(structure of legitimation)，③支配の構造(structure of domination)に分類している[46][47]．Giddensの構造理論に基づけば，森林ガバナンスの基本的な構造を明らかにすることができる．

第1に，意味の構造は，さまざまなステークホルダーが森林に対して有する認識体系の総体を表している．このような意味の構造は，ステークホルダーの間でコミュニケー

ションを維持するための解釈スキーム (interpretative scheme) として機能するとともに，ステークホルダー間のコミュニケーションを通じて再生産される．各主体間のコミュニケーション過程において送り手の伝達する情報は，送り手の解釈スキームのもとでの予想に基づくものであり，異なる解釈スキームを有する受け手が送り手の情報に対して異なる解釈を当てはめる可能性がある．特に，森林管理に関して，地域住民が具体的・専門的な認識を有し，外部のステークホルダーが抽象的・一般的な認識や問題意識を有している場合が少なくない．異なる認識体系を有するステークホルダーの間で円滑なコミュニケーションを実現するためには，可能なかぎり認識の共有化を図る努力が必要となろう．2.3.2項では，このような認識体系の不一致がもたらすコミュニケーションの困難性と，それを克服するための計画手段について考察する．

　第2に，正統化の構造は，ステークホルダー間の権利・義務の関係を規定する規範的な秩序を表している．森林管理においては，きわめて多様なステークホルダーが存在しており，各主体の間に錯綜した権利と義務の関係ネットワークが存在している．このような状況のなかで，協働的な森林管理を実現するためには，当事者の間でどのような行為が妥当なものとして承認，要求されているかに関する共通の認識，期待が前提となる．すなわち，複雑な権利・義務の関係ネットワークにおいて，「どのような森林管理が社会的に承認されるか」ということに関する認識，期待を多様なステークホルダーの間で共有化することが要請される．このとき，森林管理の妥当性を根拠づけるものが正統性の概念であり，社会において正統性に対する認識，期待を再生産するメカニズムが正統化の構造である．特に，森林管理に関する政策的・技術的判断においては専門的知識が不可欠であり，技術的判断の正統化を図るためにはプロフェショナルが果たす役割がきわめて重要となる．2.3.3項では，森林管理に関わる政策的・技術的判断に関わる正統化の問題を取り上げ，プロフェショナルが果たす役割について考察する．

　第3に，支配の構造は，森林管理に関わる委託者—受託者間の信頼の構造を表している．協働的な森林管理において，多くのステークホルダーは森林管理の委託者であり，最終的には受託者である森林管理者が管理業務を適切に履行することに対する信頼に頼らざるを得ない．すなわち，社会の中で正統性を与えられた業務が適切に履行されるためには，森林管理者（受託者）とその他のステークホルダー（委託者）の間での信頼関係が前提となる．しかし，両者の間に情報の非対称性が存在する場合，情報に対して優位な立場にある森林管理者が情報の秘匿や操作を行うモラルハザードが生じる可能性があり，森林管理者に対する委託者の支配が制限される可能性がある[48]．2.3.4項では，森林管理における森林管理者と委託者間の信頼問題について考察する．

2.3.2　意味の構造

(1) コミュニケーションの意義と困難性

　社会システムの複雑性が増大するなかで，地域住民や企業，組織の有する知識や情報

が分散化され，その内容も著しく多様化・複雑化・専門化されている．このような状況のなかで，森林管理を実施するためには，多様なステークホルダーの間でコミュニケーションを図り，森林管理に関して可能なかぎり合意を形成することが求められる．公的な計画プロセスにおけるコミュニケーションの重要性は数多く指摘されている[49)50)]．Healey は多様なステークホルダー間でのコミュニケーションが求められる根本的な要因として，①科学的合理性の限界，②個人主義，③相対主義，④マテリアリズムのからの脱却，⑤コミュニケーション理性の必要性の5つを指摘し，一元的な原理に基づく計画プロセスではなく，ステークホルダーの有する多様な価値観をふまえて計画を進めていくことの重要性を指摘している．そこでは，Habermas によって提唱された公共圏における間主観的コミュニケーション (inter-subjective communication) を通じて，ステークホルダーが有する異なる価値観に関して相互理解を図ることが必要であることを主張している[51)]．

しかし，利害関心や価値観の異なるステークホルダー間のコミュニケーションを通じて，相手の立場や認識に関する共通の理解を達成することは非常に難しい．ステークホルダー間の円滑なコミュニケーションを阻害する大きな要因として，認識体系の違いが挙げられる．個々のステークホルダーは，自分の要求やおかれている立場について発言するが，他のステークホルダーがそのメッセージ内容に対して共通の解釈をもつとは限らない．特に，森林管理には，高度な専門的・技術的判断が求められるが，専門的知識を有する森林管理者とそのような知識を持ち合わせていないその他のステークホルダーは，それぞれ異なる概念を用いて森林管理を認識している可能性がある．すなわち，一般のステークホルダーが日常感覚で理解する森林管理に対する要求と，プロフェショナルとしての管理者が技術的な用語を用いて説明する森林管理の内容との間には大きなギャップが存在する．このとき，ステークホルダーはプロフェショナルの発言内容を正確に理解することは困難であろう．ここでは，森林管理者とその他のステークホルダーを代表する一個人（以下，個人と記述する）間のコミュニケーション過程をコミュニケーションゲームとして記述し，両者のコミュニケーション過程において認識の違いに起因して生じる問題について考察する[52)53)]．

(2) コミュニケーションゲーム

伝統的なゲーム理論は，プレイヤーが互いに相手の利得に関して共有情報を有することを前提としている．ここで，森林管理に関するプロジェクト案をめぐり，森林管理者と（代表的ステークホルダーである）個人が協議する状況を考える．このような状況において，森林管理者と個人という2人のプレイヤーが，森林管理がもたらす効果に関して共有情報を有しているとは考えにくい．むしろ，森林管理者と個人は，互いに森林管理の問題に対して異なった認識をもっている場合が少なくない．羽鳥らは，このような認識体系の異なるプレイヤー間のコミュニケーションを主観的ゲーム理論を用いてモデ

2 水と緑の生活リスクとガバナンス論

化している[54]．ここでは，主観的ゲームの内容を簡単に紹介し，森林管理者と個人が森林管理の内容に関して異なる認識体系をもっている場合に生じる問題について考察しよう．

いま，森林管理の内容として，2つのプロジェクト案 X, Y が可能であると考えよう．森林管理者は推奨するプロジェクト案を個人に提案する．森林管理者の提案を受けて，個人はそのプロジェクト案を受け入れるか拒否するかを決定する．個人が森林管理者の提案するプロジェクト案を拒否した場合，2つのプロジェクト案は破棄され，現状維持という代替案が選択される．主観的ゲームについて説明する前に，通常のコミュニケーションゲームについて考えよう[55]．そこで，図2.3.1で示されるような簡単なゲーム構造を有するコミュニケーションゲームに着目する．最初の偶然手番 m では，「個人にとってどちらのプロジェクト案が望ましいか」が決定される．ここでは簡単のため，森林管理者と個人の双方とも個人にとって望ましいプロジェクト案を把握しており，偶然手番の選択を知っていると仮定する．偶然手番の決定後，森林管理者はプロジェクト案を推奨する．図中，「X」は「プロジェクト案 X が望ましい」というメッセージを，「Y」は「プロジェクト案 Y が望ましい」というメッセージを送る戦略を意味する．最後の手番では，個人が森林管理者の提案するプロジェクト案を受諾するか否かを決定する．最後に，森林管理者と個人の利得に関して，U, $V > 0$, $\underline{U}$, $\underline{V} < 0$ が成立する．すなわち，森林管理者と個人の双方とも，個人にとって望ましいプロジェクト案が実施された場合に正の利得を獲得し，そうでない場合に負の利得を獲得する．一方，現状維持が選択された場合の利得を0と仮定する．本ゲームにおいて，個人は森林管理者の推奨するプロジェクト案が自分にとって望ましいか否かを判断することができる．このため，森林管理者は，個人にとって望ましいプロジェクトを推奨するとともに，個人はそのプロジェクト案を受託する結果となる．

次に，各主体がプロジェクトに対して異なる認識体系を有する問題について主観的ゲームを用いて検討する．そこで，森林管理に関するプロジェクト案の特性が，技術的水準とサービス水準という2つの異なる言語を用いて表現されると考える．ここで，森林管理者の認識するプロジェクト案の特性を技術的水準 R_X, R_Y, 個人の認識する特性をサービス水準 S_X, S_Y と定義する．このとき，森林管理者と個人は当該の意思決定問題を異なる言語を用いて認識するとともに，異なる主観的ゲームを演じていると考えられる[56]．このような主観的ゲームの構造を図2.3.2に示す．

図中，森林管理者の演じる主観的ゲームは左の図 a) によって，個人の演じるゲームは右の図 b) によって表現される．森林管理者の主観的ゲームにおいて，プロジェクト案は技術的水準を用いて表現される．一方，個人の主観的ゲームはプロジェクト案に対するサービス水準を用いて表現される．このような状況では，個人は森林管理者の語る技術的水準の内容を正確に理解することは困難であろう．すなわち，個人は，森林管理

図 2.3.1　通常のコミュニケーションゲーム

a) 森林管理者の主観的ゲーム　　　　　b) 個人の主観的ゲーム

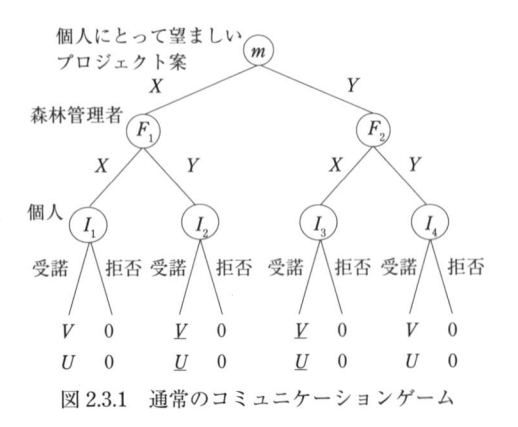

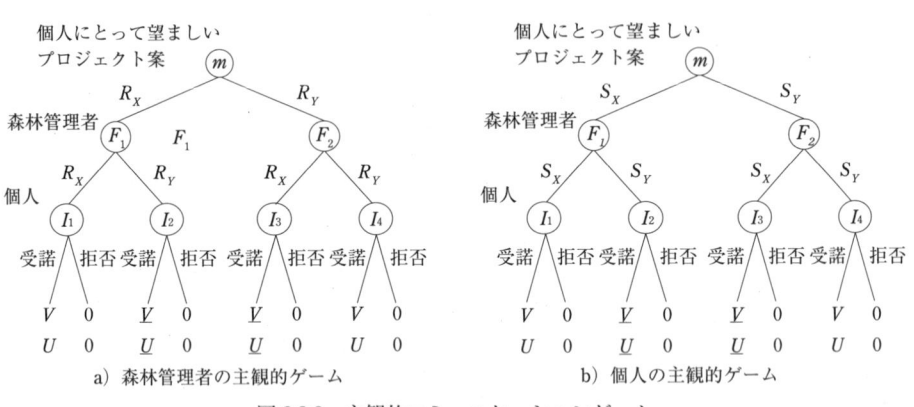

図 2.3.2　主観的コミュニケーションゲーム

者の発言 R_X, R_Y が個人の認識できるサービス水準 S_X, S_Y にどのように対応するかを把握することができない．その結果，個人にとって望ましいプロジェクト案が実現されない可能性がある．このような状況において正しいプロジェクト案が選択されるためには，森林管理者の提示する技術的水準と個人の認識するサービス水準の対応関係を明確にし，管理者と個人の間で認識体系を共有化できる仕組みを開発することが必要である．そこで，プロジェクト案の技術的水準 T_j とサービス水準 S_j の対応関係を説明するロジックモデル

$$T_j = \varphi(S_j) \qquad (j = X, Y)$$

が共有認識となり，森林管理者と個人の間でプロジェクト案に関する技術的水準とサービス水準が共有化された理想的な状況を想定しよう．このとき，コミュニケーションゲームの均衡解において，森林管理者は個人にとって望ましい技術的水準を提示し，個人はそのプロジェクト案を受け入れる．その結果，個人の要求に合致する技術的水準を

有するプロジェクト案が選択される．

　森林管理を実施するうえでは，森林管理に関わる技術的条件を用いてプロジェクト案が設計されることが必要である．しかしながら，森林管理者がプロジェクト案に関する技術的情報を公開しても，個人がその技術的水準を正確に理解できないかぎり，個人は管理者の提示するプロジェクト案を受け入れない．両者のコミュニケーションを通じて最適なプロジェクト案に関する合意を実現するためには，森林管理者の説明するプロジェクト案の技術的水準が個人の認識できるサービス水準に翻訳され，両主体の間で認識の共有化が図られなければならない．そのためには，プロジェクト案の技術的水準とサービス水準との対応関係を明示したロジックモデルの作成とそのロジックモデルの妥当性を検証することが必要である[57)58)]．ただし，さまざまな特性を有する個人の認識体系は，各主体の知識や経験に基づいて形成されたものであり，他人が有する認識体系を理解することは容易ではない．プロジェクト案の技術的水準とサービス水準の対応関係を表すロジックモデルを作成するためには，森林管理者が示す技術的水準と個人が求める要求水準の双方を理解できるプロフェッショナルの育成が必要となる．土木計画学の分野においても，これまで地域住民の意向・意識を分析するために膨大な研究が蓄積されてきた．しかし，個人が「プロジェクト案の技術水準をどのように理解しているか」という認識体系に関する研究はほとんど実施されていない．今後，森林管理に対して個人が認識する日常的な言語や，それに基づく認識体系に関する基礎的な研究を蓄積することが必要となる．

2.3.3　正統化の構造

(1)　正統性の概念

　正統性の概念に関して，社会学の分野で多くの研究が進展し，多様な定義が提案されてきた．Suchman は正当性概念の多様性を踏まえたうえで，正統性を「ある主体およびその行為を，規範，価値，信念，定義などが社会的に構造化されたシステムのなかで，望ましく妥当であり，あるいは適切であるという一般化された認識」と定義する[59)]．Suchman は，このような正統性を 3 つに分類している．すなわち，①実用的正統性（pragmatic legitimacy），②道徳的正統性（moral legitimacy），③認識的正統性（cognitive legitimacy）である．第 1 の実用的正統性は，ある主体の行為がそれに関連する人々の利益の増進につながるかどうかに基づく正統性である．実用的正統性は，ある主体の行為が，関連する主体に対して利益をもたらす場合や，社会全体にとって利益が期待される場合に付与される．森林管理の実用的正統性を確保する手法として，費用便益分析などが利用される．しかし，森林管理により，関連するすべての主体が利益を享受することを保証することは不可能である．したがって，実用的正統性の概念のみにより，森林管理を正統化することには限界がある．第 2 の道徳的正統性は，行為が正しいかどうかという評価に基づくものである．道徳的正統性における評価は，①行為の結

果に対する評価，②行為の手続きに対する評価，③行為主体に対する評価に分類される．森林管理という行為がもたらす結果の評価とは，不利益を被る主体や環境に対して十分な配慮がなされ，可能なかぎり負の影響が及ぶ範囲を縮減し，その影響を緩和するための対策が十分かどうかに関する評価を意味する．行為の手続きに対する評価とは，森林管理に関わる意思決定が，一連のルールに基づいて実施され，その過程の透明性が保証されることを意味する．行為の主体に対する評価とは，行為の主体が行為を実施するために適切な能力とそれを実施するための適切な誘因・報酬構造を有しているかどうかという問題である．第3の認識的正統性は，利益や評価ではなく，社会的に必要性が認識されることに基づく正統性である．このような正統性の基準として，理解可能性（comprehensibility）と当然性（take-for-grantedness）がある．理解可能性は，ある行為がもたらす結果が予測可能で，かつ行為の内容とそれがもたらす結果がわかりやすいかどうかを意味する．一方，当然性は，ある行為とそれがもたらす結果に対して，十分な議論や検討がなされて，その内容が社会的に当然のこととして受け入れられる程度に成熟したものであることを意味する．

　森林管理において，ステークホルダーが多様な価値観をもち，互いに利害が対立するような環境において合意を形成することはきわめて難しい．森林管理における意思決定が正統性をもつためには，一義的には実用的正統性，道徳的正統性を達成することが必要である．しかし，これら2つの正統性概念だけでは，森林管理の正統性を完全には保証できない．最終的には，森林管理がプラス・マイナスの影響に関して，事前に十分に検討し，認識的正統性を確保しえたかどうかが重要な課題となる．

(2)　認識的正統性とプロフェショナル

　森林資源をめぐってさまざまな利害関係や多様な価値観が存在するなかで，森林管理に関わる意思決定がなされる．このような意思決定の正統性を担保するうえで，プロフェショナルによる評価，情報提供，監査が重要な役割を果たす．従来より，プロフェショナルは，社会的意思決定の正統性を裏づけるために重要な役割を果たしてきた．しかし，自然災害リスク，汚染物質リスク，原子力発電リスク，遺伝子組み換えリスクなど，プロフェショナルも確かな専門的知識をもちえない問題に対して，意思決定を下さなければならない状況が増えつつある[60]．プロフェショナルの間でも，科学的・技術的判断をめぐって意見が異なる場合も起こりうる．また，プロフェショナルの科学的・技術的判断が，プロフェショナルが有する価値観に影響を受けることも指摘されている．このため，プロフェショナルがそれぞれの専門分野においても，意思決定のための明確な判断基準を提示することができず，プロフェショナルが有する専門的知識の正統性がゆらいでいる．

　プロフェショナルは，専門的知識に基づいて科学的・技術的判断の妥当性を評価する．このような判断の根拠となる妥当性の境界を妥当性境界と呼ぶ．しかし，ある科学

的・技術的判断における妥当性境界をめぐって，しばしばプロフェショナルの間で意見の対立が生じる[61]。さらに，プロフェショナルと一般のステークホルダーとの間にはより大きな妥当性境界の違いが存在する。このような意見の対立が生じる理由として，科学的・技術的判断における厳密性と適切性のジレンマが挙げられる[62]。プロフェショナルは，学会をはじめとするプロフェショナルの領域において，厳しい競争にさらされている。そこでは，プロフェショナルは精密なデータや確固たる証拠を判断の拠り所とし，科学的・技術的判断における厳密性が要求される。しかし，一般のステークホルダーは技術的判断の厳密性よりも，自分の関心にとって有用であるか，技術的な判断が常識的な内容であるかという技術的判断の適切性を問題とする。プロフェショナルは，技術的判断の厳密性を重要視するか，実践的な観点に立ってステークホルダーの妥当性境界を受け入れるかを判断しなければならない[63]。

近年，プロフェショナルと多様なステークホルダーが互いにコミュニケーションを行うための「プラットフォーム」の重要性が認識されている。森林管理においても，ワーキンググループや流域委員会を設置し，地元住民あるいは都市域の住民と専門家や技術者との間でコミュニケーションを図ろうとする試みが積極的に実施されている。このようなコミュニケーションのためのプラットフォームは，公共空間（あるいは，公共圏）と呼ばれる。公共圏は Habermas によって提唱された概念であり，「私的領域としての家族，政治的領域としての国家，経済的領域としての民間社会から独立した自立的領域」と定義される[53]。Edwards は，公共圏概念を敷衍し，科学的・技術的な意思決定におけるコミュニケーション理論を展開した[63]。Edwards の定義する公共空間とは，公共的な目標設定，ステークホルダー間の利害調整，社会的学習が行われるプラットフォームである。異なる妥当性境界を有する多様なプロフェショナルとステークホルダーとの間で森林管理に関する科学的・技術的判断の認識的正統性を確保するうえで，このようなプラットフォームの存在が不可欠である。しかし，プロフェショナルが活動する学会などのプロフェショナル組織（以下，共同体と呼ぶ）とプロフェショナルおよび一般のステークホルダー間の協議の場である公共空間との間には大きなギャップが存在する。斉藤は，共同体と公共空間の違いについて，4つの点を指摘している[64]。すなわち，第1に，共同体は組織外部に対して閉じているのに対して，公共空間は誰もがアクセスできる場を提供する。第2に，共同体は構成員に対して同一の価値を共有することを求めるが，公共空間においては，異質な価値観を有することが前提とされる。第3に，個々の構成員をつなぐ媒介が，共同体においては共通のアイデンティティであるのに対して，公共空間においては共通の関心事である。最後に，共同体においては，一元的排他的な帰属が求められる点である。すなわち，共同体においては，同一の妥当性境界を共有することが求められ，他の妥当性境界とは相容れない閉じた空間が形成される傾向がある。このような共同体に属するプロフェショナルが他の共同体に属するプロフェショナルや一般のステークホルダーと協議する場合，異分野摩擦が生じやすい。

(3) 協治概念と内省概念

　井上は，地元住民によって形成される地域共同体（ローカルコモンズ）と抽象的な公共空間を接合し，プロフェショナルやNPOなど，地域外部の主体を含んだ多様な主体間での森林管理を実現するために「協治」の概念の重要性を指摘している[16]．そこでは，協治という概念は，「中央政府，地方自治体，住民，企業，NGO・NPO，地球市民などさまざまな主体（ステークホルダー）が協働（コラボレーション）して資源管理を行う仕組み」と定義される．さらに，協治を実現するための2つの要件として，「開かれた地元主義」と「かかわり主義」を挙げている．特に，プロフェショナルとその他のステークホルダーとの間の協治を実現するうえでも，このような概念が重要なはたらきを有する．すなわち，共同体の開放性とともに，自分の専門的知識に対する内省が必要となる．共同体の開放性は，開かれた地元主義と類似した概念であり，他の共同体に属するプロフェショナルや地域住民との交流を図り，専門的知識の閉鎖性を打ち崩すものである．一方，自分の専門的知識に対する内省は，共同体の有する妥当性境界に対して省察することを意味する．すなわち，自分の有する専門的知識における妥当性境界の状況依存性を把握し，限定された条件・変数のもとで得られた知見であることを再認識することが求められる．このような妥当性境界はしばしばプロフェショナルが所属している組織に内化しているため，プロフェショナル自身が無意識に受け入れている可能性がある．Schonは，プロフェショナルが「行為の中の省察」を実践することで，このような暗黙の認識を明らかにすることの重要性を指摘した[61]．各プロフェショナルが自分の有する妥当性境界を省察することによってはじめて，異なる専門的知識を有するプロフェショナルや地域で生活する利用者とのコミュニケーションの糸口が開かれるのである．特に，地域住民が社会的決定を下すうえでの貴重な判断材料となる経験的知見を有する場合が少なくない．地域の生活者は，地域の実情に即したローカルな知識（現場知）を有している．プロフェショナルの有する妥当性境界が限定的な条件のもとで得られた知見に基づいて形成されたものである場合，現場の条件に適合した妥当性基準と一致するとは限らない．このとき，プロフェショナルは自分の有する妥当性境界を省察するとともに，現場の声に「理を与える」ことが求められるのである．この点で，日本のプロフェショナル共同体の閉鎖的な側面が指摘されている．

2.3.4　支配の構造

(1)　支配の構造と信頼

　森林管理が適切に履行されるためには，委託者と森林管理者（受託者）の間に信頼が形成されていることが前提となる．両主体の間で信頼関係が成立しなければ，そもそも両者の間に委託─受託関係は成立しない．特に，森林管理に関する意思決定に直接関与することの少ない外部のステークホルダーは，森林管理者が管理業務を適切に履行するという信頼に頼らざるを得ない一面がある．森林管理が委託されている森林管理者は，

業務の適切な履行に関するステークホルダーの信頼を確保することが不可欠である．信頼の概念に対して，これまで多くの学問分野において多種多様な定義がなされてきた．広義には，「自分が抱いている諸々の（他者あるいは社会への）期待」を表す．たとえば，Luhman は，複雑な社会の中になんらかの秩序・規則性を見出す複雑性の縮減メカニズムとして信頼概念を定義している[65]．山岸は，信頼概念の有する多義性をふまえたうえで，能力に対する期待と意図に対する期待の分類，信頼と安心の分類の重要性を指摘している[66]．ここでは，森林管理をめぐる委託者と受託者関係における信頼の分析に焦点を絞り，信頼概念を「委託者（プレイヤー R）が，受託者（プレイヤー E）が行為（X）を行うことに対する期待」と定義する．

(2) 信頼ゲームと2次信頼ゲーム

Bacharach and Gambetta は，ある行為の選択に関する委託者（以下，プレイヤー R と呼ぶ）と受託者（以下，プレイヤー E と呼ぶ）との間の信頼形成を信頼ゲームを用いて分析している[67]．信頼ゲームにおいて，プレイヤー R とプレイヤー E はそれぞれ2つの戦略 T, U と X, Y を有している．プレイヤー R の戦略 T, U はそれぞれ「プレイヤー E を信頼する」，「信頼しない」ことを表している．また，プレイヤー E の戦略 X, Y はそれぞれ「プレイヤー R のために誠実に行動する」，「誠実に行動しない」ことを表す．それぞれのプレイヤーによって各戦略が選択された場合の両プレイヤーの利得を図2.3.3に示す．

ここで，プレイヤー E の利得は，プレイヤー E のタイプに依存しており，$\alpha > \beta$ が成立するタイプを「誠実なタイプ」，そうでない場合を「機会主義的なタイプ」と定義する．ただし，プレイヤー R は相手がどちらのタイプに属するかに関して不確実性を有している．プレイヤー E の利得以外のすべてのゲームの要素に関して，両主体の間で共有知識が成立すると仮定する．信頼ゲームは，このような共有知識が成立する状況下において，「プレイヤー R はプレイヤー E が行動 X を選択すると信頼できるかどうか」という問題を分析する．信頼ゲームにおいて，プレイヤー R が「プレイヤー E が戦略 X を選択する」と期待するとき，プレイヤー R はプレイヤー E を信頼し，戦略 T を選択する．また，「プレイヤー R はプレイヤー E を信頼する」とプレイヤー E が信じており，プレイヤー E が戦略 X を選択するとき，プレイヤー E は「信頼性（trustworthy）を有している」と定義する．プレイヤー E の信頼性はその利得によって表現される．信頼性を根拠づける要素として，信託者が自分を信頼するという信念，利他的動機や文脈依存的規範といった道徳的原理，報酬や罰金などが考えられる．このようなプレイヤー E の信頼性を構成する特性を，「信頼保証特性（trust-warranting property）」と呼ぶ．プレイヤー R がプレイヤー E を信用するか否かは，相手が信頼保証特性を有しているかに大きく依存する．しかし，プレイヤー R は相手が信頼保証特性を有しているか否かを直接観察できるとは限らない．Bacharach and Gambetta は，プレイヤー E の有する特性を観察不可能な特性（krypta 特性）と観察可能な特性（manifesta 特性）とに分類している．

		森林管理者の戦略	
		X「誠実に行動する」	Y「誠実に行動しない」
委託者の戦略	T「森林管理者を信頼する」	X, α	−X, β
	U「森林管理者を信頼しない」	0, —	0, —

(X＞0)

図 2.3.3　信頼ゲームの構造

　観察不可能な krypta 特性は，誠実性，寛容性，選好など，プレイヤー E の有する内的な特性を表している．一方，観察可能な manifesta 特性として，プレイヤー E の身振りや表情，過去の経歴など，プレイヤー E に関するあらゆる情報が該当し，kripta 特性の表象として機能する．

　プレイヤー E の有する真の信頼保証特性は観察不可能な特性であり，プレイヤー R は相手の manifesta 特性を観察することにより，相手が信頼保証特性を有しているか否かを推論せざるを得ない．ここで，プレイヤー E の機会主義的な行為が大きな問題となる．すなわち，機会主義的なタイプを有するプレイヤー E は，誠実なタイプの manifesta 特性を模倣し，自分のタイプを偽る可能性がある．Bacharach and Gambetta は，信頼ゲームが実施される前にプレイヤー E によって manifesta 特性が提示される問題を，2 次信頼ゲームとして定式化している．プレイヤー E の提示する manifesta 特性はプレイヤー R へのシグナルであり，2 次信頼ゲームはプレイヤー E を話し手 (Sender)，プレイヤー R を聞き手 (Receiver) とするシグナリング・ゲームの一種である[68]．2 次信頼ゲームにおいて，プレイヤー R は「プレイヤー E の観察可能な manifesta 特性が信頼保証特性を表しているか否か」を判断しなければならない．すなわち，2 次信頼ゲームは，「相手の提示するシグナル (manifesta 特性) を信頼するか否か」という問題を取り扱う．プレイヤー E の観点からみれば，プレイヤー E の特性が信頼保証特性と一致していることをいかにしてプレイヤー R に示すことができるか否かというプレイヤー E のアイデンティティに関わる問題である．2 次の信頼問題は森林管理における管理者とその他のステークホルダーとの間の信頼関係を分析するうえでも重要である．特に，森林管理に直接携わることのないステークホルダーは，最終的には業務の実施を管理者に委託しなければならない．そこで，森林管理者はステークホルダーとのコミュニケーションを通じて，森林管理に関わる業務を適切に実施することを報告し，そのアイデンティティに関してステークホルダーの理解を得ることが求められる．そこで，「どのように聞き手 (プレイヤー R) が見知らぬ話し手 (プレイヤー E) のいうことを信用するのか」を分析することが重要な課題である．

(3) 信頼を形成するための制度設計

　Lupia は，不完備情報ゲームを用いて，聞き手と話し手が互いに相手の個人的資質に関する情報を有していないような状況におけるコミュニケーション過程を分析し，相手の個人属性に関する情報が存在しない状況では，話し手が正直に発言しないような均衡解が存在することを明らかにした[69]．また，羽鳥らは，話し手と聞き手の間に利害の対立関係を導入した場合，聞き手は話し手と利害が一致しているときにのみ，聞き手は話し手のいうことを信じるという結果を得ている[55]．このようなコミュニケーション過程における信頼関係を形成することを目的として，話し手が常に正直に発言するような誘因をもつようなインセンティブメカニズムに関する研究が発展しつつある[70)71]．例えば，Lupia は，聞き手が話し手のいうことを信用するための手段として，①第三者組織による監査，②虚偽の報告に対するペナルティ，③話し手の誠意や努力を挙げている[69]．これらの研究は，いずれも聞き手が話し手を信用するかどうかは，聞き手が「なぜ話し手がそのような発言をするのか」が理解できるか否かに依存していることを指摘している．

　ゲーム理論を用いたアプローチは，基本的に話し手と聞き手という2者間のコミュニケーション関係を分析することを目的としている．しかし，森林管理においては，不特定多数のステークホルダーが，森林管理をめぐる委託者と受託者の行為を観衆として観察する場合が多い．そこでは，森林管理に直接的に関与しないステークホルダーが，森林管理をめぐる意思決定が有効に機能していることを信頼できるような制度設計が求められる．この場合，不特定多数の観衆の視線の中で演じられる特定の委託者と受託者の間のコミュニケーションゲームのルールを明示化することにより，結果的にステークホルダー間の信頼関係を実現することが可能となる．例えば，社会資本の調達方法の1つである PFI (Project Financial Initiatives) 方式は，委託一受託関係を契約関係として顕在化させることにより，委託一受託関係を透明化することが可能である．情報の経済学の分野で，インセンティブメカニズムに関する研究が進展している．このようなメカニズムデザインは，委託一受託関係の効率化に資するだけでなく，観衆が「委託一受託関係が効率的に執行されている」ことを理解するために重要な役割を果たす．観衆の視点から，インセンティブメカニズムが透明性の向上に対して果たす役割に関して研究した事例は，筆者らの知るかぎり見当たらない．森林管理の透明性を担保しうるメカニズムデザインの問題は，今後に残された大きな研究課題である．

　森林資源をめぐる社会経済環境が変化しつつあるなかで，専門家や技術者あるいは研究者の果たすべき役割に対しても再考が促されている．特に，森林管理において，プロフェッショナル主導の統治の限界が指摘されている現在，プロフェッショナルが森林および他のステークホルダーとどのような関わりあいをもつべきかが重大な検討課題である．本節で指摘した森林ガバナンス概念においては，プロフェッショナルも1人のステーク

ホルダーであり，プロフェショナルを含めたステークホルダーの間で森林管理をめぐる秩序を維持することが求められる．そのためには，プロフェショナルの意識の変革を促すとともに，プロフェショナルの有する知見が，森林管理の現場に活かされるためのプラットフォームづくりが求められている．ここで展開した森林ガバナンスの分析枠組みが，このような森林管理の仕組みを実現するうえでの礎となることを期待したい．

2.4　21世紀社会の災害と環境のガバナンス[72)]

2.4.1　環境と防災のガバナンスの特性化

21世紀社会という時代文脈に照らして災害と環境のガバナンスがどのような特徴をもっているかを議論しておく必要がある．その際，このように設定された問題の本質をふまえて，いかに「計画マネジメント者」(planner/manager)として取り組めばよいかを考える．そのためには，設定された問題の本質を課題として特性化しておくことが求められる．計画マネジメント者という複眼的視点を導入するのは，計画者はもはやPlan-Do-Check-Actionのプロセス・サイクルからPlanのみを切り離して独立では，環境と災害のガバナンスはできないと考えるからである．計画マネジメント者が常に向きあうべき本質的課題として特性化しておこう．以下，それを列挙しよう．

(1) 第1の範疇の課題（時代的文脈に依存したもの）
- 地域・都市の災害や環境のリスクガバナンスをコミュニティレベルで取り上げるとき，その社会システムの構造変化はどのように引き起こされるのかが，21世紀社会においてきわめて肝要な問題である．
- 準開放端型(Semi-open-ended)な社会システムのアダプティブマネジメントの方法論の提示が求められている．
- つまり，そこに計画し，マネジメントすることに関わる当事者があらかじめ確定していないことがふつうに起こりうる．当事者の確定は，マネジメントが求める解決策とその変化が実行（実践）されたと当事者が共通に判断したときに事後的に決定されることになる．
- 防災や環境に関わるリスクの源は地球システムという自然側にあるものだけではなく，むしろそこに人間が埋め込んできた多様で重層的な社会システムの側にある．しかも，そのことに対して人間の知識はきわめて限定的である．21世紀社会の顕著な特徴として，地球システムをコントロールすることの限界と傲慢さに対して一定の反省する姿勢をとりつつも，一方で，情報技術やナノテクノロジー，材料科学，生命科学やバイオテクノロジーなどを新たな先端科学予備軍として仕立てて新たな挑戦を試みていると判断される．これによって，この地球社会は，それらが複雑に融合し，

ネットワーク化された Techno-Science-Networked Social System を基盤として構築しつつあると判断される．皮肉なことに，このような文明の進展とともに人類は自ら新たな「未知の源泉」を広げてしまっている．例えばそのような Techno-Science-Networked Social System は局所的，個別的に自己組織化されて進化していくにしても，それにどのように反応し行動できるかは，当の人間自身がノウハウを持ち合わせていない．これにより，多様なミスマネジメントが起こる可能性が増大している．そのようなリスクをどのようにガバナンスしていくのか．これが21世紀社会における環境と災害のガバナンスの本質的な課題として立ちはだかっている．

(2) 第2の範疇の課題（知識と技術と実践に関わるもの）

別に防災と環境のガバナンスに限定されたことではないが，特にこの分野では下記のような「知識と技術と実践に関わる命題」とでもいうべき課題に直面している．それは以下のように要約される．

- 知っている (We know it).
- わかっている．(We understand it.)
- でも実践に取り組めない (But we still cannot cope with it.)

つまり知識だけではなく，それを実践に結びつけるための能力 (coping capacity building) とそれを支援する技術をどのように開発するかが肝要なのである．そうでなければ，惨事が起こる前の事前の取り組みは進まない．そのような取り組み能力をいかに獲得し進化するか．また，そのような知識獲得からそれを実践化につなげていくプロセスの知識技術自体をいかにして科学の対象とし，知的な生産的営みを促していくかが，21世紀の防災と環境のガバナンスのいわば使命であり，それゆえにこれが命題となってくるのである．

2.4.2 都市・地域を生命体システムとしてとらえた総合防災マネジメント方法論

なぜ，いま防災を論じるのに，都市・地域を生命体システムとしてとらえ，総合的にマネジメントする方法論が求められるのか．以下，これについて論じよう．

20世紀の近代化の過程では，都市の規模や量的な成長，山間地域の社会経済的な衰退が主たる関心事であった．そのなかで実は本質的な事項が見落とされてきた．

すなわち，都市や地域は長期的には成長したり衰退したりして変動していく．また，比較的短期の期間でも「切迫した（緊張）状態」のなかで社会の総合力の限界が試されることもあれば，比較的平穏で「ゆとりのある（弛緩）状態」のなかで日常的営みが繰り返される場合もある．このような一見背反する動的なふるまいの中にこそ，都市であれ地域であれ，大規模であれ小規模であれ，そのシステムが生きていることの証しがあるはずである．

例えば，切迫した状態として，都市や地域が大きな災害の危機に見舞われたときが考

えられる（1995年1月に起こった阪神・淡路大震災はその典型的実例である）．あるいは，未曾有の財政危機や，政治的混乱が迫ってきたときもそれに相当するであろう．見ようによっては，昨今の市町村合併の混乱と一連の騒動も，「切迫した状態」に該当するであろう．重要なのは，そのような切迫モードの状態に都市や地域が追い込まれたときにはじめて，構成員自身が「社会の総合力」の限界を改めて自覚し，併せてその限界のぎりぎりのところに挑戦することで改めてその総合力が活性化し，拡大すると考えられる点にある．しかも，そのような総合力は「切迫モード」という限定された期間に集中的に発揮されるのであって，それから解除された「ゆとりのある状態のモード」では，その総合力を発揮する能力は潜在化する．つまり，「弛緩モード」の中で温存されるのである．

　注意したいのは，このような弛緩モードと切迫モードが一定のリズムで繰り返されるなかでこそ，生命体システムとしての律動と生命持続能力が動的に機能し保持されると解釈されるということである[73]．ここにこそ，いわゆる「ゆとりの律動的価値」としてのリダンダンシーの本質が認められるというべきである．つまり，都市や地域はそのような背反するようにみえる状態を律動的に繰り返すことで生きていることになる．これは，都市や地域が持続的に発展していくうえで，最も基本的な見方につながると考える．

　重要なことは，私たちが挑戦を受けることになる安全で安心できるゆとりと，しかも日常的に活力を失わない都市や地域をマネジメントしていくためには，何にも増してこのような「ものの見方」への発想転換が必要になるということである．そして，都市や地域が持続的に発展していくためには，向きあい，乗り越えていくための総合力を養い，発揮していくことが不可欠であり，防災のもつ多元的で複雑な問題は，自然環境問題やその他のあらゆる都市・地域問題へのたゆまぬ取り組みという枠組みの中で，包括的に検討していくことが，いま求められているということである．

　考えてみると，私たちの究極の生命維持臓器である心臓こそ，生命体システムそのものであると見なすことができる．弛緩モードと緊張モードの動的リズムの繰り返しの中で心臓は機能を死ぬまで（生きているかぎり）持続することが役目なのである．それならば，弛緩状態にあるときのみをみて，心臓臓器の物理的容量を論じることの無意味さがわかるはずである．この臓器は生き続けることを使命としている以上，弛緩モードは緊張モードと対となってはたらいてこそ，はじめて存在していることに意味がある．したがって，緊張モードのときの物理的容量と弛緩モードのときのそれとの動的伸縮性にこそ，生きているということの能力のポテンシャルが組み込まれていると考えるべきであろう．この意味では，リダンダンシーの本質は「伸縮余力」にあるといえる．これを生命体が切迫モードに入ったときの事後的な反応という視点でとらえると，「レジリエンシー（resiliency）」あるいは「柔軟復元力」が発現していることになる．このように考えると，リダンダンシーやレジリエンシーの本質的な価値は，時間的律動性という特徴に着目しないと適切にとらえられないことがわかる．このことをさらに一般化して考える

と，いわゆる生命体リズムやシステムのゆらぎ理論などが密接に関係してくることが容易に推察される[74)〜77)]．

図2.4.1の三角形は生命体システム (vitae system) が緊張モードにあるときを図式的に表している．この状態では，左端の「命」(Survivability) の端点と，右端の「活」(Vitality) の端点，それに上端の「共」(Conviviality) の端点は，すべて緊張モードにあって，三角形の面積で表される生命体システムの総合自活力はその「臨界状態」にある．この状態を一定の期間保持できれば，総合自活力は外側に膨らむ形で拡大することを経験することになる．この履歴が，この後，図2.4.2に示すように，全端点が弛緩状態になって臨界状態を規定する境界（条件）の内側に相当する「余裕状態」にある場合を表している．重要なことは生きているということは，図2.4.1と図2.4.2の二つのモードが交互に現れることによってはじめて可能 (viable) であり，両モードがセットになっていてこそ生きていることの前提条件が成立するということである（岡田，2005）．この意味では，リダンダンシーの価値の評価は本来そのことを成立せしめる「伸縮余力」についてなされなければならないであろう．おそらく，このような律動的なリズムは遺伝形質として内生的に組み込まれているもののほかに，外部環境からの適当な刺激に反応することによって社会的・文化的かつ地域的に，また時代文脈的に与件づけられるものと解釈される．つまり，あらゆる生命体システムは，それがおかれている文脈に依存し，環境に対して開放的であるほど，生き生きと生きる律動性を獲得することになるはずである．このように考えれば，災害などのハザード要因も，それが生命体システムの臨界状態を超えるほどの衝撃性をもたないのであれば，むしろ生き生きと生きる状態のリズムを整え，「伸縮余力」を拡大する形で，今後のさらなるハザードを受容する能力を獲得する機会とすることができるはずである．

図2.4.3はそのような想定のもとに，災害に備える活動を戦略的に律動リズムの中に組み込む実践適用知識 (implementation knowledge) の有効性を仮説的に提示したものである．例えばニアミス的なアクシデント（ヒヤットリスク）や大事にいたらない災害の経験 (mini-disaster-turned hazard response knowledge) を事後的に活用するべく事前にそのルールを設けておくことや，災害の経験を社会的・文化的に記憶にとどめておき，必要に応じて緊張モードに変換して律動リズムを励起したり，促進する装置としての「祭り」(festival) の効用とそのタイミングのとり方の知恵に着目することが考えられる．また，祭りに参加させることにより，参加者の生命体システムに同時決定的に内部化されると考えられる経験知の効用が挙げられる．このようなハザードやイベントを律動リズムの緊張モードのバランサーと見なすとすれば，その双対的なバランサーとして静穏時の日常的営みの繰り返しとして，営々黙々と小さな減災施策，例えば家具転倒防止（名古屋市都市圏でレスキューストックヤードが中心になって行われているワークショップはこれに該当）や消火器の設置の数を増やす活動，行き止まりの細路を通り抜けられるようにするための風穴ミニプロジェクトの実績を積み上げるなどを実行することが挙げられよう．

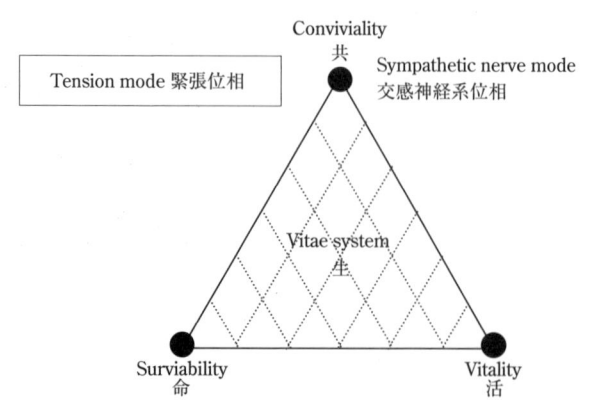

図 2.4.1　生命体システムの 3 要件と緊張モード（位相）

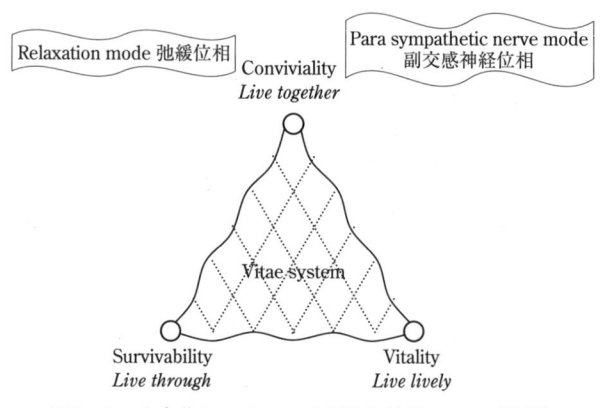

図 2.4.2　生命体システムの 3 要件と弛緩モード（位相）

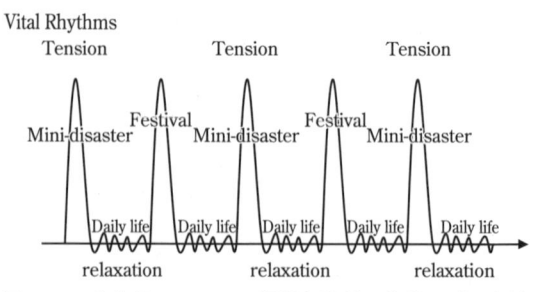

図 2.4.3　生命体システムの緊張と弛緩の律動リズムを活かした災害リスク対応能力の開発戦略

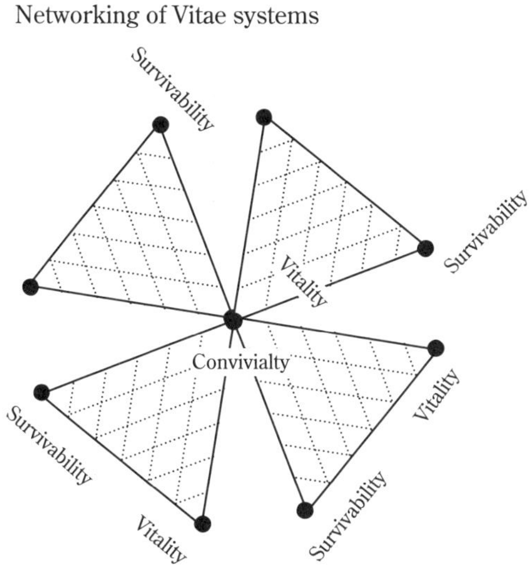

2 水と緑の生活リスクとガバナンス論

Networking of Vitae systems

図 2.4.4 生命体システムのネットワーク化と相互補完による多様性戦略

例えば，東京都墨田区の路地尊運動は，現代版天水桶を防火用水兼環境用水のミニ貯留装置に見立て，かつそれに小広場の象徴的・修景的機能を与え，行き止まりの細路を通り抜けられるようにするための風穴を開ける，市民主導型のミニプロジェクトと見なすことができる．

2.4.3 生命体の知恵としての多様性

21世紀社会では，身の丈を知り，身の丈に応じて持ち場を仕切る知恵と，ネットワークでモザイク的におのおのの得意領域を補完しあう相互扶助の知恵が必要であろう．

生命体システムの生き生きと生きる知恵のもう1つは，多様性である．それは身の丈を知り持ち場を守る知恵であり，それと並行してお互いの個性を活かしあっておのおのの得意領域をネットワークする知恵であろう．生命体システムのネットワーク化と相互補完による多様性への対応戦略と見なすこともできる（図 2.4.4）．これは主として，各三角形の「共」の頂点を結ぶ形で連携されると解釈される．その場合も「角を突き合わせた緊張モード」と「手を合わせた弛緩モード」の両モードが現れると考えられる．前者は一見コンフリクトの関係にあるようにみえるが，律動リズムの中でバランサーとして働いているだけであれば，それはむしろコンフロンテーション（confrontation，対峙性）つまり，緊張的連携性（tensional linkage）の状態にあると考えるべきである．それは生き生きと生きるシステムが必要とするモードの片割れであって，その次の時点では，そのようなコンフロンテーションは解消されて融和的連携性のモードに移行しうるのである．これに対して，時間的な推移がそのようなモード変換で解消されないような場合に

は，コンフリクトの状態が認められることになる．

　興味深いことに，生命体システムの総合活力を三角形の面積の大きさに見立てることが妥当だと仮定してみよう．すると，このようなコンフリクトの状態にあっても，ネットワーク全体でみたとき，時間的推移に伴って，生命体システムの総合活力としての各三角形の面積は増大する場合があると推測される．このような場合，社会全体としてみたとき社会的総合活力が向上している（socially more viable）と見なすことができる．これはいわゆる human betterment の概念を拡張したもので，これを social（vitally）betterment と呼んでおこう．このことは，逆にいえば，各生命体システムの，例えば「活」を表す端点の近傍のみに着目して，異なる時点で見かけ上 win-win の関係が成立したとしても，socially more viable とは限らないため，結果として社会的に受容可能（socially not acceptable）ではない可能性があると推測されるのである．

2.4.4　共助・自助のネットワークとしての地域防災力の向上

　実は，生命体システムのネットワーク化と相互補完による多様性への対応戦略という考え方は，そのままそっくり地域防災力を向上させるための今日的課題の解決に当てはまるのである．これは阪神・淡路大震災が私たちに尊い犠牲とともに残した教訓の一つともつながる．また，昨今の東海・東南海・南海地震に備えることが，特に静岡以西の広域的な太平洋沿岸域で急務の課題とされ，いろいろな事前対策を講じることが求められている．ここでも，やはり同じような総合戦略の有効性が指摘されている．それは，「公助・共助・自助のネットワークとしての地域防災力の向上」ということである．

　公助・共助・自助とは，それぞれ行政，地域コミュニティ，個人による災害への備えと，いざというときの対応能力を養っておくことをさしている．ただ，それはそれぞれがばらばらに行われるのでは効果があまりなく，場合によってはかえって相互に不要な重複や，摩擦や混乱が生じかねない．つまり3者の取り組みには，それぞれの個性と特徴を活かした自立的なマネジメントと，密接な連携（パートナーシップ）が求められるのである．これこそ，行政，地域コミュニティ，個人を生命体システムと見立てたネットワーク化と相互補完による多様性戦略にほかならない．

2.4.5　生命体システムの機能不全とみた環境問題

　ここでは，この生命体システムの概念モデルを使って，環境問題の構造を説明してみよう．筆者の主張のポイントは，以下の点にある．

　環境問題は，実は環境自体の不全が問題なのではなく，生命システムのふるまいを外から規定するとともに，「そのふるまいの自己反射の像（鏡像）を生命システム自身に投射している外部空間領域（これを環境と定義しよう）についての感受性に不全をきたしていることが問題だと，生命システムが自己認識している問題」であると考えるのである．

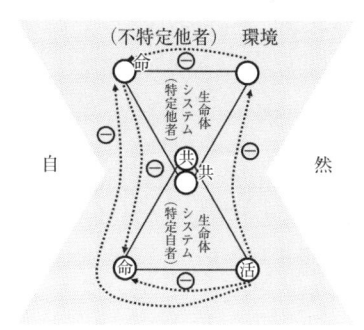

2 水と緑の生活リスクとガバナンス論

図 2.4.5　生命体システムのネットワークと環境と自然の関係の図式化

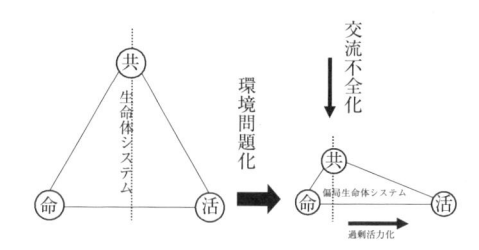

図 2.4.6　生命体システムの概念モデルによる環境問題の図式化

　生命体システムの概念モデルを使って，このような環境問題の構造を説明してみよう．図 2.4.5，図 2.4.6 がそれを表している．そこでは以下の 4 つの鍵概念が登場する．
　①　自者としての生命体システム
　②　特定他者（別の生命体システム）とネットワークを形成することによりできる社会
　③　不特定他者としての環境
　④　無主語的存在としての自然

　無規定の時空間領域を占める「自然」に「環境」の時空間は包摂される．その「環境」に包含される形であるのが，共同主観的に認識された「社会」であり，それを包含する形で自者としての当該の生命体システムがあると考えるのである．図 2.4.5 がその包含関係を表している．自者である当該の生命体システムは，図 2.4.6 に示すように過剰に「自活力」の自己増殖方向に変局して成長し続けているために，自身のみならず特定他者である別の生命体システムに対しても負のストレスを与え続けていると考えるのである．これは，清水（2003）がいうところの「一重生命的存在」に自者の生命体システムが異常な成長を続けていることに相当する．これは清水の言葉を借りれば，行き着きところ，自身の統合的な生命体の成長キャパシティを超えて，結果的に「孤独死に近い消滅死」を迎える．これはまさに生命体システムのがん化のプロセスに相当している．
　その一方で，社会の多様性を破壊し続け，特定他者の生命体システムを攻撃して，相手をも死滅に追い込む．それは，自者の「活」のノードから自身の「命」のノードへ，さ

153

らに他者の各ノードへ，そこから還ってきて自身のノードへと，負のストレスのフローが連鎖的に作用していく現象が生じる．このような構造をもった多層的な時空間システムにあっては，その負の連関のストレスが蓄積されて生命体システムを疲労させ続けている．このような不断のストレスは，ある意味で，「不特定他者としての環境」からの警告のシグナルでもある．いいかえれば，これは巧まずしてなされる当該社会や自者の生命体システムの疲労状態についての外部観察の情報でもある．このシグナルに対して感受性を極端に欠いていれば，上述したように「孤独死に近い消滅死」を迎えることになる．逆にそれなりの感受性を備えていれば，そのようなシステムの疲労をそれなりに自覚するようになるはずである．

これこそが，「そのふるまいの自己反射の像（鏡像）を生命システム自身に投射している外部空間領域（これを環境と定義しよう）についての感受性に不全をきたしていることが問題だと，生命システムが自己認識している問題」がそこに認知論的に存在していることを意味している．これを筆者は，「環境問題がそこ（社会）にある」と考えるのである．

このように解釈すると，「環境にやさしい」という言述は，あきらかに倒錯した問題認識だということになる．むしろ「環境はやさしい」というべきかもしれない．なにしろ，不特定他者としての環境が身を削ってまで，外部観察を行い，当該社会の病んだ自画像をシグナルとして送り続けてくれるのであるから．

なお，「自然」と「環境」の違いを明確に区別しておくことも重要であろう．自然は特定不能な無規定に広がる時空間であるが，環境はあくまで「社会」にとって当該生命体システムが共同主観的に認識し，それがゆえに認識論的に存在する領域となる．そして，認識の結果現れた問題に対して，主体的に関与する明示的な意思を当事者として自者と特定他者の生命体システムがもったとき，それは「自然な成り行き」から，「おのおのが手に負える範囲で手がける」という問題認識の枠組みに変換される．その枠組み自体が当事者によって安定的に保持することが確約されたとき，これを「ガバナンスの問題」と呼ぶことにしよう．そして，このような枠組み（メタ問題）のもとで，具体的な環境のマネジメント（アクタ問題）が可能になると考えるのである．

2.4.6　防災と環境のリスクとコンフリクトの特性化

紙幅の都合上，ここでは論点だけを記述しておく．
① リスクのマネジメントにおいて，コンフリクトのマネジメントをどのように位置づけるか．その場合に枠組みとしてのガバナンスと方法論の研究が重要になる．
② 生命体システムのネットワーク（社会）において生じるコンフリクトの構造に着目した分類法とゲーム理論の位置づけをどのように考えるか．Furnham, Robbins, Thomas など[78]～[80]がコンフリクトの分類法として参考になる（図2.4.7, 図2.4.8）．

ここで，防災や環境との関わりで特記しておきたいことがある．それはコンフリクト

2 水と緑の生活リスクとガバナンス論

Stage Ⅰ	Stage Ⅱ	Stage Ⅲ	Stage Ⅳ
Potential opposition	Realization	Behaviour	Outcomes

Figure
The conflict proces. Reproduced from Robbins(1991), Furnham(2005)

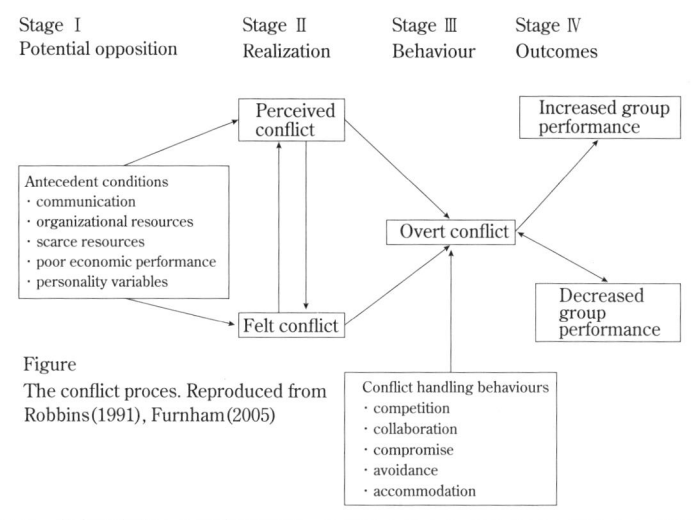

Antecedent conditions
・communication
・organizational resources
・scarce resources
・poor economic performance
・personality variables

Conflict handling behaviours
・competition
・collaboration
・compromise
・avoidance
・accommodation

図 2.4.7 潜在的段階から顕在化段階へのプロセスとしてみたコンフリクトの特性化

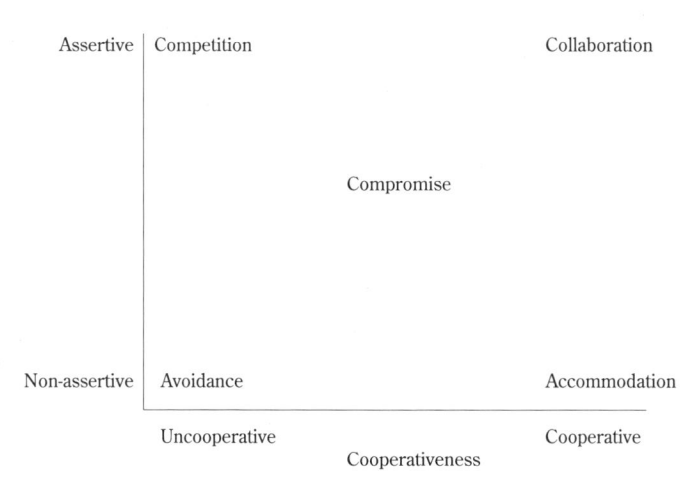

Figure Dimensions of conflict-handling orientations. Reproduced from Thomas (1976), Furnham(2005)

図 2.4.8 協力関係の程度と明示的主張性の程度の機軸で特性化したコンフリクト

を必ずしも常に負の価値としてとらえてはいけないという点である．それが当事者の間で「取り組み能力」,「問題解決能力」の不足を自覚させ，当事者たちがその緊張関係の臨界点を建設的に超えたときに，そこに新たな能力が獲得された新たな動的安定性が生まれうる．このことをコンフリクトとして特性化したのが，図 2.4.7 の右端ステージに示された increased performance/decreased performance という状態であろう．ここに

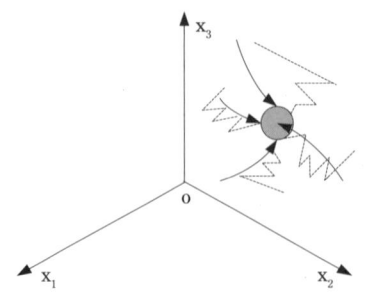

図 2.4.9　アトラクターとその周辺（ベイスン）のゆらぎとしてとらえた生命体システムの動特性

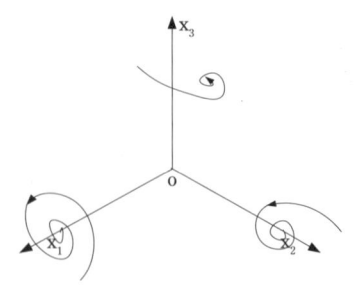

図 2.4.10　ひとつのベイスンから他のベイスンへの跳躍としてとらえた生命体システムの動特性

おいて decreased performance は increased performance の対極で，コンフリクトのよって引き起こされた緊張関係の臨界点を超えたときに，場合によってはそれが破局的経路をたどり，結果的に社会的な能力が低下することがありうるということである．つまり，その展開には大きな分岐がありえて，それがコンフリクトのマネジメントの潜在的なリスクと考えられるのである．

 ③ 以上のことからも推察されるように，生命体システムのネットワーク（社会）において生じるコンフリクトの研究において，それがもつ社会構造変化の促進力の源泉とその創造的ダイナミズムの本質についての研究が今後きわめて重要である．

 ④ 生命体システム（Vitae System）の基礎理論の開発を支えると思われる複雑系数理モデルの導入による基礎的研究を推進すべきである．これにはゆらぎ理論，カオス理論や生命数理システムとの共同研究が必要ではなかろうか．図 2.4.9 と図 2.4.10 にそのようなモデル化のイメージを示した．

 ⑤ その一方で，生命体システム（Vitae System）の概念図式を援用した実証研究やフィールド研究が不可欠であろう．例えば，「命」，「活」，「共」のノードに相当する生活質のインディケータの開発とそれを用いた都市地域診断の実施がそのひとつの具体的な研究課題であろう．

最後にガバナンスについてふれておきたい．ここでいう計画マネジメント者にとってのガバナンスとは何か．それは常に本質的課題を検討し，有効な解決策が実践できるようにするための組織論的・制度論的枠組みを事前にメタレベルとして立てておき，それを基盤として具体的な問題に対してアクタレベルで計画し，マネジメントすることをさしている．その意味で，ガバナンスは多層的で入れ子構造的な計画・マネジメントの方式を想定している．また，メタレベルがアクタレベルを構造的に規定し，逆に，長期的に見るとアクタレベルの具体的展開がメタレベルの構造に影響を与え，変化し，進化さ

せるというような協働的(synergetic)な動特性を考えている．さらにいえば，「アクタレベルの計画・マネジメントを当事者として担う計画マネジメントの主体」(ステークホルダー)は多様で複数ありえ，各主体は独立ではあるが相互に協力的や対立的に関係しあって，全体としてガバナンスを有効にしている．この意味で，主体間は水平的で参加型の関係にあると見なすのである．

いささか複雑なのは，専門家としての「計画マネジメント者」は，方法論とともに，「アクタレベルの計画マネジメントを当事者として担う計画マネジメントの主体」の複眼的視点を現場に即して獲得する努力が常に求められるという点にある．そのうえで，メタレベルでの構造的規定を「外部的設定可能な社会システム」として対象化し，記述し，的確にその特性を提示することが求められる．これは主として規範的(normative)な科学が築いてきたアプローチであろう．その一方で，現場において観察し，Plan-Do-Check-Action (PDCA)のプロセス・サイクルの動的過程で専門的知識を提供するとともに，それを「実践として可能になる」(implemented)営為を記述しなければならない．それは実証的(positive)な科学のアプローチであろう．

ところがその一方で，PDCAサイクルの過程に計画マネジメント者自身が関与することで，その影響から自身が自由ではありえないということを自覚しておく必要もある．これはアクションリサーチが主旨としているところであろう．そこでは，「意味論的知識再構成とその共通理解への科学」が新しいタイプの科学として登場してくることになる．さらに重要なことは，計画マネジメント者自身の「構造化された視点や価値判断」もおのずから投影されるはずであるということである．これは倫理学や哲学的領域に関わる問題とも考えられるが，同時に，現場から計画マネジメント者が具体的に学ぶことも多くある．それが咀嚼され，抽象化されて，次第に「構造化された視点や価値判断」を持続的に再構築していくことにもつながりうる．この意味では，計画マネジメント者には経験科学的アプローチが素養として求められる．

もちろん，「科学する計画マネジメント者」は科学的営みのあらゆる側面で上述したすべての要請を満たすことは，理想的にはありえても現実には不可能である．むしろ重要なのは，そのような重層的で複眼的な視点と，自己言及的な計画マネジメントの複雑なダイナミズムを把握するパースペクティブをもち，そのうえで，個々の研究を相対化し，他者にもその関連性(relevance)が理解できるような「知識獲得と実践化の技術」を紡ぎ上げていくべきではなかろうか．それはある意味で，伝統的な科学の領域を超えた「実践適用科学」(implementation science)を構築していく挑戦につながるであろう．なお，その具体化の1つのステップとして，2.4.5項において述べた，前述の④生命体システム(Vitae System)の基礎理論の開発と，⑤生命体システム(Vitae System)の概念図式を援用した実証研究やフィールド研究のアプローチが並行して行われつつ，いずれ出合うことによって両者が融合した，防災と環境の実践科学(Implementation Science)が創生できるのではないかと筆者は考えている．今後，そのような方向からささやかな突破口を

見出していきたい．

参考文献

1) WHO and UNICEF: *Joint Monitoring Program for Water Supply and Sanitation*, Meeting the MDG Drinking Water and Sanitation Target: a Mid-term Assessment of Progress, 2004
2) United Nations,: *The Johannesburg Declaration on Sustainable Development*, 2002
3) Water Supply and Sanitation Collaborative Council,: *Progress report*, WHO, 2004
4) 内藤正明：なぜ中間技術か～持続可能社会と地域適正技術～, 地方の技術・システムを用いた気候変動の緩和に関する能力開発ワークショップ講演集, アジア太平洋地球変動研究ネットワークセンター, 循環共生社会システム研究所, 2004年11月15日, pp. 131-135
5) 酒井 彰, 山村尊房, Hoque, Bilquis Amin, ：萩原良巳：水と衛生にかかわる適正技術概念について, 第31回環境システム研究論文発表会講演集, 2003年10月, pp. 491-469
6) 宮脇 昭：『日本植生誌 屋久島』, 至文堂, pp. 52-59, 1984
7) 湯本貴和：『屋久島』, 講談社, pp. 13-23, 1995
8) 中島成久：『屋久島の環境民俗学』, 明石書店, 1998
9) Yoshihiro, S., Ohtake, M., Matsubara, H., Zamma, K., Hanya, G., Tanimura, Y., Kubota, H., Kubo, R., Arakane, T., Hirata, T., Furukawa, M., Sato, A., and Takahata, Y.: *Vertical Distribution of Wild Yakushima Macaques (Macaca fuscata yakui) in the Western Area of Yakushima Island*, Japan, *Primates*, **40**, No. 2, pp. 409-415, 1991
10) 高畑由紀夫, 山極寿一編：『ニホンザルの自然社会』, pp. 11-32, 2000
11) 揚妻直樹：屋久島の野生ニホンザルによる農作物被害の発生過程とその解決策の検討, **保全生態学研究**, **3**, pp. 43-55, 1998
12) Hardin, G.: *The tragedy of the commons*, **Science**, **162**, pp. 1243-1248, 1968
13) Ciriacy-Wantrap, S. V. and Bishop, R. C.: *Common property as a concept in natural resource policy*, **Natural Resources Journal**, **15**, pp. 713-727, 1975
14) Dahlman, C.: ***The Open Field System and Beyond***, Cambridge University Press, 1980
15) McCay, B. and J. Acheson, eds.: ***The Question of the Commons, The Culture and Ecology of Communal Resources***, University of Arizona Press, 1987
16) 井上 真：『コモンズの思想を求めて―カリマンタンの森で考える』, 岩波書店, 2004
17) Scott, J.: ***Seeing Like a State: How Certain Schemes to Improve the Human Condition Have Failed***, Yale University Press, 1998
18) BAMWSP: *Brief Progress Report, Upazila wise Summary Results*, 2005
19) *National Policy for Arsenic Mitigation, Bangladesh G.* 2004
20) *Arsenic polluted village in Bangladesh loses all hope*, IRC, Water and Sanitation features, 05 August 2003
21) Hoque, Bilquis Amin,: *Sanitation Challenges and Opportunities in Developing Countries: Bangladesh Experience*, 第7回下水文化研究発表会講演集, 日本下水文化研究会, pp. 2-11, 2003
22) 山村尊房：地球環境時代と貧困―国際環境福祉協力論へのアプローチ, 炭谷茂編著『**環境福祉学入門**』, 環境新聞社, pp. 57-79, 2004
23) 日本下水文化研究会：バングラデシュ農村地域における衛生改善のための普及啓発活動報告書, 2005
24) Azahar Ali Pramanic,: *Contribution of sanitation in poverty reduction*, 日本下水文化研究会第34回定例研究会資料, 2004
25) 萩原良巳・酒井 彰・萩原清子・山村尊房・Bilqis Amin Hoque・畑山満則・神谷大介・福島陽介：バングラデシュ農村住民の生活特性と衛生意識, 京都大学防災研究所年報第47号B, pp.

35-42, 2004
26) Chakraborti, D., et al.: *Possible arsenic contamination free groundwater source in Bangladesh*, **Jour. Surface Sci. Tech. 15**, pp. 180-188, 1999
27) Chakraborti, D., et al.: *Characterization of arsenic bearing sediments in Gangetic delta of West Bengal-India*, pp. 27-52, ***Arsenic exposure and health effects***, edited by W. R. Chappell, C. O. Abernathy and R. L. Calderson, 2001, Elsevier Science
28) Chowdhury, Masudul Hoq, et al., *Discussion papers at Bangladesh Academy for Rural Development* (BARD), 2004
29) 神谷大介, 酒井 彰, 山村尊房・畑山満則・福島陽介・萩原清子・萩原良巳：バングラデシュ都市住民の衛生改善意識と適正技術導入の要件, **環境システム研究論文集**, **32**, pp. 157-164, 2004
30) 岩波映画, 『生活と水』, 1952年製作
31) 森野真理・萩原良巳・坂本麻衣子：地域社会における生息地の保全インセンティブに関する分析, **環境システム研究論文集**, **31**, pp. 9-17, 2003
32) 萩原良巳：『**環境と防災の土木計画学**』, 京都大学学術出版会, 2008
33) 吉川和広編：『**土木計画学演習**』, 森北出版会, 1988
34) 上屋久町：住民登録人口統計, 2002
35) 屋久町：住民登録人口統計, 2002
36) 豊田秀樹：『**共分散構造分析〈入門編〉―構造方程式モデリング**』, 朝倉書店, 1998
37) 有馬 哲・石村貞夫：『**多変量解析のはなし**』, 東京図書, 1987
38) 河口至商：『**多変量解析入門 I**』, 森北出版, 1973
39) 萩原良巳・萩原清子・高橋邦夫：『**都市環境と水辺計画**』, 頸草書房, 1998
40) 清水 丞・張昇 平・萩原清子・萩原良巳：都市域における河川利用行動の選択構造に関する研究, **環境システム研究論文集**, **25**, pp. 633-639, 1997
41) 神谷大介・森野真理・萩原良巳・内藤正明：屋久島における地域住民の生活の満足感と生息地保全に関する認識構造の分析, **ランドスケープ研究**, **66**, No. 5, pp. 775-778, 2003
42) 栗山浩一・北畠能房・大島康行：『**世界遺産の経済学**』, 勁草書房, 2000
43) 萩原清子編著・朝日ちさと・坂本麻衣子著：『**生活者からみた環境のマネジメント**』, 昭和堂, 2008
44) 森野真理・萩原良巳・神谷大介・坂本麻衣子：屋久島における地域住民の自然に対する保全意識―森林の非利用価値に注目して―, **地域学研究**, **34**, No. 3, pp. 311-324, 2005
45) Ellen, R.: ***Environment, Subsistence and System: The Ecology of Small Scale Social Formations***, Cambridge: Cambridge University Press, 1982
46) 宮川公男：ガバナンスとは, NIRA研究プロジェクト報告書「公的部門の開かれたガバナンスとマネジメントに関する研究」第1章第1節, 2002
47) Giddens, A.: ***New Rules of Sociological Method***, London: Hutchinson, 1976
48) Giddens, A.: ***The Constitution of Society***, Polity Press, 1984
49) Tirole, J.: *The international organization of government*, **Oxford Economic Papers**, **46**, pp. 1-29, 1994
50) Forester, J.: *Planning in the face of power*, **Journal of the American Planning Association**, **48**, pp. 67-80, 1982
51) Healey, P.: *Planning through debate. The communicative turn in planning theory*, **Town Planning Review**, **63**, pp. 143-162, 1992
52) Sager, T.: ***Communicative Planning Theory***, Avebury, 1994
53) Habermas, J.: Strukturwandel der Offentlichkeit, Neuwied, 1962 [細谷貞雄・山田正行訳：『**公共性の構造転換**』, 未来社, 1973]
54) 羽鳥剛史・松島格也・小林潔司：プロジェクト情報の提供と住民の学習, **土木計画学研究・論**

文集, **20**, No.1, pp.163-174, 2003
55) 羽鳥剛史・越水一雄・小林潔司：公共プロジェクトをめぐる認識の不一致と合意形成, **都市計画論文集**, No.39, pp.685-690, 2004
56) Robert, L. S. and Bonham, G. S.: *Measuring outcomes and managing for results*, **Evaluation and Program Planning**, **26**, No.3, pp.229-235, 2003
57) McLaughlin, J. A. and Jordan, G. B.: *Logic models: a tool for telling your programs performance story*, **Evaluation and Program Planning**, **22**, No.1, pp.65-72, 1999
58) Suchman, M. C.: *Managing legitimacy: strategic and institutional approaches*, **Academy of Management Review**, **20**, No.3, pp.571-610, 1995
59) Beck, U.: ***Risikogesellschaft. Auf dem Weg in eine andere Moderne, Suhrkamp Verlag***, Frankfurt am Main, 1986
60) 藤垣裕子：『専門知と公共性―科学技術社会論の構築へ向けて』, 東京大学出版会, 2003.
61) Schon, D. A.: ***The Reflective Practitioner***, *Basic Books*, Inc, 1983 [佐藤　学, 秋田喜代美訳：『専門家の知恵―反省的実践化は行為しながら考える』, ゆみる出版, 2001]
62) Schein, E.: ***Professional Education***, New York: McGraw-Hill, 1973
63) Edwards, A.: *Scientific expertise and policy-making: the intermediary role of the public sphere*, **Science and Public Policy**, **26**, No.3, pp.163-170, 1992
64) 斉藤純一：『公共性』, 岩波書店, 2000
65) Luhmann, N.: ***Trust and Power***, Chichester, U. K.: Wiley, 1979 [大庭　健, 正村俊乏訳：『信頼―社会的な複雑性の縮減メカニズム』, 勁草書房, 1990]
66) 山岸俊男：『信頼の構造―こころと社会の進化ゲーム』, 東京大学出版会, 1998
67) Bacharach, M. and Gambetta, D.: ***Trust as Type Detection***, In: Castelfranchi, C. (ed): Deception, Fraud and Trust in Agent Societies, Kluwer, Dordrecht, 2000
68) Spence, M. A.: ***Market Signaling: Informational Transfer in Hiring and Related Screening Processes***, Harvard University Prress, 1974
69) Lupia, A. and McCubbins, M. D.: ***The Democratic Dilemma: Can Citizens Learn What They Need To Know?***, Cambridge University Press, 1998
70) Krishna, V.: *A model of expertise*, ***The Quarterly Journal of Economics***, **116**, No.2, pp.747-775, 2000
71) Swank, O. H.: *Seeking information: the role of information providers in the policy decision process*, *Economics Working Paper Archive at WUSTL*, 2000
72) 岡田憲夫：災害リスクマネジメントの方法論と経済分析の交差, 多々納裕一・高木朗義編著；『防災の経済分析』, 勁草書房, pp.343-351, 2005
73) 金子邦彦：『生命とは何か, 複雑系生命論序説』, 東京大学出版会, 2003
74) 清水　博：『場の思想』, 東京大学出版会, 2003
75) 務台理作：『場所の論理学』, こぶし書刊, 1996
76) 吉川研一：非線形が創りだすリズムとパターン, **科学**, **75**, No.12, pp.1400-1402, 岩波書店, 2005
77) 佐藤直行・山口陽子：リズムから探る脳の記憶　物-場所連合記憶を操る海馬神経リズムの同調, **科学**, **75**, No.12, pp.1403-1408, 岩波書店, 2005
78) Furnham, A.: *The Psychology of Behavior at Work, The Individual in the Organization*, 2nd *edition*, ***Psychology Press***, p.403, 2005
79) Robbins, S.: *Organizational Behavior*, 5th *edition, Englewoodcliffs*, Prentice Hall, 1991
80) Thomas, K.: *Conflict and Conflict Management In: M. D. Dunnette (Ed.)*, ***Handbook of Industrial and Organizational Psychology***, pp.889-935, Wiley, 1976

3

水域環境論

3.1 水環境問題と最近の動き

　水環境問題の背景や現在抱えている問題，それに対する問題解決，さらには将来ビジョンについてはすでに1章の序説で考えてきた．ここでは，最近の研究動向を記述しよう．
　まず，（狭い意味での河道を中心とした）河川環境は流量の変動によって破壊と再生が繰り返される動的な環境として特徴づけられる．このため，河川環境の形成に果たす出水の役割，すなわち，出水による攪乱によりどのように河川環境が改変され，どのように河川環境が形成されるかについて理解しておく必要がある．そして，最近，特に河川生態学で主張されている，出水が河川環境の形成に果たす役割として，

① 河床堆積物や細粒土砂の掃流による河床のハビタットの維持・改善
② 瀬・淵や多様な流路形状の形成
③ ②による，河川生物の生息・生育環境の維持・改善
④ 河川生物の多様な生息・生育環境の形成

が重要であることを確認する必要があろう．
　以上の議論を3.2節で論じることにしよう．なお，注意すべきことは，上記④の河川生物の多様な生息・生育環境を形成するためには，例えば河川に生息する鳥類の営巣地・コロニーや河川水質問題の2点が重要となることである．
　多くの河川で観察される水鳥のアオサギを例にすれば，彼らのコロニーの保全を考える必要がある．このためには，狭い河川環境から水辺環境という空間概念の拡張が必要になり，河川生態保全からみた水辺生態保全となり，まちづくり，もっといえば地域・都市計画のフレーム（境界条件）として考えることが必要となる．実際，佐渡島のトキや兵庫県豊岡のコウノトリの保全などが好例である．この問題は，1.7.2項で述べた地域・都市でどのようなGES環境を創出するか，次世代に残すか，という現在の大きな課題であり，本章の枠組みを超えるため，ここでは先送りしておこう．次に，河川水質の問

題を考えてみよう．

かつては，河川に流入する汚濁負荷は主に発生源が特定しやすい点源 (Point source) から発生したものを対象とし，河川水質モデルでは横流入負荷として表現されてきた．この点源負荷が下水道整備などの対策によって削減されることで，河川水質が改善されるといった結果を示してきたのである．しかし，日本では，下水道整備が著しく進捗したものの，ここ四半世紀，都市河川や公共用水域の水質には大きな改善はみられない．この理由の1つとして，20年ぐらい前から流域地表面などに晴天時に堆積したさまざまな汚濁物質 (非点源負荷：Non Point source) が雨天時に処理されることなく流出することが挙げられてきた[1]．これらの非点源負荷は降雨開始後の比較的早い時間帯に流出しやすく，流量逓減よりも早く流出汚濁物質量が逓減する傾向がみられる．このため，降雨初期に河川等の入水域への水質影響が大きいと考えられてきた．

しかし，河川流水中の汚濁物質の挙動を考えた場合，基本的な移流・分散に加え，上述の横流入とともに分解・沈降といった生成消滅に関わる現象を考慮する必要がある．特に，懸濁態物質の沈降や河床材からの溶出や巻き上げといった回帰現象については，これまで低水時の安定した流況条件のもとで河床面を境界条件と考え，河床内部の物質移動を系外のものとして，一定速度の沈降・溶出・巻き上げの現象として表現されてきた．また，増水時の流砂現象の解析については多くの実験・研究事例があるが，増水時の汚濁物質の巻き上げと沈降に関する研究はほとんどなく，さらに，河床底泥中の汚濁物質の存在量や挙動に関しては未解明な部分が多いなか，最近では，河川水と河床中の汚濁物質移動に着目して，京都市内を貫流する鴨川において河川水質と河床底質に関する現地観測調査を実施し，河川水質と河床底質の状況を明らかにし，河川水質に対する河床底質の影響に関する研究がなされるようになってきた[2]．

しかしながら，河道内の河川水質の議論だけではこの水質の制御は不可能である．このため，雨天時の都市・地域全体の社会活動の結果としての河川汚濁の入力となる汚濁負荷を考えなければならない．この問題は，現象論的には水文学の範疇にも入る．このためには，都市域の非特定負荷源からの汚濁物質の供給と河川流入後の河床および地下水との水・物質の挙動に着目し，流域─河川表流水─河床地中水─地下水を統合した流出解析モデルを構築することが重要となる．

次に，河川生物の多様な生息・生育環境を議論しよう．河川水質と密接な関係にある底性動物に着目する．河川生態学者の多くは，よく河川環境評価指標として底性動物を用いるため[3]，調査がよく行われる．しかし，調査だけで終わっている場合が多い．調査は，水と緑の適応的計画方法論では，他の社会調査や物理調査と同レベルの GES 環境調査の一部を構成するものである．そして，どのように河川水質環境をよくするかという計画方法論が必要であろう．

都市域河川においては，晴天時における流量の減少や水質の悪化傾向がみられ，また水際のコンクリート護岸化などによる植生の減少などによって，生物の棲み場として質

的に劣化している状況がよく見受けられる．さらに，都市部では下水道整備が進捗しており，河川環境に対する下水道の影響力が増大してきている[1]．

こうした状況のなかで，流況，水質，空間などの棲み場の構成要素と底生動物，そして底生動物を餌とする魚類や鳥類の生息状況などとの関係について知見が整理されてきているが，これらを体系的に調査・分析し，河川における生態系保全計画論を提示するにはいたっていない．すなわち，土地利用の変化や上下水道の普及による水循環系の変化を分析し，"水循環の再構築"を計画することが必要であろう．同時に，この水循環の中で，植生を含めた地域における本質的で不可欠の"生態系ネットワークシステム"の特定化が，生態系保全計画方法論の向かうべき道であろう．この目的を意識しながらこれらの生態調査を，3.3 節で論じよう．

隣国の中国では，日本に比べ，下水道整備や排水規制が大きく遅れている．急激な経済発展に伴い，公共用水域の水質悪化が深刻化する一方である．汚濁物質源としては，生活排水や工場排水などの点源負荷に加えて，近年大量に使用されるようになった農薬，化学肥料の流出および畜産排水など広大な農村地域からの面源負荷が大きな割合を占めている．具体的に述べれば（毎日新聞 2007 年 9 月 19 日朝刊），中国の七大水系（松花江・遼河・海河・黄河・淮河・長江・珠江）で，飲用水源としての基準を満たす水質はおのおの（24％，35％，22％，50％，26％，76％，82％）で，最も汚染度がひどい超 5 類（何の用途にも利用できない）は北京を含む海河 57％，遼河 43％，淮河 30％，黄河 25％，松花江 21％，長江 7％，珠江 3％と公表されている．また，三湖（太湖・巣湖・滇湖）のうち，太湖と雲南省の滇湖は超 5 類である．目の前の河川や湖沼が毒水で満ちあふれている状況である．全国 27 ヶ所の重点湖のうち 13 ヶ所が超 5 類である．まったく水資源として価値のない水がたまり流れている．

また，合衆国（米国）でも，五大湖などの水質問題に関連して面源負荷の役割に関する同様な指摘が報告されている．このように，自然・社会環境が異なる多くの地域において，面源負荷に対する有効な管理がいま求められている．

最近まで，中国では，雨天時負荷流出メカニズムに対する理解が不十分であったことと，観測データが非常に少なかったこともあって，構造的に簡単なモデル構成とほとんど経験的に決められたモデルパラメータが用いられてきた．最近，雨天時汚濁負荷が注目されるようになり，一部の流域で，信頼性の高い観測が実施されるようになってきた．しかしながら，これらの観測結果をもとに，地域特性や雨天時負荷流出過程がより正確に考慮できるモデルの作成を行うにあたり，モデル構造が複雑になるにつれ，モデルパラメータは数が増えると同時に，質的にも分化してきている．その結果，経験的にすべてのモデルパラメータを決定することはほとんど不可能になり，観測データを用いたパラメータ同定が必要となってきている．観測データに基づくモデルパラメータの同定は，数学的には逆問題を解くことになるが，この最も困難な課題は，逆問題の解が唯一である保証がないことと観測データに誤差が含まれることが一般的に挙げられる．以

上のことから，3.4節では，前者に対して負荷流出モデルによる解析精度の向上を最優先するため最適化手法を用いて対応し，後者に対してニューラルネットワークモデルを用いて観測データから誤差成分を分離する一連の同定手法を提案しよう．

次に，中国ほどひどくはないが日本の閉鎖水域の水質環境問題を考えよう．東京湾，伊勢湾，および大阪湾のいわゆる三大湾や湖沼など閉鎖性水域では，水質環境基準の達成率が横ばい状態で推移しており，下水道の普及にもかかわらず，赤潮の発生回数などに改善の兆しがみられない[4)5)]．閉鎖性水域の水質汚濁の原因は，窒素やリンなどの濃度が上昇する富栄養化であることから，閉鎖性水域に流入する窒素やリンを効率的かつ効果的に削減することが必要であるといわれている．

これに対して，現在の日本の閉鎖性水域に対する水質汚濁負荷削減政策は，水質環境基準を制定し，その水質環境基準を達成するために制度化された水質総量規制制度などの規制的措置が主流となっている．一方，下水道行政では，水質環境基準の類型指定がなされている水域について，「流域別下水道整備総合計画（以下，流総計画と呼ぶ）」を策定し，下水道管理者が放流先の状況などを考慮して自ら必要とする放流水質（計画放流水質）を定め，これに応じた適切な処理方法を事業計画に位置づけて下水道の高度処理施設などを整備することができる仕組みとなっている．その際，下水道管理者が目標とする終末処理場の計画処理水質は，流総計画の中で，下水道に配分された許容負荷量に基づいて一律に設定されるのが一般的である．しかしながら，このように，一見公平の名のもとに設定された一律の計画処理水質に基づいて各終末処理場で水質負荷削減を行うことが効率的であるかというと，必ずしもそうとは限らない．実際に，高度処理施設などの導入が進まない理由として，下水道の高度処理費用が高いことを理由に挙げる下水道管理者も少なくない．

最近では，地球温暖化防止のための二酸化炭素削減調整手法として，排出枠取引制度が注目されている．排出枠取引制度は，初期の排出枠の割当量の大小のいかんにかかわらず，売買主体間の取引により，全体の削減費用の最小化と社会的便益最大化の最適解が得られるという特徴があり*，多くの問題を抱えながらも，効率的な負荷配分調整手法として有効な方法であるといわれている．このため，3.5節で，閉鎖性水域における水質汚濁負荷削減調整での効率的な負荷配分の調整方法として排出枠取引制度を取り上げ，その適用可能性について考えてみよう．以下では各節の概観を述べておこう．

3.2節：まず，河川環境の特徴について考察し，河川環境の特徴のうち多様な構成要素と動的平衡に着目して，流量変動が河川環境に及ぼす影響について考察する．そして，河川環境に影響を与える河川水理量を出水前後の観測調査データをもとに検討した研究事例を紹介し，出水が河川環境の形成に及ぼす役割について考えよう．

---

*初期値の設定や基準値を維持しそれ以上よくしないなど．

3 水域環境論

3.3節：ここでは，京都市域を流れる鴨川水系を対象流域とした．京都市では水質汚濁の状況を把握するために1970年から毎月1回実施している公共用水域の水質測定データを解析した結果，当該流域では下水道整備が進むにつれて晴天時の水質は改善されてきたが，1985年以降はそれほど改善傾向が現れていない．この原因の1つとして，都市域では不浸透化が進み雨天時の汚濁負荷が増加していることが指摘されている．

さらに，鴨川水系の中上流部にあたる賀茂川流域は扇状地を形成しており，土層は賀茂川によって運搬された礫などが多く分布し，河川表流水と地下水間の流出が多く存在していると考えられる．そこで，河川流下過程とその間の横流出入量をできるだけ精密に計測するとともに，河床地中水の水位・水質観測を実施し，これらの情報を活用して段階的にモデルパラメータを同定することで統合モデル全体の再現精度を順次高めていく手法を採用する．その際，地表水と地下水の流速のオーダー的差異が大きいことに注目しながら，地下水・地中水・表流水，相互の水・物質収支をとらえることによって，地下水の水量・水質が表流水に与える影響を評価する．1970年代から工場の排水規制の強化と伏見処理場の建設をはじめとする急速な下水処理施設の整備の結果，水質環境が回復し始めたがその後の改善傾向はなく安定してきたことを述べよう．なお，この節は，メカニズムの解明過程を理解していただくためにページ数を多くした．研究者（やその卵）が，どのように悪戦苦闘しているかをみていただきたい．

3.4節：3.3節の微分型（物理化学的）指標の議論に対して，ここでは積分型（底生動物相）指標の変遷を通して河川環境の変遷を評価する．また，湧水での底生動物の特徴を明らかにし，河川環境における湧水の環境評価と温熱排水流入前後の底生動物相の変化による，温熱排水流入の影響評価を行う．

また，都市域河川における生態系保全計画策定の一環として，都市域河川の環境コントロール要因の一つである下水道整備の効果をみてみよう．（微分型）理化学指標による河川水質は下水道整備に大きく依存し，経年的に改善の傾向を示している．特に下水処理場からの放流の影響を受けない観測点では著しく改善しているが，下水処理水の放流を被る他の観測点では，改善効果は横ばいの状況にある．（積分型）生物指標による水質階級と理化学指標が連動していることに注目し，よく使われる生物指標としての底生動物が他のすべての指標（理化学指標，魚類，藻類指標）との間に有意な関連をもつかどうか確認し，下水処理水質の向上による水質改善と生物指標による水質階級の向上が期待できるかどうかを明らかにする．そして，底生動物を餌とする魚類や鳥類（とりわけツバメや水鳥）の調査方法と結果を提示しよう．

なお，生物指標による水質判定法以外にも，多様性指数などによる河川水質評価が可能であるし，また，水質の問題を考える際には，有機汚濁のほかに，微量有害物質や環境ホルモン物質などの影響についても分析が必要となる．流域における水と緑の整備は生態系の保全のみならず浸透能の拡大による自己流量の増強に寄与するものであり，こ

165

の観点からも流域の土地利用との関係を無視することはできないことを断っておこう.

3.5 節:雨天時負荷流出モデルの一般的なモデル構造に対し,モデルパラメータの同定方法を提案する.この方法は,観測データを用いたパラメータ最適推定法とニューラルネットワークモデルによる観測誤差の分離方法から構成されており,従来多用されてきた経験的パラメータ推定法に比べてより信頼性の高いモデルパラメータ推定値が得られるものと考える.本手法の大きな特徴は,モデルパラメータ同定に使用する観測データから誤差成分を分離したことにある.これより,より信頼できる水質解析モデルの構築や解析精度の改善に役立つだけでなく,水環境計画により確かな根拠を与えるものとして期待される.

3.6 節:閉鎖性水域における水質汚濁負荷削減調整での効率的な負荷配分の調整方法として排出枠取引制度を取り上げ,その適用可能性について検討を行う.具体的には,まず,日本における閉鎖性水域における水質汚濁負荷削減の考え方を整理したうえで,排出枠取引制度が適用できる場面について考察する.次に,排出枠取引制度の考え方を整理し,モデル検討を通じて,閉鎖性水域における水質汚濁負荷削減調整への排出枠取引の適用可能性について考察する.

3.2 河川環境の形成

3.2.1 河川環境の特徴

河川環境の特徴として,
① 多様な要素から構成される,
② 空間的に連続している,
③ 流域の環境の一部となっている,
④ 時間的に変動している,
などが挙げられる.

河川環境は,空間的には,水域,河道空間,後背域に分けられ,機能的には,図 3.2.1 に示すように,水,土砂,空間,ハビタット,動植物・生態系から構成される.空間および水は一体となって動植物のハビタットを形成しており,水量,水質は水域,水際域の動植物(の種の構成)に影響し,動植物の種間には食物連鎖のほかに競合,共生といった相互関係があるといったように,これらは,互いに影響を及ぼしあっている.

また,河川環境は縦断的にも横断的にも連続した環境を形成しており,縦断的には,陸域,水域は上流から下流まで帯状に連続した空間を形成している.横断的には,陸域内および水域内はもちろん,陸域から水際域,水際域から水域と河川環境は連続してい

3 水域環境論

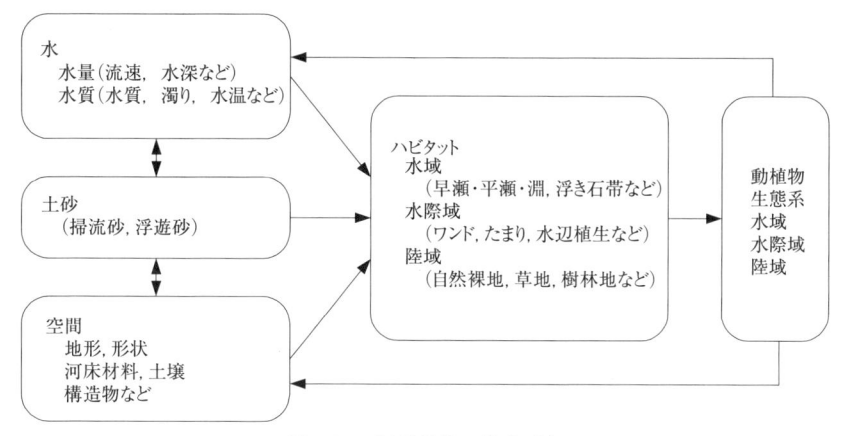

```
┌─────────────────┐
│ 水              │
│  水量(流速,水深など) │ ←─────────────┐
│  水質(水質,濁り,水温など)│              │
└────────┬────────┘              │
         ↕                ┌──────────────────┐      ┌────────┐
┌─────────────────┐       │ ハビタット         │      │ 動植物 │
│ 土砂            │ ────→ │  水域              │ ────→│ 生態系 │
│ (掃流砂,浮遊砂) │       │   (早瀬・平瀬・淵,浮き石帯など)│      │ 水域   │
└────────┬────────┘       │  水際域            │      │ 水際域 │
         ↕                │   (ワンド,たまり,水辺植生など)│      │ 陸域   │
┌─────────────────┐       │  陸域              │      └────────┘
│ 空間            │ ────→ │   (自然裸地,草地,樹林地など) │
│  地形,形状       │       └──────────────────┘
│  河床材料,土壌   │ ←──────────────────────────────────┘
│  構造物など      │
└─────────────────┘
```

図 3.2.1　河川環境の構成要素

る．そして，自然環境としても，景観からみても，河川環境は流域の環境の一部を構成しており，流域の自然環境の中で，河川は，①生物の供給源，②生物の住みか，③生物の移動経路，④緩衝帯・推移帯として機能しており，流域の自然環境の中で重要な役割を果たしている．

河川環境のもう1つの大きな特徴として，時間的に変動していることが挙げられる．すなわち，河川は常に変動し，動的平衡を保っており，河川環境も，気候変動，水文変動などの自然の変動，人為的インパクトなどにより常に変動している．

河川環境の変動には，①傾向変動，②周期的変動，③ランダムな変動がある．①傾向変動は，地質学的変化，気候・水文変化に起因する変化であり，②周期的変動には年変動(季節変動)，日変動などがある．③ランダムな変動は，洪水，渇水，人為的インパクトによる変動で，これらの変動は時間とともに回復する場合もあるし，他の状態に遷移することもある．

3.2.2　河川環境と流動変動

ここでは，前項で述べた河川環境の特徴のうち，「多様な要素から構成される」と「時間的に変動している」に着目して，流量変動が河川環境に及ぼす影響について考察する．

流量変動が河川環境に及ぼす影響は，河道地形の改変，ハビタットの改変，動植物・生態系の改変として顕示される．この影響を，河道，ハビタットの改変と動植物の改変に区分し，改変の内容を流量規模との関係で整理したものが表 3.2.1 である．

これら河道地形，ハビタット，動植物の改変は相互に作用しあうが，流量の変動→河道地形の改変→ハビタットの改変→動植物の改変という影響構造が基本と考えられる．

流量変動が河川環境の形成に果たす役割を明らかにするためには，河川流量，河道，

表3.2.1 流量変動と河川環境の改変

	河道, ハビタットの改変	動植物の改変
小 ↑ 流量 ↓ 大	シルトの堆積	
	シルトの掃流	付着藻類の剥離・掃流 　→付着藻類の活性化
	細粒土砂の掃流	底生動物の優先種の変化
	河床材料の移動	付着藻類の剥離, 底生動物の掃流 　→付着藻類, 底生動物の優先種の変化 　　特定種の優先状態の解消
	瀬・淵の形成	底生動物の流出 　→底生動物の優先種の変化 　　特定種の優先状態の解消 多様な魚類相の形成
	みお筋(注)周辺の裸地化	水辺植生の再生
	流路, 砂州の移動 分流・伏流・サイドプールなど多様な流路形状の形成 裸地河原の形成	多様な魚類相の形成 礫河原を利用する動植物の再生

(注) 船の通行する水路の通り

動植物の相互の関連の解明が必須となる．このため，流量変動が河川環境に及ぼす影響をマクロ的影響構造として整理し，流量変動と河川環境の関わりを解明するための作業仮説の設定およびその検証のための評価指標を提案した研究が行われている[1)2)]．

また，流量変動と河道，生物の相互の関連の解明を目的として，出水前後の観測調査データをもとに，ハビタットや動植物の生息・生育の状態に影響を与える河川水理量（流速，水深）についての検討から，流量変動とそれによってもたらされるハビタットや生物の状態の関連の定量化を試みた研究も行われている[6)7)]．以下で，この流量変動とそれによってもたらされるハビタットや生物の状態の関連の定量化を試みた研究事例を紹介する．

3.2.3 流動変動がハビタットや生物に及ぼす影響

この研究は，前述の流量の変動→河道地形の改変→ハビタットの改変→生物の改変という影響構造のうち，流量の変動→ハビタットの改変，および流量の変動→生物の改変の関係に着目し，ハビタットや生物の改変を引き起こす河川水理量を出水前後の観測調

3 水域環境論

表 3.2.2 流路部と河道部の更新流量

範囲		改変状況	更新流量 (m³/s)	代表粒径の移動限界流量 (m³/s)	
				平均粒径の 1/2	平均粒径
荒川	流路部	礫移動	510	早瀬 291	早瀬 1,385
		みお筋移動（小）	1,900	低水路 1,596	低水路 4,194
		みお筋移動（大）			
		砂州移動	3,000		
	河道部	みお筋周辺裸地化	1,900		
		低水路全域攪乱			
		高水敷攪乱	観測なし	高水敷 11,474	高水敷 18,541
神流川	流路部	礫移動	42	早瀬 106	早瀬 240
		みお筋移動（小）	350	低水路 540	低水路 902
		みお筋移動（大）	590		
		砂州移動	750		
	河道部	みお筋周辺裸地化	350		
		低水路全域攪乱	590		
		高水敷攪乱	観測なし	高水敷 4,326	高水敷 5,151

（注）平均粒径：荒川 10 cm，神流川 15 cm

査データをもとに推定することにより，流量変動とそれによってもたらされるハビタットや生物の状態の関連の定量化を試みたものである[7]．

この研究では，ハビタットや生物の改変を引き起こす流量を河川環境更新流量と呼び，ハビタット，生物のそれぞれについて対象および改変の程度により種々の更新流量を考え，ハビタットや生物に関する各種の更新流量を推定したものである．

(1) ハビタットの更新流量[8]

1) 水域と陸域

ハビタットを大きく水域（流路部）と陸域（河道部）に分け，おのおのの改変状況をその程度により区分し，それぞれの更新流量を，
① 観測調査期間中に生起した出水での改変状況，
② 撮影年次の異なる航空写真の比較から撮影年次間の出水による改変状況，
から推定している．

この結果が表 3.2.2 である．当表には早瀬，低水路，高水敷の各領域における礫の移動限界流量として，代表粒径を平均粒径および平均粒径の 1/2 とした場合の推定値も示している．これらは，観測調査地点での出水時の礫の移動調査結果より推定した粒径別

荒川　シルト堆積量と流速

図中凡例：
- □ H10.8.20
- △ H10.11.2
- ○ H10.11.26
- ◇ H10.12.21

回帰式：
- $y = -1.0722\ln(x) + 0.5858$, $R^2 = 0.426$
- $y = -1.4976\ln(x) + 1.0685$, $R^2 = 0.124$
- $y = 1.8452x^{-3.3132}$, $R^2 = 0.476$
- $y = -1.0448\ln(x) + 0.384$, $R^2 = 0.061$

神流川　シルト堆積量と流速

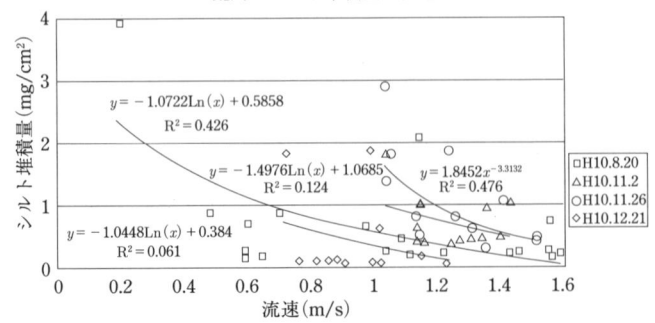

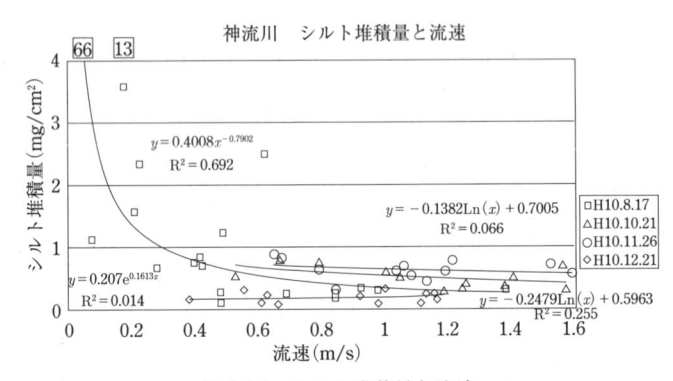

図中凡例：
- □ H10.8.17
- △ H10.10.21
- ○ H10.11.26
- ◇ H10.12.21

回帰式：
- $y = 0.4008x^{-0.7902}$, $R^2 = 0.692$
- $y = -0.1382\ln(x) + 0.7005$, $R^2 = 0.066$
- $y = 0.207e^{0.1613x}$, $R^2 = 0.014$
- $y = -0.2479\ln(x) + 0.5963$, $R^2 = 0.255$

図 3.2.2　シルト堆積量と流速

限界無次元掃流力より代表粒径の限界摩擦速度を求め，各領域でこの限界摩擦速度を生じさせる流量として推算したものである．各領域の更新流量はほぼこの2つの代表粒径の移動限界流量の間に入っており，平均粒径の1/2の礫の移動限界流量は更新流量の下限値として有効な指標と考えられる．

2）河床

早瀬の12〜20の観測地点で河床材料の粒度組成，浮き石被度，シルト堆積量など，および流速，水深が観測されている．観測時点ごとのこれらの観測値をもとに河床の状態と河川水理量の関係を検討し，河床の状態を更新する流量を推定している．

まず，これらの観測値の相関の検討から，河床の状態を表す指標としてシルト堆積量を，河川水理量として流速を選定し，両者の関係を検討した．

各観測時点における各観測地点のシルト堆積量と流速の関係を示した図が図 3.2.2 である．これらの図より，流速が大きくなるほどシルト堆積量は減少する傾向がみられ，両河川とも堆積量はおおよそ流速 0.4 m/s 以下で顕著に増大する．

これより，河川水理量との関連で河床の状態を代表する指標としてシルト堆積量が挙げられ，このシルト堆積を促進する限界の流速の存在が推測され，観測結果から，この

限界流速を 0.4 m/s と推定している.

(2) 生物の更新流量
1) 付着藻類
　付着藻類の増殖から剥離・掃流による減少にいたる過程が観測されており，この過程における最大現存量は流速によって規定されると考えられる．すなわち，流速が大きい地点では剥離・掃流によって現存量が低く抑さえられると考え，観測調査期間中の各地点での最大現存量（クロロフィル a）と流速の関係を検討し，以下の知見を得ている．
　各観測地点での付着藻類の最大現存量とその時点での流速の関係をみると，これらは対象河川により類似の傾向を示す．荒川の各観測地点では流速は 0.75～1.2 m/s，最大現存量は 65～75 μg/cm^2 であるのに対し，神流川では流速は 1.2～1.8 m/s，最大現存量は 5～15 μg/cm^2 程度であった．流速が速くなれば付着藻類の増殖と剥離・掃流が均衡し，最大現存量は低く抑さえられると考えられる．荒川，神流川の観測結果から剥離・掃流を促進する限界の流速の存在が推測され，最大現存量の差を規定する流速として約 1.2 m/s が挙げられる．

2) 底生動物
　調査観測期間中の出水で底生動物はほぼ壊滅し，その後回復に向かった．底生動物についても，本項 (1) と同様に，早瀬の 12～20 の観測地点で，湿重量，個体数，種類数，個体重量などが，出水前 1 回および出水後約 1 ヶ月おきに 2～3 回観測されている．
　各観測時点，観測地点での底生動物量（総湿重量，総個体数，総種類数，個体重量）とそれを規定すると考えられる河川水理量，河床の状態要因（シルト堆積量，浮き石被度，礫サイズなど）との相関を検討した．
　底生動物量は，相対的に流速との相関が強く，流速が遅い地点ほど湿重量，種類数は大きく，流速が速くなるに従い小さくなる．これは，流速が遅いほど生産性は高く，流速が速くなると生産に制限を受けるためと考えられる．特に，総湿重量は流速が大きいほど少なくなり，流速約 1.2 m/s 以上できわめて小さくなる（図 3.2.3）.
　この総湿重量がきわめて小さくなる限界の流速は，付着藻類の最大現存量を規定する限界流速と同じとなった．これは，剥離・掃流による付着藻類の現存量の減少が，それを餌資源とする底生動物の生存を規定するためと解釈される．

3) 植物
　出水の前後で，河道の横断方向の測線上での生活型別植物の生育状況が観測されている．この観測調査で得られた各生活型別植物の出現率（生育区画数 / 全区画数）の変化から，各生活型の植物に与える出水の影響を検討している．
　生活型別に，出現率が出水後減少し出水で影響を受けたと推定される標高を求め，その標高における摩擦速度，平均流速を，痕跡水位，河道断面形状などから推定した．
　この摩擦速度，平均流速は，荒川，神流川の 2 河川，各出水で異なる値となった．こ

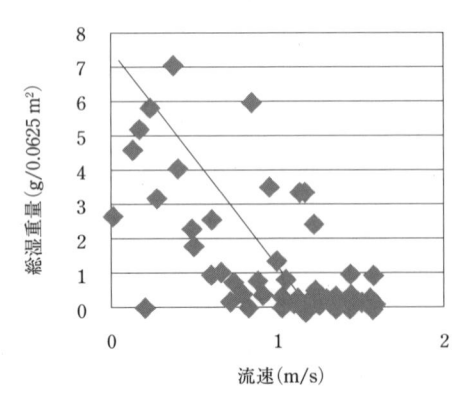

図 3.2.3　底生動物総湿重量と流速

表 3.2.3　生活型別限界水理量

生活型	摩擦速度 (m/s)	平均流速 (m/s)
二年生草本	0.067	0.37
一年生草本	0.126	1.08
多年生草本	0.126	1.08
つる性一年生草本	0.164	1.63
つる性多年生草本	0.164	1.63
木本	0.196	2.11

表 3.2.4　群落別更新流量

生活型	群落名	荒川	神流川
一・二年草	メマツヨイグサ	520 m³/s	62 m³/s
	コセンダングサ ヒメムカシヨモギ	—	
多年草	メドハギ	3,000 m³/s	—
	ツルヨシ・ヨシ	—	720 m³/s

れは，出水前の各生活型別植物の生育分布状態が両河川，両出水で異なっていたためと考えられる．しかし，ここでは生活型別植物の流出の限界を表す水理量を検討することを目的としているため，これらの水理量の最小値をその生活型の植物に影響を与える水理量の限界値とし，この生活型別の限界水理量が表 3.2.3 である．

植物については群落別更新流量も検討されており，植生図と各年代の航空写真および観測調査時の情報から，群落の分布パターンの変遷を調べ，その間に生起した出水の最大流量から植物群落の更新流量を推定している（表 3.2.4）．

表 3.2.5 河川環境更新流量と発生頻度

領域・対象			現象		荒川	神流川
ハビタット	流路部		シルト掃流		41 (年10回以上)	35 (年4回)
			礫移動		510 (年1〜2回)	42 (年3回)
		みお筋移動	小		1,900 (1/3)	350 (1/3〜1/5)
			大			590 (1/5〜1/10)
			砂州移動		3,000 (1/5〜1/10)	750 (1/10)
	河道部		みお筋周辺裸地化		1,900 (1/3)	350 (1/3〜1/5)
			低水路全域攪乱			590 (1/5〜1/10)
			高水敷攪乱		11,000 (1/100以上)	4,300 (1/100以上)
生物	付着藻類		剥離掃流		140 (年6回)	85 (年1〜2回)
	植物	生活型別流出	二年生草本		360 (年3回)	160 (年1回)
			一年生草本		650 (年2回)	340 (1/3)
			多年生草本		650 (年2回)	340 (1/3)
			つる性一年生草本		1,100 (年1回)	570 (1/5)
			つる性多年生草本		1,100 (年1回)	570 (1/5)
			木本		1,800 (1/3)	850 (1/10)
		群落流出	メマツヨイグサ (二年草) コセンダングサ (一年草) ヒメムカシヨモギ (一年草)		520 (年2回)	62 (年2回)
			メドハギ (多年草)		3,000 (1/5〜1/10)	—
			ツルヨシ・ヨシ (多年草)		—	720 (1/10)

上段は河川環境更新流量(単位:m³/s).下段の( )は発生頻度

(3) ハビタットと生物の更新流量の比較検討

(1),(2)で推定したハビタットや生物に関する各種の限界水理量から更新流量を観測地点の河道断面形状などを用いて推算した結果が表3.2.5である.

低水路全域を攪乱する流量は,生活型別の草本すべてを掃流する流量と同程度である.また,一・二年草群落に影響を与える流量は,生活型別の一年生草本の掃流流量よりも

表3.2.6 出水が河川環境の形成に果たす役割

	出水規模	役割（出水による変化）	役割（生物への影響）
水域	年数回程度生起する出水	・堆積したシルトの掃流 ・付着藻類の剥離・掃流 ・細粒土砂の掃流　浮き石域の増大 ・河床材料の移動 ・河床材料の移動に伴う付着藻類の剥離 ・底生動物の掃流	・付着藻類の活性化 ・付着藻類（珪藻類）の生育環境の改善 ・付着藻類食の水生昆虫や魚類の餌資源生産の向上 ・礫表面を生息場とする底生動物群（接着型，匍匐型）の生息条件の拡大 ・礫間や堆積物を利用する底生動物群（造網型，掘潜型）の生息条件の縮小 ・礫間を生息・産卵場とする底生魚の生息環境の改善
	2〜3年に一度生起する規模の出水	・瀬・淵の形成 ・底生動物の流出	・底生動物の特定種の優先状態の解消 ・底生動物の多様な種の生息条件の形成 ・肉食や大型種の底生動物の掃流により弱者（小型種，植物食種など）の生息条件の改善 ・魚類の多様な生息環境の形成
	10年に一度生起する規模以上の出水	・流路，砂州の移動 ・分流・伏流・サイドプールなど多様な流路形状の形成	・魚類の多様な生息環境の形成 　生息場，産卵場，避難場
陸域	2〜3年に一度生起する規模の出水	・みお筋周辺の裸地化	・河原特有の植物の生育条件の形成
	10年に一度生起する規模以上の出水	・裸地河原の形成	・特定の植物種の優先状態の解消 ・多様な植物種の生息条件の形成 ・礫河原を利用する昆虫類・鳥類の生息環境の改善

出典：参考文献[9]（一部改変）

小さく，早瀬で礫移動が発生する流量と同程度である．このことより，早瀬で礫移動が発生する程度の流量が生起していれば，一・二年生草本が河畔で群落を形成できる（優占種となる）といえる．多年草群落に影響を与える流量は，生活型別の多年生草本の掃流流量よりも大きく，砂州移動が発生する流量と同程度である．このことより，多年草群落全体としては，個々の草本より流水に対する耐性が大きく，群落が縮小するような影響を受けるのは，砂州移動が生起するような大規模な出水であるといえる．

3.2.4　出水が河川環境の形成に果たす役割

　出水が河川環境の形成に果たす役割として，出水規模別に出水によるハビタットおよび生物の変化とそれによる生物への影響を，水域と陸域に分け整理すると，表3.2.6と

なる.
　この表から出水が河川環境の形成に果たす役割をを要約すれば以下のようになる.
① 河床堆積物や細粒土砂の掃流による河床のハビタットの維持・改善
② 瀬・淵や多様な流路形状の形成
③ ②による，河川生物の生息・生育環境の維持・改善
④ 河川生物の多様な生息・生育環境の形成

3.3 鴨川における河川水と地下水間の水・物質循環の解明[10]

　ここでの目的は，扇状地の特性である河川表流水と地下水間の流出が多く存在している流域における水・物質循環のメカニズムを明らかにすることである．このため，地表水と地下水の流速のオーダーが非常に異なることを考慮しながら，地下水・地中水・表流水，相互の水・物質収支をとらえることにより，地下水の水量・水質が表流水に与える影響を評価する．

3.3.1　鴨川流域の特性・水文資料・現地観測

　対象流域は京都盆地水系全般であり，特に北東部から流入する鴨川水系のうち賀茂川・高野川に主たる観測点を設けた．ここでは，京都盆地水系および観測領域の特性について概説する．

(1)　流域特性
1）京都盆地水系の特性

　京都盆地は淀川水系の上中流部に位置し，四方を山々に囲まれ，西からは桂川，北からは鴨川，東からは宇治川，南からは木津川が流入する．盆地水系を流下した河川表流水は盆地南西で合流し淀川となり大阪湾へ達する．京都盆地の基礎地形は四方の山々が形成する谷地形であり，この上に河川運搬作用によってもたらされた礫などの堆積物によって形成されている．そのため，京都盆地の地層は地表面から基盤地形まで透水性の高い堆積物層が分布している．京都駅周辺のボーリング調査では礫層が地表から70 m以上も堆積しており，京都盆地全体では透水性の高い基盤層厚が100 m以上にもなる[11]．

　京都盆地の地下では御碗のような形の地下水盆が存在し，多くの地下水が貯留されていると考えられる．それらの地下水は河川表流水と同様，重力に従って三川合流地点へと集まるが，出口が極端に狭いため三川合流地点付近で湧水という形で地表に現れるものも多く存在する．貯留量が多く利用可能な地下水は多く存在するが，出口が狭いため地下水の滞留時間が非常に長いと考えられる．地下水の流速は速くとも 1.0×10^{-4} m/s 程度であり，河川水の流速が遅くとも 1.0×10^{-1} m/s 程度であるのに対して非常に遅い．

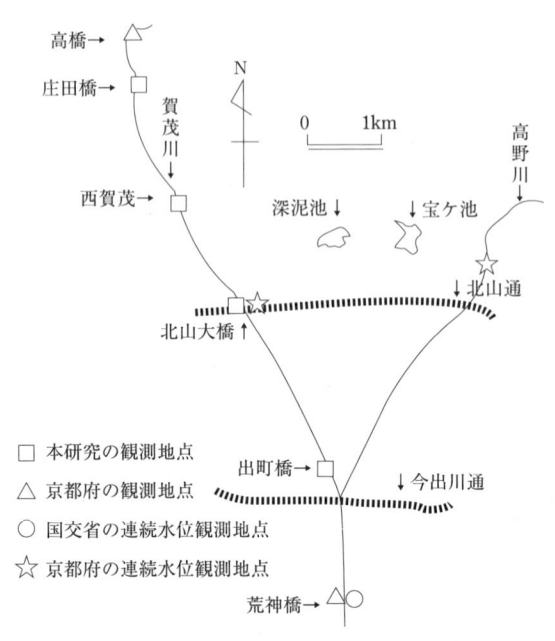

図 3.3.1 研究対象河川における観測地点

後述の観測領域では礫層が広く分布しており，地下水の流れとしては比較的速い流れと考えられるが，それでも領域を南北に縦断するためには数年～数十年の年月が必要となる．さらに，地下水中の物質は，土壌層との吸脱着などの効果も考慮すると，その滞留時間はさらに長く，一度汚染されると浄化されるまでに長い年月を要する．

2) 観測領域の設定とその特徴

本研究では，京都市を南北に流れる鴨川上流部の賀茂川のうち，庄田橋から出町橋までの約 5.7 km の区間に主要な観測点を配置した（図 3.3.1）．この領域を選定した理由は，定期的に京都市による水質の測定が行われており過去の水質データが得られること，地理的・地形的な理由で流量・水質の観測が容易であること，上流部が扇状地となっており地下水流による影響が大きいと考えられること，土地利用や下水道の整備状況等のデータが得られることなどである．

庄田橋より上流部は山地，下流部はほぼ都市域で占められている．対象流域の上流部では農業用水路が整備されており，主に庄田橋直上の柊野堰堤と志久呂橋下流にある明神井堰で常時取水されている．取水された農業用水はさまざまな経路をたどった後，志久呂橋より下流で横流入として晴天時，雨天時を通して本川に流入している．

対象領域の下水道普及率は 99.1 ％に達するが，合流式下水道と分流式下水道が混在しており，都市中心部では合流式下水道の割合が 4 割近くになる．京都市では近年浸水対

策を進めており，市街地全域で10年確率降雨 (62 mm/hr) に対応できるような大型幹線が整備されつつあるが，汚濁対策は進んでいない．京都市下水道局では，年間に60回程度未処理の下水が雨水吐口から河川へ流れ込んでおり，2006年11月21日の京都新聞によれば，このような未処理の下水は環境対策の指標となるBOD（生物化学的酸素要求量）濃度が通常の河川濃度の100～200倍に達すると指摘されている．

3) 対象流域の地質学的特性

主な観測領域は柊野堰堤付近を頂点とした賀茂川の緩扇状地に位置し，北東部は深泥池や上賀茂神社のある松ヶ崎ならびに上賀茂丘陵によってさえぎられ，西部は北山山地がめぐっている．賀茂川は扇頂の柊野から扇状地の中央部を流れて出町柳で高野川と合流している．賀茂川が流れる扇状地の地質は賀茂川由来の礫層が分布しており，このような扇状地においては扇頂付近で河川水は地下へと伏流し，それらの伏流水は扇央部で湧水として現れることが知られており，賀茂川流域においても同様の現象が発生していると考えられる．

観測領域の南西部には船岡山付近から烏丸中学校付近に伸びる岩盤の尾根が走っていることが知られている．この北山山地から東南東に延びる岩盤の尾根は，賀茂川の形成している扇状地の扇央から扇端にかけて地下水の流れを遮断するように存在している．扇頂から扇央付近で河川から伏流した地下水の流れはこの岩盤の尾根によって南への流路をさえぎられて東へ流れを変え，賀茂川と高野川の合流する出町柳付近に達する．この二川合流部付近は，賀茂川扇状地，高野川扇状地の扇端部であるとともに，それぞれの河川伏流水の流れが集まる地点と考えられる．

(2) 対象流域の水文資料と現地観測

1) 公的機関により提供される情報

京都府では2006年から，洪水対策の観点からインターネットを通して市民に鴨川流域観測点のリアルタイム水位・雨量値を公開している．これにより，雨天時の雨量分布や河川水位変動を時間的にも空間的にも細かく把握することが可能となった．また，京都府・京都市では月1回の水質観測を行っており，同日の河川流量と併せて，公共用水域および地下水の水質観測結果としてまとめられている．この情報についても，直近の年度から順にさかのぼってインターネットでの公開が開始された．これらの河川水位に関しては連続的，断続的に多くの地点で観測を行っているが，河川流量調査結果の多くは観測水深と河川計画断面から推定されたものであり，実際に河床形状，河川流速を細かく計測したものは少ない．一般に，河川計画断面などから推定された水位―流量関係は平水時には推定誤差が大きくなる．そのため，晴天時から雨天時を通した一連の水・物質循環を解明するには，晴天時や小出水の河川流量を正確に把握する必要があり，実際に計測する必要がある．

2) 河川流量・水質観測の概要

ここで注目する河川表流水と地下水流動の相互関係を特定するために，河川表流水および河床地中水の観測を行い，その物理現象を推定する必要がある．そこで，まず河川表流水の観測値を用いて流量と水質の両面から河川表流水に対する地下水流の影響を正確に評価することを試みた．

京都府が毎月実施している公共用水域の流量・水質調査は，本研究の観測領域では北大路橋・出町橋の2地点のみでしか行われておらず，横流出入している水路については観測されていない．上述のように京都府が行っている流量観測は計画断面から流量を割り出したものと考えられるため，実際の流量を正確に測定できているとは考えがたい．これらの理由から，京都府の公共用水域データのみを用いて賀茂川の流下過程における連続的な流量・物質量の増減を正しく評価することは難しい．しかも，水質観測は晴天時にのみ行われており，出水時の流下過程を把握することはできない．

以上のような理由から，河川表流水と地下水流動の相互関係を晴天時—雨天時を通して，連続的かつ定量的に正しく評価することを目的として，ある降雨イベントから次の降雨イベントまでの連続した流量・水質観測を実施した．この観測を通して晴天時の定常水位の状態から雨天時の増水，その後の流量逓減過程を正確に把握するとともに，一連の流動現象における地下水流の影響を評価する．以下，観測の概要を述べる．

3) 晴天時観測期間

本研究では，図3.3.2で示した観測地点で河川縦断流量・水質観測を2006年8月3日，9月11日，10月17日から10月30日にかけて毎日と，その後11月17日まで数日おきに行った．河川の観測地点は庄田橋，西賀茂橋，北山大橋，出町橋の4地点でそれぞれ流量観測と採水を行った．横流入水路においては晴天時に常時流入がみられる12ヶ所について，主要な流量の多い流入水路については全観測日で，それ以外の水路については全日程を通して数回の流量観測と採水を行った．河川から流出する水路（取水口）は志久呂橋南東にある明神井堰1ヶ所で，10月29日以降毎回観測を行った．また，10月31日以降の縦断観測を行っていない日も庄田橋での定点水位観測と庄田橋，出町橋での採水を11月14日まで行った．

京都府庁のアメダス雨量データを用いて，各観測日当日までの前30日，前10日の累積雨量と前回降雨イベントの総降水量，先行晴天日数をまとめ，連続観測を行った10月17日〜11月17日については全降雨量を集計した．観測期間内に10 mm以上の日降雨を観測したのは10月23日と11月11日の計2日だけであった．

4) 雨天時観測期間

10月23日には，流域内でいちばん流入量の多い横流入水路である御薗北西横流入で降雨発生直後の14時45分から，15分おきに流量観測を行った．また，降雨発生前の12時40分，降雨発生後の15時00分，大量のゴミが流れてきた16時00分に，それぞれ採水を行った．

3 水域環境論

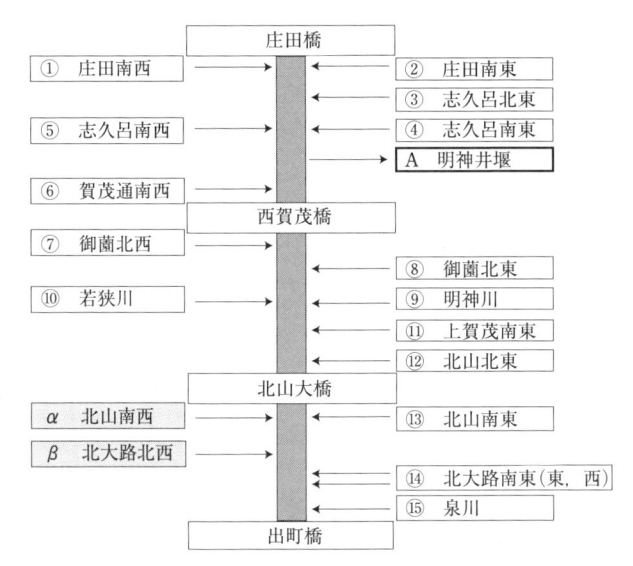

```
                    ┌──────────┐
                    │  庄田橋   │
    ┌─────────┐    └──────────┘    ┌─────────┐
    │① 庄田南西│→          ←│② 庄田南東│
    └─────────┘                     └─────────┘
                                    ┌─────────┐
                                ←│③ 志久呂北東│
                                    └─────────┘
    ┌──────────┐                   ┌──────────┐
    │⑤ 志久呂南西│→          ←│④ 志久呂南東│
    └──────────┘                   └──────────┘
                                   ┌──────────┐
                                →│ A 明神井堰 │
                                   └──────────┘
    ┌─────────┐
    │⑥ 賀茂通南西│→
    └─────────┘    ┌──────────┐
                    │ 西賀茂橋 │
    ┌─────────┐    └──────────┘
    │⑦ 御薗北西│→
    └─────────┘                    ┌─────────┐
                                ←│⑧ 御薗北東│
                                   └─────────┘
    ┌────────┐                    ┌────────┐
    │⑩ 若狭川│→                ←│⑨ 明神川│
    └────────┘                    └────────┘
                                   ┌──────────┐
                                ←│⑪ 上賀茂南東│
                                   └──────────┘
                                   ┌─────────┐
                                ←│⑫ 北山北東│
                                   └─────────┘
                    ┌──────────┐
                    │ 北山大橋 │
    ┌─────────┐    └──────────┘    ┌─────────┐
    │α 北山南西│→            ←│⑬ 北山南東│
    └─────────┘                     └─────────┘
    ┌──────────┐
    │β 北大路北西│→
    └──────────┘                  ┌────────────────┐
                               ←│⑭ 北大路南東(東, 西)│
                                  └────────────────┘
                                   ┌────────┐
                                ←│⑮ 泉川  │
                                   └────────┘
                    ┌──────────┐
                    │  出町橋  │
                    └──────────┘
```

図 3.3.2　賀茂川における観測地点

未明に時間降雨 9.5 mm のやや強い降雨が観測され，河川の流量が急激に増加した 11 月 11 日には，雨天時の河川における汚濁物質の低減過程を観測するため庄田橋と出町橋で連続観測を行った．庄田橋と出町橋で数時間おきに採水を行い，庄田橋では定点水位観測地点での水位観測も行った．

5) 河川および横流出入水路の流量観測

ここでは，国土交通省の定める細密測定法に基づき，観測地点の河道断面に一定間隔の測線を設け，水深とプロペラ式流速計（TAMAYA 社製，UC204）を用いた流速測定を行い，台形近似によって断面流量を求めた．その際，観測点として利用した橋地点の正確な断面を得るために水準測量を行った．

観測領域で平水時に観測された河川平均流速はおおむね 0.1〜0.2 m/s で，庄田橋から出町橋までの水塊の流達時間はおよそ 4〜6 時間程度である．本研究では観測対象領域の流下過程における河川水・地下水間の水・物質収支をとらえることが重要であるので，上流から下流まで 1 つの水塊を追って観測することを目標とした．今回実施した縦断観測は庄田橋から出町橋まで約 7 時間を必要としたので，ほぼ同一水塊を追跡した観測が実施できた．

対象領域には 1 つの取水口と 15 ヶ所の流出入水路があり，そのすべてがコンクリート水路である．晴天時に流入が確認された水路について，河川の流量算定手法と同様の手法を用いて流量観測を行った．これらの水路は主に農業用水路の流出口と考えられるが，調査の結果一部家庭排水が混入していると考えられる水路も存在する．一方で，雨

天時には不浸透面に降った雨水により横流入量の急激な増加現象がみられる．横流入水路のうち，雨天時にのみ流入がみられる水路は合流式下水道の越流水の吐口（図3.3.2のαとβ）であり，合流式越流水が大きな汚染負荷であることが明らかになっている[1) 12)]．

6) 水質分析手法

水質分析項目は，TOC（全有機態炭素）・POC（懸濁態有機態炭素）・DOC（溶存態有機態炭素），T-N（全窒素）・P-N（懸濁態窒素）・D-N（溶存態窒素），SS（浮遊性粒子状物質），NH_4^+・Na^+・Li^+・K^+・Mg^{2+}・Ca^{2+}の陽イオン，$H_2PO_4^-$・F^-・Cl^-・Br^-・NO_3^-・NO_2^-・SO_4^{2-}の陰イオンである．TOCは有機物を構成する炭素元素量であり，従来のBOD（生物化学的酸素要求量）やCOD（化学的酸素要求量）による評価方法に代わり，水域の有機汚濁を示す重要な指標となっている．T-Nは全窒素量であり，湖沼などの富栄養化の指標となっている．

採水した試料のうち250 mLをガラス繊維ろ紙GA-100（保留粒子径1μm相当）を用いてろ過した．ろ過前後のガラス繊維ろ紙GA-100の乾燥重量差からSSの濃度を算定した．原水とろ過後試水について，懸濁態対応の全有機態炭素計（島津製作所製：TOC-V/SCN）を用いて有機態炭素量と窒素量を測定し，その差を懸濁態とした．各種イオンについては，イオンアナライザー（島津製作所製：PIA-1000）を用いて，ろ過後試水について測定した．

3.3.2 河川流量・水質観測結果と考察

(1) 河川縦断方向の流量観測

10月17日～11月17日までの連続観測に関して，庄田橋および北山大橋での流量観測結果を図3.3.3に示す．また，各観測点間の横流出入をもとにした流量収支を図3.3.4に示す．それぞれの観測日における横流入観測点数，明神井堰の流量値は観測値か推定値かの区別を図の右上に示した．未観測横流入水量については，その他の観測日における測定値の平均値を用いて補完した．各地点の観測値と上流観測地点流量に水路からの流出入量を合わせた収支計算値との差を棒グラフで示している．

晴天時には，庄田橋から北山大橋までの河川水収支は河川流量と横流出入量によって収支がとれているか，もしくは飽和帯への涵養量として河川水から地下水帯へ流入する伏流水の流れと，地下水から河川水へと湧き出す流れの流量バランスがこの区間ではとれているものとも考えられる．一方，北山大橋より下流では晴天時において地下水への伏流による影響が卓越しているものと考えられる．

次に，10月23日の降雨発生後の賀茂川の流量減衰過程についての考察を行う．特に注目すべき点は，平水時では河川流量が減少する傾向であった北山大橋―出町橋区間で，降雨発生翌日の24日は河川流量が増加していることである．翌25日はその傾向が弱まり，ほぼ河川流量と横流入量の総和で水収支がとれており，26日以降はまた平水時と同様に，流量が減少する傾向を示すようになった．しかし，11月11日の降雨後で

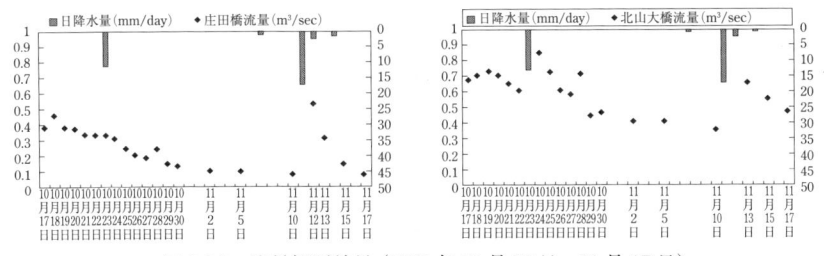

図 3.3.3 流量観測結果 (2006 年 10 月 17 日〜11 月 17 日)

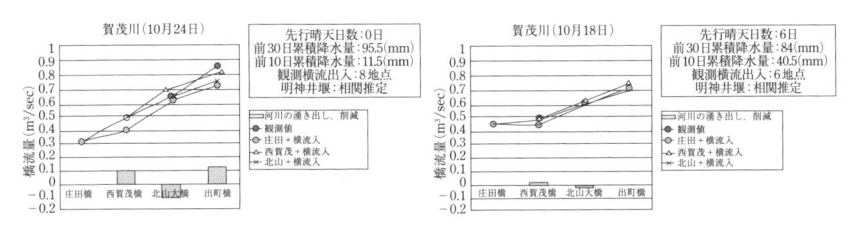

図 3.3.4 流量収支

はその傾向があまりみられなかった．この原因として，10 月 23 日の降雨は夕方に降りだしているのに対し 11 月 11 日の降雨は早朝に発生したもので，12 時間のずれが生じていることが挙げられ，11 月 13 日の観測は 10 月 26 日とほぼ同じ条件であったと考えられる．

以上の結果をまとめると，晴天時には庄田橋—北山大橋の区間では河川水と地下水の水収支はとれており，北山大橋—出町橋の区間では河川水から地下水への涵養が卓越する．雨天後には北山大橋—出町橋区間で地下水から河川への湧き出しがみられる．10〜20mm 程度の降雨の場合，地下水から河川への湧き出しの影響は 2 日程度しかみられず，その後は地下水への涵養量のほうが卓越すると考えられる．また，降雨発生後の地下水流出の反応は非常に速いことが明らかとなった．

(2) 河川縦断方向の水質観測結果と考察

連続観測における各観測点の河川水と主要な横流入水路について，11 月 10 日の Ca^{2+}，T-N，TOC の濃度変化を図 3.3.5 に示す．多くのイオンから Ca^{2+} を選んだ理由としては，① Ca^{2+} は化学的に安定しており流下過程における変態が少ないこと，②地下水の Ca^{2+} 濃度は一般に河川水に対して高いことが挙げられ，河川表流水における地下水影響を考慮するには最適の指標であると考えた．◆は橋の河川水分析値，■は主要な横流入水路の観測値，▲は当日採水を行わなかった横流入水路のそれ以外の観測の平均値である．続いて，11 月 10 日についての河川流下方向における物質フラックスを図 3.3.6 に示す．

図 3.3.5　Ca^{2+}，T–N，TOC の濃度変化

図 3.3.6　物質フラックス

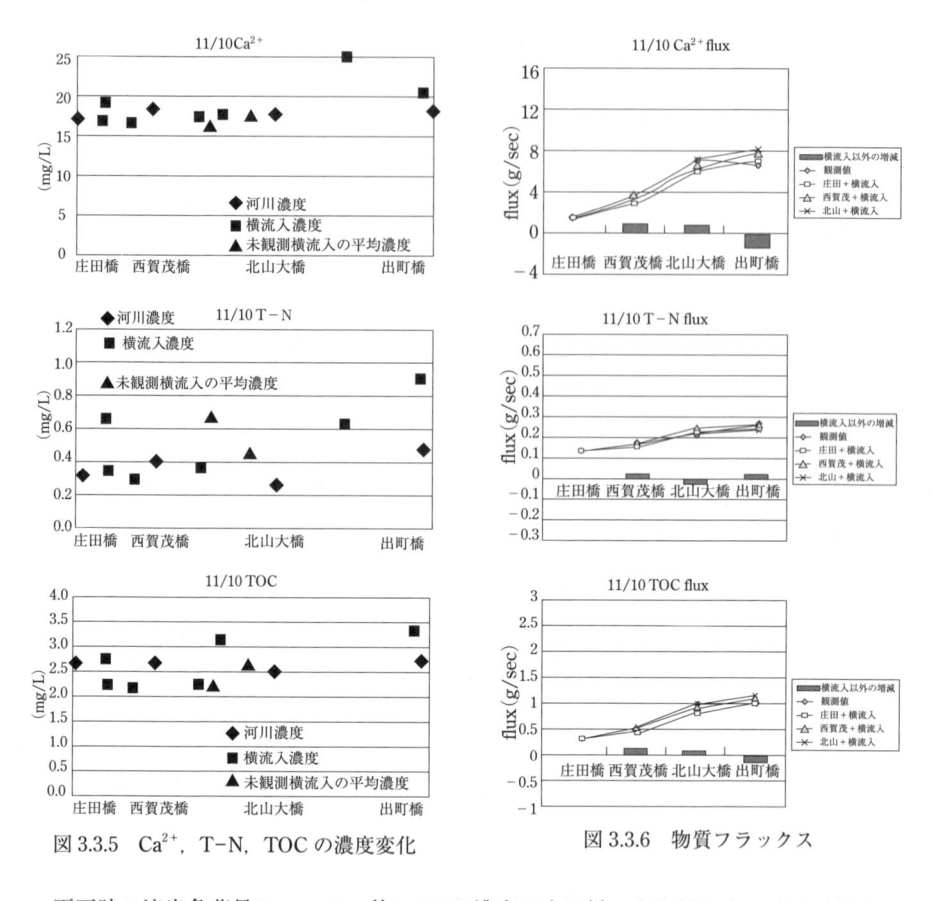

　雨天時の流出負荷量について，特に T–N 濃度が庄田橋・出町橋ともに晴天時濃度の2倍近い値となっており，流量が晴天時の数倍になっていることを考慮すると物質フラックスは晴天時と比較にならないほど増加していることがわかる．また TOC について，庄田橋と出町橋で濃度遷移が逆相関となったことについては出町橋上流で流入する合流式下水道吐口の影響があるもの考えられる．

　河川縦断方向の Ca^{2+} は河川濃度，横流入水濃度それぞれ 16～19 mg/L 程度の安定した値を示す．T–N は横流入水の濃度が河川濃度と比較して高いことがわかる．また，出町橋の濃度が他の地点の濃度に比べて非常に高く，北山大橋以南で流入する合流式下水道吐口から雨天時に流出する汚濁負荷量が晴天時にも影響している可能性が高い．TOC は全体的に安定しているが，出町橋の濃度は T–N と同じく毎日高い値を示す．

　出町橋の Ca^{2+} 濃度では流量が低減するにつれてイオン濃度が高くなるという傾向がみられたが，庄田橋についてよい相関はみられなかった．T–N とイオンは，庄田橋では増水時に濃度が高くなる傾向がみられたが，出町橋ではそのような傾向はみられな

かった．晴天時のT-N濃度が0.5〜0.6 mg/Lであるのを考慮すると，晴天時の2倍近い濃度であることがわかる．次にTOCについては，庄田橋では流量低減に併せて濃度も低下したのに対し，出町橋では濃度が上昇した．

Ca^{2+}の日変化については晴天時，雨天時を通してほぼ一定の値であったのに対して，T-NとTOCは雨天時，雨天直後に濃度の急激な上昇がみられた．雨天時，雨天直後は河川流量が平水時に対して増加するため，河川を流下している物質フラックスは晴天時と比較すると，大幅に増加しているものと考えられる．このように，河川から湖沼，海浜などへの年間総流下負荷量などを計算する場合に，晴天時の観測値からの原単位積み上げ法などの算定では総流下負荷量を過小に評価してしまう可能性がある．

3.3.3 地下水からの湧水に関する観測

(1) 観測の概要と目的

まず，河川水と地下水間の水・物質挙動を明らかにするために，増水時には水没する低水敷砂州において水位・水質観測を行った．前述の河川流量観測結果から二川合流部付近で，河川水—地下水間の流出入が生じていることが推定される．次いで，高野川の河合橋上流の砂州においては目視によって地下水の湧き出しと思われる現象が確認されており，この付近で水量・水質の観測を行った (図3.3.7)．

(2) 対象区間の河川流量収支

高野川観測地点の砂州は礫や砂が卓越した土壌のため透水性が高く，砂州の中央付近でも，表層土壌を掘るとすぐに地中水が確認できた．それに対し，賀茂川観測地点の砂州はシルトが卓越した土壌のため透水性が低く，川に非常に近い地点でしか地中水を観測することができなかった．

9月16日に行った高野川における採水分析の結果，陽イオンでは高野川本流に比べ3地点の湧水はCa^{2+}が高い数値を示した．また，陰イオンではNO_3^-とSO_4^{2-}が高野川本流に比べ高い数字を示した．地中水観測区間の上下流で河川流量観測を行い，水収支を評価した．その結果，明らかに上流側河川流量に比べて下流側の河川流量が増加しており，目視で確認できる高野川砂州の湧水は河川系外から流入していることが確認できた．

そこで，高野川と賀茂川の2地点において，平水時および増水時の河川水位の上下動に対する砂州内地中水の水位挙動および水質変化を観測する目的で，河川敷内の地中水の水位を連続的に観測するため塩化ビニル管を用いて作成した地中水位計測および試水採水装置を設置した (図3.3.8)．

事前調査で湧水が確認されている地点を頂点とした導水勾配に従い，砂州に十字型5ヶ所の地点に装置を埋設した．また，湧水点から河川流に向かった3地点に土壌水分計，地点中央の塩化ビニル管には自記水位計も設置した．賀茂川の砂州についても同様

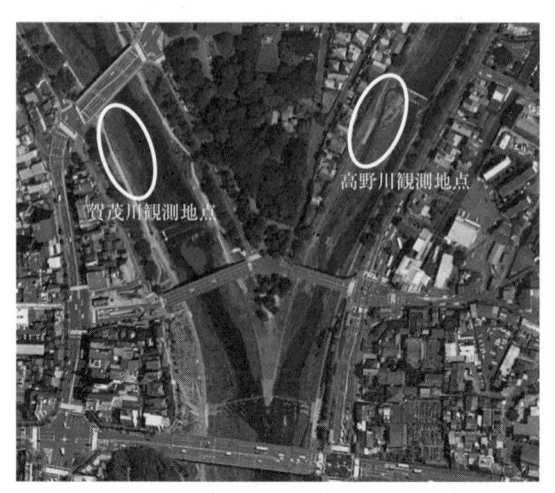

図 3.3.7 低水敷砂州の水位・水質観測点の分類

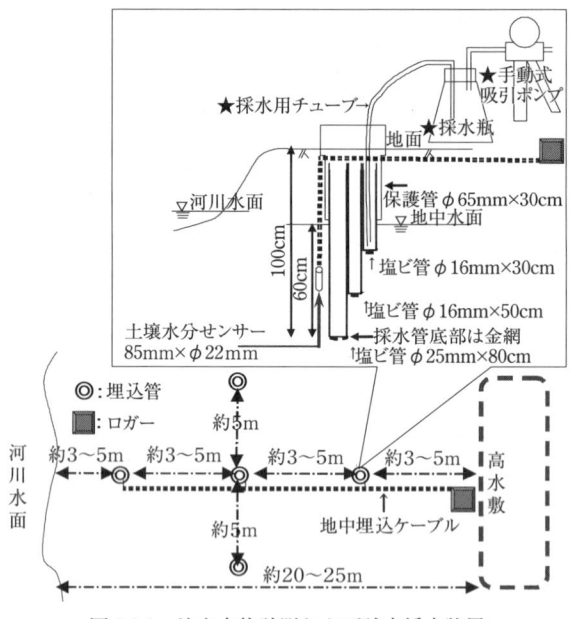

図 3.3.8 地中水位計測および試水採水装置

の装置を埋設した．

　対象砂州において地表面の水準測量を行い，埋設管内水位の計測結果と併せて解析した結果，高野川砂州において湧水地点からの流れは高野川本流の流れよりも標高の高い位置を流れていることがわかった．賀茂川砂州については，高野川砂州と比較して砂州

3 水域環境論

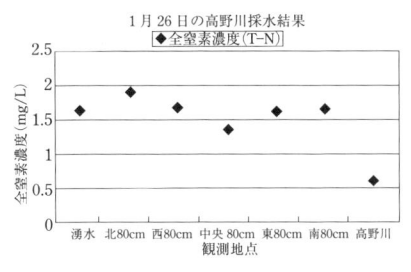

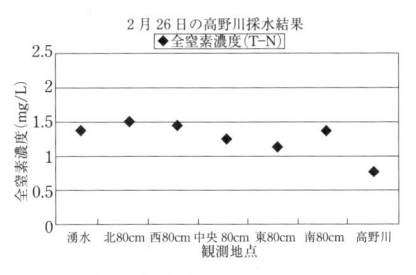

図3.3.9 地中水と河川水の全窒素（T-N）濃度

の面積が狭く，水位勾配が緩やかであった．

(3) 水質観測結果

高野川砂州における採水分析結果を図3.3.9に示す．左から湧水地点から河川本流に近い順に並べている．分析結果から，湧水地点から川に向かって濃度の低減傾向がみられる．また，1月よりも2月に観測した結果は湧水と地中水のT-N濃度が全体的に低下する傾向にあった．これは，2月26日は先行晴天日数が短く，前10日累積降水量が他の観測日の3倍程度であり，速い中間流出によって湧水が一部薄められたと考えられる．賀茂川の砂州について，地表から80cm掘った今回の埋設管実験で地中水の水位を観測できたのは，水際から1m程度しか離れていない地点中央東と地点南だけであった．また，地点中央東80cmと地点南80cmの埋設管では水位は観測できるものの，採水を試みると透水性が非常に低いため，すぐに管内の水がなくなり採水不能であった．採水できた地点南50cmの分析の結果，賀茂川河川水と水質濃度が酷似しており，今回観測を行った賀茂川砂州においては地中水は河川水からの伏流水であると考えられ，高野川のような湧水現象ではないことが確認できた．

以上をまとめると，今回採水した高野川砂州の地中水は高野川の水質とは異なり湧水地点の水質に酷似しており，T-N濃度は河川水の3倍程度であった．また，湧水の水質は高野川に比べてCa^{2+}とNO_3^-が高い値を示した．この2つのイオンは河川水よりも地下水で高い値を示すことが知られており，地下水からの湧水であることが確認できた．

(4) 水位観測結果

2007年1月6日〜1月7日の時間降水量と高野川砂州中央地点に設置した水位計の観測値を図3.3.10に示す．この期間の2日間降水量は11mmであり，観測水位は降水より数10分〜2時間程度の遅れで上昇している．水準測量の結果，この砂州での地中水の導水勾配はおおよそ1/100程度と考えられ，今回観測を行った砂州の地中水層では地下からの湧水が湧水地点を頂点とし導水勾配に従って高野川方向に流れているものと考

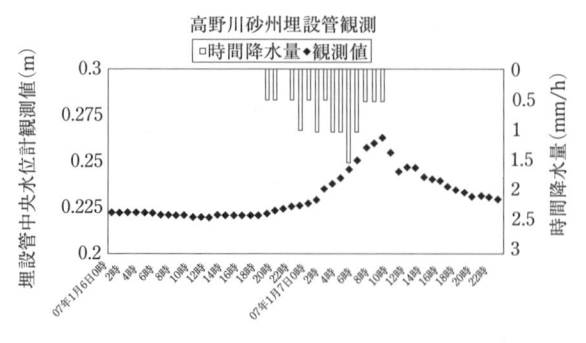

図 3.3.10　降雨時の地中水位

えられる．中央観測点は高野川から約 30 m，湧水地点から約 10 m の地点にあることから，この砂州における透水係数は 1.0 cm/s 程度のオーダーであると推定される．以上の結果から，高野川観測地点でみられる湧水は地下水に由来するものと確認された．この地点は東山山麓からの地下水流があると考えられるほか，賀茂川と高野川に挟まれた岩倉山南側のデルタ地帯からの流れが考えられる地点で，地下水流の集まりやすい場所であると考えられる．賀茂川出町橋はこの観測地点から西に 100 m ほどの場所にあり，賀茂川においては砂州土壌の透水性が低く十分な観測結果が得られていないが，砂州内地中水と河川水の水質は同程度の数値を示すことから，河川から地下水への流出地点であると推定された．

3.3.4　流動および水質解析モデル

(1)　モデルの基礎式

ここでは，観測対象とした賀茂川の庄田橋から出町橋の区間について連続式を用いて流出解析を行う．連続式の基礎式は，

$$\frac{\partial A}{\partial t} + \frac{\partial Q_r}{\partial x_r} = q_{sid} + q_g + q_{sub} \tag{3.3.1}$$

である．ここに A は河川断面，Q_r は河川流量，q_{sid} は流出入水路流量，q_g は地下水との流出入量，q_{sub} は地中水との流出入量である．これを差分化して計算する．$\Delta t = 10$ (sec) とした．

次に，河川流出モデルと同じ区間について，地中水の流出モデルを構築した．モデルの基礎式は，

$$\frac{\partial Q_{sub}}{\partial x} = -q_{sub} \tag{3.3.2}$$

ここに，Q_{sub} は地中水流である．地中水流の流速はダルシー則が成り立つものとして

$$u_{sub} = k_{sub} \times I_b \tag{3.3.3}$$

と考える．ここに，u_{sub} は地中水の流速，k_{sub} は地中水の透水係数，I_b は計画断面における河床勾配である．式 (3.3.2) を差分化し，式 (3.3.3) を用いて計算を行う．$\Delta t = 10$ (sec) とした．

さらに地下水流動に関して，平面 2 次元飽和地下水計算を行った．地下水モデルの基礎式は，

$$\lambda \frac{\partial H}{\partial t} = \frac{\partial}{\partial x}\left\{k(h-s)\frac{\partial H}{\partial x}\right\} + \frac{\partial}{\partial y}\left\{k(h-s)\frac{\partial H}{\partial y}\right\} + q_r - q_g \tag{3.3.4}$$

である．ここに，λ は有効間隙率，H はピエゾ水頭，h は水位，s は不透水性基盤高，q_r は降雨による涵養量である．これを差分化して計算を行う．

(2) モデルの設定

1) 河川流下モデルの設定

ここでは地下水流動解析で用いたグリッド分割を基本として，庄田橋より下流の賀茂川について航空写真などを用いてグリッド設定を行った (図 3.3.11)．その結果，庄田橋を 1 番目の河川グリッド ($i=1$) とすると，西賀茂橋は ($i=24$)，北山大橋は ($i=59$)，出町橋は ($i=106$)，高野川との合流地点は ($i=109$) となった．さらに，それぞれのグリッドについての計画断面における河床勾配，河川長，河川幅，横流出入水路の有無については現地調査に基づいて設定した．また，水準測量によって求めた河川断面を用いて，H–A 曲線と H–R 曲線を求めた．

河川の流出計算を行うために，マニングの平均流速公式がよく用いられる．マニング式は，

$$v = \frac{1}{N} I^{\frac{1}{2}} R^{\frac{2}{3}} \tag{3.3.5}$$

と表される．ここで，N はマニングの粗度係数を示す．本研究でも断面形状から求めた関係からマニング式を用いて流速の推定を行ったが，文献値の N を用いてマニング式から導いた河川流速は観測値に比べ非常に速くなることがわかった．そこで，観測値からマニングの粗度係数を逆推定した．逆推定の結果，文献値にあるような N を満たすのは，少なくとも河川流量が 30.0 m³/s 以上の場合であり，洪水時と呼べるような流量に達しないとマニング式は成り立たないことがわかった．他の 3 つの観測点について

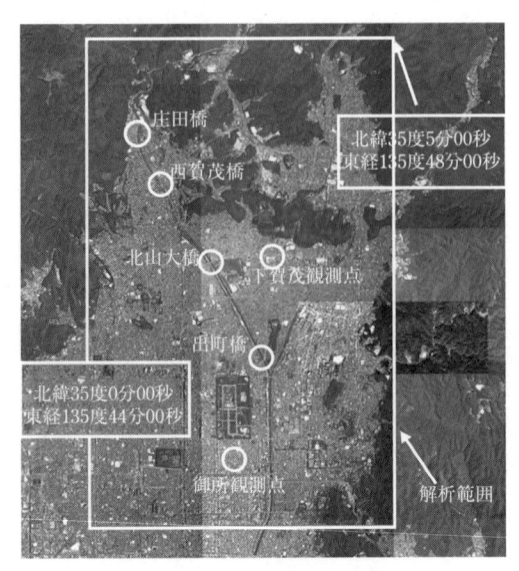

図 3.3.11　地下水解析範囲

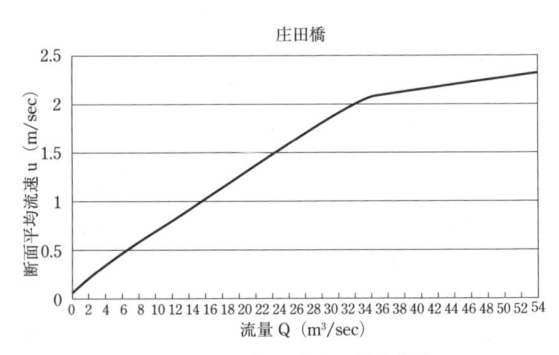

図 3.3.12　流量―流速の推定曲線

も同様の結果を得た．そこで，各橋について観測流量と平均流速の相関分析を行い，回帰直線を求めた．次に，文献値 $N = 0.03$ を用いてマニング式より流量と流速の関係を計算し，近似直線との交点を見つけ，その交点よりも大きい流量となった場合はマニング式によって計算した流量―流速関係を用いることとした．以下の流量―流速関係を各橋で算定した結果の一例を図 3.3.12 に示す．マニング式が支配する領域はおおよそ 30.0 m³/s 以上で，マニングの粗度係数の逆推定から得られた結果とほぼ等しくなることもわかった．

3 水域環境論

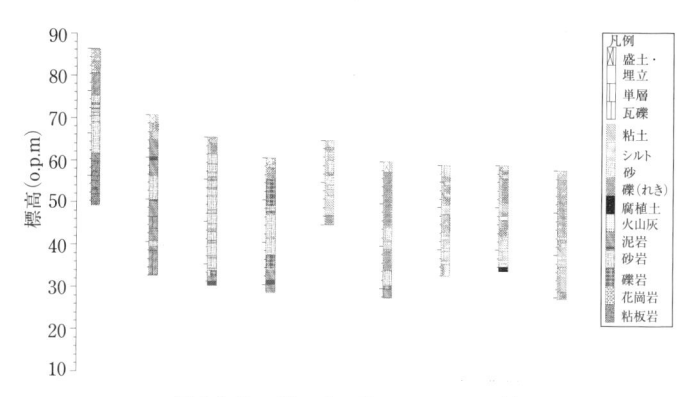

図3.3.13　ボーリングコアデータの例

2）　地下水流動モデルの設定

i）　地表標高・地被条件および基盤標高

地表標高データとして国土地理院の数値地図50mメッシュ（標高）を用い，地表土地利用データとして国土地理院の国土数値情報土地利用メッシュ（100m）を用いた．また，池や川については独自に調査し設定した．

地下水流動解析を行うにあたって，不透水性基盤層の設定手法が大きな問題となる．基盤標高は主にボーリング調査のコアデータや電波探査などによって求まるが，電波探査には基盤層（岩盤層）以外の礫，砂，シルトなどの詳しい鉛直土壌分布を把握しにくい欠点がある．一方，ボーリングデータは詳しい鉛直土壌分布を得ることはできるが，基盤層までを把握することができる深いボーリング調査は地下鉄工事などのほかにはほとんど行われず，空間分布に乏しいという難点がある．また，1つひとつのボーリングデータは取得することができてもそれらを数値化してまとめ，基盤標高データファイルとするには多大な労力が必要となる．そのため，地表標高情報からの推定値を用いたり，一定の層厚に近似して計算を行っている研究も少なくない．しかし，ここではモデル化による不確実性の増加を少しでも防ぐため，対象領域内のボーリングコアデータを収録した2006年度版関西圏地盤情報データベースに基づいて基盤標高データを作成した．このデータベースは，図3.3.13のようなボーリングコアの鉛直成分とそのボーリング地点の緯度，経度がまとめられたものである．これをもとに岩盤層または長い粘土層を基盤層の基準とした．計算領域内319地点のボーリングデータについて基盤標高設定を行った．

京都盆地中央部では，前述のような基準で基盤として設定可能なコアデータが少ないため，ボーリング調査長が20m以上のボーリングコアではボーリングコアの最深部に基盤があるものと設定した．また，調査長が20m以下のボーリングコアでは，基盤は地表からボーリング調査長の1.5倍の位置にあるものと設定した．このように設定し

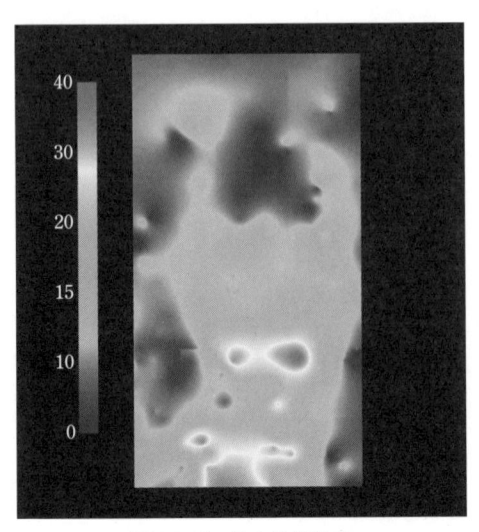

図 3.3.14　透水性基盤高

た基盤データから透水性基盤高を算出し，クリギング法により空間補間したものを図3.3.14に示す．計算対象領域には透水能力が非常に高い礫層が卓越している地区が多いため，計算領域内の808地点のボーリングデータをもとに，礫が卓越する計算グリッドの透水係数を別途設定した．

　計算領域内の池について1/2500地形図をもとに池が存在するグリッドを特定するとともに，当該グリッドの何割が水域であるかについても算定した．また，計算領域には鴨川とその支流である賀茂川と高野川，その他の小河川についても現地調査を行い，河川幅，川底形質，河川流量，地表から河床までの距離をそれぞれ調べ，これをもとに高野川支流の岩倉川までを河川グリッドと設定するものとした．測量に基づき，鴨川では6〜8m，賀茂川6mでは，高野川と岩倉川では5m低い位置に河床があるものと設定した．

ⅱ）涵養量などの条件設定

　涵養量については，土地利用種別に降水に対する浸透率（涵養率）を設定し，各グリッドの土地利用割合に基づいて単位降雨量当たりの涵養割合を算定し，気象庁京都地点のアメダス雨量データを用いて各グリッドにおける涵養量を算定した．また，標高90m以上の山林は急峻な山岳域であり，降雨のほとんどは直接流出および早い中間流出として河川に流入するものとし，地下水への涵養はないと考えた．都市域で用いた値は，京都市の都市域における裸地面の割合が27%であるというデータをもとに設定した．また，蒸発散による影響は地表1m程度しか及ばないことから，今回の計算では無視するものとした．また，40.0 mm/日を超えるような大雨に関しては，超過分の降水のす

図 3.3.15 表流水—地中水間のモデル

べてが表面流出するものと考えた．

また，涵養雨水は不飽和領域を通ることなく直接タイムラグなく飽和帯に達するものとした．これは，観測井戸の水位データを長期間にわたり解析した結果，降水量ピークの発生から数時間で地下水位ピークが発生しており，不飽和浸透モデルを組み込むと飽和帯に達するまで長時間経過し，観測地下水位変動と大きく異なる結果となるから．このことは，先行研究[13]でも同様の手法が用いられている．

有効間隙率 λ は 0.1 とし，透水係数は京都市内の平均的な値とされている 9.0×10^{-5} m/s から礫層の分布が卓越する地点では 3.68×10^{-3} m/s までの値をとるものとした．

ⅲ) 境界条件の設定

境界条件として流量境界を設けた．計算領域における境界部のグリッド標高が，1つ内側のグリッド標高より高い場合は $q_m = 0.0$ (m^3/s) とした．逆に端のグリッドの標高が内側のグリッドの標高以下である場合は $q_{out} = k_{NN} \times (h_{NN-1} - s_{NN-1}) \times 10^{-5}$ (m^3/s) とした．ここに k_{NN} は境界部の透水係数であり，$(h_{NN-1} - s_{NN-1})$ は1つ内側のグリッド水深である．

また，池や川などの表流水で形成されるグリッドについては，図 3.3.15 に示す地中水域と難透水層を設定した．池については 1/2500 地図より標高を読みとり，その標高を池の水位として設定した．川については上述のとおり調査結果をもとにして，そのグリッドの地表標高から数 m 掘り下げた位置に河床があるものと設定した．

池および川と設定したグリッドに関して，以下のような手順で計算を行った．まず，そのグリッドでのピエゾ水頭 H はそのグリッドの標高に達していない場合は，地表にある水域と地下水帯は不飽和で連結されているものとし，地下水帯には常時 $q_{riv} = k_{nan}$

(m³/s) の涵養量があるものとした．ここで，k_{nan} は難透水層の透水係数である．次に，ピエゾ水頭が標高に達していた場合，地表にある水域と地下水帯は難透水層を挟んで飽和連結しているものと考え，次式を用いた計算を行った．

$$0 = \frac{\partial}{\partial x}\left[k\left(h-C-N\right)-s\right]\frac{\partial H}{\partial x}+\frac{\partial}{\partial y}\left[k\left\{(h-C-N)-s\right\}\frac{\partial H}{\partial y}\right]+q_g \quad (3.3.6)$$

$$q_g = k_{nan} \times A \times \left(\frac{H-h}{N}\right) \quad (3.3.7)$$

とした．ここに，C は地中水厚，N は難透水層厚，H はピエゾ水頭，h は地表にある水域の水位である．なお，地中水域では地表の水域と地下水帯の間での流出入量がつりあっており，地中水域の水量は常に一定であるものと仮定する．

3.3.5 モデルの再現性の検証

(1) 検証方法

ここでは，地下水位と地下水の流線，賀茂川河川流量を用いてモデルの検証を行う．領域内の下鴨地点と御所地点で国土交通省が地下水位を観測しており，1986～1990年までの5年間のデータを用いて先に示した計算パラメータを設定した後，1981～2000年までの再現計算を行った．河川流量計算の上流端（庄田橋）の流量を 0.2 m³/s とした．また，横流出入量として現地観測結果の平均流量を与えた．

(2) 地下水位の再現計算結果

下鴨および御所地点の再現計算結果の例を図 3.3.16 に示す．また，再現性を評価する基本数値（年平均値，年平均誤差，相対誤差，RMSE，相関係数）を各年でまとめたものを表 3.3.1 に示す．

なお，RMSE に関しては 0.5 以下の年，相関係数に関しては 0.7 以上の年について表中で強調している．水位計の感度や観測値の欠損などから推定すると，1986年に水位計が新しくなったものと考えられ，1986年以前の観測値では冬場に水位が下がらないのに対し，それ以降の観測水位は冬場に水位の低減が明確である．パラメータの同定を1986年からの5年間で行ったため当然ではあるが，1987年以降の RMSE は 0.5 以下，相関係数は 0.8 以上となっている．しかし，1993年以降になると RMSE，相関係数ともに再現が低くなることがわかる．これについて，観測井戸が設置されている小学校において 1995年の9月と12月に新校舎が竣工されおり，このため，1993年以降井戸近辺の地下構造が大きく変化したものと考えられる．

再現計算では，観測値でみられるような大雨が観測された直後の水位の上昇とその後の急激な低減は再現できなかった．これについては，2つの自然現象が考えられる．

3 水域環境論

図 3.3.16 地下水位の再現計算結果

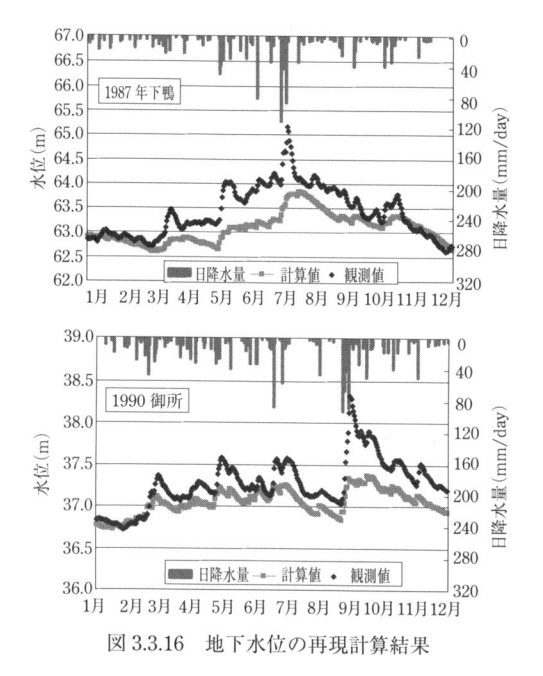

表 3.3.1 再現性の評価指標

下鴨	計算値平均	観測値平均	平均誤差	相対誤差	RMSE	相関係数
1981	63.482	64.233	0.750	0.012	0.796	0.801
1982	63.250	64.318	1.068	0.017	1.157	0.664
1983	63.539	64.385	0.846	0.013	0.988	0.513
1984	63.237	64.332	1.095	0.017	1.148	0.596
1985	63.471	64.218	0.747	0.012	0.945	0.642
1986	63.387	63.795	0.407	0.006	0.719	0.456
1987	63.083	63.422	0.339	0.005	0.465	0.811
1988	63.215	63.476	0.261	0.004	0.430	0.873
1989	63.679	63.588	−0.091	−0.001	0.390	0.799
1990	63.494	63.677	0.183	0.003	0.426	0.617
1991	63.468	63.695	0.226	0.004	0.371	0.797
1992	63.243	63.473	0.230	0.004	0.355	0.854
1993	63.781	63.428	−0.352	−0.006	0.851	0.575
1994	63.355	63.520	0.164	0.003	0.456	0.227
1995	63.010	62.430	−0.580	−0.009	1.048	0.137
1996	63.112	62.637	−0.475	−0.008	0.587	0.804
1997	63.328	63.458	0.130	0.002	0.433	0.624
1998	63.880	63.339	−0.542	−0.009	0.620	0.672
1999	63.645	63.080	−0.565	−0.009	0.643	0.728
2000	63.117	63.042	−0.075	−0.001	0.322	0.451
1987	63.114	63.422	0.308	0.005	0.427	0.836
1988	63.249	63.476	0.227	0.004	0.402	0.884
1989	63.724	63.588	−0.137	−0.002	0.401	0.809
1990	63.536	63.677	0.141	0.002	0.399	0.647
1991	63.516	63.695	0.179	0.003	0.343	0.805

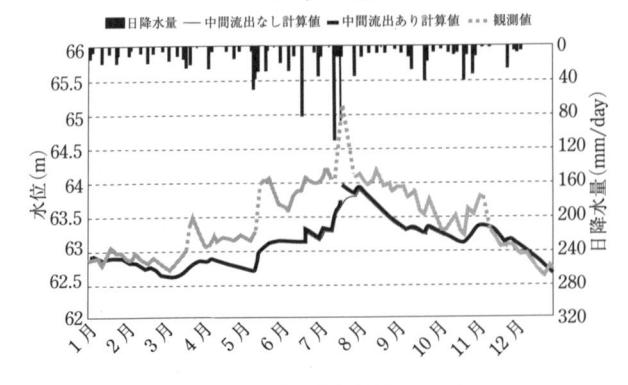

図 3.3.17　再現計算結果（1987 年）

① 観測井戸のまわりに，その井戸を設置したことによる鉛直方向の大空隙があり，降水が多量に，かつ急速に浸透したが，まわりの地下水位はそれほど上がらず，降雨後数日でまわりの地下水位と同等の水位まで低減した．
② 速い中間流出のような流出形態が地下水帯にもある．

①については現地での確認が不可能なため無視し，②についてはモデルに組み込み再現計算を行った．1987 年の再現計算結果を図 3.3.17 に示す．また，1987〜1991 年までの 5 年間で，中間流出モデルを用いた場合と用いなかった場合の計算を行った．御所地点および下鴨地点の RMSE と相関係数を表 3.3.2 に示す．なお，中間流出は直接流出すると考えた 40 mm/ 日を超える降水に関して考えることにした．

中間流出モデルの基礎式は，

$$\lambda \frac{\partial (h_s + H)}{\partial t} = \frac{\partial}{\partial x}\left\{ k_s h_s \frac{\partial (h_s + H)}{\partial x} \right\} + \frac{\partial}{\partial y}\left\{ k_s h_s \frac{\partial (h_s + H)}{\partial y} \right\} + q_{rc} \tag{3.3.8}$$

となる．ここに h_s は中間流出層の水深，H は地下水流動モデルで計算したピエゾ水頭，q_{rc} は 40 mm/ 日を超える降水の涵養量，k_s は中間流出層における透水係数である．

中間流出を考慮したモデルによる再現計算の結果，図 3.3.17 に示すように大きな降水が発生した後の急激な水位の上昇とその後の急速な水位低減は表現できた．そのため，相関係数も中間流出モデルを導入しなかったものと比較すると毎年高い値となっている．しかし，中間流出層から河川への流入量が過大となり，大きな降水が発生すると，その後数週間にわたって河川への湧水量が増加する現象がみられ，河川流量の再現性は低くなった．

御所地点についても同様の解析を行った．御所観測地点では 1996 年以降，観測水位が 1.0 m ほど上昇し，再現を行うことが困難であった．1997 年以降は RMSE の値も 1.5

表3.3.2 中間流出モデルを用いた場合と用いなかった場合の比較

下鴨		計算値平均	観測値平均	年平均誤差	相対誤差	RMSE	相関係数
なし	1987	63.083	63.422	0.339	0.005	0.465	0.811
中間流	1987	63.114	63.422	0.308	0.005	0.427	0.836
なし	1988	63.215	63.476	0.261	0.004	0.430	0.873
中間流	1988	63.249	63.476	0.227	0.004	0.402	0.884
なし	1989	63.679	63.588	−0.091	−0.001	0.390	0.799
中間流	1989	63.724	63.588	−0.137	−0.002	0.401	0.809
なし	1990	63.494	63.677	0.183	0.003	0.426	0.617
中間流	1990	63.536	63.677	0.141	0.002	0.399	0.647
なし	1991	63.468	63.695	0.226	0.004	0.371	0.797
中間流	1991	63.516	63.695	0.179	0.003	0.343	0.805

御所		計算値平均	観測値平均	平均誤差	相対誤差	RMSE	相関係数
なし	1987	36.911	36.985	0.074	0.002	0.334	0.886
中間流	1987	36.937	36.985	0.048	0.001	0.306	0.877
なし	1988	36.946	37.121	0.174	0.005	0.264	0.978
中間流	1988	36.969	37.121	0.152	0.004	0.234	0.976
なし	1989	37.061	37.286	0.225	0.006	0.269	0.915
中間流	1989	37.097	37.286	0.189	0.005	0.226	0.937
なし	1990	37.047	37.274	0.227	0.006	0.282	0.927
中間流	1990	37.086	37.274	0.188	0.005	0.236	0.948
なし	1991	37.016	37.436	0.421	0.011	0.437	0.870
中間流	1991	37.059	37.436	0.378	0.010	0.393	0.884

以上の高い値となった．この原因として，1997年秋に竣工された御池通り地下に地下商店街ゼスト御池の建設が挙げられる．御池通りは御所観測地点の南側を東西に走る通りである．御所観測点の水位上昇は，御池通りの地下に南北をさえぎる形でコンクリート構造物ができたために地下水の流れがさえぎられ，御池通りより北側で地下水位が上昇したものであると考えられる．

地下水流動モデルによって求められた1987年7月1日の計算領域における流量フラックスのベクトルを図3.3.18に示す．地下水の流れは北東から南西へと流れている．また，(2)で述べた賀茂川扇状地南西の地下を走る岩盤の尾根による回り込みの流れも再現されている．

(3) 河川流量に関する考察

今回の再現計算は庄田橋の流量として常時 $0.2\,\mathrm{m^3/s}$ を与え，横流出入量も一定の値

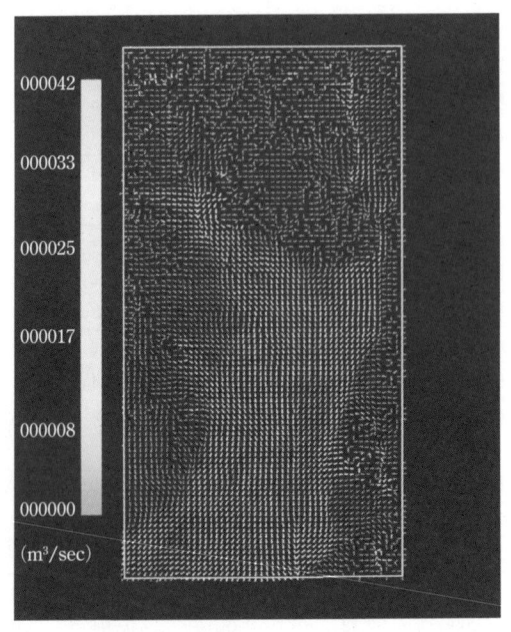

図 3.3.18　流量フラックスベクトル

を与え続けた．流量の増減はもっぱら地下水流動モデルとの練成計算によって求めた q_g の影響によるものである．まず，はじめに河川流出モデルの計算誤差を確認するために，$q_g=0$ として計算を行った．河川断面や河床勾配が流下方向に変化することなどによる計算誤差は最大で 2% 程度であった．次に，降水によって河川流量にどのような影響があるか，1986 年 1 月 4 日の降水について調べた．この降水は先行晴天日数 4 日，日降水量 15 mm で，その後 40 日間無降水期間が続いた．その結果，賀茂川の流量は北山大橋までの区間で地下水から表流水への湧水現象が多くみられ，北山大橋以降の区間では表流水から地下水への流れが強まる傾向にあることがわかった．これは，連続観測からも同様の結果が得られており，ここで構築したモデルは賀茂川全体の水収支からみると再現性が高いとえる．しかし，1 月 4 日，1 月 5 日の再現結果をみると，北山大橋—出町橋間で伏流する流量は 1 月 3 日と比較すると少なくなっているが，降水後のこの区間の流量増加現象は再現できなかった．

そこで，前日に日降水 97 mm，当日にも日降水 97 mm を記録した 2006 年 7 月 22 日について検討した．このような大きな降水が発生すると，北山大橋—出町橋区間でも湧水による流量増加現象がみられるが，その区間よりもむしろ西賀茂橋—北山大橋区間で多く湧水による流量増加現象がみられた．これについては，基盤の設定や，河床標高の設定，難透水層の設定など，多くの原因が考えられる．

今回の流出モデルでは雨天時の湧水量増加の影響についてはやや再現性に欠けること

がわかった.しかし,雨天時の庄田橋の河川流量は今回設定したような平水時の河川流量より大幅に増水しているものと考えられ,また,横流入量も増加していると考えられるので,全体量に対する地下水の影響は小さいものと考えられる.むしろ,地下水による影響は晴天時の流量再現において果たすところが大きく,年間を通した長い視点で考えると,晴天時の再現性が良好であることから,今回構築したモデルは妥当なものであると考えられる.

(4) 観測期間での流量再現と考察

ここでは観測期間での流量再現計算を行った.スピンアップは1981年から25年間行った.観測期間中の再現として,計算には時間降水量を与え,庄田橋と横流出入側溝には当日の観測値を境界条件として与えた.各橋での河川流量のアウトプットは河川観測時間を考慮し,西賀茂橋は12時,北山大橋は15時,出町橋は17時流量とした.モデルによる計算値と横流入量のみの足し合わせによって得られた計算流量について相関係数を求めた.なお,モデル計算値のほうが相関がよかったものについてはシートに色をつけた.今回の再現計算では11月10日の観測値にみられるような,河川への横流出入量だけでは再現できない北山大橋以降の河川流量低減過程を,地下水モデルを組み込むことで精度よく再現することができた.しかし,全体としてみると今回の再現計算では観測値と比較し,庄田橋から北山大橋の区間で湧水量を過大に評価してしまった.また,北山大橋から出町橋の区間では河川から地下水への伏流水量を過大に評価してしまった.雨天後の北山大橋—出町橋区間で流量が増加している10月24日や25日のモデル計算値の相関係数はかなり低い値となってしまった.

3.3.6 汚濁物質挙動モデル

最後に地下水,地中水,河川水の流量フラックスをもとにそれぞれ移流拡散を基礎とした物質挙動モデルを用いてCa^{2+}と全窒素について動的に水質解析を行った.

前項で用いた河川・地中水・地下水の流動モデルによって求められた流速による移流現象,水質濃度差による分散現象により物質は移動し,地下水,地中水,表流水の濃度はそれぞれ瞬時に完全混合するものとする.また,増水時に河川流速uがある一定流速u_cを超えた場合には河川水と地中水の攪乱が起こるものとした.Ca^{2+}は化学的に安定であり分解過程は無視し,窒素については河川と地中水層,地下水で異なる分解係数を設定し,懸濁態→溶存態,溶存態→N_2に化学変化するものとした.懸濁態→溶存態の分解現象では水中の窒素量は保存するものとし,溶存態→N_2の脱窒過程では水中から窒素量が損失するものとした.さらに,懸濁態窒素については河床を流れるほとんどの懸濁態窒素は河床数cmの土層にトラップされる[14]ということが知られており,ここでは懸濁態窒素は地中水層,地下水帯には存在せず,すべて河床に堆積するものとした.懸濁態物質は表流水の流れが遅いために,河床に沈降するものや河床の構造により

河川の流れが河床にぶつかるところで起こるフィルター効果によって河床に堆積する．ここでは，観測対象領域より数 km 上流で行われた河床堆積物調査の結果を用いて，懸濁態窒素の河床堆積モデルを構築した．河床において懸濁態窒素は，河川流速がある一定の流速 u_c を下回る沈降過程，河川流速によるフィルタリング過程，続いて q_g<0，$\partial q_{sub}/\partial x$<0 の場合に生じる地表水からの伏流現象によって生じるフィルタリング過程によって河床に堆積するものとした[15]．流動条件が逆の場合に，湧昇流がある一定の q_c を超えた場合に河床からの巻き上げ現象と河川断面流速がある一定の u_c を超えた場合に起こる巻き上げ現象，河床堆積物がある一定の飽和値 $Qc_{P-N, b, c}$ を超えた場合の巻き上げ現象，上述の分解現象によって河床から懸濁態窒素が減少するものと考えた．なお，河川流速による巻き上げ現象は，流速の 2 乗に比例することが知られている[16]．

河川の移流分散モデルの基礎式は，

$$\frac{\partial \Delta C}{\partial t} = -\frac{\partial}{\partial x}(q_{riv} \cdot C) + \frac{\partial C}{\partial x}\left(D_{riv}\frac{\partial \Delta C}{\partial x}\right) + Qc_{in} - Qc_{out} \quad (3.3.9)$$

である．ここに，Δ は媒体量体積，C は対象物質濃度，q_{riv} は河川の流量フラックス，D_{riv} は河川の拡散係数，Qc_{in} は流入物質量，Qc_{out} は流出物質量である．これを差分展開し計算を行う．物質流出入量として，横流入量および上述の沈降・巻き上げなどによる移動量が含まれる．分解について Ca^{2+} は無視し，窒素については河川水における文献値を用いた．

地中水層および地下水の移流分散モデル基礎式の基本構成は式 (3.3.9) と同様である．地中水層の物質流出量のうち地下水からの供給については，地下水移流分散モデルで求められた地下水濃度に基づいて設定した．また，降水による負荷供給量については，田，畑，ゴルフ場などの年間窒素施肥量から浸透溶存態窒素量を求め，涵養水に含まれる溶存態窒素濃度を設定した[17] (表 3.3.3)．

懸濁態窒素河床モデルについては，前述の庄田橋上流で観測された有機態物質 (BPOM) の河床堆積物量を参考に河床モデルを構築した．データ解析の結果，平均 BPOM 堆積量は河床平均流速と強い相関があり，ここでは河川断面平均流速と河床平均流速に相関があるものと考え，河川流出モデルから算定された河川断面平均流速を用いて汚濁物質の挙動をモデル化した．再現計算の結果を図 3.3.19 に示す．河川流速による巻き上げが発生する限界流速 u_c を 0.2 m/s，沈降現象の限界流速 u_c を 0.1 m/s，とした場合に再現性が高くなった．

以上のモデルを用い，河川上流端 (庄田橋) 河川流量および計算対象河道区間内の横流入量とその水質濃度を一定とした．今回の計算条件では河川上流端流量を一定としたため河川流量増加に伴う巻き上げ現象の再現ができず，河床堆積から地下水への懸濁態窒素の移動量が過大となった．また，地中水の T-N 濃度が河川水濃度よりも低いものとなった．これは，地中水から流入する T-N 濃度が低いことと地下水における窒素分

表 3.3.3 涵養水に含まれる溶存態窒素濃度

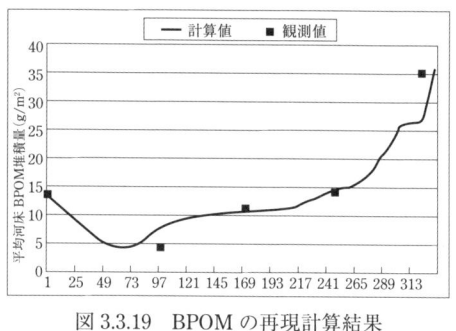

土地利用	設定 T-N 濃度 [mg/L]
田	3.0000
その他農地	12.0000
ゴルフ場	3.0000
その他用地	0.0292
荒地	0.0292
森林	0.0292
建物用地	2.0000

図 3.3.19 BPOM の再現計算結果

解により地下水濃度が下がったと考えられる．また，T-N に関しては，ほとんど涵養水に含まれる T-N が供給源となり地下水中濃度が上昇しなかったことが原因と考えられる．

3.4 河川生態調査と環境評価

3.4.1 底生動物調査[18]

　底生動物が河川水質の積分的評価指標であることは，すでに3.1節で述べた．ここでは，底生動物調査のフィールドを京都市を流れる主に賀茂川と高野川が合流する出町柳付近（北緯35度1分44秒，東経135度46分18秒）からそれぞれ上流に向かって，賀茂川は柊野堰堤（北緯35度4分29秒，東経135度44分31秒）までの約 5.5 km 区，高野川は花園橋上流の堰堤（北緯35度3分44秒，東経135度47分38秒）までの約 4.2 km 区間として行った．これらの範囲内に，賀茂川では 32 基の堰堤が，高野川では 17 基の堰堤がある．そして，堰堤で区切られた範囲を 1 区間として，賀茂川 31 区間，高野川 16 区間を下流から st 1 と設定した．

　両河川の各調査区間における平均勾配は，それぞれ 1.02％と 1.00％で変わらなかった．各区間の区間距離と平均川幅は，賀茂川で 178.73 ± 94.93 m および 21.75 ± 9.76 m，高野川で 261.50 ± 119.37 m および 14.66 m ± 3.35 m だった．

　各河床底質の平均割合は，賀茂川で石礫優占底（長径 5 cm 以上の底質が多いもの）52.59％，砂利優占底（長径 2 mm～2 cm）23.30％，砂優占底（長径 2 mm 以下）5.50％，岩盤優占底 0.46％，コンクリート優占底 18.15％であり，高野川で石礫優占底 26.41％，砂利優占底 58.00％，砂優占底 9.69％，岩盤優占底 0.51％，コンクリート優占底 5.39％であり，高野川のほうが砂利や砂が多く分布していた．

　また，賀茂川の石礫の多くはひとところに固まっておらず，区間全体に広範囲に分

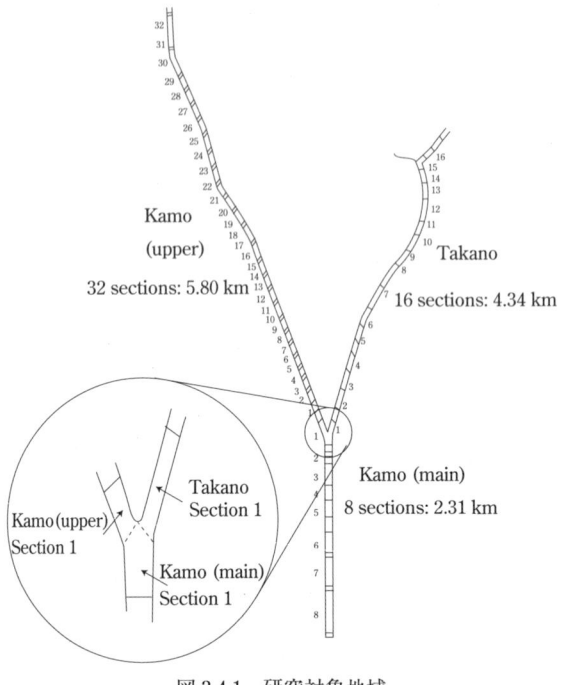

図 3.4.1　研究対象地域

布し，がっちりはまった状態のはまり石が多かった．一方，高野川の石礫はある部分に密集して存在し，浮き石が多く，はまり石も底部も砂利に薄く埋まった状態のものが多かった．また，賀茂川では各区間内の広い範囲で砂泥・砂利・石礫の混ざりあった底質であったのに対し，高野川では1区間内で石礫・砂利・砂泥の分級しているところが多かった．

一方，区間面積に対する砂州の平均割合は，賀茂川で49.3%，高野川で54.5%であった．このうち，砂州の植生と裸地の平均割合は，賀茂川で98.6%：1.4%，高野川で87.9%：12.1%であり，いずれも植生の発達した砂州が多かったが，高野川のほうが裸地砂州が多かった．各区間における生息場類型数は両河川で差はなかったが，賀茂川ではワンド（12区間/25区間），淵（4区間/25区間），高野川では早瀬（8区間/14区間）の出現頻度が高かった．

さらに，両河川の水辺を水面，瀬，堤，植生がある中州，植生がない中州，堤防，河川敷7つの基本的な場に分類し，場の多様度を多様度指数（Shannon–Wiener Index）で比較した（図3.4.2）．計算には，2006年10月7日に撮影された調査対象地域の航空写真にGIS (Geographic Information Systems) により計測した面積を用いた．

河道内だけでなく河川敷を含めて計算を行うと，両河川に有意な差はみられなかった

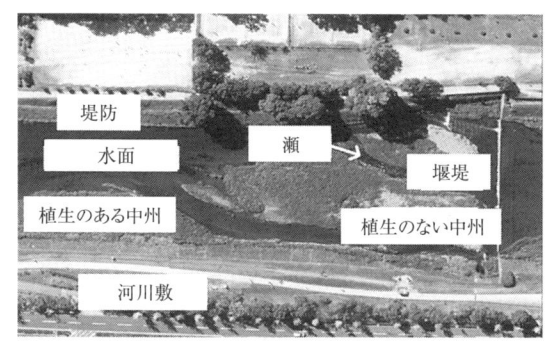

図 3.4.2 場の分類の例

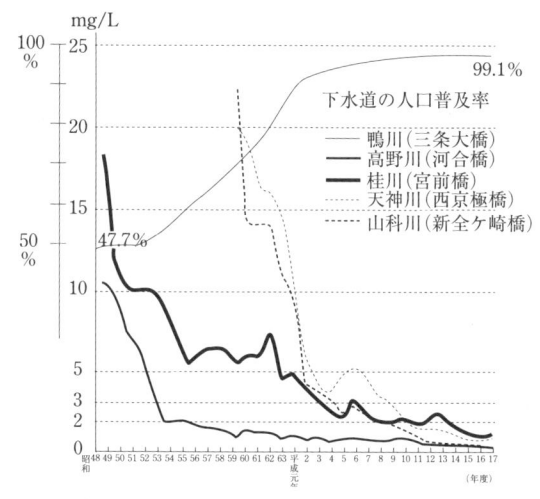

図 3.4.3 下水道普及率と生物化学的酸素要求量（BOD）の経年変化

が，河川敷を除いた河道内のみでは，高野川のほうが場の多様度が有意にあった（$P <$ 0.001，One-way ANOVA）．

(1) 水質の変遷

賀茂川，高野川は，1940年代から人口増加に伴う都市化の影響や工場排水の流入によって汚染し始めた[19]．高野川御影橋付近では紡績工場や染色工場からの排水により，1958年にBODが70 ppmを超え[20]，鴨川下流の京川橋付近では年にBODが平均10 ppmを超えていた[21]．だが，これらの汚染は1976年に賀茂大橋の直下で回復傾向がみられたように[22]，1973年の伏見処理場（当時の処理能力2万7500 m³/day）の建設をはじめ，下水処理施設の急速な整備が進められるとともに回復した．下水道の整備の結果，1975年から1985年までの約10年間に下水道の人口普及率は約30％上昇した（図3.4.3）．

写真 3.4.1 1935 年賀茂川大出水前（上）と 2006 年出雲路橋上流（下）

そして，下水の川への直接の流入が徐々に減少し，賀茂川と高野川の水質は改善し始めた．

(2) 植生域の拡大

1970 年代以前では，河床に裸地の砂州が存在し，植生域の面積は限られていた（写真 3.4.1）．かつては，修学院の音羽川から高野川を通じて，比叡山などの土砂が鴨川には歴史的に流入していた．また，洪水も頻繁に起こっていた．その結果，過去においては河道内に土砂が堆積し，中州が形成されやすい環境であった．しかし，1935（昭和 10）年の鴨川大出水の後，1940 年代以降に治水目的のさまざまな河川改修が行われ，鞍馬川では多くの砂防堰堤が造られ[23]，鴨川でも堰堤が造られ，河道掘削の結果，掘り込み河道となった[23]．これらの河川改修の結果，鴨川への土砂供給量が減少したと考えられる．

河川改修後，同治水目的で中州に堆積した土砂を河道内に均し，あるいは両岸に盛り土するなどの「河床整正」も行われてきた．特に，1980 年代初頭までは河床整正が頻繁（全域で数年に一度）に行われていたため，河道内の流路が直線化されるとともに，水面の面積が拡大する結果，当時はいまほど河道内に陸上植物が生い茂ることはまれであった[24]．

その後，1980 年代半ばから河床整正の頻度が減少する．同時に，1980 年代から 2000 年代に雨量が減少した結果，流量も減少した．その結果，鴨川水系では幅の広い河原や中州が定着するようになった．現在では，植生域の拡大のために裸地砂州を認めるのはまれになった．

(3) 賀茂川，高野川の河道内湧水

水温は河川環境の重要な要素の 1 つであり，水温の変化は生物相の変化や生物季節に

3 水域環境論

鴨川撮影範囲（八瀬，柊野分かれ〜桂川合流点）

撮影日　2007年2月12日

図 3.4.4　鴨川

対する影響など底生動物相にさまざまな影響を及ぼしていると考えられる．

　京都盆地は賀茂川と高野川の扇状地に存在し，湧水がさまざまな場所に点在している．湧水は1年を通して水温の変化が小さく，河川水との温度差によって，湧水の存在を検出することができる．ここでは湧水の地点を見出すため，鴨川の面的な水温分布を計測した．

　鴨川は扇状地に位置するため，地下水の湧出場所が点在しているが，河道への地下水湧出地点は特定されていない．そこで，水温差が顕著になり，水体の混合の状況がより明瞭になる冬の2007年2月12日早朝6:00〜8:00に賀茂川，高野川，鴨川の河道沿いをスカイマップ株式会社所有の小型ヘリコプターで通常の可視光のビデオと熱赤外ビデオカメラ（NEC三栄 TS7302）の双方を航空赤外ビデオで撮影し，河川水の表面温度分布を調べた．撮影は対地210 mで，鴨川は桂川合流点から出町柳区間，賀茂川は出町柳から上賀茂区間，高野川は出町柳から八瀬区間で行った（図3.4.4）．

　この調査で得られた面的な水温分布から鴨川河道内の湧水湧出地点を予測し，現場に行って湧水が湧出しているかどうか確かめた．賀茂川の水温は3℃前後であったが，上鴨神社西側（図3.4.5）と上賀茂橋上流（図3.4.6）では湧水と判定される高水温域が観測された．いずれも，比較的小規模で表面水温の最高値は10.0〜10.5℃であった．高野川の水温は3〜5℃であったが，下鴨神社東側（図3.4.7）で大量の地下水が湧出している地点が観測された．表面水温の最高値は12℃以上であった．この場所を訪れて湧水の現場を観測したところ，河床から湧き出ている場所とともに護岸の石やコンクリートの隙間からも湧出していた．

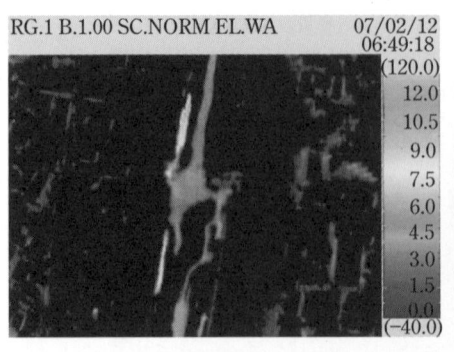

図 3.4.5　賀茂川上賀茂神社西側の熱赤外画像と可視画像

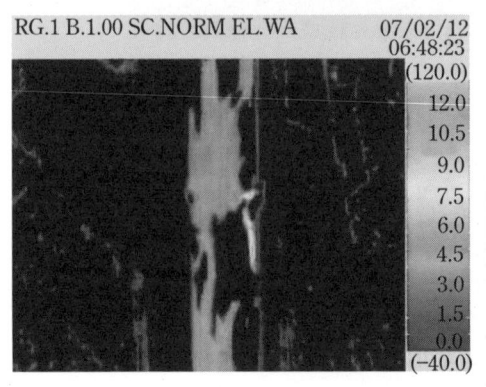

図 3.4.6　賀茂川上賀茂橋上流の熱赤外画像と可視画像

図 3.4.7　高野川下鴨神社東側の熱赤外画像と可視画像（図は下側が上流）

3 水域環境論

表3.4.1 底生動物の分析方法

比較項目	概　　要
タクサ数	種数を基本単位としてカウントした．種まで同定できなかった場合は属や科を基本単位とした．
個体数	1 mm以上の底生動物の個体数を数えた．
多様度指数	多様度指数： $H' = -\Sigma(n_i/N) \cdot \log 2\,(n_i/N)$, ($n_i$：$i$種の個体数，$N$：全個体数)
ザブロビ指数	ザブロビ指数：$PI = \Sigma(s \cdot h)/\Sigma h$ （s：ザブロビ値，h：個体数） ザブロビ値＝1：貧腐水性水域 ザブロビ値＝2：β-中腐水性水域 ザブロビ値＝3：α-中腐水性水域 ザブロビ値＝4：強腐水性汚濁水域

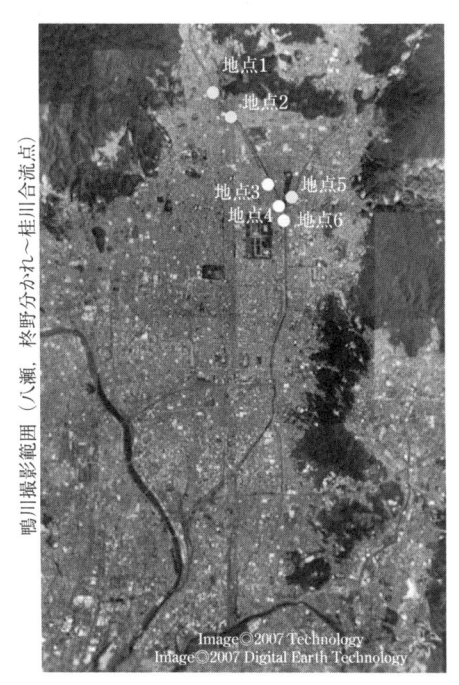

図3.4.8　底生動物の調査地点

(4) 底生動物調査

1) 調査方法の概要

　調査は2007年5月から7月にかけて行った[22]．底生動物群集は時間単位での変化は大きくないため，調査時間は特に考慮していない．調査地は過去に調査が行われた場所や渡辺らの調査[21]によって河道内に存在する湧水が確認された場所を中心に選定した（図3.4.8）．賀茂川では，湧水の存在する上賀茂神社西側（地点1），湧水と過去の調査が行われた上賀茂橋上流（地点2），過去の調査が行われた出雲路橋（地点3），出町柳（地点4）の4地点で行った．高野川では，湧水が存在する下鴨神社東側（地点5）の1地点で調査を行った．さらに，合流後の鴨川出町柳付近（地点6）でも調査を実施した．各地点では，礫底，抽水植物帯ごとに3～4サンプルずつ，底生動物の定量採集を行った．

　採集に際して，礫底，抽水植物帯ともに25 cm×25 cmのコドラート付きサーバーネットを使用して採集を行った．採集したサンプルは4 mm，1 mm，0.5 mm，0.125 mmのメッシュサイズの土壌分析用シーブでふるい分けてから，4 mmと1 mmのシーブに残ったものだけを同定した．

　結果の比較は，表3.4.1に示す項目で行った．

2） 調査結果
　ⅰ） 賀茂川の底生動物群集
　多くの都市河川では，上流ほど人為的影響が小さく，自然度が高いことが多いが，本調査では賀茂川の上流部よりも高野川と合流する下流部の出町柳付近のほうが底生動物群集の種多様性や群集多様度が高く，かつ汚濁の程度が低いことを示していた．特に地点1と地点2では，タクサ数と個体数ともに少ない傾向が認められた．両地点の多様度指数は，特に礫底で低い傾向が認められた．ところが，ザブロビ指数は出雲路橋で高い傾向が認められた．これらから，上流部では，種の多様性，多様度がともに低く，河川の健全度もよくないことがわかった．

　ⅱ） 合流地点における底生動物群集の比較
　賀茂川と高野川は京都市出町柳付近で合流し，鴨川と名称を変える．ここでは，賀茂川・高野川・鴨川の河道内の環境を，この出町柳付近の底生動物群集から比較をする．
　タクサ数と個体数について，いずれも礫底では賀茂川に多い傾向が，抽水植物帯では高野川に多い傾向がみられた．鴨川の結果は，ちょうど賀茂川と高野川の結果の中間であった．賀茂川と高野川では，抽水植物帯と礫底の結果の差が大きかった．多様度指数は，3地点であまり差はみられなかった．ザブロビ指数は，いずれの3地点も抽水植物帯のほうが礫底よりも大きな値を示した．これらより，各河川で底生動物が好んでいる生息場は異なっていることが明らかになった．

　ⅲ） 賀茂川の底生動物群集の変化
　木村が1957年に賀茂川御園橋付近（地点1と地点2の間，地点1.5）と賀茂川北大路橋（地点2と地点3の間，地点2.5）で行った調査[12]，京都野生動物研究会が行った賀茂大橋（地点6）で行った調査[13]，そして，2007年に賀茂川で行った調査を比較し，過去からの底生動物群集の変化について述べる．
　タクサ数は，1956年から1976年までは減少傾向がみられ，1976年から2007年までは増加傾向が認められた．個体数は，1956年から1976年まで増加傾向が認められたが，1976年から2006年では賀茂大橋では増加する傾向が認められたものの，それ以外の3地点では減少する傾向がみられた．群集の多様度を表す多様度指数では，1956年から1976年までは変動があまりみられず，多様度が変わらない傾向が認められたが，1976年から2006年までは増加している傾向が認められた．生物学的水質を表すザブロビ指数は，1956年から1976年までは増加傾向であったが，1976年から2006年までは減少傾向にあり，生物学的水質は30年前より改善していることがわかった．
　これらの結果より，1976年と比較して生物学的水質は，改善したものの，種の多様性や個体数は回復したとはいえず，その傾向は上流部の上賀茂神社西側で顕著であった．

　ⅳ） 植生化の環境評価
　抽水植物帯で認められた底生動物は，イマニシマダラカゲロウ（*Ephemerella imanishii*），ハグロトンボ（*Calopteryx atrata*）など多くは止水域や植生帯に依存する種で

3 水域環境論

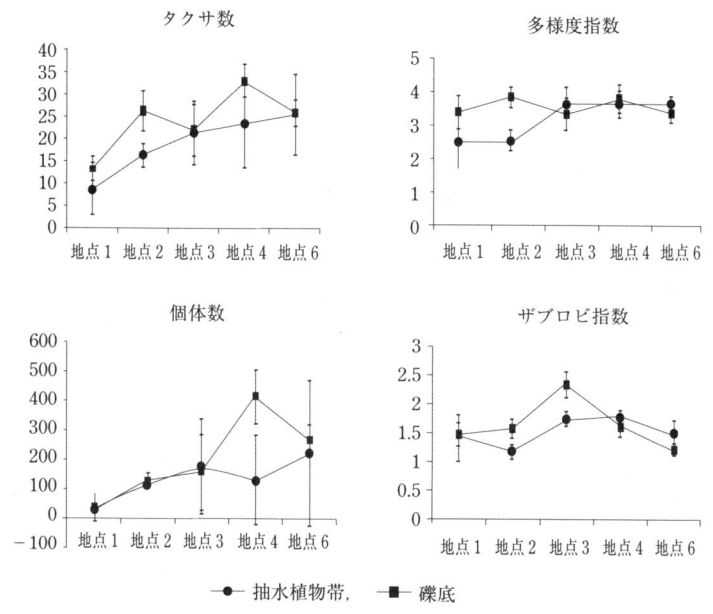

図 3.4.9 賀茂川の底生動物群集の流程分布
―●― 抽水植物帯，―■― 礫底

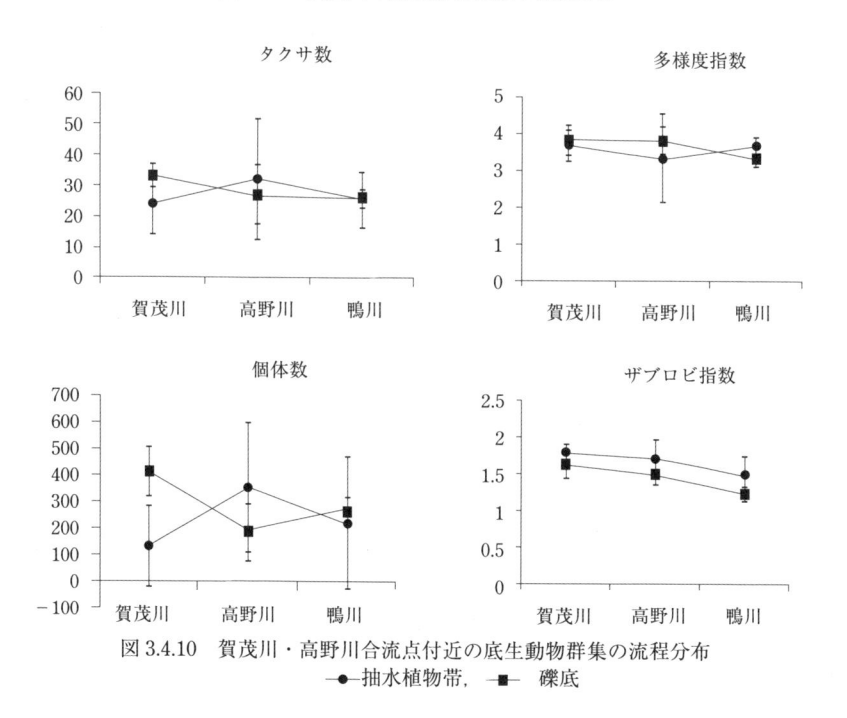

図 3.4.10 賀茂川・高野川合流点付近の底生動物群集の流程分布
―●― 抽水植物帯，―■― 礫底

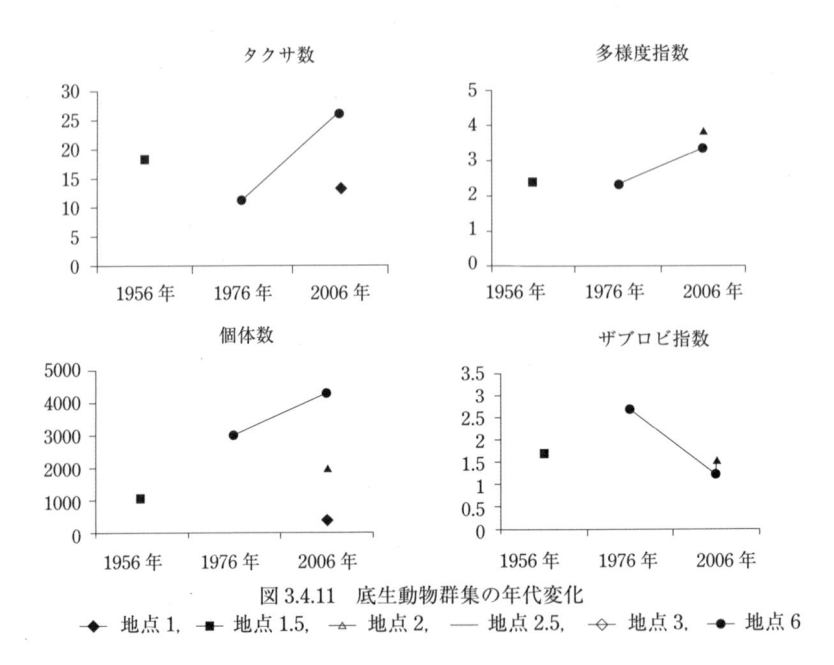

図 3.4.11 底生動物群集の年代変化
◆ 地点 1, ■ 地点 1.5, △ 地点 2, ── 地点 2.5, ○ 地点 3, ● 地点 6

表 3.4.2 賀茂川と高野川の河道内湧水の底生動物群集

	特異な底生動物	多く見られた底生動物
地点1	ヌマエビ (*Paratya Compressa Compressa*)	イトミミズ科の数種 (Tubificidae gen spp.) アシマダラエリユスリカ属の数種 (*Stictochironomus* spp.)
地点2	アオサナエ (*Nihanogomphus viridis*)	イトミミズ科の数種 (Tubificidae gen spp.) アカムシユスリカ (*Tokunagayusurika akamushi*)
地点5	サワヨコエビ近縁の新種（写真3.4.2） (*Stemomoera* sp.) ケユキユスリカ属の1種（写真3.4.2） (*Pseudodiamesa* sp.) フタツメカワゲラ属の1種など (*Neoperla* sp.)	ミズムシ (*Aselhus hilgendorfu*) エリユスリカ属の数種 (*Orthocladius* spp.)

3 水域環境論

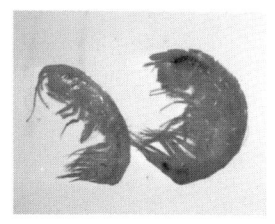

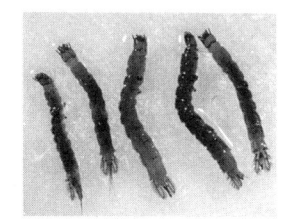

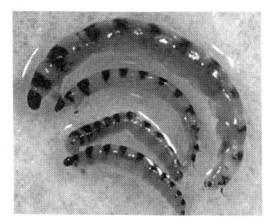

写真3.4.2 サワヨコエビ属近縁の新種（左），ホソカ属の1種（中央），
ケユキユスリカ属の1種（右）

あった．その数は，1994年に行われた岩崎ほかの研究[20]と比較すれば，多いことは明らかである．植生化は，生物多様性を高める一方で，有機物の堆積と富栄養化を通じて汚濁体制種の増加や下流にみられるような生物相への移行を促すと考えられる．

v) 河道内湧水の影響評価

賀茂川，高野川の湧水付近では，アオサナエ（Nihonogomphus viridis）やケユキユスリカ属の1種など，本来上流域や渓流域に生息する底生動物が認められた．また，京都府レッドデータブック準絶滅危惧種として記載されている在来のヌマエビ（Paratya Compressa Compressa）や地下水性で新種と思われるサワヨコエビ属の1種（Sternomoera sp.）などの希少種も認められた．

一方で，多数認められたのはアカムシユスリカ（Tokunagayusurika akamushi）やミズムシ（Asellus hilgendorfii）といった汚濁耐性種であった．

湧水ではこのように，上流域や渓流域に生息する種や希少種といった非汚濁耐性種と汚濁耐性種の混在が認められた．これは，河道内湧水が底生動物群集の種の多様性を高めている要因の1つだと考えられる．

3.4.2 魚類と鳥類の生態調査

(1) 魚の調査

2006年6月から8月に魚類生息調査を行った[25]．調査は，タモ網を用いて各区間の生息場類型（早瀬，平瀬，淵，ワンド，水際）ごとに，2人各10回の網入れの定量採集を行い，魚種および個体数を記録した．賀茂川の魚種構成は，オオクチバス，カワムツ類，カワヨシノボリが多く，高野川の魚種構成はカワムツ類とカワヨシノボリが大半を占めていた．オオクチバス，ブルーギルは，172個体と1個体が賀茂川でのみ採集され，オオクチバスのほとんどが稚魚であった．両河川で個体数が多かったのは，オオクチバスを除けばカワムツ類（カワムツ・ヌマムツ・オイカワ）とカワヨシノボリであり，それぞれの個体数は賀茂川より高野川で多かった（賀茂川，カワヨシノボリ68個体，カワムツ類130個体：高野川，カワヨシノボリ134個体，カワムツ類269個体）．

採集で最も多くの魚種が確認された場所は，賀茂川・高野川ともに水際植生（賀茂川

表3.4.3 鴨川で見られた主に底生動物を捕食する魚類

魚類	賀茂川	高野川	魚類	賀茂川	高野川
オイカワ	○	○	ギンブナ	○	
タカハヤ		○	アブラボテ	○	
タモロコ	○		シマドジョウ	○	○
ムギツク	○	○	ドンコ	○	○
モツゴ	○		カワヨシノボリ	○	○
カマツカ	○	○	トウヨシノボリ	○	
コイ	○	○	ブルーギル	○	
			計	13種	9種

14種,高野川10種)で,賀茂川では淵(10種)が続き,高野川では平瀬(6種)が続いた.

生息場数と種数の関係を調べた結果,賀茂川ではst 20を除けば,生息場数が多くなるほど種数も有意に多くなった.高野川でも,有意差はみられないものの,同様の傾向がみられた.さらに,採集できた魚類の多くは底生動物を主に捕食していた[25]知見を得た(表3.4.3).

(2) **鳥の調査**

調査対象地域において2006年5月から2007年5月にわたり,賀茂川で15回,高野川で13回の鳥類生息調査を行った[26].観察方法は裸眼および双眼鏡で鳥類の位置,種類,個体数を地図上に記録した.生息場と鳥類の分布を調査するために,それぞれの鳥類は1つの生息場にのみ対応するように記録した.

賀茂川では,19種の水鳥が,高野川では18種の水鳥が観測された.なかでも,カモメ,サギ,セキレイ,カモが頻繁に観測された.冬に多くの水鳥が観測されたのは,冬に訪れる渡り鳥が多いためだと考えられる.賀茂川,高野川ともに,合流点の出町柳に近い区間で多くの水鳥が観測される傾向にあった.

調査によって確認できた水鳥を,「カモメ」,「サギ」,「セキレイ」,「カモ」,「その他」の5つのカテゴリーに分類した.これは,社会調査における生態項目との関連のために行った.「その他」以外の4カテゴリーは賀茂川,高野川でよくみられる水鳥である.その他に含まれるのは,4カテゴリーに含まれない水鳥の中で,少なくとも30回以上観測された水鳥である.

賀茂川では,冬にカモとカモメがよく観測された.区間別にみると,サギとセキレイは各区間で同程度の数が観測されたが,カモメとカモは一部の区間で突出して多く認められた.

高野川でも冬に多くの水鳥が観測された.その中で,サギとセキレイは年間を通じてあまり個体数の変化はなかった.カモとカモメの冬の個体数の増加が,水鳥全体の個体数の変化に大きく影響を与えていた.区間別にみると,合流点の出町柳に近い各区間

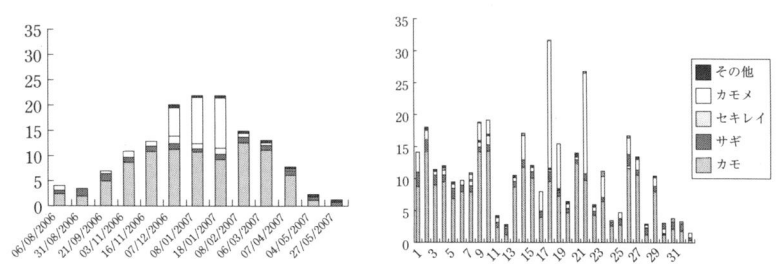

図 3.4.12　賀茂川の鳥類観測結果（左：時期別，右：区間別）

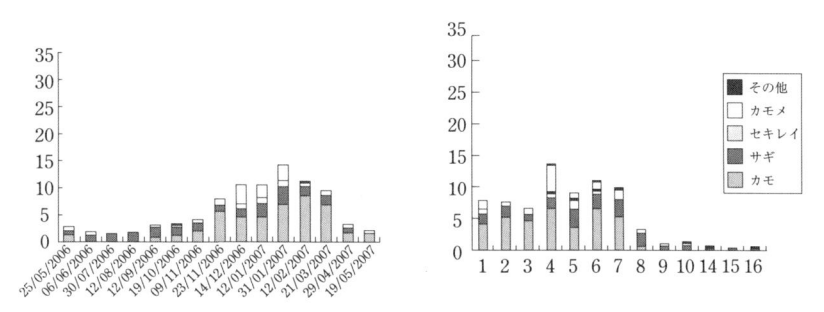

図 3.4.13　高野川の鳥類観測結果（左：日別，右：区間別）

で，サギとカモが同程度観測された．カモメも合流点に近い出町柳付近で，そのほとんどを観測した．高野川では極端に上流の区間で観測された個体数は少なかった．

鴨川ではサギ類，カモ，カワウ，シギ，カワセミ，トビ，カラス，ハト，キジバト，スズメ，セキレイ，ツバメ，ツグミ，ムクドリ，チドリ，カワラヒワが観察された．これらの鳥の主な餌を表 3.4.4 に記載する[18]．

サギ類，カワウ，シギ，カワセミ，トビ，セキレイ，チドリは水中の虫や魚を食べており，直接的または間接的に底生動物を餌としている．このうち，サギ類，トビ，セキレイは鴨川でよく見かける鳥である．

また，ツバメも餌の一部として底生動物を食べている．3.4.3 項で述べる調査区間近辺におけるツバメの食性調査によると，ツバメの糞には羽アリ，コウチュウ，ハチ，トンボが含まれていた．（コウチュウに含まれる）ドロムシとヤゴ（トンボの幼虫）は底生動物調査でも確認されている．

以上から，魚と鳥は底生動物を直接的または間接的に餌としていることがわかった．ここで得た知見は，6 章の「水辺環境の感性による評価」につながるものである．なぜなら，水辺は本来『感性空間』であり，魚や鳥はこの空間で重要な役割を果たしていることは，私たちがよく経験している自明のことである．後に述べる 6.5 節の中国北京の代表的な整備された水辺では，6 度にわたる現地調査の結果，水質汚濁が最悪で野生の鳥の姿をほとんど見たことがなかった．

211

表3.4.4 鴨川の鳥の主な食物

名前	食物
サギ類	主に魚類．他に両生類や昆虫類
カモ	主に植物．他に貝など
カワウ	魚類
シギ	水生動物（魚，両生類，甲殻類など）
カワセミ	主に小魚，甲殻類や昆虫類
トビ	動物の屍肉．他に魚類，両生類など
カラス	雑食（昆虫類，動物の死骸，果実など）
ハト	雑食（果実や昆虫類なども食べる）
スズメ	雑食
セキレイ	主に水生昆虫，飛行する昆虫
ツバメ	主に飛行する昆虫
ツグミ	ミミズや昆虫類の幼虫，木の実など
ムクドリ	昆虫類やその幼虫，木の実など
チドリ	水生昆虫
カワラヒワ	主に草木の種子や実

　さて，東京都都市計画用語集(1992)では，親水公園を「都市の海や河川などの水辺を市民に開放し，水に親しむ機能を持った公園，緑地」と定義している．本来，公園は閉じ込められた箱庭的擬似自然である．だが，人々は川辺に近づいていくと，目の前の河道内にあるものだけでなく，川辺の周辺から認知できるもの*からなんらかの印象を（意識的でも無意識でも）抱くことによって水辺に親しむことも多い．そのため，川辺の親水機能をより高めるためには，親水公園という限定された空間だけではなく，川全体，あるいは鳥類の営巣地も含む街全体の整備を考える必要があろう．このため，本書では単なる河道内の環境だけでなく，人々が河道に近づいて五感で感じることができる河道周辺とそこから見える景観を水辺環境と定義することにしよう．

　水辺環境の親水機能に着目すると，人々は釣りやバードウォッチングなどで河道内を泳いでいる魚類や水辺周辺を飛び回っている鳥類などの生物から水に親しむことがある．そのため，水辺の魚類や鳥類を保護していくことが水辺環境の親水機能を高めることにつながるといえる．ただし，ブルーギルやカラスなど，人々が嫌う傾向にある魚類や鳥類は，親水機能を低下させるが，彼らを私たちの生活空間に誘導したのも私たちであったことを忘れてはならない事実である．いずれにしても，親水機能を高めるように

---

*例えば，川辺から見える山々や川の上空を飛び回る鳥類など．

魚類や鳥類を保護していくには，彼らの餌となる生物が水辺環境に必要不可欠である．このため，彼らの餌となる生物の中で重要な底生動物に着目したのである．

底生動物は，評価対象を明確に示せ，採集が比較的容易であり，生活範囲が広大でないために，河川環境を評価する際の指標生物として用いられることが多い．実際，国土交通省が行っている「河川水辺の国勢調査」の中で生物調査の1つとして位置づけられている．物理化学的な指標（BODやpH，電気伝導度など）が河川の情報を定量的に，かつ瞬間的な状態がわかる微分的な情報が得られるのに対し，底生動物による評価の特徴は，物理化学的変動の履歴を蓄積した積分的な情報が得られるということである．

こうして，底生動物が環境評価の指標生物となるだけでなく，魚類や鳥類との捕食関係を介して水辺の親水機能を支え，今後，公園という限定した空間だけでなく，水辺環境全体で親水機能を高めるために底生動物の視点で整備が必要であるということを示すことができると私たちは考えている．

以下では，水辺環境の指標鳥類として，特に多くの市民から愛されているツバメと水鳥の生態調査を紹介することにしよう．

3.4.3 ツバメと水鳥の生態調査[26]

(1) **ツバメの生態調査**[27]
1） **ツバメの巣分布調査**

ツバメの巣分布調査は，京都市街地の賀茂川，高野川の二川合流点を中心とした図3.4.14に示す範囲の対象地域で行った．これは鴨川（賀茂川，高野川）の水辺で見られるツバメが営巣していると考えられる範囲である．また，この範囲に含まれる鴨川および賀茂川の河川敷は鴨川公園として整備されており，末丸町の地元住民の水辺利用範囲とほぼ一致すると考えられる．研究対象地域は高度に都市化されているが，京都御所，下鴨神社（糺の森），吉田山などの緑地が存在している．

調査は2006年と2007年のツバメの繁殖期（4月〜8月）に行った．調査方法は，研究対象地域内すべての道路に沿って観察し，巣の場所と建物の利用形態（商業または宅地利用，ただしマンションはツバメの巣がある1階部分で判断する），巣の利用状況（親鳥，雛，卵の有無）を記録し，糞の採取を行った．ツバメの巣分布の調査結果（2007年）を図3.4.15に示す．

この図より，ツバメの巣は鴨川（賀茂川，高野川）の水辺の近くにも多く存在していることがわかる．このことから，ツバメの営巣地選びは餌場としての水辺との距離に関係していると考えられる．また，駅（出町柳駅）周辺の交差点の付近に巣が密集しており，京都御所，下鴨神社，京都大学の付近には巣が少ないことから，歩行者の交通量が多い場所が営巣地として好まれ，緑地や大きな建物のある場所は好まれていないことが考えられる．ツバメの巣のある建物の利用形態の調査結果（2007年）は商業利用が128ヶ所(68％)，宅地利用が59ヶ所(32％)であった．これはカラスなどから卵やヒナを守るた

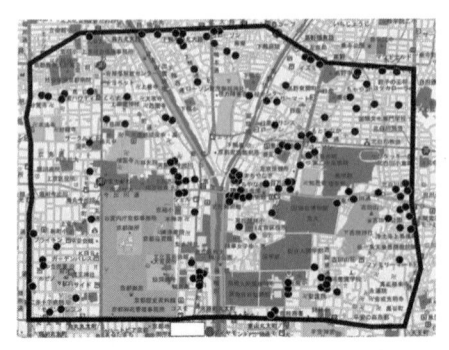

図 3.4.14　研究対象地域とツバメの巣（黒丸）分布

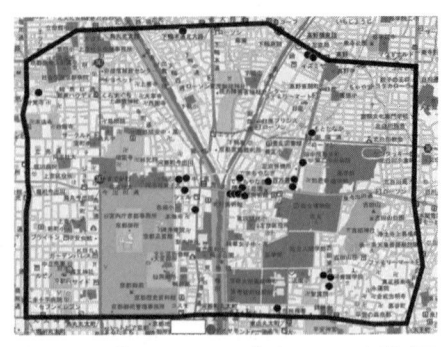

図 3.4.15　糞にトンボが含まれていた巣（黒丸）の分布

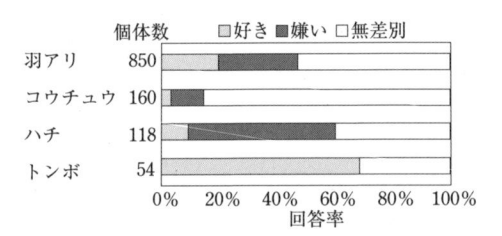

図 3.4.16　ツバメの主な餌と地元住民の好き嫌い

めであろう．

　以上より，ツバメの営巣地として小規模の建物が密集したにぎやかな場所が好まれており，水辺からの距離のみならず人間生活との距離の近さが重要であると考えられる．

2）ツバメの食性調査

　2006 年に巣の下で採取した糞の内容物を顕微鏡で調査し，ツバメの主たる餌である生物（虫）を同定して個体数を集計した結果，および地元住民の好き嫌いを図 3.4.16 に示す．コウチュウはドロムシ（19％），オサムシ（17％），ゾウムシ（11％）などが含まれているが，好き嫌いは最も多いドロムシに対するものである．

　図 3.4.16 より，羽アリ，コウチュウ，ハチ，トンボといった河川敷で観察される虫がツバメの餌となっていることがわかった．これらの虫に対する地元住民の好き嫌いに着目すると，羽アリは関心度が 50％以下で好き嫌いが対立しており，コウチュウは関心が低い．ハチとトンボは関心度 50％以上でハチはほとんど「嫌い」，トンボは関心ある人全員が「好き」と評価している．

　次に，地元住民の好きなトンボとツバメの関係に着目し，糞の中にトンボが入っていた巣の分布を図 3.4.15 に示す．二川合流点付近に多く分布しているが，水生昆虫であるトンボを含んだ糞がみられる巣が水辺から離れた場所にも分布しており，対象地域の設定は妥当であったといえる．また，この分布より巣が水辺に近いということは餌を得る

図 3.4.17 種類の調査対象地域と生息場の分類

のに有利であることが考えられる.

(2) 水鳥の生態調査[28]
1) 水鳥の GES 環境

京都市街地を流れる鴨川本川における水鳥の GES 環境調査, および考察を行う. 対象地域は社会調査対象地域, 水鳥分布調査対象地域, 水質測定点の3つに分類される（図3.4.17）. 社会調査対象地域は鴨川右岸に隣接する末丸町の町内会*である. 末丸町町内会の全数調査を目的としたアンケート調査を行う. 水鳥分布調査対象地域は賀茂川・高野川の二川合流点から三条大橋南側の堰堤までの約 2.3 km である. これは末丸町の地元住民が日常的に利用する範囲であると考えられる. 水質測定点は三条大橋, 出町橋, 河合橋の3地点である.

研究対象地域の河道内には堰堤が7ヶ所, 合流式下水道幹線からの吐口が8ヶ所, 飛び石が3ヶ所配置されている. また, 右岸の河川敷は鴨川公園として整備されており,

---
*末丸町を選んだ理由については 6.3.1 項の鴨川流域地域分析で述べていることを断っておこう.

表3.4.5　3地点における水質測定結果

	① 三条大橋	② 出町橋	③ 河合橋
流量 (m/s)	1.92	1.17	0.80
全水深 (m)	0.20	0.31	0.23
pH	8.4	8.8	7.5
BOD (mg/L)	0.6	0.7	0.5
COD (mg/L)	1.3	1.5	1.1
SS (mg/L)	2	2	1
T-N (mg/L)	0.84	0.59	1.0

震災時の広域避難場所に指定されている．対象地域の周辺は完全に都市化されているが，右岸には京都御所，二川合流点北側には糺の森，下鴨神社といった緑地利用がされており，鳥類の生息場ともなっている．

2） 生息場調査

　まず，水鳥分布の観察のために図3.4.17のように水辺を水面，瀬，堰堤，植生がある中州，植生がない中州，堤防，河川敷の7つの基本的な生息場に分類する．2007年10月7日に撮影された水鳥分布調査対象地域の航空写真を用いて，GIS (Geographic Information Systems) による計測を行った．その結果，全面積31万8638 m^2 のうち水面12万2034 m^2，瀬2559 m^2，堰堤1万0897 m^2，植生がある中州4万7552 m^2，植生がない中州5217 m^2，堤防2万5737 m^2，河川敷10万4641 m^2 である．調査対象地域は水面の次に河川敷が広く，利用者にとっては多様な遊び空間となっていることがわかる．

　次に，水鳥分布調査対象地域の水質に着目する．図3.4.17の丸数字で示した3地点における水質測定の2005年度年間平均値を表3.4.5に示す．出町橋は賀茂川，河合橋は高野川，三条大橋は本川なので，三条大橋の水量は他の2地点の和とほぼ等しく，pH，BOD，COD，SS，T-Nは2地点の中間の値となっている．BODについていずれの地点でも1.0 (mg/L) を下回っており良好な水質といえる．また，これは水鳥の生息にとっても望ましいと考えられる．

3） 水鳥分布調査

　水鳥分布の現地調査は，図3.4.17の水鳥調査対象地域において2006年6月10日から2007年5月27日にわたり15回行った．観察方法は，裸眼および双眼鏡で水鳥の位置，種類，個体数を地図上に記録した．図3.4.18に研究対象地域における水鳥の種類と個体数，図3.4.19に水鳥の個体数の時間変動を示す．

　図3.4.18より，観察された個体数はカモが最も多く，以下はサギ，ユリカモメ，セキレイの順であることがわかる．また，図3.4.19より，渡り鳥（ユリカモメ，コガモ，ヒドリガモ，オナガガモ）の影響で冬に個体数が大きく増加していることが明らかになった．

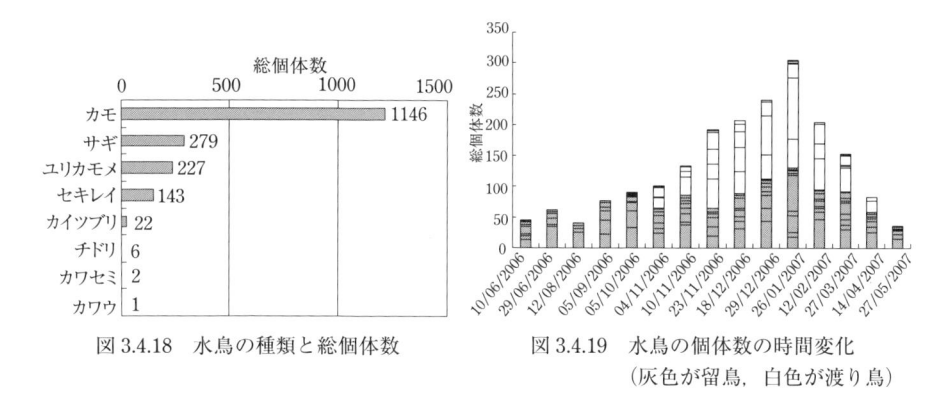

図 3.4.18 水鳥の種類と総個体数

図 3.4.19 水鳥の個体数の時間変化
（灰色が留鳥，白色が渡り鳥）

特に1月の鴨川本川の水辺は水鳥でにぎわっているといえる．

3.4.4 都市域河川における生物相の保全[29)30)]

　生態系保全計画の一環として，下水道整備と河川水質と底生生物の関連を既往データに基づいて検証し，都市域河川に対するコントロール要因の1つである下水道整備のあり方について考察する．対象河川は典型的な都市河川である鶴見川とした．鶴見川は，流水に占める下水処理水の割合が高く，都市化の影響を大きく受けている河川である一方で，上流周辺には下水処理水の影響を受けない自然的な環境も残されている状況にある．調査対象区間は，図 3.4.20 に示す15ヶ所の観測地点とした．

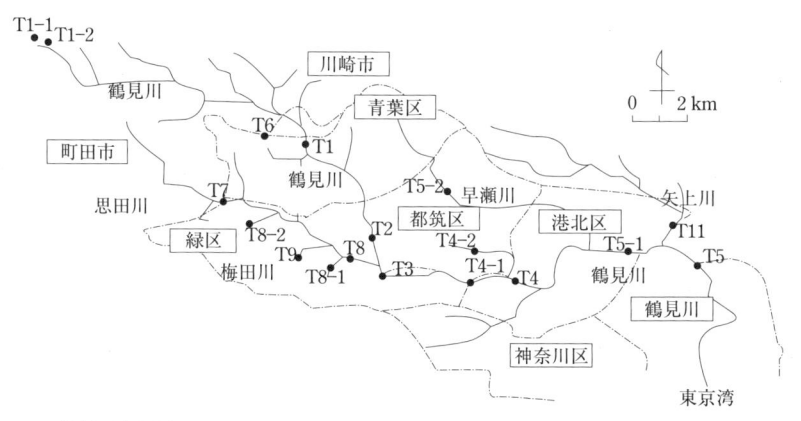

図 3.4.20　鶴見川観測点
　　T1-1：小山田，T1-2：関（支川），T1：寺家橋，T2：千代橋，T3：落合橋，T4-1：第三京浜，T4：亀の子橋，T5-2：境田橋（早渕川），T6：山田谷戸（寺家川），T7：堀之内橋（恩田川），T8-1：台村（台村川），T8-2：玄海田（岩川），T8：都橋（恩田川），T9：神明橋（梅田川），T11：一本橋（矢上川）

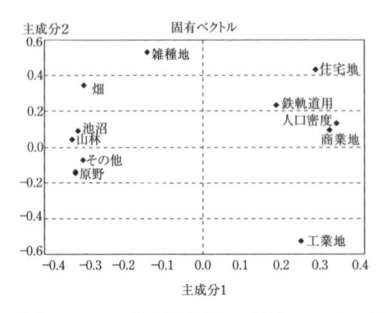

図 3.4.21　土地利用種目の固有ベクトル図

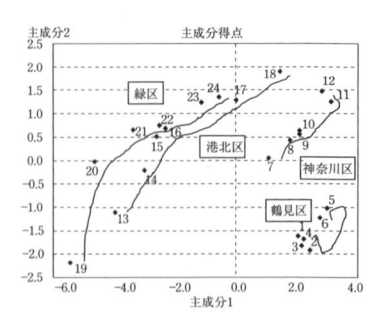

図 3.4.22　都市化の軌跡因子スコア図

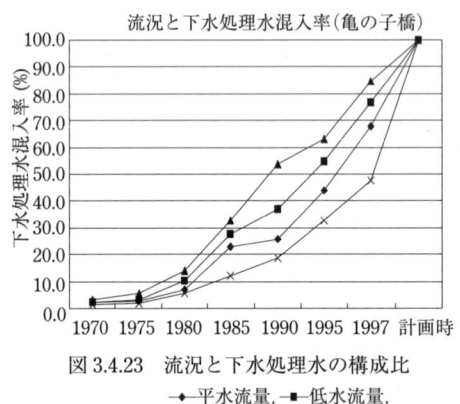

図 3.4.23　流況と下水処理水の構成比

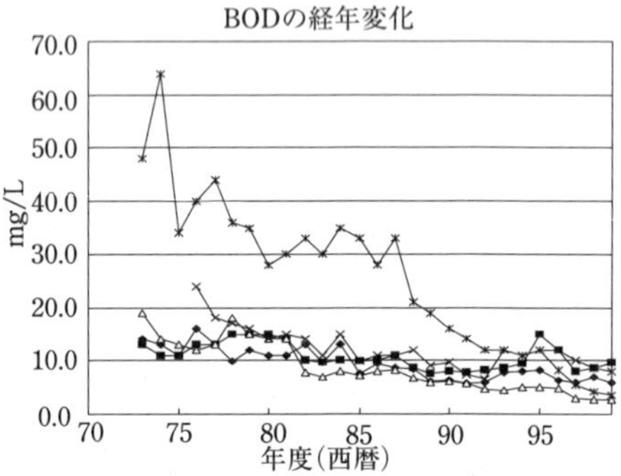

図 3.4.24　河川水質（BOD）の経年推移

(1)　鶴見川の特性の推移

　鶴見川流域を構成する鶴見区，神奈川区，港北区，緑区（1994年以降は緑・都筑・青葉区に再編）の4行政区の都市指標[31]としての人口，土地利用種目に時系列主成分分析（1970～1995年にいたる5年ごとのデータによる）を適用し，都市の推移を記述する．図3.4.21に第1，2主成分の固有ベクトルを示す．このとき，第1，2主成分の寄与率はそれぞれ64％，13％である．図より第1主成分は都市的か農地的かの土地利用を示す総合特性値であるといえ，第2主成分は特に工業地域を特徴づける特性値である．また，図3.4.22に，時系列因子スコアを示す．土地利用形態は，1970年以降急速に都市化しており，特に自然環境が残されていた港北区，緑区における変化は顕著である．

1)　鶴見川の流況・水質の推移

　図3.4.23に，鶴見川の代表流量観測点である亀の子橋における流況に占める下水処理水の構成比率を示す．なお，観測点上流に位置する下水処理場は，町田，鶴川（東京都），麻生（川崎市），緑（横浜市）処理場の4ヶ所である．図3.4.23より，1997年現況で下水

表 3.4.6　分析対象項目

分析指標	整理年度
都市の状況（人口，土地利用）	1970～1995@5年ごと
流況	1970～1995@5年ごと
水質	1973～1999@1年ごと
生物の出現データ （底生生物・魚類・藻類）	1973～1996@3年ごと（夏季調査） 1974～1997@3年ごと（冬季調査）

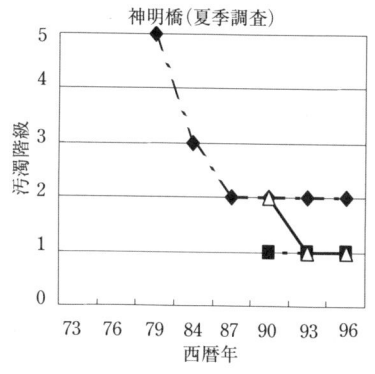

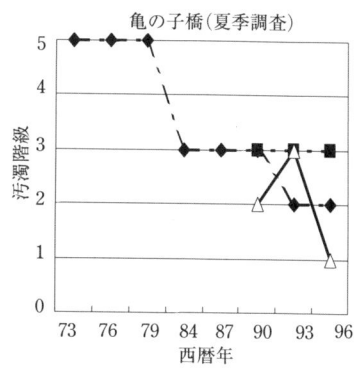

図 3.4.25　生物指標による水質汚濁階級の推移
　◆　底生生物，　■　魚類，　△　藻類

処理水の流況に占める割合は，平均流量で50％，低水流量で75％，渇水流量で85％を上回る状況にあることがわかる．

　このような状況から，鶴見川の水質は，下水道整備（整備率，下水処理水質）に大きく依存するものと考えられる．水質の経年変化を示したものが図 3.4.24 である．5つの観測点における水質は，経年的に改善の傾向を示しており，特に，下水処理場からの放流の影響を受けない観測点（一本橋）では著しい改善がみられる．それに対し，下水処理水の放流を被る他の観測点では，1985年以降では，改善効果は横ばいの状況にあるといえる．すなわち，下水道整備率の向上の一方で，集約された下水処理水の影響が水質改善を阻んでいるといえる．

2）　鶴見川の生態環境の推移

　図 3.4.25 に，代表地点の夏季調査における底生生物，魚類，藻類の優占種[23]を指標とした水質判定結果の推移を示す．ここで，指標生物の水質階級は，表 3.4.7 に示すとおりである．図 3.4.25 より，河川水質の改善と連動した階級の推移をみることができる．また，生物種間における水質階級にはなんらかの相関をみることができる．

　図 3.4.26 は，魚種数と出現率の経年推移を示したものである．魚種数と出現率とも増

表 3.4.7 指標生物による水質判定と階級

	判定方法	階級		指標生物の例
底生生物	横浜市の簡易生物学的水質判定法 水質の程度ごとにみられる生物相（指標生物）による水質判定を行うもの．水質の良好な順にos（貧腐水性），βm，αm（中腐水性）βp，αp（強腐水性）に分類する．	1	Os	カワゲラ類，オニヤンマ，ヨシノコカゲロウ，サワガニなど
		2	βm	サホコカゲロウ，ナミウズムシ，カワニナ，コガタシマトビケラなど
		3	αm	サホコカゲロウ（褐色型），アメリカザリガニ，シマイシビルなど
		4	βp	ミズムシ，エラミミズ，サカマキガイなど
		5	αp	イトミミズ科，セスジユスリカ，チョウバエ属など
				生息しない
魚類	横浜市の川の生物指標 指標魚類の種類・個体数による水質判定．	1	魚類A	ホトケドジョウ，シマドジョウ，アブラハヤなど
		2	魚類B	カマツカ，オイカワなど
		3	魚類C	ドジョウ，フナなど
		4	魚類D	生息しない
藻類	横浜市の川の生物指標 指標藻類の種類・個体数による水質判定．	1	藻類A	シャントランシア，メロシラバリアンスなど
		2	藻類B	ホモエオスリックスヤンシーナなど
		3	藻類C	ニッチアアンフィビアなど
		4	藻類D	ゴンフォネマパルブルムなど

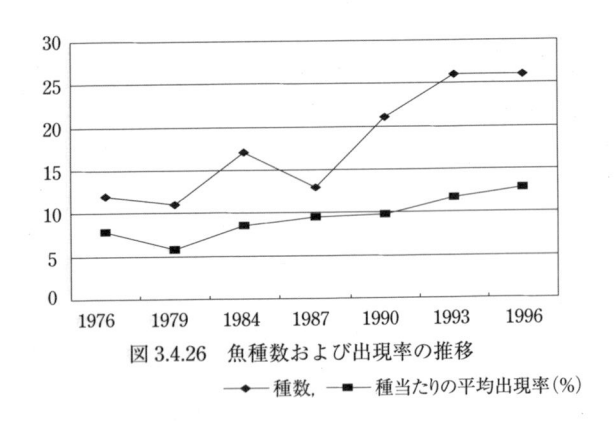

図 3.4.26 魚種数および出現率の推移
―◆― 種数，―■― 種当たりの平均出現率(%)

加を示しており，種類が増加するとともにより多くの場所に出現する傾向にあることがわかる．

以上を要約すると，下水道整備による河川水質の改善が顕著であり，それに連動して生物種による水質階級も改善の傾向にあり，魚種数およびその出現率も増加している．

しかしながら，下水処理水の混入を被る場所の水質改善は，近時点では顕著ではなく，

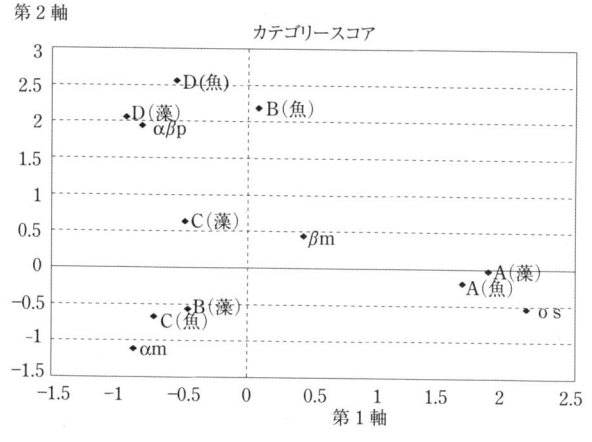

図3.4.27 生物指標のカテゴリースコア図

横ばいの傾向にある．下水処理水の放流が，河川流況，強いては河川水質に支配的な要因となりつつあることが指摘できる．したがって，次に，生物種による水質階級と河川水質の関連分析を行うこととする．

(2) 生物指標と理化学指標の関連分析

ここでは，生物指標による水質階級と理化学水質が連動していることに注目し，理化学指標と生物指標とのクロス特性分析を行い，有意性の検証をふまえてこれらの相互関連を明らかにする．なお，分析対象は，調査方法が定型化した1990年以降の資料を対象とした．

1) 生物指標による水質評価

先に示した生物指標のうち，水質の程度によりランク付けられた底生生物，魚類，藻類指標に対し，数量化理論第III類を適用し，各指標の水質ランクの関連分析を行う．図3.4.27にカテゴリースコア図を示す．なお，第1軸，第2軸の寄与率はそれぞれ26％，17％であり，相関係数は0.90，0.73である．

図より，第1軸は，生物指標からみた清浄軸（os，魚類-A，藻類-Aとそれ以外），第2軸は中腐水性（$\alpha \cdot \beta$m，魚類-C，藻類-B，C）と強腐水性（$\alpha \cdot \beta$p，魚類-B，D，藻類-D）を分別する軸と解釈した．

2) 総合指標による水質評価

さらに，生物指標と理化学指標のうちDO，BOD，T-Nを代表指標として抽出し，環境基準のランクに対応したカテゴリー化を行い，これら5指標を対象として，まず，クロス特性および数量化理論第III類を適用した．カテゴリー化のための区分を表3.4.8に示し，クロス分析結果をCr関連係数として表3.4.9に示す．

表3.4.8 生物指標, 理化学指標のカテゴリー区分

指標	A	B	C	D
底生生物	os	βm	αm	αβp
魚類	魚類A	魚類B	魚類C	魚類D
藻類	藻類A	藻類B	藻類C	藻類D
BOD (mg/L)	3.0以下	3.0〜5.0	5.0以上	
DO (mg/L)	7.0以上	7.0未満		
T-N (mg/L)	1.0以下	1.0〜5.0	5.0以上	

表3.4.9 生物指標・理化学指標のクロス特性分析

	底生生物	魚類	藻類	DO	BOD
魚類	0.574**				
藻類	0.403*	0.427*			
DO	0.498**	0.372	0.524**		
BOD	0.514**	0.548**	0.406*	0.334	
T-N	0.467**	0.358	0.339	0.504**	0.472**

ここで添え字**は1%水準で有意, *は5%水準で有意, 無印は有意でない.

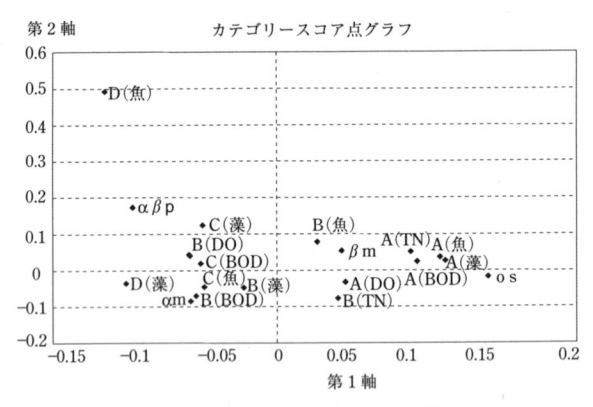

図3.4.28 カテゴリースコア図

表より, 特に底生生物は他のすべての指標と有意な関連をもつことが示されており, ここで取り上げた指標の範囲では, 有力な代表指標といえる.

次に, 図3.4.28に数量化理論第III類を適用したカテゴリースコア図を示す. ここで, 第1軸, 第2軸の寄与率はそれぞれ27%, 13%であり, 相関係数は0.79, 0.55であり, 第2軸の説明力は小さい. 第1軸では, 各指標の清浄〜汚濁にわたるカテゴリー区分に

3 水域環境論

表 3.4.10 総合指標による水質ランク区分

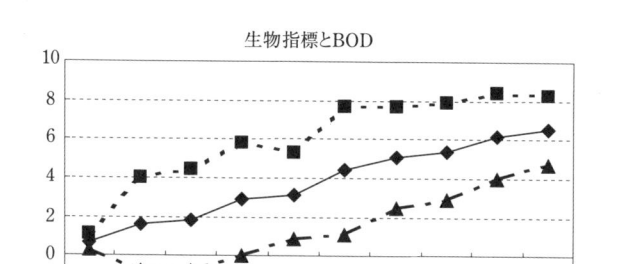

測点	地点名	測点	地点名	測点	地点名
T1-1	小山田	T4-1	第三京浜	T8-1	台村（台村川）
T1-2	関（支川）	T4	亀の子橋	T8-2	玄海田（岩川）
T1	寺家橋	T5-2	境田橋（早渕川）	T8	都橋（恩田川）
T2	千代橋	T6	山田谷戸（寺家川）	T9	神明橋（梅田川）
T3	落合橋	T7	堀之内橋（恩田川）	T11	一本橋（矢上川）

凡例　清浄　やや清浄　やや劣悪　劣悪

図 3.4.29　生物指標と理化学指標の関連

整列しており，総合的な清浄・汚濁軸ととらえることができる．

以上のサンプルスコア分布図を作成し，表 3.4.10 に整理した．支川（T1-1, T1-2, T8-1, T8-2），そして（T5-2, T6, T9）地点の順に，総合的にみて清浄な状況にあり，これらの地点はいずれも下水処理水の放流を被らない支川域に立地している．一方，他の地点は，下水処理場の放流水の影響を受けている地点であり，とりわけ恩田川において汚濁が顕著であることがわかる．

また，分析に用いた範囲での，生物指標と理化学指標（BOD で代表）の関連をみたものが図 3.4.29 である．図には，生物指標に対する理化学指標の分布（平均値±標準偏差）を示している．このような関連から，数値の分布幅は大きいものの，特に下水処理水質の向上による水質改善と生物指標による水質ランクの向上を類推することが可能となる．

3）下水処理の高度化と生物相保全の方向

河川における基準点（ここでは亀の子橋）の水質は，近似的に次式で推定できる．ただし，自然水（ここでは自己流量としている）の水質は無視している．

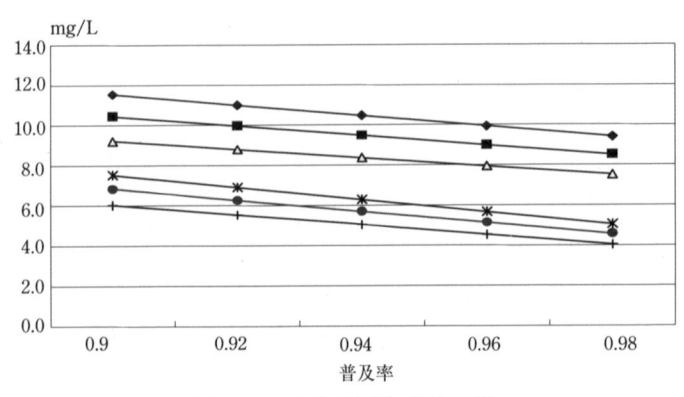

図 3.4.30　基準点水質の推定結果

凡例：渇水(二次処理)，低水(二次処理)，平水(二次処理)，渇水(高度処理)，低水(高度処理)，平水(高度処理)

$$C \approx (1-\beta)(\alpha C_T + (1-\alpha) C_S)$$

ここに，C：基準点水質 (mg/L)，C_T：下水処理水質 (mg/L)，C_S：未処理水質 (mg/L)，α：下水道普及率，β：自己流量比率である．

上式から，河川水質の向上を図るため，下水道普及率の向上，下水処理水質の高度化，低水涵養などによる自己流量の増加を図ることが考えられる．

現在 (1997年) 基準点上流の下水道普及率は95％であり，さしあたり下水処理水水質の向上 (高度化) が有効な方策といえよう．図 3.4.30 に上記モデルによる二次処理，高度処理レベルでの水質推定結果を示す．ただし，二次処理水質，高度処理水質，未処理水質はそれぞれ，BOD で 10，5，40 mg/L とし，自己流量比率は 1997 年時点での推定である．渇水比流量は 0.002 m³/sec/km² 程度であり，全国平均に対し約 1/4 のオーダーにある．水緑の整備による浸透域の拡大，自己流量の増強についてもその重要性が指摘されよう．

推定結果は，基準点 (亀の子橋) の現況水質をとらえていると判断され，したがって高度処理の導入は，現況水質をほぼ半減させる効果をもつ．このとき，図 3.4.30 に示した生物指標と理化学指標の関連から，底生生物としてはβm，魚類B，藻類Bより上位の水質ランクにある生物生息環境が期待される．

3.5 中国の流域面源負荷流出モデルの同定方法と実際

3.5.1 負荷流出システムのモデル化

　雨天時における負荷流出過程は，場（流域）の条件と，負荷流出の原動力となる降雨の流出によって支配される．降雨量と流域の条件を入力とし，流（出）量と水質を出力としてとらえる場合に，水文学的には"負荷流出システム"と呼ばれる．

　負荷流出システムをモデル化する場合に，2つの視点が考えられる．すなわち，システムの入出力関係のみに着目する見方と，システムに関わるすべての要素（の関係）を考慮するものである．前者は black-box 的アプローチ，後者は力学的あるいは物理学的（physical-based）アプローチと呼ばれる．モデル化の手順は通常，

① モデル構造の決定
② パラメータの同定
③ モデルの評価

という3つのステップからなる．

　モデル化しようとする実際のシステムについて，われわれは先験的な情報をもっている．すなわち，システムの本質的特性，流域の特性，物理的あるいは水文学的知識などである．これらは実験なり観測を通じても得られるものであり，また，先験的情報が実験・観測の方法を規定するというフィードバックが存在する．実際のシステムに対してどのようなモデルを組み立てるか（モデル構造の決定）は，これら先験的情報と実験・観測を通じて決定される一方，対象とする問題とモデル化の目的にも依存する．従来では，雨天時における負荷流出について，先験的情報が少なく，流出メカニズムに対する理解が不十分であったことと，実験・観測データが非常に少なかったこともあって，流域の特性や使用目的を考慮してモデルを選択することはできずに，構造的に非常に簡単な，いわゆる black-box モデルが多用されてきた．近年，公共用水域の水質に対する雨天時汚濁負荷の影響が注目されるようになってから，面源負荷流出過程に関する信頼性の高い観測が実施されるようになり，これらの観測結果をもとに，流域特性や雨天時における負荷流出メカニズムがより正確に理解できるようになり，いわゆる物理学的モデルの作成が可能になりつつある．

　モデルの構造が決定されると，モデルに含まれるパラメータの値を推定しなければならないが，このとき通常2つの方法が用いられる．すなわち，経験的な推定値を用いる方法と，所与の入出力データを用いてなんらかの目的関数を最適化することにより推定する方法である．前述のように，従来では，パラメータ推定に使用可能な信頼できる観測データ（入出力データ）が少なかったことと，モデルの構造が簡単でパラメータの数も少なかったことが原因で，モデルパラメータがほとんど経験的に決められてきた．しか

し，モデル構造が複雑になるにつれ，モデルパラメータは数が増えると同時に，質的にも分化し，経験的にすべてのモデルパラメータを決定することはほとんど不可能になり，観測データを用いたパラメータ推定が必要になる．

モデル評価とは，対象となる流域の特性と解析目的に対して，構造とパラメータの与えられたモデルが適切であるかどうかをなんらかの基準を用いて検証することである．ここで重要なのは，評価基準の設定である．

ここでは，一般的なモデル構造に対して，パラメータの推定に焦点を絞り，パラメータ推定にあたっての基本的な考え方と推定方法，特に観測データに含まれる誤差の取り扱い方について提案を行う．

3.5.2　モデルパラメータの同定方法

(1)　雨天時の面源負荷流出モデル

負荷流出モデルは，現実の複雑な負荷流出システムを理想化あるいは概念化し，数学的記法によって表現したものであり，一般的に下記の4つの基礎方程式の連立解として記述される．

① 雨水の連続方程式
② 雨水の運動方程式
③ 負荷の連続方程式
④ 負荷の運動方程式

雨水の連続方程式と運動方程式によって定義されるのはいわゆる（雨水）流出モデルであり，その結果（連立解）として求められるのは（雨水）流（出）量である．こうして求められた流量が，通常負荷の運動方程式への入力となる．雨水の流出モデルは伝統的な水文学の中心的研究課題であり，ここではこれについての詳細な議論は省略する．

雨水流量が雨水流出モデルによって求められたとして，負荷の連続方程式と運動方程式は，一般的に次のように表される．

$$\frac{dx(t)}{dt} = \Phi\left(x(t), I(t), L(t), c\right) \tag{3.5.1}$$

$$L(t) = H(x(t), q(t), c) \tag{3.5.2}$$

ここに，$x(t)$ は時刻 t における状態量，$\Phi(\cdot)$ と $H(\cdot)$ は負荷の流出過程が規定するスカラー関数，$I(t)$ は負荷供給量，$L(t)$ は負荷流出量，c は流域条件（初期条件を含む）を表すパラメータ，$q(t)$ は雨水流出モデルから出力された雨水流量である．

負荷流出モデルで状態量としてよく用いられるのは，堆積負荷量である．連続方程式 (3.5.1) の右辺において，状態量を含まない場合もあるが，負荷の溶出，沈殿，あるいは内部生産などを考慮する必要があり，これらが状態量に依存するとした場合に式 (3.5.1) の表記になる．したがって，一般的な表記としては式 (3.5.1) が適切であると考えている．

負荷供給量 $I(t)$ については，面源堆積負荷だけでなく，雨水に含まれる負荷や，対象システム外からの流入負荷を考える場合には，ベクトル変数として扱うことになる．

上記モデルの具体的な一例[1]を以下に示す．従来からよく使用されている国土交通省土木研究所モデルなども，適切な変数変換により上記の一般的な表記に書き表すことができる．

$$\frac{dx(t)}{dt} = I(t) - L(t), \text{subject to } x(0) = x_0 \tag{3.5.3}$$

$$L(t) = k \cdot x(t)^m \cdot q(t)^{n-1} \cdot (q(t) - q_c) \tag{3.5.4}$$

ここに，x_0 と q_c は流域の条件を表すパラメータで，それぞれ初期堆積負荷量と限界流量を表す．また，k, m, n はモデル構造が与えられたときの関数形を決定するパラメータ（モデル定数ともいう）である．

この例からわかるように，負荷流出モデルにおいて観測データにより推定すべきパラメータは，流域条件を表すパラメータとモデル構造を決定するパラメータの2種類である．

なお，負荷流出モデルの分類上，上記モデルは集中型モデルに属する．負荷流出システムは，実際分布型システムである．このとき，モデルの扱い方に関してさまざまな困難な問題が起こるが，モデルの表記方法だけを考える場合には，流域を分割し，式 (3.5.1) と (3.5.2) に含まれるすべての変数を空間的位置の関数と見なせば，モデルの表記方法を変える必要はない．また，分布型モデルを適切な集中化 (lumping) の方法によって，式 (3.5.1)，(3.5.2) のような形式に変換できる．そういう意味では，式 (3.5.1)，(3.5.2) によって表される負荷流出モデルは一般性を有している．

(2) パラメータ推定問題の定式化

前述のように，モデルパラメータの求め方は，モデルの構造に依存して多様である．モデルの構造が簡単な場合に，先験的情報に基づいて経験的に決められるが，モデルの構造が複雑になるにつれ，パラメータの数が増えると同時に，質的にも流域の条件を表すものとモデルの構造を規定するものに分化する．このような場合に，数学的最適化手法を用いたパラメータ同定が有効になる．

最適化手法によるパラメータ同定では，まず，目的関数を決める．次に，決められた目的関数に応じて探索方法を選ぶ必要がある．負荷流出モデルでは，実測流出負荷量（水質）と計算流出負荷量（水質）との適合度を表す関数を目的関数に採用するのが一般的である．しかしながら，適合度の評価基準が必ずしも明確にはなっていない．例えば，流出負荷量の全時間経過を合わせるのか，それとも，総流出負荷量を合わせるのか，あるいは，ピーク水質を合わせるのかいろいろと考えられる．これは，具体的な問題に際してモデルの目的に応じて決める必要がある．例えば，流出負荷量の放流先水質に対する

短期的影響を評価しようとする場合には流出負荷量の全時間経過を合わせるべきであり，逆に長期的影響を把握しようとする場合には総流出負荷量を合わせたほうが望ましい．また，流出水の処理計画を考える場合には，ピーク水質およびその出現時刻を合わせなければならないことになる．

適合度指標が決定されれば，次に，目的関数の関数形を決める必要がある．最も一般的な関数形として，実測流出負荷量（水質）と計算流出負荷量（水質）との絶対誤差を採用する場合と2乗誤差を採用する場合の2つが挙げられる．どちらを選ぶべきかは，(明確な基準はないが)モデルの精度に対する要求，モデル同定に使用するデータの信頼性，および計算時間などを考慮して総合的に判断する必要がある．例えば，モデルの精度に対する要求が高く，使用するデータの信頼性も高い場合には，2乗誤差を採用したほうが望ましいといわれる．しかし，2乗誤差を採用した場合に，問題によっては探索時間が長くなることがあり，特にパラメータの数が多い場合に，最適値の探索が不十分に終わってしまうことも考えられる．

負荷流出モデルで，全時間経過にわたる実測流出負荷量（水質）と計算流出負荷量（水質）と2乗誤差を目的関数とした場合，次式で表すことができる．

$$R = \sum_{t=1}^{T} (\hat{L}(t) - L_o(t))^2 \tag{3.5.5}$$

ここに，Rは目的関数，tは時間，Tはパラメータ同定に使用するデータ期間（データ数），$\hat{L}(t)$は時間tにおける計算流出負荷量，$L_o(t)$は時間tにおける実測流出負荷量である．

最適化によるパラメータ同定手法は，計算流出負荷量$\hat{L}(t)$を同定すべきパラメータベクトルの関数と見なし，目的関数Rをパラメータベクトルに関して最小化することである．つまり，最適化問題

$$\min_{P} R(p) = \min_{P} \sum_{t=1}^{T} (\hat{L}(p, t) - L_o(t))^2 \tag{3.5.6}$$

を解くことによりモデルパラメータを求める．ここに，pは同定すべきモデルパラメータである．式 (3.5.3), (3.5.4) で示された負荷流出モデルを例にいえば，$p = (x_0, q_c, k, m, n)$となる．

上記の最適化問題の解析手法は，負荷流出モデルの構造に応じて選ぶ必要がある．通常よく用いられる最も一般的な方法としては，最急降下法が挙げられる．

(3) 観測誤差の除去方法
1) 観測誤差の性質
流出負荷量の観測データ時系列$L_o(t)$が与えられた場合に，前項で述べた最適化手法によってモデルパラメータを求めることができる．いうまでもなく，こうして得られた

3 水域環境論

結果（モデルパラメータ）の信頼性は観測データの信頼性により決まる．つまり，観測データに誤差が含まれる場合には，最適化手法はむしろ不適切なモデルパラメータを結果として求めてしまう危険性がある．したがって，観測負荷量系列からいかに誤差成分を取り除くかが推定したパラメータの信頼性を高める鍵となる．

負荷量の観測データに誤差が含まれる原因として，以下のものが考えられる．

まず，観測技術による純粋な観測誤差が必ず存在する．ここでいう観測技術とは観測機器はもちろんのこと，負荷の算定方法，分析方法，サンプリング方法などの違いも含む．次に，負荷流出システム自身に含まれる誤差も存在する．これは最も本質的な誤差発生原因の一つである．具体的には，時間の経過とともに，降雨や流域条件などが変化し，負荷流出過程そのものがランダムな変動特性を示すようになる．さらに，対象システム外からの負荷量の流入も誤差をもたらす原因として挙げられる．負荷量流入の原因としては，管渠の誤接や特殊な水理条件（逆流，越流など）が考えられる．また，先験的情報が不足しているため原因不明の負荷源が存在することもある．このほかに，たとえ負荷源の存在がわかっていても，モデル構造上の制約により考慮しきれない場合もある．

負荷量の観測データに誤差をもたらすこれらの原因の中に，十分な事前調査によって原因を究明し，誤差を取り除くことができるものもあるが，どうしても取り除けないものが必ず残る．そういう意味では，観測データにおける誤差の存在は本質的で，避けて通れない問題である．

2） 観測誤差の取り扱い方

従来では，観測データに含まれる誤差の取り扱い方は統計処理による方法が一般的である．観測データの平均値から大きく離れたものを異常値として弾き出す（使用しない）単純な手法もあれば，カルマンフィルタモデルのように誤差構造を与えてそれに当てはまる度合いに応じて観測データに重みをつけるような手の込んだ手法もある．誤差構造を与えるといっても，現実的な計算処理上の可能性の問題が絡んでくると，結局ホワイトノイズのような単純なものしか取り扱えない．そうなると，誤差構造が誤差の分散だけで決まってしまうようになり，小さな分散値を与えれば観測データに誤差があまり含まれていないとして扱うことになり，逆に，大きな分散値を与えれば平均値周辺の観測データばかりが相対的に重みを増すことになり，平均値から離れたものが無視されるようになる．

上述したことからわかるように，観測データに含まれる誤差の有無と，平均値から離れたことだけを理由に観測データを異常値として認定することの合理性が問題となる．誤差の存在について前述したとおりである．ここでは，水質観測データにおいて平均値との比較による異常値の認定が可能かどうかについて考えてみたい．結論からいうと，これは不可能である．突然の大雨に伴う，肥料が撒かれた直後の水田からの流出や養豚場からの流出で河川水質の汚濁指標が10倍以上も跳ね上がることもあるからである．したがって，誤差の認定は，平均値との比較ではなく，その観測データが出力として，

229

逆に入力によりどれだけ説明できるかにより行うべきである.

3) 観測誤差の除去方法の提案

ここでは，上記の認識をふまえて，ニューラルネットワークモデルにより観測データから誤差成分を分離する方法を提案する.

階層型ニューラルネットワークモデルは，入出力間の関係を学習により求めることができる．ここでは，その学習の特性を利用して観測データの誤差成分を分離する．つまり，出力としての観測データは入力により十分説明できれば誤差が含まれていないものと見なし，説明できない部分があればその部分だけを誤差として取り除くことになる．以下，その基本的考え方およびアルゴリズムについて述べる.

説明を簡単にするため，ニューラルネットワークの構造を1個の出力ユニットをもつ3層構造とし，入力層と中間層のユニット数をそれぞれN, Mとする．入力ユニットへの入力がI_i ($i=1, 2, \cdots, N$)であるとき，中間層および出力層の各ユニットからの出力値は次のように計算される.

$$\text{中間層}：Y_j = f(X_j), \quad X_j = \sum_{j=1}^{N} \omega_{ij} I_i + \theta_j, \quad j = 1, 2, \cdots, M \tag{3.5.7}$$

$$\text{出力層}：O = f(Z), \quad Z = \sum_{j=1}^{M} \omega_j Y_j + \theta \tag{3.5.8}$$

ここに，$f(\cdot)$は入出力関数，ω_{ij}は入力層ユニットiと中間層ユニットjとの結合係数，θ_jは中間層ユニットjのしきい値，ω_jは中間層ユニットjと出力層ユニットとの結合係数，θは出力層ユニットとのしきい値である．入出力関数$f(\cdot)$としてはさまざまな関数形が提案されており，中でもシグモイド(Sigmoid)関数

$$f(X) = \frac{1}{1 + \exp(-X)} \tag{3.5.9}$$

が最もよく使われている.

理論的には，上記のネットワークモデルによって，中間層のユニットを必要なだけ多く使えば，ユニット間の結合係数および各ユニットのしきい値を適切に設定することによって任意の連続関数を任意の精度で近似することができる.

上記のニューラルネットワークモデルを負荷流出量に含まれる誤差の分離に適用するときに，まず，負荷流出量に非線形な自己回帰関係，

$$L(t) = r(L(t-1), L(t-2), \cdots, L(0)) \tag{3.5.10}$$

を仮定し，$(L(t-1), L(t-2), \cdots, L(0))$と$L(t)$をそれぞれニューラルネットワークモデルの入力変数と出力変数とし，その関係$r(\cdot)$を流出負荷量の観測データを用いた学

習により求める.後述の事例では,モデル構造を3層構造とし,入力層のユニット数を対象流域の規模に対応して3つ,中間層のユニット数を(学習速度を参考に)試行錯誤的に決定できた.

ニューラルネットワークモデルの学習方法として,ここでは,最もよく使用されている誤差逆伝播法 (error back propagation) を採用する.以下,そのアルゴリズムを示す.

T 個の教師データ

$$(I_1^{(t)}, I_2^{(t)}, \cdots, I_N^{(t)}, O^{(t)}) = (L(0), L(1), \cdots, L(t-1), L(t)), t=1, 2, \cdots, T \quad (3.5.11)$$

が与えられているとする.まず,結合係数およびしきい値の初期値 $\omega_{ij}^{(0)}$, $\omega_j^{(0)}$, $\theta_j^{(0)}$, $\theta^{(0)}$ を任意の値に設定する.これらの値を用いて式 (3.5.7),(3.5.8) により教師データの入力 $(I_1^{(t)}, I_2^{(t)}, \cdots, I_N^{(t)})$ に対応する出力を計算し,$\{U^{(t)}, t=1, 2, \cdots, T\}$ と記す.これを教師データの出力と比較し,次式に示す誤差関数を定義する.

$$R^{(0)} = \sum_{t=1}^{T} (O^{(t)} - U^{(t)})^2 \quad (3.5.12)$$

明らかに,R は結合係数およびしきい値の関数である.誤差逆伝播法では,誤差関数 R が最小になるように結合係数およびしきい値の初期値を逐次修正していき,修正量を決定するのに非線形計画法の1つである最急降下法を用いる.

上記の学習法の特徴の1つはいわゆる過剰学習である.すなわち,学習回数がある限界を超えるとネットワークモデルは入出力間の本質的な関係だけでなく,教師データ(負荷量の観測データ)に含まれるノイズまで学習してしまうことである.観測データから誤差成分を分離するのにこの性質を利用する.具体的には,入出力間の関係の学習がほぼ終了し,ノイズの学習が始まる前に学習プロセスを打ち切る.このように学習回数をコントロールすることにより得られたネットワークモデルからの出力が,誤差成分がほぼ除去されたものとなる.以下,学習プロセスを打ち切る基準について述べる.

まず,観測データをランダムに2つのセットに分ける.1つは教師データとしてネットワーク学習用に,もう1つは学習プロセス検証用に使用する.学習回数ごとに,検証用データセットを用いて誤差関数 R の値を計算し,これを学習データセットによる誤差関数の値と比較する.最初,学習が進むに連れ,両方とも減少していく.しかし,ある時点を超えると,学習データセットによる誤差関数の値が引き続き減少するのに対し,検証用データセットによる誤差関数の値が増加に転じる.この時点を入出力間の本質的な関係の学習が終了し,誤差の学習に入っているとし,学習プロセスを停止する.

3.5.3 中国浙江省の実河川への適用

ここでは,今回提案した手法を中国浙江省 Yangong 流域に適用した事例を紹介する.Yangong 流域の概要は図 3.5.1 に示す.流域面積は 86 km^2,メイン河川の長さは

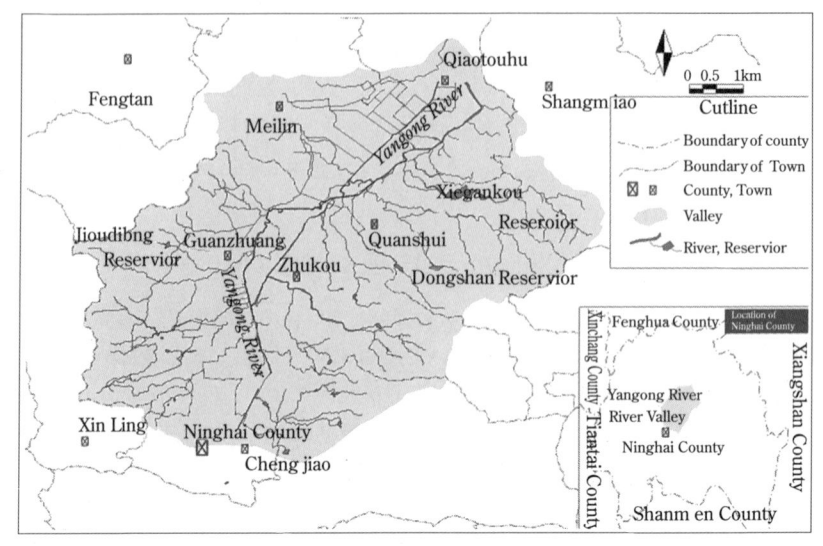

図 3.5.1 Yangong 流域の概要

表 3.5.1 Yangong 川水質観測データの一例（単位：mg/L）

観測地点	水 質 指 標										
	pH	DO	COD	BOD_5	NH_4-N	NH_3-N	NH_2-N	LAS	P	OIL	T-P
Yangon	7.04	2.45	133.4	225.2	4.53	0.10	0.02	0.08	0.12	0.10	0.12
Huasan	7.10	4.04	12.02	15.06	6.49	0.45	0.41	0.06	0.61	0.11	0.61
Xinjiang	7.23	7.08	6.08	14.08	6.30	0.63	0.77	0.05	0.42	0.10	0.42
Qutehu	7.31	9.44	6.34	5.56	3.01	0.43	0.20	0.03	0.25	0.25	0.25

17.5 km，河川幅は 20～30 m で，東シナ海に注ぐ．水質モデルには 1 次元の拡散モデルが用いられた．同定すべきモデルパラメータは拡散係数になる．モデル同定に使用したデータの一部を表 3.5.1 に示す．

表 3.5.1 からわかるように，水質変動があまりにも急激であるため，どれが正常値でどれが異常値であるかと簡単に決めつけることは不可能である．そこで，1 年にわたる出水に伴う水質変化を観測し，その観測データを用いて今回提案した手法に基づいてモデルパラメータを同定した．現地での検証を通して，このように同定されたモデルが流出水質（COD）の再現精度が平均 11％も上昇したことが明らかとなり，より信頼できると評価されている．また，出水ごとに，観測データをそのまま使用して得られたモデルパラメータと誤差を分離したデータを使用して得られたモデルパラメータを比較したところ，パラメータの変動の標準偏差が 21％も減少し，観測データから誤差成分を分離

した場合にはより安定したパラメータの推定値が得られることも示され，提案した手法の大きな特徴である．モデルパラメータ同定に使用する観測データから誤差成分を分離したことが成功だったといえる．

ここでは，雨天時負荷流出モデルの一般的なモデル構造に対し，モデルパラメータの同定方法を提案した．本手法は，観測データを用いたパラメータ最適推定法とニューラルネットワークモデルによる観測誤差の分離方法から構成されており，従来多用されてきた経験的パラメータ推定法に比べてより信頼性の高いモデルパラメータ推定値が得られるものと考える．本手法の大きな特徴は，モデルパラメータ同定に使用する観測データから誤差成分を分離したことにある．

水質モデルパラメータの同定方法の確立は，より信頼できる水質解析モデルの構築や解析精度の改善に役立つだけでなく，水環境計画により確かな根拠を与えるものとして期待される．

3.6 閉鎖性水域での水質汚濁負荷の排出権取引の可能性

3.6.1 排出枠取引制度とその特徴

排出枠取引制度とは，決められた汚染物質の排出総量の削限を達成するために各主体に配分された排出枠（排出許可量）を主体間で売買することで，効率的に汚染物質の排出総量の規制を達成させる経済的手法であるといわれている．

図 3.6.1 は一対一の取引の例であるが，排出枠が余った主体（図 3.6.1 中では主体 A で，許容量より少ない量を排出している）から排出枠が不足している主体（図 3.6.1 中では主体 B で，許容量を上回る量を排出している）へ余った排出枠を売却することにより，全体の許容量を満足させる方法である．

排出枠取引による経済的なメリットは，図 3.6.2 に示すような合理的な行動*により，全体の汚染物質の許容量を満足し，かつ各主体の削減コストが削減されることである．

このように，排出枠取引制度は，初期の排出枠の割当量の大小（これが最大の問題点である）のいかんにかかわらず，売買主体間の取引により，全体の削減費用の最小化と社会的便益の最大化の最適解が得られるという長所があるといわれている．

その一方で，排出枠取引制度を適用した場合，排出枠を購入する主体が当初割り当てられた許容負荷量以上に負荷を排出することとなるので，大量でかつ集中的な排出枠の購入は極度に負荷を排出する主体を生み出す可能性があり，局地的な水質汚濁負荷を招く恐れがあるという短所を有する．また，初期の排出枠の割り当てのいかんにかかわら

---

*例えば，汚染物質を当初の計画どおりに高度処理を導入して自らが削減する場合，他から排出枠を購入する場合，当初計画以上に高度処理を導入して余った排出枠を売却する場合など，いずれの場合が当該主体にとって経済的かを判断して選択する行動．

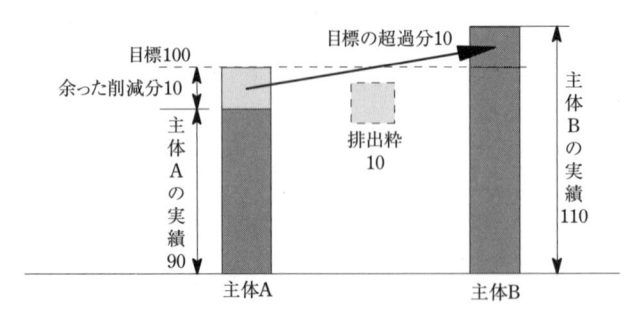

図 3.6.1　排出枠取引のイメージ図

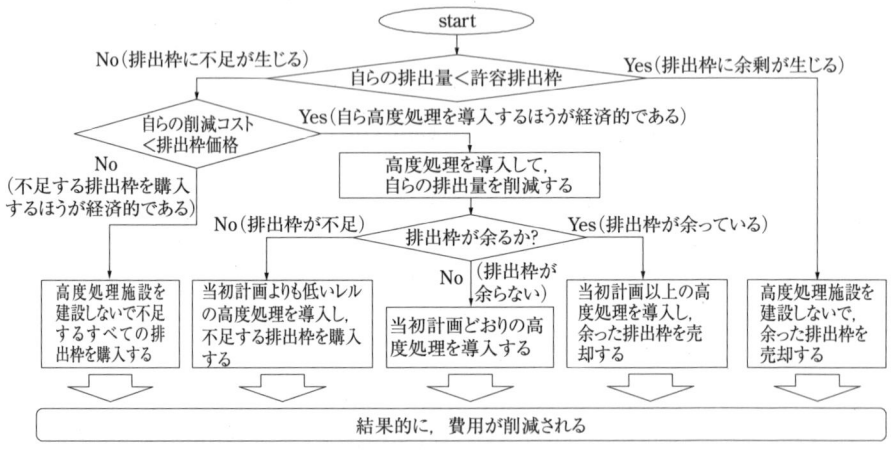

図 3.6.2　排出枠取引における売買主体の合理的な行動

ず，取引によりある均衡解に収束することから，同じ主体でも排出枠の初期設定の大小によって結果的に取引する費用に差が生じるため，この点において初期の排出枠の割り当ての公平性の確保が求められる．

3.6.2　閉鎖性水域における水質汚濁負荷削減調整への排出枠取引の適用性について

(1) 日本における閉鎖性水域に対する水質汚濁負荷削減政策[32]

　日本の閉鎖性水域に対する水質汚濁負荷削減政策は，1967年に「公害対策基本法」が，1972年に「自然環境保全法」がそれぞれ制定され，環境基準の制定などによる規制的措置が設定されたのがはじめである．公害対策基本法の制定を受けて「水質汚濁防止法」が制定され，公共用水域の汚濁防止を目的とした水質汚濁に関する排水基準の設定や下水道の水質保全上の役割を強化した「下水道法」が改正されて，「公衆衛生の確保」，「生活環境の改善」，「浸水防除」に加えて，「公共用水域の水質保全」が下水道の目的に加え

```
┌─────────────────┐      ⎫・どのような環境状態を目標とするのか
│   ステップ 1    │      ⎬・水質総量，環境基準値の設定問題
│ 汚濁負荷削減目標の設定 │   ⎬・負荷削減に対するB/Cの最大化
│   【目標の設定】    │      ⎭・現状の評価は，緊急性，立地条件，利用目的，
└─────────┬───────┘        水質現状，達成期間などを勘案
          ↓
┌─────────────────┐      ⎫・どれだけ負荷削減が必要か
│   ステップ 2    │      ⎬・削減目標量の設定問題
│ 汚濁負荷削減目標量の設定 │  ⎬・水質シミュレーションによる確認
│  【削減目標量の設定】 │   ⎭・現状は，削減率を一律で変化させ，環境基準と比較
└─────────┬───────┘
          ↓
┌─────────────────┐      ⎫・どこでどれだけ負荷削減を行うべきか
│   ステップ 3    │      ⎬・削減目標量(許容負荷量)の割り当て問題
│ 汚濁負荷削減目標量の配分 │  ⎬・負荷削減に対するCの最小化，技術的可能性
│  【削減目標量の配分】 │   ⎭・現状は，削減率や計画処理水質を一律で設定
└─────────────────┘
```

図 3.6.3　閉鎖性水域に対する水質汚濁負荷削減量の配分調整の考え方

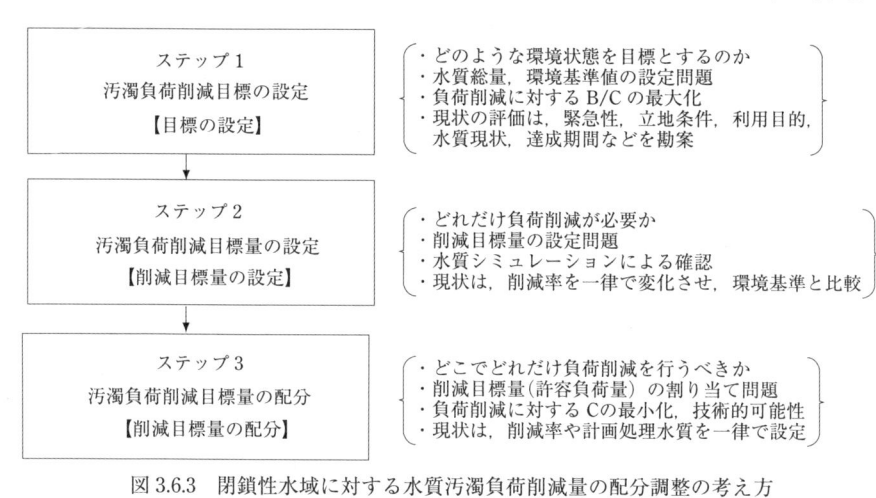

られたのもこのころである．

しかしながら，内湾や湖沼などの閉鎖性水域では，富栄養化の原因である栄養塩類（窒素やリンなど）が蓄積され，赤潮や青潮などが発生し，漁業などに甚大な被害を及ぼしていた．このことから，1978年に水質汚濁防止法の改正ならびに「瀬戸内海環境保全特別措置法」の制定を行い，閉鎖性水域における水質環境基準の達成を目的とした「水質総量規制制度」が制度化された．水質総量規制制度は，当該水域への汚濁負荷量の総量を制限することにより，水質環境基準を達成しようとする制度で，環境基準を達成することが困難な東京湾，伊勢湾，および瀬戸内海が対象水域として指定され，汚濁負荷量の発生源別の削減目標量や目標年度などが定められている．湖沼については，1984年に「湖沼水質保全特別措置法」が制定され，霞ヶ浦や琵琶湖などの10湖沼13水域に，COD，窒素およびリンについての目標水質が定められた．

一方，これらを受けて，下水道行政では，水質環境基準の類型指定がなされている水域について，「流域別下水道整備総合計画」を策定し[33]，下水道整備の基本方針，都道府県間の許容負荷量の配分量および終末処理場による計画処理水質の目標値を定め，この流総計画において下水道を位置づけて，下水道による水質負荷削減を推進している．

(2) **閉鎖性水域に対する水質汚濁負荷削減調整の考え方**

日本における閉鎖性水域に対する水質汚濁負荷削減政策をふまえると，水質汚濁負荷削減調整には，図3.6.3に示す3つのステップがある．以下に，各ステップについて述べる．

ステップ1：汚濁負荷削減目標の検討【目標の設定】

汚濁負荷削減目標の設定【目標の設定】は，当該水域において，最終的に目指すべき

水環境状態のレベルをどのレベルに設定するかを検討するステップである．

わが国では，当該水域に対して水質汚濁に係る環境基準値が設定される．現行の水質汚濁に係る環境基準は，環境基本法（平成5年法律第91号）第16条による公共用水域の水質汚濁に係る環境上の条件について，人の健康を保護し，および生活環境を保全するうえで維持することが望ましい基準として制定されるものである．具体的には，人の健康の保護に関する環境基準と生活環境の保全に関する環境基準に区分されている．人の健康の保護に関する環境基準では，項目，基準値および測定方法が規定され，生活環境の保全に関する環境基準は，河川，湖沼，および海域について，水域類型，利用目的の適応性，水質項目，基準値，測定方法，および該当水域などが定められている．実際の水域では，人の健康の保護に関する環境基準がすべての公共用水域に適用され，生活環境の保全に関する環境基準は水域類型の指定の形で行われる．水域類型の指定は，水質汚濁防止の緊急性，汚濁源の立地条件，水域の利用目的，水質の現状，目標の達成期間などを勘案して行われることとなっており，このような汚濁負荷削減後の目標を定める場合には，当該レベルの環境状態がもたらす便益とそれを達成するために要する費用との関係を評価して定める必要があるものと考えられる．

ステップ2：汚濁負荷削減目標量の設定【削減目標量の設定】

発生源別の削減目標量の設定【削減目標量の配分】は，ステップ1において設定された環境目標（環境基準値）を達成するために，各排出源がどれだけ負荷を削減すべきかを設定するステップである．

現行の流総指針によれば，汚濁源には，下水道をはじめ，し尿処理場や浄化槽など，工場排水，畜産排水，自然負荷（面源負荷）などがある（図3.6.4）．「汚濁発生源別の許容負荷量は，水質基点での負荷量配分基準年次における流出負荷量の比率によって決定することを原則とする．」とされている．実際の流総計画では，図3.6.5に示すように，まず，将来（計画年次）において各排出源から排出される水量および排出水質（負荷原単位）を算定し，排出源別に将来（計画年次）の排出負荷量を算出する．次に，この排出負荷量が閉鎖性水域などに流入した場合に環境基準値が達成させるか否かを判定する．結果として，環境基準が達成されると，そのときの排出源別の排出負荷量が許容負荷量となる．しかし，環境基準が達成されない場合は，排出源別の負荷削減率を（通常の場合は一律に）さらに向上させて，再度将来の削減後の排出負荷量を算出し，環境基準が達成されるか否かを評価する．この作業は，環境基準が達成されるまで繰り返される．

ステップ3：汚濁負荷削減目標量の配分【許容負荷量の配分】

各排出源に対して水質汚濁物質に対する許容負荷量が割り当てられると，各排出源は割り当てられた許容負荷量を達成するために，各種負荷削減対策を講じていくこととなる．

水質汚濁物質のうち，有機物に由来するBOD（生物学的酸素要求量）やSS（浮遊物質）などの水質汚濁物質は，排出先の水質汚濁に直接的な影響を与える．また，河川に排

3 水域環境論

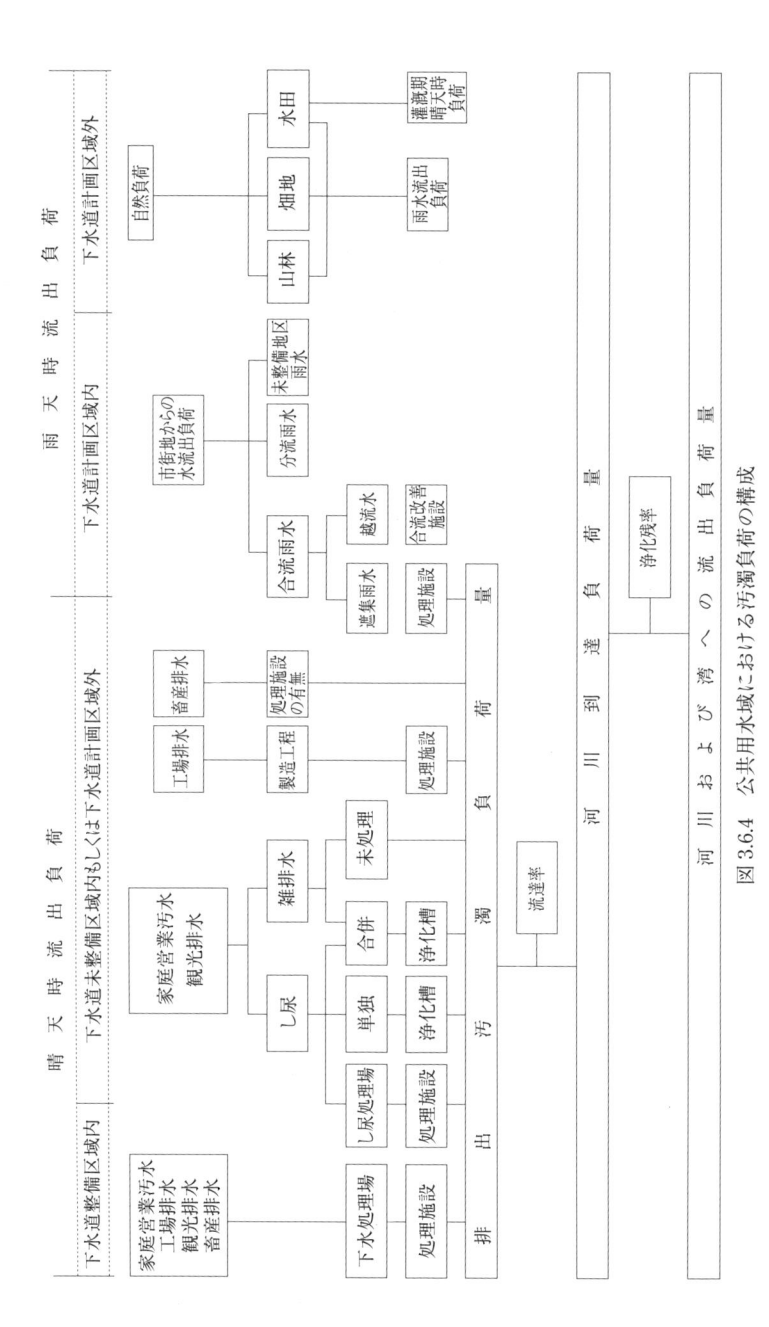

図3.6.4 公共用水域における汚濁流出負荷の構成

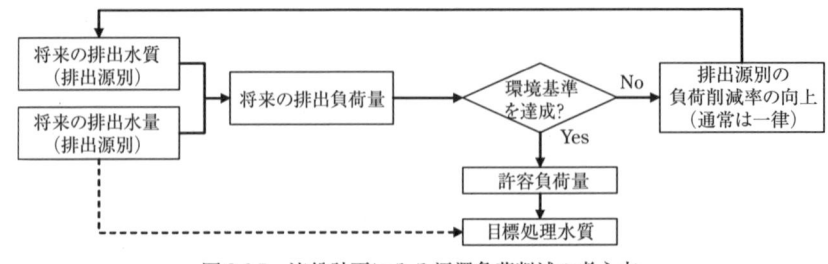

図 3.6.5　流総計画にみる汚濁負荷削減の考え方

出された BOD や SS などの水質汚濁物質は，河川流下中に微生物などにより消化され，水質濃度としては減少していく特性を有している．そのため，水質汚濁物質のうち BOD や SS などについては，どこで，どれだけの負荷量を排出するかが重要となる．いわゆる排出源の配置問題*が生じる．下水道の場合は，市街地や集落などを1つの単位として，どの地点でどれだけ集約させて，どのレベルまで負荷量を削減するかを経済的な面から議論する．結果として，流域内に下水処理場が配置される．

一方，閉鎖性水域の水質汚濁の原因は，閉鎖性水域内の窒素およびリンなどの濃度が上昇する富栄養化である．そのため，閉鎖性水域の水質改善を図っていくためには，閉鎖性水域に流入する窒素やリンを削減することが必要である．河川に排出された窒素やリンは，河川流下中に消失することは少なく，最終的に閉鎖性水域に蓄積されるため，どの地点で削減されたかより，どれだけ削減されたかが重要となる．いわゆる，流域全体の総量としてどれだけ削減するかが目標達成のポイントとなる．

(3) **閉鎖性水域に対する水質汚濁負荷削減調整への排出枠取引の適用に関する留意点**

(2) に示した考え方をふまえると，閉鎖性水域における水質汚濁負荷削減への排出枠取引制度の適用については，以下のような判断となる．

ステップ1の汚濁負荷削減目標の検討【目標の設定】は，当該水域において目指すべき環境目標を設定するステップであるため，地理学的，水文学的，生物学的，社会学的，経済学的，あるいは哲学的など，あらゆる観点から評価すべき問題であり，排出枠取引制度の適用は考えられない．

また，ステップ2の汚濁負荷削減目標量の設定【削減目標量の設定】では，ステップ1で定めた環境目標を達成するための削減目標量を算出するステップのため，負荷配分の議論は生じない．そのため，排出枠取引制度の適用は適さない．

ステップ3の汚濁負荷削減目標量の配分では，負荷削減に対する効率性が議論される．しかしながら，排出源の配置を排出枠取引の考え方で無制限に行った場合，排出枠

---

*下水処理施設の施設配置や工場等の立地問題や移転問題など．

取引制度で定められた汚濁物質の排出総量を達成するために，経済性の観点から各主体に配分された排出枠を主体間で自由に売買する手法であることから，取引後に負荷の偏在化が生じる可能性がある．例えば，排出枠取引によって未処理の下水が排水されて地先の水環境が局所的に悪化したり，排出源となっている工場などが経済性の名のもとに移転を強要されたりする混乱が生じる可能性がある．このことから，公共用水域における水質汚濁負荷削減の調整方法として排出枠取引制度を適用する場合は，排水地先に対して最低限に守るべき環境レベルを設定する必要があるものと考えられる．流域内の汚濁負荷削減施設は，地先の環境レベルが最低限守られるように配置されるべきである．

排出枠取引制度は，流域内において最低限守るべき環境レベルを達成するために配置された排出源に対して，その環境レベルを超えた部分の削減総量をいかに効率よく達成するかという場面での適用が考えられる．例えば，下水道では，流総計画の中で，下水道の各終末処理場が目標とする許容負荷量を割り当てているが，下水道全体に配分された許容負荷量を満足するために各終末処理場が目標とする計画処理水質を一律で設定するのが一般的である．中には，処理場規模の大小に応じて，目標とする計画処理水質に差をつけている水域もある．いずれにしても，このように，公平の名のもとに一律あるいは処理場規模に応じて計画処理水質を設定して各終末処理場で水質負荷削減を行うことが，流域全体として効率的であるかというと必ずしもそうとは限らない．

以上の点から，排出枠取引制度が適用できる場面としては，
① 排出枠を購入する場合でも，放流先の水環境に著しい水質汚濁を与えないように最低限の水処理は行われること，
② その最低限の環境レベルが確保できるように負荷削減を行う施設などが配置されていること，
③ 閉鎖性水域に蓄積される汚濁負荷の総量削減に意味がある場合（つまり，どの地点で削減するかは問題ではなく，どれだけ削減されたかが重要となるような場合），そのうえで，
④ 効率性を考える場合の適用が考えられる．

3.6.3 水質汚濁負荷削減調整への排出枠取引の適用[34]

(1) 想定する排出枠取引方式の形態

ここでは，下水道を対象とした排出枠取引のモデル検討に際し，「基金を媒介とした排出負荷量調整方式」を想定する．

〈基金を媒介とした排出負荷量調整方式〉
・水質環境基準を達成するため，下水道において高度処理，ノンポイント負荷対策などの汚濁負荷削減対策を導入する場合，高度処理などに要する費用を流域の下水道管理者どうしが相互に協力して負担しあうという前提で，下水道管理者に対し，排出負荷と負担金を配分する方法である．

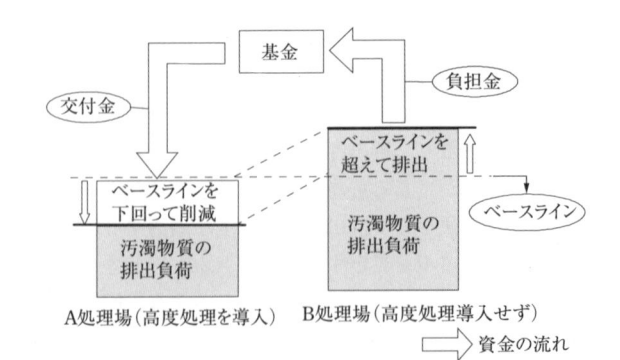

図3.6.6 基金を媒介とした排出負荷量調整方式

・負担金と交付金を管理するため,「基金」を設ける.
　ここで基金を媒介とした排出負荷量調整方式を採用した現実的な理由は,以下の点である.
① 相対取引を想定した場合,各下水処理場で購入量に応じたきめ細かな高度処理施設を導入することは難しく,負荷量削減のオーバーシュート分が大きくなることが懸念される.
② 基金が斡旋役になることによって,排出枠取引を促進しやすくする.
なお,A処理場の交付金は「取引均衡価格×余剰分の負荷量」,B処理場の負担金は「取引均衡価格×超過分の負荷量」となる.

(2) モデル検討の考え方
1) モデル検討の前提条件
　下水道を対象とした排出枠取引モデルでは,以下の条件を前提とする.
① 削減対象の汚濁物質:COD,全窒素 (T-N),全リン (T-P)
② 汚濁物質の取引形態:COD,T-N,T-Pの個別取引
③ 売買主体:流域内の下水道の終末処理場
④ 取引対象汚濁負荷量:新規の高度処理による削減負荷量=(現況処理レベルの排出負荷量) − (許容負荷量)
ここでは,最低限確保すべき環境レベルを二次処理レベルとし,取引対象の範囲は二次処理レベルの超える部分の削減負荷量としている.
2) 取引モデルの考え方と検討手順
　ⅰ) 許容負荷量の初期設定
　各終末処理場が目標とすべき許容負荷量を設定する.
　ⅱ) 処理方式および処理水質の設定
　排出枠取引にかかる各終末処理場で導入可能な処理レベルの選択肢を設定する.ここ

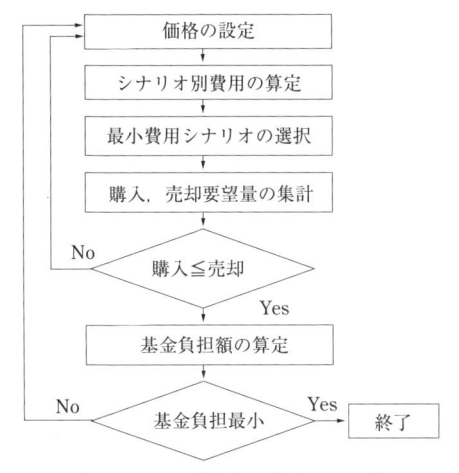

図 3.6.7　均衡価格の算定フロー*

では，以下に示す4つの処理レベルの高度処理方式及びその処理水質を設定した．
・レベル 1　　：二次処理
・レベル 2-1：代表的な高度処理方式
・レベル 2-2：特にリンを除去する高度処理方式
・レベル 3-1：売却する排出枠を確保する高度処理方式
・レベル 3-2：レベル 3 以上に売却する排出枠を確保する高度処理方式

iii）処理コストの算出

上記の各処理レベルに対応する各終末処理場での処理コストを算出する．総合的な処理コストは「建設費の年価＋維持管理費」として表す．

$$年価 = 建設費 \times \frac{i(1+i)^n}{(1+i)^n - 1}$$

i：利子率　　= 2.1%（2002（平成 14）年の政府資金の利子率）
n：耐用年数 = 15 年（機電設備）
　　　　　　 = 50 年（土建施設）

残存価値は 0 として計算している．

iv）取引の考え方

排出枠取引における均衡価格の算定フローを図 3.6.7 に示す．
① COD，T-N，T-P の価格を設定する．
② 設定価格に対して，5 つのオプション（4 つの処理レベル＋現状維持）に対する費用を処理場ごとに算定する．
③ 処理場ごとに，最小費用となるオプションについて購入要望量，売却要望量を算

定する.
④ COD, T-N, T-P それぞれについて，総購入要望量≦総売却要望量*となれば⑤へ，そうでなければ①の価格を変更する.
⑤ （総売却要望量）-（総購入要望量）を基金が負担するものとし，その負担費用が最小となる価格を求める.

(3) **適用結果**
1) **排出枠取引制度の導入効果**
　前述の下水道を対象とした排出枠取引モデルを某流域で適用した結果を以下にまとめる.
　ⅰ) 対象流域内の処理場の特徴
　排出枠取引モデルを適用した流域には，約200ヶ所近い下水道の終末処理場があり，20 m^3/日の小規模の処理場から50万 m^3/日級の大規模な処理場まで幅広く分布している．処理規模が5000 m^3/日未満が全体の約半数近くを占めるが，処理水量ベースでは全体の2％程度である．全体的に小規模な処理場が多く分布している.
　当流域では，所定の水質総量削減を行うために，5万 m^2/日以上の処理場のみで高度処理を肩代わりすることは困難である.
　ⅱ) 排出枠取引制度の適用結果
　すべての処理場を対象に排出枠取引を適用して，汚濁負荷の配分調整を行うと，取引前に約506億円／年を要する高度処理費用が約406億円まで削減された（図3.6.8中の下向きの矢印）．費用削減率は約2割となった.
　すべての処理場を対象に，許容負荷量（目標とする計画処理水質）の初期設定を差別化した場合について排出枠取引を適用すると，一律で設定した場合と同じ均衡解が得られた．これは，対象となる終末処理場，達成すべき排出総量と各終末処理場における排出負荷量と高度処理費用の関係が同じであれば，許容負荷量の初期設定のいかんにかかわらず，均衡解が一致するという排出枠取引の特性を証明した結果となった.
　ⅲ) 高度処理対象の処理場を処理規模により区分した場合
　高度処理対象とする処理場を処理場規模により区分して，排出枠取引を適用した．その結果は，各ケース間の取引後の高度処理費用に大きな差はなかった．しかしながら，厳密には，当流域の場合，処理規模により高度処理対象を区分することにより，流域全体の高度処理費用の総計が最小となる処理規模（当流域の場合は，1000 m^3/日未満の処理場では高度処理を免除するケース）が示された．また，当然のことながら，高度処理を行

---

*ここに，「総購入要望量≦総売却要望量」という制約条件を課すのは，「排出枠の購入」という行動が当初の許容負荷量を超えて排出するということを意味しているため，仮に総購入量が総売却量を上回る場合とは，流域全体における所与の排出総量以上に負荷が排出されることを意味し，この場合水質環境基準が達成されないこととなるからである.

3 水域環境論

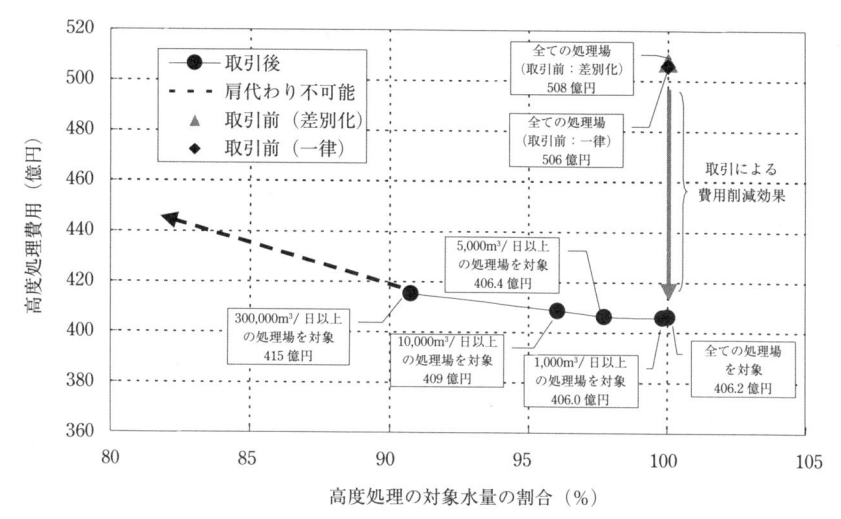

図3.6.8 検討ケース別の高度処理費用の推移

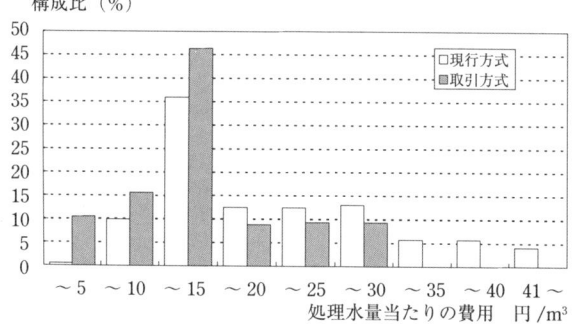

図3.6.9 処理水量当たりの費用の分布図（全ての処理場を対象とした場合）

う処理規模を限定していくにつれて流域全体の高度処理費用の総計が増加する傾向がみられた．

2） 負担の均等化に関する比較

図3.6.9は，各終末処理場の現行方式と取引方式の処理水量当たりの純費用を比較した図である．この図および下に示す処理水量当たりの純費用に係る各方式の標準偏差をみると，現行方式に比べて取引方式のほうが処理水量当たりの純費用が均等化されていることがわかる．

以上では，閉鎖性水域を対象とした水質汚濁負荷削減調整における負荷削減配分の調整方法として，排出枠取引制度を取り上げ，排出取引制度の適用方法および適用の可能

性について検討した．その結果，以下の点が示された．
① 閉鎖性水域に対する水質汚濁負荷削減の検討段階として，目標の設定，削減目標量の設定，削減目標量の配分という段階があるなかで，排出枠取引制度はある定められた目標を達成するために必要な削減目標量を効率よく配分する際の手法として適用が可能である．
② 排出枠取引の適用要件としては，1) 排出枠を購入する場合でも，放流先の水環境に著しい水質汚濁を与えないように最低限の水処理は行われること，2) その最低限の環境レベルが確保できるように負荷削減を行う施設などが配置されていること，3) 閉鎖性水域に蓄積される汚濁負荷の総量削減に意味がある場合，そのうえで，4) 効率性を考える場合などが挙げられる．
③ 適用事例の結果，排出枠取引制度の導入により，汚濁負荷削減に要する費用を節減し，各終末処理場間の負担の均等化が図られることが示された．

以上の結果から，閉鎖性水域における水質汚濁負荷削減調整において，削減負荷量の配分調整方法として排出枠取引制度が有効であることが示されたと考える．

しかしながら，今後，排出枠取引制度を水質汚濁負荷削減調整手法として考えていくためには，以下の課題などについて検討していく必要がある．
① 排出枠取引は，取引の結果として極端な負荷の偏在化を生み出す恐れがある．公共用水域における水質汚濁負荷削減のあり方を考えると，排出地先への汚濁負荷排出に対して最低限守るべき環境レベルがあるように思われる．そのため，排出枠取引を適用する前提として，汚濁負荷の排出に対して最低限守るべき環境レベルをどこに設定し，排出枠取引によって達成する環境目標をどこに設定するかなど，売買する排出枠の範囲について参加主体ならび社会的な合意形成が必要である．
② そのうえで，排出枠取引制度を適用する場合には，検討結果が各処理レベルに対する処理コストの大小に大きく影響されることから，各種高度処理方式について担保される処理水質および処理コストを精査していく必要がある．
③ また，閉鎖性水域における効率的な水質汚濁負荷削減のために排出枠取引制度を適用する際には，下水道のみで負荷削減を実施しても達成されるものではないため，今後は下水道と他の汚濁源との排出枠取引など，負荷削減の対象を広げていくことが必要である．

現在，日本では，2005 (平成 17) 年 6 月の下水道法の一部改正により，相対取引を基本とした「高度処理共同負担事業」が創設されたため，流域全体で排出枠取引を実施することは難しい状況にある．しかしながら，高度処理共同負担事業の効果的な組み合わせを検討するために，流域全体における効率的な排出負荷量調整 (配分) の姿を検討する際に，ここで示した排出枠取引の考え方が活用できるものと考えられる．

参考文献

1) 堤　　武・萩原良巳編著：『都市環境と雨水計画』，勁草書房，2000
2) 井口貴正・城戸由能・中北英一・深尾大介：河床底泥からの巻き上げを考慮した河川水質解析，水文・水資源学会2005年研究発表会要旨集，pp.54-1～54-2，2005
3) 日本生態学会環境問題専門委員会：『環境と生物指標2―水界編―』，共立出版，1975
4) 国土交通省都市地域整備局下水道部・社団法人日本下水道協会：下水道政策研究委員会流域管理小委員会中間報告―「流域管理」を進めるために―，下水道事業における排出枠取引制度に関する検討中間報告書，2004
5) 総務省：湖沼の水環境の保全に関する政策評価書，2004
6) 安田　実・清水康生・竹本隆之：流量変動が河川環境の維持形成に果たす役割に関する研究，環境システム研究論文集 Vol.26, pp.77-84, 1998
7) 清水康生・小池達男：流量変動が河川環境の維持形成に果たす役割に関する研究，リバーフロント研究所報告第9号，pp.21-34, 1998
8) 中川芳一・京才俊則：河川環境更新流量に関する研究，リバーフロント研究所報告第12号，pp.59-66, 2001
9) 流量変動と河川環境の維持形成に関する検討委員会：第6回流量変動と河川環境の維持形成に関する検討委員会資料，2001
10) 城戸由能・川久保愛太・井口貴正・田中幸夫・中北英一：鴨川における河川水と地下水間の水・物質循環の解明，京都大学防災研究所年報　第50号B, pp.579-594, 2007
11) 関西圏地盤DB運営機構：関西圏地盤情報データベース，2006年度版. KG-NET・関西圏地盤情報協議会，2006
12) 深尾大介：都市域における非特定源からの雨天時汚濁物質流出解析，京都大学大学院工学研究科修士論文，2005
13) 井上雄一郎：人間活動が地下水の時空間変動に及ぼす影響について，京都大学大学院工学研究科修士論文，2005
14) 鷲見哲也・頴原宇一郎・辻本哲郎：砂州内の伏流挙動とたまりの水交換性に関する研究，河川技術に関する論文集，Vol.6, pp.89-94, 2000
15) 芦田和男・藤田正治・向井　健：河床砂礫の浮上率と浮遊砂量，京都大学防災研究所年報，第28号B-2, pp.353-366, 1992
16) 東　博紀：植物の成長と水文素過程に関する研究，京都大学博士学位論文，2004
17) 斉藤慶司：市街地における汚濁負荷の堆積と雨天時流出に関する研究，京都大学工学部卒業論文，2005
18) 鈴木淳史：生態系と人々の視点を考慮した流域環境評価，京都大学大学院修士論文，2010
19) 京都府衛生部：京都府における公害の現況と対策，1971
20) 岩崎敬二，大塚泰介，中山耕至：賀茂川中流域の川岸植物群落内の中・大水生動物群集，陸水学雑誌，58, pp.277-291, 1997
21) 渡辺　宏・宗林由樹・関口秀雄・竹門康弘・城戸由能：熱赤外ビデオ画像による湧水と温排水の分布様式視覚化と研究課題，生存基盤科学研究ユニット，平成18年度研究成果報告書，2006
22) 鈴木淳史：鴨川の底生動物群集による河川環境評価，京都大学卒業論文，2008
23) 木村ハル：京都加茂川の汚濁と生物相について，日本生態学会誌，7(1): 30-33, 1957
24) 京都野生動物研究会：京都市内河川の生態学的研究，京都市公害対策研究室，1978
25) 石田裕子・中林真人・竹門康弘・池淵周一：堰堤で仕切られた都市河川の魚類相と生息場の特性，京都大学防災研究所年報第56号B, pp.781-788, 2007
26) 松島フィオナ：DISTRIBUTION PATTERN OF AQUATIC BIRD COMMUNITY IN URBAN ENVIRONMENT OF KYOTO CITY，京都大学大学院修士論文，2008
27) 松島敏和・松島フィオナ・萩原良巳・萩原清子：ツバメに着目した住民参加型水辺環境評価，

環境システム論文発表会講演集, **36**, pp. 265-270, 2008
28) 松島敏和・松島フィオナ・萩原良巳・萩原清子：住民から見た鴨川水辺環境評価—特に水鳥に着目して, **地域学研究**, Vol. 39, No. 2 pp.351-364, 2009
29) 小林昌毅・高橋邦夫・中村彰吾・萩原良巳：都市域河川における生物相の保全に関する研究, 水辺研究会討議論文, 2002
30) 萩原良巳・萩原清子・高橋邦夫：『**都市環境と水辺計画**』, 勁草書房, 1998
31) 横浜市統計書, 1970年～1995年
32) 横浜市環境保全局：横浜の川と海の生物, 1974年～1998年
33) 社団法人日本下水道協会：流域別下水道整備総合計画　指針と解説, 平成11年版, 1999
34) 清水　丞・渡辺晴彦：排出枠取引制度の下水道への適用, 平成16年度技術報告集（第19号）, 社団法人全国上下水道コンサルタント協会, 2005

4 都市域緑環境論

4.1 生活者にとって緑とは何か

　緑に対する人々の考え方は多様で，団地のベランダや古い町の路地の鉢植えも山々の森も緑の範疇に入る．1章のメソポタミアの神話や日本人の信仰でも述べたように，古代人の信仰や行動を推理すれば，明らかに人々は森の中で自然のコントロールに支配されていた．森が資源として認識されたとき，ある人々は森林破壊を徹底的に行い，またある人々は次第に生産の対象として森を維持するようになった．この維持の前提は森の機能的意義が認識されたということであり，人々が人為的に森や林そして農地などの緑被地の造成・復元・保全を営む行動をとることであった．こうして，緑の機能を考えてみれば，それは階層的であることがわかる．遺伝子レベル・種のレベル・群集レベル・生態レベル・風土レベルなどである[1]．遺伝子・種・群集レベルは直接人々の生産活動に関連し，例えば，杉林などの森林のシンプリフィケーションをもたらしてきたし，生態レベルは動物たちの生活の場を提供し，風土レベルは地域・都市文化のゆりかごになってきたであろう．

　次に，都市の緑化に貢献すると考えられ，環境にやさしい（？）エコロジカルサイクルとして市民運動化してきた有機性廃棄物のリサイクルの現状を眺めておこう．まず，リサイクルの意義は以下の3点に集約される[2]．

(1) リサイクルを軸とした廃棄物資源の循環の適正化において，有機性廃棄物が未利用資源であること．
(2) ダイオキシン対策に象徴される焼却による中間処理からの脱却の有力候補の1つであること．
(3) 在来の廃棄物処理・処分システムにおいて，次の取り組まなければならないターゲットであること．

　有機性廃棄物の再資源化の要素技術は確立されているが，自治体におけるゴミ管理の一環としての有機性廃棄物のコンポスト化施設は，有機性廃棄物の排出量の変動性・質

の多様性・生産物の品質管理の困難性のため，現実に導入されることはまれであった．それは，全国ベースで有機性廃棄物の割合は約60％を占めているものの，地域に根づく技術システムの条件（制度）が不定であったことによる．

　本章では，3章で議論した水域環境と協働する緑環境を考えることにしよう．簡単にいえば，地域・都市の「環境美」を創造する「水と緑のネットワーク」システムを構成し，後世の人々のために誇れる，新しい風土を構築する枠組みづくりを究極の目的として考えることにしよう．当然のことではあるが，この水と緑の環境美を創造・維持するためには，「生活者の参加と自律的マネジメント」のソフトな制度設計が必要条件である．最終ゴールは，大きいスケールの多様集団の集合では1.3.3項で述べた格差社会を思うと非常に遠くにも思えるし，小さなスケールの等質グループで考えると非常に近いとも思える．

　本章で取り上げる緑環境の議論は，まず都市を覆う緑量の計測と評価で，次に前述の有機性廃棄物のリサイクルによる緑環境づくりのための"土づくり"の制度設計を含む可能性である．つまり，緑被率を上げ，あるいは良好な緑量の維持のための社会的条件を探ることであるともいえよう．なお，緑被（地）率とは緑被地，すなわち地域・都市における樹林や草などの緑に覆われた部分および農地の占める割合のことである．

　さて，緑にはさまざまな機能があり，都市において近年特に問題となっているヒートアイランド現象には緑地のクールアイランド効果が期待されており，冷房にかかるエネルギー消費の削減は地球温暖化の原因とされる二酸化炭素排出抑制にもつながることから，都市緑化の必要性が叫ばれている。また，都市型洪水発生の原因として緑地などの透水地の減少が指摘されている[3]．さらに，緑のアメニティ機能が最も重要視されている．このように，都市の緑は都市生活者と生理的・精神的な結びつきが強い．これは多くの人が体験していることでもある．

　しかしながら，日本においては，ここ半世紀に都市への人口集中が進み，都市が拡大する過程で，都市の自然が失われてきた．市街地の拡大により緑地などが次々にはじめは工場，そして宅地，さらに交通基盤のための土地利用に転換され，緑量が減少するという状況が延々と続いてきた．緑が豊富であるということは，植物が存在しうるようなさまざまな自然の作用が営まれていることであり，自然のプロセスが良好な状況であることを示し，緑量の多さが自然の豊富さを表す指標になりうる．都市における緑の多さは，都市環境評価の基本的な構成要素である．

　こうしたなかで，都市の住民には身近な自然に対する喪失感が生まれ，自然への希求，環境への関心が高まり，都市住民による豊かな自然環境に対する要求は高まってきている．例えば，緑が多く，居住環境の緑が人々の緑量感を満たしていれば，鉢植えを置く行動は減り，鉢植えが置かれていない程度の緑量が確保されていれば，人々は居住環境の緑量に対し緑量感を満たしていると考えられる．このような意味で，都市の居住環境における緑の評価を行うことは重要な課題であり，緑量の評価，指標による水準を客観

4 都市域緑環境論

的に検討する必要があると考えられる．そこで，4.2節では，居住環境における緑量の植木鉢の割合への影響を「住民の緑量評価に対する行動の現れ」と見なし，緑量感を満たす程度の緑視率の緑量水準を導出することを試みることにしよう．

現在，都市における自然は，環境浄化やヒートアイランド対策などの物質循環系の目的のほか，生物相の豊かな生態系の創出が目指されている．居住環境の評価として，利便性や経済性だけでなくアメニティの向上が求められており，緑地や水辺といった生物の生息環境が保全された自然を人々が享受することの重要性が高まっている．

自然要素としての緑に関しては，緑地率や緑被率といった土地面積に基づいた指標に加え，人々の視野内環境をとらえる指標として緑視率による測定が行われ，自然享受の側面での評価が検討されてきた．ここで，緑視率は人間の視覚からとらえられる可視状況の中の緑の占める割合を把握する指標である．

しかし，都市の土地利用は土木構造物などにより人工的であるがゆえに，緑や水環境という非都市的なるものとしての自然は排除されやすい．土地面積の制約が厳しい都市においては，水や緑の自然が存在するオープンスペースとなる河川は，自然享受の場として期待されている。この議論を4.3節で行うことにしよう．

都市の緑の基盤である土壌をみると，固結化，乾燥化，アルカリ化，養分不足といった都市型土壌としての問題を抱えている地域も多く，健康な緑を育成するための土づくりが求められる[4)5)]．同時に，このような都市型土壌では透水性，保水性にも乏しいため，洪水防止機能を期待するには，土壌の団粒構造を形成し，保水力のある土づくりが必要となる。"土づくり"とは，土壌の物理性・化学性・生物性の総合的な改善であり，そのためには有機質の施用，すなわち堆肥の施用が不可欠とされている[6)]．

一方では，循環型社会の構築に向けて，さまざまな有機性廃棄物を有機性の資源，あるいはバイオマスととらえて有効活用しようという取り組みが模索されている．その中心は，堆肥化によって有機質肥料，あるいは土壌改良材として土壌還元する技術であり，システムである．しかし，有機性廃棄物の堆肥化の問題点として，農業利用には限界があり需要と供給のバランスに無理があること，コスト，環境や健康に関わるリスク，などが指摘されている[7)〜12)]．

東京都23区をはじめ都市部の多くの自治体では，将来的に新たなゴミ処分場を確保できる見通しがないことに加え，特に生ゴミは焼却時に炉内の温度を下げること，塩素を含むことからダイオキシン発生の原因にもなるとされており，循環的利用の推進とゴミの削減は都市の緊急課題となっている．

従来，産業廃棄物を含め都市内で発生する廃棄物の多くはその処分先と利用先を都市外に求めようとしており，有機性廃棄物の堆肥化についても，農業利用を中心として都市外あるいは都市周辺部を想定した循環システムを前提として考案されてきた．しかしながら，農業利用の限界に加えて，循環型社会構築に欠かせない市民意識の形成を考えれば，少なくとも都市内で排出する廃棄物は極力，都市内で処理し再利用する，という

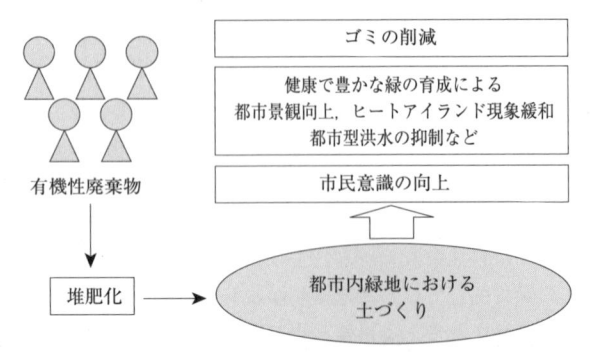

図 4.1.1　有機性廃棄物の堆肥化による都市内緑地における土づくりの意義

姿勢を示すことが都市には求められているのではないだろうか．自分が排出したゴミが身近なところで再利用されるのであれば無関心ではいられず，市民の環境行動を促すことにもつながる．この観点に立てば，堆肥化が可能な有機性廃棄物は，堆肥を施用できる緑地が都市内に必要量存在すれば，都市内で土壌還元することが可能であると考えられる．このような有機性廃棄物の堆肥化による都市内緑地における土づくりの意義を図4.1.1に示す．

それでは，家庭生ゴミの堆肥化は，今後どのような方向で取り組まれていくべきなのであろうか．堆肥自体は土壌還元可能な緑地が存在しなければ使い道がないため，費用や手間をかけて堆肥化しても'減量'しただけで結局はゴミとして廃棄される可能性もある．

住民に最も身近な行政サービスの1つである清掃事業は，基礎的な地方公共団体である市町村が行っており，東京都においても2000年より清掃事業は区に移管され，各特別区では従来から行っていたリサイクル事業と合わせて，ゴミの収集・運搬・処理・処分を実施することによる総合的な清掃行政の主体となって循環型社会の実現を目指している[13]．廃棄物の種類によっては，処理や循環的利用においてある程度の広域化の可能性，あるいは必要性があるだろうけれども，循環型社会形成に欠かせない排出者責任，環境意識，環境行動を考えれば，少なくとも都市内で排出される廃棄物は極力都市内で処理して利用するという姿勢が求められるであろうし，生ゴミのような有機性廃棄物は域内での還元先である土壌空間（緑地）が必要量存在すれば，循環システム構築が可能な廃棄物なのである．

以上のような議論で必要なことは，都市域における緑環境形成のための新しい制度設計である．従来，行政が一方的に主導してきたさまざまな分野の事業においても，地域住民としての市民，納税者としての市民，有権者としての市民を含む多くの人々の信頼と支持が得られるよう，説明責任を果たすことが必須条件となってきている．政策立案者に対して評価の重要性，評価における市民の視点の必要性が言及されており，いまや，

事業あるいは政策の立案においては市民の選好の反映と合意形成は避けては通れない．評価の仕方については，すでにさまざまな手法が提案されてきており，費用便益分析などのように，政府によって評価手法の1つとして挙げられているものもある．

しかしながら，上述のようにさまざまな立場や価値観を有する多くの人々の意向を十分に反映できるかという問題点が指摘されている．複雑さを増す社会において多様な価値観やニーズをもつ人々の存在を前提とした政策立案支援に直結する評価のあり方については，いまだ模索段階にあるといえよう．このため，市民の多様性を明示的に扱うことによる政策立案支援のための新たな評価手法が必要となる．このとき，政策立案者が説明責任を果たすためには，政策立案のプロセスにおける判断の根拠を含めた評価を，受け手にとってわかりやすく提示することが求められる．多様な価値観と立場にある人々に納得してもらうためには，専門家でなくても理解でき，感覚的にもわかりやすく，自分で容易に扱えるような評価手法が必要なのである．

以下では，本章の概説を述べることにしよう．

4.2節；多くの外国人がよい意味で驚く，（京都の路地や袋小路，また東京の佃島などで風景として溶け込んでいる）都市居住環境を構成する鉢植えの緑の役割を評価する．路上の植木鉢の割合と緑量は強い関わりをもち，特に人間の視覚からとらえられる可視状況を現し，人々の緑量感に近いとされる緑視率が鉢植えの存在に強い説明力をもつことを示し，感覚的に緑の少ない都市域では，緑量に対する代償行動の1つとして鉢植えを置く行動が引き起こされていると考えられる．次に，都市の自然としての緑の減少に対し，人々の要求行動がどのように現れているのかを検証し，人々の行動面からの緑量評価の可能性，緑量目標水準の検討を行うこととする．

4.3節；都市における人工と自然の対峙を取り上げる．都市空間の評価を高める自然が人々に享受されるべく，景観における自然要素の「見えの構造」を明らかにすることを目的としている．都市の自然的空間として機能する河川環境を対象に，自然が都市空間の評価を高めていることを検証し，自然要素の対象を分類している．また，景観要素の占有面積という客観的な指標を手がかりとして，対象を整理し，自然要素である緑を主として，人工要素との対立関係および河川空間内部と河川から眺望できる外部の自然要素どうしの「見え」の干渉関係を明らかにしている．さらに，自然要素の注視性や意味的効果を考察し，自然的環境を享受するための方策を提示し，具体的には，都市内河川を対象とした河川空間に関する人々の印象を把握し，自然が都市空間の評価を高めることを検証するとともに自然要素の対象を把握し分類している．その際，都市河川の景観要素ごとの占有面積を調べ，河川空間内部と外部における人工と自然要素の占有率の関係を示し，緑と水や遠景の山並みといった自然要素の印象と景観面積とを調べ，都市景観における自然享受の重要性を示している．なお，研究対象地域として京都市鴨川を

取り上げている.

4.4節；有機性廃棄物の堆肥化による堆肥の品質と施用可能性の観点から都市内緑地をとらえた「R緑地」という概念を提示し，都市における有機性廃棄物の発生量から生産される堆肥を土壌還元するために必要となるR緑地の面積を求める手法を検討し，都市内におけるR緑地の確保について考察する．

4.5節；市民の多様性を明示的に扱うことによる政策立案支援のための多基準評価手法を提案し，家庭からの剪定枝葉などの回収方法における選択問題に適用することによって手法の実用の可能性を示すことを目的とする．このとき，多様な価値観と立場にある人々に納得してもらうためには，専門家でなくても理解でき，感覚的にもわかりやすく，自分で容易に扱えるような評価手法が必要である．そのため，ここで提案する評価手法は，ブラックボックスになりがちな特殊なソフトウェアを必要とせず，電卓程度で計算可能であるものとする．現実の意思決定の場面において，この手法をツールとして利用しながら，代替案の優劣，1つの代替案を選択した場合に必要となる対策の所在，そして前提としてそもそも何を実現しようとしているのかの確認，といったことについて多主体間で認識を共有していくような利用が必要であると考えるからである．

多基準評価手法において大きな課題である，どのウェイティング手法を採用するかという問題は，何を重視して政策立案をしようとしているのかを社会に示すことである．説明責任が求められるときに，ウェイティング手法の選択を含め，評価のプロセスと結果を明快に示すことができ，実際の意思決定（評価結果に従った場合もそうでない場合も）経緯が明らかにされることが，判断の妥当性と責任の所在を示唆する．それが恣意性の歯止めとなると同時に，政策あるいは事業の見直しを可能にする．

本節においては，政策立案支援のための評価手法として，市民の多様性を明示的に扱うことを主眼として提案し，一般家庭からの剪定枝葉などの回収システムを事例として実用性の検討を行った．これは，サイレントマジョリティ，さらにはサイレントマイノリティの選好をも意思決定の枠組みに組み込む評価手法としても位置づけられる．

4.2　居住環境における緑量評価

緑に対する満足感は主に緑量により，緑の多少感をもたらす空間量として視野内緑量が寄与する．人々の緑に関する意識は，身近な徒歩5～10分圏内ぐらいで，都市生活者にとっては，日常的に認識される居住環境の身近な緑量が，緑に対する満足意識に大きな影響を与えていると思われる．これらのことから，緑量評価への身近な緑の関わりは，図4.2.1のように示すことができよう．

緑量指標としては主に緑被率や緑視率が考えられているが，身近な居住地域全体をと

4 都市域緑環境論

身近な（250 m圏，徒歩5〜10分圏）居住環境の緑
↓
視覚的にとらえられる緑量
↓
緑の多少感
↓
緑量評価

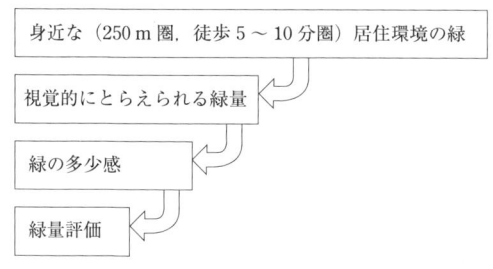

図4.2.1　緑量評価への身近な緑の関わり

らえた緑視率の測定は行われていない．緑視率の定量的研究は，スライド評価に対する緑量や，1つの街路としての評価，特定の地点における緑視率でおおむね23〜25％が目標水準として示されている．緑量意識調査によって，人々の緑に対する希求意識，都市の緑の減少は明らかにされているが，緑に対する要求行動はどのように現れているのかは考察されていない．このため，ここでは4.2.1項で緑被率と地域をとらえた緑視率による緑量指標の比較，構造分析を行い，両指標の関わり，差異を検証する．次いで4.2.2項では要求行動様式について整理し，緑に対する要求行動としての鉢植えの役割について考察し，4.2.3項では住民による緑量の評価を行い，居住環境における緑視率の目標水準値を設定することを目的とする．

4.2.1　居住環境における緑視

(1)　調査対象地区データ

　調査対象地区は，都市の人々が居住する地域とし，東京都の代表的な住宅地である世田谷区を対象とした．世田谷区の面積は約58.08 km^{2}であり，東京都区部総面積の約1割を占める広さをもつ．土地利用の半数近くが住居用地となっており，80万人近い

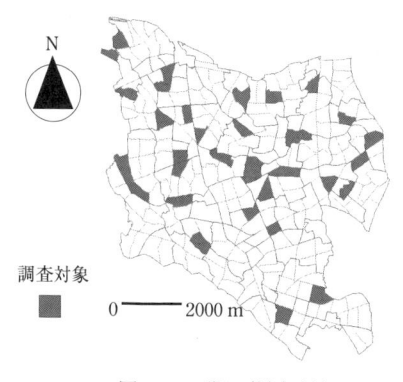

図4.2.2　世田谷区丁目

表 4.2.1　緑被率データの写真の諸元

撮影日	1997 年 9 月 2 日
カメラ	RC-30
焦点距離	F = 152.96 mm
基準面	100 m
撮影高度	1630 m
縮尺	1 : 10,000
写真枚数	72 枚

人口が居住する住宅大都市である．東京 23 区の中では比較的緑が多く存在する区であり，緑被率は 23 区中第 3 位に位置している．しかし，その緑も特に高度経済成長期以降，急速に減少している．具体の調査地域は，世田谷区の 30 町 36 丁目（全 61 町 277 丁目）を無作為抽出により，緑量の実態調査の対象地とした（図 4.2.2）．調査地の緑の特性としては，対象地が住宅地であることから，主に住宅の庭木，道路上の街路樹，公園，学校，社寺，農地などの緑となっている．

緑被率データは，「世田谷区緑の実態調査報告書」（1998 年 3 月世田谷区）のデータを使用した．調査の実施にあたり，世田谷区全域のカラー航空写真の撮影が行われており，写真の諸元は表 4.2.1 のとおりである*．

(2)　**緑視率データ**

1)　**緑視率測定方法の検討**

緑視率は，人間の視覚からとらえられる可視状況の中の緑の占める割合を把握する指標で，測定対象や方法によって測定基準は異なる．

本項では，居住環境における地域全体としての緑量値を得るため，緑視率測定地として，日常的景観を有する公共の場である道路上を選定した．道路上での測定単位については，緑の空間変化をとらえるのに，20 m 程度の空間単位で緑視率を測定することが望ましいと考えた[14)15)]．そこで，道路の各進行方向の写真撮影を行うことで，前後 20 m ずつ（2 方向の場合）の緑視域が把握できると考え，測定単位を 40 m メッシュとした．メッシュで対象地域を区切り，その交点からいちばん近い道路上を写真撮影地点とした．

そして，対象地域である居住環境での主な移動手段は歩行であると考え，歩行シークエンスによる可視状況から緑視率を測定した．歩行シークエンスの視野に関しては，視野該当 28 mm（水平 60°，垂直 46°）の焦点距離により写真撮影を行った．

---

*判読の精度は，東京都の「緑被率標準調査マニュアル」の水準 I に準拠している．

4 都市域緑環境論

写真 4.2.1　緑視量部分測定例 1　　　写真 4.2.2　緑視量部分測定例 2
　　　　　（緑視率 21.8％）　　　　　　　　　　（緑視率 14.9％）

表 4.2.2　緑視率データの写真の諸元

撮影日	2000 年 5 月 22～29 日
カメラ	SANYO DSC-SX150 Digital camera ＋広角レンズ
焦点距離	28 mm
地上写真測量	150 cm
枚数	4860 枚

2）　緑視率の計測

　緑視率の測定のため，写真撮影は対象地域の選定地点である道路中央（歩道のある場合は歩道中央）から，道路に平行かつ水平に視線を設定して，各方向の写真を地上 150 cm（歩行者の視点の高さ）により撮影した．撮影期間は照葉樹の葉が出そろった 2000 年 5 月 22 日～29 日（8 日間）であり，撮影後，写真内の植生の占める面積の割合を測定した（写真 4.2.1，写真 4.2.2，表 4.2.2）．丁目ごとの地域緑視率は，個々の写真を連続的測定点とし，地域の全緑視率の平均とした．

(3)　緑量指標の比較，構造分析
1）　緑被率と緑視率の関わり

　まず，町丁目ごとに得た緑被率と緑視率による緑量値の関係を調べるため，相関係数を用いて検討を行った．

　その結果，緑被率と緑視率は 1％水準で有意であり 0.675 の相関がみられた．また，緑視率は，緑被率の構成要素である樹木地率とは 0.822 の高い相関係数を示したものの，草地率，農地率とは相関がみられなかった．

　以上より，地域における土地面積的な広がりを示す緑被率と人の視覚でとらえられる緑量値に近い緑視率は相関関係にあるものの，まったくの比例関係ではないことが示さ

表 4.2.3 緑量指標と地域指標の相関係数

	緑被率（%）	緑視率（%）
緑被率（%）	1.000	0.675※※
緑視率（%）	0.675※※	1.000
世帯数（世帯）	−0.529※※	−0.244
人口（人）	−0.471※※	−0.196
人口密度（人/ha）	−0.452※※	−0.118
建蔽率（%）	−0.777※※	−0.663※※
容積率（%）	−0.379※	−0.254
全建物平均庭面積（m²）	0.700※※	0.650※※
空地率（%）	0.526※※	0.254
道路率（%）	−0.135	0.046
細街路率（%）	−0.298	−0.273

※※：$p<0.01$　※：$p<0.05$

れた．また，草地や農地として緑被面積を有していても，背丈の低い草本植物や農地の植生は人の視野には写りにくく，背丈の高い樹木は視野に写りやすいため，緑視率に影響を与えていると考えられる．したがって，視野に入りやすく人々の緑量感に強く関わるのは，緑被地構造のうち樹木地であると想定できる．

2）　緑量指標に関わる都市空間要因

次に，都市という制約のある空間において，緑量指標にはどのような要因が影響を与えているのかを調べた．

ⅰ）　緑被率に関連する地域指標の構造

都市空間要因として，地域の主要指標*を取り上げ，緑被率との相関分析を行った．その結果，緑被率は各主要指標の多くと相関を示した（表 4.2.3）．

緑被率の主源となる緑地は，その存在が都市政策に依存する傾向が強い．都市では今日まで，商業業務地の拡大，開発の増加，宅地や道路の建設，整備などが優先され，緑地の確保や緑化対策は後回しにされてきた．そのような背景より，都市の人口や建造物，それによる土地利用を要因とし，緑被率がそれらの要因の結果となってきたと考えることもできる．

では，緑被率にはどのような要因が強く影響を与えているのか，緑被率を目的変数とし，地域の主要指標を説明変数として重回帰分析を行った．各町丁目ごとに土地面積が異なるため，人口や世帯数も面積による違いが大きい．そのため，人口要因として人口

---

*世帯数・人口・人口密度・建蔽率・容積率・全建物平均宅地面積・空地率・道路率・細街路率．

4 都市域緑環境論

密度を,建造物要因として容積率を変数として取り上げた.土地面積要因としては,宅地面積内の建造物以外の土地利用部分が緑被率に影響を与えると考えられる.そのため,この土地利用部分を全建物平均宅地面積と建ぺい率より算出し,全建物平均庭面積と定義した.この全建物平均庭面積と空地率を土地面積要因として説明変数とした.

重回帰分析の結果,1%水準の精度で決定係数0.786重相関係数0.886の高い値が得られた.そのため,緑被率はこれらの要因によって説明することができた.また,標準偏回帰係数の値から,各説明変数が緑被率にどの程度の強さの説明力を与えているかをみると,全建物平均庭面積が0.64,空地率が0.33と比較的高い値を示している.

このことより,緑被率は各地域指標の影響を受けていることがわかり,特に土地面積に関わるものに大きな影響を受けていることがわかった.

以上の結果より,緑被率は,都市という制約のある空間において,建造物や土地利用などの影響を受けており,緑被率における緑量の増加や確保には,地域の空間構造が制限要因となっていると考えられる.

ⅱ) 緑視率に関連する地域指標の構造

次に,緑視率と地域の主要指標との相関分析を行った.この結果,建蔽率と全建物平均庭面積の2つの指標とのみ相関を示した(表4.2.3).ただし,緑視率と相関を示した建蔽率と全建物平均庭面積は,緑視率と関わりのある緑被率を介して影響を与えているとも考えられる.

そこで偏相関分析を行い,一方の緑量指標と建蔽率,全建物平均庭面積との関係から,もう一方の緑量指標の影響を除いた場合の相関をそれぞれ求めた結果,建蔽率は緑視率とは相関はみられず,緑被率との偏相関係数は−0.597と比較的高い相関がみられた.同様に全建物平均庭面積は緑視率との偏相関係数は0.377と弱い相関を示し,緑被率との偏相関係数は0.465と中程度の相関を示した.

以上より,緑視率は建蔽率と全建物平均庭面積と関わりがあった.しかし,この2つの地域指標は緑被率と強い関わりをもつため,緑被率を介して緑視率と関わりあっており,直接的な影響を与えていないと考えられる.

したがって,緑視率を目標水準の指標として使用した緑化によっては都市の空間的制約を避けやすい.都市的土地利用によって緑地の増加や確保が難しい状況にある地域では,緑視率を指標とし,目標水準値達成によって,人々の緑量感増加に貢献できる可能性もある.

3) 緑視に関わる緑被空間

緑視率は都市的制限要因の影響を受けにくく,緑量の増加を図ることが可能である.では,緑視率の増大にはどのような緑が関わっているのか.

ⅰ) 緑被空間の形状による分類

都市空間上の制限要因を回避しやすく緑視率に影響を与えやすい要因を,居住環境の緑を,選定し考察した.

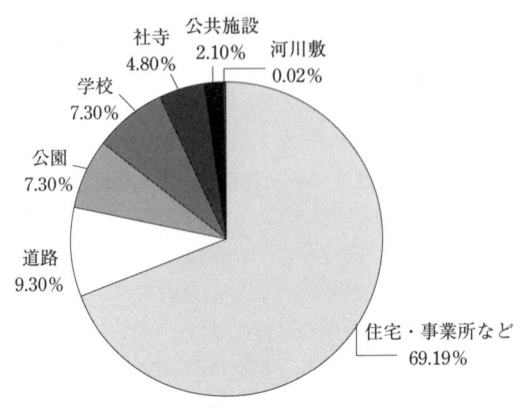

図 4.2.3　樹木地の土地利用形態

　その結果，生垣や壁面緑化，可動性の緑被空間を形成する鉢植えなど，そして緑被空間全体に関わる背丈があり視覚にとらえやすい樹木が緑視量増加の可能性をもつと考えられる．

ⅱ）　樹木地の土地利用形態

　1)より，緑被率の構成要素のうち樹木地率の存在が緑視率に影響を与えていることが明らかであった．また，樹木は視覚にとらえやすく緑視率に関わりやすいと考えられる．では，この樹木地はどのような場所にあるのか，土地利用形態区分（世田谷区みどりの現況調査報告書1998年）により調べた．

　樹木地の土地利用形態は，7つの項目に区分されている（図4.2.3）．樹木地の土地利用形態として，「学校」「公共施設」「社寺」の項目の占める割合は対象地域全体において高くはないが，どの町丁目にもある「住宅・事業所等」や「道路」「公園」と異なり，町丁目により施設の有無，施設数が異なる．そこで，おのおのの土地利用がある町丁目のみを対象とし，「学校」「公共施設」「社寺」が樹木地の土地利用形態の中に占める割合を算出した．

　その結果，樹木地面積の14.1％が「学校」の項目に位置しており，3.5％が「公共施設」，12.0％が「社寺」に存在していることがわかった．

　以上より，学校や社寺などがある地域では，学校のもつ比較的広い土地面積や古くから地域に存在する社寺の樹齢の高い樹木地の存在が樹木地の核となりうると考えられる．また，調査対象が居住地域であることからも，「住宅・事業所等」の項目の占める割合は高いと考えられるが，緑視率に寄与する樹木地の約70％は「住宅・事業所等」に占められており，緑視率の向上には，住宅などでの樹木の保全，緑化などが重要であると考えられる．

4 都市域緑環境論

表 4.2.4 要求行動における行動様式（品田，1987 をもとに作成）[18]

適合行動	行動要求を充足させ，人間環境の安定を回復することのできる行動
1) 直接回復行動	変化したものを物理的にもとへ戻す復旧行動
2) 間接回復行動	変化した状況は放置し，他に代替を求める行動
① 有効補完行動	居住地で充足されないため，居住地外で充足させる行動
・一時的分散行動	居住地で充足されないため，居住地域の外で充足させる行動
・空間的代替行動	居住地における欠損を庭や公園など代替空間で補完する行動
② 有効代償行動	空間的行動の閉塞に伴い，花を買う，鉢植えの植物などを求めるといった別の形態で欠損を補う行動
不適合行動	人間環境の安定を回復することのできない行動
1) 無効代償行動	代償行動のうち様式化して欠損補完機能として意味をもたなくなった行動
2) 彷徨行動	行動が生起されたものの回復に結びつくことのない意味のない行動

4.2.2 都市居住環境における鉢植えの役割

(1) 要求行動様式

行動要求に応じて具体的に行動がとられる際，制限要因がはたらくと，関わりの同一性保持のため各種の行動様式（代替案）が存在し，かつ，相互に補完的なシステムとして機能している．内的メカニズムを通じて生起された行動は，行動要求を充足することのできる適合行動と，行動要求を充足できない不適合行動に分かれる（表 4.2.4）．

(2) 植木鉢の割合と緑量指標の分析

居住環境において，土地面積，敷地内庭面積などの制限要因がはたらくと，直接的回復行動は不可能になる．そこで，身近な距離圏内での緑に対する行動として，有効代償行動に注目する．有効代償行動の1つとして考えられている「鉢植えを求める行動」は，空間的制限要因を回避しやすく，具体的に緑視率の増加に関わる可動性の緑被空間を形成する．

この鉢植えの存在量と緑量との関係を調べ，鉢植えの代償行動面からの緑量評価の可能性と緑化の方向性，地域における緑量水準の検討を行うこととする．

1) 植木鉢の割合データ

居住環境の鉢植えの存在量を把握するため，緑量の測定のため撮影した写真内に写った植木鉢の数をカウントした．平面的にとらえる写真内においては植生の境目を区別することは困難であり，鉢植えの緑の客観的な測量は難しい．そこで，鉢植えの鉢に注目した．ここでは，本来植物の栽培を目的に製造された容器ではなくとも，植物が植えら

写真 4.2.3　植木鉢測定例

れているものは，すべて「植木鉢」とみなした（写真 4.2.3）．

2) **植木鉢の割合と緑量の相関分析**

　まず，各町丁目ごとに得た緑被率と緑視率による緑量値の関係を相関係数を用いて検討を行った．その結果，緑被率と緑視率は 1 ％水準で有意であり，0.675 の相関がみられた．このことより，地域における土地面積的な広がりを示す緑量値と人の視覚でとらえられる緑量値は相関関係にあるものの，まったくの比例関係ではないことが示された．

　次に，地域ごとに植木鉢の写っている写真数を数え，地域の全写真数に対する植木鉢の写真の割合を算出した．算出した植木鉢の割合と緑被率，緑視率との相関分析を行った．

　その結果，緑被率（－0.747），緑視率（－0.678）ともに比較的高い相関が得られた．このことより，地域の緑量と植木鉢の割合には関係があり，緑量が少ない地域では植木鉢が多いことが示された．

3) **植木鉢の割合に関連する地域指標の構造**

　ⅰ) 緑視率の影響

　地域における植木鉢の割合には，緑量のほかにどのような要因が関わっているのか，また要因の影響の強さをみるために，植木鉢の割合を目的変数とし重回帰分析を行った．説明変数として緑被率と緑視率，地域の主要指標*を用い分析を行った．

　重回帰分析の結果，1％水準の精度で決定係数 0.770（重相関係数 0.878）の高い値が得られた．そのため，植木鉢の割合はこれらの要因によって説明することができた．標準偏回帰係数の値から，各変数の説明の強さをみると，緑視率の緑量指標が－0.328 とい

---

*世帯数・人口・人口密度・建蔽率・容積率・全建物平均宅地面積・空地率・道路率・細街路率．

ちばん高く，鉢植えとの関わりが強いことがわかった．

以上のことより，緑量が少ない地域では鉢植えが多くみられ，緑視率が鉢植えを置く主な要因となっていると考えられる．緑視率は視覚でとらえられる緑の量を示し，人の緑量感に強く関わりがあるといわれている．この植木鉢の割合に緑視率の影響が強かったことと，鉢植えという存在が人間の行動によるものであることから，感覚的に緑の少ない地域であることが，植木鉢を置く主な要因の1つとなっているといえるであろう．

ⅱ) 細街路の影響

重回帰分析の結果，緑量以外の説明変数をみると，地域指標である細街路率の標準偏回帰係数も 0.296 と2番目に高い値を示している．この細街路率は，緑量指標との相関はみられず，緑量とは独立した指標である．また，道路率と植木鉢の割合に相関がみられなかったのに対し，細街路率は植木鉢の割合との相関が少しみられる (0.497)．

表通りと異なり路地は住み手の共有の庭といった雰囲気を呈しており，このような差異は，路地の縄張りの強さ，領域化の度合いによるものである[16]．それを端的に示すのが，両側の家の開放の程度と植木鉢などが家の前に置かれているその量である．住人が，路地を自分たちの領域としていればいるほど，結果として植木鉢などの表出が多くなる．玄関前に置かれた植木鉢は住居のまわりの占有を宣言する一方で，近所の人々との出会いや会話のきっかけを与えるはたらきをもっている．

このように，植木鉢などの領域表示物は排他的機能と融和的な機能をもっており，路地空間は表通りに比べ閉鎖性が高く，領域化しやすい．路地裏には細街路が多く，細街路自体も日常的に住人以外の通行に使われる割合が低く，閉鎖性が高い．そのため，領域化しやすい空間であるので植木鉢のような表出物があふれだしやすいと考えられる．

以上より，細街路という空間は領域化しやすく，コミュニティやプライバシーなどの表出が促されるため，植木鉢の割合もある程度確保されるという傾向はみられる．

しかし，植木鉢写真と細街路率との相関分析結果は，0.497 と非常に弱い相関を示している．また，緑量指標と細街路率の影響を相互に除いた場合の植木鉢の割合との関わりの強さを求めるため，偏相関分析を行った結果，緑被率は -0.723，緑視率は -0.650 と植木鉢写真の割合との関連は高い偏相関係数を示したが，細街路率は 0.427 と低い値を示した．

したがって，細街路空間における領域化によって植木鉢が置かれることは全体的にみると弱く，緑量要因が植木鉢の割合に強く影響を与えており，緑量が植木鉢を置く行動の主要な要因となっていると考えられる．

ⅲ) 地点緑視率との関連性

鉢植えの存在は，人間の行動によるものであり，緑量が植木鉢の割合の主な要因であることが示されたことにより，人の緑量感に近い緑視率は鉢植えと深く関わっていると考えられる．そこで，これまでの地域ごとの平均緑視率だけでなく，植木鉢の置かれている地点の緑視率を調べた．

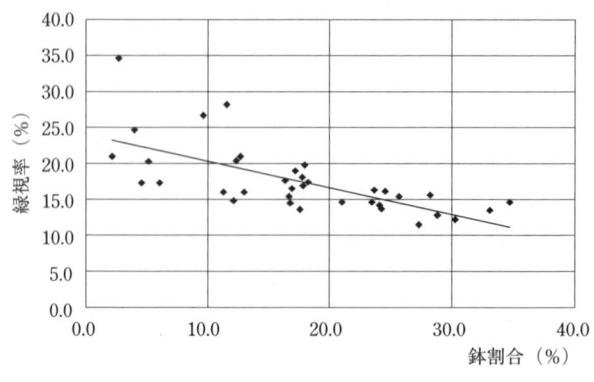

図 4.2.4　緑視率と植木鉢の関係

　植木鉢が写ったすべての写真の平均緑視率と調査に使われた全写真の平均緑視率を算出した．その結果，全写真の平均緑視率は 17.5％であるのに対し，植木鉢の写った写真の平均緑視率は 13.3％と低い値を示した（図 4.2.4）．また，植木鉢が写っている写真は緑視率が低いものが多く，5％ごとに区分した緑視率と植木鉢の写った写真数の相関を求めたところ，−0.981 と非常に高い相関係数を示した．
　このことから，緑視率が低い地点ほど植木鉢が置かれ，緑視率の値と植木鉢の有無には強い関連性があることがわかった．したがって，地域としての緑量が鉢植えに関わるのは，地点の緑視率による緑量が行動に影響を与えていると推測される．つまり，目に見える範囲内の緑量が，植木鉢を置く行動を引き起こす緑量感につながっており，緑視率が低い地域では，付随的に緑被率も低い地域であると解釈される．
　以上より，鉢植えを置くという行動は緑に対する代償行動の 1 つとしてはたらいていると考えることができる．

(3)　鉢植えによる緑化の可能性
　代償行動としての鉢植えの存在が緑に対する要求に影響しているとすれば，鉢植えは補完的に機能しているのかということが問題となる．可動性緑被空間に位置する鉢植えも空間的制限要因の影響を避けやすい．そこで，鉢植えによる緑視量増加の可能性を探るため，写真内の植木鉢の数と植木鉢の数ごとの写真内の平均緑視率との相関分析を行った．
　その結果，0.675 の相関係数が得られた．したがって，植木鉢の数を多く置くことで緑視率は増加する傾向があり，植木鉢による植物の緑が緑視率を上げていると考えられる．しかし，植木鉢の写った写真の緑視率は全体的に低く（平均 13.3％），植木鉢の多い写真においても全写真の緑視率平均（17.5％）にはいたっていないことからも，植木鉢の緑によって緑視量はさほど増えていないと思われる．

この緑視に関連して材野[17]による注視特性の述がある．材野によれば，人間は興味のある視覚対象は進行方向とずれていても見えるものであり，花などの美しいものに触ったり，座ったりするなど歩行行動以外の行動に移りながら見る場合があるという．

このように，植木鉢の緑は規模が小さく，物理的な緑量の回復にはいたらないが，鉢植えを置くという行動は人々の能動的な働きかけであることから，鉢植えに対する接触頻度が増えることで，部分的ではあるが緑を見る量も増加する．また，鉢植えの植生には，花が多いと観察できることからも，植生量としては小さくとも人の目を引き，注視性が高まる．その結果，鉢植えによる緑視量は高まり，緑視率を指標とした緑化による緑量感増加の可能性をもっていると考えられる．

以上のことから，都市の居住環境における路上の植木鉢の割合と緑量は，強い関わりをもっていることがわかった．特に人間の視覚からとらえられる可視状況を現し，人々の緑量感に近いとされる緑視率が鉢植えの存在に強い説明率を示したことから，感覚的に緑の少ない地域では，緑量に対する代償行動の1つとして鉢植えを置く行動が引き起こされていると考えられる．

代償行動としての鉢植えは可動性の緑被空間を形成するため，都市の空間的制限要因を避けやすく，集中的な接触頻度の高さや高い注視性によって，代償的に緑に対する要求を充足させていると考えられる．そのため，今後の都市の居住環境における緑視量向上の可能性や緑の質の面での緑化の方向性を見出すことができる．

4.2.3　緑量評価

緑視率を指標とした緑化は目標水準値達成に向けての緑量増加の可能性がある．そこで，都市の居住環境における緑量評価を行い，地域に対する緑視率目標水準値を求めた．

(1) 緑量感に関する意識調査

緑量測定調査地域の住民を対象に緑量に関する意識調査を行った．アンケートは訪問直接回答式とし，2001年5月5〜15日に身近な緑の多少感について尋ね，「少ない」「やや少ない」「どちらともいえない」「やや多い」「多い」の5段階（左から1, 2, 3, 4, 5点評価）の中から回答を得た．調査対象地域の各丁目ごとに20票集め，合計有効回答数を720票（有効回答率87.8％）とした．なお，回答者の属性に関しては，男性30.6％，女性69.4％となった．調査対象地別の身近な緑の多少感は得点化し，丁目ごとに平均化した値を用いた．

身近な緑の多少感と緑視率，緑被率，樹木地率，植木鉢の割合との相関分析の結果を表4.2.5に示す．相関分析の結果，身近な緑の多少感と緑視率，植木鉢の割合には，それぞれ強い関連が示された．このことより，日常に認識される居住環境の身近な緑量が，住民の緑量意識に大きな影響を与えていることが明らかになった．

また，植木鉢の割合と緑量意識との関連が示された．鉢植えを置く行動は，自然に対

表 4.2.5　緑量意識と緑量指標の相関係数

	緑視率	緑被率	樹木地率	植木鉢の割合
緑の多少感（点）	0.815※※	0.783※※	0.783※※	−0.787※※

※※：$p<0.01$

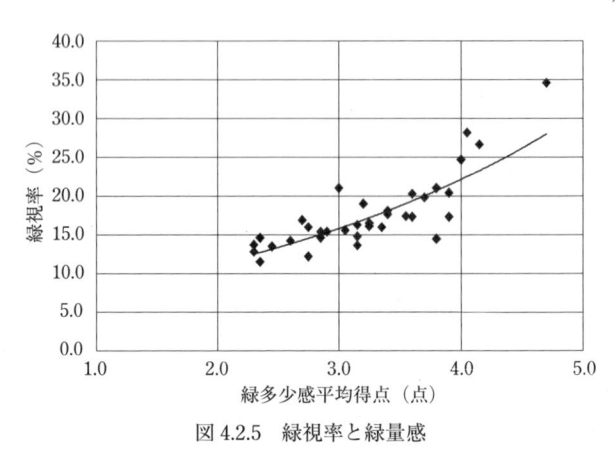

図 4.2.5　緑視率と緑量感

する要求行動の1つであると考えられ[18]，植木鉢の量と都市空間要素との関連から，鉢植えを置く行動は居住環境の緑量に対する代償行動の1つであることを示した．さらに，植木鉢を置く行動には地域の緑視率が主な要因となることを示した．

また，意識調査により，植木鉢の量と住民の緑量意識との関連が示されたことより，意識面からも植木鉢の代償行動としての役割が強く反映していることが示された．

(2) 意識面からの緑量評価

居住環境における緑量目標水準の導出という点から，住民にとって最低限の充足感がある水準として選択肢「やや多い」と感じられるときの緑量水準を緑視率目標値として，緑視率と緑の多少感との回帰式より求めた（図 4.2.5）．

$$y = 5.76 \times 1.4^x$$

y：緑視率（％），x：緑の多少感（地区平均得点），$R^2 = 0.725$，$R = 0.852$

この結果，多少感平均得点4点（やや多い）の充足感のときの水準として緑視率22%が示された．

(3) 緑に対する要求行動に基づいた緑量評価

鉢植えによる緑の代償行動に基づいた緑量評価として，植木鉢の割合から緑視率の目標水準値を求めた．緑が多く居住環境の緑視率が高ければ，住民は緑量感を満たすと考

えられる．緑視率と植木鉢の割合との間に高い相関関係があり，植木鉢を置く行動は地域の緑視率が主な要因となることから，植木鉢の割合と住民の緑量感との間には強い関連があると推定できる．そのため，鉢植えが置かれていない地域は緑視率が高く，住民は居住環境の緑に対し，緑量感を満たしていると考えられる．

実際，鉢植えが置かれていない地域は存在しない．鉢植えが置かれる要因には，地域のコミュニティや個人の好み，慣習なども影響している．しかし，前述の分析結果から都市空間上における鉢植えへの強い影響力として，緑量がはたらいていると考えられることから，鉢植えの割合が0%になると仮定した場合を目標値として分析を行った．その結果，緑視率と植木鉢の割合の回帰式は以下のように求められる．

$$Y = -0.371X + 24.04 \tag{4.2.1}$$

$R = 0.678$, $Y =$ 緑視率（%），$X =$ 植木鉢写真の割合（%）

この式より，植木鉢の割合が理論的に0%になる場合の緑視率は24.0%となる．緑視率が約24%確保されていれば，鉢植えを置く行動はみられず，居住環境の緑に対して満足する水準であると考えられる．

この24%という値は既往研究によるスライド緑視量の目標水準値23～25%と同程度の値を示している．このことから，スライドによる一部分を切り取った中での緑量の多少感や満足感の有無を分ける緑量水準と，地域空間全体における鉢植えを置く行動にみられる緑量水準が一致しているとみることができよう．意識の面での緑量満足意識と鉢植えを置くという行動面での緑量水準値が同程度の値を示したことからも，緑に対する要求行動からの緑量評価と鉢植えという指標の可能性が示された．

この節では，都市の居住環境における緑量水準の設定を行うことを目的とし，緑量指標の分析と緑量評価を行った．具体的には以下のことが明らかになった．

① これまで行政や都市計画などで一般的に使用されてきた緑被率と人々の緑量感に近いと考えられている緑視率との関わりが示された．

② 緑視率は都市の空間的制約を避けやすく，緑視率を指標とした緑量増加の可能性，緑化施策の有効性が示された．

③ 住民の緑量意識と鉢植えにみられる緑に対する要求行動と緑量指標との関連が示された．

④ 緑量意識と緑に対する要求行動の2つの面から緑量評価を行い，都市の居住環境における緑視率の目標値を求めた．その結果，およそ22～24%の緑視率が都市の居住環境における緑量水準の1つの目安になると考えられた．

緑視率，植木鉢の測定には，地域の公共の場である道路上からの撮影写真を使用した．しかし，居住環境の緑や住民の緑量意識をより的確にとらえるため，今後，測定方法に関して検討する必要があろう．

4.3 水辺の景観要素にみる人工と自然の対峙[19]

4.3.1 都市河川の自然要素とその評価

　人々が京都市の鴨川に抱く印象を把握するため，文献資料に表象されている鴨川に関する言及を調査する．自然に関わる言及の多数によって，鴨川が自然的空間として機能しているかを検討し，鴨川についての肯定的意見の分布割合より，鴨川が都市の空間評価を高めているかを検証する．また，自然としてどのような要素が対象となるかを表象より抽出し分類する．

(1) 鴨川環境の位置づけ

　鴨川は，京都市の市街地中心を流れる都市河川である．河川高水敷を含む川幅とのスケール感にみると，日本において中規模の河川にあたる．

　京都市の市街化区域における緑被率は24%である．土地利用としては社寺仏閣などが多いものの市民1人当たりの公園面積は $4.49\,m^2$ と，都市公園法に定める標準面積 $10\,m^2$ を大きく下回ることから，鴨川は公共のオープンスペースとしての重要な役割を担っている．

　河川環境の整備と保全を基本理念とした京都府鴨川条例の骨子においては，「美しい自然や景観に恵まれ，人々に愛され，憩いの場として利用されている．」としており，河川敷の鴨川公園の再整備事業においては，水と緑とのふれあいへの対応を目指していることから，鴨川は身近な自然としての機能が求められている．

(2) 鴨川の印象

　雑誌「月刊京都」における鴨川の表象を調べ，人々の鴨川に関する印象を分析する．

　「月刊京都」は1965〜2007年の43年間に516冊発刊されている．「月刊京都」の記述は一般大衆を対象としている．読者の意見投稿も記載され，地元住民の視座をももつため，観光ガイドブックにおいて批判記事が掲載されにくいのと異なり，否定的意見を含む地元の多様なイメージが含まれている．

　現況の鴨川に対する印象把握として，鴨川公園の再整備が始まった1992年から2007年現在までの「月刊京都」16年分，192冊を対象とし，『鴨川，賀茂川（加茂川），高野川』に関する言及内容を調べた．掲載記事数は合計104件であった．掲載割合は全記事数104件中の掲載記事数の割合である．

1) 言及内容の分類

　言及内容をa) 京都のシンボル，b) 身体活動，c) 憩い，d) 気候，e) 美観，f) 自然要素，の6つのカテゴリーに分類し，掲載割合を算出した（表4.3.1）．

4 都市域緑環境論

表4.3.1 鴨川に関する言及内容

	分類	キーワード	掲載割合（%）	
a)	京都のシンボル	京都のシンボル，京都の顔，など	18.3	23.1
		「変わらぬ」存在	7.7	
b)	身体活動	散策，スポーツ，遊び，など	40.4	
c)	憩い	憩う，物思いにふける，たたずむ，など	16.3	
d)	気候	すずしさ，寒さ，など	14.4	
e)	美観	美しい，きれい，眺めがいい，など	25.0	
f)	自然要素	自然，季節，など	14.4	74.0
		魚，カメ，など	8.7	
		鳥（カモ，サギ，など）	13.5	
		山並み	24.0	
		緑，柳，桜，など	27.9	
		水面，川面，水遊び，など	27.9	
		氾濫	14.4	

掲載割合＝掲載記事数/104（全掲載記事数）

　鴨川の認識は，「京都を南北に流れる」や「京都の顔」，など，京都のシンボルとして認識される言及が多くみられた．そのうち，京都の代表的場所として「昔と変わらない姿」といった「変わらぬ」鴨川の存在感に関する言及は7.7%に及び，京都市街地に高層建築が立ち並ぶなどの街の変貌に対し，鴨川環境は昔と変わらないことを対比させ表現している内容が多くみられた．また，それらは肯定的な表現であると受け取られる．
　オープンスペースゆえの空間利用として，散策，スポーツや遊び場などの身体活動の場として表象されており，また，物思いにふける，たたずむなど，憩いの場に関する言及が多くみられた．気候に関しては「すずしい」という肯定的意見に対し，冬の「底冷え」など寒さに対する否定的意見も挙げられた．眺めやその美しさなどへの美観に関する言及も多く，肯定的表象が多くみられるが，否定的内容としては河川に散乱したゴミの存在の醜さを挙げたものがみられた．

2）自然要素の対象

　自然要素を言及した内容は多く，掲載割合は74.0%を占め，緑，水，動物名などが挙げられた．自然要素のキーワードは，遠景の山並みが24.0%，柳や桜などを含めた植生の緑が27.9%と多く，うち桜は20.2%である．河川に関する表象ゆえに，直接「水」を表現しない言及も多いが，「水面，川面，水遊び」などのキーワードを挙げた記事は27.9%に及ぶ．「氾濫」というキーワードが挙げられ，河川の氾濫についてふれた記事が14.4%あった．印象として否定的内容であるが，氾濫自体は過去の経験を述べているも

のが多くみられた．

　鴨川空間は，京都の都市を代表するシンボルとしてとらえられる．鴨川に関する言及内容は，肯定的表現が多い．自然要素の言及が多く鴨川は自然的，かつオープンスペースの場との認識が高いととらえられる．

　以上より，鴨川が都市空間の評価を高めていると推測でき，その1つの要因として自然の存在が挙げられる．都市の変遷に対し，変わらぬ鴨川環境についての肯定的言及も自然環境に関する評価ととらえられる．

　自然要素の分類としては，鴨川の緑，水域の魚，鳥など河川空間内に存在する自然と，河川空間を視点場として，そこから眺望できる山並みが挙げられており，鴨川において享受される自然は，河川空間内部の自然と眺望される外部の自然とに整理することができる．

4.3.2　景観要素の測定

　ここでは，写真測定により得た景観要素の占有面積率を調べ，人々の視覚からとらえられる自然と人工の見えの関係を検討する．なお，自然要素の対象として分類される河川空間内部と河川空間から眺望できる外部空間の要素に着目する．

(1)　調査対象地域

　鴨川流域において京都市市街地中心の四条大橋以北の鴨川，北大路橋以南の賀茂川，高野橋以南の高野川の区間とする（表4.3.2）．調査範囲は，鴨川の河川環境を守り，人々の暮らしとの調和を図るとする京都府鴨川条例の対象範囲内にあたる．

(2)　写真測定

　対象地域の写真の撮影方法は，河川における代表的視点場として，堤防，高水敷，水際，水面，橋梁，眺望点の6つとする．また，河川敷を視点場とした河川景観は，河川の流れとほぼ直角に横長に見る眺めである対岸景と河川の流れの方向に見る眺めである流軸景が主な視点となる．鴨川に滞在する人々の視覚特性に従った景観を把握するため，右岸の河川高水敷の水際に沿って整備されている歩道で，視点の高さである地上約160 cmから広角撮影を行い，およそ20 m間隔に流軸景の上流方向と下流方向，対岸景の3方向の写真撮影を行った．

　撮影は，2006年10月21日と2007年1月27日に行い，前者を夏期データ，後者を冬期データと見なした．両期データともに同地点，画角の写真撮影を行うことで季節差の検討を行う．写真枚数は，夏期，冬期それぞれ240枚，計480枚であり，各橋区間の枚数は表4.3.2のとおりである．撮影した写真は，画角を統一するため，流軸景は河川の消失点を基準とし，対岸景では高水敷の高さ位置を基準にトリミングし，画角および水平線の高さを統一した．

4 都市域緑環境論

表 4.3.2 調査対象地域

呼称	橋区間	橋名	区間距離 m	写真枚数
鴨川	1	四条大橋	580	24
	2	三条大橋	215	6
	3	御池大橋	245	9
	4	二条大橋	485	15
	5	丸太町橋	430	18
	6	荒神橋	840	33
	7	賀茂大橋	165	6
賀茂川	8	出町橋	205	9
	9	葵橋	775	36
	10	出雲路橋	680	27
		北大路橋	165	
高野川	11	河合橋	475	18
	12	御蔭橋	515	21
	13	蓼倉橋	510	18
		高野橋		

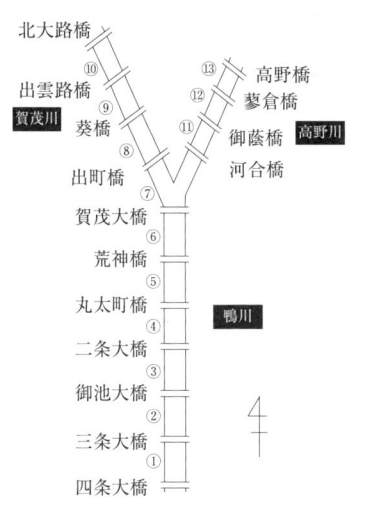

(3) 景観要素の測定

景観の構成要素は鴨川の主な景観要素の特徴をふまえ，「緑，水域，路，建築構造物，護岸，空」の6主要素とした．

景観要素は，自然物である山や河川，緑，動物などの自然景観要素と人工物である建物，橋梁，道路などの人文景観要素に大別される．また，河川景観を人工的なものと自然的なものを対象とし，山，水面，植生などの自然的なものは評価が高いとしよう．

本調査では，写真内の緑の占める面積を「緑視率」と称し，植生の存在場所の内訳は，右岸，中州，左岸，河川空間外部の遠景の山並み，である．また，土木構造物である護岸と建築物の占有面積の合計率を「人工空間率」とした．

写真内の景観面積を測定し，橋区間ごとの平均値を算出した．

4.3.3 河川空間内外の自然

(1) 河川空間内の自然

景観要素を測定した結果，調査対象地域全体の平均緑視率平均は，夏期29.7%，冬期22.8%であった．

橋区間ごとの緑視率と右岸，中州，左岸，遠景それぞれの内訳の結果は図4.3.1のとおりである．一方，人工空間率の結果は，夏期7.6%，冬期10.2%となった．橋区間ごとの結果は図4.3.2のとおりである．

次に，橋区間ごとの緑視率と人工空間率の関連を，Pearson係数を用いた相関分析により調べる．分析には，緑量データとして一般に使用される夏期データを用いた．有意水準は，$P<0.05$とする．

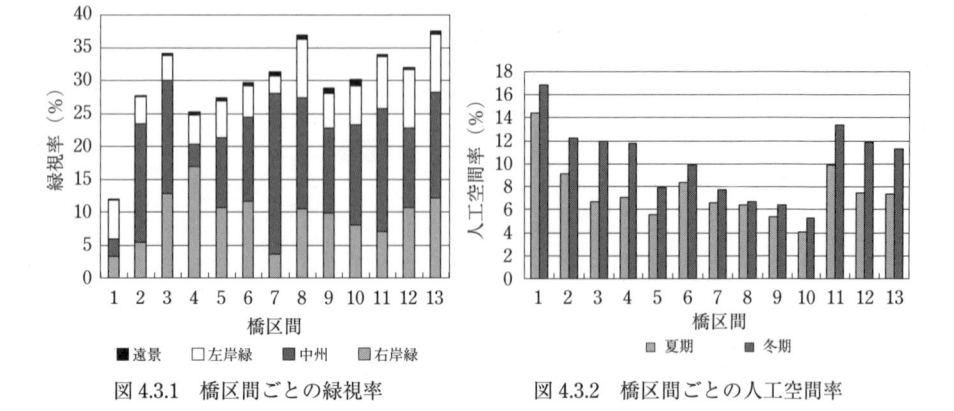

図 4.3.1　橋区間ごとの緑視率　　　　図 4.3.2　橋区間ごとの人工空間率

　緑視率と人工空間率との間には有意な相関が認められた（$R=-0.608$）．橋区間 1 からの距離（m）と緑視率，人工空間率との間に有意な相関が認められた（$R=0.663$，$R=-0.539$）．

　京都市市街は，四条大橋周辺地域において建蔽率が高く中心市街地と見なせる．橋区間 1 から距離的に離れるに従って，緑視率は増加し人工空間率は減少する傾向がみられる．ただし，偏相関分析により，人工空間率を制御変数とし，緑視率と橋区間 1 からの距離をみると，有意な相関は認められなかった．中心市街地からの距離が離れるに従って，人工空間率が減少することで，緑視率が増加する傾向があると考えられる．

　ただし，橋区間 11，12，13 では，緑視率が高いにもかかわらず人工空間率も高い．その理由として川幅の広さが影響していると推測される．そこで，橋区間ごとの河川敷を含めた川幅と建物率との相関関係を調べた結果，有意な相関が認められた（$R=-0.692$）．川幅が狭く対岸までの距離が短いため，対岸の建築物がより近くに見えるため視野内の面積が増加すると考えられる．

　以上より，調査対象地域の鴨川の緑視率は，夏期 29.7％，冬期 22.8％であった．都市の街路などにおける緑視率は 25％以上で緑量感が充足されるといわれる．緑視率 25％を超え，確かに都市としては基準が高い場として機能しているといえる．緑量指標である緑被率と緑視率の関連を調べると，夏期データ 29.7％に対応する緑被率は 44.2％となる．京都市市街化区域の緑被率 24％に対応する緑視率は 20％に相応するため，市街化区域と比較し鴨川の緑視率は高い．

　一方で，橋区間 1 の中心市街地に近づくほど緑視率は低い傾向がある．緑視率と人工空間率が負の相関関係にあることより，緑を自然の代表と見なすと，自然と人工は対立関係にあるととらえられる．

図4.3.3 山並みの稜線の長さと川幅

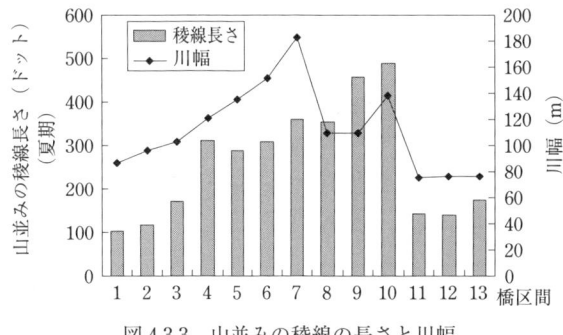

表4.3.3 稜線眺望の遮断物数

遮断物	夏期	冬期	計
建造物	361	501	862
緑	534	432	966
計	895	933	

(2) 山並みの稜線の見え

河川空間から眺望される外部の自然として遠景の山並みについて検討する．

山並みの景観に占める割合は，夏期0.50％，冬期0.57％であった．山並みは鴨川から距離の離れた遠景であり，視覚的にとらえられる景観面積は小さいが，山の豊かな自然環境の存在を都市空間から知覚することができるため，自然としての印象への影響は大きいと考えられる．また，山は古くから信仰の対象となり，自然景観の眺望として重要な意味をもつ．鴨川からの山並みの眺望においても古くから代表的な景観として文化的にも認識されてきた．

山並みという景観の特性上，山際の稜線，山際，山の端が視覚的にとらえられやすく山並みの認知に重要な形状とされる．

そこで，山並みの稜線の長さを写真より測定し，稜線の長さと他の景観要素との関わりを相関分析により調べた．稜線の長さの測定結果を図4.3.3に示す．

橋区間11，12，13においては，稜線の長さの見えが少ない．その理由としては，河川幅が狭く対岸景への視距離が短いため，見通しの仰角が低くなるためと考えられる．川幅と稜線の長さとの相関関係では有意な相関が認められた（$R=0.667$）．オープンスペースが狭いことで遠景の見通しが悪いと考えられる．

では，山並みの稜線を遮断する要素は何か．写真内の山並みの稜線の線分を遮断する要素は建造物と緑の2つに区分できる．そこで，全写真内の遮断物数をカウントした（表4.3.3）．結果，建造物とともに緑による遮断も多くみられた．

建造物による山並みの見えの妨害に関しては，京都市眺望景観保全において検討され，建築の高さ規制ラインが定められている（図4.3.4）．山並みの稜線の長さと建築率の単回帰分析では，決定係数 $R^2=0.792$ のもとに高い相関関係が見られる（図4.3.5）．

稜線の長さは，緑視率および内訳となる右岸，中州，左岸，遠景，それぞれの占有面積率との間には有意な相関は認められなかったが，高木の存在は稜線の遮断に影響していると考えられる．近景に位置する緑も高木になることで，建造物と同様に遠景の山並みへの眺望を遮断していると考えられる．

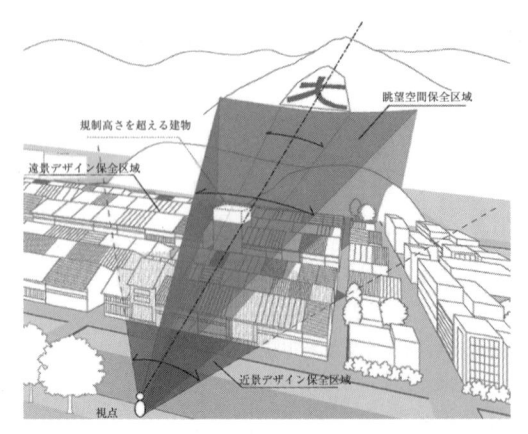

図 4.3.4　眺望景観保全のための高さ規制ライン
出典：京都市「第 11 回歴史的風土部会報告資料」

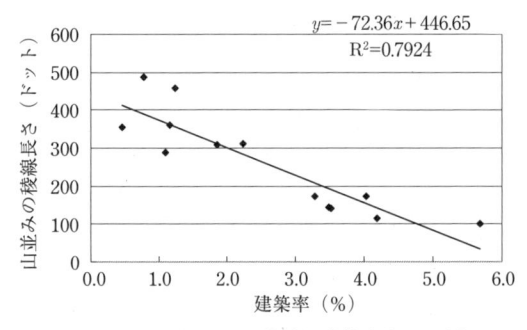

$y = -72.36x + 446.65$
$R^2 = 0.7924$

図 4.3.5　眺望される稜線と建築率との関係

　以上より，河川空間から眺望される河川空間外部の自然は，オープンスペースが狭いことにより見通しが悪くなる．また，建築率が高まることで，眺望が遮断されることから自然と人工の対立関係があるととらえられる．一方，河川空間外部の自然への眺望は，河川空間の近景の緑によって遮断されることも多いことから，自然と自然の干渉関係が確認された．

4.3.4　自然享受のための水辺計画の方向

　オープンスペースは自然の確保の場として，また周辺の自然環境への眺望においても重要であるが，土地面積の確保は困難である．では，都市空間において生態的環境としての自然が人々に享受されるための方策としては，どのような工夫を行うことが可能か．

　文献調査において言及された自然要素の特徴，および景観要素の分析より得た各要素

4 都市域緑環境論

表 4.3.4　景観要素率の季節差

(%)	内訳	夏期	冬期
緑視率		29.7	22.8
	右岸	9.4	6.7
	中州	14.0	11.8
	左岸	5.9	3.8
	遠景の山並み	0.50	0.57
人工率		7.6	10.3

の橋区間ごとの特徴など，部分的な地点の差異から自然享受の可能性を検討する．

(1) 人工と自然の対立
1) 緑化の推進

　山並みの眺望と建築の関係においては，景観規制などの対応により建蔽率や高さ規制などが講じられている．人工構造物に対する抑制に加え，緑化による緑視率向上の可能性があると考えられる．樹木の成長やツタ植物などによる建築物壁面の緑化などは，視野内の緑量増加の可能性がある．

　緑視率は季節差として2割程度の差異が生じた（表4.3.4）．護岸や路などが夏に緑に覆われる地点も多くみられる．

　護岸，路，建築の存在量は季節変化によって変わらないと考えられるが，視覚的に見える量は変化する．建物は夏期2.5％，冬期3.8％，護岸は夏期5.0％，冬期6.5％，路は夏期6.0％，冬期7.3％と各要素における変化率は高い．

　また，橋区間2と3は，川幅は狭くオープンスペースの面積としても狭いが，緑視率はある程度確保されている（図4.3.1）．緑視率の内訳をみると，中州が橋区間2では65.2％，橋区間3では50.7％を占め，緑視率の増加に貢献している．

　以上，季節の緑視率や人工構造物の見えの差より，緑化による建築や護岸などの緑の被覆により，緑視率向上の可能性があると示唆される．

2) 自然要素の印象や意味の考慮

　自然の視認量の確保に加え，対象となる自然のもつ印象や意味を考慮することが挙げられる．4.3.1項(1)では自然要素の対象として，山並みと桜の言及が多くみられた．4.3.3項(2)における景観面積率では，山並みは遠景に位置し，視覚的にとらえられる景観要素の占有面積としては小さいものの，自然や信仰の場の象徴となる山は印象が強いことが挙げられる．桜は，季節の行事となる文化的意味合いも強く，色づいた花弁の注視性は高く人々に強い印象を与える．鳥や魚などの動物の存在は，景観面積としては小さく移動を伴うが，緑や水の存在と合わせ自然性の高い環境という意味を与える．

以上より，人々の自然に対する印象や対象の自然のもつ意味を把握していくことが必要である．

(2) **自然と自然との干渉**

　桜，柳などの高木が緑視率を高める期待があるが，河川空間の緑が遠景の山並みへの眺望を遮断していることも挙げられた．また，中州の存在は緑視率が向上する一方で，視覚でとらえられる水域の眺めが減少するという自然どうしの干渉もみられる．

　鴨川の表象においても自然要素として，柳や桜といった緑が多く，また，山並みも言及数のどちらも多い．両者がもつ印象や意味合いはそれぞれ強いものとして受け取られている．

1) **視方向などの考慮**

　河川景観の特徴として挙げられる流軸景と対岸景では，視対象や視線方向が異なり，軸景は川の流れに沿って空見通しが開かれる．山並みの見えにおいても，それぞれの地点により対象となる山，方向や距離などが異なる．

　京都府景観創生において指定される景観対象としては，賀茂川では北山と大文字の方角（上・下流），高野川では北山（上流），また左岸からの山並みが眺望保全として指定されている．

　地点や場所による視点場，視方向などの対象を考慮する必要がある．

2) **シークエンス景観による総合的評価の必要性**

　鴨川に関する表象では，散策などの身体活動についての言及も多くみられた(40.4%)．河川沿道を散策し，視点が空間内を移動することで，時間的順序に次々と展開していくシークエンス景観が得られる．

　山並みがまったく見えない地点が7割を超える橋区間はなく，中州により水域が全面覆われる橋区間は存在しない．したがって，景観要素の対立や干渉については，人々の移動による不確定的な視点に対し，景観の対象となりうる事物の集合として，地域全体の景観を考慮することで，多様な景観要素の共存が成り立つ可能性がある．今後は，地域全体の調和を図るため，各地点の状態を把握する必要がある．

4.4　有機性廃棄物の循環からみた緑地のあり方

4.4.1　有機性廃棄物堆肥利用と都市内緑地

(1) **有機性廃棄物堆肥化の現状と問題点**

1) **有機性廃棄物の概要**

　一般に有機性廃棄物と呼ばれるもののうち，主に都市（農地を含まない）において発生する有機性廃棄物を表4.4.1に整理した．有機性廃棄物は，近年，有用な資源として位

表 4.4.1　都市における有機性廃棄物（原料による分類）

原　料		内　容
植物質	草由来	刈り草, 抜き草, 下げ花
	樹木由来	剪定枝葉, 落ち葉, 伐採木, 枯損木
	建築廃材	木質系廃材, かんなくず, など
	産業由来	食品製造過程の汚泥・残渣, など
	生ゴミ	調理くず, 食べ残し, 廃棄食品, など
動物質	排泄物由来	下水汚泥, 浄化槽汚泥, 屎尿, 飼育動物の尿尿, 野鳥等の糞, など
	産業由来	食品製造過程の汚泥・残渣, など
	生ゴミ	調理くず, 食べ残し, 廃棄食品, など
	遺体	動物遺体

置づけようとする考えから，有機性資源と呼ばれる場合もあるが，ここでは意図的に再生利用しなければ廃棄物となってしまう物質であるという考えから，有機性廃棄物と呼ぶことにする．

　有機性廃棄物の発生量およびリサイクルについては正式な統計がなく十分に把握されているわけではないが，概して農林業系の廃棄物はリサイクル率が高いのに対して，都市型の廃棄物は焼却，埋立てといった最終処分の割合が高いこと，また，発生と需要の場所が地域的に偏在しており，生ゴミや下水汚泥・浄化槽汚泥については3大都市圏（埼玉，千葉，東京，神奈川，愛知，三重，京都，大阪，兵庫）での発生の割合が大きいことが指摘されている．

2）　有機性廃棄物堆肥化の現状

　都市における有機性廃棄物の堆肥化は，次のような現状である．

　生ゴミの堆肥化技術は成熟しており，全国各地で取り組まれ，近年では学校給食，外食産業やスーパーなどでも導入して，契約栽培農家への堆肥の提供により循環システムを構築する事例もある[13]．一般家庭用には回収ゴミ削減のためにコンポスト容器や電動式生ゴミ処理機の普及を図って，助成制度を設けている自治体も多い．しかし，現状では発生量のほとんどは焼却・埋立て処分されており，堆肥化されているのはわずかである．生ゴミの堆肥化には含まれる油分や塩分，重金属類の問題，異物の混入，安定性，安全性といった問題がある[11)12)]．

　下水汚泥は下水道普及に伴い増加しており，有効利用されている3割のうちの4割が堆肥化されている[10]．

　食品製造業から食品加工段階で発生する汚泥や残渣については，堆肥化・飼料化によるリサイクルは発生量の4％弱である[10]．

　剪定枝葉や落ち葉，刈り草などの植物性発生材（'生ゴミ'との対比から'緑ゴミ'と呼ぶ

こともある）については，公園や街路樹など公共の緑地から発生するものはチップ化や堆肥化による緑地内への還元が近年一般化してきている[7]ほか，一般家庭などの庭からの植物性発生材についても，一部自治体では堆肥化の取り組みが始まっている[8]．

3） 有機性廃棄物堆肥化の問題点

堆肥化技術の開発，環境保全型農業の重視，高速堆肥化施設への補助金制度など，有機性廃棄物堆肥化の条件整備は進んできているといえるが，実際に循環システムを構築していくうえで，次のような課題がある．

ⅰ） 堆肥の需要と供給の問題

堆肥は使う場所がなければ循環のしようがない．年々減少していく農地面積と，化学肥料に依存してきた日本の農業を相当に方向転換したとしても，農地に利用可能な堆肥需要には限界があることが指摘されている[20]．実際，各地でゴミ削減の必要性を契機として堆肥化に取り組んでいる自治体の担当者にとって，リサイクル堆肥の利用先の確保は大きな問題である．

また，生ゴミや下水汚泥など生活系の有機性廃棄物が通年で発生するのに対し，堆肥の利用時期は用途にもよるが農業利用の場合限定される傾向にあるため，需給のバランスを取りにくくしている点も見逃せない．

ⅱ） 堆肥の質（肥効とリスク）の問題

堆肥の需要は堆肥の品質とも密接な関係がある．農業的利用の観点からは，肥効と安全性が最も重要であると考えられ，狂牛病をはじめとする近年の食をめぐるさまざまな懸念をふまえれば，単に重金属等有害物質の含有などに関する安全基準を満たしているという以上の慎重さが求められる．反面，廃棄物の削減という観点から土壌に還元するという目的を優先できるような利用であれば，大きな肥効が期待できなくても，特に害がなければよしとすることも可能だろう．安全性，リスクの問題も，施用方法によってはある程度許容できるという考え方もある．

有機性廃棄物の堆肥化による土壌還元に関しては，重金属等の有害物質の蓄積や窒素過剰による地下水汚染，病虫害の発生などの懸念がある一方で，堆肥施用によって土壌微生物が活性化することによる有害物質の分解，浄化作用への期待もある．いずれにしても，土壌環境に過剰な負荷をかけない適正な施用が必要である．

ⅲ） 堆肥化コストの問題

堆肥化には手間とお金がかかる[7][13]．廃棄物を原料として，安全で肥効に優れ安定した商品価値のある高品質の堆肥を生産しようとすれば，厳密な分別の手間や成分バランスおよび品質管理を含め，よりコストがかかることを覚悟しなければならないだろう．しかし，用途次第では，安全性に関わる基準を満たしていれば特に品質が高くなくてもかまわないという場合もあるだろう．その場合には低コストですむかもしれない．そこで，堆肥の品質のレベルに応じた緑地の区分が必要であると考える．

iv) 堆肥化施設（堆肥化ヤード）の問題

　堆肥化ヤードの確保は臭気などの発生の懸念もあることから，特に都市内では大きな問題である．公園緑地等で発生する剪定枝葉などの植物性発生材については，堆肥化の前段階として粉砕機によるチップ化の際に騒音や粉塵の発生もあることから，近隣に迷惑をかけないですむ場所にヤードを設置したり，移動式粉砕機の利用や堆肥化方法の工夫といった配慮をしながら作業が進められている．生ゴミの堆肥化については，都市外での農業利用のシステムが構築されている地域では堆肥化センターなどの集約的施設が設置されているケースもある[24)25)]が，都市内においては家庭用生ゴミ処理機や業務用生ゴミ処理機による比較的小規模な堆肥化施設が主体である．このように，有機性廃棄物の種類によって発生場所や性質も異なるため，都市内における堆肥化施設あるいはシステムのあり方も異なるであろう．

(2) 有機性廃棄物堆肥利用からみた都市内緑地[21)]

1) 有機性廃棄物堆肥利用の効果

　一般に堆肥施用の効果としては，養分の供給（化学肥料と異なり，肥効が緩効的で，連用することで効果が蓄積していく），土壌の物理性（団粒構造を形成），および化学性（保肥力が高まる），および生物性の改善（分解力が高まる），病虫害の抑制などが挙げられており[22)]，都市の緑の育成にも効果があることが指摘されている[5)]．

　積極的な堆肥の施用は都市型土壌を改善して健康な緑の育成を促すにとどまらず，土壌の団粒構造の形成による水持ち，つまり保水力のある土壌の形成に有効である．緑量の増加と保水力の向上は，近年の都市に特有なヒートアイランド現象などの好ましくない気象の緩和や，都市型水害の防止などにつながると期待される．さらに，都市における脆弱な自然生態系を充実させることにもつながる．

2) 都市における緑地の概念

　都市内の緑地は狭義*にとらえられる場合と広義**にとらえられる場合があるが，堆肥の施用が可能な緑地は地表面が人工物で被覆されていないことが前提であり，緑被地に近い空間としてとらえられる．緑被率は，行政区単位の緑の量を把握する手法として広く用いられており，東京都の「緑被地標準調査マニュアル」[23)]では，緑被地の面積調査の項目を表 4.4.2 のように分類している．

　また，田畑・志田は，一定の広がりと表土の乾湿状態が一定程度維持されている状態の土地を透水地と呼び，市民が自由に利用できる"みどり"のエリア（タイプ 1），市民が自由には利用できないが，都市内の"みどり"としての価値をもつエリア（タイプ 2），生産緑地（タイプ 3），自然の緑地（タイプ 4），水面でそれに接した河川緑地（タイプ 5）の5つのタイプに区分して，緑被地との対応を考察している[1)]．

＊都市公園など営造物としての緑地．
＊＊空地の多い施設や水面まで含めたオープンスペースとしての緑地．

表 4.4.2　緑被地面積の調査項目の分類

①樹木，樹林で覆われた部分の面積	
①-1	公園にあるもの
①-2	道路にあるもの
①-3	学校，庁舎等にあるもの
①-4	住宅，事業所，社寺等にあるもの
①-5	樹林
①-6	その他
②草地の面積	
②-1	公園にあるもの
②-2	道路にあるもの
②-3	学校，庁舎等にあるもの
②-4	住宅，事業所，社寺等にあるもの
②-5	河川敷内にあるもの及びその他
③農地の面積	
③-1	果樹園，苗圃
③-2	田畑
③-3	その他
④水面の面積	
④-1	公園区域内の池，沼
④-2	湖沼，河川，海域

3）R緑地の概念

しかし，堆肥の品質に応じた投入の可能性という観点で緑地をみると，このような緑被地や透水地の概念と分類だけでは対応できない．なぜならば，緑地の利用目的，あるいは期待される機能によって，投入可能な堆肥の質が異なるためである．例えば，同じ公園内の草地でも，子供たちが転げ回ったり草花遊びをすることを想定した草地と，柵が設置され眺めることだけを想定した草地とでは，堆肥に期待される安全性は異なるであろう．

そこで，堆肥施用が可能な「R緑地」という概念（図4.4.1）と，堆肥の品質に応じた投入可能性によるR緑地の区分を新たに提案する．ここで，Rが含意するのは，Return（水と有機物を土に戻すこと），Reduce（土に還元すること），Recycle（リサイクル）である．

R緑地は，次の4つに区分できる（表4.4.3）．

4 都市域緑環境論

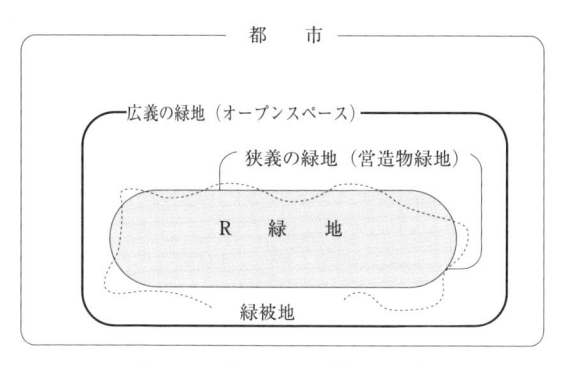

図 4.4.1 都市内の R 緑地の概念

表 4.4.3 都市内の R 緑地

区分	都市内の R 緑地の種類	
	公有地	民有地
R_1	公有の市民農園や都市公園内の農地等の田，畑，果樹園，菜園，牧草地など	田，畑，果樹園，菜園，牧草地など
R_2	公有の緑化樹栽培園，苗圃，植物園など	緑化樹栽培園，花卉栽培農地
R_3	公園内の緑被地，学校緑地，庁舎などの緑被地	一般家庭の庭，民間事業所や社寺境内の緑被地，民有の屋上緑地
R_4	道路緑地，緩衝緑地，景観緑地	民有の工場緑地

R_1：食用緑地．食用のための作物などを栽培するための緑地として，最も安全性を重視すべき緑地であり，生産物が食物として人に摂取されても安全な堆肥のみが投入できる．

R_2：準食用緑地．園芸花卉栽培や緑化樹栽培など，食用ではないが，他へ移動する植物を栽培するための緑地であり，R_1 に準じて安全な堆肥が投入できる．

R_3：接触緑地．遊びやレクリエーション活動などを提供するための緑地であり，活動を通して直接人と接触することを想定している緑地．人が接触しても安全な堆肥が投入できる．

R_4：存在緑地．景観の向上，気象の緩和，公害の軽減といった環境保全のための緑地であり，直接人が接触することを想定していない緑地．最低基準を満たす堆肥が投入できる．

これらの 4 区分に期待される安全性は，R_1 が最も高く，R_4 が最も低い．ただし，中間に位置する R_2 と R_3 については，R_2 が移動拡散のリスクを含めた安全性に主眼をおいているのに対して，R_3 は人体との接触上の安全性に主眼をおいたものであり，いずれがより安全かを厳密に区別したものではない．

R緑地の区分にあたっては，緑地の利用目的（機能）と人との接触の程度という観点から，まず，生産のための緑地，レクリエーション利用のための緑地，直接的に利用はしないが存在に意味のある緑地，の3つに分類したうえで，生産のための緑地について食用か非食用かで2つに区分するというプロセスを経ている．この4区分は，表4.4.3に整理したように多様な緑地形態に現実的に適用することが可能であり，妥当な区分であると考える．

なお，屋上など人工地盤上の緑地やコンテナガーデン，プランターなどについても，その用途によってこれら4つの区分に対応させるものとする．

4.4.2 堆肥の品質レベルと堆肥生産量

(1) 堆肥の品質

このようなR緑地の区分に対応して施用可能な堆肥の品質を安全性の観点から区分を試みたものが，表4.4.4である．堆肥材料の安全性については，既往文献[6)13)22)24)]を参考としているが，成分や含有物に安定性がないことも有機性廃棄物の特徴であり，厳密な安全性を判断することは困難であると考える．

そこでまず，野菜くずのようにそのまま食べても問題のない材料からの堆肥をC_1，下水汚泥や薬剤処理が施された木質系廃材のように薬品などの化学物質や重金属含有の可能性を排除できない材料からの堆肥をC_4として，その中間に位置すると考えられる材料から生産される堆肥のうちC_1に近いものをC_2，C_4に近いものをC_3として区分するとした．これはC_2とC_3の範疇にある堆肥材料が安全性の点から一様ではなく，例えば，食べ残しでは塩分や油分の含有の程度，動物性調理くずでは抗生物質など薬剤投与の程度や魚介類の含有物質，剪定枝葉については病虫害防除のための薬剤散布の有無，食品産業汚泥ではその種類，などによって安全性が異なると考えるためである．

結果的に堆肥についても4区分となり，現時点では妥当な区分であると考えているが，環境ホルモン，狂牛病，鳥インフルエンザといった問題にもみられるように，有機性廃棄物に含有される恐れのあるさまざまな有害物質などが人体や生態系および環境全体へ影響を及ぼすメカニズムについては未知の部分が多く，今後の研究の進展によって，リスク管理の観点からより細かい区分が必要になる可能性は否定できない．

なお，異なる材料を混合して堆肥化した場合には，原則としてレベルの低い材料によって区分されることになるだろう．ただし，いずれの堆肥についても肥料および土壌に関する基準などを満たしていることが求められる．

ここで，S_n（ただし，$n=1, 2, 3, 4$）は，任意の堆肥C_m（ただし，$m=1, 2, 3, 4$）を投入するために必要なR緑地R_nの必要面積である．また，P_mは品質レベルC_mの堆肥の生産量である．

堆肥の品質については，肥料取締法（2000年改正）によって，定められた様式に従って，肥料の名称，表示者の氏名または名称および住所，正味重量，生産（輸入）した年月，

4 都市域緑環境論

表4.4.4 堆肥の品質のレベル

レベル	主な堆肥材料	備考
C_1	植物性調理くず,など	最も安心して施用できる
C_2	食べ残し,動物性調理くず,剪定枝葉など	化学物質などの残留の心配がなく,C_1に準じて安心して施用できる
C_3	植物性発生材,食品産業汚泥・残渣,など	化学物質などの残留のリスクがないとはいえないが,堆肥として支障なく使える
C_4	下水汚泥,浄化槽汚泥,木質系廃材,など	重金属などの蓄積に注意しながら施用する

表4.4.5 堆肥の品質レベルとR緑地

		R緑地				堆肥品質レベルごとの堆肥生産量
		R_1	R_2	R_3	R_4	
堆肥品質	C_1	◎	○	△	△	P_1
	C_2		◎	○	△	P_2
	C_3			◎	○	P_3
	C_4				◎	P_4
必要面積		S_1	S_2	S_3	S_4	

◎:優先すべき投入先, ○:◎に投入した余りの投入先, △:○に投入した余りの投入先.

原料,主要な成分の含量などといった項目を表示,添付することが決められている.安全性に関しては,特殊肥料のうち,下水汚泥や生ゴミなど,重金属類を含む恐れのある原料を使用した特殊肥料について,ヒ素,カドミウム,水銀の規制値が設定されており,諸外国の規制と比べて対象となる重金属の種類は少ないものの,数値的には厳しい基準となっている[24].また,「農用地における土壌中の重金属等の蓄積防止に係る管理基準について」(環境庁1984年)においては,有機質資材の農地施用による土壌中の亜鉛濃度が設定されている.

堆肥の品質レベルと施用可能なR緑地の区分との対応を表4.4.5に示した.例えば,C_4の堆肥はR_4に区分されたR緑地にしか投入できないし,C_1の堆肥はすべてのR緑地で施用できることになる.

(2) **有機性廃棄物から生産される堆肥の量**

有機性廃棄物から堆肥を生産する場合,複数の材料を混合する場合も多いことから,堆肥生産量はでき上がった堆肥の品質に対応して設定することが現実的であると考えられる.

そこで,有機性廃棄物から生産される堆肥の量は,堆肥生産量をP,有機性廃棄物の

発生量を W, 堆肥化率（有機性廃棄物の発生量のうち，堆肥化する割合）を α, 堆肥化による重量減少の割合を β, とすると，次のように表すことができる．

$$P = f(W, \alpha, \beta) \tag{4.4.1a}$$

$$W = W_1 + W_2 + \cdots + W_j + \cdots + W_J \tag{4.4.1b}$$

（ただし，$1, 2, \cdots, j, \cdots, J$ は廃棄物の種類）

$$\alpha = (\alpha_1, \alpha_2, \cdots, \alpha_j, \cdots, \alpha_J) \tag{4.4.1c}$$

（ただし，α_j は廃棄物の種類 j の堆肥化率）

$$\beta = (\beta_1, \beta_2, \cdots, \beta_j, \cdots, \beta_J) \tag{4.4.1d}$$

（ただし，β_j は廃棄物の種類 j の堆肥化による重量の減少率）

$$P = (P_1 + P_2 + P_3 + P_4) \tag{4.4.2}$$

（ただし，P_m（$m = 1, 2, 3, 4$）は品質レベル C_m の堆肥の生産量）

(3) **堆肥投入量について**

堆肥の施用方法は大きく分けて3つある．第1は土全体に混ぜ込む方法であり，第2は局所的に施用する方法，第3は表面に敷きならす方法である．

都市内緑地の場合，花壇や作物の植替え時を除けば，すでに樹木などが植栽されていることが多いため，土を掘り起こすことができない場合が多い．そのため，局所的に施用する方法（後述のピックエアレーションを含む）か，表面に敷きならす方法をとることが現実的であると考えられる．堆肥の敷きならしは，森林において落葉落枝が地表面に堆積して土壌化し，豊かな土壌環境を形成していくことを考えれば，都市内緑地においても有効かつ省力的な方法であると考えられ，農地における堆肥の表面施用の効果も報告されている[25]．

堆肥の施用量については，堆肥の種類，施用の時期や目的，植物の種類などによって違いがある．生ゴミを主原料とした堆肥の場合は $1\,\mathrm{m}^2$ あたり $1 \sim 1.5\,\mathrm{kg}$, 雑草や落ち葉が主原料のものは $2.0\,\mathrm{kg}$ くらいが適当といわれている[6]．また，一般には土壌全体の2割程度までとされており，敷きならす場合には，$1\,\mathrm{m}^2$ あたり $2\,\mathrm{kg}$ 程度が適当であるとされている[4]．この投入量を守ることによって，土壌および地下水に過剰な負荷をかけることを避けることができると考える．

また，土壌の固結化が進んでいる街路樹桝や植え込み地など，土壌全体に混ぜ込むことができない場合の堆肥施用の方法として，ピックエアレーションを行って堆肥を充填する方法がある．ピックエアレーションとは，土壌中に圧縮空気を注入することによっ

4 都市域緑環境論

て植物の生育基盤の土壌物性を改良する工法である[26]．この場合，空気注入式の深耕機を利用して $100\,m^2$ あたり 52 ヶ所打ち込み，1 ヶ所当たり 0.6 L 程度の堆肥を充填する[4]．

そこで，$1\,m^2$ 当たりの堆肥投入量を Y で表す．ただし，この投入量はあくまでも目安であって，堆肥の品質あるいは R 緑地の区分によって設定可能である．

つまり，

$$Y = (Y_1, Y_2, Y_3, Y_4) \tag{4.4.3}$$

（ただし，$Y_n\,(n=1,2,3,4)$ は R 緑地の区分 $R_n\,(n=1,2,3,4)$ $1\,m^2$ 当たりの堆肥投入量）である．

4.4.3 R 緑地への土壌還元を前提とした家庭生ゴミ堆肥化システム

(1) R 緑地の必要面積とその試算
1) R 緑地の必要面積の算出

R 緑地の必要面積 S は，R 緑地の区分 R_n の必要面積を S_n とすると，次のように表すことができる．

$$S = S_1 + S_2 + S_3 + S_4 \tag{4.4.4a}$$

$$S_n = P_n \div Y_n\,(ただし，n=1,2,3,4) \tag{4.4.4b}$$

ここで，$S_1,\,S_2,\,S_3,\,S_4$ の面積の割合については，さまざまな組み合わせがありうるが，R 緑地区分と堆肥の品質区分の対応（表 4.4.5）における効率性という観点で最適な面積 S^* は，以下の式で表すことができる．

$$S^* = P_1 \div Y_1 + P_2 \div Y_2 + P_3 \div Y_3 + P_4 \div Y_4 \tag{4.4.5}$$

2) 1 人当たり R 緑地必要面積

ここで，都市内で排出される土壌還元可能な有機性廃棄物量を可能なかぎり都市内で土壌還元させるために必要な緑地量について考えると，「1 人当たり R 緑地面積」の算出が可能になる．

都市内にどの程度の緑が必要かについては，従来いくつかの指標が用いられている．例えば，「1 人あたり公園面積」は都市公園法〔1956（昭和 31）年〕において 1 人当たり $6\,m^2$〔1993（平成 5）年より $10\,m^2$〕という法的な基準が設定されており，特に欧米諸国との比較でわが国の都市における公園の不足を示すのに用いられているが，この概念については統計論的な公衆衛生観の下地と，公共性を公平性に読み替えた，分配する側からの論理であることが指摘されている[27]．また，「緑被率」あるいは「緑被地率」については，緑被空間の認識度と満足度についての意識調査から望ましい緑の量を明らかにすることが試みられてきた[23]．これらはいずれも，達成が望ましいという観点からの目標値

283

といえる.

これに対して,R緑地の概念は,人が都市生活を営んでいくうえで自らが排出する物質のうち,土壌還元可能な物質を圏外に持ち出すことなく循環的に処理していくための必要量であり,達成すべき最低の基準として設定することが可能であると考える.

「1人当たりR緑地面積」は,1人当たりの有機性廃棄物発生量がわかり,堆肥化率の設定ができれば,前述の手順に沿って算出できる.例えば,1人当たり年間に排出する生ゴミが約 79 kg[28]として,そのすべてを堆肥として投入する場合には,およそ1/5の重量の堆肥となり[22],1 m² 当たり 2 kg の施用が可能なので,必要な R 緑地面積は,1人当たり 7.9 m² となる.また,仮に1人当たりの年間の下水汚泥発生量を約 1100 kg として,その一部 12%* を堆肥化して投入するには,1人当たり 13.2 m² の R 緑地 (R_4) が必要となる.このように,植物性発生材や食品製造業からの有機性廃棄物についても,1人当たりの発生量に換算して算出することが可能になるだろう.

3) 東京都板橋区を対象とした試算

ここでは,有機性廃棄物のうち生ゴミ,植物性発生材,下水汚泥からの堆肥について必要な R 緑地面積の試算を行い,現在の緑地面積と比較する.板橋区を対象としたのは,2000(平成12)年度に実施された「板橋区緑地・樹木の実態調査 (VI)」[29]において,区全体の緑被地を含む自然面と人工面の現況が明らかになっており,必要な R 緑地面積との比較が可能であると考えたためである.

i) 有機性廃棄物の発生量および堆肥生産量

有機性廃棄物として,生ゴミ W_1,植物性発生材 W_2,下水汚泥 W_3 を想定した.板橋区において生ゴミは可燃ゴミの約 40% を占めるとされていることから,W_1 = 10万0399 (t/年) × 0.4 = 40159.6 t/年,植物性発生材は可燃ゴミの 6.9% を占めていることから,W_2 = 10万0399 (t/年) × 0.069 ≒ 6927.5 t 年として算出した.下水汚泥については,2000(平成12)年度に都内から排出された下水汚泥 1381万6000 t のうち板橋区分を人口比 (4.3%) から W_3 = 1381万6000 t × 0.043 = 59万4088 t として算出した.

次に,堆肥化の割合については,生ゴミと植物性発生材の全量を堆肥化し,下水汚泥の 12% を堆肥化すると設定した.さらに,堆肥化によって重量がおよそ 1/5 になるとすると,板橋区における堆肥生産量 P^i は $P^i = W^i \times 0.2 = (W_1 + W_2 + 0.12 W_3) \times 0.2$ = 11万8377.66 × 0.2 ≒ 2万3676 t で求められる.このうち,生ゴミと植物性発生材から生産される堆肥は約 9417 t である.

ここで,生ゴミと植物性発生材の内容(由来や薬剤使用の程度など)については詳細なデータがないため,表 4.4.4 の堆肥の品質レベルで厳密に C_2 と C_3 を区分することはできないが,このような場合は,前述のように C_3 の区分になり,R 緑地の区分 R_3 と R_4 への施用が可能である.また,下水汚泥堆肥については C_4 に区分され,R_4 区分への施

---

*2.2節で述べた下水汚泥の堆肥化の割合[4].

ⅱ）板橋区における R 緑地必要面積

堆肥の投入可能量はすでに述べたように堆肥の品質や緑被の状況などによって異なるが，1 m² 当たりの堆肥投入量 y を 2 kg とすると，板橋区において必要な R 緑地面積 S^i は，$S^i = P^i/2$ kg = 1183万8000 m² = 1183.8 ha となり，これは R 緑地区分 R_1, R_2, R_3, R_4 の必要面積である S_1, S_2, S_3, S_4 の合計面積である．このうち，(1) 項で述べたように C_3 の区分に対応する生ゴミと植物性発生材からの堆肥に限定すれば土壌還元のために必要な R 緑地面積は 470.9 ha であり，R 緑地区分としては R_3 と R_4 で施用できることになる．

さて，板橋区全体の面積 3217.0 ha のうち，緑被地は 444.7 ha（13.8％，うち農地は 40.0 ha），裸地は 140.7 ha（4.4％，うち公園内裸地は 23.7 ha）である[29]．下水汚泥堆肥を加えることを前提とした R 緑地必要面積を確保するためには区域の 1/3 以上が必要であり，かつ，その半分以上が R_4 区分となってしまう．R_4 区分の R 緑地は基本的に人との接触を前提としていない緑地であることから，空間の利用密度が高い都市部において R_4 区分の緑地の確保には限界があるであろう．板橋区内で R_4 区分の緑地と想定される道路緑地は区道・都道・国道合わせて 11.4 ha，工場緑地は 7.8 ha，駐車場など大規模空地内の緑被地は 17.3 ha にすぎない．堆肥施用先の確保の困難さに加え，下水汚泥堆肥（C_4 区分）の環境（健康）リスクや堆肥化コストも考慮すれば，下水汚泥の堆肥化の拡大は現実的な選択とはいえないかもしれない．

一方，試算の結果では，生ゴミと植物性発生材のみを堆肥化するのに必要となる R 緑地面積（470.9 ha）を，前述の緑被地および裸地の合計面積（444.7 ha + 140.7 ha）と単純に比較すれば，数値上は区内での土壌還元が現状でも可能であるかのようにみえる．だが，生ゴミと植物性発生材から生産される堆肥が C_3 区分であるため，これが施用可能な R_3 と R_4 区分の R 緑地が緑被地の中にどの程度あるかが問題になる．板橋区における緑被地のうち公有地は 229.9 ha であり，そのうち，R_3 区分の R 緑地と見なすことができるのは，区立公園内の緑被地 114.0 ha，都立公園内の緑被地 32.3 ha に学校や公有施設，公営住宅内の緑被地などを加えた合計 211.3 ha となっている．また，緑被地のうち民有地は 214.8 ha であるが，そのうち R_3 区分の R 緑地は一般の住宅地等内の緑被地 125.4 ha，民間集合住宅内の緑被地 26.5 ha，民営のレクリエーション施設内の緑被地 20.6 ha，その他で，合計 190.8 ha である．これらの R_3 区分の緑地（合計 402.1 ha）に R_4 区分の緑地（合計 36.5 ha）を加え，さらに裸地の一部を R_3 か R_4 区分の緑地としてカウントできれば C_3 区分の堆肥の施用先としての R 緑地必要面積は確保の目途がつく．

しかしながら，R 緑地としてカウントできるためには緑被地の地表面の状態を確認する必要がある．緑被地面積の算出にあたっては，樹冠の下にある人工面は樹木被覆地としてカウントされているため，緑被地面積をそのまま R 緑地に見なすことはできない．緑被の状態によってはそのままでは堆肥の投入が困難な場合も多いであろう．さらに，

裸地の多くは学校の運動場や未舗装の駐車場，あるいは河川敷であり，現状では堆肥の施用先として見なすことは難しいかもしれない．このように考えると，R緑地確保のためには，やはり新たな緑地創出が必要であるし，同時に，既存の緑被地の地表面をR緑地とできることが必要となる．

(2) R緑地への土壌還元を前提とした家庭生ゴミ堆肥化システムのあり方
1) 都市における緑地のあり方

これまで述べてきたように，都市内においては，発生する有機性廃棄物量に応じてR緑地を確保することを目標とすべきであり，発生する有機性廃棄物の内容に応じて堆肥の品質レベルと対応する区分のR緑地（表4.4.3）を確保し，安全性に配慮しながら堆肥を効率的に適材適所で利用していくことによって，堆肥の需給バランスをとることが可能になると考えられる．前項の試算においては，堆肥の品質区分とR緑地の区分の対応から算出されるR緑地の必要面積を現状の緑被地面積と比較することによって，R緑地確保の可能性を検討した．

しかしながら，さまざまな経済活動が行われ，高度利用が求められる都市空間にあって，現実に緑地の確保は容易ではない．屋上緑化などによる人工地盤上のR緑地の創出，屋外駐車場や歩行空間，学校・庁舎などの公共施設や事業所・工場敷地などにおける舗装面からR緑地への転換，といった新たな緑地空間の創出を工夫すると同時に，現存する都市内緑地のあり方を見直し，堆肥の還元可能性を高めていくことが求められる．そこで，都市内の緑地のあり方について以下の点を提言したい．

第1に，都市公園における舗装面の見直しである．例えば，日比谷公園や上野公園をはじめ，特に都心部の公園には舗装された園路や広場が多い．都市公園はR緑地として機能することが最も期待できるはずだが，実際には堆肥の投入ができずR緑地としてカウントできない面積を相当抱えている．都市内の既存の緑地を，可能な限りR緑地とできるよう，雨水の浸透性向上の観点から透水性舗装へ転換していくというだけではなく，舗装の必要性自体の見直し，舗装のあり方の検討も必要である．

第2に，街路樹の植え桝の設計見直しである．道路や歩行空間の緑は，景観と快適性および機能性（日陰を作るなど）の観点から設計され，車や歩行者との競合，あるいは雑草防止の点から植え桝の大きさが最小限で設計されることが多い．そのため，堆肥の施用が困難になりがちである．このような緑地をR緑地とするために，堆肥の投入を前提とした設計の改善，さらに，車の走行や歩行者の歩行の支障にならずに大きさが確保できる植え桝の工夫を行う．

第3に，植栽地における堆肥敷きならし施用の拡大である．堆肥の敷きならしは他の施用方法に比べて省力的であるといえる．土壌全体に混ぜ込むことが困難な場所への堆肥施用方法であるが，灌木の枝葉が地表面を覆うように植栽されている場所では敷きならしができない．灌木を植栽する場合でも，堆肥をある程度敷きならすことができるよ

う,施工・管理すべきである.
　第4に,堆肥の投入方法の開発である.前述したピックエアレーションによる堆肥の投入技術のように,堆肥施用の可能性を拡大する技術の開発・普及が求められる.特に,敷石と敷石の間の芝生といった狭い箇所や,斜面にも省力的に投入可能な手法を開発する.
　第5に,人工の植栽基盤における堆肥の活用である.人工土壌や化学肥料による屋上緑化ではなく,堆肥施用の観点からR緑地としてカウントできるよう検討する.

2) 生ゴミ堆肥化システムの概要

i) 家庭生ゴミ堆肥化システムの分類

　家庭で発生する生ゴミは,数世帯から数十世帯(集合住宅では百世帯以上の場合もある)が共同で利用するゴミ収集所に出され,自治体によって回収され処理場へ運ばれて,焼却処理されるのが従来一般的であった.このような家庭生ゴミを堆肥化しようとするシステムを考えると,家庭で発生した生ゴミをどの段階で,誰が,どこで,どのように堆肥化を行うかによって,世帯単位,コミュニティ単位,自治体単位の3つのレベルに分類することができる.それぞれの特色について表4.4.6に整理した.

　① 世帯単位での堆肥化システム:世帯単位では,庭に穴を掘って生ゴミと土をサンドイッチ状にしていく簡単な堆肥化の方法から,プラスチック製のコンポスト化容器を用いる方法,電動式の家庭用生ゴミ処理機を用いる方法,さらにその他,例えば,バケツ,発泡スチロール箱,ダンボール等を用いて工夫するなどさまざまな堆肥化方法がある*.このうち,コンポスト化容器と生ゴミ処理機については,自治体によって商品購入の斡旋や助成金などの制度がある場合がある.生ゴミ処理機には,大別して微生物分解方式と温風乾燥方式と呼ばれる2つの方式があり,集合住宅など庭のない世帯でもベランダや台所に設置できる機種の開発が進んできている.

　世帯単位での堆肥化の場合,生ゴミの発生とほぼ同時に最短の運搬で処理機器に投入することができ,できた堆肥も世帯単位で利用可能である.その反面,利用する機器によっては臭気や虫の発生などの懸念があり,各世帯の責任においてそれなりの工夫と努力が求められるし,電動式の処理機では購入費用のほかにランニングコストも負担しなければならない.また,㈶日本環境協会エコマーク事務局が指摘しているように,一般に「処理物=肥料や堆肥」という誤解があるが,あくまでも処理物は堆肥などの原料となりうるものであり,堆肥などとして利用するためにはさらに一定期間熟成させたうえで,世帯の責任で使用されるべきものである.ただ,生ゴミの排出者とそこから生産される堆肥の使用者が同一であることから,異物などの混入やモラルハザードによるリスクは小さいと考えられ,家庭菜園でも利用可能な比較的安全な堆肥の生産が可能であると考えられる.また,ゴミ出しの負担軽減につながることから,特に高齢者や指定時間

---
*これらに関しては,各自治体等や各種団体による広報,普及啓発,環境教育などの効果も期待される.

表 4.4.6 家庭生ゴミ堆肥化システムの分類と特色

		世帯単位	コミュニティ単位	自治体単位
堆肥化の方法	方式	コンポスト化容器，家庭用生ゴミ処理機，その他	業務用生ゴミ処理機	堆肥化プラント
	場所	庭，ベランダ，室内（台所など）	コミュニティの敷地内	堆肥センターなど
	管理者	世帯（堆肥化方法によっては，それなりの努力と工夫が必要）	コミュニティ管理（直営 or 委託）	自治体管理（直営 or 委託）
生ゴミの回収	運搬	最小	通常のゴミ出しと同じ	通常のゴミ出しと同じ
	発生と投入の時間差	最小	通常のゴミ出し以下	通常のゴミ出しと同じ
	回収コスト	なし	なし（回収方法によっては排出者は運搬用バケツなどの洗浄が必要）	生ゴミの収集と運搬のコスト，さらに回収方法によっては排出者は運搬用バケツなどの洗浄が必要
堆肥の品質	安全性	堆肥を自分で利用するため，異物などの混入は少なく安全性は世帯の責任として確保しやすい	コミュニティの意識によるが，世帯単位よりは低く，自治体単位よりは高いと考えられる	生ゴミの内容が確認できないので，排出者の意識によっては異物混入など安全性に懸念がある
	肥効	工夫次第では世帯のニーズに応じた肥効が期待できる	—	堆肥の成分検査，肥料分の添加などにより，専門的な肥効の管理も可能
堆肥の利用	堆肥の利用場所	世帯での利用（世帯内で利用できない場合もありうる）	主にコミュニティあるいは世帯での利用	公共の緑地での利用，農家・一般への配布・販売
	料金	なし	なし	堆肥を販売する場合もある
費用負担	設置費用	世帯負担だが，自治体によっては機器購入の斡旋や助成がある	集合住宅の管理者による設置，あるいは自治体による助成など	直接的には自治体負担
	維持管理費用	世帯負担	—	直接的には自治体負担
効果	生ゴミの削減効果	ゴミ出しが楽になる．削減効果は大きいと考えられるが，堆肥の使い道がなければ結局減量しただけで廃棄されることになる	常時回収であれば，削減効果は大きいと考えられる	回収頻度が少ないと削減効果は期待できないかもしれない
	ゴミ収集所の衛生	生ゴミが減るので衛生的になり，カラスやネコによる被害も減る	回収を待つ生ゴミが減るので衛生的になり，カラスやネコによる被害も減る	生ゴミの出し方による
	土づくり	世帯単位の土づくりと緑の育成に効果	世帯およびコミュニティ単位の土づくりと緑の育成に効果	自治体全体での土づくりと緑の育成に活用できる
	費用軽減	堆肥の購入費用が削減できる	堆肥の購入費用が削減できる	堆肥の購入費用が削減できる
	環境教育	身近に循環プロセスが体験できる	比較的身近に循環プロセスが体験できる	自治体によるPR次第
その他	臭気・虫の発生	利用機器や方法によっては世帯での臭気などの可能性がある	生ゴミ処理機の設置場所周辺での臭気などの可能性がある	生ゴミ収集所および堆肥センターでの臭気などの可能性がある
	環境負荷	利用機器や方法によって，エネルギー消費による影響だけでなく商品のライフサイクル全体でさまざまな環境負荷が存在する		

帯にゴミ出しをしにくい世帯では利便性が高い．

②　コミュニティ単位での堆肥化システム：コミュニティ単位では，集合住宅などで大型（業務用）生ゴミ処理機の設置による堆肥化がある．家庭用生ゴミ処理機を大型にした機械では処理方式は家庭用のものと大きな違いはなく，集合住宅などでの共同利用を前提に自治体が補助したり，公園などの管理者が設置する場合もある．このような場合では，処理機の設置場所にもよるが，排出者の運搬コストは通常のゴミ出しと同程度であると考えられる．生産される堆肥の利用先がどうであるか，つまり堆肥が世帯に還元されるかどうかなどによっては異物や有害物質の混入のリスクが否定できないだろう．

③　自治体単位での堆肥化システム：自治体単位では，一般のごみ収集と同様にステーションでの収集により生ゴミを分別回収し，堆肥センターに集めて大規模な堆肥化プラントで堆肥化する．この場合，搬出者の運搬コストは通常のゴミ出しと同程度であると考えられるが，ゴミ出しの方法（バケツor袋など），分別，水切りの徹底などが機械の稼動や堆肥の質を大きく左右する．全国的にみると，生ゴミの分別収集を実施している自治体の成功事例はいずれも農村地域であり，山形県長井市レインボープランは田園都市での農家と消費者を結ぶ地域循環システムが市民の分別の徹底により成立している成功例として挙げられている．これに対して都市部では，横浜市金沢区スターダスト80のように機械分別の過信による失敗例をはじめ，分別の不徹底や悪臭など困難な課題が多い[24)30)]．

ⅱ）東京都区部における家庭生ゴミ堆肥化システム

東京都区部における家庭生ゴミ堆肥化について，各区のホームページおよび聞き取りにより調査した．その結果，表4.4.7に示したように，23区中17の区が一般家庭に対する生ゴミ処理機やコンポスト化容器の斡旋あるいは助成を実施しているほか，生ゴミの堆肥化に関連する情報を提供し，家庭生ゴミの減量を図っている．また，集合住宅への大型生ゴミ処理機設置の助成（台東区）や学校など公共施設への生ゴミ処理機の導入（墨田区・世田谷区・豊島区）を実施している区もある．

なお，近年特別区でも導入が進んでいる行政評価の対象として8区（台東，品川，世田谷，中野，杉並，練馬，葛飾）が生ゴミのリサイクル事業を取り上げている[31)]．

3）生ゴミ堆肥とR緑地

前述した「R緑地」という概念は，有機性廃棄物に含まれる重金属や油分・塩分などの問題，異物の混入，安定性や安全性といったリスク，および肥効やコストの問題を念頭に，堆肥の品質に応じた投入可能性によるR緑地の区分を提案したものであり，堆肥を効率的に適材適所で土壌還元することが可能な空間を都市内に必要量確保することにより堆肥の需給バランスをとり，緑地本来のポテンシャルを活かしながら循環型システムを構築しようとするものである．

R緑地の区分と内容については表4.4.8に，またR緑地の区分に対応して施用可能な

表 4.4.7 家庭生ゴミ処理に関する斡旋・助成事業

区	方法	生ゴミ処理機	コンポスト化容器	その他の支援
千代田区	斡旋	電動式3社4機種（約30%引），酵素分解式1社2機種（約10～17%引）	—	
中央区	—	—	—	
港区	—	—	—	本庁舎から排出される生ゴミを肥料化して区民に配布
新宿区	斡旋	3社6機種（屋内外）約26～30%引	2社4機種（埋設式）約26～45%引	
文京区	斡旋		斡旋および補助剤支給	取り扱い業者紹介，パンフレット作成，生ゴミ交流会開催，公共施設にコンポスト設置
台東区	助成	購入価格の1/2（限度額2万円），80台	購入価格の1/2（限度額1万円），10台	集合住宅向け大型処理機には2/3（限度額150万円），2台
墨田区	斡旋	5機種	屋内ベランダ型5機種，埋め込み型4機種	H.16～公共施設に生ゴミ処理機導入，生ゴミ減量アイデア募集
江東区	斡旋	屋外用4万2997～6万7095円	埋め込み式5900～6300円，EMぼかし処理容器（屋内用）2730～6930円	—
品川区	助成	購入額の1/3（限度額2万円）	3機種，2000～3000円	給食生ゴミのリサイクル
目黒区	—		（エコライフめぐろ推進協会による斡旋）	
大田区	斡旋	3社5機種，約18～23%引き	—	
世田谷区	補助斡旋	電動式および生物分解型（ミミズ）に一律1万円補助	2機種斡旋，2～4割引	小中学校96校のうち71校に処理機設置，産官学連携プロジェクト，『生ごみ減量・リサイクルハンドブック』
渋谷区	斡旋	5機種，約4万6000～6万5000円	屋内・ベランダ型2種，地上型1種，地中型1種，約6000～1万円	給食残渣コンポスト化事業
中野区	斡旋	電動式についてはカタログなど情報提供	屋内・ベランダ用4機種，一部埋め込み型4機種，地中型2機種，最大45%引き	
杉並区	助成	購入価格の1/2（上限2万円）年間100件	2社4機種の半額助成，世帯当たり年度内1つ，3年度内に2つまで	
豊島区	斡旋	H.17年度から斡旋予定	庭畑用，室内・ベランダ用を2～3割引き程度	公共施設からの生ゴミからのリサイクル堆肥を販売
北区	—	—	—	
荒川区	—	（H.12～H.13で斡旋終了）	—	生ゴミ処理機に関しての相談
板橋区	斡旋助成	購入価格の1/2（上限1万円）	埋め込み式2社4機種の斡旋価格の半額（2950～3150円）	段ボール箱・発泡スチロール箱を用いたベランダでできる土づくりの案内
練馬区	斡旋	2社3機種	5社10機種（地中埋め込み1，地上設置3，屋内外・ベランダ3）	学校生ゴミ資源化事業により作られた肥料を区内の農家に供給
足立区	補助	購入価格の1/2（上限1万円）	購入価格の1/2（上限1万円）	機器の展示，パンフレットによる情報提供
葛飾区	斡旋	5社10機種 30%引き	3社9機種 10～42%引き	
江戸川区	—			H.13～15「生ごみリサイクル実践モニター制度」をもとに小冊子作成

4 都市域緑環境論

表 4.4.8　R緑地の区分と内容

R緑地区分	緑地の機能	堆肥施用の考え方	都市内のR緑地の種類[※1]	投入可能な堆肥区分[※2]
R_1	食用緑地．食用のための作物などを栽培するための緑地	最も安全性を重視すべき緑地であり，生産物が食物として人に摂取されても安全な堆肥のみが投入できる	田，畑，果樹園，菜園，牧草地など	C_1
R_2	準食用緑地．園芸花卉栽培や緑化樹栽培など，食用ではないが，他へ移動する植物を栽培するための緑地	R_1に準じて安全な堆肥が投入できる	緑化樹栽培園，花卉栽培園，苗圃，植物園など	C_1, C_2
R_3	接触緑地．遊びやレクリエーション活動などを提供するための緑地で，活動を通して直接人と接触することを想定している緑地	人が接触しても安全な堆肥が投入できる	公園・学校・公共施設・事業所などの緑被地，集合住宅や一般住宅の庭，社寺境内など	C_1, C_2, C_3
R_4	存在緑地．景観の向上，気象の緩和，公害の軽減など環境保全のための緑地で，直接人が接触することを想定していない緑地	最低基準を満たす堆肥が投入できる	道路緑地，緩衝緑地，景観緑地，工場緑地など	C_1, C_2, C_3, C_4

※1　屋上等人工地盤上の緑地やコンテナガーデン，プランターなどについても，その用途によってこれら四つの区分に対応させるものとする．

※2　堆肥の四区分（C_1, C_2, C_3, C_4）に期待される安全性は，C_1が最も高く，C_4が最も低い．ただし，中間に位置するC_2とC_3については，C_2が移動拡散のリスクを含めた安全性に主眼をおいているのに対して，C_3は人体との接触上の安全性に主眼をおいたものであり，いずれがより安全かを厳密に区別したものではない．堆肥の四区分（C_1, C_2, C_3, C_4）については，表 4.4.4 を参照されたい．

堆肥の品質を安全性の観点から区分を試みたものを表 4.4.9 に整理した．

i）　生ゴミ堆肥の品質とR緑地

一般に生ゴミと呼ばれるものの範疇には調理くず，食べ残し，廃棄食品などがあり，その排出者もさまざまだが，本研究では一般家庭から発生する生ゴミを対象としている．

生ゴミは，生ゴミの内容に応じた細かい分別が可能であれば，C_1, C_2, C_3の堆肥の品質レベルに区分が可能だが，分別をしない場合にはC_3区分の堆肥となり，R_3およびR_4区分のR緑地への土壌還元になる．

ただし，世帯単位での堆肥化利用に関しては，庭やベランダ園芸での利用（これらはR_3に区分されている）を前提としており，この場合，世帯で発生した分別をしない生ゴミを堆肥化したC_3区分の堆肥であっても，食用あるいは準食用のための緑地（R緑地と

しては本来 R_1 および R_2 区分) に利用されることがあるが，自家生産したものを自家消費することから異物や有害物質混入のリスクは低いと見なすことができるだろう．

ⅱ) R緑地への施用における生ゴミ堆肥の課題

R緑地への土壌還元を前提とした場合に，家庭生ゴミ堆肥化システムについて考慮すべき条件について整理する．

第1に，家庭生ゴミの内容についてである．家庭での食生活の多様化に伴い，そのままでも食用可能な植物性調理くずから，抗生物質やホルモン剤などさまざまな物質含有の可能性もある肉や魚，油分・塩分を多く含んだ食べ残しまで，出所の確認が容易でない種々雑多な生ゴミが発生する．堆肥として利用する場合には，これら生ゴミの内容と施用可能な R緑地との対応をふまえる必要がある．

第2に，家庭生ゴミの分別についてである．種々雑多な家庭生ゴミを堆肥化するにあたって，R_1 や R_2 で利用できる良質な堆肥を得ようとすればある程度の分別は不可欠である（例えば，調理前の調理くずと，油分や塩分を含む食べ残しを分けることなど）が，R_3 での利用でよければ分別の手間は省ける．分別はコストにつながるが，分別の徹底を促すインセンティブの問題，モラルハザードの懸念を内包している．これらは，表 4.4.6 で整理したように選択されるシステムにより異なると考えられる．

4) 東京都区部における R緑地

東京都特別区における R緑地（R_3 および R_4）の必要面積と存在面積を試算したのが表 4.4.9 および図 4.4.2 である[32)]．

R緑地必要面積の算出については，前述したとおりである（4.4.3 (1) 2)）．また，R緑地存在面積については，各区が実施した緑被地調査等報告書（表 4.4.9）および 2001（平成 13）年度土地利用現況調査結果などの行政資料から，R_3，R_4 区分に相当する R緑地面積を算出した．前述のように分別していない家庭生ゴミからの堆肥なので，R_3 および R_4 区分の R緑地への施用が前提となり，R_1 および R_2 区分の R緑地（農地）は含まれていない．なお，ここでいう R緑地利用可能率とは，R_3，R_4 区分の R緑地の必要面積に対する R_3，R_4 区分の R緑地存在面積の割合である．

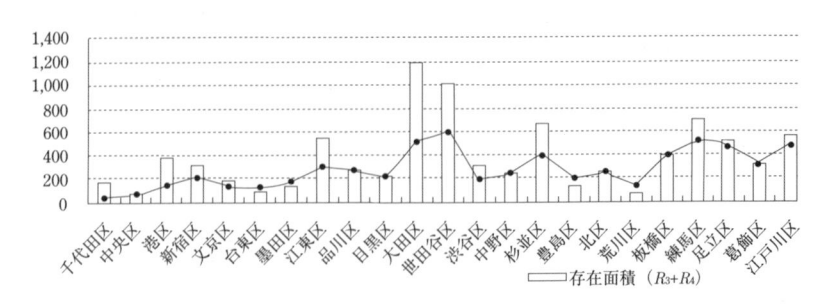

図 4.4.2　東京都区部における R緑地（$R_3 + R_4$）の利用可能性

4 都市域緑環境論

表 4.4.9　東京都区部における R 緑地

区	R緑地 (R_3+R_4) 面積 ha		R緑地 (R_3+R_4) 利用可能率[※1]　%					調査年度 / 出典
	必要面積	存在面積	全体	公園など[※2]	公的施設[※3]	民間施設[※4]	個人住宅[※5]	
千代田区	29.0	157.9	544.9	—	—	—	—	H7/ 平成 7 年度千代田区緑の実態調査報告書 H8.3
中央区	63.0	72.7	115.4	43.8	34.0	37.6	0.0	H8/ 中央区緑の実態調査（第 3 回）報告書 H9.5
港区	130.8	375.5	287.0	63.5	95.8	45.9	81.8	H13/ 港区みどりの実態調査（第 6 次）報告書 H14.3
新宿区	232.3	313.3	134.9	33.8	27.7	3.8	69.6	H12/ 新宿区．みどりの実態調査報告書（第 5 次）H13.3
文京区	142.4	180.4	126.7	27.6	32.2	33.0	33.9	H7/ 第 5 次文京区緑地実態調査報告書 H8.3
台東区	127.6	83.3	65.3	27.6	28.5	5.3	3.9	H12/ 台東区緑の実態調査報告書 H13.3
墨田区	173.8	126.4	72.7	—	—	—	—	H12/ 緑の現況調査（墨田区ホームページより）
江東区	310.2	547.2	176.4	54.5	35.2	76.0	10.7	H3/ 江東区のみどり-江東区緑の実態調査報告書 H4.12
品川区	260.8	271.4	104.1	57.7[※6]		46.4[※7]		H11/ 品川区みどりの実態調査報告書 H12.3
目黒区	201.7	222.4	110.3	11.2	29.1	13.0	57.2	H4/ 目黒区のみどり-平成 5 年度緑の実態調査書 H5.10
大田区	519.8	1,197.5	230.4	—	—	—	—	H9/ 大田区緑の基本計画 H.11.7
世田谷区	653.6	1,012.2	154.9	27.2	47.3	31.3	49.1	H13/ 世田谷区みどりの資源調査報告書 H14.3
渋谷区	158.9	308.5	194.2	—	—	—	—	H15/ 自然環境調査報告書 H16.3
中野区	246.9	247.6	100.3	—	—	—	—	H16/ 緑被率の現況（中野区ホームページより）
杉並区	417.3	678.2	162.5	—	—	—	—	H14/ 平成 14 年度みどりの実態調査 H15
豊島区	199.4	139.5	69.9	—	—	—	—	H9/ 豊島区みどりと広場の基本計画〈素案〉H.12.4
北区	257.9	261.5	101.4	42.2	28.7	19.4	11.1	H15/ 北区緑の実態調査報告書 H16.3
荒川区	146.6	74.4	50.8	—	—	—	—	H10/ 荒川区環境基本計画 H.16.3
板橋区	413.0	404.7	98.0	—	—	—	—	H11/ 板橋区緑地・樹木の実態調査（Ⅵ）H12.3
練馬区	530.3	715.7	135.0	25.7	18.9	20.2	70.2	H13 練馬区みどりの実態調査報告書 H14.3
足立区	490.8	516.7	105.3	25.2	9.6	59.4	11.1	H6/ 足立区みどりの実態調査（第 3 次）H7.3
葛飾区	336.4	324.4	96.4	—	—	—	—	H10/ 第 2 次葛飾区環境行動計画 H.16.3
江戸川区	501.8	573.4	114.3	—	—	—	—	H5/ 江戸川区緑の実態調査報告書（第 3 次）H6.2
（計）	6,544.2	8,804.9	134.6	—	—	—	—	

※1　R緑地 (R_3+R_4) 利用可能率＝R緑地 (R_3+R_4) の存在面積／必要面積　また，土地利用別の R 緑地 (R_3+R_4) 存在面積が把握可能な区については，必要面積に占める土地利用別の利用可能率を算出している．
※2　都市公園，児童遊園，国民公園など
※3　公共施設，学校，道路，鉄道用地など（区によってデータ区分が異なるため，私立学校・私鉄などを含む場合がある）
※4　民間の事業所，工場，社寺，高層集合住宅など
※5　低層の個人住宅（区によってデータ区分が異なるため，集合住宅などを含む場合がある）
※6・※7　データ区分の関係で 4 区分ではなく 2 区分としている（図 4.4.2 も同様）．

都市部においては生ゴミのほか，草木類等の植物性発生材など有機性廃棄物の堆肥化による土壌還元が想定可能[33]だが，ここでは家庭生ゴミのみを対象としてR緑地の必要面積を算出している．生ゴミの堆肥化過程では，水分および炭素率の調節や肥効確保のためにワラ・落ち葉・おがくず・チップ・家畜糞・微生物資材などの副資材を使う場合もあるが，都市域で比較的容易に調達できるのは落ち葉とチップ（ただし粉砕機が必要）である．ただ，すでに述べたように，特に世帯単位では土や生ゴミ処理機等を活用するなどさまざまな方法での堆肥化が行われていることから，ここでは，生ゴミ堆肥化過程での副資材の投入は前提としていない．副資材の投入については，生ゴミの状態と堆肥化方法*および目指す品質レベルに応じた検討が必要であると考えられ，今後の課題として保留されている．

また，算出に際しては，それぞれの緑地における単位面積当たりの堆肥投入量は一定と仮定している．

その結果，特別区全体としてはR_3，R_4区分のR緑地の必要面積6544 haに対して，存在面積は8804 ha，利用可能率は135%となっている．このことからは，家庭生ゴミの土壌還元に必要なR緑地はある程度充足していると見なすことが可能かもしれないが，図4.4.2を見ればわかるように区によってバラつきは大きく，例えば，千代田区，港区，大田区が必要面積の2倍以上のR緑地を有するのに対して，荒川区，台東区，豊島区，墨田区などにおけるR緑地の存在面積は必要面積をかなり下回っている．家庭生ゴミ処理が各区個別の事業として取り組まれる以上，特別区全体ではなく区ごとのR緑地利用可能率から充足の程度を判断しなければならないだろう．

次に，存在するR緑地の土地用途別の構成を明らかにするために，緑被地面積データからR緑地面積を土地の用途別**に算出できた区について，土地用途別のR緑地の存在面積が当該区のR緑地必要面積に対してどの程度の割合かという利用可能率を示したのが図4.4.3である．この図が示すように，区によってR緑地を構成している土地の用途も異なり，港区，新宿区，目黒区，世田谷区，練馬区では個人住宅のR緑地の利用可能率が高いのに対して，中央区，台東区，江東区，北区，足立区では非常に低い割合となっている．これは，家庭生ゴミの堆肥化をR緑地への土壌還元を前提に考える場合に，世帯単位での土壌還元の可能性が高い区と，そうではない区とがあることを意味しており，以下で詳述するが，家庭生ゴミ削減のためにどのような堆肥化システムを選択すべきなのかを示唆していると考えられる．

---

*世帯単位，コミュニティ単位，自治体単位のどの段階で，どのような機器を用いて，誰がどこで管理するのかを含めて．
**ここでは土地の利用状況による区別を意味する．用途地区別という意味ではない．

4 都市域緑環境論

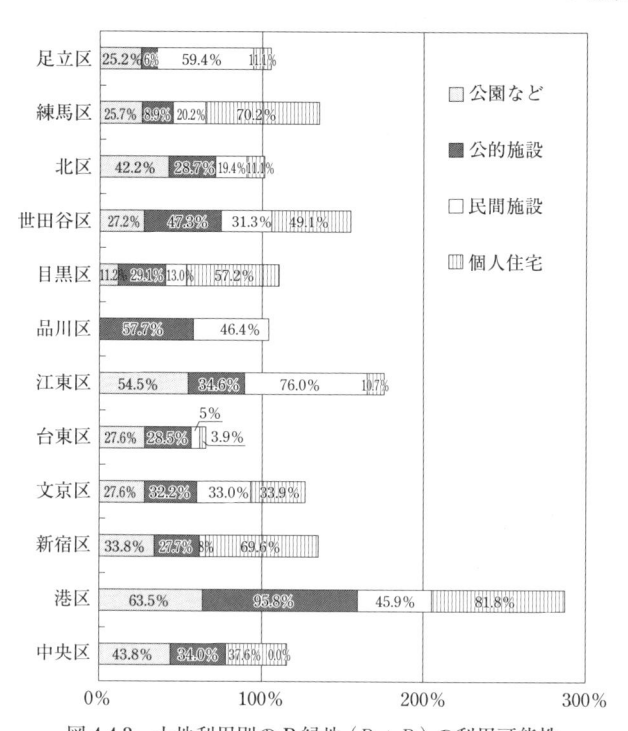

図 4.4.3 （グラフ）

足立区 25.2% 6% 59.4% 11.1%
練馬区 25.7% 8.9% 20.2% 70.2%
北区 42.2% 28.7% 19.4% 11.1%
世田谷区 27.2% 47.3% 31.3% 49.1%
目黒区 11.2% 29.1% 13.0% 57.2%
品川区 57.7% 46.4%
江東区 54.5% 34.6% 76.0% 10.7%
台東区 27.6% 28.5% 5% 3.9%
文京区 27.6% 32.2% 33.0% 23.9%
新宿区 33.8% 27.7% 69.6%
港区 63.5% 95.8% 45.9% 81.8%
中央区 43.8% 34.0% 37.6% 0.0%

凡例：□ 公園など　■ 公的施設　□ 民間施設　▦ 個人住宅

図 4.4.3　土地利用別の R 緑地（$R_3 + R_4$）の利用可能性

5）東京都区部における R 緑地への土壌還元を前提とした家庭生ゴミ堆肥化システムのあり方

ⅰ）R 緑地と家庭生ゴミ堆肥化システムの対応

R 緑地への土壌還元を前提として家庭生ゴミの堆肥化を考える場合，区によって R 緑地の利用可能性は異なることから，やはり区ごとに選択すべきシステムのあり方は異なってくると考えられる．

表 4.4.7 で示したように，現在，23 区中 17 区で一般家庭に対して生ゴミ処理機やコンポスト化容器の斡旋あるいは助成などが行われている．このうち，台東区は家庭での生ゴミ処理機とコンポスト化容器の購入価格の 1/2（上限あり）を，また集合住宅向けの大型処理機には 2/3（上限あり）を助成しており，充実した制度を用意しているといえるが，土壌還元のための R 緑地の利用可能率は 65.3% と低く，しかも個人住宅では 3.9%，民間施設でも 5.3% ときわめて低い可能性にとどまっており，R 緑地の現状に必ずしも対応しているとはいえない状況にあると考えられる．単純に生ゴミの排出量を削減するという目的ならば，生ゴミ処理機を使うことによって処理物の容量自体は数分の一になるので排出される家庭ゴミ減量の効果は期待できるはずだが，もしも堆肥化による土壌

還元を前提とするのであれば，まずプランターやコンテナでのR緑地確保も含めたR緑地の絶対量を増やすことが不可欠であるし，家庭で生産される堆肥の受入先として公園や公的施設などのR緑地を位置づけて循環システムを構築することを検討しなければならないだろう．

一方新宿区では，斡旋というかたちで家庭への生ゴミ処理機やコンポスト化容器の導入を進めようとしている．個人住宅でのR緑地利用可能率が69.6%と高いことから，R緑地との対応という観点では家庭生ゴミ堆肥化システムの実現性は潜在的には高いと考えられる．

機器の斡旋や助成を行っていない6区のうち，中央区と北区については個人住宅におけるR緑地の利用可能性がおのおの0%，11.1%と低いことから，現在の状況で家庭生ゴミの堆肥化を進めようとすれば土壌還元するR緑地を世帯以外で確保しなければならず，有効性は期待できないかもしれない．これに対し，港区と目黒区においては個人住宅におけるR緑地利用可能性がおのおの81.8%，57.2%と比較的高いことから，世帯単位での家庭生ゴミ堆肥化を進めることを試みる価値はあるように思われる．

ⅱ） 各区における家庭生ゴミ堆肥化システムのあり方

これまで述べてきたように区によってR緑地の状況は異なっており，家庭生ゴミの堆肥化システムをどう考えるかは，当該区におけるR緑地の状況がどのようであるかを把握することが前提となる．そこで，家庭生ゴミ堆肥化システムの選択にあたっては，当該区のR緑地の状況に応じて以下のシナリオをふまえることを提案したい．

第1は，世帯単位で土壌還元可能なR緑地がある程度十分に存在する区の場合である．図4.4.3における港区，新宿区，目黒区，世田谷区，練馬区がこれに近いといえる．この場合は，家庭生ゴミの堆肥化システムを世帯単位で構築することが可能であり，問題は世帯がどのような堆肥化方法を選択すればよいか，また，そのために行政などはどのような支援を行うことが有効か，ということになる．さらに，家庭における生ゴミ処理機やコンポスト化容器の導入を促すならば，斡旋と助成，いずれが効率的なのか，どの機器がよりよいのか，といった課題が生じてくる．機器の選択については，生ゴミ処理機の開発は日進月歩でもあり一概にはいえないが，行政からの支援としては，まず堆肥化方法の多様なメニューをわかりやすく整理したうえで区民に提示することが求められるであろう．家庭によって事情は異なるため，最適な堆肥化方法はどの家庭でも同じというわけにはいかない．家庭の事情に応じた堆肥化方法の選択が容易にできることが，システム構築を促すことにつながると考えられる．

第2は，世帯単位としても，区全体としても，土壌還元可能なR緑地が絶対的に不足している区の場合である．図4.4.3における台東区がこれにあたる．この場合は，前述のようにR緑地の絶対量を増やすことなしに家庭生ゴミの循環システムを構築することはできない．すなわち，世帯単位やコミュニティ単位で考えるならば，プランターやコンテナも活用して住宅地の緑化を強力に進めることによるR緑地の確保が不可欠

であるし，自治体単位で考えるならば，新たな公園などの整備に加えて道路や公共施設の舗装面の見直しを含めて R 緑地を確保しなければならない．しかし，R 緑地の絶対量を増やす目処がたたないのであれば，バイオガス化など堆肥化以外の循環システムの検討や消滅型の生ゴミ処理機導入を促進するといった，堆肥化を前提としない家庭生ゴミ減量を図るほうが現実的であると考えられるのである．仮にある程度の堆肥化を進めるにしても，これらの方策と新たな R 緑地確保とを並行して行っていくことが必要であろう．

第 3 は，前述した 2 つの場合の中間で，世帯単位では土壌還元可能な R 緑地は不足しているが，区全体としては十分な R 緑地が存在する区の場合である．図 4.4.3 における中央区，文京区，江東区，北区，足立区がこれにあたる．この場合はさらに，中央区，江東区，北区，足立区のように世帯単位での循環が可能な R 緑地がきわめて少ない区と，文京区のように世帯単位での循環が可能な R 緑地がある程度存在している区とでは考え方は異なる．いずれの場合にも，世帯単位での循環だけでなくコミュニティ単位および自治体単位での循環システムの構築を考えなければならないが，前者の区は後者の区よりもその必要性は高くなると考えられる．

ただし，前述したように，本研究では家庭生ゴミのみを対象として試算していることから，同じように世帯から排出される草木類，あるいは公園緑地からの植物性発生材や産業廃棄物としての生ゴミといった R_3 および R_4 区分の R 緑地への土壌還元の可能性がある都市部の有機性廃棄物についての循環システムをどう考えるかによっては，R 緑地における競合が生じることもありうるだろう．

本節においては，堆肥の品質と施用可能性という観点から都市内緑地を区分した「R 緑地」への土壌還元を前提として，東京都特別区における家庭生ゴミ堆肥化に関わる施策の状況と，区ごとの R 緑地の必要面積および存在面積との対応関係について考察することによって，家庭生ゴミの堆肥化システムの選択において各区の R 緑地の利用可能性を考慮して検討することを試みた．

その結果，世帯単位として十分な R 緑地が存在する場合には世帯単位での家庭生ゴミ堆肥化システムを構築することが可能であるが，世帯単位でも区全体としても R 緑地の絶対量が不足している場合には堆肥化を前提としない家庭生ゴミ処理を考えるほうが現実的であること，また，世帯単位では R 緑地が不足しているが区全体としては十分に存在している場合には世帯単位だけでなくコミュニティ単位や自治体単位でのシステム構築を考えなければならないことを示した．

しかしながら，家庭生ゴミの排出は世帯ごとの事情によって異なる．食生活や住宅の状態が違えば生ゴミの扱いも違ってくる．高齢世帯や仕事などの都合でゴミ捨ての省力化を優先せざるを得ない世帯もあるだろう．堆肥を使いたい人もいれば使いたくない人もいるだろう．環境に対する考え方や価値観の違いもある．家庭生ゴミの扱いのように

多くの人々の生活に影響を与えるようなシステム選択においては，より多くの人々の納得と協力が得られるように多視点，多基準，多主体の存在をふまえた判断が求められるはずである[7)8)]．本節は，このような状況に対して，より合理的な合意形成を図っていくための資料を提供できるものであると考える．

4.5 政策立案支援のための多基準分析による評価手法

4.5.1 多基準分析とその課題

従来，行政が一方的に主導してきたさまざまな分野の事業においても，地域住民としての市民，納税者としての市民，有権者としての市民を含む多くの人々の信頼と支持が得られるよう，説明責任を果たすことが必須条件となってきている．政策立案者に対して評価の重要性，評価における市民の視点の必要性が言及されており，いまや，事業あるいは政策の立案においては市民の選好の反映と合意形成は避けては通れない．評価の仕方については，すでにさまざまな手法が提案されてきており，費用便益分析などのように，政府によって評価手法の1つとして挙げられているものもある．しかしながら，上述のようにさまざまな立場や価値観を有する多くの人々の意向を十分に反映できるかという問題点が指摘されており[34)]，複雑さを増す社会において多様な価値観やニーズをもつ人々の存在を前提とした政策立案支援に直結する評価のあり方については，いまだ模索段階にあるといえよう．

本節は，市民の多様性を明示的に扱うことによる政策立案支援のための評価手法を提案し，家庭からの剪定枝葉などの回収方法における選択問題に適用することによって手法の実用の可能性を示すことを目的とする．

政策立案過程の公的な意思決定において一般的な分析手法としては，費用便益分析，費用効果分析，環境影響評価，多基準分析など[35)]がある．多基準分析とは，複数の基準で代替案を評価し，選択を支援する分析手法の総称である．多基準分析の範疇にはさまざまな手法がある[35)~38)]が，多くに共通する特色として，①貨幣尺度での評価が困難な基準，定量化が困難な基準を含めて，多基準として明示的に扱うことができること，②パフォーマンス行列を構成すること，③スコアリングとウェイティングの2段階でパフォーマンス行列に数的分析を適用すること，などが挙げられる．

近年，特に公的な意思決定において多基準分析が注目されるようになってきた[35)]のは，次のような今日的意義を有することによると考えられる．第1に，複雑化する社会で，複数の目的を明示的に扱うことができること．第2に，環境の評価をはじめ，貨幣換算が困難な対象について，無理に貨幣価値に置き換えることなく，評価の枠組みに組み入れることができること．第3に，評価のプロセスをトレースしやすく，情報の共有性や透明性が高いこと．第4に，意思決定支援のニーズに応じた柔軟な使い方ができる

こと．第5に，他の手法を否定するのではなく，それらを多基準の評価項目の一部として取り入れて扱うことが可能であること．第6に，政治的意思（あるいは社会の意思）を，ウェイティングに反映させることが可能であること．第7に，ウェイティングを行わない（スコアの統合をしない）場合にも，基準ごとの評価を意思決定に結びつけることが可能であることである．

　一方，多基準分析の課題として，第1にウェイティングの問題がある．ウェイティングは，多様な人々から構成される社会において，どの基準あるいは価値を重視して選択を行おうとしているかという問題である．これに対して，多基準分析自体が示すことのできる普遍的な解はない．そのため，ウェイティングはそれぞれのケースに委ねられており，このことはケースの状況に応じた柔軟性をもつ反面，恣意性をはらんでいるといえる．公的な意思決定において，多基準分析によって複雑な社会の選好をよりよく反映させ，厚生の増進を図ろうとするならば，そこで用いられるウェイティングは社会の選好にきちんと対応しているか，あるいは少なくとも近似していると判断できるものでなければならない．そのようなウェイティング手法の開発が求められているといえる．第2の課題は，説明責任が求められる場合に，分析のプロセスと結果を"審査の跡 audit trail"として広くかつわかりやすく提供することができるかどうかである．このため，分析のプロセスはブラックボックスであってはならない．

　ここでは，多基準分析のこのような課題をふまえ，政策立案支援のために，社会の選好を反映させるウェイティングを組み込み，ブラックボックスにならない簡易でわかりやすい評価手法を提案したいと考える．

4.5.2　政策立案支援のための評価手法の提案

(1)　評価の手順

　評価の手順を，図4.5.1に整理した．本図に示したように，評価の目的，代替案を確認し，評価の視点，基準，主体を整理したうえで，客観的評価と主観的評価に分けて評価スコアを算出し，最終的に統合するプロセスをとる．フィードバックは，図中の上方および左方へ向かう矢印によって表されている．

(2)　評価の目的

　評価の目的は，市民の多様性を明示的に扱うことにより政策立案を支援することである．そのため，設定された代替案の順位付けを提示するだけではなく，同時に多種多様な問題の所在を整理することによって，1つの代替案を選択する場合に必要となる対策の所在を明らかにすることが求められる．

(3)　代替案の確認

　代替案は，所与の場合もあれば，新たに設定が必要な場合もある．いずれの場合も，

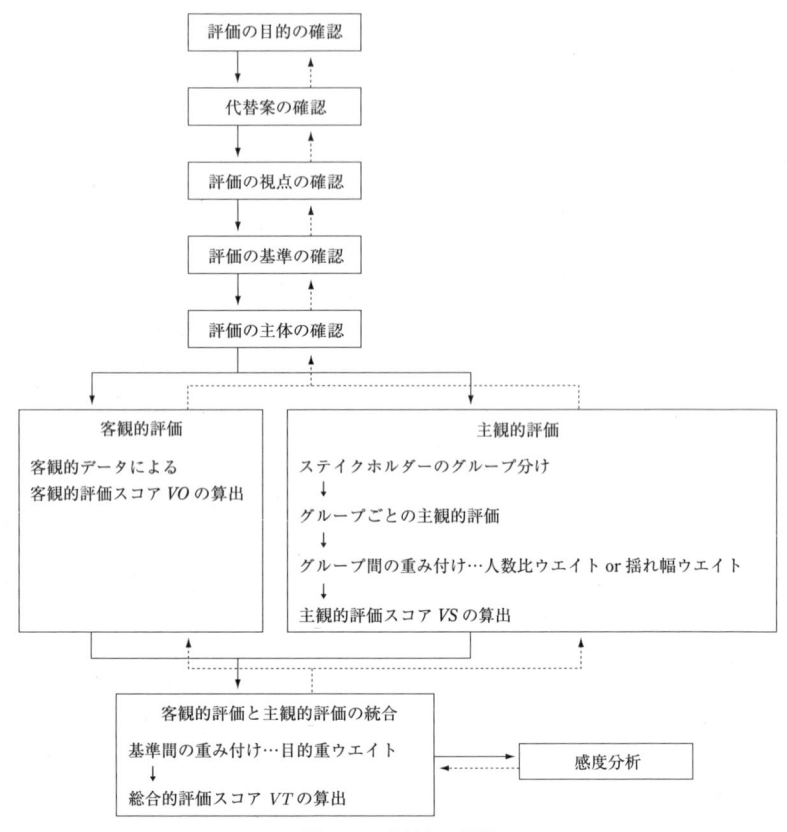

```
          ┌─────────────────┐
          │  評価の目的の確認  │
          └────────┬────────┘
                   ↓
          ┌─────────────────┐
          │   代替案の確認    │
          └────────┬────────┘
                   ↓
          ┌─────────────────┐
          │  評価の視点の確認  │
          └────────┬────────┘
                   ↓
          ┌─────────────────┐
          │  評価の基準の確認  │
          └────────┬────────┘
                   ↓
          ┌─────────────────┐
          │  評価の主体の確認  │
          └─────────────────┘
```

┌─────────────────────┐ ┌──────────────────────────────────┐
│   客観的評価   │ │   主観的評価   │
│ 客観的データによる   │ │ ステイクホルダーのグループ分け   │
│ 客観的評価スコア VO の算出 │ │   ↓   │
│   │ │ グループごとの主観的評価   │
│   │ │   ↓   │
│   │ │ グループ間の重み付け…人数比ウエイト or 揺れ幅ウエイト │
│   │ │   ↓   │
│   │ │ 主観的評価スコア VS の算出   │
└─────────────────────┘ └──────────────────────────────────┘

┌────────────────────────────────┐   ┌──────────┐
│   客観的評価と主観的評価の統合   │ ──→ │ 感度分析 │
│ 基準間の重み付け…目的重ウエイト   │   └──────────┘
│   ↓   │
│   総合的評価スコア VT の算出   │
└────────────────────────────────┘

図 4.5.1 評価の手順

代替案は評価の対象を構成する属性の組み合わせとして整理することができる．組み合わせが無限に存在する可能性もあるが，評価の目的と現実性を考慮すれば，実際に評価対象とすべき代替案の数は限られるだろう．ただし，分析評価の進行に伴い，代替案を修正したり新たに追加したりする必要が生じることは常にありうる．

(4) **評価の視点**

　評価は，どのような目的で評価対象を考えるかによって異なる．例えば，ある財のリサイクルにおいて「ゴミの削減」が唯一絶対の目的である場合には，多少のコスト高は大目にみられるかもしれないし，「環境負荷軽減」が謳われていればCO_2削減がより重視されるだろう．「受益者負担」が目的に入っていれば税金使途としての妥当性や公平性が議論されることになるだろう．

　しかし一方で，過去に経済の発展だけを重視したことによって環境を損ない，その結果として損なった環境や健康のために経済が拘束されてしまった歴史をふまえれば，た

4 都市域緑環境論

表 4.5.1 評価の視点

カテゴリー	主 な 内 容
環　境	環境への効果，環境負荷，環境リスクなど
自　治	透明性，情報公開，市民参加，継続性など
教　育	環境教育など
経　済	処理コスト，機会コスト，技術性など
健　康	健康増進，健康リスク，作業の安全性など

表 4.5.2 評価の客観性と主観性

類　型	客観性⇔	主観性
Ⅰ．客観的評価	◎	△ or ×
Ⅱ．客観的評価に主観的評価を加味する	○	△
Ⅲ．客観的評価と主観的評価を併用する	○	○
	△	△
Ⅳ．主観的評価に客観的評価を加味する	△	○
Ⅴ．主観的評価	△ or ×	◎

客観性：◎（完全に客観的データで示せる）　　　　主観性：◎（完全に主観的である）
　　　　○（ある程度客観的データで示せる）　　　　　　　○（ある程度主観的である）
　　　　△（客観的データがないわけではない）　　　　　　△（主観的な余地がある）
　　　　×（主観的な余地はない）　　　　　　　　　　　　×（客観的データが存在しない）

とえ1つの目的を優先させる場合であっても多角的な視点から評価を行うことは必須なのである．そのため，評価には，例えば，「環境」「自治」「教育」「経済」「健康」といった多視点が反映されなければならない[9]．

(5) 評価の基準

　基準の設定にあたっては，評価対象の比較にあたって考えられる要素をすべてリストアップしながら，相互依存関係にある要素を統合して，相互独立関係にある基準に集約していく．さらに，評価の視点がもれなく反映されているかどうか，あるいはバランスがとれているかどうかを表の作成により確認する．

(6) 評価の客観性と主観性

　設定した評価基準について，評価主体との関係を整理し基準ごとに客観的評価と主観的評価の必要性の程度を示す（表 4.5.2）．つまり，基準によって，評価主体による判断に差異が生じる余地がないかあっても無視できる基準と，評価主体によって判断に差異が生じうるかあるいは判断の差異を無視できない基準とがあるということである．ここでは，前者を「客観的評価」，後者を「主観的評価」として扱うこととする．

(7) **客観的評価**

　客観的評価は，客観的データに基づいて判断する．一般的に，客観的データの数値をそのまま評価値として用いる場合，どのデータの数値で代表させるかという問題やデータの不確実性の問題が生じる．そもそも確固としているようにみえるデータといえども現象の断片であり，データの数値をそのまま用いることは数値の一人歩きを招きかねない．ここでは，(6)項で定義したように「客観的評価とは評価主体による判断に差異が生じる余地がないかあっても無視できる」という考えから，比較基準としてのベンチマーク（すべての基準における判定を0とする）を設定し，これとの比較により好ましさを－－，－，0，＋，＋＋の5段階で判定する．ベンチマークを設定したのは，相対的な判断がしばしば絶対的な判断よりも容易であると考えたためである．ここで注意すべきは，＋－は好ましさの程度を表していることであり，数値の大小の方向とは必ずしも一致しないことである．また，この5段階の判定は数値に変換することができる．この数値への変換については，最も選好される最大値に100，最も選好されない最低値に0の数値を与えていることを参考[37) 39)]として，－－，－，0，＋，＋＋の5段階の評価を，それぞれ，－50，－25，0，25，50の数値に変換できるとした．0から100までの数値を用いることは判断を容易にし，計算を単純化することができるとしている[39)]．

　なお，判定を何段階で表現するかに関しては，例えば定性的コンコーダンス分析の中で7段階を用い[38)]，サーティは，AHP (Analytic Hierarchy Process＝階層分析法)の中で5段階の表現を用いている[37)]．今回提案する手法については，判断の容易さと同時に，前述した0から100までの数値への変換の容易さを考慮して，5段階とする．

　客観的評価は，誰が行っても同じ評価になることが想定されており，評価主体によって評価が異なってしまうような基準については，客観的評価ではなく，主観的評価が必要ということになり，基準と評価主体の再確認にフィードバックされる．

(8) **主観的評価**

1）**ステイクホルダーの範囲**

　主観的評価の主体はステイクホルダーであるが，現代においては社会全体がステイクホルダーになりうる．特に環境問題においては影響が及ぶ範囲を限定することは困難であり，程度の違いこそあれ，より広域な空間的，時間的影響を視野に入れる必要がある．例えば，1地域における二酸化炭素の過剰な排出が地球全体の温暖化要因として議論され，かつ将来世代への影響として議論されるとき，ステイクホルダーは空間的時間的に拡大された人類全体になってしまう．このような状況にあっては，はじめからステイクホルダーを特定の個人や集団に限定して他を排除することは好ましくない．とはいえ，ステイクホルダーの受ける影響の程度に違いがあるのは当然であり，影響の程度に応じた発言力が与えられることが現実的かつ妥当である．

2） ステイクホルダーの選好の把握

社会全体がステイクホルダーになりうる状況下での選好の把握の方法として，ステイクホルダーを立場や価値観の違いによってグループ分けし，グループごとの選好を把握するアプローチを検討する．

まず，ステイクホルダーの選好を明らかに左右すると考えられるグループのカテゴリーとタイプを想定すると，カテゴリー・タイプ別ステイクホルダーZ_h（ただし，$h=1, 2, \cdots, H$；Hはカテゴリー・タイプ別ステイクホルダーの数）は，次式のようにカテゴリーとタイプの組み合わせとして表すことができる．

$$Z_h = [Z_{pq}] \tag{4.5.1}$$

（ただし，$p=1, 2, \cdots, P$はカテゴリー，$q=1, 2, \cdots, Q$はタイプ）

次に，カテゴリー・タイプ別ステイクホルダーに起因する選好の違いに起因する，基準ごとの代替案に対する好ましさの程度を求める．客観的評価の場合と同様に，標準の目安となる比較基準と比べての好ましさを5段階で表す．

3） ウェイティング（重み付け）

ステイクホルダーのグループ間のウェイティングには，カテゴリー・タイプ別ステイクホルダーの人数規模をウェイトとする考え方（人数比ウェイト）を用いる．そこで，代替案oの基準mでの主観的評価スコアは次の式で表すことができる．

$$VS_m^o = w_{11}P_{11m}^o + w_{12}P_{12m}^o + \cdots + w_{1J}P_{1Jm}^o + w_{21}P_{21m}^o + w_{22}P_{22m}^o + \cdots + w_{2J}P_{2Jm}^o + \cdots$$
$$+ w_{ij}P_{ijm}^o + \cdots + w_{IJ}P_{IJm}^o \tag{4.5.2}$$

o：代替案（$o=1, 2, \cdots, O$）
m：基準（$m=1, 2, \cdots, M$）
VS_m^o：代替案oに対する基準mにおける主観的評価スコア
w_{ij}：カテゴリーi，タイプjのウェイト
P_{ijm}^o：代替案oに対する基準mにおけるカテゴリーi，タイプjによる主観的評価スコア

ただし，$\sum_{i=1}^{I}\sum_{J=1}^{J} w_{ij} = 1.0 \tag{4.5.3}$

(9) 客観的評価と主観的評価の統合

客観的データによる客観的評価VOと，ステイクホルダーの選好による主観的評価VSの統合については，多基準分析法を活用して行う．すなわち，(7)項と(8)項で求められた評価スコアから表4.5.3を構成する．ただし，スコアの統合を加法形で行うことは基準が相互に加法独立と効用独立であることを前提としている．この独立性の仮定

が妥当であるように，基準設定段階で細心の注意が払われなければならない[35]．

ここで，基準 C_k のウェイトを w_k，基準 C_k における代替案 O_o の評価スコアを S_K^o とすると，代替案 O_o に対する総合的評価スコア VT^o は次式で表せる．

$$VT^o = w_1 S_1^o + \cdots + w_k S_k^o + \cdots + w_K S_K^o = \sum_{k=1}^{K} w_k S_k^o \tag{4.5.4}$$

ここで問題となるのは，基準間のウェイティングである．政策立案支援のためには政策立案者が目指す方向性を基準間のウェイティングに反映させることが必要である．そこで，設定した基準と目的の対応をウェイトに反映させる手法（目的重ウェイト）を用いる．これは，それぞれの目的実現のためにどの基準をどの程度重視するかを星の数で表し，その数からウェイトを算出するものである．ここでいう目的とは，意思決定者が実現を目指す方向性のことであり[39]，ここでは所与として扱っている．

目的 P_a を実現しようとするうえでの基準 C_k の重要性の程度を星の数で表したものを G_k^a とすると，基準 C_k の基準間ウェイト μ_k は次式で表すことができる．

$$\mu_k = \left(\sum_{a=1}^{A} G_k^a \right) \Big/ \left\{ \sum_{a=1}^{A} \left(\sum_{k=1}^{K} G_k^a \right) \right\} \tag{4.5.5}$$

ただし，$\mu_1 + \mu_2 + \cdots + \mu_K = \sum_{k=1}^{K} \mu_k = 1 \tag{4.5.6}$

(10) 感度分析

最後に，評価の結果についての感度分析を行う．一般に，感度分析は，分析の過程におけるさまざまなあいまいさや不一致が最終的な結果になんらかの違いをもたらす範囲を調べることによる，分析結果の再確認プロセスとして位置づけられているが，本手法においてはより積極的な意味合いをもつ．代替案を複数の基準で評価する場合，基準間のトレードオフが大きいほど，特にウェイトの選択には議論があるであろうし，スコアリングについてもステイクホルダー間で認識が異なってくる．スコアリングやウェイティングについて，あいまいさや不一致がある部分のインプットを変えみることで，代替案の順位がどのようになり，その違いがどの程度であるかを確認することによって，合意形成への足がかりを得ることができる可能性がある．感度分析の結果，上位の代替案が限定されれば合意形成にそれほどの困難はないであろう．一方，代替案の順位の逆転が大きい場合には，評価の目的を再確認しながら，新たな代替案の設定を含めたフィードバックが必要になるかもしれない．

4.5.3 家庭からの剪定枝葉回収システムにおける評価

ここでは，前項で提案した政策立案支援のための評価手法の実用の可能性を検討するため，家庭からの剪定枝葉などリサイクルにおける回収方法の選択問題を想定し，統計

表 4.5.3　総合評価表

基準	基準間の ウェイト	代替案 O_1	⋯	O_o	⋯	O_O
C_1	W_1	S_1^1	⋯	S_1^o	⋯	S_1^O
⋮						
C_k	W_k	S_k^1	⋯	S_k^o	⋯	S_k^O
⋮						
C_K	W_K	S_K^1	⋯	S_K^o	⋯	S_K^O
Total	1	VT^1	⋯	VT^o	⋯	VT^O

O_o：代替案（$o=1, 2, \cdots, O$）
C_k：すべての基準（$k=1, 2, \cdots, K$）
W_k：基準 C_k に対する基準間ウェイト
S_k^o：基準 C_k に対する代替案 O_o の評価スコア
VT^o：代替案 O_o に対する総合的評価スコア

資料などから得られる数値を用いて，回収システムの評価を試みた．手法の適用性の検討を優先させているため，条件設定は簡略化されており，評価のプロセスにおける判断の合理性については保留されている．

(1) 家庭からの剪定枝葉等リサイクルの現状と課題
1) リサイクルの背景と経緯

　近年，ゴミの削減，資源の有効利用と廃棄物の再資源化が求められるなかで，緑の分野においても特に剪定枝葉や伐採木の処理が課題として認識され，1985 年ころからこれら発生材のチップ化・堆肥化利用の取り組みが始まった．その後，野焼きの禁止や焼却場・埋立場への持込制限などもあり，ビジネスチャンスとして多くの企業がチップ化・堆肥化のための機械設備，プラントの開発に参入することとなり，いわゆる「緑のリサイクル」として急速に広がった．

　さらに，「循環型社会形成推進基本法」（2001 年 1 月施行），「新生物多様性国家戦略」（2002 年 3 月），「建設工事に係る再資源化等に関する法律（建設リサイクル法）」（2002 年 5 月施行），などといった動きのなかで，「緑のリサイクル」は，循環型社会，持続可能性，自然との共生，生物多様性などを実現する緑化技術として位置づけられつつある．また，リサイクルの対象となる発生材についても，当初のターゲットであった剪定枝葉や伐採木などだけでなく，花実から樹木の抜根，プランターの植替え草花からダムの流木にいたるまで幅広い植物体に拡大され，総合的にとらえられるようになってきている．

2) リサイクルの目的と方法

　ここでは，多様な発生材のうち剪定枝葉を取り上げてリサイクルの方法について整理したい．特に剪定枝葉を取り上げる理由は，都市の緑の管理から生じる発生材として最も多量かつ継続的であるためであり，その発生量は，例えば東京都内から 1 年間に発生

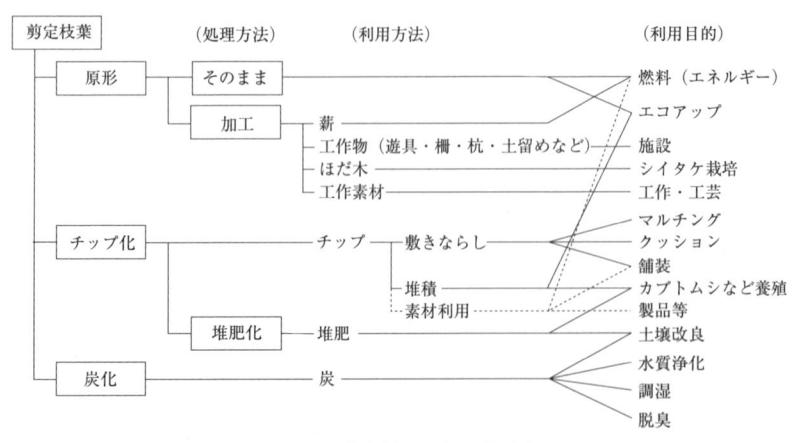

図 4.5.2 剪定枝葉の処理と利用

する剪定枝葉量は，生重量で 6870 t と報告されている（1992 年東京都公園協会「都市内より発生する樹木の剪定枝葉の活用手法調査」より）．

剪定枝葉の処理と利用については図 4.5.2 に整理した．

3） 課題

各自治体は，一般家庭から排出される家庭ゴミの分別収集とリサイクルによる焼却ゴミの減量を進めており，家庭から出る剪定枝葉・落ち葉・除草・刈草といった発生材についても，本来は良質な堆肥原料であることもあって，堆肥化を主としたリサイクルが模索されている．

公園や街路樹など公共の公園緑地の管理作業からの剪定枝葉など発生材については，すでに「緑のリサイクル」と称してチップ化や堆肥化が事業化されているが[7]，一般家庭からの剪定枝葉など発生材については，ステーション回収により集めた発生材を堆肥化して市民に無料配布している自治体もあれば，ヤードへの持ち込みのみで受け入れている自治体，個別回収を行っているが堆肥化はせずにチップ化にとどめている自治体，回収ではなく一般家庭へ粉砕機を貸し出している自治体などさまざまである．

家庭から排出される剪定枝葉など発生材の回収と堆肥化には，当然のことながらコストがかかる．生産される堆肥の販売で埋め合わせることも不可能ではないが，経費負担が重荷になって事業自体の継続性が懸念されるケースも多いと考えられる．堆肥需要の限界により今後堆肥の競合問題が避けられない状況があり[40]，システム導入の意義を確認する必要がある．また，自治体財政に余裕が見込めないなかで，税金の使途としての妥当性や公平性の点で問題があるのではないか，望ましいシステムは地域の事情によって異なるのではないかという疑問がある．

表 4.5.4 評価の基準・視点・主体

基　　準	評価の視点					評価の主体		備　　考
	環境	自治	教育	経済	健康	客観	主観	
堆肥の品質	○			○	○	◎		
環境負荷	○		○			◎		運搬車両による CO_2 排出
回収コスト				○		◎		事業者負担の費用
税金使途としての妥当性		○		○		△	○	
搬出コスト		○	○	○		△	○	利用者負担の費用

「評価の視点」における○は，「基準」を評価する視点を表す．
「評価の主体」における◎，○，△は，客観的評価と主観的評価の必要性の程度を表す（表 4.5.2 参照）．

(2) 評価の目的

一般家庭から排出される剪定枝葉などの回収システムに複数の代替案を設定したうえで，市民の多様性を前提として評価を行うことによって政策立案を支援する．なお，地域に即した評価を可能にするため，都心型・郊外型・地方型の3つの地域類型を想定する．

(3) 代替案の設定

代替案としては，［回収場所×回収頻度×回収料金］の組み合わせのうち，次の4案を代替案として設定することとした．すなわち，A案（持ち込み×随時×無料），B案（ステーション×月2回×無料），C案（個別×随時×無料），D案（個別×随時×有料）である．ただし，共通する前提条件として，第1に，回収の対象は一般家庭からの剪定枝葉などで，堆肥化のための前処理（粉砕機によるチップ化）を必要とするものとし，第2に，チップ化および堆肥化は所定のヤードで行うものとする．

(4) 評価の視点・基準・主体

評価の視点，基準，主体を表 4.5.4 に整理した．ここでは簡略化のために，代替案によるパフォーマンスの差異が明らかである項目に絞って設定した．「堆肥の品質」は，回収方法によって発生材の状態が異なり，堆肥の品質に影響すると考えられることから加えたものである．評価基準のうち「堆肥の品質」「環境負荷」「回収コスト」については客観的評価を行い，「税金の使途としての妥当性」「搬出コスト」については主観的評価を行うこととした．

(5) 客観的評価

客観的評価は，4つの代替案のうち目安としてB案をベンチマークとして，これとの比較において他の代替案の好ましさを5段階で評価した（表 4.5.5）．

表 4.5.5　客観的評価スコア表

基　準	代　替　案			
	持ち込み・随時・無料	ステーション・月2回・無料	個別・随時・無料	個別・随時・有料
堆肥の品質	＋	0	＋	＋
	25	0	25	25
環境負荷	－	0	0	0
	－25	0	0	0
回収コスト	＋＋	0	－－	－
	50	0	－50	－25

上段は，－－，－，0，＋，＋＋の5段階評価．
下段は，上段の5段階評価をそれぞれ，－50，－25，0，25，50の数値に換算したもの．

(6) 主観的評価

　ステイクホルダーを「発生材の量の多寡」「運搬能力の程度」「志向性」の3つのカテゴリーでグループ分けし，総務庁による住宅・土地統計調査，国勢調査，および各種の意識調査結果を参考に，人数比を設定した．ここで，特に発生材の量については，地域によって人数比が異なると考えられることから，都心型，郊外型，地方型の3つの地域を想定して設定した．

　都心型とは，住宅密集地や共同住宅の割合が高く，庭木のあるような戸建住宅が少ない地域で，東京都区部のように共同住宅率が高くまた敷地面積の小規模な住宅が多い地域を想定している．例えば，江東区では一戸建・長屋建と共同住宅の割合がそれぞれ 19.2％，79.8％であり，また戸建住宅に占める敷地面積 100 m^2 未満の住宅の割合も高い（60～80％未満）ことから，発生材が多量に出る：少しは出る：まったく出ない，の人数比を 5：15：80 に設定した．郊外型は，東京都市部のようにある程度の共同住宅率がある一方で，区部に比べると敷地面積の大きい住宅の割合が高くなっている地域を想定し，例えば町田市では共同住宅率が 53.6％であり，また戸建住宅に占める敷地面積 100 m^2 未満の住宅の割合は 20％未満であることから，発生材が多量に出る：少しは出る：まったく出ない，の人数比を 10：40：50 に設定した．地方型は，共同住宅率が低く，敷地面積の大きい住宅の割合が高い地域を想定し，発生材が多量に出る：少しは出る：まったく出ない，の人数比を 40：40：20 に設定した．

　運搬能力と志向性についての人数比に関しては，地域による顕著な差異を示す資料が得られなかったため，地域差はないと仮定した．運搬能力については，年少人口と高齢人口の割合を「運べない」にあて，生産人口の一部を「車で運べる」とし，車で運べる：ステーションまで：運べない，の人数比を 10：60：30 とした．志向性については，江東区における区民意向調査〔1999（平成 11）年度〕で環境配慮の取り組みを行っている

4 都市域緑環境論

表 4.5.6 剪定枝葉回収システムにおけるステイクホルダーの設定と主観的評価

基準	カテゴリー	タイプ	人数比（カッコ内はウェイト）			代替案											
			都心型	郊外型	地方型	持ち込み・随時・無料		ステーション・月2回・無料		個別・時・無料		個別・随時・無料		個別・時・有料		個別・随時・有料	
税金使途の妥当性	発生材	多量に出る	5 (0.0167)	10 (0.0333)	40 (0.1333)	--	-50	0	0	++	50	+	25	+	25		
		少しは出る	15 (0.0500)	40 (0.1333)	40 (0.1333)	-	-25	0	0	+	25	0	0	0	0		
		まったく出ない	80 (0.2667)	50 (0.1667)	20 (0.0667)	0	0	0	0	--	-50	+	25	+	25		
	運搬能力	車で運べる	10 (0.0333)	10 (0.0333)	10 (0.0333)	0	0	0	0	+	25	0	0	0	0		
		ステーションまで	60 (0.2000)	60 (0.2000)	60 (0.2000)	--	-50	0	0	++	50	+	25	++	50		
		運べない	30 (0.1000)	30 (0.1000)	30 (0.1000)	--	-50	0	0	0	0	0	0	0	0		
	志向性	リサイクル志向	50 (0.1667)	50 (0.1667)	50 (0.1667)	0	0	0	0	++	50	+	25	+	25		
		利便性志向	50 (0.1667)	50 (0.1667)	50 (0.1667)	--	-50	0	0	++	50	+	25				
		(合計)	300 (1.000)	300 (1.000)	300 (1.000)												
搬出コスト	発生材	多量に出る	5 (0.0167)	10 (0.0333)	40 (0.1333)	--	-50	0	0	++	50	+	25	+	25		
		少しは出る	15 (0.0500)	40 (0.1333)	40 (0.1333)	-	-25	0	0	+	25	0	0	0	0		
		まったく出ない	80 (0.2667)	50 (0.1667)	20 (0.0667)	0	0	0	0	+	25	-	-25	-	-25		
	運搬能力	車で運べる	10 (0.0333)	10 (0.0333)	10 (0.0333)	-	-25	0	0	+	25	-	-25	-	-25		
		ステーションまで	60 (0.2000)	60 (0.2000)	60 (0.2000)	--	-50	0	0	++	50	+	25	++	50		
		運べない	30 (0.1000)	30 (0.1000)	30 (0.1000)	--	-50	0	0	+	25	0	0	0	0		
	志向性	リサイクル志向	50 (0.1667)	50 (0.1667)	50 (0.1667)	0	0	0	0	+	25	0	0	0	0		
		利便性志向	50 (0.1667)	50 (0.1667)	50 (0.1667)	--	-50	0	0	++	50						
		(合計)	300 (1.000)	300 (1.000)	300 (1.000)												

代替案各列の左側は、--, -, 0, +, ++ の5段階評価。右側の数値は左側評価をそれぞれ -50, -25, 0, 25, 50 の数値に換算したもの

表 4.5.7　地域型別主観的評価スコア表

基　準	地域型	代　替　案			
		持ち込み・随時・無料	ステーション・月2回・無料	個別・随時・無料	個別・随時・有料
税金使途としての妥当性	都心型	－25.42	0	7.92	16.25
	郊外型	－28.33	0	15.83	14.17
	地方型	－33.33	0	25.83	14.17
搬出コスト	都心型	－26.25	0	25.42	－0.42
	郊外型	－29.17	0	28.33	0.00
	地方型	－34.17	0	33.33	2.50

区民の割合が49.7%であることを参考に，リサイクル志向：利便性志向，の人数比を50：50に設定した．

ステイクホルダーグループ間の重み付けについては，人数比ウェイトを用いて算出した結果，表4.5.7のようになった．

(7) 客観的評価と主観的評価の統合

次に，剪定枝葉の回収システムに対する評価として，地域類型別，およびシステム実施の目的別に，総合的評価スコアを算出した．

剪定枝葉回収システムの目的としてうたわれているか，あるいはうたわれる可能性のあるものとしては，「ゴミの削減」「環境負荷の軽減（あるいはCO_2削減）」「循環型社会形成」「緑の街づくり」「地域農業振興」「行政コスト削減」「市民参加」「環境教育」「受益者負担」などがある．これらの目的を実現しようとする場合に基準項目を重視する程度を星印で表したのが表4.5.8である．

ここで，星の配分については，「ゴミの削減」を目的とする場合における各基準の重視の度合い（表4.5.8において太線で囲って網がけした部分）を目安として，他の目的の場合における星の配分を行うことによって，それぞれの基準に対する目的間の星の数に整合性をもたせた．なお，星の数は簡略化のため3つまでとした．

そして，これをもとに目的重ウェイトを決め，客観的評価と主観的評価の統合を図って，総合的評価スコアを作成した．

(8) 考察

今回の事例における適用は，仮想的な政策立案支援のための評価ではあるが，システム選択問題に関して以下のことが考察できる．

表4.5.9に示したように，一般家庭からの剪定枝葉の回収という1つのシステムを対

4 都市域緑環境論

表 4.5.8 剪定枝葉回収システムの目的の基準間ウェイト（目的重ウェイト）への反映

基　準	剪定枝葉回収システムの目的								
	ゴミの削減	環境負荷軽減	循環型社会形成	緑の街づくり	地域農業振興	行政コスト削減	市民参加	環境教育	受益者負担
堆肥の品質	*	*	**	**	***	*	*	*	*
環境負荷	**	***	**	**	*	*	*	**	*
回収コスト	**	*	**	*	**	***	*	*	**
税金使途としての妥当性	*	*	*	*	*	*	***	*	***
搬出コスト	***	**	**	*	*	*	**	**	*

象としていても，その目的によって望ましいと考えられる代替案の順序は大きく異なっている．このことは，当たり前のことではあるが，そもそも何のためにそのシステムを導入しようとしているのか，ということを明確にさせることなしにはシステムを選択できないということを意味している．また，地域類型による差異については，目的によって，代替案の順位を変えるものもあれば順位を変えるほどではないものもあったが，程度の違いはあるもののシステム選択における地域類型の影響がみられると考えられる．

代替案のいずれかが選択されることになった場合にとられるべき対策については，表4.5.6から読みとることができる．例えば，都心型・郊外型地域で「持ち込み・随時・無料」が選択された場合には，ヤードまでの運搬能力がない人々から出る発生材をどうするかが課題となるし，「個別・随時・無料」が選択された場合には，発生材がまったく出ない人々に対して税金使途としての妥当性を納得してもらえるだけの理由が提示されることが必要になるであろう．このように，本手法は問題と必要な対策の所在をマッピングすることが可能であると考えられる．

感度分析として，主観的評価において揺れ幅ウェイトを用いてスコアへの影響をみた．その結果，税金使途としての妥当性については代替案間の順位の傾向に顕著に影響するものではなかったが，搬出コストについては都心型と郊外型で順位が異なる結果となった．人数比ウェイトでは人数比の大きいステイクホルダーによる選好が強調され，より多くの人々の意思が反映されると考えられるのに対して，揺れ幅ウェイトではステイクホルダーとしての人数には関係なく（つまり地域類型に関係なく）より強い選好ももつ（または影響を受ける）人々の意思を反映させるためである．いずれの考え方をとるべきなのかは単純に二者択一できるものではないかもしれない．より多くの人々の選好を反映させながら（つまり，人数比ウェイトをとりながら），より影響を受ける人々の選好に対して，揺れ幅ウェイトを考慮しながらなんらかの対策を講じることが必要であると考えるが，いずれにしても，政策立案者はウェイティングの選択のあり方を講じるべき対策のあり

表 4.5.9 総合的評価スコア表

評価対象の類型 目的	地域	代替案 A		B		C		D	
ゴミ削減	都心型	－3.24	4	0	2	1.02	1	－1.11	3
	郊外型	－4.54	4	0	2	2.87	1	－1.21	3
	地方型	－6.76	4	0	2	5.65	1	－0.37	3
ゴミ削減行政コスト削減	都心型	4.32	1	0	2	－5.16	4	－2.76	3
	郊外型	3.23	1	0	2	－3.44	4	－2.92	3
	地方型	1.35	1	0	2	－0.94	3	－2.29	4
ゴミ削減受益者負担	都心型	－1.86	4	0	2	－0.98	3	0.78	1
	郊外型	－3.24	4	0	3	1.57	1	0.38	2
	地方型	－5.59	4	0	2	5.10	1	0.98	2
ゴミ削減行政コスト削減受益者負担	都心型	2.78	1	0	2	－4.51	4	－0.87	3
	郊外型	1.56	1	0	2	－2.26	4	－1.23	3
	地方型	－0.52	3	0	2	0.87	1	－0.69	4
地域農業の振興	都心型	12.29	1	0	4	1.04	3	5.10	2
	郊外型	11.56	1	0	4	2.40	3	4.89	2
	地方型	10.31	1	0	4	4.27	3	5.21	2
CO_2削減	都心型	－9.74	4	0	3	4.22	1	1.93	2
	郊外型	－10.83	4	0	3	5.94	1	1.77	2
	地方型	－12.71	4	0	3	8.44	1	2.40	2

備考：各代替案右側の数字は順位を表す

方と対応させて検討する必要があるであろう．

　政策立案者が説明責任を果たすためには，政策立案のプロセスにおける判断の根拠を含めた評価を，受け手にとってわかりやすく提示することが求められる．多様な価値観と立場にある人々に納得してもらうためには，専門家でなくても理解でき，感覚的にもわかりやすく，自分で容易に扱えるような評価手法が必要なのである．今回提案した評価手法は，ブラックボックスになりがちな特殊なソフトウェアを必要とせず，電卓程度で計算可能である．意思決定の場面において，この手法をツールとして利用しながら，代替案の優劣，1つの代替案を選択した場合に必要となる対策の所在，そして前提としてそもそも何を実現しようとしているのかの確認，といったことについて多主体間で認識を共有していくような利用が可能であると考える．

　多基準分析において大きな課題である，どのウェイティング手法を採用するかという問題は，何を重視して政策立案をしようとしているのかを社会に示すことである．説明

責任が求められるときに，ウェイティング手法の選択を含め，評価のプロセスと結果を明快に示すことができ，実際の意思決定(評価結果に従った場合もそうでない場合も)経緯が明らかにされることが，判断の妥当性と責任の所在を示唆する．それが恣意性の歯止めとなると同時に，政策あるいは事業の見直しを可能にする．

本節では，政策立案支援のための評価手法として，市民の多様性を明示的に扱うことを主眼として提案し，一般家庭からの剪定枝葉などの回収システムを事例として実用性の検討を行った．これは，サイレントマジョリティ，さらにはサイレントマイノリティの選好をも意思決定の枠組みに組み込む評価手法としても位置づけられる．

しかしながら，前述したように評価プロセスのいくつかの場面で判断の合理性を厳密に追求するにはいたっておらず，この点での手法の理論的整合性の検討は保留されている．今後はこの課題をふまえて，実証研究などを行い，モデルとしての確立と拡張を行うことが課題として残されている．

参考文献

1) 田畑貞寿：『緑と地域計画―都市化と緑被地構造』，古今書店，2000
2) 古市徹監修：『有機系廃棄物のリサイクル戦略』，環境産業新聞社，2001
3) 東京都都市計画局総合計画部都市整備室：東京都水循環マスタープラン―望ましい水循環の形成を目指して―，1999
4) 江東区土木部水辺と緑の課みどりの係：江東区のみどりを管理する人のための手引き　みどりのリサイクルって何？，2001
5) 清田秀雄：開始13年！人と地域生態系の関わりを重視した「緑のリサイクル事業」，**月刊廃棄物**　第28巻7号，日報アイ・ビー，pp.10-15，2002
6) 松崎敏英：**土と堆肥と有機物**，家の光協会，1992
7) 堀江典子，萩原清子：緑地を活用した循環型システムの評価と意思決定の支援に関する考察―剪定枝葉等発生材のリサイクルを事例として―，**環境システム研究論文集** Vol.31，pp.307-315，2003
8) 堀江典子，萩原清子：政策立案支援のための評価手法に関する考察―家庭からの剪定枝葉等発生材の回収システムを事例として―，**地域学研究**，第34巻第3号，pp.91-106，2005
9) 堀江典子：緑地を活用した循環型システムの評価に関する研究―多視点・多基準・多主体を前提とした意思決定の支援―，東京都立大学大学院都市科学研究科修士論文，2004
10) 農林水産省農業環境技術研究所：農業を軸とした有機性資源の循環利用の展望，2000
11) 中島秀治：近年の堆肥・有機質肥料等を農地へ施用するときのリスク，**農業および園芸**　第78巻第10号，pp.63-68，2003
12) 益永利久：生ゴミの肥料化・堆肥化は問題解決をしながら進めるべき，**月刊廃棄物**　第29巻11号，日報アイ・ビー
13) ㈶廃棄物研究財団：平成12年度堆肥化施設等における有機性廃棄物の適正処理に関する調査報告書，2001
14) 青木陽二：「街路における緑量感の分析」**環境情報科学**　第18巻第1号，pp.91-95，1989
15) 丸田頼一：『**都市緑化計画論**』，丸善，1994
16) 小林秀樹：『**集中のなわばり学**』，彰国社，1992
17) 材野博司：『庭園から都市へ〔シークエンスの日本〕』鹿島出版会，1997
18) 水上象吾・萩原清子：緑に対する要求行動に基づいた緑量評価に関する一考察―都市居住環境

における鉢植えの役割—，**環境システム研究論文集** 29，pp. 283-289，2001

19) 水上象吾・萩原清子・萩原良巳：都市河川の景観要素に見る人工と自然の対峙—京都市鴨川を事例とした緑視構造—，**環境情報科学論文集** 22，pp. 445-450，2008
20) 中島秀治：近年の堆肥・有機質肥料等を農地へ施用するときのリスク，**農業および園芸** 第78巻第10号，pp. 63-68，2003
21) 堀江典子，萩原清子：有機性廃棄物の循環からみた都市内緑地のあり方に関する考察，**環境システム研究論文集** Vol. 32，pp. 101-109，2004
22) 東京都産業労働局農林水産部農業振興課：たい肥ガイドブック，2003
23) 東京都環境保全局：緑被地標準調査マニュアル，1988
24) 岩田進午・松崎敏英：**生ゴミ堆肥リサイクル**，家の光協会，2001
25) 農産漁村文化協会：現代農業，第82巻10号，2003
26) 荻野淳司，小杉光彦：P・A工法による土壌物理性の改善について，第7回道路緑化研究発表会要旨論文集，1988
27) 小野良平：『**公園の誕生**』吉川弘文館，2003
28) 八都県市廃棄物問題検討委員会：生ゴミ等の処理及び有効利用に関する調査報告書，2003
29) 板橋区土木部みどりと公園課：板橋区緑地・樹木の実態調査（Ⅵ），2000
30) 世田谷区清掃・リサイクル審議会：生ゴミの減量・リサイクルの方策について（答申），2003
31) 堀江典子，萩原清子：循環型社会形成のための取り組み事例における多視点・多基準・多主体の取扱いに関する考察，**地域学研究** 第35巻第1号，2005，85-101
32) 堀江典子，萩原清子：R緑地への土壌還元を前提とした家庭生ゴミ堆肥化システムのあり方に関する考察，**環境システム研究論文集** Vol. 33，pp. 21-28，2005
33) 堀江典子，田畑貞寿，萩原清子：都市内緑地における有機性廃棄物の還元可能性に関する考察，ランドスケープ Vol. 68，pp. 541-544，2005
34) Hanley, N., *"Cost-benefit analysis and environmental policymaking"* **Environment and Planning C: Government and Policy** 2001, Vol. 19, pp. 103-118, 2001
35) 萩原清子編著・朝日ちさと・坂本麻衣子共著：『**生活者から見た環境のマネジメント**』，昭和堂，2008
36) Olson, D. L., **Decision Aids for Selection Problems**, Springer, 1996
37) Department for Transport, Local Government and the Regions: *Multi Criteria Analysis: A Manual*, http://www.dtlr.gov.uk/about/multicriteria，2001
38) ネイカンプ，ヴァン・デルフト，リートヴェルト，金沢哲雄，藤岡明房訳『**多基準分析と地域的意思決定**』勁草書房，1989
39) Keeney, R. L. and Raiffa, H., **Decision with Multiple Objective**: *Preferences and Value Tradeoffs*, Reprinted, Cambridge University, 1993
40) 農林水産省農業環境技術研究所：『農業を軸とした有機性資源の循環利用の展望』，2000

5 水と緑の遊び空間論

5.1 水と緑の遊び空間と防災空間の双対性

　文化を「価値の体系と生活様式」と定義すれば，現在の水辺の「文化価値」とは何かを考えることができる．このため，現在の水辺の構成が何かを問う必要がある．ここでは，まず京都の鴨川を取り上げ，特に「あそび・なりわい」をその水辺形成過程と非日常的遊び機能（もてなし）を満足させる鴨川右岸の文化価値としての先斗町の遊興空間の構成を明らかにしよう．都市では，人との交流や情報の交換が活発に行われる．そして，その活気やにぎわいは都市の魅力の1つである．そして，「盛り場」や「歓楽街」といった「遊興空間」は，活気やにぎわいが生まれる空間として重要である．この議論を5.2節で行おう．

　日本では11.4節で示すように，明治以降，特に戦後ならびに高度経済成長期に，大都市において，主に交通と下水道のため，多くの河川が消滅した．また，大都市の周辺部でも，本来田畑や森林であったところを無計画に宅地開発し，多くの水辺を消滅させ，さらに残存した水辺を水災害のため三面張りのコンクリートで固めた歴史がある．このため，京都のように歴史的文化財が集積し，その文化が水辺と直接結びつかない水辺を対象としたメタ計画論が重要になってきた．水と文化は「水文化」といわれるように密接な関係がある．このため，大都市域で水辺から遠くなった生活者のための水辺計画が必要で，計画の一部であるデザインをどのように考えるかが重要になってきている．このとき，当然のことながら，対象地域の風土が異なるから，金太郎飴的なマニュアルですますわけにはいかなくなる．

　水辺は人間の五感〔見る，聴く，匂（臭）う，味わう，触る〕を通した水との対話の場であり，さまざまな水辺の機能を介した人間性の回復の場であり，誰もが当たり前に使い込むことができる身近で多様な空間である[1〜3]．したがって，水辺デザインの意義は，生活者と水辺との距離の最小化を図るための水辺の多機能を空間配置することであり，また生活者がさまざまな対話の文脈をもちうる時空間（舞台）を配置することであ

る．ここでは，まず水辺環境の厳しい大都市を前提にした子供たちの遊び文化が要求する水辺デザインクライテリアを5.3節で探り，水辺デザイン方法論を5.4節で議論しよう．

　都市域で生活する人々にとって，公園・緑地は自然と触れあえる貴重な空間である．さらに，阪神・淡路大震災などの経験から，減災空間としてもその重要性が認識されるようになった．また，再現期間の長い地震のためだけの防災投資は財政的にも困難な状況である．公園・緑地の価値は利用価値や非利用価値として計られることが多い．これらの多くは日常的な空間利用や将来の利用，もしくは存在することに対する価値計測である[2]．都市生活者にとって公園・緑地は日常時のアメニティ空間であり，震災時の減災空間である．このため，この空間の価値評価は日常時だけでなく，震災時も考慮して行われなければならない．

　震災時における公園・緑地の減災機能は主に，避難空間と火災の延焼防止・遅延である．後者には消火用水の供給源としての機能も含んでいる．しかしながら，火災の延焼は地震発災時の天候によって大きく異なるため，この空間の減災機能を把握することは非常に困難である．また，震災時に被害をまず最小限にしなければならないのは人命の被害である．これを守るために，被災者自らが行う行動が避難行動である．

　しかし，これらの公園・緑地は大小さまざまで，生活者の利用は千差万別である．この空間利用は，当然のことながら利用者の目的とアクセスの容易さに依存するだろう．広大な多機能空間は非日常性の遊びを，狭い少機能空間は日常性の遊びを誘発する．生活者は，これらを使い分けて利用していると考えられよう．このため，地域計画の視点からこれらの空間の階層性を明らかにする必要があろう．そして，公園緑地の空間配置が，生活者にとって（利用機会の公平性という意味で）適切かどうか評価する必要がある．このことは，震災時の避難場所の確保が十分かどうかという重要な評価でもある．これらのことを，5.5節で議論する．以下，本章各節の概説を行う．

5.2節；京都鴨川とその西岸に接する先斗町を対象とし，鴨川の河原に展開した遊興空間について，都市との境界に着目しその空間構成を明らかにする．鴨川は京都のシンボル的な存在として，長く市民に親しまれ愛されている川である．また，隣接する都市域は京都を代表する遊興空間としてまとまった領域を形成している．それには，鴨川の河原が非常に重要な役割を果たしてきた．近代以前の都市における遊興空間に関して，三都（京，江戸，大阪）を中心に，多くの研究蓄積がみられるが，この節の特徴は，四条河原で生まれた遊興が川辺の都市に移行していく過程を，近世から近代までを一連の流れの中でとらえることにある．

　中世から近世・近代にいたるまでの四条河原では，水災害時を除けば，年中行事としての「夕涼み」という祝祭が行われていた．そこでは一時的に遊興空間が展開し，そのため仮設性・祝祭性を帯びた装置・施設で成り立っている．江戸時代の初期の鴨川築堤

によって造成された土地には，川辺に遊興施設が連続し，先斗町という景域を形成していた．そこでは，お茶屋，料理屋といった専門の店舗によって「もてなす」ことを目的とした空間が河原での遊興と並行して展開していった．その建物には，狭く細長い土地形状や水辺という立地を利用した先斗町ならではの構成がみられた．これらの構成は非日常の感覚を体験するための仕掛けであったという点で，河原の祝祭空間における「しつらえ」と共通していたことを論じる．

5.3節；水のある地形や環境は子供に非常に人気があり，また多様な水陸の野生動物を支え，すべてのレクリエーションの場の大きな美的構成要素になる．また，樹木と草本は，日除け，野生小動物の住居，豊かな感覚，ゆったりとした空間，境界があいまいな空間，隠れることのできる空間，そして親しみやすい雰囲気を与えてくれる．そのため，子供のための水と緑の遊び環境の価値を高める遊び場とは何かを考え，子供たちの要求する水辺のデザインクライテリアを彼らの描いた絵画から考えてみる．

5.4節；水辺デザインとは，さまざまな制約条件をもつ水辺を対象に，生活者が求める多機能に形を与え，水辺の魅力を引き出すための意味ある空間配置を行う行為でもある．ただし，水辺で作る最終目標はコンセプト風景ではなく，感性風景であることを忘れてはならない．このため，生活者が水辺をどのように認識し，そこで何をしたいのかを分析把握することを前提に，水辺の魅力を引き出すための評価構造を明らかにする．次いで，水辺のもつ多機能を整理し，機能に則した水辺デザイン仮説を構築する．そして，デザイン仮説の実証のための現地調査の手順を示し，調査結果に多変量解析手法などを適用し，デザイン仮説の実証的考察を行い，得られたデザイン仮説に基づく水辺デザイン作成事例を示そう．

5.5節；神戸市とよく似た地形と交通ネットワークなどの都市構造を有し，3つ（有馬高槻・上町・生駒）の活断層系地震によって甚大な被害が想定されている[2]大阪府の吹田市・茨木市・高槻市・摂津市を対象地域として，社会調査（現地調査とアンケート調査）を行い，空間を階層的にとらえ，ボロノイ分割を行うことにより，階層間の関係を示し，空白円を用いて「自然と触れあう機会の平等さ」，「地震時の避難しやすさ」という視点からの配置の評価を行い，「どこに」，「どのような」空間を整備すべきかを整備すべき場所と階層システムとして整備すべき内容を明らかにしよう．

次に，想定されている震災ハザードと水・土・緑の空間の関係を示し，空間の震災時と日常時における機能と配置について述べる．そして，交通施設や河川による地域の分断を考慮した避難空間としての評価と遊び空間としての評価を示し，震災時と日常時の空間評価を行う．

最後に，震災時の避難行動に着目して自然的空間の減災価値評価を行う．まず，交通

施設などによる地域の分断を考慮し，さらに，町丁目の隣接関係を表現したグラフを作成し，これを用いた1次避難行動に関するシミュレーションを行い，避難が困難な地区を示すとともに空間ごとの想定避難人数を算出する．次に，空間の広さ・水の有無・緑の量と配置に着目した避難空間としての安全性評価を示し，一時的な避難生活を想定した2次避難行動からみたときの空間の減災価値について述べることにしよう．

5.2 江戸時代の水辺遊び空間の形成と構造[4]

5.2.1 近世までの水辺空間の変遷

(1) 築堤以前の四条河原

平安時代の鴨川は水量が一定せず，ひとたび暴風雨になれば洪水となり人々を苦しめた．河原は約300mの広さがあり，草木が繁茂し，田畑や牛馬の放牧地として利用されていた．河川や河原は無主の地であったがゆえに，そこでの商業活動や芸能活動は自由であった．その後「勧進田楽」が催され，その他の興行・遊興地域にもなり，貴賤を問わず多くの人が四条河原に集まっていた．四条河原は京都に住む人々にとって広場のような存在であったといってよい．

1591 (天正19) 年秀吉によってお土居が完成し，1614 (慶長19) 年高瀬川が完成する．河原はお土居の外側に位置していたが，高瀬川の舟運が活況を呈するにつれて洛中から高瀬川への交通の阻害となるお土居も崩壊していく．そして，鴨川右岸だけでなく左岸にも居住地域が拡大し，東山への遊山が盛んになるなど，都市は河原を越えて拡大した．

1670 (寛文10) 年，鴨川に堤防が完成する．これにより，川幅は一定となり流路が直線化した．河原が洛中に取り込まれ，夏になると期間限定で夕涼みの場となり，小屋・店・川床が一時的に建ち，人々を集めた．地域のシンボルとして認識されるようになったのは，この時期であると考えられる[5] (図5.2.1)．

(2) 築堤以後の四条河原

四条河原への動線を分析するにあたり，川と町の境界部分の空間構成を図5.2.2のように分類する．Aは家屋と川の間に道という「公共領域」がないが，Bにはそれがあるという点で異なっている．

「公共領域」とは人々が自由に行き来できる空間であり，ここでは人々の交流が展開される．公共領域は，その立地や周辺環境によりさまざまである．開放的な眺望が得られ，アクセスが容易である公共領域は，よりにぎわいがある遊興空間となりうるポテンシャルをもつ．

築堤工事に伴って作成された『鴨川筋絵図』を用いて断面構成がAの部分を図示すると (図5.2.3)，三条や五条に比べると四条のまわりは開放的であったことがわかる．築

5 水と緑の遊び空間論

A 家屋と川の間に道筋がなく
　　川辺を私有化している

B 家屋と川の間に道筋があり
　　川辺は公的なオープンスペース
　　となっている

図 5.2.2　河原と町の境界

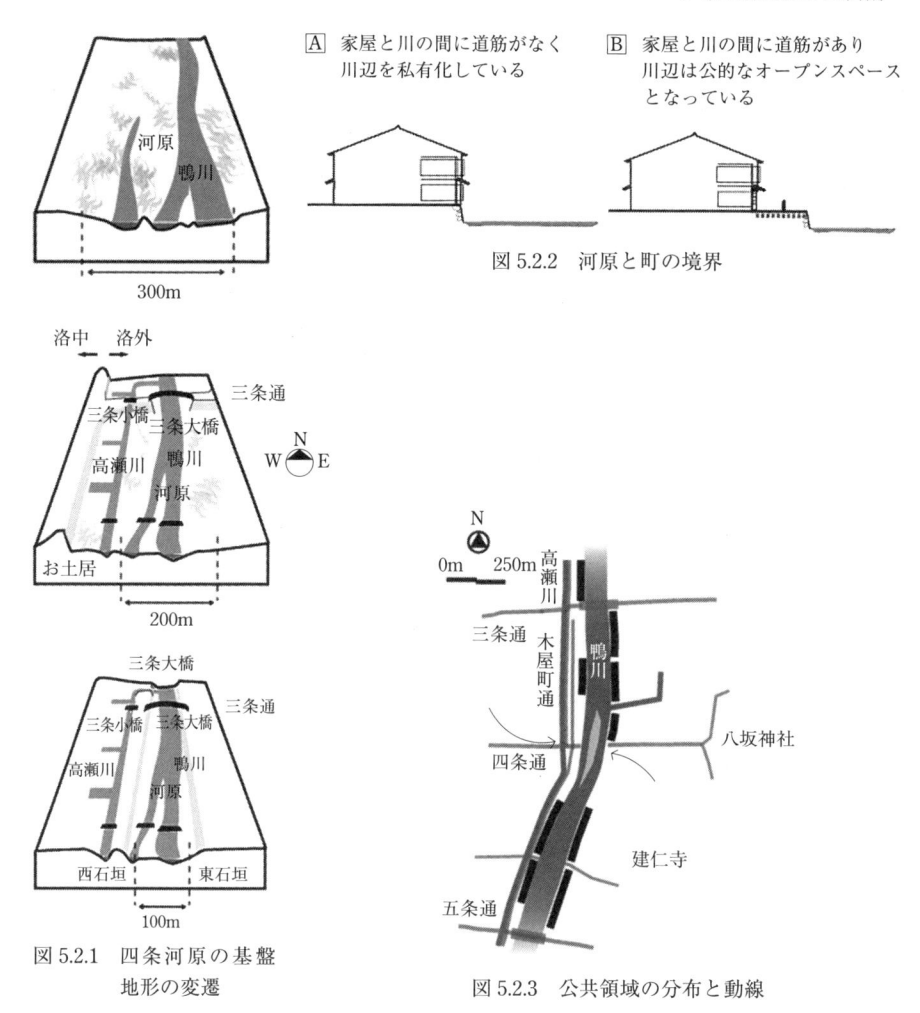

図 5.2.1　四条河原の基盤
　　　　　地形の変遷

図 5.2.3　公共領域の分布と動線

堤によって川と町との境界が明確になったにもかかわらず，四条河原へのアクセスが多かったことを示す．

また，祇園社への参詣と東山への遊山も盛んであり，四条通には図 5.2.4 に見られるような動線が存在した．四条河原を渡る人々は，川を近くに感じ，その情景を楽しみながら往来していたに違いない．このように，築堤以後も四条河原に人が集まったのは，その境界部分の公共領域が四条部分に広く配置されていたことや，四条橋の仮設性の高さによるものであった．

319

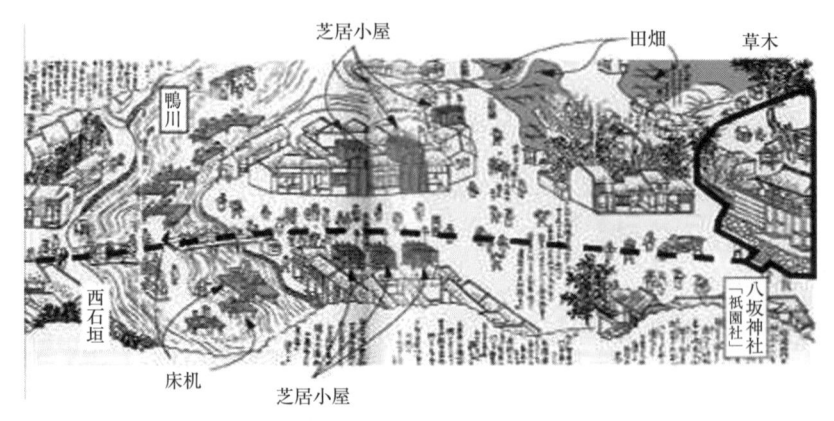

図5.2.4　四条通の動線(「祇園社並旅所之図」(1676)より)

5.2.2　四条河原における遊興空間

　四条河原の夕涼みは，1ヶ月にわたる祇園祭と同時期に行われており，年に一度の祝祭であった．夕涼みは，各種案内記に京都の名物・祇園祭の風物詩として描かれ，諸国の人々の京都に対する憧憬を高め，旅客を誘った．また，京都市民にとっては涼みを伴う歓楽の場，憩いの場として認識されていた．

(1)　四条河原での遊興
　河原には床机や小屋など，仮設のしつらえがなされた．それらは祝祭の気分を高揚させる役割もあった．飲食を伴う宴や歌舞鑑賞に加え，射的や相撲といった広い場所を必要とする遊興が行われていた．

(2)　四条河原と町の境界
　1670(寛文10)年に鴨川に堤防が造られ町と河原が分離されると，建物(町)からの利用がみられるようになる．それを建物と川の境界断面からA，Bに2分類し，それぞれに対して河原と町の境界の空間構成をパターン抽出すると図5.2.5のようになる．
　断面構成Aでは座敷が2階にもしつらえられたり，窓周辺の装飾が洗練されたりするなどの発展を経て現在にも受け継がれているが，断面構成Bではこのような川との関わりは消失してしまっている．
　また，断面構成Aでは，私的な領域である建物内の座敷，その延長である川床に川の眺望を引き込む形で利用していた．断面構成Bでは，私的な領域を河原や中洲にまで拡大するために橋や川床を設置していた．これらの装置が接する道は進入を限定するなどの私有化がみられた．公共性の強い空間であった河原に対しても次第に私有地化の

5 水と緑の遊び空間論

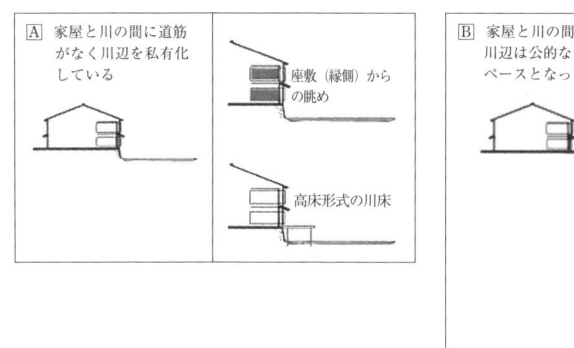

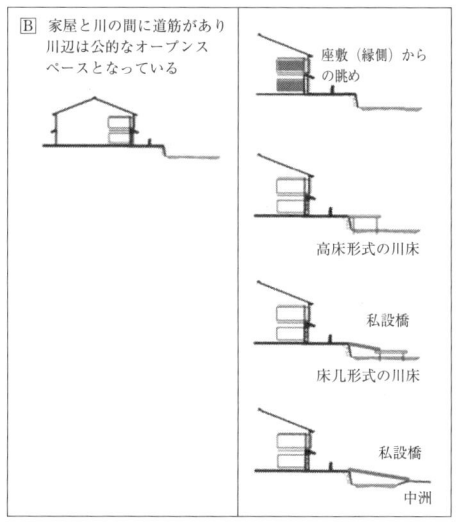

図 5.2.5 町からの河原利用

図 5.2.6 私有地化の装置

動きが出てくる．その方法は柵で囲う，店名を記した行灯を置くなど，特有の装置を利用したものであった（図 5.2.6）．

5.2.3 近代以降の水辺空間の変遷

1670（寛文10年）年の築堤工事によって，鴨川と高瀬川に挟まれた細長い「新河原町」が造成された．その後区画整備され，全長600mに及ぶ細長い地形から，先斗町と呼ばれるようになった．

1674（延宝2）年に5軒の家が建設されると，それを契機に東山と鴨川の景色を利用した茶屋が建てられるようになった．また，高瀬川の水運が盛んになるにつれて船頭や旅客用の茶屋・旅籠屋が増え，先斗町に家屋が密集してきた．

川床の位置や形態における私有地化をまとめたものが，図5.2.7である．所有者は明確ではないことが多いが，後背地などから判断した私有化の度合いが高いと思われる順に並んでいる．「敷地内に取り込まれた公道」とは，店舗にとっては座敷の延長のように扱われているが，公共領域としての性格も失われていない道路空間を示す．

さらに，先斗町は祇園社に参詣する旅客の動線上にあるため，旅籠や茶屋が発達した（図5.2.8）．

やがて，休憩所だった茶屋はそのもてなしをエスカレートさせていった．江戸中期になると茶くみ女などを置き，その女たちは私娼化した．1813（文化10）年以降は，遊郭として許可を得て，遊興地区として新地振興の役割を担うことになった．その後は明治までもっぱら娼妓の町として栄えた．

平面形状をみると，先斗町はこのような町の形を現在まで保ったままである．しかし断面形状は近代における都市計画の中で変化していった（図5.2.9）．

1894（明治27）年，疏水が完成し東側の石垣から河原へ下りることができなくなった．これによって，鴨川と東岸の町は完全に隔てられた．また，1917（大正6）年9月，先斗町と鴨川の間にみそぎ川が完成した．これは先斗町・木屋町の店が納涼床を出すために京都府に陳情した結果であった．1935（昭和10）年，集中豪雨の補修工事によって現在の姿になった．現在，150万都市の中心にあるみそぎ川の上流ではホタル観賞ができることを特記しておこう．

明治時代になると，先斗町は「狭斜（花柳界，花街）の巷」として有名になり，繁盛した．このころは，芸妓がほとんどで娼妓は少なく，一見の客は遊興させないというほど格式が高かった．これは現在でも有名な「一見お断り」であるが，お茶屋で遊ぶためには旅館か友人の紹介を求めなければならないという決まりである．毎年5月1日から20日間，歌舞練場翠紅館で鴨川踊りを催し，祇園の都踊りとほぼ同じ時期だったので，その艶美を競っていた．

図5.2.10は明治以降の交通網の変遷である．これをみると，明治以降徐々に周辺の交通網が発達し，先斗町に最も鉄道・舟運などの交通網および駅や路線が近接していたのは1915（大正4）年から1920（大正9）年であったことがわかる．同時に，四条通が交通動線としての重要度を増していく．1926（大正15）年，市電路線が木屋町通から河原町

5 水と緑の遊び空間論

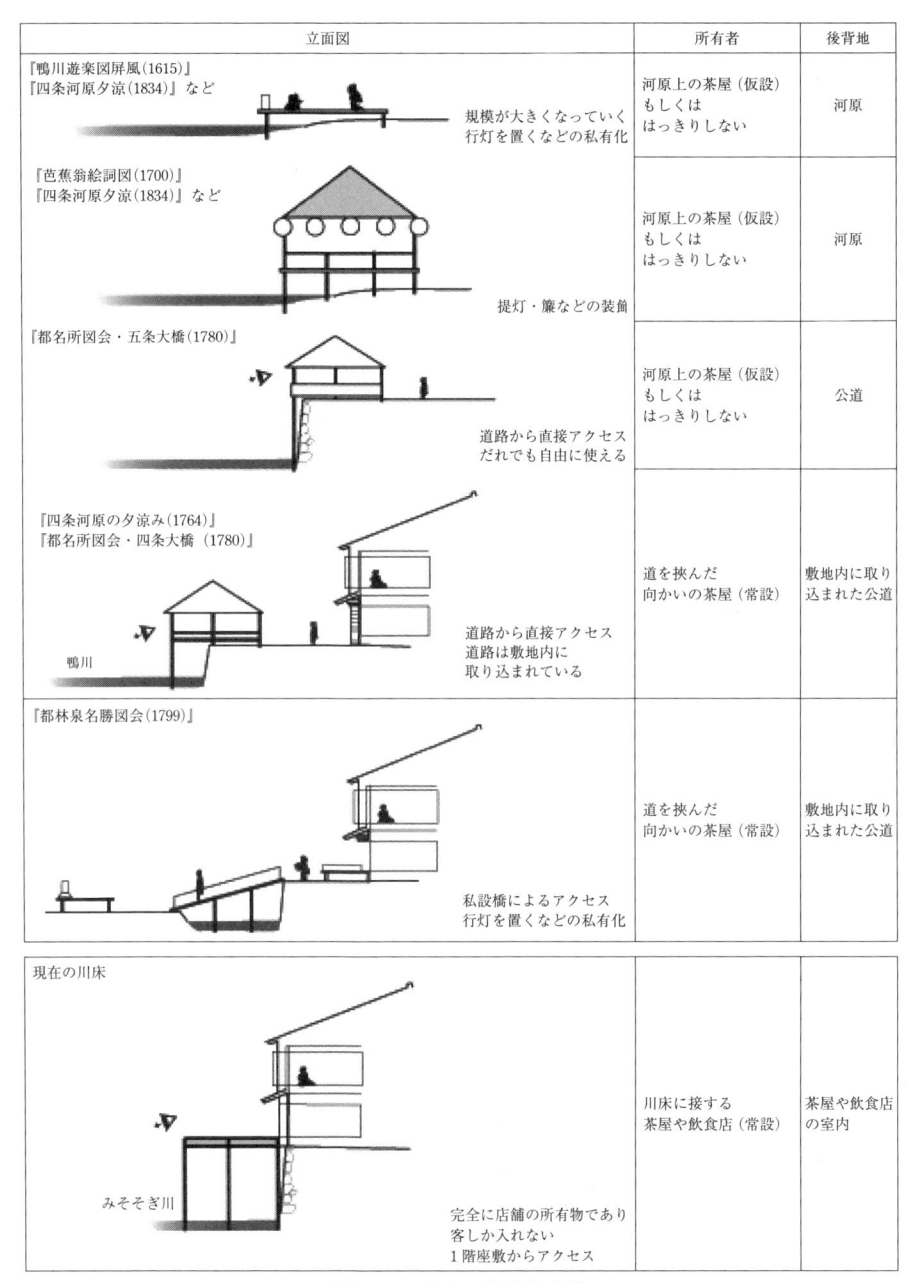

立面図		所有者	後背地
『鴨川遊楽図屏風(1615)』『四条河原夕涼(1834)』など	規模が大きくなっていく 行灯を置くなどの私有化	河原上の茶屋(仮設)もしくははっきりしない	河原
『芭蕉翁絵詞図(1700)』『四条河原夕涼(1834)』など	提灯・簾などの装飾	河原上の茶屋(仮設)もしくははっきりしない	河原
『都名所図会・五条大橋(1780)』	道路から直接アクセスだれでも自由に使える	河原上の茶屋(仮設)もしくははっきりしない	公道
『四条河原の夕涼み(1764)』『都名所図会・四条大橋(1780)』 鴨川	道路から直接アクセス道路は敷地内に取り込まれている	道を挟んだ向かいの茶屋(常設)	敷地内に取り込まれた公道
『都林泉名勝図会(1799)』	私設橋によるアクセス行灯を置くなどの私有化	道を挟んだ向かいの茶屋(常設)	敷地内に取り込まれた公道
現在の川床 みそそぎ川	完全に店舗の所有物であり客しか入れない 1階座敷からアクセス	川床に接する茶屋や飲食店(常設)	茶屋や飲食店の室内

図 5.2.7 川床の位置と形態

323

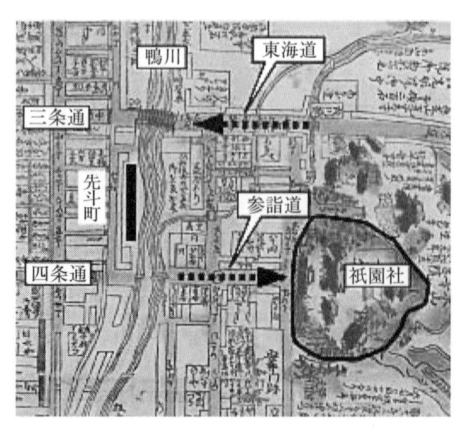

図 5.2.8　祇園社への動線
（「京大絵図」(1686) より）

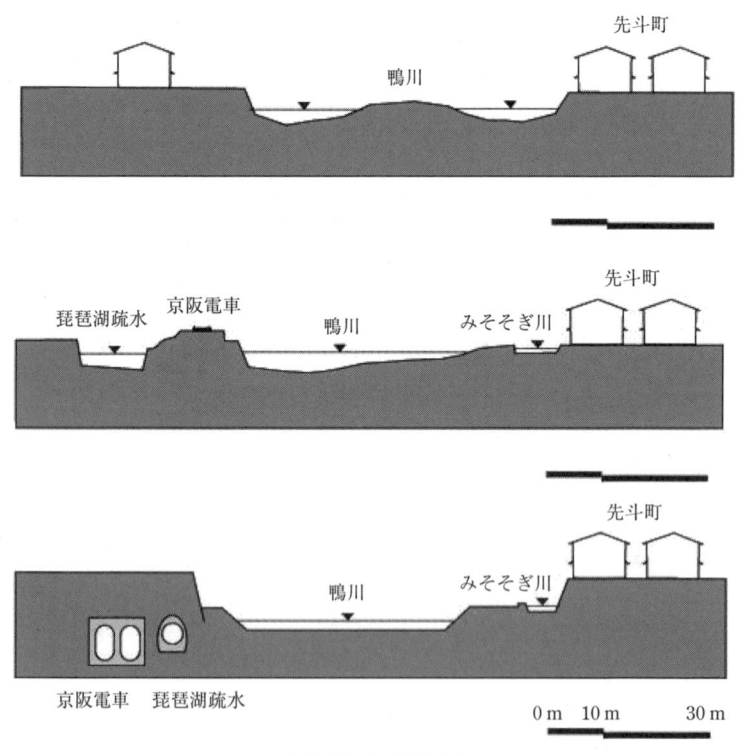

図 5.2.9　断面の変遷

5 水と緑の遊び空間論

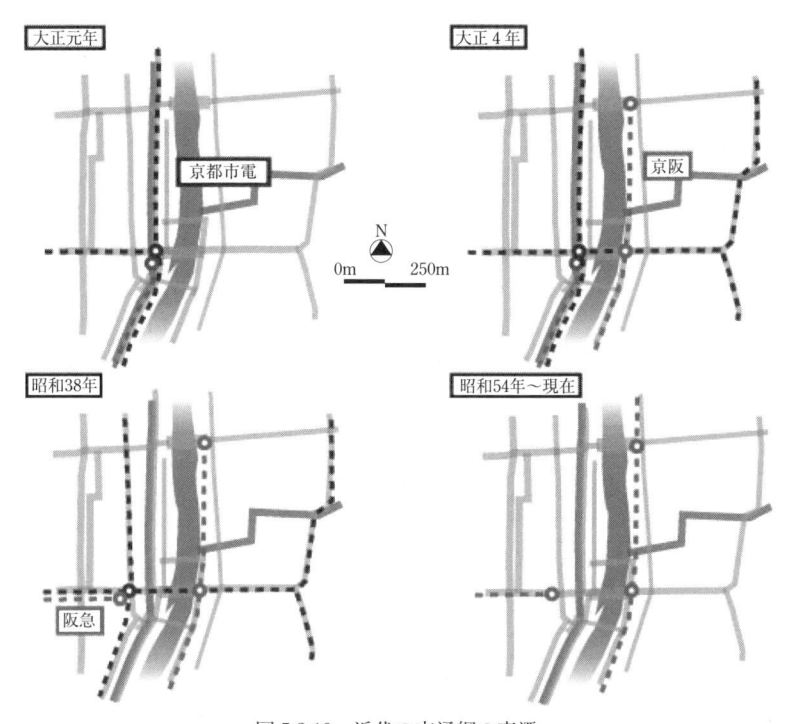

図 5.2.10 近代の交通網の変遷

通に移り，そのにぎわいにおいて河原町通と木屋町通は逆転したといわれる．そのことは木屋町通と高瀬川を都会の喧騒から切り離し，閑静な都市の風致街路へ変化させることとなったが，これは先斗町にも同時にいえることである．伝統芸を売りとする花街稼業が適するような雰囲気に変わっていったのだろう．明治期の店舗の分布（図5.2.11）をみると，お茶屋はにぎわいから離れた場所，料理屋はにぎわいの場所に立地している．

図 5.2.12 は 1872（明治5）年，1968（昭和43）年，2007（平成19）年現在のお茶屋の分布である．先斗町にお茶屋が最も多かったのは昭和初期の170軒であり，1968年の状況がそれに近い．現在47軒のお茶屋があるが，営業はせずに鑑札だけであったり，月1回しか客がなかったりするようなところもある[6]という．

分布の変遷をみると，全体的に減少しているが，次第に川に面した側に偏っていく．また，四条通や三条通に近い側からお茶屋の店舗は減少している．また，路地の奥といった立地にあるお茶屋は比較的残っているようだ．より静かな環境が求められた結果であろう．

325

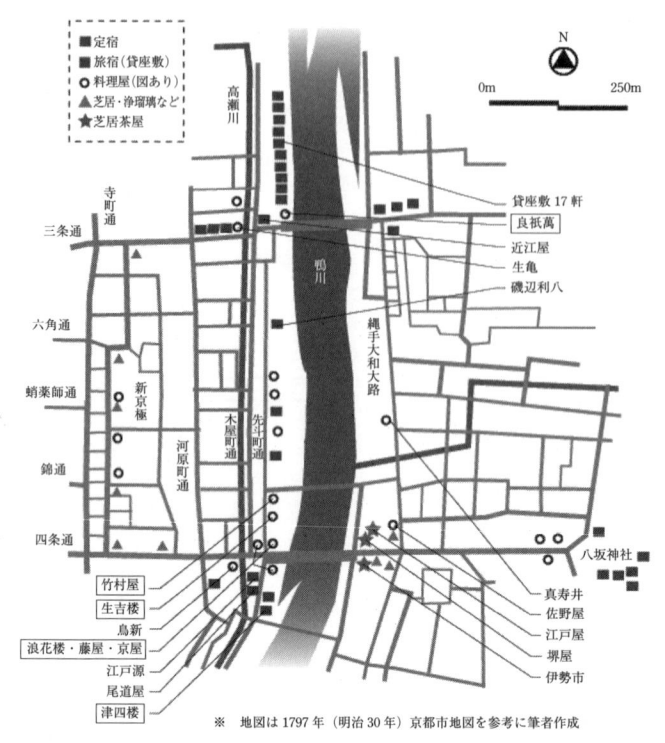

図 5.2.11 『都の魁』（1883 年，明治 16 年）に掲載された店舗の分布

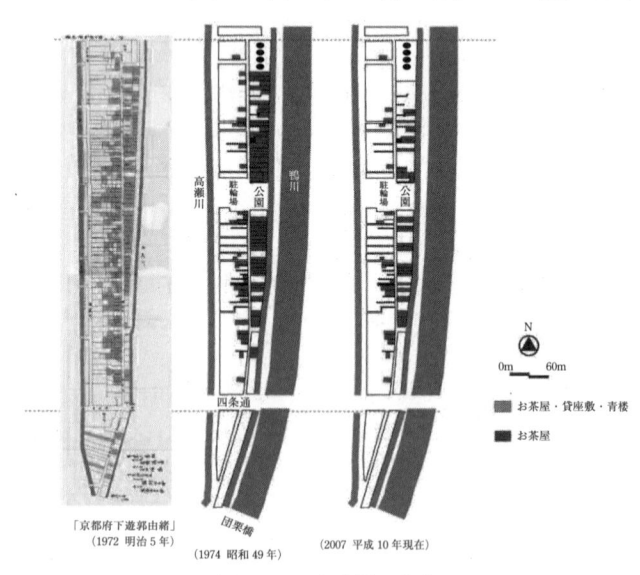

図 5.2.12 お茶屋の分布

5 水と緑の遊び空間論

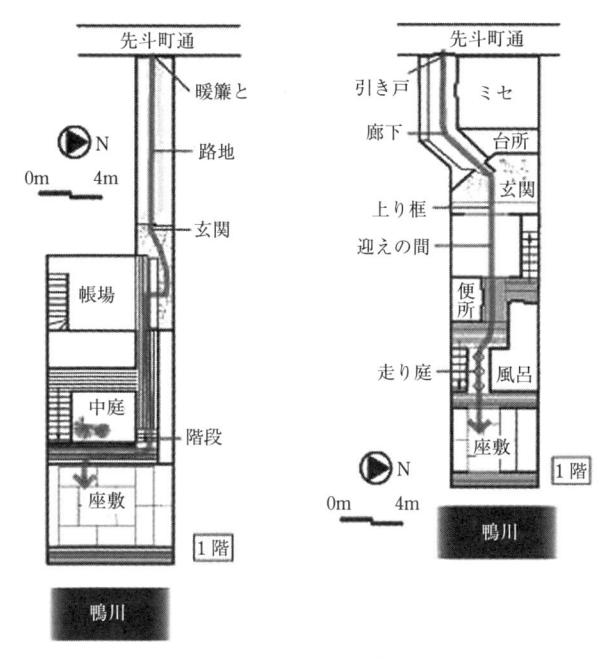

図 5.2.13　内部の動線

5.2.4　先斗町における遊興空間

(1) **お茶屋**

　京都の花街に存在するお茶屋には，一般的に以下のような特徴がある．
　・格子や簾による統一されたファサード
　・プライバシーと動線を考慮した内部の平面構成

　図 5.2.13 はいずれも先斗町にある飲食店，旅館の 1 階平面図である．これらは，かつてお茶屋だったときの建物をそのまま利用している．お茶屋の客がどのような体験をするのかを分析した．

　座敷にいたる動線には，気分を高揚させ非日常を体験させる仕掛けが設けられている（図 5.2.14）．また，客にとってのクライマックスである座敷には，鴨川に面した部分に縁側が設けられ，鴨川からの眺望が演出されている（図 5.2.15）．

　以上より，一般的なお茶屋の特徴に加えて，先斗町では以下のような特徴があったといえる．
　・細く狭い路地・廊下によるアプローチ
　・変化をもたせた動線
　・鴨川側の座敷の窓際のしつらえ

327

図 5.2.14　座敷にいたる動線

図 5.2.15　縁側部分と眺望

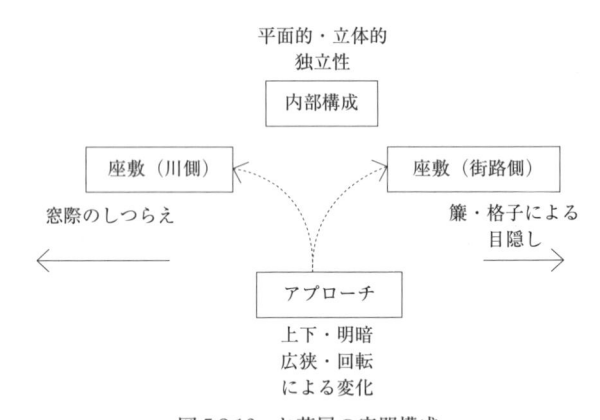

図 5.2.16　お茶屋の空間構成

　それらは，多くの路地が存在する町全体の構成や，狭く細長い土地形状，鴨川に面していることをうまく利用しているといえる（図 5.2.16）．

(2) **料理屋**

　料理屋に関しては近代以降に描かれた絵図を主な資料として，図 5.2.17 のように写真

5 水と緑の遊び空間論

図 5.2.17 絵図と写真の対応

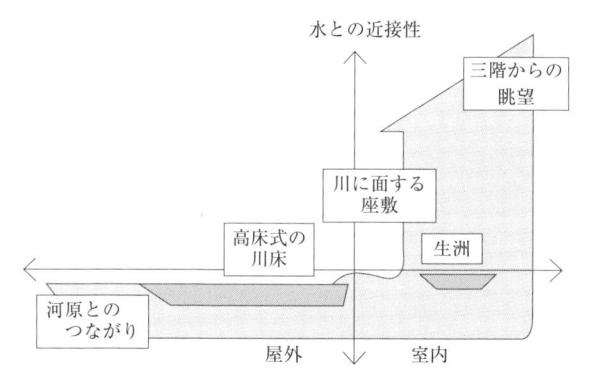

図 5.2.18 料理屋の空間構成

や文献を参考にしてパターン抽出と分析を行った．この結果，先斗町の鴨川沿いに建つ料理屋では，以下のような特徴的な空間構成・利用の仕方があったことがわかる．
・川に面する座敷
・高床式の川床
・3階からの眺望
・河原へのアクセス
・生洲（いけす）

それらは図 5.2.18 に示すように，川辺であることを最大限に利用しており，その方法は空間的にも多様であった．

以上の遊び文化空間の形成を要約すると，次のようになる．

中世から近世・近代にいたるまでの四条河原では，年中行事としての「夕涼み」という祝祭が行われていた．そこでは一時的に遊興空間が展開し，それゆえの仮設性・祝祭性を帯びた装置・施設で成り立っていた．

江戸時代の初期の鴨川築堤によって造成された土地には，川辺に遊興施設が連続し，先斗町という景域を形成していた．

329

そこではお茶屋，料理屋といった専門の店舗によって「もてなし」を目的とした空間が河原での遊興と並行して展開していった．その建物には，狭く細長い土地形状や水辺という立地を利用した先斗町ならではの構成がみられた．また，これらの構成は非日常の感覚を体験するための仕掛けであったという点で，河原の祝祭空間におけるしつらえと共通していた．

5.3 子供たちの遊び文化のための水辺空間

5.3.1 子供のための水と緑の遊び環境の価値[7]

(1) 水のある遊び場

水のある地形や環境は子供に非常に人気があり，また多様な水陸の野生動物を支え，すべてのレクリエーションの場の大きな美的構成要素になる．

水はその感覚的性質，つまり音，手触り，状態の変化（水，蒸気，場合によっては氷），濡れた感じなどによって遊びに非常に大きな価値をもっている．水は基本的な物質であり，子供（だけではないが）を引きつける限りない力をもっている．水は興奮させ，またくつろがせる．

水の遊び場は非常に多種多様な遊びと学ぶ機会，例えば，探検，釣り，野生動物の行動の観察，ものを浮かせることなどを可能にする．水は遊びの参加活動と水と子供，子供と子供の相互作用を誘発する可能性をもつ．

遊びに関連した水の物理特性を整理すれば，以下のようになろう．

① 水は生物にとって不可欠である．
② 水は驚くほど子供を引きつける力をもった遊び道具であり，その中で子供はすべての生命が水に依存していることを学ぶ．
③ 透明な水は土地や砂と結びつけられて，泥，湿った土，水を含んだ砂といった形をとる．
④ 水は地上の最も抵抗の少ない場をみつけて流れ落ちる．
⑤ 水は液体・固体・気体の形をとる．
⑥ 蒸気の場合，水はまわりの潜熱を奪い冷却作用をもつ．
⑦ 水に浮くものもあれば沈むものもある．

日本では数多くの水のある地形（水辺）を破壊してきたが，限りある水の地形は保存し，また再生・創生すべきであろう．自然の河川・小川，水路，池，水たまりは遊びを促す．一般に，水のある地形は湿原，池，小さな池，河川，小川や水路，溝などである．水遊びの場では，水は子供によってさまざまに使われる．水しぶきを立てる，水を注ぐ，砂や土と混ぜる，板を浮かべるなど．また，水の音も魅力的で重要である．可能な場所にはどこでも，遊びの要素として水を加えるべきであろう．そして，障害児や高齢者へ

の配慮を忘れてはならない．例えば，車椅子や松葉杖の障害者には，水は手の届きにくい地面にある場合が多く，自由に触ったり感じたり接触したりしにくい．

(2) 緑のある遊び場

樹木と草本は，日除け，野生小動物の住居，豊かな感覚，ゆったりとした空間，境界があいまいな空間，隠れることのできる空間，そして親しみやすい雰囲気を与えてくれる．

植物は本来的に，楽しい役割を果たす．それは，探検心そして発見心に満ちた遊びや空想，そして想像をかきたててくれる．微妙な色合いの変化を醸し出し，かくれんぼに最適である．木登りは本来誰でも好きな遊びである．樹木は，光と影，色合い，幹の模様，香り，やわらかさが混じりあうことによって遊び場をすばらしいものにしてくれる．水と植物に代わるものは遊び場の他の構成要素の中に見出しにくい．植物は，多彩な空間とはつらつとした雰囲気が不可欠な遊びを豊かにする．

樹木によって，子供どうしで遊ぶ機会が増え，体験と遊び道具を分かちあうことができる．植栽は最も重要な遊び場の構成要素の1つである．植栽は誰もが楽しめるし，体験を分かちあえるからである．もちろん，障害をもつ子供のために，枝が低い所にあったり地面をはっている木を選んだり，通路の近くに植栽し，樹木と触れあう体験ができるように配慮が必要である．

樹木と草本が遊び場の構成要素をどのように向上させるかを以下に示しておこう．

① 植栽によって遊びの枠が大きく広がる．例えば，植物採集，木登り，樹上の遊び，かくれんぼ，探検ごっこなど．

② 植栽は天候の変化を受けやすい．樹木は夏には木陰を作るし，（管理上の問題はあるが）冬の日光を透過させる落葉樹は特によい．

③ 植物は季節の移ろいや変化を知らせ，子供たちに，時間の感覚と自然のプロセスを教える．

④ 広葉の落葉樹はある程度の大雨の直接の影響を弱め，（集中豪雨は無理ではあるが，適当な）雨水の流出時間を延ばす．地表面の根茎システムは土壌を縛り，土砂流出の抵抗を強め，斜面崩壊などを食い止める．

⑤ 遊び場の規模・形・囲いは，全体的にも部分的にも植物で行えば，より多様な空間性と肌触りをもった場面が，人工の要素だけではできない複雑かつ微妙なものが作られる．植物の囲いは深みのある境界を与え，多様な形を生み出すことにより領域のあいまい性を増すから，子供たち（や親子あるいは恋人たち）のゲームや社交の相互作用の範囲を拡大する．

⑥ 運動の体験の質は，地形と関連した植物により大いに改善される．植栽は，道に沿って質感(texture)，香り，光り，陰，色合いといったシークエンスを作り出すために利用できる．視覚障害者のためには，竹や松のように年中音を立てる植物や秋

には風が枯葉を通過するときにいろいろな音を立てる植物の配置も大切であろう．
⑦　あらゆるタイプの植物は想像力をかきたてる遊びのための小道具と環境を提供してくれる．また，視覚的に特徴がある植栽もしくは目印となる植物は，人工の遊具がなくても遊び場であることを示してくれるだろう．そして，樹木と草木は水とともに全体として遊び場の美的価値を高めることになる．

(3) 動物のいる遊び場

　動物は子供に対して大きな治療的な力をもつ．動物は驚きと興味の源であり，子供たちが接し，話しかけ，感情を注ぎ込める対象でもある．動物は純粋な友人であり，接すれば接するほど親しくなるものである．こうした性質は，ヒト以外の生物とほとんど接したことがなく，ごく限られた自負心しかもたない子供にとっては特に重要なことである．イギリスのある遊び場において知的障害の青年が動物の世話係りになり，そのことを彼は大きな誇りとすることができた．彼は子供たちが生き物と接しているときには常に教師がいなくてはならないという状況を克服したと報告されている．

　遊びに適した動物は，危険のない虫や虫に類した生物，鳥，小動物，魚である．大部分の虫は人間にとって有益であり，人をかんだり，貴重なものを食べたり，病気を広げたりすることはなく，植物のある所には必ず虫が発生する．鳥には特殊な生息環境が必要とされる．子供にとって（社会問題になっている餌付け行動を除いて）鳥と親密になることは難しい．それでも，鳥は動き・色・さえずりなどで，遊び場に好ましい雰囲気をもたらす．ザリガニやカエルやカメなどは特に子供の目を引く．魚は何であれ，子供たちにとって非常に魅力的である．

　遊び場に野生生物を呼び寄せるための環境条件には2つの重要な要素がある．それは，隠れ家と水を含めた食料である．多くの場合，植物の存在が両方の条件を満たす．植物の存在によって生物の数と多様性は劇的に増加する．それは，特に虫，最初は草食の，後に肉食の虫において著しい．

　先駆植生では，昆虫・クモ・ヤスデ・ワラジムシなど小動物の生息地となり，次に両生類や爬虫類・鳥類などのより大きな動物の餌となり，そうした動物を周囲の環境から呼び寄せる．こうした移住過程と生物階層の形成を助けるため，周囲の（社会を含む）環境における野生生物の生態調査が有用である．

　特に，鳥の生活をサポートする環境条件は，食物と隠れ場所と巣作りの場である．鳥の基本的な要求は単純で，大きな樹冠から低木，下層の灌木の茂みや実のなる1年生や多年生の草など，また河川の自然堤防などで巣作りをするカワセミのような水鳥にはコンクリートでない土の斜面が必要となる．植物の多様性と餌となる動物の多様性が鳥のオアシスを作り出す．大都会の都市交通や子供の影響を受けようとも，水と緑と動物にとって大切な空間である．

5 水と緑の遊び空間論

5.3.2 子供たちの水辺と遊びのデザインクライテリア[2]

(1) **子供たちが描く水辺の絵**

前項では，子供の遊び場としての水と緑と動物の重要性を指摘した．ここでは，現実の大都会の水と緑と動物が存在する「ほとんど嫌われている水辺」空間を取り上げ，子供たちのイメージする水辺とは何かを考えよう．未来を背負う子供たちにとって重要な遊び環境である水辺に対する彼らあるいは彼女らの声を反映し，「ほとんど好きな水辺」になってもらうための水辺計画の方法論の一部を示しておこう．

まず，横浜市の19小学校区の小学生3・4年生8000人に近くの水辺の好き嫌いを聞いたところ，「好き」と答えた小学生は15～30％で，水辺へ「よく行くか」に「行く」と答えたものは40～55％であった．横浜の水辺は「近くに水辺がない」「きたない」が嫌いで行かない理由であった．横浜の水辺は総体として魅力がないのである．だからこそ，子供たちのために，水辺の環境創生計画が意味をもつ．

以上のことから，子供たちに水辺の現況や望んでいる具体的なイメージを絵に描いてもらい分析にかけた．絵画情報処理プロセスを図5.3.1に示しておこう．

まず，1枚の絵から
① 絵を構成している要素，
② 要素の位置関係（距離・角度・座標など），
③ 要素の特色（大きさ・色・形・数・模様など），

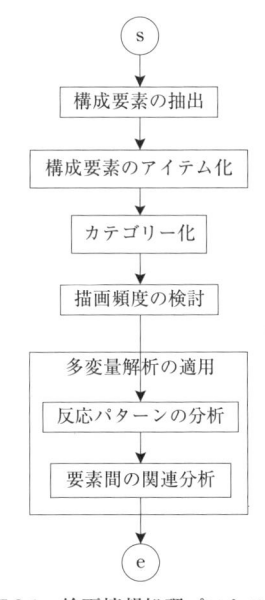

図5.3.1 絵画情報処理プロセス

表 5.3.1　絵画情報の構成要素

描写場所	水辺の絵に描かれていた要素
水辺の種類	川, 湖, 川辺にある池, 丸木で囲まれた池, 石で囲まれた池, 小川, 流れが緩やかな川, プール, 温水プール, 海, 砂浜, 小島, 浅い川 (池), 滝
水の中	・きれいな水 ・泳いでいる魚, 蟹, ザリガニ, 水すまし, くちぼそ, 亀, 鯨, 貝, どじょう, フナ ・水鳥, 蛙, 水草 ・昆虫, 螢, 猿や犬などの動物 ・水泳, ダイビング, ボート, 冬にスケートができる川, スケート場, 水遊び, サーフィン ・川底の石, 飛び石, 川に降りる階段 ・小さな水路が流れる運動公園, 遊園地, 噴水, 水車, 滝, アスレチック公園 ・海洋公園, 海中ホテル
水辺の中	・(プールに落ちる) 滑り台, ブランコ, 鉄棒, シーソー ・ベンチ, テーブル, 椅子 ・橋, 吊り橋 ・パラソル ・石段になっている岸, 自然な (草花や石のある) 川岸, 木の柵, 土手, コンクリート護岸, 砂場 ・広い河川敷, 大きな広場, グランド, 安全な遊び場 ・釣り, 魚とり, 虫とり, 写生, 散歩, 昼寝, 見晴らし台, 洞窟, 水族館
水辺の周辺	・芝生, 雑草, (桜) 並木, 野原, 木, 林, 森, 花畑, 花壇 ・自動販売機, トイレ, ゴミ箱, 休憩所, 売店, タコ焼き屋 ・山, 民家, ロープウェイ ・並木道, コンクリートの道路, サイクリングコース, 散歩道, ハイキングコース, バードウォッチング ・案内標識, 宝くじ売り場 ・キャンプ場, たき火, ピクニック, など

に着目して，以下説明することにしよう．

　図に示すように，まず絵を構成している要素を抽出し整理する．これを構成要素のアイテム化と呼ぶ．次に，アイテム化された要素に対して，要素の特性をもとに分類を行う．これをカテゴリー化と呼ぶ．このような情報処理により，絵に描写される要素の頻度が統計的に分析できる．そして，多変量解析などを行うことにより，「ぼくの，わたしの，みんなの水辺」がイメージできることになる．

　表 5.3.1 は，子供たちが描いた水辺の絵から，その構成要素を抽出したものである．図 5.3.2 に構成要素 (アイテム) と描画頻度を示す．ここでは，得られた構成要素の内容を

5 水と緑の遊び空間論

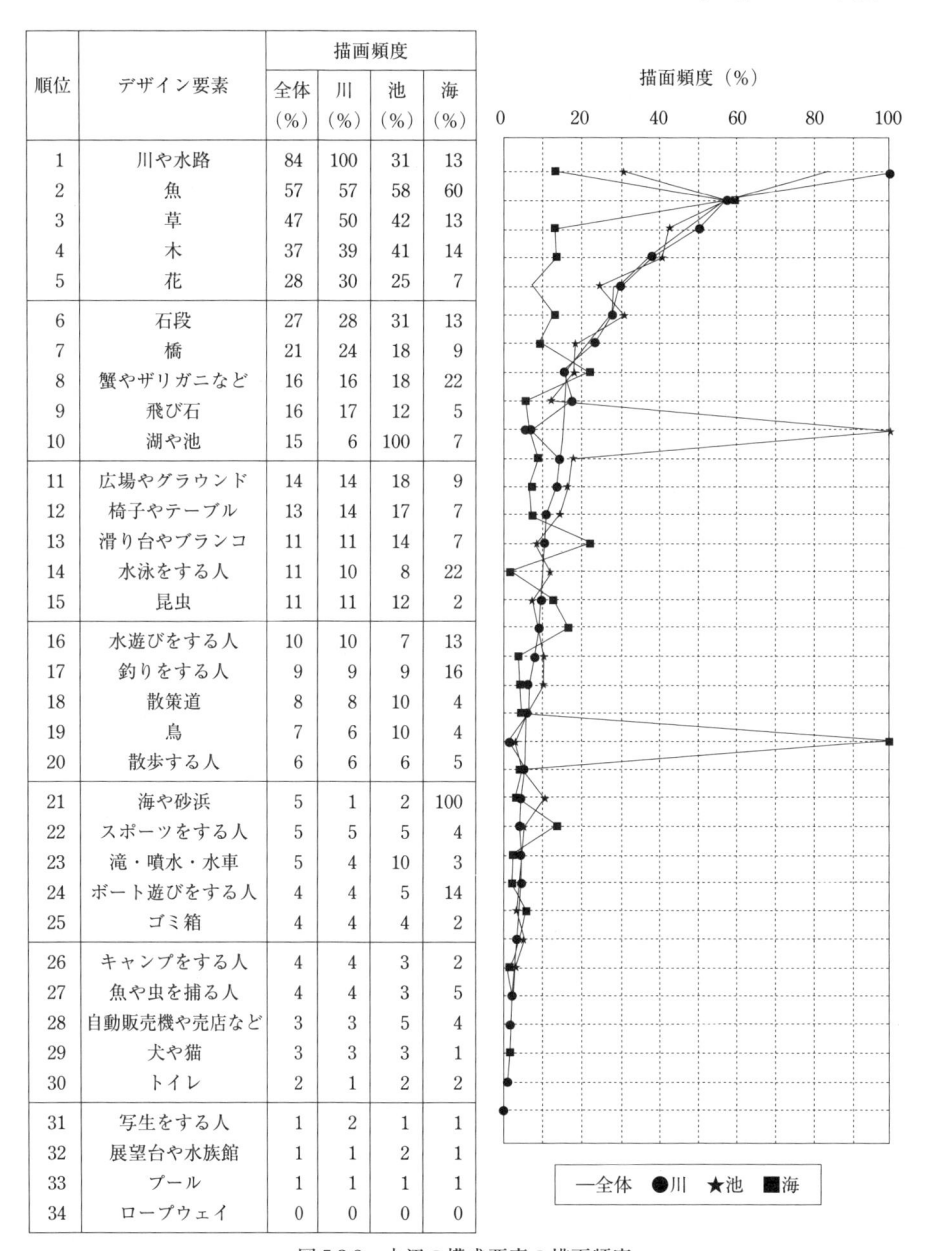

順位	デザイン要素	描画頻度			
		全体(%)	川(%)	池(%)	海(%)
1	川や水路	84	100	31	13
2	魚	57	57	58	60
3	草	47	50	42	13
4	木	37	39	41	14
5	花	28	30	25	7
6	石段	27	28	31	13
7	橋	21	24	18	9
8	蟹やザリガニなど	16	16	18	22
9	飛び石	16	17	12	5
10	湖や池	15	6	100	7
11	広場やグラウンド	14	14	18	9
12	椅子やテーブル	13	14	17	7
13	滑り台やブランコ	11	11	14	7
14	水泳をする人	11	10	8	22
15	昆虫	11	11	12	2
16	水遊びをする人	10	10	7	13
17	釣りをする人	9	9	9	16
18	散策道	8	8	10	4
19	鳥	7	6	10	4
20	散歩する人	6	6	6	5
21	海や砂浜	5	1	2	100
22	スポーツをする人	5	5	5	4
23	滝・噴水・水車	5	4	10	3
24	ボート遊びをする人	4	4	5	14
25	ゴミ箱	4	4	4	2
26	キャンプをする人	4	4	3	2
27	魚や虫を捕る人	4	4	3	5
28	自動販売機や売店など	3	3	5	4
29	犬や猫	3	3	3	1
30	トイレ	2	1	2	2
31	写生をする人	1	2	1	1
32	展望台や水族館	1	1	2	1
33	プール	1	1	1	1
34	ロープウェイ	0	0	0	0

―全体　●川　★池　■海

図 5.3.2　水辺の構成要素の描画頻度

335

① 対象としている水辺の種類，
② 水辺を構成している素材，
③ 絵の中に描かれている遊びの種類，

について分類し，各分類の中で類似する要素を統合し，全部で34アイテムに集約している．そして，ここでは，簡単のために，アイテム化した構成要素の0-1型のデータでカテゴリー化している．

さて，図5.3.2に進もう．描画頻度の高いアイテム，「川や水路，魚，草木，花，石段，橋など」は，小学生が水辺というキーワードに対して当然のように思いつくアイテムである．これらは，水辺計画の必要な構成要素であろう．これに対して，描画頻度の低いアイテム，「トイレ・ゴミ箱・自動販売機」は直接的に水辺とは結びつかないものの，水辺計画の構成要素と理解できよう．

子供たちが絵の中に描いている要素の種類（各アイテムの反応パターン）をもとに，数量化第Ⅲ類により総合説明軸を求めると，図5.3.3のようになる．

そして，第1軸：噴水や石などによる水辺の演出を表す軸，第2軸：自然素材と人工素材を分離する軸を得た．この2つの総合説明軸により小学生が望む水辺を分類すれば，図5.3.4に示すように大きく，①自然指向（静），②施設指向（受動），③遊び指向（能動）の3つに分けることができる．

以上の分析とは別に，この小学生たちに「自宅近くにあるよい水辺の形態」を選択式に聞いてみたところ，図5.3.5を得た．

この図からも明らかなように，「中に入って，水遊びができる小さい川」が圧倒的に多かった．私たちが問うた「子供たちは，水辺（川）で何をしたいのか」という解は「遊び」である．子供たちの約8000枚の絵には，それぞれの子供のそれぞれの思い入れや気持ちが投影されている．それを切り刻んで分析したことに慙愧の念を感じえない．そこで，子供たちの描いた約8000枚の絵をもとに，最大公約数的に総合化したイラストレーションを示せば，口絵のようになった．なお，この図は子供たちが描いたすべての構成要素，例えば数少ないが女子小学生にとって重要なトイレも描いてある．

(2) 遊びのデザインクライテリア
1） 遊びのための水辺計画目標

子供の「遊び」項目と水辺の「形態・属性」の数量化理論第Ⅰ類を用いた関連分析結果を表5.3.2に示しておこう．

特徴的なことを述べれば，水辺の属性のうち水質は「水遊び」のみ有意であったが，他の「遊び」項目では効かなかった．また，周辺の土地利用は「写生」のみ有意であった．「護岸形態」は「採集」と「水遊び」を除く他のすべての「遊び」項目と関連し，「アプローチ」は「スポーツ」と「写生」を除く項目と関連する．いちばん多く関連するのは「景観」であって，水辺を人工的な景観にするか，あるいは（借景も含めた）自然的なも

5 水と緑の遊び空間論

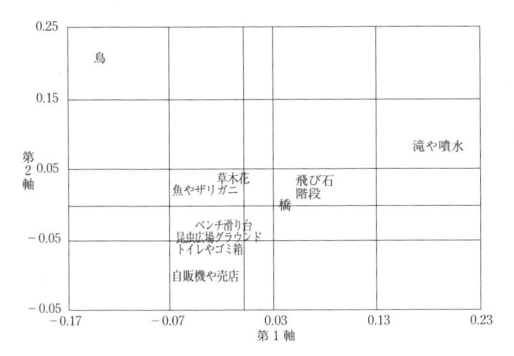

図 5.3.3 カテゴリー数量

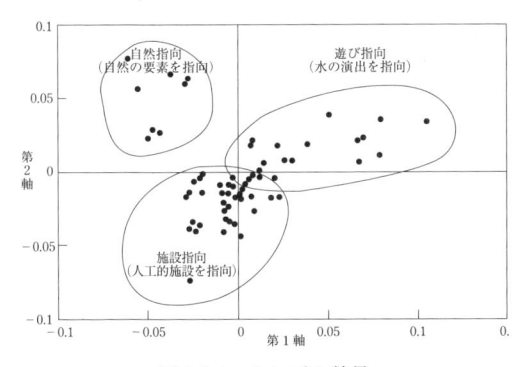

図 5.3.4 サンプル数量

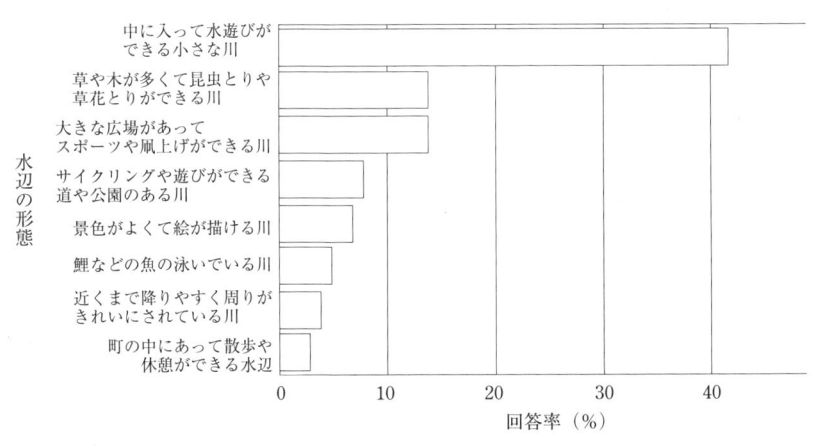

図 5.3.5 自宅近くにあるとよい水辺

のにするかによって，水辺の「遊び」の選択に大きな影響を与えることがわかる．「スポーツ」では，人工的な景観，「水遊び」では自然的な景観が大きな説明要因となり，画

337

表 5.3.2　遊びの種類と水辺の形態・属性の関連

水辺形態＼遊び	スポーツ レンジ	スポーツ 係数	花虫採集 レンジ	花虫採集 係数	写生 レンジ	写生 係数	水遊び レンジ	水遊び 係数	魚捕り レンジ	魚捕り 係数	サイクリング・散歩 レンジ	サイクリング・散歩 係数
周辺土地利用					○	○	○		○		○	○
水辺周辺	○	○			○	○			○	○	○	○
護岸勾配	○	○		○	○		○		○	○	○	○
アプローチ			○	○			○					
アクセス												
水路敷き			○		○	○			○	○		○
雑草						○						
草木花						○	○		○			
景観	○		○	○	○		○		○		○	○
水質			○				○		○	○		○
水のにおい			○				○		○			

(注)　レンジ：○はレンジが大きくカテゴリースコアが序列化している要因．
　　　係数：○は偏相関係数が 0.8 以上を示す．

表 5.3.3　遊びの種別と水辺形態要因

	行動種別	遊びの場としての主な形態要因
1	スポーツ	護岸勾配，水辺周辺，景観（人工的）
2	花虫採集	景観（自然的），護岸勾配
3	写生	周辺土地利用，水辺周辺，護岸勾配，水路敷き
4	水遊び	水質，景観（自然的）
5	魚とり	水路敷き，護岸勾配，景観
6	サイクリング・散歩	水路敷き，水辺周辺，護岸勾配，景観

一的に自然型がよいだろうというような発想では水辺計画ができないことがわかる．

　分析結果を「遊び」の項目と計画で考慮すべき形態・属性要因を用いて整理すれば，表 5.3.3 と図 5.3.6 を得る．当然横浜のような大都市では土地代も高く狭いことが想定されるから，あらゆる「遊び」を想定した水辺計画は，現実問題として不可能である．しかし，大都市であるがゆえに，これらの図表から「遊び」を中心とした水辺のデザインの組み合わせにより，多くの水辺の嫌いな小学生が好きになるように，水と緑と動物の遊び場をデザインする努力が必要であることを強調したい．

　次に，小学生からみた，望ましいジオ・エコの水辺のデザインクライテリアを表 5.3.4 に示しておこう．なお，前述の 19 の小学校の近接水辺に対する小学生の好感率〔(好き/行く)サンプル数/全サンプル数〕に対応した各属性指標の出現割合（頻度）を算定し，好感率別水辺属性を明らかにしよう．ここで，好感率大は 0.25 以上，普通は 0.10 程度，小は 0.05 以下としている．

5 水と緑の遊び空間論

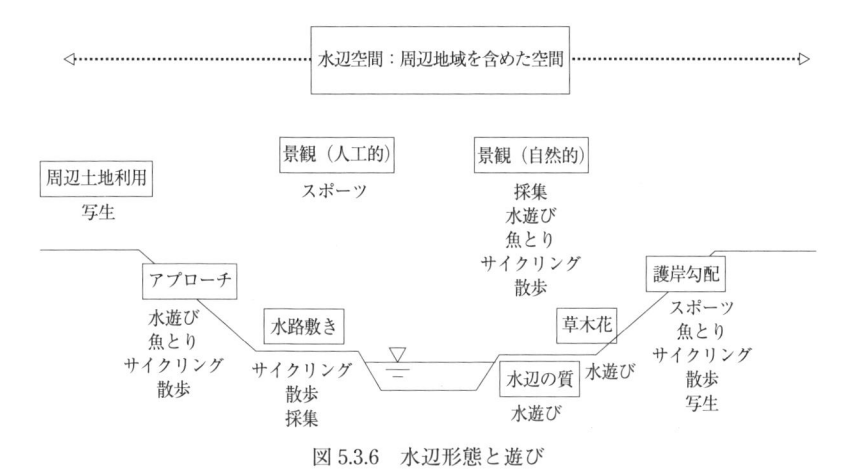

図 5.3.6 水辺形態と遊び

表 5.3.4 小学生の水辺好感率からみたデザインクライテリア

項　目	子供の水辺好感率ランク		
	好感率　大	好感率　普通	好感率　小
(1)理化学指標			
① BOD	1.8 ± 1.9	7.3 ± 3.6	15.8 ± 13.3
② DO	7.4 ± 2.4	6.5 ± 1.3	2.1 ± 1.4
③ T-N	1.2 ± 1.3	5.6 ± 4.8	6.4 ± 5.1
④ NH_4-N	0.1 ± 0.04	2.0 ± 1.6	3.6 ± 2.8
(2)生物指標			
①魚類	魚類 1	魚類 3	魚類 4
②底生生物	$os \sim \beta m$	αm	$\beta p \sim \alpha p$
③藻類	藻類 1	藻類 2〜3	藻類 3〜4
(3)物理指標			
①流速	0.2〜0.5 m/秒	0.2〜0.5 m/秒	0.5 m/秒以上
②水深	20 cm 未満	20〜40 cm	40 cm 以上
③流れ幅	2 m 未満	5 m 以上	5 m 以上
④底質	礫・砂	礫・砂	砂・泥
⑤形態	瀬・淵	瀬・淵	淵

2)　五感のデザイン

　すでに述べたように，子供たちが意識している水辺の基本的なデザイン要素は「水路・川・魚・草・木・花」などで，遊びは「水泳・水遊び・釣り・散歩・スポーツ」などであった．ここに*，水辺デザインの基本目標として「安全性」「アクセスビリティ」

---

*水辺計画者が横浜の水辺の調査から得た知見をもとに行ったブレーンストーミングの結果を KJ 法と ISM 法で作成した．

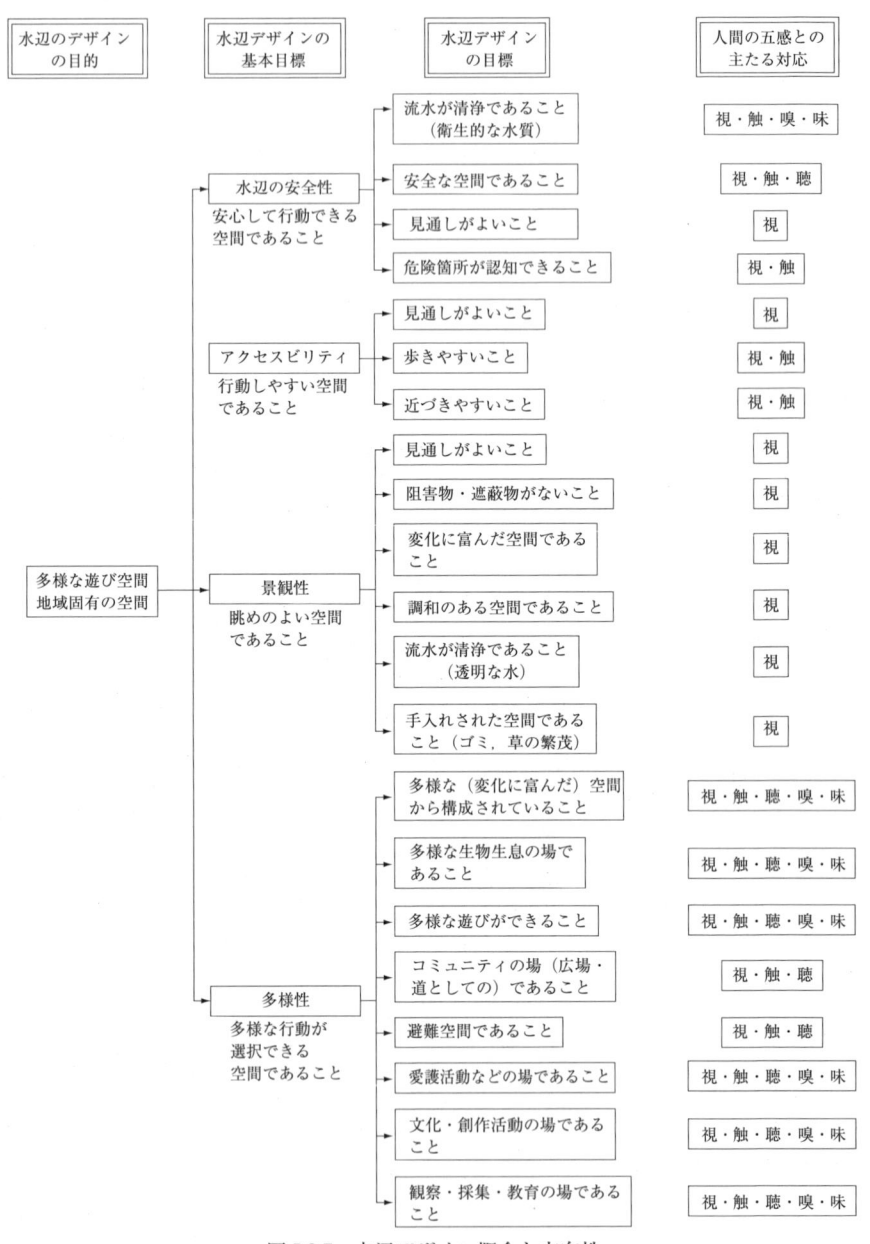

水辺のデザインの目的	水辺デザインの基本目標	水辺デザインの目標	人間の五感との主たる対応
多様な遊び空間 地域固有の空間	水辺の安全性 安心して行動できる空間であること	流水が清浄であること（衛生的な水質）	視・触・嗅・味
		安全な空間であること	視・触・聴
		見通しがよいこと	視
		危険箇所が認知できること	視・触
	アクセスビリティ 行動しやすい空間であること	見通しがよいこと	視
		歩きやすいこと	視・触
		近づきやすいこと	視・触
	景観性 眺めのよい空間であること	見通しがよいこと	視
		阻害物・遮蔽物がないこと	視
		変化に富んだ空間であること	視
		調和のある空間であること	視
		流水が清浄であること（透明な水）	視
		手入れされた空間であること（ゴミ，草の繁茂）	視
	多様性 多様な行動が選択できる空間であること	多様な（変化に富んだ）空間から構成されていること	視・触・聴・嗅・味
		多様な生物生息の場であること	視・触・聴・嗅・味
		多様な遊びができること	視・触・聴・嗅・味
		コミュニティの場（広場・道としての）であること	視・触・聴
		避難空間であること	視・触・聴
		愛護活動などの場であること	視・触・聴・嗅・味
		文化・創作活動の場であること	視・触・聴・嗅・味
		観察・採集・教育の場であること	視・触・聴・嗅・味

図 5.3.7 水辺デザイン概念と方向性

「景観性」「多様性」を組み合わせ，子供たちの五感がどのように関係するかを示したものを図 5.3.7 と表 5.3.5 に示しておこう．

これらの図表は，一般的・概念的なものである．実際の水辺整備では，種々の制約があるため，どの目標にも同じ「重み」を与えることはできない[*]．しかしながら，少なくとも何が「欠落」しているかはわかり，将来的な課題が明示できる．また，複数の水辺プロジェクトが存在するとき，どのプロジェクトのどのような目標を重視するかを，子供たちのために，都市全体で考える場合に有効となろう．つまり，複数のプロジェクトの代替性あるいは補完性を考慮することにより，大都市内に多様な水辺空間を創造することが可能となる．同時に，このことが水辺からみた「都市構造」のあり方を考える基本となる．これから，特に子供たちや高齢者，あるいは障害者の感性が全開するような「水と緑と動物」の水辺計画が重要なのである．

5.4 都市域河川の水辺デザイン

5.4.1 水辺の機能と水辺デザイン仮説とその検証[4]

図5.3.7に示すように，水辺は多くの機能を有している．まず，流れの清涼感や躍動感，水の音の心地よさなど，水そのものや，水辺空間のもつ開放感，自然回帰感など人々に働きかける情感機能，水辺のもつ広場や道，水面での水遊びや釣り，さまざまな遊び，散歩などの遊び場機能，さまざまな生物をはぐくむ生態機能，生物などの観察・採集，写真・絵画，俳句・詩・文学作品などの創作を喚起する文化機能，災害時の消防用水や避難空間などの防災機能，などである．なお，ここで述べる水辺空間は狭義の意味で，周辺を山々などで囲まれた京都の鴨川などのような風景を含まない，高層あるいは低層の建築群で囲まれた大都市域の水辺をイメージして議論を行う．

表5.4.1は，水辺景観の構成要素が水辺の機能を介して水辺の魅力にいたるプロセスを概念的に示したものである．このように多くの構成要素が多様な機能を介し，それらが総体として水辺の魅力を形成しているわけであるが，基本的な機能として，情感機能，遊び場機能，生態機能を挙げることができる．まず，水辺に流水がなければ水辺は枯れ川と化し，それに伴い他の機能は半減するであろう．水の流れのもつさまざまな表情と機能は，水辺デザインの根本的な要素である．次に，遊び場機能は，水辺でのさまざまな遊び行動選択が可能となる，あるいは行動しやすい空間であることを意味する．生態機能は，無機質になりがちな都市環境に豊かな自然生態景観を形成する．そして，これらの機能は文化機能に誘い，災害時などの非常時においても防災機能をより有効に発現させるための基本的な機能といえる．このような考えから，水辺デザインの3つの機能として，水の流れ（情感機能），水辺の形状（遊び場機能），生物の生息（生態機能）を取り上げ，これらの評価構造（デザイン要素─水辺の魅力）を明らかにすることが重要と

---

[*]このようなことをすれば，まさに金太郎飴的な水辺ばかりをつくることになる．

表 5.3.5 水辺デザインの方向性

水辺デザインの基本目標	水辺デザインの目標	水辺	
		水	水辺の周辺
安全性 安心して行動できる空間であること	流水が清浄であること（衛生的）		
	安全な空間であること		両岸に歩行空間があること
	見通しがよいこと		周辺から見渡せること
	危険箇所が認知できること		案内表示などがあること
アクセスビリティ 行動のしやすい空間であること	見通しがよいこと		周辺から見渡せること
	歩きやすいこと		両岸に歩行空間があること
	近づきやすいこと		兼用道路などの横断部の処理 遊歩道，サイクリング道との連結
景観性 眺めがよい空間であること	見通しがよいこと		オープンスペースの規模に対応した処理
	阻害物・遮蔽物がないこと		高架道路，軌道などによる遮断，背景の違和感の処理
	変化に富んだ空間であること		多様な河道線形（自然的一人工的）処理（周辺隣接緑地などとの連携）
	調和のある空間であること		周辺景観との調和（人工的，自然的，疑似自然的空間との調和）
	流水が清浄であること（透明感）		
	手入れされた空間（ゴミ，草の繁茂）		ゴミ，雑草の処理
多様性 多様な行動が選択できる空間であること	多様な空間（変化に富んだ）で構成		
	多様な生物生息の場であること		隣接空間との連携
	多様な遊びができること		散策路ネットワーク
	地域住民の交流の場であること		散策路，避難経路
	文化創造の場であること		同上
	避難空間であること		同上

5 水と緑の遊び空間論

辺のデザイン要素		
辺の構造		
堤防・護岸	水路敷き	流路部
		安全な水質（大腸菌，病原菌などがない）であること 腐臭，下水臭のないこと，ヘドロ・腐敗物などの処理
法勾配と材質の処理 坂路・階段の設置 転落防止策	危険物（ゴミ溜，窪み，放置された茂み，粗大ごみなど）の処理	砂洲，低水路敷などの水際処理 水路・底質の処理 転落防止策
工作物，雑草群の繁茂などによる遮断の処理	同左	雑草・藻類の繁茂などの処理
フェンス柵などで遮断表示板などの設置	同左	同左
工作物，フェンス，雑草群の繁茂などによる遮断の処理	同左	同左
法勾配と材質の処理坂路・階段などの設置	整地，道，広場の設置	砂洲，低水路敷などの水際処理水路底質の処理
工作物，フェンス，雑草等の繁茂などによる遮断の処理	工作物，雑草等の繁茂などによる遮断の処理	同左
工作物，フェンス，雑草等の繁茂などによる遮断の処理	同上	同左
工作物，フェンス，雑草等の繁茂などによる遮断の処理	同上	同左
自然的―人工的，アクセントおよび日陰の植栽処理	同左	自然的―人工的，瀬淵，落差工，流量感，変化のある流れ，低水路などの処理
工作物，フェンス，雑草などとの混在の処理	工作物，雑草などとの混在の処理	同左
		底質，ゴミ，藻類の繁茂，水色，浮遊物などの処理
同左	同左	同左
変化に富んだ形状・素材の処理	オープンスペース，道，広場などの配置	自然的―人工的，瀬淵，落差工，植生などの処理
堤防・護岸の素材（人工的―自然的）の処理	樹木，草，花，茂みなどの配置	水面，魚，鳥，藻類生息空間処理
散歩，観察，採集，写生，遊びなど	散歩，スポーツ，観察，採集，写生，遊び，イベントなど	魚釣り，魚とり，水遊び，観察，採集，写生など
道などの配置	広場，道などの配置	道，水際，水面などの配置
同上	同上	同上
同上	同上	同上

表 5.4.1 水辺デザインの情報変換過程

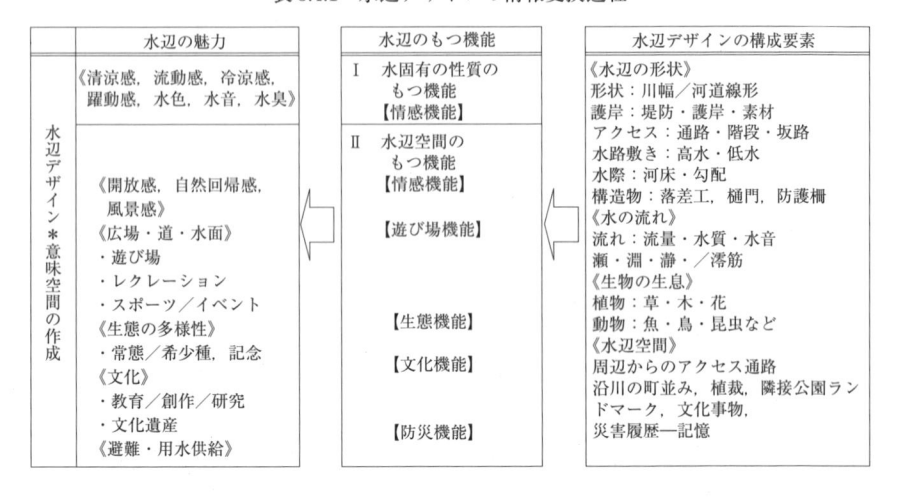

水辺の魅力	水辺のもつ機能	水辺デザインの構成要素
水辺デザイン＊意味空間の作成 ← 《清涼感，流動感，冷涼感，躍動感，水色，水音，水臭》 《開放感，自然回帰感，風景感》 《広場・道・水面》 ・遊び場 ・レクレーション ・スポーツ／イベント 《生態の多様性》 ・常態／希少種，記念 《文化》 ・教育／創作／研究 ・文化遺産 《避難・用水供給》	I 水固有の性質のもつ機能 【情感機能】 II 水辺空間のもつ機能 【情感機能】 【遊び場機能】 【生態機能】 【文化機能】 【防災機能】	《水辺の形状》 形状：川幅／河道線形 護岸：堤防・護岸・素材 アクセス：通路・階段・坂路 水路敷き：高水・低水 水際：河床・勾配 構造物：落差工，樋門，防護柵 《水の流れ》 流れ：流量・水質・水音 瀬・淵・瀞・／澪筋 《生物の生息》 植物：草・木・花 動物：魚・鳥・昆虫など 《水辺空間》 周辺からのアクセス通路 沿川の町並み，植栽，隣接公園ランドマーク，文化事物， 災害履歴―記憶

なる．

(1) **水辺の調査**[9]

調査河川は，総合治水対策特定河川の1つであり，典型的な都市河川である鶴見川水系のうち，河川整備形態の異なる次の3区間を選定した．各河川の概要は表5.4.2に示すとおりである．

調査は，春夏秋冬にわたる調査とし，5～8人の水の専門家で行った．表5.4.3に調査日と員数，およびその際行ったSD（Semantic Diffevential）法によるイメージ尺度項目を表5.4.4に示す．項目の選定は，調査メンバーで水辺のイメージ評価に関するブレーンストーミングを行い，その結果得られた31項目について示したものである．これら項目は，大きく水辺の状態を記述する尺度，および総合的な印象を記述する好感尺度に分類できる．また調査時には，調査メンバーにカメラを渡し，好きな構図，および嫌いな構図を1河川当たり5枚ずつ割り当て，その理由の記述を求めた．

(2) **水辺デザイン仮説とその実証**[8)9)]

ここではまず，選定した31項目間の関連構造を作成する．さらに，関連構造と先に述べた水辺の機能（水の流れ・水辺の形状・生物の生息）を念頭に，水辺デザイン仮説を構築する．そして，これら仮説に多変量解析（数量化理論第II類・共分散構造分析）を適用し，仮説の検証と水辺の魅力を向上させるための水辺デザイン要素の抽出を行う．

(3) **水辺イメージ尺度の構造と水辺デザイン仮説**

図5.4.1は，31項目の水辺イメージ尺度間の因果関係に注目し，ISM手法により尺度

表 5.4.2 調査河川の概要

対象地区	矢上川 （中吉橋〜井田桜橋） $L ≒ 900\,\mathrm{m}$, $W ≒ 25\,\mathrm{m}$	梅田川 （梅田川橋〜念珠橋） $L ≒ 700\,\mathrm{m}$, $W ≒ 15\,\mathrm{m}$	恩田川 （鹿島橋〜旧高瀬橋） $L ≒ 500\,\mathrm{m}$, $W ≒ 30\,\mathrm{m}$
写真			
概要	沿川のほとんどが宅地化され，河道は三面コンクリート張り，両岸の道路に歩道はなく，幹線道路の抜け道として車が通行している．BOD75％値が6.6 mg/L（1997年度，矢上川橋）であり，環境基準E類型を満たしている．	沿川に緑地（森林・農地）が残され，谷戸地形の風景が今も読みとれる．対象区間は，多自然型の水辺整備がされ，河道拡幅と緩傾斜護岸による拠点スペースの整備もみられる．BOD平均値が2.3 mg/L（1996年度，新治橋）であり，環境基準D類型を満たしている．	沿川は低層住宅地であり，川の両岸には歩行者・自転車専用道路が整備され，河道拡幅による拠点スペース，ポケットパークも整備されている．河床勾配が急なため落差工が多く設置されていることが特徴である．BOD75％値が11.0 mg/L（1997年度，都橋）であり，環境基準D類型を満たしていない．

表 5.4.3 調査手順と調査項目

回数	日時	季節	天候	人数	調査内容	観察地点
第1回	1998年5月30日（土）	初夏	くもりのち晴れ	8	SD法 写真撮影	矢上川，梅田川
第2回	1998年9月15日（祝）	台風の後	くもり一時雨	5	SD法 写真撮影	矢上川，梅田川，恩田川
第3回	1999年1月30日（土）	冬	晴れ	6	SD法 写真撮影	矢上川，梅田川，恩田川
第4回	1999年4月4日（日）	春（桜）	晴れ	6	SD法 写真撮影	矢上川，梅田川，恩田川

間の構造を描いたものである．図より，水辺の評価構造は，水辺の好感度イメージに対して，水そのもののもつ状態，生物の生息状況，さらに水辺への接近のしやすさなどにより構成される．先に示した水辺の機能に照らした場合，水の流れ（情感機能），水辺の形状（遊び場機能），生物の生息（生態機能）が該当する．以上の構造を水辺デザイン仮説として図5.4.2に示す．

表 5.4.4 水辺イメージ尺度

項目	水辺イメージ尺度
水辺の状態尺度	1. 水がきれい―汚い　　2. いやなにおいがしない―する　　3. ゴミが少ない―多い 4. 水量が多い―少ない　　5. 木が多い―少ない　　6. 花が多い―少ない 7. 草が多い―少ない　　8. 魚が多い―少ない　　9. 昆虫が多い―少ない 10. 鳥が多い―少ない 11. 人が多い―少ない　　12. 遊歩道や歩道が多い―少ない　　13. 堤防が緩やか―急勾配 14. 遊ぶ場所が多い―少ない　　15. 公園が多い―少ない　　16. 休む場所が多い―少ない 17. トイレが多い―少ない　　18. 駐車(輪)場が多い―少ない　　20. 歩きやすい―にくい 22. 水際まで降りやすい―降りにくい　　23. 危険を感じない―感じる 24. 気軽に行ける―行けない　　25. 場所がわかりやすい―わかりにくい
好感尺度	19. 風景や景観が良い―悪い　　　　　　21. 静かである―騒がしい 26. 親しみやすい川―親しみにくい川　　27. 眺めていたい川―眺めていたくない川 28. 水に触れたくなる川―触れたくない川　　29. 入りたくなる川―入りたくない川 30. 泳ぎたくなる川―泳ぎたくない川　　31. 全体的に良い印象―悪い印象

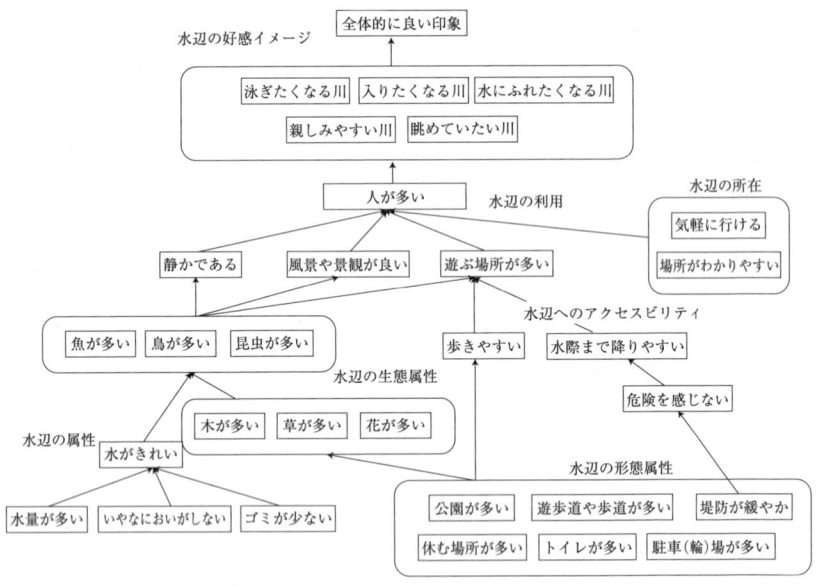

図 5.4.1 ISM 手法による意識尺度間の構造

5 水と緑の遊び空間論

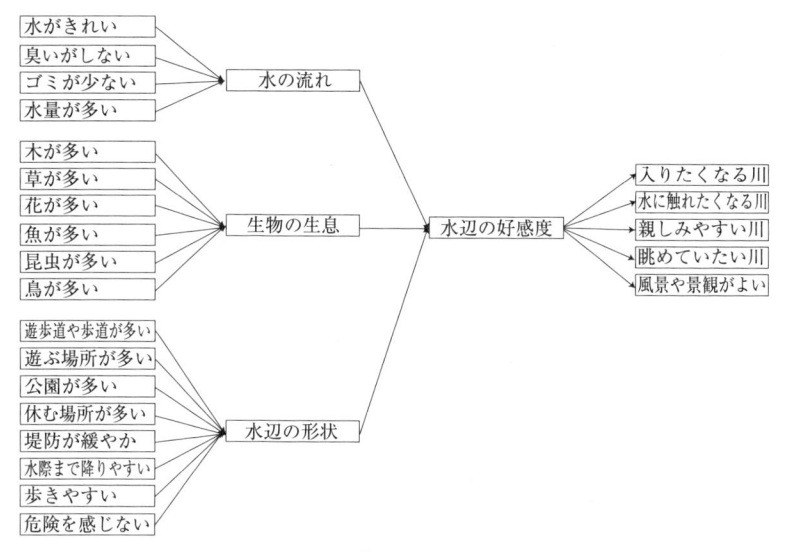

図 5.4.2 水辺デザイン仮説

(4) 数量化理論第Ⅱ類による水辺デザイン要素の抽出

ここでは，水辺の印象の「良し・悪し」を外的基準とし，これに数量化理論第Ⅱ類を適用し，有意義な判別要因の構成の視点から，水辺デザイン要素の抽出を行う．

1) 「水の流れ」の分析

図 5.4.3 に示すように，判別要因としての順位は，カテゴリーレンジでみた場合，「ゴミが少ない」，「臭いがしない」，「水量が多い」，そして「水がきれい」である．相関比，判別効率はそれぞれ，0.69，90％である．

2) 「生物の生息」の分析

図 5.4.4 に示すように，判別要因としての順位は，「木が多い」，「昆虫が多い」，「草が多い」，そして「鳥が多い」などである．相関比，判別効率はそれぞれ，0.89，96％である．

3) 「水辺の形状」の分析

図 5.4.5 に示すように，判別要因としての順位は，「遊歩道や歩道が多い」，「堤防が緩やか」，「水際への降りやすい」，そして「休む場所が多い」である．相関比，判別効率はそれぞれ，0.99，100％である．

以上を要約すると，被験者が選好する水辺空間は，例えば「ゴミや臭いのない，水辺の周辺は鳥や昆虫の生息する木や草など緑豊な空間であり，よく整備された遊歩道と緩やかな堤防など，水際へ誘う空間」という表現も可能となる．

5.4.2 共分散構造分析による水辺デザイン要素の抽出[10]

ここでは，水辺デザイン要素の抽出のため，水辺の好感尺度を記述する状態尺度の関

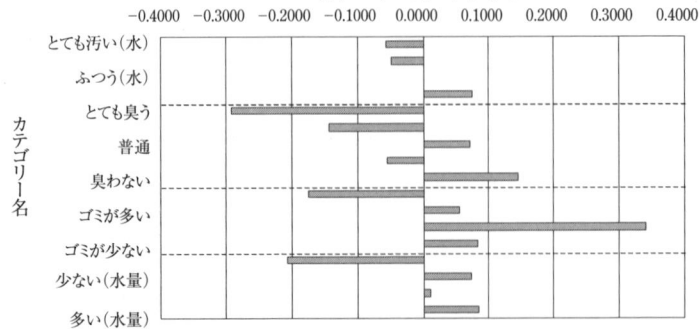

図 5.4.3　数量化理論第Ⅱ類による分析結果（水の流れ）

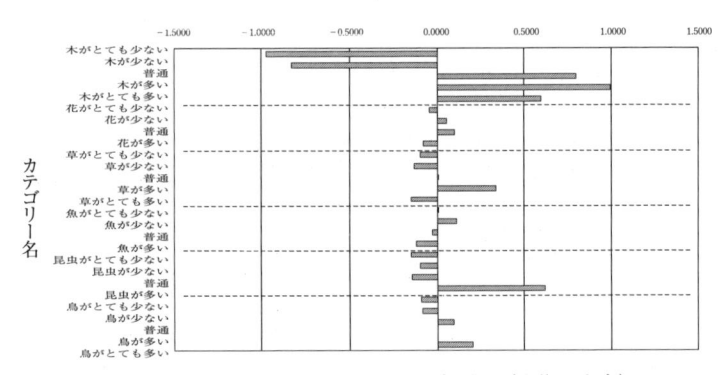

図 5.4.4　数量化理論第Ⅱ類による分析結果（生物の生息）

連を共分散構造モデル[11]で分析する．こうした尺度間の因果関係を記述する代表的なモデルとして，MIMIC (Multiple Indicator Multiple Cause) モデルを採用する．MIMIC モデルは尺度間の因果関係をパス図として表現する．この関係は，潜在変数を介して，構造方程式と測定方程式によって次式のように表現される．

　　　　構造方程式　　　$\eta = \alpha x + \zeta$
　　　　測定方程式　　　$y = \beta \eta + e$

ここに，α，β は因果係数，ζ，e は誤差関数である．以下では，潜在変数として先に示した仮説，「水の流れ」，「生物の生息」，「水辺の形状」を仮定し，意識尺度構造を分析する（図 5.4.6 ～図 5.4.8）．

5 水と緑の遊び空間論

カテゴリースコアグラフ

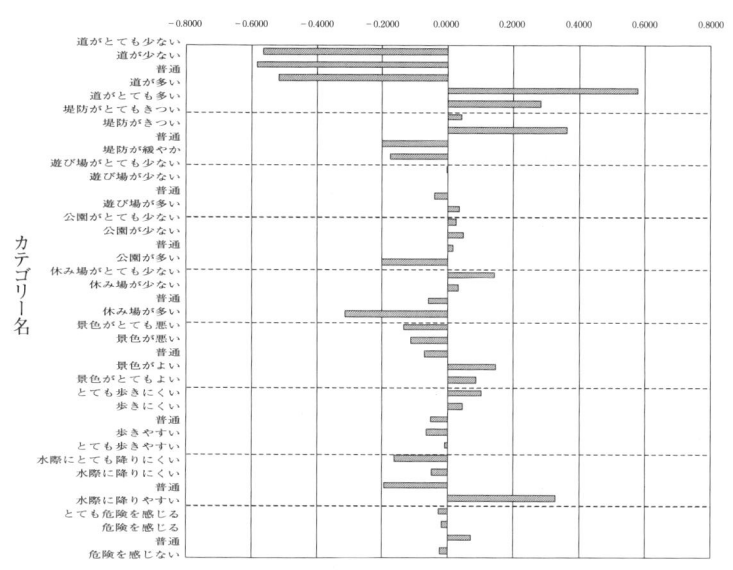

図 5.4.5 数量化理論第Ⅱ類による分析結果（水辺の形状）

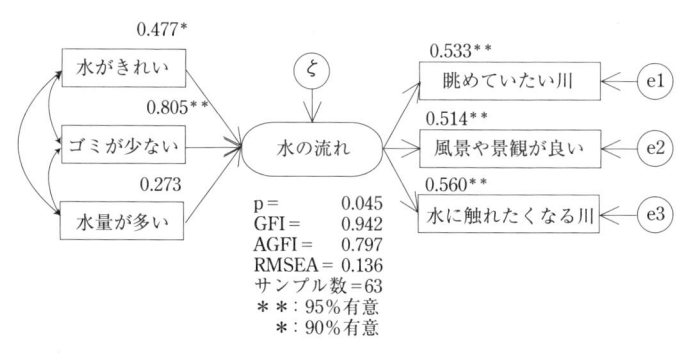

図 5.4.6 「水の流れ」の分析

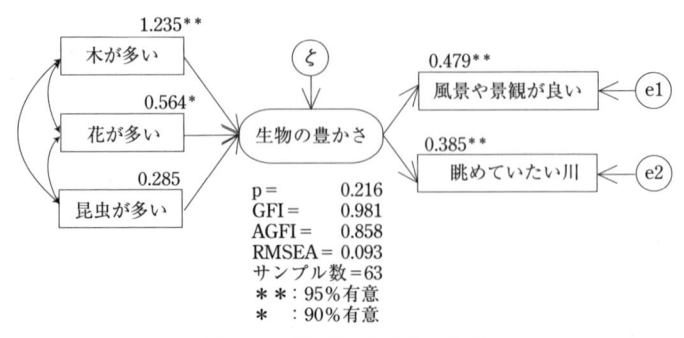

図 5.4.7 「生物の生息」の分析

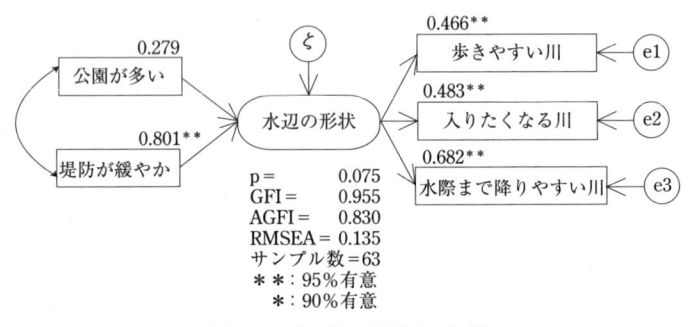

図 5.4.8 「水辺の形状」の分析

(1) 「水の流れ」の分析

「水の流れ」は，「水のきれいさ」，「ゴミの少なさ」，「水量の多さ」が，「風景や景観が良い」，「眺めていたい」，「水に触れたくなる川」の関連を示しており，ことに，「水のきれいさ」，「ゴミの少なさ」が，水辺の好感度と強い因果関係にあることを示している．

このため，水辺のデザイン要素としては，日常的な「ゴミの管理」，河川流域を考慮した下水道整備などによる「水質改善」，低低水路などによる澪（みお）筋や落差工などによる「水量感」の演出が指摘される．

(2) 「生物の生息」の分析

水辺の「木の多さ」や「花の多さ」は，「風景や景観が良い」，「眺めていたい川」と因果関係をもつ．当たり前のことではあるが，水辺の木陰や花に縁取られた水辺は，眺めていたい水辺の基本的なデザイン要素である．

5 水と緑の遊び空間論

(3)「水辺の形状」の分析

水辺に隣接して「公園が多い」ことや「堤防の勾配が緩やか」であることは,「歩きやすい」,「水際まで降りやすい」,「入りたくなる川」の要件である.河川沿川にわたる公園整備は,土地利用上不可能な場合も多いが,水辺と一体化した公園整備や,水際に降りやすい構造(緩傾斜の堤防や坂路,階段の設置)の有用性が示されている.

以上のことから,水辺のデザイン要素として,「きれいな水」,「ゴミの清掃」,「水量感をもたせる演出」,「木や草花の豊かさ」,「水辺と周辺公園の一体化」,「堤防の緩やかな勾配や階段など水際への降りやすさ」,「遊歩道や歩道の多さ」が,基本的な要素として抽出された.これらの結果は,矢上川・梅田川・恩田川に共通の要件で,強いていえば都市河川に共通の要件であり,実際の水辺デザインでは,こうした普遍的な傾向をふまえつつも,これに加え,水辺ごとの個性を加味したデザインが必要となる.

5.4.3 撮影写真によるデザイン要素の具象化[10]

ここでは,調査時に行った写真撮影結果に基づく,水辺デザイン要素の具象的な分析を行う.先に得た水辺のデザイン要素の具象化,すなわち,個別ラベル化,リスト化などである.先に表5.4.1に示した水辺の構成要素に対する具象的な記述に対応する.写真撮影は,表5.4.5に示すように,調査時・河川ごとに,被験者に水辺の好きなところ嫌いなところを5葉ずつ撮影してもらい,それらに簡単なコメントの記述を依頼したものである.この際,主たる場所,対象物を特定するため撮影主題による分類を行っている.また,撮影枚数／コメントは500を数える.先に示したデザイン仮説との対応は,図5.4.9に示すとおりである.

こうした基礎データをもとに,被験者の水辺デザイン要素に対する選好の焦点(場所の特定とテーマ)を分類したものが表5.4.6である.また表中には焦点ごとに類似のテーマについて頻度分布を示している.前節における分析結果では,「きれいな水」,「ゴミの清掃」,「水量感をもたせる演出」,「木や草花の豊かさ」などが,基本的なデザイン要素として抽出されたが,「きれいな水」に関していえば,ヘドロ／泡立ち／よどみ／生活排水など「汚い水」の細目の要件がより具象化されたものと理解できよう.以上の手順をふまえ,焦点とテーマをもとに,水辺デザインの診断リストを作成したものが表5.4.7である.

5.4.4 デザイン仮説による水辺デザイン作成事例[3]

(1) 水辺デザイン作成手順

ここでは,前項で作成した水辺デザイン診断リストを,最寄りの河川空間に適用し,具体的なデザイン作成プロセスについて述べる.以下に示すデザイン作成例は,新幹線新横浜駅近傍の鶴見川の河川空間を対象としたものであり,作成手順は次のとおであ

表 5.4.5　例示

観察者名	好き・嫌い	撮影主題（あり：1）													コメント
		1	2	3	4	5	6	7	8	9	10	11	12	13	19	
A	1		1	1												車の入れない遊歩道
B	1	1	1										1			水辺への接近
C	1			1										1		ジョギングコース
D	1										1					緑が多い
E	1	1	1				1	1								大きな空間
F	2	1											1			コンクリートの残骸
G	2	1														よどみの透明度の悪さ

【撮影主題コード】1：水面・水路敷，2：護岸，3：道路，4：橋，5：建物，6：空，7：緑，8：オープンスペース，9：生き物，10：草・花・木，11：点的な人工物（標識，構造物など），12：ゴミ，13：汚れた水，19：利用する人

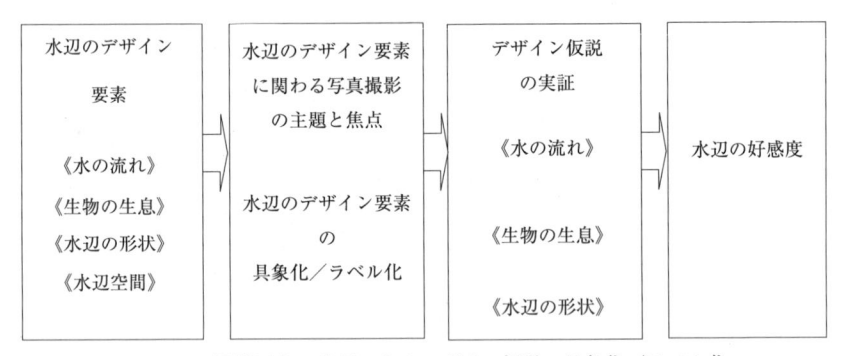

図 5.4.9　撮影写真の分類によるデザイン仮説の具象化／ラベル化

る．

　ステップ1：水辺の現況診断（水辺デザイン診断リスト）
　ステップ2：周辺住民の水辺への関わり
　ステップ3：地域における水辺空間のもつ，またもちうる意味空間（文脈）の設定
　ステップ4：水辺デザイン要素の選択と水辺デザイン代替案の作成

(2)　**作成事例**[12]

　水辺デザインを行うに際し，デザイン仮説を一律的，規範的に達成するのではなく，立地条件など水辺の有する自由度に応じて，水辺固有の特長をさらに特化するデザイン要素を抽出し，段階的にレベルアップしていくことが現実的となる．
　以下に，水辺デザインの作成手順を各ステップごとに記述する．

5 水と緑の遊び空間論

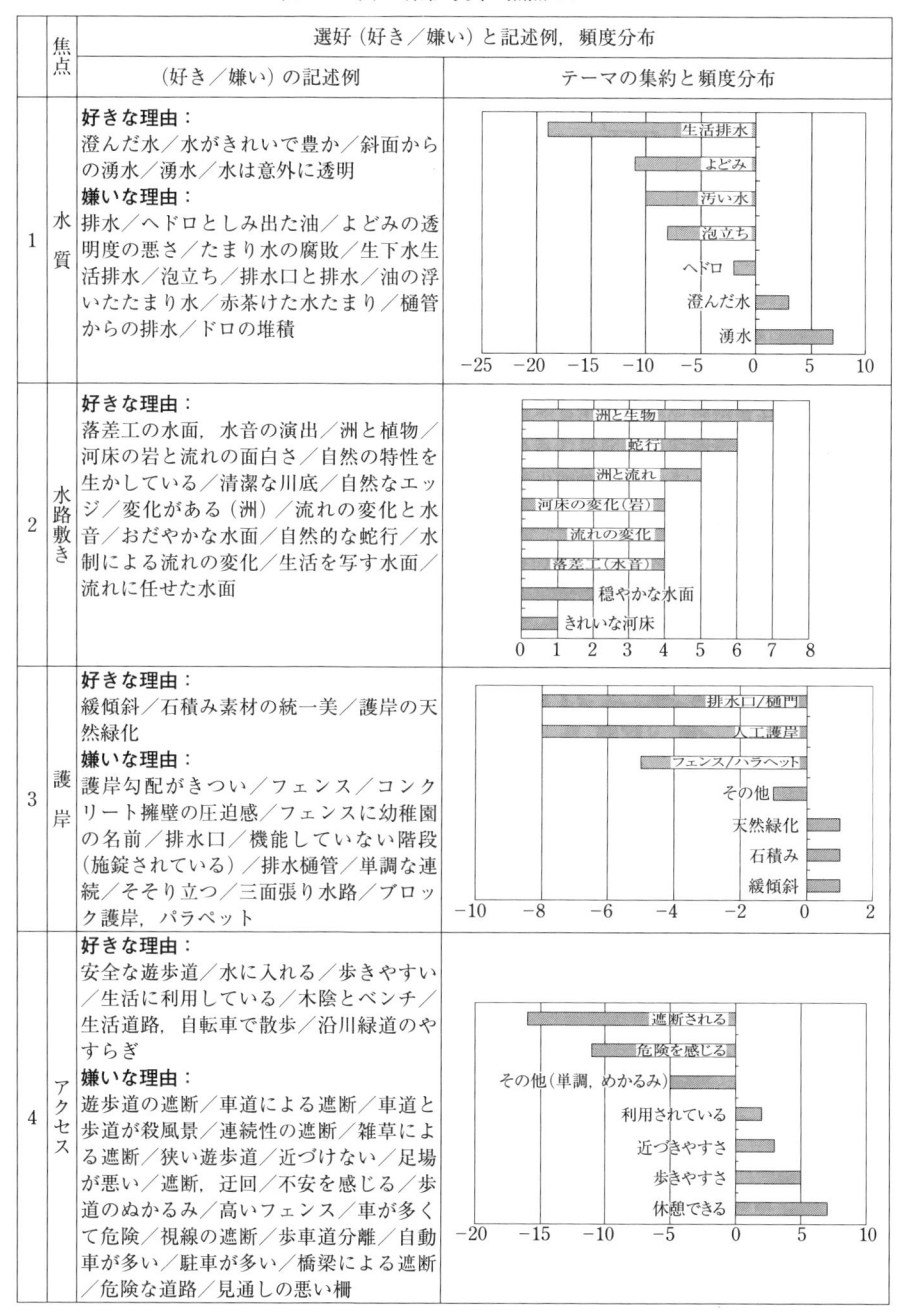

表 5.4.6 (1)　撮影写真の焦点とテーマ

焦点	選好（好き／嫌い）と記述例，頻度分布	
	（好き／嫌い）の記述例	テーマの集約と頻度分布
1 水質	**好きな理由：** 澄んだ水／水がきれいで豊か／斜面からの湧水／湧水／水は意外に透明 **嫌いな理由：** 排水／ヘドロとしみ出た油／よどみの透明度の悪さ／たまり水の腐敗／生下水生活排水／泡立ち／排水口と排水／油の浮いたたまり水／赤茶けた水たまり／樋管からの排水／ドロの堆積	生活排水／よどみ／汚い水／泡立ち／ヘドロ／澄んだ水／湧水 (−25 〜 10)
2 水路敷き	**好きな理由：** 落差工の水面，水音の演出／洲と植物／河床の岩と流れの面白さ／自然の特性を生かしている／清潔な川底／自然なエッジ／変化がある（洲）／流れの変化と水音／おだやかな水面／自然的な蛇行／水制による流れの変化／生活を写す水面／流れに任せた水面	洲と生物／蛇行／洲と流れ／河床の変化（岩）／流れの変化／落差工（水音）／穏やかな水面／きれいな河床 (0 〜 8)
3 護岸	**好きな理由：** 緩傾斜／石積み素材の統一美／護岸の天然緑化 **嫌いな理由：** 護岸勾配がきつい／フェンス／コンクリート擁壁の圧迫感／フェンスに幼稚園の名前／排水口／機能していない階段（施錠されている）／排水樋管／単調な連続／そそり立つ／三面張り水路／ブロック護岸，パラペット	排水口／樋門／人工護岸／フェンス／パラペット／その他／天然緑化／石積み／緩傾斜 (−10 〜 2)
4 アクセス	**好きな理由：** 安全な遊歩道／水に入れる／歩きやすい／生活に利用している／木陰とベンチ／生活道路，自転車で散歩／沿川緑道のやすらぎ **嫌いな理由：** 遊歩道の遮断／車道による遮断／車道と歩道が殺風景／連続性の遮断／雑草による遮断／狭い遊歩道／近づけない／足場が悪い／遮断，迂回／不安を感じる／歩道のぬかるみ／高いフェンス／車が多くて危険／視線の遮断／歩車道分離／自動車が多い／駐車が多い／橋梁による遮断／危険な道路／見通しの悪い柵	遮断される／危険を感じる／その他（単調，ぬかるみ）／利用されている／近づきやすさ／歩きやすさ／休憩できる (−20 〜 10)

353

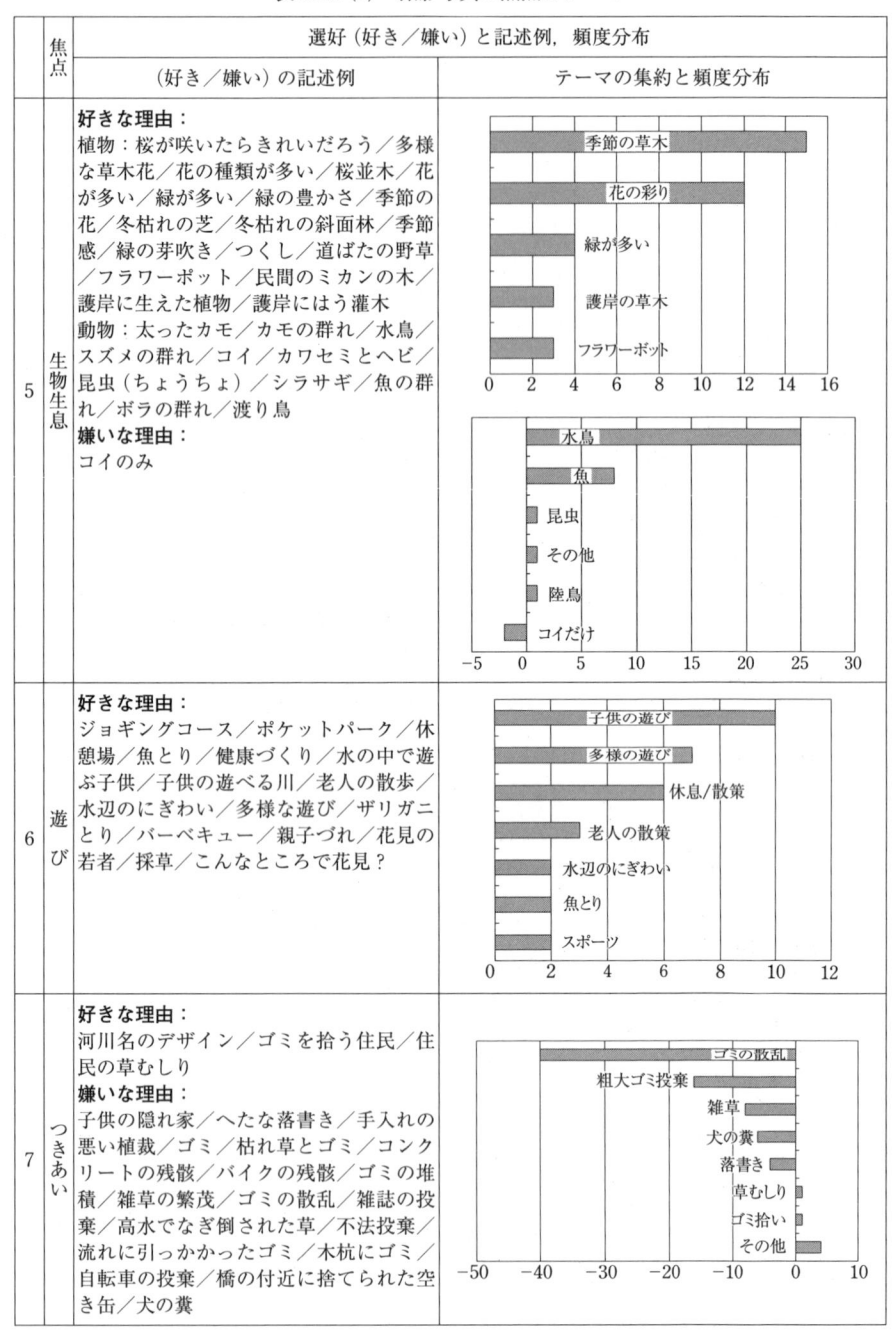

表 5.4.6（2） 撮影写真の焦点とテーマ

焦点	選好（好き／嫌い）と記述例，頻度分布	
	（好き／嫌い）の記述例	テーマの集約と頻度分布
5 生物生息	**好きな理由：** 植物：桜が咲いたらきれいだろう／多様な草木花／花の種類が多い／桜並木／花が多い／緑が多い／緑の豊かさ／季節の花／冬枯れの芝／冬枯れの斜面林／季節感／緑の芽吹き／つくし／道ばたの野草／フラワーポット／民間のミカンの木／護岸に生えた植物／護岸にはう灌木 動物：太ったカモ／カモの群れ／水鳥／スズメの群れ／コイ／カワセミとヘビ／昆虫（ちょうちょ）／シラサギ／魚の群れ／ボラの群れ／渡り鳥 **嫌いな理由：** コイのみ	好き：季節の草木、花の彩り、緑が多い、護岸の草木、フラワーポット（0〜16） 嫌い：水鳥、魚、昆虫、その他、陸鳥、コイだけ（-5〜30）
6 遊び	**好きな理由：** ジョギングコース／ポケットパーク／休憩場／魚とり／健康づくり／水の中で遊ぶ子供／子供の遊べる川／老人の散歩／水辺のにぎわい／多様な遊び／ザリガニとり／バーベキュー／親子づれ／花見の若者／採草／こんなところで花見？	子供の遊び、多様の遊び、休息／散策、老人の散策、水辺のにぎわい、魚とり、スポーツ（0〜12）
7 つきあい	**好きな理由：** 河川名のデザイン／ゴミを拾う住民／住民の草むしり **嫌いな理由：** 子供の隠れ家／へたな落書き／手入れの悪い植栽／ゴミ／枯れ草とゴミ／コンクリートの残骸／バイクの残骸／ゴミの堆積／雑草の繁茂／ゴミの散乱／雑誌の投棄／高水でなぎ倒された草／不法投棄／流れに引っかかったゴミ／木杭にゴミ／自転車の投棄／橋の付近に捨てられた空き缶／犬の糞	ゴミの散乱、粗大ゴミ投棄、雑草、犬の糞、落書き、草むしり、ゴミ拾い、その他（-50〜10）

5 水と緑の遊び空間論

表 5.4.6 (3)　撮影写真の焦点とテーマ

焦点	選好（好き／嫌い）と記述例，頻度分布	
	（好き／嫌い）の記述例	テーマの集約と頻度分布
8 異物	**嫌いな理由：** 意味のないフェンス／意味不明のテラス／フェンスいるか？／浮いた魚巣ブロック／意味のないワンド／河道内ポケットスペースの違和感／トタンのフェンス／手すりの破損／汚い注意書き・案内板／いかにも危険という感じの道路および標識／川底のコンクリートの露出／川と周辺のすりつけ（急傾斜地）／視界をさえぎる鉄橋／高圧線／高圧鉄塔／沿川事業所のフェンス	異様な構造物 意味のない施設 異様な提議・案内板 その他 意味不明の施設 -10　-8　-6　-4　-2　0
9 景観	**好きな理由：** 箱庭的／大きな空間／周辺との調和／広い川幅／休憩空間／開放感／変化のある川／川と住宅の調和／住宅と調和した植栽／ストリートファニチャー／遊水池との組み合わせ／広がりをもたせる／よく整備されている／オープンスペース／なつかしい光景／谷津／野性味／おおらか／田園風景／遠景の竹林／自然的な雰囲気／里山／斜面緑地／見通しがよい／水面の見通し／スカイライン／ランドマーク／周辺の寺，背後の山緑の借景／遠くの緑 **嫌いな理由：** 人工的な線形／人工的な構造／区画整理された水辺／人工水路／水辺の廃屋／建物の色（ピンク？）／建物の色彩の違和感／構造物の不調和／道が主役／電柱／周辺のミニ開発／むき出しの構造物／姿の遮断／人工的デザイン／調整池の圧迫感／かわいそう／川の窒息／色彩の不調和／醜い／雑然とした川辺／がちがちの土地利用	不調和な形 人工的な その他 不調和な色彩 デザイン こじんまりとした 変化の有る空間 ランドマーク 開放感 オープンスペース 周辺との調和 自然を活かした -30　-20　-10　0　10　20　30

355

表5.4.7 水辺デザイン診断リスト

		好き	嫌い			好き	嫌い
1	水質	湧水	ヘドロ	6	遊び	スポーツ	
		澄んだ水	泡立ち			魚とり	
			汚い水			水辺のにぎわい	
			よどみ			老人の散策	
			排水			休息／散策	
2	水路敷き	きれいな河床				多様な遊び	
		穏やかな水面				子供の遊び	
		落差工（水音）		7	つきあい	その他	落書き
		流れの変化				ゴミ拾い	犬の糞
		河床の変化（岩）				草むしり	雑草
		洲と流れ					粗大ゴミ投棄
		蛇行					ゴミの散乱
		洲と生物		8	異物		意味不明の施設
3	護岸	緩傾斜	その他				その他
		石積み	フェンス／パラペット				異様な標識・案内板
		天然緑化	人工護岸				意味のない施設
			排水口／樋門				異様な構造物
4	アクセス	休息できる	その他（単調, ぬかるみ）	9	景観	自然を活かした	不調和な色彩
		歩きやすさ	危険を感じる			周辺との調和	その他
		近づきやすさ	遮断される			オープンスペース	人工的な
		利用されている				開放感	不調的な形
5	生物生息	フラワーポット	コイのみ			ランドマーク	
		護岸の草木				変化のある空間	
		緑が多い				こじんまりとした	
		花の彩り				しゃれたデザイン	
		季節の草木					
		陸鳥					
		その他					
		昆虫					
		魚					
		水鳥					

5 水と緑の遊び空間論

ステップ1：水辺の現況診断（水辺デザイン診断リスト）

　高度に集積した業務地区に隣接した都市的土地利用空間の近傍にあって，広大なオープンスペースを有しており，地形的に緩やかな曲線を描く変化のある線形・さらに中洲・堰・落差工による変化に富んだ状況にある．一方，ことに水路敷きに繁茂する背丈ほどの雑草・ゴミの散乱は，水面を遮断し，一割勾配のコンクリート低水護岸とともに，水際へのアプローチを困難にしている．

① 水質：流量感はあるが，水の透明感はなく，魚などの水生動物は見当たらない．
② 水路敷き：高水敷には雑草が繁茂し，容易に近づけない．また，緩やかに曲線を描く水辺には中洲，瀬淵が形成され，取水堰，落差工などの変化をもつ．底質は砂ドロの状況にある．
③ 水辺の構造（護岸・アクセス・植栽など）：複断面（護岸ブロック張堤防河川），護岸勾配2割，繁茂した雑草にさえぎられて近づけない．堤防は歩けるが日陰が欲しい．
④ 水辺の景観：広々とした空間，雑草で覆われており遠目には自然的に見えるが，水際がよく見えない．
⑤ 遊び・つきあい・異物：雑草の合間にホームレスの住居がある．また，近隣の堤内せせらぎ公園で親子の遊びが見られる．
⑥ 整備の方向性：広々としたオープンスペースを有している．草刈り，ゴミの処理などの管理と日陰（樹木）の設置，および水際へのアプローチの確保が必要となる．

ステップ2：周辺住民の水辺への関わり

　図5.4.10に，水辺周辺の小学校区の住民（小学生3，4年生，中年層40代，高年層65歳くらい以上）を対象とした水辺に対する住民意識調査結果を示す（調査時は1992年，サンプル数は，小学生191人，中年層80人，高齢層86人である）．

　小学生，中年層，高齢層ともに，「水質の悪さ」，「近づきにくさ」，「草木の少なさ」に関して共通の意識を示していることがわかる．また，図5.4.11は，小学生の意識調査をもとに，水辺の好感度を外的基準とした分析結果を示す．ここで小学生の意識に注目した意図は，小学生が水辺とよく接触しており，水辺の属性と好感率の関連が明確にあるからである．

　さらに，分析の過程では，水辺の認識項目のうち，水質（水のきれいさ），水量（水量の多さ）を除いた5つの認識項目を対象に数量化理論第Ⅱ類による分析を行った．すなわち，水量，水質に関する改善方策は，流域全体を視野においた流況改善を要し，局所的な水辺整備計画の枠組みでは議論ができない．これらは当然のことながら，河川低水計画，下水道計画との枠組みで議論されなければならない．そのため，これらの改善が行われることを前提として，ここでの分析から除外することとする．この結果，「入りやすさ」「草木花の多さ」「眺めのよさ」が住民の主な水辺選好要因である．

ステップ3：地域における水辺空間の「もつ・もちうる」意味空間（文脈）の設定

　近隣の業務核的土地利用空間の近傍にあって，広大なオープンスペースを有してお

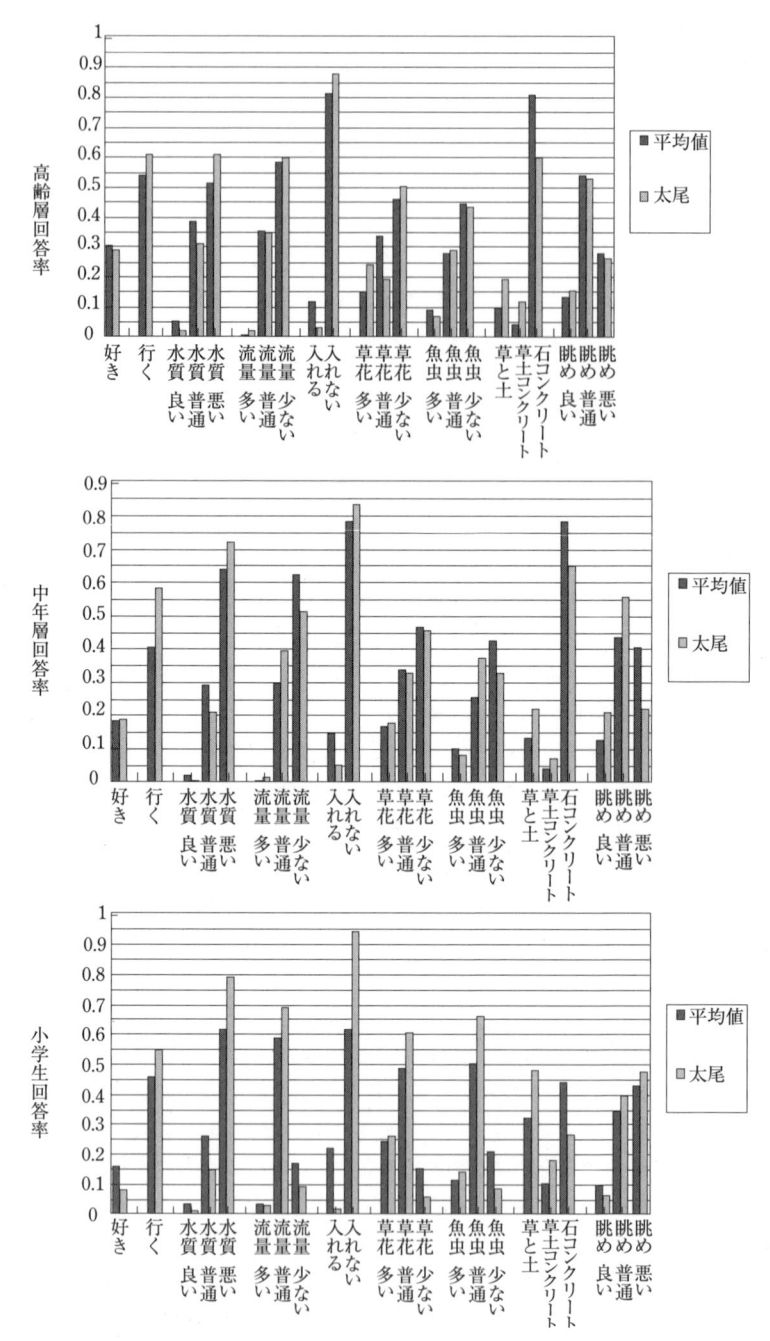

図 5.4.10　対象地区の住民意識調査結果

358

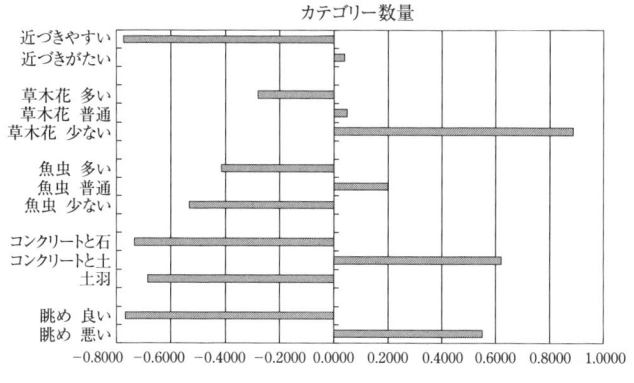

図 5.4.11　小学生の水辺好感度

り，地形的に緩やかな曲線を描く変化のある線形・さらに中洲・堰・落差工による変化に富んだ状況にある2割勾配の堤防河川である．

上記状況から，ゴミ・雑草の処理と水際へのアプローチの確保，水に触れやすい低水護岸形状の変更が必要となる．このような整備により，見通しがよい安全で近づきやすい空間となる．次に，水辺の特長である広場機能の拡大のため，植栽，草木花などによる演出を図ることにより，高度に集積した業務地区に隣接した緑陰空間，さらには災害時の避難空間となる．

以上のことから，当地区が業務核的土地利用空間の近傍に位置し広大なオープンスペースを有していることから，高度に集積した業務地区に隣接した広場空間，災害時の避難空間を形成することといえる．したがって，ことに高水敷から水際へのアプローチを容易にし，また，植栽・草木花などのわずかな整備により見違えるような広場となる素材をもつ水辺であるといえる．

ステップ4：主な水辺デザイン要素と水辺デザイン代替案の作成

そのため，主なデザイン要素としては，ことに高水敷に繁茂する背丈ほどの雑草・ゴミを処理し，水際へのアプローチを容易にすること，さらに広場機能の拡大のため，植栽・草木花などによる演出を図ることである．ここでは，「水辺を眺める」――「水辺に近づく」――「水辺で遊ぶ」の水辺接近度を基軸とした水辺計画代替案の作成プロセスを示す．

文脈1として，水辺の視覚的獲得およびアクセス確保を図り，広場機能を拡大する．

文脈2として，緑陰および草花の演出により，風景にアクセントをつけるとともに，日陰（休息場）を提供するため，緑陰，草花による演出を図る．

文脈3として，コンクリート護岸に覆土し，護岸の緑化を図るとともに，高齢者や身体障害者にもアプローチのしやすい緩傾斜坂路の設置により，近隣都市空間における緑陰空間・避難空間を形成する．以上の段階的な計画代替案を図5.4.12にイメージスケッ

	代替案	デザインの文脈
1		現況写真　河川の近隣は業務核都市的土地利用（新横浜駅の近隣）がなされている一方で，広大なオープンスペースと緩やかな曲線を描く，変化のある形状を有する．しかしながら，雑草に覆われ，ゴミの散乱が目立ち，水辺が見えずに近づけない．
2		文脈1　雑草の選別剪定，ゴミの回収と整地および低水階段護岸の設置などにより，水面，中州，両岸の視覚的獲得ができる．また，多目的行動のできる遊び場・避難空間に変身する．
3		文脈2　緑陰，および草花の演出をし，風景にアクセントをつけるともに，日陰（休息場）を提供する．
4		文脈3　コンクリート高水護岸に覆土し，護岸の緑化を図るとともに，高齢者や身体障害者にもアプローチのしやすい緩傾斜坂路を設置することにより，機能的な近隣都市空間における緑陰空間，避難空間を構成する．

図 5.4.12　水辺デザイン作成例

チとして示した．

また，図 5.4.12 のような大都市域の広大な河川敷を有する水辺は，4.4 節や 4.5 節で述べたような有機性廃棄物堆肥問題や剪定枝葉リサイクル問題の（安全性を前提とした）安定的な解決の可能性を有していると思われる．そして，このための国土交通省・環境

省・農林水産省などの省庁を超えた協力が重要な課題として浮かんでくる．

　水辺をデザインするとは，さまざまな制約条件をもつ水辺を対象に，地域生活者が求める機能に形を与え，地域生活者が水辺と対話できる魅力を引き出すための意味空間配置を行う行為であるといえよう．このためには，地域個性を評価するデザイン仮説の実証的考察を行い，結果として得られたデザイン仮説に基づく水辺デザイン作成事例を示した水辺デザインの計画方法論への展開が重要である．この方法論はすでに 1.2 節で論じたコンセプト空間としての水辺デザインではなく，水辺の治水機能や生態機能性を組み込んだ地域生活者の五感が全開する感性空間としての水辺計画方法論となるはずである．

　2009 年 5 月 29 日に 30 数年ふりに四国の四万十川を訪れ，屋形船でホタル観賞をする機会に恵まれたときの船頭さんの話が面白いので紹介し考えよう．彼の「河川」は洪水時には谷間を埋め尽くす河川幅をもつ川で，河川法でいう河川ではない．自然堤防の堤内地は私有地であるので洪水で浸かろう（実際，この 5 年間で 2 度の大出水があり，非常に高い自然堤防にある彼の船宿も床上浸水に遭い，その爪あとが随所にあった）が生命・財産のリスクを自分で背負っているのである．

　先人から伝えられ本人も経験したことのある，過去の洪水履歴から洪水災害リスクを承知したうえで，誇り高く，開発が遅れた（人工林中心の）自然な四万十川のダムや（汽水域には堤防はあるがその上流の）堤防建設を拒んでいるのである．

　このような状況は，日本の大都市域ではほとんど考えられないことであるが，計画主体が地元の生活者で，「何もしない」水辺計画が存在している事例である．ここでの，教訓は，計画といえば何かをやらなければならないという使命感，あるいは予算消化のために何かをやるのではなく，「何もしないが現状の GES 環境を保存する」ことも生活文化を背景とした知恵による誇り高い計画であるということである．現在の世界的な気候変動による気象の極端化現象や将来の上流域の開発行為による影響などを「知恵」で自然と対話しながら彼（ら）は「生活文化」を彼（ら）自身で守っていくのであろう．これは村社会の公共政策であるといえよう．

5.5　公園緑地の双対（遊びと減災）機能の評価

　一般には，公園緑地や水辺の計画は単に人々の生活の質を向上させるアメニティ空間計画である場合が多い．ところが，大震災などのときにはこれが避難空間となり減災空間でもある．これから，直観的にアメニティ空間の数と質が豊富であれば，それはまた災害リスクを減少させることができるということができよう．このような場合，「環境の質を最大化すれば，災害リスクを最小化できる」ということができ，「環境」と「防災」の計画には「双対関係」があるという[11]．事実，1995 年 1 月の阪神・淡路大震災のとき，環境の質の高い東灘区より環境の質の低い長田区の被害が甚大であったことを思い出せ

ば，この双対関係が理解されよう．日本の多くの公園緑地の計画では，いわゆる「明るい・楽しい」側面のみに着目し，「暗い・つらい」側面を無視する計画が多すぎる．このため，本節では，これらを同時に考える計画の重要性を考え，以下に論じることにしよう．

5.5.1 公園緑地の階層性と生活者からみた整備

(1) 公園緑地の階層化

対象地域にある 1 ha 以上の公園緑地の現地調査を 1999 年 7 月から 11 月に計 7 回行った．1 ha 以上としたのは，地震時の火災を考慮した避難空間としての利用を考えたためである[13]．調査項目は表 5.5.1 に示すとおりである．現地調査を行うにあたって，以下の点に着目した．

① 空間特性（規模，休憩施設，広場など）
② 利用形態（利用目的・利用グループなど）

①は②に大きく影響していることが，現地調査より観察された．つまり，空間によって利用者層や利用目的が異なっているということである．これより，利用者は目的に応じて空間を使い分けていると考えられる．さらに，地域全体の空間配置を評価するにあたって，すべての空間をまとめて眺めると，多くの特性が影響することにより，その評価は非常に困難であり，逆に全体をみえにくくする恐れがある．これらより，空間をその特性によって分類することとした．ここでいう空間特性とは，利用に影響を与える特性である．

空間特性について，調査者全員でブレーンストーミングを行い，因果関係によるバイナリーマトリクスを作成し，ISM 法 (Interpretive Structural Modeling)[11] による特性の構造化を行った（図 5.5.1）．

これより，「空間の規模」→「自然的特性」→「心理的特性」→「空間利用」という因果関係が表現され，人工的な整備がこれらを補うように影響していることがわかる．さらに，空間特性の多くは規模によって影響されていることが明らかになった．したがって，空間を規模によって分類することとした．分類は規模に関する累積分布，避難空間としての機能，都市公園の分類より 4 つの階層に分類することとした．規模の小さいほうから順に「近隣レベル」(2 ha を標準，空間数は 45，以下同様)，「地区レベル」(4 ha，11)，「市レベル」(10 ha，9)，「広域レベル」(30 ha，3) である．なお，芥川と安威川は町ごとに分け，淀川は整備区間ごとに分けてボロノイ領域[14]を設定している．また，空間数は，近隣レベルから順に 35・11・5・3 である．階層化することによって，空間特性を同質に分類することができ，利用形態の違いを明確にすることができる．さらに，階層ごとの機能や階層間の関係を理解することもできる．

次に，階層間の関係について分析する．ここでは，ボロノイ領域からみた階層間の関係について述べる．ここでボロノイ領域を用いたのは，日常時の自然と触れあう機会の

5 水と緑の遊び空間論

表 5.5.1　現地調査項目

- 利用状況（人数・利用目的・利用グループなど）
- 水辺（有無・河川やため池などの形態・水際線の形状・アプローチの可能性・生物・におい・地震時の水の取得の可能性）
- 緑（緑量・配置・樹木や草花の種類・花壇）
- 周辺状況（周辺土地利用・周辺の施設）
- アクセス（駐車場・駐輪場・バス停・駅・モノレール）
- その他（遊具・休憩施設・トイレ・水道・照明・遊歩道・維持管理の状況・災害時用施設・公民館など）

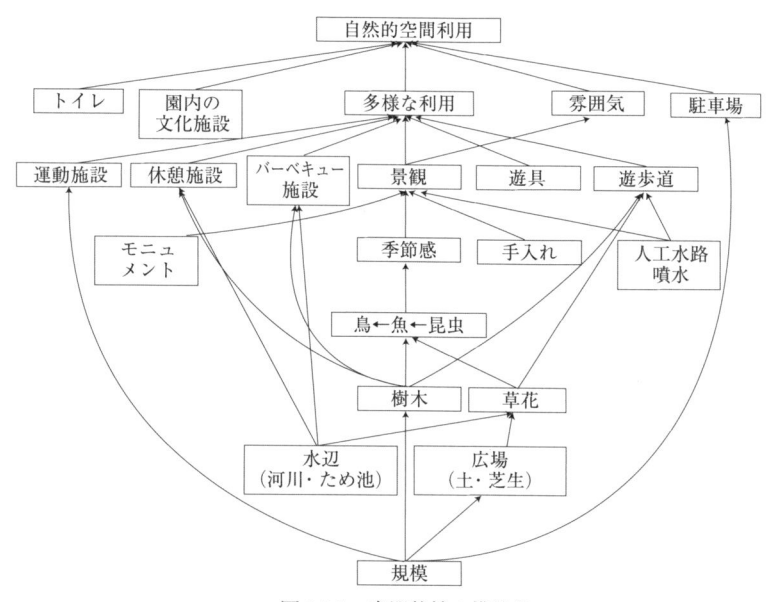

図 5.5.1　空間特性の構造化

平等さ，地震時の避難しやすさの両方を考えるにあたって，距離は最も重要な要因であるためである．ボロノイ領域とは，平面上における公園緑地 i の座標を $P_i(x_i, y_i)$ としたとき，空間 i の領域 $V_n(P_i)$ が次式で表される領域のことである．

$$V_n(P_i) = \{P \mid d(p, p_i) \leq d(p, p_j), \ j \neq i, j = 1, 2, \cdots, n\}$$

階層ごとに各公園緑地を母点としたボロノイ領域を設定し，4 階層のボロノイ図を重ねあわせると，各階層の空間が他の階層に対して関係圏をもっていることがわかる（図5.5.2）．この図は，各階層のボロノイ領域が 1 つ上の階層のどのボロノイ領域に含まれるかを，矢印を用いて表現したものである．ここで，空間選択行動を考えると，利用者は空間までの距離が近いことを好むであろう．しかし，近い空間が好ましい空間でな

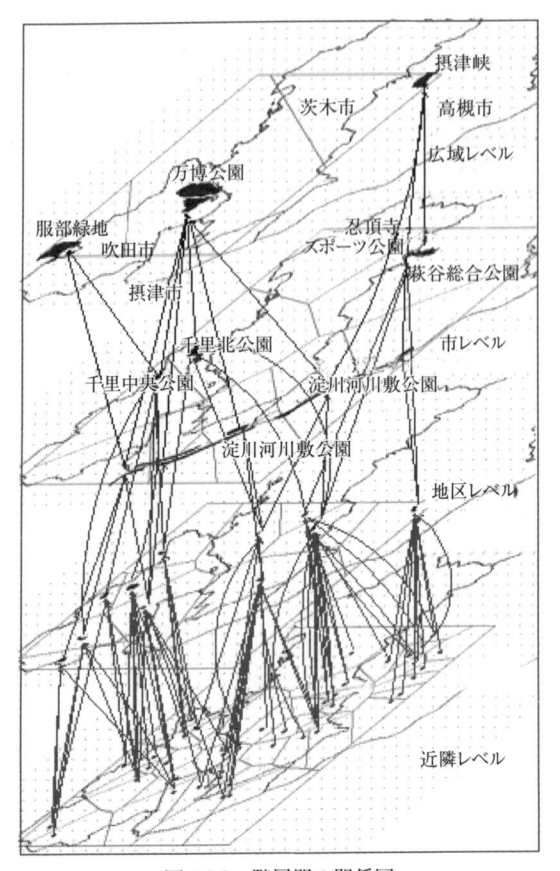

図 5.5.2　階層間の関係図

かったり，そのときの利用目的を達成することのできない空間であれば，少し離れても好ましい空間を探すであろう．このように考えれば，この階層化は空間選択における選択肢を表現したものであり，利用者が距離の最も近い各階層の公園緑地を選択すると仮定すれば，選択行動を表現している．このような行動は，地震時の避難行動についても同様に考えることができる．近隣・地区レベルの空間は一時避難空間であり，市・広域レベルの空間は広域避難空間としての機能をもっているため，避難行動としてとらえることもできる．

　このように公園緑地を階層化して眺めることによって，各階層の関係をみることができるだけでなく，利用者にとっては市の境界に関係なく選択肢が存在することがわかる．実際，利用者は自分の住んでいる市の空間のみを利用しているのではないので，隣接する市は互いに空間の特性や配置を考慮して整備すべきであるといえる．

5 水と緑の遊び空間論

(2) 公園緑地の配置の評価と整備場所の決定

　日常時の自然と触れあう機会の平等さ，地震時の避難しやすさという視点から空間配置の評価と整備すべき場所を明確にする．評価と整備場所の決定は階層ごとに行う．これは，現地調査より各階層によって利用形態が異なっており，アンケート調査からも利用目的や滞在時間・利用グループが異なっていたためである[13]．

　まず，階層間の関係の分析において用いたボロノイ図をもとに，ボロノイ領域の頂点（ボロノイ点）を設定する．この点は，相対的に公園緑地までの距離が遠い地点を表現している．そして，実際の距離を表現するボロノイ点を中心とした空白円を求める（図5.5.3）．この空白円の半径の大きさによって評価を行う．日常生活における自然と触れあう機会の平等さ，地震時の避難のしやすさを考えると，空間までの距離が非常に重要な要因であることは容易に考えられる．ここで述べている触れあう機会の平等さは，近くに空間があれば自然と触れあう機会は増加するという仮定のもとで考えているが，この仮定は自然に受け入れることができるものである．この仮定のもとでは，地域全体として触れあう機会を増加させるためには，距離に関して最も遠い場所に整備することが最も効率的であるといえる．ここで，山麓部にあるボロノイ点や，他の階層の公園緑地内にあるボロノイ点は除外していることを断っておく．

　ボロノイ点は公園緑地の数が増加するに従って増加するものであり，どの程度の距離以上を整備すべきかという評価基準を設定する必要がある．この基準設定のために，利用者の移動距離とそれに対する意識分析を行った．アンケートの調査期間は1999年11月，調査対象者は対象地域の住民，調査方法は郵送調査法と留置調査法の併用，サンプル数は347（信頼性90％での必要サンプル数271）である．移動距離はGISを用いて調べた．具体的には，アンケートにおいて住所と利用する空間を調査し，その結果をGISに入力して分析した．結果を表5.5.2に示す．意識分析においては，「距離について行きやすいと思いますか」という質問に対して「思わない」という回答率を距離別に算出した．その結果を表5.5.3，表5.5.4に示す．

　平均移動距離に意識分析の結果を加味して，評価基準を以下のように決定した．近隣レベルにおいて1000 m以上，地区レベルにおいて1500 m以上，市レベルにおいて2500 m以上，広域レベルにおいて3000 m以上である．これらの値よりも大きい空白円半径を有するボロノイ点周辺地域は相対的に公園緑地までの距離が遠く，触れあう機会の平等さという視点からみると，整備すべき場所であるといえる．これを表したのが図5.5.4である．

　これより，鉄道沿線や国道沿いに公園緑地に恵まれていない地域が比較的多く存在し，特に市レベルにおいてはその傾向が顕著に表れている．これらの地域の共通点としては，人口密度が周辺地域に比べると高く，土地利用においては主に低層住宅地や工業用地であった．しかし，その中でも吹田の操車場の跡地や，フェンスに囲まれて人が入ることができないため池があり，そのような場所を整備することが有効であるといえ

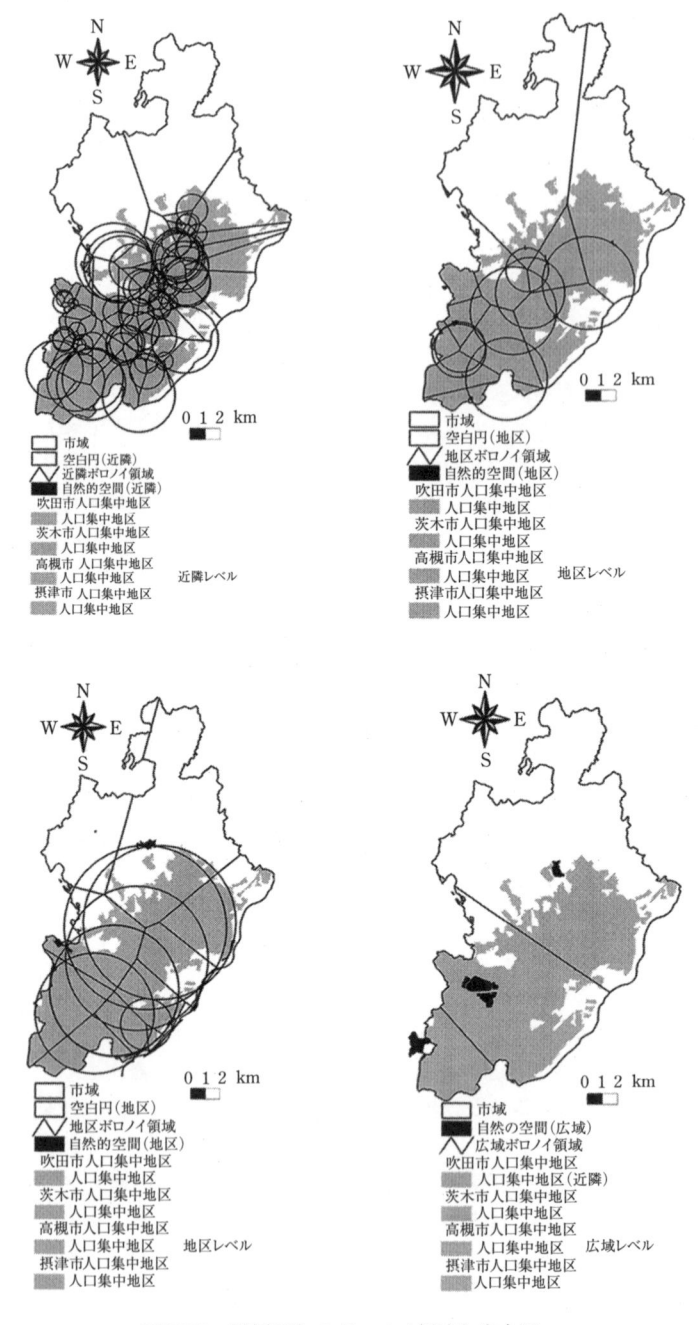

図 5.5.3　階層ごとのボロノイ領域と空白円

5 水と緑の遊び空間論

表 5.5.2 平均移動距離

公園緑地のレベル	平均移動距離 (m)
近隣レベル	940
地区レベル	1440
市レベル	2600
広域レベル	2720

表 5.5.3 行きやすいと思わない回答率 (近隣・地区)

移動距離 (m)	近隣の回答率 (%)	サンプル数	地区の回答率 (%)	サンプル数
0〜500	3.8	26	16.7	6
501〜1000	7.1	14	5.9	17
1001〜1500	17.6	17	20.0	5
1501〜2000	9.5	13	7.7	13
2001〜2500	0.0	1	0.0	2
2501〜3000	50.0	6	0.0	1
3001〜	60.0	5	20.0	5
無回答	—	12	—	2

表 5.5.4 行きやすいと思わない回答率 (市・広域)

移動距離 (m)	市の回答率 (%)	サンプル数	広域の回答率 (%)	サンプル数
0〜500	0.0	5	—	0
501〜1000	0.0	4	0.0	1
1001〜1500	—	0	0.0	8
1501〜2000	0.0	4	0.0	10
2001〜2500	0.0	1	10.7	28
2501〜3000	50.0	2	0.0	4
3001〜3500	33.3	3	14.3	14
3501〜	18.2	22	16.1	56
無回答	—	9	—	6

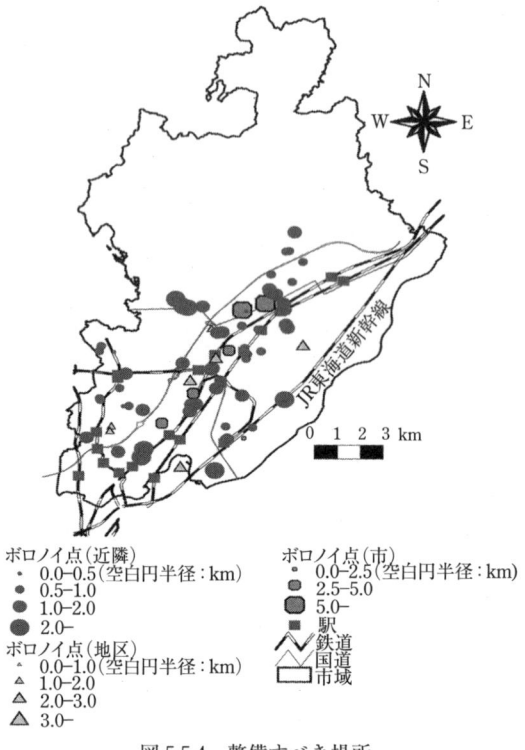

図 5.5.4 整備すべき場所

る．分析結果と土地利用を重ね合わせることによって，整備可能な整備すべき場所を明らかにすることができる．

(3) 心理的要因と物理的要因との関連分析

整備すべき場所が明らかになれば，次にどのような整備を施さなければならないのかを明らかにしなければならない．このため，ここでは利用者心理に対して心理学的アプローチを試みる[15)16)]．具体的には，空間認知における主要な軸を明確にし，最も重要な軸に関して整備内容との因果関係を明確にするため共分散構造分析[17)]を用いよう．共分散構造分析とは，観測変数間の変動について，潜在変数を導入することによって因果関係を明らかにする多変量解析手法である．そのため，適切な潜在変数を設定し，設定した潜在変数の妥当性と潜在変数間および潜在変数と観測変数間の因果関係を検証しなければならない．そこで，相関関係の背後に潜む構造を明らかにするための多変量解析手法である探索的因子分析[11)]（以下，因子分析と呼ぶ）を行い，この結果を用いて潜在変数を設定する．因子分析は，「観測変数間の相関関係は，背後に潜む少数の潜在変数が影

表 5.5.5　質問項目

心理的要因	物理的要因
行きやすい	距離について行きやすい
自然と触れあいやすい	交通の便がよい
やすらぎを感じる	駐車場・駐輪場が多い
のんびりできる	樹木が多い
できることが多い	草花が多い
静か	鳥が多い
景色や風景がよい	昆虫が多い
季節感を感じる	生物が多い
歴史を感じる	休憩施設が多い
身近に感じる	遊歩道が多い
個性的だと思う	広い
	遊び場が多い
	手入れが行き届いている

響を与えることによって生じている」と仮定し，観測変数がすべての因子（共分散構造分析における潜在変数）から影響を受けていると考えるモデルである．これは，利用者の空間認知において潜在的に有している軸を明確にすることでもある．また，ここでは複雑な要因が絡み合っているデータを分析するため，複数の因子どうしが無相関であるとは考えにくいので，因子分析には因子間の相関関係を認めた斜交解のプロマックス法を用いた．

アンケート調査においては，回答者がよく利用する空間に対して，表5.5.5に示すように心理的要因と物理的要因に関する質問に回答してもらった．心理的要因とは，量的には把握することが困難な要因であり，雰囲気などに関して利用者がどのように感じているかを表現するものである．一方，物理的要因とは，公園緑地の人工的および自然的整備水準が量的にどのようにとらえられているかを計測したデータである．心理的要因の因子分析結果については，結果の一例として市レベルの分析結果[18]を表5.5.6に示す．また，結果には固有値が1.000以上の因子のみ示している．

すべての因子分析結果においてKMO (Kaiser-Mayer-Olkin-measure) が0.75以上であることより，因子分析結果は変数の変動に適合しており，バートレットの球面性検定において有意確率は0.000となり変数間の相関は高く，共通因子をもっている可能性は高い．これより，この結果は変数の性質を十分表現しているといえる．つまり，利用者が潜在的に有している空間認知における認知のための軸としての説明力は高いといえる．

近隣レベルにおいて，第1因子は，「のんびりできる」の因子負荷量が0.950と最も高く，次いで「自然と触れあいやすい」，「やすらぎを感じる」となったことより，利用者が自然を感じながら心を落ち着かせることができるということを表しており，「居心地

表 5.5.6　因子分析結果（市レベル）

変数名	第1因子	第2因子	第3因子
行きやすい	0.003	0.622	−0.198
自然と触れあいやすい	0.892	−0.123	−0.049
やすらぎ	0.361	0.567	−0.192
のんびり	0.521	0.419	−0.287
静か	0.314	0.558	0.309
景色	0.898	0.009	0.193
季節感	0.892	−0.185	0.180
歴史	0.006	0.084	0.836
身近	−0.363	0.836	0.278
個性的	0.183	−0.054	0.770
固有値	4.522	2.060	1.227
寄与率	45.2	20.6	12.3

のよさ」と解釈した．第2因子は，「個性的」の因子負荷量が最も高いこと，歴史や季節感が公園緑地の個性となりうるものであると考え，「個性」と解釈した．第3因子は，「身近に感じる」の因子負荷量が0.801と最も高く，次いで「行きやすい」の0.528となった．これより「親近感」と解釈した．以上より，利用者が近隣レベルという規模の小さな公園緑地を認知するための軸は，「居心地のよさ」，「個性」，「親近感」という3つの潜在的な因子であるといえる．

地区レベルにおいては，第1因子は近隣レベルと同様に「居心地のよさ」と解釈した．第2因子は，「歴史を感じる」，「身近に感じる」，「個性的」の3項目が約0.700となっており，歴史は公園緑地の個性と考え，身近さと個性との合成変数としての「身近な個性」と解釈した．これは，他の公園緑地とは異なった特性をもった空間が近くにあることを表現している．第3因子は，「行きやすい」が0.784，「景色がよい」が0.554となっている．さらに，「のんびりできる」，「やすらぎを感じる」の符号が負となっていることより，空間にいることに関する指標と解釈するよりは，居住地周辺の環境に関する指標と解釈すべきである．しかし，第1因子の「居心地のよさ」との因子相関が0.444と比較的高いため，第1因子で説明しきれなかった要素に関する説明といえる．

市レベルにおいて，第1因子は，「景色がよい」，「季節感を感じる」，「自然と触れあいやすい」が0.890から0.900の間と高い因子負荷量であることから，都会で生活する人が自然に恵まれた地方を思い浮かべるという「郷愁」と解釈した．第2因子においては，「身近に感じる」の因子負荷量が0.836と最も高く，次いで「行きやすい」が0.622となっていることより「親近感」と解釈した．第3因子においては，近隣レベルと同様

の考えより「個性」と解釈した．また，第1因子と第2因子の因子相関が0.599と高い値を示した．このことは，因子の解釈がしやすいように単純構造をもつ解を求めたため2つの因子として解釈したが，因子軸の回転を行わなければ類似した傾向を示していたことが読みとれる．

広域レベルでは，第1因子において，ほぼすべての項目が比較的高い値を示しており，市レベルにおいて第1因子と第2因子の因子相関がより高くなったものと考えられ，因子の解釈は「居心地のよさ」とした．第2因子はこれまでと同様の理由で「個性」と解釈した．第1因子と第2因子との因子相関は0.477と，やや相関関係があった．

以上より，利用者は「居心地のよさ」，「親近感」，「個性」，「郷愁」という軸で空間を認知しているということがいえる．しかし，近隣・地区・市レベルにおいては約7割の説明力を有しているが，広域レベルにおいては約5割の説明力しか有しておらず，今後はアンケートの質問項目を改良する必要がある．また，すべてのレベルの因子相関において0.400〜0.600程度の高い値が得られたということは，ここで挙げた項目がすべて公園緑地の評価指標として考えられる項目であり，好ましさに関する項目として設定したものであるためと考えられる．しかし，因子相関が高いということは，バリマックス法のように直交軸の解を求めず，プロマックス法を用いたことが適切であったといえる．

次に，整備内容（物理的要因）と心理的要因の関係について分析を行う．ここでは，心理的要因の最も主要な因子である第1因子について分析を行う．これらの関係について，観測変数間での直接的因果関係を分析するパス解析や，1つの潜在変数を仮定するMIMIC (Multiple Indicator Multiple Cause Model) では信頼性が低い結果しか得られなかった．整備内容に関する潜在変数が心理的要因に関する潜在変数に影響を及ぼしているという状況を表現する図5.5.5のモデルを想定することによって，信頼性のある結果が得られた[19)20)]．ここで，楕円で囲んでいる変数が潜在変数であり，長方形で囲んでいる変数が観測変数である．また，片矢印は因果関係を表し，両矢印は潜在変数間の相関を表現している．

図5.5.5の関係をもとに，各レベルにおける心理的要因の第1因子に関して分析を行った．紙面の都合上，地区レベルと市レベルの分析結果を図5.5.6，図5.5.7，結果の信頼性を表5.5.7に示す．これより，地区レベルにおいて居心地のよい公園緑地にするためには，自然を豊かにし施設を充実させることが重要である．広域レベルにおいても同様の結果が得られた．近隣レベルにおいては，施設の充実度と自然との豊かさとの因子相関が0.644と高く，施設の充実度と居心地のよさとの因果係数が0.263と小さいことから，施設の充実度が自然の豊かさを通して居心地のよさに対して影響を及ぼしているという間接効果があると考えられる．市レベルにおいては自然が豊かで遊び場や広場といった活動しやすさを向上させる設備を施すことによって，快適に利用できる公園緑地を創出できることがわかった．すべてのレベルにおいて「自然の豊かさ」に対して「鳥」の存在が影響しており，鳥を集める整備を施すことが有効であるといえる．なお，この

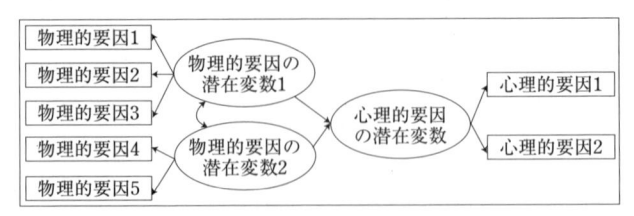

図 5.5.5　整備内容と心理的要因との関係

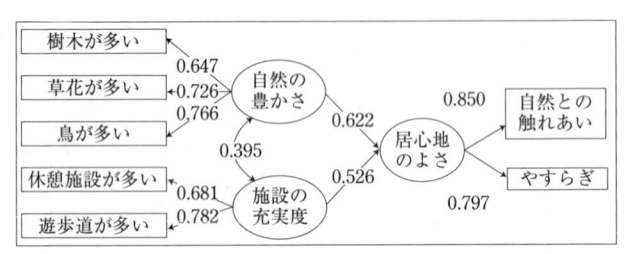

図 5.5.6　整備内容と心理的要因との関係（地区）

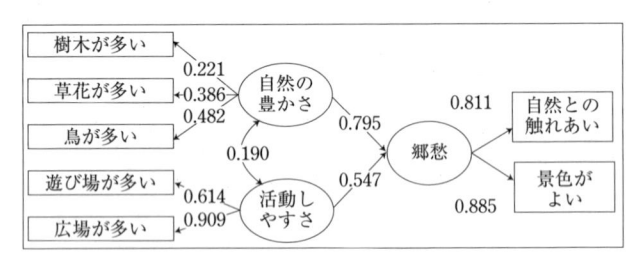

図 5.5.7　整備内容と心理的要因との関係（市）

表 5.5.7　結果の信頼性（地区・市）

	地区レベル	市レベル
χ^2 値	10.112	7.779
自由度	11	11
P 値	0.520	0.733
GFI	0.929	0.949
AGFI	0.818	0.870
RMSEA	0.000	0.000

モデルの適合度を表す各指標は信頼性のある値を得ている．

以上の結果は十分想定できる結果と考えることもできるが，整備内容と心理的要因との因果関係を同定することができたということは有益なことである．サンプルの制約上，空間の規模によってのみ分析を行ったため，どの空間にでも当てはまる結果が出たが，サンプル数を増加させることによって，空間をより詳細に分類して分析を行うことが可能であり，さらに，利用者属性別の分析を行うことができるため，整備計画を立てるにあたってより有益な情報を得ることができる．

5.5.2 公園緑地空間配置の遊びと減災からみた評価[21]

(1) 震災ハザードと公園緑地の配置と機能[22]

対象地域は高度経済成長期以降，鉄道沿線から開発が進み人口が急増するとともに，神戸と似た都市構造を有し，現在の人口は4市で100万人を超えている．町丁目別の人口密度を図5.5.8に示す．なお，人口密度は1995年国勢調査の人口を用いた．これより，人口は鉄道沿線に集中していることがわかる．

また，この地域は3つの活断層系地震によって，震度7および6強が想定されている[23]．これら地震の想定震度と水・土・緑の空間を図5.5.9～図5.5.11に示す．有馬高槻構造線系地震と生駒断層系地震では，摂津市と茨木市・高槻市の南部の想定震度が高い．上町断層系地震ではほぼ全域で震度6弱以上が想定されており，特に吹田市・摂津市の震度が高いことがわかる．以上より，多くの人が想定震度の高い地域に住んでいることがわかる．学校は4市で228校（小学校126・中学校56・高等学校31・短期大学6・大学9）と多く，人口の多い地域に多数存在する．

しかし，公園緑地は吹田市を除いて人口の多い地域に少なく，特に規模の大きな公園・緑地は茨木市・高槻市の中部にはない．つまり両市の鉄道沿線は避難行動だけでなく，遊びからみても問題のある地域であると推察できる．なお，ここで対象とした公園・緑地は地震時の火災を考慮した避難空間[23]を考え，1 ha以上としている．

次に，水・土・緑の空間の機能について整理する．規模の大きな空間は震災時に広域避難や救援拠点のために利用されるが，ここでは地震発生直後を想定し，一時避難に着目した減災機能を表5.5.8に整理して示す．水・土・緑の空間は避難空間としてだけでなく，地域全体としての被害を軽減する機能を有している．一方，日常時には空間でさまざまな遊びができる．その機能は遊ぶための空間としての機能である．さらに，遊びを通して人と自然が触れあう空間であり，人と人が触れあう空間でもある．このことは，地域のコミュニティを形成する貴重な空間であるともいえる．

(2) 避難空間の配置の評価[22]

震災時に人は知人が多い居住地近くの空間へ避難すると考えられる[27]．日常時の生活活動や人のつながりは国道や高速道路，鉄道，河川によって分断されていると考えられ

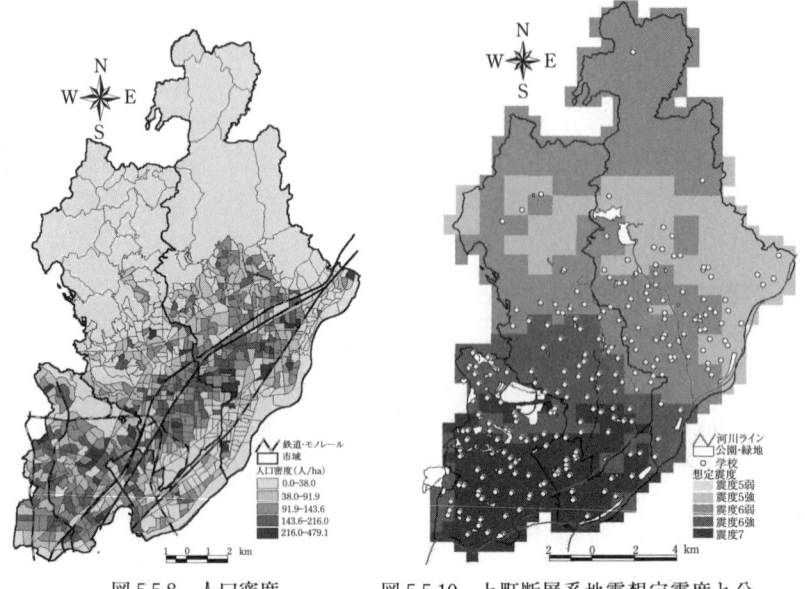

図 5.5.8　人口密度

図 5.5.10　上町断層系地震想定震度と公園・緑地など

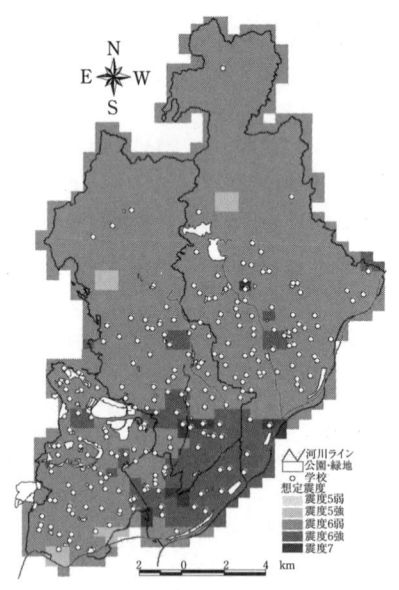

図 5.5.9　有馬高槻構造線系地震想定震度と公園・緑地など

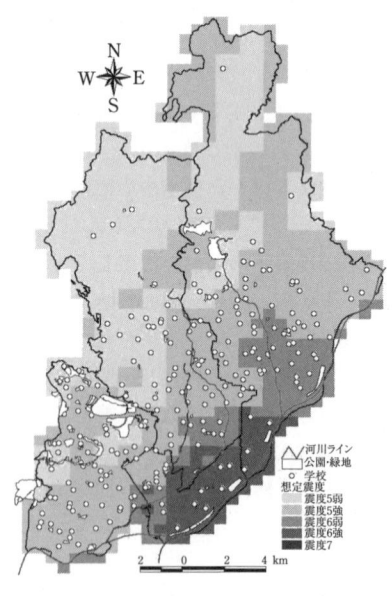

図 5.5.11　生駒断層系地震想定震度と公園・緑地など

5 水と緑の遊び空間論

表5.5.8　水・土・緑の空間の減災機能[24)〜26)]

構成要素	減災機能
水	消火用水，身体の冷却，火災延焼の防止・遅延（河川），避難路（河川高水敷）
土（広場）	避難場所，火災延焼の防止・遅延
緑	火災延焼の防止・遅延，輻射熱の緩和（避難場所の安全性の向上），避難路

表5.5.9　分断要因

道路	・近畿自動車道・中国自動車道・名神高速道路 ・国道170号線・国道171号線・国道479号線
鉄道	・JR東海道本線・JR東海道新幹線・北大阪急行電鉄 ・大阪高速鉄道・阪急電鉄京都線・阪急電鉄千里線
河川	・安威川・芥川・神崎川

る．そのため，これらを考慮して評価を行うこととする．分断要因を表5.5.9に示す．なお，表5.5.9で取り上げた高速道路はすべて盛土もしくは高架橋であり，国道はすべて片側2車線以上であり交通量が非常に多い．阪急電鉄千里線の一部は地上にあるが，その大部分は小河川と隣接し，家屋などが面しており踏切が少ない．そのため，分断要因として取り上げた．また，ここでは都市域を対象としているため，樹林地・水面・高水敷面積が総面積の3/4以上を占め，かつ人口密度が1人/ha以下の町丁目は評価対象外とする．さらに，鉄道用地のみの町丁目も対象外とする．評価対象とする地域を表5.5.9で分断した結果，45の地区に分けられた．以下ではこれらの地区をもとに配置の評価を行う．

避難行動の安全性に関する重要な要因として，①避難先の収容人数と②避難しやすさが挙げられる[28)]．①に関して，1人当たり避難空間面積は$2m^2$以上を目標とし，最低限$1m^2$は確保することが必要とされている．$2m^2$/人は人が空間内を自由に移動できるための面積である．この基準をもとに評価を行った結果を図5.5.12に示す．なお，避難空間面積は公園・緑地，河川敷の面積と学校の校庭面積としている．公園・緑地は開設面積を用いているため，避難可能面積より大きくなっており，この評価結果は1人当たり避難空間面積を大きく見積もっているということになる．図5.5.12より，地域全体としては避難空間が多いと考えられる．しかし，避難空間のない地区が3地区，$1m^2$/人に満たない地区が4地区，$2m^2$/人に満たない地区が7地区ある．これらのうち，高槻市北部の1地区を除いて3つの地震のいずれかで震度6強以上が想定されている．これらの地区は避難行動からみて水・土・緑の空間が不足している．

次に，②に関して町丁目の隣接関係からみた配置の評価を行う．ここでは4つの市という広い地域を対象としているので，trip数で評価する．自宅のある町丁目内に避難

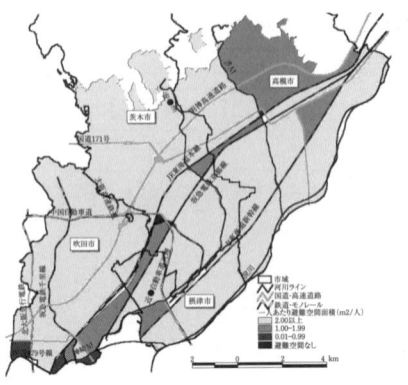

図 5.5.12　1 人当たり避難空間面積

図 5.5.13　避難空間までの trip 数

図 5.5.14　1 ha 当たり 1980 年以前の建物延床面積

図 5.5.15　木造・土蔵建物延床面積率

空間がある場合を trip0，隣接する町丁目にある場合を trip1 としている．そこに避難空間がない場合は trip2 とし，以下同様に trip 数は増加する．評価結果を図 5.5.13 に示す．これより，鉄道によって分断された地区は避難するために遠くまで行く必要があることがわかる．特に細長く分断された地区は隣接関係が 1 方向であるため，町丁目のつながりからみて危険性が高いと考えられる．

　避難の安全性を考えれば，③建物の倒壊や④火災も重要な要因である．③に関して，耐震基準についての建築基準法の改正を考慮し，1 ha 当たり 1980 年以前の建物延床面積を用いた．この結果を図 5.5.14 に示す．これより，名神高速道路と阪急電鉄京都線に挟まれる地区でその割合が高いことがわかる．④に関しては，阪神・淡路大震災での出火要因として電気ストーブなどの電気関係が 17.3％と最も多くなっているが，不明が 39.4％となっている[23]．このため，出火点ではなく延焼に着目した．火災の延焼には木

5 水と緑の遊び空間論

造建物の密集が重要な要因である[23]．図5.5.15は市街地率（町丁目面積に対する住宅地・商工業用地・官公庁用地の割合）が50％以上の町丁目の木造・土蔵建物延床面積率（全建物延床面積に対する木造・土蔵建物延床面積の割合）を表している．この結果は図5.5.12で問題となった地区と重なっていることがわかる．なお，図5.5.14と図5.5.15は大阪府都市計画基礎調査のデータを使用した．

以上より，震災時の避難行動からみて問題がある地区を図5.5.15に ▨ で示す．名神高速道路とJR東海道新幹線の間は人口密度が高く，水・土・緑の空間が少ない．これから，震災に対する危険性が大きいことがわかる．吹田市北・中部の人口密度は高いが，空間は多く，地域の分断を考慮してもその偏りが少ないため，相対的に危険性が小さい．この原因の1つとして，都市化の過程の違いが考えられる．吹田市は千里ニュータウンのように計画的に開発され，雑木林などを公園・緑地として残してきた．しかし，高槻市や茨木市は鉄道沿線から山麓部や淀川のほうへ無計画に開発し，その後公園・緑地を造ってきた[29]．この地形と交通は淀川を大阪湾としてみれば，きわめて神戸に近いことがわかる．このことが空間の偏在や居住地との乖離を生じさせ，地区の危険性を大きくしてきたと考えられる．また，交通施設は近くに平行して通っていると細長い地区が形成される．これは危険性を増加させる1つの要因となっている．

(3) 遊び空間としての配置の評価

1) 遊びの定義と分類

ヨハン・ホイジンガ[30]の「遊び」の概念を参考にして遊びの定義を行う．遊びは場所や人数によって変化し，年齢などの個人属性によっても異なる．しかし，楽しさを感じるという点は共通しているので，遊びを「水・土・緑の空間内で自発的に行われ，楽しさを感じる行為もしくは活動」と定義する．

次に，現地調査で観察された61の遊びを構成要素との関係で分類する．なお，花見や祭りなどの行われる空間や時季が特定される遊びは対象としていない．構成要素の中で水・土・緑を重視し，その有無や量，形態に着目して空間ごとに整理する．土と緑はその組み合わせにより整理している．例えば，土の広場を囲むように樹木がある場合は樹木・囲・土と表す．分類のために着目した構成要素を表5.5.10に示す．次に，遊びに対する重要度で構成要素に得点を与え，類似度をユークリッド距離で定義し，最遠隣法によるクラスター分析を行う．得点は遊びに対して必要な構成要素に対して2，あるほうが好ましい構成要素に対して1，関係のない構成要素に0として与えた．この結果を遊びの性質を考慮して8つのクラスターに分類した[11]．この結果を表5.5.11に示す．これより，遊びの性質および重要な構成要素が類似した遊びに分類した．

2) 遊びからみた配置の評価

分類した遊びと構成要素の関係から空間配置の評価を行う．これらの関係を表5.5.12に示す．これは分類内での重要な構成要素の共通性を考慮し，重要な構成要素に1，重

表 5.5.10 着目した構成要素

水辺	ため池	
	河川	
	せせらぎ	
	人工水路	
樹木	密	土
	疎	土・草・舗装
	囲む	土・草・舗装
	なし	土・草・舗装
休憩施設	四阿（あずまや）	
	ベンチ	

表 5.5.11 遊びのクラスター分析結果

クラスター		特徴	遊び
うつす遊び	a	水辺や樹木，遊歩道を重要とする遊び．場所を移す，景色を写す遊び．	・ジョギング・ウォーキング・自転車・写生する・写真撮影・散歩・犬の散歩
演じる遊び	b	広場を重要とする遊び．鬼や技を演じる遊び．	・ローラーブレード・スケートボード・ラジオ体操・ダンスの練習・花火・ラジコン
水と触れあう遊び	c	ため池や河川などの水辺を重要とする遊び．	・石投げ・魚釣り・バードウォッチング・鳥に餌をやる・ボートに乗る・ザリガニ釣り・魚を見る・水に入る
遊具を使う遊び	d	遊具を重要とする遊び．	・土管・うんてい・ブランコ・タイヤとび・アスレチック・シーソー・ジャングルジム・砂遊び・すべり台・地球塔・ままごと
とどまる遊び	e	水辺や休憩施設を重要とする遊び．ある場所にとどまって行う遊び．	・休憩・楽器の演奏・歌の練習・人の観察・雑談する・昼寝・読書・ひなたぼっこ・バーベキュー
草花と触れあう遊び	f	地面が草花であることを重要とする遊び．	・芝生に転がる・花摘み・バッタとり・花の首飾りつくり
広場で行う遊び	g	広場を重要とする遊び．	・野球・ゲートボール・キックベースボール・サッカー・バドミントン・バレーボール・フラフープ・かけっこ・キャッチボール・ゴルフ
樹木と触れあう遊び	h	樹木を重要とする遊び．	・木登り・セミとり・実を拾う・落ち葉を拾う

5 水と緑の遊び空間論

表 5.5.12 遊びと構成要素の関係

構成要素			a	b	c	d	e	f	g	h
水辺		ため池	1	0	1	0	0	0	0	0
		河川	1	0	1	0	1	0	0	0
		せせらぎ	1	0	0	0	0	0	0	0
		人工水路	1	0	0	0	0	0	0	0
樹木	密	土	0	0	0	0	0	0	0	1
	疎	土	1	0	0	0	0	0	0	1
		草	1	0	0	0	0	1	0	1
		舗装	1	1	0	0	0	0	0	1
	囲	土	1	1	0	0	0	0	1	1
		草	1	0	0	0	0	1	1	1
		舗装	1	1	0	0	0	0	0	1
	無	土	0	1	0	0	0	0	1	0
		草	0	0	0	0	0	1	1	0
休憩施設		四阿	0	0	0	0	1	0	0	0
		ベンチ	0	0	0	0	1	0	0	0
遊歩道			1	0	0	0	0	0	0	0
遊具			0	0	0	1	0	0	0	0

要でないものを0として表したものである．これをもとに，各空間でどの遊びができるか，どの遊びに対して好ましい空間であるかを表現し，配置の評価を行う．ここでは遊びが空間規模によって異なるから，5.5.1項で述べた空間規模によるボロノイ領域の階層システムをもとに考えることにしよう．なお，学校は日常的には開放されていないため対象外とする．

近隣レベルから順に，評価結果を図5.5.16～図5.5.18に示す．なお，図中の記号は表5.5.11に対応しており，各地区およびボロノイ領域でできる遊びを表している．これより，住民にとって最も身近な近隣レベルでは名神高速道路以北の地区で多くの遊びができ，南東部の淀川に近づくにつれてできない遊びが増えていくことがわかる．また，吹田市西部に水と触れあう遊びができない地区が集まっていることがわかる．地区レベルと市・広域レベルの結果より，吹田市東部から茨木市西部にかけての評価が高いことがわかる．各空間に着目すれば，多くの遊びができることは多様性を有した空間である．すべての遊びができる市・広域レベルの万博公園と千里中央公園は多様性に富んだ空間であるといえる．

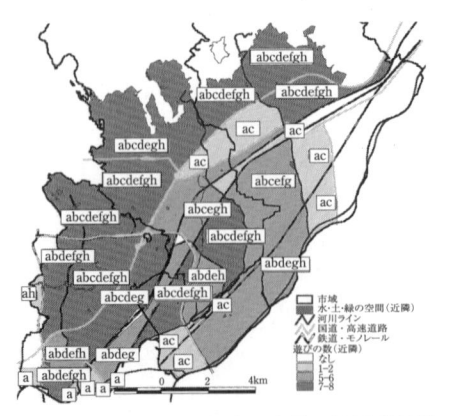

図 5.5.16　遊びからみた空間配置の評価（近隣）

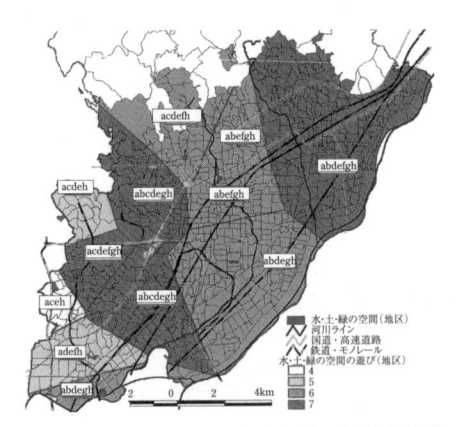

図 5.5.17　遊びからみた空間配置の評価（地区）

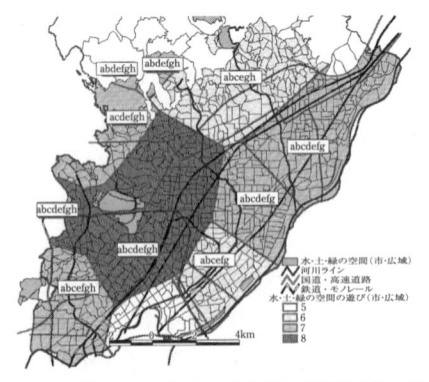

図 5.5.18　遊びからみた空間配置の評価（市・広域）

3) 評価結果の考察

図5.5.15の▨で示した地区と図5.5.16〜5.5.18より，高槻市西部は遊びと減災という2つの視点からみて問題があることがわかる．また，吹田市には河川が少ないため「水と触れあう遊び」は行いにくくなっている．しかし，市内のどこからでも比較的自然と触れあいやすく，それが震災に対して相対的に安全な都市をつくっている．遊びに着目すれば，すべての空間ですべての遊びができなくても，隣接する空間で補うことができる配置にすることが住民の遊びからみて好ましいと考えられる．

以上の評価結果より，震災時と日常時からみて問題のある地区，いいかえれば新たな空間が必要な地区や造り替えることが好ましい地区を明確にすることができた．さらに，この地域は高速道路などの主要な交通施設が多く存在するので他地域へ行きやすいが，徒歩での移動には障害となり，震災時の危険性を大きくし，また身近な近隣レベルの公園・緑地へ行きにくくする原因となっている．このことが環境創生を通した防災・減災を目的とした地域計画を考えるうえでの問題点となっている．

5.5.3 公園緑地の震災時避難行動から減災価値評価

(1) 避難行動に関するシミュレーション分析

震災時の避難行動に関するシミュレーションとしては，実際の道路ネットワークを用いたもの[31)32)]や仮想ネットワーク[33)]を用いた分析が行われている．これらは小さい地区を対象としており，ここでは4市という広範囲を対象としている．さらに，地震時における地域の安全性を避難行動から判断するとともに，そこから公園緑地の減災価値を評価することが目的である．以下に分析の考え方を示す．

まず，震災時に人は知人が多い居住地近くの空間へ避難すると考えられる．日常時の生活活動や人のつながりは国道や高速道路，鉄道，河川によって分断されていると考えられる．さらに，これらは地震によって落橋などの可能性がある．北摂地域は山と淀川に挟まれており，狭い幅に名神高速道路や中国縦貫自動車道，東海道新幹線，JR東海道本線などの日本の主要幹線交通や，阪急京都線などの大阪市と京都市を結ぶ交通施設が集中している．これらのほとんどは高架や盛土で造られている．したがって，地域の分断が危険性の高い孤立する地区をつくる恐れがある．これはこの地域の特徴であり，また各市の防災担当者が懸念していることでもある．

各橋が倒壊する確率は不確実なため，ここでは最も危険な状況を想定し，地域はこれらによって分断されているというシナリオを設定して以下の分析を行う．分断された地区とその番号を図5.5.19に示しておく．

避難のために利用できる空間は，火災の輻射熱を考慮し，1ha以上の公園緑地および校庭である．阪神・淡路大震災では校舎や公民館などの建物が避難場所として使用されたが，建物は倒壊する可能性がある．また，地震の発生時期や時間によっては建物に入れない可能性がある．したがって，ここでは公園緑地と校庭のみを対象として分析す

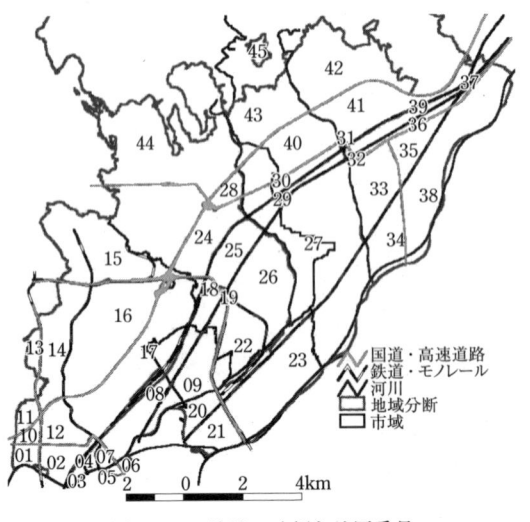

図 5.5.19 地域の分類と地区番号

ることとする.

　町内会などからわかるように,居住地近くの住民のつながりは町丁目内で強いと考えられる.そこで,地域の分断と町丁目のつながりに着目して,避難行動に関するシミュレーションを行うこととする.住民のつながりを表すために,ここでは町丁目のつながりをグラフとして表現する.そして,避難のしやすさは双対グラフ[34]を用いたstep数で示す.これは,ある町丁目に着目したとき,その町丁目が含まれる双対グラフの面から避難空間のある町丁目が含まれる面までの数である[22].この考え方を図5.5.20に示す.

　この図は1つの地区における町丁目のつながりを表している.例えば,町丁目Iに避難空間があり,その他の町丁目にはないとき,step数はIから順に0, 1, 2, 3, 3, 3となる.ただし,これはすべての人が避難できた場合の例である.

　4市という広範囲を対象としており,900以上もの町丁目を扱うことになる.このような場合,step数は非常に簡便な方法である.しかし,町丁目内の道路が通行可能か否かについては対象としていない.このような分析のためには,より狭い範囲での研究が必要となる.ここでの目的は避難行動のシミュレーターの開発ではなく,公園緑地の減災価値評価であり,環境創生による震災リスクの軽減である.さらに,これを用いることによって,後述するように避難空間に入れない人の精神的苦痛を表現することができる.

　また,step数は実際の距離とは違う.なお,今回の場合,町丁目の中心間の距離の多くは400〜500mとなっている.また,このシミュレーションでは夜間人口を用い,歩行による避難を想定している.

　次に,分析の仮定を以下に示す.

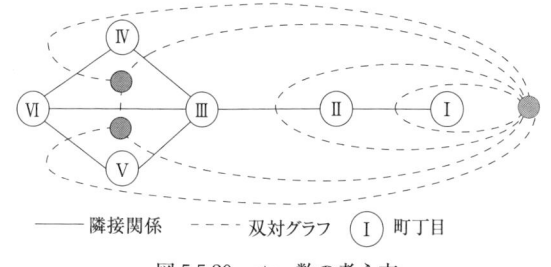

図 5.5.20　step 数の考え方

① 空間選択は分断された地区内でのみ行われる．
② 最も近い (step 数の小さい) 空間を選択する．
③ ②を満たす空間が複数あるとき，より大きな (階層が上の) 空間を選択する．
④ 空間に避難するためには，最悪 1 人当たり $2\,\mathrm{m}^2$ 以上必要である．
⑤ 空間から近い町丁目の住民から避難できる．
⑥ ある空間に入れなかったとき，その空間から近い空間を新たに選択する．
⑦ その空間に入れなかったとき，次に入れる空間の情報が与えられているので，その空間に向かう．
⑧ 標高は考慮しない．

仮定①はこれまで述べたことより，地域の分断を想定して設定した．仮定②と③は，住民はより近くの，より大きな空間へ避難するということである．なお，実際には最も近い空間を知らないことや間違っていることも考えられるが，ここでは簡単のため，仮定②をおくこととする．実際の避難行動を予測するためには，どこへ避難するかを調査する必要がある．また，実際にどこを近いと考えているかを判断するためには，認知地図を作製するための調査が必要となる．

仮定④は避難可能人数の設定を意味しており，この値は防災公園の基準として用いられているものである[35]．なお，公園緑地の面積は水面の面積を除いている．また，樹木の量は考慮せずに面積の設定しているため，ここで用いた面積は実際に避難できる面積より多く見積もっていることを断っておく．仮定⑤は，避難してきた人は，空間に到着した順番で入ることができることを意味している．この順番を，避難しやすさで判断しているということである．仮定⑥は，ある空間に入れなかったとき，その空間から最も近い空間を選択し，そこへ避難するということを表している．仮定⑦は，さまざまな町丁目から空間へ避難するため，周辺の状況が判断できると考えて設定した．もし，この仮定をはずすと，ここで行う分析結果以上に空間に入るために移動し続けなければならない可能性が大きい．仮定⑧は，地区内での避難を想定し，高低差を無視することを意味している．もし高低差が大きければ，そこが分断線となる．以下，避難行動からみた結果とその考察を行おう．

図 5.5.21　step 数

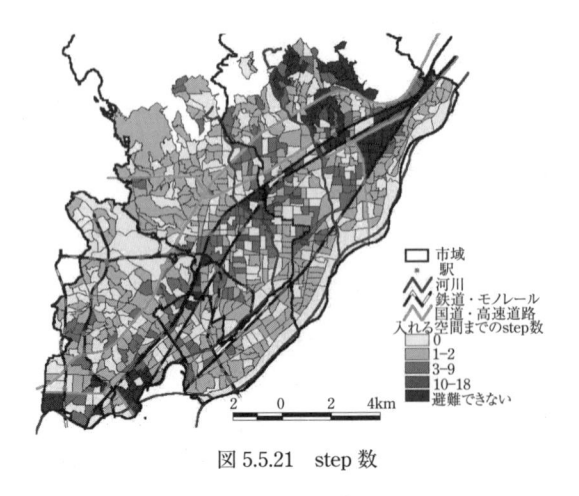

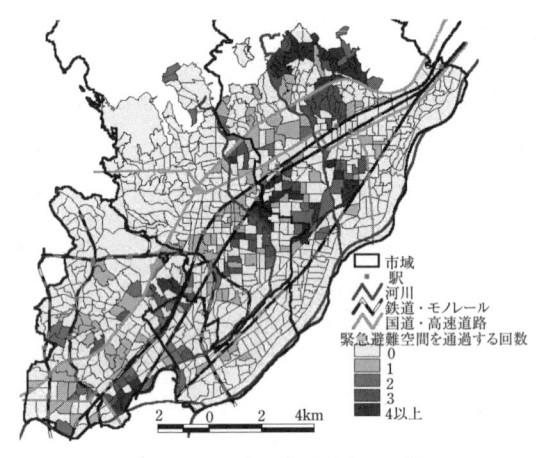

図 5.5.22　空間を通過する回数

　まず，避難空間までの step 数と空間を通過する回数を図 5.5.21 と図 5.5.22 に示す．なお，これらは各町丁目で最大の値を示している．また，図 5.5.21 で「避難できない」と書いているのは，避難空間に入れない人がいることを表している．この図より，吹田市南部の⑴⑶の地区，阪急京都線および JR 東海道本線沿線の⑻⑿⒅㉙㉟㊴㊶の地区，高槻市の北部の㊷の地区で避難できない人がいることがわかる．また，⒄㉖㉗の地区でも step 数が 10 を超え，1 次避難のために非常に遠くまで行かなければならない人がいることがわかる．上記の鉄道沿線は，早くに都市化が進行した地区であるとともに，細長く分断された地区が多い．このため，避難空間が人口に対して不足していたり，1 次避難のために遠くまで行かなければならない人がいるようになったと考えられる．

次に，図5.5.22は避難空間に入れない回数を表現している．つまり，何度も避難空間を通過しなければならないことを表しており，1次避難行動における住民のあせりやいらだちを表現していると解釈できる．この図で高い値を示した町丁目の人は，非常に不安にかられると考えられる．精神的な不安感や苦痛を考慮すると，1次避難行動からみて非常に危険性の高い町丁目であるといえよう．以上の結果より，新たに避難のために利用できる公園緑地の創生が必要な地区が明らかになる．

(2) 空間の減災価値評価
1) 1次避難行動からみた減災価値評価

避難行動に着目して，地域住民からみた空間の減災価値について述べることとする．まず，公園緑地ごとに，どれだけの人数が避難してくるかを表5.5.13に示す．これは，前述の1次避難行動に関するシミュレーションの結果を，空間ごとに集計したものである．この表は，地域住民の1次避難行動からみたときの空間の重要性を表しているともいえる．なお，避難人数が複数書かれている空間は，空間が鉄道などによって分断されていることを意味し，ここでは地区ごとに集計した結果を示す．

この表より，市レベルの淀川河川敷公園へ避難する人数は，すべての地区の合計で2万6421人となっており，すべての公園緑地の中で避難人数が最も多くなっている．次いで，地区レベルの片山公園，城跡公園，若園公園，近隣レベルの上の池公園，津之江公園，中央公園となっている．これらの空間は，多くの住民の1次避難のために利用されると想定できる．つまり，これらの空間は震災時の避難行動からみたとき，地域住民の安全性を高めるためには非常に重要な空間であるといえる．

また，これらの公園緑地への1次避難人数は，広域レベルの万博公園（合計避難人数9313人），服部緑地（合計避難人数1万0099人）より多くなっている．この理由は，これらの空間のまわりには多くの緊急避難空間があるためである．このため，これらの2つの空間の緊急避難空間としての重要性は低くなっている．

以上の結果より，近隣・地区レベルの空間で1次避難行動からみたときに非常に重要な空間があることが示された．しかしながら，ここでは緊急避難空間そのものの安全性は考慮できていない．このため，次の2)で公園緑地の安全性を評価することとする．

2) 空間の安全性の評価

避難空間としての安全性は，規模が最も重要な要因であり，次に水や樹木の存在が重要となる[36)37)]．これまで述べたように，規模については階層に分類しているため，ここでは水辺の有無と樹木の存在およびその配置に着目して，階層ごとに公園緑地の安全性を評価することとする．なお，空間に隣接する建物の構造まで把握することができなかったため，ここではこれを考慮しないこととする．建物の状況まで考慮に入れるためには，4市を対象とした研究ではなく，より小さい範囲を対象とした，例えば建物1棟ずつの延焼に着目した研究が必要となる．

表 5.5.13 空間ごとの1次避難人数

階層	No	空間名	避難人数	階層	No	空間名	避難人数	階層	No	空間名	避難人数
近隣	27	上の池公園	1万3500	近隣	29	津雲公園	3477	地区	35	若園公園	15320
	31	津之江公園	1万3464		28	古江公園	2556		36	紫金山公園	11220
	23	中央公園	1万2000		25	青山公園	2556		38	耳原大池公園	7777
	21	江坂公園	1万1500		8	鳥飼中部第1公園	2361		41	桃山公園	7437
	24	郡山公園	1万1401		13	くちなし公園	2251		44	千里南公園	4271
	17	山田西公園	9500		1	芥川緑地	1790		43	西河原公園	3961
	15	水尾公園	8494		11	南平台中央公園	1790				1572
	14	緑が丘公園	8481		7	平和公園	1464		42	中の島公園	3526
	16	市場池公園	8382		9	鳥飼中部第4公園	670		40	樫の木公園	3103
	12	庄屋公園	7000		4	佐井寺南が丘公園	580	市	49	淀川河川敷公園	4513
	20	藤白公園	6190		33	芥川	1450				13367
	5	新芦屋中央公園	5499				2000				709
	6	沢良宜公園	5499				250				7832
	3	桑田公園	4999		34	安威川	4180		47	千里北公園	5636
	22	南吹田公園	4810				950		45	千里中央公園	1462
	2	山手台中央公園	4436				400	広域	52	万博公園	2004
	10	ねむの木公園	4197				850				7309
	30	佐竹公園	4075				650		51	服部緑地	5164
	18	竹見公園	3650				1890				4935
	19	島三号公園	3626	地区	37	片山公園	19241				
	26	高野公園	3569		39	城跡公園	15827				

水辺と樹木の状況に関しては，各市が所有している公園・緑地の平面図と5年間にわたって行ってきた現地調査をもとに整備状況や樹木の配置などについて整理を行った．水辺は河川・ため池・人工水路（人工水路・徒歩池・噴水）に分類した．樹木が①空間を囲むように配置されている場合，②半分以上を囲んでいる場合，③半分以下を囲んでいる場合，④ほとんど囲んでいない場合，に分類した．これらを空間ごとに整理し，評価を行う．

　まず，水辺は「河川・ため池がある」，「河川・ため池に隣接している」，「人工水路がある」，「なし」の4段階で評価を行うこととした．人工水路は上水道が使えないとき水の供給源がなく，さらに貯留されている水量も少ないため，河川・ため池の存在より評価を低くした．

　樹木に関しては，上述と同様に「囲む」，「以上」，「以下」，「なし」の順に評価が下がるとしている．これは，火災の延焼がどの方向から来るかわからないため，より多く囲まれていたほうが安全であると判断したことによる．なお，ここではすべての空間の樹木の種類を把握することができておらず，樹種による輻射熱の緩和度合いや常緑樹と落葉樹の区別はしていない．すべての樹種が把握できたとしても，その輻射熱の緩和度合いが不明なものも多いため[36)37)]，ここでは樹木の配置のみに着目する．また，学校や緑地に隣接しているときは空間の安全性が高まると判断している．

　以上の3つの視点（規模・水辺・樹木）から階層ごとに評価した結果を表5.5.14〜表5.5.16に示す．なお，表中の番号は図5.5.19のNoに対応しており，太字は学校や緑地に隣接していることを表している．これらの表は右上のほうが評価は高くなっている．

　これから，規模が大きくなるにつれて，緑と水による空間の安全性も全体的に高まっていることがわかる．また，学校と隣接している空間は13あり，そのうち7つが吹田市である．火災の輻射熱を考えると空間の面積が広いほうが安全性は高まるため，特に近隣レベルの空間では，このような配置を行うことが有効であり，吹田市の空間の安全性は他の3市より高いことがわかる．

　階層ごとにみると，近隣レベルでは水辺のある空間が12/33と少ないことがわかる．特に，緑が少なく，学校にも隣接していない(25)高野公園はここで挙げた空間のうち，最も安全性の低い空間である．逆に，このレベルで最も評価が高い空間は(19)藤白公園である．

　地区レベルでは近隣レベルより評価は高まっているが，相対的に(38)城跡公園の評価は低いものとなっている．この空間には耐震性貯水槽が地下に埋められており，飲み水は確保されている．しかしながら，地震発生直後の消火用水を確保するまでにいたっていない．そして，この空間は阪急高槻市駅およびJR高槻駅に近いため，昼間に地震が発生すれば避難する人はより多くなることが想定される．このため，安全性をより高めておくことが必要であろう．

　市・広域レベルでは(48)淀川河川公園の評価が低くなっているが，これは樹木がな

表 5.5.14 空間の安全性評価結果（近隣レベル）

水＼緑	なし	以下	以上	囲む
河川・ため池がある	(31) (32) (33) (34)	(1) **(17)**	(16) (27)	**(20)** (24) (30)
河川・ため池に隣接			(7)	
人工水路がある		(3) (23)	(14) (21)	**(29)**
なし		**(4) (11)** (26)	**(2)** (5) (6) (15) (18) (19)	(8) **(9)** (10) (12) **(13)** (22) **(25)** (28)

表 5.5.15 空間の安全性評価結果（地区レベル）

水＼緑	なし	以下	以上	囲む
河川・ため池がある			(38) (44)	(36) (37) (40) (41)
河川・ため池に隣接				(42) (43)
人工水路がある		**(39)**	**(35)**	
なし				

表 5.5.16 空間の安全性評価結果（市・広域レベル）

水＼緑	なし	以下	以上	囲む
河川・ため池がある	(49)		**(45) (47)** (51) (52)	(50)
河川・ため池に隣接				(46)
人工水路がある				**(48)**
なし				

いためである．しかし，樹木より火災に対して安全な堤防があるため，安全性は高いと考えられる．(47) 萩谷総合公園は人工水路しかないため，評価が低くなっている．この空間は山麓部にあり，周辺は樹木に囲まれているため，火災の延焼に対する危険性は低いと考えられる．しかし，この空間は市街地から離れているため，緊急避難空間として利用しにくくなっている．

3) 空間の安全性を考慮した減災価値評価

近隣レベル；表 5.5.13 に示したように，避難人数が多い空間は (27) 上の池公園，(31) 津之江公園，(23) 中央公園，(21) 江坂公園，(24) 郡山公園であり，これらの公園緑地には 1 万人以上の人が集まると想定される．これらの中で最も安全性の高い空間は (24)

郡山公園である．したがって，1次避難行動からみたとき，この空間の減災価値は非常に高いといえよう．一方，(23) 中央公園は多くの人が避難して来ることが想定されるが，空間の安全性は低くなっている．この空間では，ため池などの水辺を作ることや，地下貯水槽を設けることによる水の確保と，樹木で空間を囲むようにすることが，避難してくる人の安全性を考えるうえで重要であるといえよう．

地区レベル：このレベルで避難人数が多い空間は (37) 片山公園，(39) 城跡公園，(35) 若園公園，(36) 紫金山公園であり，これらの空間には1万人以上の人が集まると想定される．これらの中で安全性の高い空間は，(36) 紫金山公園と (37) 片山公園である．特に，片山公園は避難人数がすべてのレベルで最も多く，さらに空間の安全性も高い．したがって，すべての空間の中で最も減災価値が高いといえよう．一方，(39) 城跡公園は避難人数が多く想定されるにもかかわらず，空間の安全性は低くなっている．この空間は学校と隣接しており，この学校と合わせて空間の安全性を高めることが重要であるといえよう．

市・広域レベル：このレベルでは，(49) 淀川河川敷公園の避難人数が最も多く，次いで (51) 服部緑地と (52) 万博公園となっている．これらの空間は面積が大きく，その安全性は高いと考えられる．淀川河川敷公園は地区ごとの避難人数を合計したとき，最も避難してくる人数が多くなっている．さらに，有馬高槻および生駒断層系地震の想定震度は淀川沿岸部で高くなっていることより，地域住民の安全性を高めるという視点からみたとき，この空間の減災価値は非常に高いものであるといえる．

(3) 2次避難行動からみた減災価値評価

地震発生からの時間の経過とともに，避難空間で行われる行動は変化する．つまり，減災に関する空間の機能が変化するということである．このことを考慮し，ここでは地震発生からおおむね3日以降の応急復旧期間[36)37)]に着目して避難空間の配置について考察する．なお，地域住民の視点で空間の価値に着目しており，特に（一時的な）避難生活のための空間としての配置に関する考察を行うこととする．なお，この時期では，復旧活動が始まっているため[36)37)]，地域は分断されていないと考えることとする．北摂地域は鉄道や道路が高架になっているため，分断される可能性が高いところが多い．したがって，3日程度が経過すると撤去作業が行われ，通行可能であろうと判断した．

1) 応急・復旧期間における避難空間面積の設定

まず，避難生活を行うために，1人当たりどの程度の面積が必要であるかを示しておく．地域防災計画では，緊急避難空間と同様に2 m²/人としている都市もあるが[11)]，これだけの面積で避難生活を行うことは不可能であろう．ここでは，阪神・淡路大震災で避難生活のために利用された5つの空間（津和公園：芦屋市，友田公園：神戸市灘区，浜田

表 5.5.17 避難空間ごとの 2 次避難のために移動しなければならない人数

階層	No.	空間名	移動人数	階層	No	空間名	移動人数	階層	No	空間名	移動人数
近隣	1	芥川緑地	1290	近隣	18	竹見公園	2650	地区	36	紫金山公園	9320
	2	山手台中央公園	3936		19	島三号公園	2626		37	片山公園	17241
	3	桑田公園	4499		20	藤白公園	5040		38	耳原大池公園	5677
	4	佐井寺南が丘公園	80		21	江坂公園	10350		39	城跡公園	13627
	5	新芦屋中央公園	4949		22	南吹田公園	3660		40	樫の木公園	453
	6	沢良宜公園	4949		23	中央公園	10800		41	桃山公園	4437
	7	平和公園	914		24	郡山公園	10201		42	中の島公園	2116
	8	鳥飼中部第1公園	1811		25	青山公園	1206		43	西河原公園	3743
	9	鳥飼中部第4公園	120		26	高野公園	2219	市	44	千里南公園	−479
	10	ねむの木公園	3597		27	上の池公園	12150		45	千里中央公園	−5638
	11	南平台中央公園	1190		28	古江公園	1056		46	忍頂寺スポーツ公園	−10000
	12	庄屋公園	6300		29	津雲公園	1977		47	千里北公園	−9414
	13	くちなし公園	1401		30	佐竹公園	2525		48	萩谷総合公園	−17500
	14	緑が丘公園	7631		31	津之江公園	11864		49	淀川河川敷公園	5371
	15	水尾公園	7644		33	芥川	3700	広域	50	摂津峡公園	−18600
	16	市場池公園	7482		34	安威川	8920		51	服部緑地	−53051
	17	山田西公園	8550	地区	35	若園公園	13520		52	万博公園	−55187

公園：神戸市灘区，門口公園：神戸市兵庫区，岩屋公園：神戸市灘区）の利用実態をもとに，1 人当たり 20 m² と設定する[13) 36) 37)]．なお，この面積には，避難者のテント面積，食事を作ったりたき火をしたりする面積，救援物資の配給のためのテント面積，通路の面積を含んでいる．

また，市・広域レベルのような大きな空間は，自衛隊や消防隊の復旧活動の拠点と

して利用される．この面積も阪神・淡路大震災での実績を用い，自衛隊で 4 ha，消防隊で 1 ha と設定する．なお，これらは地区レベルの空間 (4 ha を標準) も利用していた．この空間の場合は約 1 ha であった[36]．

2) 避難生活可能人数の設定と空間を移動する人数

前の 1) で設定した条件をもとに，各空間で避難生活が可能な人数を設定する．さらに，上述した 1 次避難人数を用いて，各空間からどれだけの人が移動しなければならないかを表 5.5.17 に示す．

この表より，非常に多くの空間の人が避難生活のために移動しなければならないことがわかる．この表で網掛けをした 8 つの空間では避難生活のための人数に余裕がある．これらの空間は吹田市北部の (15) の地区に多く存在している．つまり，この地区は 1 次避難と 2 次避難の両方からみて安全性が高いと考えられる．8 つの空間の中の万博公園と服部緑地は，前述した 1 次避難行動からみた公園緑地の減災価値は低い評価となっていたが，2 次避難行動を考えたときに価値ある空間であることがわかる．

一方，1 次避難のときに多くの人が避難した市レベルの淀川河川敷公園では，避難生活を行うことができない人が出ている．これは，淀川沿岸の地区は淀川河川敷公園以外に避難空間が少ないためである．この結果より，空間の階層性を考慮したとき，淀川河川敷公園のボロノイ領域[14) 38)] に含まれる地区は 2 次避難行動を考慮したとき，新たな空間の創生が必要な地区であるといえよう．

また，ここでは「地域は分断されていない」と仮定したが，この仮定が成り立たないとき，すなわち分断されたままの状態であるとき，多くの人が避難生活のために移動できない可能性が高まる．つまり，学校などの建物が倒壊して使えなければ，地区によっては阪神・淡路大震災のときより狭い場所で避難生活を送らなければならない可能性がある．

参考文献

1) Hagihara, Y., Takahashi, K. and K. Hagihara: *A Methodology of Spatial Planning for Waterside Area*, **Studies in Regional Science**, Vol. 25, No. 2, pp. 19-45, 1995
2) 萩原良巳・萩原清子・高橋邦夫：『**都市環境と水辺計画**』，勁草書房，1998
3) 高橋邦夫：都市域における水辺計画に関する研究，京都大学博士論文，2001
4) 水野 萌：水辺に展開した遊興空間の構造に関する研究，京都大学大学院都市環境工学専攻修士論文，2008
5) 日下正義編：京都・鴨川の河川景観の変遷・地形環境と歴史景観，『**自然と人間の地理学**』，古今書院，2004
6) 京都市建設局街路部街路建設課：「鴨川歩道橋 (仮) にかかる懇談会議事録」(明日の鴨川を考える会，2001.8.23)
7) ロビン・ムーアほか編著 (吉田・中瀬共訳)：『**子どものための遊び環境**』，鹿島出版会，1995
8) 萩原良巳・高橋邦夫・中村彰吾：都市域河川の水辺デザインに関する研究-共分散構造分析によるデザイン要素の抽出，平成 16 年度京都大学防災研究所研究発表講演会，2005

9) 中村彰吾・小林昌毅・高橋邦夫・萩原良巳：都市域の河川における水辺イメージに関する一考察，ランドスケープ研究，Vol. 63(5)，pp. 803-808，2000
10) 中村彰吾・小林昌毅・高橋邦夫・萩原良巳：写真投影法による都市域河川の水辺デザイン情報抽出，ランドスケープ研究，Vol. 64(5)，pp. 821-824，2001
11) 萩原良巳：『環境と防災の土木計画学』，京都大学学術出版会，2008
12) 萩原良巳・萩原清子・酒井 彰・高橋邦夫・清水 丞・中村彰吾：都市における水辺環境創出のためのデータベースの作成に関する考察――水辺環境総合カルテの提案――，水資源研究センター研究報告，第18号，京都大学防災研究所，pp. 59-77，1998
13) 神谷大介・坂元美智子・萩原良巳・吉川和広：都市域における環境防災からみた水・土・緑の空間配置に関する研究，環境システム研究論文集，Vol. 29，pp. 207-214，2001
14) 岡部篤行・鈴木敦夫：シリーズ現代人の数理3『最適配置の数理』，朝倉書店，1992
15) 片平秀樹：『マーケティング・サイエンス』，東京大学出版会，1987
16) 神宮英夫：『印象測定の心理学 感性を考える』，川島書店，1996
17) 狩野 裕・市川雅教：共分散構造分析，日本統計学会チュートリアルセミナー資料，1998
18) 神谷大介・萩原良巳：都市域の自然的空間利用における心理要因と整備内容に関する研究，土木計画学研究・論文集，No. 18，pp. 267-273，2001
19) 神谷大介・萩原良巳：減災のための都市域における公園・緑地の整備計画に関する研究，京都大学防災研究所年報，第44号，B-2，pp. 79-85，2001
20) 神谷大介・萩原良巳・坂元美智子：公園・緑地における遊びと利用者の認知の関係に関する研究，土木計画学研究・講演集24，CD-ROM，土木学会，2001
21) KAMIYA Daisuke and HAGIHARA Yoshimi: *The Relation between User's Mental Factors and the Characteristics of Environmental Space considering with Earthquake Disaster Risk*, 17th Pacific Conference of the Regional Science Association International, 2001
22) 神谷大介・萩原良巳：都市域における環境創成による震災リスク軽減のための計画代替案の作成に関する研究，環境システム研究論文集 Vol. 30，pp. 119-125，2002
23) 大阪府総務部消防安全課：大阪府地域防災計画，2000
24) 建設省都市局公園緑地課・建設省土木研究所環境部監修：防災公園計画・設計ガイドライン，1999
25) 都市緑化技術開発機構・公園緑地防災技術共同研究会：防災公園技術ハンドブック，公害対策技術同友会，2000
26) 建設省建築研究所・建設省土木研究所・国土開発技術研究センター：まちづくりにおける防災評価・対策技術に関する基本的課題の検討調査報告書，1999
27) 萩原良巳・清水康生・亀田寛之・秋山智広：GISを用いた災害弱地域と高齢者の生活行動に関する研究――京都市上京区を例にして――，総合防災研究報告，第10号，京都大学防災研究所，2000
28) 室﨑益輝：アジア・太平洋地域に適した地震・津波災害技術の開発とその体系化に関する研究，全体会議資料，2002
29) 豊かな環境づくり大阪府民会議：豊かな環境づくり大阪行動計画，2000
30) ホイジンガ：『ホモ・ルーデンス』，中公文庫，1973
31) 大阪府防災会議：大阪府地域防災計画関係資料，1998
32) 金子淳子・梶 秀樹：大震時による道路閉塞を考慮したリアルタイム避難誘導のための避難開始時刻決定に関する研究，『地域安全学会論文集』No. 4，2002，25-30
33) 熊谷良雄・雨谷和広：町丁目を単位とした避難所要時間の算定モデルの開発～東京区部の避難危険度測定のために～，『地域安全学会講演集』，pp. 172-175．1999
34) J. A. Bondy and U. S. R. Murty：『グラフ理論への入門』，共立出版，1991
35) 都市緑化技術開発機構公園緑地防災技術共同研究会編：防災公園技術ハンドブック，公害対策技術同友会，2000

36) 都市緑化技術開発機構編：防災公園計画・設計ガイドライン，大蔵省印刷局，1999
37) 日本造園学会・日本公園緑地協会：都市公園・震災関連検討委員会検討資料，2000
38) 神谷大介・吉澤源太郎・萩原良巳・吉川和広：都市域における自然的空間の整備計画に関する研究，**環境システム研究論文集** Vol. 28, pp. 367–373, 2000

6

水辺環境の感性評価論

6.1 水辺環境の感性評価システムの提案

　すでに論じたように，水辺には多種多様な価値が存在する．水辺に人が集まり「まつり・なりわい・あそび・まもり」を行ってきた．また，1章の序説でも述べたように，水辺計画の目的がコンセプト風景ではなく，感性風景の造形を目的としよう．

　19世紀から20世紀は，コンセプト風景の世紀，あるいは風景のコンセプト化世紀であった[1]．1960年代から始まった日本の高度経済成長期以来，日本の国土はこの時代の価値意識のもとに様相を一変した．それは，ゴルフ場の乱開発であり，特に大都市域では交通事業のための水辺の喪失であった．これは「山河崩壊」であり，大都市の「沙漠化」であった．こうして，私たちは「山河崩壊」や「沙漠化」の風景にも無頓着な意識，「風景喪失」を生み出してきた．特に1980年代から90年代のはじめのバブル経済の時代に，一定の価値によって囲い込むことで空間は多くの価値を生み出すものと考えられていた．バブルの金をを注ぎ込んだ大都会の地上げ，リゾート開発，テーマパークは，一定の価値意識による空間の囲い込みで，その空間に人々を引きつけて多くの利益が得られると考えていた．

　それでは，私たち生活者はどのように空間に向かえばよいのであろうか．これは，困難なテーマであるが，次のように考えてはどうだろうか．「自己の存在を考えるとき，自己の身体意識の重要性を認識する．身体は一定の大きさをもって空間の中で配置をもっているから，その配置の意識は，配置へと出現する空間の相貌（風景）の意識を生み出す．風景と自己の履歴（時空間の記憶）とは不可分である．自己の生きる風景の意味を問い，風景が人間に示すものを了解する．」

　風景の中の存在として自己をとらえることは，自己の存在をローカルなものとしてとらえることで，自己の身体がローカリティの原点であるという認識をもち．そして，私たちはこのローカリティのもとで自己の履歴を形成していることを認知することが重要であろう[1]．

このような視点で，水辺計画を考えれば，以下のような重要なことが浮かび上がってくる．現在の大都市域の水辺は，例えば高齢者にとっては彼らの原風景とはなはだ異なり，「押し付けられた水辺」と感じるだろう．しかし，いま原風景を形成している幼児の原風景は，この「押し付けられた水辺」で形成されるであろう．このようなとき，生活様式に水辺空間を取り組んでいる生活者，あるいは水辺空間に生活様式が組み込まれている生活者にとって，いまの水辺はこれでよいのだろうかという疑問がわかないのであろうか．少なくとも，コンセプト風景を是とする人々にとって，このような疑問を抱く余地はないだろう．しかしながら，自己の履歴はいまの風景の意味を問い続けるに違いないだろう．

以上の議論で，また次の重要な問題が浮かび上がる．それは，水辺景観をどのように評価すればよいかということである．環境評価法は多々提案され，その環境経済評価[2)3)]においては費用便益分析[4)5)]や多基準分析法[6)7)]などの単なる応用研究はいまや出尽くした感がある．これらの手法は環境要素分解型の手法であり，全体的にホワーッと包み込むような評価法ではない．私たちは水辺景観を「木が何本ある」とか，「鳥や魚が何匹いる」とか，「この経済価値はいくらだ」とか数えたり考えたりして，水辺にいて「よい気持」とか「うれしくなる」のではないであろう．周辺の山並み，木々の色や草木の香り，水の音，好きな動物の存在などで感性が全開するから「よい気持」とか「うれしくなる」のではなかろうか．ということは，直感的に，次の仮説，すなわち「私たちの感性による水辺景観の印象こそが本来的に総合的な水辺環境評価である」を認めれば，感性を水辺環境評価手法に導入することの重要性がわかってくるだろう．このような直感から，かつてのように行政が一方的に水辺整備計画を策定していた時代と異なり，現在ではいかに水辺を地域生活者のためのものとするかという水辺環境マネジメントが必要となっている[8)]．

水辺環境マネジメントの方法として，私たちが依拠する考え方は1.7節で論じた水と緑の計画学のメタ論理であり，システムズ・アナリシスをベースとした適応計画方法論[9)10)]である．これは，①問題の明確化，②調査，③分析Ⅰ，Ⅱ，④代替案の設計，⑤評価，⑥コンフリクトマネジメント，という流れで示される意思決定を支援する問題解決のプロセスの合理化を目的としている．

適応計画方法論での参加のかたちとしては，主として情報（調査）への参加と決定（代替案の設計と評価）への参加が考えられるが，ここでは①，②，および⑤に関わる調査への地域生活者の参加を考えることにしよう．

ところで，水辺を利用する人々はいちいち水質を測ったり，鳥や花木の数を数えることなく，多いか少ないか，きれいか汚いかなどを主観的に認識している[11)]．そして，これらがその水辺に対する印象を構成し，その水辺を利用したり，水辺の存在をうれしく思ったりする．すなわち，1.7.2項で議論した水辺のGES (Geo：ジオ，Eco：エコ，Socio：ソシオ)環境から印象（自然な感じ，親しみやすいなど）が構成され，それらがさら

6 水辺環境の感性評価論

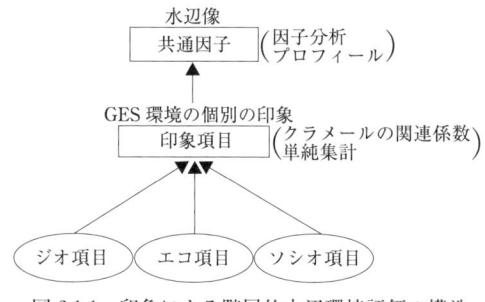

```
                    水辺像
                  ┌──────┐  ⎛ 因子分析   ⎞
                  │共通因子│  ⎝ プロフィール ⎠
                  └──────┘
                      │
              GES環境の個別の印象
                  ┌──────┐  ⎛ クラメールの関連係数 ⎞
                  │印象項目│  ⎝ 単純集計       ⎠
                  └──────┘
                   ▲ ▲ ▲
           ┌───────┼───────┐
        ╭─────╮ ╭─────╮ ╭─────╮
        │ジオ項目│ │エコ項目│ │ソシオ項目│
        ╰─────╯ ╰─────╯ ╰─────╯
```

図6.1.1　印象による階層的水辺環境評価の構造

に水辺のイメージ（像）を構成していると考えられる（図6.1.1）．こうして「印象」は水辺を部分的・定量的でなく総合的・感性的にとらえるものであり，水辺環境の複数の要素から構成されると考えられ，1つの総合評価指標とみなすことができる．

本章では，このような印象による水辺環境評価システムを構築することを目的とし，これを用いることにより参加型の水辺環境マネジメントのための重要な情報が得られるものと考える．具体的には，水辺像は水辺整備計画あるいは水辺環境マネジメントの目的を明示するものとなる．また，個別GES環境の印象は，GES環境項目のどれを整備するか，あるいはマネジメントするかという判断への情報となる．

印象とそれを構成するGES環境に着目して社会調査を実施し，印象がどのような要素で構成されているかを明らかにする．さらに，季節の変化と空間の特性による印象とその構成要素の差異を明らかにし，印象による水辺の時空間の個性と多様性を表現する．6.2節では，こうして得られた情報の分析と評価によって参加型の水辺環境評価システムの構造を示すことにしよう[12]～[14]．

上流域と下流域では水辺環境は大きく異なり，地域によって抱える問題もさまざまである．上下流に対して「多様性と統合」という視点から水辺環境マネジメントを行うには，これらの地域差を考慮する必要があるだろう．そして，地域生活者のための水辺環境マネジメントには，地域生活者による水辺環境評価が重要である．しかし，これまでの水辺環境評価では私たちの知見によると，これらの地域差は考慮されていない．そこで，6.3節では上下流生活者の印象に着目した水辺環境評価[13]と地域間比較を行い，まず，地域ごとの環境評価関数を作成し，次いで印象による水辺像の上下流の地域差を明らかにしよう[15]．

6.2節，6.3節では，水辺整備事業の事前・事後評価，ならびに異なる水辺間の相対比較評価が行える印象（感性）に着眼した環境評価システムを提案し，季節（時間）と場所（空間）を考慮した印象項目とそれを構成するGES（ジオ・エコ・ソシオ）環境認識項目の社会調査を行い，水辺像を階層システムで表現する．これにより，季節の移ろいと場所（区間と左右両岸など）による水辺像の変動がわかり，年平均・場所平均（時空間平均）的

な従来型の水辺環境評価法とは異なる，きめの細かい多様性と統合性を考える水辺環境マネジメントのベクトルを見出す環境評価法であることを議論する．また，流域上下流の生活者の水辺像の差異がもたらす印象項目とそれを構成する GES 環境認識項目により，地域の個性差を尊敬し，全体としては統合性の取れた環境と防災のマネジメントのための目的と境界領域を求めるベクトルを見出す方法であることを示すことにしよう．

次に，3.4節の生態調査の結果[16)17)]を用いて，GES 環境認識項目のうち特にエコ項目に注目し，これによって構成される印象項目を用いて水辺像を表現する手法を考えてみよう．そのため，6.4節では6.2節の社会調査結果を援用し，エコ項目である魚類と鳥類が人々の水辺の印象形成に与える影響を表現してみよう[18)]．次いで，水辺では魚類より目立ち水辺住民の関心が高い鳥類，特にツバメとサギやカモなどの水鳥に着目した鳥類の水辺像に与える影響を詳しくみることにしよう[19)]．

自然的基盤の少ない都市域では，現存する自然環境を維持する保全や，良好な状態への再生だけでは，期待される規模の自然の確保は見込めない．自然的基盤が少なく人工的基盤に覆われた都市環境では，生物の生息は困難である．しかし，コンクリートなどに取り囲まれた形状をもつ雨水調整池は，人工的基盤の一例でありながら，多種の生物が生息している事例もみられる．雨水調整池の多くは，1960年代に大規模な宅地開発が進んだ結果，雨水浸透などの流出機構が著しく変化したため，ピーク流出を抑制するために設けられ，土壌や植生などの自然的な環境要因が排除された人工的基盤で，生物の生息には適さないと考えられていた．しかし，実際には多くの鳥類が（金網に囲まれ，人間の危害を受けない安全な場として）生息していることが観察される．こうして，生物相豊かな自然の創出が可能であるのならば，都市の人工的基盤において，より豊かな自然環境が確保できる可能性があることがわかる．このような，はじめは都市化のためにやむを得ず建設した防災施設が，鳥類にとって「サンクチュアリー」になる可能性を 6.4.4項で示すことにしよう[20)]．

最後に，先に述べた，「人々の感性による水辺景観の印象こそが本来的に総合的な水辺環境評価である」ことを私たちの環境感性評価法を，中国北京の歴史的価値の高い3ヶ所の水辺にも適用し，この評価法の有効性を確認するとともに，日中比較分析を行うことにより日中の人々の感性の差について議論をしよう[21)22)]．なお，北京の人々の感性を感受するために，北京が水と緑の問題でおかれている深刻な背景をできるだけ簡潔に記述しておこう．

中国の主な流域は長江・黄河・海河・淮河・松遼（松花江・遼河）・珠江・太湖の7つである．その中の北京・天津・石家荘などの大都市を含む海河流域は政治・経済・文化・教育・交通・観光などの中心として重要な位置にある[23)]．

海河流域には華北大平原が含まれ，海河・灤（らん）河・徒駭（かい）馬頬河の3流域から構成されている．流域総面積は31万1000 km^2，平野面積は12万9000 km^2（約40%）で，総人口は1.22億人（全国の約10%）であり，GDP（1998年）は全国の約12%，

6 水辺環境の感性評価論

食料生産高は全国の約10%であるが，水資源は中国全土の約1.3%しかない．海河流域の地表水と地下水利用量は301億トン/年で，再利用量を含めて供給できる水資源量は347億トン/年である．これに対し，海河流域の水需要量は447億トン/年に達している．生態系や水域環境を犠牲にしても，生活と生産に不足している年間の水資源量は100億トン/年で，きわめて深刻な状態にあり，流域に多くの渇水・旱魃（かんばつ）問題を起こしている．さらに，大震災リスクも存在する．

また，人口増加の結果，汚水量が増え，処理施設の整備が追いつかず，ほとんどの汚水が未処理のまま公共用水域へ放流され，水質悪化にいっそう拍車をかけた．夏にでもなれば，異臭が漂い，蚊やハエが大量に発生し，住民からは「窓も開けられない」，「散歩や夕涼みで外には出られない」など多くの苦情が寄せられたという．その対策として，かつての日本と同じように，汚染された河川・水路の暗渠化や埋め立てなどの措置が取られ，水辺がいっそう減少し，このような水辺破壊の悪循環が20世紀の80年代までずっと続いた．そして，2008年の夏のオリンピックの開催都市に決まってから，北京市では，「水環境を愛護し新北京を建設しよう」というスローガンをもとに水辺環境の本格的な整備が始まり，いくつかの水辺が非常に短期間に整備された．

北京市が何ゆえに「水と緑」の具現化としての水辺整備にこれほどまでこだわったのか，またこの背景は何かを問い，水辺整備に関わるさまざまな問題を探り，北京市民の印象による環境評価を6.5節で行うことにしよう．以下では，本章の概要を述べることにする．

6.2節：水辺環境マネジメントのための参加型水辺環境評価システムを構築することを目的とする．そのため，まず水辺のGES環境に着目して社会調査を実施し，主観的認識項目の時空間別特徴を把握する．次いで，クラメールの関連係数[24]によって主観的認識項目とGES環境項目の関連を明らかにする．さらに，印象項目のプロフィールを示す[25)26)]とともに，印象項目に因子分析[27)28)]を適用して得られる共通因子により対象水辺のイメージ（像）を得る．以上のプロセスにより，参加型階層的水辺環境評価システムの構造を示す．そして，最後に鴨川本川の両岸の風景の差異が印象の差異にどのような影響を与えるかについて[29)]若干ふれておこう．

6.3節：地域差を考慮した水辺環境マネジメントのために，異なる問題を抱える上流域と下流域の住民の水辺環境の印象と認識を調査し，上下流各地域の固有問題と共通問題を明らかにする．そして，各地域の環境評価関数を作成し，次いで水辺環境の印象に着目し，印象項目のプロフィールを示すとともに，GES環境認識の関連分析，印象項目の因子分析により「GES環境認識項目（第1階層），印象項目（第2階層），水辺像を構成する共通因子（第3階層）」の3階層で構成される定性的な水辺環境評価を行う[30)]．これにより，上下流の地域特性を反映した水辺間の環境相対評価が可能であることと，上

399

下流一体とした水辺環境マネジメントを「多様性と統一」という視座で行う必要性を明確にしよう[31]．そして，当然水辺は住民（定住者，夜間居住している人）のためだけに存在するものではないから，住民とまったく異なる目的で水辺に接し，水辺に対する選り好みの激しい感性の持ち主である釣り人の感性と住民の違い[32]をみることにより，水辺GES環境マネジメントのスペクトル領域を広げる努力をしよう．

6.4節；ここでは，まず四季の移ろいを表現する水辺像に影響を与える魚類と鳥類が，生活者の印象項目にどの程度影響するかを明らかにする[18]．次に，水辺住民に特に好かれているツバメと水鳥の生態調査結果を用い，鳥類が水辺住民の印象項目にどの程度影響するかを特に詳しく論じることにしよう[33]．最後に，大都市域内水災害リスク軽減のために建設された雨水調整池において，生物の生息を可能にしている要因は何か，また，雨水調整池は生物相の確保といった都市の自然創出に果たす役割を有しているのか，という問題意識のもとに，雨水調整池の植生量や水域の存在などを環境条件として取り上げ，生物出現への関わりを調べる．また，年月の経過の環境条件形成への影響を検証する．そして，分析結果をもとに得られた知見から，雨水調整池は本来の貯留・流出機能だけではなく，鳥類の生存と植生などの環境要因を含めた自然の創出にどのような貢献をしているかを考えよう．ただし，雨水調整池のエコ環境の感性評価は今後の課題とする．

6.5節；ここでの議論は，1章の序説で言及した適応的水辺整備計画方法論の考え方で構成される．まず，中国における水辺整備に関する問題の明確化として，中国，特に北京市を中心とした地域における水資源の問題をみる．次いで，水辺整備（代替案の設計）のコンセプトである持続可能性概念に基づいた中国の生態水利建設の考え方を把握する．そして，日中合同現地調査結果をもとに，6.3節で用いたのと同じ手法を用いて，生活者参加型の印象からみた水辺環境評価を行う．最後に，水辺整備に関するコンフリクトの事例を簡単にみることにしよう．

6.2 季節の移ろいと空間特性による水辺環境評価[12)13)]

6.2.1 四季別水辺空間別の遊びと印象の特徴

(1) 調査の概要
1) 調査票の設計

調査対象地域は京都市の鴨川である．印象に関する項目については，GES環境を構成するGES項目と印象項目をブレインストーミングなどで抽出し，KJ法やISM法など[3)]を用いて調査項目を決定した．具体的には，GES環境を構成する要素をそれぞれG

6 水辺環境の感性評価論

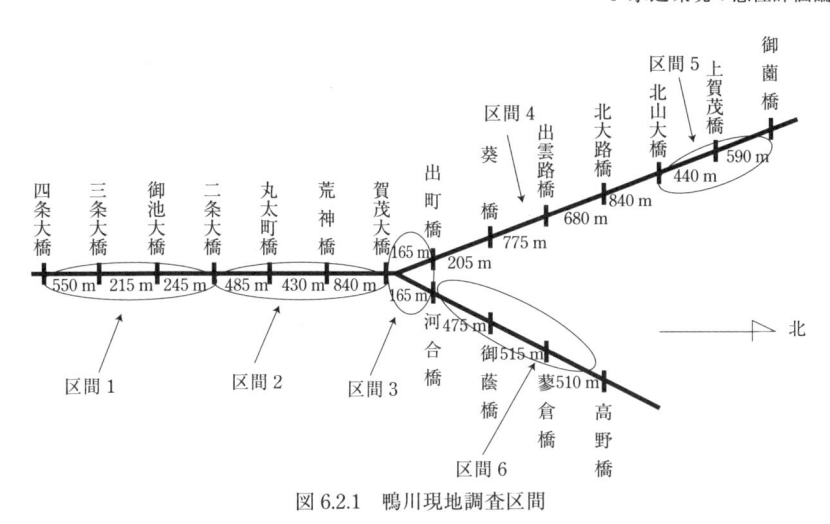

図 6.2.1 鴨川現地調査区間

構成項目（水量，においなど），E 構成項目（木の多少，鳥の多少，花の多少など），S 構成項目（ゴミの量，トイレの有無，人の多少など），それらの要素から影響を受けて水辺の印象を構成する I (Impression) 項目（自然な⇔人工的な，品がある⇔品がないなど）を調査項目として設定した．調査票は合計 34 の調査項目と「調査年月日」「時間帯」「天気」などの基本情報で構成される．34 項目は，例えば「水がきれい」から「水が汚い」という 5 段階評価で構成される．評価は間隔尺度とする[4)5)]．

2) 調査の実施

調査地は京都市雲ヶ畑を源流とする賀茂川と大原を源流とする高野川，および 2 つの河川が合流してからの鴨川とし，調査区間は賀茂川の御園橋，高野川の高野橋から鴨川の四条大橋までとした（図 6.2.1）．区間 1 は下流から四条大橋〜二条大橋，区間 2 は二条大橋〜賀茂大橋，区間 3 は合流区間で賀茂大橋〜出町橋・河合橋，区間 4 は出町橋〜北山大橋，区間 5 は北山大橋〜御園橋，そして区間 6 は河合橋〜高野橋とした．調査実施期間は 2006 年 11 月から 2007 年 10 月に年間を通じて行った．調査は京都大学と佛教大学の教員と学生（総勢 35 名）が現地に出向いて観察し，橋間ごとに 34 の調査項目について記入していくという方法で行った．なお，この調査はあくまでも印象による水辺環境評価システムの構築が可能か否かを検討するためのものと考えている．したがって，得られた結果は調査員の属性（年齢，出身地，職業など）による偏りがあることを断っておく．また，季節の違いによる印象の差異を分析するために，データを春（3 月〜5 月），夏（6 月〜8 月），秋（9 月〜11 月），冬（12 月〜2 月）の四季に分けた．どのような水辺かを理解するために，鴨川の四季の写真（萩原良巳撮影）を写真 6.2.1〜写真 6.2.6 に示しておこう．

写真 6.2.1　比叡山と春の桜（2007 年 4 月）

写真 6.2.2　夏の飛び石（2006 年 6 月）

写真 6.2.3　夏の納涼床（2007 年 7 月）

写真 6.2.4　秋の朝焼け（2003 年 10 月）

写真 6.2.5　冬のユリカモメ（2004 年 1 月）

写真 6.2.6　冬の北山（2008 年 1 月）

6 水辺環境の感性評価論

表 6.2.1 遊びの種類の多様性

観察種類数 / 季節	区間1	区間2	区間3	区間4	区間5	区間6
春	24	34	31	23	19	34
夏	28	39	33	33	16	28
秋	23	38	34	38	23	24
冬	26	27	24	25	26	27

3) 時空間別"遊び"の特徴

観察調査のサンプル数は区間とその特性ごとに異なるため，"遊び"に関してはその種類に注目した．多様な生活者がいれば多様な"遊び"がありうるからである．

調査票に例示した59項目のうち区間ごとにどれだけの"遊び"が観察されているかをみると，区間1と区間5はその他の区間に比べて四季すべてで遊びの多様性は低い（表6.2.1）．区間6も区間2,3,4と比べると遊びの多様性が低い．これらは，G項目の「水際に降りやすい」，「水に触れたくなる」，「水に入りたくなる」とS項目の「遊歩道が多い」，「遊ぶ場所が多い」，「休む場所が多い」の項目で区間1,5および6の評価が低いことの現れと考えられる．区間2と区間4ではスポーツを行える広場が整備されていることもあり，子供のサッカーやアメリカンフットボールなどの遊びが多く観察されている．水に関連する遊びは区間2および3で数多く観察されている．区間5にも広場はあるが用途が限定されていることもあり，観察される遊びの種類は少なくなっている．なお，区間2の特徴として読書が数多く観察されている．

季節の違いでは区間2,3および4においては冬の遊び数が減っているが，これは冬季に行うスポーツや水遊びが減ることによるものであろう．ジョギング，ウォーキング，自転車，散歩の観察数は多く，日常的にこの区間が利用されていることがうかがえる．しかし，区間別，季節別では利用形態が異なる傾向がみられる．

ところで，ジョギングなどの日常的な利用はジオ，エコ，ソシオすべての影響を受けるものと考えられる．これはまさに前の5章で述べたように，メタレベルの参加が，アクタレベルの参加を通して示されるということである．したがって，以下のような印象による総合評価の必要性が示唆される．

6.2.2 印象と GES 環境の関連

(1) 主観的認識項目の特性

調査区間ごとに34の項目についての主観的認識（評価）データを単純集計し，項目別の評価を求めるとともに，区間，季節によって各項目の評価がどのように変化するかを考察する．具体的には，各区間の34の調査項目について5段階評価を合計し，その合計を総サンプル数で割った％表示にする．こうして得られた結果のうち60％以上の

ものを含む項目を対象区間あるいは季節の特徴を表していると考える．以下では，GES環境(識識)構成項目と印象項目ごとにその特徴をみることにしよう．

1) **ジオ(G)環境構成項目**(以下ジオ(項目)と呼ぶ)

調査区間全体の特徴としては「水に触れたくない」，「水に入りたくない」という結果が得られる．しかし，区間と季節を考慮すれば，区間2，3の夏ではほぼ「水に触れたくなる」，「水に入りたくなる」の割合のほうが大きくなる．したがって，平均的にみると，区間や季節の個性がまったくみえなくなってしまう場合がありうる．

2) **エコ(E)環境構成項目**(以下エコ(項目)と呼ぶ)

「木が多い・少ない」で区間による差異がみられる．その一方で，季節による変化では区間ごとに共通した変化を示しているのが特徴的である．「木が多い・少ない」では冬に「木が多い」の割合が減り，葉が落ちることが木の多さへの認識に影響していることがうかがえる．春になるとどの区間でも「花が多い」という回答が他の季節に比べて増え，桜が与える影響の大きさがうかがえる．区間6では秋にも「花が多い」という回答が多く，この区間に咲くコスモスやヒガンバナが印象に反映されている．草に関しては区間1，2では秋になると，区間3，4，5，6では冬になると「草が多い」の割合が小さくなり，秋になると河道内の草が刈られ，冬には枯れてしまうことが影響していると思われる．昆虫は全体的に少ないが，どの区間でも夏になると「昆虫が少ない」という回答の割合が小さくなり，夏のセミの影響があると思われる．

3) **ソシオ(S)環境構成項目**(以下ソシオ(項目)と呼ぶ)

「遊歩道や歩道が多い」，「歩きやすい」という認識は，鴨川の歩道がすでに全区間にわたってある程度整備されているためであると思われる．しかし，遊ぶ場所の多さや休む場所の多さに関しては区間ごとに異なり，鴨川が区間ごとに個性をもった多様な川であることがうかがえる．特に区間3では夏になると「遊ぶ場所が多い」の割合が大きくなっており，区間3は水際に降りやすいため，夏になると水際が遊ぶ場所として認識されるからであると考えられる．

4) **印象(I)項目**(以下印象(項目)と呼ぶ)

印象項目についてはGES環境との関係を考慮しながらみる．「自然な・人工的な」では，区間2で花，木，草，鳥などのエコ環境が乏しくないにもかかわらず，「人工的な」と感じている．これは遊ぶ場所や休む場所が多く人が多いことが影響していると思われる．「特色がある・平凡な」では，特色があるに偏っている区間2，3，4について区間2，4は遊ぶ場所や休む場所が多い，区間3は水際に近づきやすいという特徴があり，空間的特徴とそれに伴う人々の利用の多様性によって「特色がある」と感じていると考えられる．

「落ち着いた感じ・華やいだ感じ」では，区間3で夏に「華やいだ感じ」の割合が大きい．実際に区間3は水際へ降りやすいので夏に水遊びをする姿が観察され，活発な印象を受ける．「すっきりしている・ごみごみしている」では，季節の変化が小さいことか

ら，季節で変化する植生や人の多さなどの影響のないことがうかがえる．

「品がある・品がない」では，区間1で「品がない」という回答が多く，これは放置自転車が多いなどのモラルの問題が影響していると考えられる．「開放的な感じ・閉鎖的な感じ」では，区間1, 2, 3, 4は川の上空が開けていることが強く影響して「開放的」という回答が多く，区間5, 6は比較的「閉鎖的」という回答が多い．区間5, 6は上空が開けているにもかかわらず歩道が狭く，すぐ側に木が立っていて閉鎖的に感じられるためと考えられる．また，「全体的によい印象・悪い印象」では区間1の秋がやや悪い印象である．区間1では「風景や景観が悪い」「単調な感じ」，「品がない」，「眺めていたくない」の割合が60%以上であり，それらの印象が総合的に影響しているものと思われる．さらに，「風景や景観がよい・悪い」と「眺めていたい・いたくない」がほとんど同じ結果を示していることが特徴として挙げられる．

(2) 主観的認識項目の時空間特性
1） 季節の違いによる印象の差異

春では，どの区間でも「花が多い」と回答している割合が大きい．鴨川の調査対象区間では桜がどの区間にも植えられており，春になると花見をする人々でにぎわう．特に区間6では他の季節では「人が少ない」という回答が多いが，春になると「人が多い」，「にぎやかな感じ」の割合が多くなり，桜を見に人が集まりにぎわう様子がうかがえる．

夏では，水際に近づきやすくて水遊びのしやすい区間3で，「水際に降りやすい」，「水に触れたくなる」という回答が増え，「にぎやかな感じ」，「特色がある」，「華やいだ感じ」，「親しみやすい」が全季節の中で最も大きくなり70%以上となる．夏の活気のある様子が印象によく現れている．

秋と冬では，区間1, 2では秋になると「草が少ない」の割合が大きくなり，区間3, 4, 5, 6では冬になると「草が多い」の割合が小さくなる．秋に刈られ，冬に枯れる草の様子が印象に現れている．単純集計の季節による比較から，エコの花，草の植生とジオの水について大きな認識の差異があることがわかり，エコとジオには季節の移ろいが感じられる．

2） 区間の違いによる印象の差異

区間1は遊ぶ場所と休む場所が少なく，木が少ないという認識が強い．他の区間に比べて特に人工的という回答が多い．

区間2は遊ぶ場所と休む場所が多く，区間3に次いで水際に降りやすいと答える回答が多い．冬以外は60%以上の人が「人が多い」と感じている．親しみやすい，全体的によい印象と答える回答が最も多いことから，人のたくさん集まる魅力的な区間であるといえる．

区間3は最も水際に降りやすく，他区間に比べ夏に特徴的な印象の変化がある．夏になると「水に触れたくなる」，「水に入りたくなる」の回答が他区間に比べて特に多くな

り，「にぎやかな感じ」，「華やいだ感じ」，「騒がしい」，「特色がある」，「眺めていたい」，「親しみやすい」という回答が四季の中で最も多くなる．

区間4は遊ぶ場所と休む場所が多く，区間2と似た特徴をもつ区間である．近くに植物園があり，区間2に比べるとやや自然な感じという回答が多い．

区間5は遊ぶ場所が少なく，区間6に次いで「人が少ない」と感じ，「さびしい感じ」，「落ち着いた感じ」のする区間である．ただし，春になると「人が多い」，「にぎやかな感じ」と感じる人のほうが多くなる．また，トイレに困るという回答が他区間に比べて特に大きい．

区間6は遊ぶ場所と休む場所が少なく，区間5と同じく「人が少ない」と感じ，「さびしい感じ」，「落ち着いた感じ」のする区間である．この区間も春になると「人が多い」，「にぎやかな感じ」と感じる人が多くなる．また，どの季節でも「水がきれい」と感じる人が60％以上ある唯一の区間であり，「水際に降りにくい」と感じているにもかかわらず，夏になると「水に触れたくなる」，「水に入りたくなる」という回答が多い．春だけでなく，秋にも「花が多い」ことも他の区間にない特徴である．

以上の単純集計結果から，季節と場所による水辺GES環境の違いが印象に現れていることが明らかとなった．季節比較では，エコの花，草，ジオの水で季節の移ろいが感じられ，区間比較では各区間のジオ，エコ，ソシオそれぞれの違いが印象の違いとして現れている．また，どの区間においても桜を植えていることが印象に反映されており，鴨川の整備の結果を印象から評価することが可能であると考えられる．また，水辺環境マネジメントの際には，場所と季節によって印象が異なることを認識しておくことが必要であるといえよう．

(3) 印象項目とGES環境項目の関連分析

ここでは，印象項目とGES環境項目間の関連の強弱を測り，IがどのGES項目によって構成されているかを明らかにする．このため，項目間の関連を測るクラメールの関連係数（補遺A参照）を用いることにする[24)27)]．

クラメールの関連係数は2つの項目間の関連の強さを表し，次式で表現される．

$$\text{クラメールの関連係数} \phi = [\chi^2 / \{n(q-1)\}]^{1/2}$$

ただし，χ^2はカイ2乗値，nはサンプル数，qは2項目のカテゴリー数（選択肢の数）の少ないほうの数である．

関連の強さについて，本研究ではサンプル数が40〜60程度であることを考慮し，関連があるといわれる5％有意を基準にクラメールの関連係数が0.3以上を非常に関連が強いとして●で示す．そして，0.1以下を独立と考えて×，0.1以上0.2未満を○，0.2以上0.3未満を◎，回答がどちらかに偏りクラメールの関連係数が計算されない場合は

6 水辺環境の感性評価論

表 6.2.2 区間 2（春）のクラメールの関連係数による関連分析

凡例:
- ● 0.3 以上
- ◎ 0.2〜0.3
- ○ 0.1〜0.2
- × 0.1 以下
- ※ 値なし

行項目（上から）: 水、臭い、ゴミ、水量、木、花、草、魚、昆虫、鳥、人、遊歩道、堤防、遊ぶ場所、休む場所、トイレ、歩き、水際降り、危険、風景、にぎやか、自然、特色、すっきり、変化、落ちつき、品、開放的、静か、親しみ、眺め、水にふれ、水に入れ、よい印象

列項目（左から）: 水、臭い、ゴミ、水量、木、花、草、魚、昆虫、鳥、人、遊歩道、堤防、遊ぶ場所、休む場所、トイレ、歩き、水際降り、危険、風景、にぎやか、自然、特色、すっきり、変化、落ちつき、品、開放的、静か、親しみ、眺め、水にふれ、水に入れ、よい印象

（注）太字は印象項目でその他は GES 環境（認識）構成項目

※と表す．3区間について四季別の関連分析を行ったが，紙面の都合上，表6.2.2に区間2（春）のみのクラメールの関連係数による関連分析を示している．

1） 各区間での関連分析

区間1；季節を通して関連が強い項目のある印象は，【にぎやか・さびしい】【すっきりとした・ごみごみした】【落ち着いた・華やいだ】の3項目であった．【にぎやか・さびしい】では「人が多い・少ない」「静かである・騒がしい」，【すっきりとした・ごみごみした】では「歩きやすい・歩きにくい」，【落ち着いた・華やいだ】は「静かである・騒がしい」との関連が強い．これら3項目以外では季節によってジオ，エコ項目は異なる．

また，単純集計では区間1は他区間に比べて「親しみにくい」という回答が比較的多い．「親しみにくい」の割合が特に大きい秋をみると，関連の強い項目は，「水際へ降りやすい・降りにくい」，「水に触れたくなる・触れたくない」，「水に入りたくなる・入りたくない」，「草が多い・少ない」，「遊ぶ場所が多い・少ない」，「休む場所が多い・少ない」である．この【親しみやすい・親しみにくい】に関連するGES項目は重要で，今後の親しみやすい水辺整備計画の方向を明示しているといえよう．

区間2；季節を通して関連の強い項目をみてみると，【にぎやか・さびしい】では「人が多い・少ない」がすべての季節で関連が強い．【静かである・騒がしい】も夏以外で関連が強い．【落ち着いた・華やいだ】では「静かである・騒がしい」がすべての季節で関連している．なお，【にぎやか・さびしい】【落ち着いた・華やいだ】に強く関連するGES項目は季節により異なっている．

以上の結果より，区間2では季節によって印象に強く関連する項目が異なっていることがわかる．花に注目すると，春において関連が強く，区間2の特徴の1つである桜の影響が現れているといえる．

区間3；季節を通して強い関連のある項目をみると，【特色のある・平凡な】で「水際に降りやすい・降りにくい」が，【落ち着いた・華やいだ】では「静かである・騒がしい」がすべての季節で関連している．また，両者ともに関連する他のGES項目は季節により異なっている．

区間4；季節を通してGES項目と関連が強い印象は4項目で，【にぎやか・さびしい】では「人が多い・少ない，静か・騒がしい」，【自然な・人工的な】では「トイレに困らない・困る」，【落ち着いた・華やいだ】では「静か・騒がしい」，【品がある・品がない】では「堤防の勾配が緩やか・急勾配」である．【にぎやか・さびしい，落ち着いた・華やいだ】は他の区間と同じだが，【自然な・人工的な】におけるトイレに困るかどうか，【品がある・品がない】における堤防の勾配は他の区間にみられないことである．春では，花の多さが3つの印象項目と関連が強く，桜の影響がうかがえる．昆虫の多さが印象の4項目と関連が強くセミの影響がうかがえ，鳥の多さが印象の7項目と関連が強いことから，区間4の印象に対して鳥が大きく影響していると考えられる．なお，秋ではジオに関連の強い項目が少ない．冬では，エコの草の多さが印象の4項目と，鳥の多さが印

象の5項目と関連が強く,枯れ草とユリカモメの影響がうかがえる.

区間5；季節を通してGES項目と関連が強い印象は2項目で,【にぎやか・さびしい】では「人が多い・少ない,静か・騒がしい」,【落ち着いた・華やいだ】では「静か・騒がしい」である.【にぎやか・さびしい,落ち着いた・華やいだ】は他の区間でも同様の関連がみられる.

春では,花の多さが印象の6項目と関連が強く,他の区間と同様に桜の影響がうかがえる.夏でも花の多さが4項目と関連が強い.昆虫が6項目と関連が強く,区間4と同様にセミの影響が考えられる.秋では,区間4と同じでジオに関連の強い項目が少ない.冬では,エコの木の多さが5項目と関連が強く,葉が落ちた木の影響がうかがえる.区間5では大きな木が歩道のすぐそばに観察できる.区間5は花や昆虫で,同じ賀茂川の隣の区間4と似ている.

区間6；季節を通してGES項目と関連が強い印象は2項目で,【自然な・人工的な】では「遊歩道や歩道が多い・少ない」,【品のある・ない】では「静か・騒がしい」である.【品のある・ない】に関しては,区間6ではすぐそばに道路があり,車の音がよく聞こえる.この音を騒がしく思うかどうかが品を感じるかどうかに影響していると思われる.なお,【にぎやか・さびしい,落ち着いた・華やいだ】は他の区間では人の多さや静かさとの関連が強いが,区間6ではその傾向がみられない.「遊歩道や歩道が多い・少ない」は印象の6項目と3季節以上で関連が強い.区間6は他の5区間に比べて歩道が狭く,歩きにくい箇所があり,このことが印象に影響していると考えられる.【親しみやすい・親しみにくい】は,春と秋で「花が多い・少ない」と関連が強い.この区間では春には桜が咲き,秋にはコスモスなどの花が咲いている.

この結果,季節によって区間3でも印象と関連の強い項目が異なり,印象ごとにGES項目が異なっていることがわかる.前の(2)の単純集計結果で区間3の特徴であった「水際への降りやすさ」に注目すると,すべての季節で【特色のある・平凡な】と強い関連があり,夏だけでなく,秋にも水遊びがみられる特徴を表している.

2） 代表項目の選定

ここでは,区間,季節ごとに印象を構成するGESの代表項目を抽出する.その基準は以下の5つとする.①印象と関連の強い（クラメールの関連係数が0.3以上）項目,②各GES内で他の項目との関連がない,もしくは関連が弱い項目,③各GES内で2項目以上が関連しあっている場合,そのうちより多くの項目と関連が強い項目,④③で決まらない場合,相互に関連している複数の項目の中から,区間,季節を考えるうえで重要であると思われる項目,⑤似た項目がある場合には,概念的に広い項目を選択する.

例えば,印象項目【親しみやすい・親しみにくい】の場合の春では区間1はジオ：水,エコ：歩道,区間2はジオ：水量,水際,エコ：鳥,ソシオ：ゴミ,人,トイレ,区間3はジオ：水際,エコ：草,ソシオ：人,歩きやすさ,となる.これらを以下の印象の分析で用いる.

6.2.3 印象のプロフィール

　34の調査項目のうち9個の印象項目【にぎやかな感じ・さびしい感じ】【自然な・人工的な】【特色がある・平凡な】【すっきりしている・ごみごみしている】【変化に富んだ感じ・単調な感じ】【落ち着いた感じ・華やいだ感じ】【品がある・品がない】【開放的な感じ・閉鎖的な感じ】【親しみやすい・親しみにくい】について，季節ごとに5段階評価の総和を回答数で割り全体的な推移を考察する．区間1～区間6におけるプロフィールをそれぞれ図6.2.2～図6.2.7に示す．なお，横棒は標準偏差を示している．

　これらのプロフィールを要約すれば，以下のようになる．

　春：区間2が他の区間より，【やや特色があり，すっきりしていて，開放的な感じがし，親しみやすい】と感じられている．これらの項目は花，遊ぶ場所，人の多さなどと関連が強く，遊ぶ場所や花見に来る人が多い区間2の特徴をよく表している．また，区間4が他の区間より【変化に富んで，品があり】，区間2と同じくらい【親しみやすい】印象がもたれている．

　夏：区間3が他の季節に比べ特徴的であり，他の区間より【にぎやかで，特色があり，変化に富んでいて，華やいでいる】と感じられている．そして，これらのGES環境項目は，「水際への降りやすさ，水に入りたくなるか，人の多さ，歩道の多さ」などとの関連が強く，水際での遊びを行いやすい区間3の特徴を表している．夏になると，水際での遊び行動や人が多いことが関連していることがうかがえる．

　秋：区間1と区間2で印象の方向が異なっている項目が多い．区間1は【特色があり，変化に富んでいて，落ち着いた感じがして，品があり，親しみやすい】と感じられているのに対して，区間2は【平凡，単調で，華やいだ】感じがして，【品がないと感じ，親しみにくい】と感じられている．これらの項目のうち区間1と区間2で共通して関連の強いGES環境項目は，【特色がある・ない】では「魚」が，【落ち着いた・華やいだ】では「静かさ」があるが，それ以外では共通した項目がない．

　冬：他の季節に比べて区間の違いによる印象の差異が少なくなる．特徴的なことは区間4のみ冬になっても【親しみやすい】に大きく偏よっていることである．

　以上より，区間2では休む場所や遊ぶ場所が多く，区間3では水際に近づきやすいなど区間の特徴の違いや季節によって，区間に対する印象が異なっていることがわかる．区間2の休む場所や遊ぶ場所が多いという特徴は，活動しやすい春や秋に大きな影響を及ぼし，区間3の水際に近づきやすいという特徴は夏に大きな影響を及ぼしていると考えられる．

6.2.4　因子分析による印象の解釈と地方語による表現

(1)　印象の因子分析

　因子分析における基本的な考え方は「観測，分析の対象となる変量間の相関は，各変

6 水辺環境の感性評価論

図 6.2.2 区間 1 のプロフィール図

図 6.2.3 区間 2 のプロフィール図

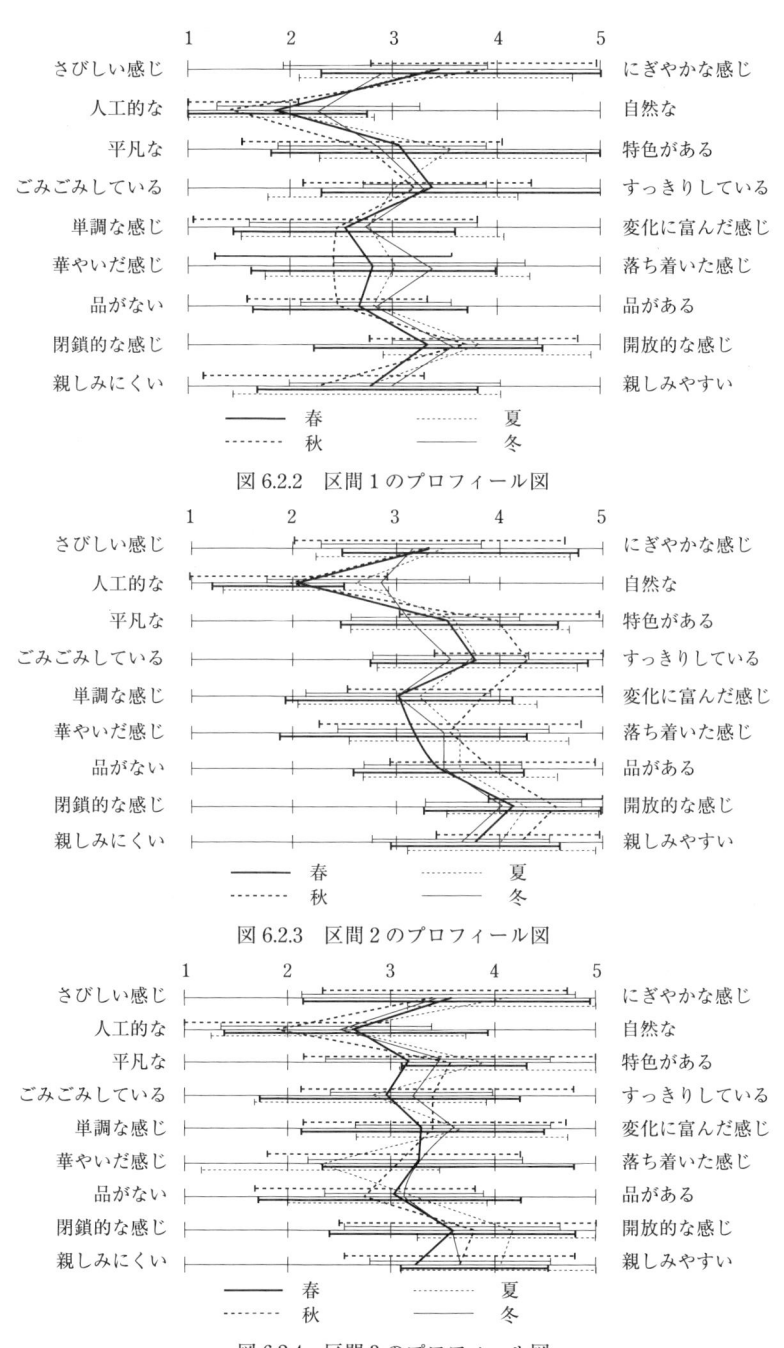

図 6.2.4 区間 3 のプロフィール図

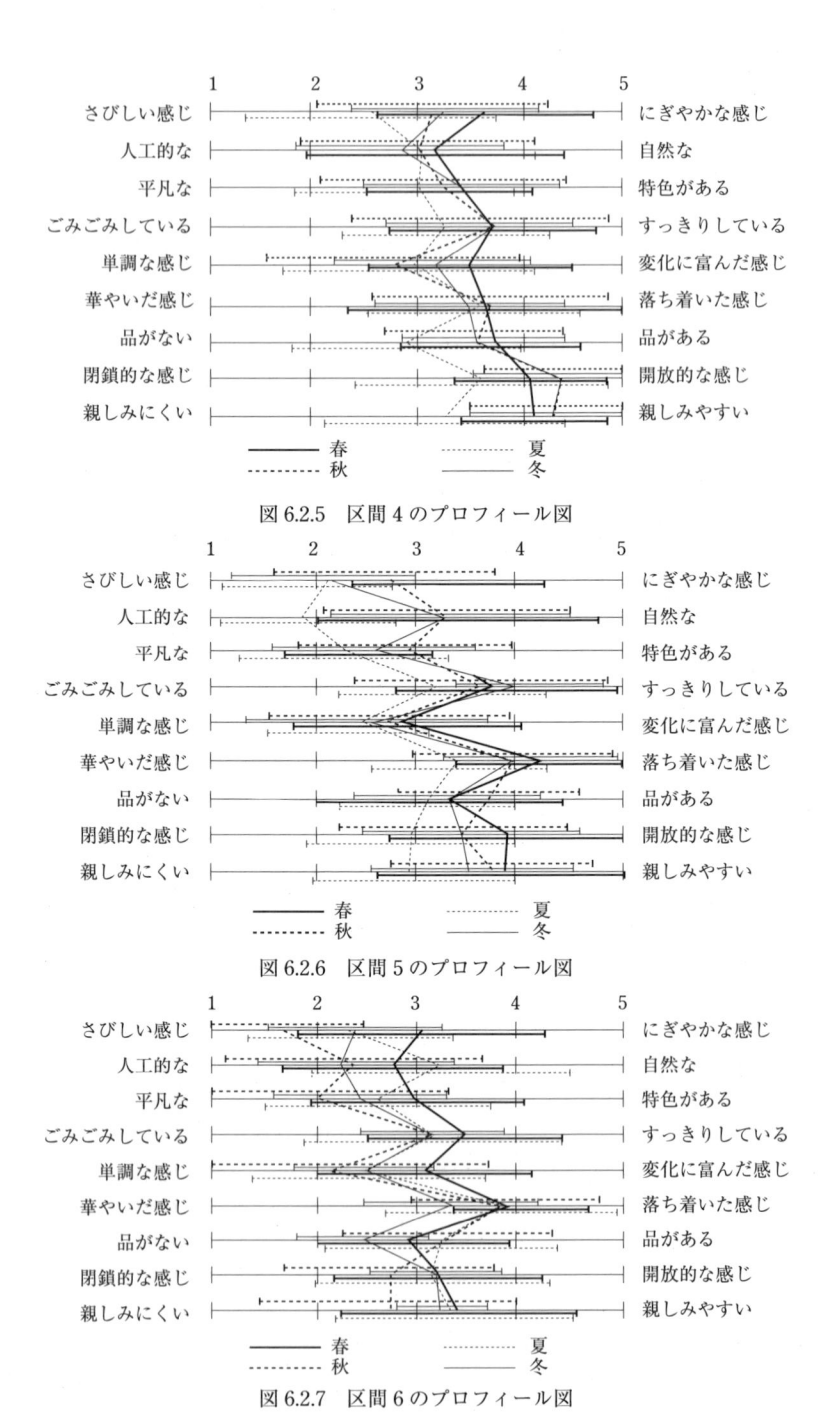

図 6.2.5　区間 4 のプロフィール図

図 6.2.6　区間 5 のプロフィール図

図 6.2.7　区間 6 のプロフィール図

量に潜在的に共通に含まれている少数個の因子（共通因子）によって生ずる」ということであり，これを前提として観測された相関行列から，共通因子をみつけ出すこと，および各変量への共通因子の含まれ具合いを分析することが因子分析の主たる課題となる．

前項のプロフィール図で用いた9項目の印象項目を用いて探索的因子分析を行い，共通因子を抽出する．まずこの9項目の印象測定のうち欠損データのあるリストを除外する．次に，因子抽出法は最尤推定法（補遺B参照），因子数の決定は印象項目の分布から説明できる情報を示す寄与率が大きくなるように考慮してスクリープロット法[28]を用いる．そして，各因子について因子負荷量の2乗値の分散を最大にするバリマックス法を用いて因子軸に直交回転を施した．最後に，印象構成項目の分布から，説明できる情報量を示す寄与率が大きくなるように考慮して因子数を決定した．こうして得られた因子分析の結果について，対象区間における四季の適合度と分析結果を表6.2.3に示す．

(2) 印象の解釈

春：区間1の共通因子『活気がある』は，「樹木，歩道，静かさ」と強い関連をもつ【にぎやか・さびしい，開放的な・閉鎖的な，落ち着いた・華やいだ】という印象で構成されている．区間1は休む場所が少なく，歩道とそのわきにある桜でにぎわいを感じている様子がうかがえる．区間2の共通因子『うれしさ（心の高揚）』は，「花，ゴミ，人」と強い関連をもつ【開放的な・閉鎖的，すっきりしている・ごみごみしている，親しみやすい・親しみにくい】という印象で構成されている．桜が咲き花見の人々でにぎわう一方で，ゴミが目につくようになる区間2の春の様子を表した印象といえる．区間3の共通因子『特色のある』は，「水際への降りやすさ，遊ぶ場所の多さ」と関連の強い【特色のある・平凡な，変化に富んだ・単調な】という印象で構成されている．バーベキューをする人などでにぎわう様子を表した印象だと考えられる．区間4の共通因子『にぎやか』は【にぎやかな・さびしい，自然な・人工的な】から構成され，これらの印象は，「ジオーの水量，エコーの花の多さ，ソシオーの人，遊ぶ場所の多さ，静かさ」との関連が強い．桜が咲いて広場がにぎわう様子がうかがえる．区間5では「水のきれいさ」がどの共通因子にも含まれているのが特徴的である．他の区間と同様に共通因子『やすらか』では，桜が咲いて花見の人でにぎわい，ゴミが目立つようになることがうかがえる．区間6では桜の影響のほかに「遊ぶ場所の少なさ，歩道の少なさ」が影響していると思われる共通因子がある．また，単純集計では「水がきれい」という回答の多い区間であるためか，夏だけでなく春でも共通因子『特徴的な』を構成する要素に「水に触れたくなるかどうか」が含まれている．

夏：区間1の共通因子『活気がある』は，静かさと関連の強い【にぎやか・さびしい，落ち着いた・華やいだ，開放的な・閉鎖的な】という印象で構成されている．静かさや開放的な感じという印象は夏に開催される納涼床と関連があると思われる．共通因子『すっきりとした』は，「水に入りたくなるかどうかと」の関連が強い【すっきりしてい

表 6.2.3（1）　因子分析結果

	春		夏	
	因子と解釈	項目（因子負荷量）	因子と解釈	項目（因子負荷量）
	$N=62$, $A=55$, $p=0.50$, $R=0.03$		$N=73$, $A=65.5$, $p=0.26$, 2, $R=0.08$	
区間1	因子1：活気がある	にぎやか (0.872)，開放的な (0.650)，落ち着いた (−0.615)	因子1：鴨川らしさ	品のある (0.849)，親しみやすい (0.703)，変化に富んだ (0.657)，特色のある (0.503)
	因子2：変化に富んだ	変化に富んだ (0.997)，特色のある (0.405)	因子2：活気のある	にぎやかな (0.958)，落ち着いた (−0.586)，開放的な (0.467)
	因子3：はんなり	品のある (0.705)，親しみやすい (0.629)，特色のある (0.529)	因子3：すっきりとした	すっきり (0.998)
			因子4：人工的な	自然な (0.926)
	$N=78$, $A=63$, $p=0.74$, $R=0$		$N=77$, $A=55$, $p=0.28$, $R=0.07$	
区間2	因子1：うれしさ	開放的な (0.816)，すっきり (0.745)，親しみやすい (0.728)，	因子1：特徴的な	特色のある (0.969)，変化に富んだ (0.579)
	因子2：しっとり	落ち着いた (0.806)，にぎやか (−0.541)	因子2：楽しさ	にぎやかな (0.645)，親しみやすい (0.609)，変化に富んだ (0.504)
	因子3：鴨川らしさ	特色のある (0.708)，変化に富んだ (0.550)，品のある (0.421)	因子3：しとやか	落ち着いた (0.747)，品のある (0.609)，すっきり (0.420)
	因子4：自然な	自然な (0.973)	因子4：広々とした	自然な (−0.699)，開放的な (0.572)
	$N=41$, $A=65$, $p=0.16$, $R=0.104$		$N=56$, $A=52$, $p=0.75$, $R=0$	
区間3	因子1：静か	すっきり (0.807)，にぎやか (−0.760)，自然な (0.726)，落ち着いた (0.641)	因子1：活気のある	にぎやかな (0.845)，落ち着いた (−0.834)，開放的な (0.592)，特色のある (0.425)
	因子2：上品な	品のある (0.891)，親しみやすい (0.703)，開放的な (0.429)	因子2：はんなり	品のある (0.912)，親しみやすい (0.546)
	因子3：特色のある	特色のある (0.988)，変化に富んだ (0.538)	因子3：特色のある	特色のある (0.891)

（注）N：サンプル数，A：累積寄与率，p：p値，R：RMSEA

秋		冬	
因子と解釈	項目 （因子負荷量）	因子と解釈	項目 （因子負荷量）
$N=65$, $A=64$, $p=0.28$, $R=0.074$		$N=45$, $A=64$, $p=0.19$, $R=0.128$	
因子1：はんなり	親しみやすい (0.739)，品がある (0.711)，自然な (0.620)，落ち着いた (0.601)	因子1：鴨川らしさ	変化に富んだ (0.855)，特色のある (0.788)，品のある (0.589)
因子2：やすらか	開放的な (0.789)，すっきり (0.778)	因子2：開放的な	開放的な (0.991)
因子3：活気がある	にぎやかな (0.657)，落ち着いた (-0.622)，開放的な (0.602)	因子3：楽しさ	親しみやすい (0.825)，にぎやかな (0.559)
因子4：特徴的な	特色がある (0.681)，変化に富んだ感じ (0.656)	因子4：落ち着き	落ち着いた (0.990)
$N=97$, $A=61$, $p=0.488$, $R=0.004$		$N=43$, $A=59$, $p=0.38$, $R=0.08$	
因子1：はんなり	親しみやすい (0.764)，品がある (0.714)，すっきり (0.487)	因子1：うれしさ	親しみやすい (0.707)，すっきり (0.703)，開放的な (0.672)
因子2：特徴的な	変化に富んだ (0.954)，特色のある (0.603)	因子2：特色のある	特色のある (0.981)
因子3：にぎやか	にぎやかな (0.995)，落ち着いた (-0.429)	因子3：変化に富んだ	変化に富んだ (0.925)
因子4：しとやか	落ち着いた (0.607)，自然な (0.603)，品のある (0.420)	因子4：しとやか	落ち着いた (0.776)，品のある (0.443)
$N=57$, $A=58$, $p=0.11$, $R=0.133$		$N=49$, $A=58$, $p=0.89$, $R=0$	
因子1：しとやか	品がある (0.878)，落ち着いた (0.702)，自然な (0.655)	因子1：特徴的な	特色のある (0.940)，変化に富んだ (0.769)，開放的な (0.619)
因子2：特徴的な	変化に富んだ (0.982)，特色のある (0.723)，にぎやかな (0.441)	因子2：派手な	にぎやか (0.831)，落ち着いた (-0.615)，変化に富んだ (0.414)
因子3：うれしい	親しみやすい (0.885)，すっきり (0.669)，開放的な (0.517)	因子3：しとやか	落ち着いた (0.595)，品のある (0.573)，変化に富んだ (0.533)
因子4：活気がある	にぎやかな (0.827)，開放的な (0.474)		

表 6.2.3 (2)　因子分析結果

	春		夏	
	因子と解釈	項目 (因子負荷量)	因子と解釈	項目 (因子負荷量)
区間4	因子1：やすらか	すっきり (0.807)，親しみやすい (0.717)，開放的 (0.702)，落ち着いた (0.611)	因子1：鴨川らしさ	特色のある (0.821)，変化に富んだ (0.695)，品のある (0.475)，自然な感じ (−0.440)
	因子2：鴨川らしさ	変化に富んだ (0.687)，品のある (0.647)，特色のある (0.595)，自然な感じ (0.533)	因子2：なじみ	開放的な (0.658)，親しみやすい (0.586)，品のある (0.548)
	因子3：にぎやか	にぎやか (0.969)，自然な (−0.430)	因子3：しっとり	にぎやかな (0.831)，落ち着いた (−0.677)
			因子4：すっきり	すっきり (0.954)
	$N=44$, $A=59$, $p=0.198$, $R=0.0969$		$N=81$, $A=62$, $p=0.331$, 2, $R=0.0558$	
区間5	因子1：やすらか	すっきり (0.869)，開放的な (0.861)，親しみやすい (0.741)，品のある (0.710)	因子1：人工的な	自然な感じ (0.958)，特色のある (0.623)，変化に富んだ (0.525)
	因子2：鴨川らしさ	変化に富んだ (0.911)，特色のある (0.768)，品のある (0.505)	因子2：しとやか	品のある (0.995)，落ち着いた感じ (0.519)
	因子3：しっとり	落ち着いた (0.920)，にぎやか (−0.459)，自然な (0.447)	因子3：なじみ	親しみやすい (0.535)，開放的な (0.510)，落ち着いた (−0.460)，変化に富んだ (0.442)，すっきり (0.414)
	$N=24$, $A=72$, $p=0.32$, $R=0.153$		$N=24$, $A=51$, $p=0.73$, $R=0$	
区間6	因子1：特徴的な	変化に富んだ (0.990)，特色のある (0.759)，親しみやすい (0.564)	因子1：しとやか	にぎやかな (0.845)，落ち着いた (−0.834)，開放的な (0.592)，特色のある (0.425)
	因子2：風流な	自然な (0.939)，品のある (0.668)	因子2：なじみ	品のある (0.912)，親しみやすい (0.546)
	因子3：しっとり	落ち着いた (0.921)，にぎやか (−0.604)	因子3：特徴的な	特色のある (0.891)
	因子4：なじみ	開放的な (0.748)，親しみやすい (0.766)		
	$N=30$, $A=74$, $p=0.55$, $R=0.0448$		$N=61$, $A=56$, $p=0.38$, $R=0.055$	

(注) N：サンプル数，A：累積寄与率 (%)，p：p 値，R：RMSEA

秋		冬	
因子と解釈	項目（因子負荷量）	因子と解釈	項目（因子負荷量）
因子1：楽しい	親しみやすい (0.662)，変化に富んだ (0.608)，特色のある (0.430)	因子1：鴨川らしさ	品のある (0.977)，変化に富んだ (0.551)，特色のある (0.491)，
因子2：のどか	開放的な (0.673)，すっきりとした (0.642)，落ち着いた (0.492)	因子2：やすらか	開放的な (0.781)，すっきりとした (0.611)，親しみやすい (0.537)
因子3：しっとり	自然な (0.751)，にぎやかな (−0.562)，落ち着いた (0.492)	因子3：しっとり	にぎやか (0.699)，落ち着いた (−0.639)，すっきり (−0.648)
因子4：特色のある	特色のある (0.883)	因子1：鴨川らしさ	品のある (0.977)，変化に富んだ (0.551)，特色のある (0.491)
$N=66$, $A=54$, $p=0.475$, $R=0.0209$		$N=52$, $A=51$, $p=0.21$, $R=0.0883$	
因子1：やすらか	開放的な (0.806)，親しみやすい (0.737) すっきりとした (0.735)	因子1：やすらか	開放的な (0.756)，すっきり (0.751)，品のある (0.736)，親しみやすい (0.726)
因子2：特徴的な	変化に富んだ (0.996)，特色のある (0.692)	因子2：地味な	変化に富んだ (0.821)，にぎやか (0.680)，落ち着いた (−0.534)
因子3：にぎやか	にぎやかな (0.993)		
$N=97$, $A=61$, $p=0.488$, $R=0.004$		$N=30$, $A=61$, $p=0.964$, $R=0$	
因子1：特徴的な	変化に富んだ (0.835)，特色のある (0.812)，親しみやすい (0.516)，品のある (−0.500)	因子1：特徴的な	変化に富んだ (0.975)，特色のある (0.647)
因子2：なじみ	開放的な (0.714)，親しみやすい (0.552)，すっきり (0.505)，品のある (0.454)	因子2：心細い	品のある (0.738)，開放的な (0.617)，にぎやか (0.450)
因子3：自然な	自然な (0.965)	因子3：しっとり	落ち着いた (0.833)，にぎやか (−0.474)
因子4：落ち着いた	落ち着いた (0.978)		
$N=63$, $A=64$, $p=0.44$, $R=0.039$		$N=42$, $A=46$, $p=0.76$, $R=0$	

る・ごみごみしている】で構成されており，夏に関係の深いと思われる水辺に対する印象である．区間2の共通因子『楽しさ』は，「水際への降りやすさ，魚の多さ，人の多さ」と関連の強い【にぎやか・さびしい，親しみやすい・親しみにくい，変化に富んだ・単調な】という印象で構成されている．区間2で水遊びをする人などでにぎわう様子がうかがえる．区間3の共通因子『活気がある』は「水際への降りやすさ」と関連の強い【開放的な・閉鎖的な，特色がある・平凡な】と「静かさ」と強い関連のある【にぎやか・さびしい，落ち着いた・華やいだ】という印象で構成されている．水際に降りやすい区間3が夏ににぎわう様子がうかがえる．区間4では夏に出てくるセミや広場のにぎわい，夏に重要な「水に触れたくなるかどうか」が印象に現れている．区間5でも「水に触れたくなるかどうか，昆虫の多さ」が共通因子を構成する要素となっており，隣りあう下流区間4と似ている．区間6では夏らしさを感じさせる「水に触れたくなるかどうか」のほかに「遊ぶ場所や歩道が少ない」，「沿川道路の騒音がうるさい」が関係している「静かさ」が共通因子を構成する要素となっている．

　秋：区間1の共通因子『活気がある』は「静かさ」と関連の強い【にぎやか・さびしい，落ち着いた・華やいだ，開放的な・閉鎖的な】という印象により構成されている．区間1では観光客やアベックが多数みられ，それが印象に現れていると考えられる．区間2の共通因子『特徴的な』は「トイレに困るかどうか」と関連の強い【変化に富んだ・単調な，特色がある・平凡な】という印象により構成されている．「トイレに困るかどうか」は河川敷からトイレへのアクセスが容易かどうかと関わっていると考えられるため，区間2でトイレに行きやすいことが印象に現れていると考えられる．区間3の共通因子『しとやか』は，「静かさ」と関連の強い【品がある・ない】，「静かさと鳥」と関連が強い【落ち着いた・華やいだ，自然な・人工的な】という印象により構成されている．調査を行った2007年の秋は気温が高く水際に降りやすい区間3では水遊びがよく観察され，水遊びがこの区間の印象構成に影響している．区間4では共通因子【楽しい】から，少し葉の落ち始めた樹木や水の中の魚影，区間4に多いベンチなどでみられる人々の様子から変化や特色を感じ，楽しんでいる様子がうかがえ，共通因子『のどか，しっとり』からは秋に増える空中を飛び交う昆虫の影響がうかがえる．区間5の共通因子からは，歩道のまわりだけでなく河道内にも「多い草」の影響やところどころにある「遊ぶ場所」の影響がうかがえる．区間6では「水際，歩道，トイレの場所」という場と沿川道路の騒音が水辺像を構成することがわかる．

　冬：区間1の共通因子『楽しさ』は，「堤防の勾配，人の多さ」と関連が強い【親しみやすい・親しみにくい，にぎやか・さびしい】という印象により構成されている．区間1の河川敷の「人の多さに」対する印象であると思われる．区間2の共通因子『うれしさ』は「危険を感じるかどうか，樹木の多さ，遊ぶ場所の多さ」と関連が強い【親しみやすい・親しみにくい，開放的な・閉鎖的な，すっきりしている・ごみごみしている】により構成されている．これは，冬でも観察される枯れ木や遊ぶ場所に対する印象を表し

ていると考えられる．区間3の共通因子『派手な』は，「水際への降りやすさ，樹木の多さ，静かさ」と関連が強い【変化に富んだ・単調な，落ち着いた・華やいだ，にぎやか・さびしい】により構成されている．これは，冬でも観察される枯れ木，区間3の大きな特徴の水際への降りやすさ，近くの道路からの騒音などに対する印象であると考えられる．区間4では，共通因子『鴨川らしさ』で，冬に来るユリカモメと，他の季節に比べて草が減りすっきりした水際から感じる変化，特色，品が重要な項目と考えられ，冬らしさが感じられる．区間5では，共通因子『やすらか』で，冬の澄んだ水やユリカモメ，区間5では比較的少ない遊ぶ場所や歩道が印象を考えるうえで重要な項目と考えられ，冬らしさ，区間5らしさが感じられる．区間6では，共通因子『特徴的』が，区間6の特徴（歩道が少ない，休む場所が少ない，歩道の外にトイレのある施設がある）をよく表した印象であることがうかがえる．また，他の季節でみられた道路からの騒音の影響が冬ではうかがえない．

　以上のことより，季節ごとに得られた共通因子はその解釈が同じであってもそれを構成する印象構成項目は異なり，当然，それらを構成するGES環境項目も異なる場合があり，それがそれぞれの季節の特徴を表現していることがわかる．

(3) 地方語（京都弁）による表現

　ここで，以上のような分析結果をどのように表現したらよいのかという問題提議をしておこう．社会システムの安定性の必要条件は，ことばを代表指標とする，部分システム（平たくいえば地方）の文化の多様性にある．おのおの個々の文化のネットワークが新しい刺激を生み，その全体としての社会システムを活性化することは社会システムのネットワーク論からいえば自明である[10]．このため，例えば，自分の故郷の水辺の印象を解釈しその水辺像を表現するとき，その水辺の自分が育った地方語による表現が重要と考える．自分が親しんだ水辺を自分の感性表現として自分のことばで表現するのである．

　共通語は互いのコミュニケーションにとって重要であるが，この（かつては標準語と呼ばれていた）ことばの専制が，例えば東北弁で語ると田舎者というように差別されさげすまれてきた歴史を作りだし，現在にもその後遺症を残している．地方語は，効率性のためあらゆることを画一化しようとする専制的な意思に対し，反旗を翻させなければ，その社会システムは崩壊に向かうとシステム論的に結論されるからである．具体的には，合衆国のような，はじめて黒人が大統領になるという，多様性に富む社会システムは日本では望むことはできないのであろうか．そうであるなら，日本のような一様指向の社会システムは危うい社会システムであろう．

　以下では，京都の鴨川の区間2の四季の因子分析結果を，地元の水辺を地元の微妙な京都弁（鴨川（あんたはん）に遊ぶ京女の言葉）で表現してみよう．

春：あんたはんは，**自然なくせに，おしとやかやし，しっとりしたはる，**（うち，あんたはんといたら）**うれしおすえ．**

夏：あんたはんは，（こころが）**ひろいし，おしとやかや，そのうえにぎやかやし，**（うち，あんたはんといたら）**たのしおます．ほんまに，あんたはんは独特なおひとはん**ですな．

秋：あんたはんは，**にぎやかで，独特やけど，おしとやかやし，**（うち，あんたはんといたら）**はんなりします．**

冬：あんたはんは，**おしとやかやけど，かわったはるし，ひととはちがはるし，**（うち，あんたはんといたら，）**うれしおすえ．**

　以上から，鴨川は四季でよいイメージではあるが，夏の鴨川は京女から突き放されていることがわかる*．

　さて，以上の分析プロセスは，ジオ・エコ・ソシオ各項目の代表項目を抽出し，その評価から個別の印象が形成され，次に水辺像を求めるという階層的環境評価システムの構造となっている．

　これまでの水辺環境評価では水辺に訪れる頻度や利用によって評価されているものの，実際に水辺を訪れる生活者が「いつ」「どこで」「どのように」水辺を総合的・総体的に感じているかは考えられていなかった[8]．しかしながら，以上の分析からも明らかなように生活者の五感から生み出される感性を表す「印象」に着目した階層的環境評価システムにより，四季に応じた，また場所に応じたきめの細かい生活者参加型水辺環境マネジメントが可能になるものと考えられる．

　次に，ここで構築された水辺環境評価システムを実際に上・下流地域の関係にある賀茂川，高野川，および鴨川の3地域の住民を対象として適用することにより，上下流一体とした水辺環境マネジメントを「多様性と統合」という視座で行うことの可能性を示すことにしよう[10]．

　なお，水辺GES環境の認識は時間と場所によって異なり，すでに4.3節で述べたように，近くの川や草木だけでなく遠くの山並みが水辺にいる人の印象に与える影響もある．このため，東西と北を山に囲まれている京都市鴨川の左岸と右岸における水辺環境認識項目と印象の差異を考えることにした[29]．調査対象区間を鴨川本川の区間1と区間2としよう．冗長性を避けるため，分析結果の解釈だけを中心に述べることにしよう．

---

*蛇足であるが，上記のことばを用いて全文審査付論文に投稿したところ，「論文ではんなりなどの地方語を使うとは何事か」と査読者からおしかりを受けた．「はんなり」は広辞苑に載っていますよと回答したが，いまはこういう学会に投稿したことを失敗であったと思っている．それで，もっとレベルの高いジャーナルに投稿しなおし，掲載された．英語は世界で共通語に近いが標準語ではないこと，しかもいろいろな英語が世界にあることを査読者は承知していると思うのだが，私は世界で共通語というのは数学語（Mathematical Language）ぐらいしかないだろうと思っている．

区間1では左岸のほうが「歩道が少ない」,「平凡」,「単調」で「閉鎖的」という回答が多い．調査地では左岸が山側（東山）にある．特に区間1では歩道が右岸より狭く，そばに堤防があって山が見えにくいことが影響していると考えられる．区間2でも右岸のほうが「歩道が広い」「休む場所が多い」「風景がよい」「変化に富んでいる」「眺めていたい」という回答が多い．区間2では右岸の歩道が広く，東山も見えやすいことが影響していると思われる．

区間1では両岸の［変化に富んだ・単調な］の差が大きい．単純集計では左岸のほうが単調という結果であったが，左岸では遊ぶ場所や休む場所との関連が強く，右岸では歩きやすさとの関連が強い．左岸は遊ぶ場所と休む場所が少なく，右岸は道がでこぼこしており，それらが影響していると考えられる．

区間2では両岸の［特色のある・平凡な］の差が大きい．［特色のある・平凡な］は多くのジオ，エコ，ソシオ項目と強く関連し，両岸ともに関連の強い項目のうち水量，歩道，遊ぶ場所，休む場所の多さは単純集計でも差がみられ，これらの違いが強く影響していると考えられる．

因子分析の結果，区間1では［落ち着いた］［にぎやかな］を中心に構成される『しっとり』など似た構成をもつ共通因子が多い．飲み屋が多く，夏に納涼床が出るなどにぎわう場所であることが強く影響していると考えられる．ただし，関連分析から印象構成項目を構成するジオ，エコ，ソシオ項目には差がみられる．区間2では区間1より左岸と右岸で構成の違いが大きい．例えば［にぎやか］を中心に構成される共通因子は，右岸では［親しみやすい］の因子負荷量が大きい．区間2は比較的広場が多く，遊んでいる人がよく観察されるので『楽しい』と解釈することにした．このように，左岸と右岸でも印象が異なることがわかる．

6.3 印象による上下流域の水辺 GES 環境評価

6.3.1 上下流域の地域特性

ここでは，1985年と2005年の2時点の流域の状態変化に着目し，時間変化を含む主成分分析を用いて地域分析を行う．目的は主成分得点の正負を境界として地域特性とその変化を分類する[34]ことで，地域の位置づけと地域の抱える問題の明確化を行うことにしよう．

鴨川流域の GES 環境調査[35]より，ジオ環境では，流域の広い範囲で花折断層による震災リスク・土砂災害リスク・浸水リスクがあり，地域によって身近な災害リスクが異なることがわかった．エコ環境では，流域の植生と大型哺乳類の分布の考察を行い，人為による改変の履歴がみられない植生がほとんど残っていないこと，上流ではさまざまな大型哺乳類が出没し獣害が深刻であることが明らかになった．ソシオ環境では，上水

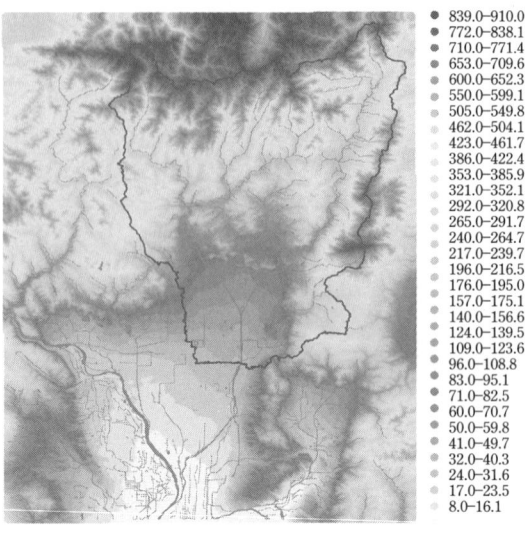

図 6.3.1　京都市の地形と研究対象地域

道ネットワークにおける花折断層の活動による震災に対する脆弱性，下水道ネットワークにおける都市域の拡大による内水氾濫および環境汚染のリスク，交通ネットワークにおける上流の不便さが問題点として認識された[35]．以下では，特にソシオ環境の変化を受けやすい植生の変化に着目しよう．図 6.3.1 に京都市の地形と研究対象地域を示しておこう．

(1) **植生図からみたソシオ・エコ環境の変化**
1) **植生図の変化とその背景**

　ここでは，環境省自然環境局生物多様性センターによる植生図の変化に着目し，流域のソシオ・エコ環境の時間変化を考察する．植生図は植生分布のみならず，市街地などの土地利用の状況が示されているため，ソシオ・エコ環境の状態を把握するための重要な情報となる．1986 年と 2004 年の植生図（図 6.3.2 および図 6.3.3）の比較により，卓越する樹種の変化と市街地の拡大の傾向が読みとれる．広い範囲で卓越する樹種が天然針葉樹林（マツ林）から天然広葉樹林（雑木林）に変化している．かつては燃料（特に 1960 年代のエネルギー革命以前）や材木などとしてマツ林は高度に利用され，疎林を保つことでマツ林の自然遷移を遅らせる働きがあったが，人間の生活様式の変化によってマツ林が放置され，その結果自然遷移が進行し雑木林化したと考えられる．

　上流における農地の市街地化は，1980 年代後半から 1990 年代初頭のバブル景気がその背景として挙げられ，農業は「賀茂なす」といったブランド京野菜以外は安価な輸入品に取って代わられて衰退し，市内中心部の地価高騰により郊外の宅地開発が進んだこ

6 水辺環境の感性評価論

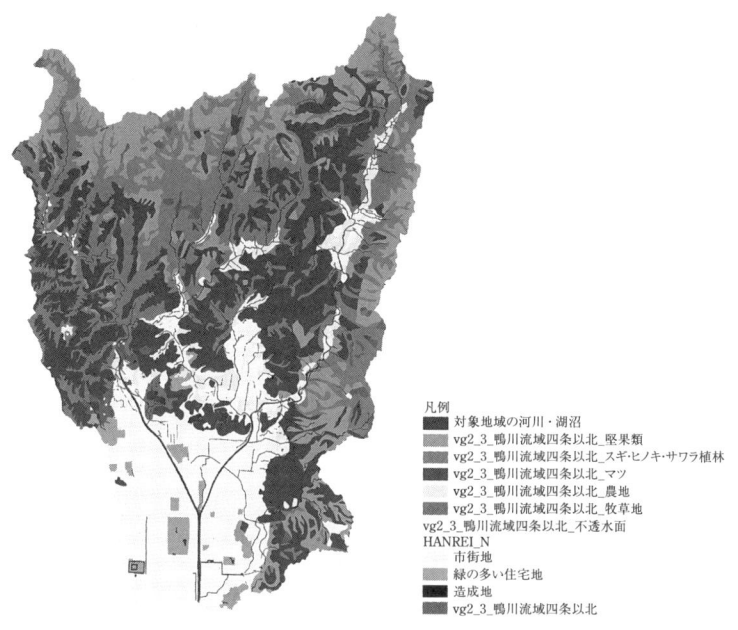

図 6.3.2 研究対象地域の植生図 (1986)

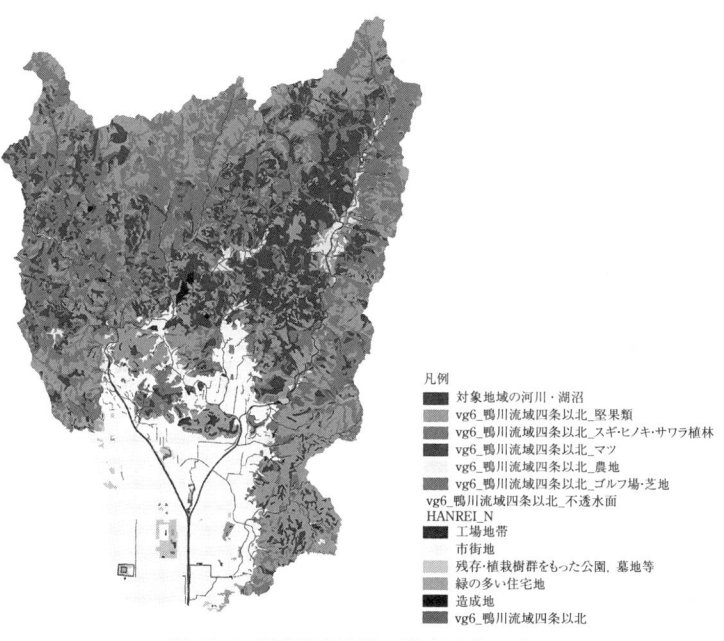

図 6.3.3 研究対象地域の植生図 (2004)

423

との履歴といえる．この間に失われたマツ林や農地は野生動物たちの生息と人間の生活とのバッファゾーン（緩衝帯）の機能をもっており，人間が利用することで野生動物を住宅地から遠ざけていたが，それらが野生動物にとって利用価値が高い雑木林および住宅地になることで，社会と生態の接点が増加し，獣害拡大の要因となっていると考えられる．

2) 社会・生態環境変化の影響

次に，ソシオ・エコ環境の変化がジオ環境に及ぼす影響について考察する．卓越する樹種の変化の背景となっている森林の放置による影響として，手入れ不足により森林のもつ機能が低下することが考えられる．森林のもつ機能として

① 生物多様性保全機能，
② 地球環境保全機能，
③ 土砂災害防止・土壌保全機能，
④ 水源涵養機能，
⑤ 快適環境形成機能，
⑥ 保健・レクリエーション機能，
⑦ 文化機能，
⑧ 物質生産機能

が考えられる．このうち，③土砂災害防止機能・土壌保全機能と④水源涵養機能が水資源に関する災害リスクに大きく関係すると考えられる．これらの機能の保持は間伐と関係し，森林が放置され間伐が行われなくなると，地表に日光が届かないため下草が十分に成長せず，その結果土壌が表出してしまう．土壌が表出すると，降雨時に土壌の流出が起こり地すべりや土石流の要因となりうる．土砂流出の副次的影響として水質汚濁や生物の生息場環境悪化も考えられ，土壌が表出すると表土の団粒構造が損なわれ土壌の空隙率が小さくなり，水源涵養機能が発揮できなくなる．そのため，降雨初期の段階から表面流が卓越することになり浸水リスクが増大する．森林の放置の結果，流域全体の土砂災害リスク・環境汚染リスク・浸水リスクが増大しているといえる．

市街地の拡大による影響として，不透水面の拡大により森林による雨水遮断・浸透機能や農地による雨水貯留機能が損なわれ，雨水は速やかに表面流となり流下するため，下流における浸水リスクの増大が考えられる．図 6.3.4 は図 6.3.3 を，図 6.3.5 は図 6.3.1 をそれぞれ 3D で表示したものである．両図より，市街地が扇状地の最上部付近まで拡大していることがわかる．これらの地域はその下流の地域に比べて勾配が大きいため，上流の斜面崩壊リスク，下流の浸水リスクが非常に高まっていることが推察される．

以上より，植生図からみたソシオ・エコ環境の変化がジオ環境に大きく影響していることがわかる．森林の手入れ不足や農地の縮小は上流のみの問題ではなく，流域全体の問題として認識する必要があろう．以下では，特にソシオ・エコ環境の変化に着目して地域分析を行う．

図 6.3.4　植生図 3D（2004）

図 6.3.5　対象地域 3D（2004）

(2) ソシオ・エコ環境の変化に着目した地域分析

　鴨川流域の地域分析の単位として「元学区」を採用する．元学区とは，京都独自のコミュニティ単位であり，明治維新後に日本で最初に創設された小学校の学区の名残である．この地域区分は現在でも自治連合会，自主防災組織，国勢調査の集計などの単位としても用いられている．元学区を単位とする理由は，生活に密着したコミュニティ単位であり，1つのまとまりとして考えられるためである．対象地域は，北区11，上京区15，左京区21，中京区15，東山区3の計65地域（元学区）からなっている（図6.3.6）．

　数多くの項目のデータを用いて地域特性を十分に把握するためには，項目間の関連度合いに着目した総合指標により解釈を行う方法が考えられる．ここでは，地域の総合指標の抽出のために，主成分分析を用いることとする．主成分分析は，複数個の特性値の

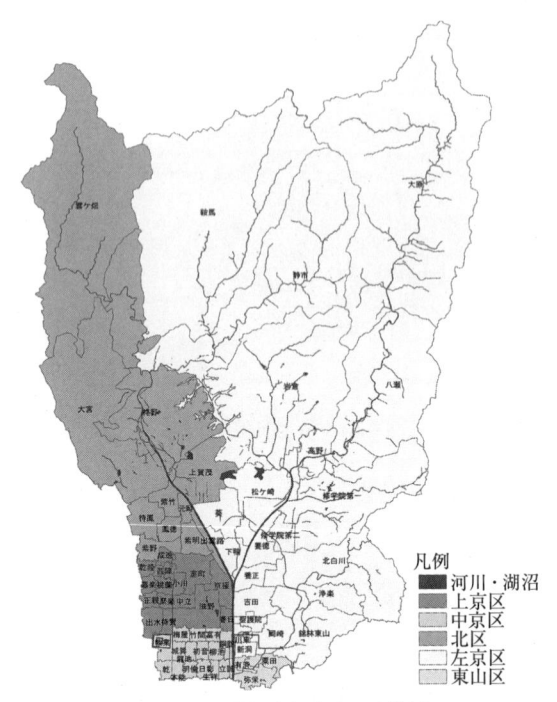

図 6.3.6　研究対象地域の元学区

もつ情報を，少数個の主成分に要約する手法である．各主成分への各変数の寄与の仕方を因子負荷量で解釈することにより変数の分類が，また主成分得点を解釈することにより集団の異質性の検出や対象のセグメンテーションを行うことができる．

1) **時間変化に着目した主成分分析**[36]

　主成分分析には，2時点のソシオ・エコ環境に関する項目を同時に用いることとする．ソシオ項目は 1985 年および 2005 年の人口データを京都市地域統計要覧[37)38]によって収集し，エコ項目は植生図の GIS データから元学区ごとに面積率を計測した．主成分分析に用いる項目を表 6.3.1 に示す．ソシオ項目の年齢別人口の区分は，少子高齢化の傾向をみるため 15 歳未満の子供と 65 歳以上の高齢者に重点をおき，さらに人口の流動性が高いと考えられる 15 歳から 29 歳までと，より定住志向が強いと考えられる 30 歳から 64 歳に分類した．産業別就業人口に関しては，地域でどのような人が生活しており，どのような経済活動が活発であるのかを把握することを目的としている．

　また，年齢別人口と産業別就業人口は男女を別々に用いることにする．これは，地域の産業の構造などにより，年齢別人口と産業別就業人口に男女差が存在することが考えられるためである．エコ項目において天然林を広葉樹林と針葉樹林に分類した理由は，広葉樹林は動物の生息場として重要であり，針葉樹林はキノコ生産や薪炭生産でなりわ

6 水辺環境の感性評価論

表 6.3.1 主成分分析に用いる項目

	分　類	項目名	単位
社会項目 1985年/2005年	人口密度	人口密度	人/km²
	年齢別人口構成比	(男・女) 0～14歳	%
		(男・女) 15～29歳	%
		(男・女) 30～64歳	%
		(男・女) 65歳以上	%
	産業別就業人口構成比	(男・女) 農業	%
		(男・女) 林業	%
		(男・女) 建設業	%
		(男・女) 製造業	%
		(男・女) 電気・ガス・熱供給・水道業	%
		(男・女) 運輸・通信業	%
		(男・女) 卸売・小売, 飲食業	%
		(男・女) 金融・保険業	%
		(男・女) 不動産業	%
		(男・女) サービス業	%
		(男・女) 公務	%
生態項目 1986年/2004年	植生図データ	市街地面積率	%
		人工林面積率	%
		天然広葉樹林面積率	%
		天然針葉樹林面積率	%
		農地面積率	%

いに関係しており，ソシオ・エコ環境に対する影響の仕方が異なるためである．

　各データは単位やオーダーが異なるため，それぞれを平等に扱えるように相関行列による主成分分析を行う．表6.3.1の72項目（36項目×2時点）から14の主成分が得られた．第14主成分までの累積寄与率（分散によるデータの説明力）は約87%である．ここでは，第3主成分までの意味を各項目の因子負荷量の大きさにより解釈する．第3主成分までの累積寄与率は約52%であり，約48%の情報量を捨てて解釈することになる．第3主成分までに着目する理由は，3つの主成分により72項目の情報量の50%以上が説明できるためと，各主成分の軸は（14次元空間で）直交しており，寄与率が小さくなるにつれて解釈が困難になるためである．表6.3.2は第1主成分から第3主成分に対して因子負荷量が正負で絶対値の大きい項目を示したものである．以下，軸の解釈を行おう．

ⅰ) 第1主成分（主成分寄与率27.4%）
　正の項目の特性は，建設業・運輸業・農業（これらの産業は市街地では少ない）就業者と森林割合の因子負荷量が大きく，負の項目の特性は，市街化されていること，人口が

表 6.3.2　因子負荷量による項目の分類

主成分	正で大きい項目	負で大きい項目
1	建設業（男 2005）0.87 運輸・通信業（男 1985）0.87 人工林（2004）0.85 天然針葉樹林（2004）0.83 天然針葉樹林（1986）0.83 建設業（男 1985）0.83 農業（男 2005）0.78 人工林（1986）0.78 農地（男 1985）0.77 0 歳〜14 歳（男 1985）0.74 農業（女 1985）0.74 天然広葉樹林（2004）0.72 農業（女 2005）0.70 0〜14 歳（女 1985）0.70	市街地（2004）−0.90 市街地（1986）−0.89 卸売・小売, 飲食業（女 1985）−0.71 人口密度（2005）−0.69 人口密度（1985）−0.68 65 歳以上（女 1985）−0.66 卸売・小売, 飲食業（男 1985）−0.58 15〜29 歳（女 2005）−0.56 30〜64 歳（女 1985）−0.52 不動産業（女 2005）−0.51 卸売・小売, 飲食業（女 2005）−0.50
2	サービス業（男 2005）0.74 15〜29 歳（男 2005）0.64 15〜29 歳（男 1985）0.62 サービス業（女 2005）0.62 サービス業（男 1985）0.56 金融・保険業（男 2005）0.54	65 歳以上（女 2005）−0.64 30〜64 歳（女 1985）−0.64 林業（女 2005）−0.59 林業（男 2005）−0.57 65 歳以上（男 2005）−0.57 林業（男 1985）−0.57 林業（女 1985）−0.56
3	製造業（男 1985）0.90 製造業（女 1985）0.84 製造業（男 2005）0.83 製造業（女 2005）0.82 金融・保険業（女 2005）0.52 運輸・通信業（男 2005）0.51	サービス業（女 1985）−0.67 不動産業（女 1985）−0.63 卸売・小売, 飲食業（男 2005）−0.60 卸売・小売, 飲食業（女 2005）−0.59 サービス業（男 1985）−0.54 卸売・小売, 飲食業（女 1985）−0.51

密集していること，商業就業者が多いことを示している．これらのことから，現地調査をもふまえ第 1 主成分は元学区を過疎地と市街地を分ける軸であると考え，「過疎度」と解釈しよう．

ⅱ）　第 2 主成分（主成分寄与率 12.5%）

　正の項目の特性は，サービス業就業者数と 15 〜 29 歳の男性の割合の因子負荷量が大きく，活気があることを示している．負の項目の特性は，2005 年における高齢者の割合ならびに林業就業者の構成比の因子負荷量が大きいことを示している．サービス業就業者が必ずしも自分の元学区で働いているとはいえないまでも，若い年代の割合に対立する高齢者の割合ならびに林業就業者の構成比が高いことはこの元学区のにぎやかさを規定していると考えられる．これらを逆に眺めて，第 2 主成分は元学区の「活力」を表す軸とと解釈しよう．

iii) 第3主成分（主成分寄与率11.6％）

　正の項目の特性は，製造業就業者数の因子負荷量が卓越している．負の項目の特性は，サービス・不動産・卸売・小売・飲食業など第3次産業就業者数の因子負荷量が大きい．正の項目は第2次産業就業者数，負の項目は第3次産業就業者数を表していることから，第3主成分は主として市街地の元学区の「産業就業構造」と解釈しよう．以下，これを短縮して「産業構造」と呼ぶことにする．

　1985年と2005年の各地域の主成分得点による位置付けおよびその変化の様子をを明らかにするために，主成分得点を散布図で示したものが図6.3.7である．これは，2時点の地域特性とその間の変化を示したもので，矢印の始点および終点は1985年および2005年の地域特性を表し，矢印の方向は地域特性の変化の様子，矢印の長さは地域特性の変化の大きさを表している．第3主成分は正負のみを示してある．

　図6.3.7を全体的に眺めれば，第2主成分軸周辺の正負に向かう動きから，「活力」が低下している地域は「過疎度」の非常に高い地域か，「市街地度」の非常に高い地域であることがわかる．このことは非常に興味深いことを示唆している．過疎度が高いところの活力の低下はわかりやすいが，京都では密集市街地の過疎化も進行していることを示すものである．実際，京都の中心である上京区・中京区・下京区・東山区などには約7000近い袋小路があり，そこには高齢者夫婦や単独高齢者が居住し貧困と病魔におびえ，多大な医療コストと福祉コストがかかる元学校区も多い．しかも，これらの地域は震災リスクの非常に高い地域であるが，行政は財政難を理由に放置し自然消滅を待っているといわざるを得ない状況である[10]．

　また，矢印の方向は全体的に原点に向かっている傾向がある．これは，市街地の拡大による元学区固有の特性が失われ均質化してきていることを示し，現地調査でも特色のある元学区が減少していることを確認した．つまり，どこも同じようになってきており，本来京都のもっていた多様な顔がなくなりつつあることを表している．ただし，「活力」の低下している最上流と中心繁華街の元学区はこの傾向に反して，矢印の向きが原点から遠ざかっており，鴨川流域における地域特性の特異性が高まっている．特に最上流の雲ヶ畑は「過疎度」の高さと「活力」の低さが際立っており，このまま放置しておけばコミュニティ崩壊が目の前にあるといえる，非常に悲しい元学区である．これらのことについては，最後の最後の**11.4.8項**の「忘れてはならない鴨川上流域の文化と苦悩」で詳しく考えてみよう．

2)　**地域の分類とその考察**

　次に，主成分得点の分類によって地域の位置づけを行うことにしよう．主成分得点の分類は2時点の地域特性そのもののみならず，地域特性の約20年間の変化を明らかにすることに重点をおく．地域の相対的な位置付けを重視し地域特性を眺めるため，主成分得点の値の正負が境界として含まれる象限（3つの主成分によって構成される3次元空間の象限）とその変化によって地域分類を行うこととする．

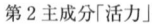

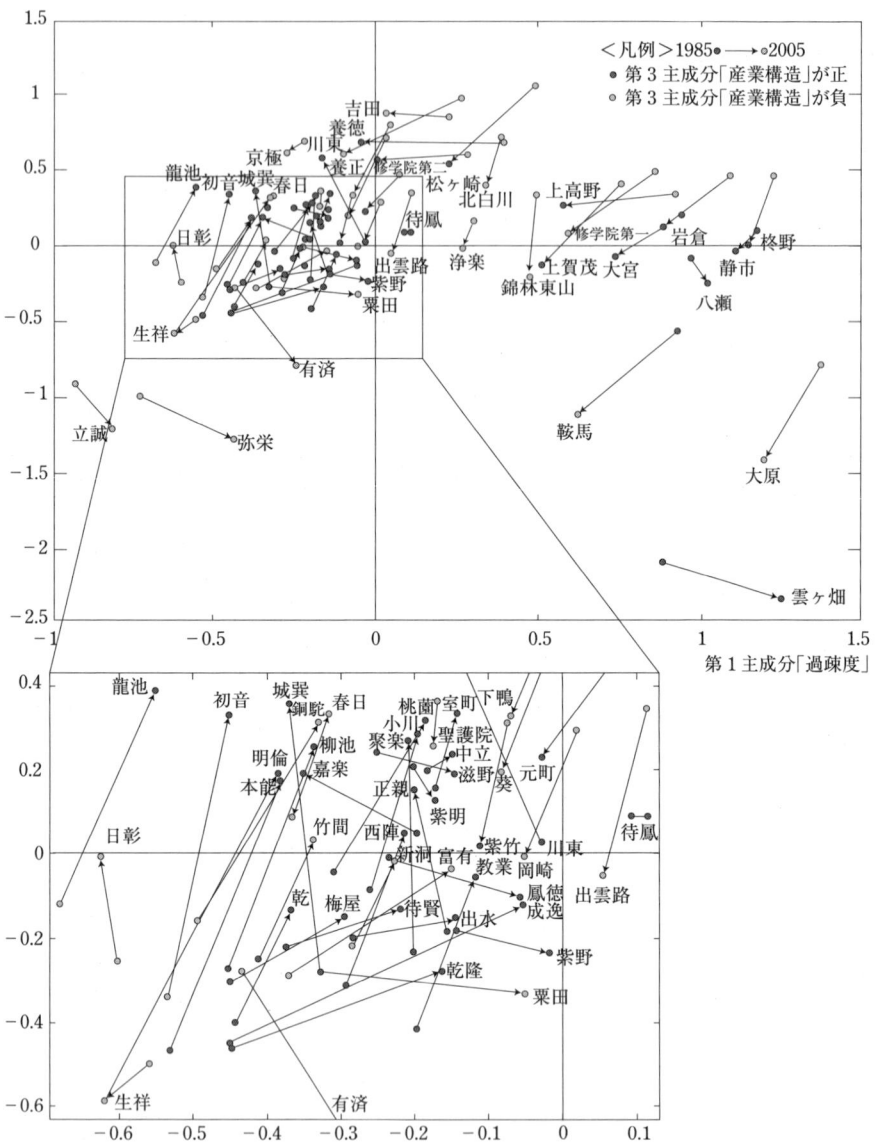

図 6.3.7 時間変化を含む主成分得点散布図

表 6.3.3 にグループの分類と含まれる元学区を，図 6.3.8，図 6.3.9 に分類された地域の分布を示す．グループ 1 とグループ 2 は市街地周辺に分布しており，特に上流で第 2 次産業就業者が多い．これらのグループは高齢化などによる「活力」低下の影響で縮小の傾向にある．グループ 3 の地域は上流に分布し，増加の傾向にある．この変化も上流における「活力」低下の影響が大きい．グループ 4 の地域は 1985 年には最上流の大原のみであったが，2005 年には鞍馬，出雲路，浄楽，錦林東山（きんりん）が加わっている．これらの地域の多くは「活力」は低下しているものの観光資源を活かしたサービス業に特化してきていると考えられる．グループ 5 は市街地で，「活力」の低下がみられない背景としてはマンション開発による人口流入が考えられる．グループ 6 はマンション開発に加え，付近に大学があることから，学生のアパートが多く「活力」が大きいと考えられる．グループ 7 は堀川通と千本通の間を中心として分布している．伝統的な西陣織産業の地域である．グループ 8 は中心繁華街周辺でサービス業に特化しており，高齢者が多く就業人口が空洞化していると考えられる．

次に，具体的にどの地域の分類が変化したのか眺めることとする．図 6.3.10 に，地域分類が変化した元学区の分布を示す．65 地域中約半数の 33 地域で地域分類が変化している．地域分類の変化の様子は流域の上下流によって異なり，鞍馬を除く上流では「活力低下」と（林業から建設業への就業者比率の変化による）「工業化」のいずれかまたは両方，2 川合流点付近では「市街地化」，東山周辺では「活力低下」，市内中心部では「活力上昇」の傾向がはっきりとみてとれる．

「市街地化」と「活力低下」した地域は白川と琵琶湖疏水沿いの岡崎である．「市街地化」と「工業化」した地域は賀茂川沿いの元町，高野川沿いの養徳である．後者の 2 地域の周辺地域でも「活力低下」の傾向がみられる．「市街地化」した地域は二川合流点付近の養正，下鴨，葵である．「市街地化」（「市街地化」と「活力低下」，「市街地化」と「工業化」を含めて）した地域はいずれも 1986 年時点で市街地面積率が 80％以上であり，これらの地域の変化には，特に高齢化や住民の就業の産業構造の変化などの社会要因の影響が大きいと考えられる．

「活力低下」と「工業化」した地域は，上賀茂のみである．上賀茂の就業者比率の「工業化」の背景として農業の衰退が考えられる．「活力低下」した地域は，大宮，静市，出雲路，浄楽，錦林東山である．これらの地域は出雲路を除いて，1986 年，2004 年ともに市街地面積率が 40％未満であり，この間に天然針葉樹林面積率が低下し天然広葉樹林面積率が上昇している点で共通している．これらの地域では，特に高齢化と同時に身近な森林との関わり（林業はもちろん日常的な森林利用）が希薄化していると考えられる．

「活力上昇」と「工業化」した地域は，龍池，初音，柳池である．「工業化」の背景には地元商店街の衰退による商業従事者構成比の低下が考えられる．「活力上昇」と「商業化」した地域は竹間のみである．「活力上昇」した地域は，桃薗，小川，聚楽，正親，西陣，城巽（じょうそん），明倫，本能，銅駝（どうだ）である．（「活力上昇」と「工業化」，「活力上昇」と「商業化」を

表 6.3.3 グループの解釈と 2 時点における地域分類

過疎度	活力	産業構造	グループ	1985 年	2005 年	過疎度	活力	産業構造	グループ	1985 年	2005 年
過疎地	活力あり	第2次産業	1	待鳳, 大宮, 静市	待鳳, 柊野, 岩倉, 上高野, 修学院第二, 松ケ崎	市街地	活力あり	第2次産業	5	中立, 嘉楽, 室町, 滋野, 川東	元町, 養徳, 桃薗, 小川, 聚楽, 正親, 西陣, 城巽, 明倫, 本能, 龍池, 初音, 柳池, 中立, 嘉楽, 室町, 滋野, 川東, 紫竹, 紫明
		第3次産業	2	柊野, 上賀茂, 元町, 出雲路, 岩倉, 上高野, 修学院第一, 修学院第二, 北白川, 浄楽, 錦林東山, 岡崎, 吉田, 養正, 養徳, 下鴨, 葵, 松ケ崎	修学院第一, 北白川, 吉田			第3次産業	6	京極, 春日, 紫竹, 紫明, 聖護院	養正, 下鴨, 葵, 竹間, 銅駝, 京極, 春日, 聖護院
	活力なし	第2次産業	3	雲ケ畑, 鞍馬, 八瀬	雲ケ畑, 八瀬, 大宮, 静市, 上賀茂		活力なし	第2次産業	7	桃薗, 小川, 聚楽, 正親, 乾隆, 西陣, 成逸, 待賢, 出水, 教業, 城巽, 明倫, 本能, 乾, 梅屋, 竹間, 鳳徳, 紫野	乾隆, 成逸, 待賢, 出水, 教業, 乾, 梅屋, 鳳徳, 紫野
		第3次産業	4	大原	鞍馬, 大原, 出雲路, 浄楽, 錦林東山			第3次産業	8	龍池, 富有, 初音, 柳池, 銅駝, 立誠, 生祥, 日彰, 新洞, 弥栄, 有済, 粟田	岡崎, 富有, 立誠, 生祥, 日彰, 新洞, 弥栄, 有済, 粟田

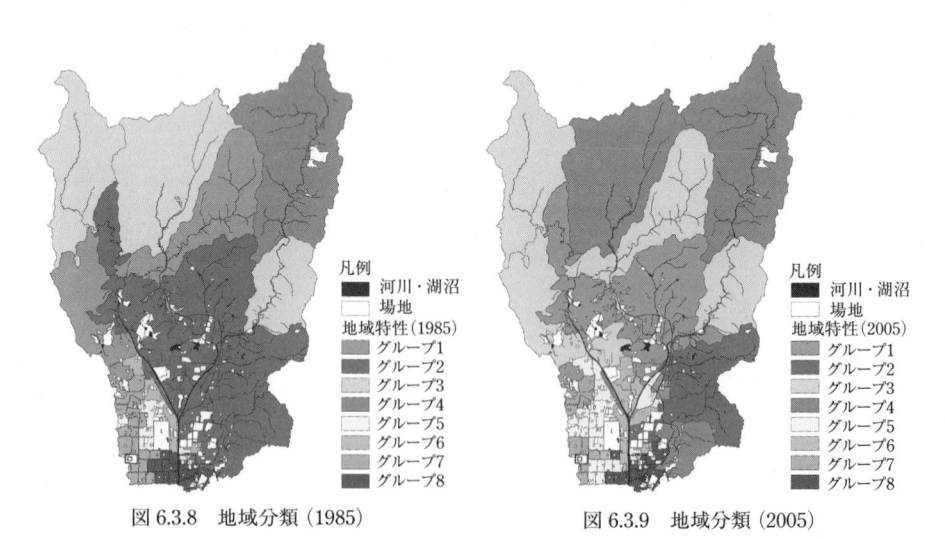

図 6.3.8 地域分類 (1985)

図 6.3.9 地域分類 (2005)

6 水辺環境の感性評価論

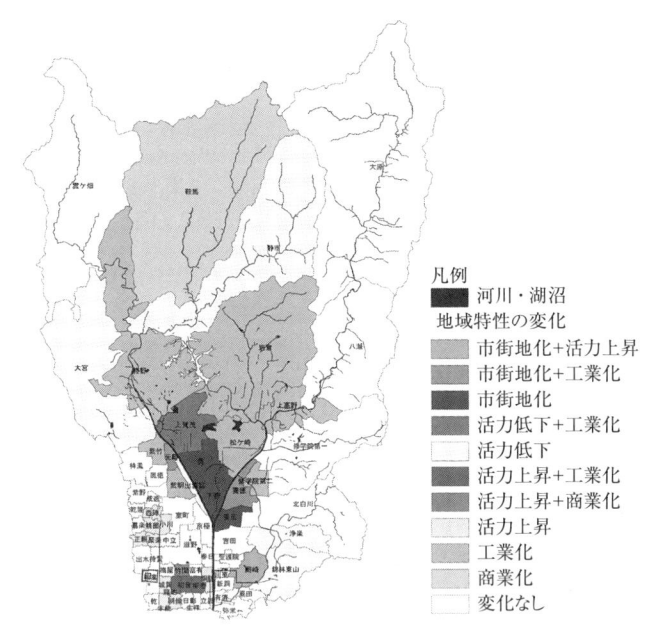

図6.3.10 地域変化による元小学校区の分類

含めて)「活力上昇」した地域は都心部の中京区,上京区のみであり,マンション開発による人口流入が考えられる．上京区,中京区のマンション開発の背景には,西陣織の工業の衰退により織り屋や染色工場,さらにこれらと関わる商業の衰退などが重なり,それらの跡地がマンション建設に利用されたことが考えられる．特に中京区では1997年の御池通の地下を通る京都市営地下鉄東西線の開通による立地条件のよさも背景の1つとして考えられる．

「工業化」した地域は,柊野,岩倉,上高野,修学院第二,松ケ崎,紫竹,紫明である．これらの地域はいずれも二川合流点より上流で,紫竹,紫明を除き1986年,2004年ともに市街地面積率が60％未満である．対象地域全体としては第2次産業従事者の割合が減少しているが,2004年の植生図と現地調査の結果,静市に宅地開発やゴミ焼却場・砂利採掘工場・建設業などが集中してきているなど,これらの地域はかつては里山で美しかった景観を有していたが,いまでは環境破壊の著しい地域となっている．

商業就業者比率の増加により「商業化」した地域は,鞍馬のみである．鞍馬には温泉もあり,観光資源を活かした商業特化の傾向がみられる．

さらに,地域分類に変化(主成分得点の正負の変化)のみられなかった地域を考察する．これらは主成分得点の変化量(図6.3.7における矢印の長さ)そのものが小さい,あるいは変化量は大きいが変化の方向により主成分得点の正負に影響がない地域である．後

433

者には地域特性が極端化した地域が含まれるため，地域分類の変化がないものの主成分得点の変化量の大きい地域に着目する．

　第1主成分が正の方向に変化量が大きい地域は，いずれも「活力」が負である．成逸(せいいつ)，乾隆(けんりゅう)は市街地面積率が1986年，2004年ともに100％であるため，第3次産業就業者の割合が相対的に低くなったことが要因として考えられる．雲ヶ畑，弥栄，粟田は人口密度の低下が要因として考えられる．特に雲ヶ畑は「過疎度」が非常に大きくなっている．負の方向に変化量が大きい地域は，産業就業者構造が変化したと考えられる地域である．上高野では，10％以上あった農地がほぼ消失し市街地化されている．20年間で「過疎度」が大きく低下したが，地域特性そのものの変化にはいたっていないといえる．

　第2主成分が正の方向に変化量が大きい地域は，マンション開発による影響が考えられる中京区と左京区の鴨東である．鴨東は人口規模が大きくなく，大学の学生寮（京都大学の熊野寮など）の影響が考えられる．負の方向に変化量が大きい地域は，いずれも市街地面積率が1986年，2004年ともに60％未満である．特に大原では，1997年以降の老人福祉施設の建設により高齢者の構成比が大きくなり，鞍馬では人口密度の低下が著しく，少子化や人口流出の結果，「活力」が低下したと考えられる．

　第3主成分が正の方向に変化量が大きい地域は，第3次産業就業者構成比が低下している龍池を除いて上流である．修学院第一は1985年の工業就業者比率が低く，変化量が大きいものの地域分類の変化にはいたっていない．負の方向に変化量が大きい地域は，立誠(りっせい)，鞍馬，生祥(せいしょう)，弥栄はいずれも「活力」が負である．立誠，弥栄，生祥は第2次産業構成比が非常に低く，サービス，卸売・小売，飲食業が高い水準で維持されていることから，相対的に商業就業者比率が上昇したと考えられる．嘉楽は工業就業者比率が大きかったが減少し，西陣織の工業の衰退が変化量の大きさに影響しているものと考えられる．

　以上，鴨川流域のソシオ・エコ環境による地域特性の変化をまとめると，
　① 「活力」がさらに低下している最上流，
　② 「活力」が低下，（農業衰退による相対的な）「工業化」した上流，
　③ 「市街地化」した都心部周辺地域，
　④ 「活力」が上昇した堀川通，御池通沿い，
　⑤ 「活力」がさらに低下している中心繁華街，
のように大きく分類ができる．これらのソシオ・エコ環境変化は，上流への宅地開発，少子・高齢化の傾向，農林業や工業の衰退による産業就業者比率の構造の変化に大きく影響されていると考えられる．例えば，都心部では家内工業的な工業就業者比率の減少の結果廃業し，その跡地の高度利用がマンション開発の誘因となっていると考えられよう．産業就業者比率の構造変化の結果，地域の独自性が損なわれ全体的に地域の個性が消滅しつつあることが，現地調査からも確認できる．

　以上の分析結果を用いて，生活者参加型（この場合情報への参加）の上下流を含めた水

辺環境マネジメントを考えるうえで，社会調査の候補地選定を行うことにする．分析結果の考察，特に図 6.3.7 の結果，そして河川に隣接している元学区の丁町目を対象とした場合，図 6.3.7 に示すように鞍馬は大原のベクトルの方向と大きさが同じくらいで，大原のほうが極端な位置にいる．そして，大原と雲ヶ畑はベクトルの向きが異なることから上流からは雲ヶ畑と大原を社会調査対象地域として選定する．次に下流の代表候補は多くあるが，図 6.3.7 の拡大図からも明らかなように，銅駝のベクトルが相対的に極端な位置にあるので，これを社会調査対象地域として選定する．

社会調査地域で極端な地域を選定する理由は，平均的な鴨川像を眺めるのではなく，鴨川の多様性を眺め，その統合的な環境マネジメントを行うことが重要であると考えているためである．いままでのマネジメントは平均的なものが多く，環境の多様性を消去するような水辺環境マネジメント*は意味がないと考えているからである．

「銅駝」は高野川と賀茂川の合流点から 1 km ほど下流の京都の中心に位置し，鴨川本川に隣接している．周辺は元長州藩藩邸があり桂小五郎（後の木戸総理大臣）が居住し，芸者幾松とともに活躍した元学校区である．河川敷は歩道，ベンチ，広場が整備され，多くの人々に利用されている．また，ホタル観賞や大文字の送り火も河原から見ることができる．「大原」と「雲ヶ畑」はそれぞれ高野川，賀茂川の最上流に位置している．上流で 2 地域を選定したのは，上記の分析結果と統計量ではわからない微妙な差異を観察するため，度重なる現地調査を行い，地形的状況や社会状況にかなりの違いがみられるためである．大原は雲ヶ畑より開けた場所にあり観光が盛んであるが，雲ヶ畑は急勾配の谷に沿って民家が並び観光はあまり盛んではない．以下では，まずこの 3 地域の社会調査を行うことにしよう．

6.3.2 地域の個性

(1) 社会調査の概要

調査票は KJ 法と ISM 法を用いた体系的な方法[10]で設計し，住民からみた水辺の GES 環境認識項目，それらの総合評価と考えられる印象項目を調査項目として設定する．エコ環境項目には生態の好き嫌い，ソシオ環境項目には水辺での遊びを入れている．調査項目を設定する際には，住民票に基づく住民の関心や問題点を把握するために現地調査や地元（町内会，自治会など）のヒアリングを行い，調査項目の妥当性と過不足の有無を検討した．

調査は各調査地域の住民に対して行い，末丸町（銅駝内の丁町目で編著者の居住地）では 2006 年 11 月[17]，大原と雲ヶ畑では 2007 年 11 月に，末丸町，雲ヶ畑では全戸，大原では観光客が多く訪れる三千院，寂光院を中心とした地域に調査票をポスティングした．

---

*結果は金太郎飴的なコンセプト空間の計画マネジメントが多く，背景の山並みなどを除けば，都市部の北上川の水辺も淀川の水辺も隅田川の水辺も，どこも同じようであるので．

表 6.3.4 調査地域と京都市全体の人口と年齢構成

	（年）	1985	1990	1995	2000	2005
大原	人口（人）	2,666	2,655	2,626	2,514	2,526
	15歳未満（％）	20.3	16.2	11.8	8.9	6.2
	15～64歳（％）	61.6	63.2	62.0	59.5	52.0
	65歳以上（％）	18.2	20.7	26.2	31.3	41.8
雲ヶ畑	人口（人）	313	298	277	244	218
	15歳未満（％）	16.6	16.8	15.2	14.3	8.3
	15～64歳（％）	68.1	64.1	59.9	55.3	58.3
	65歳以上（％）	15.3	19.1	24.9	30.3	33.5
末丸町	人口（人）	341	276	344	311	479
	15歳未満（％）	11.1	8.7	7.3	8.0	10.2
	15～64歳（％）	74.5	79.3	79.9	72.0	74.9
	65歳以上（％）	14.4	12.0	12.8	16.4	14.8
京都市	人口（千人）	1,479	1,461	1,464	1,468	1,475
	15歳未満（％）	19.1	15.8	13.7	12.7	12.0
	15～64歳（％）	69.5	71.0	71.1	69.2	67.2
	65歳以上（％）	11.4	12.7	14.6	17.2	19.9

結果として大原，雲ヶ畑，末丸町でそれぞれ61件，45件，61件（回収率は28％，63％，44％）の回答を得た．回収率の極端に低い大原はアンケート調査が頻繁に行われていたため，また末丸町はセカンドハウス住民と高齢者が多数住民であったことによる．

1985年から2005年までの調査地の人口と年齢構成比率の5年ごとの推移を表6.3.4に示す[*]．

京都市全体でも少子化と高齢化の傾向がみられ，1985年から20年間で15歳未満が7.1％減少し，65歳以上が8.5％増加している．大原ではそれぞれ14.1％減少，23.6％増加，雲ヶ畑ではそれぞれ8.3％減少，18.2％増加しており，上流の大原，雲ヶ畑の少子化，高齢化の傾向は京都市全体と比べて顕著である[**]．

雲ヶ畑では，林業不振と高齢者の割合が大きいために，森林の管理が十分にできないことが問題となっている．また，2007年にバスの本数が1日当たり6便から4便に減少し，朝9時ごろに治療のためなどで市街地へ出ると17時ごろまで帰る便がない状況

---

[*] 1985～2005年の「京都市の人口（国勢調査結果）」による．
[**] ただし，2000年から2005年にかけて老人ホーム建設のため大原の65歳以上の人口割合が10％以上増加している．

6 水辺環境の感性評価論

表 6.3.5 地域回答者の属性

項目	選択肢	大原	雲ヶ畑	末丸町
年齢	20〜39歳	0.0%	6.7%	21.3%
	40〜69歳	55.7%	46.7%	50.8%
	70歳以上	41.0%	44.4%	27.9%
居住人数	2人以下	37.7%	51.1%	59.0%
	3〜4人	45.9%	33.3%	29.5%
	5人以上	9.8%	11.1%	9.8%
居住年数	5年未満	0.0%	4.4%	19.7%
	5〜10年	4.9%	6.7%	36.1%
	11〜20年	9.8%	2.2%	8.2%
	21年以上	80.3%	84.4%	34.4%
項目	選択肢	大原	雲ヶ畑	末丸町
年齢	20〜39歳	0.0%	6.7%	21.3%
	40〜69歳	55.7%	46.7%	50.8%
	70歳以上	41.0%	44.4%	27.9%
居住人数	2人以下	37.7%	51.1%	59.0%
	3〜4人	45.9%	33.3%	29.5%
	5人以上	9.8%	11.1%	9.8%
居住年数	5年未満	0.0%	4.4%	19.7%
	5〜10年	4.9%	6.7%	36.1%
	11〜20年	9.8%	2.2%	8.2%
	21年以上	80.3%	84.4%	34.4%

で，交通の便が悪くなり生活に支障をきたしてる．

　大原では，少子化，高齢化のほかに観光や農業による河川の汚れ，生活道路の渋滞，ゴミの散乱などが問題となっている．また，サル，シカやイノシシによる農作物の被害やクマの出現などの獣害も問題である．

(2) **地域の属性と特性**

　どの調査地の世帯でも「小学生以下の子供がいない」が80%以上，「ペットを飼っていない」が70%以上である．属性の差が大きな項目を表6.3.5に示す．年齢，居住人数，居住年数で上流と下流の差が顕著である．

　1つの選択肢の回答が全体の70%以上を占める多数項目，排他的選択肢の回答がおよそ40〜60%の間で2分された対立項目，排他的選択肢で多数項目に含まれているものを除き回答が10%以下の少数項目をみることで，地域の多様な概要をつかむ．多数項目を表6.3.6に，対立項目を表6.3.7に示す．なお，「いいえ」に斜線を引いている項目

表 6.3.6　多数項目

	項　　目	はい	いいえ
大原	川のまもりが十分である	1.6%	91.8%
	観光客と会話をしたことがある	90.2%	8.2%
	固有種を守るために外来魚を絶滅するべきであると思っている	86.9%	3.3%
	少子化の傾向が気になる	83.6%	
	産業廃棄物処理場や建設資材置き場が迷惑（はい）or 仕方がない（いいえ）	82.0%	11.5%
	サルの出現に困っている	82.0%	12.0%
	高齢化の傾向が気になる	78.7%	
	大原ふれあい朝市に行ったことがある	75.4%	21.3%
	高野川がそばにあってうれしい	73.8%	13.1%
	草木のすっきりした川が好き	18.0%	73.8%
	森のまもりは十分である	9.8%	70.5%
	川の清掃活動に参加したことがある	70.5%	23.0%
	生活廃水対策が必要	70.5%	
雲ヶ畑	賀茂川がそばにあってうれしい	95.6%	2.2%
	固有種をまもるために外来魚を絶滅するべきである	86.7%	2.2%
	産業廃棄物処理場や建設資材置き場が迷惑（はい），あるいは仕方がない（いいえ）	82.2%	15.6%
	地すべりの危険を意識することがある	82.2%	15.6%
	洪水の危険を意識することがある	77.8%	22.2%
	ハチの出現に困っている	77.8%	
	シカの出現に困っている	75.6%	
	森のまもりは十分である	11.1%	73.3%
	松上げを楽しみにしている	73.3%	11.1%
	イノシシの出現に困っている	71.1%	
	サルの出現に困っている	71.1%	
末丸町	鴨川がそばにあってうれしい	98.4%	0.0%
	五山の送り火を楽しみにしている	91.8%	6.6%
	河川敷の広さは（遊びや散策などに）十分と思っている	88.5%	8.2%
	春によく訪れる	88.5%	
	清掃活動をしている人たちを見たことがある	86.9%	11.5%
	すっきりした河原が好きである	80.3%	18.0%
	河川敷の草刈をしている人たちを見たことがある	78.7%	18.0%
	鴨川の春が好き	77.0%	
	河川敷が震災時の広域避難場所に指定されていることを知っている	77.0%	21.3%
	飛び石を利用してよく遊ぶ	21.3%	72.1%
	固有種をまもるために外来魚を絶滅するべきであると思っている	72.1%	14.8%

6 水辺環境の感性評価論

表 6.3.7 対立項目

	項　　目	はい	いいえ
大原	地すべりの危険を意識することがある	52.5%	39.3%
	虫にかまれて（刺されて）ひどい経験がある	42.6%	44.3%
	大原女まつりを楽しみにしている	45.9%	39.3%
雲ヶ畑	水際に降りやすい	44.4%	46.7%
	将来の森林植生は雑木林にすべき（はい），あるいは現状を維持すべき（いいえ）	42.2%	48.9%
末丸町	ハンディキャップの配慮が十分である	37.7%	50.8%
	洪水の危険を意識することがある	45.9%	50.8%
	トビが人を襲うのを見たり，聞いたりした経験がある	45.9%	39.3%
	銅駝連合会の盆踊りに参加したことがある	55.7%	44.3%
	鴨川のまもりは十分である	44.3%	34.4%

は複数回答の項目である．

以上のことから，3 対象地域の個別集計結果の要約を述べれば以下のようになる．

① 末丸町：「川がそばにあってうれしい」が多数項目となっている．さらに，「河川敷の広さが十分」「春が好き」「五山の送り火が楽しみ」も多数項目であることから，遊び場が充実していることや桜が親しまれていることがうかがえる．対立項目は「ハンディキャップの配慮が十分」「洪水の危険を感じる」「川のまもりが十分」で，整備が進んでいても半数の人が満足していないことがわかる．上流 2 地域と比較すると，「洪水の危険を意識しない」「川の春が好き」という結果であった．

② 大原：末丸町と同じく「川がそばにあってうれしい」が多数項目となっているが，その一方で「産業廃棄物処理施設が迷惑」「サルの出現に困っている」「少子高齢化が気になる」「生活廃水対策が必要」「川のまもりが不十分」などネガティブな項目が多数項目となっている．対立項目は「地すべりの危険を感じる」「虫刺されのひどい経験がある」「大原女まつりが楽しみ」である．「大原女まつり」は観光のために行われているものであるが，伝統的な「八朔踊り」に比べて楽しみにしている人が少ない結果になった．末丸町と比較すると，「水がきれいでない」という結果であった．大原では秋の観光シーズンに観光客の増加により宿泊施設からの排水が増え，河川が汚染されるという問題を抱えている．雲ヶ畑と比較すると，川沿いの遊びや散策のスペースについて大原では 60% 以上の人が「必要」と回答し，逆に雲ヶ畑では 60% 以上が「必要ない」と回答している．同じ上流でも大原のほうが水辺を利用しやすいように整備することを望む人が多く，川を観光資源の 1 つとしてとらえていることがうかがえる．

439

③ 雲ヶ畑：多数項目については大原と同様に「川がそばにあってうれしい」があるにもかかわらず，「産業廃棄物処理施設が迷惑」「サル，イノシシ，シカ，クマ，ハチの出現に困っている」「地すべり，洪水の危険を感じる」などのネガティブな項目が多い．対立項目は「水際に降りやすい」「将来の森林植生は雑木林，あるいは現状維持がよい」である．林業が盛んな地域であったが，現在では森林の見方について認識が分かれる結果となった．他の2地域と比較すると「川の夏が好き」である．雲ヶ畑では遊ぶスペースが少ないが，夏の水遊びなどを楽しみにしていることがうかがえる．

上流の大原，雲ヶ畑と下流の末丸町ではGES環境が大きく異なるため，共通した質問項目のほかにそれぞれ固有の調査項目を設定している．これは調査票設計段階の現地調査，地元の方へのヒアリングから出てきた項目であり，それ自体上下流それぞれの特性と問題を表している．

次に3地域の関連に着目して，表6.3.8に単純集計結果の差異の要約を示す．表の対角成分には上流と下流の固有の項目を記載した．行方向に各選択肢の回答が20%以上異なる項目を記載し，各調査地域からみた他の調査地域の特性，問題を記載する．すなわち，列方向に表をみると，他の調査地域からみた特性と問題をみることができる．なお，(はい：いいえ)は回答の割合を示しており，(数値のみ)は複数回答の場合の回答割合を示している．

まず，対角成分の固有の項目を考察する．産業廃棄物処理施設などについては上流のどちらも80%以上が「迷惑」，サル，イノシシ，シカ，ハチの出現についても60%以上が「困っている」，森のまもりについても70%以上が「十分でない」と回答しており，これらが上流域の住民に問題として認識されていることがわかった．下流の末丸町では，上流で項目となっている生活の不安や獣害は項目に入っていない．

上流の抱える問題のうち，産業廃棄物処理施設は下流域で出たゴミを処理するための場所であることと，森のまもりを担うのは主に上流の住民だが，そのおかげで自然に親しむ場の提供や土石流入の防止がなされていることを考えれば，下流の住民もこれらの問題の改善に関与していく必要があるだろう．

次に，対角成分以外をみて地域間の比較をする．上流の比較では，川沿いの遊びや散策のスペースについて大原では60%以上の人が「必要」と回答し，雲ヶ畑では60%以上が「必要ない」と回答している．大原と雲ヶ畑の川に求めることの差が現れている．救急医療体制については大原のほうが「不安」と回答する人が多い．地すべりの危険については急勾配の谷沿いに民家の並ぶ雲ヶ畑のほうが危険を感じている人が多い．また，クマの出現に困っている住民は雲ヶ畑のほうが多い．

3地域で比較すると，川の水のきれいさについて特に大原に汚いと回答する人が多い．大原では観光シーズンになると観光客の増加により宿泊施設などからの排水が増え，河川が汚染されるという問題を抱えている．洪水の危険と川のまもりに対する認識は上流

6 水辺環境の感性評価論

表 6.3.8 地域の個性

	大原	雲ヶ畑	末丸町
大原	水際への降りやすさ／地すべりの危険／将来の森林植生／産業廃棄物処理施設と建築資材置き場／サル／イノシシ／シカ／クマ／ハチの出現／人口に関して気になること／生活で不安や不便に感じること／森のまもり／清掃活動への参加／下流の人々に対する認識／観光客との関わり	遊びや散策のスペースは必要ない (60：31)，地すべりの危険を感じる (82：16)，クマの出現に困っている (62)，川の夏が好き (64)	水がきれい (66：30)，洪水の危険を意識しない (51：46)，川の春が好き (77)
雲ヶ畑	水際へ降りにくい (25：67)，遊びや散策のスペースが必要 (64：33)，高齢化の傾向が気になる (79)，救急医療体制が不安 (67)	水際への降りやすさ／地すべりの危険／将来の森林植生／産業廃棄物処理施設と建築資材置き場／サル／イノシシ／シカ／クマ／ハチの出現／人口に関して気になること／生活で不安や不便に感じること／森のまもり／清掃活動への参加／下流の人々に対する認識	洪水の危険を意識しない (51：46)，川の春が好き (77)
末丸町	水がきれいでない (62：31)，洪水の危険を意識する (64：31)，川がそばにあってもうれしくない (13：74)	洪水の危険を意識する (78：22)，川の夏が好き (64)	飛び石／堰堤／河川敷の広域避難場所としての役割／トビの襲来／鳥への餌やりの是非／納涼床／ホタル観賞／五山の送り火／河川敷の清掃活動／草刈／河床整備

と下流で差がみられ，上流のほうが洪水の危険を「意識する」，まもりが「十分でない」と感じる人が多い．末丸町では意見が分かれている．

好きな季節については，末丸町では春が好きな人が特に多い．末丸町では暖かくなり桜が咲く春が好まれている．その一方で，雲ヶ畑では夏が好きと回答した人が多い．

川がそばにあってうれしいかどうかという項目では大原でやや「うれしくない」という人が多いが，3地域とも70％以上の人が「うれしい」と回答している．

(3) 遊びの地域差

回答数の多い順上位5つの遊びを調査地ごとに表 6.3.9 に示す．

大原と雲ヶ畑では魚とり，魚釣り，魚を見るという魚が関係した遊びが上位にきている．その一方で，末丸町では散歩，ウォーキング，休息，自転車といった歩道やベンチ

表 6.3.9　よくする遊び（上位5）

大原		雲ヶ畑		末丸町	
散歩	41.0%	魚とり	37.8%	散歩	65.6%
魚を見る	41.0%	魚釣り	31.1%	花を見る	45.9%
花を見る	27.9%	散歩	24.4%	ウォーキング	44.3%
魚とり	16.4%	魚を見る	24.4%	休息	42.6%
魚釣り	14.8%	水に入る	22.2%	自転車	32.8%

を用いる遊びが上位にきており，上下流でよく行われる遊びに差がみられる．末丸町では歩道の整備，ベンチの設置，花木の植栽が行われており，その結果が遊びに現れている．また，雲ヶ畑で夏が好きな人が多かったのは，表6.3.9に示したように夏に水に入る遊びができるためである．

(4) 好き嫌いによるエコ環境評価

　エコ環境項目について，鳥，魚，植物，虫，その他生物の好き嫌いを調査した．名前を知らない項目や好き嫌いの判断のつかない項目は何も記入しないようにしてもらった．これにより，好き嫌い項目の「回答率」を関心度，好き嫌いの「回答比率」を感性評価と定義することができる[8]．以下，約180調査項目をもとにして，関心度50%前後を境に3地域の感性評価を行う．全体として，上流2地域のほうが下流よりエコ環境に関して関心度が高い．明らかに，市街地と山間部の違いがうかがえる．調査結果のまとめを表6.3.10に示す．
　哺乳類では，サル・シカ・イノシシ・クマ・モグラが上流2地域で嫌われている．イヌ・ネコについては下流では好かれているが上流2地域ではネコが嫌いが半分近くになる．上流に生息するタヌキ・キツネは約2/3に嫌われ，ムササビ・ヤマネ・モモンガは（大原と雲ヶ畑では関心度は異なるが）好き嫌いが分かれている．全地域でネズミ・モグラ・コウモリが嫌われている．
　鳥類では，上下流3地域でカモ・ツバメ・ユリカモメ・カワセミ・スズメ・セキレイが好かれ，逆にカラスとハトが嫌われている．上流2地域ではウグイスが好かれ，サギは大原では好き嫌いが半々であるが，他の2地域では好かれている．
　昆虫では，上下流とも圧倒的にホタル・チョウ・トンボ・コオロギ・セミ・バッタが好きであるが，ムカデ・ヤブカ・ハエ・ハチ・ガを嫌っている．アリは上流で嫌われているが，下流では好き嫌いが割れている．また，上流ではカブトムシ・クワガタがほぼ100%好かれている．
　魚類ではブルーギル・ブラックバスがほぼ100%嫌われ，上流2地域ではアマゴが100%，上下流3地域ではアユ・コイ・フナ・ゴリ・ドジョウが好かれている．大原を

6 水辺環境の感性評価論

表 6.3.10 生態の好き嫌い調査結果のまとめ

哺乳類	サル・シカ・イノシシ・クマ・モグラが上流2地域で嫌われている．イヌ・ネコについては下流では好かれているが，上流2地域ではネコが嫌いが半分近くになる．上流に生息するタヌキ・キツネは約2/3に嫌われ，ムササビ・ヤマネ・モモンガは（大原と雲ヶ畑では関心度は異なるが）好き嫌いが分かれている．全地域でネズミ・モグラ・コウモリが嫌われている．
鳥類	上下流3地域でカモ・ツバメ・ユリカモメ・カワセミ・スズメ・セキレイが好かれ，逆にカラスとハトが嫌われている．上流2地域ではウグイスが好かれ，サギは大原では好き嫌いが半々であるが，他の2地域では好かれている．
昆虫	上下流とも圧倒的にホタル・チョウ・トンボ・コオロギ・セミ・バッタが好きであるが，ムカデ・ヤブカ・ハエ・ハチ・ガを嫌っている．アリは上流で嫌われているが，下流では好き嫌いが割れている．また，上流ではカブトムシ・クワガタがほぼ100%好かれている．
魚類	ブルーギル・ブラックバスがほぼ100%嫌われ，上流2地域ではアマゴが100%，上下流3地域ではアユ・コイ・フナ・ゴリ・ドジョウが好かれている．大原を除けば関心度は低いが，ウグイ・オイカワも好かれている．
その他動物	全域で，ヘビ・ヒル・イトミミズが圧倒的に嫌われ，カエルは約2/3が好きである．カメは下流では好かれているが，上流で約1/3が嫌っている．
植物	ブタクサを除き，ほとんどすべて好まれている．

表 6.3.11 トビ，オオサンショウウオの好き嫌い

		好き	嫌い	無関心
トビ	大　原	36%	21%	43%
	雲ヶ畑	29%	13%	58%
	末丸町	20%	38%	52%
オオサンショウウオ	大　原	21%	33%	46%
	雲ヶ畑	18%	60%	22%
	末丸町	11%	39%	50%

除けば関心度は低いが，ウグイ・オイカワも好かれている．

　その他動物では，全域で，ヘビ・ヒル・イトミミズが圧倒的に嫌われ，カエルは約2/3が好きである．カメは下流では好かれているが，上流で約1/3が嫌っている．

　植物はほとんどすべて，ブタクサを除き，好まれている．

　次に，特に好き嫌いに大きな差がみられたトビ，オオサンショウウオ（天然記念物）の好き嫌い結果を表6.3.11に示し，この好き嫌い結果を詳細に考察しよう．

　無関心な回答を除けば，トビは大原と雲ヶ畑では好きな人（63%，69%）のほうが嫌いな人より多いのに対し，末丸町では嫌いな人（66%）のほうが多い．これは，下流域の

河原で子供が弁当を食べていたとき，トビが後ろから（ヒトからみれば）襲い頭から血を流す事件（2004年）が起こり，鴨川に「トビに気をつけよう」という立看板が目立つようになったことが原因であろう．ことわざに「トンビに油揚げ」ということばがある．末丸町周辺ではトビに餌を与えたために死んだ魚などを主食とするトビがヒト社会に依存して生きるようになったのである．それに対して，鴨川上流の住民は上昇気流に乗るトビを自然な存在と認識しているのである．

オオサンショウウオについては，雲ヶ畑の関心度が比較的高く，好き嫌いも雲ヶ畑で嫌いな人の割合が大きい．現地でヒアリングを行うと，オオサンショウウオが増えすぎて危険だから川で子供を遊ばせられない，オオサンショウウオが魚を食べてしまって困っているという人が多かった．しかしながら，雲ヶ畑の住民は，国指定の天然記念物である「存在価値」を認識しているため殺生ができず，日常生活における「迷惑な存在」との共生に苦悩している*．このように，オオサンショウウオはメタ的（規範的・理想的）存在でありアクタ的（日常生活的）存在でもある．社会調査により，現在における環境「存在価値」を絶対とみなさず相対として考えなければならないことがわかる．

なお，ほとんど観察できないカワセミの関心度と好き嫌いの単純集計を示せば，大原・雲ヶ畑・末丸町の順に，関心度は59％・60％・57％で好きが97％・96％・100％である．このことは，カワセミが多くの住民にとってメタ的存在であることを示している．

以上のことから，単純に単純集計結果を考察することができないことがわかる．つまり，社会調査結果は単なるデータではなく，現場を知らなければ考察できないのである．換言すれば，調査に参加している地域住民一人ひとりがイメージできなければ，調査結果の考察はできないという事実が重要なのであるといえよう．

6.3.3 地域のGES環境評価モデル

(1) GES環境構造

6.3.2項の考察により明らかとなった地域の個性を認識するために，社会調査をベースとして各地域のGES環境構造モデル化を行おう．モデル化は以下の手順で行った．

① 社会調査結果（ヒアリングや観察の経験，アンケート結果）をもとに，各地域の状況が表現されるようにKJ法を用いて調査項目をグループ分けする．

② 調査項目間で関連のある項目同士ができるだけ同じグループになるように①の結果を修正する．

③ ①②で得られたグループ間の関係を吟味し，2つのグループが重要な関係を有すると判断した場合，グループ間を線で結ぶ．

②の手順を踏むことによってグループ分けの適切さの判断，新たな発見，分析者の思

---

*なお，大出水のとき，オオサンショウウオが雲ヶ畑から末丸町まで流され，メディアが大騒ぎし，末丸町の住民が天然記念物を見たと大感激していた．

6 水辺環境の感性評価論

い込みの修正を行うことができる．なお，調査項目間の関連はクラメールの関連係数を用いて表した．

こうして作成された地域住民からみた各地域の環境の構造モデルが図 6.3.11〜6.3.13 である．以下に，これらの図にみられる重要な 3 点述べよう．

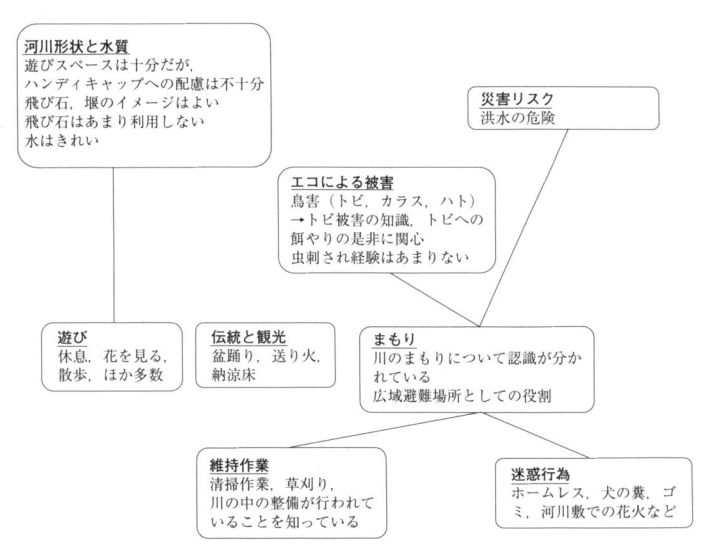

```
河川形状と水質
遊びスペースは十分だが，
ハンディキャップへの配慮は不十分
飛び石，堰のイメージはよい
飛び石はあまり利用しない
水はきれい

災害リスク
洪水の危険

エコによる被害
鳥害（トビ，カラス，ハト）
→トビ被害の知識，トビへの
  餌やりの是非に関心
  虫刺され経験はあまりない

遊び
休息，花を見る，
散歩，ほか多数

伝統と観光
盆踊り，送り火，
納涼床

まもり
川のまもりについて認識が分か
れている
広域避難場所としての役割

維持作業
清掃作業，草刈り，
川の中の整備が行われて
いることを知っている

迷惑行為
ホームレス，犬の糞，ゴ
ミ，河川敷での花火など
```

図 6.3.11　末丸町 GES 環境構造モデル

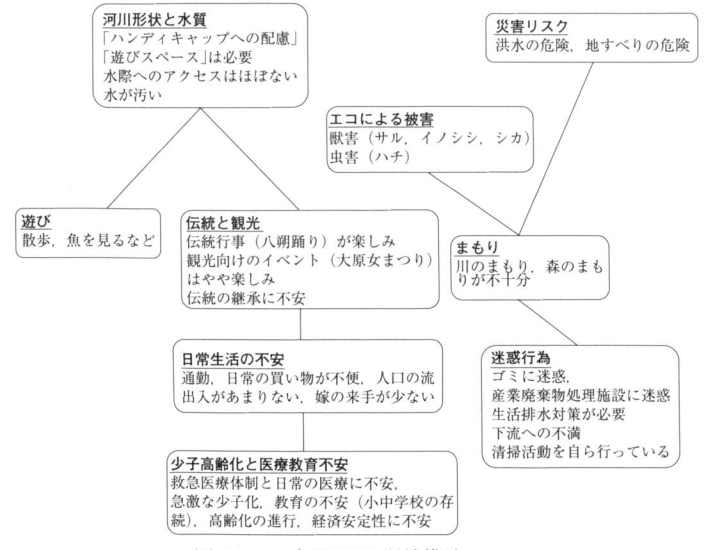

```
河川形状と水質
「ハンディキャップへの配慮」
「遊びスペース」は必要
水際へのアクセスはほぼない
水が汚い

災害リスク
洪水の危険，地すべりの危険

エコによる被害
獣害（サル，イノシシ，シカ）
虫害（ハチ）

遊び
散歩，魚を見るなど

伝統と観光
伝統行事（八朔踊り）が楽しみ
観光向けのイベント（大原女まつり）
はやや楽しみ
伝統の継承に不安

まもり
川のまもり，森のまも
りが不十分

日常生活の不安
通勤，日常の買い物が不便，人口の流
出入があまりない，嫁の来手が少ない

迷惑行為
ゴミに迷惑，
産業廃棄物処理施設に迷惑
生活排水対策が必要
下流への不満
清掃活動を自ら行っている

少子高齢化と医療教育不安
救急医療体制と日常の医療に不安，
急激な少子化，教育の不安（小中学校の存
続），高齢化の進行，経済安定性に不安
```

図 6.3.12　大原 GES 環境構造モデル

445

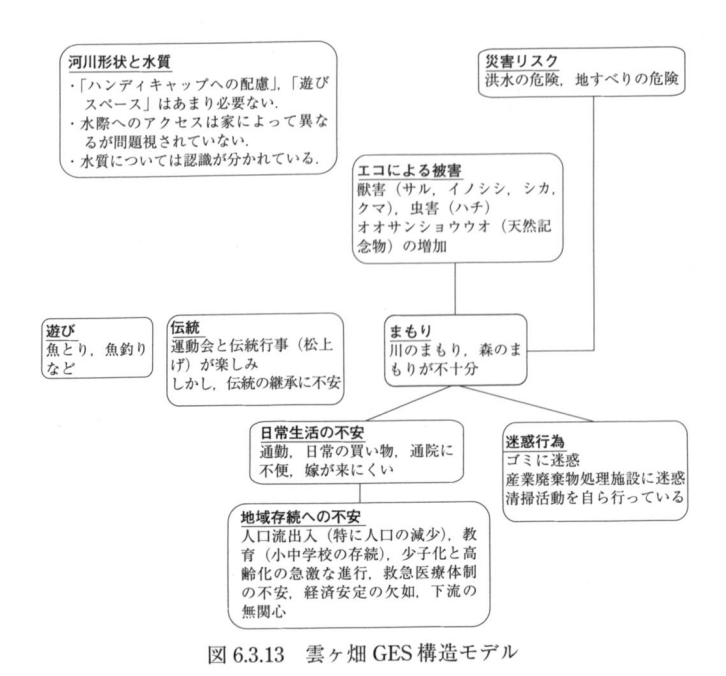

図6.3.13 雲ヶ畑GES構造モデル

1) 地域によって関心のある対象が異なる

図6.3.11～6.3.13にはグループ名が同じものが多いが，その中身は異なっている．例えば，上流域は山間部にあるため「災害リスク」には洪水のほかに地すべりも考慮されている．「河川形状と水質」は構成する項目はほぼ同じだが，末丸町では遊びスペースが十分なのに対し，大原では不十分，雲ヶ畑ではそれほど必要とされていない．「エコによる被害」では被害をもたらす動植物が異なっている．末丸町ではトビやハトの糞害を中心とした鳥害に関心があり，上流域では大型哺乳類の獣害に関心がある．さらに，雲ヶ畑では天然記念物のオオサンショウウオが被害をもたらすものと認識されている．また，上流域には図の下方に生活の困難さを表すグループが来ているが，末丸町には生活に関する項目がない．末丸町は市街地にあり通勤や買い物に不便はあまりなく，調査する必要がなかったためである．

このように，地域によって評価の対象となる項目は異なっている．地域の状況に即したきめの細かい評価を行っていくことが必要となるだろう．

2) 「河川形状と水質」と関係を有するグループの違い

「河川形状と水質」と線でつながるグループの違いも大きな意味をもっている．つまり，末丸町では「遊び」とつながっているが，これは，「遊び」が河川敷の整備や改善をする際に重要視されることを示している．大原ではさらに「伝統と観光」が重要視される．地域住民の遊びやすさの向上を目的とした整備のみではなく，観光も意識した整備

6 水辺環境の感性評価論

が求められている．雲ヶ畑では「遊び」「伝統」のどちらもつながれていない．雲ヶ畑では現在のあまり人の手が加えられていない状況でもそれに合わせた遊びが行われている．また，アンケートで遊びスペースの整備を必要としないと回答した人のほうが多い．

このように，水辺環境の改善を考えるときに重要視される項目は地域によって異なる．何が重視されるかは社会調査などをベースに判断されるべきだろう．

3）「まもり」を介したジオ，エコ項目とソシオ項目のつながり

最後に指摘したいのは，「まもり」を介して「災害リスク（ジオ）」「エコによる被害（エコ）」と「迷惑行為（ソシオ）」や「日常生活の不安（ソシオ）」がつながっていることである．災害リスクの軽減やエコによる被害の減少を目的とした「まもり」を考えるときであっても，同時に社会環境の改善（迷惑行為の減少，日常生活の利便性の向上など）を目的とした「まもり」になりうるということである．例えば，下流域の洪水リスクを減少させるために上流域でダム建設が計画された場合，下流域の治水安全度を代替案評価の基準とするだけでなく，上流域の日常生活の利便性や上下流域の交流の活性化なども基準となりうるのである．

(2) 地域環境評価関数

(1)で地域住民からみた地域 GES 環境構造をモデル化し，各地域の違いについて考察した．しかし，'どの項目'が'どのように''どれだけ'地域環境の評価に影響するかは明らかでない．そこで，調査項目を用いて地域環境の評価関数を作成する[10)39)]ことでそれらを明らかにする．

1） 数量化理論第Ⅲ類による分析

数量化理論第Ⅲ類に用いる説明変数の選択は，これまでの分析をふまえたうえで，以下の基準で行った．

① ジオ，エコ，ソシオ環境が総合的に評価されていると考え，ジオ，エコ，ソシオ項目それぞれから選択する．

② 複数の軸でカテゴリースコアが大きく，かつ単純集計の値が小さい（20%以下）項目は用いない．

③ どの軸でもカテゴリースコアが小さい項目を除く．

④ ③までで寄与率が小さい場合，関連分析をふまえて互いに関連のある項目から代表項目を選ぶ．

こうして，末丸町，大原，雲ヶ畑でそれぞれ 12 項目を選択した．軸の解釈はカテゴリースコアの絶対値が大きい項目により行い，表 6.3.12 のようになった*．(1)で重要性を述べた上流域の生活に関する軸や各地域の特徴を示す項目が入っており，地域の特徴

---

*カテゴリースコア，説明変数の詳細については表 6.3.13〜6.3.15 を参照．

表 6.3.12　軸の解釈

	大原 (51.6%)	雲ヶ畑 (50.2%)	末丸町 (53.3%)
1軸	水辺の楽しさ 21.30%	暮らしにくさ 20.20%	河川敷利用時の不安感 24.80%
2軸	暮らしにくさ 18.90%	水辺の楽しさ 17.50%	洪水の不安感 16.10%
3軸	下流への不満感 11.40%	地域への不満感 12.60%	季節感 12.40%

が反映されていると考えられる．

2） 地域環境評価関数の作成

数量化理論第Ⅲ類で得られた軸を1つの基準として，地域環境多基準評価関数を次のように定義する．

$$D_i = \sum_r w_r \sum_j \frac{\delta_i(j) x_{rj}}{l_i}$$

ここで，

$$\delta_i(j) = \begin{cases} 1 & (i\text{番目のサンプルが}j\text{項目に反応する}) \\ 0 & (i\text{番目のサンプルが}j\text{項目に反応しない}) \end{cases}$$

w_r は各軸のウェイト，l_i はサンプルiが対象とする12項目において反応する項目の数，x_{rj} はr軸におけるj項目のスコアを表す．

さらに，j項目の寄与率を考慮した得点を次のように定義する．これは，j項目に反応することで，地域環境評価関数がどれだけ変化するか示した値である．

$$x_j = \sum_r w_r x_{rj}$$

多基準分析においてウェイトを決定することは容易ではないが，ここでは各軸の寄与率をウェイトとして用い，環境評価を向上させる方向を正とする．こうして，末丸町の地域環境評価関数とj項目の寄与率を考慮した得点は以下のように表される．

$$D_{si} = -\frac{24.8}{l_i}\sum_{i=1}^{12}\delta_i(j)x_{1j} - \frac{16.1}{l_i}\sum_{i=1}^{12}\delta_i(j)x_{2j} - \frac{12.4}{l_i}\sum_{i=1}^{12}\delta_i(j)x_{3j}$$

ここに，

$$x_{sj} = -24.8 x_{1j} - 16.1 x_{2j} - 12.4 x_{3j}$$

大原と雲ヶ畑でも同様にして，地域環境評価関数と j 項目の寄与率を考慮した得点が定義される．

3) 各地域の代替案作成方針

j 項目の寄与率を考慮した得点 x_j は j 項目への反応が地域環境評価に与える影響の方向と大きさを表している．したがって，x_j をみることで各地域の代替案作成方針を考察することができる．表 6.3.13～表 6.3.15 に x_j の計算結果を示す．

合計値の絶対値が大きな項目とその正負に着目すると，末丸町では「トビ被害と洪水に対する不安の軽減」，「ホタル観賞など季節を感じさせる生態環境の保全」などが，大原では「水の汚さを改善する」，「水際へのアクセスを容易にする」，「遊ぶスペースを設ける」などが方針として考えられる．雲ヶ畑では「遊びやすさの改善」が水辺マネジメントの方針として考えられる．(1)では，雲ヶ畑では河川形状の改善はあまり望まれていないと述べたが，「水辺で集まれるところでもあったら，川のこととかもっと話すと思います．」という声もあり，まったく関心がないわけではない．また，「森林植生への意向」の影響が大きいため，森林管理などについて検討する必要性があると考えられる．

最後に，上流域ではともに生活に関する項目（「日常の買い物」など）の絶対値が大きい．すでに述べたように，「まもり」を介してジオ，エコ環境とソシオ環境がつながっていると考えれば，代替案を評価するときに生活状況の改善に寄与しうるかどうかも検討する必要性が出てくるだろう．

表 6.3.13　末丸町における得点

j	項目名	利用時の不安・不満	洪水の不安	季節感	合計値
1	河川敷の広さ十分	0.918	− 0.187	0.086	0.818
2	洪水の危険を意識する	− 0.465	− 2.556	0.443	− 2.578
3	ソメイヨシノ好き	0.559	0.393	− 0.166	0.786
4	外来種絶滅すべき	1.046	− 0.063	− 0.263	0.719
5	トビ被害の知識	− 2.553	− 0.355	− 0.321	− 3.23
6	休息	− 2.114	0.405	− 1.646	− 3.355
7	花を見る	− 1.746	0.244	1.034	− 0.467
8	犬の糞	− 0.981	0.76	0.67	0.448
9	ホタル観賞楽しみ	− 0.084	0.929	0.706	1.551
10	送り火楽しみ	0.351	− 0.178	− 0.137	0.036
11	清掃作業を見た経験	0.43	− 0.065	− 0.043	0.322
12	草すっきりが好き	1.163	0.158	− 0.294	1.027

表 6.3.14 大原における得点

j	項目名	水辺の楽しさ	暮らしにくさ	市街地への不満感	合計値
1	水が汚い	− 0.791	− 0.722	0.409	− 1.105
2	水際に降りやすい	4.25	− 0.728	− 0.223	3.298
3	洪水の危険を意識する	0.563	− 0.523	0.467	0.506
4	植生：雑木林を増やす	0.801	− 0.092	− 0.013	0.697
5	オイカワ	− 0.683	0.998	0.38	0.695
6	散歩	0.048	1.209	− 1.136	0.12
7	不法投棄	− 0.784	0.983	− 1.203	− 1.003
8	八朔踊り楽しみ	0.486	1.091	0.489	2.066
9	高齢化	− 0.474	0.19	0.165	− 0.118
10	日常の医療	− 1.43	− 1.075	0.249	− 2.256
11	日常の買い物	− 0.093	− 1.897	− 0.799	− 2.788
12	伝統の継承	0.538	1.039	0.478	2.055

表 6.3.15 雲ヶ畑における得点

j	項目名	暮らしにくさ	水辺の楽しさ	地域の現状に対する不満感	合計値
1	水がきれい	0.517	1.548	− 0.718	1.347
2	水際に降りやすい	1.351	2.142	0.102	3.594
3	洪水の危険を意識する	0.639	− 0.217	0.358	0.781
4	植生：雑木林を増やす	0.396	− 1.139	− 2.253	− 2.995
5	シャクナゲ好き	0.683	− 1.498	0.09	− 0.725
6	ゴリ好き	1.052	− 0.903	0.406	0.555
7	シカ困る	0.749	0.328	0.561	1.637
8	松上げ楽しみ	− 0.067	0.073	0.432	0.438
9	高齢化	− 1.083	0.413	− 0.781	− 1.452
10	日常の医療	− 2.466	− 0.078	0.479	− 2.065
11	日常の買い物	− 1.724	− 0.862	0.372	− 2.214
12	救急医療	− 2.073	0.933	0.025	− 1.115

6 水辺環境の感性評価論

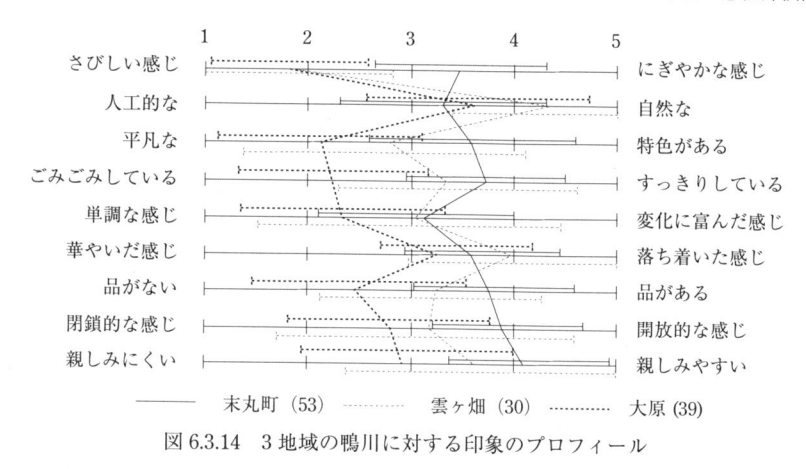

図6.3.14　3地域の鴨川に対する印象のプロフィール

6.3.4　印象のプロフィールと地域差

　ここでは，印象項目のプロフィール図により，大原，雲ヶ畑，末丸町における鴨川流域の印象について考察する．なお，印象項目は鴨川に対する印象であることを考慮して，9項目（「にぎやかな感じ～寂しい感じ」「自然な～人工的な」「特色のある～平凡な」「すっきりしている～ごみごみしている」「変化に富んだ感じ～単調な感じ」「落ち着いた感じ～華やいだ感じ」「品がある～品がない」「開放的な感じ～閉鎖的な感じ」「親しみやすい～親しみにくい」）を設定し，次のような5段階評価とした．

　　　　　「親しみにくい　□□□□□　親しみやすい」

　プロフィール図を用いて各項目の傾向をつかみ，各調査地域の鴨川に対する印象を比較する．図6.3.14に各調査地域のプロフィールを示す．横棒は算術平均からの標準偏差を表している．欠損データをもつサンプルは除外した．
　大原ではさびしく，平凡で，ごみごみしていて，単調で品がなく，閉鎖的な感じがし，やや親しみにくい印象である．雲ヶ畑ではさびしい感じがすることは大原と共通しているが，特に「自然な」に大きくよっている．この項目のみ雲ヶ畑の標準偏差が最も小さく，雲ヶ畑の大きな特性といえる．末丸町ではにぎやかで，特色があり，すっきりしていて，品があり，開放的で親しみやすい印象で，大原と傾向が逆になっている項目が多い．
　末丸町と大原で印象の傾向が逆になっている項目が多いのは，遊びや散策のスペースの違いが理由として考えられる．末丸町の周辺では歩道，ベンチ，広場，飛び石などが整備されているが，大原は末丸町と比較するとそれらが十分に整備されていない．表6.3.8に示したように，大原では「遊びや散策のスペースが必要か」という質問に対して

約65％の人が「必要」と回答しており，歩道や広場を必要と思っている人が多い．

以上のように，調査地域のプロフィールを比較すると印象項目に差があることがわかる．末丸町と大原では傾向が逆になっている項目が多く，雲ヶ畑は特に「自然な」感じである．

(1) 印象項目とGES環境認識の関連

9つの印象項目と住民のGES環境認識との関連を分析し，印象の差を考察する．ここでは，項目間の関連を測るためにクラメールの関連係数[6)7)]を用いる．ただし，クラメールの関連係数を求めるにあたって，カテゴリー数が多い項目と少ない項目を用いて計算すると上式のqにより関連係数の値が大きくなる．GES環境項目の多くがカテゴリー数2か3であるので，印象項目を5カテゴリーから「1, 2」，「3」，「4, 5」の3カテゴリーに変換する．

印象項目を説明するGES環境代表項目として各地域の個性を表す社会，文化，生態などを中心とした地域特性を表現するものを選択した．これを表6.3.16に示す．ここでは，カテゴリー数と，末丸町，大原ではサンプル数が約60であることを考慮し，関連があるといわれる5％有意を基準にクラメールの関連係数が0.28以上を関連が強いとし●で示した．また，雲ヶ畑ではサンプル数が約40であることを考慮し，同様に0.31以上を関連が強いとし●で示している．

(2) プロフィールの地域差の考察

表6.3.16により，図6.3.14に示したプロフィールで大きな差のあった項目を考察しよう．

「特色のある・平凡な」では，大原では「水のきれいさ」「地すべりの危険」との関連があり，雲ヶ畑では「将来の森林植生」，末丸町では「飛び石」，「川のまもり」との関連がみられる．大原では周辺の地形や水質に平凡さを感じていると思われ，雲ヶ畑では比較的生活と関わりの深い森林に特色を感じるかどうかに関連がみられる．一方で，末丸町では飛び石，鴨川の整備状況全般に特色を感じていると考えられる．

「すっきりしている・ごみごみしている」では，大原では「水のきれいさ」「地すべりの危険」，雲ヶ畑では「産業廃棄物処理施設」と関連がみられ，上流の大原，雲ヶ畑それぞれで問題となっている産業廃棄物処理施設，水の汚れが影響していると考えられる．

「変化を感じる・単調な」は，大原では「大原女まつり」，雲ヶ畑では「シャクナゲ」，「水遊び」，末丸町では「ホタル観賞会」との関連がみられ，季節感のある行事，遊びに対する認識の差がこの項目の差となって現れていることがうかがえる．

「品がある・品がない」は，大原では「水の汚れ」，「高齢化」，「森のまもり」，雲ヶ畑では「シャクナゲ」，「少子化」が関連している．大原では問題となっている水の汚れと高齢化のために品がないと感じていると考えられる．末丸町では嫌いな人の多い「カラ

表 6.3.16 関連分析表

	大原								雲ヶ畑									末丸町							
	ジオ			エコ		ソシオ			ジオ		エコ			ソシオ				ジオ		エコ			ソシオ		
	水のきれいさ	遊びのスペース	地すべり	将来の森林植生	サル	八朔踊り	高齢化	森のまもり	遊びのスペース	地すべり	将来の森林植生	シャクナゲ	サンショウウオ	水に入る	川のまもり	産業廃棄物処理施設	少子化	飛び石	ハンディキャップ	カラス	ツバメ	ソメイヨシノ	納涼床	ホタル観賞	川のまもり
にぎやかな感じ								●				●									●			●	●
自然な	●											●										●			
特色がある			●								●														
すっきりしている	●	●		●										●								●			
変化に富んだ感じ	●	●										●													
落ちついた感じ	●	●														●		●		●				●	
品がある	●		●	●																					
開放的な感じ				●					●		●														
親しみやすい			●		●				●			●			●			●							

ス」が品と関連している.

「開放的な・閉鎖的な」は，大原，雲ヶ畑で遊び空間と将来の森林植生との関連がある.

以上から，大原の水のきれいさや高齢化，雲ヶ畑のシャクナゲや産業廃棄物処理施設，末丸町の飛び石といった各地域の特性や問題が印象項目と関連がみられ，印象の差となって現れている可能性があることがわかった.

6.3.5 因子分析[8]による地域差の解釈

9つの印象項目を用いて探索的因子分析を行う．得られた共通因子の解釈を行ったものを表 6.3.17 に示す．なお，p 値，RMSEA は良好である．ここでも，また関連分析結果を用いて，因子分析結果を考察すれば，以下のようになる．

「なじみ」は，大原では遊び空間，森林植生，高齢化の傾向など，雲ヶ畑では遊び空間，シャクナゲ，川のまもりなど，末丸町では飛び石，カラスと関連の強い「開放的な・閉鎖的な」，「親しみやすい・親しみにくい」で構成されている．飛び石やシャクナゲといった各地域特有の項目と上流域では遊び空間と森林植生への意向の違いで関連している．

「らしさ」は，大原では水のきれいさ，地すべりの危険などが問題となっている項目

表 6.3.17　因子分析結果と解釈

場所（サンプル）	因子と解釈（寄与率）	項目（因子負荷量）
大原 (39) $p=0.928$ RMSEA$=0$ 累積寄与率 65%	因子1：(高野川) らしさ (32.6%)	品のある (0.880), 変化に富んだ (0.812), 特色のある (0.754), すっきりとした (0.730), にぎやかな (0.455)
	因子2：なじみ (13.6%)	開放的な (0.812), 親しみやすい (0.644)
	因子3：落ち着き (12.1%)	落ち着いた (0.960)
	因子4：ひっそり (6.6%)	にぎやかな (−0.511), 自然な (0.481)
雲ヶ畑 (30) $p=0.649$ RMSEA$=0.0117$ 累積寄与率 62%	因子1：(賀茂川) らしさ (26.3%)	落ち着いた (0.817), 自然な (0.801), すっきりとした (0.745), 品のある (0.494)
	因子2：なじみ (18.3%)	親しみやすい (0.947), 開放的な (0.571), 品のある (0.408)
	因子3：特徴的な (17.7%)	特色のある (0.964), 変化に富んだ (0.537), にぎやかな (0.426)
末丸町 (53) $p=0.887$ RMSEA$=0$ 累積寄与率 64%	因子1：なじみ (17.8%)	親しみやすい (0.891), 開放的な (0.803)
	因子2：(鴨川) らしさ (17.2%)	変化に富んだ (0.732), 特色のある (0.583), 自然な (0.544), 品のある (0.502)
	因子3：しっとり (16.1%)	落ち着いた (0.902), 品のある (0.466), 特色のある (−0.435), にぎやかな (−0.411)
	因子4：すっきり (12.6%)	すっきりとした (0.966)

で，雲ヶ畑でも地すべりの危険，将来の森林植生，川のまもり，産業廃棄物処理施設が問題となっている項目で，末丸町では飛び石，ホタル観賞会など末丸町特有の項目と関連のある印象項目で構成されている．

大原の「落ち着き」は水のきれいさ，遊びのスペース，八朔踊り，高齢化との関連が強い「落ち着いた・華やいだ」から構成されている．「ひっそり」は森のまもり，水のきれいさ，将来の森林植生，サルと関連のある「にぎやか・さびしい」「自然な・人工的な」から構成されている．

雲ヶ畑の「特徴的な」は将来の森林植生，シャクナゲ，水に入るあそび，オオサンショウウオなどの雲ヶ畑固有の項目と関連のある印象項目から構成されている．

末丸町の「しっとり」はカラス，納涼床などと（マイナスの）関連の強い印象項目から構成され，「すっきり」はソメイヨシノ，川のまもりと関連のある印象項目から構成されている．

こうして，上下流3地域の水辺環境の個性を相対評価し，その印象評価の構成を明らかにすることができた．この関連構造をみることで，各地域で行うべき水辺環境マネジメントに関する指針を得ることができる．つまり，これらの一連の分析から，上下流一

体とした，流域水辺環境マネジメントを「多様性と統一」という視座で行う必要性を明確にした．

次の課題は，上記視座による，環境と防災の水辺計画代替案を作成することである．当然，この際上下流におけるコンフリクト問題は避けられないと思われる．

6.3.6 釣り人のプロフィールと因子分析

(1) 調査の実施

調査票はKJ法とISM法を用いて25項目を選定し，2006年11月～2007年3月に琵琶湖疎水を含めた鴨川流域の雲ヶ畑から七条において釣り人を対象に，ヒアリングによる社会調査を実施した．こうして，賀茂川27，高野川4，出町柳以南5，琵琶湖疎水7の合計43サンプルの回答を得た．

(2) 釣り人のプロフィール

印象構成項目のプロフィールによって，項目の傾向をつかみ鴨川を訪れる釣り人の印象について考察する．印象構成項目は「にぎやかな感じ・さびしい感じ」「自然な・人工的な」「特色のある・平凡な」「すっきりしている・ごみごみしている」「変化に富んだ感じ・単調な感じ」「品がある・品がない」「開放的な感じ・閉鎖的な感じ」「親しみやすい・親しみにくい」の8項目を鴨川に対する印象として設定した．地元住民に実施されたアンケートの印象構成項目からは「落ち着いた感じ・華やいだ感じ」がはずされているが，これは調査表作成における釣り人の意見を参考としたからである．釣り人のプロフィールについて，図6.3.15に示す．各項目の値は欠損データがある場合はサンプルを除外し，横棒は算術平均からの標準偏差を示す．

釣り人にとって鴨川は「にぎやかで人工的で特色がありごみごみしているが，開放的で親しみやすい」印象である．「にぎやかな感じ・さびしい感じ」「変化に富んだ感じ・単調な感じ」は標準偏差の値が大きく，「自然な・人工的な」「すっきりしている・ごみごみしている」「開放的な・閉鎖的な」「親しみやすい・親しみにくい」は反応が偏っている．

標準偏差の値が大きい「にぎやかな感じ・さびしい感じ」「変化に富んだ感じ・単調な感じ」は上流部では「さびしい感じ」「単調な感じ」，下流部では「にぎやかな感じ」「変化に富んだ感じ」と場所によって回答に差がみられた．上流部では河川敷は整備されておらずアクセスする場所も限られており人はほとんどみられず，河道は岩や瀬淵が少なく規則正しく堰が並ぶことが原因と考えられる．下流部では河川敷は整備されて人通りも多く，上流部に比べると堰の勾配や河道も変化が多い．

「自然な・人工的な」について，釣りをしている河道のそばには草木が多くてもコンクリートで固められた護岸と堰が目立つことから，「人工的な」と感じていると考えられる．「すっきりしている・ごみごみしている」では中洲や河原は雑草が生い茂ること

図 6.3.15　釣り人と鴨川 3 地域のプロフィール

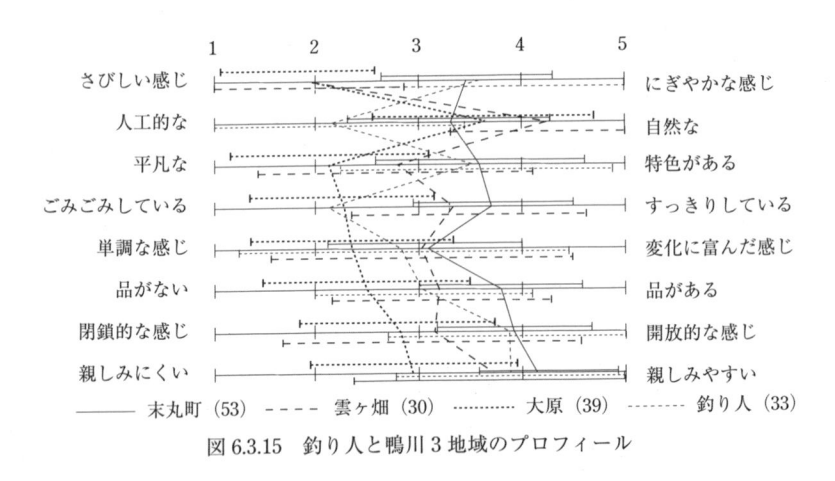

表 6.3.18　釣り人の因子分析結果と解釈

場所（サンプル）	因子と解釈（寄与率）	印象構成項目（因子負荷量）
釣り人（33） $p=0.818$ RMSEA$=0$ 累積寄与率 66%	因子 1：なじみ	親しみやすい（0.993），品のある（0.695），特色のある（0.499），開放的な（0.429）
	因子 2：活気のある	開放的な（0.659），にぎやかな（0.620），自然な（0.494）
	因子 3：変化	変化に富んだ（0.989）
	因子 4：窮屈な	特色のある（0.691），すっきりとした（−0.592）

から「ごみごみしている」と感じていると考えられる．一方で，「開放的な感じ・閉鎖的な感じ」「親しみやすい・親しみにくい」では「開放的な感じ」「親しみやすい」と感じており，よい印象を抱いていることが明らかになった．

(3)　因子分析よる釣り人の印象評価の解釈

プロフィールに用いた 8 つの印象構成項目について，探索的因子分析を用いて共通因子を抽出する．この 8 項目について欠損データがあるサンプルは除外し，因子抽出法は最尤推定法，因子推定法はスクリープロット法で決定し，各因子についてはバリマックス法を用いて因子軸に直交回転を施した．モデルの検定には p 値と RMSEA を用いる．

因子分析を実施したところ，4 つの共通因子が得られた．累積寄与率は 66% で，p 値は 0.818，RMSEA は 0 と適合度は良好である．こうして得られた計算結果について，共通因子の解釈を行い，因子負荷量が 0.4 以上となる印象構成項目をまとめたものを表 6.3.18 に示す．

これらの結果から，釣り人は，鴨川になじみや活気を感じ，変化はあるが窮屈な川と

いう印象をもっていることがわかる.「なじみ」は3地域と同様ではあるが,「(鴨川)らしさ」とは感じていない.また,窮屈な川だと感じているのが特徴的である.

6.4 社会からみた生態(エコ)環境評価

6.4.1 生活者からみた魚類・鳥類評価

ここで用いるデータは6.2節と同様である.また,調査方法と実施はすでに3.4節で詳しく説明を行っていることを思い出していただきたい.ここでの目的は,河川水質環境指標である底生生物を捕食する魚類や鳥類を介して,生活者の水辺印象に与える影響を記述するモデルの作成である.すでに印象による水辺像の議論はすんでいるので,底生生物が水質指標だけでなく,社会(ソシオ)環境つまり水辺像にどのような役割を果たしているかを明らかにしようと思う.

(1) 魚類と鳥類の多さに対する印象の集計結果
1) 魚の多さに対する印象の単純集計結果

魚の多さに対する印象の単純集計結果を図6.4.1に示す.賀茂川の結果をみると,「少ない」という回答が最も多く,「やや少ない」「少ない」を合わせて約57%である.次いで「どちらでもない」の回答が約30%と多い.高野川の結果をみると,真ん中の回答が最も多く約30%である.次いで「やや多い」の回答が多く「やや多い」と「多い」を合わせて約40%である.

以上のように,賀茂川と高野川では魚の印象に関して差がみられた.現地の観察から考察すると,これは高野川のほうが水深の浅い場所が多く魚が見えやすいことが影響していると考えられる.また,どちらの結果でも「どちらでもない」の回答が多いが,調査時の経験から,これは魚の多さについて「どちらともいえない」,魚が見えず「判断できない」という場合である.

2) 鳥の多さに対する印象の単純集計結果

鳥の多さに対する印象の単純集計結果を図6.4.2に示す.賀茂川の結果を見ると「どちらでもない」の回答が最も少なく,「多い」「やや多い」と「少ない」「やや少ない」ともに30%以上の回答がある.高野川の結果でも「どちらでもない」の回答は少ないが,賀茂川と異なり「多い」「やや多い」の合計が約58%と大きい.

3) 印象のプロフィール

印象のプロフィールを図6.4.3に示す.プロフィールの横棒は算術平均からの標準偏差を表しており,欠損データをもつサンプルは除外した.

賀茂川は「落ち着いた」,「開放的な」という傾向である.他の項目は中央付近にあり,回答が分かれている.高野川は「さびしい感じ」,「落ち着いた」,「単調な」という傾向

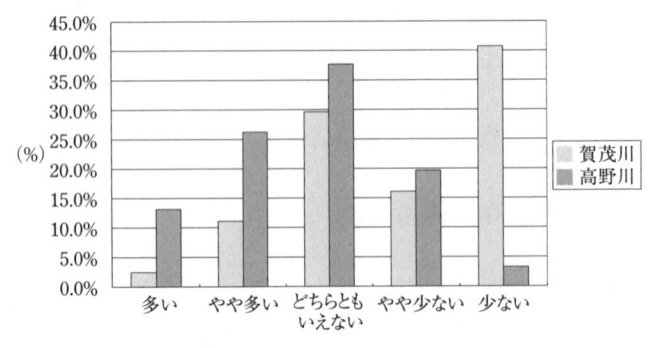

図 6.4.1 単純集計結果：魚（%）

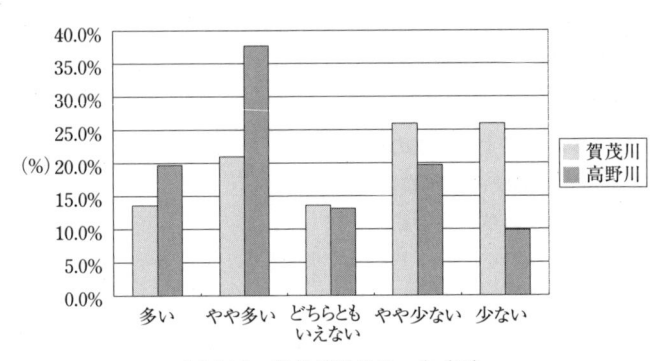

図 6.4.2 単純集計結果：鳥（%）

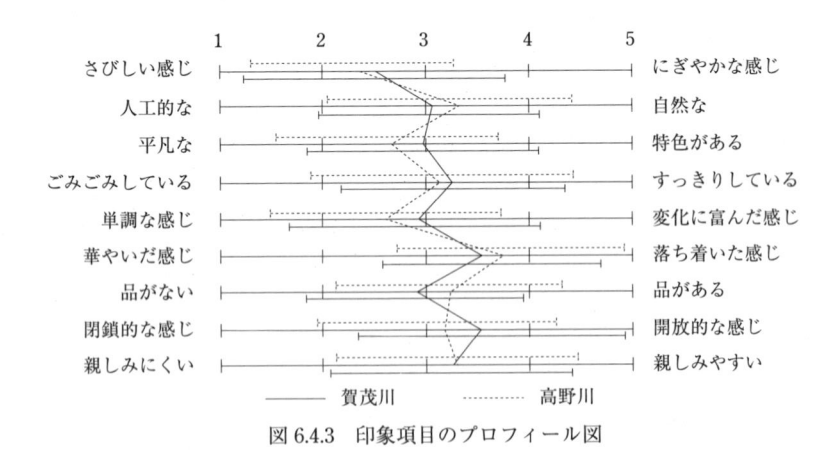

図 6.4.3 印象項目のプロフィール図

6 水辺環境の感性評価論

表 6.4.1 鳥，魚と印象項目との関連分析表

		にぎやか	自然な	特色	すっきり	変化	落ち着き	品	開放的	親しみ
賀茂川	魚	○	●	●	○	○	●		●	●
賀茂川	鳥	●		●	●	●	○			●
高野川	魚		●				○			
高野川	鳥		●							

である．他の項目ではやや「自然な」，「平凡な」という傾向がみられる．

賀茂川も高野川も「さびしい」，「落ち着いた感じ」という傾向がみられる点が共通している．一方で，「特色」と「開放感」は異なっており，高野川のほうが単調で閉鎖的な印象である．これは，整備の状況と地形的な違いが影響していると考えられる．賀茂川には遊具，芝生，公園などが高野川に比べて多数設置され，川幅と河川敷がともに広い．一方で，高野川には遊具はほとんどなく，河川敷のすぐ側に木や建物が立っていて周囲への視界が狭まっている．

(2) 印象の因子分析
1) 印象項目と魚類と鳥類の関連分析

クラメールの関連係数を用いて魚，鳥と印象項目との関連を明らかにし，その関連について考察する．

表 6.4.1 に関連分析結果を示す．ただし，クラメールの関連係数が 0.2 以上 0.3 未満のとき，項目間がやや関連があるとし○で示した．また，クラメールの関連計数が 0.3 以上のとき，項目間が関連があるとし●で示した．

関連分析の結果をみると，賀茂川では魚，鳥ともに多くの印象項目と関連がある．単純集計で鳥の回答が分かれていたため，鳥の印象項目の違いが印象に影響している可能性が大きいと考えられる．高野川では関連のある項目が少ない．関連のある項目はともに「自然な」である．プロフィールをみるとやや「自然な」に寄っており，高野川では魚と鳥は自然を感じるかどうかに影響していると考えられる．

2) 因子分析

9つの印象項目を用いて探索的因子分析を行う．得られた共通因子の解釈を行ったものを表 6.4.2 に示す．賀茂川と高野川で p 値はそれぞれ 0.331，0.382，RMSEA はそれぞれ 0.0558，0.0553 である．賀茂川では共通因子として【鴨川らしさ】，【なじみ】，【しっとり】，【すっきり】が得られた．賀茂川には遊具，ベンチ，広場などが多数設置され，落ち着いて開放的である．それらの設備や広々とした様子が現れていると考えられる．

表 6.4.2　因子分析結果

	因子と解釈（寄与率）	項目（因子負荷量）
賀茂川	因子1：鴨川らしさ (20.7%)	特色のある (0.821)，変化に富んだ (0.695)，品のある (0.475)，自然な (−0.440)
	因子2：なじみ (15.0%)	開放的な (0.658)，親しみやすい (0.586)，品のある (0.548)
	因子3：しっとり (13.7%)	にぎやかな (0.831)，落ち着いた (−0.677)
	因子4：すっきり (12.6%)	すっきりとした (0.954)
高野川	因子1：しとやか (26.3%)	落ち着いた (0.882)，品のある (0.711)，自然な (0.595)，にぎやかな (−0.578)，すっきりとした (0.522)
	因子2：なじみ (15.6%)	親しみやすい (0.926)，開放的な (0.575)
	因子3：特徴的な (14.4%)	変化に富んだ (0.710)，特色のある (0.706)

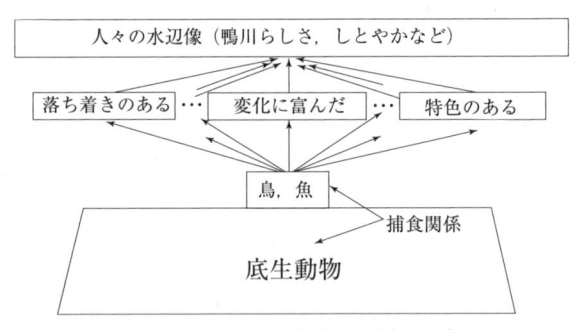

図 6.4.4　底生動物と印象の関係の概念図

因子負荷量と関連分析から，魚と鳥はどの共通因子にも関連している．

高野川では共通因子として【しとやか】，【なじみ】，【特徴的な】が得られた．高野川のあまり遊具などがなく落ち着いてやや単調な印象が現れていると考えられる．因子負荷量と関連分析から，魚と鳥は【しとやか】に関連している．

印象による水辺環境評価において，魚類と鳥類がさまざまな印象項目と関連があることがわかった．さらに，因子分析によって得られた共通因子がどのような印象項目により構成されるかわかり，魚類と鳥類は人々の水辺像の形成に寄与していることが明らかになり（図 6.4.4），これから，人々が水に親しむという水辺の親水機能に魚類や鳥類が重要な存在であることがいえよう．そして，底生動物が餌として魚類や鳥類を支え，それらを人々が見ることで，印象を抱いたり水辺像を形成することとなり，水に親しんでいるといえる．したがって，底生生物は単に3章2節で述べたような河川水質評価項目だけでなく，印象による水辺像に不可欠な存在であることがわかる．こうして，底生動物を保護しようという水辺整備マネジメントが，社会的認知のもと親水機能を高めるた

6 水辺環境の感性評価論

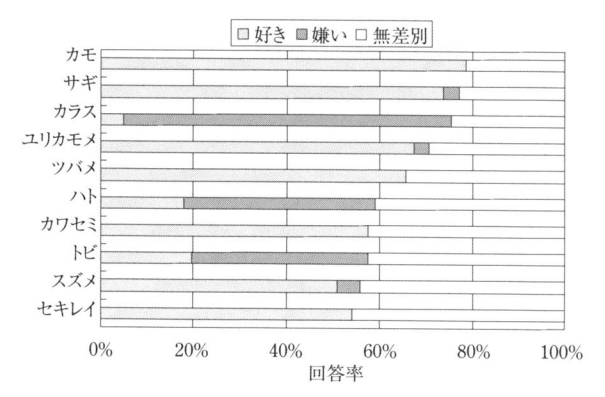

図 6.4.5 関心度 50％以上の鳥類の好き嫌い

めのマネジメントにつながることになる．

6.4.2 水辺住民の鳥類評価[14]

(1) 好き嫌いによる鳥類の評価

　調査票では鴨川で観察される鳥類に対する好き嫌いを質問項目とした．水辺の鳥類の好き嫌いは 3C のうち Concern（関心），Care（好き）に対応しており，水辺の鳥類の存在は 4A のうち「遊び」に対応している．

　回答形式は「好き」，「嫌い」，「無差別（無関心・知らない）」である．「好き」，「嫌い」の回答は種を認知していることであり，Concern（関心）の現れと見なすことができる．したがって，好き嫌いの反応を関心度と考える．以下では，地元住民にとって重要であると考えられる関心度 50％以上の種に着目する．

　図 6.4.5 に，関心度 50％以上の鳥類に対する好き嫌い結果を示す．ツバメはカモ，サギ，カラス，ユリカモメの次に関心度が高く，関心のある人全員が「好き」と評価している．カワセミは鴨川では希少種であり時々にしか観察されないにもかかわらず，関心度の高さは注目に値する．また，留鳥のうちカラス，ハト，トビが「嫌い」という評価が多いのに対して，ツバメ，ユリカモメの渡り鳥はほとんどが「好き」という評価である．

　また，「鴨川で季節のうつろいを感じるもの」の質問項目（複数回答）の回答率は，植物 69％，周辺の山並み 62％，鳥 41％，歳時・年間行事 10％，虫 7％，遊び行動 3％であり，鳥類の季節変化が地元住民の水辺の季節感に影響していることがわかった．なかでもツバメは地元住民の関心度が高く，全員が「好き」と評価しており，ツバメの渡りが初夏の風物詩のひとつとなっている．

表 6.4.3　鳥類の好き嫌いの関連

	カモ	サギ	カラス	ユリカモメ	ツバメ	ハト	カワセミ	トビ	スズメ	セキレイ
カモ		○		○	○	○	○		○	○
サギ				○	○		○		○	○
カラス				○	○	○		○		○
ユリカモメ					○			○		○
ツバメ						○	○	○	○	○
ハト							○	○		○
カワセミ								○	○	○
トビ										○
スズメ										○
セキレイ										

(○：クラメールの関連係数 0.28 以上)

(2) ツバメと水鳥の鳥類における位置付け

　ツバメと他の鳥類との関連を明らかにするために，クラメールの関連係数[27]を用いる．ここでは自由度4，$N=61$，$k=3$ における有意確率 5% に対する値 (0.279) を考慮して，クラメールの関連係数が 0.28 以上の場合，2 項目に関連があるとする．

　関心度 50% 以上の鳥類間の好き嫌いの関連を表 6.4.3 に示す．非常に関連のあるものが多く，ツバメはすべての鳥類と関連していることから，地元住民の好き嫌いにおいてツバメを鳥類の代表指標と解釈することができる．同様にして，水鳥も代表指標とすることができる．

3) ソシオからみたツバメの評価

　ツバメの巣分布調査より，ツバメの営巣には水辺との距離だけでなく，小規模の建物が密集したにぎやかな場所が重要であることがわかる．また，ツバメの食性調査より，餌場としての水辺利用や地元住民の嫌いな虫を多く食べていることが明らかになった．

　ツバメは天敵から身を守るために人間社会を利用しているとも考えられるが，地元住民はツバメの存在を好ましく思っており*，ツバメは人間の精神構造と共生しているということができる．

　こうして，地元住民の関心度の高さと全員が「好き」という評価によって，ツバメのいる水辺は望ましいといえるであろう．したがって，ツバメの保全は水辺環境マネジメントの1つの目的となりうる．また，ツバメの生態に着目すれば，河道のみを保全するだけでなく，ツバメが巣を作る京町家や地元商店街などを保全する広い意味での水辺「街づくり計画」が必要となろう．

---

*京都にはツバメが巣を作ると店が繁盛するという言い伝えもある

表 6.4.4　鳥類の好き嫌いと印象の関連

	カモ	サギ	カラス	ユリカモメ	ツバメ	ハト	カワセミ	トビ	スズメ	セキレイ
にぎやかな感じ		○			○		○		○	
自然な										
特色がある							○			○
すっきりしている				○						
変化に富んだ感じ	○	○								
落ち着いた感じ			○							
品がある			○							
開放的な感じ										
親しみやすい			○							

(○：クラメールの関連係数 0.28 以上)

6.4.3　鳥類が水辺住民の印象に与える影響

(1)　印象と鳥類との関連分析

　エコ項目と印象(構成)項目の関連に着目し，鳥類の好き嫌いと水辺の印象の関連を表 6.4.4 に示す．「にぎやかな感じ」にサギ，ツバメ，カワセミ，スズメが，「特色がある」にはカワセミ，セキレイが，「すっきりしている」にはユリカモメが，「変化に富んだ感じ」にはカモ，サギが，「落ちついた感じ」「品がある」「親しみやすい」にはカラスが逆説的に関連している．「自然な」「開放的な感じ」に鳥類は関連していない．

　以上より，ツバメは「自然な」「開放的な感じ」以外の印象構成項目と関連しているといえる．ただし，カラスは図 6.4.5 から圧倒的に嫌われており，表 6.4.4 の印象とネガティブに関連していると考えられる．そのため，印象との関連の仕方がツバメと異なるカラスも鳥類の代表と考えることにしよう．

(2)　印象構成項目とジオ・ソシオ環境項目との関連分析

　印象構成項目とジオ・ソシオ項目との関連分析を行う．ここでは自由度 2，$N=61$，$k=2$ における有意確率 5% に対する値 (0.313) を考慮して，クラメールの関連係数が 0.31 以上を関連があるとする．印象構成項目とジオ・ソシオ項目との関連を表 6.4.5 に示す．

　ジオ項目は「品がある」に関連する項目が多く，「落ち着いた感じ」に関連する項目はない．ソシオ項目は「にぎやかな感じ」「変化に富んだ感じ」「落ち着いた感じ」と関連する項目が多く，「品がある」「親しみやすい」と関連する項目はない．これらから，ジオ項目は静的な，ソシオ項目は動的な印象構成項目との関連が強いと考えられる．

　ここで，ジオ項目，ソシオ項目の代表項目を抽出するために，ジオ項目間，ソシオ項目間の関連分析を行う．ジオ項目間の関連表を表 6.4.6 に，ソシオ項目間の関連表を表

表 6.4.5 印象構成とジオ・ソシオ項目との関連

	ジオ項目													ソシオ項目									
	川の水をきれいと思う	飛び石は楽しい	飛び石は便利	飛び石はあぶない	飛び石を利用する	堰は美しい	堰は醜い	堰は面白い	堰は楽しい	遊び空間は十分	ハンディキャップの配慮が十分	広域避難場所の知識	洪水を意識する	納涼床を利用する	ホタル観賞が楽しみ	ホタルの保全活動の認識	五山の送り火が楽しみ	地元の盆踊りに参加	清掃活動を見た経験	河川敷の草刈を見た経験	河床整備を見た経験	ほうぼうか・すっきりか	鴨川のまもりは十分か
にぎやかな感じ		○														○			○		○		
自然な					○												○			○			
特色がある	○																			○		○	
すっきりしている	○																						
変化に富んだ感じ								○														○	
落ち着いた感じ																			○				
品がある	○			○		○																	
開放的な感じ										○													
親しみやすい																							

(○：クラメールの関連係数 0.31 以上)

表 6.4.6 ジオ項目間の関連

	川の水をきれいと思う	飛び石は楽しい	飛び石は便利	飛び石はあぶない	飛び石を利用する	堰は美しい	堰は醜い	堰は面白い	堰は楽しい	遊び空間は十分	ハンディキャップの配慮が十分	広域避難場所の知識	洪水を意識する
川の水をきれいと思う		○	○							○			○
飛び石は楽しい			○	○	○								○
飛び石は便利													
飛び石はあぶない													○
飛び石を利用する													
堰は美しい							○						
堰は醜い													○
堰は面白い													
堰は楽しい													
遊び空間は十分													
ハンディキャップの配慮が十分													○
広域避難場所の知識													
洪水を意識する													

(○：クラメールの関連係数 0.25 以上)

表6.4.7　ソシオ項目間の関連

	納涼床を利用する	ホタル観賞が楽しみ	ホタルの保全活動の認識	五山の送り火が楽しみ	地元の盆踊りに参加	清掃活動を見た経験	河川敷の草刈を見た経験	河床整備を見た経験	ぼうぼうか・すっきりか	鴨川のまもりは十分か
納涼床を利用する						○	○			○
ホタル観賞が楽しみ				○						
ホタルの保全活動の認識					○	○				
五山の送り火が楽しみ						○				○
地元の盆踊りに参加							○			
清掃活動を見た経験							○			○
河川敷の草刈を見た経験										
河床整備を見た経験										
ぼうぼうか，すっきりか										
鴨川のまもりは十分か										

（○：クラメールの関連係数0.25以上）

6.4.7に示す．ここでは自由度1，$N=61$，$k=2$における有意確率5%に対する値（0.251）を考慮して，クラメールの関連係数が0.25以上を関連があるとする．

ジオ項目について「飛び石は楽しい」「ハンディキャップへの配慮が十分」が他のジオ項目との関連が多いため，この2つをジオ項目の代表項目と考える．これらは「落ち着いた感じ」以外の印象構成項目と関連がある．

ここでは地元住民の感性（Concern, Care）に着目して，これらと関連の強い「ホタル観賞が楽しみ」「鴨川のまもりは十分か」をソシオ項目の代表項目とする．この2つの代表項目は「品がある」「親しみやすい」以外の印象構成項目と関連がある．

(3) プロフィール分析

印象構成項目間で標準偏差の違いは小さく，「変化に富んだ感じ」は中央（どちらでもない）に寄っており，「親しみやすい」と「開放的な感じ」に大きく反応している（図6.4.6）．

ツバメは「にぎやかな感じ」「特色がある」「すっきりしている」「変化に富んだ感じ」と関連しており，（嫌いな）カラス（がいないこと）は「落ちついた感じ」「品がある」「親しみやすい」に関連している．カラスに関連する印象構成項目は評価の平均が偏っており，ツバメに関連する印象構成項目は評価の平均がやや無差別に寄っていることから，ツバメが水辺の印象を極端ではなくマイルドにしているのではないか，と考えることができる．

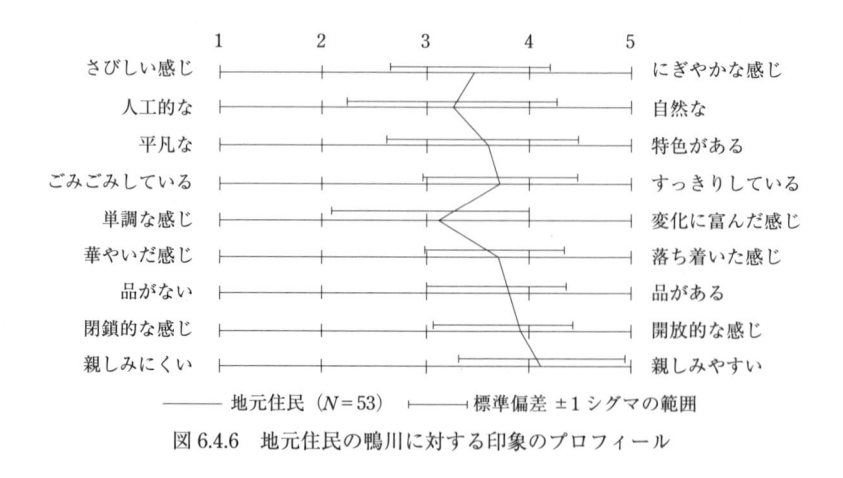

図6.4.6 地元住民の鴨川に対する印象のプロフィール

表6.4.8 地元住民の「鴨川像」を構成する共通因子と解釈

共通因子と解釈	印象構成項目	因子負荷量	因子寄与率 (累積寄与率)
第1因子 なじみ	親しみやすい	0.891	17.8% (17.8%)
	開放的な感じ	0.803	
第2因子 (鴨川)らしさ	変化に富んだ感じ	0.732	17.2% (35.1%)
	特色がある	0.583	
	自然な	0.544	
	品がある	0.502	
第3因子 しっとり	落ち着いた感じ	0.902	16.1% (51.2%)
	にぎやかな感じ	−0.411	
第4因子 すっきり	すっきりしている	0.966	12.6% (63.8%)

(4) 因子分析結果と鳥類の印象に与える影響度

共通因子を構成する印象構成項目によって解釈したものを表6.4.8に示す．これは，印象構成項目による評価の約64%の情報量で解釈した，地元住民が共通してもつ「鴨川像」である．

表6.4.8より，因子寄与率が卓越した共通因子はない．第1因子「なじみ」は印象構成項目がプロフィールでは「親しみやすい」「開放的な感じ」が大きく反応していることから，鴨川は地元住民にとって「なじみのある川」と認識されている．第2因子「(鴨川)らしさ」は景観などを考慮した環境マネジメントの目的と制約を作る方針を示唆している．また，第3因子「しっとり」は「にぎやかな感じ」の因子負荷量の符号が負であるた

6 水辺環境の感性評価論

め，対極の「寂しい感じ」によって解釈を行った．

ツバメに着目すると，「変化に富んだ感じ」「特色がある」との関連から第2因子「(鴨川)らしさ」に，「にぎやかな感じ」との関連から第3因子「しっとり」に，「すっきりしている」との関連から第4因子「すっきり」に関連している．カラスに着目すると，「親しみやすい」との関連から第1因子「なじみ」に，「品がある」との関連から第2因子「(鴨川)らしさ」に，「落ち着いた感じ」との関連から第3因子「しっとり」に関連している．このように，地元住民の好き嫌いによるツバメとカラスの評価が印象構成項目を介して，共通因子に影響している関連構造が明らかになった．

また，ツバメと同様の考察により，印象構成項目と関連するジオ・ソシオの代表項目「飛び石は楽しい」「ハンディキャップへの配慮が十分」「ホタル観賞が楽しみ」「川のまもりは十分か」も共通因子に関連していることがわかる．

水鳥類に着目すると，サギやカモに対する関心は「変化に富んだ感じ」と関連しており，これらは「(鴨川)らしさ」を構成しているため，鴨川の個性と関連していることが考えられる．カワセミの関心が関連する「にぎやかな感じ」とユリカモメの関心が関連する「すっきりしている」はそれぞれ「しっとり」「すっきり」を構成している．以上より，水鳥に対する関心が，地元住民が共通してもっている「鴨川像」に関連があるということがわかり，図 6.1.1 の印象による階層的水辺環境評価の構造の意義と実用が実証されたことになる．したがって，この評価構造を用いて「どのような水辺像が望ましいか」を実現するために，「どのようにジオ・エコ・ソシオ環境を整備すればよいか」がわかることになる．

6.4.4 都市域雨水調節池の生態系創出に果たす役割

(1) 現地調査

1) 調査対象地

都市域の環境として，東京都町田市の雨水調整池を対象とした．2001 年時点で町田市には総数 257 ヶ所整備されている[40]．そのうち，グランドや駐車場，屋根などに現地貯留するオンサイト貯留や地下貯留施設は含まず，雨水を下水管渠によって集水し，集約的に貯留する専用調整池を対象とした．さらに，道路などの公共の場から観察可能な 124 ヶ所（平均湛水面積 $2184.2\,m^2$）を選定し，調査対象とした（図 6.4.7）．

2) 鳥類出現調査

調整池に出現した生物種の指標として，鳥類を選定した．鳥類は生態系の食物連鎖において栄養段階の上位に位置し，環境指標性の高い種とされる．鳥類の出現調査は，2002 年 7 月 22 日から 2003 年 1 月 6 日の間，視界のきく晴天時曇り時の日中明るい時間帯に行った．1 回の調査は同時期に行い，各調整池を 5 回ずつ調査した．調査手法は，設定した観察地点で，調整池内に出現する鳥類を記録するポイントセンサス法を採用した．ただし，死角の多い場所では適宜観察地点を移動した．その場合，同一個体を重複

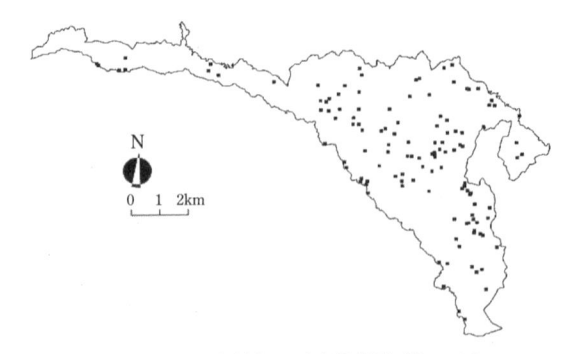

図 6.4.7　調査対象の雨水調整池（町田市）

して記録しないよう注意した．調査時間は1ヶ所につき20分程度，双眼鏡を用いた目視観察を行い，出現した鳥類を識別し種別個体数を計数した．

調査対象の調整池は小面積であり，外部からの観察記録も可能であると考えられる．調査期間は夏季，冬季を含んでいるため，両季の渡り鳥も観察しており，年間を通して調査した場合と比較して出現種に大きな違いはないと考えられる．ただし，時期に加え調査時間の限界からも，鳥類相の生息調査としては一時的な記録であり，鳥相全体の個体数はとらえきれていない．しかし，対象地を多数選定し反復調査を行うことで，調査条件を一定に保った場合の鳥類出現調査としては妥当であると考えた．

3）環境要因調査

既往研究では，鳥類の生息には生息地面積や植生構造，生息地周辺の緑地などが影響を及ぼすことが報告されている[41)〜46)]．そこで，鳥類出現に関わる環境要因として調整池面積と調整池周辺の自然環境，内部の植生量を取り上げた．また，鳥類出現への年月の関わりをみるため調整池の施工年月を求めた．

ⅰ）調整池周辺の自然環境

調整池周辺の自然環境を，人工構造物面積の割合より把握した．地域の基本単位は，町田市のエコプラン[47)]において用いられる142の小流域によって区分した．小流域は生態系を支える地形構造の基本単位となり，平均小流域面積は50 haとなる．円面積に例えると半径が約400 mとなり，鳥類の出現に影響を及ぼすとされる範囲，半径500 m以内[48)]とほぼ同程度であるため，周辺環境を検討するのに適当であると考えた．町田市資料[49)]より，各地域の人工構造物面積の割合として20％未満，20〜40％，40〜60％，60〜80％，80％以上の5段階のデータを得た．

ⅱ）調整池内部の植生量

各調整池内部の植生を2002年11月1日から11月15日の間に調査し，植生量の多少に対して5段階に分類した．コンクリート面に覆われた専用調整池には施工時には植生は存在しない．しかし，土壌が堆積し，植生が発生，遷移することで，植生が回復し

ていると考えられる．調査対象の調整池においては，植生の回復が進むにつれて，調整池のコンクリート面を覆う割合が増加する．また，遷移が進行し，高層の植生が存在する程度に植生量が回復している場合は，植生の占める面積はコンクリート面よりも広くなっている．植生の占有面積がコンクリート面よりも狭いにもかかわらず樹木が孤立して存在している事例はみられなかった．

そこで，面積率と植生高を合わせた以下の分類基準により，植生量を判断した．

調整池面において，コンクリートと植生の占める面積のうち，コンクリート面のほうが面積率の高い場合は，「植生量1」とし，植生面の占める面積が高い場合は，植生高10 cm以下を「植生量2」，10 cm以上を「植生量3」とした．さらに，2 m高の植生が存在する場合は，「植生量4」とし，3 m以上の植生が存在する場合は「植生量5」とした．

以上により，調整池の環境をみた場合の植生量感を客観的に説明できる基準であるとした．

iii) 調整池面積と施工年月

町田市の雨水調整池設置資料[40]により面積と施工年月のデータを得た．これにより，調整池の施工時からの経過年を求めた．

(2) 鳥類の出現状況と環境要因の関わり

ここでは，鳥類の種数と環境要因との関係を明らかにする．まず，環境要因として，調整池面積と周辺環境を取り上げ，次いで調整池の内部環境として植生と水域の影響を検討する．さらに，鳥類種全体との関連性に加え，種個別グループごとの特性も明らかにする．

1) 鳥類の種数と調整池面積および周辺の自然環境との関係

鳥類の出現調査の結果，合計10日21科37種，1190個体の鳥類が観察された（図6.4.8）．これは，都市域の市街化された地域においては，鳥類種数の調査結果全体をとらえた場合，同地域における同程度の公園での鳥類調査結果[49]と比較しても多様な種が存在していると考えられる．ただし，調整池個別にみた場合，1種も観察されない調整池は56ヶ所（45.2%）存在した（図6.4.9）．

鳥類の種数には，生息地の面積が強い影響力をもつことが報告されている[42)46]．そこで，調整池面積を生息地面積とし，鳥類の種数と調整池面積との関わりを調べた．各調整池に出現した鳥類の種数と各調整池面積の関係をpearsonの相関係数を用いて調べた（以後，相関分析にはpearson係数を用いることとする）．その結果，両指標の間には有意な相関がみられた（$R = 0.597$, $P < 0.001$）．

一般に，生物の生息地面積（A）と種数（S）の間には$S = CA^Z$の関係（C, Zは定数）が経験的に成り立つ[50]．鳥類が観察された調整池の実測値に対する種数—面積関係もこれに適合し，次式のように求められた（図6.4.10）．

図 6.4.8　観察された鳥類種と個体数

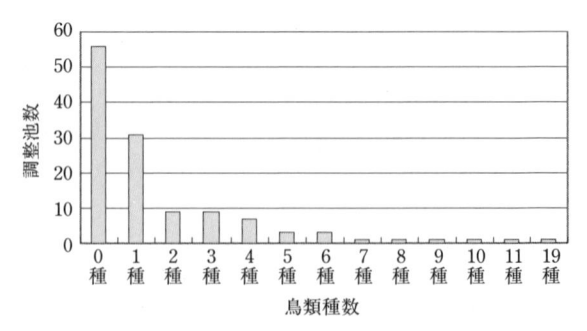

種名と学名	観察個体数（羽）
スズメ　Passer mortanus	
カルガモ　Anas poecilorhyncha	
ヒヨドリ　Hypsipetes amaurotis	
ハクセキレイ　Motacilla alba	
ムクドリ　Sturnus cineraceus	
キジバト　Streptopelia orientalis	
コサギ　Egretta garzetta	
ハシボソカラス　Corvus corone	
シジュウカラ　Parus major	
コガモ　Anes crecca	
オナガガモ　Anas acuta	
セグロセキレイ　Motacilla granclis	
オシドリ　Aix galericulata	
ツバメ　Hirundo rustica	
カワセミ　Alcedo atthis	
ゴイサギ　Nycticorax nycticorax	
キセキレイ　Motacilla cinerea	
バン　Gallinula chloropus	
マガモ　Anas platyrhynchos	
オナガ　Garrulus galandarius	
オカヨシガモ　Anas strepera	
アオサギ　Ardea cinerea	
ダイサギ　Egretta intermedia	
アヒル　Anas platyrhynchos	
ウグイス　Cttia diphone	
ドバト　Columba livia	
カワウ　Phalacrocorax carbo	
ホオジロ　Emberiza cioides	
ハシビロガモ　Anas clypeata	
エナガ　Aegithalos caudatus	
カワラヒワ　Carduelis sinica	
キンクロハジロ　Aythya fuligula	
アオジ　Emberiza spodocepha	
ユリカモメ　Larus ridicundus	
キジ　Phasianus colchicus	
コゲラ　Dendrocopos kizuki	
ツグミ　Turdus naumanni	

図 6.4.9　鳥類種数に対する調整池数

6 水辺環境の感性評価論

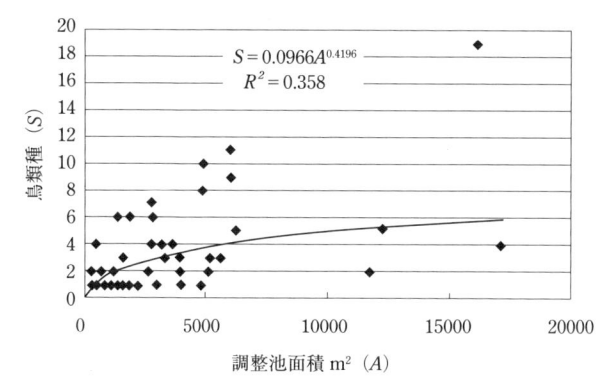

図6.4.10 鳥類種数と調整池面積の関わり

$$S = 0.0966 A^{0.4196}$$

ここに，$R^2 = 0.358$，S：鳥類の種数，A：調整池面積

人工的基盤の一例として考えられる雨水調整池においても，鳥類の種数は調整池面積に依存し，生息地として作用していることが示された．

しかし，決定係数はそれほど高い値ではない．鳥類が1種も確認されなかった調整池も半数近くある（図6.4.9）ことからも，鳥類の生息に適した環境条件がすべての調整池に整っているわけではないと考えられる．

次いで，調整池周辺の自然環境と鳥類の種数との関わりを調べた．調整池周辺の自然環境は人工構造物面積の割合を指標とした．生息地周辺の環境が調整地を取りまくフェンス内部の鳥類の出現に影響を及ぼすことは，多くの研究で示唆されているが[43)45)]，調整池周辺の人工構造物面積の割合と各調整池の鳥類の種数との相関関係を調べた結果，有意水準5%のもとで有意な相関は認められなかった（$P = 0.888$）．

その理由として，調整池内部の環境要因が鳥類の出現に強く影響していることが予想される．鳥類の生息は植生と密接な関係をもつことが示されている[41)42)]が，調整池内部の植生調査の結果は，植生量5を示す植生量の多い調整池は9.7%（12ヶ所）と少なく，植生量1の示す植生量の少ない調整池は35.5%（44ヶ所）となっている（図6.4.11）．豊かな植生が形成されている調整池も存在する一方で，コンクリートなどの人工面のままで鳥類の出現に適さない調整池も存在する．調整池内部の植生量は必ずしも鳥類の生息に適するほど存在しているわけではない．

したがって，内部環境の条件の違いによって，鳥類種数に対する調整池周辺の関わりはみられず，同様に面積の影響も高いものではない結果となったと考えられる．そこで，次に調整池内部の環境要因について分析を行う．

図 6.4.11　調整池の植生量

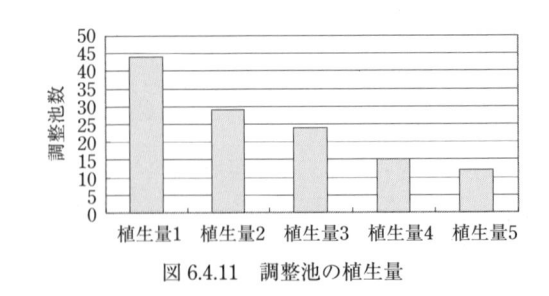

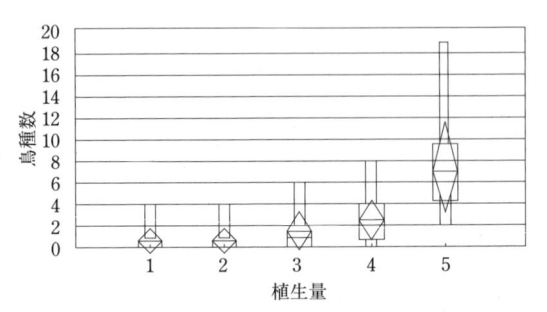

図 6.4.12　植生と鳥類種数との関わり
(箱内部太線：中央値, 箱上端：75％値, 箱下端：25％値, 菱形：標準偏差)

2) 植生量と水域の鳥類種数への影響
i) 鳥類群集全体の出現状況

　まず，鳥類の種数と調整池内部の植生との関わりを調べた．各調整池の鳥類出現種数と植生量の相関を調べた結果，相関係数 $R=0.589$ ($P<0.001$) を得た．こうして，植生量が多くなるほど鳥類の種数も増加する傾向が示された (図 6.4.12)．

　環境庁の自然環境保全調査[51]によると，東京都内で区域による出現率が高かった鳥類種上位5種は，ヒヨドリ (100%)，スズメ (95.1%)，ウグイス (90.2%)，ハシブトガラス (87.7%)，キジバト (85.4%) である．一方，ここでの調査結果より，観測した調整池数における出現率の上位5種は，スズメ (15.5%)，ヒヨドリ (11.9%)，ハクセキレイ (8.8%)，キジバト (7.2%)，カルガモ (6.7%) であった．

　ここでは季節をまたいで調査しており，出現率の高い種は年中通して出現する留鳥が優位にならざるを得ないため，単純な比較は難しい．しかしながら，水域に生息するカルガモが出現の上位に位置したことは，自然環境保全調査と比べ特徴的であり，また，コサギ，アオサギ，カワセミなどの水鳥も多く観察されたことからも，調整池における水域の存在が影響していると考えられる．

　雨水専用調整池には通常時には水は滞留しないことになっているが，排水溝の位置などによっては，水域が形成されている箇所もある．調査対象地域では，124ヶ所中

6 水辺環境の感性評価論

水辺性の鳥　　　　　　樹林・草地性の鳥　　　　　都市性の鳥

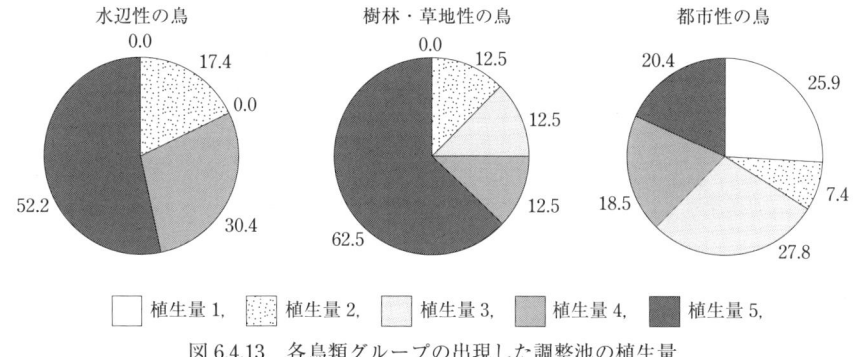

| 植生量1 | 植生量2 | 植生量3 | 植生量4 | 植生量5 |

図6.4.13　各鳥類グループの出現した調整池の植生量

31ヶ所の調整池で水域が存在し，調整池の内部環境要因として鳥類へ影響を及ぼしていると考えられた．

そこで，各調整池における水域の存在の有無と鳥類の種数を変数とし相関関係を調べ，$R=0.508$ ($P<0.001$) を得た．こうして，水域の存在が影響し，鳥類の種数を増加させる傾向が認められた．近代化に伴う土地改良のため，都市域の水域は減少しており[52]，調整池に形成された水域は，生物相の生息にとって重要であるといえる．

ⅱ）鳥類種個別の出現状況

以上，鳥類群集全体への環境要因について検討した．しかし，鳥類にはさまざまな生態的特性をもった種類が含まれる．一部の生態的特性をもった種が，全体の出現状況に影響を及ぼす可能性もあるため，特定の種分類ごとに環境条件との関わりをみた．

鳥類の分類は，一般的に報告されている生息地域を考慮し分類した．東京都による鳥類繁殖状況調査報告[53]では，都市化の指標になる可能性があるという位置付けにより，鳥種9種（キジバト，ツバメ，ヒヨドリ，シジュウカラ，カワラヒワ，スズメ，ムクドリ，オナガ，ドバト）を都市性としている．ここでは，これにハシボソガラスを加えた10種を都市鳥として1つのグループにした．また，コサギ，ダイサギ，アオサギ，ゴイサギ，カルガモ，バン，キンクロハジロ，マガモ，オナガガモ，コガモ，ハシビロガモ，オカヨシガモ，オシドリ，カワウ，アヒル，カワセミを水辺性の鳥とし，比較的樹林や草地で多く出現すると報告されているウグイス，コゲラ，キジ，アオジ，ホオジロ，ツグミ，エナガを樹林・草地性の鳥と分類した．

まず，分類した各グループの鳥類が存在した調整池の植生分類をみた（図6.4.13）．その結果，水辺性の鳥は82.6％が，樹林・草地性の鳥も75.0％が，植生量4あるいは植生量5の，植生量の多い調整池に多くみられた．一方，都市鳥は，植生量1と少なく，コンクリート面が優占している調整池にも出現し，すべての植生量域でみられた．

ただし，各調整池におけるグループごとの鳥類種の存在有無と植生量との相関係数を

表 6.4.9 水辺性の鳥の出現を説明する重回帰モデル

目的変数	水辺性の鳥の存在	標準偏回帰係数	
説明変数	水域の有無	0.656	$P<0.001$
	植生量	0.233	$P<0.001$
	調整池面積	0.132	$P=0.018$
$R^2=0.738$	$P<0.001$	$N=124$	

表 6.4.10 年代別の鳥類出現種数など

施工年月	N	鳥類平均種数	標準偏差
90 年代	44	0.421	0.722
80 年代	40	1.514	1.721
60・70 年代	40	2.886	3.141

用いて検討すると，有意な関連が認められた[*]．こうして，比較的都市的環境に生息するとされる都市鳥も植生量が多くなるほど，出現の可能性が高くなることが明らかとなった．

次に，水域の存在の影響を調べた．各調整池における鳥類の存在有無と水域の存在有無の関係を相関分析により検討したが，都市鳥は有意な関連は認められず，水辺性の鳥と樹林・草地性の鳥は有意な相関がみられた[**]．ただし，水域の存在有無と植生量には有意な相関がみられた（$R=0.579$，$P<0.001$）．つまり，植生量の多い調整池は水域が形成されている傾向があるため，水域の存在は植生の存在を介して鳥類の出現に影響しているとも考えられる．

そこで，偏相関分析を用いて，植生の影響を除いた場合の水域の存在と鳥類種の存在有無との関わりを調べた．その結果，水辺性の鳥は，有意な関連が認められた（偏相関係数 $R'=0.756$，$P<0.001$）が，樹林・草地性の鳥は有意な関連は認められなかった．

以上の結果をもとに，鳥類種の出現がどのような要因によるものか推定するため，植生，水域の存在，調整池面積を説明変数とする重回帰モデルを求めた（表 6.4.9，表 6.4.10）．

水辺性の鳥は，3つの説明変数すべてが取り入れられ，標準偏回帰係数の値より各変数の影響力の強さをみると，水域の存在が強く関わり，次いで植生量の影響が認められた．樹林・草地性の鳥は，調整池面積との相関が弱く（$R=0.224$，$P=0.02$），植生量という1つの説明変数が強く影響したため，他の説明変数を合わせた重回帰モデルになりえなかった．都市鳥の出現には，植生量と調整池面積が要因として取り入れられ，両変数はともに同程度の影響力を示した．しかし，都市鳥の出現を既定する決定係数は低く，

---

[*] 水辺性の鳥 $R=0.647$，樹林・草地性の鳥 $R=0.413$，都市鳥 $R=0.396$，すべて $P<0.001$．
[**] 水辺性の鳥 $R=0.845$，樹林・草地性の鳥 $R=0.423$，ともに $P<0.001$．

6 水辺環境の感性評価論

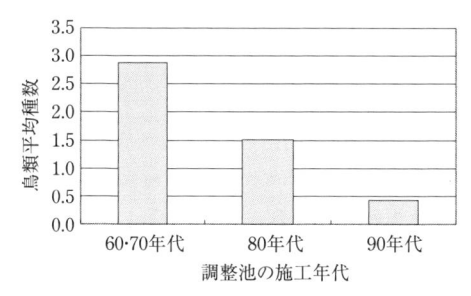

図 6.4.14 年代別の鳥類出現種数

他にも出現に影響を及ぼす要因が存在していると推測される．
　以上の結果より，種個別にみた場合にも，すべての鳥類グループの存在に植生量は強く影響していることが明らかとなった．

3） 年月の経過による植生の回復

　鳥類群集全体にみた場合にも個別グループ種ごとにみた場合にも調整池内部の植生量は，鳥類の出現を既定する主な要因になっているといえた．
　雨水専用調整池の施工直後は，コンクリート面で覆われ，植生は存在しない．調整池内部へは管理目的以外に人の立入りはないことからも，年月の経過によって土壌の堆積などが起因し，植生が人為を介さず回復してきたものと考えられる．
　そこで，植生量と調整池の経過年月との関わりを調べた．その結果，両指標の間には，有意な相関が認められ（$R=0.417$，$P<0.001$），年月の経過した調整池ほど植生量が多くなっている傾向がみられた．また，経過年と調整池周辺の自然環境との関わりを，調整池周辺の人工構造物の割合との相関関係にみると，有意な相関が認められた（$R=-0.333$，$P<0.001$）．
　さらに，鳥類種数と年月との関わりを調べるため，調整池の施工年より分類し，出現した鳥類種数に違いがあるかを調べた．分類は，同数程度になるよう注意し施工年月が90年代，80年代，60・70年代の3区分に分類した．各調整池に出現した鳥類種の平均の差を検定したところ，施工年代の古い調整池のほうが新しい調整池より有意に高い平均値であった（すべて $P<0.001$）（表 6.4.9，図 6.4.14）．
　以上のことから，施工年月の古い調整池周辺は，都市開発も進み，自然環境が減少していると考えられる．しかしながら，調整池内部には，年月の経過により植生が回復し，その結果，鳥類の出現を促すと考えられる．

(3) 雨水調整池における自然創出の可能性

　人工的基盤の一例である雨水調整池において，多種の鳥類が出現していた（図 6.4.8）．生物の利用空間として機能する調整池も存在すると考えられ（図 6.4.10），この具体的事例は人工化の進んだ都市域における新たな自然創出の場としての可能性を内在している

と考えられる．調査対象の調整池は，平均面積2184.2 m^2 と生物の生息地としては狭く，開発された住宅地や商業地の中に埋没し，生物の生息空間としてみると孤立している．しかし，小面積保護区も渡り鳥の一時的な生息池などとして生物の移動の中継点や繁殖地としての機能をもつことができるので，その価値は低いものではないから，孤立した小面積の空間においても都市域においては貴重な存在になりうると考えられる．調査結果からも，観察されたカモ科の多くは冬鳥で，越冬期の生息地としても機能していると考えられることから，調整池は閉塞した空間としてではなく，都市域外とのつながりをもった広域的な環境として作用しているといえる．

調整池内の鳥類出現に対する環境条件としては，植生量と水域の存在の影響が強くみられた．植生量と年月との間に関わりがみられたことと，調整池が柵で囲まれ人の立ち入りがないことから，植生量の回復は年月の経過による自然発生的なものと考えられる．また，水域の存在は排水口の位置によるもの以外は，土壌や植生の堆積により形成されたと推測される．現時点では植生の少ない調整池も多く，水域の存在する調整池も少ない（25％）が，これらの環境形成が年月の経過により持続的に展開されてきたとすれば，今後さらなる植生の回復や水域の形成が見込める．したがって，調整池は将来的にさらに鳥類の出現に適した環境になる潜在可能性をもつと示唆される．また，施工年月の古い調整池周辺は都市開発が進み，自然環境が減少していることが示されたが，むしろ調整池内部は植生が回復し自然的環境が形成されているといえる．

しかし，雨水の流出抑制という本来の調整池の機能からみると，このような役割は予期に反した結果であるといえる．雨水専用調整池は立入りが禁止されているため，管理状況によっては植生の遷移を進ませ，意図していない自然を創出させる結果になったと考えられる．それゆえ，流出抑制機能に対する弊害の可能性や限界点については検討しきれていない．

そこで，植生の侵入により調整池における水貯留機能に対する弊害の可能性がないか，調整池の管理者にヒアリングを行った．

町田市における調整池の管理は，公社，公団，市，都，民間に区分できる（図6.4.15）．このうち，民間以外の主な4者に，植生の侵入に起因する，排水口の詰まりによる排水機能の障害や調整池の貯留容量への影響について聞いた．

その結果，公社，都においては「特に定期的な管理は行っていない．苦情や要望があれば草刈などを行う」との回答であり，公団は「年に一度フェンス周りの草刈を行うが，調整池湛水面の植生は排除しない．スクリーンが全面詰まるようなことはない．」との回答であった．以上の3者とも，設置以来，植生の侵入により貯留機能，排水機構に特に問題が生じたことはないという説明である．

一方，市は「年に15回の点検・管理を行っている．公団の調整池とはスクリーンの大きさが異なり，ビニール袋などのゴミによっても詰まりが生じるので，除去する必要がある．」としている．

6 水辺環境の感性評価論

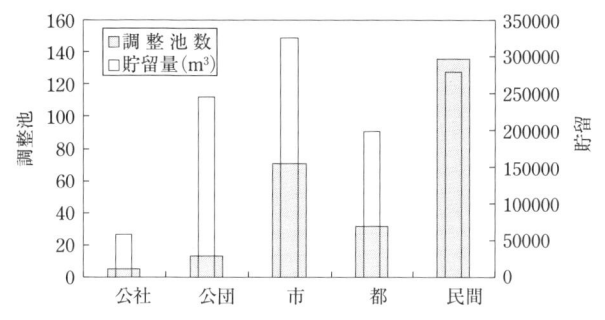

図 6.4.15 管理者別の調整池数と貯留量（町田市 2001 年時）

　以上より，植生の侵入による調整池の水貯留機能への影響は，スクリーンの形状などにも左右されるが，弊害の可能性が考えられる場合は，実際に適宜維持管理を行っている状況である．その結果，現状では，水貯留機能へ弊害は生じていない．

　また，仮に調整池湛水面全面に樹木が存在しても，貯留容量に対する樹木堆積量の割合は低いと考えられる．「現在は下水管渠の整備が進み，昔ほど雨水がたまらない．」（公団）と指摘されていることも合わせて，現状では，植生の侵入によって貯留容量の限界へ影響する可能性は低いと想定される．

　さらに，調整池の多目的空間化について論述している成瀬[55]によると，「調整池内に樹林が存在しても支障がないと考える．」としている．それは，「調整池内部の樹木は，伐採せずに現況保存しようという動きも随所で見受けられる．」と述べているように，貯留機能への影響は検証されていないものの，経験的には問題ないという状況が見受けられる．

　以上のことから，雨水調整池は，人工化した都市空間において，生物の生存と植生などの環境要因を含めた自然の創出に果たす役割をもつと結論する．

　ただし，鳥類以外の生物種の存在は調査しておらず，また，植生や鳥類などの生態的特性[54]を明らかにはしていない．現在，生物の移入種問題が地域固有の生態系や生物相の存続に対する脅威となっている．自然の排除された人工的基盤は生態的な安定性も低く，移入種侵入の危険性も高い．そのため，今後，他の生物種と生物相の地域特性をも検討していく必要がある．

　そして，人為の介入についても検討していく必要がある．都市域では，生物に対する人為的影響は強い[56]．掘り込まれた調整池の構造が外部からの人の視線を遮断し，鳥類への人の干渉を軽減している[51]ことも，多種の出現を可能にした要因となったと考えられる．宮城[57]は，人との関わりからみて，野生の自然を第一次自然，科学技術が侵入することにより生成された自然を第二次自然としたうえで，余剰な空間，廃棄された土地での自然発生にふれ，第三次自然と称す．それらを対比したうえで，第三次自然はこれまでの生態的理論や経験値が当てはまらないことを挙げている．また，どのように扱う

か，扱わないかは，しばし考慮する必要があるとしている．

　この分類に従い，人工的基盤の一例である雨水調整池における自然発生は第三次自然の1つとしてとらえることができる．したがって，今後は，生態的特性に加え，人と自然との関わりをも検討していく必要がある．

6.5　北京の水辺整備のコンセプトと実際

6.5.1　中国における水辺整備に関するコンセプト

(1) 持続可能性と生態水利建設[58]

　1987年の環境と開発に関する世界委員会（WCED）の報告書「われら共有の未来（Our Common Future）」[59]ではじめて「持続可能な発展」が定義されて以来，持続可能な発展は世界共通の認識となり，現在の中国において最も重要な目標は持続可能な発展である．

　中国では，8～9％の経済成長を維持しつつ同時に自然資源と生態環境の改善が要求されている．このような持続可能な発展とは，自然資源の永続的利用を前提としたモデルであり，人と自然との協調的発展の規範となる．1に発展，2に持続可能であり，経済と生態環境がともに発展することを意味すると考えられている[60]．

　なかでも，特に水資源の持続可能な利用は社会の持続可能な発展のための重要な保障であると考えられている．水利（中国では「水資源」の意味）は国民経済の基礎であり，水は基礎的な自然資源と戦略的な経済資源である．そして，これはまた生態環境に対しては制約ともなるものである．「天人合一（自然と人間は一体）」という老子の言葉にもあるように，人と水，人と自然の協調・共存，社会と自然生態システムの協調の実現するような生態水利建設が重要とされている．

　中国における水利建設の歴史は古く，古代の生態水利建設の代表として前述した四川省成都の「都江堰」を挙げることができる．都江堰は紀元前256年に秦時代に蜀の国守李冰父子によって創建された．治水技術は，都江堰独自の治水文化とも呼ばれるようなものである．また，建設後2000年以上を経てなお，経済，環境，生態などに多くの利益をもたらしている*．都江堰は今なお，水利工事に関する多くの部分での手本となっている．すなわち，都江堰の治水文化は「天人合一」という考え方の具体的な表現であり，人と自然の共存を実現したものともいわれている．主目的は洪水の防止であり，利水であり，都江堰独自の工法によって水利建設上の難問題を解決しつつ，人類の生産発展に貢献していると見なされている．

　一方，中華民族のゆりかごと表現される黄河は中国の歴史文化をはぐくみ発展させて

---

*なお，2008年5月の四川大地震の結果，現在どのような状態にあるか不明．

きた.しかし,近年,黄河流域では,社会経済の発展とともに,1972年に始まった過剰取水による下流の断流(河川表流水がゼロ)をはじめ,黄土高原周辺の生態環境の深刻な悪化などによって,持続可能な発展が阻害され生存可能性という深刻な恐れが出てきた.そのため,黄河流域では,さまざまな策が講じられている.

こうしたなか,2004年10月30日に開催された「中国の環境と発展に関する国際共同委員会」において,「流域での生態退化と環境汚染問題は中国の発展に影響の大きい問題である.」と,さらに「中国政府は生態システムの流域総合管理を推進し,河川の生命活力を回復させ,流域の健全性と流域の持続可能な発展を確保すべきである.」と指摘された.

(2) 中国における生態水利建設の考え方[58]

生態水利とは,流域の生態環境の回復と維持であり,人々に自然との共存を目標とさせるものである.そのため,まずは,水災害を防止する.そして,最終的には水資源の持続可能な利用を確保すること,すなわち,持続可能な発展を可能とすることである.

21世紀の生態水利発展戦略および推進施策の中では,これまで同様の施策に加えて,都市における節水優先,水質保全,多水源による都市の水資源の持続可能な利用戦略,都市における生態水利建設の強化がうたわれている.

都市においては,都市ならではの自然と地域的条件,例えば交通,土地利用,商工業やレクリエーション施設などの存在を無視することはできない.したがって,都市では洪水防止を考慮するだけの単一目標の伝統的な水利を脱却し,河道設計時には都市環境との調和,美化,緑化,ライトアップ,と同時に,雨水調整池,水環境の改善,都市の水面比率の増加,および(河川構造物の調節・制御による)水環境改善工事を考慮することが必要とされている.

こうして,水辺整備の面からは,以下のことが要求されている.
① 国の発展に対応して,都市において河道の総合的な統治を行うこと.
② 国民が豊かになることに対応して余暇時間を有効に使い,水辺の質を高めること.
③ 持続的発展を可能とし,人と自然の共存,生物多様性を保持すること.

こうして,1980年代から水域の景観への関心が高まり,90年代からは生態環境への関心が高まり,現在では水利建設と同時に景観と生態環境の良し悪しが水利事業の成功の鍵となっている.

生物多様性概念は,日本をはじめ世界各国と同様に,人類の健康,持続的発展を可能とする条件として不可欠なものである.生態環境を守ることは単に景観の問題だけでなく,生物多様性を保護するためにも必要と考えられ,また人々の要求も満たすものであることが必要とされている.例えば,湖沼の生態修復が重視され,湖沼の水質を改善する生態技術が採用されている.

6.5.2　北京市の水辺整備の実際とその印象評価[21]

(1)　北京市の水辺整備の基本方針

上述したように,北京市では深刻な水不足状況が続いている.また,水質汚染も深刻で,北京市の河川水質の汚染状況[61]によると,水質が監視されている市内の80の河川区間のうち,51の河川区間,距離に直すと約1100 km(監視されている河川距離の50.8%)の河川区間では,水質環境基準が達成されず,水質汚染が問題となっている.特に重度汚染の河川区間の距離が約357 kmにも達し,全水質監視区間の1/6を占めており,しかも市の中心部とその周辺地域に集中している.こうしたなか,北京市では水辺環境の再整備にあたって次に示す5つの基本方針を掲げた[62].

① 切り離された水辺を再びつなげて水辺ネットワークを再形成し,水循環を促進するとともに,水辺環境の軸線を確保すること.
② 総合水質対策を実施し,公共用水域の水質改善を図ること.
③ 水辺整備にあたって,できるだけ生態系の再生,景観の回復,自然との調和を重視すること.
④ 各水系,各地域,各地点の歴史的・文化的特徴に配慮すること.
⑤ 自然と人間社会活動との調和を重視すること.

①はまさにかつての「水と緑」の都市の再生であり,②はもはや手のつけられない状況下ではあるが,まずはあげなければならない目標である.③から⑤までは,河川や湖を軸線とした,周辺環境を含めた水辺全体の環境整備計画や施設配置計画の作成にあたっての前提事項である.後述する埋め立てられた転河の掘削再整備事業,菖蒲河の整備事業,元朝堀の再整備事業がこの基本方針の①に則って整備された代表的なものであり,この基本方針の②に沿って行われたのは北京市の汚水処理施設(ただし処理効率は低い)の建設計画である.

以下では,転河の掘削再整備事業,菖蒲河の整備事業,元朝堀の再整備事業を例にして,北京市の水辺整備事業を具体的にみてみることにする.

(2)　北京の主要水辺整備事業[63)64)]

1)　転河

転河は西直門高粱橋から北堀川までの区間で,1905年に鉄道建設に伴い掘削された人工河川である.周辺地域の水害防止と堀川への水供給で大いに役立っていたが,1975年に宅地造成などの目的で暗渠化され埋め立てられた.その後,周辺地域では密度の高い住居地区が形成され,緑地や市民の憩いの場として利用可能なオープンスペースがほとんどない環境になってしまった.このような状況を改善するために,2000年に北京市では転河をオープンチャンネルとして再整備することに決め,その工事(工事期間は1年半,3.7 kmで7億元の整備費を要した)が2003年に完成した.

6 水辺環境の感性評価論

再整備された転河は，総延長が 3.7 km で，その役割として治水，利水および親水が盛り込まれた．利水目的では，堀川への水補給である．そして，親水目的については，多自然型の整備工法を取り入れ，親水公園などを設けることにより対応した．具体的には，3.7 km の整備区間を6つのセグメント，すなわち「歴史文化園」，「生態公園」，「積み石水景」，「臨水長廊」，「親水公園」，「緑の航路」に分けて，それぞれにテーマを掲げて設計を行った．

2）菖蒲河

菖蒲河は北京歴史的景観保存地区に位置している．明時代の初期に自然と水の風景で優れた公園として，西公園に対して東公園の一構成要素として菖蒲河が造られた．記録によれば，東公園には，宮殿などの建物が，人工的な丘や積み上げられた石組みや植物に囲まれていた．池から庭へは湧き水が流れていた．しかし，明時代後期には，戦乱により破壊された．

清時代には，帝国古文書博物館は残ったが，いくつかの宮殿は寺院に建て替えられ，明時代の遺跡にいくつかの倉庫が建設された．また，橋の上に別の橋を作るというようなことも行われた．清時代後期および中華民国時代初期には，帝国の城壁は取り除かれ，東公園は忘れ去られていた．

解放後，東公園は都市住民による生産や生活への需要増に応えるために住居や事業所となっていった．金水河や東園地の玉河を結ぶ重要な水路は厚板で覆われ排水路として使われた．その厚板の上には仮の住居や倉庫や住宅が建設された．紫禁城には近いが，この地域は不潔な環境で，無秩序に建物が建てられ，ゴミだらけの狭い路地があり，汚水が流れていた．

菖蒲河の整備方針は，①この地域の文化を尊敬し，永続させること，②文化遺跡を修復し，保全すること，③実際的な機能の強化や活力を増す，④地域の生態システムを改善することであり，歴史・文化と現代精神を合わせ，保全と開発の関係をうまく維持するように整備が行われた．

3）元朝堀

元時代の堀を利用して元時代の歴史・文化遺跡公園として建設された．全長 4200 m，総面積 47 万 m² である．また，2004 年には北京市がこの公園を地震や火事の際の避難地として指定した．元時代の建物の再現や川沿いに湿地（ビオトープ）も造られている．花なども植えられている．また，舟による遊覧も行われている．

(3) 水辺の評価

以下では，生活者参加型適応的水辺整備計画プロセスの1つとしての評価を行う．われわれは，日本の水辺を対象として，水辺整備の評価を行ってきた[65)66)]．その際，常に念頭にあったのは，「誰のための水辺か」ということであった．北京市では，政府がオリンピック対策として水辺整備を行っていた．確かに前項まででみてきたように中国で

481

表 6.5.1　属性

	年齢	職業	居住地	訪問回数
元朝堀	20〜39歳：51% 40〜69歳：33%	会社員：28%, 無職：24%, 学生：19%	近所：66%； 市内：34%	2回目以上：92%
転河	20〜39歳：61% 40〜69歳：25%	会社員：35% 無職：18% 学生・自由業：14%	近所：59% 市内：39%	2回目以上：90%
菖蒲河	20〜39歳：41% 40〜69歳：43%	会社員：24% 無職：23% 学生：17%	近所：25% 市内：55% 観光：12%	2回目以上：76%

は水辺ネットワークを重視してきたにもかかわらず，近年の北京市の荒れようは心ならずのものであったともいえよう．そのため，上述したような5つの水辺整備基本方針を掲げ整備を行ってきた．「誰のための水辺か」という視点からは，この歴史的（すなわち水辺ネットワーク）かつ現代の要請（すなわち生態水利建設）に応える形での水辺整備を人々（生活者）はどのように評価しているのか気になるところである．

1) 水辺評価のための調査の実際

　以下では，北京市の水辺整備基本方針の成果がどの程度評価されているかの事後評価を行うこととした．水辺整備目的（基本方針）として挙げられた5つの項目のうち，①は専門的知識を要するものと考えられるため，評価の項目は，②から⑤までの基本方針（目的）に関するものとして以下を挙げる．②の評価項目として：水質，③の評価項目として：生態系の再生，生物多様性，景観の回復，自然との調和，④の評価項目として：歴史的・文化的空間の再生，⑤の評価項目として：観光，利用をあげた．また，このような整備のための投資の適切性および水辺の維持のための負担についても，質問項目とした．さらに，人々の感性による評価をみるため，日本で行った印象評価（6.2〜6.4節参照）に対応する項目を含めた．そして，各評価項目について5段階の評価（「とてもそう思う」の5から，「まったくそう思わない」の1まで）で回答してもらうこととした．

　調査は2007年10月13日〜11月10日に中国科学院水利水電科学研究院学生（修士・博士課程）による現地面接調査として転河，菖蒲河，元朝堀の3ヶ所で行った．サンプル数は1ヶ所につき100である．

2) 単純集計結果に関する考察

ⅰ) 属性は表6.5.1に示すとおりである．

ⅱ) 北京市の水辺整備基本方針に関する質問への回答は，以下のとおりである．

　① 水質の改善については，3ヶ所とも4評価が60%以上である．菖蒲河に関しては，5評価も22%を占め，4と5合わせると81%と高い評価をしている．

　② 生態系は再生されていると思うかについては，元朝堀，転河は43〜48%が4評

価．しかし元朝堀に関しては38%が3評価（どちらともいえない）と回答，菖蒲河は59%が4評価である．
  ③ 景観は回復されていると思うかについては，3ヶ所とも6割以上が4評価（68%，66%，62%）．菖蒲河については34%が5評価．一方，転河については，3および2評価が他2ヶ所に比べて多い（3：16%，2：10%）．
  ④ 自然と調和していると思うかについては，3ヶ所とも4評価が6割以上（63%，67%，68%），5評価も元朝堀，菖蒲河では2割以上（28%，24%）いる一方，転河は2評価が13%と他に比べて多い．
  ⑤ 歴史的・文化的空間は再生されていると思うかについては，3ヶ所ともおおよそ半数（52%，47%，51%）が4評価．元朝堀，菖蒲河は5評価も23%，38%いるのに対して，転河では3評価も3割（29%），また2評価も14%ある．なかでも，菖蒲河は9割が4ないし5評価をしている．
  ⑥ 観光に適していると思うかについては，元朝堀では4および5評価が7割を占めているが，2の評価も2割と多少評価が分かれる．転河では，2評価が41%といちばん多く4評価も3割（33%），5や3評価もあり意見が分かれる．菖蒲河では，6割以上（63%）が4評価．しかし，元朝堀に比べて5評価は少ない（元朝堀：24%，菖蒲河：17%）．
  ⑦ 日常的に利用したいと思うかについては，元朝堀は5評価が最も多く（48%），4評価も加えると8割以上が高い評価をしている．転河も7割近くが4ないし5の評価をしている．しかし，3や2の評価もあり（20%，13%）．菖蒲河は5割近くが4の評価をしているが，5は少なく（7%）2評価も増える（22%）．菖蒲河は近くより市内の他所および観光者の回答があるためと考えられる．
iii) その他の質問についての回答は，以下のとおりである．
  ① 投資の適切性については，5ないし4の評価が元朝堀では95%，菖蒲河で90%を占める．しかし，転河では5ないし4の評価が80%ある一方で，3および2の評価が20%近くいる．ただし，いずれも投資を高く評価している．
  ② 負担意思についてはほぼ100%が負担意思あり．
  ③ 負担方法について，元朝堀，転河では'労働（掃除や草取り）だけ'と'お金も労働も'が同じくらい（48〜48；45〜46）．菖蒲河では'お金で'は0，'労働'が6割，両方は3割となる．
  ④ この水辺が好きですか（とても好き5〜まったく好きではない1）に関しては，3ヶ所とも4の評価が多い．元朝堀と菖蒲河は5評価も41%，34%あるのに対して，転河では5評価は16%と少なく，3評価（12%）ないし2評価（4%）もいる．

3) **印象評価**
　印象評価についてプロフィール分析を行った結果，元朝堀と菖蒲河については，自然で，特色があり，すっきりしていて変化に富み，落ち着き，品があり，開放的で親しみ

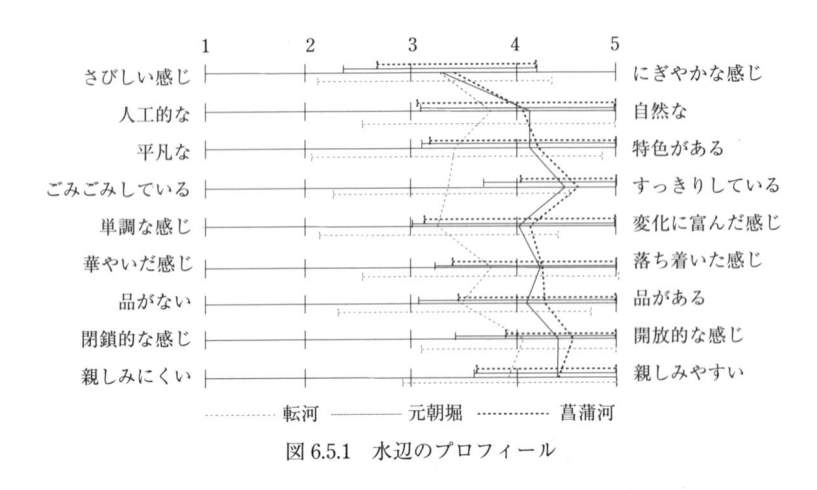

	1	2	3	4	5	
さびしい感じ						にぎやかな感じ
人工的な						自然な
平凡な						特色がある
ごみごみしている						すっきりしている
単調な感じ						変化に富んだ感じ
華やいだ感じ						落ち着いた感じ
品がない						品がある
閉鎖的な感じ						開放的な感じ
親しみにくい						親しみやすい

········ 転河 ──── 元朝堀 ········ 菖蒲河

図 6.5.1　水辺のプロフィール

やすいという印象がもたれている（図 6.5.1）．転河については，他の 2 ヶ所と比べて特色があるとはあまり思われず，すっきりしているとはいえず，変化に富んでいるともいえず，落ち着きもなく，品があるとはいえず，あまり開放的とはみられていない．ちなみに，中国では，さびしい感じとにぎやかな感じのどちらも好まれず，どちらともいえない中ほどが好まれるとのことである．

次いで，印象項目について因子分析を行った結果を表 6.5.2 に示す．京都の鴨川では北京の 3 ヶ所の水辺に比べてはるかに自然と思われるにもかかわらず，鴨川では人工的という印象をもつものが多い（6.2 節参照）．一方，鴨川に比べてはるかに人工的と私たちには見える 3 ヶ所の水辺を中国では自然とみているようである．自然に関しては，日本と中国では大きく印象が異なることが注目される．

6.5.3　水辺整備事業の多基準評価[22]

評価項目別の評点（5 段階評価とその割合を掛けて評点を求める）を求めてまとめたものを表 6.5.3 に示す．菖蒲河は 8 項目中 6 項目で 1 位，元朝堀は特に利用での評価が高い．以上の結果はおおむね私たちによる現地観察の結果と同様であるが，最も人工的と私たちにはみえる菖蒲河の評価の高さには驚く．なお，整備基本方針のウェイトが異なれば，元朝堀と転河の順位の逆転がありうる．しかし，ウェイトについては今後の課題とし，以下ではすべての項目のウェイトが同じとして評価を行う．

(1)　線形加法モデル[5]による水辺の評価

線形加法モデルによる 3 ヶ所の水辺に対する選好は，菖蒲河が 1 位で以下元朝堀，転河の順となる．

6 水辺環境の感性評価論

表 6.5.2　印象の因子分析結果

場所 p 値 RMSEA	因子と解釈	項目（因子負荷量）	寄与率 （累積寄与率）
元朝堀 $p = 0.208$ RMSEA = 0.0632	因子1：楽しい	変化に富んだ（0.840），品がある（0.725）， 開放的な（0.631），親しみやすい（0.617）， すっきりしている（0.577）	29.5%（29.5%）
	因子2：特色のある	特色のある（0.951）	16.4%（45.9%）
	因子3：落ち着き	落ち着いた（0.906）	11.8%（57.7%）
転河 $p = 0.724$ RMSEA = 0	因子1：なじみ	開放的な（0.680），すっきりしている（0.665）， 特色のある（0.558），変化に富んだ（0.547）， 親しみやすい（0.552），品がある（0.402）	23.5%（23.5%）
	因子2：落ち着き	落ち着いた（0.739），親しみやすい（0.558）， 品がある（0.488）	16.8%（40.3%）
	因子3：静かな感じ	品がある（0.640），にぎやか（0.498）	11.8%（52.2%）
菖蒲河 $p = 0.148$ RMSEA = 0.0735	因子1：気品に満ちた感じ	品がある（0.619），変化に富んだ（0.617）， 特色のある（0.608），落ち着いた（0.603）， すっきりしている（0.555）	22.7%（22.7%）
	因子2：うれしさ	親しみやすい（0.967），開放的な（0.629）， 品がある（0.492）	21.9%（44.6%）
	因子3：自然な	自然な（0.976）	12.6%（57.2%）

表 6.5.3　評価項目別順位

評価 項目水辺	水質	生態系	生物 多様性	景観	自然と の調和	歴史・ 文化	観光	利用
元朝堀　①	365	350	284	397	415	391	370	426
転河　②	367	367	377	372	372	349	310	379
菖蒲河　③	390	386	379	429	408	425	381	330
評価項目別順位	③	③	③	③	①	③	③	①
	②	②	②	①	③	①	①	②
	①	①	①	②	②	②	②	③

(2) コンコーダンス分析[5)10)]による評価

コンコーダンス分析によっても，評価順位は菖蒲河，元朝堀，転河の順となる．

以上より，北京市の整備基本方針に関する事後評価では菖蒲河，元朝堀，転河の順となる．また，「この水辺が好きですか」に関しては，転河は他2ヶ所に比べるととても好きが少なく（元朝堀，菖蒲河がおのおの41%，34%に対して16%），どちらともいえない・あまり好きではないが2割近くとなっている．北京市の整備方針に関する評価結果による選好順序と同じく，転河はあまり好まれていないようである．とはいえ，北京の人々（生活者）は政府（北京市）の整備を非常に高く評価し，また投資額についても文句をいわず，維持管理についてはお金も労働も負担するというように非常に"優等生"的な回答をしている．政府にとってはうれしい限りであるが，研究者の立場からはこの結果をどのようにみるべきか悩ましいところである．

6.5.4 水辺整備におけるコンフリクトの実際

6.5.3節でみたように，実際の水辺整備に関して人々（生活者）のレベルでは政府の方針に異議を唱えるというようなかたちでのコンフリクトはみられない．しかし，ここでは専門家レベルでのコンフリクトの例を示すこととしよう．上述したように，円明園は1860年に英仏連合軍により破壊・略奪され，さらに1900年の8ヶ国連合軍の攻撃により炎上，破壊され廃墟と化した．現在では，北京市における水辺整備の一環として修復・整備作業が進んでいる．この過程で，水利科学者と生態学者の修復に関する論争が全国的な関心となった．この論争は大きく2つの問題に分けられる．1つは，①円明園は遺跡か公園か，②円明園の景観は現状維持か修復するか，③円明園の管理体制はどのようにするか，という円明園の整備方針に関する論争である．2つ目は整備の実施に伴って発生するさまざまな問題に関する論争である．すなわち，①円明園の水辺防護工事*の生態への影響はどうか，②円明園の生態系あるいは生物多様性をいかにして保障するか，③円明園の水辺防護工事は北京市の地下水の修復になるか，④この工事でどのような事態になるかが問題となった．

論争は，科学レベルでは水利学者と生態学者が中心となった．この過程では，気候への影響，地下水，湖沼水質，魚類・鳥類をはじめとした生物への影響，景観，親水，管理にいたる13項目に関して調査・分析が行われ，その評価について議論が行われた．また，この論争の過程で中華人民共和国環境影響評価法の第5条の規定にある参加の形態も議論され，一般市民や利害関係者の参加も促された．論争はインターネットを通じて全国からの意見参加もあり，結果は，いわゆる中国的な，生態学者の面子を若干立てることにより，水利学者の方針が認められた．これは，共著者の劉樹坤が論文や全国

---

*水底にシートを張る；北京の地下水位の急激な低下のため，水を供給してもすぐに涸れるため．

ネットのテレビで生態学者と長期にわたって国民の前で論争した結果であることを断っておく．

　以上より，確かにオリンピックの開催を契機としてはいたが，北京市が水辺整備を急いだ背景には，数千年にわたる中国の伝統的な国家戦略として構築してきた「水と緑」の水辺ネットワークの破壊を，現在の政府が再生しようとしているとみることができる．しかしその一方で，このような水辺整備は世界史に残る大規模な南水北調プロジェクトのように他流域・他地域に頼らなければならない綱渡り的状態のもとで行われているのが実態である．水資源利用のこのような際限のない拡大が，また新たな環境破壊・環境汚染・環境文化災害の温床になることは避けられないと思われる．

　それでも，このような状況下での政府の努力の結果としての水辺整備を生活者は大いに評価し，また協力する姿勢を示している．他地域の生活者を犠牲にすることなく，この北京市の生活者の高い評価を維持し続けることは中国が目指す持続可能な社会建設のために肝要であろう．

参考文献

1) 桑子敏雄：『感性の哲学』，NHK ブックス，2001
2) 萩原清子：環境の経済的評価―特に水環境を中心として―，京都大学防災研究所水資源研究センター研究報告，第 16 号，p, 13-21, 1996
3) 萩原清子編著：『環境の評価と意思決定』東京都立大学都市研究所，2004
4) T. F ナス（萩原清子監訳）：『費用・便益分析―理論と応用』，勁草書房，2007
5) 萩原清子編著・朝日ちさと・坂本麻衣子共著：『生活者からみた環境のマネジメント』，昭和堂，2008
6) Vincke, P: *MULTICRITERIA Decision-aid*, WILEY, 1989
7) Lootsma, F. A: *MULTI-CRITERIA Decision Analyisis via Ratio and Difference Judgement*, Kluwer Academic Publisher, 1999
8) 萩原良巳・萩原清子・高橋邦夫：『都市環境と水辺計画―システムズアナリシスによる―』，勁草書房，1998
9) 萩原良巳・坂本麻衣子：『コンフリクトマネジメント―水資源の社会リスク』，勁草書房，2006
10) 萩原良巳：『環境と防災の土木計画学』，京都大学学術出版会，2008
11) Hagihara, K. and Y. Hagihara: *The role of environmental valuation in public policymaking: the case of urban waterside area in Japan*, **Environment and Planning C: Government and Policy**, 22, pp. 3-13, Great Britain: Pion, 2004
12) Hagihara, K., Hagihara. Y. and S. Shibata: *Environmental Valuation through Impression Analysis: the Case of Urban Waterside Area in Kyoto*, **Water Down in 2008**, pp. 387-397 (Australia)
13) 柴田　翔・萩原清子・萩原良巳・河野真典：季節別印象測定による水辺 GES 環境評価に関する考察，地域学研究，Vol. 38, No. 3, pp. 729-741, 2008
14) 萩原良巳・萩原清子・松島フィオナ・柴田　翔・河野真典・松島敏和：生活者の印象による水辺 GES 環境評価，京都大学防災研究所年報，第 51 号 B, pp. 675-694, 2008
15) 河野真典・萩原良巳・萩原清子：上下流域の水辺 GES 環境評価に関する一考察，環境システム研究論文集，Vol. 37, pp. 395-401, 2009
16) Fiona Mhari Matsushima: *DISTRIBUTION PATTERN OF AQUATIC BIRDCOMMUNITY IN*

URBAN ENVIRONMENT OF KYOTO CITY，京都大学修士論文，2008
17) 石田裕和・中林真人・竹門康弘・池淵周一：堰堤で仕切られた都市河川の魚類相と生息場の特性，京都大学防災研究所年報，第56号B，2007
18) 萩原良巳・萩原清子・小尻利治・鈴木淳史・河野真典：底生生物群集と印象による水辺環境評価，京都大学防災研究所年報第52号B，pp. 851-865，2009
19) 松島敏和・松島フィオナ・萩原良巳・萩原清子：ツバメに着目した住民参加型水辺環境評価，環境システム講演・論文集，36，pp. 265-270，2008
20) 水上象吾・萩原清子：雨水調整池が都市域の自然創出に果たす役割―鳥類の出現と環境要因との関連性に着目して―，環境システム研究論文集，Vol. 32，pp. 319-326，2004
21) 萩原良巳・萩原清子・劉樹坤・張昇平：北京の水辺整備のコンセプトと実際，**東北アジア研究**，東北大学東北アジア研究センター，pp. 35-56，2008
22) 萩原清子・萩原良巳・劉樹坤・河野真典：中国都市域の水辺整備の概念と実際―北京市を中心として，**地域学研究** 第39巻，第2号，pp. 433-450，2009
23) 劉樹坤：「中国における河海流域の水循環について」，『都市域における防災・減災のための水循環システムに関する研究（研究代表：萩原良巳）』，京都：京都大学防災研究所，2002
24) Cramer, H: ***Mathematical Methods of Statistics***, Princeton Univ. Press, 1946 (Almqvist and Wiksells, 1945)
25) 山本真理子（編著）：『心理測定尺度集 (1) 人間の内面を探る"自己・個人内過程"』，サイエンス社，2001
26) 中森義輝：『感性データ解析―感性情報処理のためのファジイ数量分析手法―』，森北出版，2000
27) 柴田 翔：クラメールの関連係数の有意水準とWischart分布の導出過程，京都大学防災研究所萩原研究室ディスカッションペーパー，2008
28) 柳井春夫・繁桝算男・前川眞一・市川雅教：『因子分析―その理論と方法―』，朝倉書店，1990
29) 河野正典・萩原良巳・萩原清子：鴨川における左岸と右岸の印象の差異に関する考察，水資源シンポジウム講演集，水文・水資源学会，CD-ROM，2008
30) 河野真典・萩原良巳・萩原清子：印象による上下流の水辺環境評価に関する研究，**地域学研究**，（掲載予定）
31) 萩原清子・萩原良巳・柴田 翔・河野真典：印象による水辺環境評価システムに関する考察，**水文・水資源学会誌** Vol. 22，No. 6，pp. 441-455，2009
32) 柴田 翔・萩原良巳・萩原清子：鴨川流域における釣り人と地元住民の印象の比較分析に関する考察，水資源シンポジウム講演集，水文・水資源学会，CD-ROM，2008
33) 松島敏和・松島フィオナ・萩原良巳・萩原清子：地元から見た鴨川水辺環境評価―特に水鳥に着目して，**地域学研究**，第39巻，第2号，pp. 351-364，2009
34) 萩原良巳，小泉 明：水需要予測序説，**水道協会雑誌**，No. 529，pp. 2-23，1978
35) 松島敏和：社会・生態環境に着目した生活者参加型水辺環境評価，京都大学大学院修士論文，2009
36) 萩原良巳・小泉明・中川芳一：水需要構造分析法に関する一考察，**水道協会雑誌**，No. 511，pp. 37-51，1977
37) 京都市総務局総務部統計課：京都市地域（元学区）統計要覧（昭和62年），1987
38) 京都市総合企画局情報化推進室情報統計課：京都市地域統計要覧（平成20年版），2008
39) 福島陽介・萩原良巳・畑山満則・萩原清子・山村尊房・酒井 彰・神谷大介：バングラデシュにおける飲料水ヒ素汚染に関する社会調査とその分析，**環境システム研究論文集**，Vol. 32，pp. 21-28，2004
40) 町田市下水道局：町田市調整池一覧：町田市，2001
41) 渋谷奈美子・島田正文・丸田頼一：都市内の緑地と鳥類生息に関する基礎的研究：**造園雑誌 56**(5)，pp. 299-304，1993

42) 葉山嘉一:都市緑地における鳥類の生息特性に関する研究, **造園雑誌**, 57(5), pp. 229-234, 1994
43) 一ノ瀬友博・加藤和弘:都市及び農村地域における鳥類の分布と土地利用の関係について:**造園雑誌**, 56(5), pp. 349-354, 1993
44) 一ノ瀬友博:公園緑地における鳥類の出現状況と公園緑地の植生及び周辺土地利用との関係に関する研究—都市域における生態的ネットワーク計画の構築のための基礎的研究—:第37回日本都市計画学会学術研究論文集, pp. 919-924, 2002
45) 一ノ瀬友博・加藤和弘:埼玉県所沢市の孤立樹林地における鳥類群集の分布に影響を及ぼす諸要因について, **造園雑誌**, 57(5), pp. 235-240, 1994
46) 樋口広芳・塚本洋三・花輪伸一・武田宗也:森林面積と鳥の種数との関係:Strix, **1**, pp. 70-78, 1982.
47) 町田市都市緑政部公園緑地課:まちだエコプラン:町田市, 2000
48) Ichinose, T. and Katoh, K.: *Factors influencing bird distribution among isolated woodlots on a heterogeneous landscape in Saitama Pref. Japan*, Ekologia (Bratislava) **17**, pp. 198-310, 1998
49) 水上象吾:都市における生物の利用空間としての雨水調整池—鳥類多様性を指標として—, 第38回日本都市計画学会学術研究論文集, pp. 631-636, 2003
50) 宮下 直・野田隆史:『群集生態学』, 東京大学出版会, p. 76, 2003
51) 環境庁:自然環境保全調査報告書, 2005
52) 松浦茂樹・島谷幸宏:『水辺空間の魅力と創造』, 鹿島出版会, 1987
53) 東京都環境保全局自然保護部緑化推進室:東京都鳥類繁殖状況調査報告書, 1998
54) 井出久登編:『ランドスケープ・エコロジー 緑地生態学』, 朝倉書店, 1993
55) 成瀬惠宏:修景論的"調節(整)池"考空間の複合化戦略, 『緑の読本』, No. 37, pp. 7-15, 1996
56) 小河原孝生:自然(生きもの)とのふれあいの場の確保とその活用:ランドスケープ研究, Vol. 59, No. 3, 1996
57) 宮城俊作:ランドスケープ的自然史考:Landscape Network 901*『ランドスケープ批評宣言』INAX出版, pp. 282-285, 2002
58) 刘树坤編著:『中国生態水利建設』, 北京:人民日報出版社, 2004
59) World Commission on Environment and Development: ***Our Common Future***, Oxford University Press, 1987
60) 環境と開発に関する世界委員会編;大来佐武郎監修, 環境庁国際環境問題研究会訳:『地球の未来を守るために』, 福武書店, 1987
61) 黄振芳・孙峰:浅论北京城市河湖水华的发生及对策, 『北京城市水利建设与发展国际学术研讨会论文集』, 北京城市水利健设与发展国际学术研讨会, 2004
62) 刘树坤:『城市河湖亲水景观设计』, 北京:人民日报出版社(近刊)
63) 北京市水利规划设计研究院编著:『当记忆被开启-转河设计画册』, 中国水利电力出版社, 2003
64) 北京市东城区委编, 陈平主编:『菖蒲河公园』, 中国旅遊出版社, 2006
65) 堤 武・萩原良巳編著:『都市環境と雨水計画』, 勁草書房, 2000
66) 萩原清子・萩原良巳・清水 丞:都市域における水辺の環境評価, **環境科学会誌** 第14巻, 第6号, 2001

7

飲料水健康リスク論

7.1 日常時の飲料水リスク軽減の総合課題

　まず，水道飲料水リスクの歴史的変遷を概観しておこう．日本の近代水道の供給は，1887（明治20）年の横浜に始まる．当時，飲料水の汚染を原因とするコレラが再三にわたり流行しており，数万〜数十万人の死者が発生していた．このため，飲料水の衛生確保を図るには鉄管による水供給が不可欠であるとの見地から，特に外国人を意識して，当時首都に隣接する開港場であった横浜市が選ばれた．この後，函館，長崎，大阪，東京といった順で，給水が開始されていくことになる．各都市における1人当たりの計画給水量は70〜140 L/(人・日)程度であり，現在と比べると2〜4割程度であった．

　その後，給水量の増加，用地の不足などにより浄水方式は緩速ろ過から急速ろ過が中心となり，管材も鋳鉄管から高級鋳鉄管，ダクタイル管に移行していった．

　水道普及率と水系消化器系伝染病患者数は，1930年代後半から1940年代は戦争により伝染病患者数はいったん増大するが，水道普及率が80％を超えた1970年以降は毎年数千人程度に収まっている．一方，水道の普及が進むにつれて，住民の生活・社会活動に要する水は水道以外からは得にくい状況になってきた．

　1994年の全国的な渇水では，約1640万人が減断水の影響を受けた．この1994年に，全上水道事業約2000のうち，水質汚染事故72，異臭味被害を受けたのは120となっている．また，1995年の阪神・淡路大震災では，水道施設も甚大な被害を受け，復旧までに8〜10週間を要し，この期間水道未復旧地区の住民は多大な不便を強いられた．一方，トリハロメタンをはじめとする消毒副生成物による水質問題は1980年代から社会的に認知され，1996年には，病原性大腸菌O-157ならびにクリプトスポリジウムによる被害が発生し，全国的に水道水の水質の安全性に対する不信感が高まった．さらに，俗に呼ばれる環境ホルモンの問題もある．これは生物がもっている微妙なホルモンバランスを攪乱し，生殖異常などを引き起こす「内分泌攪乱物質」と呼ばれる化学物質である．ダイオキシン・PCB・DDT・DES・有機スズなど70種類ほどの化学物質だけ

の毒性が確認されている．

このように，時代の推移に伴い，水道供給の意義と危機も変遷しているが，いったん危機に見舞われると，その影響は非常に大きくなる傾向が強くなっている．便利の鎖が被害を極大化させるのである．

次に，日常的な飲料水による健康リスクとして，残留塩素とヒ素の問題を考えよう．環境ホルモンは飲料水だけでなく食物などからも体内に入ることから，ここでは警鐘を鳴らすだけにしておく．

日本の水道における消毒は，飲用など人が摂取する水利用に伴う病原性微生物によって引き起こされる急性の健康影響リスクを最小化するために，主として浄水工程で行われる重要な単位操作である．送配水施設内での水質保持のための残留効果確保のための消毒剤として日本では塩素剤の使用しか認められておらず，実際にはほぼ100％の水道は遊離塩素（以下では，塩素と称する）を使用している．しかし，トリハロメタンをはじめとするハロゲン化消毒副生成物による慢性的な健康への影響や耐塩素性病原微生物の出現が浄水処理方法の改良・使用薬剤の変更などの議論を引き起こしている．また，非ハロゲン化消毒副生成物である同化性有機炭素（AOC）が配水・給水管内の生物膜増殖に寄与し，異臭味発生の原因になるのみならず，新たな微生物健康リスクをもたらすことが懸念されている．

次に，外国の特に深刻な飲料水汚染の例として，ヒ素問題を取り上げよう．ヒ素除去は技術的には容易であるにもかかわらず，社会環境ゆえにその汚染のために苦しむバングラデシュの農村をフィールドにした問題を取り上げ，その解決法を提案しよう．なお，この問題の総括的（すなわち，口に入り下から出るという意味で）議論は，すでに2.2.1項「バングラデシュにおける井戸水ヒ素汚染問題と衛生改善」で論じているので，ここではより具体的に問題を掘り下げることにしよう．

バングラデシュではヒ素は地中に自然に存在する元素であり，地下帯水層へのヒ素の流出過程は不確定な部分が多く，いまだに統一された見解はないが，ヒ素に汚染された水を飲み続けると，皮膚病やがんになり，死にいたることがわかっている．地下水のヒ素汚染は世界中で報告されている[1]が，バングラデシュでは農村部の人口の97％が飲料水源を地下水に頼っている[2]こと，多様な大災害を抱え，経済的にも貧しいなどの理由により，地下水のヒ素汚染が発見されてから永らく自力で有効な対策を行うことができないでいる[3]．

ヒ素汚染の発見以来，バングラデシュ政府機関，世界銀行，WHOなどの機関により安全な飲料水を供給すべくさまざまな代替技術が導入されてきた．しかし，現地に導入された技術も，使いにくい，水の味が悪い，メンテナンスの仕方がわからず安全かどうかもわからないなどのさまざまな理由で，住民に受容されず放置されることも少なくない．そして，現在多くの地域で多くの住民は大きな負担を感じながらも点在する安全な水源に毎日アクセスし水運びを行っていたり，あるいはヒ素汚染を認知しながらもなお

汚染された近場の井戸の水を飲み続けていたりしている．

　このような背景においては，バングラデシュにおける飲料水のヒ素汚染問題は単にヒ素除去技術の改善や向上に取り組むだけでは解決されないと考えられる．すなわち，現地社会環境と深く結びついた災害として認識することが現状改善のために重要であると考えられる．

　現在，議論されている日本の「水道の民営化」問題は，健康リスクの視座から，より深い議論が必要である．このため，飲料水供給の制度設計を，厚生経済学を基盤として，考えることにしよう．

　1990年代以降，国際的に水の民営化・商品化の大きな流れが続いている．水の民営化・商品化とは，具体的には水道事業への民間参入およびボトルウォーターによる飲料水ビジネスを指しているが，本章では，水道（飲料水供給）事業への民間参入を考察の対象とする．水道事業の民間参入の形態には，イギリスにおけるウォーター・オーソリティの完全民営化のような形態から，日本の水道事業でも従来から行われている民間への業務委託のような形態までさまざまなレベルがある．

　日本の水道事業の場合，民間参入に関する方向性を示す例として，2001年6月に水道法が改正され，浄水場の管理を第三者に業務委託できるなど，民間参入を可能とする規制緩和が実施されている．

　しかし，2003年8月に起こった北米大停電や，電力自由化の旗手であったアメリカ・エンロン社の破綻など，公益事業の市場化が社会全体をゆるがすような事件が発生した．水道事業においても，民営化によって水質の悪化や料金の高騰が生じて社会問題化した事例が多数報告され始めている．そのため，市場メカニズムは水道にはふさわしくないと主張する人々も現れている．

　水道事業への民間参入に対する議論の論点は，水を経済効率的に配分すべきものと考えるか，生命や基本的人権を保障する財であるとみるか，というものである[4]．水を生命や基本的人権を保障する財であるとみた場合，市場メカニズムによる配分は，支払能力の低い所得者層への供給の道を閉ざしたりする可能性もありうるため支持されない．資源配分のあり方を検討する場合，ジョン・E・ローマー[5]は，「必要または要求が競合している個人の間で，社会（集団）が希少な資源または生産物をどのように配分するかを問う」のが「分配的正義」の議論であると規定している．すなわち，資源配分メカニズムの決定は，その実行可能性まで含めて考えるならば，分配の問題と不可分であることを表している．

　一方，水は希少な資源であることから市場メカニズムで効率的に配分されるべき財であるとした場合，市場メカニズムが有効に機能する条件が満たされているかについて再検討することも必要であろう．

　最後に，水道施設の老朽化問題を取り上げよう．日本の水道施設の多くは1960年代の高度成長期に集中的に整備され，普及率および給水人口，施設能力もこの時期に大幅

に向上した．水道供給の根幹をなす管路は全国で約58万km（2003年）布設されており，水道の総資産の約2/3を占めている．水道管路のうち約4割に相当する22万kmの管路が布設後20年以上を経過した状態にあり，このような経年管の比率は年々増加している[6]．いま，重要な問題は水道システムの老朽化の問題と施設更新の戦略をどのように作成するかである．最近では管路の老朽化に伴う大規模な事故による断水もいくつか生じており，管路機能の低下に伴う市民生活，都市活動への影響も生じてきている．また，大地震を想定した場合，老朽化した施設の大量破壊が生じ，大災害になる．このような状況にあって，日本の水道の将来像の形成を目指した水道ビジョン[7)8)]においても，計画的な施設の更新が大きな課題として提示されている．このため，管路更新による効果を定量化し，この効果を最大化するモデル開発が急務である．

以下，本章の内容を概観しよう．

7.2節：まず塩素を消毒剤として用いる場合の問題点をふまえ，法令で使用が認められている結合塩素（クロラミン）を代替残留消毒剤として用いる場合の論点を整理し，評価プロセスの提案を行う．ここでは，残留消毒剤として従来からの遊離塩素を用いる場合，または，代替案として結合塩素（クロラミン）を用いる場合の得失を比較し，その選定のための総合評価プロセスの提案を行う．しかしながら，評価項目の中には現時点で得られている情報のみでは定量化の困難なものが少なくない．また，スクリーニングでの評価方式として各評価指標値と重みの積和とする線形モデルの利用が適しているのか，評価項目間の重みをどのように設定するか，なども考えなければならない．

残留消毒剤変更の検討を行おうとする水道事業体はこれらの課題を解決する必要があるが，大部分は共通の課題として国レベルで取り組むことが効率的であろう．一方，水道事業体がその地域事情や施設特性に配慮し，水道使用者を含む利害関係者とリスク・コミュニケーションを実施しながら段階的に解決していくべき課題も考える必要があろう．

7.3節：ここでは，技術的に減災が十分に可能ながらも改善されていないバングラデシュのヒ素汚染問題に対して，災害と現地社会環境との関連に着目しながら，問題の明確化，調査，分析を経て現地の住民が受容可能な計画代替案の設計を行うための計画プロセスを示す．特に社会環境システム論的な視点から，現地住民の水資源選択行動を説明するために，安全な飲料水に対する欲求度と水運びストレスという2つの概念を導入し，これらを計量化するためのモデルを考案し，これらのモデルを用いたヒ素汚染災害軽減のための水利施設整備計画を示そう．

7.4節：市場における資源配分に関する厚生経済学の基本定理をまず概観し，市場だけに任せていては社会的に望ましい資源配分が成立しない状態を把握する．次いで，そのような状態のうち，リスクおよび情報の非対称性が存在する場合の飲料水供給に関わ

る問題を検討し，飲料水供給の制度設計を行う際に考慮すべき点について検討する．

近年，「民にできることは民に」という掛け声のもと*，これまで公的分野（政府）によって供給されていたいくつかのサービスを私的に供給する，つまり民営化が推進されている．このような状況のもとで，リスクを考慮した飲料水の供給制度のあり方を厚生経済学の基本定理に基づいて考察する．

いま現在，消費者に提供されている財・サービスの多くは，厚生経済学の基本定理の前提を必ずしも完全に満たしているとはいえない．しかし，飲料水の供給環境は，水質リスクや地震災害リスクなどにさらされており，他の多くの財・サービスに比べて，基本定理が成立するための前提としての消費者の選好や生産条件から大きく乖離しているとみることができる．したがって，基本定理の成立を前提とした飲料水の市場化（民営化）については，より慎重に検討することが必要であろう．

また，飲料水供給制度設計についての議論は，経済学的効率性の観点ばかりでなく，経済学も含むより広い公平性の観点からの検討も必要であろう．生命や基本的人権の保障が強調されるのは，発展途上国など水資源の貧しい国でのこととされる場合が多いが，ここで触れたような水質リスクや地震などの災害による影響を考慮すると，日本においても生命や基本的人権の保障を経済的効率性とともにきちんと議論しておくことが必要であろう．

7.5節；これまで，更新の必要性が叫ばれたなかで更新事業が進まなかった理由として，次の3点を挙げることができよう．
① 施設の稼動状況や設置環境，施工条件により機能低下の程度が異なり，さらに事故・故障などのデータが蓄積されていないため，物理的な寿命を定量化することが困難であり，更新期を定めがたい．
② 更新時期の目安として，減価償却の観点から設定された法定耐用年数をもとに更新事業を計画している水道事業が多いが，この基準では一時に多くの施設が更新対象となり，事業の優先順位付けが難しい．
③ 更新事業は給水量の増加ならびに給水収益の増加に結びつかない事業であり，水需要が停滞から減少傾向に移ってきた最近は，財源の確保に対する誘因がはたらかない．

これらの問題点へ対応するためには，管路の重要性を考慮した管路更新による効果を定量化するとともに，更新により得られる効果を最大化する最適な管路更新順序の決定方法が必要である．また，管路更新事業費の妥当性を明らかにすべきと考える．

そこで，本節では，管路更新による効果を定量化し，この効果を最大化する探索モデルを提案する．そして，この探索モデルを実管網に適用し，いくつかの費用制約条件下

---

*これは，Stiglitz[5]にいわせれば，a "folk theorem".

での更新順序解探索および水道供給レベルの感度分析を行うこととする．具体的には，管路更新による効果を定量化し，複雑な配水管網の超長期的な更新順序決定モデルとして Genetic Algorthm（遺伝的アルゴリズム，以下 GA と呼ぶ）モデルを提案する．また，1人当たり被害額指数により更新費用と更新後の水供給のレベルの感度分析を行い，必要となる投資水準の考え方を提案する．GA モデルにおいては，整数計画モデルと同等の解を得ることができ，これにより実管網の更新順序決定を行うことが可能であることを示そう．

7.2 残留塩素リスクの軽減論

7.2.1 塩素の効用と諸リスクに関する問題点

(1) 塩素の効用

1) 法規制と病原微生物不活化効果

　塩素ガスは水に溶けると速やかに反応して次亜塩素酸（HOCl）ならびに塩化水素を生じ，次亜塩素酸はさらに部分的に解離して次亜塩素酸イオン（OCl$^-$）を生じる．次亜塩素酸も次亜塩素酸イオンもともに遊離塩素*といわれている．

　日本では，水道施設の技術的基準を定める省令〔2000（平成 12）年 2 月〕において，消毒設備の要件の 1 つに「消毒の効果を得るために必要な時間，水が消毒剤と接触する構造であること」と規定されている．一方，給水栓水で保持すべき残留塩素濃度については，水道法施行規則に「赤痢菌，腸チフス菌等の病原生物を殺菌するのに十分な濃度であって，平常の場合は，遊離残留塩素で 0.1 mg/L（結合残留塩素では 0.4 mg/L）以上，消化器系感染症流行時や広範囲の断水後給水を開始するとき等においては遊離残留塩素で 0.2 mg/L（結合残留塩素では 1.5 mg/L）以上とすること」が示されている．実際には，日本で残留消毒剤としてクロラミン（結合塩素）を利用している例は 1 ヶ所（東京都小笠原村；トリハロメタン低減対策）しかない．

　1957 年制定の水道法により，すべての水道で塩素による消毒が義務付けられてからは，塩素消毒された水道水の供給が水系感染症抑制に絶大な効果を発揮した．しかし，クリプトスポリジウム**などの耐塩素性病原生物の発見は，塩素による消毒を規定どおり実施していても消化器系感染症病原生物の不活化を完全に行うことはできないという

＊水中にアンモニア化合物が存在していると，塩素が相次いで反応して 3 種のクロラミン，すなわちモノクロラミン（NH_2Cl），ジクロラミン（$NHCl_2$），ならびにトリクロラミン（NCl_3）を生じ，これらの合計が結合塩素と称される．

＊＊ 1993 年米国のミルウォーキーで起こった水道水経由のクリプトスポリジウム感染被害ではおよそ 40 万人の感染者が発生し死者も出た．日本では，1996 年 6 月に埼玉県越生町でクリプトスポリジウムを原因とする水媒介感染による大規模な集団下痢事件が発生し，給水人口 1 万 3000 人の約 7 割の約 1 万人弱の人が発症した．

2) 酸化剤としての役割

塩素は比較的安価で取り扱いが容易な薬品であり，かつ酸化力が強いため酸化剤としての利用（溶解性 Fe・Mn, 臭気，アンモニア性窒素除去，藻類の凝集改善）も拡大してきた．高度経済成長期には都市への人口集中による生活雑排水の流入により，水源河川のアンモニア性窒素濃度がかなり高くなった．このための多量の塩素投入により，水道水の塩素臭が問題視されることとなった．

3) 送配水・給水過程での微生物学的水質保持

浄水場で消毒処理を受けた水の中にも従属栄養細菌が存在する場合があり，不活化ずみの菌の一部は消毒剤が効力を発揮しないような状況下で再増殖する可能性がある．これに加えて，外部からの汚染への防御策として微生物学的な安全性を保つためにも，前述のように給水栓水における消毒剤残留濃度の基準が設けられているが，浄水中の自然由来有機物質などと反応して減衰するので，その減少分を考慮した浄水場出口での管理目標が設けられることが多い．送配水過程で追加注入される場合も少なくない．

また，配水管や給水管内面に生成した生物膜は消毒剤から細菌類を保護し，その中では細菌類を捕食する原生動物などによる食物連鎖が形成される．さらに，*Legionella pneumophila* や *Mycobacterium avium** が生物膜中に生息するアカントアメーバや他の原生動物に摂取された後に増殖し，これらの原生動物内でより強い毒性をもつようになる能力を有している[9]．

4) 汚染見張り役

水中の遊離残留塩素は反応性が高いため，送配水施設への多量の汚水侵入時には残留濃度の急減が起こるので，その常時監視は汚染事象の検出に有効である．配水水質モニターの測定項目として残留塩素は必須の項目となっている．

(2) 塩素の毒性と副生成物

塩素ガスの毒性は吸入致死濃度 $LCL_0 = 500$ ppm/5 min，あるいは中毒量としては曝露濃度 30 ppm で胸痛，嘔吐，呼吸困難などのデータがある．水中遊離残留塩素については，わが国の水道法では上限が規制されていない**．合衆国では，EPA の Stage 1 Disinfectants and Disinfection Byproducts Rule（D/DBP 規則）で MRDLG（最大残留消毒剤濃度目標値），MRDL（最大残留消毒剤濃度）がそれぞれ年間平均ベースで 4 mg/L（Cl_2 換算値）とされている．

1) ハロゲン化副生成物による健康影響

トリハロメタンをはじめとするハロゲン化消毒副生成物（Halogenated DBP）はその健

---

* それぞれ肺炎を引き起こす日和見病原菌であり，合衆国では配水管内面の生物膜から検出されたとの報告がある．
** 水質管理目標設定項目として，快適性の視点から 1.0 mg/L が定められている．

表 7.2.1　日本の水質基準と合衆国EPA の MCL（G）の比較[2]

番号	項　目 （☆：H15.5 改定新規項目）	水質基準（mg/L）	合衆国EPA Stage 1 D/DBP 規則		
			MCL (mg/L)	MCLG (mg/L)	MCL 遵守
基21	臭素酸☆	0.01	0.010	0	年間平均値
基22	クロロホルム	0.06		***	年間平均値
基23	ジブロモクロロメタン	0.1		0.06	
基24	ブロモジクロロメタン	0.03		0	
基25	ブロモホルム	0.09		0	
基26	総トリハロメタン（TTHM）	0.1	0.080	N/A	
基27	クロロ酢酸☆	0.02		−	年間平均値
基28	ジクロロ酢酸☆	0.04		0	
基29	トリクロロ酢酸☆	0.2		0.3	
	ハロ酢酸（HAA5）		0.060	N/A	

注：HAA5＝モノー，ジーおよびトリクロロ酢酸ならびにモノーおよびジブロモ酢酸濃度の合計
　　N/A−TTHM もしくは HAA5 については個々の MCLG があるため適用外

康影響について一定の評価がなされ，水質基準項目に加えられて久しい．日本での基準と上述の EPA の D/DBP 規則を表 7.2.1 に示す．

　上記の水質基準についてはその毒性評価において水道水経由の経口曝露割合を 20％として決定されたものであるが，今後，シャワーによる吸入曝露や入浴中の経皮曝露などのリスク評価が進めば，厳しくなる可能性がある．

　MCL について注目すべきことは，年間平均値での遵守であることと，臭素酸塩を含む臭素系ハロゲン化副生成物ならびにジクロロ酢酸の MCLG が 0（ゼロ）となっていることである．一方，クロロホルムについてはコロンビア特別区巡回裁判区の控訴裁判所の命令に従ってそのゼロ MCLG を取り下げた[10]．

2）　非ハロゲン化副生成物による健康影響

　優れた消毒剤（酸化剤）は，浄水中の生物難分解性有機物を易分解性有機物に転換する能力も兼ね備えており，従属栄養細菌を含む微生物の栄養源となる AOC（同化性有機炭素）を生成させる可能性がある．これは送配水過程での微生物学的健康リスク増加に寄与するほか，異臭味発生原因となる可能性がある．

(3)　異臭味

1）　塩素臭味

　遊離塩素を含む水の臭味（いわゆる塩素臭）については，現行の水質管理目標設定項目（目標値）で 1 mg/L 以下とされているが，1985 年の「おいしい水研究会」提言では

7 飲料水健康リスク論

表7.2.2 残留消毒剤としてのクロラミンの特徴総括表

特長事項	概 説
(1) 消毒効果の持続性	モノクロラミンは，化学安定性，消毒持続性が遊離塩素より優れているため，残留消毒剤として最適である．異種消毒剤の組み合わせは微生物不活化に相乗的効果を発揮し，オゾン＋クロラミンはかなり良好．
(2) ハロゲン化DBP量が少ない	生成するTHMならびにHAAは塩素処理水と比較するとかなり低濃度である．
(3) 異臭味が少ない	5 mg/L未満の濃度で存在するとき，通常，主要なクロラミン種（モノクロラミン）は不快な塩素臭にあまり寄与しない．
(4) AOC生成量が少ない	接触開始後のAOC生成量は遊離塩素の場合に比べてかなり小さく，送配水システム内での微生物再増殖を抑制できる．
(5) 生物膜の抑制効果	反応性が小さいことから，生物膜基質の細胞外多糖類を突き抜けて管内面の生物膜内部の微生物へ到達する能力がある． 古株の生物膜の不活化能力がある．新株の生物膜（young biofilm）の不活化効果は遊離塩素と同程度である．

注) 上表は，Kirmeyer et al.[11] と Ollos et al.[12] の記述内容を要約編集したものである．

0.4 mg/L 以下という値が示されている．

2) 副生成物由来異臭味

水中にフェノールが含まれている場合には，遊離塩素はこれと反応してクロロフェノールを生成し，異臭味被害を発生させることがよく知られた例である．

7.2.2 代替残留消毒剤としてのクロラミンの得失

(1) クロラミンの残留消毒剤としての特徴

クロラミンの残留消毒剤としての特徴を塩素との対比でまとめると，表7.2.2のとおりである．

(2) 残留消毒剤としての技術的な諸問題

残留消毒剤としての技術的諸問題をまとめると，表7.2.3のとおりである．問題事項の中で，日本で従来から比較的よく認知されている「遊離塩素」対「クロラミン」の比較事項には●を，新しい知見には▼を付している．

クロラミンには表7.2.2，表7.2.3のような得失があり，水源，浄水方法，配水システムの水理・管理状況，給水装置材料など地域特性に応じた慎重な評価が必要である．

(3) 残留消毒剤転換の評価方法序論

遊離塩素とクロラミンの得失については主に健康リスクの側面で論じるが，これに加えて経済的側面・快適性の側面も含めた総合的な評価が必要である．

表7.2.3 残留消毒剤としてのクロラミンの技術的な諸問題総括表

問題事項	概　説
(1)消毒効果●	主力のモノクロラミンでも病原生物のCT要求条件から判断すると，消毒効果は遊離塩素よりも劣る．ジクロラミンはモノクロラミンより消毒効果がさらに劣る．遊離塩素やオゾンなど他の一次消毒剤での消毒の徹底が必要．消毒効果の保持は下記(3)，(6)，(7)に左右される．
(2)新たな消毒副生成物の生成●	THMとHAAはほとんど生成されないが，塩化シアンとN-ニトロソジメチルアミン（NDMA）は，塩素処理より多く生成される．
(3)硝化作用▼	過剰アンモニア，低濃度残留クロラミン，過度の配水システム内滞留時間ならびに温度が硝化バクテリアの成長を促進するとき発生する可能性．配水システムは汚染事故に対して無防備状態となる．
(4)腐食性と材料の劣化▼	クロラミンは，銅とその合金（真鍮含む）に対して水の腐食性を増やす可能性がある．水と接するゴムとプラスチック製品を侵食し，膨潤，変形と割れ，充填材，可塑剤と油の損失を起こす．
(5)異臭味●▼	モノクロラミンの臭味は遊離塩素よりは感じられにくいが，ジクロラミンは比較的低い濃度（>0.5 mg/L）で臭うので，塩素：アンモニア比を約3：1～5：1，pHを中性に維持し生成量を最小化する必要がある．
(6)配水システム内での残留クロラミンの維持▼	配水システムでの残留クロラミンの維持は，温度，pH，塩素：アンモニア比と有機炭素濃度を含む多くの水質パラメータに影響される．他には，滞留時間管理を含む維持管理に影響を受ける．
(7)クロラミン処理水と遊離塩素処理水の混合●	配水システムでの遊離・結合塩素の混合は，次のような深刻な問題を引き起こす可能性がある．ア）さまざまな形態のクロラミン生成，イ）不連続点反応（残留塩素消失の可能性），ウ）異臭味　など
(8)特別な水使用に対する問題●	クロラミンは，腎臓透析ろ過装置を通し拡散して急性の溶血性貧血を引き起こすことが示された．転換前に水道使用者に対する広報を綿密に行う必要がある．

注）　上表は，Kirmeyer et al.[11]の記述内容を要約編集したものである．
●：日本で従来から比較的よく認知されている「遊離塩素」対「クロラミン」の比較事項
▼：新しい知見

1) 健康リスク評価

　残留消毒剤に要求されている効果（主作用）が発揮できない状況における健康リスクならびに残留消毒剤の副作用に起因する諸問題のリスクは，さまざまな場面で起こることが考えられる．健康リスクの側面では遊離塩素とクロラミンでは後述のように一長一短があり，利用される水道システムの特性，需要動向など多くの要因がその優劣に影響を及ぼす．

2) 微生物学的健康リスク

　図7.2.1は，配水管への意図的でない病原性微生物侵入リスクの諸要因と消毒不全との関連を概念的に示したものである．

7 飲料水健康リスク論

図 7.2.1 配水管への意図的でない病原性微生物侵入の潜在的リスク要因

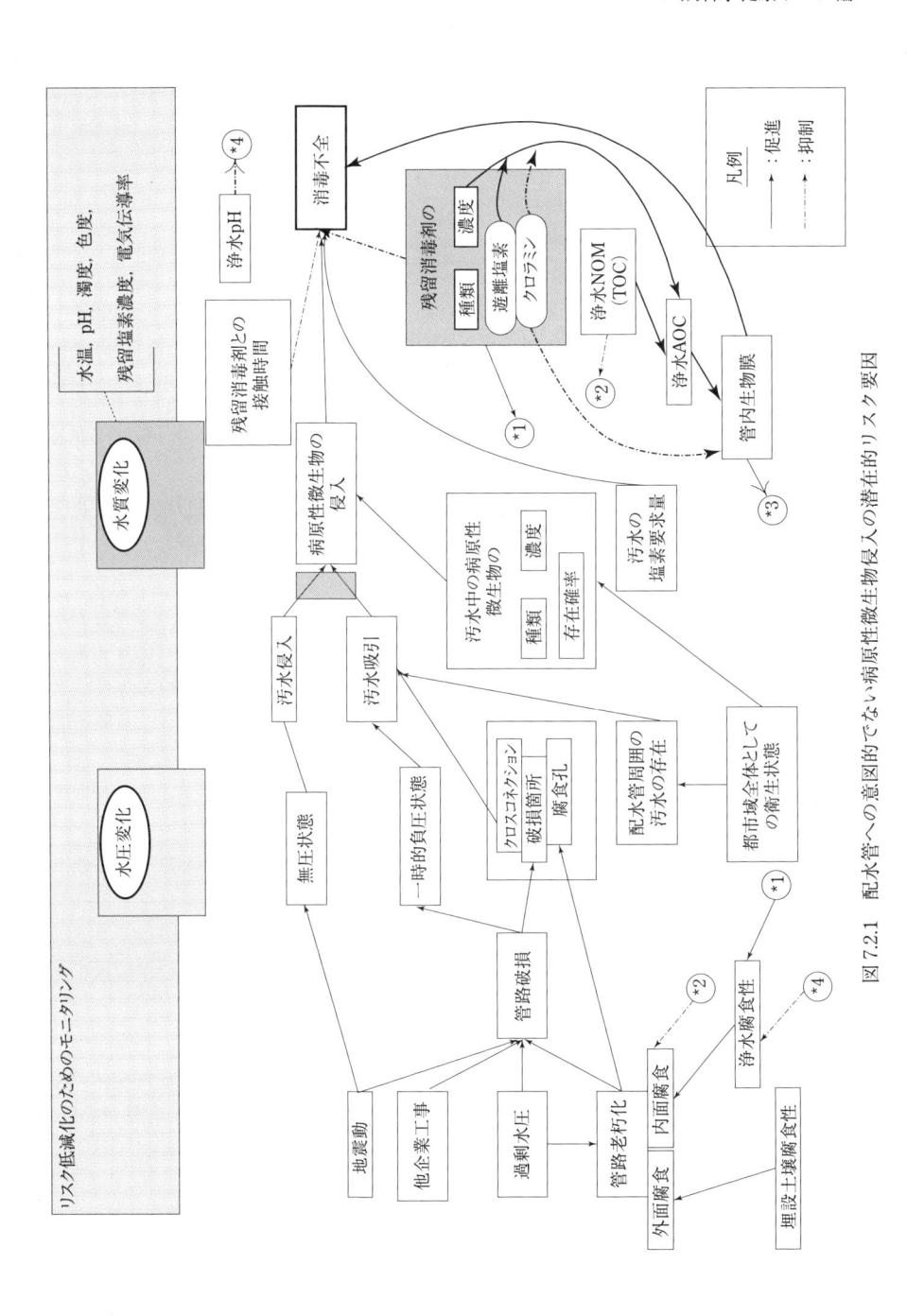

図 7.2.2（1） 浄水 TOC と微生物学的健康リスクの関係を示すイメージ図

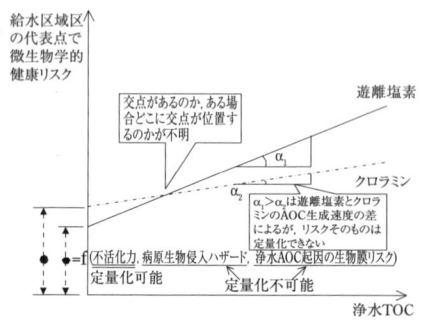

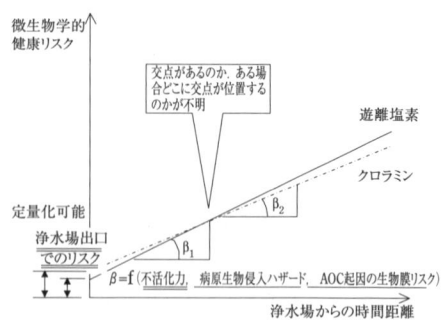

図 7.2.2（2） 浄水場からの距離と微生物学的健康リスクの関係を示すイメージ図

残留消毒剤として遊離塩素もしくはクロラミンのどちらを選定するかの決定要因群としては，配水管路の整備状態，配水管路の運用管理状態（配水モニタリングを含む），都市域全体の衛生状態，浄水水質が挙げられる．これらが比較的劣悪な場合は，微生物学的健康リスクの側面からは殺菌効果の優れた遊離塩素を採用することが概して有利である．

微生物侵入リスクのエンドポイントを感染リスク，あるいは，それによって死亡するリスクであると考えると，概して浄水場から遠方になるほど汚染累積効果によりリスクが大きくなる傾向がある．一方，浄水中の AOC は塩素量（Cl_2 ベース）が同じ場合，クロラミン処理水よりも遊離塩素処理水のほうが多く生成し，これら消毒剤との接触時間が長くなるほどその累積生成量が多くなるが，管内生物膜の発生は管路縦断形状や管内水理などにも影響を受ける．また，有効率が低い水道と高い水道を比較すると，衛生状態が同水準の場合前者のほうが病原微生物侵入リスクが高いと考えられる．

図 7.2.2 は，以上の要因の中から送配水過程で増加する AOC の前駆物質としての浄水 TOC，ならびに浄水場からの時間距離と微生物学的健康リスクとの関係をイメージ図として示したものである．上記の決定要因群に加えて給水区域規模（時間距離）が遊離塩素とクロラミンの選定の要因であることがわかるものの，実際には定量化が困難な要因が多い．

3） 化学的健康リスク

浄水中の DBP にはハロゲン化 DBP のように根拠の確かさはさまざまであるが，発がん物質であることが確認されているものがある．これらは自然由来有機物質（NOM）のような前駆物質と消毒剤との反応によって生成し，浄水場以降も残留消毒剤との反応によって水中に累積し続けるものがほとんどである（図 7.2.3）．

図 7.2.4 は，化学的健康リスクのうち最も重要視されているハロゲン化 DBP の生成抑制に限って，その前駆物質量の代理指標としての浄水 TOC，ならびに浄水場からの時間距離と THM 濃度との関係をイメージとして図示したものである．浄水 TOC が多

7 飲料水健康リスク論

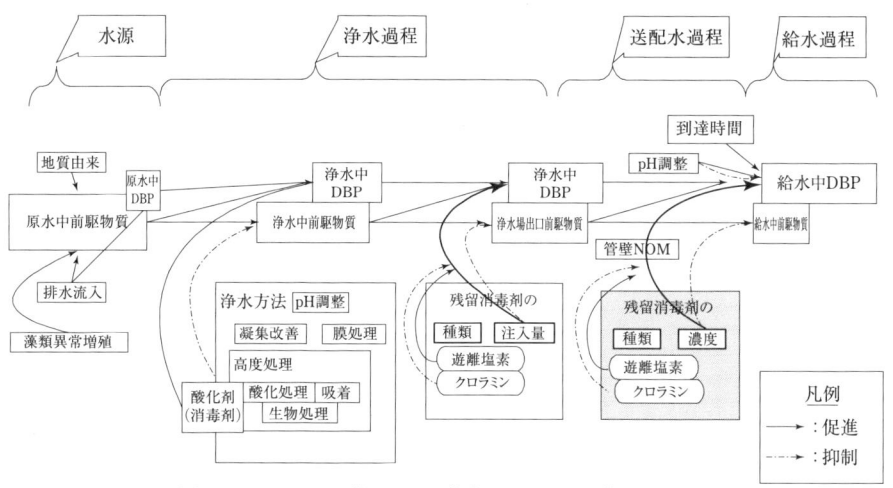

図 7.2.3 ハロゲン化 DBP の潜在的リスクに影響する要因

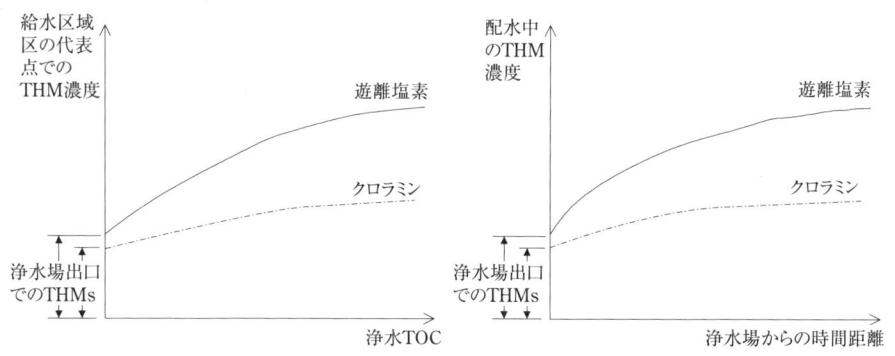

図 7.2.4（1） 浄水 TOC と THM 濃度の関係を示すイメージ図

図 7.2.4（2） 浄水場からの距離と THM 濃度の関係を示すイメージ図

いほど，また，浄水場からの距離が大きいほどクロラミンの優位性が大きくなる．

4） 健康リスクバランス

いままでに得られている知見をふまえると，化学的健康リスクのうち最も重要視されているハロゲン化 DBP の生成抑制に限れば，残留消毒剤としてはクロラミンのほうが有利であると考えられる．さらに，今後，シャワーによる DBP の吸入曝露などの健康リスクが経口曝露の健康リスクを大きく上回ると評価される場合などは，クロラミンがいっそう有利になる可能性がある．また，将来的には水需要の鈍化に伴って，浄水処理後各需要者までに到達する時間が長くなることもクロラミンの優位性を高める方向に寄与する．しかしながら，NDMA などの新規 DBP についての情報は不足しており，給水用具の真鍮腐食による鉛溶出量の増加は鉛製給水管の取り替えが完了してからも懸念材

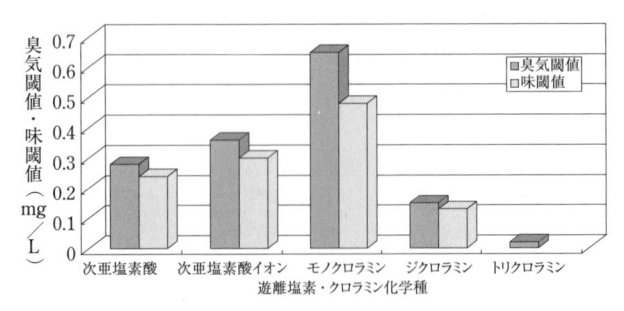

図 7.2.5 遊離塩素ならびにクロラミンの臭気閾値と味閾値
(データ出典：Kranser, S. W., and S. E. Barret[13])

料として残る．

一方，微生物学的健康リスクについては，浄水場出口段階では浄水処理や消毒を含めてのリスク定量化はある程度可能である．広範囲に布設されている配水管網における健康リスクについて直接的にアプローチする方法は現存しない．しかしながら，浄水場における適切な消毒が行われて，感染リスクが許容レベル以下に維持されている日本の平均的な水道では，送配水過程においても赤痢，コレラなどの病原菌侵入の脅威はすでに過去の問題になっている．一方，配水管周囲にウイルスや原虫類などの新たな脅威を含む汚水が存在する可能性については情報がない．健康リスクのハロゲン化DBPを重要視すればクロラミンの優位性が目立つが，新規リスクを含めて地域の実情に応じたリスク評価を行う必要がある．

(4) 経済性評価

ここで計上すべき費用は残留消毒剤変更(遊離塩素→クロラミン)に要する直接的な追加費用のほか，管路材料の腐食や劣化に係わる費用(二次的被害含む)である．前者の追加費用は概ね1〜2円/m^{3}以下程度である．後者の間接的費用については現時点では定量的な情報は得られていない．

(5) 快適性評価

残留消毒剤についての水道使用者の受容性に最も大きく影響するのは水の臭味である．クロラミン処理水の臭味については図7.2.5のように主要化学種モノクロラミンでは遊離塩素よりも感じられにくい．しかし，若干のジクロラミン(ならびに微量なトリクロラミン)の存在はこの状況を逆転させる可能性がある．

ジー，トリークロラミンの生成量を最小限にするには，塩素：アンモニア比(Cl_2/NH_3)を3：1〜5：1に，かつ水のpHを中性〜弱アルカリ性領域に維持することが必要である．これらを達成するには浄水場における薬品注入管理だけでなく，送配水系での残留濃度モニタリングや硝化作用予防のための日常的な停滞水排除作業などが必須となる．

7 飲料水健康リスク論

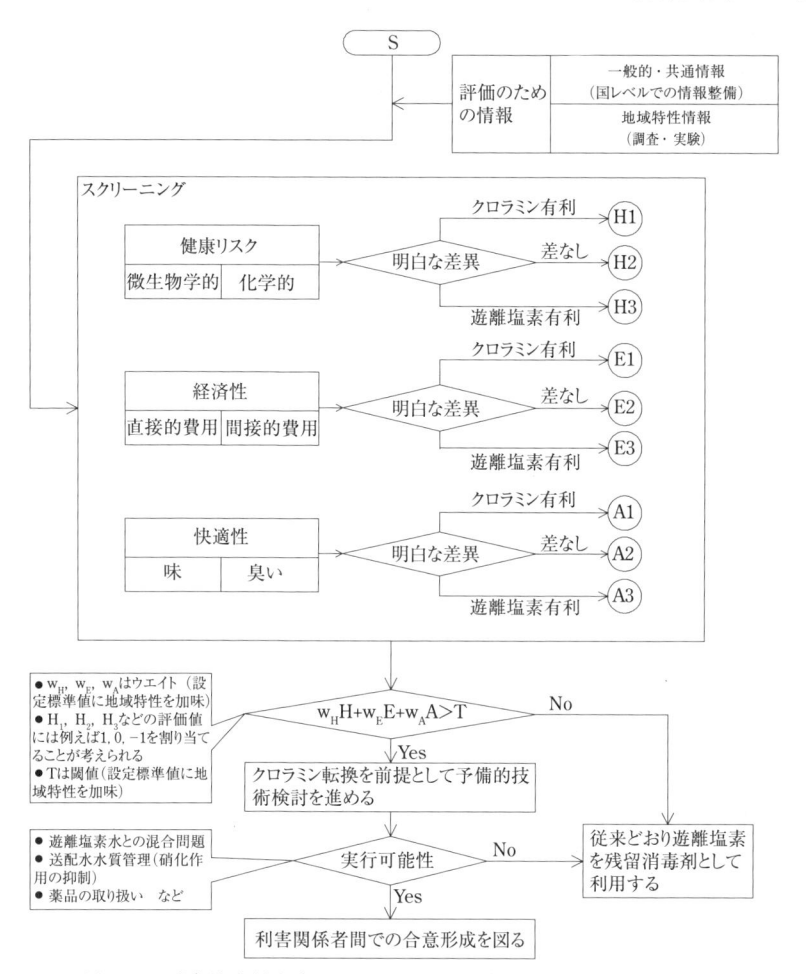

図7.2.6 残留消毒剤選定のための総合評価手順フローのプロトタイプ

(6) 総合的評価

残留消毒剤の選定において水道使用者の視点に立った要評価項目は，①健康リスク，②経済性，③快適性，となろう．さらに水道事業者側での維持管理の容易性の視点では，薬品（アンモニア）の取り扱い，送配水水質管理，クロラミン処理水と遊離塩素処理水の混合による問題（最悪の場合は残留塩素消滅）などが要評価項目となろう．用水供給事業と受水事業体とが同時に転換しない場合などはこの中で混合問題が最も大きな障害要素となる．

そこで，水道使用者の視点での評価を第1次評価（スクリーニング），水道事業者の維

持管理の視点での評価を第2次評価とする評価手順をフローとして示すと図7.2.6のとおりとなるが,その実施には後述の課題解決が前提となる.

7.2.3 国と地方の課題

残留消毒剤として従来からの遊離塩素を用いる場合,または,代替案としてクロラミンを用いる場合の得失を比較し,その選定のための総合評価プロセスの提案を行った.しかしながら,評価項目の中には現時点で得られている情報のみでは定量化の困難なものが少なくない.また,スクリーニングでの評価方式として各評価指標値と重みの積和とする線形モデルの利用が適しているのか,評価項目間の重み(図7.2.6中のw_H, w_E, w_A)をどのように設定するか,なども課題として残っている.

残留消毒剤変更の検討を行おうとする水道事業体はこれらの課題を解決する必要があるが,大部分は共通の課題として国レベルで取り組むことが効率的であろう.一方,水道事業体がその地域事情や施設特性に配慮し,水道使用者を含む利害関係者とリスクコミュニケーションを実施しながら,段階的に解決していくべき課題も少なくない.

以下に,「国レベルでの課題」と「水道事業体における課題」を整理しておこう.

(1) 国レベルでの課題

残留消毒剤選定における情報整備面での国レベルでの課題を,健康リスク,経済性,快適性の各側面で列挙すれば以下のとおりである.

1) **健康リスク**について
   - 管内生物膜微生物の健康リスク評価と水質基準(ex. HPC;サンプリング方法を含む)の設定
   - 配水管周囲の汚水中のウイルス・原虫類の存在調査
   - THMなどのハロゲン化DBPのシャワーでの吸入曝露の影響評価
   - 上記に伴う水質基準の見直し
   - 鉛溶出量差異の調査(遊離塩素vs.クロラミン)
   - NDMA生成特性と送配水施設内での挙動

2) **経済性**について
   - 材料の腐食による経済的損失の差異の調査(遊離塩素vs.クロラミン)
   - クロラミン転換時のエンドユーザでの追加的費用

3) **快適性**について
   - クロラミンそのものの臭気調査・市民受容性調査
   - 管内(特に給水管)生物膜微生物の異臭味調査
   - 硝化作用に伴う臭気調査

(2) 水道事業体における課題

水道事業体がクロラミンの残留消毒剤としての利用を検討する場合に解決すべき課題を時系列的に挙げると，以下のとおりである．

① 現在ならびに将来の送配水施設における水質保持上の問題点・課題がクロラミン導入によりどの程度改善されるか（メリット），また，導入に伴ってどのような副次的影響（デメリット）が発生する可能性があるか理解しやすいかたちで示し，利害関係者（受水団体，エンドユーザを含む）が共通の土俵で議論できる場をつくる．

② 硝化作用ならびに腐食性と材料の劣化などの諸問題が，当該水道事業（ならびに受水団体）で発生する可能性と影響を定量的に評価する．

③ 実際の注入候補地点を想定した予備的技術検討を行い，設備の方式・規模，スペース内への収納，初期投資額，維持管理費などについて事前評価を行う．

④ クロラミン導入を行う場合の送配水施設の運用方法と維持管理方法における要改善点（例えば，硝化作用発生原因となる浄水貯留施設内の停滞水域解消）を明らかにし，導入開始までに改善策を実施する計画を立てる．

⑤ 利害関係者間で合意形成を図る．

7.3 バングラデシュ飲料水ヒ素汚染

7.3.1 飲料水ヒ素汚染災害の問題点の明確化

まず，先行して行った研究[3) 14)～16)]において明らかとしたことが問題の明確化にあたるため，その概要を示し，システムズ・アナリシスを用いた適応計画方法論[17)]を適用する．

バングラデシュの飲料水ヒ素汚染災害と社会環境の関連を明らかにするために，アンケート調査を行った．ブレーンストーミングとKJ法[18)]を行い，アンケート調査項目を選定し，さらにISM法[17)]を用いて質問票の構成を決定した（「問題の明確化」）．こうして，個人情報，水に関する行動，水に関する知識，オプションの使用，生活状況の5つの大項目から構成され，50個の質問項目からなる質問票を作成した．

アンケートならびに現地調査を2003年9月～11月に行った（「調査」）．調査地域の選定にあたっては，調査協力者の現地NGOであるEPRC (Environment and Population Research Center) との打ち合わせの結果，ヒ素による人的被害が少ない地域を選ぶことにした．この理由は，人的被害が多い地域では日本人が訪れることにより過剰な期待を与え，またその期待に応えられないとき，人々の心をひどく傷つけ，逆なでする恐れがあるためである．そのうえ，調査者自身が救援活動などに回らねばならなくなる可能性もある．これらのことを考え，現地で苦しんでいる災害被災者の心を土足で踏みにじるようなことは倫理的に許されないこと，ならびに現地NGOの意見も参考にして，ヒ素

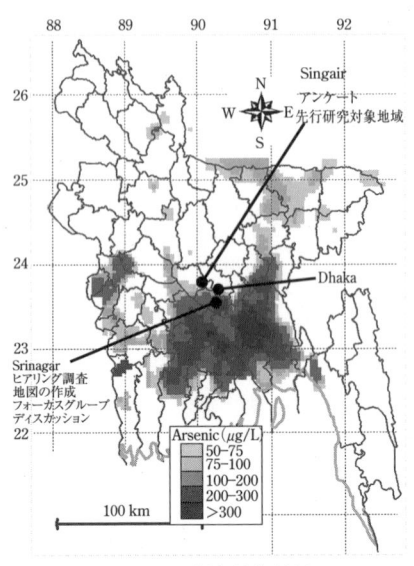

図 7.3.1 調査対象地域

汚染による人的被害が多い地域は研究対象地域として好ましくないと判断した．また，雨季の場合は洪水で行けなくなる地域もあることを考慮し，村の経済状態およびヒ素の汚染状況がまったく異なる2つの村であるAzimpur（アゼンプル）およびGlora（グローラ）を選んだ．図 7.3.1 に調査対象地域とバングラデシュにおけるヒ素汚染状況を示す[19]．

これらの村は Manikganj（マニクガンジ）地方の Singair（シンガイル：ダッカから西へ約 27 km）にあり*，互いに約 4 km 離れている．UNO (The Upazilla Adominstrative (Nirbahi) office) と DPHE (Department of Public Health Engineering) によれば，シンガイルにおいてアゼンプルは最もヒ素に汚染された地域の1つで，経済的にも貧しく，またグローラは最もヒ素に汚染されていない地域の1つで，経済的にも豊かであるということがわかっている．なお，UNO によると，おおよそ，アゼンプルの人口は 4000 人，識字率は 25％，チューブウェル（管井戸：現地でヒ素に汚染されている危険性がある）の数は 400 であり，グローラでは人口 1500 人，識字率は 53％，チューブウェルの数は 300 ということである．

私たちの帰国後，2003 年 9 月から 11 月にかけて，EPRC の全面的な協力のもと，私たち研究グループが作成した質問票を用いて現地アンケート調査を行った．実際のアンケートでは日本語から英語，英語からベンガル語というプロセスを踏んで翻訳した質問

---

*バングラデシュでの地方行政区分は，District → Upazila → Union と階層化されている．ここでは District が Manikganji，Upazila が Singair となる．District は全国で 64 あり，Upazila は 495 ある．

票を用いた．サンプル数は，アゼンプルで110，グローラで103である．
　次に，アンケート結果をもとに，数量化理論第Ⅰ類，第Ⅱ類，共分散構造分析を用いて分析を行い，住民が抱える問題とヒ素汚染災害の関連を構造化した（「分析」）．この結果，安全な水源が少なく，点在しているため，多くの住民が安全な水を得るために水運びの負担を強いられており，これが住民の生活を圧迫する大きな問題であることがわかった．すなわち，ヒ素汚染によって引き起こされる水運びの負担を軽減することが住民の生活の改善に非常に有効であり，住民の水資源選択行動が改善されることで，結果的にヒ素汚染災害の軽減につながると考えた．

7.3.2　バングラデシュの農村の現地調査

(1) 調査の目的

　事前の現地調査において，比較的近場に安全な水源があり，さらにヒ素汚染に関する知識を有しながらも，安全な水源までアクセスせず，日々ヒ素に汚染された井戸の水を飲み続けている住民も少なくない，ということが観察された．また，外部から持ち込まれた代替技術が各地で放置されているという事実もある．すなわち，現地住民の水利施設選択行動を改善するうえで，水運びの負担を軽減することは重要であるが，単純に水利施設を導入するだけでは不十分であり，住民が安全な飲料水をどの程度欲しているのか，そして住民が水運びの負担をどの程度まで受容しうるのかを考慮して，現地住民が選択しうる水資源環境を整えていくことがバングラデシュのヒ素汚染災害を減じるために重要であると考えられる．

　現地住民の水運びの負担を理解するためには，現地住民の水利用に関する行動・状況を知る必要がある．そこで，日本のNPOと現地のNGOの協力を得て，2005年8月24日から9月10日にかけて現地調査を行った．また，その後2005年12月に追加的な調査を行った．

　ここでの調査目的は，現地住民の水利用に関する行動・状況を知るために，現地の地理的な状況や安全な井戸と家・集落の位置関係を記述する地図を作成すること，代替技術の導入が進んでいる地域での代替技術の使用状況の把握や，その使用者に対するヒアリング調査を行うこと，さらに現地NGO，UNICEFへのヒアリングにより，ヒ素汚染に対する代替技術の特性を明確にすることである．

　調査期間の制約から，日本のNPOと現地NGOによる農村部の衛生啓発活動の対象地域の1つであるPatabogh（パタボ）ユニオンの村，Basaibogh（バシャイルボグ）で調査を行った．

　パタボユニオンは首都ダッカから南西に約20 kmに位置し，DPHEによれば，人口1万4747人，世帯数2846戸，チューブウェルの総数920，汚染されているチューブウェルの割合87.72%，ヒ素中毒患者数9人である[20]．

　なお，本調査において，対象地域を（事前調査を行ったアゼンプルとグローラから）変更

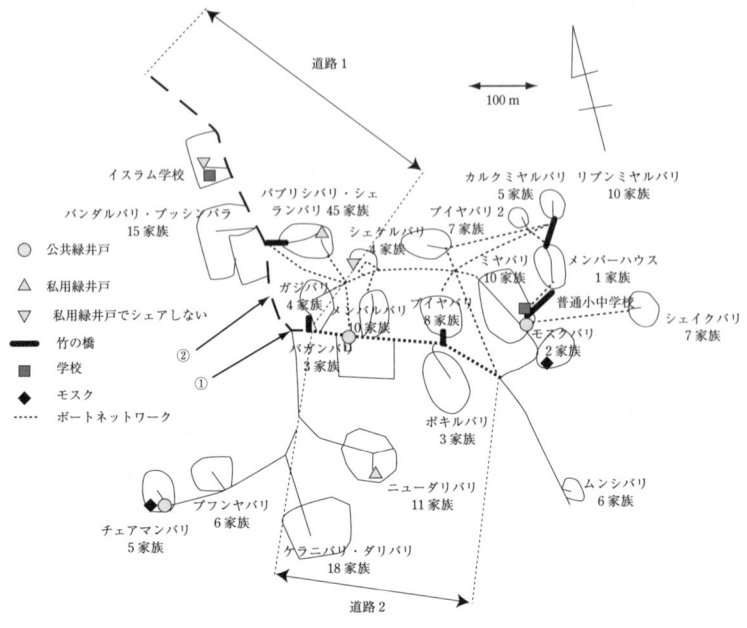

図 7.3.2 調査対象地域周辺地図

することとなった理由は以下のとおりである．すなわち，ヒ素汚染問題に対する計画論の構築を目的とする研究グループと，実際に村へ技術援助を求める現地協力者であるNGOとの認識の相違により，現地調査における協力が得にくくなっていたこと，また対象地域に実際的に技術援助などで具体的に何かができるわけではなく，これ以上の再調査は現地住民に過剰な期待を与えるだけと考えたためである．

(2) **調査の結果**

まず，作成したバシャイルボグ周辺の地図を図 7.3.2 に示す．地図の作成にあたっては，GPS受信機を持ち歩き，位置情報の受信履歴をもとに作図した．受信頻度は1分に1回と設定した．GPS受信機によるデータは1/100秒単位まで測定可能であったので，対象地域が数 km^2 程度と広くないことから，完全な平面と見立て，1/100秒を30 cmに近似し，図 7.3.2 の地図の作成を行った．

図 7.3.2 において多角形で囲まれた部分をバリと呼ぶ．雨期においては1つの島となり，基本的には親戚どうしが住んでいる．もともとバリは一族という意味であるが，親戚ではなくても集落全体を現地ではバリと呼ぶ．バリにおいては木々が生い茂っていたためGPSデータが取れない場所が多々あり，地図上におけるバリの大きさは正確ではない．図 7.3.2 に各バリの名前と世帯数を示している．

7 飲料水健康リスク論

地図上の線分，多角形内以外の場所は，すべて洪水の影響を受けて水につかっているため，各バリは島のようにみえる．乾期には水がほとんど引き，水につかっている部分の多くは田畑となる．4月に最も水位が低下し，年に1度の米が収穫される．中央に通っている道は舗装されており，幅は2, 3m程度である．まれに，リキシャやオートバイが通る．

次に，現地で実際に導入されている代替技術の特徴を表7.3.1に示す．これらの特徴は，現地NGOのAAN (Asia Arsenic Network)，SPACEならびにUNICEFでのアンケートと，すでに導入が進んでいる村での観察とヒアリング，さらに文献から得た知見によりまとめたものである[20]〜[22]．

バシャイルボグの地形的特徴（雨期）とヒ素汚染状況を以下に示す．

・ヒ素汚染対策としては7つの深井戸が導入されており，これらはすべて安全な井戸である*．なお，7つの深井戸のうち，3つは公共の井戸である（モスクの前，道路沿い，普通学校の横）．深井戸以外の技術は導入されていない．7つの深井戸以外の井戸はすべてヒ素汚染されたチューブウェル（管井戸）である．

・バリ内には汚染されたチューブウェルが数本あり，主に生活用水として使用されている（飲料水として用いているバリもある）．

・島と島の移動は竹の橋，またはボートで行われる．水につかっている多くの場所はウォーターヒヤシンスが繁茂している．

・汚染された赤井戸を使用していたバリは，バンダルバリ・プッシンパラ，リプンミヤルバリ，カルクミヤルバリ，ムンシバリであった．なお，ヒアリング調査により，ムンシバリの住民は深井戸に水をくみに行くより，その後3日間の観察でも深井戸の使用を続けていたが，12月の調査から元通り赤井戸を飲んでいることが判明し，さらに，新たにシェイクバリ，ポキルバリ，メンバーハウスの住民が赤井戸を使用するようになっていたことが判明した．

ヒアリング調査を通しては，特に以下のことが明らかとなった．これらは，対象地域以外の村でも確認でき，さらにUNICEFや現地NGOへのヒアリングからも，全国的な問題となっているものであると考えられる．

・現在抱えている悩み事に関しては，ほぼすべての人がヒ素と衛生の問題であると答えていた．

・現地住民にとって，水運びの負担は非常に大きな悩みであった．水運びは女性が行う仕事であり，単に距離が遠いという理由だけではなく，親族以外の男性と会いた

---

*バングラデシュでは政府や現地NGOの活動により，ヒ素に汚染されていない井戸を緑に，ヒ素に汚染されている（バングラデシュの飲料水のヒ素基準濃度である0.05 mg/Lを超える）井戸をペンキで赤く塗り，識別できるようにしている．なお，現在国内のすべての井戸がペンキで塗り分けられているわけではない．

表 7.3.1 現地で導入されている代替技術

代替技術	初期設置条件	設置時に調査すべきこと	建設費 TK	維持管理と費用	水量 不確実性	対象	ヒ素リスク(注1)	水質(注2)	におい	味	中央政府の方針
深井戸 約150 m	ヒ素が出るかどうか不明 水が出るか不明	ヒ素が出るかどうか 水が出るかどうか(調査費用は莫大)	45000	なし	なし 年中水が供給可能	40〜80家族 個人〜地域	あり	中	中		深層水の保護 地下帯水層の挙動が不明 準優先
雨水装置 (家庭ベース)	雨水を確保する 屋根がある	雨水の安全性	4000〜7000	乾期はすこしずつ利用 乾期の最後は水がなくなる	乾期に干上がる 乾期の最後は水がなくなる	1家族 個人	なし	良	良		雨期だけでも安全な水が飲める地下水塩分が高い地域で効果的 個人ベースなので個人で
雨水装置 (コミュニティベース)	雨水を確保する 屋根がある	雨水の安全性	25000	出資者・非出資者のバランス 水量が限られており平等性確保が難しい 乾期の最後に洗う	乾期に干上がる 乾期の最後は水がなくなる	5家族 数世帯	なし	良 個人ベースよりやや劣る	良		雨期だけでも安全な水が飲める塩害地域で効果的 個人ベースなので個人で
AIRP付き チューブウェル	85〜95%の除去能力 除去限界濃度あり 乾期は濃度上昇	乾期に水が枯れないか 現場で濃度測定 40 TK 研究所で濃度測定 300 TK	1000〜8000	廃棄物の廃棄 管理 2007TK程度? 管理・金の収集	乾期に干上がる可能性	1〜10世帯程度 個人〜地域	あり	中〜悪	中〜良		除去能力に関して要研究 適切に試験されたもののみ許可 廃棄物の廃棄に関して要研究 民間による開発・普及へ期待
ダグウェル		水が出るかどうか ヒ素が出ないかどうか 乾期に水が枯れないか(調査費用はなし)	10000〜35000	なし	乾期に干上がる可能性	10〜30世帯 個人〜地域	あり	悪	悪	良	優先
ダグウェル (フィルター付)		水が出るかどうか ヒ素が出ないかどうか 乾期に水が枯れないか(調査費用はなし)	50000 程度	3ヶ月に1回程度 汚れた上面を除く 住民参加必要性大 管理・金の収集	乾期に干上がる可能性	10〜30世帯 地域	あり(小)	良	悪	良	優先
ポンドサンドフィルター	飲料専用の池の提供 洗濯沐浴禁止 漁業禁止 年中池に水があるか		25000〜120000	管理 住民参加の必要性大 汚れた上面を除く 重力層の掃除(毎朝塩素投入) 年間500〜1000 TK?	乾期に干上がる可能性	40〜120世帯 地域	なし	良 汚染されるリスク高	悪〜良		優先
水道システム	原水をそのまま配水 または浄化して配水		375000〜1850000	管理人必要 住民参加の必要性大 維持管理難		150〜250世帯 それ以上 村全体					将来浄化した表流水を利用したシステムを普及させる

注1) ヒ素リスクとは将来的にヒ素によって汚染されるリスクを示す。
注2) 水質とは、大腸菌・マンガン・鉄・濁度・深度・塩分・アンモニウム・全窓含有濃度の基準の達成度を表している。

- ヒ素汚染に関する知識を有し、しかも安全な水源までの距離がそれほど遠くないにもかかわらず、汚染された井戸を飲んでいる住民もいた.
- 現地で導入が進んでいる代替技術はどれも一長一短であり、現地活動家たちの中でも合意されたものはなかった.

本調査ならびに事前調査において、援助として導入されたが住民に受容されず放棄された代替技術をみることができた。この原因を以下に示す.

- 現状のチューブウェルに比べて、使いにくい、水の味が悪い.
- メンテナンスの仕方がわからず、安全かどうかもわからない.
- メンテナンスをしようと思えば金銭的な負担をする必要がある.
- 地域によってはそもそもヒ素中毒患者をみたことがなく、10年以上も汚染された井戸を飲んでいるが外見的な健康に問題はないため、ヒ素に対する不安感をあまり感じていない.
- 導入された技術が誰のものなのかわからないために所有者としての意識がなく、故障すれば使い続ける気がない.

(3) 分析のための調査結果の考察

(2)でまとめたように、調査を通して現地の住民の水との関わり方やヒ素汚染に対する認識をより深く理解した結果、バングラデシュにおける飲料水ヒ素汚染問題という水資源災害は社会環境計画の枠組みでとらえることが必要であると認識することが重要であると考えられる。いいかえれば、バングラデシュのヒ素汚染災害は環境文化災害として位置づけられる。環境文化災害とは、人々が文化(価値の体系と生活様式)を遵守することで結果的に人間にもたらされることになるような災害を指す[23]。水くみは女性の仕事であり、また女性はなるべく(男性の)人目にはつきたくない、さらに具体的に何かが起こるまでは何もしないという現地イスラム文化の風習が、元来あるヒ素汚染を災害へと発展させる引き金になっていると認識することができるのである.

しかしながら、ここで文化を変えることが減災につながると主張するのではない. 7.3.3項以降では、文化と防災の共存を目的とした社会環境計画として、バングラデシュにおける水資源の整備計画を位置づけ展開する。新しい価値体系はこれまでの伝統と必ずしもすぐには融合しない。したがって、バングラデシュにおいてもまずは外部の技術援助という(外部の)公助を前提とし、段階的に自助・共助・(国内の)公助と(外部の)公助との連携へと移行していくことが現実的であろう[24].

まず、現在うまく機能していない(外部の)公助の技術援助の原因を7.3.3項の安全な飲料水に対する欲求度のモデルと7.3.4項の水運びストレスのモデルを用いて「分析」する。そして、これらのモデルを用いて、7.3.5項で具体的なヒ素汚染対策の代替技術の導入手順を示す(「計画代替案の設計」)。ここでは、代替案を代替技術の集合として提示

することで，外部による技術援助の導入だけではなく，現地の住民が自ら選択し，行動する可能性も担保する．すなわち，(外部の)公助から自助あるいは共助への移行を視野に入れた計画代替案の設計を示す．

7.3.3 安全な飲料水に対する欲求度のモデル化

(1) モデル化のねらい

2回の現地調査を通して，研究対象地域以外のいくつかの村で，導入されながらも実際に現地住民に受け入れられずに継続的に使用されずに放置された代替技術が多くみられたと述べた．さらに，比較的近場に安全な井戸がある場合ですら，その井戸を使用せず，自分のバリ内の汚染された井戸を飲料用として使用し続けるというケースも多く見受けられた．7.3.2項でふれたように，現地住民に尋ねると，水の味が悪い，安全な井戸まで遠いといった回答を筆頭にさまざまな理由が返ってくる．

このような現地住民の行動は，本質的には，住民の潜在的なヒ素汚染に対する意識や生活状況に起因するものではないかと考えられる．すなわち，多くの住民は経済的に困窮しているため，ヒ素汚染に対する対策をするだけの余裕がもてず，また，ヒ素による中毒症状は数十年後に現れるため，ヒ素に対する不安感ももちにくいのではないかと考えられる．

ここでは，以上の仮説に対し，事前調査の対象地域であるアゼンプルにおけるアンケート調査結果をもとに，住民の飲料用水資源の選択行動を分析する．具体的には，ヒ素に対する不安感，生活安定感，水運びストレス，安全な飲料水に対する欲求度を潜在変数とした多重指標モデルを構成し，共分散構造分析[25]を用いて，これらの潜在変数の因果関係を分析する．

次に，この分析をふまえ，調査対象地域であるバシャイルボグにおいて見受けられたような，比較的近くにある安全な井戸(深井戸)にアクセスしないという現地住民の行動を記述するために，安全な飲料水に対する欲求度のモデルを作成する．

(2) 潜在変数のモデル化

ここでは，現地住民の水資源選択行動を規定する潜在変数として，ヒ素に対する不安感，現状の生活の安定感，水運びのストレス，安全な飲料水に対する欲求度を仮定する．これらは現地調査の後，私たち日本人の研究グループがブレーンストーミングにより抽出したものである．以下の記述では，観測変数として用いるアゼンプルでのアンケート項目を｜ ｜で表し，潜在変数を【 】で表すこととする．また，ここで用いる観測変数に関するアゼンプルでのアンケート回答の単純集計結果を表7.3.2に示す．

1) ヒ素に対する不安感

【ヒ素に対する不安感】を図7.3.3のようにモデル化する．

現地調査において，ヒ素汚染に対する不安感が欠如していると思われる住民を多く

7 飲料水健康リスク論

表 7.3.2 アゼンプルでのアンケート回答の単純集計結果

観測変数	カテゴリー	回答	観測変数	カテゴリー	回答
自分の井戸に色	ついている	83	自分以外の問題を考える	よく考える	47
	ついていない	25		めったに考えない	21
ヒ素の有害性	よく知っている	89		考える余裕がない	42
	聞いたことはある	17	水運びにかかる時間	かなりかかる	42
	まったく知らない	3		少しかかる	38
自分や子供の将来の健康	非常に不安がある	83		まったくかからない	30
	少し不安がある	20	水くみ場へのアクセス	簡単	59
	問題ない	6		どちらともいえない	11
識字	可能	49		しにくい	40
	不可能	60	水量満足	満足	65
薬	手に入りやすい	68		どちらともいえない	21
	どちらともいえない	5		不満	24
	困難	37	代替技術について	よく知っている	29
→困難である理由(複数回答可)	金銭的余裕がない	31		少し知っている	18
	薬屋まで遠い	14		知らない	62
病院	よく行く	58	ヒ素問題に対する代替技術	強く導入して欲しいと望む	35
	ひどい病気のときだけ	50		どちらかというと望む	66
	行けない	2		必要ない	9
→行けない理由(複数回答可)	金銭的余裕がない	1	安全な水を得ることへの負担	強く負担したい	36
	病院まで遠い	1		負担したい	44
				負担したくない	19

観察できた．特に，2つの調査対象地域に明らかなヒ素中毒患者がいなかったこと，ヒ素は数十年間かけて人体に蓄積してから皮膚病やがんになること，さらにヒ素の濃度によっては仮に基準値を超えていても人体に影響を与えない場合もあることを考えると，差し迫った不安感をもちにくいと考えられる．

図 7.3.3 の不安感モデルで用いる観測変数は，|自分の井戸に色がついている|，|ヒ素の有害性を知っている|，|自分や子供の将来の健康が不安である| である．すなわち，自分の井戸に色がついており，ヒ素汚染が自らにとって非常に身近な現象であることを強く感じていること，ヒ素の有毒性をよく知っていることが，ヒ素に対する不安感を上昇させ，結果として，自分や子供の将来の健康が不安になるという構造を仮定している．

図 7.3.3　不安感モデル

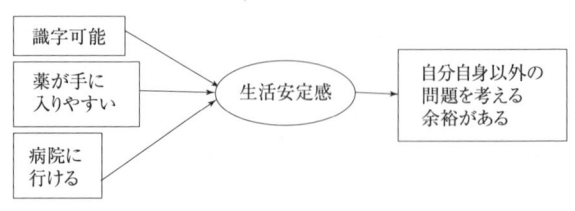

図 7.3.4　生活安定感モデル

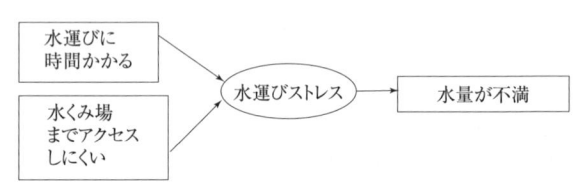

図 7.3.5　水運びストレスモデル

2） 現状の生活の安定感

現状の【生活安定感】を図 7.3.4 のようにモデル化する．

現地調査によれば，裕福な人のほうがヒ素に対するなんらかの対策を行う意識が高いことが感じとれた．そこで，観測変数として，|識字可能|，|薬の手に入りやすさ|，|病院に行けること|，|自分自身以外の問題を考える余裕がある| を想定する．すなわち，識字可能であること，薬が手に入りやすいこと，病院に行けることにより生活の安定感を規定し，その結果として，自分自身以外の問題を考えるだけの余裕があることとなる．

3） 水運びストレス

【水運びストレス】を図 7.3.5 のようにモデル化する．

ここでは潜在変数の【水運びストレス】に対する観測変数として，|水運びに時間がかかる|，|水くみ場までアクセスしにくい|，|水量に不満感がある| を用いることとする．すなわち，水運びにかかる時間や水くみ場へのアクセスのしにくさが，水運びのストレスを生み出し，飲料水の水量に満足できなくなると仮定する．

4） 安全な飲料水に対する欲求度

安全な飲料水に対する欲求度が高ければ，代替技術を紹介して欲しいという意識や，安全な水を得るために（金銭的 and/or 肉体的な）負担を惜しまないという意識をもつようになることが考えられる．

7 飲料水健康リスク論

```
┌──────────┐      ╭──────╮      ┌──────────┐
│代替技術に│─────▶│欲求度│─────▶│代替技術を│
│関する知識│      ╰──────╯      │紹介して欲しい│
└──────────┘          │         └──────────┘
                      │         ┌──────────┐
                      └────────▶│安全な水を│
                                │得るのに負担│
                                │してもよい│
                                └──────────┘
```

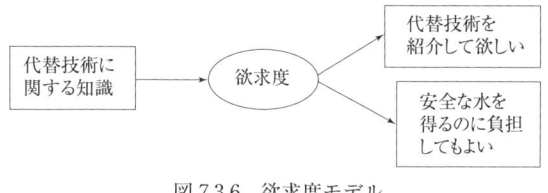

図 7.3.6　欲求度モデル

そこで,【安全な飲料水に対する欲求度】を図 7.3.6 のようにモデル化する.

ここで用いる観測変数は,｜代替技術に関する知識｜,｜代替技術を紹介して欲しい｜,｜安全な水を得るのに金銭的 and/or 肉体的負担してもよい｜ である. すなわち,代替技術に関する知識が安全な飲料水に対する欲求度を高め,また,欲求度が高まることにより,技術を導入して欲しいと思う,安全な水を得るために負担する気がある,という状態になると仮定する. 安全な飲料水に対する欲求度を,以下では単に欲求度と呼ぶこととする.

(3) 欲求度の構造化

ここでは前の(2)でモデル化した 4 つの潜在変数を用いて,安全な飲料水に対する欲求度を最終到達点とした多重指標モデルで作成する. そして,共分散構造分析を用いて,潜在変数と観測変数の因果関係を分析する.

ここでは,3 段階評価の観測変数を用いて共分散構造分析を行う. 通常,共分散構造分析では連続変数が用いられる. 離散変数を用いる場合には,連続変数と見なすために 5 段階評価以上 (7 段階評価,9 段階評価など) が望ましいとされており,3 段階評価ではモデルによって推定された数値の精度が粗くなると考えられている. 今回はデータの制約のため,3 段階評価の離散観測変数を用いるが,ここでは変数間の因果関係の大きさの度合いや正負を表現するという限定的な目的のもとで共分散構造分析を行うこととする. なお,連続変数であることが問題となるのは内生変数のみであり,外生変数に関しては,重回帰分析などと同様,ダミー変数として 0-1 変数を用いることが可能である.

(2)で示した潜在変数を用い,欲求度を最終到達点とした多重指標モデルで図 7.3.7 に示す. すなわち,図 7.3.7 はヒ素の不安感,生活安定感,水運びストレスが安全な飲料水に対する欲求度に影響を及ぼすことを仮定したモデルである.

図 7.3.7 では省略しているが,すべての内生変数には誤差変数を導入している. サンプル数は 98,自由度 58 であり,モデルの適合度指標である GFI は 0.855,AGFI は 0.772,RMSEA は 0.094 であり,GFI が 0.9 を少し下回ったが,適合度は良好であると考えられる. 図 7.3.7 において,これらはすべて標準化された係数である. すなわち,各潜在変数の分散は 1,平均は 0 になっており,各係数は -1 から 1 の間をとる.

図 7.3.7 より,【生活安定感】,【ヒ素不安感】,【水運びストレス】はおのおの式 (7.3.1),

図 7.3.7　多重指標モデル

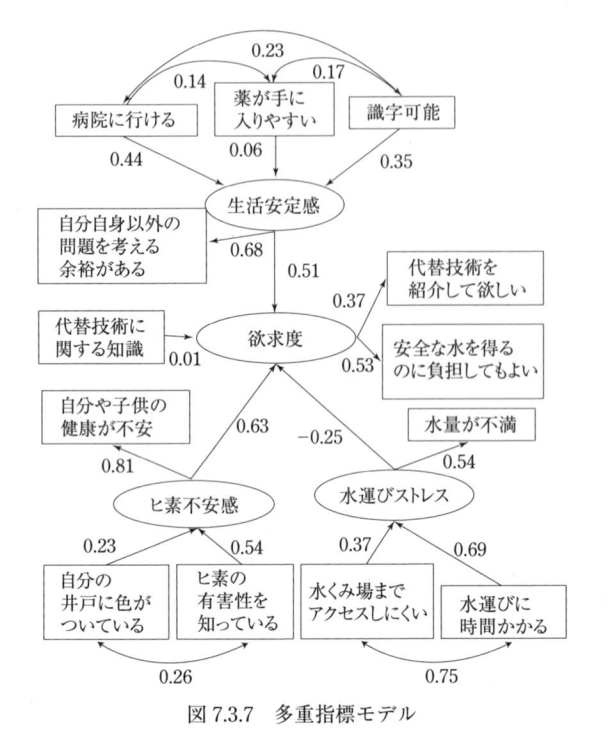

(7.3.2), (7.3.3) で表現される.

【生活安定感】
$= 0.35 \times$ {識字可能} $+ 0.06 \times$ {薬が手に入りやすい}
$\quad + 0.44 \times$ {病院に行ける} $+ d_1$ 　　　　　　　　　　　(7.3.1)

【ヒ素不安感】
$= 0.54 \times$ {ヒ素の有害性を知っている}
$\quad + 0.23 \times$ {自分の井戸に色がついている} $+ d_2$ 　　　　(7.3.2)

【水運びストレス】
$= 0.37 \times$ {水くみ場までアクセスしにくい}
$\quad + 0.69 \times$ {水運びに時間かかる} $+ d_3$ 　　　　　　　(7.3.3)

ただし, $d_k (k=1,2,3)$ は誤差変数である. ここで用いた観測変数により,

【生活安定感】の約 31% $(0.35^2 + 0.06^2 + 0.44^2)$,
【ヒ素不安感】の約 34% $(0.54^2 + 0.23^2)$,
【水運びストレス】の 61% $(0.37^2 + 0.69^2)$

7 飲料水健康リスク論

が説明されているといえる．

さらに，【欲求度】は式 (7.3.4) で表現される．

$$
\begin{aligned}
【欲求度】 &= 0.63 \times 【ヒ素不安感】 - 0.25 \times 【水運びストレス】 \\
&\quad + 0.51 \times 【生活安定感】 \\
&\quad + 0.01 \times |代替技術に関する知識| + d_4
\end{aligned}
\tag{7.3.4}
$$

ここに，d_4 は誤差変数である．

式 (7.3.4) より，【ヒ素不安感】，【水運びストレス】，【生活安定感】，|代替技術に関する知識| によって【欲求度】の約 72% ($0.63^2 + 0.25^2 + 0.51^2 + 0.01^2$) が説明されることとなる．

(4) 欲求度の再構成

共分散構造分析によって得られた欲求度と生活安定感，ヒ素不安感，水運びストレス，さらにこれら潜在変数を構成する観測変数の因果関係（図 7.3.7）を以下で考察する．なお，図 7.3.7 における符号の正負から，各潜在変数の因果モデルにおける仮定は妥当であったと考えられる．したがって，以下では設定した各潜在変数の命名をそのまま用いることとする．

式 (7.3.4) において，安全な飲料水に対する欲求度の構成要因としては，生活安定感とヒ素の不安感が特に大きな要因であることがわかる．これらの 2 つの潜在変数の規定力は約 66% ($0.63^2 + 0.51^2$) であるのに対し，水運びストレスの規定力は約 6% (0.25^2) 程度であるので，本質的なモデルの簡略化という目的のもと，安全な飲料水に対する欲求度が生活安定感とヒ素の不安感という 2 つの指標によって表されると近似して考えることとする．そこで新たに，欲求度と欲求度を構成する生活安定感とヒ素の不安感の関連を以下に考察する．

現地では安全な飲料水を得ることがなんらかの負担[*]を伴うものである．ヒ素が目に見えず，具体的な被害がわからないこと，また，多くの住民は日々の生活にすら困窮し，ヒ素問題を考えるだけの余裕がないということが，ヒ素汚染対策のために安全な飲料水を求めようとする意欲を低下させると考えられる．すなわち，欲求度は安全な飲料水を求めようとする意欲であり，欲求度は個人の生活安定感とヒ素の不安感によって変化すると考えられる．欲求度が大きければ安全な飲料水を得るのに負担をかけてもよいと思うようになり，逆に欲求度が小さい人は，安全な飲料水を得るために負担をかけたいとは思っていない人であると解釈できる．

---

[*]水運びの負担，代替技術を維持管理する金銭的 and/or 肉体的・精神的負担，代替技術を導入する金銭的 and/or 肉体的・精神的負担など．

図7.3.7より，ヒ素の不安感は欲求度に正の影響を与えることがわかる．すなわち，ヒ素に対する情報をもっており，ヒ素の危険性を認識していれば，ヒ素に対する不安感が高まり，その結果欲求度が高まって，なんらかの対策をしたいという意識をもつようになるといえる．なお，代替技術に関する知識の影響はほぼゼロであった．表7.3.2からも，代替技術に関する知識をもっている人は約4割程度と多くないことがわかる．したがって，何も技術に対するイメージがないまま，なんらかの対策をしたいと答えている人が多いことが推察される．

また，図7.3.7から，生活の安定感は欲求度に正の影響を与えることがわかる．すなわち，生活状況が安定している人（医者に行く，識字可能であることから，比較的裕福な人であると解釈できる）は，なんらかの対策をしようとする意識が高いことがわかる．生活が安定しているために，ヒ素という目に見えないものに対して対策をしたいと思えるようになると考えられる．

(5) **欲求度を用いた水資源選択行動のモデル化**

現地調査を通して訪れたいくつかの村で，アゼンプルと同様に代替技術が放棄されていることや，水運びのストレスが大きな問題であることが観察できた．これらは現地のヒ素汚染問題に共通した特徴であると推察され，ヒ素汚染のひどい地域では，(4)までに示した生活安定感，ヒ素不安感，欲求度を潜在変数とする構造モデルにおける因果関係が同様に成立すると考えられる．

対象地域（スリナガル・バシャイルボグ）において，深井戸以外の代替技術は導入されていなかったが，今後深井戸だけにとどまらない代替技術の導入を考えるとき，図7.3.7のモデルをふまえ，住民の欲求度も考慮した対策を行うことが本質的なヒ素汚染被害の軽減に対して重要であると考えられる．いいかえれば，現地における代替技術の持続可能性は，現地住民の水資源選択行動の背景となる心理的な要因や，心理を構成する社会環境を無視して成立するものではないと考えられる．そこで，ここでは，(4)で示した欲求度の構造がバシャイルボグにおいても成立するという仮定のもとに，欲求度という概念を用いて現地住民の飲料用水資源の選択行動を記述するためのモデルを作成する．

(4)では欲求度の構造化において，潜在変数として水運びストレスを捨象した．しかしながら，現地の観察やヒアリング，および事前のアンケート調査から，水運びストレスは現地住民の選択行動における重要な要因の1つとなると考えられる．すなわち，欲求度を生活安定感，ヒ素不安感によって規定したとき，水運びストレスはこれらと大きな関連性はもたないが，実際の水資源選択行動においては，欲求度と水運びストレスが独立座標として現地住民の水資源評価空間を構成し，これによって水資源の選択行動が決定されるのではないかと考えられる．

例えばある水利施設を選択する場合（図7.3.8），欲求度が大きいと，それだけ安全な水を欲しており，水運びのストレスが大きくても，深井戸までアクセスし続けることと

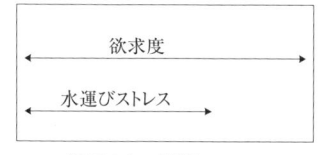

7 飲料水健康リスク論

```
┌─────────────────┐         ┌─────────────────┐
│   ←  欲求度  →  │         │   ←  欲求度  →  │
│ ← 水運びストレス → │       │ ← 水運びストレス → │
└─────────────────┘         └─────────────────┘
   図7.3.8 選択モデル           図7.3.9 非選択モデル
```

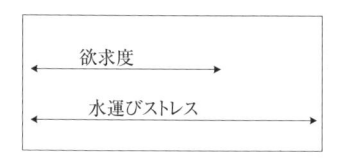

なる．逆に，ある水利施設を選択しない場合(図7.3.9)，安全な水を強く欲しているわけではないので，遠くにある深井戸までの負担を受け入れることができず，結果として近くにある汚染された赤井戸の水を飲むこととなる．

以上のモデルを用いてヒ素汚染対策を考えれば，短期的には深井戸などの代替技術を導入することにより水利施設までの水運びのストレスが減じられ，住民の欲求度との兼ね合いによりアクセスできる水利施設が増え，汚染された赤井戸の水を飲む住民の数が減少すると考えられる．また，長期的には，教育などによってヒ素の健康リスクの認知を促すことで不安感が増長し，安全な飲料水に対する欲求度が増加することにより[*]，赤井戸の水を飲む住民の数が減少することが期待できると考えられる．すなわち，ハード的な対策による住民の水運びストレスの減少，また，ソフト的な対策による欲求度の増加という2通りのアプローチにより，現在赤井戸を飲む人の数は減少し，ヒ素汚染被害は軽減すると考えられる．

以上のような考察は認識論的には一般に共有されていても，実践が伴っていないのが現状であると考えられる．そのため，以降，ここで示した欲求度と水運びストレスという2つの概念を軸に，定量的にこれらを評価し，具体的な水利施設整備の計画手順を示すことを目的とする．次に，水運びのストレスを定量的に評価するモデルを示す．

7.3.4 水運びストレスの計量

(1) 水運びストレスのモデル化

バシャイルボグでのヒアリング調査，また，アゼンプルとグローラにおける事前アンケート調査において，水運びは女性の仕事であることがわかった．子供，男性が水を運ぶこともあるが，これは補助的なものであった．現地ヒアリング調査から，イスラム文化において，女性は親族以外の男性と会うことを嫌い，水運びをする際に不特定多数の男性の目にさらされることが精神的な負担となっていることがわかった．そこで，ここでは肉体的な水運びのストレスのほかに，外に出て人目につくという精神的なストレスをも考慮した女性を対象とした水運びのストレスをモデル化することとする．

バリ内には主に親戚どうしが暮らしており，ヒアリング調査によると水くみに関する

---

[*]欲求度を構成する要素のうち住民の生活安定感は容易に上昇するものではないが，ヒ素に対する不安感を高めることは可能であると考えられる．

行動パターンはバリ内でほぼ同じであった*．バリ内では家族間で互いに大きな影響を与えあっていると想定でき，バリを1つのクラスターとして取り扱うことが可能であると考えられる．したがって，以下ではバリを1つの単位とし，バリ内における世帯数をストレスのウエイトとして用いることとする．なお，以下では地図上のバリのおおよその中心点をバリの位置と定義する．

1） 肉体的ストレスの定義

肉体的ストレスは，水を運ぶ際の肉体的なストレスを表す指標であり，ここでは肉体的ストレスを水運びの仕事量と定義することとする．すなわち，

$$\text{仕事量} = \text{重量(kg)} \times \text{距離(m)} \tag{7.3.5}$$

である．

現地調査より，土地はほぼ平坦であったため，仕事量として扱う距離は歩行移動距離，竹橋移動距離，ボート移動距離のみとし，これらを別々に扱う．

各集落の中心を基準に取り，仕事量の構成要素を以下に定義する．

d_{ij}：バリ i から深井戸 j までの歩行距離
b_{ij}：バリ i から深井戸 j までで使用するボート移動距離
h_{ij}：バリ i から深井戸 j までの竹橋の移動距離
$m_{i(f)}$：バリ i の人のコルシ（水を入れる容器）の重量・行き（水なし）
$m_{i(b)}$：バリ i の人のコルシの重量・帰り（水あり）
K_i：水運びの回数 / 日

各距離の特性の違いから，歩行距離を実距離で表すとし，モデル上で竹橋移動距離は実距離の h_i 倍であるとする．現地調査より，竹橋の移動はストレスが大きいと考えられるため，$h_i > 1$ となる．また，ボートを用いたときのストレスは，実距離の b_i 倍とする．

以上を用いて，バリ i における深井戸 j に対する水運びの肉体的ストレスを以下のよう定式化する．

$$P_{ij} = K_i \{ m_{i(f)}(d_{ij} + h_i h_{ij} + b_i b_{ij}) + m_{i(b)}(d_{ij} + h_i h_{ij} + b_i b_{ij}) \} \tag{7.3.6}$$

$$P_{ii} = 0 \tag{7.3.7}$$

式 (7.3.7) は，集落の中心を基準にしているため，集落 i から集落 i への肉体的ストレスは 0 となることを意味している．

2） 精神的ストレスの定義

精神的ストレスは，水を運ぶ際の精神的な負担を表す指標である．水運びにかかる時間，すなわち，不特定多数の人（男性）の目にさらされている時間によって定義する．

---

*例えば，赤井戸を利用しているバリでは全員が赤井戸の水を飲んでいるなど．

現地調査から，水運びの際に通る必要がある場所における人の多さ，通行量によって精神的なストレスは異なると考えられる．そのため，村を精神的ストレスの度合いが異なると考えられる7つの区域に分割する．そして，区域 k ($k=0,1,\cdots,6$) を通る時間と，区域 w ($w=0,1,\cdots,6$) に滞在する時間，さらにその区域の人の多さ，通行量によって精神的ストレスを定量的に評価する．7つの区域の特徴を示す．なお，以下の道路1と道路2の場所は図7.3.2に示すとおりである．

区域0（自分のバリ内）：バリ内には基本的に親族から構成される集団が居住している．このバリ内において，女性は自由に行動できる．

区域1（道路1）：舗装された道路で，まれにリキシャ，オートバイが通る．数件の店が並び，男性が多く集まる．マーケット，ハイウェイに行くには，どのバリからも道路1を必ず通る必要があり，通行量は多い．

区域2（道路2）：舗装された道路で，まれにリキシャ，オートバイが通る．通行量は比較的多い．

区域3（その他の歩行区域）：自分のバリ以外の他のバリ内，一部舗装された道路，すべての舗装されていない道路を含む．通行量は少ない．

区域4（ボート移動区域）：水につかっており，ボートで移動しなければならない区域である．

区域5（竹橋移動区域）：非常に不安定であり，慎重に渡る必要がある．

区域6（モスク前）：男性が多く集まる．

ここで，精神的ストレスの構成要素を以下に定義する．

s_k：移動区域 k における人の多さ・通行量に関する精神的ストレスのウエイト

s_w：滞在区域 w における人の多さ・通行量に関する精神的ストレスのウエイト

添え字　　$k, w=0$：自分のバリ内

　　　　　$k, w=1$：道路1

　　　　　$k, w=2$：道路2

　　　　　$k, w=3$：その他の歩行区域

　　　　　$k, w=4$：竹橋移動区域

　　　　　$k, w=5$：ボート移動区域

　　　　　$k, w=6$：モスク前

d_{ijk}：バリ i の深井戸 j に行く過程で区域 k を通る距離

v_{ik}：行き（水なし）のバリ i の住民が区域 k を通る速度

T_i：井戸に滞留する時間

$\alpha_{ik} v_{ik}$：帰り（水あり）のバリ i の住民が区域 k を通る速度

以上より，バリ i の住民の深井戸 j に対する精神的ストレスは，式(7.3.8)のように定式化できる．

$$M_{ij} = K_i \left\{ \sum_{k=0}^{5} s_k d_{ijk}/v_{ik} + T_i s_w + \sum_{k=0}^{5} s_k d_{ijk}/\alpha_{ik} v_{ik} \right\} \quad (7.3.8)$$

$$M_{ii} = 0 \quad (7.3.9)$$

式 (7.3.9) は，バリが主に親戚から構成されており，女性はその中を自由に行動できるため，自分のバリ内での精神的ストレスは0であることを意味している．

3）パラメータの設定

まず，歩行速度は区域0，区域1，区域2，区域3において等しいと考えられるので，

$$v_{i0} = v_{i1} = v_{i2} = v_{i3} = v_i \quad (7.3.10)$$

であるとする．

さらに，歩行速度は水を持つことによって遅くなるので，$\alpha_{ik} < 1$ ($k=1,2,3,4$) であるが，ボート上では変化しないと考えられるので，$\alpha_{i5} = 1$ である．

以上をふまえたうえで，以下の①〜⑩の仮定をおき，モデルのパラメータの設定を行う．

① $m_{i(f)} = 0$ とする．（水を入れるびんはコルシと呼ばれるが，一般的にコルシの容量は15〜20 L 程度であり，水がない場合のコルシの重さは，帰りの水をいっぱいに入れたコルシの重さに比べ無視できるほど軽いと考える．）

② ボートでの肉体的なストレスはゼロ，すなわち，$b_i = 0$ とする．（ボート上ではコルシの水の有無にかかわらず，その負担は変わらないと考えられること，また，現地住民は子供のころからボートを扱っており，ボートをこぐに際して特別な負担はないと考える．）

③ 人の多さ・通行量によって，s_k, s_w は4段階に分かれると仮定する．

$$0 = s_0 < s_3 = s_4 = s_5 < s_2 < s_1 = s_6 \quad (7.3.11)$$

となる．すなわち，

　　s_0：まったく問題ない．

　　s_3, s_4, s_5：ほとんど人と会うことはない．

　　s_2：やや人が多いので嫌だ．

　　s_1, s_6：人が多いので嫌だ．極力行きたくない．

④ 歩行速度＝ボート速度＝60 m/分とする．（現地住民と一緒に歩いた筆者ら自身の歩行速度，およびボート速度を GPS により測定した．）

⑤ $K_i m_{i(b)}$ はバリによらず一定とする．すなわち，Km とする．これは，各世帯において必要とされる飲料水の量は同じであることを仮定している．（ヒアリング，観察によって，1日2回，20 kg 程度の水を運ぶことが一般的であるようだった．なお，井戸の水は飲料用のみに使い，料理用には池の水を使う．特に自分のバリ内に深井戸がある家族

は，小さなポットで水を何度もくみに行くことがあるが，仮定②により，これは無視することができる．)

⑥ $T_i = 30$ 秒とする．(観察により，井戸に来る→コルシを軽くすすぐ→水を入れるといった行為に30秒程度かかっていた．)

⑦ $h_i = 4$ とする．(GPS調査によって，橋を渡る時間は通常の4倍程度かかった．時間距離として，実距離の4倍と仮定する．すなわち，橋を渡るのに，通常歩行の4倍の仕事量がかかるとしている．)

⑧ ⑦により，$v_{i4} = v_{i1}/4$ である．

⑨ どのような人も帰りは15kgの水を運ぶと考えると，帰りの歩行速度の変化率 α_i はバリによらず一定とし，歩行速度に関する変化率ということで，橋上も同じ変化率であるとする．すなわち，次式のようにおける．

$$\alpha_{i1} = \alpha_{i2} = \alpha_{i3} = \alpha_{i4} = \alpha \tag{7.3.12}$$

⑩ 観察より $0.5 \leq \alpha \leq 1$ である．すなわち，水を持ったときの歩行速度は通常の歩行速度以下になるが，1/2より小さくなることはない．

以上から，式 (7.3.6) と (7.3.8) は改めて以下のように記述できる．

肉体的ストレス：

$$P_{ij} = Km(d_{ij} + 4h_{ij}) \tag{7.3.13}$$

精神的ストレス：

$$M_{ij} = K\{(s_1 d_{ij1}/60 + s_2 d_{ij2}/60 + s_3 d_{ij3}/60 + s_3 d_{ij4}/15 + s_3 d_{ij5}/60) + 0.5 s_w$$
$$+ (s_1 d_{ij1}/60\alpha + s_2 d_{ij2}/60\alpha + s_3 d_{ij3}/60\alpha + s_3 d_{ij4}/15\alpha + s_3 d_{ij5}/60)\} \tag{7.3.14}$$

これらのストレスの絶対値に意味はなく，他のバリとの比較に意味があるので，他のバリとの共通部分を削除し，簡略化することで，以下のように再定式化できる．

肉体的ストレス：

$$P_{ij} = (d_{ij} + 4h_{ij}) \tag{7.3.15}$$

精神的ストレス：

$$M_{ij} = \{(1 + 1/\alpha)(s_1 d_{ij1} + s_2 d_{ij2} + s_3 d_{ij3} + 4 s_3 d_{ij4}) + 30 s_w + 2 s_3 d_{ij5}\} \tag{7.3.16}$$

(2) 現状の水運びストレスの計量と考察

現地でのヒアリング調査と観察において，図7.3.2の道路1とモスクの前に明らかに人だかりが多く，また，道路2は道路1とその他の地域の中間程度の人の多さが確認できた．これより，研究対象地域において，仮定③，⑩をふまえ，$s_1 = s_6 = 2$，$s_2 = 1.5$，

$s_3 = 1$ とする．すなわち，道路1やモスクの前では通常の2倍のストレスがかかり，道路2では通常の1.5倍のストレスがかかるものと仮定する．さらに，観察により，水の入ったコルシを持って歩く速度は，通常速度よりも少し遅かったため，$\alpha = 0.8$ と設定することとする．

地図の誤差を考慮し，地図上の距離を10m単位で考え，以下，(1)で示したモデルを用いて，水運びのストレスを定量的に評価する．なお，ストレスの計量のために，以下の3つをさらに仮定する．

① 観察により，雨期に孤立する島（メンバーハウス，リプンミヤルバリ，カルクミヤルバリ，ブイヤバリ2，シェイクバリ，シェケルバリ）にあるバリのみがボートを所有し，ボートを水運びに使用する．

② ウォーターヒヤシンスが生い茂っているため，地図上に示したボート航路以外は通行できない．

③ 深井戸までアクセスする途中でボートを乗り換えることはできない．すなわち，片道2回以上ボートに乗れない．

以上の仮定のもとで，式 (7.3.15)，(7.3.16) を用いた各バリの肉体的ストレスと精神的ストレスの計量結果を表7.3.3に示す（上段：肉体的ストレス，下段：精神的ストレス）．図7.3.2に示すように研究対象地域には公共井戸，私用井戸があるが，表7.3.3では紙面の都合上，公共の深井戸のみに対するストレスを示す．また，深井戸を自分のバリ内に持つバリは新たな代替技術の導入の必要性がないと考え，除外している．表7.3.3において，現在深井戸を使用しているバリに対しては現在使用している深井戸を灰色の網掛けで示し，2005年12月現在，自バリ内にある赤井戸を主に使用しているバリ（表7.3.3ではバリ名を太線で囲んでいる）に対してはかつて使用していた，またはときどき使用する深井戸を灰色の網掛けで示している．

以上から，すべてのバリに共通していえることは，精神的ストレスが最小となる深井戸を使用している，または使用していたということである．そこで，水運びストレスとして以後は精神的ストレスのみを考えることとし，これを単に水運びストレスと呼ぶこととする．以下では，モデル化した水運びの精神的ストレスを用いて，ヒ素汚染軽減のための代替技術の導入計画プロセスを示す．

7.3.5 ヒ素汚染災害軽減の水利施設整備計画

(1) ヒ素汚染災害軽減のための計画の方針

ここでは，7.3.3項，7.3.4項で示した欲求度と水運びストレスのモデルを用いたヒ素汚染災害軽減のための水利施設整備計画手順を示す（「代替案の設計」）．本研究では，村全体の平均的なストレスの軽減を目的とするのではなく，村で最もストレスの大きいバリに着目し，そのバリのストレスを軽減することにより，村全体としてのストレスを軽減するというアプローチをとることとする．この理由の1つは，住民間の貧富・生活様

7 飲料水健康リスク論

表7.3.3 現状の公共井戸に対する水運びストレス

バリ（集落）名	世帯数	公共井戸の場所		
		モスク前	道沿い	学校横
ケラニバリ・ダリバリ	18	29	37	68
		62	91	183
ブフンヤバリ	6	10	36	67
		24	93	185
バンダルバリ・プッシンパラ	15	53	27	58
		146	98	190
ガジバリ	4*)	46	14	45
		114	39	131
バガンバリ	3	43	1	32
		113	5	96
メンバルバリ	10	47	4	32
		120	8	90
ブイヤバリ	8	64	22	28
		171	63	71
ポキルバリ	3	58	16	24
		150	42	56
ムンシバリ	6	81	39	28
		222	114	64
モスクバリ	2	72	30	5
		200	91	10
メンバーハウス**)	1	78	36	5
		217	108	14
リプンミヤルバリ***)	10	43	2	12
		180	77	62
カルクミヤルバリ	5	42	1	11
		172	69	54
シェイクバリ	7	74	32	1
		232	124	29
ブイヤバリ2	7	44	3	13
		154	51	38
シェケルバリ	4****)	43	2	12
		128	25	54

*) ガジバリ内において，1家族が主要道路に接続される通路を独占しており，残りの3家族は竹橋を使って主要道路に出ている．ここでのストレスは，この3家族のものである．
**) メンバーハウスはミヤバリと竹橋で接続されているが，この竹橋はリプンミヤルバリのものであり，メンバーハウスの住民は使用せず，代わりにボートを使用する．
***) リプンミヤルバリの住民は，学校横の井戸まで2ヶ所の竹橋を使用しないと行けないので，利用していないといっていた．また，ボートを所持しているので，深井戸へはボートでアクセスしていると考える．雨期にはウォーターヒヤシンスが繁茂し，ボートでのアクセスが困難になるため，自バリ内の赤井戸を用いている．
****) シェケルバリ内において，1家族のみが深井戸を独占し共有していないため，残りの3家族は道路沿いの深井戸に飲料水をくみに行っている．ここでのストレスは，この3家族のものである．

式の差が非常に激しいバングラデシュのような国において，正規分布を仮定し，この平均への対策は現実的ではないと考えられるためである．すなわち，平均的な個人の想定は現実と乖離した仮定であると考えられる．もう1つの理由は，安全な飲料水はどのような人にとっても等しく必要不可欠であり，計画者として誰もが安全な飲料水に平等にアクセスできる環境の構築を目的とすることが最重要であると考えるためである．本研究では，このような住民の公平性を最も重視すべきであると考え，住民の公平性をもたらす最も簡単な方法はいちばん不幸な人の救済である[26]という認識のもとで，水運びストレスの最も大きいバリに着目した水利施設整備計画の手順を示す．

また，ここでは水運びストレス軽減のための整備の優先順位のみを考え，金銭的な制約を極力考えないこととする．これは，最初から金銭的な制約条件を考えると，解集合が小さくなり，試案ができず，バングラデシュの飲料水ヒ素汚染災害のような問題に対して計画としてほとんど何も提案できないという結果になってしまいかねないからである．

(2) 欲求度の設定

まず各バリにおける安全な飲料水に対する欲求度を設定し，各バリの住民はその欲求度を超えない水運びストレスまで水運びを我慢でき，かつそのうち水運びストレスが最小となる水利施設を選択すると考えることとする．

ここでは，7.3.3項で示した安全な飲料水に対する欲求度を具体的に各バリに設定することで，各バリの水利施設へのアクセス可能性を考慮する．このため，まず具体的にバシャイルボグにおける水運び行動を考察する．

例えば，ケラニ・ダリとカルクミヤルに関して考える．ケラニ・ダリの住民の最寄りの深井戸（モスク前）までの水運びストレスは62であり，カルクミヤルは最寄りの深井戸（学校横）までのストレスは54であった．そして，カルクミヤルの住民は，現在自分のバリ内にある赤井戸を使用している．したがって，ケラニ・ダリの住民の欲求度は62より大きく，カルクミヤルバリの住民の欲求度は54未満であると考えられる．

次に，メンバーハウスの住民に関して考える．2005年9月の調査では，ここの住民は学校横の深井戸に水をくみに行っていた*．このときの水運びストレスは14であった．しかし，2005年12月の調査によれば，その深井戸の使用をやめ，自分のバリ内にある赤井戸を使用していた．これは，いままで，自分の欲求度内にストレスは収まっていたが，なんらかのきっかけで，赤井戸を使用することとなってしまったと考えられる．すなわち，学校横の深井戸への水運びストレスと欲求度がほぼつりあっていたと考えられるだろう．

また，筆者らのヒアリング調査を通して，従来自分の家の赤井戸を使用していたムン

---

*ヒアリング調査により乾期も雨期も深井戸に水をくみに行っていた．

7 飲料水健康リスク論

シの住民は学校横の深井戸にアクセスするようになった．その後3日間の観察でも，その深井戸の使用を続けていた．これは，筆者らが訪れたことにより一時的に不安感が上昇し，結果として欲求度が上昇したためと考えられる．しかし，その後の12月の調査により，ムンシの住民はもとどおり自分のバリの赤井戸を使用していた．すなわち，学校横の深井戸までの水運びのストレスはムンシの住民にとって大きすぎたと推察される．なお，赤井戸を飲料用として使用し続けているバリは，バンダル・プッシン，ムンシ，カルクミヤル，リブンミヤルであり，12月の調査で赤井戸を使用し始めたバリは，ポキル，シェイク，メンバーハウスである．

以上をふまえ，安全な飲料水に対する欲求度を各バリに設定するために，欲求度と水運びストレスの関係を以下のように仮定する．

① 深井戸を使用し続けているバリ
　　欲求度＞水運びストレス
② 赤井戸を使用し続けているバリ
　　欲求度＜最寄りの深井戸の水運びストレス
③ 9月の調査では深井戸を使用していたが，12月の調査では赤井戸を使用していたバリ
　　欲求度＝使用していた深井戸の水運びストレス

この仮定と現状の水運び行動の観察結果から，現状の各バリの欲求度の範囲を設定する．

7.3.4項において，欲求度はヒ素汚染に対する不安感や生活安定感から規定されるとした．そこで，設定した欲求度の範囲と，各バリにおけるヒ素汚染に対する不安感と生活状況のヒアリング調査をもとに，各バリの欲求度を4段階（高・中・低・非常に低）に設定することとする．ただし，ここでは私用井戸，または公共井戸でも自分のバリ内に井戸をもっているバリは改善が必要ないと考えられるため考慮しない．

こうして，第3章の現地調査結果と，さらに上記の①～③の仮定から，表7.3.4のように欲求度を設定した．表7.3.4の現状の水運びストレスを参考にした欲求度とは，上記①～③の仮定から設定した欲求度の範囲を示している．

表7.3.4において，現状の水運びストレスを参考にした欲求度から，欲求度がすでに定量的に確定しているバリは，メンバーハウス（欲求度14：非常に低い），シェイクバリ（欲求度29：低い），ポキルバリ（欲求度42：中程度）である．この3つのバリの欲求度を参考に，さらに以下の仮定をおくことにより，欲求度の上限あるいは下限のみがわかっているバリの欲求度を定量的に設定する．

④ 欲求度が非常に低いバリは水運びストレスが15の水利施設までアクセスする．
⑤ 欲求度が低いバリは水運びストレスが30の水利施設までアクセスする．
⑥ 欲求度が中程度のバリは水運びストレスが40の水利施設までアクセスする．

図7.3.10では表7.3.4で設定した各バリの欲求度をもとに，可能な他のバリへのアク

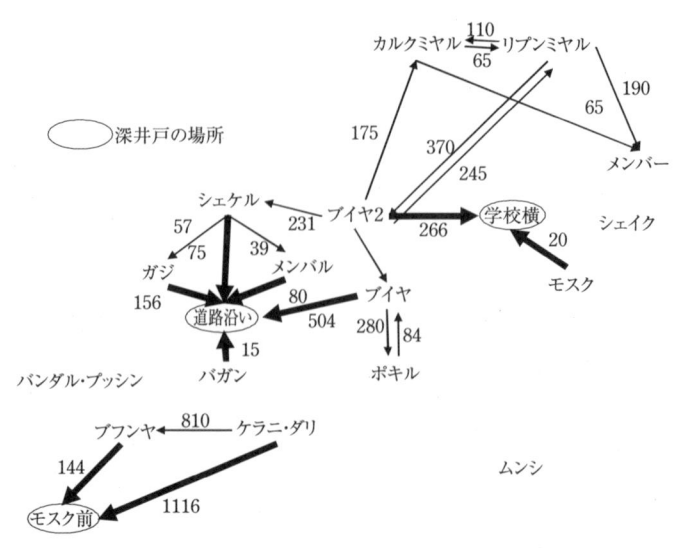

図 7.3.10　欲求度を考慮した水利施設利用可能圏

表 7.3.4　安全な飲料水に対する欲求度の設定

バリ名	現状の水運びストレスを参考にした欲求度	現状の使用井戸（9月, 12月）	欲求度
ケラニ・ダリ	＞62	モスク横	高
ブフンヤ	＞24	モスク横	高
バンダル・プッシン	＜98	赤	低[*]
ガジ	＞39	道路沿い	中
バガン	＞5	道路沿い	低
メンバル	＞8	道路沿い	高
ブイヤ	＞63	道路沿い	高
ポキル	42	道路沿い→赤	中
ムンシ	＜64	赤	低
モスク	＞10	学校横	低
メンバーハウス	14	学校横→赤	非常に低
リブンミヤル	＜62	赤	中
カルクミヤル	＜54	赤	非常に低
シェイク	29	学校横→赤	低
ブイヤ2	＞38	学校横	中
シェケル	＞25	道路沿い	低

[*] バンダル・プッシンにおいて，一部の裕福な家族は欲求度が高いが，貧しい家族に合わせ，欲求度は低いと考える．

セスを矢印で，現在利用している深井戸へのアクセスを太矢印で示している．また，図中の矢印上に示す数値は，世帯数をウエイトとして乗じた各バリ全体での水運びストレスを表している．図7.3.10 より，今後各バリの中心に水利施設を設置することを考えるとき，現在利用している深井戸に対する水運びストレスよりも小さいストレスでアクセスできる場所，すなわち現地住民の現在の欲求度で受容可能な整備候補バリがわかる．

(3) 欲求度を考慮した水利施設整備手順

現状では研究対象地域において深井戸だけが利用されているが，ここでは代替技術として表7.3.1 に示したすべてを考慮する．表7.3.1 に示す代替技術は利用者の数に着目して選択されることとする．すなわち，設置する水利施設に対してアクセスする利用世帯数（図7.3.10 によりわかる）に応じて表7.3.1 の技術を導入することを考える．

次に，ゲーム理論における「仁」の概念（最大不満の最小化）のアナロジーを用いた「最大不幸の最小化」を目的とした水利施設の配置手順を以下に示そう．

① 現状の深井戸，または設置された水利施設までの世帯数を考慮した水運びストレスが大きいバリ数個に着目する．なお，この①の段階では欲求度は考慮しない．その理由は，欲求度と水運びのストレスは互いに独立であると仮定しており，欲求度が高くても，現状の水運びにかかるストレスは変わらないと考えるためである．
② 欲求度を考慮したネットワーク図（図7.3.10）を用いて，着目したバリ自身から他のバリへ矢印が出ているかどうかを確認する．
③ 矢印が出ていなければ，着目したバリ自身に水利施設を整備する．矢印が出ていれば，着目したバリの水運びストレスを軽減するために，その着目したバリから矢印が出ているバリをすべて抽出する．
④ 抽出したバリにおいて，水運びストレスの総和が最小となるような場所に水利施設を作る．
⑤ 新たなネットワークができ，①に戻る．そして，すべてのバリのストレスがゼロになるまで水利施設を配置する．

最寄りの深井戸に対する各バリ全体での水運びストレスの順位を表7.3.5 に示す．表7.3.5 より，バンダル・プッシンとケラニ・ダリバリが突出して大きいことがわかる．そこで，まずバンダル・プッシンとケラニ・ダリに代替技術の導入を行うことを考える．

ステップ1；バンダル・プッシンとケラニ・ダリに代替技術を導入しても，図7.3.10 より他のバリからアクセスされることはなく，他のバリの水運びストレスには影響を与えないことがわかる．そのため，次に整備の対象となるバリは，表7.3.5 においてバンダル・プッシン，ケラニ・ダリを除いたうえで最もストレスが大きいバリとなる．

ステップ2；ブイヤ，リプンミヤル，ムンシに代替技術の導入を行う．ムンシに代替技術を導入しても他のバリに影響を与えないが，ブイヤはポキル，ブイヤ2に影響を与

表 7.3.5 水運びストレス順位

順位	バリ名	世帯数	水運びストレス	計
1	バンダル・プッシン	15	98	1470
2	ケラニ・ダリ	18	62	1116
3	リプンミヤル	10	61	610
4	ブイヤ	8	63	504
5	ムンシ	6	63	378
6	カルクミヤル	5	53	265
7	ブイヤ2	7	37	259
8	シェイク	7	29	203
9	ガジ	4	39	156
10	ブフンヤ	6	24	144
11	ポキル	3	41	123
12	シェケル	3	24	72
13	メンバル	10	7	70
14	モスク	2	9	18
15	メンバーハウス	1	13	13
16	バガン	3	4	12

え,リプンミヤルはカルクミヤル,ブイヤ2に影響を与える.そこで,これらのバリを抽出し,合計のストレスが最小となるバリに水利施設を導入する.

ここでは,ブイヤ,リプンミヤルのストレスを軽減することを考えているから,新たな水利施設の候補場所として,ブイヤ,リプンミヤル,さらにブイヤ,リプンミヤルから矢印が出ているバリとなる.すなわち,ブイヤのストレスの軽減は,ブイヤ,ポキルに水利施設を導入することにより可能であり,リプンミヤルのストレスの軽減は,リプンミヤル,カルクミヤル,ブイヤ2,メンバーハウスに水利施設を導入することにより可能となる.このとき,整備を行うバリとして8通り(2×4)の組み合わせが考えられる.これらの組み合わせの中から,図7.3.10を参考にし,抽出したバリのストレスの総和が最小となるバリに代替技術を導入することを考える.この結果,ブイヤとリプンミヤルが水利施設の整備バリに決定される.

ここで,水利施設の数は最初からある深井戸を含めて8個になる.以下,図7.3.10のアクセス可能性を参考にしながら,同様にストレスの最も大きいバリから順次代替技術の導入を進める.

ステップ3;ブフンヤ,ガジ,ブイヤ2,ポキルに代替技術を導入する.

ステップ4;メンバル,カルクミヤル,シェケル,シェイクに代替技術を導入する.

7 飲料水健康リスク論

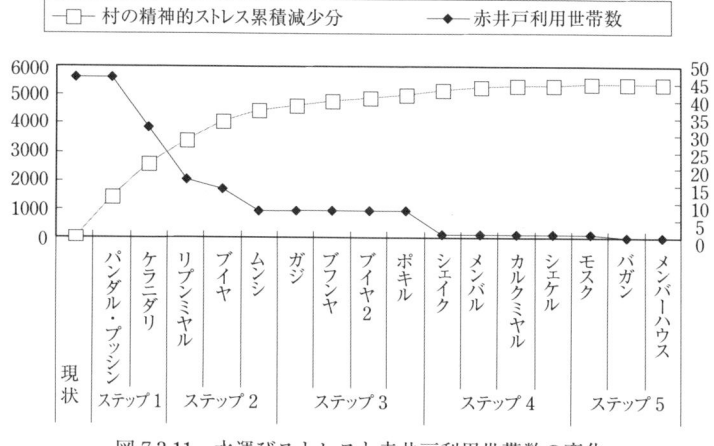

図7.3.11 水運びストレスと赤井戸利用世帯数の変化

ステップ5；残りすべてのバリに水利施設を導入する．

以上の整備過程における村全体での水運びストレスの最大値と赤井戸使用世帯数の変化を図7.3.11に示す．図7.3.11より，ステップ2までの整備が非常に有効で，村全体のストレスの約80％が軽減されており，特に優先的な整備が必要であることがわかる．

各ステップにおいて，代替技術の供給能力と代替技術を使用する世帯数から考えて導入が適切であると考えられる代替技術の集合を図7.3.12に示す．図7.3.12では，各ステップに対象となるバリとそのバリに水利施設を導入した場合に影響を受ける世帯数を示し，その世帯数に応じた代替技術を示している．点線で囲まれたバリは当該ステップで新たに対象地域として加わったバリである．

(4) ヒ素汚染対策の社会環境システム論的考察

(3)では，現状の水運びのストレスが最も大きいバリから順に整備の対象とすべきであると考え，その整備の手順を示した．そして，村全体としての効果を考えると，ステップ2まで優先的に整備を行うべきであると結論づけた．しかしながら，ステップ2までで整備を打ち切ることにより，現状の深井戸までのストレスはそれほど大きくないものの，ストレスが改善されないバリが出てくる．現実には，経済的・人的資源の制約があるため，これらのバリに代替技術を導入することによるストレスの軽減効果を考えても，現段階では整備の順番としては優先されないこととなる．例えば，自助という視点で各バリが独自に整備を行うことを考えれば，各ステップにおいて示したような代替技術の集合が考えうるが，ステップ2以降で対策されるバリの住民はすでにそれほど大きくないストレスで安全な水を手に入れることができる環境にあるので，維持管理に手間のかかる代替技術の選択は行われない可能性が高いとも考えられる．

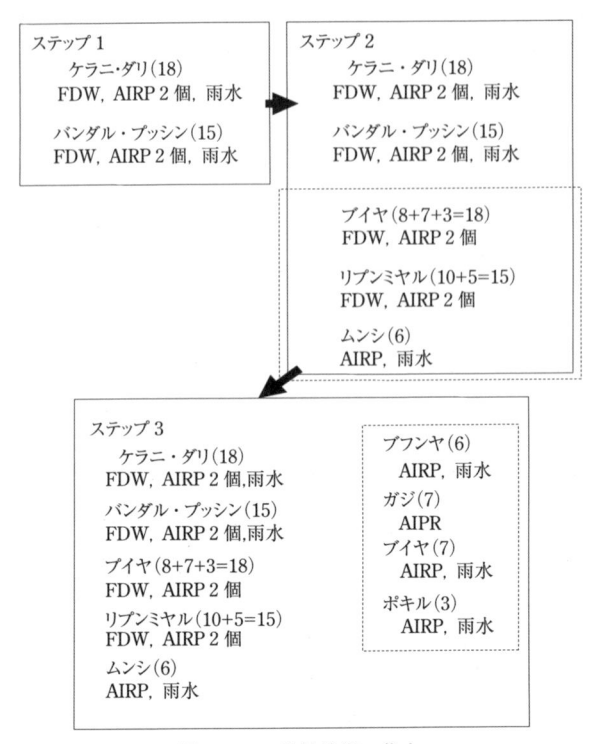

```
┌─────────────────────────┐  ┌─────────────────────────┐
│ ステップ1               │→ │ ステップ2               │
│   ケラニ・ダリ(18)      │  │   ケラニ・ダリ(18)      │
│   FDW, AIRP 2個, 雨水   │  │   FDW, AIRP 2個, 雨水   │
│                         │  │                         │
│   バンダル・プッシン(15)│  │   バンダル・プッシン(15)│
│   FDW, AIRP 2個, 雨水   │  │   FDW, AIRP 2個, 雨水   │
└─────────────────────────┘  │ ┌─────────────────────┐ │
                             │ │ ブイヤ(8+7+3=18)    │ │
                             │ │ FDW, AIRP 2個       │ │
                             │ │ リブンミヤル(10+5=15)│ │
                             │ │ FDW, AIRP 2個       │ │
                             │ │ ムンシ(6)           │ │
                             │ │ AIRP, 雨水          │ │
                             │ └─────────────────────┘ │
                             └─────────────────────────┘
  ┌───────────────────────────────────────────┐
↓ │ ステップ3              ┌─────────────────┐│
  │   ケラニ・ダリ(18)     │ ブフンヤ(6)     ││
  │   FDW, AIRP 2個,雨水   │   AIRP, 雨水    ││
  │   バンダル・プッシン(15)│ ガジ(7)         ││
  │   FDW, AIRP 2個,雨水   │   AIPR          ││
  │   ブイヤ(8+7+3=18)     │ ブイヤ(7)       ││
  │   FDW, AIRP 2個        │   AIRP, 雨水    ││
  │   リブンミヤル(10+5=15)│ ボキル(3)       ││
  │   FDW, AIRP 2個        │   AIRP, 雨水    ││
  │   ムンシ(6)            └─────────────────┘│
  │   AIRP, 雨水                              │
  └───────────────────────────────────────────┘
```

図 7.3.12　代替技術の集合

　ステップ2までで整備の対象とならず，また欲求度が低いために安全な水利施設が近くにあっても行かない住民，例えば，メンバーハウスやシェイクのようなバリの住民のうちには単なる代替技術の導入ではヒ素汚染被害は改善できない別の問題が存在すると考えられる．このようなバリに対しては，欲求度の上昇が本質的なヒ素汚染対策として重要であると考えられる．7.3.4項において欲求度は生活安定感とヒ素への不安感から大きく影響を受けると述べた．生活安定感を即座に変化させることは困難であると考えられるが，ヒ素の不安感の上昇，すなわち，ヒ素の健康リスクの認知を徹底することは可能であると考えられる．実際，私たちのヒアリング調査中に，ムンシの住民が一時的にでも深井戸を利用するようになったが，これは私たちが訪れることにより，ヒ素の不安感が上昇したためであると考えられる．

　住民のヒ素に関する健康リスク認知のため，現地ではテレビ・ラジオなどのメディアを通した情報の普及，ヒ素汚染を説明した看板などの設置，フォークソングを用いた呼びかけ，現地 NGO によるフォーカスグループディスカッション*，ワークショップの

---

*バリ単位程度の住民を集めて話し合うこと．

開催などが行われている.本節で明らかとなった現地住民の水資源選択行動の実態,ならびにその行動の裏側にある欲求度という心理的背景は,このような現状の包括的なヒ素の健康リスク認知活動の限界を示唆しているとも認識できる.より本質的なヒ素汚染対策のために,このような活動に加え,ここで示した分析結果を活用して特定の世帯に関しては集中的なヒ素の健康リスク認知を徹底することで,ヒ素汚染対策をより迅速に進められるものと考えられる.

7.4 健康リスクを考慮した飲料水供給制度設計

7.4.1 厚生経済学の基本定理

厚生経済学の基本定理(1):競争均衡配分は,存在すれば必ずパレート効率的である.

厚生経済学の基本定理(2):すべての消費者が凸選好をもっているならば,任意のパレート効率的配分は,一括税・補助金による所得の適切な再分配によって競争均衡配分として実現することができる.

基本定理(1)は凸環境に依存しない,すなわち,消費者の選好や企業の生産可能集合がたとえ非凸であったとしても,競争均衡は存在しさえすれば必ずパレート効率的な資源配分を達成する.基本定理(2)は,消費者の選好と企業の生産可能性集合の凸性の前提に本質的に依存している.社会的に効率的な資源配分を,その効率性を犠牲にすることなく限られた情報だけに依存しつつ分権的な価格機構によって実現しようとすれば,いかに厳密な環境的諸条件が必要とされるかを明らかにする点にこそ,基本定理の第2命題の意義がある[27].

ここで注意を要するのは,ある配分がパレート効率的であるからといって,その配分がなんらかの倫理的な意味で社会的に最適 (optimal) な配分であるということにはならない,ということである.

3つの条件,すなわち (A) 完全競争,(B) 市場の普遍性,(C) 凸環境,が満たされるかぎり,分権的な価格機構によって競争均衡が存在し厚生経済学の基本定理が成立する.

完全競争とは,市場における情報の伝達が完全で費用をまったく必要とせず,情報を悪用できるほど影響力をもつ経済単位が存在しないことを意味している.

所得または財の初期保有の個人間分配が著しく偏っているときには,巨大な購買力や供給力をもつ経済主体は,自分の売買量を調節することによって市場価格に影響を及ぼすことができる.

ここで,凸環境とは,

① 各生産主体（企業）の生産可能集合は，閉凸集合である，
② 各消費主体（消費者）の選好関係は，連続な凸選好順序である，
ことを意味している．

消費者の選好や企業の技術が凸性の条件を満たさなければ，需要関数や供給関数は非連続となる．競争均衡の存在を一般的に保証するためには，集計的超過需要関数の連続性が要求される．

生産に関する凸環境の条件は，限界生産性逓減（限界費用逓増）が成立することや，不可分な生産要素，生産技術が存在しないことを要求しているが，規模の経済性があるとき，凸環境の条件は崩壊する．限界費用が逓減したり不可分な生産要素や均衡が存在したりすれば，「規模の経済性」が発生し，完全競争の条件 (A) が崩壊する．

市場のサイズに比べて規模の経済性が大きい場合を，費用関数が「劣加法性」をもつという．もし市場のサイズとして意味のあるすべての生産量のもとで劣加法性が成立するならこの産業は独占化するが，このような場合は「自然独占」と呼ばれている．水道や電力事業などは自然独占がもたらされるとして，公営企業や規制企業の形をとってきている．

市場の普遍性 (B) が崩壊する理由としては，公共財や外部性の存在が挙げられているが，近年では，取引費用が大きいことや情報の非対称性*が挙げられている．情報は固定費用とみなされ，固定費用によって非凸性が生じる．不完全情報に伴う非凸性の広がりが問題となっている．これらの不完全情報の原因としては，情報の非対称性やモラルハザードが挙げられる．

また，消費者の選好関係 R に関する前提条件は以下のとおりである[27]．

(A1) **選好の完備性** (completeness)：任意の2つの消費計画 $x, x' \in \mathbf{R}_+^m$ に対して，xRx' と $x'Rx$ のうちの少なくとも1つが成立する．

(A2) **選好の推移性** (transitivity)：任意の3つの消費計画 $x, x', x'' \in \mathbf{R}_+^m$ に対して，

$$(xRx' \text{ かつ } x'Rx'') \Rightarrow xRx''$$

が成立する．

(A3) **選好の連続性** (continuity)：任意の消費計画 $x \in \mathbf{R}_+^m$ に対して，

$$R(x) \equiv \{x' \in \mathbf{R}_+^m | x'Rx\}$$
$$R^{-1}(x) \equiv \{x' \in \mathbf{R}_+^m | xRx'\}$$

はいずれも $\mathbf{R}_+^m$ 内の閉集合である．

---

*例えば，供給者は水道水質について必要なことは認知しているが，消費者はその一部あるいは定性的にしか認知していない．

(A4)　**非飽和** (nonsatiation)：2つの消費計画 $x, x' \in \mathbf{R}_+^m$ に対して $x > x'$ が成立するならば，必ず xPx' である．

(A1)〜(A4) が成立すると，無差別曲線は原点に向かって凸状を示す．

(A5)　**凸選好** (convex preference)：xRx' および $x \neq x'$ を満足する任意の2つの消費計画 $x, x' \in \mathbf{R}_+^m$ を考える．

任意の実数 $\lambda(0 < \lambda < 1)$ に対して，x と x' の凸結合を

$$z(\lambda) \equiv \lambda x + (1-\lambda)x'$$

によって定義するとき，$z(\lambda)Px'$ が常に成立する．

選好順序 R が仮定 (A1)〜(A4) を満足するならば，R を表現する効用関数は連続な単調増加関数となる．

(A5) より，任意の $x, x' \in \mathbf{R}_+^m (x \neq x')$ と任意の実数 $\lambda(0 < \lambda < 1)$ に対して，

$$u(\lambda x + (1-\lambda)x') > \min\{u(x), u(x')\}$$

が成立する．すなわち，効用関数 u は「**強い意味の擬凹性**」(strict quasi-concavity) を有する．

一方，不確実性のもとでの意思決定の問題とは，プロスペクト（見通し）の集合の中における選択の問題にほかならない[27]．ここで，「結果 $c, c', c'', \cdots$ をそれぞれ確率 $p(c), p(c'), p(c''), \cdots$ で生む」というプロスペクトのことを

$$[c, c', c'', \cdots ; p(c), p(c'), p(c''), \cdots]$$

と略記する．

プロスペクトに関しては以下の仮定をおく．

(A_1)　任意の結果 $c, c' \in C$ と任意の確率 $p(0 < p < 1)$ に対して，

$$[c, c ; p, 1-p] = c ; \quad [c, c' ; 1, 0] = c$$

が成立する．

(A_2)　任意の結果 $c, c' \in C$ と任意の確率 $p(0 \leq p \leq 1)$ に対して，

$$[c, c' ; p, 1-p] = [c', c ; 1-p, p]$$

が成立する．

(A_3)　任意のプロスペクト $L \in \Lambda$ は，確率の乗法定理を用いて，単純プロスペクトに帰着させることができる．ただし，ここで Λ は拡張されたプロスペクト全体の集合を意味している．

不確実性のもとでの行動を示す期待効用理論では,「期待効用定理」(expected utility theorem) として, プロスペクトの集合 Λ 上の選好関係 $\succeq$ が一群の合理性の公理を満足するとき, 結果の集合 C 上の実数値効用関数 $u: C \to R$ が存在し, 任意の 2 つのプロスペクト $L^1, L^2 \in \Lambda$ に対して,

$$L^1 \succeq L^2 \Leftrightarrow \sum_{c \in C} p^1(c) u(c) \geq \sum_{c \in C} p^2(c) u(c)$$

が成立することを主張する. ただし, ここで $p^i(c)$ は, プロスペクト L^i が結果 c を生む確率である.

選好関係は以下の 2 つの公理を満足する.
- (B1) 任意の 2 つのプロスペクト $L^1, L^2 \in \Lambda$ に対して, $L^1 \succeq L^2$ と $L^2 \succeq L^1$ のうち少なくとも 1 つが成立する.
- (B2) 任意の 3 つのプロスペクト $L^1, L^2, L^3 \in \Lambda$ に対して,

$$(L^1 \succeq L^2 \text{ and } L^2 \succeq L^3) \Rightarrow L^1 \succeq L^3$$

が成立する. さらに, $\succeq$ に対して以下の 4 つの要求を導入する.
- (C1) 任意のプロスペクト $L \in \Lambda$ に対して

$$L \sim [c^1, c^2; p, 1-p]$$

を満足する実数 $p (0 \leq p \leq 1)$ が存在する (選好の連続性).
- (C2) 任意の 2 つのプロスペクト $L^1, L^2 \in \Lambda$ と, 任意の実数 $p (0 \leq p \leq 1)$ に対して

$$L^1 \sim L^2 \Rightarrow (L^1 \sim [L^1, L^2; p, 1-p])$$

が成立する. 意思決定者が 2 つのプロスペクト L^1 と L^2 に関して無差別であるならば, そのいずれが偶然機構 (random mechanism) によって彼に割り当てられようとも, 彼は気にかけないはずである.
- (C3) 任意の 3 つのプロスペクト $L^1, L^2, L^3 \in \Lambda$ と任意の実数 $p (0 < p < 1)$ に対して

    (1) $L^1 > L^2 \Rightarrow ([L^1, L^3; p, 1-p] > [L^2, L^3; p, 1-p])$
    (2) $L^1 > L^2 \Rightarrow ([L^1, L^3; p, 1-p] \sim [L^2, L^3; p, 1-p])$

が成立する〔独立性の公理 (independence axiom)〕.
- (C4) 任意の 2 つのプロスペクト $L^1, L^2 \in \Lambda$ に対して

$$L^1 > L^2 \Rightarrow \{[L^1, L^2; p, 1-p] > [L^1, L^2; q, 1-q] \Leftrightarrow p > q$$

が成立する (意思決定者の選好の単調性).

(A1) 〜 (A3) のもとに, (B1), (B2) および (C1) 〜 (C4) は, 期待効用定理の成立を保証するために十分となる.

Greenwald and Stiglitz[28) 29)] は，厚生経済学の基本定理(1)および(2)を批判的に検討し，特に，リスク市場が不完全，逆選択（情報の非対称性），モラルハザード，がある場合には，基本定理(2)の前提が成立せず，基本定理の(1)のかたちでの効率的配分はできず，市場にゆだねることが資源配分において必然的に最も効率的な方法であるとはいえないとして政府の関与を主張した．

一方，Sappington and Stiglitz[30)]では，国営企業の民営化によって政府の望む目的がどのような条件のもとで達成されるかの検討を行い，その条件は少なく，しかも競争市場がパレート効率性の結果を達成する条件と類似点があることを示している．

しかしながら，より複雑な社会的目的，例えば，適切なリスクの受け止め方や新しい考え方・方法はそう簡単には得られないかもしれない．そして，社会的に望まれない行動，例えば，価格差別*を禁ずることはできない，との見方も示している[29)]．

7.4.2 リスク下での選好

飲料水の水質について以前は，単ににおいがあるとか，水質が悪いというとらえ方がされ，リスクとしては考えられていなかった．しかしながら，7.2節でも述べたように，近年，発現経路の確定しにくい汚染やトリハロメタン，クリプトスポリジウム，内分泌攪乱物質（いわゆる環境ホルモン）などが上水道において大きな問題となり，環境リスクの1つとして飲料水の水質リスクを考慮することが必要となってきた．

トリハロメタンは浄水処理の過程で塩素消毒を行うときに水中の有機物と塩素が結合してできるものであり，発がん性が指摘されている．クリプトスポリジウムは人に感染する唯一の水系胞子虫類であり，欧米をはじめとする世界中の水道で深刻な問題になりつつあったが，日本では1996年6月に埼玉県で集団感染が発生し問題となっている．ふつうの健康な人では，数日から数週間の下痢症状で治癒するが，免疫の弱っている人や幼児，高齢者などでは下痢が続き，ときとして致命的になるといわれている．また，内分泌攪乱物質として総称される，影響も具体的な物質名もほとんど解明されていない未知の化学物質もある．さらに，発現経路の確定しにくいものとしては，ノンポイントソースといわれているもので，農地やゴルフ場などからの汚染物質の流入がある．最近では，東京などを中心とした大都市の雨水が大気中や道路上の汚染物質を下水に流し，公共水域を汚している[7)]．トリハロメタンによる発がん性やクリプトスポリジウムの水道原水への流入の可能性については不確実性が高く，また，内分泌攪乱物質については未知の部分が多い．したがって，飲料水における水質リスクは「不確実性」ないし，「未知のリスク」としてとらえられる．

ところで，リスクを考慮に入れる場合に消費者の選好は期待効用理論を用いて説明されてきた．期待効用理論は，個人の行動が完全合理性を有していることを前提としてい

---

*異なる顧客グループへの供給コストに差があるため価格差別をする．

る．完全合理性の仮定では，次のような人間を想定することになる．
① 完全なる情報の保有者*であり，さらに，
② 行動選択の際に，すべての選択対象に対して，再帰性**，完全性***，推移性****を有する選好順序をつけることができる．

フォン・ノイマンとモルゲンシュテルン[31]は，上述の合理性の仮定を受け入れるならば，人々の選好が，期待効用が最大となる選択肢を選ぶことに等しいことを明らかにした．

意思決定においては長い間，完全合理性に基づく期待効用最大化が考えられてきた．しかし，実際の人間の選択においては，実験経済学や認知心理学上の知見から，リスク下の選択や確率判断において完全合理性の仮定に反するシステマティックなバイアスが存在することが知られている．

これまでに，完全合理性を仮定した効用理論だけでは十分に記述できない現象が多くの心理学者から示されている．すなわち，人々の行動はかなり合理的な側面を有しているが，このようなモデルに当てはまらない行動が非常に多い，というものである．例えば，コイン投げで連続して表が出たとき，多くの人は次も表が出る確率を過小評価してしまうというような「ギャンブラーの誤信」，現在の状態やこれまでの経緯は特別扱いされる「代表性効果」，などが心理実験によって示されている．さらに，アレのパラドックス（確実な利得を不確実な利得よりもきわめて高く選好する）やエルスバーグのパラドックス（人々はあいまいさを避けようとする）など期待効用理論や主観的期待効用理論では説明できない現象も示されている．

また，人々が意思決定問題に直面した場合，その問題を心理的にどのように解釈するかが人々の意思決定の結果に大きな影響を与える．まったく同じ意思決定問題が与えられ，各選択肢の客観的特徴がまったく同じでも，その問題の心理的な構成の仕方（フレーミング）によって結果が異なることがある（フレーミング効果あるいは心的構成効果）[32]．

さらに，人間は意思決定に際し，情報処理能力の制約〔この意味で限定合理性（bounded rationality）〕から，あらゆる可能性を網羅して考慮したり，すべての選択肢を評価して決定を行うことはできないために，目的関数を「最大化」する代わりに「満足化」したりするというものである．カーネマンとトヴェルスキーは完全合理性に対して，「簡便法的合理性（heuristic rationality）」を提唱した[33]．合理性の限界は，視野や計算など「認知能力の限界」，効用最大化を唯一の規範とすることに対する「動機の限界」，

---

*あらゆる可能な行為の選択肢，およびそれらの行為の結果に対する効用の知識をもつ．また，不確かな状況のもとでは，事象の生起確率を知るものとする．
**同じ対象に対しては常に同一の順序をつける．
***すべての対象に順序付けができる．
****対象 A は B より選好される，かつ B は C より選好されるとき A は必ず C より選好される．

7 飲料水健康リスク論

モデルデザイナーの「観察能力の限界」など,さまざまな側面から考えられる.さらには,経済的評価の基礎である厚生経済学の枠組みそのものに限界があるとする考え方もある[34]．

以上の知見に基づき,選択主体およびモデルデザイナーの能力や合理性には限界があるとする限定合理性の立場で選択行動のモデル化が試みられている.例えば,消費者行動理論やゲームの理論などにおいて,従来の期待効用最大化問題の仮定を緩める,確率項を導入する,情報集合を明示する,などの手法が試みられている.

また,認知心理学の知見によれば[35],人間のリスク認知は必ずしも客観確率に基づくものではなく,致命性や未知性といった主観的要因によって決まるとされる.また,未知性は上述の確率と重大性に対する確信の度合いに依存する.さらに,この確信は情報に依存している.それゆえ,リスク認知は主観的確率,重大性,その確率や重大性についての確信,および情報環境に支配される.

人々の主観的確率や重大性に関する知識は限られている.例えば,人々はリスクに関するデータの質や自らのリスク認知能力を過大に評価し,実際にさらされているリスクを誤って認知するかもしれない.そのため,リスクの評価が適切なものとならない可能性がある[36].つまり,リスク削減のための私的負担は,実際のリスクに対し過大評価あるいは過小評価となり,評価額に歪みを生じている可能性が考えられる.

また,期待効用理論は状態が生起する見込みとして主観的確率を用いるが,その確率に対する確信が情報環境によって異なる場合,同じ確率は本質的に同じ見込みを表さない.例えば,トリハロメタンによる水質汚染と内分泌攪乱物質による影響が同じような確率で発生すると思っていたとする.前者が発生メカニズムや結果としての情報に関する情報をある程度もったうえでの確信の高い確率判断であるのに対し,後者は情報がないため先験的になんとなく危なそうだという確信の低い確率判断であったとするならば,それらの確率判断は質的に異なるものである.

実際,飲料水の水質リスク回避のための公的投資と私的投資を想定し,情報環境とリスク認知の違いによって当該リスク評価値,すなわち,公的投資と私的投資の代替可能性に基づいた公的投資に対する支払い意思額が異なることが示されている[34) 37]．

上述したような不確実性や未知のリスクを有する環境リスクの場合には,公的主体のほうが専門的な調査に基づいた情報を入手しやすいという状況にあるとみられる.公的主体から私的主体への情報の媒体としては,情報公開制度や広報,ハザードマップなどさまざまである.しかし,これらが制度や情報伝達の面で未成熟であることから,公的主体に比べて私的主体側の情報の不足や誤認の可能性がありうる.つまり,情報の供給側と消費側に情報の非対称性が存在するとともに,限定合理性,すなわち消費者の選好に非凸性がありうることとなる.

したがって,厚生経済学の基本定理で前提とされる凸環境の条件および市場の普遍性が成立しないことが示唆される.

7.4.3 リスク下での水供給

(1) 水質リスクマネジメント

Greenwald and Stiglitz[28) 29)]では，家計，企業と政府からなる経済を想定し，不完全情報と不完備な市場から生じる外部性のもとで，政府の介入によるパレート改善が存在することを示している．さらに，Sappington and Stiglitz[30)]では，（社会的に必要とされる，あるいは，すでに公的に供給されている）財・サービスを公的に供給するか，私的に供給するか，の選択に関する考察をプリンシパルエージェント理論を援用して行い，2つの形態の違いは，委託された生産活動に介入する際の取引費用の差であることを示している．さらに，生産者が危険回避的な場合に適当なリスク市場が存在しなければ，私的に財・サービスを供給するという選択（決定）に影響を及ぼすことを示している．

上述したように，飲料水質は，被害の未知性や突発性が著しいという今日的なリスクの特徴を備えている．しがって，以下では，市町村や都道府県などの地方公共団体の水道事業体による水供給を対象とし，なんらかのリスクに伴う損害が発生した場合に，公的あるいは私的な補償制度が成立する条件をみることとする．

現状の水質リスクマネジメント手法は，浄水処理などの設備投資と水質基準に基づく管理体制によってリスク軽減を行い，そのうえで発生した被害に対しては，市町村や都道府県の一般会計からの補助金などによる損害補償や水道事業体が行う予防投資への補填といった事後的な配分が定められている．また，リスクによる被害の発生原因を特定の企業や水道事業体などに帰すことができる場合には，訴訟による責任の確定によって事後的な配分が決定される．

水質管理において近年特に問題となっているクリプトスポリジウムなどの耐塩素性病原微生物は，発生が間欠的でかつ塩素消毒が無効なことから，水質基準による事前のリスクマネジメント手法が適用しがたい．事後の手法についても，汚染リスクに間欠性や原因特定の困難さが伴う場合，責任制度では，因果関係の厳密な立証を要件とするため取引費用，すなわち，情報収集や事務手続き，訴訟などにかかる費用が増大する．一般会計などによる公的な補助では，補償や予防投資の負担と配分の効率性が犠牲にされたり，リスク削減のインセンティブが損なわれたりする可能性がある．

このような水質汚染リスクの今日的な特徴によって，現行の責任制度や公的補償制度による非効率性が大きくなるとすれば，保険制度を検討する意味がある．保険制度は，保険料の価格メカニズムにより取引費用の低下やリスク削減インセンティブなどの効果が期待され，社会的な効率性が達成される可能性を有する．

(2) リスク下での整備水準決定モデル[38)]

複数の地域の同質な地域住民が，水道水の消費に際して水質汚染リスクに直面しているとする．水質汚染の水準を θ で表す．汚染水準 θ は状態空間 Θ の要素であり，最低汚

染水準 $\underline{\theta}$ から最高汚染水準 $\overline{\theta}$ までの値をとる.また,汚染のハザードである気象条件,地域特性,管理などによって確率的に変動する確率変数であり,各地域で独立に生起すると仮定する. θ は連続的な値をとるとし,分布関数 $F(\theta)$,および密度関数 $f(\theta)$ は次のように表される.

$$\theta \in \Theta, \quad \Theta = [\underline{\theta}, \overline{\theta}], \quad F(\theta) = \int_{\underline{\theta}}^{\theta} f(t)\,dt,$$
$$f(\theta) \geqq 0, \quad F(\overline{\theta}) = \int_{\underline{\theta}}^{\overline{\theta}} f(\theta)\,d\theta = 1 \tag{7.4.1}$$

それぞれの地域で水道事業を行う主体を地域政府とする.水道事業は,水道法により原則として地方公共団体である市町村や都道府県によって運営される.これらの事業主体は,事後型リスクマネジメントにおける保険や補助金の供給主体として想定される行政主体,または第三者的な保険供給主体との関係を階層システムとしてみた場合,下位に位置するという意味で同質であるため,ここでは一括して地域政府と呼ぶこととする.

地域政府は,浄水処理施設を整備することによって汚染対策を実施する義務を負う.浄水処理施設の整備水準を g とすると,汚染水準 θ が確率変数であるため,地域政府は g を決定するにあたりリスクに直面している.ここで,地域政府がリスク回避的であり,かつ地域政府よりもリスク中立的な保険供給主体が存在し,保険契約が成立すると仮定する.

地域住民の効用関数を浄水処理施設の整備水準 g に関する効用 $u(\cdot)$ と貨幣タームの私的財の消費 c に関する効用 $v(\cdot)$ との加法型で表す. c はニューメレール財であるとする.

$$U = U(g, \theta, c) = u(g, \theta) + v(c),$$
$$u_g > 0, \quad u_\theta < 0, \quad v_c > 0, \quad v_{cc} < 0 \tag{7.4.2}$$

添え字は偏微分を表すこととする. u は整備水準 g の増加関数であり,汚染水準 θ の減少関数である.地域住民はリスク回避的であり, $v(\cdot)$ は厳密な凹関数で2階微分可能である.

地域住民は,汚染対策である浄水処理施設の整備水準 g の費用を t で負担する.地域住民の所得を I とし,外生的に $\bar{I}$ で与えられるとする.バーは外生変数であることを示す.したがって,地域住民の所得制約は次のように表される.

$$\bar{I} = c + t \tag{7.4.3}$$

地域政府は,汚染水準 θ を観察して整備水準 g を決定する.整備水準 g は汚染要因の水準 θ の増加関数であると仮定する.浄水施設整備の価格を $\bar{p}$ とすると,地域政府の費用制約は次のように表される.

$$t = \bar{p} g(\theta), \quad g_\theta > 0 \tag{7.4.4}$$

地域住民の効用関数は，所得制約および費用制約より次のように表すことができる．

$$U = u(g(\theta), \theta) + v(\bar{I} - \bar{p} g(\theta)) \tag{7.4.5}$$

ここで，汚染水準 θ が変化するとき，最適な状態では $dU=0$ より次の条件が成立する．

$$\frac{u_g}{v_g} = \bar{p} - \frac{u_\theta}{v_g g_\theta} \tag{7.4.6}$$

左辺は私的財との限界代替率で測られる浄水処理施設の整備水準の評価を表す．整備水準の評価は，右辺第1項の限界転形率（$=\bar{p}$）と，右辺第2項の汚染水準 θ に対する評価からなる．

ここで，汚染水準 θ が確率変数であることを勘案すると，右辺第2項は整備水準の評価の確率的な変動要因となる．仮定より地域住民はリスク回避的であるため，リスク評価分を分担するシステムに対する需要が存在すると考えられる．

リスク分担システムとして，地域政府と保険供給者との間の保険契約を想定する．簡単化のため，保険供給主体を公的な第三者機関（上位政府である場合も含む）であると想定し，地域政府は強制的に保険契約に参加するものとする．地域政府は，汚染水準 θ に見合った浄水処理施設の整備を負担するが，汚染水準 θ が確率的に生起することによって整備に不足が生じる金銭的リスクに対して保険金 G を受け取る．保険金 G の原資は θ の水準が異なる複数の地域政府間の移転によって生み出される．すなわち，θ の水準が低い場合には，θ の水準が高い地域に対して保険金 G を支払うこととなる．保険金 G は，汚染水準 θ に応じた整備水準 g を観察して授受されると仮定し，$G = G(g(\theta))$ と表される．

(3) 地域政府の意思決定問題

地域政府の目的は，ある汚染水準 θ に対して地域住民の効用を最大化するように浄水処理施設の整備 g を行うことである．このとき，地域住民にとって生起した汚染水準 θ は既知であることから（$\theta = \bar{\theta}$），地域政府の意思決定問題は代表的地域住民の効用 U を g について最大化する問題となる．ここで，保険金 G の配分があることから，$v(c) = v(\bar{I} + G(g(\bar{\theta})) - \bar{p} g(\bar{\theta}))$ である．

$$\underset{g}{\mathrm{Max}}\, U = u(g(\bar{\theta}), \bar{\theta}) + v(\bar{I} + G(g(\bar{\theta})) - \bar{p} g(\bar{\theta})) \tag{7.4.7}$$

1階の条件より，浄水処理投資の評価は次のとおりとなる．

$$\frac{u_g}{v_g} = \bar{p} - G_g \tag{7.4.8}$$

式 (7.4.6) と同様に，左辺は私的財との限界代替率で測られる浄水処理施設の整備水準の評価を表す．右辺第1項は限界転形率 ($=\bar{p}$) を，右辺第2項は追加的な浄水処理施設整備に対する保険金による評価を表す．式 (7.4.8) より，保険金によるリスク分担システムが存在する場合，汚染水準 θ に対するリスク評価は施設整備水準に対する評価として表現される．

(4) 保険供給者の意思決定問題

地域政府は保険金 G の授受を前提として整備水準 g を決定する．保険供給者の目的は，汚染水準 θ が各地域にランダムに生起するときに，地域政府の整備水準 g が最適となる条件〔式 (7.4.6)〕，および配分する保険金 G の条件を制約として，最適な保険契約 (g^*, G^*) の組み合わせを決定することである．

汚染水準 θ は式 (7.4.1) で示した確率分布関数 $F(\theta)$ に従って生起する．保険供給者は各地域の汚染水準 θ を観察して，地域政府が整備すべき水準 g および保険金 G の配分を決定する．

保険契約が成立するための保険可能性および市場可能性の条件として，リスクに関する情報のあり方が重要な役割を果たす．すなわち，汚染水準 θ を保険供給主体が観察可能か否かによって，保険契約による事後的な配分の効率性が異なってくる．以下では，地域政府と保険供給者との間に情報の非対称性*が存在せず，汚染水準 θ が観察可能である場合を示した後，地域政府のほうが汚染水準 θ に関する情報優位にある場合を示す．

1) 情報が完全である場合

保険供給者の意思決定問題は，それぞれの汚染水準 θ が生起した地域間で授受する保険金が合計で0となることを制約条件として，地域住民の期待効用 EU を整備水準 g および保険金 G に関して最大化することである．保険供給者が汚染水準 θ が観察できるとき，汚染水準 θ に依存しない定額の保険金を配分することによって最適な資源配分，すなわち最適な整備水準および保険金が達成される．

2) 情報が非対称である場合

保険制度が成立する条件の1つである保険可能性が担保されるためには，リスクを頻度と被害の程度によって数量的に特定化できることが必要である．ここでは，汚染の頻度についてはランダムに生起すると仮定しているため，被害の程度である汚染水準に着目する．汚染水準 θ に関する情報については，汚染の観測主体が保険需要者である地域政府であることから，地域政府のほうが保険供給者よりも情報優位にある可能性がある．

---

*例えば，財の品質やサービスのよさについて，売り手はその程度を知っていても買い手はそれを知らないという場合．

保険供給者は汚染水準 θ が観察できないため，地域政府が汚染水準 θ を保険供給者に申告し，その申告に基づいて保険供給者が配分を決定するものとする．保険供給者の意思決定問題は，汚染水準 θ の申告のもとで地域住民の期待効用を最大化する $(\hat{g}, \hat{G})$ を決定することである．

事実申告条件を考慮すると，汚染水準 θ に対して浄水処理施設の整備 g による対策が可能であり，また，g による対策が評価されている場合，地域政府には事実でない θ' を申告する誘引が生じ，保険金 G が過大に配分されるとともに整備水準 g が過剰となることが示される．

反対に，汚染水準 θ について整備水準 g の評価が減少する場合には，$\theta'(>\theta)$ を申告する誘因ははたらかず，浄水処理投資および保険金の水準は効率的となる．

また，汚染が浄水処理施設整備では対策不能な種類や水準であったり，浄水処理施設による対策に代替される私的財が選好されたりする場合が考えられる．そのとき，汚染水準 θ が私的情報である場合でも保険金のために過大な θ' を申告する誘引ははたらかないため，地域政府は直面している汚染水準 θ に見合った投資を行う．

3) 保険制度の適用可能性

効率的な配分が達成される状況では，支払う保険金の期待値が 0 となるように，汚染要因の生起確率分布に応じた保険料が課された．こうして，配分する保険金は汚染水準 θ とは独立な定額保険金であっても，保険料の決定のためには汚染水準 θ の確率分布が明らかでなければならない．

汚染の生起する確率が評価できる場合には保険の適用は可能である．しかし，発現経路が定かでない汚染や被害の因果関係に関する知見が十分蓄積されていない内分泌攪乱物質などは，不確実性が大きく，リスクを数量化することが困難であることが考えられる．その場合，保険制度によるリスク分担は成立しない．

また，保険の適用が可能である場合にも，情報の非対称性を解決するためには，情報劣位にある保険供給者が，保険需要者に情報を開示させるためのリスク・コミュニケーションを行い，その取引費用を負担することが必要である．それらの取引費用が保険料として需要者に課される場合，保険料が保険金の期待値以上となり，保険の市場可能性が満たされない可能性がある．

リスクの数量化が不可能であるために保険可能性が満たされない場合，および情報の非対称性によって取引費用が高く市場可能性が満たされない場合，保険制度の適用可能性は低い．リスクが顕在しているにもかかわらず，価格メカニズムを利用した分担制度が供給されないことは，補助金によるリスク分担という選択肢に対する合意が形成される1つの大きな理由となりうる．

7.4.4 制度設計の条件

現行水道法によって水道事業に公的介入として課せられている主な経済的規制は，参

入,退出(供給義務),料金である.これらの規制の根拠は,事業が規模の経済性をもつことによる自然独占である.しかしながら,中山[39]の水道事業の生産・費用構造に関する研究のサーベイによれば,水道事業では,一般にネットワーク構造をもつ公益事業の地域独占による供給の根拠とされる規模の経済性が必ずしも成立するとは限らず,かつ技術非効率性および配分非効率性が発生している.すなわち,水道事業は供給面からみた場合,民営化による効率性の改善が期待されることが示唆されている.

一方,需要面においては,水道水は飲用のほか,風呂,炊事,清掃などの多様な用途に用いられる.なかでも,料理,衛生など飲用水は必需的需要であり,マスグレイブが提唱したメリット財[40)41)]としての性質を備えている.もし水がメリット財であるならば,パレート効率性以外に公的介入によって満たすべき基準があるか否かである.水道水の場合,その基準に該当する例として,水道法のうち社会的規制に分類できるとされる規定を挙げることができる[39].

社会的規制は,植草[42]によれば,「労働者や消費者の安全・健康・衛生の確保,環境の保全,災害の防止等を目的として,財・サービスの質やその提供にともなう各種の活動に一定の基準を設定したり,特定行為の禁止・制限を加えたりする規制」である.すなわち,社会的規制の根拠は,消費者が財の消費に際して直面する安全・健康・衛生などに関するリスクについては,効率性基準とは別の基準によって判断されるべきことにある.水道法のうえでは,水道事業の基準・認証制度*に係る規定,および水道事業の検査・検定制度**に係る規定が社会的規制に該当する.すなわち,水道においては,水道・浄水処理,パイプ,貯水,監視制御からなる水道システムにおいて,水質および水道施設がもたらすリスクに対処するための規制ととらえることができる.

したがって,民営化によって公的介入の程度を減らした場合に,リスクに関する基準が担保されるか否かが問題となる.

7.4.3項および7.4.4項でみてきたように,水道水の需要側および供給側は不確実性ならびに未知の性質を有するリスクに直面している.まず,7.4.3項では,このようなリスクに直面した需要側の消費者が水質リスクを適正に評価できるかどうかについては,リスク認知の違いや情報の提供程度によって大きく異なることが示された.つまり,競争均衡の条件が成立しないこととなる.また,7.4.4項では,情報の非対称性によってリスク分担機能としての保険適用可能性が制限されることのあることをみた.さらに,情報の非対称性によって取引費用が高く市場可能性が満たされない場合,現行制度のような補助金によるリスク分担という選択肢に対する合意が形成される1つの大きな理由となりうることが示された.

水需要の低迷,水質維持費用の増加,および近い将来に老朽設備の更新投資が必要で

---
*水質基準,施設基準,給水装置の構造・材料基準など.
**給水開始前の水質・施設検査,水道技術者による日常的施設検査,定期・臨時の水質検査,給水装置の検査など.

あるという事情は依然としてあり，国や地方の財政赤字を鑑みると，経営効率化の必要性は小さくないと考えられる．

しかし，本項で示したようなリスク下での飲料水供給を考慮すると，飲料水供給への市場メカニズムの導入は慎重にその条件を見極めることが必要であろう．特に，地震による水道被害[43]～[46]を考えたとき，メリット財や生命や基本的人権を保障する財としての水の供給を確保するのは「公」の役割か「私」の役割かという観点からの考察も必要である．

また一方で，リスク下での飲料水供給が厚生経済学の基本定理の前提を満たしていない場合，政府による介入はどうあるべきかを考えるとともに，どのようにしてその前提を満たすようにするか，あるいはどのような制度を設計すればその前提を満たすことができるようになるか，という検討の仕方もあろう．

例えば，リスク認知を少しでも適切に行うことができるような情報提供のあり方や情報の非対称性をなくすような情報開示のインセンティブをもたらす制度設計を考えてみるということもあろう．また，制度設計にあたっては，供給主体を所与とせずに検討を行い，結果として，公的か私的か，あるいはNGOなど別の組織によるかという選択肢も考えられよう．

7.5　ライフラインとしての水道システムの施設更新と評価

7.5.1　更新による効果の定量化

(1) 管路破損に伴う被害項目

水道管路の経年化などに伴う機能障害・機能低下による被害としては，管路破損による断・減水や漏水の発生，赤水等の水質障害の発生などが挙げられる．管路更新による効果は，これらの被害発生の抑制・緩和ととらえることができる．本節では，管路更新による効果を便益としてとらえたうえで分析するため，定量的に効果が把握可能な管路破損に伴う断・減水被害に着目することとする．

表7.5.1に管路破損による被害内容を，需要者と水道事業者に区分して示す．需要者の被害は，①一般市民が断・減水の代替行動，回避行動を行うことによる損失と，②事業所などでの断・減水の回避行動に伴う出費と業務の停止・縮小により生じる損失を挙げることができる．また，水道事業者の被害としては，③破損した管路の修繕に要する費用を挙げることができる[47]．

なお，水道事業者の被害項目として断・減水による給水収益の減少が考えられるが，これは需要者と水道事業者間での内部移転費用であるため，被害項目から除外することとする．さらに，これら3項目以外の被害として，水道水が供給されないことに対する不安感などの心理的ダメージや，水道事業者が断・減水世帯や事業所などへ行う広報な

7 飲料水健康リスク論

表7.5.1 管路破損に伴う断・減水による被害の内容

区分		被害の内容	断・減水被害の定量化方法[47)49)]
需要者	一般市民（家庭）	水を得るための代替行動（ボトルウォーターの購入，風呂の残り湯の再利用など）	$LD = P \times UD(S)$ P：断・減水を受ける影響人口（人）， S：断・減水による不足率（％）， $UD(S)$：不足率 S ごとの1人1日当たり被害額原単位[3)]〔円/（人・日）〕
		水使用を伴う行動の回避（洗濯→クリーニング，食事→調理ずみ食品の購入・外食など）	
		心理的ダメージ	
	事業所，工場など	水を得るための代替行動	$LU = Q \times S \times UU(S)$ Q：水需要量（m³/日）， S：断・減水による不足率（％）， $UU(S)$：不足率 S ごとの1 m³ 当たり付加価値額原単位[5)]（円/m³/日）
		業務の停止，縮小	
水道事業者		給水収益の減少 *	
		破損箇所の修繕	$LR = C(\phi) \times L(\phi)$ $C(\phi)$：管路口径 ϕ ごとの布設単価（千円/m） $L(\phi)$：管路口径 ϕ ごとの単位管路長（m）…… 5 m/本 or 6 m/本
		断水世帯・地域へのタンク車による給水	
		断水広報	
		後始末（お詫びなど）	

□ は，被害の定量化が困難なため除外した項目．
*「給水収益の減少」は，内部移転費用のため除外した．

どの対応もあるが，ここでは被害の金銭化が困難なため除外するものとした．

(2) 効果の定量化

上述の①～③の被害項目は，表7.5.1に示したように断・減水による不足率 S の関数となる．この不足率 S は，需要 Q の関数であるとともに，管路が破損した場合にネットワーク構造に基づいて算定される供給可能水量比[48)]の関数である．つまり，不足率は水需要量と管網の供給能力との比として定義できることとなり，ある管路が破損した場合の供給能力を一定とした場合，水需要量の増減に応じて不足率も増減する．一方，管路の破損可能性については管種と布設後の経過年数による関数として表すことができ，これらは更新を行うか否かにより変化する．

このため，t 期に管路 i を更新するかしないかを表す 0-1 変数 x_i^t を導入して，管路更新による効果を式 (7.5.1) として定式化する[48)]．すなわち，管路 i の更新による効果は，

t期まで管路更新を行わない場合に生ずる被害額期待値$L_i^t(\mathbf{0}^t)$と管路更新の履歴ベクトル$\mathbf{x}_i^t$に基づく被害額期待値$L_i^t(\mathbf{x}_i^t)$との差であり，これは管路更新により管路の破損率を改善することで低減できる被害削減額の期待値となる．また，t期に管路iが破損した場合の被害額LD_i^t，LU_i^tは水需要量ならびに給水人口の関数であり，$L_i^t(\mathbf{0}^t)$および$L_i^t(\mathbf{x}_i^t)$も水需要量の動向により変化するため，管路更新を行う時期により効果の発現に差が生ずることとなる．

$$L_i^t(\mathbf{0}^t) - L_i^t(\mathbf{x}_i^t) = (LD_i^t + LU_i^t + LR_i) \cdot (d_i^t(\mathbf{0}^t) - d_i^t(\mathbf{x}_i^t)) \cdot l_i \tag{7.5.1}$$

ここに，

i：管路番号を表す添え字 $(i = 1, 2, \cdots\cdots, m)$
t：期間番号を表す添え字 $(t = 1, 2, \cdots\cdots, T)$
$\mathbf{x}_i^t$：t期までの管路iの更新履歴ベクトル
　　$\mathbf{x}_i^t = (x_i^1, x_i^2, \cdots, x_i^t)$
　　$\mathbf{0}^t = (0, 0, \cdots, 0)$：$t$期まで更新しないことを示す0ベクトル
$L_i^t(\mathbf{0}^t)$：t期まで管路iを更新しない場合の，t期の管路i破損時の被害額期待値
$L_i^t(\mathbf{x}_i^t)$：t期までの管路iの更新履歴$\mathbf{x}_i^t$に基づく，t期の管路i破損時の被害額期待値
LD_i^t：t期の管路i破損時の生活被害額
LU_i^t：t期の管路i破損時の都市活動被害額
LR_i：管路i破損時の管路修繕費（各期共通）
$d_i^t(\mathbf{0}^t)$：t期まで管路iを更新しない場合の，t期の管路iの破損率
$d_i^t(\mathbf{x}_i^t)$：t期までの管路iの更新履歴$\mathbf{x}_i^t$に基づく，t期の管路iの破損率
l_i：管路iの長さ

ここで，管路の破損率の概念は図7.5.1のように考えることができる．管路の破損率を規定する主な要因は管種と布設後の経過年数の2要因であり，各管種ごとに経過年数が増すにつれ破損率は上昇していく傾向がある[7]．管路更新を行わない場合は，管種は現時点 ($t = 0$) における管種と同じまま経過年数が1期増加する分破損率が高くなる（図7.5.1の①の状態）．これに対し更新する場合は，現時点で得られる耐久性などの優れた管材・継手を採用する場合が一般的であり，更新前に比べてより破損率の低い管種を採用することになる．図7.5.1においては管種3が新たな管種となり，経過年数もリセットされるため，図7.5.1②のように管路の破損率は更新前に比べて減少することとなる．

x_i^tを用いて管種がk ($k = 1, 2, \cdots, K$) かどうかを表す変数u_{ki}^tと布設年度y_i^tを式 (7.5.2)，式 (7.5.3) のように定義すると，これらの漸化式は $(x_i^1, x_i^2, \cdots, x_i^t)$ に関するt次式となり，図7.5.1に示した破損率は式 (7.5.4) で定義できる．式 (7.5.4) より，管路iのt期にお

7 飲料水健康リスク論

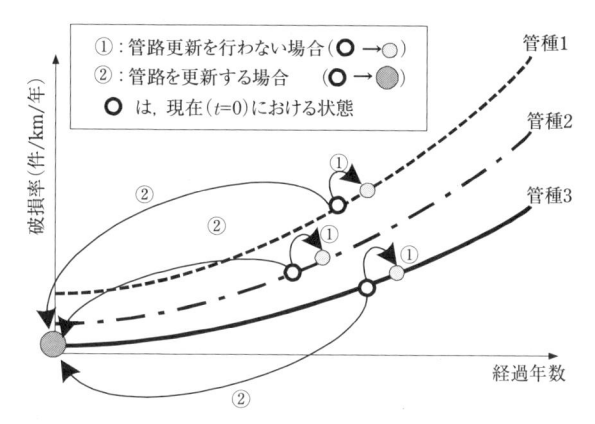

図 7.5.1 管路更新の有無による破損率の推移の概念

ける破損率は t 期に管路 i を更新するかどうかだけではなく，過去の更新履歴が関連していることがわかる．したがって，$d_i^t(\mathbf{x}_i^t)$ をもとに導出される $L_i^t(\mathbf{x}_i^t)$ も管路更新の履歴が反映されることとなる．

$$u_{ki}^t = u_{ki}^{t-1} \cdot (1-x_i^t) + \hat{u}_k \cdot x_i^t$$
$$= u_{ki}^0 \cdot \prod_{\tau=1}^{t}(1-x_i^\tau) + \hat{u}_k \cdot \sum_{\tau=1}^{t-1} x_i^\tau \left[\prod_{\omega=\tau+1}^{t}(1-x_i^\omega)\right] + \hat{u}_k \cdot x_i^t \qquad (7.5.2)$$

$$y_i^t = y_i^{t-1} \cdot (1-x_i^t) + t \cdot x_i^t$$
$$= y_i^0 \cdot \prod_{\tau=1}^{t}(1-x_i^\tau) + \sum_{\tau=1}^{t-1} \tau \cdot x_i^\tau \cdot \prod_{\omega=\tau+1}^{t}(1-x_i^\omega) + t \cdot x_i^t \qquad (7.5.3)$$

$$d_i^t(\mathbf{x}_i^t) = \sum_k f_k(u_{ki}^t, t-y_i^t) = \sum_k f_k(\mathbf{x}_i^t) \qquad (7.5.4)$$

ここに，

　　u_{ki}^t：t 期の管路 i の管種が k であるときに 1 となる 0-1 整数変数
　　$\hat{u}_k$：管路更新後に採用する管種 k が K のとき 1 となるベクトル
　　　　$(\hat{u}_1, \cdots, \hat{u}_k, \cdots, \hat{u}_K) = (0, \cdots, 0, \cdots, 1)$ の要素
　　y_i^t：t 期の管路 i の布設年度
　　$f_k(\mathbf{x}_i^t)$：管種 k の破損率を表す関数

7.5.2　水供給レベルの評価指標

これまで更新事業の実行の妥当性を，更新費用と更新により軽減される被害額期待値（便益）とを比較し，これを費用便益比により提示してきた[47)48)]．費用便益比による評価で管路更新に要した投資以上に更新により軽減される被害のほうが大きいことは評価で

きるものの，各期の断・減水被害額の大きさは評価できない．例えば，事業全体の費用便益比が最大であるケースは費用便益比が最大の1管路のみを更新する場合であるが，他の管路は更新対象とならないため，経年化に伴い管網全体の管路破損件数ならびに断・減水被害額は大きくなる．このため，費用便益比は各管路について更新による効果が高いかどうかの判断を行う指標として好ましいものである．

管路更新の目的は，更新により老朽化に起因する管路破損の危険性を改善し，それにより管路破損に伴う断・減水による被害の発生を最小化することととらえることができる．そこで，更新後の水供給のレベルを各期の被害額期待値 $\sum_{i=1}^{m} L_i^t(\mathbf{x}_i^t)$ そのもので表すことが考えられる．その際，今後人口の減少に伴い需要者1人当たりの被害額が大きくなることも想定されるため，式 (7.5.5) のように各期の給水人口1人当たりの被害額の期待値として基準化して表すこととする．さらに，更新事業の効果は現況の水供給のレベルとの比較により示すことができるため，式 (7.5.6) のように各期の1人当たりの被害額を現況 ($t=0$期) の1人当たりの被害額で除し，0期の被害額を100とした指数として表すこととする．ここでは，この R_t を1人当たり被害額指数と呼ぶこととする．

$$D_t = \sum_{i=1}^{m} L_i^t(\mathbf{x}_i^t) \bigg/ P_t \qquad (t=1, 2, \cdots, T) \tag{7.5.5}$$

$$R_t = \frac{\sum_{i=1}^{m} L_i^t(\mathbf{x}_i^t) \big/ P_t}{\sum_{i=1}^{m} L_i^t(\mathbf{0}^t) \big/ P_0} \times 100 = \frac{D_t}{D_0} \times 100 \qquad (t=1, 2, \cdots, T) \tag{7.5.6}$$

ここに，P_t：t 期の給水人口

(1) 対象管路の選定方法

管路更新による効果は，管路更新をまったく行わなかった場合と行った場合の被害額期待値の差（被害軽減額）を便益としてとらえることができ，図7.5.2のように表すことができる．そして，最適更新モデルは費用制約下での計画期間内の総便益 B を最大化する問題として，式 (7.5.7)～(7.5.9) で定式化できる．

目的関数

$$B = \sum_{t=1}^{T} \sum_{i=1}^{m} (L_i^t(\mathbf{0}^t) - L_i^t(\mathbf{x}_i^t)) \Rightarrow \max \tag{7.5.7}$$

制約条件

$$x_i^t = 0 \text{ or } 1 \quad (t=1, 2, \cdots, T, \ i=1, 2, \cdots, m) \tag{7.5.8}$$

$$\sum_{i=1}^{m} C_i \cdot x_i^t \leq \widetilde{C}^t \qquad (t=1, 2, \cdots, T) \tag{7.5.9}$$

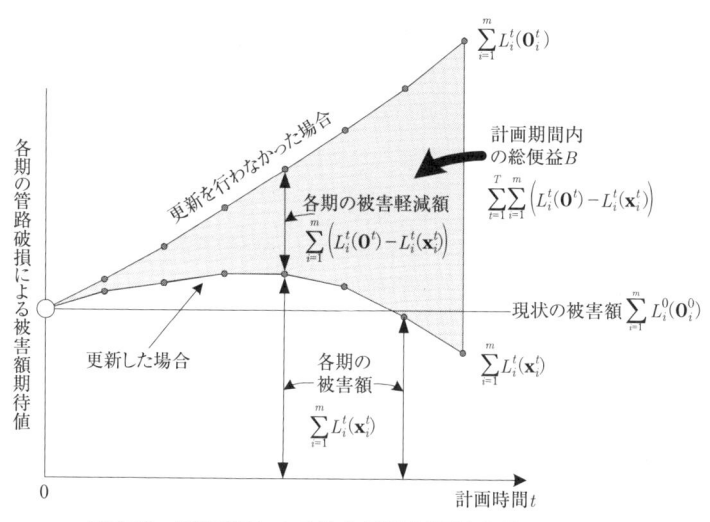

図7.5.2 管路更新による被害額軽減効果と便益のイメージ

ここに,

C_i:管路 i の更新費
$\widetilde{C}^t$:t 期における管路更新費用の制約値
$\mathbf{O}^t = (0, 0, \cdots, 0)$:$t$ 期まで更新しないことを示す0ベクトル

式 (7.5.7) は管路更新履歴 x_i^t による各期の管種,布設後の経過年数を内包している.これらにより表される破損率が非線形となることから非線形整数計画問題となり,大規模な配水管網への適用および長期的な計画への適用は現実的ではない.そこで,長さが計画期間×管路数の 0-1 ベクトル (x_i^t,$t=1, 2, \cdots, T$,$i=1, 2, \cdots, m$) を個体として,総便益が最大となる更新順序を探索する GA (Genetic Algorithm) モデル[50)51)]の適用を提案する.すなわち,総便益 B にペナルティとして予算超過額 p を考慮した適応度 f を式 (7.5.11) で定義し,これを最大化する問題として表す[52)].ただし,更新費用が費用制約以内の場合は総便益 B をそのまま適応度 f として用いている.

$$p = \sum_{t=1}^{T} \left(\sum_{i=1}^{m} C_i \cdot x_i^t - \widetilde{C}^t \right) \tag{7.5.10}$$

$$f = \begin{cases} \dfrac{B}{p} & (p > 0) \\ B & (p \leq 0) \end{cases} \tag{7.5.11}$$

さらに,超長期更新計画への適用において同一管路が複数回更新される場合を想定

し，耐用年数を考慮した最小更新間隔期数 k を導入し，以下のような GA による計算プロセス[53]を提案する．

(2) GA モデルによるアルゴリズム

ステップ 1；初期世代の生成

まず，各管路について，更新するかどうかを確率 1/2 の乱数により決定し，更新するとなった管路では確率 $1/T$ の乱数により更新する時期を決定する．なお，これを繰り返すことにより，同一管路における複数回更新も許容する遺伝子を設定する．全個体を生成後，例えば更新回数が 2 回となった個体については，更新間隔期数が k より小さい場合には確率 1/2 で更新期をどちらか一方の期に再設定する．

ステップ 2；費用便益比による管路の削減

対象管路数が多く遺伝子が長い場合には，解探索を効率的に行うため，各管路の更新便益とその管路の更新費用との比，すなわち費用便益比により，各期の費用便益比の最大値が 0.1 を下回る管路については個体生成の時点で非常に小さい確率（通常の更新確率の 1/1000）で更新を行うこととする．

ステップ 3；新世代の生成

まず，新世代に残る個体を，適応度に比例した割合で選び出すルーレット戦略[54]を用いて選択した後，管路単位で遺伝子を交換する 1 点交差をある確率（交差確率）で行う．次に，あるビットの 0-1 を反転させる突然変異をある確率（突然変異確率）で行い，新世代を生成する．さらに，ステップ 1 と同様な方法により，新世代の各個体について更新間隔のチェックを行い，更新間隔が短すぎる個体が発生しないようにした．

ステップ 4；適応度の計算と新世代の決定

新世代における各個体の遺伝情報（更新履歴）から，式 (7.5.11) により適応度を計算する．ここで，新世代の適応度が旧世代の適応度と比べある値以下となった場合には，旧世代の遺伝情報をそのまま新世代に継承する適応度継承戦略を導入した．また，旧世代において最大適応度の個体を，新世代の最小適応度の個体と交換することにより，常に最大適応度が維持されるようにした（エリート戦略）．

ステップ 5；個体集団の再配置

適応度の上昇が見込まれなくなる 2000 世代以降において，少数のエリート解を残してそれ以外の個体をすべて初期化する"再配置"を一定の確率（0.01）で行うこととした．この再配置により，解空間における局所的な探索と大域的な探索とをバランスよく切り替えることが可能となる．

ステップ 6；終了判定

あらかじめ指定した世代に達するまではステップ 2 に戻る．

以上の計算プロセスを 1 配水池，9 需要点，12 管路からなる田型モデル管網に，個体数 100，交差確率 0.8，突然変異確率 0.01 とし，世代数 2000 を上限として適用した．ま

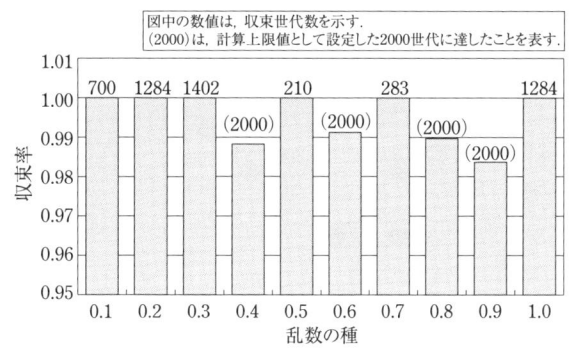

図 7.5.3 更新期を決定する乱数の種による収束率の変化

た，ステップ1の初期世代生成に用いる乱数の種（乱数発生ルーチン用出発値）を0.1から1.0まで0.1刻みで変化させた．計算結果は図7.5.3のとおりであり，乱数の種10パターンのうち6パターンにおいて式 (7.5.7) の非線形整数計画（以下 Integer Programming；IPと呼ぶ）モデル[54]と同じ解を出力した．また，最適解に達していない4パターンにおいても98％以上の収束率（＝GA解/IP解）となっており，十分に実用的な解が得られたと考えられる．これにより，提案した管路更新計画最適化のためのGAは，整数計画法と同程度の解空間探索能力があると判断された．

7.5.3 最適投資水準と評価

1配水池，28需要点，40管路からなる実配水管網（図7.5.4）を対象とし，計画期間6期（1期＝5年，計30年）における管路更新計画を検討した．なお，管種を2種類とし，それぞれの破損率を図7.5.5で与えた[48) 55)〜57)]．本地域は，現在給水人口7万1400人，実績日最大給水量2万8800 m^3/日の中規模の都市域であるが，新たな住宅開発や工場誘致の計画はなく，将来の給水人口，需要水量は図7.5.6のように停滞から減少へ移行していくものと予想されている．

更新費用の制約を，各期の給水収益の1％，3％，5％，7％の4通り設定し，GAモデルにより各ケースの更新最適パターンを計算した結果，それぞれ約1万世代目で最大適応度の解を得た．各ケースの更新対象管路本数，管路延長，更新費用を表7.5.2に示す．また，各ケースの期別の1人当たり被害額指数は図7.5.7のとおりである．

表7.5.2に示すように，費用便益比は費用制約の厳しいケース（給水収益に対する比率が小さいケース）のほうが高くなっている．これは，更新費用が少ないほうが更新による被害軽減効果の大きな管路のみを対象とするため生ずる結果である．費用ケースごとでは1％のケースに対し3％のケースも同程度の費用便益比が得られており，3％程度までは投資の効率性が確保できるとみることができよう．3％ケースに対し，5％ケースは費用便益比の低下が大きく，更新費用を大きく上げることにより，相対的な効果が小さ

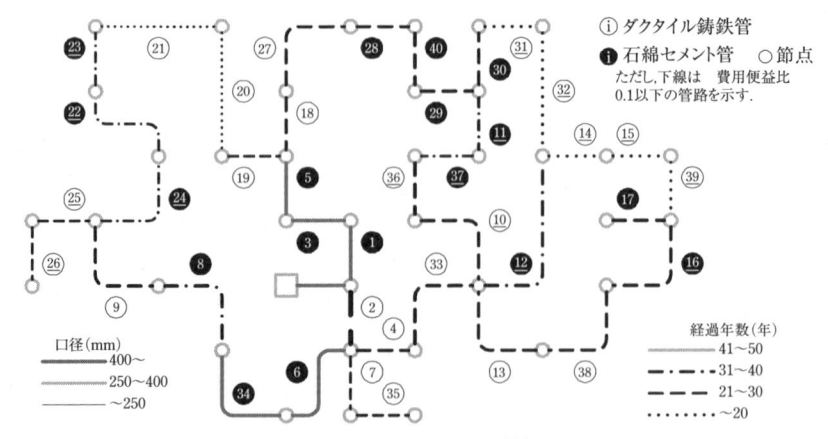

図 7.5.4　ケーススタディ管網図

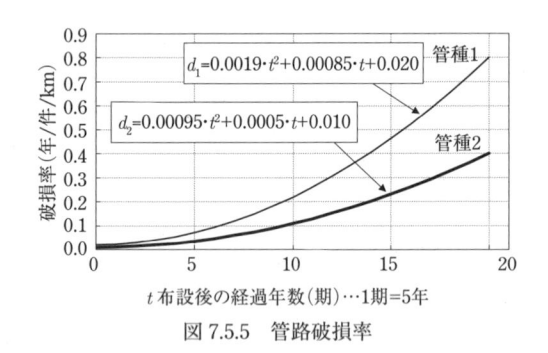

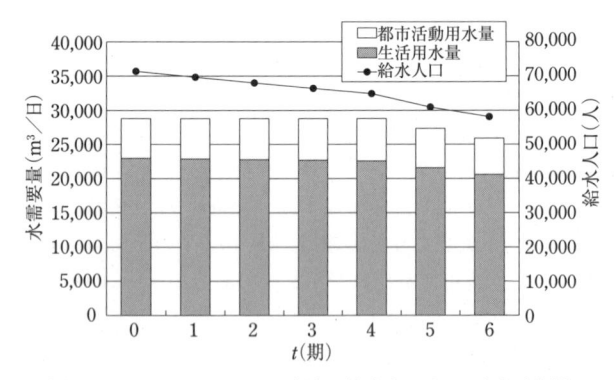

口径(mm)
── 400〜
── 250〜400
── 〜250

ⓘ ダクタイル鋳鉄管
● 石綿セメント管　○ 節点
ただし，下線は　費用便益比
0.1以下の管路を示す．

経過年数(年)
── 41〜50
─・─ 31〜40
─ ─ 21〜30
‥‥ 〜20

$d_1 = 0.0019 \cdot t^2 + 0.00085 \cdot t + 0.020$ 　管種1

$d_2 = 0.00095 \cdot t^2 + 0.0005 \cdot t + 0.010$ 　管種2

図 7.5.5　管路破損率

t 布設後の経過年数(期)…1期=5年

図 7.5.6　ケーススタディ地域の給水人口および需要水量

表 7.5.2 更新費用制約ケースごとの更新費用，便益および費用便益比

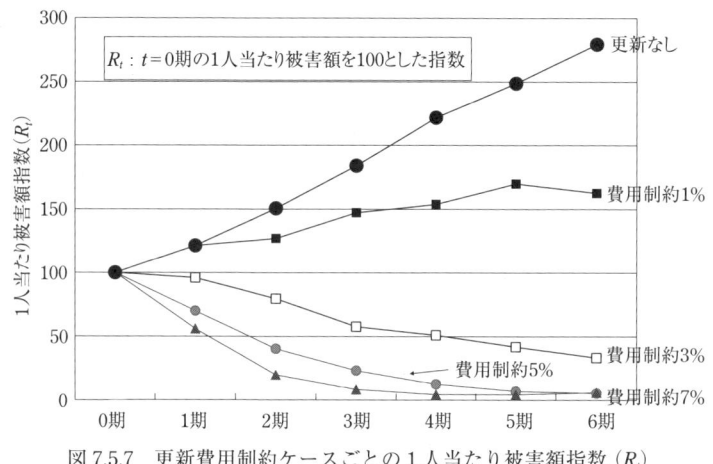

費用制約	更新対象管路		B 総便益（千円）	C 更新費用（千円）	費用便益比 B/C
	本数	管路長 (m)			
1%	5	3,600	1,854,505	549,600	3.4
3%	12	11,020	4,902,145	1,640,020	3.0
5%	23	20,030	6,106,170	2,691,370	2.3
7%	24	20,780	6,477,415	2,768,620	2.3

図 7.5.7 更新費用制約ケースごとの1人当たり被害額指数 (R_t)

くなることを示している．さらに7％ケースは5％ケースと更新費用，便益とも同程度であり，ケーススタディ地域においては5％程度が投資水準としては上限であることがわかる．

一方，各ケースの1人当たり被害額指数をみると，1％ケースでは期を経るに従い指数が上昇し，4期目以降には150を超える状態となっている．これは，現況に比べて，管路破損による被害の危険性が高くなっていることを示しており，給水収益の1％程度の更新投資では，管網の状態を現況レベルにも維持できない．つまり，費用便益比では効率が高いと評価されても十分な更新効果が得られず，更新費用を増やす必要があることが示唆されているとみることができる．3％以上のケースにおいては，1人当たり被害額指数が減少しており，3％以上の更新投資を行うことにより管路破損による被害の危険性を減ずることができることが確認できる．

この1人当たり被害額指数の目標値を定めること，すなわち管路破損に伴う需要者の被害受忍度を設定することにより，更新費用の目安を設定することができよう．この

表 7.5.3　更新費用制約ケースごとの 1 人当たり被害額 (D_t)
【千円／年／人】

	現況	1期	2期	3期	4期	5期	6期
更新なし	1.9	2.2	2.8	3.4	4.1	4.6	5.2
費用制約 1%		2.2	2.4	2.7	2.8	3.1	3.0
費用制約 3%		1.8	1.5	1.1	0.9	0.8	0.6
費用制約 5%		1.3	0.7	0.4	0.2	0.1	0.1
費用制約 7%		1.0	0.4	0.2	0.1	0.1	0.1

ケースでは，3％の投資により 6 期目の 1 人当たり被害額指数が 33 となっており，管路破損に伴う断・減水被害額を現況の 1/3 の水準に減ずることができることが示された．さらに，5％の投資により 1 人当たり被害額指数を 3 期目には 23 に，6 期目には 6 にまで下げることができ，それぞれの期における安定性を現況の 4 倍，15 倍以上まで高めることができる．現況の 1 人当たり被害額は表 7.5.3 に示すように 1900 円／年／人であり，この被害額自体の大きさを例えば高度浄水処理導入に伴う費用増 1200 円／年／人（参考文献 58）をもとに試算）と比較することなどにより，将来の管路破損に伴う被害をどこまで軽減すべきかを設定することが考えられる．また，アンケート調査などを通じて需要者の断水被害受忍度および被害軽減のための支払い意思額を把握することなどにより，この目標値を設定することも考えられる．

さらに，本ケーススタディでは，各期の給水収益に対し一定の比率で更新費用を設定したが，更新による効果の早期発現のためには後年次の予算を早い時期に振り分け，目標とする 1 人当たり被害額指数のレベルが達成された段階で，このレベルが維持できる程度に更新費用を削減することが効果的と判断できる．本項で提案した 1 人当たり被害額指数は，このような期別予算の配分を計画するうえでも有効な指標となると考える．

参考文献

1) Kinniburgh, D. G. and Smedly, P. L.: *Arsenic Contamination of Groundwater in Bangladesh* Vol. 2 - Final Report-, pp. 3-16, 2000.
2) National Arsenic Mitigation Information Center: *Bangladesh Arsenic Mitigation Water Supply Project*, DATA BOOK Vol. 2, 2003
3) 萩原良巳・萩原清子・酒井　彰・山村尊房・畑山満則・神谷大介・坂本麻衣子・福島陽介：バングラデシュにおける飲料水ヒ素汚染に関する社会環境調査，京都大学防災研究年報，第 47 号 B，pp. 15-34, 2004
4) Barlow, M. and Clarke, T.: *Blue Gold: The Battle against Corporate Theft of the World Water*, Stoddart Publishing Co., Toronto, Canada, 2002.
5) Roemer, J. E.: *Theories of Distributive Justice*, 1996〔木谷　忍・川本隆史訳，分配的正義の

理論：『経済学と倫理学の対話』, 木鐸社, 2001]
6) 水道統計：(社) 日本水道協会, 平成15年度
7) 厚生労働省健康局：水道ビジョン, pp. 15-16, 2004
8) 間山一典：バックデータから見た水道ビジョン（その1）―更新需要の試算を中心として―, 水道, Vol. 50, No. 2, pp. 27-35, 2005
9) USEPA, *Health Risks From Microbial Growth and Biofilms in Drinking Water Distribution Systems*, June 17, 2002
10) USEPA, http://www.epa.gov/safewater/mdbp/dbp1.html
11) Kirmeyer, G., K. Martel, G. Thompson, L. Radder, W. Klement, M. LeChevallier, H. Baribeau, and A. Flores: **Optimizing Chloramine Treatment 2nd Edition**, Awwa Research Foundation, 2004
12) Ollos, P. J., P. M. Huck, and R. M. Slawson: *Factors Affecting Biofilm Accumulation in Model Distribution System*, **Jour. AWWA**, Vol. 95, No. 1, pp. 87-97, 2003
13) Kranser, S. W., and S. E. Barret, *Aroma and Flavor Characteristics of Free Chlorine and Chloramines*. In Proceedings of 21th Annual AWWA WQTC. Denver, Colo., 1984
14) 萩原良巳・萩原清子・Bilqis Amin Hoque・山村尊房・畑山満則・坂本麻衣子・宮城島一彦：バングラデシュにおける災害問題の実態と自然・社会特性との関連分析, 京都大学防災研究所年報, 第46号B, pp. 15-30, 2003
15) 福島陽介・萩原良巳・畑山満則・萩原清子・酒井 彰・神谷大介・山村尊房：バングラデシュにおける飲料水ヒ素汚染に関する社会調査とその分析, 環境システム研究論文集, Vol. 32, pp. 21-28, 2004
16) Fukushima Y., Hagihara Y., Hagihara K., Sakamoto M. and Yamamura S.: *Social Environmental Analysis Regarding Arsenic Contamintated Drinking Water in Bangladesh*, 19th Pacific Regional Science Conference, 2005
17) 萩原良巳：『環境と防災の土木計画学』, 京都大学学術出版会, 2008
18) 川喜多二郎：『発想法』, 中公新書, 1966
19) Hossian M.: *British Geological Survey Technical Report, Graphosman World Atlas*, Graphosman, 1996
20) Government of The People's Republic of Bangladesh: *National Policy for Arsenic Mitigation 2004 and Implementation Plan for Arsenic Mitigation in Bangladesh*, 2004
21) 谷 正和：『村の暮らしと砒素汚染―バングラデシュの農村から―』, 九州大学出版会, 2005
22) UNICEF and JICA: *Practical Approach for Efficient Safe Water Option*, 2005
23) 萩原良巳・坂本麻衣子：『コンフリクトマネジメン―水資源の社会リスク』, 勁草書房, 2006
24) 岡田憲夫：総合防災学への Perspective, 『総合防災学への道』, 京都大学学術出版会, pp. 9-54, 2006
25) 豊田秀樹：『共分散構造分析―構造方程式モデリング―[入門編]』, 朝倉書店, 1998
26) Hagihara Y., Zhang S. P., Shimizu Y. and K. Sakamoto: *Earthquake Disaster Mitigation of Water Supply Networks*, Proceedings of 2000 Joint Seminar on Urban Disaster Management, Combined Volume of Proceedings of 2000-2003 Joint Seminars on Urban Disaster Management, pp. 16-23 CBTDC and DPRI of Kyoto University, 2003
27) 奥野正寛・鈴村興太郎：『ミクロ経済学』, 岩波書店, 1988
28) Greenwald, B. C. and Stiglitz, J. E.: *externalities in economies with imperfect information and incomplete markets*, **Quarterly Journal of Economics**, Vol. 101, pp. 229-264, 1986
29) Stiglitz, J. E.: **Whither Socialism?**, The MIT Press, London, England, 1994
30) Sappington, D. and Stiglitz, J. E.: *privatization, information and incentives*, **Journal of Policy Analysis and Management**, Vol. 6, pp. 567-582, 1987
31) Von Neumann, J, and Morgenstern O.: **Theory of Games and Economic Behavior**, 2nd **edition**, Princeton University Press, 1947

32) Rubinstein, A.; ***Modeling Bounded Rationality***, The MIT Press, 1998
33) Kahneman, D., Slovic, P. and Tversky, A. ed.,; ***Judgment under Uncertainty: Heuristics and Biases***, Cambridge University Press, 1982
34) Hagihara, K., Asahi C. and Hagihara Y.: *marginal willingness to pay for public investment under urban environmental risk: the case of municipal water use*, ***Environment and Planning C: Government and Policy***, Vol. 22, No. 3, pp. 349-362, 2004
35) Slovic, P.; *perceptions of risk*, ***Science***, Vol. 236, pp. 280-285, 1987
36) Desvousges, W. H., Reed J. F. and Spencer, B. H.: ***Environmental Policy Analysis with Limited Information***, Edward Elgar, Cheltenham, 1998
37) 萩原清子編著:『環境の評価と意思決定』,東京都立大学都市研究所,東京都立大学出版会,2004
38) 朝日ちさと・萩原清子:環境に由来する飲料水質汚染リスクの事後的マネジメント,**地域学研究**,第34巻, No.3, pp. 275-287, 2005
39) 中山徳良:『日本の水道事業の効率性分析』, 2003
40) Besley, T.: *a simple model for merit good arguments*, ***Journal of Public Economics***, Vol. 35, pp. 371-383, 1988
41) Eecke, W. V.: *Adam Smith and Musgrave's concept of merit good*, ***The Journal of Socio-Economics*** Vol. 31, pp. 701-720, 2003
42) 植草　益,『公的規制の経済学』, 1991年, 筑摩書房
43) 張　昇平・萩原良巳・浅田一洋:リスク管理から見た都市浸水対策の課題について,日本リスク研究学会第10回研究発表会論文集, pp. 136-141, 1997
44) 西沢常彦・若松享二・萩原良巳:水道事業における災害復旧のための情報支援システムに関する考察,日本リスク研究学会第10回研究発表会論文集, pp. 118-123, 1997
45) 森　正幸・萩原良巳・小棚木修・今田俊彦:地震による水道被害と生活被害軽減のための情報システムについて,日本リスク研究学会第10回研究発表会論文集, pp. 106-111, 1997
46) 小棚木修・今田俊彦・森　正幸・萩原良巳:水道供給における危機と危機管理に関する一考察,日本リスク研究学会第10回研究発表会論文集, pp. 98-105, 1997
47) 小棚木修・小泉　明・渡辺晴彦:水道管路の更新順序と投資水準の適正化に関する研究,**環境システム研究論文集**, Vol. 31, pp. 169-177, 2003
48) A. Asakura・A. Koizumi・O. Odanagi・H. Watanabe・T. Inakazu: *A study on appropriate investment of pipeline rehabilitation for water distribution network*, ***Water Science and Technology: Water Supply***, Vol. 5, No. 2, pp. 31-38, 2005
49) (社)日本水道協会:水道事業の費用対効果分析マニュアル, 2001
50) D. E. Goldberg: ***Genetic Algorithms in Search, Optimization, and Machine Learning***, Addison-Wesley, pp. 27-88, 1989
51) 三宮信夫・喜多　一・玉置　久・岩本貴司:『**遺伝的アルゴリズムと最適化**』(システム制御情報ライブラリー17), 朝倉書店, pp. 21-62, 1998
52) 稲員とよの・小泉　明・古川唯一・小棚木修・渡辺晴彦:GAによる配水管網の更新に関する一考察,土木学会第59回年次学術講演会講演概要集,第7部門, pp. 3-4, 2004
53) 小泉　明・稲員とよの・吉井恭一朗・荒井康裕:遺伝的アルゴリズムによる最適配水管網計画に関する研究,水道協会雑誌, Vol. 74, No. 10, pp. 4-14, 2005
54) 朝倉安佳・小泉　明・稲員とよの・小棚木修・渡辺晴彦:整数計画法を用いた管路更新順序の適正化に関する一考察,第55回全国水道研究発表会講演集, pp. 56-57, 2004
55) 水道維持管理指針:(社)日本水道協会, 1988
56) 川北和徳:配水管破損事故における季節変動の実態とその分析,**水道協会雑誌**, Vol. 55, No. 5, pp. 14-24, 1986
57) 細井由彦・村上仁士・香西正夫・鎌田圭朗・奥田義郎:徳島市における配水管の破損特性に関

する研究,**水道協会雑誌**, Vol. 57, No. 8, pp. 2-11, 1988
58) 大阪府水道部:21世紀に向けての水道, pp. 22, 1991

8 渇水と震災の水供給リスク論

8.1 非日常時の水供給リスク軽減の総合課題

　本章では，私たちにとって最も重要な飲料水を含む水供給リスクを取り上げることにしよう．2008年5月2〜3日かけて生じたミャンマーのサイクロンによる風水害*，さらに阪神・淡路大震災の30倍のエネルギーを放出した，同年5月12日の中国の四川大震災**でも，最も深刻な問題は飲料水（水がなければ存在できない）と食料である．1995年1月の阪神・淡路大震災のときもそうであった．

　日本における水道の高普及率および水の大量使用の形態は，都市部のみならず農村部などにおいても，水道を住民の生活・社会活動に要するほとんど唯一の用水確保手段に限定した．このような状況において，近年多発している地震や渇水などの災害時をも考慮した，（便利の鎖が被害を極大化させる）水道サービスのあり方が問われるようになってきている．

　これまでの水道における防災計画は，地震や渇水の個々の災害を想定し，個々の対策を検討するというようなものであった．もちろん，それぞれ想定した災害事象に対しては，これでも有効であると考えられるが，「それぞれの対策の効果が，多くの不確実性のもとで，評価できない」などの問題を抱えている．しかも，地震災害などのような極低頻度災害に対しては，財源に余裕のある水道事業しか防災計画を実施に移せないという状況である．渇水と地震は市民生活にとって，いわばボクシングのボディブローとアッパーカットのようなものである．渇水は長期化すればじわじわと市民生活を脅かし，地震は一瞬にして市民生活を覆す．渇水は，水道システムの水資源の枯渇が原因であるから，降雨があればおさまる．問題は，いつ雨が降るかである．そして，その間，市民はどうすればよいかということである．地震は，復旧にどれだけの単位時間当たり

---

* 2008年5月20日現在；死者・行方不明者は13万人を越える．
**同じく5月半ばで死者・生き埋め者約9万人，この数は今後も増加すると思われる．

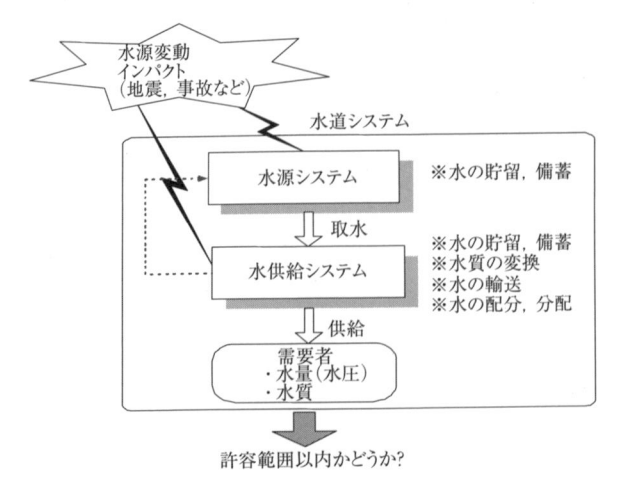

図 8.1.1　水供給システム

のエネルギーを「どこに・どれだけ・いつ・どのようにして」投入するかという問題である．そして，その間，どうすればよいかということである．この2つに共通するものは「被害軽減のための情報システム」である．問題は，このような現象が同時に生起した場合である．これは深刻なことであるが，ここでは考えないことにしよう．

水道システムは，図 8.1.1 に示すように，水源システムと水供給システムにより構成されている．水源システムでは，ダムなどの貯水池の構造物や山林・地下などの自然環境を利用して水の貯留・備蓄を行い，降雨の時間変動を調整している．水供給システムでは，水源システムから必要量の原水を取水し，これを浄水場で水質変換して浄水とし，配水池による需給時間変動の調整を経て，管路により浄水を需要者まで輸送する．さらに，下水処理水の循環利用などが考案されてはいるが，現在のところ，まだ一般的ではない．このような水道システムにおいて，水源システムは渇水・水源水質事故・富栄養化・濁水などによる水量・水質問題を常に抱え，水供給システムでは，地震による施設破損の問題（いつ地震が起こるかわからないという意味で）や老朽施設の更新問題を常に抱えている．

ここでは，「水道の危機」を需要者へ供給する水の水質・水量がある許容範囲の中におさまらない状態と考えることにする．すると，水道の危機 (risk) は，図 8.1.2 に示すように，危機発生の直接的原因となる災害などの危険事象 (peril) と，環境条件・要因などの危険事情 (hazard) により構成されることになる[1]．

次に，ペリルを分類すれば，表 8.1.1 を得る．例えば，水源システムのペリルは水供給システムにおいて所要の水量の取水ができないことに結びつくが，異常少雨などによる水量不足と，毒物混入などによる水質異常に大別される．そして，水道システムの機能分類に着目して危機を整理すれば表 8.1.2 を得る．この表の右欄に供給者が需要者に

8 渇水と震災の水供給リスク論

```
危険事情（hazard）
・施設の老朽化
・系統間の連絡不備
・訓練不足，など

　　危険事象（peril）
　　・地震
　　・渇水
　　・工場からの有害排水
　　・他工事による施設損傷，など
```

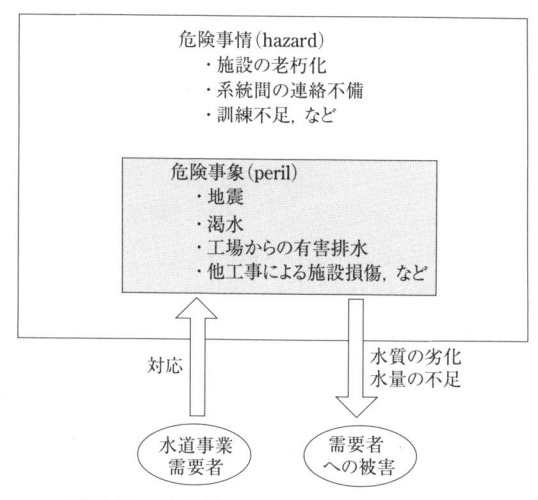

対応　　　　水質の劣化
　　　　　　水量の不足

（水道事業　　　（需要者
　需要者）　　　への被害）

図 8.1.2　水供給におけるペリルとハザード

表 8.1.1　水供給のペリル

	水源	質変換	貯留	輸送
自然系	渇水 富栄養化 地下水枯渇 風水害 地震	風水害 地震	風水害 地震	風水害 地震
人間系	O-157 クリプトスポリジウム 毒物混入 テロ	誤操作 テロ	誤操作 テロ	誤操作 テロ
人工系		事故 停電	事故	事故 停電

表 8.1.2　水供給のリスクと被害

危機の分類		被害状況
水源の危機	量的危機	水量不足（断水など）
	質的危機	水質障害
浄水処理機能の危機		水質障害
輸送機能の危機 貯留機能の危機		水量不足 （断水，出水不良など）

与える被害を示してあるが，それらは断水・水圧不足などによる量の不足，質の劣化による水質障害といった状況となる．

　これら被害によるダメージの大きさは，ペリルの程度とハザードの状態に依存するが，供給者サイドからみた需要者の被害は，多くの場合，①期間，②規模，③頻度などの指標を用いて表現される．例えば，規模は被害の面的な広がりや水量不足率，それに水質劣化率などで記述される．地震災害による被害は頻度は低いが，断水の規模・期間は比較的長期に及ぶし，渇水災害の場合は，断水はまれではあるが，頻度は高く規模・期間は長期にわたる場合が多い．水源の富栄養化は，長期にわたってカビ臭などを伴い，直接的被害というより日常生活における不快感をつのらせる心理的な被害をもたらす．

　水道の危機による被害は，事業者サイドからみれば，「消費者への供給水量・水質の障害」ととらえることができるが，消費者サイドからみれば，消費者はまた「生産者」や「生活者」でもあるから，「水が使えない」，「水の使い方に制約を受ける，あるいは変更を余儀なくされる」が被害となり，多岐にわたる．したがって，この被害は簡単に指標化できないことは自明である．

　生活者の場合，地震災害などにおける完全断水の場合の被害は，給水車などから自宅までの運搬可能水量とこの水の使用制約によって記述される[2]．これは，極限状態で，例えば高層マンションに住む高齢者や身障者にとっては大変なことである．そして，その用途のほとんどは，洗顔や炊事とトイレに限定される．応急給水や復旧が行われるようになったとき，生活者へのその情報伝達が不安を除く場合もあるし不安を増幅させる場合もあることに，注意しなければならない．さらに水配分の地域間格差や高齢者や身障者などの社会的弱者の差別化が進行すれば，『心の傷』という「社会的心理被害」を発生させる．この意味でも，地震災害時の情報の流れが，いかに重要であるかがわかる．

　渇水災害の場合は水の使用制約や変更によって被害が記述される．例えば，後者の場合，「機器の買い換え（節水型機器の購入）」，「定常的工夫（シャワーを出しっぱなしにしない，家族で浴びる）」，「一時的工夫（風呂水を繰り返し使う）」，「代替（ペットボトルを買う，トイレに風呂・洗濯の残り水を使う）」，そして「中止・削減（洗車や庭への散水をやめる）」というような生活者の行動によって記述される[3]．この場合も水配分の問題が生じ，地震災害時と同様であるが，ダムなどの貯水池の状況が心理的被害を増長する[4]ということに注意しなければならない．

　さて，渇水災害だけの話に入ろう．渇水の定義は種々考えられるが，ここでは次のように定義する．すなわち，「渇水とは，降水が少ないために河川の流量が常時利用可能な流量（広い意味の需要量）を下回る現象」とする．制度的には常時利用可能な流量とは既得利水量，維持用水量，新規開発水量により構成され，いわゆる確保流量と呼ばれるものである．当然のことながら，渇水の属性，つまりその規模（不足水量），生起頻度，そして期待継続時間によって地域に与えるダメージに差異が出る．もちろん，消費量が

0であれば渇水現象はない．涸れることのない大河のほとりに住む地域住民にとっても渇水はない．渇水とは，自然の恵みである雨と，この雨をとことん利用して生活の質を維持し向上させようという人間の欲望とのせめぎあいの結果である．

さて，現行の制度では10ヶ年に第1位相当の渇水流況に対して対応できるように利水計画を立案することとなっている．この中身は以下に示すようなものである．すなわち，当該河川における計画基準年を定め，計画基準年において目標とする確保流量が確保できるよう計画することとし，安全度評価を行っている．計画基準年としては，既往の水文資料からできるだけ長期間（20〜30年，やむを得ない場合でも最近10年）の資料を収集し，10ヶ年第1位相当の渇水年を採用することを原則として，利水安全度評価を渇水年をもとにした再現期間で行っている．

しかしながら，この10年に1回程度の渇水に対応する施設整備は慣例であって，取水の安定性をそれより小さくすることによって生ずる水利秩序の混乱と，逆に大きくすることによって生ずる河川水の未利用の機会損失を考慮して，その調整点として樹立された行政慣習であることを忘れてはならない．そして，計画時点において10年に1回程度の渇水が想定されながら，実際はそれより発生頻度が高い地域が数多く見受けられる．これは，主として以下の5つの理由による[9]．

① 計画基準年がマクロ的にみて比較的豊水年である1950年代とされていることが多い．
② ダム貯水量をゼロとすることがないように，実運用では貯水量に応じて取水制限（節水運用）を行う（見かけの渇水が生じる）．
③ ダム地点と基準点とのタイムラグ（1日程度）による，計画時点では考慮されない実運用における無効放流の発生．
④ 利用率が高い河川では暫定水利権といった，開発されることを前提として施設完成前に水利使用を認められた水利権があり，これが渇水期においても通常の水利権と同様に扱われることによって安定性が低下する．例えば，国土交通省関東地方整備局事業評価監視委員会の群馬県八ッ場ダム建設事業再評価*では，2007年実績で開発予定水量の約60％は暫定水利権としてすでに取水されている．
⑤ 最近の気候変動による降雨の極端化現象．

これらの5つの問題に加えて，さらに問題となるのは，流況の再現性，必要補給容量の安全度指標としての妥当性，そして安全度レベル1/10年の妥当性である．現行の制度では利水計画の立案に際して10ヶ年第1位相当の渇水年を採用することを原則としており，利水安全度は渇水の再現年によって規定されている．換言すれば，現行の制度下での利水安全度の定義は「常時利用可能な水量（確保流量）が確保できる確率」と解することができる．これを「**計画安全度**」と呼ぶことにしよう．この場合には常時利用可

---

*社会情勢の急激な変化，技術革新などにより再評価の実施の必要が生じた事業の1つ．

能な水量は所与であり，渇水時に水利用事業体による対応行動は考慮されない．このため，「常時利用可能な水量が確保されない」という事象には，水利用事業体が渇水時に代替水源から水を供給するなどの対応をとることにより，実際には消費者に被害が及ばない場合も含まれる．

いま，「供給量が平常時の水需要を上回る状態の生起確率」を「**管理安全度**」として定義しよう．供給量が平常時の水需要を下回る場合には，消費者はなんらかの対応行動をとる．この結果，被害が生じる．すなわち，「管理安全度」は渇水によって「消費者に被害が生じない確率」といいかえることもできる．現行の制度では，利水計画の作成に際して「管理安全度」は考慮されていないが，消費者の視点に立てば，安全度としては「管理安全度」のほうが重要であろう．

一般に「管理安全度」は「計画安全度」を上回る．代替水源や配水池など，水供給システムには冗長性があるからである．いいかえれば，このような水供給システムの冗長性を増す努力を積み重ねていけば，消費者サイドからみた利水安全度である「管理安全度」を高めることができる[3]．

以下では，ときどき々生じる渇水災害リスクと，最近大きな問題となりながらもハードな耐震設計の話が先行し，戦略的な計画論として展開が遅れている地震災害リスクの議論を行おう．

まず，渇水リスクについては，利水計画安全度の議論を行い，1978年の福岡大渇水における社会調査をもとにした，生活者の節水意識と涙ぐましい節水行動を示し，渇水災害時の情報システムのあり方を議論する．次いで，本土の大都会から無視され，多くの都会人のリゾート地となっている沖縄島嶼における地域環境と水需要構造の変化に注目しよう．ここにも，日本全国平均的な発想が許されない高齢生活者の苦悩が見受けられる．よく考えることにしよう．

次に，地震災害リスクを軽減するために，阪神・淡路大震災の被害者であった著者の1人が詳しく現地をみて考案した情報システムを，まず論じる．そして，被災前の事前情報システムと被災時の情報システムをモデル化しよう．次いで，震災リスクを考えるとき大都市域では流域概念では狭いことを指摘する．阪神・淡路大震災は，複数の都市の上下水道システムに大きな被害を及ぼした災害でもあった．被害範囲は単独の事業体の空間的スケールを超え，単独事業体だけでの震災対応の困難さを明らかとした．震災対策はこの広域性を前提として議論する必要があろう．このため，淀川流域圏ではなく上下水道ネットワークを組み込んだ淀川水循環圏における震災想定時の大都市域水循環システムへの影響を総合的に考察する必要がある．また，阪神・淡路大震災後に，クリーニング店敷地内の発がん性物質トリクロロエチレンによる土壌汚染などの環境汚染問題も明るみに出た．

震災後，地方公共団体では地震被害想定調査および防災計画の見直しを行っている．しかし，これらの多くの調査や計画は上下水道の事業体が個別に対策を検討した内容を

8 渇水と震災の水供給リスク論

まとめているにすぎない．さらに，震災による水環境汚染（水源汚染）まで総合的に視野に入れた調査・計画ではない．このため，震災時を想定して大都市域水循環システムを構成する上下水道システムへの直接被害と震災に起因する水環境汚染の双方から総合的に同システムの診断を行う必要がある．水環境汚染に関しては平常時の事故であっても実態をとらえることは難しい．広域的な地域を対象とすることを前提とし，計画論に持ち込むための調査プロセスを考えなければならない．そして，水環境汚染に関する危険な地域および下流域の水道取水に与える影響を考察する．対象地域は，淀川を水道水源とする大阪府全域と京都府，兵庫県の一部とする．

最後に，水循環圏ネットワークシステムの安定性と安全性を評価軸とし，これを用いて水循環圏の大都市や市町村の震災リスク診断を行おう．

以下，本章の内容を概観する．

8.2 節：大都市における極低頻度大災害が地震災害であり，高頻度災害が渇水災害である．もし，地震災害と渇水災害が独立であるとするならば，地震災害は水供給システムの破壊による断水現象をもたらし，その復旧過程において時間給水をもたらす．また，渇水災害は時間給水がまず始まり，最悪の場合断水になるが，施設の破壊はない．このため，これらの防災・減災の情報支援システムは，地震災害に対応することを必要とし，渇水災害に対応することを十分としなければならない．つまり，地震災害を前提とした情報支援システムを構築し，モードを切り替えれば，そのサブ支援システムが渇水災害に対応できるように考慮しておくことが肝要である．さらに，事故その他にも，モードを切り替えれば対応できるようなシステムを考える必要がある．つまり，日常にも非日常にも使えるような多目的な支援システムを構成することが重要である．

なお，災害の事前ならびに事後の総合的な支援システムの構築はいまだ緒についたところである．まず水供給における「リスク」を分類し，その特性に応じた考え方を明らかにしなければならない．そして，実際の災害時における情報システムがどのようになっていたかを明らかにする必要がある．そして，その情報システムが実際に具備すべき条件を考えることにしよう．

8.3 節：水資源開発でいちばん重要で根本的な問題は国土交通省と農林水産省の縦割水行政を改め農業用水などの既得慣行水利権の見直しを含む制度設計を行うことであることを指摘しておこう．しかし，ここでは，水利権の取り扱いが現行のままとして，まず，貯水池による水資源開発の利水安全度を河川管理者の立場からみた「計画安全度」と生活者（水資源消費者）の立場からみた「管理安全度」の議論を行う．そして，貯水池システムの利水安全度評価指標を提示し，中国地方の芦田川の大渇水時の新聞の渇水被害を取り扱った時系列記事をもとに，マスコミの影響で生じる心理的被害と実被害を組み込んだ時系列渇水被害関数[4]を作成しよう．そして，渇水の始まりから終結に至るま

での期間の渇水被害関数の変化を用いて，渇水がどのような社会現象であったかを説明しよう．具体的には，マスメディアの報道がどの程度のものなのかを考えるために，渇水被害を心理的被害と実被害で表現する方法を述べる．

今度は，水を消費している生活者の立場から渇水時の生活者の節水意識の構造ならびに節水（被害）行動のパターン化を行う．まず，社会調査の結果，日常的に「節水している」と答えた世帯は，そうでない世帯よりも使用水量が少ないというこれまでの調査結果[4]をもとに，節水意識が水需要の増減に影響する要因とどのように関連しているかを分析する．次いで，渇水時における世帯の節水行動に着目し，どのような行動が組み合わされて行われるのか，そして，どのようにすればどれだけの節水ができるのかを分析する方法論を示そう．かなり古いが，いまなお分析方法論が新しいので，1978年の福岡大渇水の期間中と直後に行った社会調査（サンプル数約2000）の結果の分析を提示しよう．

なお，福岡大渇水は，降水量で再現年15年，つまり生起確率年1/15程度の渇水であったと報告されている．また，都心部に近い地域ほど節水意識が低く，使用水量が多く，郊外の地域ほど，節水意識が高く，使用水量も少ない傾向にあり，画一的な節水政策ではなく，地域特性に応じた節水の対象や内容を考慮した節水政策の必要性がわかる．

次に，世帯における水需要に関連する要因は，家族数や生活形態，それに水使用意識など，1つの世帯で独自に規定できるものと，住環境や気温などのように世帯外部の自然・社会環境からの影響を受けるものとに分けることができる．前者を世帯内部要因，後者を世帯外部要因と呼ぶことにしよう．また，要因変動が長期的に生じるか，あるいは短期的かにより分類して考えよう．ここで，長期的とは年オーダーを，短期的というのは月や週のオーダー以下を指している．

世帯内部要因と使用水量との関連を考えよう．この関連構造では，長期オーダーの要因が短期オーダーの要因に影響を与えるものと考える．つまり，短期オーダーの要因は，どの用途にどれだけの水を使うかという「行動」を示すものであり，長期オーダーの要因は，そのような行動をとる生活者の存在する「場」を示すものであろう．ここでは，まず「場」と渇水時の「行動」およびそれらと水使用量との関連構造を考えることにする．具体的には，まず水使用の「場」を求めるため長期オーダー要因と使用水量の関連分析を行い，得られた「場」に対して，どのような「節水行動」がどれだけの使用量になっているのかを，短期オーダー要因で説明することにしよう．

長期オーダーの要因については，「使用水量と関連の強い要因の抽出」「この要因によるサンプルのグルーピング」を行う．短期オーダーの要因構造分析はグルーピングされたサンプルを対象として行うことにする．この際，考察の対象となる要因としては，水使用行動・水使用意識が挙げられる．しかし，このうち水使用行動について，すでに定量的な洗濯回数や水洗トイレ使用回数などは家族数などの長期オーダー要因との関係が強いことがわかっている[5]ので，定性的な水使用行動と水使用意識に絞って考える．

8 渇水と震災の水供給リスク論

まず，意識と行動に関し水量と関連の強い要因を抽出する．これは，日々の水使用をコントロールする代表要因でもある．このうち特に行動に着目して，各グループの節水可能性を求めよう．使用水量の減少につながると考えられる水使用行動を節水行動とし，これをもとに，サンプルを節水しているか・していないかに分別し，両者の使用水量の差を定量的に求める．こうして，短期オーダー要因構造分析は，以下の3つの目的をもつことになる．

① 使用水量と関連の強い水使用意識要因の抽出．
② 使用水量と関連の強い水使用行動要因の抽出．
③ ②の要因によるサンプル数の分別と水量との関連の明確化．

最後に，沖縄島嶼の問題を考えよう．サトウキビ生産による経済収入の減少や公共事業の縮小に伴い離島地域の経済規模は縮小し，職場を求め島を離れる若者が多くなってきた．この結果，多くの離島地域で過疎化・高齢化が急速に進行した．これを食い止め，地域活性化のために，多くの島々は観光産業に力を入れてきている．観光産業は沖縄県の主要産業の1つとして位置づけられ，観光客数は年々増加し，2007年には約570万人に達した．この結果，一部では仕事ができたことによって島出身者が戻ってきている．

一方で，観光産業の進展は離島地域にさまざまな社会問題を生じさせている．新たに建設されたホテルやダイビングショップで働く人の多くが島外出身者であったり，建設された場所が島民にとっては神聖な場所であったりすることもある．また，観光客の増加は地域の観光収入を増加させるだけでなく，ゴミと水消費量をも増加させる．前者については，直接的に焼却ゴミ量を増やすだけでなく，リサイクル施設を有さない離島地域ではアルミ缶やペットボトルなどは沖縄本島まで船で運ばなければならず，その輸送コストが非常に高額になっている．ある島では1回の輸送のために往復で約800万円のコストがかかっており，財政規模の小さい離島にとっては大きな負担増になっている．後者については，乏しい水資源環境下における水需要の増加によって渇水リスクは増加し，例えば座間味島では7年連続給水制限を実施している．当然のことながら島にはそれぞれの環境容量があり，観光客の増加による種々の問題はその容量を超えた結果であるとも考えられる．

以上の認識のもと，ここでは特に観光と水使用量の関係から渇水リスクについて分析する．このため，まず，ヒアリング調査をもとに，離島地域の水道事業および水資源の課題を整理し，地域社会問題との関係から構造化を行う．次に，観光との関わりから本土復帰以降の離島地域の社会環境変化を示し，観光振興と水需要構造の関係を明らかにする．さらに，これまでほとんど研究されてこなかった観光用水量を明らかにするとともに，水道施設整備との関係から問題点を指摘し，観光による給水制限への影響について述べる．そして，持続可能な島嶼観光地の社会計画のための第一歩とし，水資源からみた観光容量の重要性を論じることとする．

8.4節：地震災害について，実際の市民生活の被害，水道の対策そして被害軽減のための情報システムがどのようであったかを明らかにする．震災復旧は，どれだけの単位時間当たりのエネルギーを，「どこに・どれだけ・いつ・どのようにして」投入するかという問題である．そして，その間，どうすればよいかということである．このため，「被害軽減のための情報システム」が重要となる．したがって，実際の災害時における情報システムがどのようになっていたかを明らかにする必要がある．そして，その情報システムが実際に具備すべき条件を考えることにしよう．

なお，今後の課題としては，情報を預けることが被害軽減の保険であるとの考え方をもとに，情報支援センターの運用費の算定根拠を保険費用の観点から計量化する必要がある．また，事前情報および復旧時の情報の具体的な収集および更新方法と，その関係団体の役割・責任の明確化，さらには防災システムとして災害時に迅速かつ確実な情報伝達方法について検討する必要がある．さらに，情報流通に関して，特に知的所有権，プライバシー保護，情報公開などの制度面の検討も必要となる．

大都市域における上下水道の整備率は高く，都市生活者は蛇口をひねるだけで容易に水が利用できる．さらに，汚水による伝染病などの脅威にさらされることもなくなり，都市生活者は（環境ホルモンなどの問題は抱えているもののある程度）健康で快適に過ごせる生活空間を手に入れた．しかしながら，このように集中・複雑化した上下水道ネットワークをもつ大都市域は地震に対して（老朽化も進み）脆弱であり，快適な生活空間を得た反面，震災リスクが増大してきた．

1987年に発生した宮城県沖地震は都市型地震災害として知られており，ライフライン施設の被害が多く報告されている．日本では，本地震をきっかけにライフライン地震工学が着目され，さまざまな研究が始められた[6]．1995年の阪神・淡路大震災では，水道システムが甚大な被害を受けたため，震災直後に消火栓を使用することができず延焼被害が拡大する一因となった[7]．事実，兵庫県の約130万戸で断水し，消火用水の確保困難から多くの家屋が延焼した．そして，下水道では約1万件の破損と閉塞により下水が地下に流出し，土壌汚染や水環境汚染が引き起こされ地下水の利用が制限された．

このように広範囲にわたり，水道・下水道施設において深刻な被害が発生した理由には，

① 構造的破壊と機能的損傷が異なるという水循環ネットワークの特性を考慮した整備が十分に行われていなかったこと，

② 水道，下水道，河川が個別のシステムとして認識されており，全体としての水循環システムのネットワークが認識できていなかったこと，

が考えられる．このため，地震災害に対しては個別施設の構造的強化というハード面だけの対策だけではなく，従来の個別的な水管理の枠組みを超えた広域的かつ河川・水道・下水道システムを統合化した水循環ネットワークの整備とマネジメントというソフト面の減災計画方法論を考える必要がある．阪神・淡路大震災は，複数の都市の上下水

8 渇水と震災の水供給リスク論

道システムに大きな被害を及ぼした災害であった．被害範囲は単独の事業体の空間的スケールを超え，単独事業体だけでの震災対応の困難さを明らかにした．この悲しい事実を教訓とした地震災害リスクマネジメントは，当然，広域性を前提として議論される必要がある．

　以上のように，大都市域水循環システムの空間的なまとまりを1つの水循環圏としてとらえることの重要性を述べる．そして，同システムを構成する施設の構造特性（ノードかリンクか）に注目し，個別管理の枠組みを超えた1つの河川，水道，都市活動，下水道の4つのレイヤーから構成される階層システムを（いわゆる河川よりはるかに多い流量を流している）大都市域人工系水循環ネットワークとしてモデル化する方法を示す．まず，このモデルを用いて大震災時を想定し，大都市域水循環システムを構成する上下水道システムへの直接被害と水環境汚染の双方から総合的に水循環システムの診断を行う．特に，水環境汚染に関しては実態をとらえることが困難であるため，計画論に持ち込むための調査プロセスを提案する．これに基づきGISを用いてデータベースを作成し，地域診断と河川取水口の汚染リスク診断を行うことにしよう．具体的には，震災時を想定して大都市域水循環システムを構成する上下水道システムへの直接被害と震災に起因する水環境汚染の双方からGISを援用して総合的に同システムの診断を行うものとする．そして，水環境汚染に関して危険な地域および下流域の水道取水に与える影響を考察する．対象地域は，淀川を水道水源とする大阪府全域と京都府，兵庫県の一部とする．

　次に，下水処理水の再利用による新たな水辺創生水路を都市活動レイヤーに導入した水循環ネットワークを考え，その震災リスクの評価指標として「安定性指標」と「安全性指標」を提案する．前者はグラフ理論を用いてノードやリンクの接続関係などをもとに作成した指標であり，後者は信頼性解析のアナロジーを用いてシステムを構成するユニットの被害率をもとにした指標である．リスク評価の方法としては，水循環ネットワークの安定性[3]と安全性[4]に着目し，両者を合わせた評価手法を採用する．具体的に述べれば，ネットワークの安定性とは，水循環ネットワークの形態に着目しグラフ理論を援用した14の指標による評価手法である．また，ネットワークの安全性とは，到達可能性と損傷度の2つからなる評価手法である．そして，この2つの評価指標を組み合わせて震度7以上の6つの大震災が想定されている淀川水循環圏の直接的・間接的な震災リスクの地域診断を行い，指標の有効性を示す．

　最後に，それら市町村単位の震災リスク評価の結果を受けて，自治体が何をなすべきかを明らかとするための方法論としてリスクマネジメントアプローチを提案する．リスクマネジメントについては多くの紹介がなされているが，ここではリスクマネジメントを行う主体（subjects）の重要性を強調したモデルを提案する．これは，震災のような広域にわたる災害であれば，1つの自治体では対応が困難であり，複数の自治体の各主体による，日々の情報交換などをふまえた災害時の連携が非常に重要であると考えるためである．そして，水循環圏内の市町村のリスク評価結果をふまえて，リスクマネジメン

トとして市町村相互の連携が重要となることを事例分析より考察する．なお，当然のことながら，震災は水循環システムだけでなく，エネルギーシステムや交通システムなどの都市インフラストラクチュアにも生じ，これらには相互作用がある．このため，他のインフラストラクチュアとの関連をも考慮した地域の総合的な震災リスク評価法を今後開発する必要がある．

8.2 水道供給リスクマネジメントの情報システム

8.2.1 現行制度の情報システム

(1) 水道のリスクマネジメントの制度的情報システム

　水道の危機管理を計画するためには，危機の特性（期間・規模・頻度）に応じた生活者などの行動を明らかにして，被害を最小にするような代替案（手段）を用意しておく必要がある．そのためには，まず地震災害時と渇水災害時の「情報の流れ」を「消費者→水道事業→市町村→（広域水道）→国」といった階層システムに着目して整理する必要がある．

　まず，地震時においては，市町村・都道府県にそれぞれ災害対策本部が設置され，市町村レベルの水道事業は市町村の災害対策本部の一組織として位置づけられることになる．市町村災害対策本部は水道事業の属する給水班のほかに，交通・土木・医務などの班が組織され，給水班は主に保険・衛生の維持，消防水利の確保の責務を負うこととなる．水道事業は，給水班より上記の内容に関する指示を受け，その状況を報告する．水道施設の被害が甚大であり，自水道事業職員のみでは応急給水，復旧に十分な対応がとれない場合は，都道府県の（生活環境部などの）所管部署に被害状況の報告とともに，応援作業の依頼，不足資機材の調達依頼を行う．これを受けて都道府県所轄部署は，国・日本水道協会・自都道府県内の非被災市町村，他都道府県に応援依頼を行う．また，応援依頼は水道事業単独に，相互応援協定を締結している市町村に，指定水道工事店などに行う．さらに，応急給水や復旧作業に要する用水を確保するために，都道府県を通じて河川管理者との水利調整を行う必要も生じる．広域水道から受水している場合は，広域水道へ供給水量確保・増加の依頼を行うことになる．

　このような一連の報告・要請の流れをふまえて，人員・資機材の派遣・受け入れが行われ，応急給水作業・復旧作業が進捗することになるが，これらの状況を消費者に報告するとともに，消費者からの要望・苦情に対応していかなければならない．この広報に関しては，阪神・淡路大震災におけるように，各レベルからの情報が集中するマスコミが重要な役割を担う場合も多い．

　このような地震災害時の情報の流れに対し，渇水災害時の水道関連の情報の流れも基本的には同様の階層システムで記述される．異なる点に注目すれば，まず，渇水時の利

8 渇水と震災の水供給リスク論

表 8.2.1 地震災害時と渇水災害時の広報の相違点

	メディア	情報の頻度
地震	避難や物資調達で留守が多く,広報車やビラでは確実に伝わらない場合が多い.家屋,家具の破損によりテレビ,ラジオが使えない場合がある.	日々更新される情報は少ないため,掲示板への貼り出しなどでも対応可能.
渇水	通常のメディアは使用可能.	通水時間,断水時間を的確に伝えることが重要.

水調整が河川管理者を中心とする渇水対策本部が主体となることが挙げられる.このため,応援依頼は,市町村→都道府県,市町村→広域水道のレベルまでで,国レベル(厚生労働省)に関しては報告にとどまる.また,市町村内の渇水対策本部は地震時のように広範な組織とはならず,渇水対策本部は消防などの他部局との間の利水量の調整を行うことになる.そして,地震時と同様に応急給水状況や復旧見通し,さらに節水協力を広報するとともに,苦情への対応を行う.

特に,消費者への情報伝達に着目し,地震災害時と渇水災害時の広報の相違点をまとめれば,表 8.2.1 を得る.地震時には,水道以外の災害情報も合わせた有効な情報伝達手段が重要である.

以上のとおり,地震災害時と渇水災害時の情報の流れを制度的な階層システムとして眺めてきたが,基本的なところで似たところも多い.これらと事故時や日常時の情報の流れを組み合わせて,水道供給の危機管理に関する「情報システム」はいかにあるべきかを論じなければならない*.

8.2.2 地震災害における情報システム[6]

1995 年の阪神・淡路大震災によって,被災都市の水道施設は甚大な被害を受けたが,特に配水管・給水管で継手の離脱や管体の折損などの被害が広域にかつ壊滅的に起こったため,多くの地域で断水状態となった.被災したこれらの水道施設などの復旧がほぼ完了するのに 8〜10 週間を要したが,時間が経つにつれ水道未復旧地区の住民からの苦情はより深刻な内容へ変化した.苦情は生活者が水道を使えない生活被害,取り残された焦り,冷遇感によるストレスなどであった.

ここでは,水道施設被害や断水による生活被害の特徴を明らかにしたうえで,「水道施設の整備・運用」,「水道事業者の応急対応」,「生活者の水利用行動」の 3 つの要素を

---
*しかしながら,水道供給も含んだ「水利用」の危機管理の視点に立ち,水利用主体の「多様性と統合」という相矛盾した「情報システム」を構築することは至難の業である.特に日本のように,「水」を管理する主体が,縦割りに切り刻まれている場合,利用主体間の「おもいやり」がなければ,構築された情報システムは「絵に描いた餅」になる.

念頭において，断水被害を軽減するための方策を検討する．

(1) 大規模地震災害による水道施設被害と断水時の市民生活被害
1) 水道施設被害の特徴

今回の阪神・淡路大震災の被災事例をみると，浄水施設や貯水施設などのコンクリート構造物の被害は，新耐震設計法（案）発表以前の古い施設や盛土などで地盤状況の悪い場所に発生している．伸縮目地の拡大による漏水事故が特徴である．しかし，一般に水道施設は地盤状況のよいことを立地条件としているため，コンクリート構造物は一部の例を除くと壊滅的な被害は受けていない．また，地上構造物の場合，目視などでの被害発見が比較的容易であった．

一方，導送配水管渠などの線状構造物は，機能上，地盤状況の悪い地区を完全には避けえないことや今回のような地震動を想定した継手構造にはなっていないことなどから，多大な被害を受けた．また，これらの線状構造物は通常地下に埋設されているため，被害発見が容易ではない．特に配水管網では，継手抜け出し，管体折損などの被害箇所が多くなると漏水多発により水圧が低下し，地上に漏水が出にくくなり，被害箇所を特定することが困難になる．また，漏水量に見合うだけの水源水量が確保できない場合や漏水箇所を修繕しないかぎり十分な水圧が維持できない場合，当該システムを一時断水状態にして復旧作業を開始することが必要となる．

今回の阪神・淡路大震災においても，配水管被害箇所数が膨大で，復旧作業に当たっては被災都市以外の他都市などからの応援が全国規模で展開されたが，断水期間は長期間にわたった．

2) 断水による市民生活被害
ⅰ) 消火用水

地震当日で断水による最も大きな影響は，消火栓から消火用水が確保できなかったことである．神戸の市街地は六甲山を背に海まで続く坂の街であることから，このような地形を利用した自然流下方式の配水を行っている．この方式では水圧のコントロールができないことなどから，漏水事故が多発したシステムでは短時間で配水池が底をついてしまうこととなった．

ⅱ) 断水被害と水くみ労働

断水が短期から長期にわたる場合，市民は生命維持や生活に必要な水を，段階的に①買い置きボトル水，家庭内の貯留水（風呂残り湯），②ボトル水の購入，③避難所等応急給水拠点での容器への受水，などの手段で取得するなどの外的対応をとる必要がある．一方，通常時であれば不意の断水には相当に怒る生活者も「被災者は皆このような状況におかれているのだから仕方がない」，「我慢しなければならない」と内的対応をとる．

断水時には通常の給水サービスのような利便性や快適性が享受できないばかりか，水の運搬や行列待ちなどの労働が必要となり，時間的制約を受ける．生活者はこの両面に

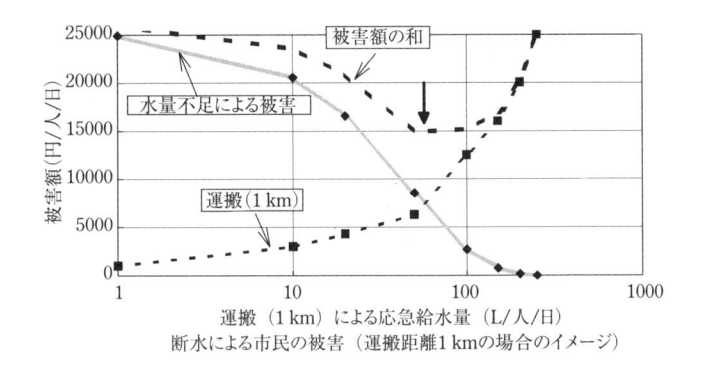

8 渇水と震災の水供給リスク論

図 8.2.1 断水による被害[7]

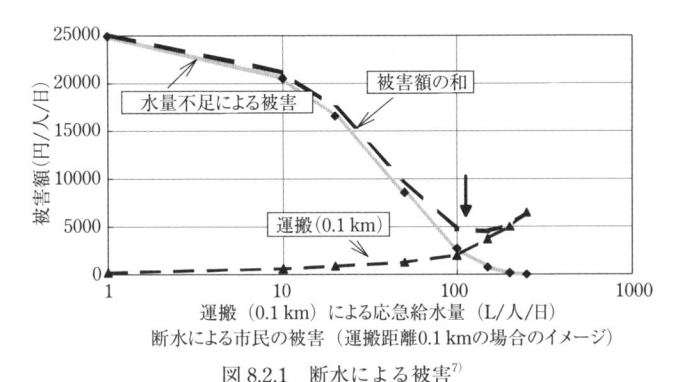

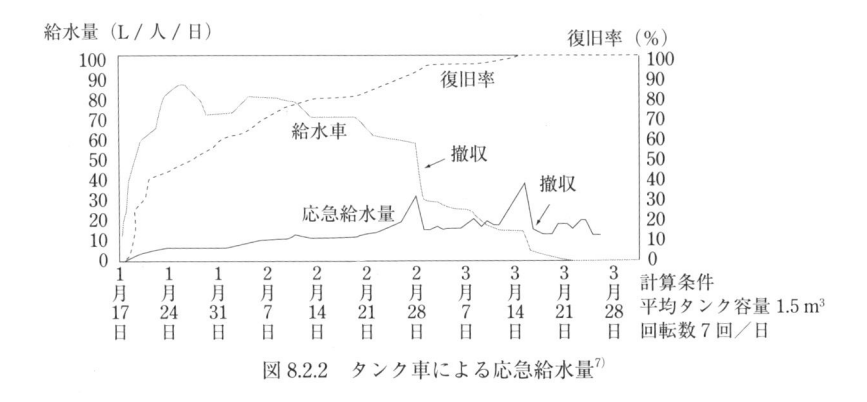

図 8.2.2 タンク車による応急給水量[7]

よる被害の和を最小にするように行動しているものと考えられる．図 8.2.1 は，運搬距離が短くなる（1000 m →100 m）と被害の和が小さくなり，より多くの水を自宅まで運ぶほうを選択することをイメージ的に描いたものである．

神戸市ではタンク車による未通水人口 1 人 1 日当たりの平均的な応急給水量は，図

577

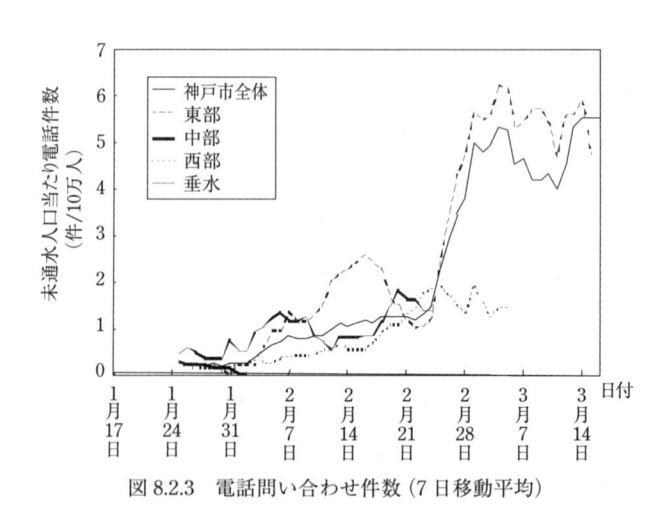

図 8.2.3 電話問い合わせ件数 (7 日移動平均)

8.2.2 に示すように，復旧期間を通じて概ね 20 L を超えていなかったものと推計される．これは，地形条件 (坂の街) と応急給水拠点の設置密度 (1～2 点 /km² のオーダー) に影響を受けているものと考えられる．この程度の水であれば，飲料水・洗面・炊事・トイレなどの用途に優先的に使用したものと考えられる．これらの用途についても外食・紙食器の利用，水洗トイレのまとめ流しなどの工夫が必要になる．いままでの話は平均的なものであるが，乳幼児や高齢者，さらには身障者を抱える家庭での困窮度には計りがたいものがある．

ⅲ) 時間経過による被害の拡大

時間の経過とともに，断水地区では電気・ガスなどのライフラインが復旧してくると，いつまで経っても復旧しない水道に対し，苛立ち，怒りの情動が発生する．また，近隣地区での通水を見聞きすると，未通水の生活者は取り残された焦りや不公平感が増す．これらはストレスとなって蓄積され，復旧見通しが延期されるなどのきっかけで爆発し，電話による苦情という外的対応に現れる．神戸市における水道局災害対策本部への電話問い合わせ件数の時系列を示すと図 8.2.3 を得る．地震発生から 1 ヶ月を過ぎると断水状態のために自宅でもとの生活を営むことのできない生活者は我慢も限界に達していることが明らかである．この経験をふまえ，この大震災後に策定された水道の耐震化指針や耐震化計画では復旧目標を 4 週間以内と設定しているものが多い．

次に，被災者を自宅生活者と避難所生活者に分類して生活ベースの違いによる断水被害の影響をイメージしたものを図 8.2.4 に示す．この図では，自宅生活に復帰しても水くみ労働から解放されない場合と水道が復旧しないので自宅生活を営めない場合に断水被害が大きくなることを示している．なお，高齢者や身障者などの災害弱者，さらには乳幼児を抱えた家庭など被災者の属性によっても断水被害の影響は大いに異なることを

8 渇水と震災の水供給リスク論

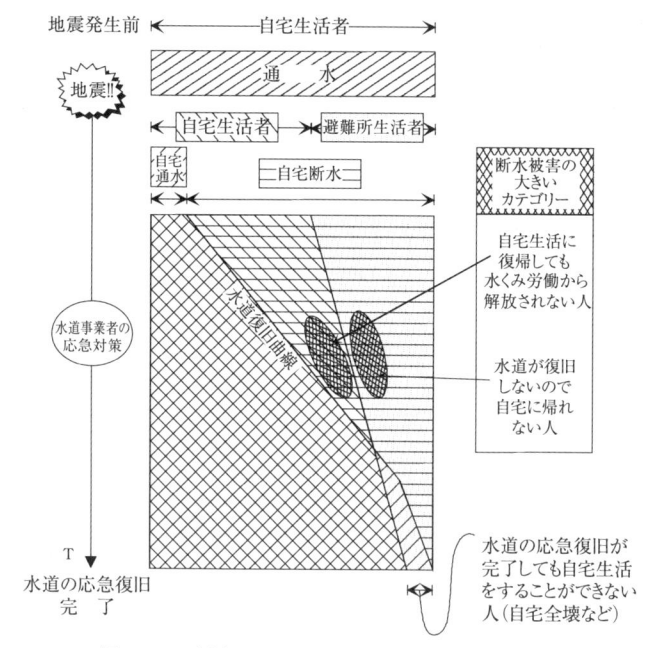

図8.2.4 生活ベースの違いによる断水被害の影響

よく認識しておくことが重要である．

iv) 震災被害強度

異常渇水による被害の程度を表す渇水強度指標と同様の考え方で震災による被害を次式で定義することができる[7]．

震災被害強度（％・日）

$$= \sum_{日}（復旧過程において平常使用量に対して不足する水量の割合）$$

ただし，Σの範囲は不足する日数である．今回の神戸市の場合の震災被害強度は，2700％・日（1/17～3/31）と試算される．この指標は，給水量の不足という一面からみた被害を表すものであり，市民の対応行動に起因する影響の緩和などは無視している．むしろ，水道事業者の給水収益の減少による経営へのダメージ度合いを表すものであるといえるが，算定が容易であるので，地震別の被害比較や計画の効果を評価する場合に利用できる．なお，地震発生から1000日余りを経過した時点にいたっても被災地の復興は完了しておらず，この間の給水収益の減少分をこの指標で表すと，トータルでは概ね数千～一万％・日になるものと見込まれる．なお，これに対して，水道消費者における断水の影響を損失機会費用の考え方で定量化した例がある[8]．

579

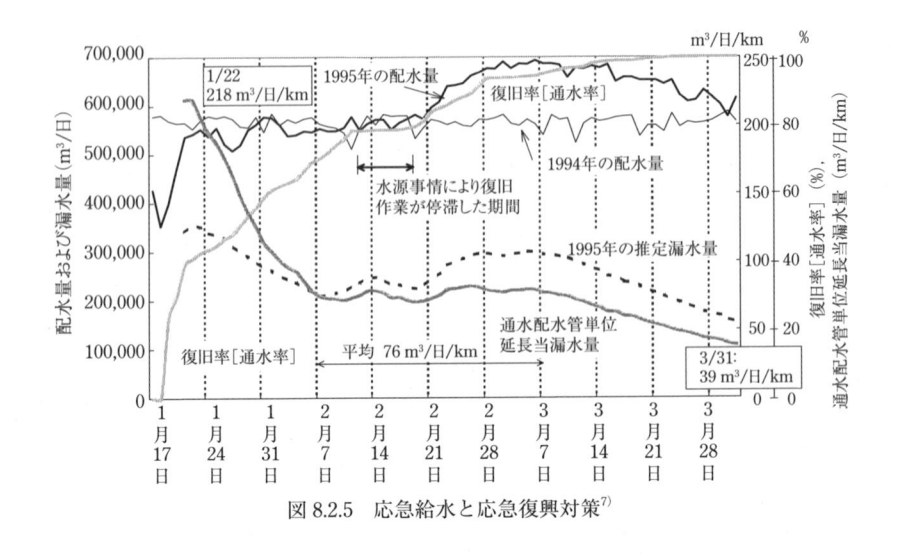

図 8.2.5 応急給水と応急復興対策[7]

(2) 水道における地震対策

1) 地震対策システム

　地震による断水被害を軽減するには，施設の耐震化とともに被災した施設の早期復旧，断水期間中の応急給水などの対策を組み合わせて行うことが必要である．
　図 8.2.5 はこれらの対策を体系図として示したものである．

ⅰ) 施設耐震化

　施設の耐震化は，個別施設の耐震性強化のみならず，危険分散やフェール・セーフ (fail-safe) の視点から水道システムとしての耐震性強化を図る必要がある．すなわち，地震に対し壊れない施設の整備は不可能であると考えて，いくつかの施設が被災して機能が低下あるいは停止しても水道システムとしての機能低下が緩和（影響を最小化）するように施設・設備の多重化やバックアップシステムを整備するものである．これらは，すべて地震発生に備えて行う，事前対策に位置づけられる．

ⅱ) 応急対策

　応急対策は，図 8.2.6 に示したように被災後の断水地域に対して行う給水タンク車などを利用した応急給水と被災した施設の応急復旧に分けられる．応急対策を円滑にまた十分に行うためには，事前対策として緊急貯留システムを構成する配水施設や貯水槽などハード面の整備ならびに施設情報や他都市との応援協定などソフト面の整備が必要である．
　地震後の応急給水は，市町村の防災対策の一環として行うことが原則となっているが，水道施設を利用すること，都市部においては水道がほとんど唯一の生活用水確保手段であり，消費者の間では水は水道局が面倒を見てくれるものと認識されていることか

8 渇水と震災の水供給リスク論

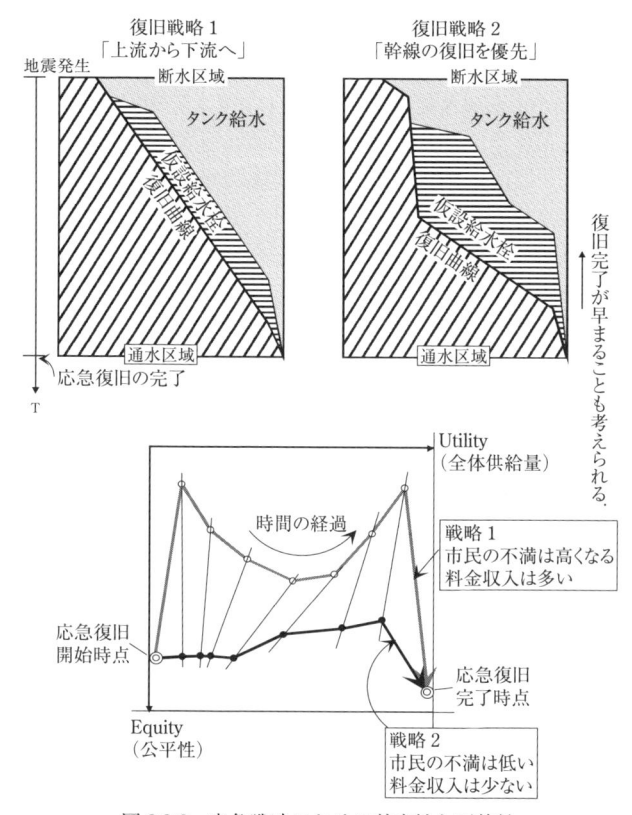

図 8.2.6 応急戦略における効率性と平等性

ら水道事業者は相当の役割を果たす必要がある．

応急復旧は，被災箇所の修繕などにより，水道をもとどおりに機能させることであるが，消費者の生活被害を軽減するにはなるべく迅速に行う必要があり，また不公平とならないような配慮が必要である．

このように応急対策においては，混乱状態のなかで物量，スピードならびにきめ細かさが要求される．したがって，被災都市の水道事業体が中心的役割を果たす必要があるが，他都市などからの人的・物的・精神的応援なしには阪神・淡路大震災級の大規模な都市災害には対応できない．

2) 対策間の関連の検討

対策の組み合せや優先順序を検討するには対策実施の前提条件や対策による効果の波及程度を検討しておかなければならない．

i) 事例1—施設能力の余裕と復旧作業

復旧作業や通水区域の拡大には平常時以上の配水量（水源水量）が必要となる．図 8.2.5

からも明らかなように水源水量に余裕がないことが配水管復旧作業に大きな制約となっていたことがわかる．復旧作業がさらに効率的に実施できていたとしても復旧率80％の段階に達した時点から水源水量（水源の3/4を依存する阪神水道企業団からの受水量）が増加するまでは，復旧作業は停滞していたであろう．一方，施設能力に余裕のある状態で，水源の制約がなく復旧作業が進められると仮定した場合，復旧日数は9～13日短縮でき，震災被害強度(1/17～3/31)は200％・日低減し，2500％・日になったもの考えられる．

ⅱ）事例2—復旧戦略と応急給水作業

配水管の復旧作業は，水理特性により「上流側から」，また，「幹線など重要度の高い管路から」行う必要がある．実際には，状況に応じてこれらを組み合わせて実施することになるが，典型的な復旧戦略として次の2つの戦略を想定し，被害軽減の過程を検討する．

　　戦略1：上流から下流へ（幹線が復旧したら引き続いてこれから分岐している支管網
　　　　　　の復旧に取りかかる）
　　戦略2：幹線の復旧を優先する（幹線が復旧するまでは支管網の復旧に取りかからない）

これら2つの戦略の相違点をイメージ図に示したものが図8.2.6である．

戦略1の長所は，比較的早い段階から各戸通水の復旧が進み，広報により復旧が開始され順調に進んでいることを市民に伝えることにより期待を抱かせる．しかし，復旧が容易な地区から作業に取りかかるので，難工事地区に当たると復旧が進まなくなり，未通水地区の住民に不公平感が生じやすい．

戦略2は，幹線の復旧を優先するので比較的早い段階には各戸通水の復旧は進まない．しかし，

① 復旧した幹線の近傍にある消火栓に仮設給水栓を設置することなどにより，応急給水の充実（水量制約と時間制約の緩和）を図ることができる，
② 幹線の復旧が完了するとどの地区でも（特定の箇所であるが）蛇口から水が出るようになっているので，火事が起こっても消火できるという安心感を与えることができる，
③ 漏水量の大幅な低減化を図ることで復旧作業進捗の制約を小さくできる，
④ 幹線復旧が完了してからの支線復旧は進捗見通しが立てやすい，

などの長所がある．

以上のことと(1)の検討結果を合わせて考えると，戦略1は，配水管の被害が比較的軽微でかつ供給能力に余裕のある場合に優先すべき戦略であるといえる．また，配水幹線の耐震化（耐震幹線網の構築）や配水ブロック化は，管路被害の軽減にとどまらず，戦略2を円滑に実施し，復旧の迅速化や応急給水の充実化，公平性維持に相当の効果を上げるものと考えられる．

8 渇水と震災の水供給リスク論

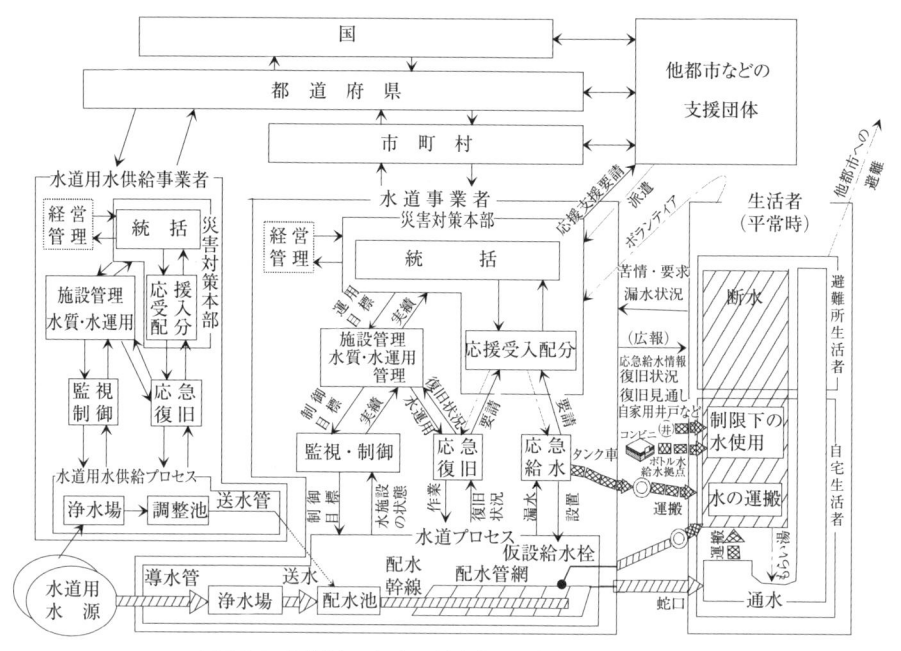

図 8.2.7 震災時における行政体間の情報の流れと行動

(3) 被害軽減のための情報システム
1) 事前対策のための情報システム
　事前対策として実施する水道施設耐震化事業には，多目的で平常時にも効果を発揮するものもあれば，相当の費用を要するが給水収益増につながらないばかりか，平常時にはほとんど効果を発揮しないものもある．したがって，事業計画にあたっては，
① 水道施設の被害想定（生活者の断水被害を含む）
② 耐震化の目標設定（応急復旧・応急給水など）
③ 個別の耐震化対策の検討
④ 耐震化計画案の作成（複数案）
⑤ 耐震化計画の策定

の手順を踏み，⑤の段階で現状での被害想定と耐震化による効果（被害軽減）ならびにこれに要する費用を生活者に提示し，事業実施や財源などに関して生活者参加型の意思決定を行うことが望ましい．なお，①の被害想定や④の耐震化計画の代替案の作成には地理情報システム（GIS）が有効である．

(2) 事後対策のための情報システム
　現行制度の情報システムの考え方に基づけば，水道事業者ならびに生活者は，図 8.2.7

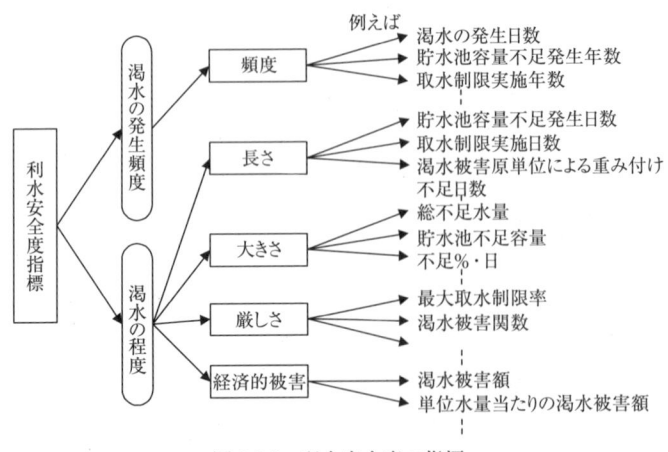

図 8.2.8 利水安全度の指標

に示すような行動により被害軽減を図っているものと考えられる．水道事業者（供給者）と生活者（消費者）はそれぞれのおかれている状況やニーズなどの相互情報提供によって断水による影響を軽減することが可能となる．これらを実現するには広報・公聴を含む平常時からの情報システム整備とその運用が不可欠である．

8.2.3 渇水災害における情報システム[3]

(1) 大規模渇水災害における市民生活被害

ここでは，まず渇水災害の議論に入る前に，特に供給者と消費者という視点からいま一度利水安全度とは何かを考察する．現在の私たちの生活は，意識的にも無意識的にも，安全な水供給を前提として成立している．渇水は私たちの生活を脅かす現象であり，これを避けることは不可能である．

利水安全度の指標やその分類も研究されるようになってきた．図 8.2.8 にその 1 例を示す．ここで問題になるのは指標間の相関であるが，この図ではその議論が十分ではない．この図の指標は供給サイドを主とした視点から作成されたものであり，実際のところ，渇水時に供給者は図 8.2.9 のような行動を行っている．この図からも明らかなように，消費者は，苦情と被害という形でしか政策に参加していない．

ところで，渇水時には消費者も種々のリスク回避行動を行う．これを図 8.2.10 に示す[9]．この図は，1978 年の福岡大渇水*直後にアンケート調査を行い，数量化理論で被害軽減行動の近接性を分析し，これをデンドログラムとして表現したものである．ただし，この図では水道水の飲料の代替としてのミネラルウォーターや清涼飲料水は，当時

---

*降水量で再現年 15 年，つまり生起確率 1/15 程度の渇水であったと報告されている．

8 渇水と震災の水供給リスク論

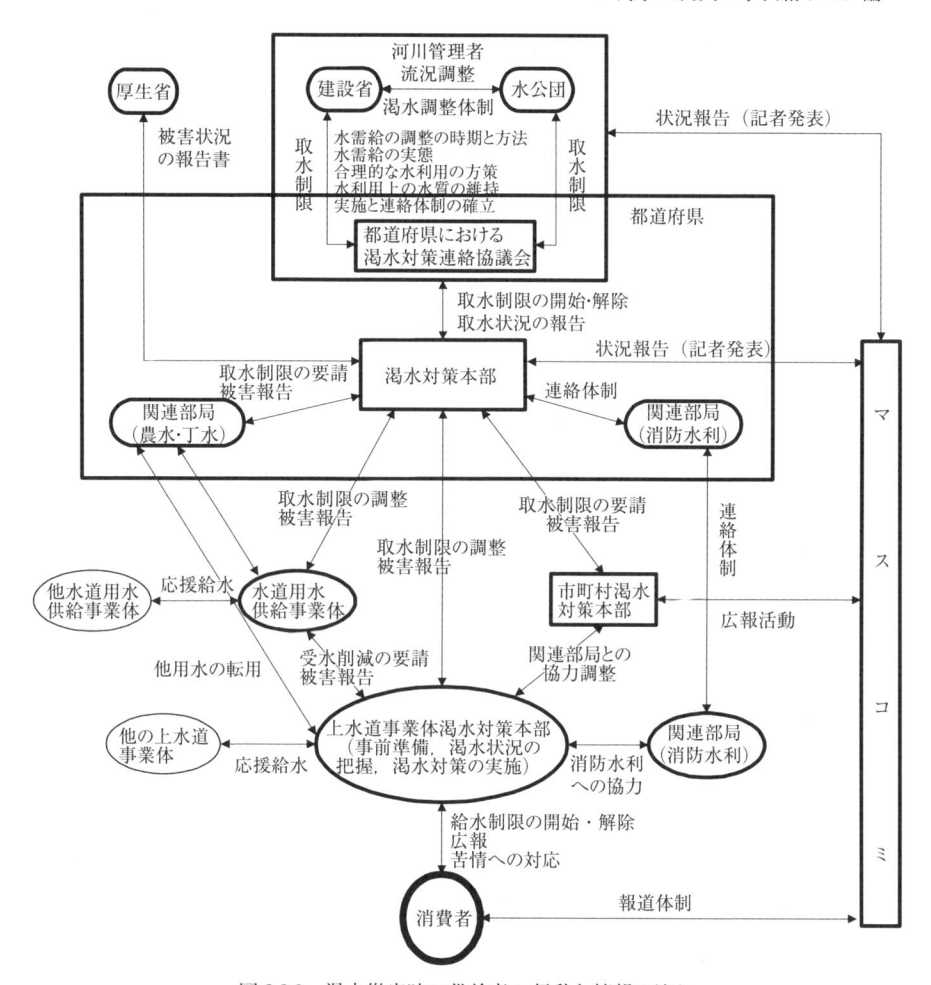

図 8.2.9 渇水災害時の供給者の行動と情報の流れ

それほど普及していないので記述していないが，本質的には変わっていない．

この図は渇水時の一般家庭の涙ぐましい行動を示している．これと先の図 8.2.8 との関連を考えてみれば，以下のようなことが考察されよう．つまり，渇水の「頻度」，「長さ」，「大きさ」により生活者は図 8.2.10 のような種々の行動の組合せを行い，個人的な犠牲を伴った生活を余儀なくされることとなる．しかしながら，その行動をみるかぎり実際の被害といえるものは意外と少なく，多消費を前提とした生活習慣に不便をきたしているにすぎない行動も多数見受けられる．もちろん，これも被害とみることもできなくはないが，家計支出における水の支出が少なく，無意識のうちに，つまり水の価格を考えずに無駄に使用していることを暗示している．

585

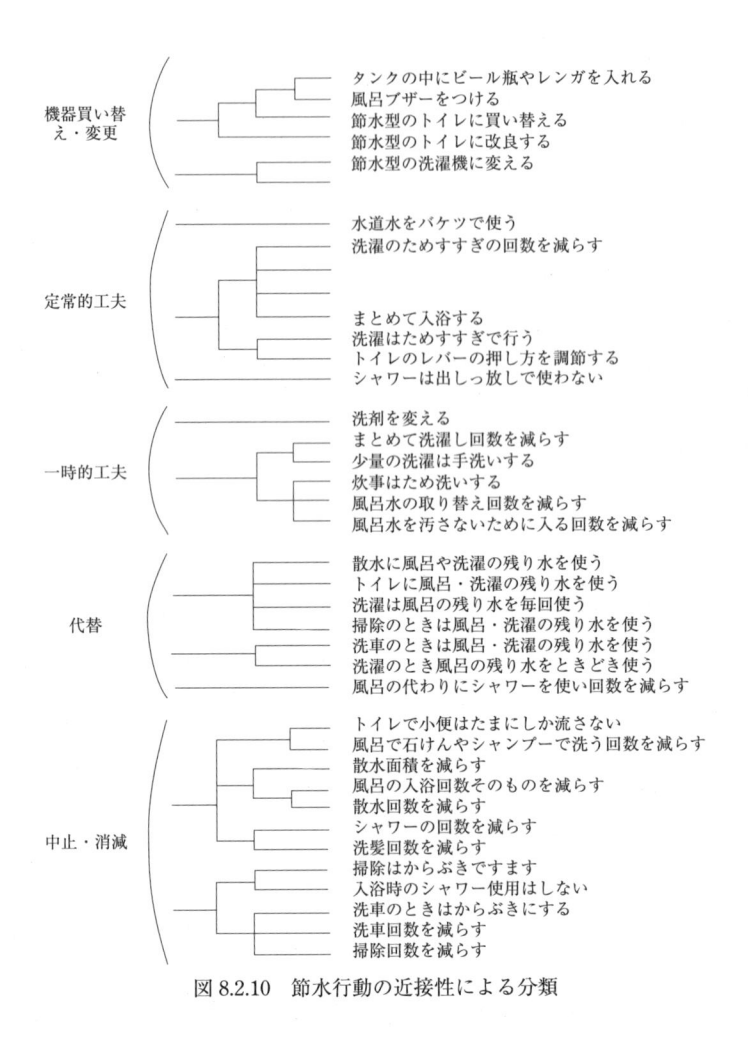

```
機器買い替        ┬─┬── タンクの中にビール瓶やレンガを入れる
え・変更          │ └── 風呂ブザーをつける
                  ├──── 節水型のトイレに買い替える
                  ├──── 節水型のトイレに改良する
                  └──── 節水型の洗濯機に変える

定常的工夫        ┬──── 水道水をバケツで使う
                  ├──── 洗濯のためすすぎの回数を減らす
                  ├──── まとめて入浴する
                  ├──── 洗濯はためすすぎで行う
                  ├──── トイレのレバーの押し方を調節する
                  └──── シャワーは出しっ放しで使わない

一時的工夫        ┬──── 洗剤を変える
                  ├──── まとめて洗濯し回数を減らす
                  ├──── 少量の洗濯は手洗いする
                  ├──── 炊事はため洗いする
                  ├──── 風呂水の取り替え回数を減らす
                  └──── 風呂水を汚さないために入る回数を減らす

代替              ┬──── 散水に風呂や洗濯の残り水を使う
                  ├──── トイレに風呂・洗濯の残り水を使う
                  ├──── 洗濯は風呂の残り水を毎回使う
                  ├──── 掃除のときは風呂・洗濯の残り水を使う
                  ├──── 洗車のときは風呂・洗濯の残り水を使う
                  ├──── 洗濯のとき風呂の残り水をときどき使う
                  └──── 風呂の代わりにシャワーを使い回数を減らす

中止・消滅        ┬──── トイレで小便はたまにしか流さない
                  ├──── 風呂で石けんやシャンプーで洗う回数を減らす
                  ├──── 散水面積を減らす
                  ├──── 風呂の入浴回数そのものを減らす
                  ├──── 散水回数を減らす
                  ├──── シャワーの回数を減らす
                  ├──── 洗髪回数を減らす
                  ├──── 掃除はからぶきですます
                  ├──── 入浴時のシャワー使用はしない
                  ├──── 洗車のときはからぶきにする
                  ├──── 洗車回数を減らす
                  └──── 掃除回数を減らす
```

図 8.2.10　節水行動の近接性による分類

したがって，図 8.2.8 の渇水の「厳しさ」や「経済的被害」を図に示されるような簡単な指標でもって表現し，ただちにハードな施設の計画につなげることはきわめて危険である．つまり，それほど必要でない水利用施設を，ただ大きく，数多く計画することの根拠を与えるためだけの指標に化けないとも限らないことに注意する必要がある．繰り返すが，実被害は大して大きくないのに貯水池の水位の低下が社会的パニックをもたらす可能性があることが，新聞記事を分析することにより明らかになっている[4]．また，大きな社会問題となった福岡大渇水でも本質的な問題は地域内における給水のハードならびにソフト面の不平等にあったと思われる．つまり，みんなが同じ程度に困っているなら自分も我慢できるがそうではないから問題が大きくなってしまったともいえるので

ある．このことは，地震災害でも指摘したことである．これらのパニックや我慢の程度は学習によって変動するものであるから，渇水による被害現象のより深い社会心理学的研究が待たれる．

(2) 水道における渇水対策

これからの時代では，利水安全度を高める理論を供給サイドの視点「計画安全度」のみで議論するのではなく，消費者サイドの視点「管理安全度」も考慮することが重要となる．この場合，供給サイドは，当然のこととして，水供給システムの冗長性や渇水時の水消費の構造を無視して計画することは許されない．そして，新しい貯水池，配水池，不平等を解消するための水供給ネットワークの形成，下水処理水などのリサイクルを含む行政間の縄張りを超えた地域水利用ネットワークを創造する[10]必要がある．当然のことながら，地域間でも困ったときには水の相互融通を考えておかなければならない[11]．こうすれば利水安全度 (管理安全度) は高まるはずである．電力でできて，なぜ水ではできないのか，不思議に思わなければならない．また，消費者は，水の料金として渇水時価格あるいは夏期料金や深夜料金を受け入れ，図 8.2.10 で示した対応行動のうち習慣として可能な行動は日常取り入れることにより利水安全度を高めることができる．

さらに，消費者は飲料水として何％の水道水を 1 日当たり使用しているのだろうか．特に離島のような慢性水不足の地域によっては水道事業体がミネラルウォーターなどを販売して，水洗便所や洗濯用水の水質を飲料水のそれと同じにするための膨大な投資と無駄を再考しなければならない局面も生じてくることも想定しておかなければならない．

8.2.4 被害軽減のための情報システム

事後対策のための渇水情報システムは地震災害時の断水に比べ，その深刻度はゆるやかでかつ地震災害時の情報システムに包含されると考えられるから，ここでは事前対策としての情報システムの根幹をなす利水安全度の決定について論じることとする．

いま一度，利水安全度を構成するものに注目すれば，これは自然の水 (水量・水質) の状態，社会の需要量 (水量・水質)，そして水利用システムより構成されている．自然の水は水文統計などによりその特性が明らかにされ，需要量はこれまた計量経済や社会調査などでその特性が明らかにされる．ここで，水不足によって水利用システムを考えるか，あるいは水不足の被害によって水利用システムを考えるかで議論は変わってくる．

なぜなら，水不足であっても被害がない場合もあるからである．例えば，(地域) 生活者の対応行動を実被害を伴うものとそうでないものに分けて，詳細に分析してみる必要が生じる．生活者の対応行動の中には少々の不便は伴うが習慣化可能なものもあり，これが習慣化すれば，年最大必要渇水補給量は小さくなり，過大な水資源開発投資は必要でなくなる．また，水道部門で，前述の水の相互融通の制度を確立すれば，被害を伴う

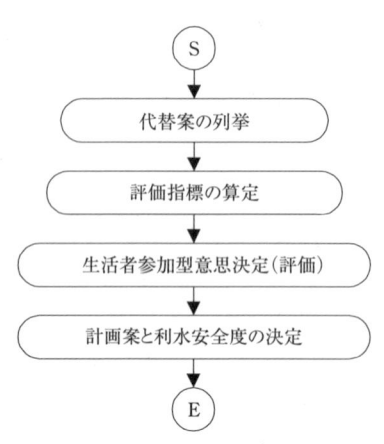

```
        S
        │
        ▼
   ┌─────────┐
   │代替案の列挙│
   └─────────┘
        │
        ▼
   ┌──────────┐
   │評価指標の算定│
   └──────────┘
        │
        ▼
 ┌──────────────────┐
 │生活者参加型意思決定(評価)│
 └──────────────────┘
        │
        ▼
 ┌───────────────┐
 │計画案と利水安全度の決定│
 └───────────────┘
        │
        ▼
        E
```

図 8.2.11　生活者参加による利水安全度の決定プロセス

水不足を軽減することができる．そして，下水処理水の再利用水を被害を伴う水不足のときの予備水資源と考えれば，より安全な水利用システムを考案できるようになる．

　ある特定の計画主体だけが利水安全度の確保の責任を負う時代ではない．さらに，渇水料金を設定することによって，節水協力者が相対的により少ない負担で水利用ができるようになる．ここでいいたいことは，地域の利水安全度を新規水資源の開発のみで確保するという従来のパラダイムから，既存の目的別あるいは監督官庁別水利用システムを再編成することによって，生活者が多様な代替案の中から，自らの水利用システムの利水安全度を決定するという生活者参加型の意思決定を組み込んだパラダイムへシフトしなければならない時代になってきたということである．

　それでは，事前対策のための情報システムとして，どのようにして利水安全度を決定すればよいか考察してみよう．いままでの考察から少なくとも，

① 新規水資源の開発にとどまらず，水道事業体や生活者の対応を考慮した代替案を作成すること，
② これらの代替案を事業体の視点のみならず，生活者の視点をも考慮した評価指標群を採用すること．
③ 生活者参加型の意思決定を行い，代替案を選択し，利水安全度を決定すること，

が求められよう．

　この問題に関しては，いまだ決定的な方法はない．しかし，素直に考えてみれば図 8.2.11 のような論理プロセスが考えられる．すなわち，(生活者も提案できる)代替案を列挙し，評価指標群の値を算定した後，これらを生活者参加型の意思決定により，代替案を選択し，利水安全度を決定するのである．なお，例を挙げての説明は紙面の都合上省略する．

8.2.5 地震災害軽減のための情報システム[12)13)]

ここでは，阪神・淡路大震災を教訓にして，特に地震災害時における災害復旧のための情報支援システムを取り上げ考察することにしよう．

(1) 地震災害時の被災事業体の行動と情報処理

情報支援システムは，災害対策として事前に整備しておく情報や事後の災害復旧時における被害情報および復旧情報の収集・流通に関するシステムのことである．例えば，応援事業体に対する受け入れ条件情報を提供することや進捗状況を広報することなどが含まれる．しかし，阪神・淡路大震災においては被害情報および復旧情報の収集・流通におけるさまざまな団体の役割が明確でなく，また災害復旧対策を実施するうえでの情報の流れも明確でなかった．例えば，復旧応援に駆けつけた事業体では，作業条件情報が不足し，誤作業を招いたといわれている．

危機管理のためには，災害の発生を中心に事前対策，発生直後の対応，事後の対応が必要となる．阪神・淡路大震災の事例では，多くの行政関係の職員も被災したため，災害対応にあたる職員の数が十分確保できず，避難誘導，被害状況，救援状況に関する地域単位の正確な情報（安心情報）を迅速に収集し，被災者に伝えることができなかった．そのため，避難所に避難した多くの被災者は，情報の空白状態に置かれ，不安な日々を余儀なくされた．水道の復旧作業においては，管理庁舎が被災した水道事業体では必要な施設現況情報や配水系統などの図面情報が入手できず，職員の記憶を頼りに断水系統の確認や復旧順序の検討を行っていた．また，復旧対応のために駆けつけた水道事業体では，復旧作業のリーダーシップや作業方法に関する情報が不足していたため，誤作業などの混乱もあり，当初は迅速な作業ができなかったともいわれている．

地震発生を挟んで必要となる被災事業体の対策行動の対象は表8.2.2となる．被災事業体に設けられた水道の災害対策本部では，被災復旧を行ううえで被災住民への対応，応援事業体への対応，関連部局への対応，厚生労働省等国など上位機関への対応など，災害復旧に向けて活動するさまざまな団体や生活者個人（市民）との交渉や情報交換が必要となっている．

ところで，災害復旧に関わる団体や個人が被災事業体（対策本部）からの情報を必要とする目的は，自己の災害復旧を図るため（自己対応）あるいは被災事業体の復旧を支援するため（支援）である．また，そのときの復旧活動の進め方（活動の制御の方法）は，独自の判断で行うか，対策本部と連携して行うかのいずれかである．そこで，被災事業体の対策本部からみた情報処理の類型を整理すれば表8.2.3となり，自己対応型，独自・支援型，協動・支援型の3つに分類できる．

表 8.2.2 被災事業体の対策行動の対象

場面	対象
平常時	事前対策
初動対応	・地震発生直後の対策 ・現状把握 ・被害想定 ・関係部署への連絡 ・緊急時組織の編成・運用
復旧対応	事後対策 ・対策行動 ・応急給水 ・応急復旧

表 8.2.3 被災事業体の情報処理の類型

類型		目的	活動の制御	対象の例
I	自己対応	自己対応	独自	ガス，電気，消防，生活者個人
II	独自・支援	支援	独自	ボランティア，自衛隊
III	協動・支援	支援	協動	応援事業体，関連団体

(2) 情報支援センターの機能

　災害直後では被災事業体自身の十分な管理下でなくても，関連する各種の団体・個人が自主的に行動できるような情報提供が求められる．ここでは，このような情報提供を情報支援と呼ぶ．

　すなわち，ここでの情報支援は災害復旧のための情報や個人への安心情報の提供を行うことで，被害の軽減あるいは最小化を図ろうとする行為である．そこで，表 8.2.2 の事前対策としての情報支援の内容について詳しくみてみることとする．すなわち，まず表 8.2.3 に示した3つの情報処理の類型についてみると，自己対応型や独自・支援型では災害時に被災事業体から情報（主に復旧状況）を入手する方法がわかっていればよく，協動・支援型のみが被災事業体と協動して復旧作業を行うための情報が必要となる．すなわち，表 8.2.4 のように整理できる．

　水道事業体が被災側の立場となった場合に提供すべき情報は，被災した場合の指揮命令系統，応援事業体の宿泊場所などの受け入れ体制に関する情報，交通渋滞対策や防火用水の確保，通信手段の確保といった都市防災に対する考え方に関する情報，被災個人向けの応急給水場所や広域拠点などの応急給水に関する情報，さらに水道施設の特徴や整備状況などに関する情報が必要になる．また，応援側の立場になった場合には，どの程度の応援が可能かを示す応援隊構成，応援期間，応援装備などの応援体制に関する情

8 渇水と震災の水供給リスク論

表 8.2.4 水道事業体による震災復旧情報支援

情報処理の類型	行動主体の例	提供情報の種類	情報の例
Ⅰ 自己対応型	ガス，電気，消防，個人	・復旧状況の入手方法	災害復旧状況
Ⅱ 独自・支援型	ボランティア 自衛隊	・復旧状況の入手方法	災害復旧状況
Ⅲ 協動・支援型	応援事業体 関連団体	協動作業のための情報	受け入れ体制 作業条件 応援体制

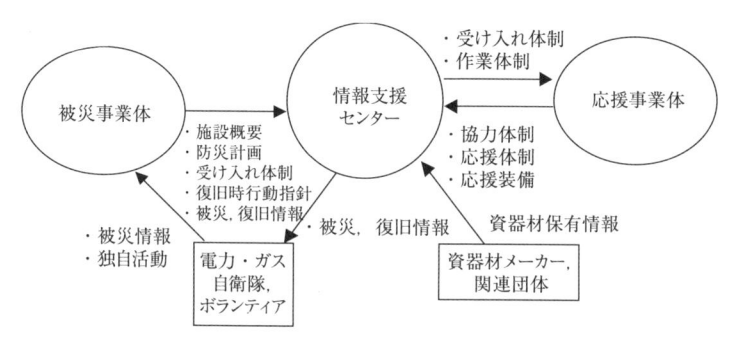

図 8.2.12 情報支援センター，被災事業体，応援事業体の関係

報を提供しておく必要がある．これらの事業体から提供される事前情報は，平時に準備されるものであるが，災害時にはその情報内容または所在が明らかになっている必要がある．すなわち，被災事業体と復旧応援に関わる関係団体間での情報収集および流通の仕組みが課題となる．この仕組みは平時において用意され災害時に機能することから，被災事業体自身が構築・運用することは不可能（被災事業体を事前に特定できない）であるため，なんらかの事業体がすべて参加できる共通の基盤が必要となる．ここでは，この基盤を情報支援センターと呼ぶ．ところで，情報支援センターは個々の事業体が被災時の復旧応援を期待して，事前に情報を提供しておく場所であることから，情報を担保に保険をかけているともいえる．このため，情報支援センターは，いわゆる情報提供を目的とした情報センターではなく，災害時の応援を期待して情報を預ける所であるといえる．

そこで，被災事業体と応援事業体の関係を情報支援センターを中心にして考えれば，三者の概略的な関係は，図 8.2.12 となる．なお，情報提供型の情報センターについては，事業体，関係団体などの水道界の各主体が共通に必要とする情報，あるいは個別にみれば利用頻度が小さいが水道界全体としては利用頻度が大きい情報を系統立てて蓄積するデータベースとして共同利用型データベースが考えられる[14]．また，情報提供者と

利用者の関係が固定的なセンター集中型ではなく，利用者も情報提供者として独自のデータベースを運営し，相互のデータベースを共有する形態，すなわち水道界の各主体が独自に整備した情報をネットワーク上で公開することにより，水道界共通の仮想的なデータベースの構築に参加する形態を考えることもできる．この形態をセンター集中型に対して参加型データベースと呼んでいる．これらの形態は情報利用者が自己の利益のために情報を収集することを前提としているが，ここで提案している情報支援センターは，それぞれの主体が災害時の相互協力を担保するために「情報を預ける」ことを想定している．情報を提供することが自己の利益になるという考え方である．

(3) 災害復旧時の情報支援の構成

図 8.2.13 は，災害を受けて復旧する段階に必要と考えられる情報を整理したものである．復旧段階において，先の大震災では被害が広域的にどのように起こっているのかを把握する手段がなかったことが，混乱を大きくしたともいわれている．また，復旧過程においても，対策の実施状況や進捗状況が十分把握できなかったといわれている．前者は地震被害をリアルタイムに把握するシステムであり，後者は対策情報の共有システムの問題である．

そのため，被災事業体からは被災から現時点までの被害および復旧状況の情報発信が重要となる．つまり，通路や家屋の被災状況，断水世帯数や断水率などによる水道の被災状況，給水車の稼動状況や仮設給水栓設置状況などの応急給水状況，浄水場稼動状況や給水率などの復旧状況，などに関する情報が必要である．これらは応援事業体に対してだけでなく地元生活者に対する安心情報として重要であるが，時々刻々変化する情報であるため，リアルタイムに情報が提供されなければならない．

リアルタイムな情報のほか，文書情報として復旧方法を記述した災害時対策マニュアル，行動指針や施設および設備の規格書や仕様書の全文などの情報も必要となる．また，応援事業体からは提供可能な資材保有状況，応援隊の構成・装備などの応援体制に関する情報の提供が必要である．これらの情報は災害時の非常に混乱した状況のなかで伝達する必要があり，情報の所在が明らかで信頼性の高いものでなければならない．

災害時の混乱状況においては，特別な管理装置が機能しなくても自主的な協調関係のなかでの復旧の迅速化が図れるような情報支援の仕組みが不可欠である．さらに，災害時には行政と被災者との情報断絶が予想されるため，この間をつなぐボランティアの役割も考慮して，平時からこのような団体と情報共有が行えるようにしておくことも重要となる．また，災害時において広域的な被害の発生状況を的確に把握することは，復旧対策の進捗を把握するうえで不可欠なものである．そのためには地理情報システム(GIS)と組み合わせた防災情報システムの構築が考えられる．しかし，基盤となる共通のデジタル地図情報が完備されていないため，都市のインフラとしてデジタル地図情報の整備とその共有の仕組みの確立が課題となる．

8 渇水と震災の水供給リスク論

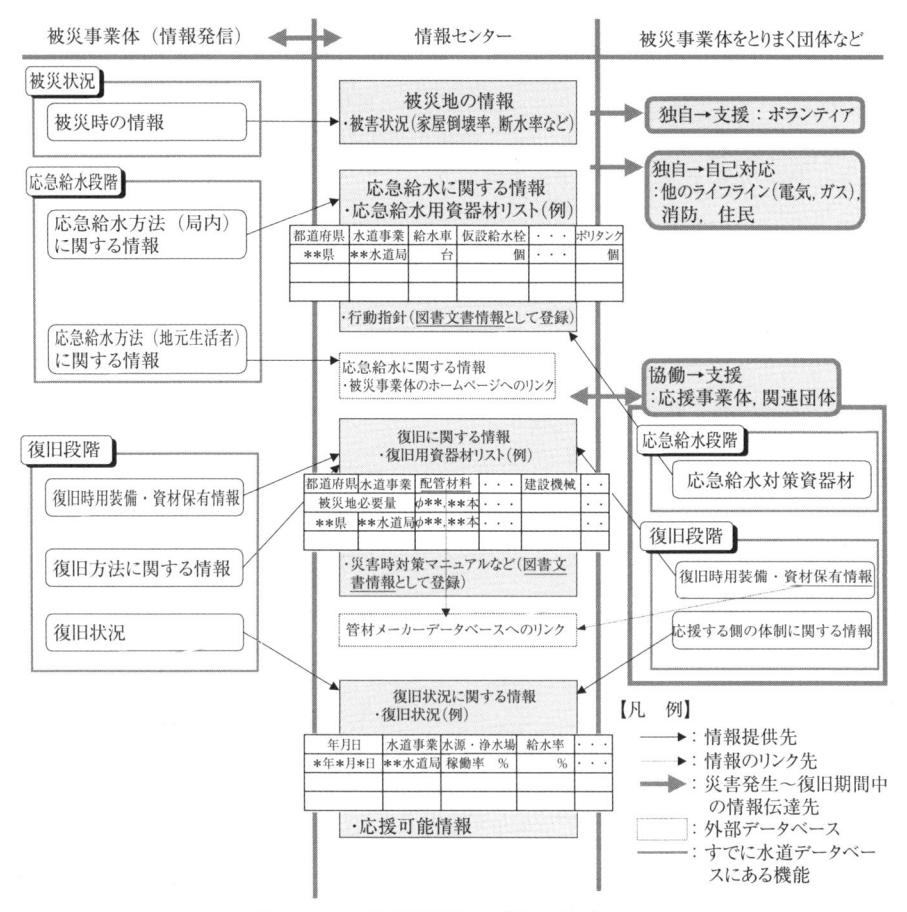

図 8.2.13 水道復旧行動と情報マネジメント

　以上のことから，情報支援センターは，このような情報を確実に収集し，共有可能とする中核的な役割を果たすべきであると考えられる．機能としては，事前情報を扱う場合と同様に必要（または提供可能）器材の一覧提示や災害時対策マニュアルなどの全文表示のほか，デジタル地図情報とともに被害状況や復旧状況に関する情報をリアルタイムに中継し，応援事業体や関係団体さらには前述の情報支援を行うボランティアに伝達する機能が必要と考えられる．なお，ボランティアによる被災地内の情報伝達は，別途その広報手段の確保方法を検討しておく必要がある．
　なお，今後の課題としては，情報を預けることが被害軽減の保険であるとの考え方をもとに，情報支援センターの運用費の算定根拠を保険費用の観点から計量化する必要がある．また，事前情報および復旧時の情報の具体的な収集および更新方法とその関係団

593

体の役割・責任の明確化，さらには防災システムとして災害時に迅速かつ確実な情報伝達方法について，検討する必要がある．さらに，情報流通に関して，特に知的所有権，プライバシー保護，情報公開などの制度面の検討も必要となる．

8.3 渇水災害リスク

8.3.1 貯水池による水資源開発の利水安全度

(1) 利水安全度の規定

貯水池による水資源開発は流況の平滑化により常時利用可能な流量を増すことであり，常時利用可能な流量を確保流量（既得水利権＋環境維持用水量＋新規開発水量）として平滑化に必要な貯水池容量（規模・配置）が決められる．なお，ここでは渇水時を考えているため，水質の議論を行わないことにし，以下では状態量を流量に限って考える．

貯水池による水資源開発の利水安全度は，流況平滑化の可能性をなんらかの指標で計測したものである．そして，これを規定する要因は以下の3項目となる．
① 自然状態での流況
② 平滑の目標とする流量状態
③ 貯水池システム（貯水池規模・配置，操作）

平滑の目標とする流量状態としては，まず確保流量が挙げられる．開発の目的が社会の需要水量を供給することであるから，環境維持用水も含めた需要には弾力性がある．水の不足による被害が出ない，あるいは許容限度以下であるなら開発の目的を達成したということもできよう．このような流量を許容流量と呼ぶことにしよう．この許容流量を平滑の目標とする流量状態として設定することもできる．また，貯水池システム，特に貯水池操作ルールに関しても，自然流量が確保流量より少なくなった場合，2つのルールが考えられる．すなわち，貯水量があるうちはそれが0になるまで必要量（確保流量－自然流量）を補給する，いわゆる計画運用ルール，貯水量があっても将来の不足を見越して必要量をすべて補給しない節水運用ルールである．

利水安全度の評価に関して，平滑目標の流量状態，貯水池操作ルールをどのように設定するかが問題になってくる．ここでは，利水安全度評価の場面として2つの安全度を考えることにしよう．水資源開発の計画のプランニング段階と開発施設の管理・運用の段階である．これに対応する利水安全度を
① 計画安全度
② 管理安全度
と呼ぶことにする．

そして，平滑目標の流量状態は，表8.3.1に示すように，計画安全度では確保流量，管理安全度では許容流量とし，貯水池操作ルールは，それぞれ計画運用ルール，節水運

表 8.3.1 安全度を規定する要因

	自然状態での流量	平滑の目標とする流量状態	貯水池システムの操作ルール
計画安全度	自然流量	確保流量 (水不足が0)	計画運用ルール
管理安全度	自然流量	許容流量 (水不足の被害が0, または許容限度以下)	節水運用ルール

用ルールとする．

(2) **計画安全度と管理安全度**

表 8.3.1 より，計画安全度と管理安全度は以下のように定義することができる．
① 計画安全度：計画上設定された開発施設規模，開発水量（確保流量）のもとで計画どおりの利水が可能となる確からしさ．自然流量が確保流量以下になった状態で，貯水池からの補給が可能となる確からしさ．
② 管理安全度：計画どおりの利水が可能でない状態において，開発施設の運用や節水などによって許容流量を充足する．水の不足による被害が許容限度以下にできる確からしさ．

自然流量が確保流量以下になった場合，まず貯水池からの補給が行われ，確保流量は充足される．しかしながら，このような状態が長期化し貯水量が減少すると補給を完全に行うことができなくなる．このような状況が予想される場合，維持流量の利水への転用や利水の弾力性を期待した節水運用などにより被害の発生を抑制，最小化することが計られる．この貯水池の運用と流況との関係を模式的に示し，上述の2つの安全度の概念を説明したものが図 8.3.1 である．当然，節水運用を行うという前提のもとで管理安全度は計画安全度より高くなる．

ところで，計画段階でも節水運用を考慮して計画の安全度を評価すべきであると考えることができる．しかしながら，節水運用ルール，さらには渇水時の水利調整（節水の利水用途配分）のルールは，コンフリクト現象を起こし，一概に決定できない．このため，両者は区別しておいたほうが概念が明確で取り扱いやすいと考えられよう．

管理安全度は貯水池の節水運用や水利調整の方法の分析基準として，計画安全度は開発施設や開発可能量の設定基準として使用可能である．なお，同じ（計画）安全度レベルで貯水池規模を設定しても河川の利用率が増加すれば，同一渇水時における節水率（不足％・日）は増加する．このため，開発施設規模や開発可能量の設定において，計画安全度と管理安全度の両者を基準として用いることも必要であろう．

こうして，(1)で述べた規定要因の①の自然状態での流況の不確定性を，対象とする

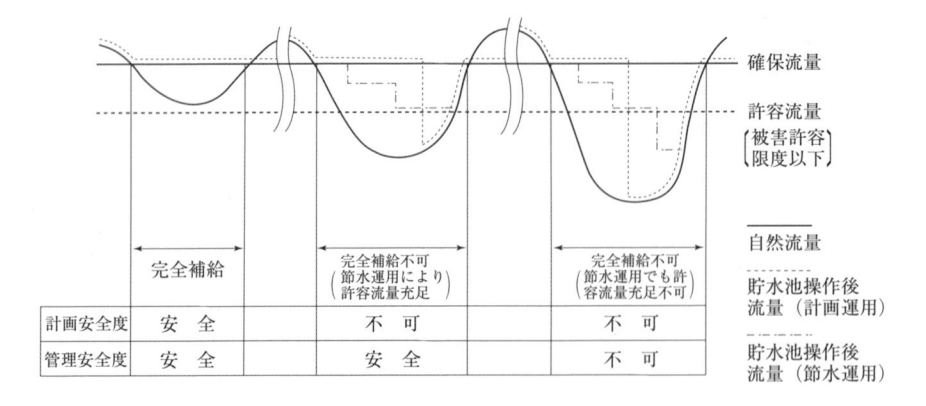

図 8.3.1　貯水池運用と流況の模式図

貯水池システムのもとで，いかに評価するかという問題となる．

(3) 渇水の評価

通常，渇水とは「降雨がないため水の涸れること」とされて，渇水現象を自然現象としてとらえているようである．確かに渇水は自然現象の不確定性に起因するが，利水安全度の評価，さらに広くは水資源学の対象としてみるならば社会的な水利用システムとの対応で自然現象をとらえる必要がある．降水に起因する河川の自然流量と水利用レベルにより設定される確保流量の対で渇水をとらえ，その大きさを計量する必要がある．

このような観点から，渇水を「降雨が少ないため河川の自然流量が各時期の確保流量を下回る現象」として定義しておこう．これは，直接的には自然的原因によって生じるが，確保流量の設定を通して水需要量とその時間的・空間的偏在といった社会的要因も関係する．

渇水が生じると，貯水池からの補給が行われるが，長期化すると貯水量が底をつき十分な補給ができなくなる．このような渇水を「計画超過渇水」と呼ぶことにしよう．以上の渇水と計画超過渇水を貯水池操作との対応で模式的に表したものが図 8.3.2 である．

渇水および計画超過渇水の定義により，利水安全度の評価とは，ある基準のもとでの渇水または渇水被害の生起確率の評価といえる．計画安全度は（1－渇水に占める計画超過渇水の割合），管理安全度は（1－渇水に占める被害無（または許容限度以下）の渇水の割合）として評価できる．

以上のことから，利水安全度の評価とは渇水の評価にほかならず，対象貯水池システムにおける自然流況の不確定性の評価といえる．自然現象の不確定性の取り扱いにはいろいろ考えられるが，一般的には確率統計手法が用いられる．次に，評価に用いる変量（指標）は種々考えられるが，大別すると以下のようになる．

8 渇水と震災の水供給リスク論

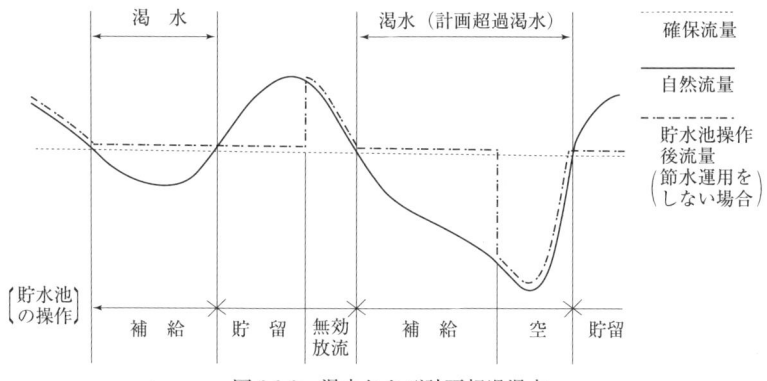

図 8.3.2 渇水および計画超過渇水

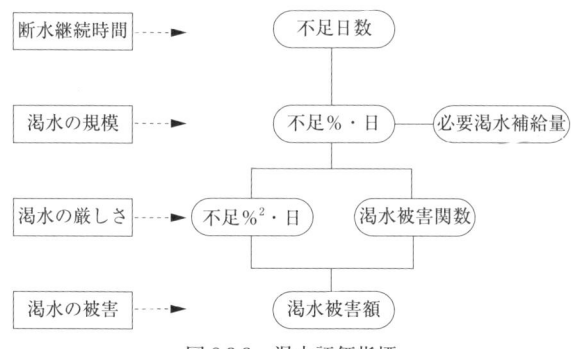

図 8.3.3 渇水評価指標

① 降水状況と自然流況を表す指標
② ①を貯水池システム（確保流量や操作ルールなど）のもとで変換した指標

利水安全度評価で用いられる必要渇水補給量は②の指標である．しかしながら，これでは計画超過渇水時の被害が考慮できないので，種々の渇水評価指標が提案されてきた．これらの代表的なものを示せば図 8.3.3 を得る．

(4) 渇水被害関数の作成事例[15]
1) 渇水被害とマスメディア

渇水災害を観察すると，被害の形態や性質が多種多様であることがわかる．これは渇水被害が各地域の風土・伝統・産業構造・社会構造・歴史など，自然・社会環境に根ざしており，水消費者のライフスタイルにも影響を受けていることを示している．したがって，渇水被害を，個々のデータを積み上げて分析することも可能ではあるが，その被害がどの程度の事実であるのかが明確にできない．また，マスコミの影響も無視するわけにはいかない．

表 8.3.2　被害項目

被害項目	記事例
住民不満	プール閉鎖
上水給水制限	水圧 15%カット
上水被害	臭い水道
住民将来不安	あと 10 日分
中小企業給水制限	50%制限
大企業給水制限	25%制限へ
大企業被害	工場閉鎖
大企業水確保策	下水から工水
農水確保策	A 川枯れる
農業被害	水田にひび割れ
農民不満	農業団体不満
ダム貯水量	600 万トン割る
大企業不満	市へ要望，再起不能の恐れ

表 8.3.3　渇水被害評価

被害項目＼ランク	1	2	3	4	5
住民不満	あまり困らない	少々困る	困る	我慢できる	我慢できない
上水給水制限	10%まで	20%まで	40%まで	40%以上	時間給水
上水被害	出ていない	出始める	明らかに出ている	被害大	被害甚大
住民将来不安	不安なし	少々不安	不安	大いに不安	絶望・パニック
中小企業給水制限	20%以下	30%以下	40%以下	40%以上	停止
大企業給水制限	30%以下	50%以下	80%以下	保安用水のみ	停止
大企業被害	操業時間短縮	一時休止	工場閉鎖	全面閉鎖（保安のみ）	完全閉鎖
大企業水確保策	回収強化	海水切り替え	下水から取水	タンカー送水	策なし
農水確保策	困らない	少々困る	ため池，かん水	ため池以外	策なし
農業被害	出ていない	出始める	明らかに出ている	被害大	被害甚大
農民不満	しかたない	少々不満	不満あり	不満大	要求，請願
ダム貯水量	600 万トン以上	300 万トン以上	200 万トン以上	100 万トン以上	100 万トン以下
大企業不満	容認	内部努力	有	陳情	反発

このため，ここでは新聞記事をもとに渇水被害を記述し，流域生活者の不安感による心理的被害と実被害を合成した被害を分析しよう．

2）データ作成手順

対象流域は芦田川で，渇水の期間は新聞がはじめて渇水を報じた 1973 年 7 月 15 日から 9 月 10 日で，全国紙，地方紙の 4 紙の記事をデータとした．抽出した膨大な被害記事を整理し，表 8.3.2 のように被害項目を設定した．そして，これらの記事を被害の大小によって，表 8.3.3 に示すような 5 段階評価を行った．

次に，記事の出た日に渇水被害のランクに応じて「被害度」を与え「被害が新しく与えられるまで被害度は変わらない」という仮定をおき，日々の被害が累加されるかされ

8 渇水と震災の水供給リスク論

表 8.3.4 渇水被害得点データ

項　目	月／日											
	7/15	20	25	30	8/5	10	15	20	25	30	9/5	10
住　民　不　満 y_1	1	12	18	21	21	17	23	28	30	20	10	7
住 民 将 来 不 安 y_2	1	10	18	20	23	19	26	31	28	30	10	10
上 水 給 水 制 限 y_3	1	1	1	1	2	1	1	3	3	1	1	1
上　水　被　害 y_4	1	12	27	40	46	51	60	75	90	95	101	106
大 企 業 水 確 保 y_5	1	13	24	30	30	30	30	33	38	40	32	24
大 企 業 給 水 制 限 y_6	1	2	2	3	2	4	4	3	2	3	2	1
大 企 業 不 満 y_7	1	12	27	32	37	43	43	40	39	35	31	28
大 企 業 被 害 y_8	1	13	28	45	65	88	108	128	147	163	178	191
中小企業給水制限 y_9	1	2	2	5	3	4	4	3	1	1	1	1
農　水　確　保 y_{10}	1	13	26	30	30	28	30	32	39	40	19	13
農　民　不　満 y_{11}	1	10	18	22	27	27	30	32	37	26	12	10
農　業　被　害 y_{12}	1	13	28	45	65	81	108	128	148	168	178	191
ダ ム 貯 水 量 y_{13}	1	2	2	2	3	4	4	5	4	3	2	1

ないかを基準に，以下のように被害項目に得点を与えることにした．

(a) ある期間の影響が累加されるもの：心理的な被害項目は不安や不満で，これらの被害の大きさは，時間とともに負荷が累積していく学習関数とした．そして，同一被害項目が10日に1回報道されていることをもとに，不安や不満は10日継続すると仮定した．このグループは「住民不満」「住民の将来不満」「大企業水確保策」「大企業不満」「農水確保」「農民不満」である．

(b) 影響が累加されないもの：給水制限に関する被害項目の被害は，貯水量・流量などを情報として決定され，過去の給水制限に依存しないものとして日々の得点を与えることとした．このグループは「上水給水制限」「大企業給水制限」「中小企業給水制限」「ダム貯水量」である．

(c) 実質的な被害：渇水開始点からの被害を累加して得点を与える．このグループは「上水被害」「農業被害」「大企業被害」である．

こうして，表 8.3.4 の渇水被害得点を得る．このデータに主成分分析を施せば，表 8.3.5 の結果を得る．この結果，主成分の解釈を行えば以下のようになる．

第 1 主成分 (z_1)；住民の不安感による心理的被害

第 2 主成分 (z_2)；上水・農水の実質的被害

第 3 主成分 (z_3)；工水と上水の給水制限のトレード・オフ

こうして，渇水期間中の，これらの主成分と主成分の寄与率を重みとした総合渇水被害特性値 (P) の時間変化を示せば，図 8.3.4 を得る．

図 8.3.4 より，心理的被害 (z_1) は渇水開始日から増加を続け，8月20日に最大となり，降雨のため急激に減少を始める．実質的被害 (z_2) は，初期段階の変化は小さいが，渇水が長引くにつれ増加し始める．初期においては，工水給水制限を強化することによっ

表 8.3.5 主成分分析結果（因子負荷量）

被害項目	第1主成分	第2主成分	第3主成分
住民不満	0.889	−0.271	0.266
住民将来不安	0.969	−0.070	0.056
上水給水制限	0.563	0.003	0.791
上水被害	0.628	0.654	−0.140
大企業水確保策	0.936	0.168	−0.136
大企業給水制限	0.650	−0.436	−0.489
大企業不満	0.938	−0.022	−0.227
大企業被害	0.577	0.676	−0.164
中小企業給水制限	0.305	−0.656	−0.407
農水確保策	0.928	−0.120	0.026
農民不満	0.945	−0.213	0.155
農業被害	0.574	0.682	−0.152
ダム貯水量	0.847	−0.268	0.174
累積寄与率（％）	66	83	93

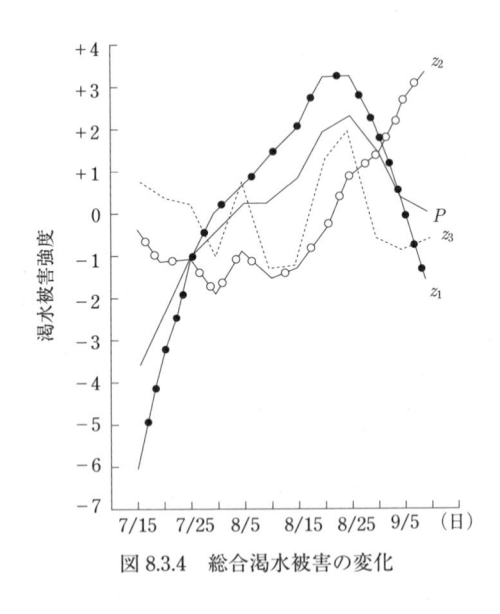

図 8.3.4 総合渇水被害の変化

て，上農水の被害はある程度抑えられるが，渇水が長引くにつれ，これらの被害が出始めること示している．給水制限のトレード・オフ (z_3) は，ゼロの周りで正になったり負になったりする．8月5日と8月25日以降の降雨の際には正側に大きく変動するが，8月10日以降無降雨であるので，正側にほんの少し徐々に変化している．そして，総合特性値 (P) は渇水開始以来増加し続けるが，8月20日以降急激に減少する．

以上，新聞記事を分析することにより，渇水被害を総合的に表現することができることを示した．

3) 渇水の実被害と心理的被害

ここでは，新聞記事の分析から得た総合渇水被害特性値 (P) と，渇水時の水資源状態量との相関を調べ，相関係数の高い状態量を説明変数とし，総合特性値を目的変数とする渇水被害関数を重回帰モデルで表現する．これによって，定性的な特性値に定量的な意味付けができることになる．

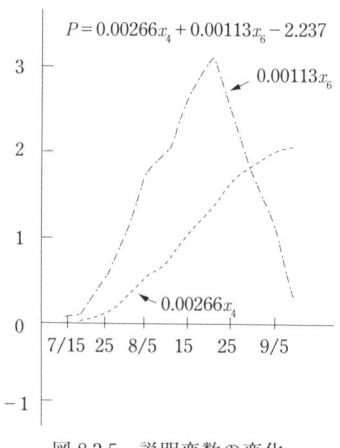

図 8.3.5　説明変数の変化

総合特性値は，不足流量総和値，不足流量二乗和，ダム貯水不足量，ダム不足貯水二乗値，ダム不足貯水総和値と 0.73 以上の相関をもつ．以下同様にして，各主成分と相関の高い水資源状態量を求める．この結果，第3主成分と相関の高い状態量がないことがわかった．このため，重回帰分析から第3主成分を省くことにした．

選択した説明変数は総合特性値と相関が高い5状態量で，総合特性値ならびに主成分の回帰式を求め，統計的に（重相関係数ならびに F 値が）優位な被害関数を求めると，次式を得た．

$$P = 0.00266 x_4 + 0.00113 x_6 - 2.237 \tag{8.3.1}$$

ここに，x_4；不足流量二乗和 $[(\mathrm{m}^3/\mathrm{s})^2]$，$x_6$；不足貯水量二乗値 $[(100{,}000\ \mathrm{m}^3)^2]$ である．

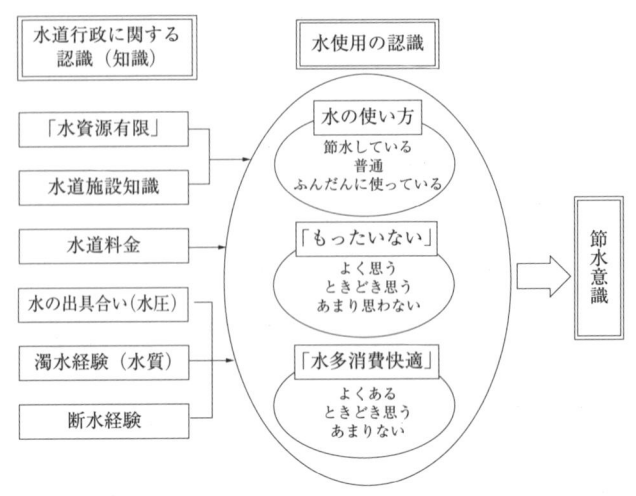

図 8.3.6　知識と認識による節水意識構造

x_4 は地域社会の実質的な被害が不足流量の二乗和で説明できる説明変数であり，x_6 は不安・不満が新聞などのマスメディアや風評によって増幅する不足貯水量二乗値である．これらの渇水期間中の変化を図 8.3.5 に示す．

この説明変数の変化からも明らかなように，渇水被害は実被害に比べ，マスメディアなどの報道による心理的な被害のほうが初期の段階では断然大きく，降雨があっても実被害は増加し続けているにもかかわらず，心理的な被害が急激に減少していることがわかる．こうして，渇水期間中の被害関数を物理的な実被害と心理的な虚被害で記述することにより，より現実的な渇水被害現象が表現できたことになる．

8.3.2　日常時の節水意識と渇水時の節水行動[16]

(1)　水需要影響要因と節水意識[5]
1)　節水意識の分析方針

節水意識の分析には，「節水意識のあいまいさ」と「節水意識を定量化する評価指標設定の困難性」が大きな問題である．このため，ここでは，節水意識を「水利用に関わる認識に基づく意識」と考えることにしよう．この意識項目と節水意識をモデル化すれば図 8.3.6 を得る．

この図は，水使用に関する認識が節水意識を形成し，これに関連する社会的・経済的意識（水道行政に関する認識あるいは知識）がこの認識に影響を与えるものと考えている．次に，評価指標として水使用行動と使用水量を設定しよう．使用水量は 1 人 1 日当たりの平均使用量（原単位）である．表 8.3.6 に質問とその回答項目を示す．

質問項目は，属性，居住形態，生活水準，水使用機器と使用回数，意識，そして住環

8 渇水と震災の水供給リスク論

表 8.3.6 質問項目

分類	項目	No.	カテゴリー
世帯属性	1. 家族数	1 2 3 4 5	1〜2人 3人 4人 5人 6人以上
居住形態	2. 家の種類	1 2 3	専用住宅 併用住宅 その他
居住形態	3. 家の形式	1 2 3 4 5	木造1戸建 非木造1戸建 木造共同 非木造共同 その他
生活水準	4. 家の保有	1 2	持ち家である 持ち家でない
生活水準	5. 部屋数	1 2 3 4 5	1〜2部屋 3部屋 4部屋 5部屋 6部屋以上
生活水準	6. 自動車の保有	1 2	ある ない
水使用機器（使用回数）	7. 風呂の回数（週）	1 2 3 4 5	風呂なし 1〜2回くらい 3〜4回くらい 5〜6回くらい 7回以上
水使用機器（使用回数）	8. シャワーの保有	1 2	ある ない
水使用機器（使用回数）	9. 洗濯機使用回数（週）	1 2 3 4	1〜2回くらい 3〜4回くらい 5〜6回くらい 7回以上
水使用機器（使用回数）	10. 水洗便所	1 2	ある ない
水使用機器（使用回数）	11. 湯沸し器の保有	1 2	ある ない
水使用機器（使用回数）	12. 水冷式クーラーの保有	1 2	ある ない
水使用機器（使用回数）	13. 蛇口数	1 2 3 4	1〜3個 4〜5個 6〜7個 8個以上
意識	14. 水の使い方	1 2 3	節水している 普通 ふんだん
意識	15.「もったいない」	1 2 3	よく思う ときどき思う 思わない
意識	16.「水多使用快適」	1 2 3	よくある ときどきある あまりない
意識	17. 水道施設の知識	1 2	知っていた 知らなかった
意識	18. 節水ニュース	1 2	聞いたことがある 聞いたことがない
意識	19. 水圧	1 2 3	高い 普通 低い
意識	20. 水質	1 2 3	濁りたびたび たまにある ない
意識	21. 断水経験	1 2 3	たびたびある たまにある ない
意識	22. 水道料金	1 2 3 4	非常に高い 比較的高い 比較的安い 非常に安い
住環境	23. 水はけ	1 2 3	よい 普通 悪い
住環境	24. ほこり	1 2 3	いつも ときどき ほこりっぽくない
住環境	25. 日あたり	1 2 3	よい 普通 悪い
住環境	26. 湿気	1 2 3	多い 普通 少ない
住環境	27. 風通し	1 2 3	よい 普通 悪い
住環境	28. 騒音	1 2 3	毎日困る ときどき困る 困っていない
住環境	29. 悪臭	1 2 3	毎日困る ときどき困る 困っていない
住環境	30. 振動	1 2 3	毎日困る ときどき困る 困っていない
住環境	31. 緑	1 2 3	多い 普通 少ない

表 8.3.7　水使用認識パターンの分析結果

		水の使い方	「もったいない」	「水多消費快適」
相関比		0.1701	0.2003	0.2196
レンジの高い要因	1	水道料金	部屋数	家族数
	2	断水経験	風呂の回数	風呂の回数
	3	風呂の回数	家の形式	断水経験
	4	家の種類	蛇口数	家の形式
	5	部屋数	洗濯機使用回数	節水ニュース
	6	洗濯機使用回数	水圧	洗濯機使用回数

(注：住環境項目を除く)

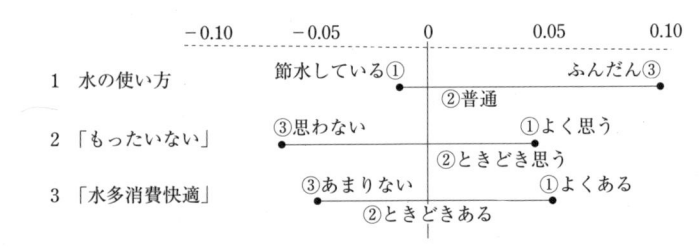

```
                  -0.10   -0.05    0    0.05    0.10
1 水の使い方         節水している①         ふんだん③
                            ②普通
2「もったいない」    ③思わない          ①よく思う
                            ②ときどき思う
3「水多消費快適」    ③あまりない         ①よくある
                         ②ときどきある
```

図 8.3.7　節水意識度を構成するカテゴリースコア

境である．このうち，水使用の認識項目は「水の使い方」「もったいない」「多消費快適」の 3 項目である．これらの認識項目に影響を与える意識項目は図 8.3.6 に示す「水資源有限」「水道施設の知識」という知識，「水道料金」「水圧」「水質」「断水経験」という認識である．

以上のことから，節水意識を上記の 3 つの認識項目を用いて分析し，これらに関する生活者の認識内容を明らかにしよう．

各質問項目の回答肢を外的基準とし水使用関連項目を説明要因として，数量化理論第Ⅲ類を適用し，回答パターンを把握する．結果を表 8.3.7 に示す．

「水の使い方」「水多消費快適」はきわめて常識的な結果であり，「ふんだんに使っている」または「快適とよく思う」ほど，風呂・洗濯機使用回数も多く，水使用機器を保有している場合が多いことがわかる．一方，「水の使い方でもったいないと思う」は，風呂・洗濯機使用回数が多く，水使用機器を保有している場合ほど「もったいないとよく思う」と回答する傾向がある．このことから，生活者の「もったいない」という認識が，「水を多量に使っているためもったいない」，あるいは「水を少量しか使っていないためもったいないと思わない」という 2 つの認識パターンがあることを示している．

2） 節水意識の指標化

1）で定義した節水意識に基づき，ここでは節水意識の指標化を行おう．指標化の目的は，指標によって意識の違い（強弱）を表現し，その意識の違いによる水使用の実態の変化を定量化することにある．また，その意識に影響を及ぼすと考えられる生活様式や水使用機器，住環境の関連を把握するためである．

節水意識は，水使用の認識の各カテゴリー（回答肢）の組合せで表現でき，各カテゴリーに得点を与えてそれらの総得点の平均値を節水意識と呼ぶことにしよう．ここでは，3種の認識項目の相互の回答パターンを，数量化理論第Ⅲ類を用いて表し，各カテゴリーの回答の類似性から水使用意識を表す軸を見出し，このときのカテゴリースコアを，節水意識を表す得点とする．これを節水意識度と呼ぶことにしよう．この節水意識度は，各生活者の回答の類似性に基づいて指標化したものであり，意識度の数値が近いほど同じような意識と見なすことができる．

数量化理論第Ⅲ類を適用した結果（カテゴリースコア）を図 8.3.7 に示す．この図から，カテゴリースコアの大きいものとして「水を多く使っている」または「水を多く使いたい」という認識がクラスターを形成している．また，カテゴリースコアの小さなものは，その逆の認識がクラスターとなっている．このことから，カテゴリースコアは水使用に関する認識を表す軸として考えることができる．これを用いて，少し大胆ではあるが，節水意識度を次のように定義しよう．

$$\text{節水意識度} = -\frac{1}{3}\sum_{i=1}^{3}\sum_{j=1}^{3}a_{ij}\sigma(i,j)$$

ただし，$\sigma(i,j) = \begin{cases} 1 \\ 0 \end{cases}$ で，1 は i 番目の要因の j 番目のカテゴリーに回答していることを表し，0 は回答していないことを表している．また，a_{ij} は i 番目の要因の j 番目のカテゴリースコアを示す．

ここで作成した節水意識度は，水使用に関する認識から作成したもので，生活者が各自の水使用に関して節水・非節水と認識する傾向を指標化したものである．したがって，この指標は節約意識や社会的知識（水資源有限など）から誘起される「節水を喚起する意識」とは異なっていることに注意する必要がある．

3） 節水意識と水使用特性

ここでは，節水意識度と水使用行動ならびに使用水量との関係をみてみよう．節水意識度は回答の類似性に基づく尺度であるから，意識度を階級に分類し階級別の水使用行動と水使用量を求めよう．図 8.3.8～図 8.3.10 に風呂回数，洗濯回数の階級別平均カテゴリー値と原単位の階級別平均値を示す．

風呂回数，洗濯回数ともに，節水意識度が小さくなると多くなる傾向が顕著であることがわかる．原単位も同様である．節水をしていると認識している生活者は，実際に水

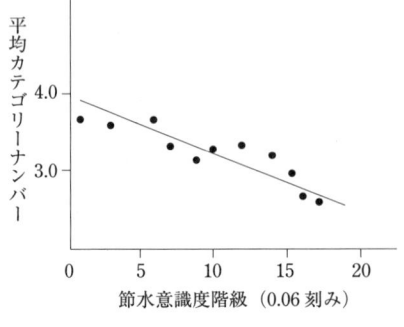

図 8.3.8 節水意識度と風呂回数カテゴリー

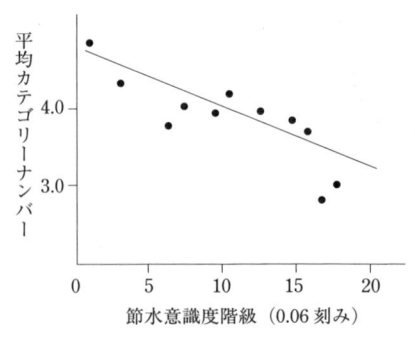

図 8.3.9 節水意識度と洗濯回数カテゴリー

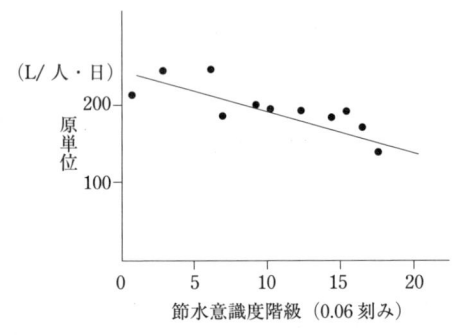

図 8.3.10 節水意識度と原単位

使用行動においても節水の傾向があり，この意識差によって行動が異なることが明らかとなった．

4） 節水意識の要因分析

指標化された節水意識は，水使用の認識項目の回答パターンを用いている．この水使用の認識は，前述したように生活者が各自の水使用行動から判断し回答したものであった．しかし，同じ水使用行動を行っていても，個人の価値観や知識・経験，さらに地域性による習慣などにより，異なって認識されている場合もあろう．すなわち，各生活者は水使用行動を各自の判断（評価基準）で回答していると考えられる．これをモデル的に表現すれば，図 8.3.11 のようになる．このため，このような判断に影響を与えると考えられる要因と節水意識の関係を分析しよう．

節水意識の要因分析を，節水意識の異なる 2 群の判別分析で行うこととし，節水意識の群（クラス）を分類する．まず節水意識のヒストグラムから正規分布を仮定し，正規分布の 25，50，75％点を境界として節水意識度を 4 分類し（節水意識度の低い順に節水意識クラス I〜IV），クラス別水使用特性を示せば表 8.3.8 を得る．次に，節水意識度 I と IV に注目すると，原単位で約 25 L/ 人・日の差があり，風呂回数，洗濯回数にも差があ

8 渇水と震災の水供給リスク論

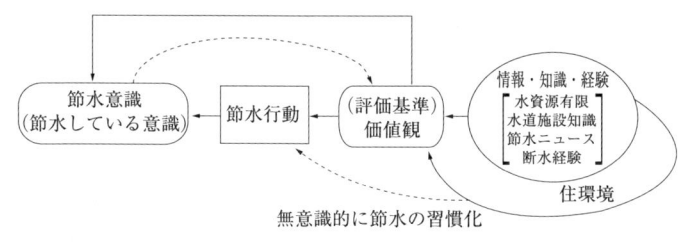

図 8.3.11 節水意識の要因関連図

表 8.3.8 節水意識度クラス別水使用特性

節水意識	サンプル数	平均原単位(L/人日)	家族数	自動車保有率(%)	持ち家率(%)	部屋数	風呂回数	洗濯回数	水洗普及率(%)
ケースⅠ	83	197	4.29	57.0	91.2	3.78	4.04	3.41	62.4
ケースⅡ	116	193	4.19	52.0	84.1	3.80	3.98	3.18	64.8
ケースⅢ	171	188	4.25	49.1	82.7	36.9	3.90	3.29	59.8
ケースⅣ	65	171	4.29	37.3	85.8	3.85	3.63	3.03	56.9

表 8.3.9 アイテムレンジ

説明要因	レンジ	順位
家族数	0.01155	6
家の種類	0.00029	21
家の形式	0.01509	3
家の保有	0.00878	11
部屋数	0.00767	13
水資源有限	0.00676	5
水道施設知識	0.00105	20
節水ニュース	0.00785	12
水圧	0.00948	8
水質	0.00939	9
断水経験	0.00846	10
水道料金	0.01699	1
水はけ	0.00578	14
ほこり	0.00990	7
日あたり	0.00545	15
湿気	0.00464	17
風通し	0.00462	18
騒音	0.01586	2
悪臭	0.01199	4
振動	0.00512	16
緑	0.00327	19

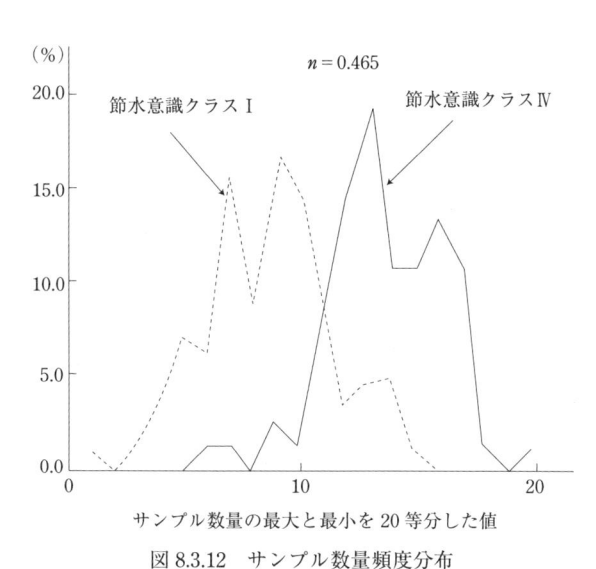

$n = 0.465$

図 8.3.12 サンプル数量頻度分布
サンプル数量の最大と最小を 20 等分した値

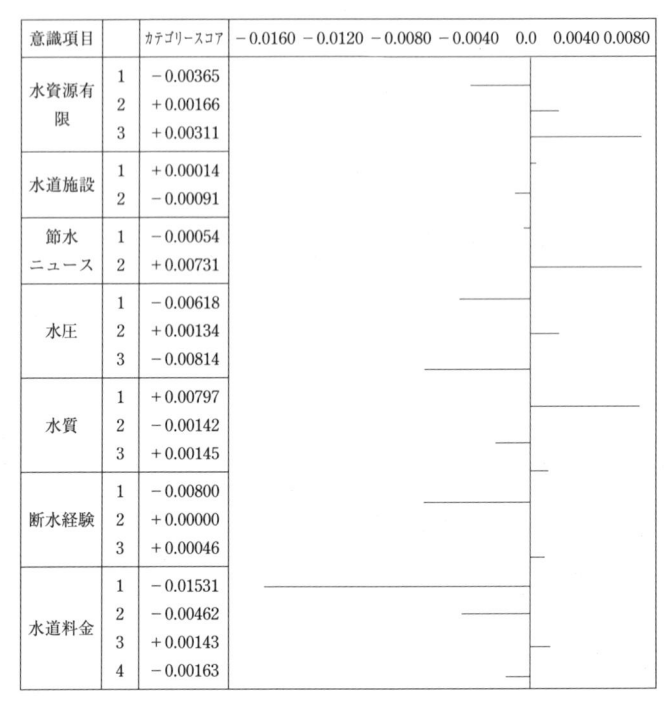

意識項目		カテゴリースコア
水資源有限	1	−0.00365
	2	+0.00166
	3	+0.00311
水道施設	1	+0.00014
	2	−0.00091
節水ニュース	1	−0.00054
	2	+0.00731
水圧	1	−0.00618
	2	+0.00134
	3	−0.00814
水質	1	+0.00797
	2	−0.00142
	3	+0.00145
断水経験	1	−0.00800
	2	+0.00000
	3	+0.00046
水道料金	1	−0.01531
	2	−0.00462
	3	+0.00143
	4	−0.00163

図 8.3.13　意識項目のカテゴリースコア

ることがわかる．ここで，節水意識の大きく異なるクラスⅠとクラスⅣの認識の差異を表8.3.9に示す要因を用いて数量化理論第Ⅱ類により判別分析を行おう．図8.3.12にサンプル数量の頻度分布を示し，図8.3.13に意識項目のカテゴリースコアを示す．

分析の結果は，相関比0.465と低いが，図8.3.12からクラスⅠのサンプル数が小さく，クラスⅣが大きいことがわかる．説明要因のうち，まず節水・非節水の判断基準となる水道の知識・経験のうちレンジの大きな要因の結果をみることにしよう．

① 「水資源有限」；有限であると思うほどカテゴリースコアが小さく，節水意識クラスⅠ（節水していないと認識する傾向）を説明している．
② 節水ニュース；聞いたことがあるほど節水していないと認識する傾向がある．
③ 断水経験；断水の頻度が多いほど節水していないと認識する傾向が強い．
④ 水道料金；料金が高いと思うほど節水していないと認識する傾向がある．

①〜③までの結果は，水道に関する知識や経験があるものほど，非節水の傾向であると認識していることを示している．

次に節水意識のクラスごとの，水道に関する知識や経験別の水量（原単位）を求めよう．表8.3.10に節水クラスごとの結果を示す．反応サンプル数が少ないものがあるため，クラスⅠ，ⅡとクラスⅢ，Ⅳの平均値を算出している．

表 8.3.10 水道知識・経験の異なった生活者のクラス別平均原単位

項目	回答数		原単位（サンプル数）	
			クラスⅠ，Ⅱ	クラスⅢ，Ⅳ
「水資源有限」	①	よく思う	195 (112)	180 (86)
	②	ときどき思う	197 (61)	186 (114)
	③	思わない	194 (26)	183 (36)
節水ニュース	①	知っている	195 (170)	183 (203)
	②	知らない	213 (29)	187 (33)
断水経験	①	ある	189 (155)	182 (154)
	②	ない	206 (64)	187 (82)

まず「水資源有限」についてみると，各回答別の原単位はほとんど変わらない結果が得られた．「節水ニュース」については，サンプル数が十分ではないが，「知っている」生活者の原単位がやや少ない傾向があり，また，「断水経験」では「経験のある」者の原単位が少ない傾向にある．これらの結果からいえることは，水道の知識や断水経験のある生活者は，節水している認識は低いものの，実際の使用水量は少なく，節水している傾向がある．このことは，水道の知識や断水経験が，無意識のうちに節水行動を喚起していることを示しており，節水ニュースや断水経験が水利用行動に影響を与えていることを示唆している．

また，以上の分析から，水道の知識や断水経験が水使用行動に与える影響度合いも把握することができる．「水資源有限」や「水道施設知識」は影響度合いが低く，「節水ニュース」「断水経験」は比較的高い．これらから，節水行動を喚起する要因は，水使用を含めた生活に直接的な影響を及ぼす要因が有効で，単なる水資源有限や水道の知識は節水行動に影響を及ぼすにいたらないことがわかる．

いままでの節水意識の分析では，住環境と節水意識の関連が明確ではないので，次に地域特性と節水意識の関連を考えよう．そのため，都市を21地区に分割して，住環境や水使用の総合特性値を調べるため，主成分分析を行うことにする．分析に用いるデータは表 8.3.6 の質問項目における住環境と水使用特性の各地区の平均値を用いる．例えば，住環境であれば日あたり・風通しが「よい」と答えた割合，水使用機器であれば保有していると答えた割合（保有率）である．

主成分分析では，各特性値の因子負荷量を求め軸の意味づけを行う．結果は以下のようになった．

① 第1軸：住環境を表す軸；正の値で大きな要因は，水質（渇水）・緑・悪臭・湿気があり，負の値で大きなものは，水はけ・ほこり・水洗普及率・振動・騒音である．値が大きいほど郊外で，小さいほど都心の地域を表している．

表 8.3.11　地区別節水意識度と平均原単位

	節水意識度（クラス）	平均原単位（L/人・日）
A	III	175
B	II	213
C	III	202
D	II	231

表 8.3.12　世帯の水使用への影響要因〔例〕

	短期オーダー（月・週）	長期オーダー（年）
世帯内部要因	水使用行動・水使用意識	水需要者の属性生活構造
世帯外部要因	気温・気候	住環境・経済動向

② 第2軸：水使用特性を表す軸；正で大きな要因は，蛇口数・部屋数・シャワー保有率・風呂回数・洗濯回数である．値が大きくなるほど使用水量が大きくなる．

以上の解釈した第1軸，第2軸を用いて各地区の因子得点から類似した地区のグルーピングを行ったを結果を以下に示そう．
① 分類A：工場地帯に隣接した郊外の住宅；緑が多く，ほこり・振動・騒音の被害も少ない．水使用機器保有率が低く住宅事情もよくない．
② 分類B：都心の商業・近隣商業地域；ほこり・騒音・振動の被害が多く，緑も少ない．水洗普及率は高く店舗との併用住宅も多い．
③ 分類C：郊外の住宅地；日あたり・風通しがよく，緑も比較的多い．悪臭が多いのは農地または海岸線に近いためと考えられる．
④ 分類D：都心部を囲む住宅地域；緑は少ないが他の住環境項目は平均的で，水使用機器・水洗普及率も高く，住宅事情もよい．

以上の4種の地区分類の節水意識度と平均原単位を表8.3.11に示す．この表から，B・Dのような都心部に近い地域ほど節水意識が低く，使用水量が多いことがわかる．逆に，A・Cのような郊外の地域ほど，節水意識が高く，使用水量も少ないことがわかる．このようなことからも，画一的な節水政策ではなく，地域特性に応じた節水の対象や内容を考慮した節水政策の必要性がわかる．

(2) 渇水時の節水行動
1）　分析の方針

世帯における水需要に関連する要因は，家族数や生活形態，それに水使用意識などの1つの世帯が独自に規定できるものと，住環境や気温などのように世帯外部の自然・社会環境からの影響を受けるものとに分けることができる．前者を世帯内部要因，後者を世帯外部要因と呼ぶことにしよう．また，要因変動が長期的に生じるか，あるいは短期

的かにより分類すれば表8.3.12を得る.ここで,長期的とは年オーダーを,短期的というのは月や週のオーダー以下を指している.

以下では,世帯内部要因と使用水量との関連を考えよう.この関連構造では,長期オーダーの要因が短期オーダーの要因に影響を与えるものと考える.つまり,短期オーダーの要因はどの用途にどれだけの水を使うかという「行動」を示すものであり,長期オーダーの要因はそのような行動をとる生活者の存在する「場」を示すものであろう.ここでは,まず「場」と渇水時の「行動」およびそれらと水使用量との関連構造を考えることにする.具体的には,まず水使用の「場」を求めるため長期オーダー要因と使用水量の関連分析を行い,得られた「場」に対して,どのような「節水行動」がどれだけの使用量になっているのかを,短期オーダー要因で説明することにしよう.

長期オーダーの要因については,「使用水量と関連の強い要因の抽出」「この要因によるサンプルのグルーピング」を行う.短期オーダーの要因構造分析はグルーピングされたサンプルを対象として行うことにする.この際,考察の対象となる要因は,表8.3.12に示したように水使用行動・水使用意識が挙げられる.しかし,このうち水使用行動については,すでに定量的な洗濯回数や水洗トイレ使用回数などが家族数などの長期オーダー要因との関係が強いことがわかっているので,定性的な水使用行動と水使用意識に絞って考える.

まず,意識と行動に関し水量と関連の強い要因を抽出する.これは,日々の水使用をコントロールする代表要因でもある.このうち特に行動に着目して,各グループの節水可能性を求めよう.使用水量の減少につながると考えられる水使用行動を節水行動とし,これをもとに,サンプルを節水しているか・していないかで分別し,両者の使用水量の差を定量的に求める.こうして,短期オーダー要因構造分析は以下の3つの目的をもつことになる.

① 使用水量と関連の強い水使用意識要因の抽出.
② 使用水量と関連の強い水使用行動要因の抽出.
③ ②の要因によるサンプル数の分別と水量との関連の明確化.

2) 水使用の場のパターン化

ⅰ) 世帯原単位の変動要因

使用水量を世帯の年間使用水量とし,世帯内部要因として定量的・定性的あわせて,表8.3.13の9つの変動要因を取り上げることにした.そして,この9つの内部要因の関連をみるため,要因間の相関係数をもとに構造化した結果を図8.3.14に示す.

図8.3.14で,要因間の直線が太いほど関連が強いことを示している.また,同図では,上部に位置するほど,使用水量と相関が高いことを意味し,世帯主の職業・部屋数・家族数・住宅特性が,1つの群を構成するなかで,部屋数が世帯当たり水量の変動要因であることがわかる.次位の世帯主の職業とあわせて,具体的なカテゴリー別の使用水量の分布を図8.3.15,図8.3.16に示す.

表 8.3.13 選定した内部要因

定量的	定性的
家族数	居住地区
昼間人数	世帯主の職業
年収	住宅属性（持家・借家）
部屋数	家屋構造（階数・木造非木造）
	居住開始期

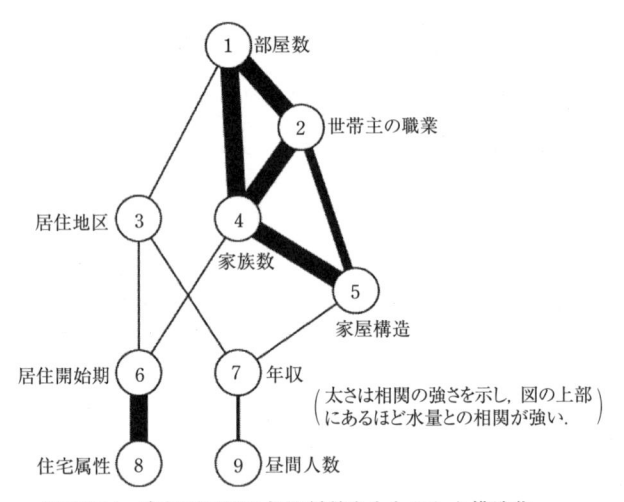

図 8.3.14 内部要因間の相関係数をもとにした構造化

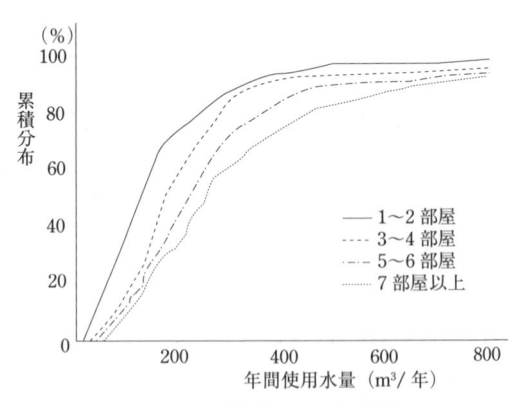

（太さは相関の強さを示し，図の上部にあるほど水量との相関が強い．）

図 8.3.15 部屋数と水量の関係

8 渇水と震災の水供給リスク論

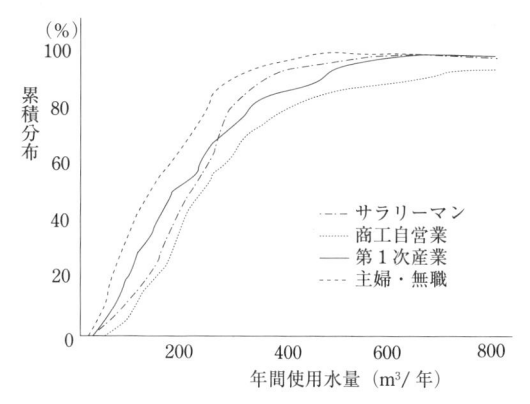

図 8.3.16 世帯主職業と水量の関係

表 8.3.14 用途機器保有率

	4 部屋以下（%）	5 部屋以上（%）
1. 井戸	9.5	30.7
2. 洗濯機	93.5 △	98.5 △
3. 風呂	92.5 △	99.2 △
4. シャワー	14.0	43.0
5. 水洗トイレ	59.4	50.1
6. 湯沸し器	63.2	70.5
7. 水冷クーラー	3.0 ×	4.4 ×
8. 自宅洗車	9.5 ×	26.7
9. 散水	35.8	69.9

（注）△：あるとみなす，×：ないとみなす．

ⅱ）水使用機器保有パターン

部屋数が世帯当たりの水量の変動要因であり，4 部屋以下と 5 部屋以上で水量の変曲点をもっていたので，まず，全サンプルをこの 2 つに分類した．そして，各グループの機器の普及状況をとらえたものが表 8.3.14 である．

これより，洗濯機や風呂のようにほとんど普及しているものと，クーラーのようにほとんど普及していない機器があるので，これらを変動要因から除去し，残りの用途の機器の有無に関する相関構造を示したものが図 8.3.17 である．この図から，部屋数の多少で分類された 2 つのグループは，水洗トイレの有無が他の機器の有無のほとんどと関連をもっていることがわかる．つまり，機器の保有パターンは水洗トイレの有無で設定されることになる．こうして，水使用の「場」として表 8.3.15 に示す 4 つのパターンが得られた．

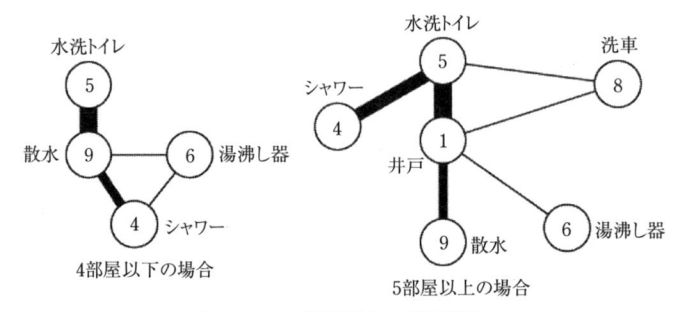

図 8.3.17　機器保有の関連構造

表 8.3.15　フェイスパターンの作成

		水洗トイレ	
		あり	なし
部屋数	〜4	G1	G2
	5〜	G3	G4

3）　節水行動パターン分析

　社会調査では，節水行動として表 8.3.16 に示す 8 アイテムについてカテゴリー（具体的行動）の調査を行った．ここで意図した節水行動パターン分析は，これらの項目をまず行動の属性として概念的な違いにより分類し，1 つの属性の中で，どのような行動が類似しているかをみることにより，さらに分類することである．

　まず，概念的な違いとして，次の 5 属性を設定し，表 8.3.16 の項目が，そのいずれに該当するかをブレーンストーミングにより設定した．

① 　機器の変更や改良に関する行動
② 　日常的に行われる水使用の工夫
③ 　一時的ならば行われる水使用の行動
④ 　代替水の利用や代替行動
⑤ 　使用の中止あるいは削減の行動

　一方，行動の近接性（同時に行われるかどうか）をみるため，表 8.3.16 の項目の調査結果を用いて，数量化理論第Ⅲ類で分析を行い，図 8.3.18 を得た．この図は先の 5 つの属性により項目をグルーピングした結果である．これをもとにして，属性ごとの行動の近接性をデンドログラムとして表現したものが，前節の図 8.2.10 である．

　図 8.2.10 は，節水行動の近接性に基づく階層性を示したものであるが，5 つの属性に対し，どのような組み合わせが可能かにより節水行動をパターン化したものと考えることもできよう．

表 8.3.16　節水行動項目

アイテム	カテゴリー
A. 洗濯	1. 流しっ放しにしないでためすすぎを行う 2. ためすすぎの回数を減らす 3. すすぎの時間を短くする 4. まとめて洗濯し回数を減らす 5. 節水型(全自動)のものに替える 6. 少量の洗濯は手洗いする 7. 風呂の残り水を毎回使う 8. 風呂の残り水をときどき使う
B. 風呂	1. シャワーで代替して回数を減らす 2. 入浴回数自体を減らす 3. 風呂水の取り替え回数を減らす 4. 洗髪回数を減らす 5. 石けんで洗う回数を減らす 6. 入浴時のシャワー使用を控える 7. 風呂水を汚さないように中に入るのを控える 8. 風呂ブザーをつける 9. まとめて入浴する
C. シャワー	1. その都度開閉してこまめに使う 2. シャワーを使わない(回数を減らす)
D. 水洗トイレ	1. タンクの中にビール瓶やレンガなどを入れる 2. レバーの引き(押し)方を調節する 3. 節水型のトイレに買い替える 4. 節水型に改良する 5. 風呂・洗濯の残り水を使う 6. 小便はたまにしか流さない
E. 手洗・洗面・炊事	1. 開閉を頻繁にして使う 2. ため洗いをする 3. 洗剤を変える
F. 洗車	1. 洗車回数を減らす 2. 風呂・洗濯の残り水を使う 3. 水道水をバケツで使う 4. 雑巾などでからぶきする
G. 散水	1. 散水面積を減らす 2. 回数を減らす 3. ホースの先にハンドバルブを取り付ける 4. 風呂・洗濯の残り水を使う
H. 掃除	1. 風呂・洗濯の残り水を使う 2. からぶきですます 3. 回数を減らす

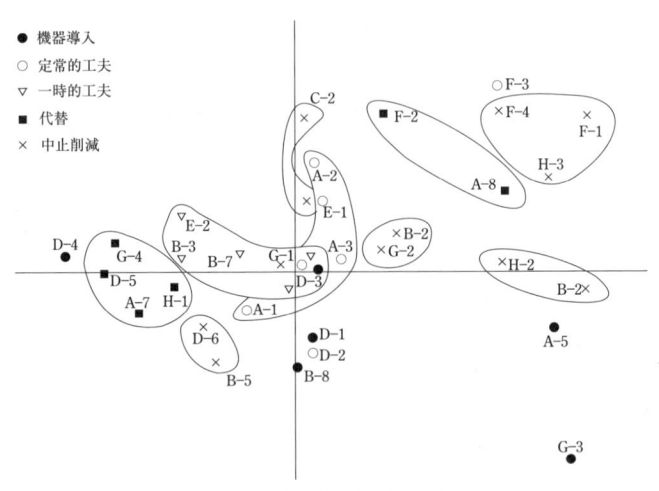

図 8.3.18 節水行動の近接性

　次に，この節水行動パターンと使用水量との対応について考えよう．このとき使用水量については，世帯内部の変動要因を除くために，グループ内で部屋数と関連の強い家族数によって，いわゆる原単位に基準化しておく．

　この原単位を外的基準として，節水行動パターンを説明要因とする数量化理論第I類で，各グループごとに分析を行った．この結果，図 8.3.19 を得た．この図からも明らかなように，節水行動パターンに対し，本質的でない（1人1日使用水量を減少させない）節水行動の存在がみられる．

　表 8.3.17 は，各グループ別に，1人1日使用水量の変動要因を，アイテムレンジの順にリストアップしたものである．これによれば，福岡市では，すべてのグループで日常的な工夫が頻繁に行われることが本質的な節水行動*であるということができる．また，グループ間においては，水洗トイレのないところの本質的な節水行動は同じであるということがわかる．

　さて，図 8.3.19 より明らかになったグループごとの本質的な節水行動に関する回答をもとに，グループ内で節水がよく行われているかをみてみよう．方法としては，本質的な節水行動のカテゴリースコアをもとに，各サンプルに得点を与え，小さい順にサンプルを並べることにより，各グループごとの節水可能量を求めることができる．このため，各グループについてサンプルに順序をつけた結果，得点の曲線と1人1日水量の移動平均曲線がほぼ同じ傾向をもつことが見出された．このことは，節水行動をこまめに

---

*編著者の長期の調査期間中，多くの飲み屋や家庭で，水洗トイレの貯水槽にビール瓶を置くなどを観察した．

8 渇水と震災の水供給リスク論

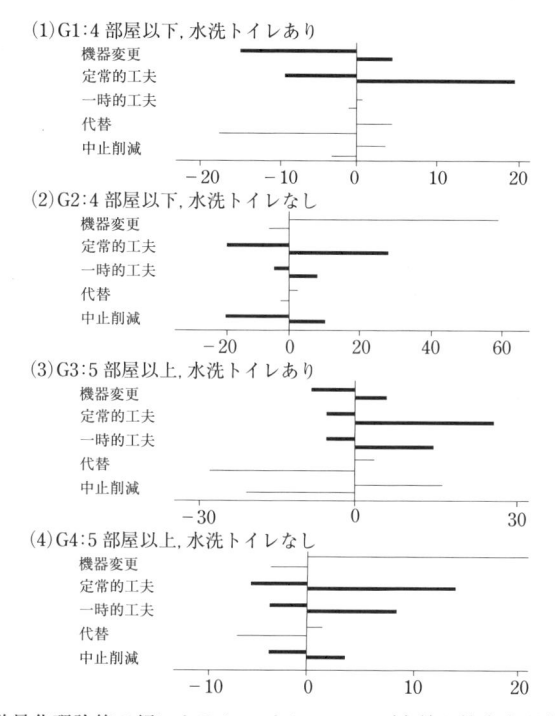

(1) G1:4部屋以下,水洗トイレあり
　　機器変更
　　定常的工夫
　　一時的工夫
　　代替
　　中止削減
　　　　−20　−10　　0　　10　　20

(2) G2:4部屋以下,水洗トイレなし
　　機器変更
　　定常的工夫
　　一時的工夫
　　代替
　　中止削減
　　　　−20　　0　　20　　40　　60

(3) G3:5部屋以上,水洗トイレあり
　　機器変更
　　定常的工夫
　　一時的工夫
　　代替
　　中止削減
　　　　−30　　　　0　　　　30

(4) G4:5部屋以上,水洗トイレなし
　　機器変更
　　定常的工夫
　　一時的工夫
　　代替
　　中止削減
　　　　−10　　0　　10　　20

図 8.3.19　数量化理論第Ⅰ類によるカテゴリースコア（太線が節水合理化要因）

表 8.3.17　グループ別節水合理化要因

	1	2	3
G1	定常的工夫	機器変更	
G2	定常的工夫	中止削減	一時的工夫
G3	定常的工夫	一時的工夫	機器変更
G4	定常的工夫	一時的工夫	中止削減

表 8.3.18　グループ別節水可能量

パターン	平均原単位	上位1/3平均	下位1/3平均	節水可能量
G1	205	180	220	40
G2	170	140	210	70
G3	205	200	220	20
G4	165	145	190	45

(L/人·日)

多くとる生活者はそうでないものよりも水量が少ない，すなわち節水していることを示していると考えられる．

ここでは，このようなサンプルの順序付けを各グループについて行い，それぞれの上位・下位1/3値の差を，そのグループの最大節水可能量と定義した*．表8.3.18に各グループの結果を整理した．これによれば，水洗トイレのあるところは，ないところに比べて可能量は少なく，部屋の大きいところは小さいところと比べて，可能量は少ないが，これは1人1日の水量であるから，世帯当たりに直せば逆の結論を得ることができる．

8.3.3 沖縄離島問題：沖縄県の島嶼における地域環境と水需要構造の変化

(1) 島嶼地域の水資源・水道事業の課題と地域社会問題

沖縄県内には有人離島が39島あり，このうち36島が15の離島市町村に存在している．ここでは，沖縄県企業局から受水している伊江村（伊江島）を除く14の離島市町村を対象とする．まず，離島市町村の水道の概要を表8.3.19に示す．なお，表中の創設年とは水道事業が開始された年であり，認可を受けた年ではない．1972年に本土復帰をしているため，それ以前は琉球政府，高等弁務官資金，企業によって水供給を行っていたためである．また，水源種別の「表流水」はダムがない河川からの取水を意味し，「料金」は家庭用の水道料金，「事業」は水道事業数，「職員」は専従職員数を表している．

この表より，創設年が早い竹富町や与那国町は現在でも表流水を水源としており，水資源が比較的豊かであることがわかる．一方，創設年が遅い北大東村や渡名喜村は海水淡水化を実施しており，もともと水資源に乏しかったことが理解できる．また膜処理の実施は，水量としては安定するが水道料金の値上げを伴うことになる．沖縄本島では家庭用10 m³あたり1000～1500円がふつうであるが，これと比較すると離島市町村の水道料金はやや高めであり，膜処理を行っている市町村では本島の2倍程の料金となっている．離島市町村の多くは水道の料金収入だけで経営することは困難であり，一般財源からの繰り入れを行っている．つまり，実際の造水コストはこれ以上かかっており，水を使えば使うほど赤字になるという構造になっている．この解決のためには水道料金の値上げが必要となる．しかし，全国で最も家計の収入が少ない沖縄県において，さらに経済的に厳しくかつ高齢者が多い離島市町村では，値上げは困難である．

また，竹富町が典型的な例であるが，複数の島・浄水場・水道事業を有している離島市町村が8市町村ある．これは地理・地形的要因と米軍統治下にあったという歴史的要因によるものである．これは日常の維持管理などにおいて人手を要する要因であるが，石垣市，宮古島市を除けば水道担当者は数名であり，半数の市町村が料金徴収から浄水場の維持管理や漏水点検を専従職員1人で行っている．このことは，日常業務が多忙になることだけを意味するのではなく，新たな知識や技術を身につける機会を失わせてい

---

*これは，節水行動をあまりとらない人が，よくとるようになるとしたときの使用水量の減少である．

8 渇水と震災の水供給リスク論

表 8.3.19　離島市町村の水道概要

市町村名	創設年	水源種別	浄水方法	料金($10 m^3$)	事業	職員
伊平屋村	1970	ダム・地下水	電気透析	2,016	1	1
伊是名村	1971	ダム・地下水	緩速ろ過	2,100	1	1
北大東村	1985	海水	海淡膜処理	3,085	1	1
南大東村	1974	海水	海淡膜処理	3,354	1	3
久米島町	1975	ダム・地下水	急・緩ろ過	1,449	1	7
粟国村	1974	海水	海淡膜処理	2,830	1	2
渡名喜村	1987	海水	海淡膜処理	2,620	1	2
渡嘉敷村	1976	表流水	急・緩併用	1,698	1	1
座間味村	1974	ダム・地下水	急速ろ過	1,664	2	1
宮古島市	1965	地下ダム	ペレット	1,757	1	56
多良間村	1974	地下水	膜処理	2,780	1	1
石垣市	1962	ダム・地下水	緩速ろ過	1,338	2	52
竹富町	1957	表流水	緩速ろ過	1,401	7	2
与那国町	1959	表流水	緩速ろ過	1,150	1	1

(参考：沖縄県薬務衛生課[17])

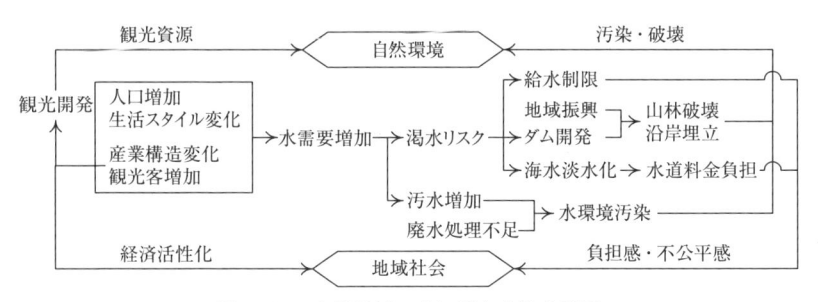

図 8.3.20　島嶼地域の水に関わる社会問題

る．特に，急速ろ過，高度処理，硬度処理，膜処理といった機械に依存する浄水システムの場合，台風などによる故障や事故への対応を困難にさせることにつながる．

以上より，水量の不足や水源水質悪化は浄水方法の変更を余儀なくするが，小規模市町村では技術的，人的，経済的に対応が難しく，さらに住民負担を強いるという構造を有していることがわかる．また，渡名喜村や北大東村のようにもともと水資源に乏しい島では，海水淡水化による高価な水道料金に対して住民の理解は得られるが，観光客の増加による浄水方法の変更および料金値上げは観光に関係のない住民の理解を得ることは難しいであろう．

次に，上記課題に観光産業を加え，自然環境と地域社会との関係から，離島市町村が抱える水に関する問題点を構造化する．図 8.3.20 に示すように，島嶼地域において自然環境は観光資源であり，観光振興は島嶼社会において地域活性化などの効果がある．し

かし，観光客の増加は水使用量の増加を伴い，水資源量が一定であれば渇水リスクは当然増加する．この対応をしなければ給水制限が発生し，地域住民にとっては負担感となる．さらに，これは複数離島や複数水道事業を抱える市町村では，同一市町村内で給水制限をしている島としていない島が存在することになり，不公平感を生み出している．

　この顕著な例が座間味村であり，住民へのヒアリングでは，「観光客がこんなに来る前は給水制限がなかったのに」というお年寄りもいた．対応をするにはダム建設か海水淡水化が必要となる．節水という代替案もあるが，人口の数倍の観光客が使う水から考えれば，住民の節水の効果では対応しきれないことは明らかである．ダム建設の場合，それ自体が島の自然環境を破壊するだけでなく，排出土砂は沿岸域の埋め立てに使われ，サンゴ礁の海岸を破壊することになる．つまり，貴重な生態系を有する自然環境が観光資源であり，これを目当てに訪れる観光客が使う水の量を賄うために自然環境を破壊するという本末転倒の状況が生まれていることを示している．海水淡水化を行えば水道料金の値上げによる住民負担，一般財源からの繰り入れによる役場の財政的負担が増加することになる．さらに，水使用量の増加は汚水量の増加を伴い，下水道などの廃水処理施設が不十分な島や接続率の低い島では，沿岸域に環境負荷を与えることになる．これは結局自然環境の破壊・汚染につながっている．すなわち，観光が島嶼社会に対して負担を強いることになり，さらに観光資源である自然環境を破壊しているという構造があることがわかる．

　この問題を解決するためには，島嶼別の水資源からみた観光客の容量を明確にする必要がある．このためには，観光と水使用量の関係を明らかにしなければならない．

(2) 渇水履歴と水使用量の変化
1) 渇水履歴と水資源開発

　沖縄本島では1972年の本土復帰以降毎年のように給水制限をしていたが，国管理5ダム，県管理2ダム，海水淡水化1施設が完成し，ほぼ現在の水資源開発の状況に達した1994年以降給水制限は実施していない．一方，離島地域においては，表8.3.20に示すように1993および1994年度に多くの市町村で給水制限を実施したが，それ以降は減少傾向にある．これは，沖縄本島の水資源開発が行われた後，例えば宮古島の地下ダム建設や波照間島の海水淡水化施設など，離島地域でも水資源開発が行われた結果だと考えられる[18)〜20)]．しかし，座間味村では2001年度から現在まで毎年給水制限を実施している．座間味島では1989年完成の座間味ダム（有効貯水容量5万6000 m^3，集水面積0.8 km^2）があるが，非常に小さい[21)]．また，3ヶ所の浅井戸からも取水を行っているが，島が小さいため必然的に井戸の場所は海岸線に近くなり，降水量が少なくなると塩素イオン濃度が上昇するという問題を有している．

2) 水使用量の変化

　沖縄本島も含め，主な市町村の1人1日当たり給水量の変化を表8.3.21に示す．この

表 8.3.20　渇水による給水制限実施履歴

年度	地域	日数	年度	地域	日数	年度	地域	日数
1983	石垣市給水区域	30	1993	舟浮	15	2003	座間味	252
1991	石垣市給水区域	103		宮古島企業団	69		渡嘉敷村	9
1993	石垣市給水区域	220	1994	具志川村	21	2004	座間味	71
	座間味	235		座間味	35	2005	座間味	147
	阿嘉・慶留間	174		阿嘉・慶留間	55		阿嘉・慶留間	64
	渡嘉敷村	79	2001	座間味	26	2006	座間味	57
	波照間	181	2002	座間味	74	2007	座間味	56

参考（沖縄県企画部[20]）

表 8.3.21　1人1日当たり給水量の変化

年度 市町村	1980	1985	1990	1995	2000	2005
那覇市	418	386	393	388	383	354
恩納村	348	492	686	659	694	729
石垣市	414	478	535	515	492	530
竹富町	454	442	548	576	707	774
座間味村	70	187	216	317	401	406
渡嘉敷村	274	347	467	534	505	508
粟国村	189	221	171	282	296	301
全国平均	261	287	318	322	322	314

単位：L（注：全国平均のみ2005年は2004年の値）
参考（沖縄県薬務衛生課[22]，国土交通省土地・水資源局水資源部[23]）

表より，沖縄県内の市町村の多くは全国平均より水を多く使っていることがわかる．ただし，前述したように離島市町村は水道担当者が少ないことも影響し，漏水が多く，有効率が低いことが給水量を多くしている原因でもある．

県庁所在地である那覇市よりも恩納村，竹富町，渡嘉敷村などの水使用量が多い．座間味村においては，2005年には給水制限を実施しているにもかかわらず2000年よりも使用量が増えている．さらに，那覇市は使用量が減少してきているが，那覇市以外は急激に増加してきている．那覇市は，節水型の洗濯機や食器洗浄機の普及に伴い水使用量が減少してきている．これは，全国的な傾向と同じである．

水使用量が増加している原因を把握するため，需要用途別の給水量を比較する．2005年において，那覇市は家庭用で46％，営業用で19％の水が使用されているのに対し，恩納村では家庭用で27％，営業用で71％，石垣市では家庭用で63％，営業用で27％となっている．竹富町の小浜島では家庭用で25％，営業用で72％となっている．つまり，営業用水の割合が高い市町村で1人1日あたり使用水量が多く，さらに使用水量も増加

しているといえる.

また，粟国村は昔から水不足に悩まされ，トゥージと呼ばれる水瓶を各家庭に置いていたこと，現在は海水淡水化をしており水道料金が他の市町村より高いこともあり，水使用量が少なくなっている．また，観光客数が他の利用よりも少ないことも影響していると考えられる．

3) 社会環境と水需要構造の変化

ⅰ) 離島地域における社会環境変化に関する分析

本土復帰後から現在までの離島地域の人口推移は，石垣市と平良市（現宮古島市）のみが増加し，竹富町がほぼ維持，その他は減少傾向にある．しかしながら，水使用量は増加し続けている．この原因を水需要に関わる社会統計指標から分析することを目的に，以下のデータの収集を行った．

① 水供給；水源および取水量，給水量，浄水方法，水道料金，水道事業体種別など
② 水使用；給水量，需要用途別有収水量など
③ 渇水；給水制限履歴，給水制限期間中水使用量など
④ 水需要要因；人口，世帯数，産業構造，土地利用，観光客数，宿泊能力など

ここではこれらのデータを用いて，1985年から2005年の間で5年おきの5つの時間断面に区切って，離島市町村がどのように変化をしてきたかを示す．具体的には，定量的データを用いて分類することに有効である主成分分析を用いて分析を行う．データ精度などの関係から，用いたデータは表8.3.22に示す18項目である．この分析により固有値1以上としては5つの主成分が得られたが，第3主成分までで7割以上の説明力があることから，ここでは3つの主成分で述べることとする．

まず，第1主成分は「農用地面積」，「給水量」，「世帯数」，「人口」，「市街地面積」が0.9以上の値を示し，次いで「宿泊能力」，「入域観光客数」となっている．このことから，第1主成分は「観光が盛んな規模の大きな地域」と解釈できる．第2主成分は「人口1000人当たり宿泊能力」，「人口当たり入域観光客数」が0.8以上の値を示しており，「観光依存度」と解釈できる．また，負で大きな値になっている「家族人数」は，近年の移住者の増加や離島地域に多い嫁不足によるものだと考えられる．第3主成分で比較的大きな値をとっているのは，正で「若年人口率」，「家族人数」，「農業人口割合」であり，負で「建設業人口割合」である．これより，「第1次産業が盛んな牧歌的地域」と解釈できる．

以上の結果をもとに，各離島市町村の1985年から2005年までの主成分得点を示したものが図8.3.21である．これより，全体的に観光依存度が高くなってきていることがわかる．また，第1主成分に着目すれば，面積が大きい石垣市・宮古島市が高い値を示し，次いで竹富町・久米島町となっている．この図の第1象限に位置する石垣市・竹富町は他地域に比べて非常に観光が盛んであることがわかる．小規模な地域であるその他の市町村においても，座間味村・渡嘉敷村に観光依存度が非常に高く，ついで，近年，与那

表 8.3.22 主成分分析結果

変数 \ 主成分	第 1 主成分	第 2 主成分	第 3 主成分
給水量	0.96	− 0.12	− 0.15
1 人 1 日有収水量	0.46	0.48	0.04
国調人口	0.95	− 0.17	− 0.13
国調世帯数	0.96	− 0.12	− 0.16
国調家族人数	0.33	− 0.68	0.46
若年人口率	0.20	− 0.50	0.47
労働人口率	0.23	− 0.05	0.06
高齢化率	− 0.34	0.28	− 0.29
入域観光客数	0.74	0.41	0.12
人口当たり入域観光客数	0.02	0.85	0.36
宿泊能力	0.89	0.28	0.02
人口 1000 人当たり宿泊能力	− 0.12	0.86	0.31
水洗化率	0.17	0.58	− 0.13
市街地面積	0.95	− 0.14	− 0.13
農用地面積	0.97	− 0.13	− 0.05
農業人口割合	− 0.13	− 0.69	0.44
建設業人口割合	− 0.26	− 0.26	− 0.79
サービス業人口割合	0.15	0.91	0.09
固有値	6.64	4.53	1.68
寄与率 (%)	36.9	25.2	9.4
累積寄与率 (%)	36.9	62.0	71.2

国町・粟国村が高くなってきている．2005 年において観光依存度が低い（第 2 主成分が負）のは多良間村（− 0.61），伊良部町（− 0.20），南大東村（− 0.10），宮古島（− 0.02）だけとなっている．また，石垣市・宮古島市という規模の大きなグループ，座間味村・竹富町・渡嘉敷村という観光依存度が高いグループ，その他の町村のグループと大きく分けることができる．

ⅱ）観光依存度と水使用量の関係

図 8.3.22 は，2005 年の観光依存度と 1 人 1 日当たり有収水量（供給者が料金を徴収している水量）の関係を表したものである．有収水量を用いたのは，島ごとに漏水などの状況が大きく異なること，さらにここでは使用水量を把握したいためである．当然のことであるが，観光依存度だけで水使用量を単純に求めることはできないが，観光依存度が高ければ水使用量が多いことがわかる．なお，座間味村は 2005 年度に給水制限を実施しているため，有収水量が低くなっている．また，与那国町と粟国村の観光依存度は同じであるが大きく水使用量が異なっている．これは，粟国村がもともと水資源に乏しい島であったのに対し，与那国島は水資源が豊であるため，生活用水量の違いが影響した

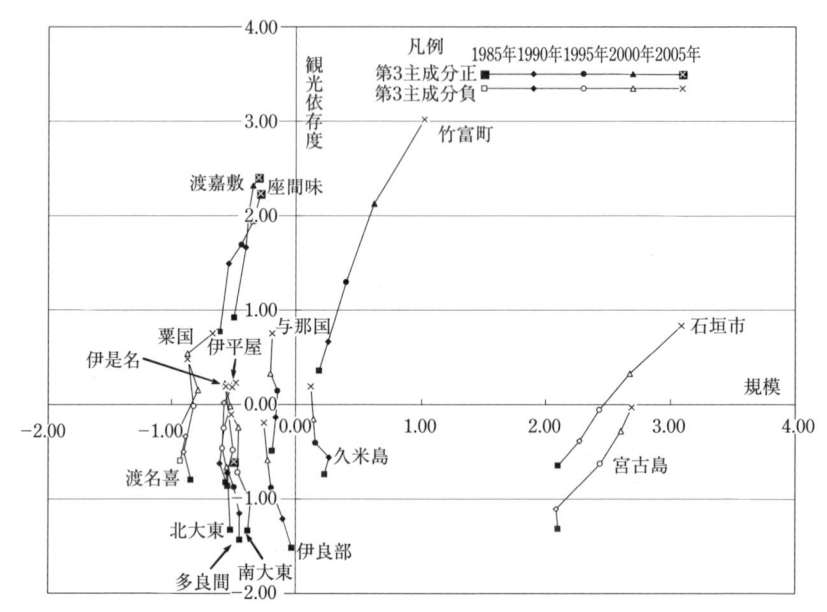

図 8.3.21　離島市町村の地域社会環境変化

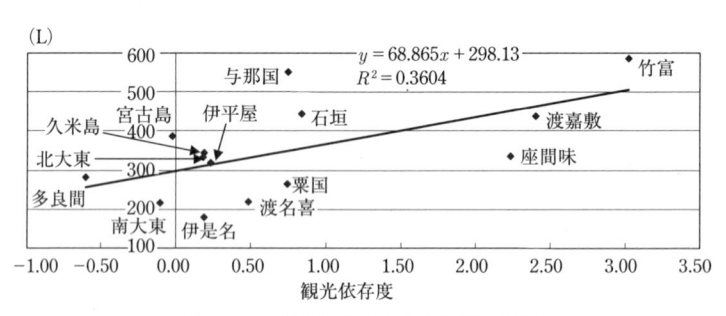

図 8.3.22　観光依存度と水使用量の関係

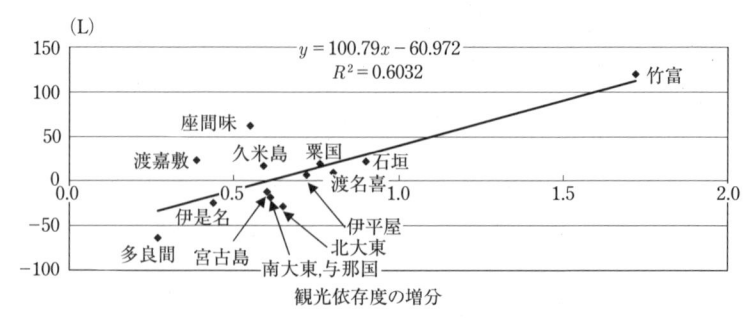

図 8.3.23　観光依存度増加と水使用量増加の関係

ものと考えられる．

次に，観光依存度の増加がどの程度水使用に影響を与えているかを判断するため，1995年から2005年までの観光依存度の増分を横軸に，1人1日当たり有収水量の増分を縦軸に示した結果を図8.3.23に示す．この図より，観光依存度の増加は1人1日当たり有収水量の増加と関係していることがわかる．また，回帰直線近くに位置する市町村は水需要を説明するために観光依存度が大きく影響していると考えることができ，上に位置するところは観光依存度の増加に対し，相対的に水使用量が大きく増加していることを意味している．

iii) 水需要構造の変化に関する分析

i) で分けたグループごとに，水需要構造の変化を重回帰分析によって明らかにする．主成分分析で用いたデータは国勢調査の結果が含まれるため，適宜代用しながら行った．また，データの選択は主成分に影響が大きかった項目のうち，項目間の関係を考慮して行った．そして，これらの変数を用いて1985年から1994年までと1995年から2004年までについて重回帰分析を行った．なお，従属変数である有収水量は，石垣市・宮古島市の場合の単位は千トン，他の2つはトンを用いている．また，独立変数は，t値が低いものから順にはずしていく変数減少法によって行った．

3つのグループごとの結果を表8.3.23から表8.3.25に示す．なお，モデルの適合度を表す重相関係数R^2およびF値からみて，石垣市・宮古島市の1995～2004年でやや低いものの，その他の分析結果は信頼性のある結果が得られた．また，各変数の信頼性を表すt値は定数を除けば満足できる結果が得られている．

石垣市・宮古島市の結果より，人口以外の変数がすべて変わっている．これより，1985～1994年と1995～2004年の間で水需要構造が大きく変わっていると考えられる．

表8.3.23 石垣市・宮古島市の水需要構造変化

1985～1994年				1995～2004年			
変数	係数	t値	偏相関係数	変数	係数	t値	偏相関係数
定数	−279.51	−0.33		定数	−9967.040	−2.72	
人口	0.09	4.48	0.76	人口	0.197	5.40	0.82
建設業純生産	0.02	2.60	0.56	家族人数	2506.023	3.66	0.70
サービス業純生産	0.09	4.16	0.73	入域観光客数	0.003	3.78	0.71
自動車保有台数	0.07	1.91	0.44	農林業純生産	−0.104	−2.14	−0.50
				建設業純生産	−0.013	−1.95	−0.46
重相関係数 R^2	0.96	F値	82.68	重相関係数 R^2	0.93	F値	17.78
自由度修正済み R^2	0.95	F検定	0.00	自由度修正済み R^2	0.86	F検定	0.00

表 8.3.24　座間味村・竹富町・渡嘉敷村の水需要構造変化

1985〜1994 年				1995〜2004 年			
変数	係数	t 値	偏相関係数	変数	係数	t 値	偏相関係数
定数	−543099	−9.69		定数	30166.36	2.53	
人口	44.82	4.05	0.66	人口	100.65	5.10	0.71
家族人数	172809.42	7.83	0.86	入域観光客数	0.44	13.90	0.94
入域観光客数	−0.24	−3.46	−0.60	農林業純生産	195.77	3.74	0.60
農林業純生産	95.40	4.72	0.72	サービス業純生産	−50.01	−3.47	−0.57
自動車保有台数	602.17		0.96				
重相関係数 R^2	1.00	F 値	2276.15	重相関係数 R^2	1.00	F 値	2817.47
自由度修正済み R^2	1.00	F 検定	0.00	自由度修正済み R^2	1.00	F 検定	0.00

表 8.3.25　その他離島市町村の水需要構造変化

1985〜1994 年				1995〜2004 年			
変数	係数	t 値	偏相関係数	変数	係数	t 値	偏相関係数
定数	−0.94	0.0		定数	−87539.70	−1.71	
人口	103.44	24.94	0.93	人口	112.94	17.90	0.87
入域観光客数	0.74	1.96	0.19	家族人数	38176.64	1.88	0.18
宿泊能力	59.10	1.92	0.19	入域観光客数	1.50	2.16	0.21
農林業純生産	−45.41	−2.76	−0.26	宿泊能力	89.58	2.75	0.26
建設業純生産	39.06	3.89	0.36	サービス業純生産	106.06	4.01	0.37
サービス業純生産	168.97	5.83	0.50	自動車保有台数	−87.21	−4.34	−0.39
自動車保有台数	−178.26	−5.62	−0.49	水洗化人口	−28.10	−2.09	−0.20
重相関係数 R^2	0.99	F 値	573.68	重相関係数 R^2	0.98	F 値	701.85
自由度修正済み R^2	0.98	F 検定	0.00	自由度修正済み R^2	0.98	F 検定	0.00

特に，後半では観光客数が変数に入ってきている．また，他の変数の影響を取り除いた影響度を表す偏相関係数からみれば，人口の次に大きな値を示しており，水需要に対して大きな影響を与えているといえる．座間味村・竹富町・渡嘉敷村においては，後半の年代の偏相関係数で観光客数が最も大きな値を示している．その他の市町村においては，両年代とも人口による影響が最も大きい．3 地域を比較すると，観光依存度が高い座間味村・竹富町・渡嘉敷村が，観光客数の水需要に与える影響が最も大きいことがわかる．

以上より，観光客数や宿泊能力の増加が島嶼地域の水需要に大きく影響を与えるようになってきたことがわかる．しかし，島によっては，各家庭で井戸を有していたり天水タンクを設置していたりと状況が異なる．さらに，もともと水資源が豊かであったか否かも生活用水の使用量に大きく影響を与えていると考えられる．島嶼地域の多くが簡易水道であり，かつ数名の職員で事業を行っているため，用途別の有収水量や家庭の地下水利用状況などに関する調査は行われていない．これらの調査を行い，島嶼分類に反映することによってさらに精度のよいモデルを構築することができると考えている．

4） 観光と水需要および給水制限への影響

ここまでで，観光の影響が島嶼の水利用に大きく影響していることを示したが，観光用水量の実態については明らかになっていない．沖縄における観光用水に関する調査としてはこれまで次の2つが行われている．宿泊施設での使用水量として，水谷ら[24]は沖縄県内の6つのホテルの調査より，宿泊者1人1日当たり，リゾートホテルで900～1600 L，シティーホテルで500～1000 Lとしている．沖縄県企業局[25]では29の宿泊施設の調査より，760 L（最大2375，最小332，平均778）としている．また，簡易水道事業における国庫補助に係わる施設整備基準では，宿泊能力1人当たり200～300 Lとしている[26]．

ここではまず，過去約5年間の大口需要者として挙げられている沖縄本島のホテルの水使用実態から，宿泊客数と水使用量の関係を図8.3.24に示す．なお，この図の中の数値は宿泊客1人当たりに換算した値である．平均の線より上にあるホテルは下にあるホテルよりも稼働率が高い傾向がある．ホテルの地下水および天水利用による影響も出ていると考えられるが，そこまでの調査はできていないので今後の課題とする．しかし，島嶼地域の生活用水量の1人1日当たり有収水量は150～250 Lであり，少なくとも離島地域にリゾートホテルが建設されれば，住民の2～10倍の水をホテルだけで使用していることになる．簡易水道の施設整備基準を考慮すると宿泊施設の稼働率は15～50%でなければならないが，実際は沖縄県全体で74%となっている．これも渇水リスクを高める1つの要因だと考えられる．また，回帰式の定数項である3万7079 m^3 は施設維持のために利用されていると考えることができよう．すなわち，観光客数だけでなくホテルができれば，それだけで水使用量は大幅に増大することが示されている．

次に，座間味村の2002年4月～2007年12月の利用者別使用水量および1人1日当たりの水量を表8.3.26に示す．観光関連施設とは，宿泊施設とダイビングショップであり，それ以外をその他としている．観光関連施設の1人1日当たりの水量は座間味島への入域観光客数で使用水量を除した値である．ここでいう入域観光客数は日帰り客も含まれており，さらに観光関連施設が前述2種類の施設のみであるため，実際の使用水量より少なく見積もっていることを断っておく．

これより，観光客が多い8月などでは観光関連施設だけで島の使用水量の半分近くを使っていることがわかる．1人1日当たりで比較すると，観光客は住民より少なく見積

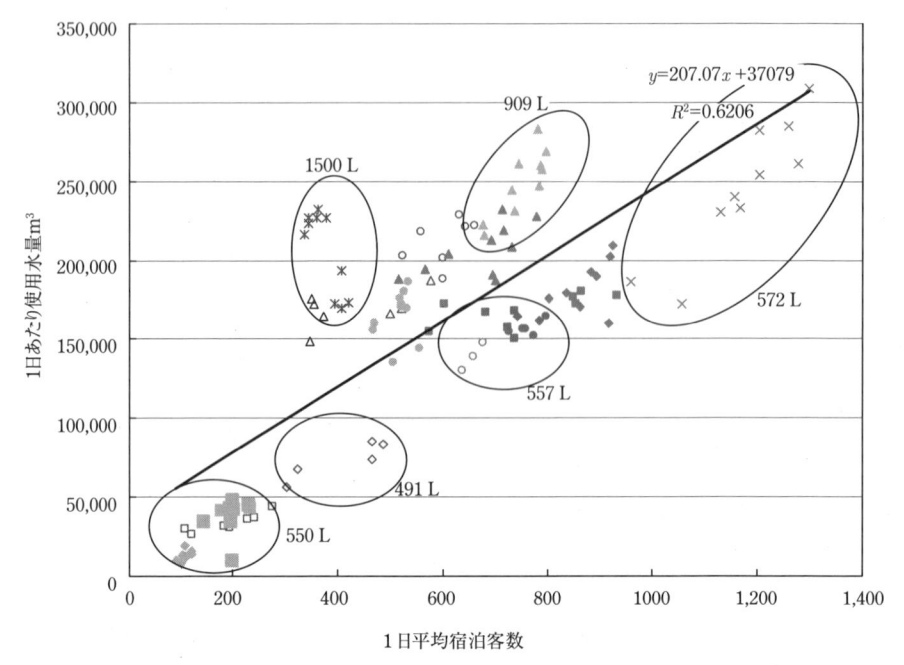

図 8.3.24　ホテルの宿泊客数と使用水量の関係

表 8.3.26　座間味村における利用者別有収水量

月	観光関連施設				その他（住民，企業，学校など）			
	使用水量 (t)		1人1日 (L)		使用水量 (t)		1人1日 (L)	
	平常	制限	平常	制限	平常	制限	平常	制限
4	1844	1823	573	541	3105	3148	168	167
5	2155	2202	574	584	3350	3232	175	166
6	1785	1874	404	434	2919	3029	158	161
7	3168	3843	427	418	3797	4408	196	230
8	3782	3613	394	325	4190	3778	217	198
9	2896	2601	421	408	3748	3351	200	181
10	2528	2270	592	495	3226	3091	166	162
11	2294	1974	797	712	3182	2950	169	159
12	1339	1326	608	617	2698	2313	141	121
1	1635	1563	824	926	3020	2822	158	147
2	1516	1285	576	573	3168	2923	181	167
3	1736	1444	518	408	3166	2707	165	142

（網掛け部は平常時より給水制限時のほうが使用水量が多いことを表す）

もっても 2～5 倍の水量を使っている．7 年連続給水制限を実施し，その水使用実態が観光客のためだということは，観光に関係のない住民の負担感は大きいといえる．さらに，給水制限時に観光関連施設で使用水量および 1 人 1 日当たり使用水量が増えている月がある．給水制限を実施しても，宿泊施設には大きなタンクを設置しているため，通常どおり水を使うことができる．つまり，観光客による節水が行われなかった結果である．住民が夜間断水や隔日断水に苦しんでいるなか，観光客は自由に水を使っているということである．その他でも給水制限時に水使用量が増えている月はある．これは普段の水量が非常に少ないことから，もともと節水していたため使用水量の減少が少ないことと，平常時は天水タンクや井戸水も利用しているが，渇水時期になると天水タンクは使えず，さらに井戸水の塩素イオン濃度が高まるために使えなくなり水道水に依存することで，使用水量が増加する結果となる．

　本節では，渇水に苦しめられている島嶼地域において，特に観光との関係から水使用実態や渇水リスクに関する分析および考察を行った．これより，観光が島嶼地域の渇水リスクを高めていること，さらには観光客の増加が給水制限の効果を減少させていることが明らかになった．渇水リスク対策のためにはなんらかの水資源開発を伴うことになり，これは図 8.3.20 に示したように自然環境の破壊と島嶼社会への負担を伴うことになる．

　以上より，持続可能な島嶼地域，島嶼観光地の形成のためには水資源からみた適切な観光容量を定める必要があり，本節ではそのための第一歩として有益な結果が得られたといえる．

　しかしながら，家庭での天水タンクの設置や井戸水の利用，建設関係者などの観光客として数えられない人の増加による使用水量の増加，島の水に関わる歴史といったものが水使用量に対して影響を及ぼしているが，このことについて十分明らかにはできていない．これらを考慮した水需要構造分析を行い，観光をも考慮した渇水リスクマネジメントを考えることが今後の課題である．

8.4 安定性と安全性による淀川水循環圏の震災リスク評価

8.4.1 水循環階層システムモデルとネットワークとしての表現[27)]

　大都市域では，河川から取水された水が水道により浄化・配水され，都市生活者の水利用，下水道の処理を経て河川や海域へ放流される．この一連の水の流れを水循環として，河川レイヤー，水道レイヤー，都市活動レイヤー，および下水道レイヤーから構成される階層システムとして表したモデルが図 8.4.1 に示す大都市域水循環システムモデルである．同図には水循環システムを再構成するための代替案である下水処理水の再利用による水辺創生水路を都市活動レイヤーに示している．各レイヤーは取水口，浄水場，

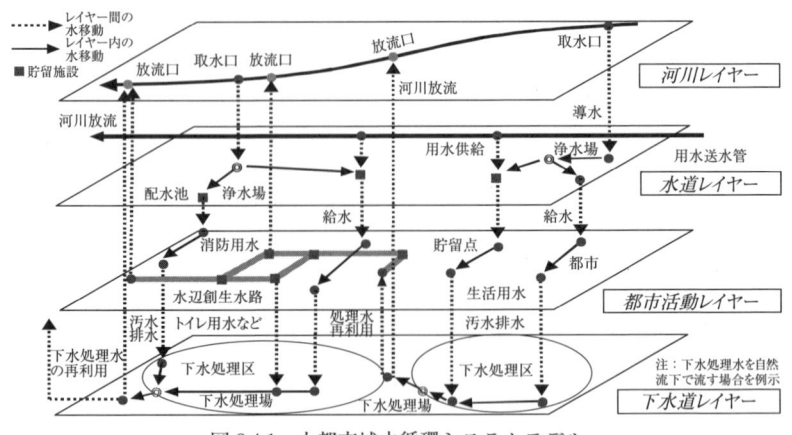

図 8.4.1 大都市域水循環システムモデル

下水処理場，そして主要な管路・管渠などの要素により構成されており，それらは輸送，水質変換，および貯留のいずれかの機能を有している．

(1) 階層システムモデルとしての表現
1) 大都市域における水循環圏の概念

　大都市域における河川流域・水道給水区域・下水道処理区域から構成される水循環圏という空間的な概念を提案する．これは従来の河川流域というとらえ方をすると，河川管理者には理解しやすいものの，人工的な水循環システムを形成している水道や下水道の管理者にとっては管理の対象である給水区域や汚水処理区域が必ずしも水源河川の流域内に存在しないため，自らの管理する部分的な水循環システムが全体の水循環システムにおいてどのような位置付けのものか認識することができない．このことは都市生活者も同様である．結果として，大都市域における水循環システムとしての統合的水管理が阻害されている．この問題は，平常時の水資源計画の空間的な不整合をもたらすだけでなく，震災・環境汚染・渇水など，災害時の水確保を困難にし，被害の拡大を招くことになる．

　水循環圏は，災害が発生したときに必要となる水を確保する空間単位（ユニット）でもあり，そのような空間単位として水資源計画を立案することが必要であろう．具体的には，河川管内図（河川図），水道給水区域図（配水管網図），処理区域図（幹線管渠図）といった管理者の図面上に個別に記述されている施設や水循環経路を一連のネットワークとして取り扱うことにより，平常時や災害時の水確保のマネジメントを有効に行うことができると考える．このような統合的な水管理は，制御可能性の高い大都市域の水循環で特に有効である．

2） 水循環システムのリスクと間接被害

大都市域の水循環ネットワークが有するリスクは，大きく分けて，①震災リスク，②環境汚染リスク，③生態リスク，④渇水リスク，⑤浸水リスク，の5種類が考えられる[28]．

震災リスクはカタストロフリスクと呼ばれ，生起頻度は稀少であるが，被害規模が巨大になる危険性を有するリスクである．また，震災リスクが環境汚染リスク，生態リスクを伴う複合災害であり危険性の高いリスクであることが明らかになっている[29]．これらのことから，ここでは都市活動に対する影響が最も大きいと考えられる震災リスクとそれに付随して発生する一部の環境リスクについて評価する方法を提案する．

水循環ネットワークの震災リスクは河川・水道・都市活動・下水道レイヤー単独で発生するリスクと，レイヤー間で発生するリスクに分類できる．

河川レイヤーで発生するリスクは，河川への土砂流入による水質の悪化，水質悪化による生態系破壊がある．水道レイヤーで発生するリスクは，取水口破損による浄水場への送水停止，水道管（給水管，送水管）の損傷，浄水施設（ポンプ場，管渠，処理場）の被災による上水の浄化不能があり，都市活動レイヤーに関わるリスクは，生活用水の不足による生活水準の低下や消火用水の不足による消火活動の阻害がある．そして，下水道レイヤーのリスクは，下水管の損傷による下水の送水停止や排除機能障害，液状化した土砂流入による幹線の閉塞，下水処理場の被災による下水の処理不能がある．

また，レイヤー間で発生するリスクとしては河川構造物の破壊による取水の不能，河川上流の水環境汚染による下流の取水不能，下水漏洩による都市での消化器系伝染病の流行などがあり，それらをまとめたものを表8.4.1に示す．

分類した震災リスクには，地震を受けた地域で発生する直接被害と，地震を受けていないにもかかわらず被害が発生する間接被害がある．間接被害としては，上流側で汚水や環境汚染物質が流出することより発生する下流側の施設の取水停止や，広範囲に構成されるネットワークの途中が破壊されることによるネットワーク末端の機能停止である．

以上のことからも明らかなように，巨大震災リスクを考え，その減災計画を作成するためには，とても個別レイヤーや行政体の個別管理では対応ができないことが明白であることがわかる．

(2) 水循環システムのネットワーク化
1） 大都市域水循環ネットワーク

水循環システムの有する構造をノードかリンクかに注目して，グラフ理論[9]を適用したネットワークとしてモデル化する．この際，水循環の状態量は空間スケールを考慮して年間平均値程度とする．

図8.4.1に示した大都市域水循環システムをネットワークとして表す方法を以下に述べる．

表 8.4.1 レイヤー間の地震時の被害関連マトリクス[30]

	河川	水道	都市活動	下水道
河川	・河川構造物の破損 ・利水，治水機能の低下	・河川構造物の破損による取水の停止	・河川構造物の破損による都市の治水機能の低下	・雨水排除の支障による浸水
水道	・取水施設破損による河川の利水，治水機能の低下	・水道施設の破損 ・浄化機能の停止や低下	・水供給の停止 ・火災の延焼 ・都市活動の低下	・水利用に伴う汚水流入と，処理機能低下時の汚水の漏洩
都市活動	・有害物質流出による水環境汚染	・有害物質の流出による取水の停止	・都市構造物破損 ・火災の発生 ・有害物質の流出	・有害物質の廃水や雨水への流入
下水道	・汚水の流出による水環境汚染 ・雨水排除機能の低下による治水機能低下	・流出汚水の水道水への混入	・汚水流出による公衆衛生の悪化 ・汚水管の閉塞が引き起こす環境汚染	・下水道施設の破損 ・処理機能の停止や低下

① 水質変換機能を有する施設：浄水場や下水処理場はノードとして記述する．都市生活者の水利用は，水道水（浄水）を汚水に変換するという意味で給水点と称するノードで表す．

② 輸送機能を有する施設：送水管や汚水管渠などの水輸送機能を有する施設はリンクとして記述する．ただし，管路の結節点とシステム境界上にはノードを設けるものとする．

③ 貯留機能を有する施設：配水池や施設内貯留施設，都市内貯留施設といった貯留施設は，グラフ理論のループ（self loop）を用いて表す．すなわち，ループ管に貯留容量に相当する太さ（断面積）と長さを与えて表現する．

④ その他の施設：水道取水口，処理水放流口の表現は，河川横断方向の中央に基準点を仮定し，堤内地にある取水場と放流施設をノードと考える．

図 8.4.1 に示した大都市域水循環システムのネットワークは，ノードとそれらを結ぶリンクおよびループから構成される．図中の貯留点とは，水辺創生水路を通じて都市に送られてきた下水処理水を消防用水や生活用水として利用する貯留施設である．

図 8.4.1 の水循環システムモデルをネットワークモデルとして表すと図 8.4.2 となる．同図において，ノードは河川流入点，基準点，河川流出点，取水口，浄水場，配水池，用水流入点，用水流出点，用水供給点，給水点，貯留点，下水処理場，放流口である．そして，リンクは導水管，送水管，用水供給管，主要配水管，水辺創生水路，汚水管渠である．これらのノードのうち，貯留機能をもつ配水池，都市内貯留施設はループによ

8 渇水と震災の水供給リスク論

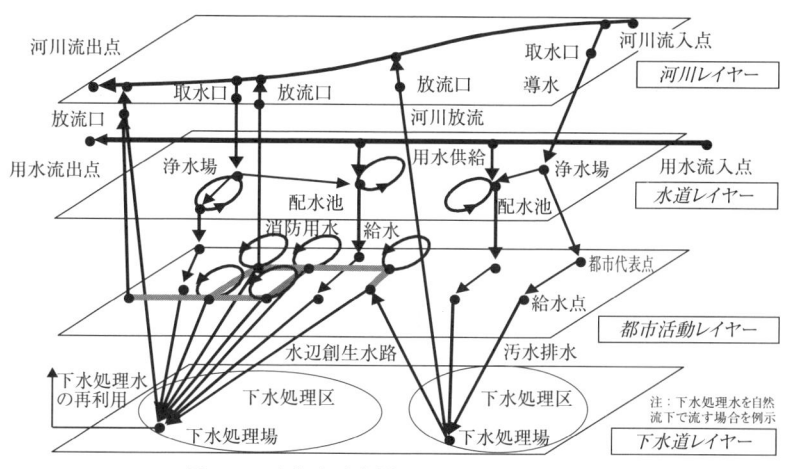

図 8.4.2　大都市域水循環ネットワークモデル

表 8.4.2　連結行列

			受水側										
			河川レイヤー			水道レイヤー			都市活動レイヤー			下水道レイヤー		
			要素1	要素2	要素3	要素4	要素5	要素6	要素7	要素8	要素9	要素10	要素11	要素12
送水側	河川レイヤー	要素1	I			A								
		要素2												
		要素3												
	水道レイヤー	要素4				B			C					
		要素5												
		要素6												
	都市活動レイヤー	要素7	H						G			D		
		要素8												
		要素9												
	下水道レイヤー	要素10	E						F			J		
		要素11												
		要素12												

り表している．

2) マトリクスによるネットワークの記述

大都市域水循環ネットワークのノードを行と列にとり，各セルに結びつきの有無，水量，距離を示す数値を入力することにより，大都市域水循環ネットワークの経路，管路容量，水の流れる経路の長さを整理することができる．このマトリクスを連結行列（connected matrix）と呼ぶ（表 8.4.2）．

表 8.4.2 に示す連結行列中のA～Jの各セルは，河川，水道，都市活動，および下水道の各レイヤーの関連を表している．それぞれ，A：浄水場への導水，B：水道施設相互の管路による送水，C：浄水の都市への給水，D：汚水の下水処理場への流入，E：下水処理水の河川への放流，F：下水処理水の再利用，G：水辺創生水路による処理水の送水，H：下水処理場を介さない河川への放流，I：河川間の流況調整など，J：下水道施設相互の管渠による結びつきを表す．

そして，グレーの網掛けがなされているセルはレイヤー内のリンクを表し，網掛けがないセルはレイヤー間のリンクを表している．連結行列は大都市域水循環ネットワークの経路，管路容量，流水経路の長さをわかりやすく表記するだけでなく，マトリクス表記であるため，数値演算を容易に行うことができる[31]．

8.4.2 震災時を想定した大都市域水循環システムの総合的診断[29]

(1) 大都市域水循環システムと震災ハザード

都市域の水の流れを一体的にとらえるために，河川，水道，都市活動，および下水道の4つの場面をレイヤーとした階層的な大都市域水循環システムを枠組みとする．

また，震災ハザード[2]とは，活断層による地震の震度分布である．阪神・淡路大震災において活断層上に位置する施設が甚大な被害を受けたことから，ここでは仮定として震度7想定区域上に位置する施設は機能を停止すると考える．対象とする活断層は，花折，西山，有馬高槻，生駒，上町，および六甲の6活断層系[32]とする．

(2) 震災想定時における大都市域水循環システムへの直接的影響[27]

大都市域水循環システムと震災ハザードより，震災想定時における水道レイヤーと下水道レイヤーに含まれる施設の直接被害を想定する．具体的には，GISを用いて震度7想定区域である震災ハザードマップと水道と下水道の施設分布とを重ね合わせることにより，破壊される可能性のある施設がわかる．対象施設は，淀川本川から取排水を行っている浄水場（取水施設を含む）と導送水管路，下水処理場と幹線下水管渠である．分析結果の一覧を表 8.4.3 に示す．花折断層系を対象とした具体的な例を図 8.4.3 に示す．

1) 水道システムの診断とその考察

花折断層系の地震により，京都市内のすべての浄水場と水源の琵琶湖疏水が被災する．西山断層系の地震により，大阪市の豊野系統の取水施設，導水管が被災する．有馬

8 渇水と震災の水供給リスク論

表 8.4.3 震災により機能停止が予想される上下水道施設

活断層系	水道浄水場	水道幹線管路など（一部）	下水処理場	幹線下水管渠など（一部）
花折	【京都市】新山科，松ヶ崎，山ノ内，蹴上	【京都市】琵琶湖疏水，各浄水場への全導水管	【京都市】鳥羽，吉祥院	【京都市】同左幹線
西山	なし	【大阪市】豊野浄水場取水口・導水管	【京都府】洛西浄化センター，洛南浄化センター【大阪府】渚，北部（枚方市）	【京都府】同左幹線【大阪府】同左幹線および渚処理場幹線
有馬高槻	【大阪府】村野，三島，中宮（枚方市）【阪神水道企業団】甲山，鯨池（西宮市）	【大阪市】豊野浄水場取水口・導水管【大阪府】村野浄水場取水口・導水管・送水管（淀川右岸），枚方市中宮浄水場取水口，寝屋川市取水口	【京都府】洛西浄化センター，洛南浄化センター【大阪府】渚，高槻，中央，北部（枚方市），香里（枚方市），郡津（交野市），正雀（吹田市），池田（池田市）【兵庫県】奥山（芦屋市）【神戸市】鈴蘭台（神戸市）	【京都府】同左幹線【大阪府】同左幹線および原田処理場幹線【兵庫県】同左幹線【神戸市】同左幹線
生駒	【大阪市】豊野【大阪府】村野，泉町（門真市），八尾（八尾市），香里（寝屋川市），中宮（枚方市）	【大阪市】豊野浄水場導水管・送水管【大阪府】村野浄水場取水口・導水管・送水管，中宮浄水場取水口，寝屋川市取水口	【大阪府】渚，高槻，大井，香里（枚方市），郡津（交野市）	【大阪府】同左幹線および鴻池処理場幹線
上町	【大阪市】柴島【大阪府】泉（吹田市）	【大阪市】柴島浄水場取水口・送水管など【大阪府】村野・庭窪浄水場からの南部方面送水管【阪神水道企業団】取水口・導水管など	【大阪市】十八条【大阪府】南吹田（吹田市），川面（吹田市），今池，津久野（堺市）	【大阪市】同左幹線および上町台地沿いすべての幹線【大阪府】同左幹線および泉北処理場幹線（堺市）
六甲	【阪神水道企業団】甲山，鯨池（西宮市）	【阪神水道企業団】西宮・芦屋送水管【神戸市】市内東西方向送水管	【神戸市】鈴蘭台，中部，西部，垂水【兵庫県】奥山（芦屋市）	【神戸市】同左幹線および東灘処理場幹線ポートアイランド処理場幹線【兵庫県】同左幹線および芦屋処理場幹線

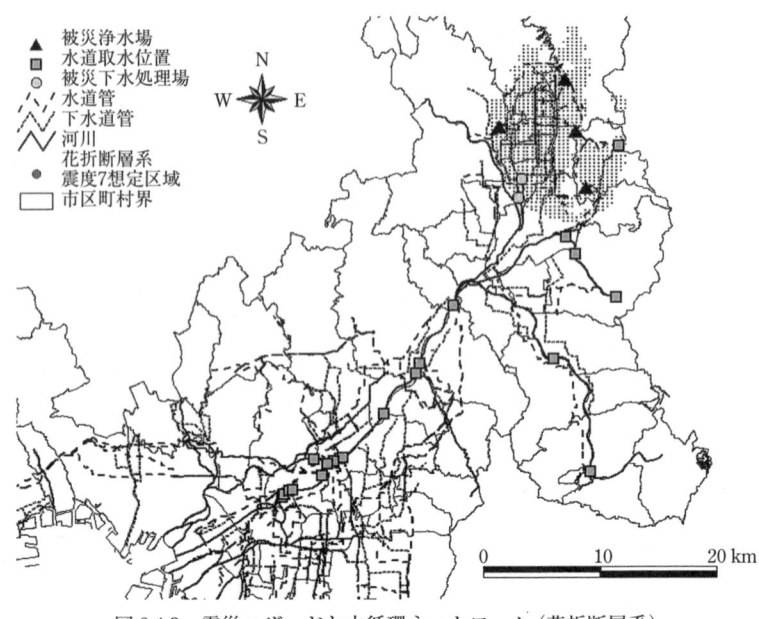

図 8.4.3 震災ハザードと水循環ネットワーク（花折断層系）

　高槻断層系の地震では，大阪府営水道の7割以上の処理能力をもつ村野浄水場と大阪市の豊野浄水場の取水施設，導水管などが被災し機能が停止する．生駒断層系の地震により，村野浄水場と豊野浄水場の導送水管が被災する．大阪府は浄水場が北部に偏っているため，給水区域が分断され，大阪府南部において地震自体による被害は少ないが，水道水が供給されなくなる間接的な被害が起こる恐れがある．上町断層系の地震では，柴島浄水場が被災し，大阪市の浄水能力は大きく低下する．地震により市域が分断されるため，大阪市の臨海部では断水被害が発生する恐れがある．神戸市や阪神水道企業団でも取水施設や導水管が被災するため，影響が大きい．
　また，活断層系による被害の共通部分（共通集合）には，3つの活断層の影響を受けるエリアと2つの活断層の影響を受けるエリアが存在する．木津川・桂川・宇治川の三川合流点から下流の枚方・高槻付近は，西山，有馬高槻，生駒という3つの活断層系の影響を受ける危険なエリアである．

2）　下水道システムの診断とその考察
　花折断層系により，京都市内の鳥羽処理場，吉祥院処理場が被災する．西山断層系により，下水処理場の集中する淀川の三川合流地区が被災する．ここには，洛南浄化センター，洛西浄化センターといった流域下水道の処理場が集中している．この付近は地盤が軟弱であり[33]，危険度も高いと推察される．また，有馬高槻断層系により，京都府南部から兵庫県にかけて多くの施設の被災が想定される．

複数の活断層によって影響される共通集合エリアのうち，3つの活断層から影響を受けるエリアに，淀川左岸流域下水道の渚処理場があり，危険な位置に立地していることがわかった．

(3) 震災想定時の水環境汚染への影響[29]

地震が発生し下水処理場が被災して，未処理汚水が河川に流出することを想定すると，下流部の利水に一定期間，深刻な影響を及ぼすことが予想される．また，下水幹線の被災により，合流管渠では，管渠の閉塞により雨水吐から汚水が溢水して，河川に流出することが考えられる．下流の水環境汚染をもたらし水道取水に対して影響を及ぼすと考えられる．このような水環境汚染への影響は下水道施設の被災だけに限らない．都市活動レイヤーに含まれる有害物質を扱う施設が被災したとき，水環境汚染や下流に位置する水道取水に影響を及ぼす．このような利水障害は，下水処理場や下水幹線の被災による直接被害に対して間接被害であるといえる．

1) 水環境汚染の特徴

水環境汚染の特徴として，①汚染物質が多種多様である，②時間的発生特性（短期，長期），③空間的発生特性（特定，非特定），④取得可能なデータが限られている（技術的要因，社会的要因），が挙げられる．このような特徴が水環境汚染に関わるリスクマネジメントを困難にしている．

このため，複雑な水環境汚染をとらえるための枠組みとして，大気，降雨，地下水といった水文循環をも含めた水循環システムを考え，汚染発生源から河川へ流入する経路を想定する．想定する経路は，直接河川へ・下水道から河川へ・地下水から河川へ・大気から河川への4つが考えられる．発生源としては，下水処理場，し尿処理場，工場，小規模工場・事業場，生活排水，ゴルフ場，一般・産業廃棄物処理場，一般・産業廃棄物最終処分場，田畑および畜舎を特定汚染源とし，自動車排ガス，道路・屋根・構造物などと山林を非特定汚染源として考える．汚染物質は有機物，重金属，揮発性有機化合物（VOC），油類，農薬類，伝染性病原菌，いわゆる環境ホルモンと有害大気汚染物質を考える．これらの発生源・経路・汚染物質を整理し，それぞれの関係を図8.4.4に示す．

図中の＊印をつけている施設は被災により有害物質を流出する可能性のある施設であり，太線で示した経路で河川に流入すると考えられる．同図より1つの発生源からでも数種類の経路を経て河川へ流入する場合があり，それぞれの経路により流出する汚染物質も異なることがわかる．

2) 調査プロセス

複雑な水環境汚染ポテンシャルを調べるために，図8.4.5に示す調査プロセスを提案する．まず，発生源・経路・汚染物質という汚染要因を個別にみて相互の関連を想定する．次に，汚染物質名・発生源・経路を定量的にとらえるための取得必要データを設定し，その中で取得可能なデータを把握する．この際，水環境汚染の特徴から取得可能

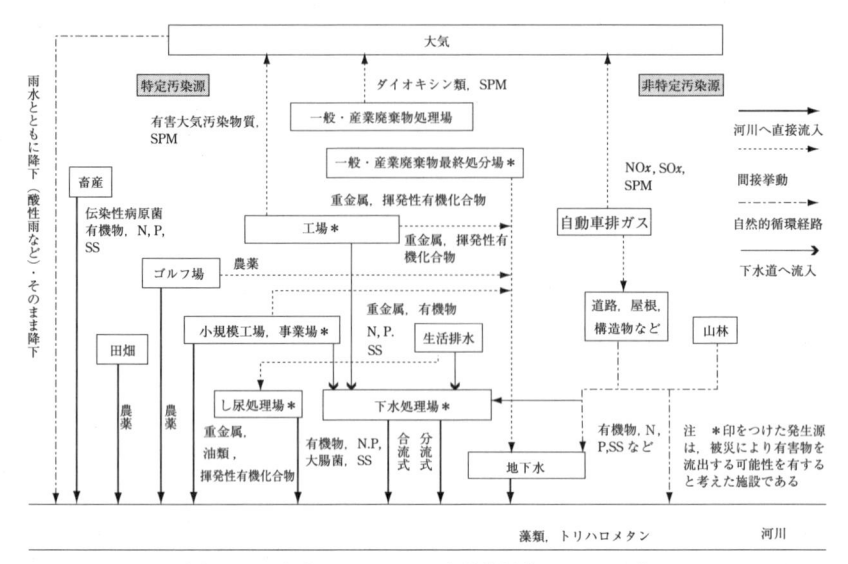

図 8.4.4　流域レベルでみた水環境汚染のメカニズム

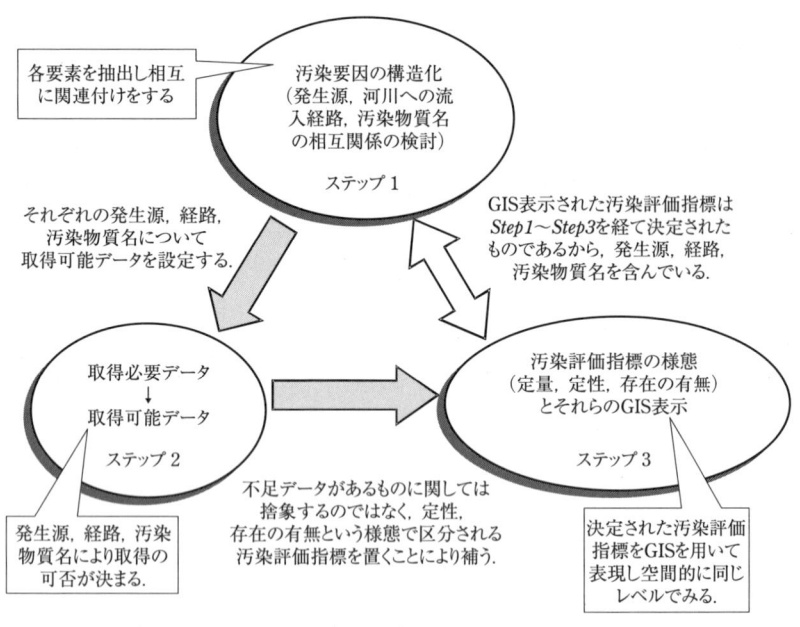

図 8.4.5　調査のプロセス

8 渇水と震災の水供給リスク論

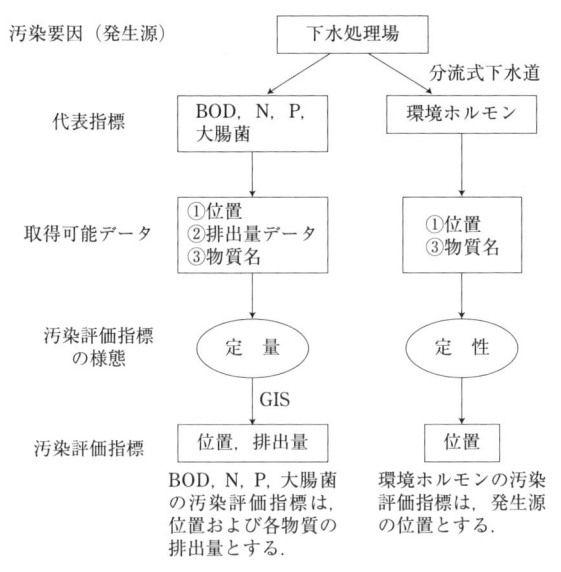

```
汚染要因（発生源）          下水処理場
                         │        │ 分流式下水道
                         ▼        ▼
代表指標             BOD, N, P,   環境ホルモン
                    大腸菌
                         │           │
                         ▼           ▼
取得可能データ      ①位置         ①位置
                   ②排出量データ   ③物質名
                   ③物質名

汚染評価指標
の様態               定　量         定　性
                      │
                     GIS
                      ▼             ▼
汚染評価指標        位置, 排出量      位置

              BOD, N, P, 大腸菌    環境ホルモンの汚染
              の汚染評価指標は,    評価指標は, 発生源
              位置および各物質の   の位置とする.
              排出量とする.
```

図 8.4.6　汚染評価指標の決定プロセス（例）

なデータは限られているが，十分なデータがないものに関しては捨象するのではなく，「定性」「存在の有無」といった様態をもつ汚染評価指標として取り込むこととする（図8.4.6）.

　この汚染評価指標は，汚染要因を対象地域で空間的に同じレベルでみるために，GISを用いて表現する指標である．GISの適用により汚染要因の構造を視覚的にとらえることができ，従来の環境基準点などにより個別にしか評価されていなかった事項を総合的に関連づけて解釈することが可能である．

3）　汚染発生源の分類

　どの汚染評価指標であるかは，取得必要データである汚染物質名，発生源の位置，排出量または浸出量の3つのデータが取得可能か不可能かで決められる．3つとも取得可能であれば「定量的」にとらえることが可能で，GISにより位置と排出量データを入力する．汚染物質名と位置（または面積，数）が取得可能であれば「定性的」にとらえられるとし，GISにより位置，面積，数を入力する．汚染物質名がわからない場合は何が排出されているかわからないが，その存在自体が危険であるということから「存在の有無」としてとらえGISにより位置のみを入力する．汚染評価指標のうち，「定性」「存在の有無」に関してはGIS上ではポリゴンまたはポイントでしかないが，上記のようなプロセスを経て決定されたものであるから，定量的データの有無などの情報を含んでいるものと解釈することができる．GISを援用して，このように作成したデータベースを用いて，次の地域診断を行う．

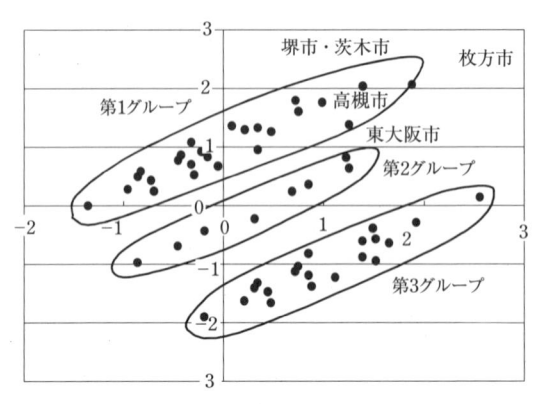

図8.4.7 数量化理論第Ⅲ類による地域診断

(4) 震災時を想定した水環境汚染に関わる地域診断
1) 数量化理論による地域診断

　ここでは，数量化理論第Ⅲ類を用いて水環境汚染をもたらす可能性のある地域を総合的な観点から診断する．分析項目は，被災により汚染をもたらす施設（図8.4.4中の＊を付した施設）と震災ハザードを表す，

① 下水処理場の有無，
② し尿処理場の有無，
③ 工場数の多少，
④ クリーニング店舗数の多少，
⑤ 一般・産業廃棄物処分場の有無，
⑥ 影響される活断層の有無，
⑦ 震度7想定区域の割合（多少）

の7つに絞り込んだ．

　対象地域内の102市区町村をサンプルとして解析し，図8.4.7に示す結果を得た（累積寄与率51％）．寄与率の大きさから概略の分類ではあるが，第1軸は汚染発生源となる有害物を扱う施設の多さ，第2軸は活断層の影響の度合いと解釈する．同図より市区町村は3つのグループに分類される．これは，活断層の影響度合いが大きく3つに分かれるためである（第1グループは強く，第3グループは弱い）．また，右上がりの傾向が認められるが，これは，有害物を扱う施設が多い市区町村ほど活断層の影響を受けやすい場所に立地している，という対象地域の特性を表している．特に淀川沿いの都市（枚方市，茨木市，高槻市など）は，汚染発生源となる施設が多くかつ複数の活断層系から地震の影響を受ける都市である．

2) 流出経路の推定に基づく地域診断

　ここでは，1)の分析より淀川本川両岸を対象として，汚染水の流出経路を地形図か

8 渇水と震災の水供給リスク論

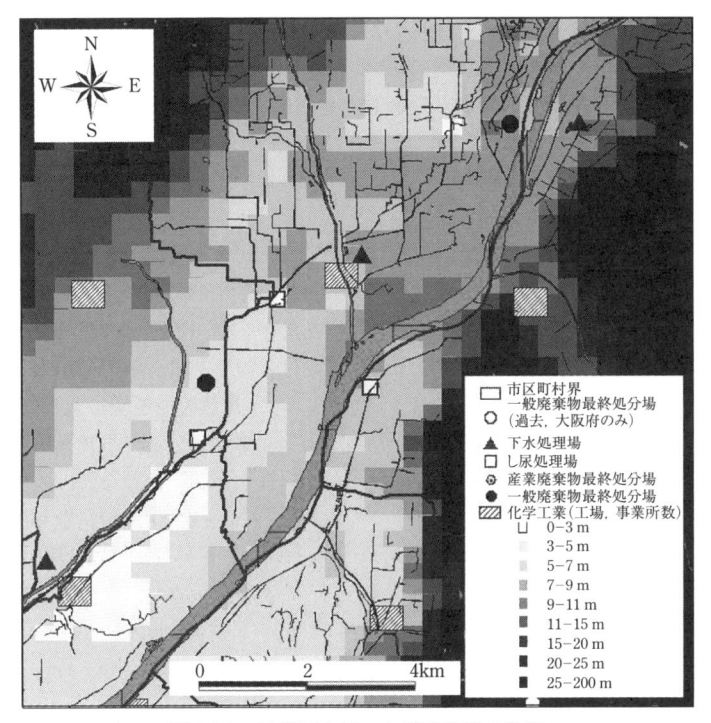

図 8.4.8 地形図を用いた流出経路の推定

ら推定し，淀川本川への影響を考慮した地域診断を行う．まず，震災ハザードマップと都市活動レイヤーおよび下水道レイヤーに含まれる施設をGISを用いて重ね合わせることにより，震災時に起こるであろう現象を考察する．

仮定として，各断層系で震度7の地震が起こったとき，ハザードマップ上のポイントおよびポリゴンで表される施設は被災し，汚染物質を含む水が直接河川へ放流されるか，地下水へ漏出するものとする．表流水の河川への流出経路に関しては，国土地理院作成の250mメッシュ地形図と小河川ラインデータをもとに流下方向を把握することとする（図8.4.8）．すなわち，淀川本川の支川流域で震度7区域内に立地する施設が被災したとき，流出した汚染水が流下する方向として支川流域ではその支川へ，流域から離れている場所では地形図を参考にして高いほうから低いほうへ流れるとし，その近辺の小流域に流入すると考える．地下水へ漏出する経路に関しては地下水位データをGISを用いて入力したが，表流水のように明確に流出経路を把握することは困難である．しかし，実際に工場や廃棄物最終処分場からの漏出水，浸出水が重大な地下水汚染を引き起こしている事例から考えても，これら施設が被災することによって地下水汚染から井戸水や河川水質へと影響を及ぼす可能性については指摘できる．

工場の分布に関しては，GISで表現したとき，行政区単位で4業種（金属製品製造業・機械製造業・鉄鋼業・化学工業）ともに似た分布をしているため，ここでは化学工業で他の業種を代替する．地震時に被災した施設から流出する物質名の特定はできないため，有機物，重金属，揮発性有機化合物，油類といった汚染物質の分類を指標とする．このため，すべての汚染発生源を定性的または存在の有無でとらえることになる．

3） 地域診断結果

京都府桂川右岸は，西山・有馬高槻断層系により三川合流地点の下水処理場，し尿処理場，一般廃棄物処分場が被災するため，有機物汚染や長期にわたる重金属などの汚染が発生し，下流域に影響を及ぼす．京都府桂川左岸・宇治川右岸は，工場や小規模事業場（クリーニング店）が被災し重金属や揮発性有機化合物などによる汚染が生じ，下流域にも影響を及ぼす．大阪府（大阪市を除く）淀川右岸は，複数の活断層により被害を受け，破壊される施設も工場，下水処理場，し尿処理場，廃棄物処分場，小規模事業場とさまざまである．このため，有機物，重金属，揮発性有機化合物，油類など，多種類の汚染物質が流出し下流の取水に影響を及ぼす．大阪府（大阪市を除く）淀川左岸も複数の活断層の被害を受ける．淀川右岸よりも工場，下水処理場，し尿処理場，処分場の数が多く，これらの破壊により水道システムや水環境汚染への影響は大きい．大阪市淀川右岸と大阪市淀川左岸地域は，下水処理場の被害は受けるが，下流域に取水口がないことから利水障害は予想されない．しかし，河口・大阪湾の生態系への影響が考えられる．

4） 取水口診断

地域診断をふまえて，淀川本川に位置する14の取水口について，震災想定時に上流から受ける影響を汚染ポテンシャルと水利権量の2つから診断する．汚染ポテンシャルとは，6活断層系により各取水口が影響を受ける工場などの有害物を扱う施設の合計数である．ただし，施設数は下水処理場のような「存在の有無」データと「定性」データがあり，数の差が大きいため分けて分析を行った．結果は双方ともに同じ傾向を示したため，ここでは「存在の有無」データの診断結果を表8.4.4と図8.4.9に示す．これより，汚染ポテンシャルの観点から取水口が3つのグループに分けられることがわかる．この理由は，淀川左右岸からの流入支川が存在するためである．最も重大な被害を受けるのは磯島取水口（大阪府）である．取水口への影響という観点からは，淀川上流に位置し京都府を直撃する花折，西山，有馬高槻活断層系による被害の下流への影響の大きいことがわかる．

(5) 震災想定時における大都市域水循環システムの総合的診断と対策に関する考察

1） 総合的診断

3つの上下水道システムの診断，5つの都市活動に起因する水環境汚染に関する地域診断，および取水口診断をもとに大都市域水循環システムの総合的診断を行う．

震災時に震度7想定区域上に位置する上下水道施設は被災するため，震災直後からそ

8 渇水と震災の水供給リスク論

表 8.4.4 被災した有害物取り扱い施設が取水に与える影響

取水施設		水利権量 (m³/s)	活断層系					
			花折	西山	生駒	上町	有馬高槻	六甲
上流↑ ↓下流 取水口位置（事業体）	1. 樟葉取水口（大阪市）	5.736	下水②	下水② し尿② 一般廃棄物②	影響なし	影響なし	下水② し尿② 一般廃棄物①	影響なし
	2. 磯島取水口（大阪府）	20.915		下水④ し尿③ 一般廃棄物②	下水① 一般廃棄物①		下水④ し尿③ 一般廃棄物③	
	3. 磯島（枚方市）	1.505						
	4. 枚方市大字出（寝屋川市）	0.160			下水④ し尿② 一般廃棄物①		下水⑦ し尿④ 一般廃棄物③	
	5. 庭窪取水口（大阪市）	3.509						
	6. 庭窪取水口（大阪府）	2.500						
	7. 守口市八雲（守口市）	0.722						
	8. 一津屋取水口（伊丹市）	2.370						
	9. 大道第 1 取水口（阪神水道企業）	6.866						
	10. 淀川区北江（西宮市）	0.136						
	11. 東淀川区菅（吹田市）	0.350						
	12. 柴島取水口（尼崎市）	0.996						
	13. 柴島取水口（大阪市）	12.518						
	14. 柴島取水口（阪神水道企業）	4.318						

【凡例】
下水：下水処理場
し尿：し尿処理場
一般廃棄物：一般廃棄物処分場
注）○内の数値は施設数を示す

の機能は停止すると考えられる．このため，浄水能力の低下，水供給区域の分断，下水処理能力の低下，および下水管路途中での流出が予想される．ここで，被災の影響を，①震災直後，②河川汚染が終息した震災数日後，および③地下水汚染が発生する震災後長期間を経た時点，に分けて考察する．

分析結果から，震災直後は水道や下水道の施設が重大な被害を受けるとともに，下水処理場や工場の被災により短期的に河川へ汚染水が流出する可能性がある．この場合，

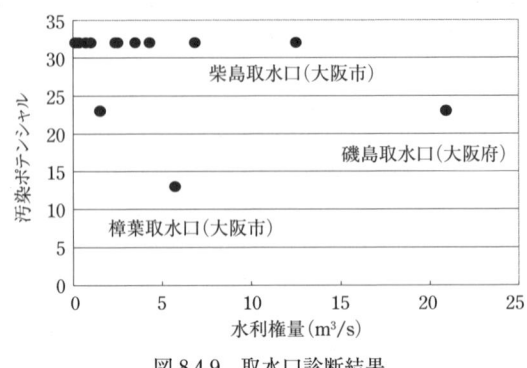

図 8.4.9 取水口診断結果

　下流域の水道システムが被災していなくても被災したときと同様な利水障害が起こる．特に，淀川本川に設置されている取水口の中で最大水利権量をもつ磯島取水口は生駒と有馬高槻両断層系により被災し，また花折と西山断層系により水環境汚染の影響を受けるため，大阪府全域に利水障害が生じることがわかる．淀川の対象区間を流下する時間は平水時には 2 日間程度[35)]と推定されるため，数日後には汚染物質が流下し取水が不可能になると考えられる．しかし，上下水道システムが復旧したとしても，長期間を経て今度は地下水に浸出した汚染水が河川や井戸水に流出する可能性が高くなるため，警戒が必要であると思われる．

2） 大都市域水循環システムとしての対策

　以上のことを考えると，ひとたび阪神・淡路大震災のような大規模な都市直下型地震が淀川流域で発生すると，現在の上下水道システムおよび工場などの有害物を扱う施設の立地状況では先の地震被害同様もしくはそれ以上の被害を被ることが容易に想像できる．

　これらの被害を軽減するために，現在さまざまな対策案が考えられている．例えば，震災ハザードの影響を受ける各水道事業体間が提携し，水を供給しあう水道連絡管の最適設置の構想がある[29)]．また，震災時における下水処理水の有効利用の一端として震災時の消防用水，トイレ用水，および防塵用水などに利用するといったことも考えられている[8)]．これらの対策案に対しては，本項で示したような水環境汚染リスク診断は有効な情報になることは明らかである．

　また，水環境汚染に関する地域診断や取水口診断により，現存する大都市域水循環システムに関わる施設の配置を再構成することも必要ではないかと思われる．上流の影響を受け，また，施設自体も震災ハザード上に位置する取水量最大の磯島取水口などは設置場所を変えることも 1 つの案である．また，地域診断において危険地域であると診断された地域の有害物を扱う施設の再配置や淀川本川への流入経路の変更なども考えられる．

8.4.3 水循環システムの安定性と安全性

(1) 水循環ネットワークの安定性[36]

1) 構造安定性と評価指標の提案

水循環ネットワークを評価するにあたり，メタ的には災害時の都市生活者に対して水供給がある基準値以上のレベルで連続して確保されるシステムを安定とする．ただし，前文の「ある基準以上のレベル」というのが実際には皆目わからない．このため，ある基準の程度を表す安定性を，ネットワーク理論のノードやリンクの結びつきに着目して「構造安定性」として定義し，この安定性を評価することを考える．

まず，ネットワークの構造のノードに着目した場合には，そのノードの数やノードに何本のリンクが結ばれているかにより安定性を考えることができる．また，リンクに着目した場合にはリンクの太さによって安定性を評価することができる．例えば，取水した水を都市生活者に届けるまでを考えた場合には，同じ水量を輸送する場合でも，リンクの数が多くそれらのリンクの太さに偏りがないほうが，災害の影響を受けにくく安定した水供給が可能である．また，水輸送の経路（パス：path）に着目した場合には，カスケード型よりもサイクル型のほうが水の確保は安定である．このように，ネットワークの安定性を表す指標は，着目する構成要素により複数存在する．

ここでは，ネットワークの構造特性を評価する視点として，ノードに関してはその「数」，リンクに関しては「数」，「長さ」，「容量（断面積より求めるが，流速を仮定することにより流量とも解釈する）」，ループにはその「容量」を，さらに，それらを組み合わせた「パス」を考えるものとする．以上の観点から，構造安定性を記述する表8.4.5に示す14の評価指標を考案した．

2) 評価指標の関連性

評価指標は，前述の構造特性を表す概念の包含関係によって相互に関連性をもつ．この関連性は，グラフ理論における指標である，位数，次数，切断集合，連結度，最大流最小切断の定理，メンガーの定理と関係する[30]（表8.4.5）．例えば，内素なパスの数と連結度の関係はメンガーの定理により与えられる．図8.4.10に，ISM (Interpretive Structural Modeling)[37]を援用して指標の因果関係を用いて作成した概念の関連性を示す．同図から，平均離心数は独立した指標であり，点連結度，辺連結度，冗長なパスの数，サイクル比率が基本となる指標であることがわかる．そして，内素なパスの流量のばらつきは内素なパスの数と冗長なパスの流量のばらつきという2つの指標の特性を包含する指標であることもわかる．

指標①②③⑤⑥⑬でネットワークの基本的な特性を把握し，総合的に評価を行う場合にはより概念の大きい上位にある指標④⑦⑧⑨⑩⑪⑫⑭を適用する．そして，流量の観点から評価する場合には指標②④⑦⑩⑭を用い，接続構造により評価を行う場合にはそれ以外の指標を用いることにする．

表 8.4.5　水循環ネットワーク

番号	指標名	式	定義
①	点連結度	$k(N) = \min |A|$	ネットワーク N の点集合 V の部分集合 V' が $N-V'$ を非連結とする最小の点切断集合 A における点（ノード）の個数.
②	辺連結度	$k_1(N) = \min |K|$	ネットワーク N の辺の集合 E の部分集合 E' が $G'-E'$ を非連結とする最小の辺切断集合 K の辺（リンク）の個数.
③	ノードに対するリンクの比率	$r(N) = \dfrac{\Sigma d_N(x)}{|V(N)|}$	ネットワーク N の各ノードに接続するリンクの個数 $d_N(x)$（次数）の総和を全ノードの数 $|V(N)|$（位数）で除した値.
④	ノードに接続するリンクの流量のばらつき[注]	$Vx = \dfrac{|\max(f_x^h) - \min(f_x^h)|}{\Sigma f_x^h}$	任意のノード x に流入するリンク h の流量の最大と最小の差をノード x に流入する全水量で除した値.
⑤	平均離心数	$\Sigma e(x) / |V(N)|$	ネットワーク N の任意のノード x から測られる最大距離である離心数 $e(x)$ の総和を位数により除した数.
⑥	冗長なパスの数	$P_r(x, y) = \Sigma(x, y)$	x, y をネットワーク N 内の隣接しないノードとしたとき，可到達な経路 (x, y) の総数を冗長なパスの数とする.
⑦	冗長なパスの流量のばらつき[注]	$Vp_r = \dfrac{|\max q_r(x, y) - \min q_r(x, y)|}{\Sigma q_r(x, y)}$	冗長なパス $r(x, y)$ を流れる水量 $q_r(x, y)$ の最大と最小の差を冗長なパスを流れる全水量で除した値.
⑧	冗長なパスの貯留容量比率	$Vrs = \dfrac{\Sigma S_j(x, y)}{\Sigma q_r(x, y)}$	冗長な経路 (x, y) 上にある貯留施設 j の貯留量 S_j の総和を冗長なパスの全容量で除した値.
⑨	内素なパスの数	$P_p(x, y) = \Sigma(x, y)$	x, y をネットワーク N 内の隣接しないノードとしたとき，x, y 以外にノードを共有しない可到達な経路 $p(x, y)$ の総数を内素なパスの数とする.
⑩	内素なパスの流量のばらつき[注]	$Vp_p = \dfrac{|\max q_p(x, y) - \min q_p(x, y)|}{\Sigma q_p(x, y)}$	内素なパス $p(x, y)$ の流量 $q_p(x, y)$ の最大と最小の差を内素なパスを流れる全流量で除した値.
⑪	内素なパスの貯留容量比率	$Vis = \dfrac{\Sigma S_i(x, y)}{\Sigma q_i(x, y)}$	内素な経路 (x, y) 上にある貯留施設 i の貯留量 S_i の総和を内素なパスの全容量で除した値.
⑫	サイクル階数	$Cr(N) = \Sigma d_N(x) - |V(N)| - 1$	ネットワーク N において，サイクルが残らないように除去しなければならないリンクの最小数をサイクル階数という.
⑬	サイクル比率	$\nu = \dfrac{\Sigma c(x, y)}{\Sigma(x, y)}$	任意のノード x から，他の任意のノード y までの経路数がサイクルを有するパス $c(x, y)$ である比率.
⑭	サイクル流量比率[注]	$\beta = \dfrac{q_c(x, y)}{q_r(x, y)}$	サイクルを有するパスに流れる流量 $q_c(x, y)$ と全経路を流れる流量 $q_r(x, y)$ の比率.

注）④⑦⑩⑪⑬で用いる流量は断面に流速を仮定することにより与える．

の構造安定性の評価指標

解釈	数	距離	容量	経路
点切断集合はネットワークを非連結とする．点連結度が大きいほどネットワークの連結が強く構造が安定となる．	○			
辺連結度が大きいほどネットワークの連結が強く構造が安定となる．なお，辺の数でなく容量でも辺連結度を定義できる．この場合には，最大流最小切断の定理を用いて最小容量を与える切断集合を求めることが可能である．	○		○	
ノードに対するリンクの比率が高いほどネットワークは密となり，連結が強く構造が安定となる．	○			
ノードに流入するリンクの流量のばらつきが低いほど，複数の水供給経路から同程度の水が送られてくることになり，当該ノードへの水供給は構造的に安定であると考える．	○		○	
ノード・リンク数が同じとき，平均離心数が小さいほどネットワークは空間的には相対的に構造が密であり，管路延長密度が高いことを意味する．	○	○		
任意のノード x から，他の任意のノード y までの経路を考えたとき，複数の経路 $x-y$ が存在し，その数が多いほど，水循環は構造的に安定している．	○			○
同程度の流量が流れる冗長なパスが存在するときには，被害が分散されるため水供給は構造的に安定であると考える．	○		○	○
パス上のリンクが切断された場合でも，貯留水を利用することにより水供給が可能である．貯留比率が高ければネットワークの構造は安定であると考える．	○		○	○
内素なパスが多いことは，水供給系統の独立経路が多いことを意味する．内素なパスの数が多いほど水供給は構造的に安定である．連結度と内素なパスの存在の関係をメンガーの定理を利用して知ることができる．	○			○
内素なパスの送水量のばらつきが小さければ被害が分散されるため水供給は構造的に安定であると考える．	○		○	○
パス上のリンクが切断された場合でも，貯留水を利用することにより水供給が可能である．貯留比率が高ければ，ネットワークの構造は安定であると考える．	○		○	○
サイクル階数が多いほど，当該ノードを中心として水を循環利用していることを意味する．したがって，サイクル内を流れる水量を利用することができる．サイクル階数が大きいほどネットワークの水供給は構造的に安定であると考える．	○			○
水供給が困難となった場合でも，サイクル上のリンクが切断されないかぎり，サイクル内の貯留水の利用が可能であるため，サイクル比率が高いほど水供給は構造的に安定であると考える．	○			○
水供給が困難となった場合でも，サイクル上のリンクが切断されないかぎり，サイクル内の貯留水の利用が可能であるため，サイクル形態で供給される流量の割合が高いほど，水供給は構造的に安定であると考える．	○		○	○

図 8.4.10　評価指標の関連性

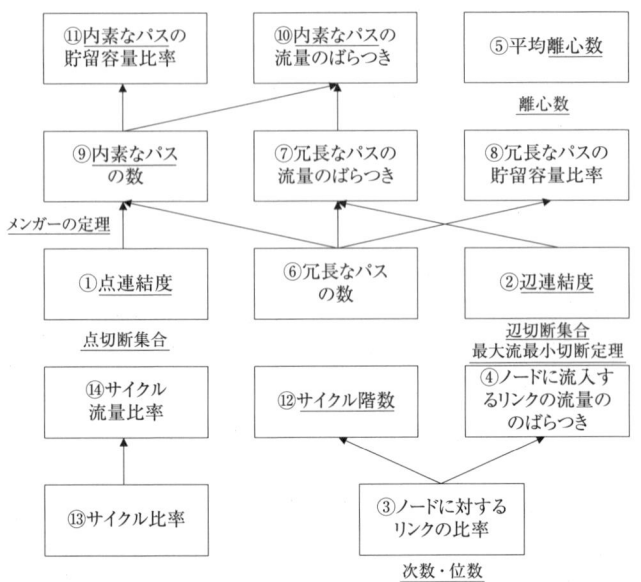

注：グラフ理論で定義される指標には下線を付している

　評価指標は，上述のようにおのおのの指標が独自の特性を有するため，複合して適用することで多角的な評価を行うことができる．ただし，ネットワーク境界の定義の仕方や適用する空間スケールの違いにより，指標の有効性が異なる点に注意する必要がある．

(2) 水循環ネットワークの安全性[38]

　ネットワークを構成するユニットが破壊されることなく水循環ネットワーク全体の機能に影響を及ぼさない状態が安全である．水道ネットワークの機能とは浄水と水供給で，下水道ネットワークの機能とは処理と排水である．

　安全性の評価指標は到達可能性と損傷度の2つからなり，想定被害箇所数を用いて定式化する．到達可能性とは震災時においても水（ここでの水とは，河川の表流水・上水・汚水・下水処理水の総称である）が起点から終点へと流れる可能性を評価する指標であり，損傷度とは水が流れる起点から終点への経路上に存在する破壊の程度を評価する指標である．

1) 想定被害箇所数の算定方法

　被害率とは過去に発生した地震が引き起こした地下埋設管被害をもとに算出された1 km当たりの平均破壊箇所数である．この被害率は地震動に対する標準被害率に，地盤の特性による地震動の伝搬の違いや，管種・管径の違いによる耐震性の違いを表す補

正係数を乗じることにより，求めることができる．

被害率を算定する式として，

$$R_{fm} = R_f \cdot C_g \cdot C_p \cdot C_d \tag{8.4.1}$$

が提案されている[39]．ただし，

R_f：標準被害率（箇所/km），$R_f = 1.7 \times A^{6.1} \times 10^{-16}$，
A：地表最大加速度（gal），
R_{fm}：想定被害箇所数（箇所/km），
C_g：地盤・液状化係数，
C_p：管種係数，
C_d：管径係数

である．

以下，この想定被害箇所数を用いて安全性の指標である到達可能性と損傷度を定式化する．

2） 到達可能性と損傷度の考え方とその定式化

まず，到達可能性とは，リンクが破壊されることなくネットワークとして機能する可能性を判断する指標である．想定被害箇所数が1より低い値のときには，この数値を管路が破壊される可能性と考える．そして，信頼度の考え方[15]のアナロジーを用いて到達可能性を定式化することにより，経路の冗長性や複雑さを考慮した指標にする．

以下，この想定被害箇所数を用いて，安全性の指標である到達可能性と損傷度を定式化する．

はじめに，並列接続された管路に対して式(8.4.3)の計算を行い，ネットワークの並列部分を縮退させる．

$$R_p = 1 - \prod (1 - R_{fm}^i) \tag{8.4.2}$$

ただし，

R_{fm}^i：管路iの想定被害箇所数，
R_p：並列ネットワーク縮退部分の想定被害箇所数，

である．

次に，ネットワークに残った直列接続の管路を，式(8.4.4)を用いて求める．

$$R_s = \prod R_{fm}^i \tag{8.4.3}$$

ただし，

R_s：直列ネットワーク縮退部分の想定被害箇所数，

である．なお，並列計算・直列計算では計算が行えないブリッジに対しては，加法定理を用いて計算を行う．

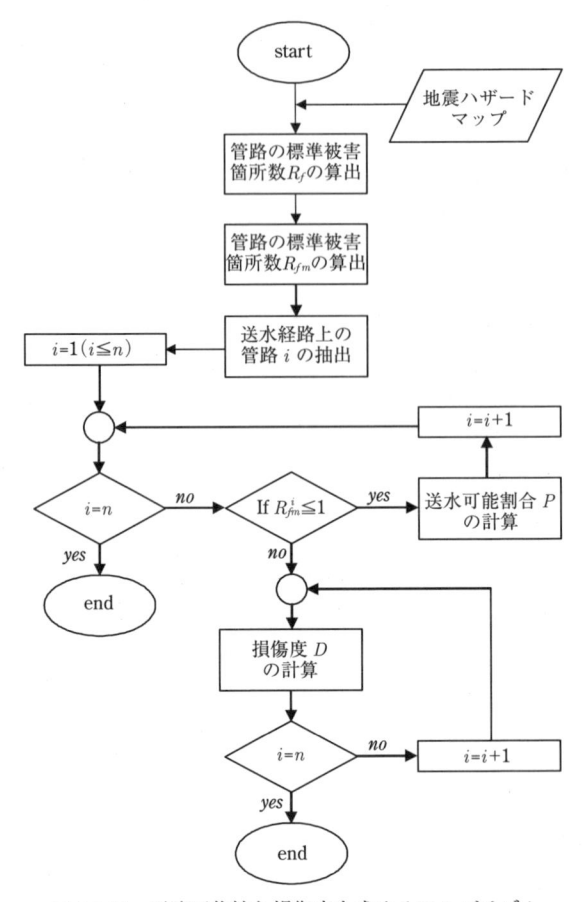

図 8.4.11　到達可能性と損傷度を求めるアルゴリズム

　次に，損傷度とは，リンクが損傷することを想定してその損傷がどの程度の規模であるかを判断する指標である．想定被害箇所数が1以上であれば管路の機能が停止すると考える．そして，その損傷箇所数に管路の能力による重みをつけて累積することで，損傷度を以下のように定式化する．

$$D_s = \sum_{i=1}^{n} w^i R_{fm}^i, \qquad w^i = \frac{q^i}{\sum q^i} \tag{8.4.4}$$

ただし，

　　　D_s：終点 s の損傷度，
　　　w^i：管路 i の重み，

8 渇水と震災の水供給リスク論

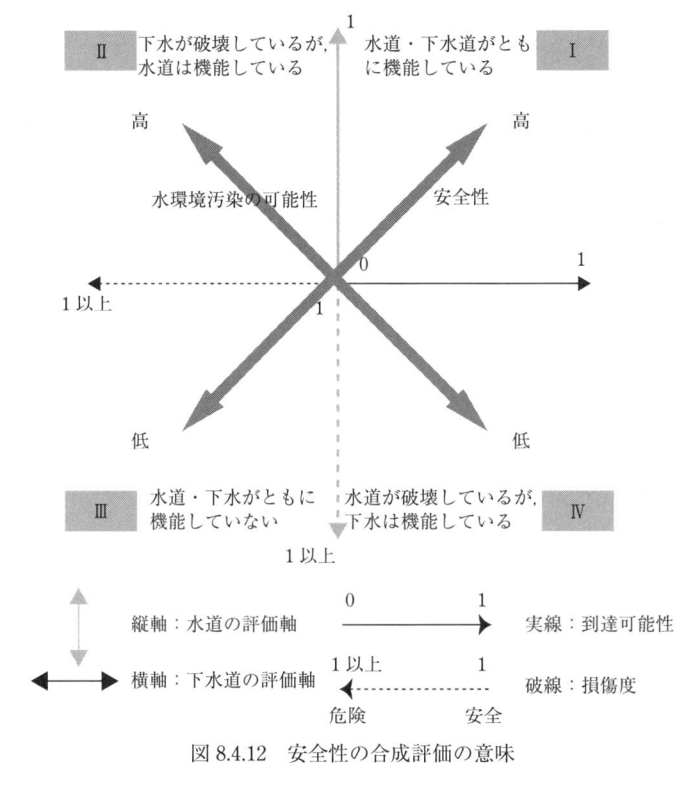

図 8.4.12 安全性の合成評価の意味

q^i：並列関係にある管路 i の管路の太さ

とする．

以上で作成した到達可能性と損傷度の2つの指標は管路の想定被害箇所数を用いて定式化されており，この数値が1以上か1以下かの判断により水循環ネットワークに適用する指標を使い分ける．図 8.4.11 に，水循環ネットワークの安全性を求めるアルゴリズムを示す．

3) 水道・下水道ネットワークの合成安全評価の方法

水道ネットワークと下水道ネットワークの安全性を，到達可能性と損傷度の指標により評価すると，組み合わせは4通りになる．この組み合わせにより，水道・下水道ネットワークの安全性の評価が可能となる．評価の解釈を図 8.4.12 に示す．同図から，下水の流出による水環境汚染の発生により下流で取水する水供給に影響をもたらす間接被害が発生する可能性についても評価できることがわかる．

4) 安定性と安全性による地域の震災リスク評価

3) で述べた安定性と安全性の評価指標の値と，震度7以上の面積割合を組み合わせ

表 8.4.6 安定性と安全性による地域震災リスク評価

番号	震度7以上の分布域	安定性	安全性	評価	
①	広い	高	高	震災リスクに強い地域	○
②	広い	低	高	ネットワークの整備を行うことで，震災リスクに対してより強くなる地域	△
③	広い	高	低	管路の耐震化が必要な地域	×
④	広い	低	低	ネットワークの整備が必要な地域	×
⑤	狭い	高	高	地震の影響を受けない地域	◎
⑥	狭い	低	高	ネットワークの整備が望ましい地域	△
⑦	狭い	高	低	間接被害による震災リスクを受ける地域 貯留施設などの整備が必要な地域	×
⑧	狭い	低	低	間接被害による震災リスクを受ける地域 ネットワークの特性を考慮した整備が必要な地域	×

なお，表中の記号は以下のことを意味する．◎：平常時と同様に震災リスクのない地域，○：震災リスクが小さい安全な地域，△：震災対策を行うことが望ましい地域，×：震災対策を早急に行う必要性のある地域．

ることにより，地域の震災リスクを評価することができる．この結果の組み合わせによる震災リスクの評価イメージを表 8.4.6 に示す．⑦，⑧は震度 7 の分布は小さいが安全性が低い状態を示しており，このような状態ではネットワークの経路の中間が破壊されることにより，間接被害が発生していることを表す．

8.4.4 下水処理水を利用した水辺創生による震災リスクの軽減

対象地域を淀川水循環圏とする．この地域には 6 つの活断層系大地震が想定されている．図 8.4.13 の 6 つの領域は震度 7 以上が発生すると想定される地域を表している[39]．8.4.3 項でモデル化した評価指標を適用して震災リスクを評価する．このとき，「現況の水循環システム」と下水処理水の再利用による（実行可能な）水辺創生を新たにネットワークに組み込んだ「再構成された水循環システム」の震災リスクを評価し，これらを比較することにより，環境創生型の震災軽減計画の必要性と有効性を実証する．このとき，従来縦割り社会で見逃されがちな間接被害についても特に着目する．

8 渇水と震災の水供給リスク論

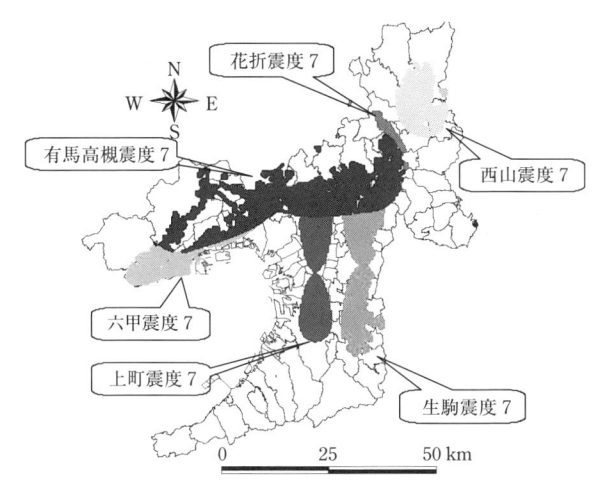

図 8.4.13 淀川水循環圏の震度7の推定分布

(1) 下水処理水を利用した水辺創生による水循環ネットワークの再構成[34]

　ここでは，水循環の再構成の代替案の1つとして数理計画モデルを用いて，定式化された水辺創生モデルによる分析結果を要約する．この水辺創生モデルの目的は下水処理水を用いて水辺を創生することで，平常時に憩いの場ややすらぎの場を提供し，震災時にトイレ用水や消火用水を供給することである．

　同モデルは，震災時に各市町村が必要とする水に対して下水処理場の処理水を確保し，その水を水辺創生水路に流して平常時のアメニティが最大になるように市町村に配分することを目的としている．そして，この配分水量と震災時の必要水量との乖離が大きなものにならないように，乖離の割合をある範囲に抑えることを制約としている*．

　震災時の必要用水としては，消火用水とトイレ用水を対象とする．消火用水の必要水量は消防水利により定められている1家屋を消火するのに必要な貯留の水を $40 m^3$ とし，トイレ用水の必要水量は1人当たり1日40Lとする．また，火災発生件数は阪神・淡路大震災のデータに基づき，震度7の区域において $1 km^2$ につき1.8件発生すると仮定する．

　以上の想定に基づき，配分する下水処理水量を求める．モデルの適用に際し，誘致距離を500m，調整定数を0.1とした．誘致距離とは，水辺が都市生活者を引きつける距離であり，萩原らにより考えられた物理的距離[41]を用いる．

　事例対象地域として，京都市と大阪市の中間に位置する大阪府淀川右岸地域，いわゆる北摂地域を選定する．その理由は，淀川と山地に挟まれ，しかも新幹線や高速道路な

---

*なお，紙面の都合上数理計画モデルとそのアルゴリズムの説明は割愛する．参考文献[15)34)]参照．

653

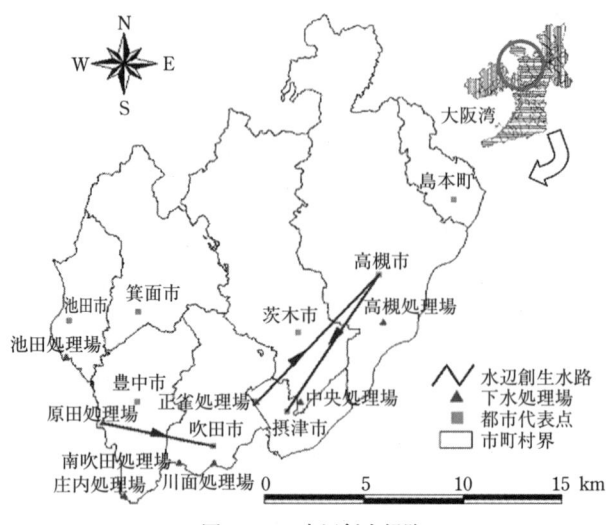

図 8.4.14　水辺創生経路

どの交通施設がこの狭窄部に集中し，人口も集中（約100万人）し，神戸市ときわめて類似している．そして，複数の活断層による大地震が想定されている地域であるからである．

なお，北摂地域において，震災リスクが最も大きい有馬高槻断層系地震に対してほとんどの下水処理場が機能停止することが想定されるため，次に震災リスクの大きい生駒断層系地震を対象とした水辺創生を考えることとする．このとき，以下の仮定をおく．すなわち，

① 水辺創生水路は自然流下で送水される，
② 水辺創生水路は地震時においても断たれることはない，
③ 下水処理場から送水される処理水は高度処理が行われ，水質レベルは一定である．

こうして得た結果，水辺創生水路の計画が可能なベクトルを図 8.4.14 に示す．水辺創生による下水処理水の利用可能地域は，

① 震災時には高槻市，摂津市に，
② 環境汚染物質が流出して水道の取水が停止した場合には，高槻市，摂津市に加え吹田市である．

水辺による配分水量は表 8.4.7 と表 8.4.8 に示すとおりである．8市町のうちの3市町にしか下水処理水を配分することができない理由は，水辺創生経路を自然流下としたこと，ならびに下水処理場が地盤高の低い河川流末に位置しているためである．

水辺創生の結果，高槻市，摂津市，吹田市においては生駒断層系地震が発生した場合，消火用水量を補うことができるという結果を得た．淀川流域の大都市では消火栓への依

8 渇水と震災の水供給リスク論

表 8.4.7　北摂地域の火災を想定した水辺による下水処理水の配分水量

処理場→市町村	アメニティ効果（人）	消火用必要水量（m³/日）	地震時を想定した場合		平常時を想定した場合	
			送水量（m³/日）	充足率	送水量（m³/日）	充足率
正雀処理場→高槻市	400,018	8,875	8,875	1.00	8,976	1.01
正雀処理場→摂津市	159,148	1,011	1,011	1.00	910	0.90

表 8.4.8　北摂地域の水供給停止を想定した水辺による下水処理水の配分水量

処理場→市町村	アメニティ効果（人）	トイレ用必要水量（m³/日）	取水停止を想定した場		平常時を想定した場合	
			送水量（m³/日）	充足率	送水量（m³/日）	充足率
正雀処理場→高槻市	400,018	8,875	13,467	0.93	12,445	0.86
正雀処理場→摂津市	159,148	1,011	3,246	0.93	2,897	0.83
正雀処理場→吹田市	453,290	13,710	6,371	0.34	7,742	0.56
原田処理場→吹田市	408,645		7,340	1.00	7,340	0.54

存度がきわめて高く，震災により消火栓が使用できない場合には消火活動に著しい支障を生じることが予想される．このような状況において，下水処理水を利用した水辺の創生は有効であるといえる．

取水停止時に対しては表 8.4.8 に示したとおり，充足率が 0.93 となりトイレ用の必要水量がやや不足するという結果を得た．取水停止時には水辺創生も 1 つの代替案であるが，これと貯留や水道連絡管といった多様な代替案を同時に考える必要がある．

前述のように，有馬高槻断層系地震が発生した場合には，下水処理場がほとんど機能停止していると想定されるため下水処理水を送ることができない．そこで，生駒断層系地震を想定して創生した水辺創生水路の水をせき止めることを考える．これにより，水路の水は貯留水と見なすことができる．例えば，正雀処理場から吹田市代表点までの延長 24.5 km の水辺創生水路を流速 0.5 m/s で流れていると考えたとき，水路をせき止めることにより 1 日送水量の 3.4 倍にあたる約 8 万 m³ の水が確保できる．

北摂地域を対象とした場合には，生駒断層系地震を想定して水辺を創生することにより，その他の活断層系地震にもその有効性を発揮できることが明らかとなった．さらに，水路の経路に隣接する公園などのオープンスペースを創生し，その地下に多くの貯留施設を建設すれば，さらなる被害の軽減を図ることが可能となる．

(2) 北摂地域の水循環システムの安定性の評価
1) 現状の水循環システムの安定性評価

ここでは，システムの精度から給水点を都市代表点（市役所）で代表させるものとする．そして，表8.4.5の基本となる①②③⑤⑥⑬の指標を用いて，総合的なネットワークの構造安定性の評価を行う．ただし，現状の同地域にはサイクルが存在せず，また，ここでは簡単のためにネットワークの空間スケールの評価は行わない．このため，指標⑬⑤は適用除外とする．

対象地域は水道用水供給事業により水供給が行われるため，ネットワークは用水流入点と用水供給点の端点をもち，①②の指標の値は1となる．現状のノードの数は47で総リンク数は130個であるため，ノードに対するリンクの比率（指標③）は，2.77となる．そして，冗長なパスの数（指標⑥）は，高槻市・摂津市が1，茨木市・吹田市・豊中市・池田市・箕面市が2となる．さらに，内素なパスの数（指標⑨）も同様の結果となる．2経路のパスを有する市町は，1経路の市町よりも水供給の構造安定性が高いといえる．

同地域のネットワークは冗長なパスの数（指標⑥）と内素なパスの数（指標⑨）が同じとなっている．このことより，現状の水循環ネットワークは冗長性が少なく，リンクが短絡的に結ばれているといえる．

2) 現状と再構成後の構造安定性の比較

すでに述べたように，高槻市・吹田市・摂津市に，2つの下水処理場の再利用水を利用して水辺創生水路を計画できることがわかっている．ここでは，水辺創生前の現状と創生後の水循環システムの安定性の変化をみることにより，震災リスクの軽減を評価する．このときの水辺創生水路による下水処理水の送水量を図8.4.15に示す．なお，この図からも明らかなように，淀川上流域の大震災による間接被害として本流の水環境汚染を考えた場合には，対象地域すべての7市1町で処理水を必要としているにもかかわらず，3市以外に処理水を送ることができない．これは，下水処理場が地盤の低い河川流末に集中しているためである．このため，水資源としての下水処理水が日常時も災害時も十分に利用できない水循環システムになっている．

水辺創生水路を考慮したネットワーク構造安定性の評価結果をみると，ノードの数は現状と変化せず47であるが，総リンク数は130→140に増加する．このため，ノードに対するリンクの比率（指標③）は2.77→2.98となり現状と比べて0.21増加する．また，冗長なパスの数（指標⑥）の数は高槻市が1→3，吹田市が2→11，摂津市が1→3に増加し，内素なパスの数（指標⑨）は高槻市が1→2，吹田市が2→4，摂津市が1→2に増加する．吹田市における冗長なパスの数が大きく増加しているのは，処理水の水源である原田処理場が流域下水処理場であり，複数の都市からの汚水を処理しているためである．現状と比較して，内素なパスと冗長なパスの両方が増加し，かつ，指標⑥の値が指標⑨の値を上回っている．供給経路の安定性が増大し，冗長性も高まっていると解

8 渇水と震災の水供給リスク論

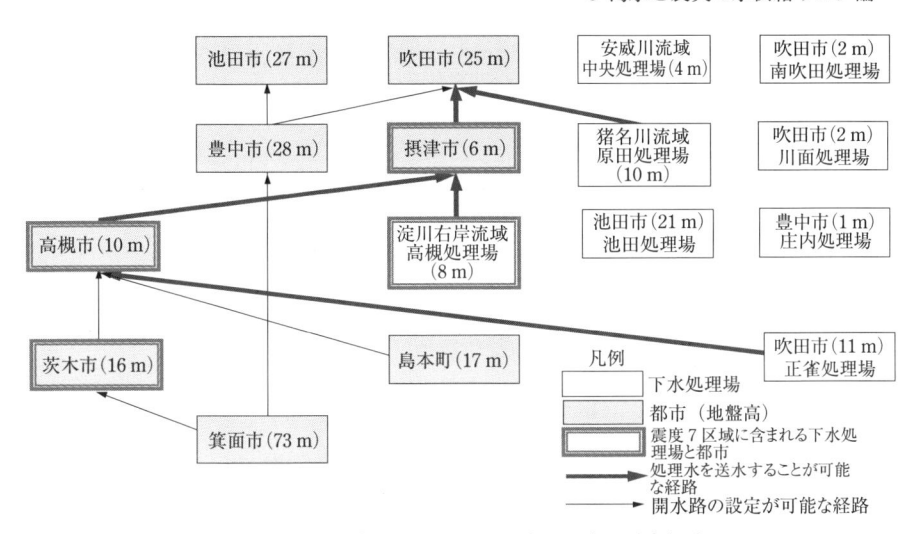

図 8.4.15 水辺創生水路による下水処理水の送水経路

表 8.4.9 淀川水循環圏の安定性の評価結果

	京都市	京都府	大阪市	大阪府	兵庫県・神戸市
リンク数	114	40	160	574	174
ノード数	55	22	83	235	87
平均連結度	2.07	1.82	1.93	2.44	2.00
点連結度	1	1	1～2	1～3	1～2
冗長な道の数	1～14	1	1～8	1～4860	1～560
安定性	7.3	3.0	5.9	10.3	9.9

釈できる．

　以上の結果より，水辺創生水路を導入することによる水循環ネットワークの構造安定性が向上した効果を定量的に示すことができ，評価指標の有用性が確かめられたと考える．ただし，ここで具体的に示した数値はネットワークの空間スケールのとらえ方（対象とする管路のレベル）および境界の取り方によって異なる値を示すものである．結果の解釈に関しては，この点に留意することが必要である．

3) **淀川水循環圏の水道ネットワークの安定性**

　淀川水循環圏に含まれる103市区町村の水道ネットワークに安定性の指標を適用する．具体的には，平均連結度・点連結度・冗長な道の数を選択した[8]．

　グラフのノードに接続するリンクの個数をノード数で除した比率を「平均連結度」とし，グラフにおける最小の点切断集合の点の個数を「点連結度」とする．そして，グラ

フ内の隣接しないノードの複数の経路の数を「冗長なパスの数」とする．

こうして103市区町村の評価を行ったが，紙面の都合とわかりやすくするために，ここでは，それらの評価を府県および市で集計することにし表8.4.9に示す．なお，安定性はおのおのの指標の値を5段階表示し，それらを加算したものである．そして，表中のウェーブは，例えば京都市の場合の「冗長なパスの数」が区によって1〜14にばらついていることを示している．

(3) 北摂地域の水循環システムの安全性評価[40]
1) 現状の水循環圏ネットワークの安全性評価

まず，安全性の評価を行うためには，式(8.4.1)を用いて北摂地域の想定被害箇所数を求めることが必要である．このとき以下の仮定をおいた．すなわち，①水道ネットワークの管種・管径係数は最悪の被害を想定して最も大きい値を用いた．②地盤・液状化係数に関しては，地表最大加速度を想定するときにすでに考慮されているため，式(8.4.1)に影響しないような係数である1とした．③下水道ネットワークの管種係数については，データが入手できなかったため同様に1とした．

この結果，想定被害箇所数が1を超える水道管はなく，下水道管では1を超える管路が存在した．このため，評価指標として水道ネットワークでは到達可能性を用い，下水道ネットワークでは到達可能性と損傷度を用いて評価を行った．安全性による評価の結果を図8.4.16，図8.4.17に示す．図8.4.16は安全性合成評価を示す図8.4.12の第Ⅲ象限，図8.4.17は第Ⅱ象限に位置する．

図8.4.16から，花折・六甲断層系の地震が北摂地域の上下水道ネットワークに与える影響が比較的小さいことがわかる．豊中市は図8.4.16にしか示されていないことから，6つの活断層系地震に対して北摂地域の中で最も地震の影響を受けない地域であるといえる．また，図8.4.17に示されている市町は下水を流出させる恐れがある．特に箕面市は上町・生駒・有馬高槻断層系地震に対しての損傷度が高く，環境汚染源になるため注意する必要がある．

2) 水循環の再構成後の安全性の評価

水辺創生後の北摂地域の水道ネットワークと下水道ネットワークの安全性は図8.4.16，図8.4.17の矢印で示す位置に変化する．水辺創生により，消火用水やトイレ用水が確保されるため，吹田市・高槻市・摂津市の水道ネットワークの安全性は高くなる．しかしながら，豊中市と箕面市には水辺創生ができず安全性が低位にとどまるため，他の再構成の代替案を用いて高める必要がある．

次に，図8.4.17から，水辺創生により水道の安全性が上がる反面，下水道ネットワークの安全性は増加しないため，環境汚染が発生するという新しい問題が生まれることがわかる．このため，環境汚染を減らすための下水道整備代替案を考える必要がある．

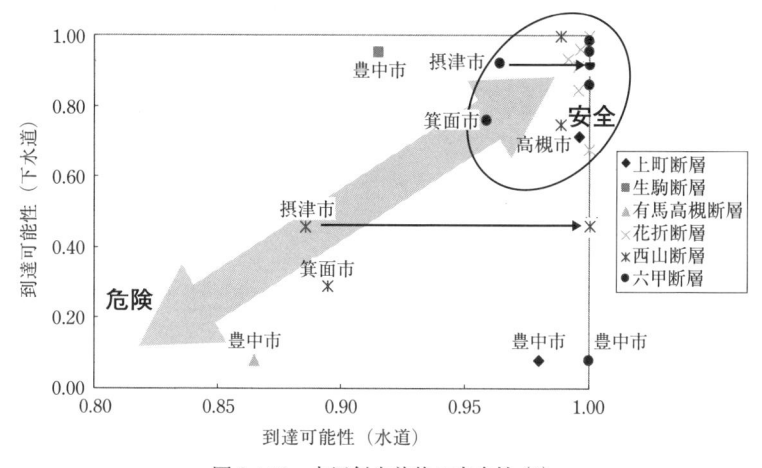

図 8.4.16 水辺創生前後の安全性 (1)

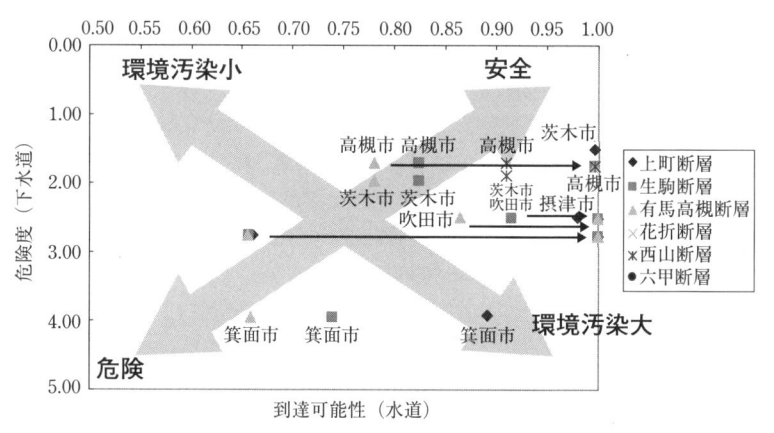

図 8.4.17 水辺創生前後の安全性 (2)

(3) 淀川水循環圏の安全性の評価

　淀川水循環圏に含まれる 103 市区町村に安全性の指標を適用する．生駒断層系地震を対象とした水道ネットワークの評価結果を図 8.4.18，下水道ネットワークの評価結果を図 8.4.19 に示す．図 8.4.18 では，大阪府南部で安全性が低い値となる．これは，南北に敷設されている大阪府の水道ネットワークの中心が破損して間接被害が発生するためである．

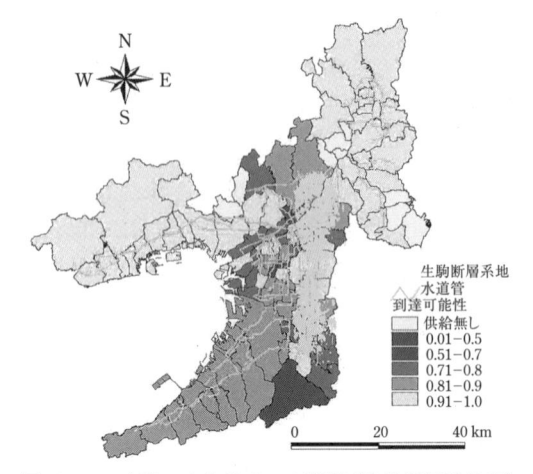

図 8.4.18 水道の安全性リスク評価（生駒断層系地震）

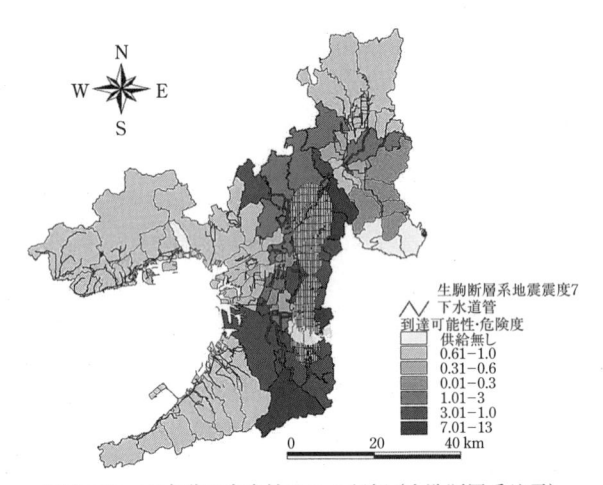

図 8.4.19 下水道の安全性リスク評価（生駒断層系地震）

8.4.5 安定性と安全性からみた淀川水循環圏の地域震災リスク診断[40) 42)]

　安定性指標の値を府県および政令都市でまとめて相対的に表した値と，行政体の震度7以上が想定される面積の占める割合をもとに計算した安全性指標の値を合成した震災リスクを図 8.4.20 に示す．なおこの図では，安定性と安全性の指標の重みは同等という仮定をおいている．横軸は安定性リスクの評価結果を表し，縦軸は安全性リスクの評価結果を表している．○の大きさは震度7以上が占める各行政体の面積割合を表している．

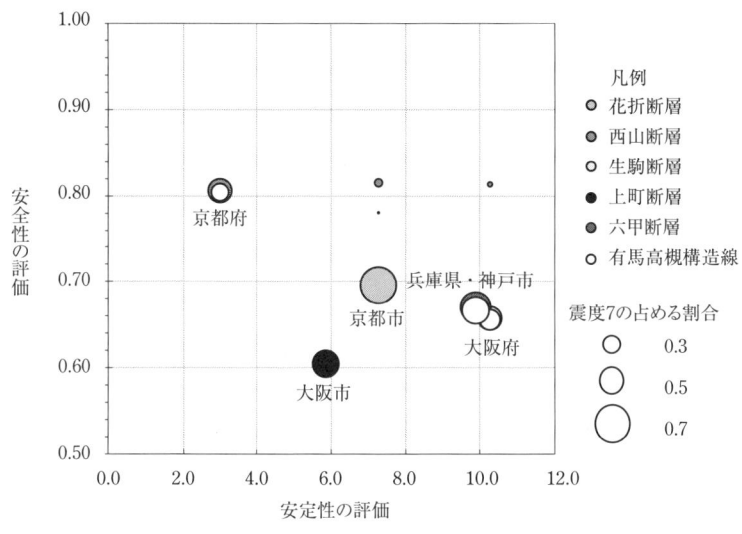

図 8.4.20　行政体別震災リスクの診断

　花折断層系地震が発生する場合，京都市では震度7が占める割合が市域の7割強となり，大阪府・兵庫県・神戸市と比べて安定性も安全性の評価も低い（表8.4.6の④の状態）．京都市は，阪神・淡路大震災と同様の大きな被害が発生することが予想される．このため，明治以降，市電や車の交通のため失われてきた水辺の再生・創生というような水循環ネットワークを冗長化してサイクルを生み出すといった計画を考える必要がある．また，京都府は安定性が低いものの，安全性が高く，震度7の占める割合が少ないことから，震災リスクは小さい．

　生駒断層系地震を想定した大阪市では，震度7の占める割合が0に近いにもかかわらず安全性が低い表8.4.6の⑦の状態であり，間接被害が発生することが想定される．このような状況では新たな水供給源からのネットワークを整備することや貯留による水の確保などが重要となる．また，大阪市は上町断層系地震が発生した場合，安定性ならびに安全性がきわめて低く，壊滅状態になることが想定される．

(1)　市町村の震災リスク評価
1)　市町村の震災リスク評価
【安定性と安全性による評価】
　以上の結果を用いて図8.4.21に示す考え方により，水循環圏内の主要活断層を対象とした市町村の評価結果を図8.4.22～図8.4.27に示す．以下に，分析結果を考察する．
　図として表記した活断層は，花折断層・有馬高槻断層・生駒断層・上町断層・西山断層，および六甲断層の6つである．これらの結果から，安定性と安全性より震災リスク

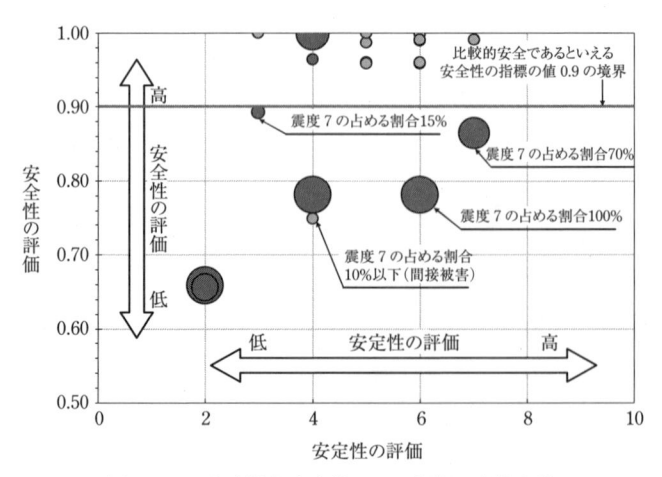

図 8.4.21　安定性と安全性による評価の記述方法

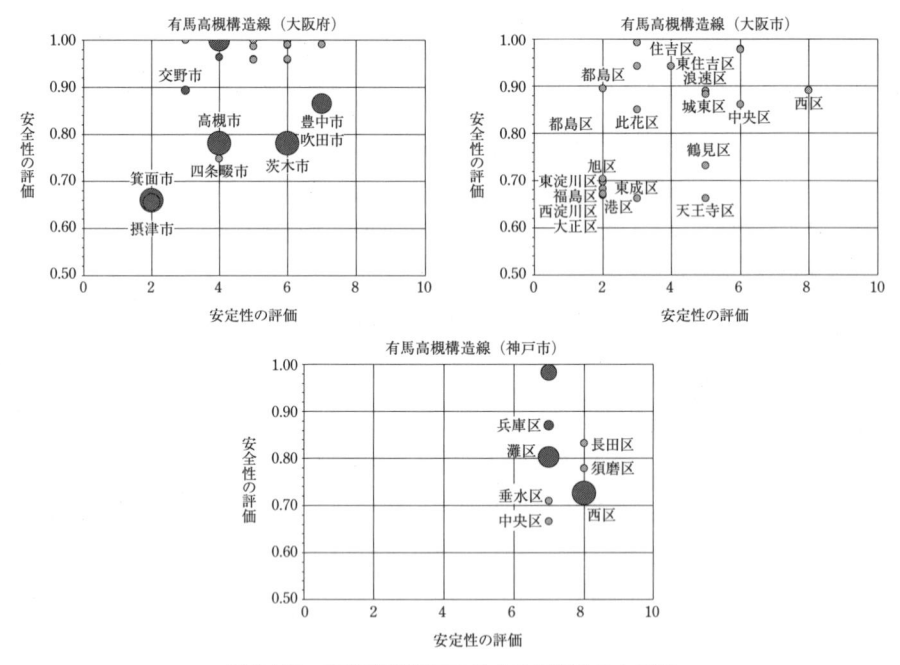

図 8.4.22　有馬高槻断層に対する震災リスク評価

8 渇水と震災の水供給リスク論

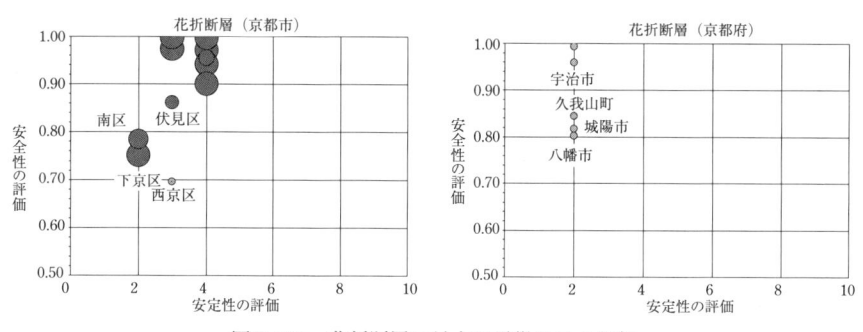

図 8.4.23　花折断層に対する震災リスク評価

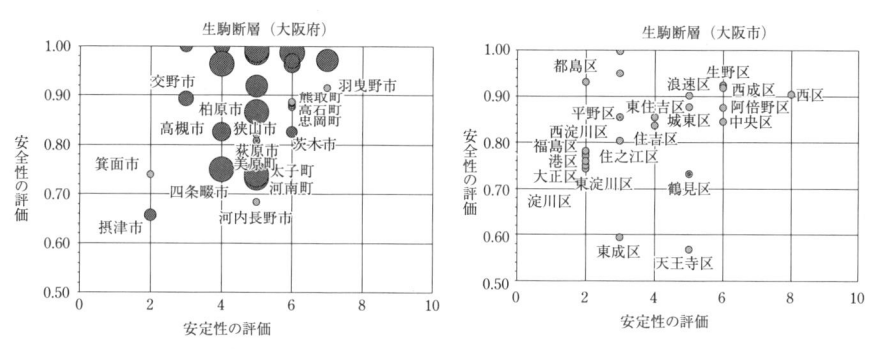

図 8.4.24　生駒断層に対する震災リスク評価

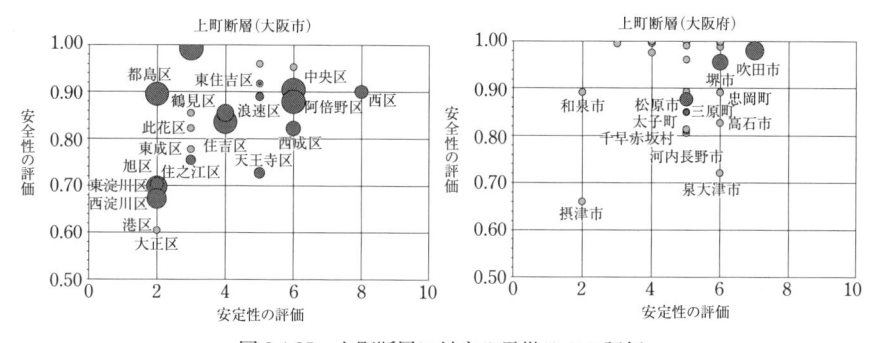

図 8.4.25　上町断層に対する震災リスク評価

評価を行う考え方は表 8.4.6 のようにすることができる．個々の活断層について以下に述べる．

　有馬高槻断層（図 8.4.22）では，大阪府と神戸市に影響が広がっている．しかし，大阪府域の摂津市・箕面市・高槻市・四条畷市・茨木市では安定性と安全性の両方が低い評価となっている（分類④と分類⑧）．また，大阪市内では，大正区・西淀川区・港区・福

663

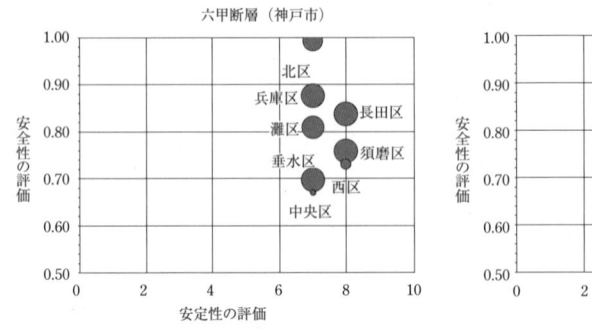

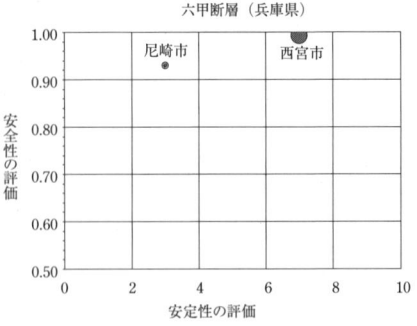

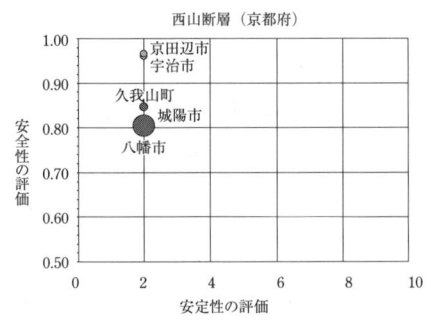

図 8.4.26 六甲断層に対する震災リスク評価

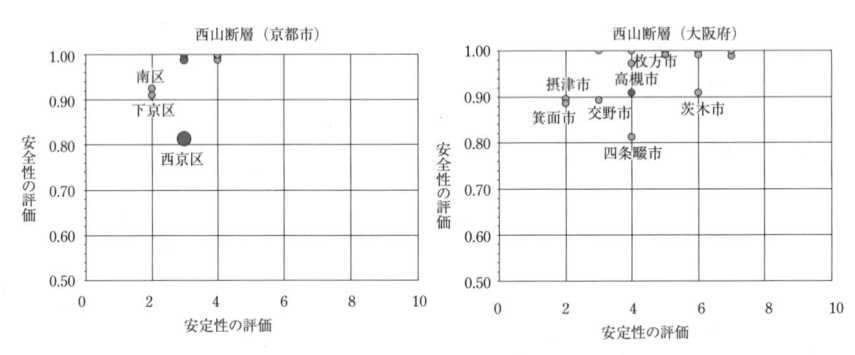

図 8.4.27 西山断層に対する震災リスク評価

島区などで 10% 以下の間接被害が予想される区域ではあるが，安定性と安全性の両方が低い分類⑧の区域となっている．一方，神戸市では，中央区・垂水区・西区などで安定性に対して安全性が低い結果となっている．有馬高槻断層は震度7区域が広範囲になるため，このような結果になっている．有馬高槻断層による震災の影響は，大阪府・大阪市・兵庫県・神戸市と範囲の広いことが特色である．

花折断層（図8.4.23）では，京都市内の下京区・南区では全域で安定性の評価値が低く安全性も低くなっている．これらの行政区は表8.4.6に示した分類④に相当し，ネットワーク整備を中心とした震災対策を早急に行う必要のある区域である．西京区では震度7の区域は小さいが同様の結果となった．分類⑧に相当し，震災対策を早急に行う必要のある区域である．市内のその他の行政区では，安定性の評価値が小さくなっており，ネットワークの整備が必要となっている．ただし，京都市の震災が淀川下流で取水している大阪・兵庫両府県ならびに大阪市・神戸市・堺市などに，多大な影響を与えることが想定される．

生駒断層（図8.4.24）については，大阪府域での影響が大きい．摂津市は全市ではないが，安定性と安全性の評価が低くなっている（分類⑧）．四条畷市・河南町・太子町もそれに次いでいる．その他にも，高槻市・茨木市・狭山市などで安定性と安全性が低くなっている．間接被害の区域では，大阪市内の行政区で影響を受け，東成区・天王寺区・淀川区・東淀川区・大正区など多くの行政区で影響を受けることになる．これは，府営水道のネットワークが震災により広い範囲で影響を受けるためと解釈される．

上町断層（図8.4.25）では，大阪市内の西淀川区・東淀川区・住之江区・天王寺区（以上分類④）など多くの行政区で影響を受け，さらに，大正区や大阪府下の摂津市などが間接被害の影響を受ける結果となった．

六甲断層（図8.4.26）では，安全性で問題となる行政区が神戸市内の中央区・垂水区・西区・須磨区などである．ネットワークの安定性に関しては，評価値が6以上に確保されている．神戸市内は，分類③と分類⑦に相当していることがわかる．

西山断層（図8.4.27）による震災では，京都府下の八幡市・城陽市・京都市の西京区がネットワークの安定性が低く，安全性についても低い値となっている．また，西山断層による震災は，京都市・京都府・大阪府と行政区域を広く超えて影響が予想される点も特色である．

以上では，6つの活断層を想定した震災リスクを考察したが，1つの断層による震災リスクは単独の市町村ではなく必ず複数の市町村（行政区）に影響を及ぼすことが明らかとなった．さらに，複数の活断層に見舞われる可能性を有した市町村も存在した．例えば，摂津市は，有馬高槻断層・生駒断層（直接被害），上町断層・西山断層（間接被害）と4つの活断層による震災リスクを有していることになる．

震災に対する対策として，表8.4.6に示した内容を中心にさまざまな対策を講じることが必要である．そして，その際には，複数の行政（市町村や都道府県・国）が連携して対策を講じることが必須であるといえる．行政区域界を超えて対策を講じようとしたときにどのように問題を認識すべきかについて，リスクマネジメントによるアプローチ方法を述べる．

(2) 震災リスクを対象としたリスクマネジメント
1) リスクマネジメントの考え方

リスクマネジメントの方法論については，ISO の記述をはじめさまざまな内容が提案されている．しかし，前述の震災リスク評価の内容を的確に記述することができ，かつ，本項で示したような市町村相互の連携を前提とした実際的なマネジメントのためには図 8.4.28 のようなプロセスが有効である．同図は，ある主体（自治体や行政区）にとってのリスクマネジメントフローを記述している点に留意する必要がある．このため，グレーの部分については，関係者との連携により情報を交換する（図 8.2.7 や図 8.2.9）こととなる．このようにして，当該主体の対策（意思決定）をいっそう有効なものとし，かつ，他の事業体に対しても有効に活用されるように，全体システムの最適化を目指して情報の発信を行う．

2) 震災リスクに対する水循環圏内での連携

ここでは，図 8.4.28 の手順に従って淀川水循環圏内でどのような手順でリスクマネジメントを行うべきかについて概要を記す．

① リスクの前提条件：他の行政区との連結を考慮した水循環ネットワーク（水道，下水道，河川など），地域情報などの把握を行う．
② 震災に係るリスクの特定：当該行政区に係る活断層などを特定する．
③ リスクの分析：震災ハザード（震度分布など）の把握や，さらに，安定性や安全性など震災リスクに係るさまざまな分析を行う．
④ リスク評価：個別に分析した内容を総合的に評価し，当該地域のリスクを把握する．水循環圏の中での位置を知る．
⑤ リスク対応策検討：リスク評価の結果をふまえて，例えば，表 8.4.7 に示した内容などについて検討する．他の市町村と連携できる対策の抽出も行う．
⑥ モニタリングレビュー：震災リスクに関するさまざまな情報のモニタリングを行い，時間変化データなどモニタリングして取得した情報や当該地域での調査情報を他の市町村や府県などにも提供する．同時に必要情報を他から取得する．このような情報ネットワークを構築する．
⑦ リスクコミュニケーション：想定する震災リスクに関するさまざまな情報（ハザード情報，対策情報，モニタリング情報など）を交換するなどして主体間で意思疎通を図り，対策の実効性を高めるよう協議会などの広域組織を立ち上げる．

本節では，淀川水循環圏を対象として，水循環ネットワークの安定性と安全性に着目した震災リスク評価を市町村（行政区）単位で実施した．その結果，想定した 6 つの活断層に対して，どの行政区のリスクが高いかを総合的かつ詳細に評価することができた．この結果，淀川水循環圏内では，ひとつの活断層による震災により複数の多くの市町村（行政区）が同時に被害を受けること，さらに，一部の都市では，複数の震災の

8 渇水と震災の水供給リスク論

```
                  ┌─────────────────────────────┐
                  │  リスクの前提条件（水循環把握など）  │
                  └─────────────────────────────┘
                               ↓
┌──────┐    ┌─────────────────────────────┐    ┌──────┐
│ リ   │    │  震災に係るリスク特定（ハザードなど）│    │ モ   │
│ ス   │    └─────────────────────────────┘    │ ニ   │
│ ク   │                   ↓                   │ タ   │
│ コ   │    ┌─────────────────────────────┐    │ リ   │
│ ミ   │←→│  リスクの分析（安定性と安全性など） │←→│ ン   │
│ ュ   │    └─────────────────────────────┘    │ グ   │
│ ニ   │                   ↓                   │ レ   │
│ ケ   │    ┌─────────────────────────────┐    │ ビ   │
│ ー   │    │ リスク評価（両指標による総合評価） │    │ ュ   │
│ シ   │    └─────────────────────────────┘    │ ー   │
│ ョ   │                   ↓                   │      │
│ ン   │    ┌─────────────────────────────┐    │      │
└──────┘    │ リスク対応策検討（表8.4.1に示す対策）│    └──────┘
            └─────────────────────────────┘
```

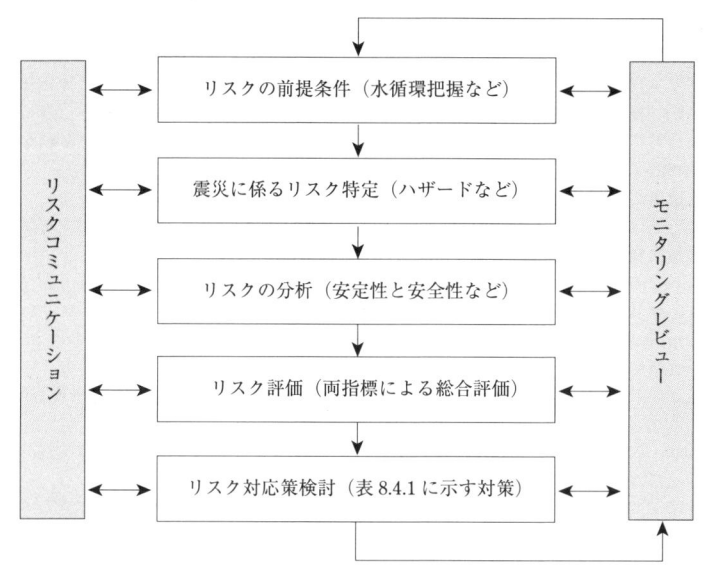

図 8.4.28　リスクマネジメントとしての震災評価の位置付け

影響を受ける可能性があることが明らかとなった．そして，そのような市町村（行政区）は行政の枠組みを超えて連携することが必要であり，その考え方としてリスクマネジメントの概念を提示し，モニタリングやリスクコミュニケーションといった連携を通じてリスクを最小化すべきことを述べた．

今後の課題としては，ハザード情報や震災リスク評価に関する情報などの精緻化やモニタリング，リスクコミュニケーションの現実的な仕組みについて検討することが必要である．

以上の議論からも明らかなように，水循環圏における災害リスクは，現行の都道府県や国と地方による分掌という行政システムでは対応できず，本格的に災害リスクマネジメントを行うためには，広域行政（例えば道州）システムが不可欠であることがわかる．

参考文献

1) 岡田憲夫：災害のリスク分析的見方，土と構造物委員会「土と防災」講習会テキスト，土木学会，1985
2) 奥村　誠・吉田英雄：震災時の水運搬能力と水利用，土木計画学研究委員会阪神・淡路大震災調査研究論文集，pp.137-142, 1996
3) 萩原良巳：水資源と環境，京都大学防災研究所水資源研究センター研究報告，pp.51-71, 1995
4) 萩原良巳・中川芳一・辻本善弘：渇水被害の計量化と貯水池群運用について，土木学会第11回**衛生工学研究討論会講演論文集**，pp.181-186, 1975

5) 萩原良巳・小泉　明・西沢常彦・今田俊彦：アンケート調査をもとにした水需要構造ならびに節水意識分析，土木学会第15回**衛生工学研究討論会講演論文集**，pp. 188-193, 1979
6) 森　正幸・萩原良巳・小棚木修・今田俊彦：地震による水道被害と生活被害軽減化対策の総合化について，**日本リスク研究学会論文集**，第10巻, pp. 106-111, 1997
7) 関西水道事業研究会：市民の視点に立った水道地震被害予測及び震災時用連絡管整備に関する一考察，1996
8) 関西水道事業研究会：21世紀の関西に信頼ある水道を伝えるために，1996
9) 萩原良巳・渡辺晴彦：水配分の適正化に関するモデル分析，土木学会第3回**土木計画学研究発表会講演論文集**，pp. 215-220, 1981
10) Watanabe, H. and Okada, N.:*Game-theoretic Analysis of Integrated Environmental Management with Reuse of Wastewater Combined*, Vol. 1, pp. 126-131, Proceedings of Stochastic and Statistical Methods in Hydrology and Environmental Engineering; An International Conference in Honour and Memory of Prof. T. E. Unny., 1993
11) 坂本弘道・萩原良巳・山村尊房：広域的な水道計画手法に関する考察(I)(II)，**水道協会雑誌**，No. 586, pp. 2-13, No. 587, pp. 2-17, 1993
12) 西澤常彦・若松亨二・萩原良巳：水道事業体における災害復旧のための情報支援システムに関する考察，**日本リスク研究会論文集**，第10巻, pp. 118-123, 1997
13) 西澤常彦・若松亨二・国包章一：危機管理のための参加型データベースの活用について，第4回水道管路国際シンポジウム講演集，pp. 123-131, 1997
14) 国包章一：水道における共同利用型データベースシステムに関する検討，**水道協会雑誌**，Vol. 59, No. 5, pp. 25-34, 1990
15) 萩原良巳：『**環境と防災の土木計画学**』，京都大学学術出版会，2008
16) 萩原良巳・小泉　明・渡辺晴彦：アンケート調査をもとにした都市の水需要構造-家庭用水を対象とする-，**地域学研究**，第11巻, pp. 171-183, 1981
17) 水谷潤太郎・篠龍一郎・茂庭竹生：沖縄県リゾート地域水道の水需要，**水道協会雑誌**，第63巻6号, pp. 44-54, 1993
18) 金城義信：沖縄の水道，新沖縄経済社，1997
19) 石垣市水道部：水道事業年報，2005
20) 沖縄県企画部：全国水需給動態調査資料，2005
21) 座間味村：座間味地区簡易水道事業変更認可申請書，2000
22) 沖縄県薬務衛生課：沖縄県の水道概要，2004
23) 国土交通省土地・水資源局水資源部編：日本の水資源，2006
24) 水谷潤太郎・篠龍一郎・茂庭竹生：沖縄県リゾート地域水道の水需要，**水道協会雑誌**，第63巻6号, pp. 44-54, 1993
25) 沖縄県企業局：沖縄県水道用水供給事業第9回変更認可申請書［別冊］2004
26) 全国簡易水道協会：水道事業実務必携，2007
27) 清水康生・秋山智広・萩原良巳：都市域における人工系水循環システムモデルの構築に関する研究，**環境システム研究論文集**，Vol. 28, pp. 277-281, 2000
28) 堤　武・萩原良巳編著：『**都市環境と雨水計画**』，勁草書房，2000
29) 中瀬有祐・清水康生・萩原良巳・酒井　彰，震災時を想定した大都市域水循環システムの総合的診断，**環境システム研究論文集**，Vol. 29, pp. 339-345, 2001
30) 浜田隆資・秋山　仁：『**グラフ理論要説**』，槇書店，1982
31) Yasuo SHIMIZU, Yoshimi HAGIHARA: *Reconstruction of Urban Water Circulation Systems by Considering Water Reuse for Earthquake Disaster Mitigation*, Third International Conference on Water Resources and Environment Research (ICWRER), Vol. 2, pp. 124-130, 2002
32) 阪神・淡路大震災調査報告編集委員会：阪神・淡路大震災調査報告　ライフライン施設の被害と復旧，土木学会，1997

33) 清水康生・萩原良巳:水循環システムのネットワークモデルと評価指標,水資源シンポジウム論文集,pp. 319-324, 2002
34) 西村和司・清水康生・萩原良巳:大都市域での下水処理水利用による水辺創生と地震災害の軽減に関する研究,**環境システム研究論文集**,Vol. 29, pp. 369-376, 2001
35) 堤　武・萩原良巳編著『**都市環境と雨水計画**』勁草書房,2000
36) 清水康生・萩原良巳・西村和司:グラフ理論による大都市域水循環システムの構造安定性の評価環境,**環境システム研究論文集**,Vol. 30, pp. 265-270, 2002
37) 吉川和広編著:『**土木計画学演習**』,森北出版,1985
38) 西村和司・萩原良巳・清水康生・阪本浩一:安全性による大都市域水循環システムの震災リスク評価,**環境システム研究論文集**,Vol. 31, pp. 83-89, 2003
39) 清水康生・萩原良巳・阪本浩一・小川安雄・藤田裕介:水道システムの診断のための震災ハザードの推定,土木学会関西支部年次学術講演概要,Ⅳ-80, 2001
40) 西村和司・萩原良巳:大都市域水循環ネットワークの震災リスク評価指標に関する研究,**地域学研究**,第34巻第1号,pp. 83-96, 2004
41) 萩原良巳・萩原清子・高橋邦夫:『**都市環境と水辺計画**』,勁草書房,1998
42) 清水康生・萩原良巳:市町村の震災リスク評価とリスクマネジメントに関する研究,環境システム論文発表会講演集,vol. 36, pp. 67-72, 2008

9 水災害環境論

9.1 水災害軽減のための計画方法論の構築に向けて

　治水計画の安全度とは何かを考えるために，まず，戦後の治水の歴史を振り返ることから始めなければならない．これについては，すでに1.4節で記述しているので，読者はまずそこを読んで欲しい．

　都市域において浸水が発生する原因は，専門的には，外水が溢流して氾濫する場合と，内水が排除しきれずに氾濫する場合がある．最近の日本における発生回数の割合をみれば後者が圧倒的に多い．浸水（inundation）と洪水（flooding）との違いとしては，浸水に比べて洪水の場合は冠水時間が比較的長く，発生原因として破堤や高潮が関係する場合が多いことが挙げられている．しかしながら，水文学（hydrology）的には両者を厳密に区別することはあまり意味がない．都市雨水計画の計画目標である「計画降雨」の作成方法にも大きな問題があり，さらに降った雨がどのように流出するかを記述する解析手法にも問題があることを指摘しておこう．

　本章では，まず治水計画で最も基本となる計画降雨や計画高水量規模の決定問題に絞り，これを取り上げよう．主要河川の治水計画では，確率（計画）降雨を決めるために「実績降雨の引き伸ばし法」が一般的に用いられている[1]．その基本的考え方と作成方法を要約すると，以下のとおりである．

① 計画降雨は一雨の総降雨量，その時間分布および地域分布の3要素で表すことができる．
② 一雨の総降雨量は極値確率分布モデルにより定める．
③ 計画総降雨量を定めた後，過去に生起したいくつかの降雨パターンをそのまま引き伸ばして時間分布と地域分布を作成し，それが統計学的に生起しがたいものと判定されないかぎり計画降雨の1つとして採用する．

　本手法は実績降雨の波形を重視しているが，実績降雨の引き伸ばし倍率を経験的に2倍以内としていることには明確な根拠がない．また，ピーク降雨強度を含む短時間（1, 3，

6時間など)雨量の超過確率が一定規模以上になるような降雨パターンは棄却または修正されるが,この棄却(修正)規模と計画規模との間に合理的整合性がない.したがって,ピーク降雨強度を含む短時間雨量の確率年が計画確率年を超える降雨波形が(最終的に)計画降雨波形として決定されることがしばしば生じる.さらに,この手法では,選ばれた実績降雨波形をもとにしているため,計画降雨波形のパターンが限定される.

次に,都市域における治水(内水排除)施設能力の大きさまたは計画の規模は通常この入力降雨の大きさで表現されることから,この入力降雨のことを「計画降雨」と呼ぶ.また,施設の規模を決めるときに用いられる降雨のことを通常「設計降雨」と呼ぶ.「計画降雨は施設能力や計画規模の別表現」であり,雨水計画目標そのものである.したがって,雨水計画目標の作成は計画降雨の設定を意味する.計画降雨を設定するにあたって,以下に示す2つのことが重要となる.

① 計画降雨規模の決定(計画目標レベルの決定)
② 計画降雨分布の決定

計画降雨規模を決定する際,経済的効率性の追求と必要最低限の安全性の確保という2つの考え方がある.前者は計画実施費用が被害軽減額を上回らないように計画規模を設定するやり方である.後者の例としては,いわゆるシビルミニマムとなる計画規模を設定する方法が挙げられる.前者の考え方は公共投資の対象となる雨水整備事業の効率性を保証する意味で合理性を有するが,公共投資を評価するもう1つの重要な指標である公平性に関する配慮が不足していることと,厳密な費用/便益(被害額)評価が困難であるために実効性に欠けていることが問題として挙げられる.これに対し,後者は計画規模の決定に関わるあらゆる要因に対して配慮することは可能であるが,方法論としては理論的根拠が乏しく,恣意的に運用される危険性が高い.

ここでの視座は,政府による一律的な上位下達の設定ではなく,地域・都市の自然環境と社会環境を考慮した計画学的な決定方法を考えることである.これを,9.2節で述べよう.次の9.3節では,社会調査をもとにした生活者参加型治水計画(河川改修計画)の問題を論じることにしよう.ここで,明らかにされることは,公共事業は生活者の情報への参加と決定への参加であるという前提のもとで,上下流地域の生活者の計画代替案の選好を考慮した計画方法論の可能性を論じることである.9.4節では,日本の都市水害の特徴を述べるとともに,主として京都を対象とした,外水による数学モデルや水理模型実験による解析事例を紹介し,最近の都市水害でウエイトが大きくなっている地下浸水の危険性を示す.9.5節では,内水に着目して,行政と市民が協働しながら都市の浸水安全度向上を図るための基本的方向性を示す.また,地表面氾濫と地下水路系との一体的解析を行う氾濫解析モデルを提案し,局所浸水対策として地表水氾濫水の取水桝などの代替案の評価事例について示すことにしよう.最後に9.6節では,ハード対策によってすべての洪水被害を防ぐことはできないが,ソフト対策の充実によって人的な被害をよりいっそう低下させることは可能であろうという前提のもとで,安全で適切な

9 水災害環境論

自律的避難行動のための知識獲得を目指した，水害リスク・コミュニケーション支援システム（以下，支援システム）の開発を行う．そして，生活者はこの支援システムを利用することで，自らの避難行動計画に関する評価の妥当性を検証し，必要に応じて自らの行動計画代替案を修正することができると考えている．

以下，本章の内容を概観しよう．

9.2 節：本節では，国が定める画一的かつマニュアル的な治水規模（計画降雨や計画高水量など）設定は，気候変動による大・中小河川流域の豪雨や大都市域の局地豪雨を前提としたとき，生活者の安全確保のためには不十分であると考える．つまり，降雨や結果として生じる流量を自然現象論的に取り扱う自然科学的アプローチで計画量を確率統計論だけで取り扱うのではなく，人文・社会科学的な地域計画論的にどのような視座で評価して取り扱うことが重要であると考える．要するに，画一的規範ではなく，地域の風土や地域・都市構造そして現有の治水施設を組み込んだキメの細かい計画量の設定方法を提唱する．このため，編著者の萩原が実際の現場で関わった5つの（計画降雨・計画高水流量）決定モデルを紹介することにしよう．

なお，私たちが「都市で生活する」ということは，完全に雨水に関して安全ではないことを「認知」しておく必要を，ここで強調しすぎることはない．ややもすれば，私たち都市生活者は，日常において生活している（住んでいるあるいは働いている）土地が人工的にゆがめられ，認知できないほどのほんのわずかな土地の高低差で，（1999年の福岡市や東京都における）地下室で溺死するという現象に戸惑うことになる．また，本節で記述するように，多くの科学者や技術者が雨水とどのようにつきあうかを研究し実践しているにもかかわらず，人間が都市で生活しているかぎり，「どこで治水規模などの計画値を切るか」が悩ましい問題として残る．自然現象に対する防災は完全には不可能であり，都市生活者が防災の限界を「認知」し，自らの自己防衛のための「減災」を心掛ける以外にないのである．

9.3 節：治水を目的とした河川改修計画では，社会調査プロセスでもとりわけ調査票の設計が重要である．この設計法を提示したのち，四国の吉野川を事例として示すことにしよう．目的は治水計画作成プロセスにおいて流域生活者の情報参加を求めることにある．具体的にいえば以下のようになる．まず1つめは，地域別に生活者の河川改修代替案の選好構造を明らかにして代替案を抽出する場合で，2つめは生活者意識を評価要因として代替案の順序付けを行う場合である．このため，次の4つの分析が必要になる．

分析1：生活者の河川満足度や河川状態要因への意識
分析2：河川満足度を規定する代表要因
分析3：代表要因の相互の関連

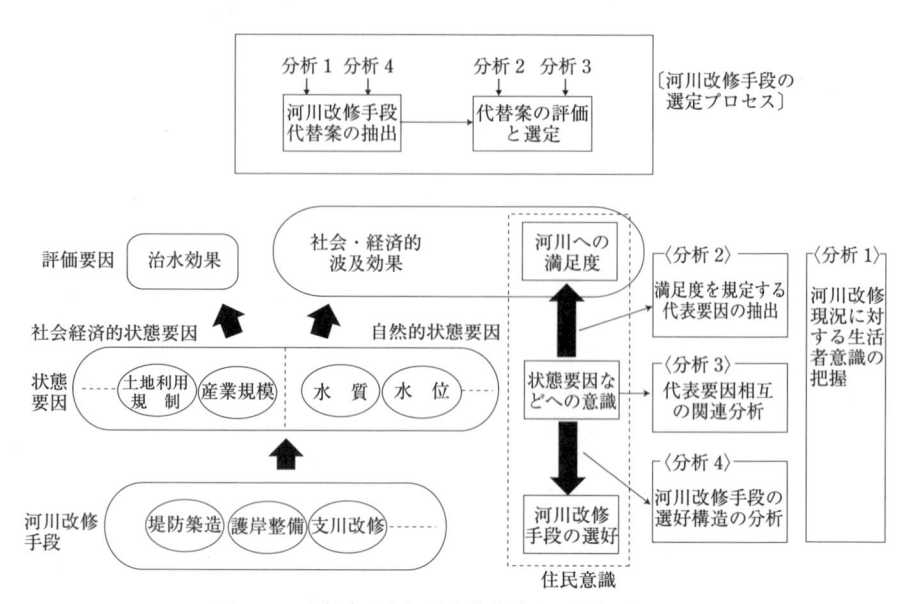

図 9.1.1　分析内容と河川改修代替案の選定プロセス

分析 4；地域別に代表要因と河川改修代替案選好との関連

図 9.1.1 の左側に，河川改修状態要因，評価要因との関係と，それに関する生活者意識を示している．

9.4 節；1999 年の福岡水害以来，毎年のように都市域で発生している水害は，日本の都市の水害に対する脆弱性を浮き彫りにし，同時に今後の都市水害対策を考えるうえで大いなる教訓を私たちに与えてくれているともいえよう．ここでは，まず，日本の主だった都市水害を振り返り，その変遷や特徴をまとめてみる．そして，都市水害の予測手法や解析事例を紹介するとともに，都市水害の「やっかいさ」や「危険性」について少しばかり考えてみることとする．そして，日本の都市水害の特徴を述べるとともに，主として京都を対象とした数学モデルや水理模型実験による解析事例を紹介する．

都市水害は「都市」という場の複雑さのために，その解析も一筋縄でいかないことが多いが，対象とする都市域の場および襲ってくる外力の特徴をよく見極め，できるだけていねいな予測解析を進めていくことが大切である．水害に対する思わぬ「落とし穴」がどこに潜んでいるのか，常に気を配っておく必要がある．

また，最近の都市水害をみていると地下浸水のウエイトが大きくなっており，その危険性を示そう．水を地下空間に入れないことが重要なのはいうまでもないが，万一浸水したときの地下空間からの避難システムや救助・救援システムの整備を進めていくこともきわめて大切であろう．

市民のほうも,「都市水害はどこでも起こりうる」との危機感をもって,いざというときにいかに行動するか,いま一度考えていただきたい.

9.5節:近年では,市街化の進展や豪雨の増加に伴い,下水道の雨水排除能力を超える雨水流出が頻繁に生じている.2005年9月4日夜から翌朝にかけて首都圏に猛烈な雨が降り,各地で床上浸水や道路冠水などの被害が相次いだことは記憶に新しい.また,同年の台風14号も西日本を中心に市街地浸水や土砂災害など甚大な被害を及ぼした.

これまでの都市における雨水排除施設はおおむね5年確率降雨対応を整備目標として,一律に整備がなされてきた.5年確率整備に対する評価としては,必要最低限の整備目標,すなわち,シビルミニマム的な目標であったといえる.整備が完了した地域においては,雨水排水能力は確実に向上しているといえるが,その能力を超える豪雨の発生は必ず生じる.したがって,さらなる治水安全度の向上が必要となるわけであるが,今後の雨水整備にあたっては,全域一律に整備していくのではなく,被害発生ポテンシャルの大きい地区を重点的に整備していくことが経済的効率性からみて妥当であるといえる.こうした都市における今後の雨水対策の考え方については,下水道政策研究委員会浸水対策小委員会報告(「都市における浸水対策の新たな展開」,2005年7月)で提言されているところである.

本節は,都市型浸水問題の課題を整理し,行政と市民が協働しながら都市の浸水安全度向上を図るための基本的方向性を示す.また,地表面氾濫と地下水路系との一体的解析を行う氾濫解析モデルを提案し,局所浸水対策として地表水氾濫水の取水を行う対策案の評価事例を示す.なお,内水氾濫による浸水現象を対象とする.そして,頻発する都市型水害の被害軽減のためには,公共事業として実施する浸水対策の重点化と市民レベルでの水防災意識の向上が必要であるとの観点から,公共事業レベルと市民レベルでの浸水対策の方向性について述べる.これはいままで行われてきた一律的整備から重点化整備を進めるため,公正な評価基準で判断し,生活者とのコンセンサスを得るために合理的な説明責任があることを念頭においたものである.

9.6節:水害統計[2]によれば,水害による浸水面積は年々減少してきているが,単位浸水面積当たりの被害額である「水害密度」は上昇傾向にある.このため,水害による被害額は,必ずしも減少してきているわけではない.これは,河川の氾濫原における人口・資産の,水害に対する脆弱性が軽減されてきているとはいいがたいことを物語っている.

集中豪雨などによって都市部で河川の疎通能力を上回る規模の洪水が発生し,溢水・破堤にいたって,人的・物的被害が発生した事例がみられる[3].ハード対策によってもすべての洪水被害を防ぐことはできないが,ソフト対策の充実によって人的な被害をよ

りいっそう低下させることは可能であろう．人的被害軽減のためには，まずもって安全な避難を実現する体制を確立する必要がある．これに関連して，昨今，行政による避難勧告や避難指示の発表のタイミングの遅さや，その伝達の不徹底への批判が寄せられている[4]．行政が保有する情報は，生活者の保有するそれに対して多くの場合優位（情報の非対称性）であるから，行政が避難に関する勧告や指示を出すことには一定の合理性がある．

しかしながら，避難行動に関する決定が自らの身体の安全に関わることを考えれば，第一義的には生活者が自ら意思決定を行う権利を有することには疑問の余地はない．また，避難行動の決定に関する過度な行政への依存は，自らの身体を危険にさらす可能性すらあるからである．この意味で，行政からの勧告や指示を参考にしつつ，生活者が自ら自律的に避難に関する意思決定を下す必要があろう．

ここでは，行政など，第三者の指示に従ってなされる避難行動を「他律的避難」と呼び，自らの意思決定によって自発的になされる避難を「自律的避難」と呼ぶ．たとえ行政による避難勧告や避難指示がなされても，生活者が自らの意思によって避難に関する決定を行う場合も，自律的避難に含める．このように自律的避難を定義づけると，程度の差こそあれ，ほとんどの避難は自律的避難に分類されることになる．しかしながら，自らの意思に従って決定された避難行動が適切な判断であり，安全な避難に結びつく保証もまたない．

現状では，避難勧告や避難指示が発令されても実際には避難しない生活者は多い．また，避難のタイミングが遅れたり，安全でない避難場所の選択やルートの選択がなされたりする可能性もある．安全な自律的避難を実現するためには，各人が状況を適確に認知し，状況に応じて避難行動に関する適切な代替案を選択することが必要であろう．このためには，状況を適確に認知するための「情報」，状況を識別するための「知識」，さらには，識別した状況に応じて適切な避難行動を選択するための「多様な避難行動代替案」の獲得が不可欠であろう．したがって，自律的で安全な避難行動を実現するためには，地域生活者が自らこれらの知識を獲得することが重要である．しかしながら，災害はその生起頻度が少なく，経験からこの種の知識を獲得することは困難である．

以上の問題意識から，本節では，安全で適切な自律的避難行動のための知識獲得を目指した，水害リスク・コミュニケーション支援システム（以下，支援システム）の開発を行うこととする．そして，生活者が保有している避難行動計画の代替案集合に関する評価を避難メンタルモデルと呼び，生活者は支援システムを利用することで，自らの避難メンタルモデルの妥当性を検証し，必要に応じて自らの行動計画代替案を修正することができる．また，支援システムを媒介としたステークホルダー間のコミュニケーションにより，創発的に避難場所や避難経路，さらには，避難を開始するタイミングなどに関する，より充実した代替案集合や，状況認識のための知識を獲得することができるものと考える．

9.2 計画降雨・計画高水量の決定問題のモデル化

9.2.1 計画降雨モデル

(1) 雨水計画と確率降雨

実際的な意味で，都市雨水計画で降雨の分析が必要となるのは，以下の場合である．
① 雨水計画の作成・評価および施設の設計を行う場合
② 施設の運転管理を行う場合

雨水計画を作成するとき，通常，既存施設の能力を評価したり，新規計画された施設の効果を評価したりする必要がある．このような評価を行うときに，入力条件となる降雨を設定しておかなければならない．

施設能力の大きさ，または計画の規模は通常この入力降雨の大きさで表現されることから，この入力降雨のことを「計画降雨」と呼ぶ．また，施設の規模を決めるときに用いられる降雨のことを通常「設計降雨」と呼ぶ．施設の設計を行うときにより簡便な降雨モデルを用いることはあるが，計画どおりに設計することを本来の原則とするならば，設計降雨に計画降雨を用いなければならない．

施設の運転管理を行うときには，時々刻々の降雨量を把握しておく必要があり，降雨予測手法が求められる．

以上からわかるように，「計画降雨は施設能力や計画規模の別表現」であり，雨水計画目標そのものである．したがって，雨水計画目標の作成は計画降雨の設定を意味する．計画降雨を設定するにあたって，以下に示す2つのことが重要となる．
① 計画降雨規模の決定（計画目標レベルの決定）
② 計画降雨分布の決定

以下では，計画降雨の決定方法，特に方法論的にまったく確立されていない計画降雨分布の決定方法に焦点を絞って考えてみることにする．

計画降雨の研究は，設計降雨から始まった．当初は，いかなる大きさの管路または水路を，どの勾配で布設するかという容量を定める目的で「合理式」の開発とともにスタートした[1]．当時の設計降雨としては，過去のデータの最大値というような，経験上最も苛酷な降雨が用いられていた．その後1880年ころから統計的概念が導入されるようになり，降雨強度曲線に関する研究の成果を受けて，降雨強度は降雨継続時間の関数として考えられるようになった．

日本においても第2次世界大戦後，特に1940年代の研究[5]により，雨量—継続時間—頻度関係を用いた確率降雨強度式を用いた手法が下水道施設設計にも用いられることとなった．こうして設計降雨作成の方法として，「ピーク流出量」を算出するための確率的手法が定着した．

次に，計画を評価するための計画降雨は，下水道の分野では雨水調整池の容量の算出や，合流式下水道の越流水対策の検討の必要性から発展し，現在では浸水対策の検討を含む下水道雨水排水施設の能力評価に用いられることが多くなっている[6]．

下水道施設の能力評価は，長い間「N年確率対応」という表現が用いられてきていた[4]．しかし，一般には「N年に1回起こるであろう強い降雨に対して十分安全である」という説明が，「浸水がN年に1回しか起こらない」という誤解のもととなることにより，近年では，確率年は参考値にとどめ，住民への説明はR mm/hr（1時間当たりの雨量）対応の施設という時間降雨強度により行われている．

このため，以下の3つの問題が生じた．

① ピーク流量だけを議論するにしても，施設の位置により対象となる降雨継続時間が異なるためR mm/hrの意味が異なる．

② 流域の変化が，想定された状況と大きく異なっているような現状では，R mm/hr対応で設計された施設でもその能力が十分でなくなってきている．

③ 浸水現象や貯留池の評価を行うためには，水面の連続性や時間—降雨量の関係が重要となるため，降雨モデルとしてハイエトグラフ（降雨分布または降雨波形）が必要であるが，これをR mm/hrで表現することは合理的ではない．

こうして，施設を評価するための計画降雨としては確率の意味付けが重要となってくる．ピーク流量を算出するための平均降雨強度式は確率論的意味付けはなされているが，現在下水道で用いられているハイエトグラフは，平均降雨強度曲線より作成されておりその確率論的意味付けは明確にされていない．

一方，施設の設計の分野においても，設計の目標を明確にする手法として想定被害額の算出や，目標規模以上の降雨に対する研究が試みられているが，これらの検討においても確率論的意味付けが明らかな計画ハイエトグラフが重要な意味をもつものと考えられる．そこで，雨水計画の重要な施設である下水道施設の計画・評価のための確率降雨として，確率論的基礎のある計画ハイエトグラフの作成方法が重要となる．

(2) 従来の計画降雨の作成方法

すでに述べたように，都市雨水計画目標となる計画降雨は施設の能力を正確に評価できるものでなければならない．そのために，ピーク降水量だけでなく，降雨量の時間的分布（降雨波形）についても確率論的意味付けが明確な確率降雨モデルが必要である．しかし，従来の確率降雨モデルではこのような要求に応えることは難しい．

主要河川の治水計画では，確率（計画）降雨を決めるために「実績降雨の引き伸ばし法」[1]が一般に用いられ，すでにこの問題点の議論を行った．

中小河川の治水計画や都市域の雨水排除計画では，確率雨強度曲線による計画降雨の設定法が一般的である[7]．その概略は以下のとおりである．

① 継続時間別の確率降雨強度は極値確率モデルにより定める．

② 降雨波形は経験に基づき確定的に設定する．

このように作成されたハイエトグラフには次のような問題点があることが指摘されている[8)~11)]．すなわち，ハイエトグラフ作成のもとにしている確率降雨強度曲線は，個々の降雨の継続時間，降雨原因，季節などがそれぞれ異なる多くの雨量資料から求められたものであるから，それは一雨の期間内での異なる継続時間に対する雨量間の相関関係を再現することができない．いいかえれば，作成されたハイエトグラフにおける各継続時間の雨量は同一の確率年を有するが，相互の同時生起性，つまり，時系列特性は考慮されずに並べられている．同時生起確率を考慮すれば，この波形が生起する確率は用いた確率降雨強度曲線の超過確率よりも低い値であると考えられる．

以上のことから，従来行われている方法は多くの問題を抱えていることがわかる．

(3) 計画降雨のあり方

前述した確率降雨作成手法の問題点を改善するために，最近，気象衛星，レーダー雨量計など降雨観測技術の発達を背景に降雨機構の解明と平行して，降雨の確率分布特性や統計的解析理論に関する研究も続けられている．以下，これら代表的な研究について述べよう．

まず，2変数ガンマ分布理論に基づいて，雨量配分曲線の作成方法が提案された[12)13)]．この方法では，単位時間雨量によく適合しているガンマ分布が用いられていること，単位時間雨量の同時生起確率が考慮されていることなどがその他の手法より優れているが，降雨波形についての議論がないこと，降雨期間中のすべての時点における降雨量が同形の分布に従うとしていることなどが問題点として指摘されている．

次いで，降雨波形の統計的性質を独立降雨量の和分布の応用として定量的に把握する方法が提案されたが，理論結果の検証において基礎仮定とした独立性を否定する結果が示された[14)]．

最後に，降雨波形としてFreundの2変数指数型確率分布に基づいた条件付き確率波形が提案された[6)]．しかしながら，継続時間別の降雨強度の同時生起性を考慮したものの，ピーク降雨強度が与えられたときの継続時間別降雨強度の条件付き生起確率で同時生起確率を定義（近似）しており，降雨波形もやはり確率モデルによらず事前に与えなければならない．また，用いられた指数分布は非常に特殊な分布形であり，一般性に欠けているとも指摘されている．

以上のことから明らかなように，より有効な確率降雨を作成するためには，
① 短時間降雨の分布に適合性のより高い確率分布モデルの採用，
② 単位時間降雨量の相関関係と同時生起性の考慮，
③ 単位時間降雨強度だけでなく降雨波形をも確率評価する，
ことが重要であることが指摘できよう．

また，同一降雨に対して施設の目的，運転操作方法および流域特性などの違いにより，

被害の規模はもちろんのこと,被害発生のメカニズムも異なる.いいかえれば,ある施設にとって危険な(最も大きな被害をもたらす恐れのある)降雨は,他の施設にとって必ずしも最も危険な降雨でない場合も十分考えられる.使用目的を考慮せずにすべての施設評価に画一な計画降雨を使用することの問題点は前から指摘されており[12],評価対象施設の目的,特性などを考慮した計画降雨を作成することも重要である.

上記のことをふまえて,ここでは計画降雨は降雨特性と施設特性の両方を考慮して決めるべきであるとの考え方に立ち,次の2段階からなる計画降雨の作成方法を提案する[9].

① 降雨原因別降雨波形別の確率降雨を作成する.
② 対象施設の評価目的にとって最も危険な確率降雨を抽出し,計画降雨とする.

まず,②について考えてみる.ある確率降雨のハイエトグラフが与えられているとする.施設目的にとって当該ハイエトグラフの危険性の度合いαは,一般的に次のように定義することができる.

$$\alpha = \alpha(h) \tag{9.2.1}$$

ここに,hは降雨原因別降雨波形別の確率降雨のハイエトグラフを表す.αはリスク(危険度)関数であり,降雨から,流出,施設による運転調節(被害回避対策),施設能力超過による被害発生までの一連のプロセスを含めて定義(評価)されるものとする.被害を直接評価することが困難な場合は,間接的なリスク(危険度)指標を用いることも可能である.例えば,貯留施設を評価するための計画降雨作成の場合は必要総貯留量(または総浸水量)を,管渠計画,河道改修計画などを立案する場合はピーク流量を用いることが考えられる.明らかに,いずれの場合においても,リスク(危険度)関数を定義するには流域と下水管路を含めた降雨流出解析,施設による調節解析および氾濫解析が必要となる.

このように定義されたリスク関数を用いて,確率降雨の集合$\{h_i\}$から計画降雨Hを抽出することができる.抽出に際しての基準としてはいくつか考えられるが,以下に代表的な基準を2つ示す.

基準1:$H = h'$, $h' \in \{h_i\}$,
ただし,$\alpha(h') = \max \{\alpha(h_i), i = 1, 2, \cdots\}$ (9.2.2)

基準2:$H = h'$, $h' \in \{h_i\}$,
ただし,$\alpha(h')p' = \max \{\alpha(h_i)p_i, i = 1, 2, \cdots\}$ (9.2.3)

ここに,p_i,p'はそれぞれ降雨波形h_i,hの生起確率である.

基準1はリスク関数が最大となる確率降雨を,基準2はリスクの期待値が最大となる確率降雨を計画降雨として採用することを意味する.このように,計画降雨の作成問題

は最終的に降雨原因別降雨波形別の確率降雨作成問題（降雨データのみで同定できる問題）に帰着される．

9.2.2 自然の脅威を極大とした治水規模決定問題のモデル化

　これから説明する，計画の特性を考慮した計画降雨の作成方法では，同じリスクレベル（または被害規模）をもたらす計画降雨が計画の内容によって変化する，いいかえれば，同じ計画降雨は異なる計画の目的・境界などの内容に対してリスクレベルが異なる事実をより所とする[14]．その基本的な考え方は，計画降雨の作成を不確実性下の意思決定問題として認識し，さらに，降雨発生のランダム性を考慮したものである．したがって，計画降雨の設定という意思決定を行う際，「降雨をある意志をもった対象」としてとらえ，雨水計画区域に及ぼす被害を最大化するように行動するが，実現する現象はきわめてランダム性の高いものとして認識する立場をとることになる．これは，自然が私たちに最大限の牙をむくことを前提にした，「自然を相手としたゲーム理論」的発想[15) 16)]が出発点となっている．以下，このモデルの考え方を説明しよう．

　ここでは，自然を，人間社会に対して決してやさしくない，むしろ古事記で記述されるような「荒ぶる神またまつろはぬ人等（ども）…」と表現される，人に害を与える暴悪の神として，荒ぶる神と考えよう．私たちの最新の科学技術を用いても，最近の局地豪雨を代表とする自然の猛威（原因の多くは何でもかんでも地球温暖化に帰着されるが…）をある特定の時空間スケールにおいて確率統計学的に記述し予測することには困難な場合が多い．このようなとき，自然現象をできるだけ科学的に記述する研究も必要ではあるが，一方では人間社会が自然に対して謙虚になる発想も人間の知恵ではないだろうか．つまり，きつい条件のもとにおける合理性ではなく知恵に基づく限定合理的な発想で治水規模決定問題を考えることが重要となろう．これを自然を相手としたゲーム理論を用いてモデル化しよう．

(1) 自然の脅威を最大としたとき社会の被害が最小となるミニマックス（minmax）戦略のモデル化[15)]

　洪水による年平均期待被害額が，洪水のピーク流量のみの関数として一義的に定まり，事業費が計画高水流量の関数として記述することができるとしよう．当然のことながら，計画高水流量を大きくすれば年平均期待被害額は減ずるが事業費は大きくなる．これらの2つの費用を合わせると次式を得る．

$$E\{C(q)\} = G(q) + r \int_q^\infty D(y)f(y)\,dy \tag{9.2.4}$$

ここに，$E\{C(q)\}$；流量規模 q の計画に対する事業費の期待値，r；年平均洪水生起回数，$D(y)$；高水流量が y である場合の想定被害額，$f(y)$；高水流量 y の生起確率密度関数である．

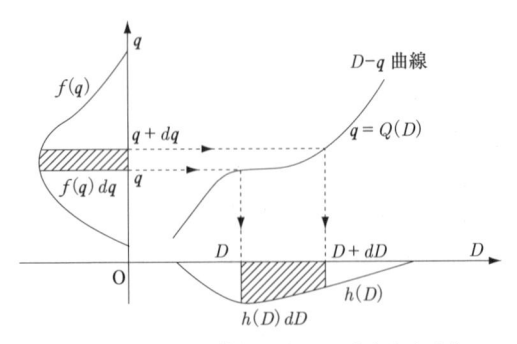

図 9.2.1　D-Q 曲線と D と q の確率密度分布

いま，被害額の分布形，期待値，および標準偏差をそれぞれ $h(D)$，m_D，および σ_D とする．洪水 j のピーク流量 q_j はピーク流量の実測値，または洪水調節後のピーク流量の計算値を用いる．一般にピーク流量の分布形として，グンベル分布，対数正規分布などが適合するといわれているが，1つの理論分布を画一的に当てはめることが困難な場合も多い．したがって，$f(q)$ および $D(q)$ より定まる被害額の分布形 $h(D)$ に単一の理論分布を想定することにも無理が多い．このため，情報が不完全と考え，被害額の m_D，および σ_D は過去のデータから既知とおくが，被害額の分布形 $h(D)$ は未知であるとしよう．

被害額 D を発生させる高水のピーク流量 q は，想定被害と高水流量との関係 $D(y)$ より一意的に求まり，図 9.2.1 のように，$q = Q(D)$ で表される．この関数を D-Q 曲線と呼び，1価関数である．

この図よりより明らかなように次式を得る．

$$h(D)\,dD = f(q)\,dq \quad (9.2.5) \quad \Rightarrow \quad h(D) = f(q)\,dq/dD \tag{9.2.6}$$

次に，式 (9.2.4) を次式のように書き換える．

$$E\{C(q)\} = G\{Q(m_D + k\sigma_D)\} + r\int_{m_D + k\sigma_D}^{\infty} D(y)f(y)\,dy \tag{9.2.7}$$

そして，式 (9.2.5) より上式の右辺第2項の積分は被害額 D の積分となり，次式のように変形される．

$$I = \int_{m_D + k\sigma_D}^{\infty} D(y)f(y)\,dy = \int_{m_D + k\sigma_D}^{\infty} Dh(D)\,dD = \sum_{i=0}^{\infty}\left\{\int_{m_D + (k+i)\sigma_D}^{m_D + (k+i+1)\sigma_D} Dh(D)\,dD\right\}$$

いま，$m_D + (k+i)\sigma_D < m_D + (k+i+1)\sigma_D$ で，この間の積分に対して

9 水災害環境論

$$m_D + (k+i)\sigma_D \leqq D \leqq m_D + (k+i+1)\sigma_D$$

であるから，次式が成立する．

$$\int_{m_D+(k+i)}^{m_D+(k+i+1)} Dh(D)\,dD \leqq \{m_D+(k+i+1)\sigma_D\} \int_{m_D+(k+i)}^{m_D+(k+i+1)} h(D)\,dD$$

したがって，次式が成立する．

$$I \leqq \sum_{i=0}^{\infty} \{m_D + (k+i+1)\sigma_D\} \int_{m_D+(k+i)\sigma_D}^{m_D+(k+i+1)\sigma_D} h(D)\,dD$$
$$= (m_D + k\sigma_D)\int_{m_D+k\sigma_D}^{\infty} h(D)\,dD + \sum_{i=0}^{\infty}(i+1)\sigma_D \int_{m_D+(k+i)\sigma_D}^{m_D+(k+i+1)\sigma_D} h(D)\,dD$$

ところが，上式の第2項を変形すると次のようになる．

$$\sum_{i=0}^{\infty}(i+1)\sigma_D \int_{m_D+(k+i)\sigma_D}^{m_D+(k+i+1)\sigma_D} h(D)\,dD$$
$$= \sum_{i=0}^{\infty}(i+1)\sigma_D \left\{\int_{m_D+(k+i)\sigma_D}^{\infty} h(D)\,dD - \int_{m_D+(k+i+1)}^{\infty} h(D)\,dD\right\}$$
$$= \sigma_D \sum_{i=0}^{\infty} \int_{m_D+(k+i)\sigma_D}^{\infty} h(D)\,dD + i\sigma_D \int_{m_D+(k+i)\sigma_D}^{\infty} h(D)\,dD - \sum_{i'=1}^{\infty} i'\sigma_D \int_{m_D+(k+i')\sigma_D}^{\infty} h(D)\,dD$$
$$= \sigma_D \sum_{i=0}^{\infty} \int_{m_D+(k+i)\sigma_D}^{\infty} h(D)\,dD \qquad (ここに\ i'=i+1)$$

結局，次式を得る．

$$I \leqq (m_D + k\sigma_D)\int_{m_D+k\sigma_D}^{\infty} h(D)\,dD + \sigma_D \sum_{i=0}^{\infty} \int_{m_D+(k+i)\sigma_D}^{\infty} h(D)\,dD \tag{9.2.8}$$

ところで，

$$\int_{m_D+(k+i)\sigma_D}^{\infty} h(D)\,dD = P\{D \geqq m_D + (k+i)\sigma_D\}$$

であり，この式の右辺の確率にチェビシェフの不等式を適用すれば次式を得る．

$$\int_{m_D+(k+i)\sigma_D}^{\infty} h(D)\,dD = P\{D - m_D \geqq (k+i)\sigma_D\}$$
$$\leqq P\{|D - m_D| \geqq (k+i)\sigma_D\} \leqq \frac{1}{(k+i)^2}$$

これを式 (9.2.8) に代入すれば次式を得る．

$$I \leq \frac{1}{k^2}(m_D + k\sigma_D) + \sigma_D \sum_{i=0}^{\infty} \frac{1}{(k+i)^2}$$

この結果,式 (9.2.7) の総期待費用について次式が成立する.

$$E\{C(q)\} \leq G\{Q(m_D + k\sigma_D)\} + r\left\{\frac{1}{k^2}(m_D + k\sigma_D) + \sigma_D \sum_{i=0}^{\infty} \frac{1}{(k+i)^2}\right\} \tag{9.2.9}$$

こうして,人間社会にとって最も恐ろしい $h(D)$ を想定し,それをなんとか最小にしたいというミニマックス戦略を採用すれば次式を得る.

$$\min_q \max_h E\{C(q)\} = \min_k \max_h E\{C(q)\}$$
$$= \min_k \left[G\{Q(m_D + k\sigma_D)\} + r\left\{\frac{1}{k^2}(m_D + k\sigma_D) + \sigma_D \sum_{i=0}^{\infty} \frac{1}{(k+i)^2}\right\}\right] \tag{9.2.10}$$

式 (9.2.10) は k に関して下に凸であるから,これを k に関して微分して 0 とおき,これを満たす k^* を用いて $m_D + k^*\sigma_D$ に対応する計画高水流量 q^* を $q^* = Q(D^*) = Q(m_D + k^*\sigma_D)$ より求めればよい.

なお,式 (9.2.10) の右辺の無限級数をそのまま微分することは不可能であるから,次のような近似を行おう.すなわち,オイラー・マクローリン公式を $\sum_{i=0}^{\infty} 1/(k+1)^2$ に適用すると次式を得る.

$$\sum_{i=0}^{\infty} \frac{1}{(k+1)^2} = \frac{1}{k^2} + \frac{1}{2k^2} + \frac{1}{6k^3} + \cdots$$

式 (9.2.10) に上式の右辺 3 項までの近似を採用すれば,具体的な算定が可能となる.また,いままでの式の導出が洪水の直接被害のみを対象にしてきたので,ここで間接被害をも考慮するため換算係数 $K(K \geq 1)$ を導入すれば次式を得る.

$$\min_k \max_h E\{C(q)\}$$
$$= \min_k \left[G\{Q(m_D + k\sigma_D)\} + Kr\left\{\frac{m_D}{k^2} + \sigma_D\left(\frac{2}{k} + \frac{1}{2k^2} + \frac{1}{6k^3}\right)\right\}\right] \tag{9.2.11}$$

次に,実用性を考慮して複数個の基準点を対象としたモデルの拡張を行うことにしよう.実際,洪水防御計画の策定にあたって,同一水系内に複数の基準点がある場合が多い.このとき,当然のことながら,基準点間での計画規模の整合性をとる必要が生じる.ここでのモデルの基本的な考え方は,前述した単一基準点でのものと同様であるが,各基準点の高水流量間の制約条件を導入することになるので,モデルはいわゆる制約条件付き非線形計画モデルとして表現することになる.

いま,対象水系の本川に n 個の基準点があるとする.各基準点での計画流量規模を

9 水災害環境論

$q^1, q^2, \cdots, q^n$ とすると，水系全体での年平均総費用期待値 $E\{C(q^1, q^2, \cdots, q^n)\}$ は式 (9.2.4) に K^i を導入し，多変量の場合に拡張すれば次式のようになる．

$$E\{C(q^1, q^2, \cdots, q^n)\} = G(q^1, q^2, \cdots, q^n) + K^i r \int_{q^1}^{\infty} \cdots \int_{q^n}^{\infty} D(y^1, y^2, \cdots, y^n) f(y^1, y^2, \cdots, y^n) \, dy^1 \cdots dy^n \tag{9.2.12}$$

次に，基準点間の計画規模の整合性を考えよう．ここでは，整合性を各基準点の高水流量間の制約として表現する．各基準点間の高水流量は独立ではありえないから，ある基準点での高水流量を最近接上流基準点での高水流量で表すことを考え，それを用いて各基準点の高水流量間の制約条件を，アルゴリズムの簡略化の便宜も考え，次式の1次式とする．

$$\alpha_{i-1}^2 q_{i-1} + \beta_{i-1}^2 \leq q^i \leq \alpha_{i-1}^1 q^{i-1} + \beta_{i-1}^1 \quad (i = 1, 2, \cdots, n) \tag{9.2.13}$$

ここに，α_i^1, β_i^1 には河道での洪水伝播，残流域流入および合流などの諸特性が集約されていると考えよう．これらは洪水追跡計算あるいは実測データの統計処理などにより推定可能である．

次に，超過洪水による年平均被害額は基準点ごとに独立に算定される，すなわち基準点ごとに氾濫域が存在し独立と仮定しよう．そして，各氾濫域の想定被害額は対応する基準点の高水流量 q^i のみの関数とする．以上の仮定のもとで，式 (9.2.12) は次式のように書くことができる．

$$E\{C(q^1, q^2, \cdots, q^n)\} = G(q^1, q^2, \cdots, q^n) + r \sum_{i=1}^{\infty} K^i \int_{q^i}^{\infty} D^i(y) f^i(y) \, dy \tag{9.2.14}$$

ここに，$D^i(y)$；基準点 i での高水流量が y の場合の想定被害額，$f^i(y)$；基準点 i での高水流量 y の生起確率密度関数，K^i；換算係数，である．

基準点 i での洪水のピーク流量が q の場合の想定被害額 $D^i(q^i)$ は q^i のみの関数としたから，洪水 j の基準点 i でのピーク流量 q_j^i に対応して氾濫区域 i における被害額 D_j^i は一義的に定まり，その分布形，期待値，および偏差をそれぞれ $h^i(D^i)$，m_D^i，および $\sigma_D^i (i = 1, 2, \cdots, n)$ で表すことにしよう．

こうして，式 (9.2.14) を評価式として，想定被害額の期待値 m_D^i と偏差 σ_D^i を既知とし，その分布形 $h^i(D^i)$ が未知という不完全情報下において，各基準点間の計画規模の整合性を考慮した（最適）計画高水流量の組み合わせ $(q^{1*}, q^{2*}, \cdots, q^{n*})$ を決定するモデルは，式 (9.2.13) を満たす各基準点の高水流量の変動内で，

$$\min_{\{q^1, q^2, \cdots, q^n\}} \max_{\{h^1, h^2, \cdots, h^n\}} E\{C(q^1, q^2, \cdots, q^n)\}$$

685

を与える高水流量の組み合わせを求める問題として定式化できたことになる．このモデルのアルゴリズムは先述したものと同じであるので省略する．また，事例については萩原の前書[15]に記述したので省略する．

9.2.3 エントロピー・モデルによる計画降雨波形決定モデル[16]～[18]

現実的な問題としては，降雨のランダムな行動を解明するために必要な資料の存在がある．通常の流域については，中小規模の降雨資料は一般的に豊富であり，降雨の類型とその類型の生起確率は得られる場合が多い．ところが，降雨規模が大きくなるとデータ数が限られるため，計画上必要とされる降雨規模別の降雨波形の生起確率は統計的立場からの設定が困難となる．1つの解決策としては，全降雨を対象として得られる降雨波形の生起確率を与件として降雨規模別の分布を推定することである．このとき，不確実性下における意思決定問題として計画降雨の設定を認識することから，計画上安全側となる意思決定を行っていくことを基本としており，計画降雨は，対象とする雨水計画により設定結果が異なることになる．

計画降雨の設定にあたり，まず降雨をある意志をもった対象としてとらえる．すなわち，雨水対策の効果を最小化するように行動を起こすと考え，その結果，ある降雨波形が実現するものと仮定する．一方，降雨はきわめてランダム性が強いため，波形選択の際のあいまいさを表すエントロピーは最大化されると考えてもよいものとする[16]．

この場合の基本的考えは，やはり不確実性下における意思決定問題で，降雨のランダム性に着目したものである．自然は決して人にやさしくないという事実から，降雨はある意思をもって流域に及ぼす被害を最大化するように行動するが，実現する現象はきわめてランダム性が高いものと考える．このため，エントロピー・モデルにおける多次元情報経路問題[19]としてモデリングを行おう．

(1) 計画降雨群決定モデル

降雨波形は，降雨規模と流域の治水施設により，治水効果に与えるインパクトが異なることは自明である．わが国の通常の流域であれば，比較的降雨資料は豊富であり，降雨のパターン化とその頻度の生起確率は得られる場合が多い．ところが，降雨規模が大きくなるとデータ数が限られるため，計画上必要とされる降雨規模別の降雨波形の生起確率の設定は，統計学の立場から困難となる．このため，ここではアンサンブル的に得られる降雨波形の生起確率は与件として，降雨規模別分布を推定する方法を考えることにしよう．

このとき，不確実性下における意思決定問題として，治水計画上安全側となるように，計画降雨群は，対象とする治水計画代替案により設定結果が異なるという立場をとろう．

計画降雨群の設定にあたり，「降雨（自然）はある意志（悪意）をもち，人々が一生懸命

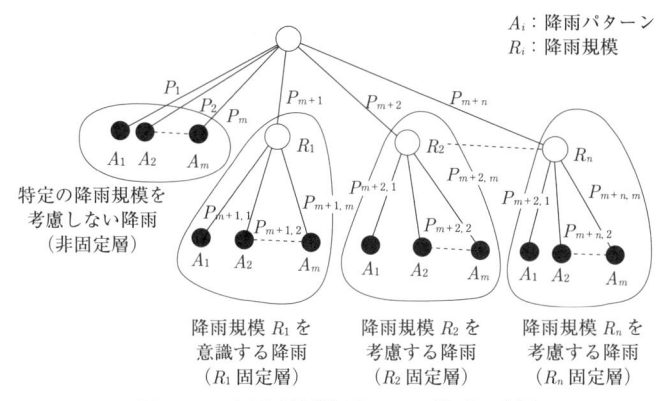

図9.2.2 多因子情報経路による降雨の分類

造った流域の治水施設の効果を最小化するような行動をすると考え，その結果ある波形が実現する」と仮定しよう．このとき，人智の及ばない降雨現象のランダム性を表現するため，つまり波形選択のあいまいさを表すエントロピー最大化問題を考えよう．このような波形設定は1980年代の未曾有の長崎大水害や最近の名古屋や新潟県の大水害と大震災などの経験を意識している．

いま，降雨波形を$A_i(i=1,2,\cdots,m)$，計画降雨規模$R_j(j=1,2,\cdots,n)$とすれば，降雨の行動パターンは図9.2.2のように一般的に表現される．すなわち，降雨は大きく，①ある固定規模の治水効果を考慮する固定層と，②特定の計画規模の治水効果を特に意識することなく行動する非固定層からなるものと考える．そして，固定層が特定の降雨規模に対する治水効果を最小化する行動をとると考えよう．このとき，各波形の生起確率$P(A_i)$は過去のデータ分析から予見できると考える．こうして，エントロピーモデルにおける多次元情報経路問題として，図9.2.2の内部構造が推定される．以下では，内部構造の推定から計画降雨群の作成にいたるモデリングを示すことにしよう．

(2) 計画降雨群の作成プロセス
ステップ1：降雨規模別降雨波形の条件付き生起確率の推定

この問題は，エントロピー最大化，治水効果最小化という目的から1次元経路問題として，次式のように定式化される．

$$H_i \Big/ \sum_{j=1}^{n} l_{ij} P_{ij} \to \max \tag{9.2.15}$$

$$\text{subject to } \sum_{j=1}^{n} P_{ij} = 1, \quad P_{ij} \geqq 0 \tag{9.2.16}$$

ここに，P_{ij}：降雨規模にiを選択する降雨波形jの条件付き生起確率，

$H_i = \sum_{i=1}^{m} P_{ij} \log P_{ij}$；降雨規模 i を選択する降雨の波形選択に関する条件付きエントロピー，l_{ij}；降雨規模 i について波形 j を選択したときの治水効果，である．この解は，まず次式の正根を求める．

$$\sum_{j=1}^{n} W_i^{-\bar{l}_i} = 1, \quad \text{where} \quad W_i = 2^{H_i/\bar{l}_i}, \quad \bar{l}_i = \sum_{j} l_{ij} P_{ij} \tag{9.2.17}$$

このような方程式の正根は，常に1つ存在して，1つに限ることがフロベニウス (Frobenius) によって証明されている．この正根を W_{io} とすれば，求める選択比率は

$$P_{ij} = W_{io}^{-l_{ij}}$$

で与えられる．ただし，l_{ij} は互いに素な整数である．

ステップ2：内部構造の同定

残された降雨規模を選択しないグループの各波形別の生起確率と降雨規模を選択するグループのおのおのについての生起確率を求めよう．この問題は降雨全体の挙動がランダム性が強いと考えているから，次のようなエントロピー最大化問題として定式化される．

$$H = -\sum_{i=1}^{m} P_i \log P_i + \sum_{i=m+1}^{m+n} P_i H_i \to \max \tag{9.2.18}$$

$$\text{subject to} \quad \sum_{i=1}^{m+n} P_i = 1 \quad P_i + \sum_{j=m+1}^{m+n} P_i P_{ij} = P(A_i) \quad \text{for} \quad i = 1, 2, \cdots, m \tag{9.2.19}$$

ここに，$P_i (i=1, 2, \cdots, m)$；降雨規模を選択しないグループの波形 i の生起確率で，$P_i (i=m+1, m+2, \cdots, m+n)$；降雨規模 $(i=m+1, m+2, \cdots, m+n)$ を選択するグループの生起確率である．また，条件付き確率 P_{ij}，条件付きエントロピー H_i はステップ1より既知である．これは非線形計画問題である．しかしながら，利便性を考え，以下に示す反復尺度法で解を求めることにする．まず，問題を次式のように変形する．

$$D = \sum_{i=1}^{m+n} P_i \log \frac{P_i}{q_i} \to \max$$

$$\text{subject to} \quad \sum_{i=1}^{m+n} \alpha_{Si} P_i = h_s \ (s=1, 2, \cdots, m), \quad \sum_{i=1}^{m+n} P_i = 1, \quad \sum_{i=1}^{m+n} q_i = 1$$

ここに，α_{Si}；波形 S の降雨規模 i に対する条件付き生起確率，h_S；波形 S の生起確率，であるとすれば，q_i は次式により与えられる．

$$q_i = \begin{cases} \dfrac{1}{\sigma} & \text{for} \quad i = 1, 2, \cdots, m \\ \dfrac{W_i^{\bar{l}_i}}{\sigma} & \text{for} \quad i = m+1, m+2, \cdots, m+n \end{cases}$$

$$\sigma = m + \sum_{j=m+1}^{m+n} W_j^{\bar{l}_j} \quad \bar{l}_j = \sum_{j=1}^{m} l_{jk} P_{jk} \quad \text{for} \quad j = m+1, m+2, \cdots, m+n$$

こうしてアルゴリズムは初期条件 $P_i^{(0)} = q_i$ を設定し，$h_s^{(k)} = \sum_{i=1}^{s} \alpha_{si} P_i^{(k)}$，$P_i^{(k+1)} = P_i^{(k)} \prod_{s=1}^{c} (h_s / h_s^{(k)})^{\alpha_{si}}$ を $P_i^{(k+1)} \cong P_i^{(k)}$ となるまで $k = 0 \sim k+1$ 回反復計算すればよいことになる．

以上の手順により，降雨波形の降雨強度別の生起確率が推定されることになるが，評価基準としての治水効果は，治水計画代替案ごとに異なる．したがって，計画降雨群も計画代替案の数だけ設定されることになる．

ステップ3：計画降雨群の設定

ステップ2までで，図9.2.2の内部構造を推定したが，このうち非固定層は，計画論的な意味で安全側に立てば，考える必要がない．固定層全体に占める各降雨規模別の波形選択比率を求め，これを各降雨規模別の計画降雨波形の生起確率とすればよいだろう．

従来の計画方法論では計画降雨を固定して治水施設を評価する方法がとられてきたが，ここで紹介した方法は，人間の考える代替案に対して自然はそれぞれに対して最悪のシナリオを用意するという「災害リスクに関する人間と自然のイタチごっこ」を表現したモデルになっている．

次に，四国の肱川の治水計画に本計画降雨の作成手法を適用した事例をみてみることにしよう．

治水計画案としては，無堤状態と基準点流量 $4000 \text{ m}^3/\text{s}$ 相当の築堤河道の2ケース，計画目標（降雨規模）として日降雨量の超過確率で1/100（日降雨量 270 mm/日），1/30（日降雨量 230 mm/日）の2ケース，および降雨波形としては前方集中型，中央集中型，後方集中型の3ケースとし，過去の資料が得られないため等確率で出現するものとする．また，降雨の継続時間は24時間とし，降雨強度が継続時間の指数関数で逓減するクリープランド型の確率降雨強度曲線を適用する．波形の設定においては，継続時間に対するピーク出現時刻の比率を前方集中型 0.1，中央集中型 0.5，後方集中型 0.9 と設定する．

上記設定のもとで，まず氾濫解析を行う．氾濫解析により求めた治水効果に対し，一次元情報経路モデルにより，降雨規模別の各波形の条件付き生起確率が求められ，最後に，エントロピー最大化問題を解いて降雨波形生起確率の分布に関する内部構造が同定される．ここでは，紙面の都合上，結果[15]のみを述べれば以下のような知見を得る．ま

ず固定層のうち，1/100降雨規模固定層は1/100降雨量のもとでは全川にわたり氾濫するため，波形の治水効果に対する影響が少なくなり，4000 m^3/s河道の前方型を除き，ほぼ等確率で波形選択を行う傾向にある．一方，1/30降雨規模固定層については，流出量が大きく，治水効果に与える影響の大きな後方型を選択する傾向にあり，前方型は選択の割合が小さい．そして，その傾向はある程度改修の進んだ4000 m^3/s河道で顕著である．これは，破堤氾濫という大きな被害を誘発する可能性が後方型の場合に高いため，降雨にとって都合がよいと考えられるためである．

次に，これらの結果により治水計画における計画降雨決定を行う際には，非固定層はその性格上考える必要性が小さいため，固定層に着目すればよいことになる．すなわち，固定層の各波形の生起確率を固定層全体の生起確率で割ることにより，降雨規模別の各降雨波形生起確率が設定される．こうして降雨波形別の確率分布が定まることになり，治水計画代替案の分析・評価に対する計画降雨群が作成できる．この結果[15]から，ある計画代替案に対してどのような降雨が最も危険であるかが明らかになる．

9.2.4 積分方程式，多目標計画法，DPによる方法

(1) 単位時間降雨強度と降雨波形全体の確率評価モデル

ここでは，降雨波形を含めた降雨の確率特性を把握するのに十分な降雨データが存在することを前提に，確率降雨モデルのあり方，つまり，短時間降雨の分布に適合性のより高い確率分布モデルを採用すること，単位時間降雨量の相関関係と同時生起性を考慮すること，単位時間降雨強度だけでなく，降雨波形全体を確率評価することを念頭におき，降雨の確率特性を確率論的により信頼できる形で考慮した確率降雨モデルを提案する．以下，その概略について述べることにしよう．

1) 短時間雨量の分布

降雨波形は離散的降雨強度 $(r_1, r_2, \cdots, r_n)$ で表されるものとする．ただし，$i=1, 2, \cdots, n$ はΔtで等分割された離散時間を表す．

単位時間降雨（短時間降雨）の非対称性を表現するのに，後述のようにガンマ分布が有効である．そのため，そこでは，単位時間降雨量の分布にガンマ分布を採用する．ガンマ分布は，その取り扱いが非常に難しいが，水文統計の立場から正規分布に続いて重要な応用面をもつ連続分布であり，密度分布形における非対称性を基礎にしたものといえる[11]．この分布は，母数の選択に応じて正規分布に近い形から，指数分布などの逆J字型のような非対称分布にいたる非常に広範囲の形を網羅しており，しかも下限値をもつことから，気象統計，人口統計などできわめて有効とされている．例えば，各種継続時間に対する降水量分布，特に短時間降水量分布がこれに従う報告が多い[20]～[24]．

2) 降雨波形の分布

単位時間降雨量を r_i ($i=1, 2, \cdots, n$) と記せば，降雨波形の分布は確率変数 r_i ($i=1, 2,$

…, n) の結合分布となり，この確率密度関数を $f[1, 2, \cdots, n]$ $(r_1, r_2, \cdots, r_n)$ と記す．明らかに，単位時間降雨量 r_i $(i=1, 2, \cdots, n)$ を確率変数として扱う場合に，r_s と r_t $(s \neq t)$ は独立ではない．

この確率変数 r_i $(i=1, 2, \cdots, n)$ がガンマ分布に従うとすれば，降雨波形の分布の確率密度関数は n 次元ガンマ密度関数となる．したがって，再現期間（計画規模）が T 年の計画降雨は厳密に次のように定義される．

$$\boxed{\text{単位時間降雨量の非超過確率}} = 1 - \boxed{\text{再現期間の逆数}}$$

$$\int_0^{r_i} f_{r/r_1 r_2 \cdots r_{i-1} r_{i+1} \cdots r_n}(r_i/r_1 r_2 \cdots r_{i-1} r_{i+1} \cdots r_n) \, dr_i = 1 - \frac{1}{T} \quad (i = 1, 2, \cdots, n) \tag{9.2.20}$$

ただし，$f_{r/r_1 r_2 \cdots r_{i-1} r_{i+1} \cdots r_n}(r_i/r_1 r_2 \cdots r_{i-1} r_{i+1} \cdots r_n)$ は $(r_i/r_1 r_2 \cdots r_{i-1} r_{i+1} \cdots r_n)$ が与えられたときの r_i の条件付き確率密度関数である．

式 (9.2.20) 左辺の積分は単位時間降雨量が r_i を超えない確率（非超過確率）を表す．したがって，式全体は再現期間 T が単位時間降雨量の超過確率の逆数に等しいことを意味する．

n 次元ガンマ分布確率密度関数，あるいはその条件付き確率密度関数を定義するために重相関係数や偏相関係数が必要になるので，その取り扱い方は数学的にはまだ確立されていない．したがって，降雨波形の分布は，上記の連立積分方程式により形式的に定義できても，被積分関数が特定できないために，実際に求めることはできない．現実的な対応としては，利用目的に合うように，上式をなんらかの形で近似することが考えられる．ここでは，単位時間降雨量の相関および同時生起可能性をできるだけ考慮することと，確率降雨の総降雨量を正確に評価することを制約条件に，上式を次のように近似できることを示した[25)26)]．

$$\boxed{\text{累積降雨量／単位時間降雨量の非超過確率}} = 1 - \boxed{\text{再現期間の逆数}}$$

$$\int_0^{R_n} f_R(R_i) \, dR_i = 1 - \frac{1}{T}, \quad \int_0^{r_i} f_{r/R}\left(\frac{r_i}{R_i}\right) dr_i = 1 - \frac{1}{T} \quad (i = 2, 3, \cdots, n) \tag{9.2.21}$$

ただし，$R_i = R_{i-1} + r_i$ $(i = 1, 2, \cdots, n)$，$f_R(R_i)$ はそれぞれ累積総降雨量 R_n の確率密度関数，$f_{r/R}(r_i/R_i)$ は累積降雨量 R_i が与えられたときの r_i の条件付き確率密度関数である．

式 (9.2.21) は単位時間降雨量と累積降雨量との 2 次元ガンマ分布により，降雨波形を近似的に記述できることを意味する．

3） 確率降雨モデルの導出

上記の確率降雨波形の定義に基づいて確率降雨を算出するためには，その被積分関数を特定しなければならない．これについては，降雨時系列の自己相関係数に関する弱定常性の仮定のもとで，条件付き確率密度関数 $f_{r/R}(r_i/R_i)$ が解析的に得られることがわかっている[25)26)]．

以上の 1) から 3) の手順で定義された確率降雨は，単位時間降雨量と降雨波形（時間分布）が理論的に同一の生起確率をもつこともわかっている．

4) **確率降雨の適用事例**

ここでは，東京都中央気象台における 1973 年から 1992 年まで 20 年間の 5 分降雨量データを用いた適用事例の結果の要約だけを示そう．

ここで提案した確率降雨モデルよる確率降雨の時間分布（再現期間は 3 年，5 年，10 年，20 年，50 年，および 100 年）と従来の降雨強度曲線法によるものとを比較すれば，次のことがいえる．

従来の手法は今回提案したモデルに比べて，5 分間のピーク降雨強度を 16％から 19％と大きく評価していることがわかる．また，再現期間が 3 年および 5 年と比較的短い場合は，従来手法によるハイエトグラフは提案したモデルによるものとおおむね同形で全体的に大きめである．一方，再現期間が 7 年以上の場合は，ピーク周辺の継続時間が 20 分程度のところで降雨強度が逆転し，平均降雨強度も 100 年，50 年確率では，継続時間約 30 分，10 年確率では約 60 分で逆転している．また，7 年確率では継続時間 90 分以上ではほとんど同値となっている．

すなわち，従来の手法では，再現期間が 3 年および 5 年の短い降雨では，降雨規模全体を大きく評価し，再現期間が 10 年以上の降雨では，ピーク降雨強度を大きく，累積総雨量を小さく評価している．つまり，非常にシャープな降雨波形を与えているといえる．これは従来の手法が実績降雨波形（一連の降雨の同時生起性または相関関係）を考慮していないことによるものと思われ，従来の指摘[28]とも一致している．

再現期間が 3 年から 10 年と比較的短い降雨のピーク周辺部分では，従来の手法による確率降雨は下水道管渠の能力を過小評価することが予想される．一方，再現期間が 10 年および 20 年の確率降雨については，継続時間がおおむね 40 分から 60 分のところで従来手法による平均降雨強度が下回っている．これは，下水道の能力アップ計画において，通常規模の排水区における管渠および貯留施設の場合には従来手法はその能力を過小評価するが，排水区を連結した長距離バイパス管や貯留管の場合は過大評価になり，危険側の評価結果を与えることになる．

ここで示した基本的考え方，つまり，計画降雨の設定にあたって計画の特性と降雨の確率的特性の両方を可能なかぎり考慮に入れるべきであるという認識は，これからの雨水計画にとって非常に重要であると考えている．

(2) **効率性と公平性のバランスを考慮した治水計画規模決定**[27) 29) 30]

流域内の想定洪水氾濫区域に対する治水事業の規模決定にあたっては，全体での効率性を上げるとともに，区域間の公平性を保つように計画する必要がある．効率性や公平性の指標は種々あるが，ここでは

効率性；流域全体での想定被害の最小化

公平性；年当たりの氾濫確率の差の最小化

を取り上げて，流域を上・下流の2つに分けたときの治水規模を計画高水流量として考えよう．

区域 i（上流 $i=1$, 下流 $i=2$）に対して，計画高水流量を x_i として，氾濫確率 F_i と想定被害 D_i を次式で近似する．

$$F_i = \hat{F}_i + \sum_{k=1}^{2} a_{ki}(x_k - \hat{x}_k), \quad D_i = \hat{D}_i + \sum_{k=1}^{2} b_{ki}(x_k - \hat{x}_k) \quad (i=1, 2)$$

ただし，$\hat{x}_i$, $\hat{F}_i$, $\hat{D}_i$ はそれぞれ現況の値を示す．a_{ki}, b_{ki} は区域 k の計画高水流量が変化したときの区域 i における氾濫確率と想定被害のそれぞれの変化量である．また，治水事業コストはで $C = \sum_{k=1}^{2} C_k(x_k - \hat{x}_k)$ 表され，その予算が $\hat{C}$ であるとしたとき，氾濫確率，想定被害を現況より改善し，かつ現況の区域差以内にするという条件を満たす計画規模決定問題を考えよう．

この問題を定式化すると以下のようになる．

① 目的関数；
$$\hat{F}_1 + \sum_{k=1}^{2} a_{k1}(x_k - \hat{x}_k) - \hat{F}_2 - \sum_{k=1}^{2} a_{k2}(x_k - \hat{x}_k) \to \min$$
$$\hat{D}_1 + \sum_{k=1}^{2} b_{k1}(x_k - \hat{x}_k) - \hat{D}_2 - \sum_{k=1}^{2} b_{k2}(x_k - \hat{x}_k) \to \min$$

制約条件； $x_i \geqq \hat{x}_i$,
$$\sum_{k=1}^{2} a_{ki}(x_k - \hat{x}_k) \leqq 0, \quad \sum_{k=1}^{2} b_{ki}(x_k - \hat{x}_k) \leqq 0 \quad (i=1, 2)$$
$$\sum_{k=1}^{2} C_k(x_k - \hat{x}_k) \leqq \hat{C},$$
$$\sum_{k=1}^{2} a_{k1}(x_k - \hat{x}_k) - \sum_{k=1}^{2} a_{k2}(x_k - \hat{x}_k) \leqq 0,$$
$$\sum_{k=1}^{2} b_{k2}(x_k - \hat{x}_k) - \sum_{k=1}^{2} b_{k1}(x_k - \hat{x}_k) \leqq 0$$

② 表9.2.1に示すように，設定したパラメータ値のもとで $\hat{C} = 1000$ として解領域とパレート最適解を求めれば，図9.2.3と図9.2.4を得る．パレート領域はBC線分である．

次に，許容水準は現況に，満足水準を氾濫確率の差がなく想定被害が0としたときの解を求めてみれば，以下のようになる．すなわち，C点では，$x_1^* = 14.73(10^3 \text{m/s})$, $x_2^* = 20.42(10^3 \text{m/s})$, $F_1^* = 22.45(\%)$, $F_2^* = 16.0(\%)$, $F_1^* - F_2^* = 6.45(\%)$, $D_1^* = 20.9$（億円），$D_2^* = 146.4$（億円），$x_1^* + x_2^* = 167.3$（億円）である．この場合，上流域の氾濫確率は改善されるが，下流域では変化はない．しかしながら，B点を採用すれば，氾濫確率の差が11.45%と広がるが逆に総想定被害は50.4億円に減少する．こうして，どのパレー

表 9.2.1 パラメータの設定値

i, k	現況の計画高水流量 (10^3 m^3/s) $\hat{x}_k$	現況の氾濫確率 (%) F_i	現況の想定被害 (億円) D_i	氾濫確率単位変化量 (%/10^3 m^3/s) a_{1i}		想定被害単位変化量 (億円/10^3 m^3/s) b_{1i}		工事費用 (億円/10^3 m^3/s) C_k
				a_{1i}	a_{2i}	b_{1i}	b_{2i}	
1：上流	11.3	31	38	−2.5	0	−5	0	17.4
2：下流	17.0	16	1275	2.5	−2.5	−55	−275	36.0

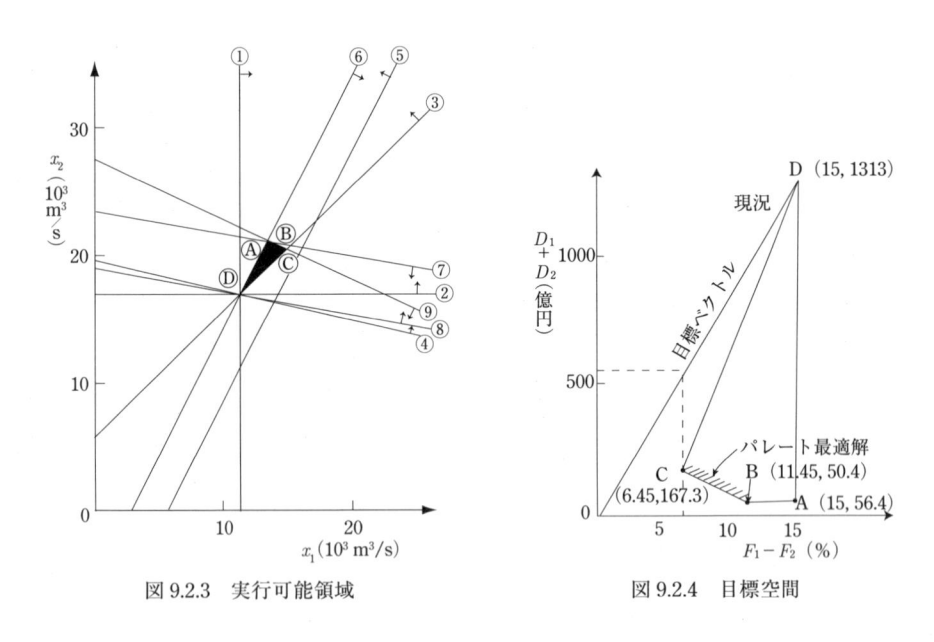

図 9.2.3 実行可能領域

図 9.2.4 目標空間

ト最適領域の解を選べばよいのかという新しい問題が生じることになる．

(3) 不完全情報下における計画降雨の決定モデリング (DP)[16) 17)]

治水計画では，計画高水流量までを河道全区間にわたり防御することが計画目標とされている．そして，計画高水流量の決定については，通常，ある一定期間の総降雨量の確率評価から計画降雨を定めた後，流出解析により基本高水を求め，ダムによるカット分を指し引いた残りとして定められている．ところで，このような決定方法は，かつての長崎大水害や昨今の豊岡や新潟のように小流域でシャープな形状の洪水がそのまま流下し，しかもその現象が瞬時にして起こるため，水防や避難行動の実施が困難な中小河川では役に立たない．地域特性に対応したより安全性を強調した計画が必要である．この1つの表現が，不確実性下における意思決定問題である．

ここでは，社会・経済的な流域条件を考慮してすでに決定されていた治水安全度と，

比較的信頼性のおける降雨の情報として安全度相当の総降雨量，およびピーク降雨量を与件にDP (Dynamic Programming；動的計画法) を用いた計画降雨決定問題を紹介しよう．

1) モデルの概要

中小河川の改修では，一般には掘込河道を中心としても，安全度を大きくとるにつれ築堤河道にせざるを得ない場合が生じる．一方，より安全度を高める場合やダム適地がある場合には，当然治水ダム建設も有力な計画代替案になる．いずれにしても破堤氾濫が最大の問題であり，河道におけるピーク流量が治水上最も重要な決定変数と考えられる．治水上非常に不利な状況下にある中小河川について降雨の再現性を前提*とせず，所与の安全度に対する河道のピーク流量が最大となる降雨を計画降雨として設定する必要がある．ここでは，治水計画として2つの代替案，すなわち「築堤河道方式」と「治水ダム＋築堤河道方式」の基本的治水方式を考え，おのおのについて計画降雨決定モデルを考えよう．そして，治水ダムについては（中小河川の性格上）確実にピークカットが期待できる自然調節方式を仮定する．

次に，おのおのの代替案の具体的評価基準を以下のように考えることにしよう．

① 築堤河道方式；任意の評価地点での流出量の最大化とする．
② 「治水ダム＋①」方式；自然調節方式のダムについては，ダム地点において流出量は確実にピークカットされる．このとき，下流の河道への放流量のピークは貯水量のピークと時間的・量的に対応しており，必ずしも流出量のピークとは対応しない．以上から，必要調節容量の最大化とする（図9.2.5）．

以上の評価基準に対し，比較的信頼のおける降雨に関する情報として，治水安全度相当の総降雨量，およびピーク降雨量に関する制約条件を設定しよう．さらに，流域の雨水貯留量，累積降雨量，（ダムを想定する場合）ダム貯留量を状態変数とし，各時刻の降雨量を決定変数としたDPにおける関数方程式を定式化し，これを解いて計画降雨を決定することになる．

2) モデルの定式化

① 「築堤河道方式の場合」：図9.2.5に示すように，流出量は，おおむね時間的にも量的にも流域の雨水貯留量に対応することは水文学の教えるところである．したがって，流出量最大化基準を流域の雨水貯留量最大化基準に置き換えて考えれば，次の関数方程式を得る．

$$f_t(S_t, R_t) = \max_{r_t} \{G_t(r_t) + f_{t+1}(S_{t+1}, R_{t+1})\} \tag{9.2.22}$$

$$\text{subject to } 0 \leq \sum_{t=1}^{T} r_t \leq R_T^{\max}, \quad 0 \leq r_t \leq r^{\max} \tag{9.2.23}$$

---

*中小河川の水害はいつも史上はじめてで，計画段階で再現を前提として考えることは無意味．

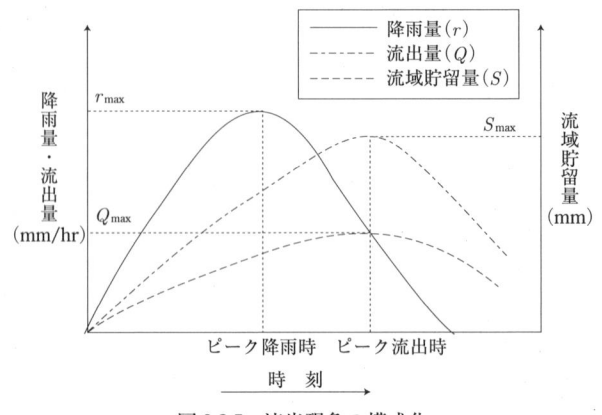

図 9.2.5 流出現象の模式化

ここに，f_t：t 期以降必要とされる流域貯留量の最大値，S_t：t 期での流域貯留量，R_t：t 期までの累積雨量，G_t：t 期～$t+1$ 期の流域貯留量の増分である．式 (9.2.23) の最初の式は総降雨量の制約式で，次の式はピーク降雨量の制約式である．そして $R_T^{\max}$，$r^{\max}$ はともに治水安全度の指標であらかじめ決定された値である．

② 「自然調節方式の治水ダム＋築堤河道方式の場合」：自然調節方式のダムがある流域では，必要調節容量の最大化を目的としているから，次の関数方程式を得る．

$$f_t(S_t^d, S_t, R_t) = \max_{r_t} \{G_t(r_t) + f_{t+1}(S_{t+1}^d, S_{t+1}, R_{t+1})\} \tag{9.2.24}$$

$$\text{subject to} \quad 0 \leq \sum_{t=1}^{T} r_t \leq R_T^{\max}, \quad 0 \leq r_t \leq r^{\max} \tag{9.2.25}$$

ここに f_t：t 期以降に必要とされる最大調節量，S_t^d：t 期でのダム貯留量，G_t：t 期～$t+1$ 期の調節量の増分である．

以上 2 ケースに示した関数方程式を解くためには，①では流域貯留量，さらに②の自然調節方式ダムがある流域の場合，ダム貯留量に関する状態方程式が必要である．

まず，流域貯留量に関する状態方程式として，取り扱いの容易さおよび精度の良好さから最も実用的な貯留関数法を採用すると，次式を得る．

$$\text{連続の式}: \frac{S_t + S_{t+1}}{2.0} = K q_t^p \tag{9.2.26}$$

$$\text{運動の式}: S_{t+1} - S_t = e r_t - q_t \tag{9.2.27}$$

ここに，q_t：流出高，e：流出率，K，p：定数である．この式 (9.2.26)，(9.2.27) から S_t および r_t から q_t および S_{t+1} を求めるには，ニュートンラプソン法を使えばよい．

次に，ダム貯留量の状態方程式は以下のようになる．

9 水災害環境論

$$連続の式：\frac{Q_t+Q_{t+1}}{2} - \frac{O_t+O_{t+1}}{2} = S_{t+1}^d - S_t^d \tag{9.2.28}$$

$$貯水位・放流量式：Q_t = g(H_t) \tag{9.2.29}$$

$$貯水位容量曲線：H_t = \phi(S_t^d) \tag{9.2.30}$$

ここに，Q_t：ダム流入量（自然流出量），O_t：ダム放流量，H_t：ダム貯水位である．また，式(9.2.30)の関数ϕは，穴あきダム方式かあるいはゲート一定開度方式化により一意的に定まる．さらに，自然調節方式の洪水調節計算も，貯留関数の場合と同様に非線形連立方程式となっているため，ニュートンラプソン法などの適用が必要となる．

以上から，最適（人間にとって最悪）降雨量曲線$r_t = F(S_t^d, S_t, R_t)$を求めることができる．実際の中小河川にこの方法の①を適用したところ，流出率を大きくみるか小さくみるかによって降雨波形が異なり，大きくみれば前方集中型の，小さくみれば後方集中型の降雨系列が流域にとって最悪になることが判明した．ダムを造らない治水政策で，どのような確率分布をもつ降雨系列が最も怖いかということが流出率との関係でわかるということは地域防災のあり方に多くの示唆を与えてくれるだろう．

9.3 生活者参加型治水計画論[31]

9.3.1 調査票設計プロセス[15]

(1) 調査票の設計

調査票あるいは慣用的表現をすれば質問紙は，現地調査の最も重要な道具であり，この作成は，社会調査の成否を決定的にする．この調査票の設計では，質問項目の選定，質問順序の決定，さらに質問文や選択肢の決定を行う．従来の調査票の設計は，その設計者の経験をもとに行われてきた面が強く，またその設計プロセスそのものがあいまいであったため，調査目的を十分満足しない質問項目の選択あるいは冗長な質問項目の存在，さらに質問順序の論理的一貫性の欠如などのために回答者に困惑を与える場合も少なくなかった．そこで，このような調査票設計上の問題を解決するために，KJ法とISM法を導入した調査票設計プロセスの一例を図9.3.1に示す．この図のように，調査票設計プロセスは，3つのサブプロセスにより構成されている．ここでは，図9.3.1に示すプロセスのうち重要な「調査課題の明確化のプロセス」と「調査項目の設定と共通認識の形成プロセス」を中心に述べる．

1) 調査課題の明確化のプロセス

調査の目的，立場を明確にし，調査票の設計のための共通認識形成プロセスである．
1) 調査課題の抽出（ステップ1，2）：実際の調査項目は，調査目的を具体化した目

的・意図に対して設定されることから，ブレーンストーミングにより，参加者全員の自由な考えに基づく具体的な調査課題の抽出を行う．

2) 調査課題の集約による調査大項目(Category)の設定とその階層構造化 (**ステップ3**)：ブレーンストーミングにより抽出された項目は，参加者の自由な発想によるものであり，概念的に同一であったり，あるいは類似の意味をもつものもある．このため，KJ法を用いて各項目の概念の包含関係に着目し，大項目を設定し，項目間の推移性をもとにISM法を用いて大項目を階層化する．

2) 調査項目の設定と共通認識の形成プロセス

調査課題に対応する調査大項目を，調査票における具体的な質問を考慮して，概念の分割を行う．

a) 調査大項目の概念を説明する調査中項目 (Component) の設定 (**ステップ 4**)：すでにある大項目を構成する中項目は構成されているが，これらが調査可能か否かを吟味し，また，調査可能で欠落しているものは何かを議論することにより，大項目を構成し分割する中項目を設定する．

b) 調査中項目の計画プロセスにおける位置づけ (**ステップ 5**)：抽出された中項目の表す概念が，図9.3.2に示す計画プロセスのどこに位置づけられるかを規定し，参加者の共通認識を形成する．具体的には，中項目を外乱（シナリオ）・入力・出力・制約・目的と分類する．

c) 調査中項目間の因果関連構造の検討 (**ステップ 6，7**)：ここでは，ステップ 4，5 で設定された中項目について，その項目間の因果関連構造を ISM 法を用いて把握し，項目間の論理性の解釈を行う．つまり，ISM法により得られた因果関連構造図をもとに，ある調査項目の内容を把握するためには，どの項目の分析が必要か，あるいはどの項目の分析で十分か，また逆にある調査項目の内容把握はどのような項目の分析を可能とするかといった点を明らかにする．

3) 調査票の形式化のプロセス

前述の2)のプロセスの結果得られた中項目関連図をもとに，実際の質問項目の設定を行う．

1) 質問項目の設定 (**ステップ 8**)：ここでは，ステップ 4 で設定した中項目について，質問項目となる小項目 (Parameter) の抽出を行う．これは (2) の3) と同様な方法で行われる．

2) 質問項目の選択と質問順序の決定 (**ステップ 9**)：これらはCategory-Component-Parameter の階層構造と Category 間の構造図，Component 間の因果関連構造図によって行われる．具体的には次の事例で示すことにする．

3) 調査票の作成 (**ステップ 10**)：これには，言葉の表現技術が要求される．調査目的と対象者の特性により多様である．ここでは調査小項目を調査票の形式に整えるに際し留意すべきこととして，次のような一般的なルールを示しておこう．

9 水災害環境論

ステップ

```
        S
        ↓
1   調査表作成の目的・立場の明確化
        ↓
2   ブレーンストーミングによる
    調査項目の抽出
        ↓
3   討議による調査項目の集約化
    (大項目作成)
        ↓
NO ← 合意に達したか？         (項目の内容認識)
        ↓ YES
4   大項目の討議プロセスにおける位置付け
    (目的・制約・入出力・シナリオ)
        ↓
5   各大項目を構成する中項目の設定
        ↓
NO ← 合意に達したか？
        ↓ YES
6   中項目間の因果関連構造の把握
        ↓
7   中項目間の論理性の解釈
        ↓
NO ← 合意に達したか？          (大項目と中項目の
        ↓ YES                  内容と関連の認識)
8   各中項目を構成する小項目の設定
        ↓
9   質問項目の選択と質問順序の設定
        ↓
10  調査票の作成
        ↓
        E
```

- 調査課題の明確化のプロセス（ステップ1〜5）
- 調査項目の設定と共通認識の形成プロセス（ステップ6〜7）
- 調査票の形式化のプロセス（ステップ8〜10）

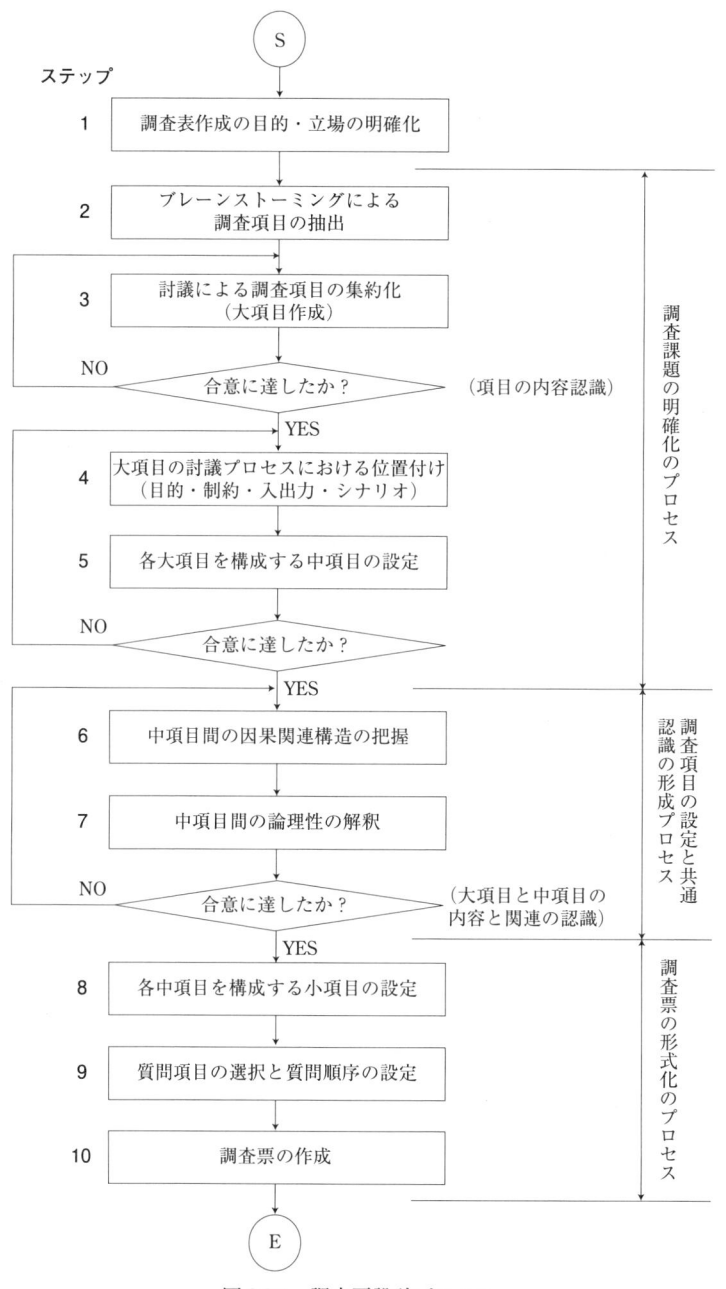

図 9.3.1　調査票設計プロセス

699

```
           外乱（シナリオ）
              ↓
        ┌─────────┐ （目的）
入力 ──→│ 計 画   │
        │ プロセス│ ──→ 出力
        └─────────┘ （制約）
```

図 9.3.2　計画プロセス

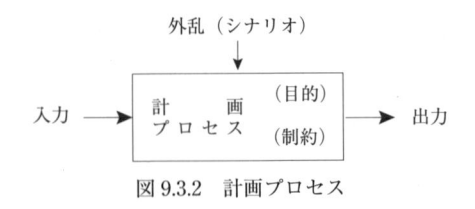

① 個々の質問の中に，また各質問の間に論理的な問題を含んだ点はないか．
② 質問の内容は回答者にとって現実性のあるものとなっているか．
③ 質問の内容は回答者にとって質的にふさわしいものとなっているか．
④ 調査課題に対して質問の内容は十分に絞り込まれているか．
⑤ 質問の意図する回答のあり方が具体的に十分明確なものとなっているか．
⑥ 質問の全体的な配列が回答者とのコミュニケーションを阻害したりゆがめたりする心配はないか．
⑦ 質問文中の事項や用語の表現および活用は正確か．
⑧ 質問およびカテゴリーの数は適切か．
⑨ 調査全体のデザインは，回答者にとって答えやすいものとなっているか．
⑩ 調査票のデザインは，回収後の集計・分析のために配慮されているか．

　以上の留意点のうちルール①～⑥については，図 9.3.1 の**ステップ 7** までの検討で回避することが可能である．ルール⑦はいわゆる Wording の問題といわれ，わかりやすい，慣れたことばや文章であるように心がけること，つまりあいまいなことば，主観的なことば，そして難しいことばは使わないようにすることが必要である．また，回答を誘導するようなことばや文章は回避するようにしなければならない．ルール⑧は，回収率や有効率に強い影響を与える．

　したがって，情報参加している回答者の協力が得られるように，質問が具体的でしかも必要不可欠な最小限のものであるかどうかよく検討しておくことが重要である．ルール⑨⑩は，調査票設計の総仕上げに関するものである．ルール⑨については調査者が回答者と調査票を介してのみ接触することになるため，回答者とのコミュニケーションが円滑化するように調査表全体の意匠にも十分な工夫が必要である．最後のルール⑩は，調査結果の集計作業の効率化に関わるものである．そして，分析のための配慮はすでに ISM 法を用いた Category や Component の階層構造化の段階で，すでにターゲットは定まっているはずである．

(2) **調査票設計プロセスの事例；生活者参加型治水計画の評価システムの構築**

　前述の調査票設計プロセス（図 9.3.1）の具体的な実施手順を，ここでは治水計画のための流域生活者意識調査における適用事例として示す．対象流域は四国の洪水常襲流域である．

表9.3.1 具体的な調査課題

調査目的		治水対策決定の際の評価基準設定のための情報としての生活者意識の把握
調査課題	1	望ましい治水対策イメージの把握
	2	治水事業の評価イメージの把握
	3	地区間の対立点と一体感の把握
	4	治水対策手段の選好と規模・配置の願望把握
	5	生活者の治水対策行動の把握[注1]
	6	水防活動の実態把握
	7	治水安全度の指標抽出
	8	利水・環境保全機能イメージ把握
	9	現状の治水事業に対する信頼感把握
	10	治水事業と他事業の競合関係に対するイメージの把握[注2]
	11	洪水被害経験の把握
	12	各河川事業の目的間の対立・調和に関するイメージ把握
	13	あるべき河川の機能と地域に関する生活者意識把握
	14	生活者の生活・河川への満足度の把握
	15	居住地区状態（水害危険度）の把握
	16	治水に関する知識レベルの把握
	17	治水機能イメージの把握

注1) 生活者の被災時（後）の行動・対象，治水対策手段に対する生活者の対応，あるいは水害ニュース等の情報入手などを総称．
注2) 他事業とは河川事業以外のもの．

　この調査の目的は，治水計画のために流域生活者の情報参加を求め，これにより計画の多次元評価システムを作成することにある．図9.3.1の**ステップ2〜3**より，表9.3.1に示す17の具体的な調査課題を得た．これは調査大項目の原案である．しかしながら，これらの項目は討議参加者の自由な発想に基づくものであり，概念的に類似なものや同一のものを含んでいる可能性がある．そこで，各概念の包含関係に着目して，ISM法を適用することにより項目関連構造図を作成し，これをもとに項目の整理統合を行うことにした．こうして，試行錯誤と議論を繰り返し，表9.3.1に対応して得られた構造図として，図9.3.3を得た．

　この図から，破線で囲まれた項目群が統合できることがわかる．したがって，調査大項目は，調査票記入者の属性（フェイスシート）を加えて，14項目に統合・整理した．

　次に，図9.3.1の**ステップ4, 5**により，これら14大項目の概念を説明する中項目の抽出を行う．

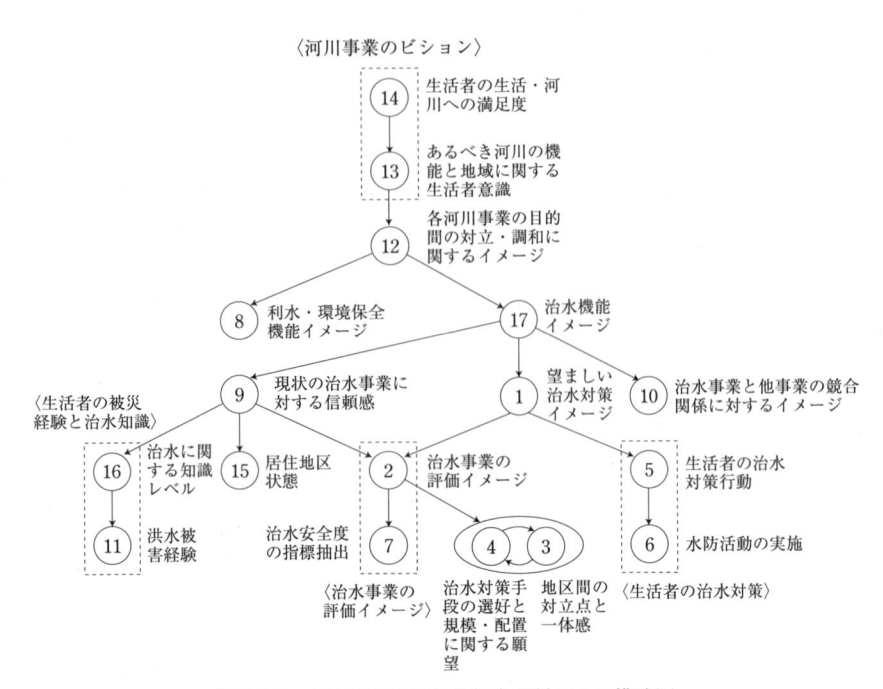

図9.3.3 大項目間の概念的包含関係による構造図

　中項目は抽象的な大項目より具体的である．抽出方法は，すでに大項目を設定するために用いたKJ法の結果も考慮しながら，再度ブレーンストーミングを行い，議論を重ね，結果として表9.3.2を得た．さらに，これらの中項目が図9.3.2に示した計画プロセスのどこに位置づけられるかを規定し，各項目に関する参加者の共通認識の形成を図った．結果は図9.3.1に併示した．

　ステップ6，7により，表9.3.2に示した中項目間の関連構造をISM法により決定し，項目間の論理性の解釈，すなわち項目間の関連を因果関係でとらえる．これにより，目的としている内容を調査結果から語るための検討，つまりある項目の設定や質問順序の決定のための情報を得ることができる．この結果を，図9.3.4に示す．

　この図より，例えば以下のようなことが明らかとなる．

① 治水対策の規模・配置に関する流域生活者の意識は，生活者の選好度(27)，用地買収に関する生活者の対応(10)，河川事業の目的間の競合(26)，地区間の対立点・一体感などの分析により把握が可能となることがわかる．また，その結果の評価は，その項目の上位レベルにある，治水事業の恩恵に関する意識(29)あるいは生活満足度(2)などの分析により行うことができることがわかる．

② 生活者意識のマクロ的な構造が，図9.3.5のように同定された．すなわち，調査目的からみて，特に重要となる「治水対策の選好」は「河川とのふれあい」，「生々

9 水災害環境論

表9.3.2 調査大項目と中項目

No.	大項目	No.	中項目	計画プロセスでの位置付け
1	河川事業のビジョン	①	生活者の河川への親近感	制約
		②	生活者の生活満足度	入力
		③	望ましい河川像	外乱
		④	望ましい流域像	外乱
2	利水,環境保全機能イメージ	⑤	望ましい利水機能	制約
		⑥	望ましい環境保全機能	制約
		⑦	水害と土地利用の関連	入力
3	治水機能イメージ	⑧	水害と生活様式の関連	入力
4	治水事業と他事業の競合関係に対する意識	⑨	治水事業と他事業の競合関係に関するイメージ	外乱
5	望ましい治水対策イメージ	⑩	用地買収への住民の対応	制約
		⑪	洪水調節方式の評価イメージ	入力
		⑫	河道改修方式の評価イメージ	入力
		⑬	氾濫原管理方式の評価イメージ	入力
		⑭	砂防方式の評価イメージ	入力
6	現状の治水事業に対する信頼度	⑪	洪水調節方式の評価イメージ	入力
		⑫	河道改修方式の評価イメージ	入力
		⑬	氾濫原管理方式の評価イメージ	入力
		⑭	砂防方式の評価イメージ	入力
7	生活者の治水対策	⑮	治水事業への生活者参加に関する意識	外乱
		⑯	避難の実態	出力
		⑰	水防活動の実態	入力
		⑱	災害補償の実態	出力
8	治水事業の評価イメージ	⑲	治水事業の利水への影響に関するイメージ	制約
		⑳	治水事業の影響保全への影響に関するイメージ	制約
9	居住地区状況	㉑	居住地区の水害危険度	入力
10	生活者の被災経験と治水知識	㉒	被災経験	入力
		㉓	河川の歴史に関する知識	外乱
		㉔	治水に関する知識	外乱
11	地区間の対立点と一体感	㉕	地区間の対立点と一体感	目的
12	各河川事業の目的間の対立・調和に関するイメージ	㉖	各河川事業の目的間の対立・調和に関するイメージ	外乱
13	治水対策手段の選好と規模・配置の願望	㉗	治水機能からみた治水対策手段の判断	入力
		㉘	生活者の総合的判断による治水対策の選好	出力
		㉙	治水事業の恩恵に関する意識	目的
(14)	記入者の属性	㉚	アンケート記入者の属性	——

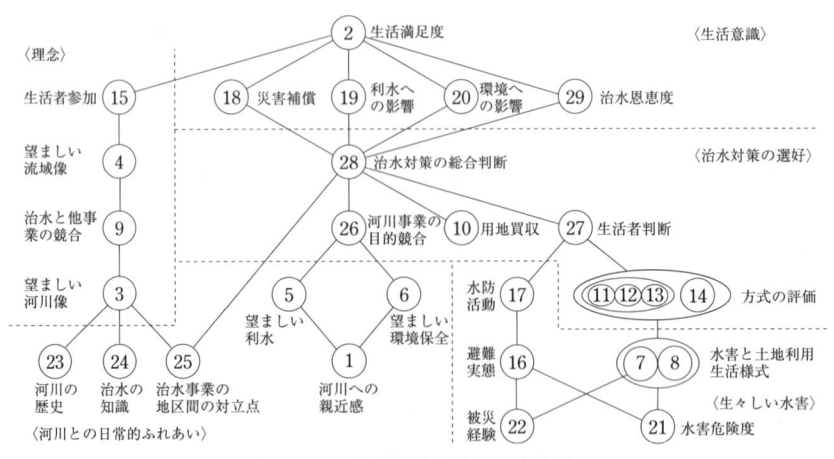

図 9.3.4 中項目間の因果関連構造

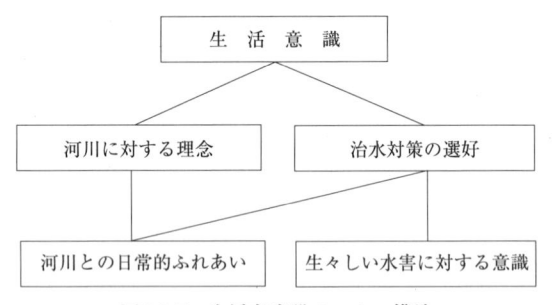

図 9.3.5 生活者意識のマクロ構造

しい水害に対する意識」から把握することができ，治水対策の生活者意識への波及効果，「河川との日常的ふれあい」から分析される「河川に対する理念」を把握したうえで「生活意識」において評価が可能となる．

最後に，表 9.3.2 に示す中項目に対して，実際の設問項目となる小項目を抽出する．これは最初のブレーンストーミングや文献調査を参考にして，さらなるブレーンストーミングを行い，結果として図 9.3.6 の右端の小項目を得た．

以上の手順からも明らかなように，調査項目を大・中・小と設定することにより，調査項目の概念が明確になる．こうして，項目間の関連構造の把握がしやすくなると同時に，調査項目の漏れも防ぐことが可能となる．そして，何にも増して重要なことは，次の分析のためのベクトルがみえてくることである．そして，読者はこの図が結果として生活者参加型治水計画の評価システムになっていることに気がつかれると思う．

9 水災害環境論

大項目	中項目	小項目
1. 河川事業のビジョン	① 生活者の河川への親近感	・接触度 ・情緒生活への貢献 ・依存度 ・河川敷利用
	② 生活者の生活満足度	・河川に対する満足感
	③ 望ましい河川像	・望ましい河川像
	④ 望ましい流域像	・望ましい流域像
2. 利水・環境保全機能イメージ	⑤ 望ましい利水機能	・水量の豊富さ ・水質の清浄さ
	⑥ 望ましい環境保全機能	・河川環境の汚染実態 ・環境汚染防止に対する認識
3. 治水機能イメージ	⑦ 水害と土地利用の関連	・土地利用障害 ・産業形態変化 ・土地利用変化
	⑧ 水害と生活様式の関連	・雨水害生活様式
4. 治水事業と他事業の競合関係に対する意識	⑨ 治水事業と他事業の競合関係に関するイメージ	・他事業との競合
5. 望ましい治水対策イメージ	⑩ 用地買収への生活者の対応	・用地買収への対応
6. 現状の治水事業に対する信頼感	⑪ 洪水調節方式の評価イメージ ⑫ 河道改修方式の評価イメージ ⑬ 氾濫原管理方式の評価イメージ ⑭ 砂防方式の評価イメージ	・効果評価 ・信頼感 ・災害原因 ・方式の選好
7. 生活者の治水対策	⑮ 治水事業への生活者参加に関する意識	・自衛意識 ・生活者参加 ・伝承的治水方式 ・予報（警報）
	⑯ 避難の実態	・避難準備 ・避難経験 ・避難場所 ・避難訓練
	⑰ 水防活動の実態	・水防訓練
	⑱ 災害補償の実態	・災害補償の実態 ・災害補償制度導入への意欲
8. 治水事業の評価イメージ	⑲ 治水事業の利水への影響に関するイメージ	・利水機能の変化
	⑳ 治水事業の環境保全への影響に関するイメージ	・河川環境の変化
9. 居住地区状態	㉑ 居住地区の水害危険度	・発生可能災害 ・出水状況変化 ・内水氾濫 ・洪水氾濫
10. 生活者の被災経験と治水知識	㉒ 被災経験	・水害経験および状況 ・災害経験および状況
	㉓ 河川の歴史に関する知識	・歴史の知識
	㉔ 治水に関する知識	・治水手段の認識度
11. 地区間の対立点と一体感	㉕ 地区間の対立点と一体感	・問題点の地域差 ・地区間の対立意識と一体感
12. 各河川事業の目的間の対立・調和に関するイメージ	㉖ 各河川事業の目的間の対立・調和に関するイメージ	・河川事業の選好順序 ・河川事業の要望 ・河川事業の選好構造
13. 治水対策手段の選好と規模・配置の願望	㉗ 治水機能からみた治水対策の判断 ㉘ 生活者の総合的判断による治水対策の選好 ㉙ 治水事業の恩恵に関する意識	・生活者判断 ・生活者要望 ・恩恵の有無
14. アンケート記入者の属性	㉚ アンケート記入者の属性	・性別 ・家族 ・年齢 ・居住地 ・職業 ・家の所有形態 ・土地所有量

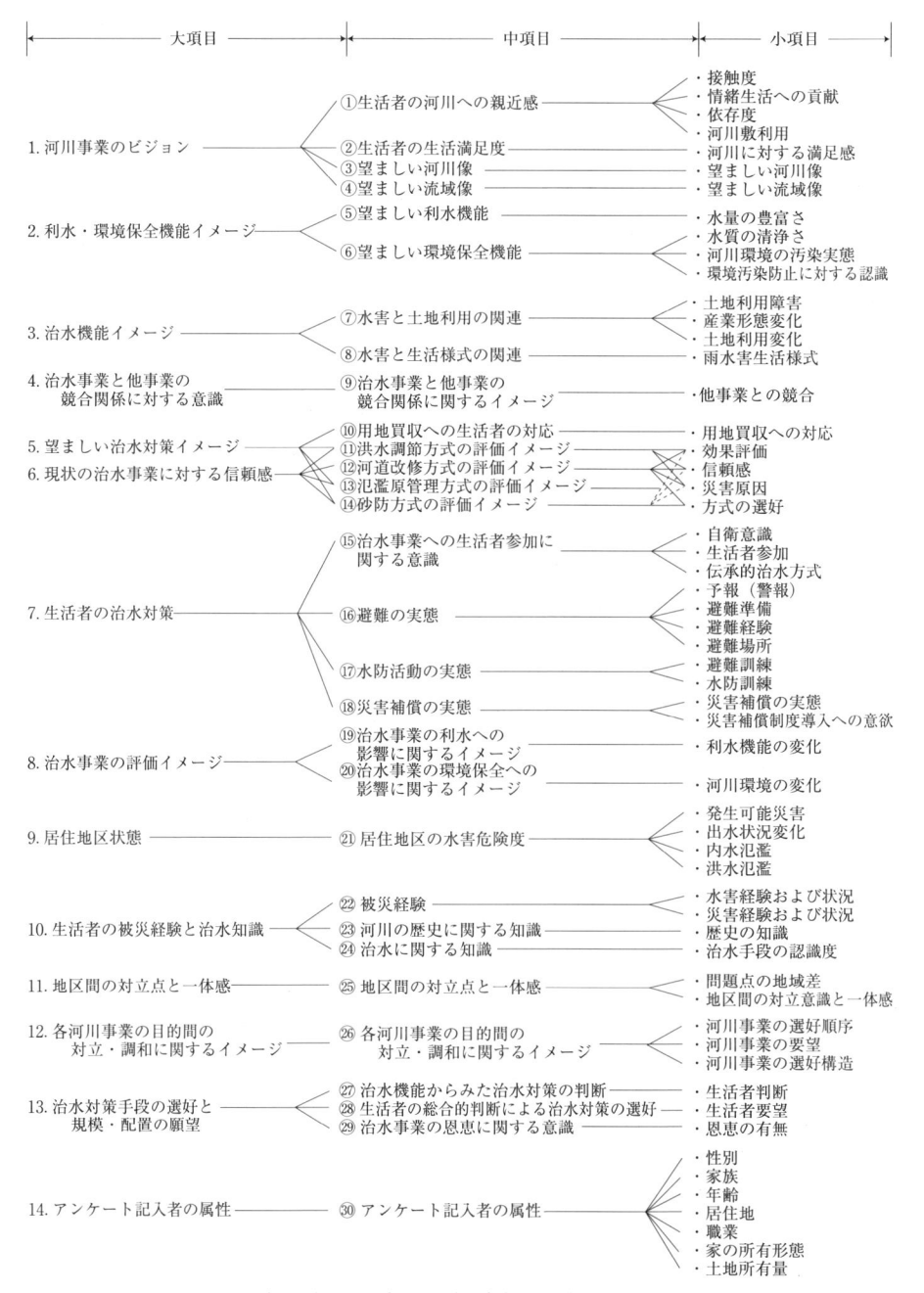

図 9.3.6　調査小項目の設定と生活者参加型治水計画の評価システム

9.3.2 生活者参加型河川改修代替案評価のための計画情報の抽出

ここでは，調査結果の分析例を，四国の吉野川を事例として，示すことにしよう．目的は治水計画作成プロセスにおいて流域生活者の情報参加を求めることにある．具体的にいえば以下のようになる．まず1つめは，地域別に生活者の河川改修代替案の選好構造を明らかにして代替案を抽出する場合で，2つめは生活者意識を評価要因として代替案の順序付けを行う場合である．このため，次の4つの分析が必要になる．

　分析1；生活者の河川満足度や河川状態要因への意識
　分析2；河川満足度を規定する代表要因
　分析3；代表要因の相互の関連
　分析4；地域別の代表要因と河川改修代替案選好との関連

図9.3.7の左側に，河川改修状態要因，評価要因との関係と，それに関する生活者意識を示している．

(1) 現況河川改修に関する生活者意識

ここでの生活者意識とは，具体的には，河川への満足度と自然的状態要因に関する意識である．地域とは，対象流域をいくつかの類似した特性を（主成分分析やクラスター分析などで）まとめて分割したものである．これを図9.3.8に示し，表9.3.3に現状の地域別河川改修状態に関する生活者意識を示す．同表には参考として，堤防の有無についても示しておいた．

生活者意識に関しては，状態要因に関する意識として「水害経験」「洪水時排水状況」「被害危険度」「洪水変化」を示し，河川満足度は上覧に示しておいた．この表から明らかなように，中流部には洪水被災経験者が多く，下流部では洪水時排水に悩まされていることがわかる．中・下流部は上流部に比べて洪水被害の危険性を感じている生活者が多い（ただし，上流部では斜面崩壊などによる土砂災害が多いことを断っておく）．

(2) 河川満足度を規定する要因の抽出

アンケート項目のうち「河川満足度」のカテゴリーを5段階とし，説明要因は21項目である．また，数量化理論第Ⅱ類による要因分析結果を表9.3.4に示す．この表のレンジの大きな項目に○を示し，「大変満足」に寄与しているカテゴリーも示しておいた．表9.3.4に大きなレンジの項目とカテゴリーを示す．

レンジの大きな要因をみると，アンケート中項目『望ましい河川像・利水機能』に対応する「川の魅力」「水質」が挙げられる．また，『治水方式の評価イメージ』としての「ダムへの信頼感」「堤防への信頼感」「排水状況」のレンジが高い．そして，『居住地区の水害危険度』の中では，「水害危険度」が高く，さらに『被災経験』を表す「水害被害の有無」，『河川事業の目的間コンフリクト・調和に関するイメージ』を表す「川の認識」，『治

9 水災害環境論

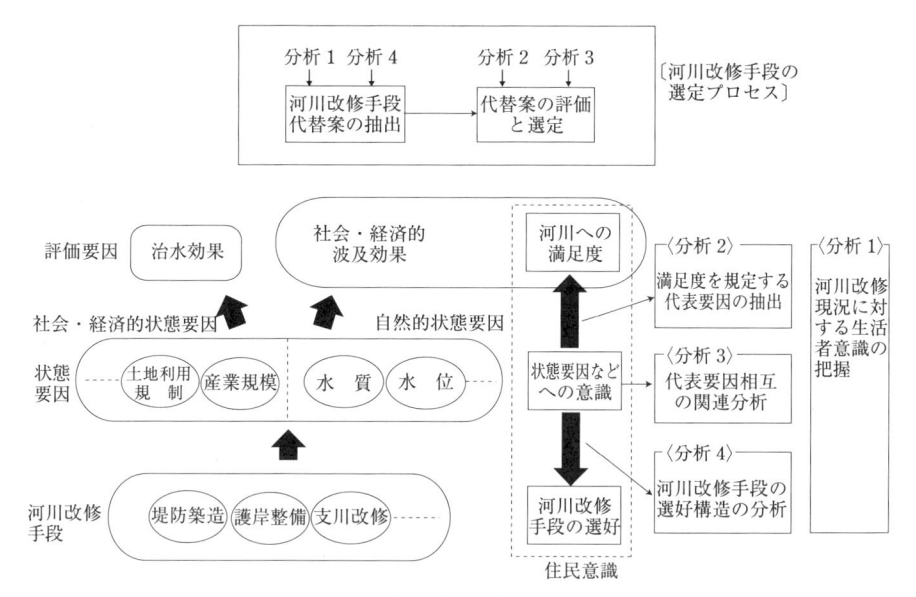

図 9.3.7　分析内容と河川改修代替案の選定プロセス

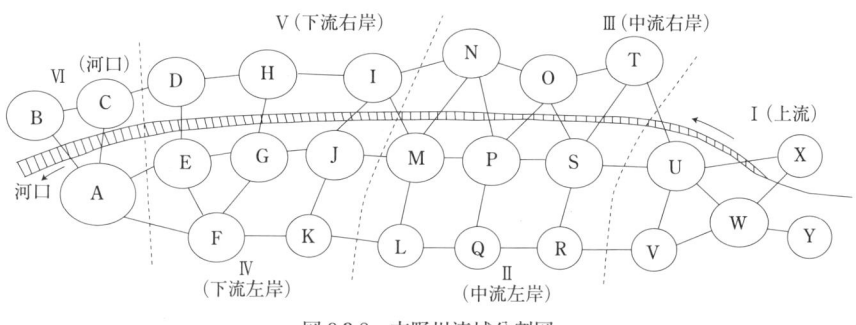

図 9.3.8　吉野川流域分割図

水事業の恩恵」を表す「洪水変化」と「事業恩恵」もレンジが高く，河川満足度に影響を与えている．

　これらのことから，以上の要因は河川の自然的状態に関する意識と考えることができ，河川改修代替案の実施による自然的状態要因が予測できれば「河川満足度」がどのように変化するかがわかることになる．

　次にこの意識と満足度がどのようなメカニズムで関連しあっているかをみるためには，カテゴリースコアを眺める必要がある．ここでは簡単に結果のみ述べておこう．「水質がよいほど，ダムや堤防への信頼感が高いほど，排水状況がよいほど，洪水が減ったと意識しているほど，治水事業の恩恵を受けていると意識しているほど」満足度が高

表 9.3.3　現況河川改修状態に関する生活者意識　　　　　　　　　　　　(%)

		アンケート項目	カテゴリー	分割域 I (上流)	分割域 II (中流左岸)	分割域 III (中流右岸)	分割域 IV (下流左岸)	分割域 V (下流右岸)	分割域 VI (河口)
生活者意識	状態要因に対する住民意識	河川満足度	満　　足	7.5	7.4	6.0	15.3	8.5	9.5
			不　　満	39.8	55.7	48.0	15.2	19.9	13.3
		事業恩恵	受けている	36.5	43.8	44.0	53.0	31.9	44.0
			受けていない	34.8	31.7	19.1	11.0	27.1	15.3
		洪水変化	減った	54.0	69.9	66.9	58.8	42.9	49.8
			減らない	9.0	7.0	8.6	5.2	8.3	3.8
		水害経験	有	20.2	50.5	61.6	37.4	31.6	26.4
			無	79.8	49.5	38.4	62.6	78.4	73.6
		洪水時排水状況	悪　　い	30.9	37.0	34.5	51.4	51.5	51.9
			よ　　い	30.7	34.3	21.3	14.2	14.3	19.8
		被害危険度	感じる	30.9	61.2	65.2	57.7	58.0	57.4
			感じない	65.9	39.4	32.0	37.1	38.6	40.5
	現状での堤防の有無			無	無	無	有	有	有

く，逆に「水害経験がある，危険を感じているほど」不満が高い．ここで特に注目すべきは，「川の魅力」で「川の野球場，サイクリング道，公園，広場」を川の魅力と感じるほど満足と回答する傾向があることである．河川満足度は「自然的要因」だけでなく「人為的要因」によっても構成されていることがわかる．このような情報は水辺計画にアメニティとしての遊び空間配置必要性を示唆しているといえよう．

(3) 要因相互の関連構造

　ここでは，χ^2 分布検定による質問項目間の独立性の検定と，属性相関係数の1つであるクラマーの関連係数（数字的補遺 A 参照）を用いて考えよう．図 9.3.9 に，地域別選好要因の構造を示している．この図は，関連の把握が容易なようにクラマーの関連係数が 0.3 以上のものについて，要因間を結んで関連の強さを表したものである．以下では，地域別の要因構造より，地域に共通な構造と固有な構造に着目する．

　共通構造としては，図の黒太線に示すように，高い相関関係にある「水害経験」と「被害危険度」，「ダム信頼感」と「堤防信頼感」，「事業恩恵」と「洪水変化」の3つの関係が挙げられる．クロス集計を参考としてこれを解釈すると，「水害経験」と「被害危険度」では，水害経験がある人ほど水害危険性を感じていることが理解される．また，「事業恩恵」と「洪水変化」では，洪水が減ったと思っている人ほど事業の恩恵を受けている

9 水災害環境論

表9.3.4 要因分析結果（外的基準；河川満足度）

アンケート中項目	アンケート小項目	レンジ	カテゴリー	アンケート中項目	アンケート小項目	レンジ	カテゴリー	アンケート中項目	アンケート小項目	レンジ	カテゴリー
①生活者の河川への親近感	生活への貢献	◎	「どちらとも言えない」	⑭治水方式の評価イメージ	川　幡			㉔治水の知識	用語の知識		
	吉野川へ行く頻度（遊び・散歩）			⑮治水事業への生活者参加	排水状況	◎	「非常によい」		年超過確率		
	〃 （釣り）				生活者参加				〃（ダムカット）		
	〃 （運動）	◎	「よく行く」		生活者対立の原因				〃 計画等		
	〃 （仕事）			⑯避難の実態	避難経験				水流量		
	〃 （洪水時）	○	「満足している」		避難方法				ダムの知識		
②生活者の生活満足度	生活満足度				洪水ニュース			㉕治水事実の思想	洪水変化	◎	「非常に減った」
	生活の仕方			⑰水防活動の実態	水防訓練				事業思想		「受けている」
	生活充実感										
③望ましい河川像	川の魅力	◎	「公園・広場」「非常によい」	⑱居住地区の水害危険度	水害危険度	◎	「まったく感じない」	㉚アンケート記入者の属性	性　別		
					台風時洪水状況				年　令		
⑤望ましい利水機能	水　質	◎	「よい」		洪水時水位				学　歴		
					洪水時間				職　業		
⑥水害と生活様式の関連	水害対策				洪水回数				地　位		
⑨治水事業との競合イメージ	改修 or 保護			㉒被災経験	水害被害	◎	「経験ない」		家族構成		
⑩用地取への住民の対応	用地買収			㉓治水事業の環境への影響	景観変化				世帯収入		
	改修可能性			㉕地区間の対立感・一体感	改修重点地点	○			居住開始年		
⑪治水方式の〜	ダムへの信頼感	◎	「非常に頼もしい」	㉖河川事業の目的間のコンフリクト・議和	川の認識				家の種類		
⑬評価イメージ	堤防への信頼感	◎	「頼もしい」						吉野川への距離	○	
									耕地面積		

表9.3.5 大きなレンジの項目とカテゴリー

項目＼番号	1	2	3	4	5	6	7
1. 生活への貢献	非常に貢献	貢献	貢献してない	まったく貢献してない	どちらともいえない	わからない	
2. 川の魅力	フナ・小鳥・虫など	あし、草花・水草など	川の風	川の野球場・サイクリング道	公園・広場	魅力感じない	その他
3. 水質	非常に良い	よい	普通	悪い	非常に悪い	わからない	
4. ダムへの信頼感	非常に頼もしい	頼もしい	普通	不安	非常に不安	わからない	
5. 堤防への信頼感	〃	〃	〃	〃	〃	〃	
6. 水害被害	ある	ない					
7. 排水状況	非常によい	よい	普通 排水施設	悪い 排水施設	非常に悪い	わからない	
8. 被害危険度	まったく感じない	あまり感じない	少し感じる	非常に感じる	わからない		
9. 洪水変化	非常に減った	減った	わからない	増えた	どちらともいえない	わからない	
10. 事業恩恵	受けている	受けていない	どちらともいえない	わからない			

(1) 河　口　　　　　　　　　　　　(2) 上　流

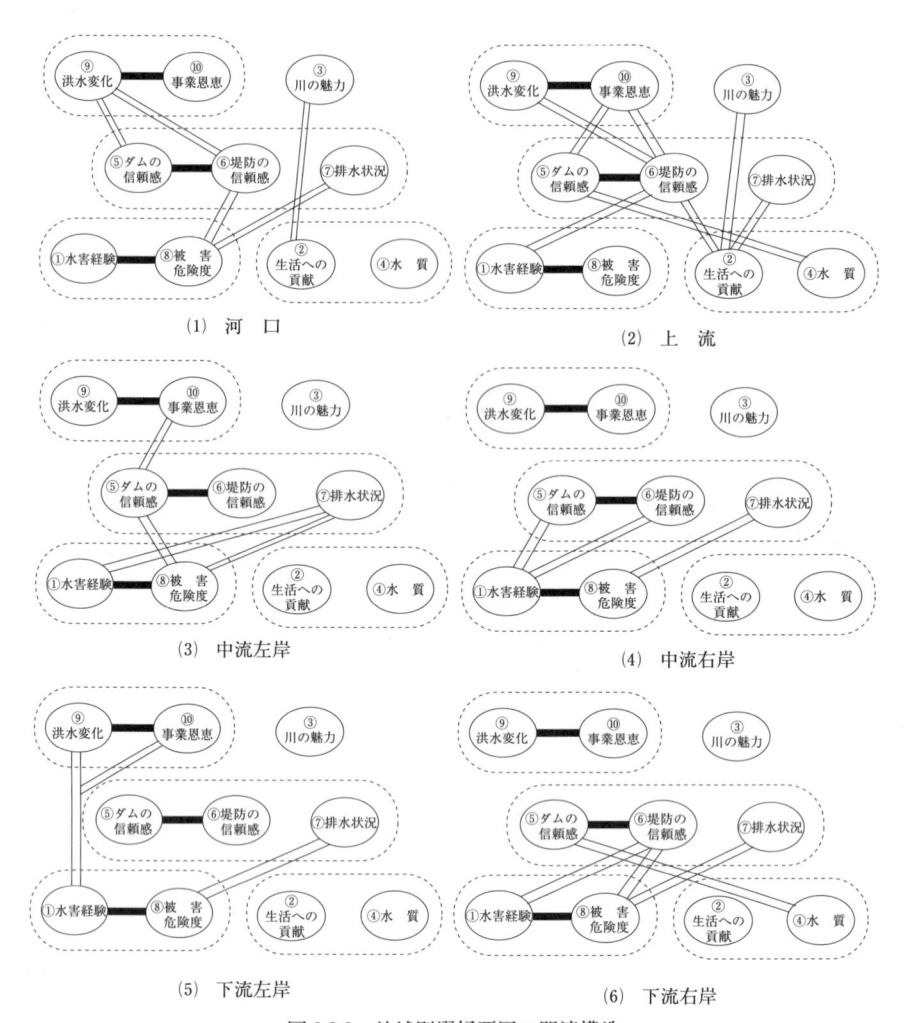

(3) 中流左岸　　　　　　　　　　　(4) 中流右岸

(5) 下流左岸　　　　　　　　　　　(6) 下流右岸

図 9.3.9　地域別選好要因の関連構造

と感じている．さらに，「ダム信頼感」と「堤防信頼感」については，河川に対する信頼感として，同じ意義を有する要因と見なせる．このため，前の2つの要因関連は因果関係という視点から，後の1つは治水という視点から生活者意識では同じといえる．

次に，地域固有な関連に着目すれば以下のようなことがわかる．すなわち，「排水状況」と「被害危険度」の関連は上流のみ弱く，他の地域では強い．これをクロス集計を用いて解釈すれば，排水状況が悪いために被害の危険性を感じているということができる．また，上流と河口では「川の魅力」と「生活への貢献」，河口と下流右岸では「水質」と「ダムの信頼感」の関連が強い．さらに，上流，中下流左岸は「堤防・ダムの信頼感」

と「水害経験・被害危険度」との関連が弱いのに対し，河口，中下流右岸は関連が強いことがわかる．

ただし，以上の調査の実施段階では環境や利水の項目は少ないことを断っておく．今後，もっと枠組みの広い河川環境（治水，利水，社会・生態環境など）調査が必要である．このとき，現在日本が抱えている，例えば「環境か開発か」というような，水に関する多種多様なコンフリクトがあぶり出されてくるはずである．

(4) 河川改修代替案の選好構造

ここでは，河川改修代替案として3つ考えることにしよう．そして，その代替案を外的基準とした数量化理論第Ⅱ類で要因分析を行い，代替案の選好に影響を与える要因を明らかにする．なお，代替案は以下のものである．
① 内水対策・支川改修
② 堤防の新築
③ 堤防の改築・補修・護岸整備

この結果を図9.3.10に示す．この構造図は，内水対策と外水対策との選好判別を示すレンジの大きさによって要因間を太線で結んだものである．

まず，特徴的な選好構造の違いは上流と中流右岸にみられる．上流では「生活への貢献」「水質」さらに「川の魅力」という要因と水害や洪水の要因が関連のない構造となっている．一方，中流右岸では，それらが「排水状況」や「ダム・堤防信頼感」という洪水に影響される要因と関連が強い選好構造になっている．この選好構造は表9.3.3にみられるように実際の水害経験（上流20.2%，中流右岸61.6%）と無縁ではない．そして，この両極の構造の中間に他の地域が位置づけられていることがわかる．

以上の地域別の選好構造により，地域によって河川改修代替案を選ぶ要因が異なることがわかる．この選好の内部構造をクロス集計により把握すれば，排水状況が悪い場合は排水対策・支川改修を，ダム・堤防の信頼度が低い場合は堤防の新築・補強を望んでいることがわかる．また，水質が悪く河川事業が生活に貢献していないと思っている場合は内水対策を期待している．川の魅力を「草花・風物」としている場合は内水対策を，「公園・広場」としている場合は堤防・護岸を期待している．

以上のように，アンケート調査をベースとした分析から，地域生活者の意識からみた河川改修代替案の評価のための計画情報の抽出方法を示すことができる．

9.3.3 生活者の意識による河川改修代替案の評価

(1) 代替案の流域インパクトに関する生活者意識

ここでは，生活者の意識でもって河川改修代替案の評価法を考えよう．対象河川は四国の肱川である．このため，代替案として前項より具体的なものを作成しなければならない．考えられる代替案をまとめれば表9.3.6を得た．

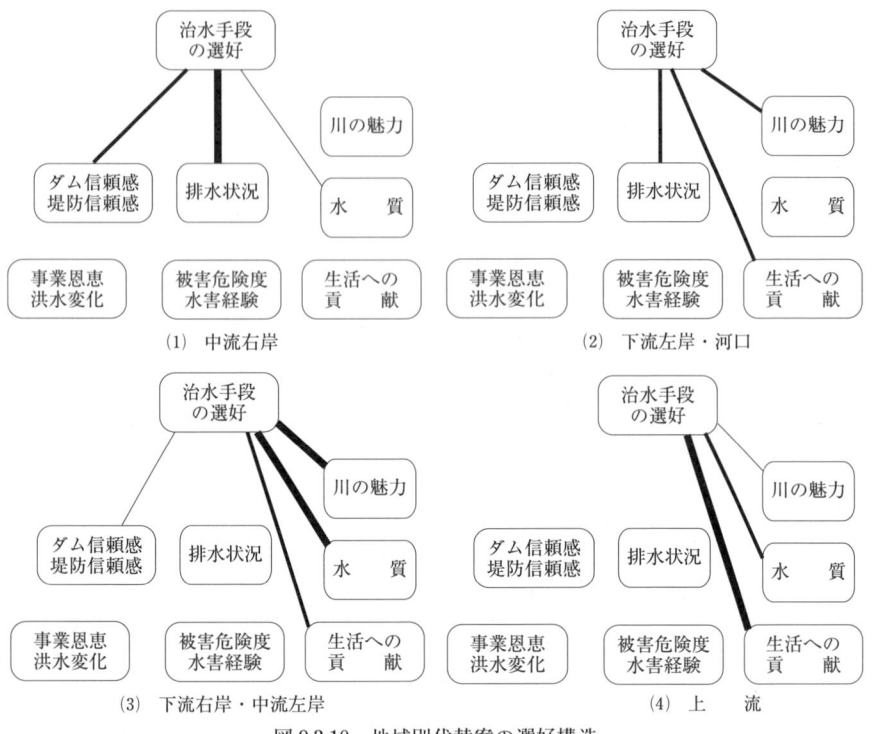

図 9.3.10 地域別代替案の選好構造

　生活者社会調査による「堤防，掘削，背後地嵩上げについて当該地区での実施が適当かどうか」という質問に対する回答結果から，各治水代替案について選好生活者と非選好生活者をラベル分けした．このおのおののラベルの生活者に対して「各治水代替案が流域の治水，利水，環境に対するインパクトに関するイメージ」についての回答結果を用いて，上下流域別に各治水代替案の流域インパクトに関する生活者意識の（単純集計による）分析を行った．この結果得られた各治水代替案に対応した生活者の評価を図9.3.11に示す．

　まず，図9.3.11の上流に注目すれば，代替案①～④に対し，治水代替案を選好している生活者は治水・利水・環境についても代替案の機能を評価し，選好していない生活者は利水・環境に不満をもっている．次に，下流に注目する．代替案①（堤防案），代替案④（嵩上げ案）はともに非選好生活者も治水機能が劣っているとはしていないにもかかわらず，やはり利水・環境に不満をもっている．代替案③（掘削案）に関しては選好する生活者でも治水機能にあまり期待していない．全体としていえることは，上下流とも選好生活者は治水・利水・環境から構成される流域河川機能に対する各代替案のインパクトに関しては悪いイメージをもっていない．一方，非選好生活者は，治水面におい

表 9.3.6 代替案の設定

代替案	上　流	下　流
① 堤防中心案	堤防および掘削	堤防
② 堤防・掘削折衷案		堤防・掘削
③ 掘削中心案		掘削中心（補完的に堤防計画）
④ 背後地嵩上げ中心案		後背地嵩上げ中心（補完的に掘削計画）
⑤ 遊水池・堤防案	右岸の盆地を遊水池として残し，堤防と掘削も計画する	堤防
⑥ 遊水池・堤防・掘削折衷案		堤防・掘削
⑦ 遊水池・掘削案		代替案③と同様
⑧ 遊水池・後背地嵩上げ案		代替案④と同様

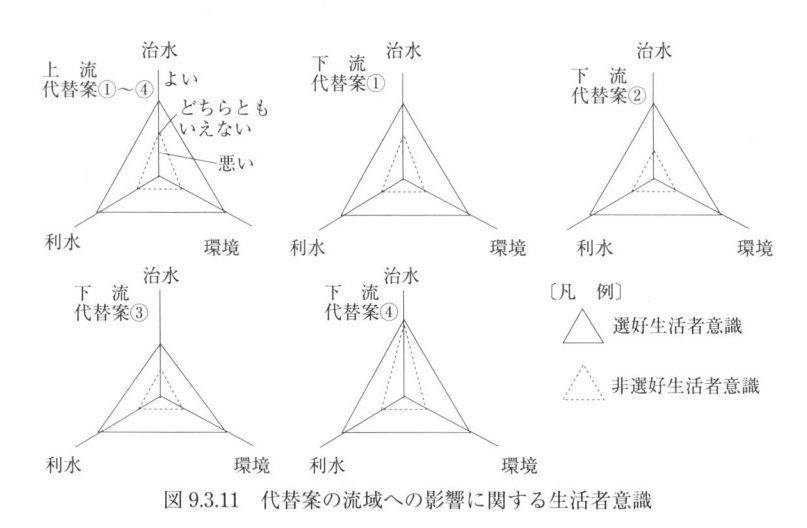

図 9.3.11 代替案の流域への影響に関する生活者意識

て代替案②③をよくないと思っており，利水・環境面に関してどの代替案もよい印象をもっていないことがわかる．

(2) **生活者意識からみた代替案の評価**

　各代替案が実施された場合に，考えられる流域機能に対する生活者の満足度を評価として考え，これを選好・非選好生活者のおのおのについて推定しよう．このため，まず現時点での流域機能に関する生活者意識を質問した項目を抽出し，次にこの満足度を外的基準とした数量化理論第Ⅱ類による分析から得られるサンプル数量を用いて満足度判別式を求めよう．また，(1)で行った代替案の流域機能インパクトに関する生活者意識と満足度判別式の説明要因の反応パターンとの関連を設定しておけば，代替案ごとに生

表9.3.7 代替案のインパクトと生活者の反応パターン

代替案の流域機能への影響			治水機能			利水機能			環境機能		
	項目	カテゴリー	良	中	悪	良	中	悪	良	中	悪
環境機能	水質イメージ	きれいになった							○		
		わからない								○	
		汚くなった									○
利水機能	低水流量イメージ	増えた				○					
		わからない					○				
		減った						○			
治水機能	大洪水の可能性	なし	○								
		わからない		○							
		あり			○						
	洪水の農地への影響	なし									
		わからない		○							
		あり	○	○							
	治水事業の恩恵享受感	受けている	○								
		わからない		○							
		受けていない			○						
	居住地区の治水事業	進んでいる	○								
		わからない		○							
		遅れている			○						

活者の満足度を推定できることになる．表9.3.7は，現時点での流域機能に関する質問項目，すなわち生活者の満足度説明要因とその反応パターンを示したものである．

ここで，分析対象の代替案①〜④は上流部の治水代替案が同じであるから，下流のみの生活者を対象として治水代替案を考えればよい．こうして，下流生活者のサンプルを対象として満足度判別式を求め，この有効性を検証したものが図9.3.12である．また，図9.3.13は各説明要因のレンジを示したものである．この図から，生活者は治水機能に加えて，水質保全を河川の重要な機能として認識していることがわかる．

以上の生活者の満足度判別式に，選好・非選好生活者のおのおのの説明要因の反応パターンを図9.3.12と表9.3.7から設定し，それぞれの生活者に対する代替案の満足度を推定したものが図9.3.14である．この結果，選好生活者の満足度は掘削方式の代替案③以外はすべて高く，非選好生活者の不満は堤防と掘削方式の代替案②と掘削方式の代替案③が少ないことがわかる．この時点での生活者参加型治水計画の判断として，生活者

図 9.3.12 満足度判別結果

図 9.3.13 各説明要因のレンジ

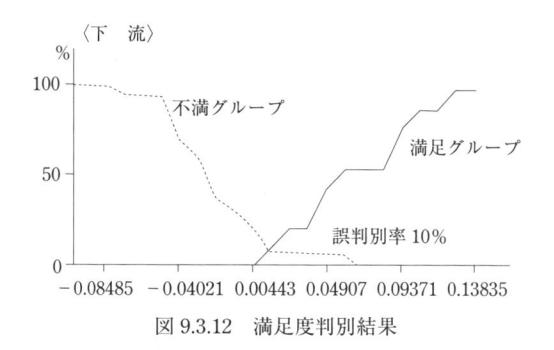

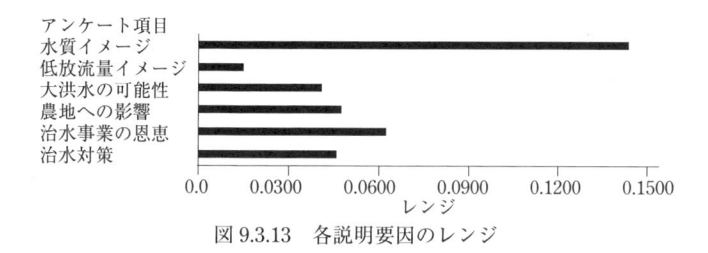

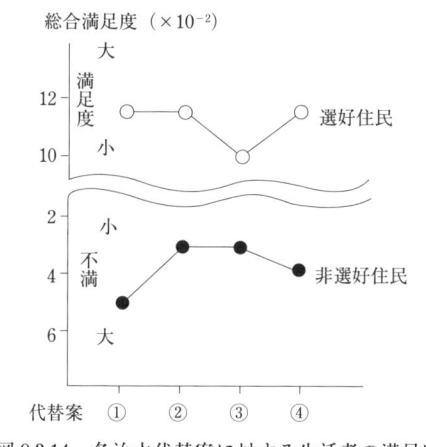

図 9.3.14 各治水代替案に対する生活者の満足度

の意識を尊重するかぎりにおいて，堤防と掘削を組み合わせた代替案②が最も優れていることになる．このようにして生活者参加型の治水計画代替案が選定される道筋をつけることができることが明らかになった．

9.4 都市水害とその予測

9.4.1 都市水害の特徴[32]

(1) 日本の都市水害の変遷

都市水害を考えるにあたっては、まず、都市化の進展に伴う降雨流出特性の変化と水害を被る都市域という場の特性の2点に目を向けなければならない.

流出特性の変化については、都市を含む近郊域の土地利用が変化したために、流域の保水・遊水機能が低下し、降雨に対する出水のピーク値が増大するとともに、ピークが発生するまでの時間も短縮される. よって、同じ降雨分布に対しても都市化の進展に伴い、河川の水位・流量ハイドログラフが危険な方向に移行する. また場の問題としては、新しく都市化、宅地化された場所が、低平地あるいは急傾斜地で潜在的な水害危険区域であったり、以前に水害を被った区域であったりする. この両者が結びついた形の都市水害が、戦後しばらくして発生し始めた. 1958年の狩野川台風における東京都山の手地域の氾濫水害がこの種の都市水害の始まりであった. 1960年代に入り、高度経済成長時代にいたると、いっそう、都市への人口・資産の集中が進行していくが、同時に水害危険区域も広がることとなり、河道整備による洪水防止対策もスプロール的に発展する都市化の勢いの前に後追い的にならざるを得なかった.

さらに、都市周辺の開発に伴う雨水流出の増大とともに、下流域では田畑が宅地化されることにより貯留能力が減少し、自然排水が困難でポンプ排水能力が不十分な場合には、内水氾濫（雨水を排水できずに生じる氾濫）が発生するようになった. 鶴見川流域（東京都・神奈川県）や寝屋川流域（大阪府）といった低平地都市流域では、この内水氾濫の頻発に頭を悩ますことになる. 大都市圏およびその周辺地域では、現在でも内水氾濫の危険にさらされているところが多い. 図9.4.1は、建設省（現；国土交通省）河川局河川計画課の資料をもとに、1978年から20年間の東京圏（東京，千葉，埼玉，神奈川），名古屋圏（愛知，三重），大阪圏（大阪，京都，兵庫）の三大都市圏における洪水被害の原因別割合のうち、内水氾濫と外水氾濫（河川の水があふれて生じる氾濫）を抽出して示したものである. なお、外水氾濫は破堤と有堤部の溢水との合計である. 内水氾濫のウエイトの大きさがこの図からも確認できる.

このように都市への人口集中に伴う内水氾濫の増加が戦後の都市水害の大きな特徴の1つであるが、一方で豪雨に起因するいくつかの大規模な外水氾濫も都市域で発生しており、その場合には、都市構造の複雑さが被害拡大の重要な要因となっている. 以下に、過去に発生したいくつかの規模の大きい都市水害を振り返ってみる.

1982年7月、長崎市およびその周辺で発生した長崎水害は、梅雨前線豪雨の直撃を受けたものであるが、死者・行方不明者が299人に達する大水害であった. 人的被害の

9 水災害環境論

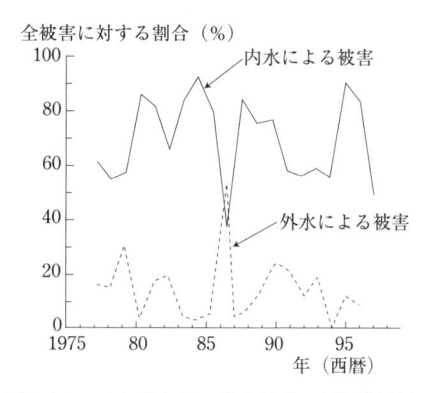

図 9.4.1 三大都市圏の洪水被害の原因別割合

多くは市内近郊域での土砂災害によるものであったが，市内中心部でも急流小河川の溢水による洪水氾濫が生じた．さらに，洪水氾濫の時間帯が夕方のラッシュ時であったため，混雑している道路で多量の車が流出し，車の運転中に 10 名以上の方が亡くなるという惨事となった．また，放置された自動車が災害後の緊急自動車通行の障害にもなった．ライフラインに関しては，河川の横断箇所に位置していたり，河川沿いの道路下に埋設されていた水道管やガス管に大きな被害が生じた．ビルの地下室にも氾濫水が流入し，電気系統などに被害を及ぼした．これらライフラインの甚大な被害は，復旧までの長期間にわたって市民生活を麻痺させた．この水害は，いったん都市域で洪水氾濫が発生するとその被害は連鎖的に拡がり，かつ長期化するという都市水害のやっかいな一面をあらわしたといえよう．

1993 年 8 月の鹿児島市の水害は，日本の南岸の停滞前線に湿舌が流れ込んで発生した集中豪雨によるものであるが，市郊外の土砂・洪水氾濫に加えて市中心部でも甲突（こうつき）川などの市内河川が各所で氾濫し，橋脚が流出したほか多くの被害が発生したが，とりわけライフラインの被害が大きかった．また，繁華街の地下飲食店やビルの地下室にも氾濫水が浸水し，水とともに地下に流入した泥が特に被害を増大させたこと，地上部以上に清掃や復旧に困難を極めたことが大きな特徴であった．

記憶に新しい 1999 年 6 月の福岡水害も，時間雨量 77 mm を含む前線性の集中豪雨により生じた．福岡市内各地で水が溢れるとともに，市内を流れる御笠川が増水し，その一部が溢水する事態となった．御笠川の氾濫水は，地盤の低い JR 博多駅周辺に流下し，さらに駅周辺のビルの地下や地下鉄駅の構内および地下街にまで流入した．地下浸水が生じた点では長崎や鹿児島の水害に類似しているが，地下鉄や地下街を含む広範囲な地下空間に氾濫水が流入したこと，およびビルの地下で水没事故により 1 人の尊い命が奪われたことから，地下空間の被害のウエイトがより高い水害であったと位置づけられよう．また，御笠川の溢水による同様の福岡市内の洪水氾濫が 2003 年 7 月にも再度，発

生している．

(2) 近年の都市水害の特徴

以上より，近年の日本の都市水害は，都市化の進展に伴い頻発化，常習化してきている内水氾濫と，豪雨により生じる市内河川の溢水氾濫（あるいは河川溢水氾濫と内水氾濫の重畳）に二分されるようである．常習化している内水氾濫の煩わしさの解消も重要課題であることはいうまでもないが，ここでは外力の規模に比べて巨大災害に拡がる可能性の高い河川溢水型の洪水氾濫を取り上げ，その特徴をまとめることとする．

1) 市内河川からの溢水氾濫

先に述べたように，都市域近郊の都市化の急激な進展に伴う流出量の増大，短時間化が，市内を流下する河川の溢水氾濫を引き起こす．また，これに土砂流出が加わると，堆積土砂による河道疎通能力の低下を引き起こし，洪水氾濫・土砂氾濫をいっそう助長する．

2) 氾濫域の急激な拡大

市内を流下する河川が氾濫するので，当然のことであるが洪水氾濫が市内で短時間のうちに生じる．また，氾濫水は建造物で挟まれた道路を水路のように流下し，市街地でない場所の氾濫に比べて氾濫水が速く拡がる場合もある．いったん溢れた氾濫水は，地上の家屋，ビルに加えて自動車にも被害を及ぼす．立ち往生する自動車が氾濫水の流れをより複雑に変化させることもありうる．さらに，氾濫水は地上のみならず，地下街・地下鉄を含む地下空間にも浸入するが，地下空間そのものの容積がさほど大きくないために浸水深の増加は地上よりも急激であり，被害はいっそう甚大化する．

3) 被害の拡大化・長期化

都市の中心部には人口，資産，情報が集中しており，浸水による被害額が増大する．特に現在の情報化社会にあっては，OA機器や情報通信設備の被害は経済活動に大きな打撃を与える．

また，電気・ガス・上水道といったライフラインに支障をきたした場合には，その復旧に時間を要し，長期にわたって市民生活を混乱させる．さらに，地下空間に被害が及んだ際も，その清掃，復旧に地上部以上の時間を必要とする．

以上述べたことを示したものが図 9.4.2 である．

9.4.2 都市流域に基づく都市水害モデル[33]

豪雨によりどのような都市水害がどこで発生するかを予測することが重要になってくるが，その予測にあたっては，「豪雨発生から水害の発生・拡がり」までの一連の流れを連続的に解析できる数学モデルを用いる必要がある．また，解析領域としては，単に対象とする都市域だけでなく，都市域を含む河川流域全体を総合的に考慮しなくてはいけない．以下に，京都市域を対象とした都市域の豪雨氾濫モデルとその解析事例を紹介

9 水災害環境論

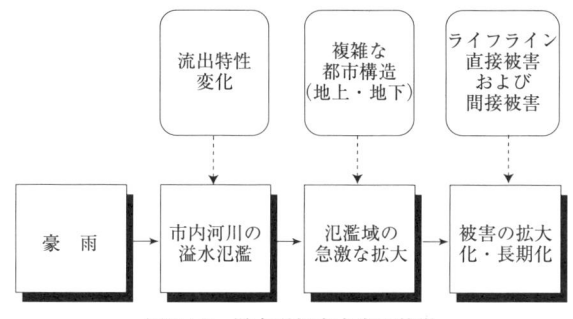

```
                ┌─────┐   ┌─────┐   ┌─────┐
                │流出特性│   │複雑な │   │ライフライン│
                │変化  │   │都市構造│   │直接被害 │
                │     │   │(地上・地下)│ │および  │
                │     │   │     │   │間接被害 │
                └──┬──┘   └──┬──┘   └──┬──┘
                   ┆          ┆          ┆
┌─────┐    ┌─────▼┐   ┌─────▼┐   ┌─────▼┐
│豪 雨 │───▶│市内河川の│──▶│氾濫域の │──▶│被害の拡大│
│     │    │溢水氾濫 │   │急激な拡大│   │化・長期化│
└─────┘    └─────┘   └─────┘   └─────┘
```

図 9.4.2 溢水型都市水害の特徴

する．

(1) 都市域の豪雨氾濫モデルの概要

ここで紹介する「都市域の豪雨氾濫モデル」は,「豪雨」という外力に対して「市中の洪水ならびにその氾濫」というアウトプットを与えるものであり,以下に示す3つのサブモデルから構成される.

① 都市域近郊の山地領域からの流出解析モデル（山地モデル），
② 市街地を対象とした，道路網，市内河川網を組み込んだ氾濫解析モデル（市街地モデル），
③ 市街地の下水道による排水を扱う下水道のモデル（下水道モデル）．

全体のモデル概念図を図 9.4.3 に示す.

山地モデルには水文学的な流出解析を適用し，このサブモデルで得られる流出流量を次の市街地モデルの上流端境界条件とする．

市街地モデルは，連続式と運動量式を基礎式とする1次元のネットワーク手法に基づく氾濫解析法を改良し，道路網に加えて市内河川網をもネットワーク化したものである．このモデルでは，まず，対象領域を道路とそれ以外（建造物や空地などからなり，住区と呼ぶことにする）に分類し，そのうち道路については，交差点をノード，交差点間の道路をリンクとするネットワークを形成する．その際，ノードおよび住区はそれだけで1つの格子と考える．また，都市を流下する市内河川も道路と同じように分合流をしており，ネットワークと見なすことが可能である．よって，市内河川も，それらを地盤の低い道路と考え，道路ネットワークモデルの中に新たに組み込む（図 9.4.4）．なお，河川と道路が交差するノードの地盤高は，河川の地盤高（河床高）を用いる．すなわち，河川に架かる橋梁は考慮していない．また，市街地への降雨も，道路（市内河川も含む），住区への流入流量として扱い，モデルの中で考慮している．

ここでの下水道モデルは，終端で河川へポンプ排水される合流式の幹線下水道のみを取り上げた単純な排水型の解析法である．下水道網の幹線において，雨水がその幹線に

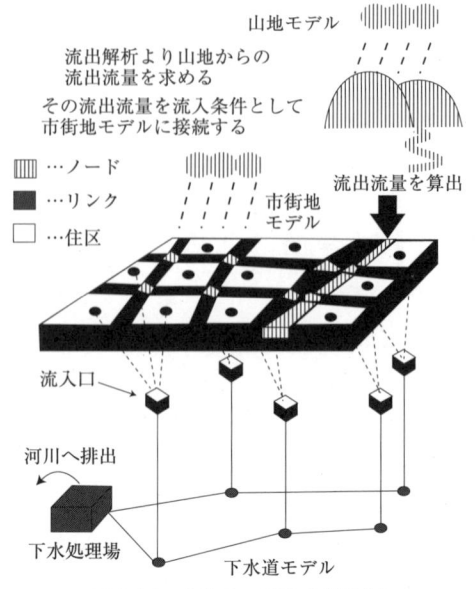

図 9.4.3　全体のモデルの概念図

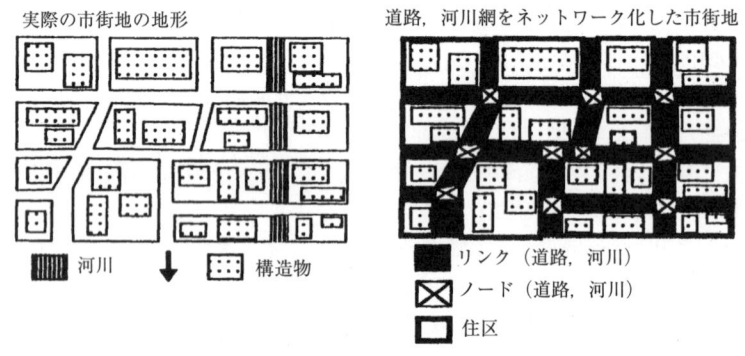

図 9.4.4　道路ネットワークのモデル化

流下するであろう地区（集水区）はある程度決まっている．このことを利用して，下水道の幹線の流入口に対して，図 9.4.5 のようにそれぞれのサブ集水区を決定する．次に，処理場の最大処理流量を各サブ集水区の面積により按分し，それをそのサブ集水区の排水能力とする．サブ集水区に存在する氾濫水は，下水道流入口により幹線下水道に流下し，下水道での流達時間を加味して終端の処理場より河川に排水されるとする．

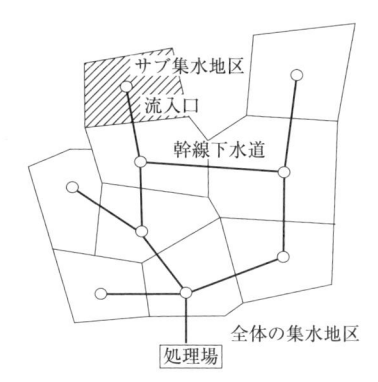

図 9.4.5　下水道ネットワークと集水区

(2) **数値解析モデル**
1) **市街地モデル**
　市街地では，道路の両側に建造物が林立し，氾濫水が伝播する際には道路に沿って拡がると考えられる．このため，(1)で述べたように氾濫水がノードとリンクからなるネットワークとして伝播するモデルを考える．
　計算においては，リンクでは，以下に示す方程式を支配方程式とする1次元解析を行う．ただし，リンクに向きを考え，x軸を正の向きにとる．また，リンクを1次元の長方形断面水路と見なすと，

連続式　　　$\dfrac{\partial h}{\partial t} + \dfrac{\partial M}{\partial x} = \dfrac{q_{in}}{B} + q_{rain}$　　　(9.4.1)

運動方程式　$\dfrac{\partial M}{\partial t} + \dfrac{\partial (uM)}{\partial x} = -gh\dfrac{\partial H}{\partial x} - \dfrac{gn^2|M|M}{h^{7/3}}$　　　(9.4.2)

ここに，u, M：x方向の流速，流量フラックス，h：水深，H：基準面からの水位，g：重力加速度，n：マニングの粗度係数，q_{in}：横流入流量（住区からリンクに浸入するx方向の単位長さあたりの流量），B：リンク幅，q_{rain}：単位時間あたりの降雨量である．
　ノードおよび住区の水深は次の連続式から計算する．

$$\dfrac{\partial h}{\partial t} = \dfrac{1}{A}\sum_{k=1}^{m} Q_k + q_{rain} \quad (9.4.3)$$

ここに，A：ノードまたは住区の面積，Q_k：ノードまたは住区の周を構成するk番目の格子辺からの流入流量，m：格子を構成する辺の数である．
　リンクと住区，ノードと住区，およびノードとリンクとの間の流量は，それらの区間で道路沿いの流れほど流速は大きくなく，移流項の寄与はそれほど大きくないと考え，

運動量式として式 (9.4.2) の左辺第 2 項を省略した次の式から求める．

$$\frac{\partial M}{\partial t} = -gh\frac{\partial H}{\partial x} - \frac{gn^2 |M|M}{h^{7/3}} \tag{9.4.4}$$

式 (9.4.4) を用いて氾濫解析を進めるが，地盤高と水深の関係によって氾濫水の流れに不連続が生じる場合は，中川[34]の方法により越流公式あるいは段落ち式を用いて取り扱う．また，氾濫水の先端条件についても，岩佐ら[35]に従いフロントの移動限界水深 h_c（ここでは $h_c = 0.001$ m）を用いて取り扱う．

2) 下水道モデル

都市の下水道は，降雨が集中したときには河川・水路・溝渠などと同様に雨水を排除し浸水を防御する機能を有しており，豪雨による都市域での氾濫を扱う場合，内水排除施設としての下水道の働きは重要な位置を占める．

実際の都市域では，合流式あるいは分流式の下水道が張りめぐらされ，雨水を枝線下水道から近隣の市内河川に自然流下させるものもあれば，幹線下水道として終末の処理場まで流下させ，そこからポンプで河川に排出するものもある．前者の幹線下水道につながらない枝線下水道の個々の排出量は河川水位と下水管の敷高の関係に依存するが，対象とする京都市域の複雑な枝線下水道に対してこの関係を詳細にモデルに組み込むことは非常に困難である．よって，ここでは，市内河川の水位が高い洪水氾濫時にもある程度の雨水排除機能を有すると考えられる，終端で河川へポンプ排水される合流式の幹線下水道のみを取り上げて，全体モデルの中のサブモデルとして組み込むこととした．

下水道網の幹線において，雨水がその幹線に流下するであろう地区（集水区）はある程度決まっている．このことを利用して，下水道の幹線の流入口に対して図 9.4.5 のようにいくつかの住区から構成されるそれぞれのサブ集水区を決定する．次に，対象都市域の流出形態が一様であると仮定し，処理場の最大排水流量を各サブ集水区の面性により按分し，それをそのサブ集水区の排水能力とする．すなわち，処理場の最大排水流量を $Qs_{\max}$，処理場の受け持っている集水区の面積の合計を S_{total}，いま求める i 番目のサブ集水区の面積を S_i とすると，このサブ集水区の下水道流入口の最大排水能力 $Qs_{i,\max}$ は，

$$Qs_{i,\max} = Qs_{\max} \times \frac{S_i}{S_{\text{total}}} \tag{9.4.5}$$

で求められる．ただし，

$$S_{\text{total}} = \sum_{i=1}^{n} S_i \tag{9.4.6}$$

であり，n は処理場が受け持っているサブ集水区の数である．このサブ集水区に存在す

る氾濫水の一部は，住区を介して下水道流入口より幹線下水道に流下し，終端の処理場より河川に排水される．i 番目のサブ集水区に存在する k 番目の住区の最大排水能力 $q_{i,k,\max}$ は，上と同様に面積によって按分し，住区の面積を $A_{i,k}$ とすると，

$$q_{i,k,\max} = Qs_{i,\max} \times \frac{A_{i,k}}{S_i} \tag{9.4.7}$$

で表されるとする．このとき，この住区では以下の連続式を適用して，下水道への排水を考慮する．

$$\frac{\partial h}{\partial t} = \frac{1}{A_{i,k}} \sum_{i=1}^{m} Q_l + q_{\text{rain}} - \frac{q_{i,k}}{A_{i,k}} \tag{9.4.8}$$

$q_{i,k}$ は住区から下水道へ流入する流量であり，このとき，この住区に存在する水量を V，計算時間ステップを Δt とすると，$q_{i,k}$ は，

$$q_{i,k,\max} \geqq \frac{V}{2\Delta t}, \quad q_{i,k} = \frac{V}{2\Delta t}$$

$$q_{i,k,\max} < \frac{V}{2\Delta t}, \quad q_{i,k} = q_{i,k,\max}$$

である．これらより，サブ集水区 i から下水道へ流入する流量 Qs_i は以下のようになる．

$$Qs_i = \sum_{k=1}^{j} q_{i,k} \tag{9.4.9}$$

ここで，j：サブ集水区 i に存在する住区の数である．

各サブ集水区から下水道に流入した氾濫水は，幹線下水道内を一定の伝播速度で流下すると考える．このとき，i 番目のサブ集水区の流入口から終端の処理場までの距離を L_i，氾濫水の下水道内での伝播速度を v_i，氾濫水が下水道に流入してから Δt_i 後に処理場から排水されるとすると，$\Delta t_i = L_i / v_i$ が成り立つ（v_i については後述）．

処理場に到達した氾濫水はポンプにより河川に排水されるが，排水先が対象領域内である場合には，その河川ノードでは以下の連続式により計算を行う．

$$\frac{\partial h}{\partial t} = \frac{1}{A} \sum_{k=1}^{j} Q_k + q_{\text{rain}} + \frac{Qs_{\text{out}}(t)}{A} \tag{9.4.10}$$

ここに，A はノードの面積，$Qs_{\text{out}}(t)$ は時刻 t での処理場から河川への排水流量であり，$Qs_i(t)$ を用いて以下のように定義される．

$$Qs_{\text{out}} = \sum_{i=1}^{n} Qs(t-\Delta t_i) \tag{9.4.11}$$

ただし，$Qs_{\text{out}}(t) \leq Qs_{\text{max}}$ である．

なお，ここで扱ったモデルは，市内の氾濫水を最大で下水道終端のポンプの排水能力分だけ排水することを念頭においたものである．下水道内の流れを解いていないため，ポンプの位置する下流端の条件（例えばポンプ揚程や排水効果などの条件）により下水道の排水が進まない場合や，ひいては下水道から溢水が生じる場合までは表現できていない．

9.4.3　京都市内域への適用

(1) 対象領域

対象領域は，図9.4.6に示される京都市域の中央部である．市内域を囲んでいる山地から流下する河川のうち，代表的な8流域を山地モデルの対象領域とした．また，氾濫解析を行う市街地モデルの対象領域として，京都市内域のうち桂川左岸，宇治川右岸に囲まれた領域を設定した．なお，地形資料（標高や河川の改修の程度）は現在のものを用いている．

下水道に関しては，終端の処理場で河川にポンプ排水される合流式の幹線下水道を取り上げた．鳥羽，吉祥院，伏見の各処理場が受け持つとみられる，幹線下水道に流入する集水区を決定した．次に，集水区をおおむね均等に分割する形で複数個のサブ集水区を決定し，おのおののサブ集水区から幹線下水道への流入口の位置を各サブ集水区の中心付近に配置した．

(2) 計算条件

降雨として図9.4.7の上部に示す1935年（昭和10年）6月28日から29日の雨量（総雨量270 mm，最大時間雨量47 mm）を用い，これを対象領域の全域に一様に与えた．当時の6月28日19時を計算開始時刻と設定し，初期条件としては，市街地・河川ともドライな状態を仮定した．なお，市街地の降雨については，地盤への浸透は考えないこととした．山地モデルによる流出解析では，流出率は0.7とした．下水道へ流入した氾濫水は，下水の設計流速を考慮して全域一定の流速2.0 m/sで処理場まで流れるとし，処理場から河川へ排水されることとした．境界条件として，桂川と宇治川の堤防は十分に高いと仮定するとともに，一方，市街地モデルに組み込まれた市内河川から桂川，宇治川へは，河川の水位にかかわらず常に段落ちの流量公式で求められる流量が排水されるとした．

(3) 解析結果

図9.4.7に，山地モデルによる各流域からの流出流量を示す．現在の京都における最

9 水災害環境論

図 9.4.6 京都市内の計算対象領域

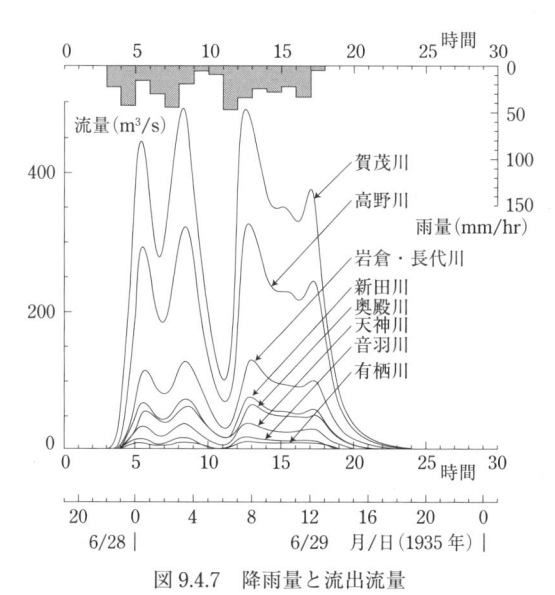

図 9.4.7 降雨量と流出流量

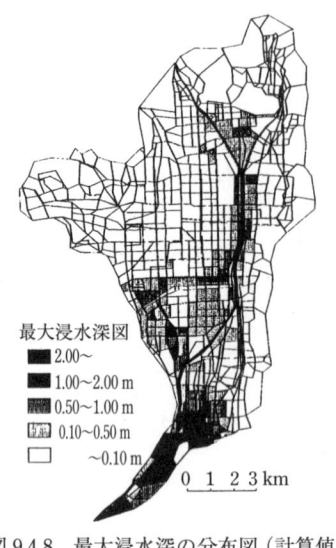

図 9.4.8 最大浸水深の分布図（計算値） 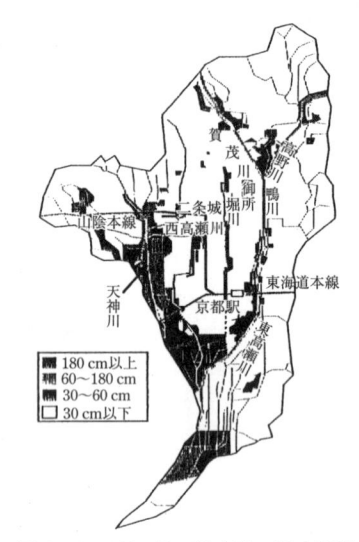　　図 9.4.9　1935 年の洪水時の浸水概況

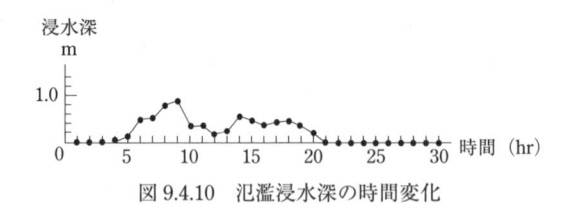

図 9.4.10　氾濫浸水深の時間変化

　大浸水深の分布の計算結果を図 9.4.8 に示す．また，1935 年の洪水時の浸水概況を図 9.4.9 に示す．両者の浸水範囲を比較すると，市西部の天神川沿いの地域と市中央部の堀川沿いの地域に差違が認められる．この理由は，天神川は 1935 年当時は未改修であり，河床が高く天井川となっているところもあったが，現在は河川改修が進み，河道は掘り込まれており，当時とは状況が大きく変わっているためと考えられる．また，堀川は当時開渠であったものが現在では暗渠となっているためである．その他の浸水地域に関しては，多少の違いはあるものの，おおむね 1935 年の洪水時の浸水範囲と一致しており，かつそれらの地域では浸水深に関してもおおむね一致していることがみてとれる．

　図 9.4.10 は市内中心部の四条河原町（図 9.4.6）における浸水深の時間変化である．ここでは，鴨川右岸からの溢水により計算開始 9 時間後に最大 1 m 程度の浸水深が現れ，その後も 50 cm 程度の浸水深が約 11 時間継続する．この付近は京都市の商業中心地の 1 つであり，甚大な被害が予想される．また，図 9.4.8 より，京都御池地下街の位置する河原町御池付近や京都駅前地下街がある JR 京都駅周辺も浸水している．このような浸水が生じれば，地表の氾濫水は地下への入口を通って地下空間に浸水し，地表だけで

9.4.4 地下空間の浸水実験—京都市御池地下街を対象として[36]

解析結果より，京都市中心部に位置する地下空間は，市中の洪水氾濫時には浸水の危険性が高いことが明らかとなった．ここでは，実際の地下街を精緻に再現した縮尺1/30の模型に水を流して地下空間内の浸水過程を明らかにする．対象としたのは京都市中京区に位置する御池地下街，地下駐車場，京都市営地下鉄東西線の京都市役所前駅から構成される地下空間である．さらに，階段部での水理量を計測し，氾濫水の浸入時の流況を避難行動の難しさと関連づけて調べるとともに，避難の困難性から地下空間の浸水時の危険性を考察する．

(1) 水理実験模型
1) 対象領域

対象とした御池地下街は御池通の地下，東西約650mにわたって位置しており，東端付近を鴨川が流れている．地下街は図9.4.11に示すように3層構造で，地下1階は東側がゼスト御池（ショッピングモール）と地下コンコース，西側が駐車場，地下2階は全面駐車場，地下3階は地下鉄東西線の京都市役所前駅ホームで構成されている．地下1，2階は，平面積が約650m×40mの長方形で，天井高は3.5m，また地下1，2階とも縦断方向中央部に段差があり，東側は西側より床面が1.5m低くなっている．地下3階は平面積約100m×8mの長方形，天井高は2.7mで，乗客の乗降時の安全を考えて駅ホームに直立壁が設置されており，電車の発着時のみ扉が開く構造となっている．全階層を合わせた延べ床面積は約 $50 \times 10^3 \mathrm{m}^2$，容積は約 $180 \times 10^3 \mathrm{m}^3$ である．

図9.4.12に地上と地下街との出入口を示す．便宜上，図のように階段に番号を付している．地上と地下2階を結ぶ通路は，東端の2ヶ所の車両専用スロープであり，地下1階と地下2階を結ぶ通路は，西側の2ヶ所の車両専用スロープ（図中の点線）である．地下3階の地下鉄ホームは図中の点線で示しているように，地下1階コンコースのみと接続しており，地下2階とは接続していない．なお，地上と地下を結ぶ通路の幅は0.8〜6.0mの範囲にある．

2) 実験装置

写真9.4.1は実験装置の全景で，手前側に高水槽が設置されている．写真9.4.2は御池地下街模型である．模型はアクリル製で，御池地下街の階段や柱，壁などの形状を詳細に再現している．なお，模型では流況観察や水理量の計測のために，地下1，2階部分に天井を設けず，また地下2階を側方（北側）にずらしている．

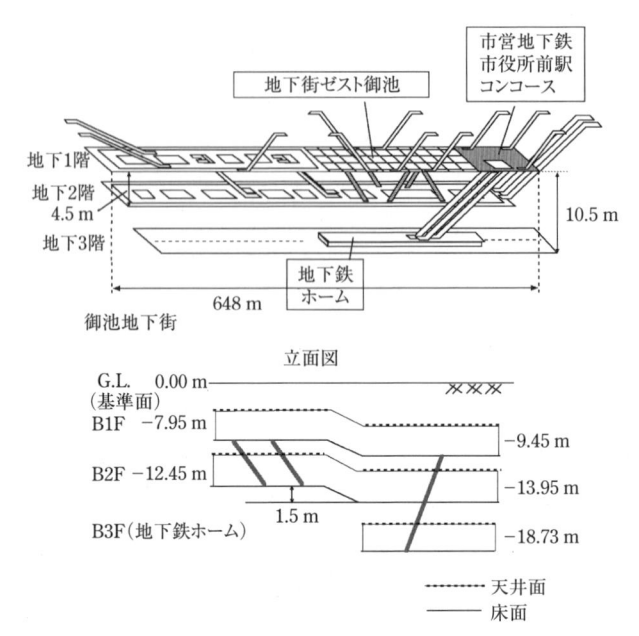

図 9.4.11 地下空間の概要

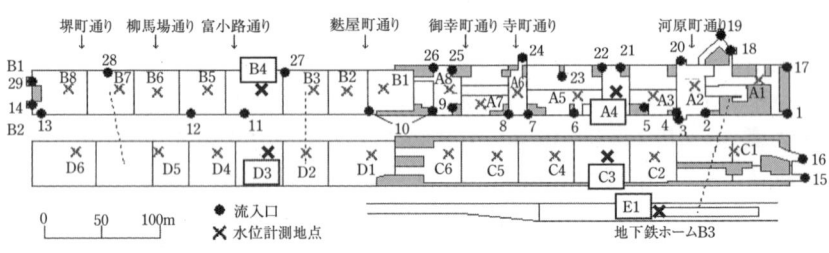

図 9.4.12 地下街の出入口と計測地点

写真 9.4.1 実験装置

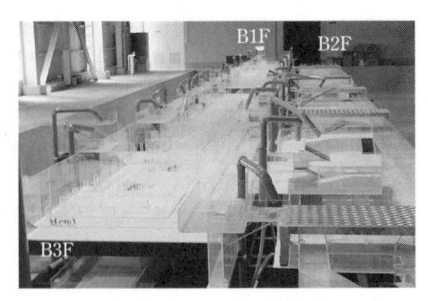

写真 9.4.2 地下街模型

表 9.4.1 流入条件

流入口番号	流入開始時刻	流入流量 [m^3/s]
1	0	1.58
15 + 16	6 分 18 秒	14.08
3	10 分 03 秒	1.32
5	10 分 14 秒	2.13
4	10 分 30 秒	1.88
2	10 分 47 秒	2.63
18 + 19	11 分 25 秒	0.38
6	11 分 53 秒	1.31
17	12 分 42 秒	2.00
7	14 分 09 秒	1.08
9	23 分 06 秒	1.10
10	24 分 01 秒	0.54
8	24 分 28 秒	0.94
11	27 分 18 秒	0.67

(2) 地下空間浸水過程の実験

1) 実験条件

　氾濫水の流入地点や流入口数，流入流量，地下鉄ホームの扉の開閉状態を種々変化させて実験を行ったが，ここでは京都市市街地模型（地上模型）による市街地氾濫実験の結果に基づき，鴨川右岸の御池大橋付近から 100 m^3/s 溢水する条件下で，地下への流入口，流入流量，流入開始時刻を決定した実験結果を紹介する．

　流入条件を表 9.4.1 に示す．氾濫水が流入口 1 から流入開始した時刻をこのケースの流入開始時刻としている．

2) 地下街への浸水過程の実験結果

　地下 1 階中央 (A4)，地下 1 階西側駐車場中央 (B4)，地下 2 階東側駐車場中央 (C3)，地下 2 階西側駐車場中央 (D3)，地下 3 階地下鉄ホーム (E1) での浸水深の時間変化を示す（図 9.4.13）．これ以降，各計測地点は最初のアルファベットだけで表現する．

　まず地下 1 階では，流入開始およそ 15 分で東側 (A) の水深が 0.5 m を超え，45 分後には水深が 1.5 m に達する．一方，流入開始 30 分から地下 1 階西側駐車場中央付近の流入口からの流入により，西側 (B) での浸水が始まる．しかしながら，そこに流入した水は，より床面高の低い地下 2 階西側 (D) へと連絡通路を通って流出し，結局地下 1 階西側 (B) は流入開始 100 分経過後でも水深は最大 0.2 m 程度にとどまる．一方，地下 2 階では，流入開始 8 分後には東側の浸水が始まる．流入開始 30 分後に東側 (C) の水

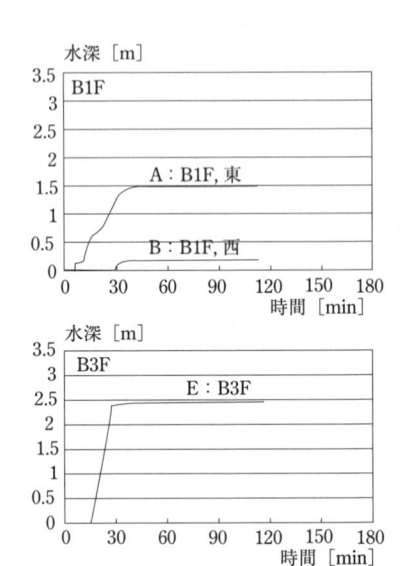

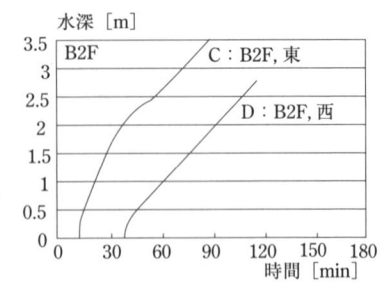

図 9.4.13　浸水深の時間変化

深は 1.5 m となり，西側 (D) への流出が始まる．西側 (D) では地下 1 階からの流入もあるが，それは東側 (C) からの流入量に比べてわずかであるため，浸水過程にはさほど影響しない．流入開始 87 分後には地下 2 階東側 (C) の水深は天井高である 3.5 m に達する．地下 3 階地下鉄ホームでは，流入開始 12 分後に浸水が始まり，19 分後には水深 1 m，25 分後には水深が 2.5 m 程度となり，地下鉄軌道への流出が始まっている．

(3)　階段部の実験

1)　実験の概要

地下空間模型の階段部分を用いて，いくつかの代表的な形状の階段部での流速・水深を計測し，得られた結果をもとに流況と避難行動との関係について考察する．

実験に用いた階段形状の流入口は，図 9.4.12 の No. 2, 3, 11（直線形状）と No. 5, 9（折れ曲がり形状）の計 5 種類である．流入口 3 はエスカレータ，流入口 11 はスロープである．各流入口への流量は，地上の浸水深 h を越流水深と見なして段落ち式で算出される単位幅流量 q を与えた．

2)　実験結果と避難行動限界との関係

武富ら[36]は，階段を流下する氾濫水が歩行者に与える危険性について実験を行い，階段上の流速を u，水深を h として u^2h が 1.5 m^3/s^2 程度を超えると，足をとられ歩行が困難になるとしている．ここでは，避難行動の可能性を調べるための 1 つの指標としてこの関係を用いることとする．

地上浸水深 0.5 m 相当の流入流量（単位幅流入流量 0.6 m^3/s/m）を与えた結果が図 9.4.14 である．本実験の結果から，階段では地上浸水深が 0.5 m を超えると避難困難となるこ

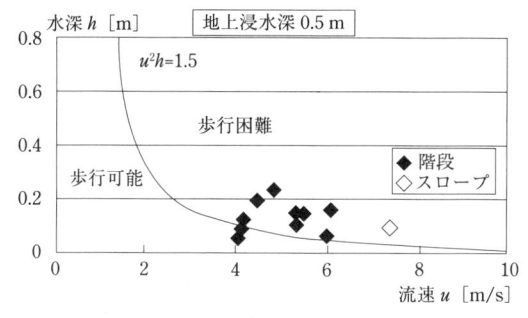

図 9.4.14　階段部の避難可能性

とがわかる．

(4) 浸水時の地下街の危険性

　亀井[37]によると，洪水時には平面部で，水深が成人男性で70 cm以上，成人女性で50 cm以上，小学校5～6年生で20 cm以上になると歩行困難になるとしている．また，上述の実験結果より，階段部では流入単位幅流量が0.60 m³/s/m以上になると，人間は歩行による避難が困難になるとの知見が得られている．ここで取り上げた浸水実験結果での地下街と階段部の避難可能性を図示したものが図9.4.15である．水深20 cm以上，50 cm以上の箇所を色分けして示し，流入単位幅流量が0.6 m³/s/m以上になる階段は通行不能として✖印を付している．

　流入開始5分で地下1階コンコースが水深20 cmとなり，東端の出入口が通行不能となる．10分後には地下2階で浸水が始まり，さらに東端の2つの出入口が通行不能となる．15分後には地下1階のゼスト御池中央付近まで浸水が拡大している．水深は20 cm程度であり，大人であればまだ歩行可能状態にあるものの，地下1階の出入口は6ヶ所が通行不能となっており，避難は容易ではない．避難に時間がかかってしまうと，20分後にはゼスト御池全体で50 cmを超えてしまい，大人でも避難困難な状況に陥ってしまう．また，図9.4.13に示されるように，地下3階ホームでは，15分後から20分後にかけての5分間で水深が急激に上昇し，しかも地下1階の水深が50 cm以上となって地下3階からの避難通路となる階段が通行不能となるため，避難に失敗する危険性が非常に高いといえる．

9.4.5　地下空間の浸水解析法の適用事例—大阪市梅田地下街を対象として

　都市水害時の地下浸水はきわめて危険な状況を生みだす可能性が高く，大規模な地下空間では，数学モデルに基づくシミュレーション解析により地下浸水の状況を予測することが望まれる．地上の氾濫解析手法を地下空間に適用することが種々試みられているが，ここでは比較的簡便に実際の地下空間に適用でき，流入水の拡がりの概略が把握で

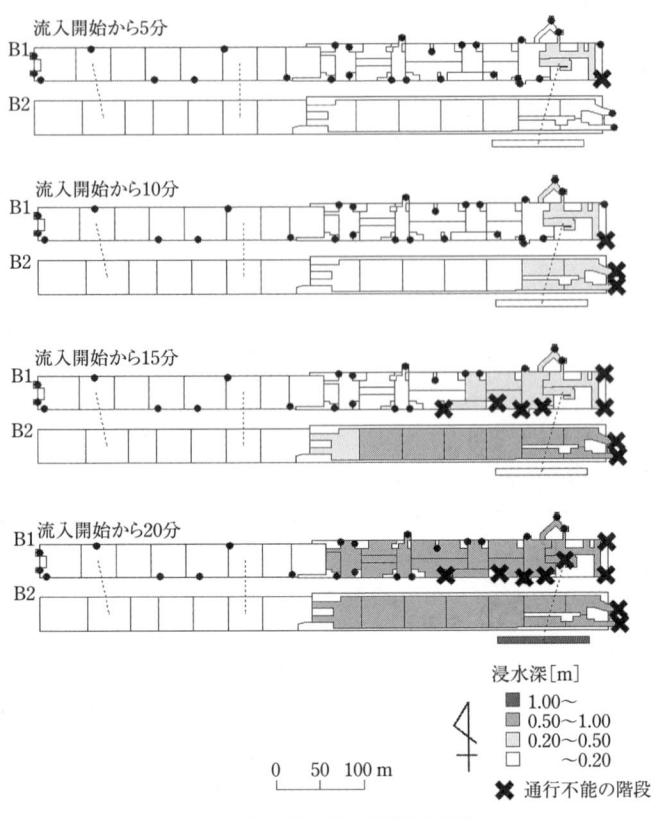

図 9.4.15 地下街の避難可能性

きる，貯留槽をもとにした解析モデルを紹介する．そして，地下鉄を含む大阪梅田の地下空間に適用した解析事例を紹介する．

(1) **地下空間の浸水解析法**

地下鉄では，図 9.4.16 のように地下鉄の起伏に応じ，V 字型の貯留槽が 1 次元的に連結しているとする．地下街では，地形，地盤高，階層に従って小領域に分割し，各小領域を貯留槽と見なして，それらが立体的に連結していると見なす(図 9.4.17)．

貯留槽間の水の動きを表現するにあたり，地下鉄空間には連続式と流量公式を，地下街には連続式と移流項を省略した開水路非定常流の式をそれぞれ適用している．地下 1，2 階のように多層化したところでは，流量公式などを適用して上下層間の流量を算定する．また，地下街と地下鉄間の流量の算定にも流量公式などを適用している．

9 水災害環境論

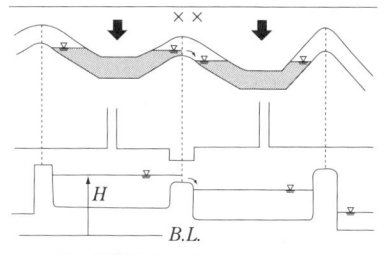

H：貯留槽の水位
➡：地上や他の地下空間からの流入

図 9.4.16　地下鉄空間のモデル化

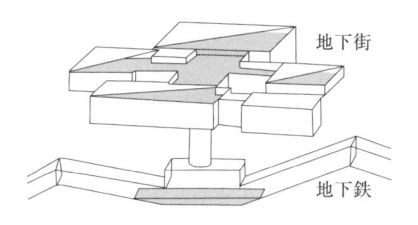

図 9.4.17　モデルの概念図

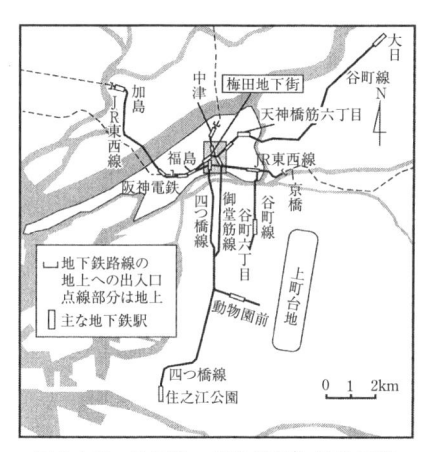

図 9.4.18　地下鉄の対象路線と対象区間

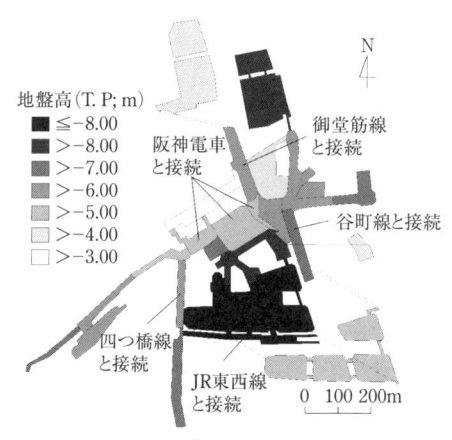

図 9.4.19　梅田地下街の対象領域および地盤高

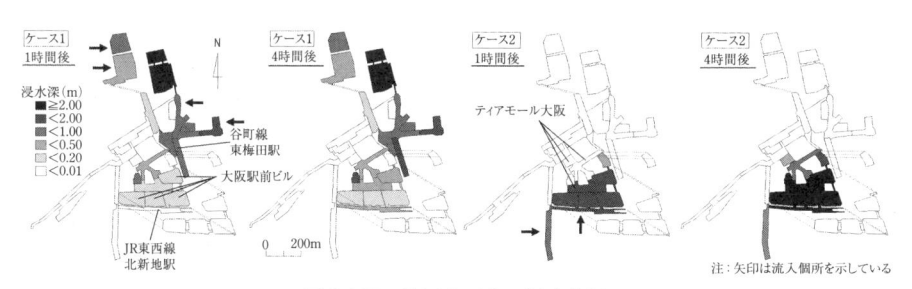

図 9.4.20　梅田地下街の浸水状況

(2) 大阪梅田地下街ならびに地下鉄空間の解析事例

地下鉄の対象路線および区間図を図 9.4.18 に示す．各路線の対象区間は地上からの引き込み口がある地点，または淀川の堤防天端高と地盤高が同じ地点までとした．対象とした地下街とその地盤高を図 9.4.19 に示す．

733

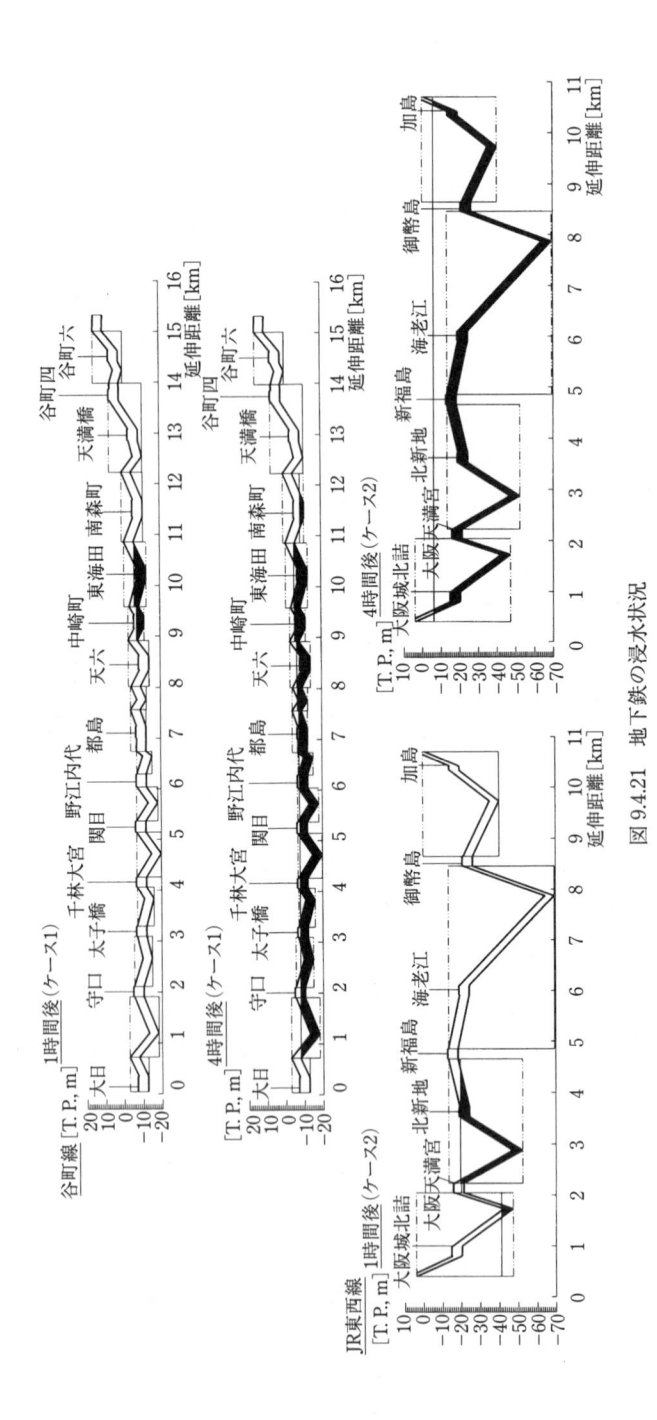

図 9.4.21 地下鉄の浸水状況

解析結果の一例として，仮想的な外水氾濫を想定して，一定流量 60 m³/s を地下街の北側から流入させた場合（ケース 1）と南側から流入させた場合（ケース 2）について，図 9.4.20 に梅田地下街の，図 9.4.21 に地下鉄の浸水状況を示す．

ケース 1 の地下街では，浸水開始 1 時間後に大阪駅前ビルや JR 東西線北新地駅改札口まで浸水域が拡大し，浸水深，浸水域ともに 4 時間後までほぼ一定のままである．地下鉄に関しては谷町線への流出が集中し，図からわかるように，4 時間後には東梅田駅から約 10 km 離れた守口駅北部まで浸水域が拡大している．これは，氾濫水の流入箇所から遠く離れた場所でも浸水被害が生じる可能性があることを示している．

次に，ケース 2 についての浸水状況を述べる．ケース 1 では浸水域が遠くまで拡大しているのに対し，ケース 2 では 4 時間後でもディアモール大阪までしか浸水が拡がらない．これは，氾濫水の流入点に近いディアモール大阪や大阪駅前ビルが梅田地下街の中でも最も地盤が低く，そのため浸水域がそこから拡がらなかったものと思われる．また，地下鉄においては，ケース 1 では谷町線に集中していた流出が，ケース 2 では JR 東西線に集中している．そして，図にも示しているとおり，JR 東西線は浸水開始 4 時間後ではほぼ水没していることがわかる．このことより，氾濫水の流入地点によって地下空間の浸水状況が大きく異なることがわかる．これは，地下街空間特有の構造とともに地下街と連結する地下鉄駅の位置（相対的標高）が地下空間の浸水過程に大きな影響を及ぼすためである．

このようなモデルを適用することによって，地下浸水時の水の動きを実用的な範囲で予測することが可能となる．

9.5 都市域の局所的浸水リスク

9.5.1 都市域浸水問題の解決の方向性

(1) 都市浸水問題の課題

都市域の浸水対策施設整備は，居住市民の基本的安全性を確保するための公共性に配慮して原則的に「公費」，すなわち税金により整備される．そのため，雨水排除施設の整備は原則的に計画区域内で一律の整備が進められてきた．すなわち，雨水排除施設整備はすべて公共事業で進められてきており，公平性の観点から整備レベルはおおむね 5 年確率の降雨に耐えられるような整備が大都市および地方中核都市においてはおおむね完成しつつある．

しかしながら，都市型浸水問題は，ある整備レベルまでの整備が完了している地域において，引き続き浸水被害が発生してしまう状況が課題となる．当然のことながら，整備レベル以上の強度の降雨が発生することによる浸水（計画超過降雨による水害）もあるが，計画レベルと同等の降雨によっても浸水が生じてしまう状況がみられることが課題

である．また，浸水区域は固定されている（浸水するところは何回も浸水する）ことも課題である．公共事業としては，投資してもそれなりの効果が発揮できていないということであり，実質的な浸水対策目的を達成していないともいえる．

(2) 都市型浸水問題の解決の方向性

上記のような都市型浸水問題を解決するためには，公共事業として排水システムの不具合の部分を改良していくとともに，居住者自らも居住地自体の浸水危険性に対して正しく認識し，そのための対応を考えておくことが被害軽減に対して有効である．図9.5.1は，そうした視点から公共事業による浸水対策と市民レベルでの浸水対策の方向性を整理してみたものである．

公共事業としては，計画区域内の雨水排水整備レベル（最低の排除能力）をある基準以上に整備するために一律の計画目標のもとで整備をしているが，現実には，計画降雨レベルとほぼ同等の降雨によって浸水してしまう地域の発生は避けられない状況にある．そうした意味では，整備ずみ区域の中でも実質の排水能力に差が生じていることになり，不完全な排水システムといえる．その原因としては，地形条件などの潜在的な危険性をはらんでいる地域があるということである．そうした排水システムの不備を改良していくにあたっては，局所的に能力不足になっている地域を重点地区として設定し，その整備を実施していくことが公共事業としての役割である．

一方，市民レベルにおいては，都市化の進行により，新住民が増加し，かつては居住していなかった地域に居住するようになってきたことを背景として，市街地の浸水安全性は雨水排水施設の整備が完了していれば，確保されているという"錯覚"をもっている可能性がある．そのため，潜在的に浸水危険性の高い地区に居住している市民は，整備されているのに浸水してしまうのはなぜかという"不満"が残ることになる．そうした不満に対処するため，公共事業としては，局所改良事業を実施していくことになる．しかしながら，潜在的に危険な地域に居住しているという認識を正しくもつことにより，浸水が発生したとしても被害を軽減することも可能となる．「備えあれば憂いなし」という市民意識を醸成することが必要である．したがって，「自分の安全は自分で守る」という意識のもとで，居住地の安全性を自己診断し，適切な対策を講じることが必要となる．自己診断にあたっては，水害履歴，地名，居住地を中心とした微地形の確認などを行うとともに，コミュニティーとしての水防災システムの構築のためには，災害弱者の確認や氾濫流の到達経路，土嚢等の水防災グッズの配置確認などを行っておくことが重要である．

市民レベルにおいては，各人の居住地が公共事業によってあるレベルの水災害に対して安全性が確保された土地に新規に立地していることを十分に認識して，自らの安全は自ら守るという意識を正しくもち，行政と連携しながら地域の安全性の向上を図っていくことを念頭におくべきである．

9 水災害環境論

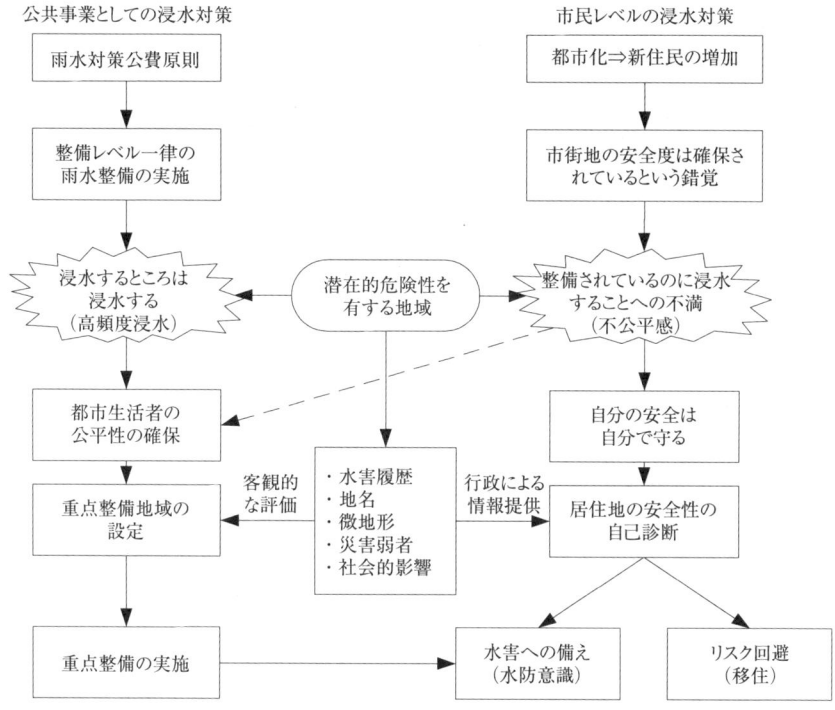

図9.5.1 公共事業としての浸水対策と市民レベルでの浸水対策

9.5.2 公的整備のための浸水対策重点地区の絞り込みに関する方法論

(1) 基本的考え方

　都市域の雨水排水施設整備は，公共事業として実施されてきており，全国的にナショナルミニマムとしての整備目標（5年に1回程度の降雨に対処できる）を掲げて整備を進めてきている．しかしながら，整備完了地域においても，相変わらず浸水被害が生じている状況からみると，浸水対策が十分にその目的を果たしているとはいいがたい．そのため，緊急に浸水被害の軽減を図るためには，都市の浸水対策の基本的な目的である「生命の保護」，「個人財産の保護」，「都市機能の確保」の3つに照らし，重点的な対策が必要な地区を絞り込んだうえで，目標と達成期間を定めておく必要がある．したがって，重点地区の絞り込みにあたっては，合理的な理由に基づくことが必要である．浸水実績に基づく絞り込みでは後追い的な整備が主となり，計画的・戦略的な整備（事業の着実な推進）を図るうえでも，合理的な重点地区指定の方法論を示すことの重要性は高いと考える．地区の類型化にあたっては，地形や既設排水施設による排水能力による自然的要件によるものと資産や社会経済活動の集中した地域での浸水被害ポテンシャルの大き

 （局所窪地浸水のイメージ）	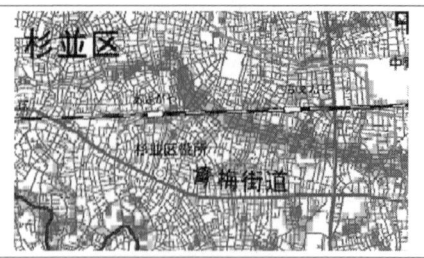 （広域拡散型浸水のイメージ）
【武蔵野市吉祥寺北町付近】	【杉並区阿佐ヶ谷駅付近】

図 9.5.2　対象とする浸水現象のイメージ
※神田川流域浸水予想区域図より転載

な地域の2つの視点から地区を設定していく必要がある．
　重点地区の絞り込みの後は，当該地区での地域特性に応じた効果的な浸水対策案の検討評価が必要である．また，重点地区に重点投資するための論拠としてのプロジェクト評価も重要である．すなわち，重点地区を整備することによる費用対効果を従来よりもさらに明確にすることが事業の実施に関して必要不可欠である．なお，重点地区の地域特性は千差万別であることが想定され，そのため，望ましい対策案は各地区ごとに異なるものになるであろう．したがって，都市域での浸水の基本パターンとして①局所窪地浸水，②広域拡散型浸水の2つのパターンを想定する（図 9.5.2）．

(2)　浸水対策重点地区の絞り込み手順
　都市における今後の浸水対策にあたっては，浸水危険度，浸水被害ポテンシャルの高い地区を合理的に選定し，効率的な整備を実施する必要がある．ここでは，まず，重点地区の選定を合理的に行うための方法論を検討する．検討にあたっては，GISの活用を念頭におき，効率的，ビジュアル的に重点地区を絞り込んでいく手順を検討する．
　雨水は基本的に相対的に低地となっているところに集中する．従来の設計法においても地表勾配に応じて管を敷設していくことが基本であり，基本的に低いところに雨水が集中することになる．既設雨水排除システムの突発的な機能低下や能力を超える降雨が発生したときには浸水が発生し，被害が集中することになる．したがって，低地部はフェイルセーフ的発想で施設整備を行うことが必要である．また，浸水した場合の波及被害の大きさについては，当該地区の資産や都市機能の集中度によって異なることになる．
　そこで，地形特性に起因する自然的な特性と社会経済的な要因による浸水被害ポテンシャルの大きさの両面から重点地区を絞り込んでいく方法論を提案する．図 9.5.3 に浸水重点地区の絞り込みのプロセスを示す．

9 水災害環境論

```
        ┌─────────────┐
        │ 対象地域の選定 │
        └──────┬──────┘
   ┌───────────┼───────────┐
┌──┴──┐    ┌──┴──┐    ┌────┴────┐
│地盤高│    │浸水実│    │社会的条件の整理│
│メッシュ│  │績の整理│  │・土地利用     │
│データ │  └──┬──┘    │・資産分布     │
│の作成 │      │        │・地下利用状況 │
└──┬──┘      │        │・道路交通量   │
   │          │        └────┬────┘
┌──┴──┐      │              │
│内水氾濫│    │              │
│解析   │    │              │
│(窪地の│    │              │
│特定)  │    │              │
└──┬──┘      │              │
   └────┬────┘              │
   ┌────┴────┐      ┌────┴────┐
   │自然的要件による│  │社会的要件による│
   │重点地区の設定 │  │重点地区の設定 │
   └──────┬──────┘  └──────┬──────┘
          └──────────┬──────────┘
              ┌──────┴──────┐
              │重点地区の類型化│ (GISによるオーバーレイ)
              └──────┬──────┘
              ┌──────┴──────┐
              │重点地区の序列化│
              │(AHPによる総合評価)│
              └─────────────┘
```

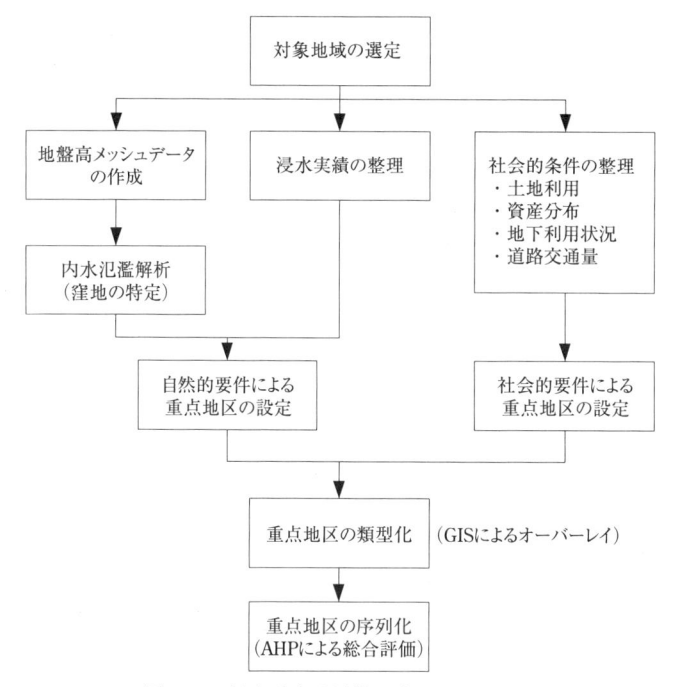

図9.5.3 浸水重点地区絞り込みのプロセス

1) **対象地域の選定**

対象地域は一連の雨水排水計画が計画されている地域とする．現実的には下水道計画における処理区レベルのエリアに相当する．

2) **浸水実績の整理**

対象地域の過去の浸水実績を整理する．浸水実績は浸水危険度が顕在化した地域であり，重点地区の絞り込みのための基本情報である．

3) **地盤高メッシュデータの作成**

対象地域の地形特性を把握するための地盤高をメッシュデータとして整理する．メッシュサイズとしては，浸水実績の大きさを考慮して設定するが，基本的には10～50m程度のサイズとする．地盤高メッシュデータの作成にあたっては，市販の細密数値情報の活用，あるいは都市計画図や下水道台帳などの地盤高情報をもとに，GISソフトのグリッドデータ作成機能を活用して作成する．図9.5.4は，K市を対象に10mメッシュを作成した事例であり，おおむね平坦である地域においても相対的には窪地となっているエリアが明確になることがわかる．

4) **内水氾濫解析**

地形特性による浸水可能性地区を把握するため，地盤高メッシュデータに対して内水

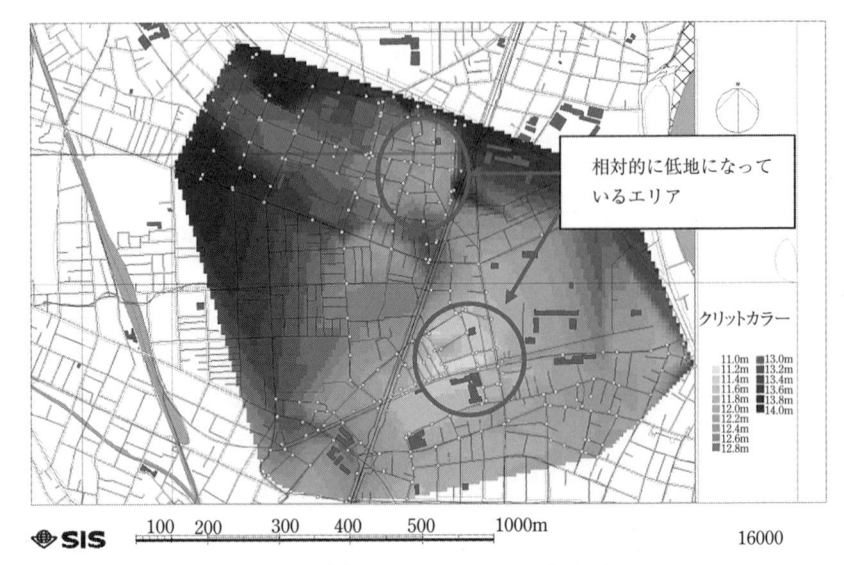

図 9.5.4　地盤高メッシュデータの作成結果

氾濫解析を行って，各メッシュごとの想定浸水深を把握する．氾濫解析にあたっては，図 9.5.5 のように，既往の実績降雨（浸水被害の発生したもの）に対して既設雨水排水システムの能力を差し引いた降雨を対象地区に一様に降らせ，「どこに」「どの程度」の浸水深となるかを求める．なお，氾濫解析により，氾濫水の移動流速と移動時の水深も求められることから，各メッシュごとの最大流速についても整理しておく．

5)　自然的要件による重点地区の設定

内水氾濫解析の結果から，地形的にみて潜在的に危険な地域（エリア）を特定し，想定氾濫水深ごとに整理する．また，氾濫水の移動流速からみて危険なエリアについても特定し，浸水時の避難，道路交通などへの影響を検討する際の基本情報とする．

6)　社会的条件の整理

浸水被害の大きさは，当該地域の土地利用や資産，地下利用状況，道路交通量などによって異なることになる．そのため，対象地域の社会的条件について GIS を活用して整理する．整理する項目としては，①土地利用，②資産分布（一般資産），③地下利用状況，④道路交通量などとする．整理する地域は上記 5) で整理された自然的要件によって整理された重点地区を対象に整理する．

7)　社会的要件による重点地区の設定

上記の 6) で整理された社会的条件の整理結果より，浸水被害ポテンシャルの大きさの観点から，各地区の特性を分類整理する．

8)　重点地区の類型化

自然的要件と社会的要件により抽出された重点地区をオーバーレイし，浸水発生の可

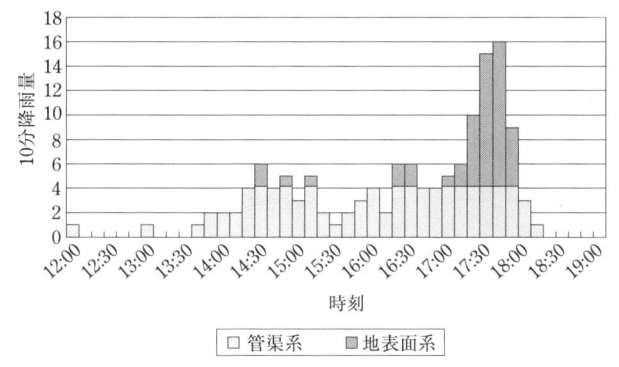

図 9.5.5　内水氾濫解析のための降雨分離のイメージ

能性と想定される被害の大きさの両面から重点地区の類型化を行う．

9）重点地区の序列化

上記で整理された各重点地区の特性を考慮して，重点地区の絞り込み（優先順位をつける）を行う．絞り込みにあたっては，Hirai et al.[38]が雨水幹線別の再構築優先度評価に用いた総合評価手法の1つであるAHP（Analytic Hierarchy Process）手法を適用して，総合的な視点から重点地区の優先度を決定する．

9.5.3　地表面・地下水路システム氾濫解析モデルとその検証

(1) 局所窪地浸水に対する浸水対策案の検討

局所窪地浸水は，当該地区の地盤が周辺の地盤に比較して相対的に低くなっている地区で発生するものである．もし当該地域の雨水排除施設の能力を超える降雨が発生した場合には，地表を流れる雨水がその地域に流れ込んでくることになる．したがって，その対策の基本方針としては，大きく下記の2点を考えることができる．

① 周辺の地域から流れ込んでくる雨水（地表水）を遮断する．
② 当該地域に流れ込んできた雨水（地表水）を貯留などの対策により処理する．

上記の①は，事前に当該地区に流れ込んでくる雨水の経路を把握しておき，豪雨時に土嚢などを用いて低地部への流入を回避するといった対策である．土嚢を積む場所の的確な判断とそれに伴う交通遮断，周辺部での浸水状況の有無などの影響について評価する必要がある．②の対策は，窪地部の最深部に地表水を取水するような特殊取水桝を設置し，地下に設置される貯留槽（貯留管）に流れ込んできた地表水を貯留する対策のイメージである．対策施設の規模は対象降雨によりどの程度の量が窪地部に流れ込んでくるかを把握するとともに，取水桝の構造について配慮する．図9.5.6に局所窪地浸水対策のイメージを示す．

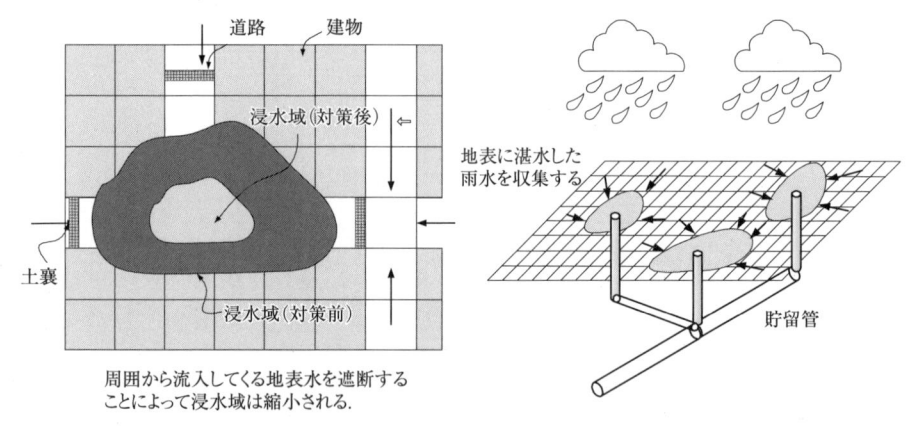

図 9.5.6　局所窪地浸水対策案のイメージ

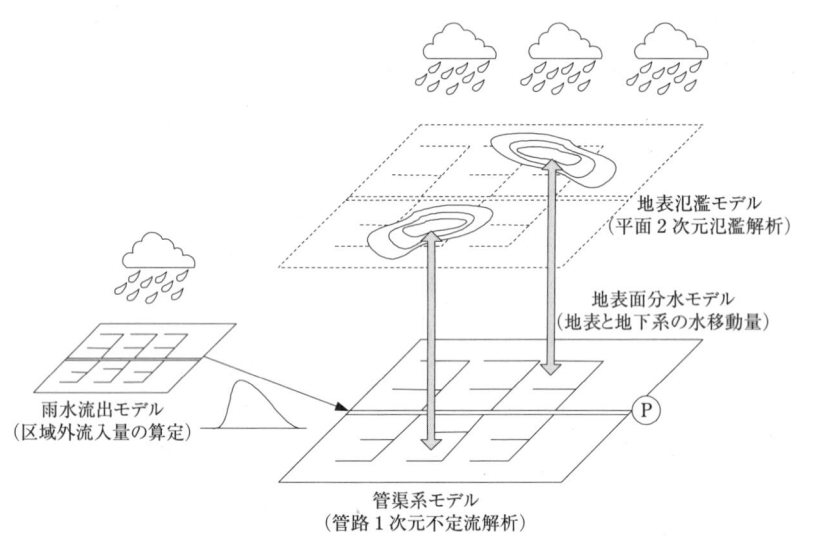

図 9.5.7　地表面・管渠系一体型氾濫解析モデルのイメージ

(2) 地表面・地下水路系氾濫現象解析モデルの概要

(1)に示したような局所浸水対策の評価にあたっては，地表面の局所的な窪地あるいは管渠施設の能力不足から生じる溢水氾濫の現象をきめ細かく分析する必要がある．ここでは，地下水路系と地表面氾濫水の相互作用を考慮した氾濫解析モデルを提案する．

本氾濫解析モデルのイメージを図 9.5.7 に示す．解析対象区域内の地表面に降雨があり，地表面から地下水路系へは，管渠に設置された雨水桝や地表面取水施設から取り込まれる．また，地下水路系の流下能力を超えた場合には，地下水路系から地表面系へと

9 水災害環境論

表 9.5.1 サブモデルの内容

モデル	内容
①地表面氾濫モデル	地表に降った降水ならびに管渠系から溢水した氾濫水の挙動を解析するモデルであり，平面2次元氾濫解析を適用する．
②管路系モデル	管渠内での水位・流量を解析するモデルであり，1次元不定流モデルを適用する．
③地表面分水モデル	上記の①と②をリンクするものであり，管渠系システムから地表への溢水量，地表から管渠システムへの取水量を算定する．
④雨水流出モデル	解析対象区域外の雨水収集区域に降った降雨から下水道管渠への流出量を算定するモデルであり，降雨損失機構，雨水流出機構を表現する．修正RRL法，Kinematic Waveモデルを適用する．

表 9.5.2 地表面分水モデルの基礎式

管渠水位が地表水位よりも低い場合	管渠水位が地表水位よりも高い場合
$q = Cg \cdot L \cdot (hg - \max(0, Hp - z))^{3/2}$ ここに，Cg：流量係数(2.0)，L：堰長(桝周長)，hg：地表水水深，Hp：管渠水位，z：地表地盤高	$q = -Cg \cdot L \cdot (Hp - z - hg)^{3/2}$

溢水してくることになる．なお，地表面氾濫解析区域外からの流入量ハイドログラフについては，流出解析モデルにより境界条件を与える(表9.5.1)．地表面氾濫モデルと管路系モデルについては，平井ら[39)40)]のモデルを用いた．

(3) **地表面分水モデル**

地表面分水モデルは，管渠の水位と地表面水位との関係から，堰公式を用いて算定するモデルを採用した．表9.5.2に地表面分水モデルの基礎式を示す．

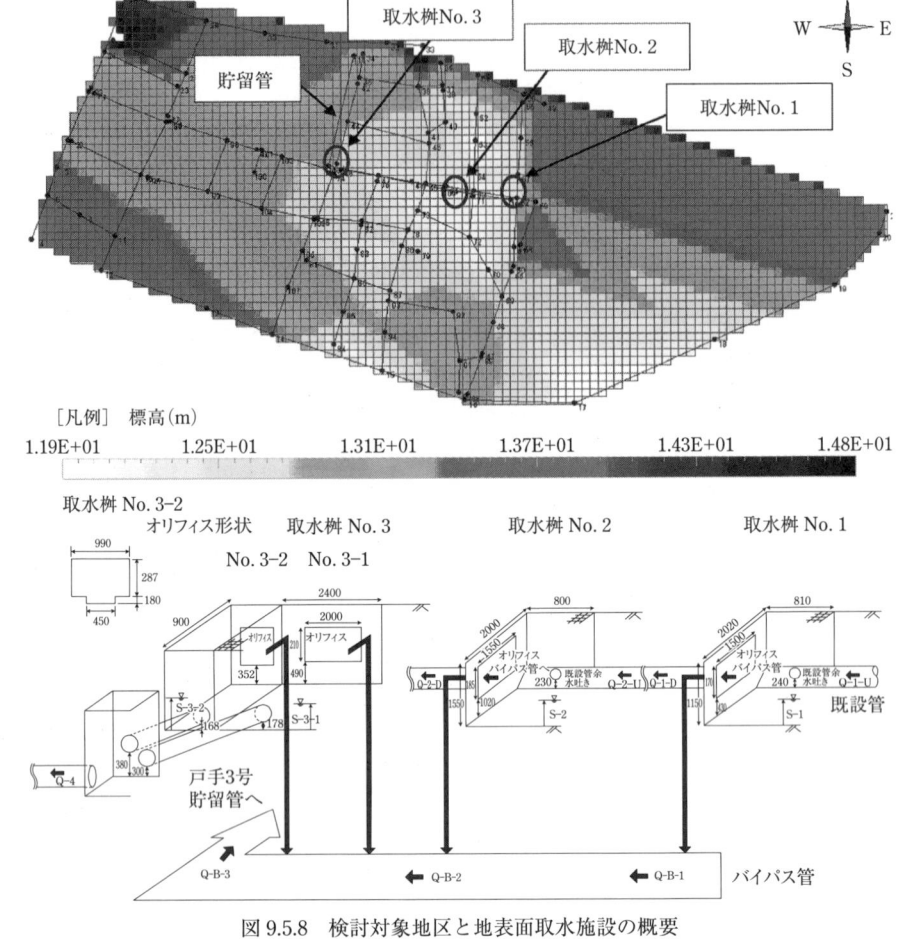

図 9.5.8 検討対象地区と地表面取水施設の概要

(4) 地表面・地下水路系氾濫現象解析モデルの検証

1) 検証地区の概要

検討対象とした地区は，局所的な窪地が排水区内に存在し，過去多くの窪地型浸水を経験している．浸水対策としては，貯留管を建設して対応する計画を策定しているが，現状においては貯留管は部分供用している段階であり，窪地浸水解消のための地表水取水施設を窪地部に3ヶ所設置し，バイパス管により貯留管に導水している（図 9.5.8）．

2) 検証結果

地表水取水施設に接続している既設管および貯留管へのバイパス管地点で水位と流量を実測し，計算結果と比較した結果を図 9.5.9 に示す．これによると，既設管，バイパ

9 水災害環境論

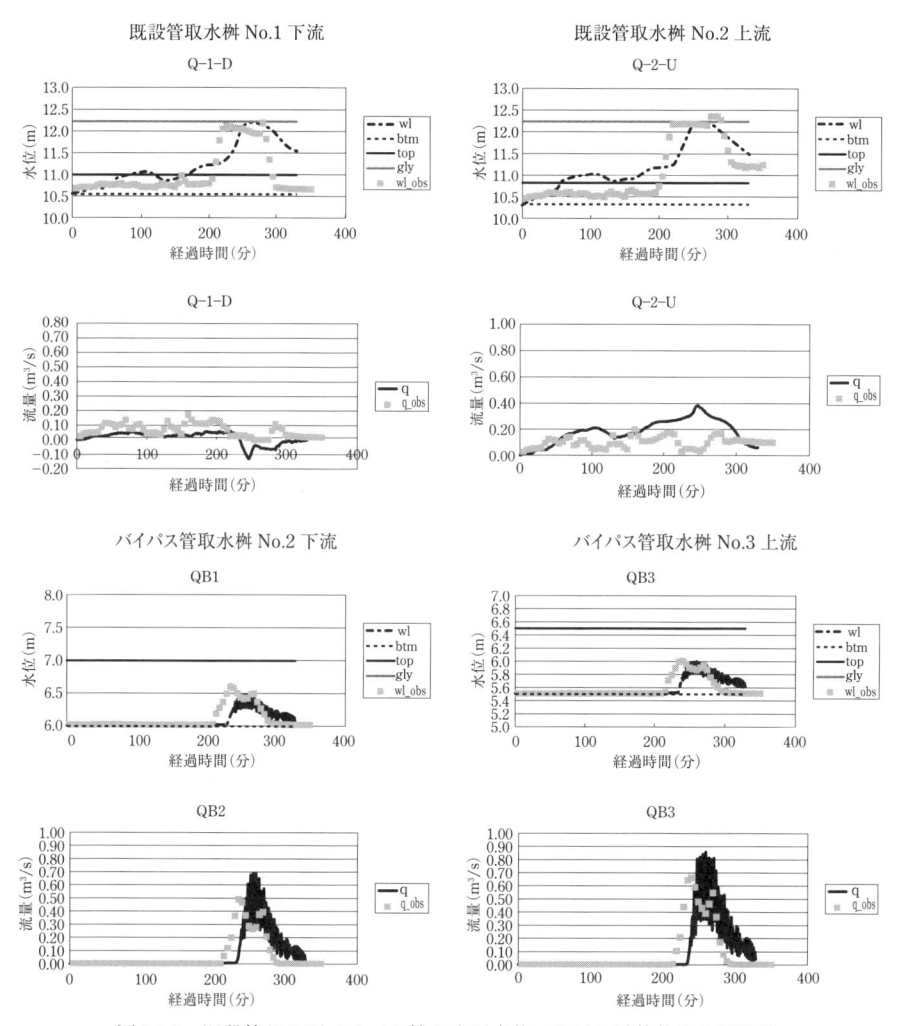

図 9.5.9 既設管およびバイパス管の実測水位・流量と計算値の比較結果

ス管ともピーク後の水位，流量が尾を引いている傾向にあるが水位および流量の立ち上がり部の形状はよく整合している．なお，地表面氾濫解析は $10\,\mathrm{m} \times 10\,\mathrm{m}$ メッシュで解析している．

(5) 局所浸水対策施設の効果評価事例

ここでは，先に示した氾濫解析モデルにより，局所浸水対策案を評価した結果を示す．検討対象とした対策案は下記の3つである．解析対象とした降雨は，検証に用いた降雨

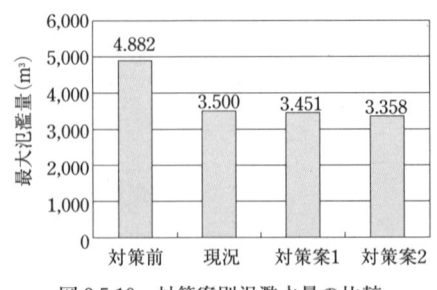

図 9.5.10　対策案別氾濫水量の比較

表 9.5.3　対策案の概要

対策案	対策の内容	備考
現　況	地表面取水施設 3 ヶ所	図 9.5.8 参照
対策案①	既設管余水吐き（オリフィス）を堰構造に変更（取水桝 No. 1, No. 2）	堰長　　1500 mm 開口高　 200 mm
対策案②	取水施設の新設（No. 1 と No. 2 の中間地点）	施設構造は取水桝 No. 1 と同形式

と同じものを用いた．

　図 9.5.10 には，対策なしの場合と表 9.5.3 の各対策を実施した場合の最大氾濫量を示している．これによると，地表面取水施設を導入することにより，地表氾濫量は約 3 割軽減される．しかしながら，地表水取水施設の改良および新設（対策案①，対策案②）では，さらに大きな氾濫量の軽減は図れない結果となっている．

　また，図 9.5.11 および表 9.5.4 には，対策案ごとの貯留管への貯留量と特殊取水桝雨水取込量を示している．これによると，特殊取水桝の既設管の余水吐きを堰構造に変更した場合は，貯留管への貯留量は増えるが，地表水の取水は逆に現況よりも小さくなっており，地表面水の取水という効果からみると，逆効果となっている．特殊取水桝を新設する対策案②では，地表水の取水は現況よりも 1 割以上大きくなっているが，氾濫規模を大きく軽減するまでの効果は発揮しえない結果となっている．

　表 9.5.5 は，対策案別の氾濫水深別のメッシュ数の合計を示したものであり，図 9.5.12 は氾濫水深 10～15 cm のメッシュ数の時間変化を表している．これによると，対策案①，②は，現況に比較して 15 cm 以下のメッシュ数の軽減（氾濫面積の軽減）に寄与しており，特にピーク降雨が過ぎた後の氾濫水の引き方に対して効果を発揮することが理解される．

9 水災害環境論

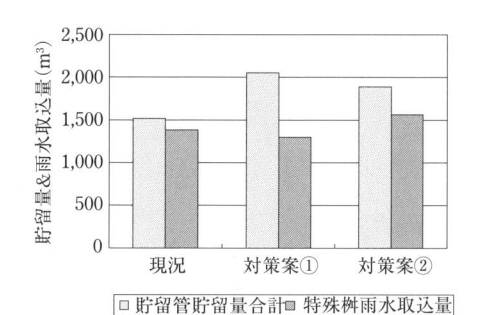

図 9.5.11 貯留管貯流量と地表面雨水取込量

表 9.5.4 貯留管貯留量と地表面雨水取込量

単位：m³

項　目	現況	対策案①	対策案②
貯留管貯留量合計	1,515	2,047	1,888
（現況との差）	0	532	372
特殊桝雨水取込量	1,382	1,299	1,563
（現況との差）	0	－82	181

表 9.5.5 氾濫水深別メッシュ数の比較

区分	項目	現況	対策案①	対策案②
20 cm 超	頻度	1240	1241	1236
	効果	0	－1	4
15〜20 cm	頻度	2959	2950	2948
	効果	0	9	11
10〜15 cm	頻度	5256	5124	4962
	効果	0	132	294
5〜10 cm	頻度	19303	19143	18970
	効果	0	160	333
1〜5 cm	頻度	83787	83620	83543
	効果	0	167	244

頻度：1分ピッチの浸水深別メッシュ数の合計
効果：現況に対する頻度の差

図 9.5.12 氾濫水深 10～15cm のメッシュ数の時間変化

9.6 自律的避難のための水害リスク・コミュニケーション支援システムの開発

9.6.1 水害リスク・コミュニケーションの支援

(1) 水害リスク・コミュニケーション

米国 National Council[41)]はリスク・コミュニケーションについて，「個人，機関，集団間での情報や意見のやりとりの相互作用的過程」であると定義した．そのやりとりには，次の2種類のメッセージが含まれる．1つは，リスクの性質についてのメッセージ（リスク・メッセージ）である．もう1つは，リスク・メッセージに対する，またはリスク管理のための法律や制度の整備に対する関心，意見，および反応を表現するメッセージである．この National Research Council の定義では，少なくともリスク・メッセージの送り手とその受け手との間のコミュニケーションが想定されている．リスクメッセージを送りだすためにはリスク・アセスメントの技術をもつ専門家の存在が不可欠であるから，このコミュニケーションは専門家を含む集団内で行われるコミュニケーションとなる．その根底には，リスク事象に対応するためには，リスク分析とそれに基づく双方向の対話が必要であるという考えが存在するのである．

ここでは，水害リスクを対象として，専門家や行政，生活者などのステークホルダー相互間の対話を水害リスク・コミュニケーションとしてとらえ，これまでの知見を利用して自律的避難を実現するのに有効な対話手法の要件を探った．リスクを「結果」と「確率」の次元をもつベクトルとして解すれば，水害リスクを対象としたリスク・コミュニケーションにおいては，水害の「生起確率」や，氾濫形態・避難の可能性，人的・物的被災状況などの「結果」を含むリスク・メッセージの提供が不可欠である．ここではこれを「水害リスク情報」と呼ぶ．このように定義すると，水害リスク情報は膨大なデー

タ量となり，その伝達は必ずしも容易ではない．そこで，水害リスク情報を情報処理システムに格納し，必要に応じて利用しながら，リスク・コミュニケーションを進めることとした．

(2) メンタルモデルアプローチ

災害の事前対応としての災害リスク・コミュニケーションでは，自然災害によるリスクの軽減がなされるべきであることについて，多くの参加者が共通認識として有しているという点で，他のリスク事象に関するリスク・コミュニケーションとは異なるといえる．安全な自律的避難の実現を目指した水害リスク・コミュニケーションにおいても，水害リスクが軽減されるように人々の避難行動を変容させることが，重要な命題であるといえる．よって，避難行動を規定する生活者1人ひとりの意識や知識を対象として，その変容を図る必要がある．しかし，リスク・コミュニケーション研究によって蓄積された知見[42]は，一方向的な情報提供，あるいは指示や命令によって，人々の行動を変容させることが困難であることを示す．このことは，人々の行動を規定する意識や知識を，外部からの干渉によって構築することの難しさを示している．

ここでは，避難行動を規定する意識や知識の集合を「避難メンタルモデル」として仮定し，その変容を図る．メンタルモデルは人が外界に関する状況について構築する内的なモデル，ないしはシミュレーションであり，人のあらゆる行動を規定しているといわれている[43]．これまでのメンタルモデルに関する研究の多くは機器操作におけるその役割を対象としており，人間が機器を操作するときに，自分がそれまでに獲得してきたメンタルモデルの枠組みで操作が行われることを示す実験結果が得られている[44]．水害時に対応行動が迫られたとき，人の行動が従うのはその人のもつ避難メンタルモデルであると考えると，安全で自律的な避難の実現のために必要なのは，事前の避難メンタルモデルに対するアプローチである．

(3) 避難メンタルモデルの構造

図 9.6.1 に，ここで考える避難メンタルモデルの構造を示す．避難メンタルモデルは水害の状況を示す情報の入力を受けると，それに応じて実際の避難行動を規定すると考えられる．そして，内部にはその構成要素として，水害の状況を識別するための知識と，避難行動計画の代替案集合が含まれる．

例えば，唯一の避難行動計画を内包した画一的な避難メンタルモデルによって，状況に応じた安全な避難がなされるとは考えにくい．すでに述べたとおり，安全な自律的避難を実現するためには，生活者が水害の状況を的確に認知し，その状況に応じて適切な避難行動の代替案を選択することが必要である．そのためには，避難メンタルモデルの内部に，より充実した避難行動計画の代替案集合が備わっていることが望ましい．ここでは，その具体的な項目として避難場所や避難経路，避難を開始するタイミングを扱う．

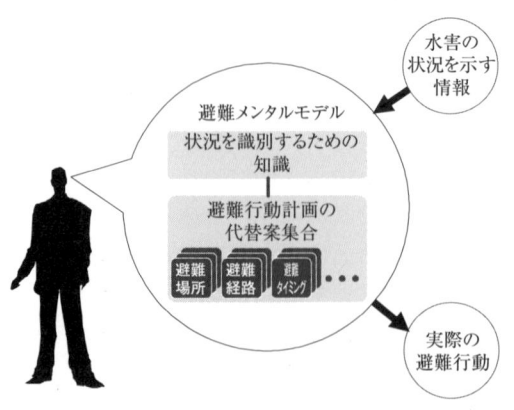

図 9.6.1 避難メンタルモデルの構造

また，外部から入力される水害の状況を示す情報を的確に解釈し，多様に備わった代替案から適切な避難行動計画を選択するためには，情報認識のための知識の充実も不可欠である．避難メンタルモデルは，以上の要件を満たすものと仮定し，その変化を追うことでリスク・コミュニケーションの有効性を検討することができるものと考える．

(4) 避難メンタルモデルの構築

それでは，避難メンタルモデルを変容させるための要件とは何であろうか．Norman[45]は，機器インタフェースの設計者が留意すべきものとして，ユーザがその機器に対して構築するメンタルモデルを仮定したが，その形成要因を次のとおり指摘した．すなわち，①反復経験(Learning by doing)，②観察学習，他者との相互作用，経験からの類推，③メタファ，④標準化である．Normanによれば，反復的な試行や学習によって，主観世界であるメンタルモデルがより客観的な形へと変容していく．その際，機器のインタフェースとユーザのメンタルモデルとの乖離が大きいほど，メンタルモデルの構築は難しくなる．

避難メンタルモデルは，外部からの干渉，特に一方向的な情報提供によってその変容を図ることは難しいと考えられるが，反復経験や相互作用によって形成されていくと考えることができる．しかしながら，水害を実際に経験する機会が容易に得られるとは考えられない．たとえ水害経験が得られたとしても，それはさまざまな姿をみせる水害のうち，ただ1つの姿を経験したにすぎず，その経験によって形成される避難メンタルモデルは，画一的なものにならざるを得ない．また，避難行動を観察したり，避難行動計画について他人と何らかのインタラクションが発生する機会も，あまり得ることがない．そこで，シミュレーション技術を用いて，地域生活者がさまざまなパターンの水害における対応行動を仮想的に体験したり，それについて他者とコミュニケーションしたりできる場を実現することによって，生活者の避難メンタルモデルを必要な形に変容させる

9 水災害環境論

図中テキスト:
- 多様なシナリオを含む氾濫解析
- 仮想タスク空間
- 水害リスク情報
- 行動計画
- シナリオ別時系列浸水深データ
- 計画に対する安全性評価
- シナリオごとに安全性評価
- ユーザ
- 水害リスク・コミュニケーション支援システム

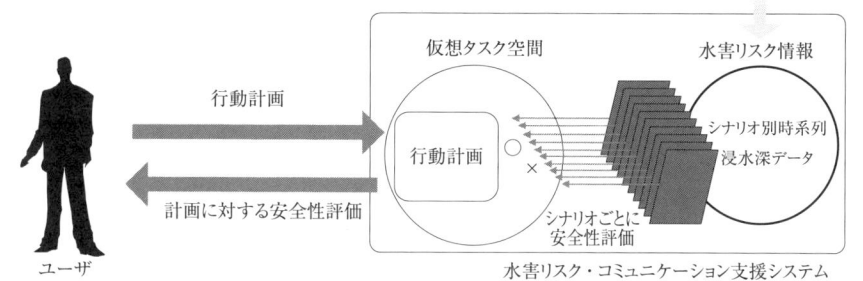

図 9.6.2　水害リスク・コミュニケーション支援システム概念図

手法をとる．避難メンタルモデル変容のために必要なのは，水害に関する情報や避難行動の規範の一方向的な提供ではなく，地域生活者が自分で（あるいは自分たちで），さまざまなパターンの水害における避難行動を試行することができる仕組みである．

(5) **水害リスク・コミュニケーション支援システムの提案**

以上の要件を満たすため，水害リスク・コミュニケーション支援システムを提案する．その概念を図 9.6.2 に示す．以下ではその実現方法について述べる．

1) **地理情報システムの利用**

ここでは水害リスク情報として，氾濫解析の結果を利用する．解析による氾濫予測の精度は著しく向上し，水害時の避難行動の結果を推定する際に有効であると考えられる[46]．氾濫解析の結果である時系列浸水深データは地理的な座標，時間，浸水深などを含み，これを扱うには4次元以上の情報空間を用意する必要がある．また，時系列浸水深データを氾濫シナリオごとに扱うとすると，その膨大なデータ量に留意しなければならない．そこで，支援システムには時系列地理データの扱いに長ける時空間地理情報システム，DiMSIS[47] を利用することとした．

2) **避難行動に関する仮想タスク空間の実現**

黒川[48] は，人間が情報機械とインタラクションを行う際の作業対象が存在する空間を，仮想タスク空間と名づけた．そして，人間が仮想タスク空間内の仮想対象とコミュニケーションを行う際には，脳の記憶力，推論力，表現力がデータベースやシミュレーションのかたちで情報機械上に外化され，人は新たな思考力と想像力が獲得できるとする．

支援システムはその要件により，地域生活者が考える水害時の避難行動を，自ら試行することができる場を提供する必要がある．そのための場として，水害時の避難行動に関する仮想タスク空間を実現する．ユーザは支援システム上に，自らの考える避難行動計画を投影し，さらにその結果に関する情報を得ることができる．支援システムは，水害リスク情報を用いて入力された避難行動を評価し，さまざまなシナリオにおける安全

性という形でその結果を示す．このように，経験することの難しいさまざまなかたちの水害におけるその対応行動を，繰り返し仮想的に体験することによって，人の避難メンタルモデルの内部に，避難行動計画の代替案集合や水害の状況を識別するための知識が，自律的に形成されると考える．

(6) 既往研究のレビューと本研究の立場

メンタルモデルの概念を用いたリスク・コミュニケーションに関する研究としては，Granger[49]らによるものが挙げられる．彼らは，リスク・コミュニケーションにおいて効果的に情報提供を行うために，人々のリスク事象に関するメンタルモデルをインタビューによって図式化し，提供すべき情報を探る手法を提案している．

災害に対する事前の被害軽減策として，生活者の防災意識の向上を図る情報処理システムはいくつか挙げることができる．飯田ら[50]は，岐阜県大垣市を対象とした内外水を含む氾濫解析を用いて，防災計画を検討するためのツールを開発した．飯田らはこのツールを，防災訓練や防災教育に応用できると述べる．また片田ら[51]は，津波災害に関する防災教育を目的として，津波災害時における行政の対応行動や生活者の避難行動を総合的に表現した，津波災害シナリオ・シミュレータを開発した．これらの生活者に対する防災教育を想定したツールは，いずれも一方向的に情報提供を行う仕組みになっている．よって，生活者が自らの考える避難行動計画を投影し，その結果に関する情報提供を受けるための十分な機能を備えているとはいえない．

藤井[52]は，公共交通による移動の保証や道路混雑の緩和を目的として，コミュニケーションにより人々の移動を過度な自動車利用から適切な公共交通の利用へと誘導する「モビリティマネジメント」を提案し，成果を挙げている．コミュニケーションによって人の内部モデルに対してアプローチし，行動の自発的な変化を誘発するという手法は，私たちとの考えと共通する．

ここでは，水害時の人の避難行動を規定する避難メンタルモデルを仮定し，その内部に避難行動計画の代替案集合や水害状況を識別するための知識を充実させることを目指す．このように避難メンタルモデルを変容させるためには，一方向的な情報提供によらず，生活者自らがさまざまな避難行動を仮想的に体験できる場を提供する必要があった．水害リスク・コミュニケーション支援システムは，地域生活者が考える避難行動計画の自発的な試行を可能にし，行政がもつ水害リスク情報との双方向的なインタラクションや，避難行動に関する他者とのコミュニケーションを実現する．この意味で，支援システムは防災教育ツールではなく，行政と地域生活者をステークホルダーとするリスク・コミュニケーション支援ツールであるといえる．

9.6.2 水害リスク・コミュニケーション支援システムの構築

(1) 支援システムの適用地域

支援システムの適用地域を愛知県の新川流域と定める．具体的には，旧西枇杷島町，旧新川町，名古屋市西区・北区の庄内川以北の，4つの地域である．これらの地域は2000年東海豪雨災害において，甚大な被害が発生した．これを受けて，2000年度より総額719億円に上る緊急的な治水事業「河川激甚災害対策特別緊急事業」が5ヵ年かけて実施され[53]，2000年当時と比べて氾濫の可能性は低くなったといえる．しかしながら，その地形的な特徴より，この地域における水害の危険性が本質的に去ったとは考えられず，再び大きな洪水に見舞われれば，人的被害の発生が懸念される．

(2) 氾濫解析について

辻本ら[54]は新川を対象として，複数のシナリオを含み，内水・外水を連動して取り扱える氾濫解析を構築した．本氾濫解析は，内水氾濫から破堤を伴う大規模な複合氾濫まで，合計68種の水災シナリオを備える．

氾濫解析の結果を擁する愛知県河川課は，地域生活者に対する水害危険度情報の周知への利用可能性を検討していた．そこで，支援システムに対して氾濫解析の結果を提供していただけることとなった．

(3) 支援システムの構成

支援システムの構成を，図9.6.3に示す．支援システムは，松本ら[55]によって参加型洪水リスクマネジメントを目的として開発された情報処理システム（以下，既存システム）を利用して構築された．今回新たに追加したモジュールやデータは，図9.6.3において新規部分として示している．

畑山らが開発した支援システムDiMSISは，時空間情報を扱うことができる時空間地理情報システムである[47]．氾濫解析の結果であるシナリオ別時系列浸水深や各種の地理データは，DiMSISの地理データ領域に格納される．特に時系列浸水深は，位置情報に時間情報が統合された時空間情報として構成されることになる．

これら地理データはDiMSISのコア部分が制御し，コア部分はアプリケーションにおいて呼び出される．DiMSISには元来，地理情報を扱うための基本的なアプリケーションが備わっており，既存システムではこの上に，家屋・家財のリスク表示機能や氾濫アニメーション機能を実現する業務アプリケーションが構築されていた．

ここでは，地域生活者の考える避難行動計画を投影できる仮想タスク空間を提供するために，既存システムに避難シミュレータ機能を実現する業務アプリケーションと，そこで必要となるメッシュIDデータが追加された．このように，避難シミュレータは既存システムのリソースを利用しながら，水害リスク・コミュニケーション支援システム

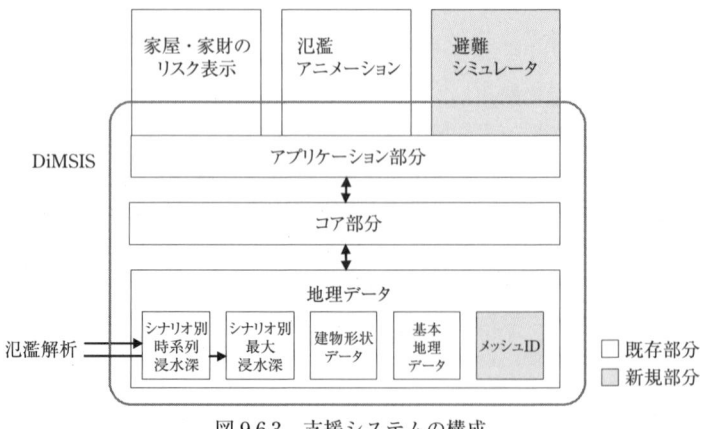

図 9.6.3 支援システムの構成

の要件を満たすべく，その中核となる機能を提供するものである．

(4) 避難シミュレータ

図 9.6.4 に避難シミュレータの操作フローを示す．基本的には，ユーザは個人属性，避難のタイミング，避難場所，避難経路の順で入力を行う．避難シミュレータは入力された避難に対して，すべてのシナリオにおける安全性評価と，シナリオ別避難アニメーションの2種類の出力を提供する．以下では，各操作・出力の概要と，それぞれの要件定義について述べる．

1) 個人属性の設定

ユーザはまず，自分の身長と避難時の歩行速度を設定する．歩行速度は任意に設定することができるが，設定フォームではその参考値として，地震防災計画[55]で想定されている避難速度である 2.016 km/hr と，吉岡[56]の調査による通勤時の平均歩行速度，1.9958 km/hr が提案される．

2) 避難タイミングの設定

避難行動計画の結果を左右する大きな要因の1つに，避難のタイミングが挙げられる．避難シミュレータでは，避難のきっかけとなる情報と，情報の取得から避難行動の開始までの時間の入力によって，避難タイミングを決定している．なお，ここでは避難のきっかけとなる情報を，「避難トリガ」と呼ぶ．

安全な自律的避難を実現しうる避難メンタルモデルには，水害の状況を示す情報を的確に識別するための知識が備えられなければならない．そのため，避難シミュレータは水害時に生活者が取得できる避難トリガを，入力として多様に取り扱う必要がある．現状の避難トリガとしては，市町村が発表する避難情報や，都道府県と気象庁が合同で行う洪水予報が考えられる．さらに近年，リアルタイム河川情報[22]の整備が全国に広まっ

9 水災害環境論

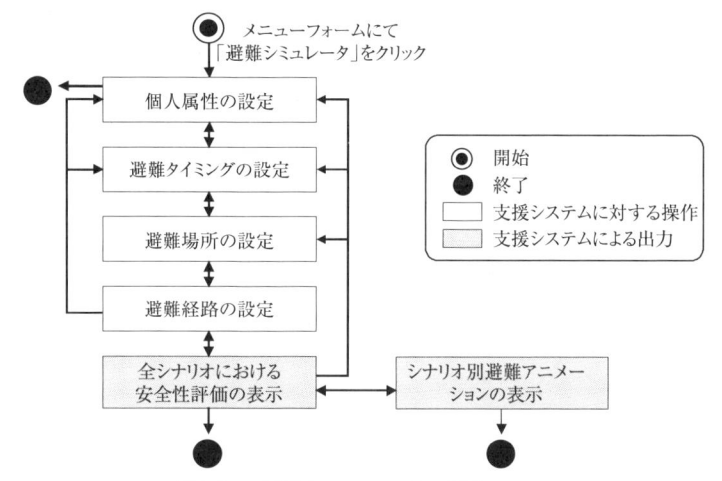

図 9.6.4 避難シミュレータの操作フロー

ており，インターネットを介した情報取得も，その選択肢として考えることができる．リアルタイム河川情報では，流域雨量と河川の水位が 10 分ごとに更新される．このようなシステムの整備は直轄河川だけにとどまらず，近年では都道府県管理河川にも広がりをみせている．そして，一部では，携帯電話端末向けの Web サイトでも，同様の情報提供が始まっている[57]．

　以上より，避難シミュレータでは避難情報や洪水予報に加え，地域生活者がインターネットを介して河川の水位や流域雨量に関する情報も取得できることを想定し，それらの値を避難トリガとして設定することができる．その設定フォームの一例を，図 9.6.5 に示す．避難シミュレータには氾濫解析における河川の水位と流域雨量情報が，シナリオ別に時系列情報として格納されている．ユーザが避難トリガとして水位や雨量を設定すると，これらの時系列情報を利用して，シナリオ別に避難タイミングが決定される仕組みとなっている．

3）　避難場所・避難経路の設定

　次に，ユーザは避難場所と避難経路を設定する．その設定画面の一例を，図 9.6.6 に示す．避難場所は地図画面上で任意に設定することができるが，指定避難所や公的施設，あるいは鉄筋造のマンションなどが，その階数とともに提案される．また，避難経路についても地図画面上で任意に点を設定し，経路を構成することができる．

　地理情報システムを用いる以上，地理データとして道路ネットワークを統合し，空間解析によって自宅の最近傍に位置する指定避難所とそこにいたる最短経路を算出したり，水害リスク情報に照らして安全度が高いと思われる避難場所と避難経路を算出したりして，ユーザに提案することはできる．しかしながら，このように一方的に答えを与えてしまえば，双方向的なインタラクションや，さらにはコミュニケーションが発生す

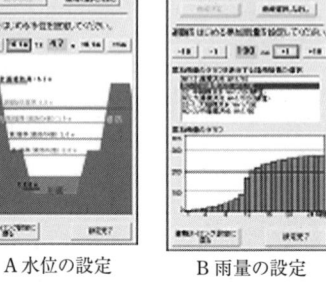

A 水位の設定　　B 雨量の設定

図 9.6.5　避難トリガ設定フォーム　　図 9.6.6　避難場所と避難経路の設定画面

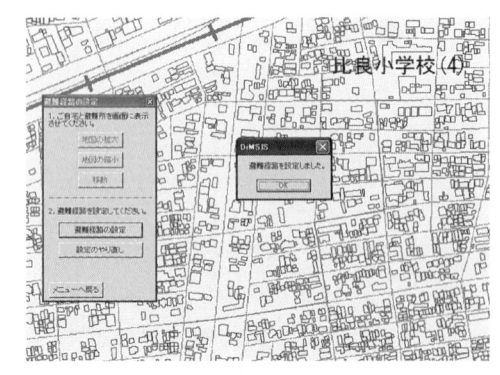

るとは考えにくい．また，特に避難経路の選択は，行政による指導や客観的な安全性を反映せずに，主観的になされているのが実態である[58]．以上より，避難シミュレータは避難場所と避難経路を，建物データや道路ネットワークなどの地理データに制限されずに，地図上において任意に入力できるインタフェースを備える．

4）　安全性の評価

須賀ら[59]は，浸水が水中歩行に与える影響について実験を行った．その結果，その水深が膝高までの場合には，流速と関係が少なくほぼ一定の速度で歩行することができた．また，水深が膝高を超えると歩行速度が急速に低下し，恐怖感も感じ始める，と述べている．須賀らの実験は，膝高以上の浸水ではもはや安定して歩行することができず，安全な避難は望めないことを教えてくれる．ここでは，避難において辛うじて歩行が可能な水深を人の膝高と定める．

避難シミュレータでは，安全性の評価を次の3段階で表記する．避難途上で浸水に遭遇しない場合は○，膝高までの浸水がある場合は△，膝高を越えて浸水する場合は×と定めた．人の膝高を推定するにあたっては，独立行政法人情報通信研究機構による数値人体モデルの無償利用サービスを利用した．数値人体モデルは日本人の平均体型を表しており，その再現性は非常に高いといえる[60]．数値人体モデルにおける膝高は身長の約26％の位置にあり，避難シミュレータはユーザの身長の入力によりその膝高を推定し，安全度の評価を下すこととする．なお，須賀らの実験結果や，緑川水系御舟川1988年5月洪水における避難行動に関する調査結果[61]からは，膝高までの浸水深においては避難速度と浸水との間に因果関係が薄いことを示している．よって，避難シミュレータでは膝高以下の浸水においては一定の避難速度を保てると仮定し，避難速度の割引などは行わないこととする．

以上の方法により，避難シミュレータは入力された避難行動の安全性の評価を行う．

9 水災害環境論

図 9.6.7　避難行動の安全性
　　　　　評価フォーム

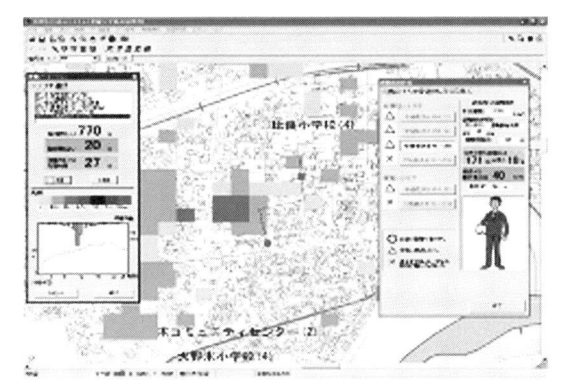

図 9.6.8　避難アニメーション表示画面

図 9.6.7 に，そのフォームを示す．フォームでは，左側において氾濫シナリオごとの安全性の判定が示される．そして，氾濫シナリオの選択によって，そのシナリオにおいて遭遇する最大浸水深が，数値と人体図を用いたイメージによって，フォームの右下部分に示される．

5）　避難アニメーション

さらに，ユーザは入力した避難行動の様子を，氾濫の様子と合わせて時系列に沿って確認することができる．その表示画面の一例を，図 9.6.8 に示す．

9.6.3　検証実験について

(1)　**検証実験の目的**

本実験は，地域生活者の避難メンタルモデルの変容に対する，支援システムの有効性を検証するものである．実験では避難メンタルモデル形成の要件をふまえ，検証項目を以下のとおり3つ設定する．すなわち，

① 地域生活者が自らの考える避難行動計画を，支援システムの避難シミュレータにおいて正確に投影することができるか，

② 避難シミュレータにおける試行の結果，地域生活者が備える避難行動計画の代替案の充実がみられるか，

③ 支援システム利用の結果，水害の状況を識別するための知識や，地域における水害に対する認識が変化するか，

の3つである．これらの項目を検証するため，支援システムが対象とする地域において検証実験を行うこととした．実験は水害に関するワークショップとして実施され，地域生活者の方々に参加していただいた．そして，参加者の方に支援システムを利用しても

グループA　　　　　　　　　　　　　　グループB

写真 9.6.1　検証実験の様子

らい，その前後における意識の変化や，利用の実態について調査を行った．

(2) **検証実験の概要**

　検証実験は2回にわたって実施された．その様子を写真9.6.1に示す．

　1回目は2006年2月2日，愛知県清須市須ヶ口の豊和工業株式会社の厚生会館にて行われた．支援システムは2台のコンピュータに実装され，参加者は1～4人ずつ1台のコンピュータに向かい，タスクを行った．参加者は3～5人ずつを1グループとして，計5グループ，総勢21名が参加した．参加者が支援システムを利用するときは，ワークショップのファシリテータが補助を行い，多くの場合その入力作業を代替した．なお，以下では，1回目の検証実験の参加者のグループを，グループAと呼ぶことにする．

　2回目は2006年2月3日，愛知県清須市西枇杷島町の旧西枇杷島町社会福祉協議会の施設「憩いの家」において実施された．支援システムの出力はプロジェクタによって会場の正面に映し出され，13人の参加者全員が投影された画面を共有しながらタスクを行った．支援システムへの入力操作と，ワークショップの司会進行はファシリテータが行った．以下では2回目の検証実験の参加者グループを，グループBと呼ぶ．

(3) **参加者の属性**

　グループAの参加者の約80％は旧新川町に居住しており，またグループBの参加者は，その全員が旧西枇杷島町に居住している．両グループの参加者は同様の年齢構成をみせ，その約4割が60歳代，約3割が70歳代であった．なお，参加者の居住地域はいずれも，2000年東海豪雨災害時に甚大な被害が発生した地域であり，ほとんどの参加者がなんらかの形で被災経験をしていた．

(4) **検証実験の流れ**

　実験ではグループA，Bともに，図9.6.9に示す流れをたどった．参加者にはまず実験の趣旨説明を行い，それに続いて地域の水害の危険性について，参加者とともにディスカッションを行った．その際には，参考資料として洪水ハザードマップを利用した．

9 水災害環境論

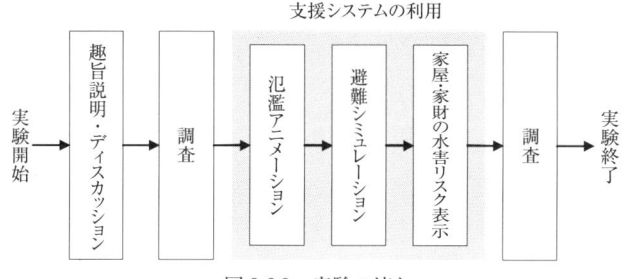

図9.6.9 実験の流れ

次に調査を行い，支援システムの利用に入った．そして，最後に再度調査を行い，実験を終了した．調査の詳細については後述する．

支援システムの利用では，基本的には図9.6.9に示すとおり，氾濫アニメーション，避難シミュレーション，家屋・家財の水害リスク表示の順で機能を稼動させた．氾濫アニメーションの稼動では，小規模洪水から大規模まで，さまざまな洪水シナリオにおける氾濫の様子を地域の地図上において表示させ，参加者はシナリオごとに氾濫の変化を確認した．次に避難シミュレータを用いて，参加者ごとに1回目の調査で明らかになった避難行動計画の安全性を確認していき，合わせて入力された避難と氾濫の時系列変化を避難アニメーションにて確認した．これを受けて，参加者は避難行動計画を変化させていった．参加者の意向によって避難シミュレータに入力するパラメータが繰り返し変更され，さまざまな試行が行われた．

最後に，一部の参加者は家屋・家財の水害リスク表示機能を利用した．グループAで本機能を利用した参加者は3人，グループBにおいては4人であった．本機能の利用者は実際に地図上で自宅を選択し，家屋と家財に対する水害リスクを確認した．その様子は参加者グループ全員で共有された．

(5) **調査方法**

実験では支援システムを利用する前後において，参加者に対して計2回調査を行った．調査では質問用紙と回答用紙が配布され，参加者はその場で回答した．

調査における質問項目を，表9.6.1に示す．2回の調査において，「水害に対する認識」の項目と「避難行動計画」の項目は共通しており，支援システムの利用による参加者の避難メンタルモデルの変化が類推できるように設定した．なお，「水害に対する認識」を問う項目では，今後自宅が浸水する可能性に関する意識を，床下浸水・床上浸水それぞれについて聞いた．また「避難行動計画」については，水害時の避難先として考えているすべての場所と，そこにいたるまでの経路を，参加者の自宅周辺の道路地図上に描いてもらった．それと合わせて避難を考え始めるきっかけと，そのきっかけから実際に避難を始めるまでのおおよその時間について調査した．

表 9.6.1　質問項目

調査	質問項目
支援システム利用前	個人属性 2000年東海豪雨災害における被災体験 洪水ハザードマップの所持実態 水害に対する認識 避難行動計画（避難のきっかけ，場所，経路）
支援システム利用後	水害に対する認識 避難行動計画（避難のきっかけ，場所，経路） 支援システムに対する意見・感想 自由回答欄

9.6.4　検証実験の結果と考察

(1)　避難シミュレータにおける避難行動計画の投影状況

まず9.6.3項で示した検証項目のうち，1つ目について述べる．検証実験では，地域生活者が考える避難行動計画を，避難シミュレータが備える機能の制限によって投影できなかった事例は存在しなかった．行動計画には避難場所として堤防の上やスーパー，変電所，街道などを含むものがあったが，すべて地図上で任意に選択することができた．また，避難経路に関してみると，多くは自宅から避難場所までの最短経路などではなく，自身が考える水害時の安全度を考慮した経路や，普段通り慣れた経路，あるいは空き地や耕作地などを通る「道なき道」が選択されている．このような避難経路についても，すべて避難シミュレータに入力することができた．

以上より，検証実験では地域生活者の考える避難行動計画を避難シミュレータ上に投影するのに，大きな支障がないことが示されたと考えられる．この点は，生活者が考える避難行動計画に対して支援システムがその結果を返し，両者の間で双方向のインタラクションを行っていくうえで，また，複数の生活者が自分たちの考える避難行動計画に関してコミュニケーションを行うために，避難シミュレータが備えるべき条件として重要な意味をもつ．

(2)　避難行動計画の代替案の充実

ここでは検証項目2について述べる．実験では，代替案の多様化を示す事例をいくつかみることができた．以下では2つの事例を示し，それぞれについて考察を行う．

1)　試行による新たな避難行動計画の獲得事例

グループBでは支援システム利用前後の調査によって，13人の参加者（調査の有効回答数：12）のうち5人が，新たな避難行動計画を示した．この5人が支援システム利用前に示していたのは指定避難所や堤防上への避難行動計画であったが，新たな行動計画

の多くは，比較的大規模な水害における一時避難を目的とした，鉄筋コンクリート造で4階建以上の建物であった．

　避難シミュレータに対して堤防上への避難行動計画が入力されると，堤防上は内水氾濫によって早い段階で孤立し逃げ場がなくなる様子や，大規模な水害時には溢水による堤防上の危険性が顕著に示された．また，指定避難所への避難行動計画に対しても，ある規模以上の水害においては指定避難所自体が決して安全ではない状況が，避難シミュレータによって示された．このような試行の末に，比較的大規模な水害を想定した一時避難所の必要性に関する議論が発生し，地域においてある程度の高さと強度をもつ建物への避難が検討され始めた．

　この事例では参加者の約4割において，新たな避難行動計画の獲得をみることができた．参加者はさまざまな計画を試していく過程を経て，自分たちで安全だと思われる行動計画を見つけ出し，獲得したといえる．この結果に対しては，自身が考える避難を投影し，それについて評価を受けることができるという避難シミュレータのもつ機能が，大きな役割を果たしたと考えることができる．

2） 支援システムを媒介としたコミュニケーション事例

　グループAでは，旧新川町の名鉄線以南に居住している被験者の間で，清須市によって避難所に指定されている桃栄小学校に関する議論が活発に行われた．支援システムに統合された氾濫解析結果によると，桃栄小学校では早い段階で，その周りを取り囲むように氾濫が発生する．しかし，支援システム利用前の調査においては，この地区に住むほとんどの参加者が桃栄小学校への避難行動計画を回答した．

　桃栄小学校への避難がシミュレータに入力されると，その多くは膝高以上の氾濫に遭遇し，安全に避難できないという評価が下され，合わせて避難勧告が出された時点において，すでに孤立する桃栄小学校の姿が示された．その表示画面を図9.6.10に示す．結果は同じ地区に住む5人の参加者によって共有されており，参加者からは2000年東海豪雨災害時において桃栄小学校に避難を行い，その途上で腰まで水に浸かった体験や，周囲より高くなっている美濃街道を通るべきだという意見がだされた．これを受けて，避難シミュレータ上では美濃街道を通る新たな避難行動計画が試行され，氾濫解析における美濃街道の安全性が確かめられた．以上の試行を踏まえて，桃栄小学校が避難所として指定されていることについての問題や，美濃街道沿いに一時避難所を設置する案，さらには，須ヶ口駅を地区の一時避難所として指定する案が提唱された．

　このように，実験では同じ地区に住む参加者の間で避難に関する活発な議論が発生し，新たな避難行動計画が提唱され，共有されていく様をみることができた．注目すべきは，洪水ハザードマップによってはこれらの議論を引きだすことができなかった点である．主体的で活発な議論が醸成された要因を考えると，避難シミュレータによる動的に変化する避難行動と浸水の表示や，さまざまな氾濫シナリオを含む情報，そして何よりも自分たちの考える避難行動を投影し，その結果を知るという行為そのものが，大きく影響

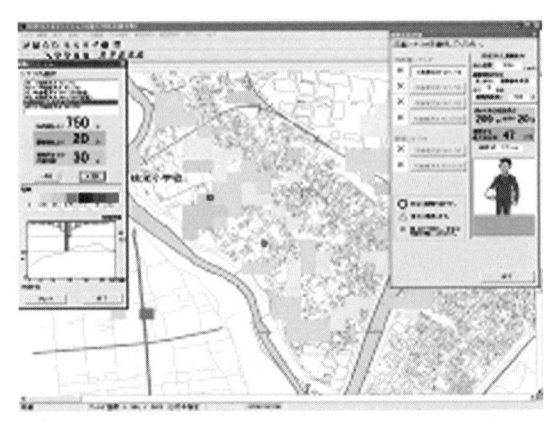

図 9.6.10　桃栄小学校への避難に対する評価画面

していたと考えられる．これらの要因については，さらなる実験によって検証していくことが必要である．

(3) **状況識別のための知識**

ここでは，避難行動計画において設定された，避難トリガに対する認識の変化をみることにする．

支援システム利用前の調査では，両グループにおいて参加者のほぼ全員が避難勧告を避難トリガとして設定した．しかし，避難シミュレータによって，避難勧告発表時にはすでに各地で内水氾濫が発生する様子が伝えられ，多くの参加者は避難準備情報を避難トリガとして設定した．また，支援システム利用後の調査における自由回答欄には，早い段階で浸水する可能性や，避難を早める必要性を感じたという回答がいくつかみられた．これらの事例から，参加者の多くは避難シミュレータを用いた試行により，避難勧告をトリガとした避難が必ずしも安全ではないという認識を獲得したものと思われる．

避難シミュレータによれば，避難準備情報の発表は避難勧告の発表よりも 2〜5 時間早くなる．多くの参加者にとって，これほど早い段階の避難は現実的でなかったようである．このことは，状況を適確に認知するための情報が，現状では非常に乏しいものになっている可能性を示唆する．もしそうだとすれば，水害時に地域生活者が避難行動を選択するきっかけとなる情報について，さらなる充実を検討する必要がある．

(4) **浸水可能性に関する意識の変化**

支援システム利用の前後における調査では，水害に対する認識として今後の自宅浸水の可能性が，床下浸水と床上浸水のそれぞれについて参加者に問われた．この設問に対しては，「1：絶対遭わない」から「7：絶対遭う」までの 7 段階で回答がなされた．有効

9 水災害環境論

表9.6.2 浸水可能性の設問に対する回答の平均値

	グループA		グループB	
	床下浸水	床上浸水	床下浸水	床上浸水
システム利用前	5.42	4.84	5.56	6.00
システム利用後	6.05	5.74	6.56	6.56
利用前後の差	+0.62*	+0.90*	+1.00*	+0.56

＊5％水準で有意

　回答数はグループAが19人，グループBが9人であった．本設問に対する回答の平均値の，支援システム利用の前後における変化についてグループごとに検証した．表9.6.2に示すとおり，床下・床上浸水のいずれにおいても回答の平均値は上昇した．
　この結果は，支援システムの利用によって水害に対する意識が向上したことを示すと考えられる．例外的にグループBの参加者における床上浸水に対する回答では，有意な差が見られなかった．グループBではすべての戸建て居住者が，2000年東海豪雨災害において床上浸水に見舞われている．この被災体験によってグループBの参加者は，比較的高い意識を備えていたと考えられる．

参考文献

1) 旧建設省河川局監修：建設省河川砂防技術基準（案）計画編，㈳日本河川協会編，1977
2) 国土交通省河川局：平成14年度版水害統計，2001
3) 佐藤照子：2000年東海豪雨災害における都市型水害被害の特徴について，防災科学技術研究所主要災害調査，Vol. 38, pp. 391-409, 2002
4) 牛山素行：2004年7月12〜13日の新潟県における豪雨災害の特徴，自然災害科学，Vol. 23, No. 2, pp. 293-302, 2004
5) 岩井重久：確率降雨曲線とその下水道計画への応用，**水道協会雑誌**，Vol. 4, pp. 8-11, 1949
6) ㈳日本下水道協会：下水道雨水調整池基準（案）解説と計算例，1984
7) ㈳日本下水道協会：下水道施設設計指針と解説，1984
8) 端野道夫：計画降雨波形の確率論的定式化と条件付き確率降雨強度式の提案，**土木学会論文報告集**，No. 369, pp. 139-146, 1986
9) 浅田一洋：都市水文と下水道雨水排水施設の量的評価に関する研究，京都大学博士学位論文，1995
10) Cordery, I., D. H. Pilgrim and A. Rowbottom: *Time patterns of rainfall for estimating design floods on a frequency basis*, **Water Science and Technology**, No. 16, pp. 155-165, 1984
11) Yen, B. C.: *Urban drainage hydraulics and hydrology*, Proc. of 4th International Conf. on Urban Storm Drainage, pp. 135-154, 1987
12) 長尾正志：短時間豪雨分布の推定に関する二変数ガンマ分布の応用，名古屋工業大学学報，**25**, pp. 325-333, 1973
13) 長尾正志：確率雨量配分率曲線の理論的推定，**土木学会論文報告集**，No. 243, pp. 33-46, 1975
14) 石原安雄・友杉邦雄：降雨の時間配分に関する確率論的考察，京都大学防災研究所年報，

14B, pp. 87-102, 1974
15) 萩原良巳：『環境と防災の土木計画学』，京都大学学術出版会，2008
16) Kurashige, T., Hagihara, Y. et al.: *Design Rainfall Model under Imperfect Information*, Proc. of International Symposium on Water Resources System Application, pp. 177-186, 1990
17) 萩原良巳・中川芳一・蔵重俊夫：治水計画における計画降雨の決定に関する一考察，第29回**水理講演会論文集**, pp. 317-322, 1985
18) 萩原良巳・蔵重俊夫・平井真砂郎：治水計画における計画降雨群決定モデル，第31回**水理講演会論文集**, pp. 197-202, 1987
19) 国沢清典：『エントロピー・モデル』，ORライブラリー14，日科技連，1975
20) Kihhle, W. F.: *A two variate Gamma type distribution*, **SANKIYA**, Vol. 5, pp. 137-150, 1941
21) Krishnamoorthy, A. S. and M. Parthasarathy: *A multivariate Gamma type distribution*, **Annuals of Mathematics and Statistics**, Vol. 22, pp. 549-557, 1951
22) 井沢竜夫：二変数のΓ-分布について，**気象と統計**, Vol. 4, No. 1, pp. 9-15, 1953
23) 井沢竜夫：二変数のΓ-分布について（続），**気象と統計**, Vol. 4, No. 2, pp. 15-19, 1953
24) 宝　馨：水資源システムにおける確率論的モデルと手法の評価に関する研究，京都大学学位論文，1989
25) 浅田一洋・張　昇平・平井真砂郎：都市雨水排除システム排水能力の確率評価，**下水道協会誌**, Vol. 34, No. 419, pp. 1-13, 1997
26) Zhang, S. P., K.Asada and Y. Hagihara: *Development of Urban Design Storms by Considering Temporal Rainfall Distribution*, Proc. of the 7th International Conf. on Urban Storm Drainage, Vol. 7, No. 1, pp. 19-24, 1996
27) Fushimi, T. and T. Yamaguchi: *Mathematical Methodrology for Finding Ballanced Attainments of Multiple Gaols*, **Journal of the Operations Research of Japan**, Vol 19, No. 2, 1975
28) 板倉　誠：滞留式雨水流出量の算定方法の研究，**土木学会論文集**, No. 28, pp. 1-23, 1955
29) Kurashige, T., Hagihara, Y., Nakagawa, Y. and M. Hirai: Model *Analysis for Project Scaling of River Improvement*, 6th Congress the Asian and Pacific Regional Division of IAHR, 1988
30) 萩原良巳・中川芳一・蔵重俊夫：下流への影響を考慮した河道改修規模決定モデル分析，第28回**水理講演会論文集**, pp. 369-374, 1984
31) 萩原良巳・西澤常彦：河川計画のための社会調査に関する研究，NSC研究年報，Vol. 12, No. 4, 特定研究 (10)，1984
32) 戸田圭一：都市水害とその対策，**都市問題研究**, 第58巻, 第7号, 都市問題研究会, pp. 35-47, 2006
33) 戸田圭一・井上和也・村瀬　賢・市川　温・横尾英雄：豪雨による都市域の洪水氾濫解析，**土木学会論文報告集**, No. 663/ Ⅱ-53, pp. 1-10, 2000
34) 中川　一：洪水および土砂氾濫災害の危険度評価に関する研究，京都大学博士学位論文，1989
35) 岩佐義朗・井上和也・水鳥雅文：氾濫水の水理の数値解析法，京都大学防災研究所年報，第23号B-2, pp. 305-317, 1980
36) 武富一秀・舘健一郎・水草浩一・吉谷純一：地下空間へ流入する氾濫水が階段上歩行者に与える危険性に関する実験，第56回土木学会年次学術講演会講演概要集第2部, pp. 244-245, 2001
37) 亀井　勇：台風に対して，天災人災住まいの文化誌，ミサワホーム総合研究所，1984
38) M. Hirai, M. Iino and T. Kawaguchi: *Study on priority evaluation process re-constructing planning of urban drainage system*, Proceedings of the Eighth International conference on Urban storm Drainage, Vol. 2, pp. 602-609, 1999
39) 平井真砂郎・道上正規・檜谷　治：地下水路系システムにおける実用的な水理解析手法，**水工学論文集**, 第42巻, 1998
40) 平井真砂郎・道上正規・檜谷　治：都市域における浸水氾濫解析に関する基礎的研究，**水工学論文集**, 第40巻, pp. 405-412, 1996

41) 林　裕造・関沢　純（監訳），National Research Council（編）：『リスクコミュニケーション―前進への提言―』，化学工業日報社，1997
42) 吉川肇子：『リスク・コミュニケーション―相互理解とよりよい意思決定を目指して―』，福村出版，1999
43) K. J. W. Craik: *The nature of explanation*, Cambridge University Press, 1943
44) Kieras, D. E. & Bovaer, S.: *The role of a mental model in learning to operate a device*, **Cognitive Science**, Vol. 8, pp. 255-273, 1984
45) D. A. Norman, S. W. Draper（Eds.）: *User centered system design New perspectives on human-computer interaction*, Hillsdale, NJ, Erlbaum Associates, 1986
46) 舘健一郎・武富一秀・川本一喜・金木　誠・飯田進史・平川了治・谷岡　康：内水を考慮した氾濫解析モデルの構築と検証―大垣市を対象として―，河川技術論文集，Vol. 8, 2002
47) 畑山満則・松野文俊・角本　繁・亀田弘行：時空間地理情報システム DiMSIS の開発，**GIS-理論と応用**，Vol. 7, No. 2, pp. 12-20, 1999
48) 黒川隆夫：『ノンバーバルインタフェース』，オーム社，1994
49) M. Granger Morgan, Bruch Fischhoff, Ann Bostrom, Cynthia J. Atman: *Risk Communication A Mental Models Approach*, Cambridge University Press, 2002
50) 飯田進史・舘健一郎・武富一秀・川本一喜・金木　誠・平川了治・谷岡　康：水害時の避難解析システムの構築と危機管理対応支援への適用性検討，河川技術論文集，Vol. 8, pp. 21-25, 2002
51) 片田敏孝・桑沢敬行・金井昌信・細井教平：津波災害シナリオ・シミュレータを用いた尾鷲市民への防災教育の実施とその評価，社会技術論文集，Vol. 2, pp. 199-208, 2004
52) 藤井　聡：モビリティ・マネジメント，新都市，Vol. 16, No. 2, pp. 17-24, 都市計画協会，2004
53) 愛知県河川工事事務所：平成12年9月東海豪雨災害新川河川激甚災害対策特別緊急事業の概要，2005
54) 愛知県氾濫シミュレーション技術検討会：水災シナリオに即した浸水情報の在り方，愛知県氾濫シミュレーション技術検討会総合報告書，2004
55) 建設省土木研究所河川部総合治水研究室：水害時の避難行動に関する調査報告書―緑川水系御船川昭和63年5月洪水における避難行動―，土木研究所資料第2862号，1990
56) 吉岡昭雄：『**市街地道路の計画と設計**』，技術書院，1998
57) 愛知県企画振興部情報企画課：モバイルネットあいち，http://mobile.pref.aichi.jp/mgwnw/m/imode.html，2006
58) 建設省土木研究所河川部都市河川研究室：関川水害時の避難行動分析，土木研究所資料第3536号，1998
59) 須賀堯三：避難時の水中歩行に関する実験，**水工学論文集**，Vol. 39, pp. 879-883, 1995
60) 長岡　智・櫻井清子・国枝悦夫・渡邊聡一・本間寛之・鈴木　保・河合光正・酒本勝之・小川孝次：日本人成人男女の平均体型を有する全身数値モデルの開発，**生体医工学**，Vol. 40, No. 4, pp. 45-52, 2002
61) 建設省土木研究所河川部総合治水研究室：水害時の避難行動に関する調査報告書―緑川水系御船川昭和63年5月洪水における避難行動―，土木研究所資料第2862号，1990

10 水資源コンフリクト論

10.1 コンフリクトマネジメントとは何か

すでに，1.6.1項で述べたように，地球的な水資源問題は以下のように要約される．【利用できる水資源は地球上の水のわずか0.01%で有限で，その絶対量は一定と見なしてもよいが，偏在し変動しているため利用できる地域が限定されている．世界人口と水需要原単位が急増し，水利用による水資源の枯渇や水環境汚染による劣化が深刻になり，利用可能な水資源量の縮小とその配分の減少をきたす．さらに，洪水などの災害で社会は病弊し，人為的な境界（国境など）と上下流など地政学的位置関係による水資源の囲い込みや水資源管理システムの不備により，国際的な（人為的境界をもつという意味で国内的にも）水利用の不公平性が生じる．こうして水資源コンフリクトが発生する．】

これは，極端な場合，生存をかけたコンフリクトである．このような，現象は古くから日本でもあり，現在でもある．これは，水資源の囲い込みによるコンフリクトである．

世界と現在の日本の水資源コンフリクトを比較した場合，世界における主たる水資源コンフリクトは絶対的な水不足に起因して発生しているが，日本における水資源コンフリクトは主に環境と開発という問題が争点となっていると言える[1]．日本におけるコンフリクトを具体的に眺めれば，水没予定地域の住民による生活保全運動から自然保護運動，多様な運動の合流など，時代とともにその特徴が変化している．

「コンフリクト(conflict)」という言葉は一般的に用いられるようになってきたが，それでも常用語になるまでにはいたっていない．リーダーズ英和辞典[2]によれば，

① 闘争，戦闘，戦争
② 《主義上の》争い，争議，軋轢，摩擦，《心の中の》葛藤，《思想や利害などの》衝突，《戯曲や小説における人物などの間の》対立，衝突，葛藤
③ 《物体の》衝突

であるとされている．また，ランダムハウス英英辞典[3]によれば，

① a fight, battle, or struggle, esp. a prolonged struggle; strife.
② controversy; quarrel: *conflicts between parties.*
③ discord of action, feeling, or effect; antagonism or opposition, as of interests or principles: *a conflict of ideas.*
④ a striking together; collision.
⑤ incompatibility or interference, as of one idea, desire, event, or activity with another: *a conflict in the schedule.*
⑥ *Psychiatry.* a mental struggle arising from opposing demands or impulses.

と書かれている．

また，「コンフリクト」とは，「なんらかの点で違いがある人や組織や社会が緊密に接触するとき，そこにものの考え方や価値観や利害に衝突が生じる（あるいは生じている）状態」と定義し，「違いがある」こと，および「緊密に接触すること」が，コンフリクトという「衝突が生じる状態」にあるための欠かすことのできない要件である[20]という定義（考え方）もある．

コンフリクトという言葉自身は強いものから弱いものまで争いという状態を指し，それは実社会に表出したり精神世界にとどまるものであったりする．個人の心のコンフリクトは葛藤と言い換えられるし，あるいは迷いと呼んでもよいかもしれない．

コンフリクトが社会現象として表出するための要件は，先の定義どおり，「違いがある」こと，および「緊密に接触すること」であるかもしれない．しかし一方で，例えば心の葛藤をコンフリクトと呼べるように，インドの俗に言うカースト制度のように，外の社会からは見えない社会的な争いや人種差別や性差別などの潜在的な状態もまたコンフリクト状態であるととらえることができる．

次に，最近よく使われるステークホルダーをオックスフォード現代英英辞典でひいてみると，
① a person or company that is involved in a particular organization, project, system etc., especially because they have involved money in it
② a person who holds all the bets placed on a game or race and pays the money to the winner

となっている．

このため狭い意味，つまり対立している人が明解で主として経済的な場合にのみステークホルダーという言葉を使い，それ以外は利害関係者，そしてゲーム理論の枠組みで考えることができる場合はプレイヤーと呼ぶことにする．以下では利害関係者は金銭のみにかかわらないメンタルな部分をも含んだ広く定量的・定性的にとらえる場合に用いる．

コンフリクトが潜在的であるのは，単に降雨量の減少などの物理現象的なトリガーがまだ引かれていないだけということがまず挙げられる．これに加え，コンフリクトをコ

ンフリクトであると認識する利害関係者間に偏りがある場合が挙げられる．つまり，ある状態を一部の利害関係者は権利の競合状態であると認識し，それ以外の利害関係者は自己の権利を行使しているにすぎないと認識している場合である．このような認識の相違は無意識的に生じる場合もあれば，意識的に生じさせられる場合もある．この極端な状態は一方の利害関係者の他方に対する「無視状態」と呼べるかもしれない．具体的には，イスラエルによるパレスティナ問題は，イスラエルの旧約聖書に記載されている「神の約束の地」という言葉を根拠にパレスティナ人の存在を無視し，彼らの生存そのものを壊滅させているようである．実際，イスラエルはヨルダン川の水資源を独占し，パレスティナ人は困窮を極めている．

水資源コンフリクト問題においては，このような状態が発生する原因は往々にして個々の利害関係者が属する社会的背景にある場合が多い．貧富の極端な差のような「経済差別問題」や性，部落，人種，宗教などの「文化差別問題」が複雑に絡み合っている．これらの複雑な社会現象を複雑な数学モデルやシミュレーションモデルでどの程度現実を理解できるだろうかという疑問がわいてくる．逆に，複雑な現象をいかに（本質を失わずに）できるだけ単純なモデルで理解するかという科学の基本精神がいま問われているようである．

以上のような認識のもとでは，現実のコンフリクトにおける利害関係者はゲーム理論で言われるところのプレイヤー（意思決定者）と同じものではないといえる．例えば多数の利害関係者も同様な考え方や価値観や利害をもっていれば，1人のプレイヤーと認識することができる．これとは逆に，現実のコンフリクトにおいては，利害関係者でありながらもプレイヤーとしてコンフリクトに関われないような主体も存在する．すなわち，コンフリクトにおいて利害関係者は必ずしもプレイヤーと同一ではないといえ，また利害対立者を経済用語のステークホルダーとして眺めれば全体の人々の中の一部分の人たちによるパワーゲーム（いろいろな形式の戦争状態）そのものと考えることもできよう．

水資源問題において，世界のいわゆる欧米を中心とした先進国も中国・インドなどのスーパーパワーも「持続可能性」を唱えている．後者は急激な経済発展のみが，自国の「持続可能性」を支える「生存可能性」を保証すると考えているようで，他国の「持続可能性」に真剣に取り組んでいるようには思われない．そして，この急激な経済発展が水資源の確保，つまり囲い込みをハードにするのである．以上の認識のもとに，以下では厳しい現実をわきまえながら50年先を見据えて，水資源コンフリクトマネジメント考える思考装置とは何だろうと考えてみることにしよう．

ここで水資源に関するコンフリクトをより理解するために，その背景を5W-1H（When, Where, Who, What, Why, How）の視点で眺めてみよう．すると，図10.1.1のようにまとめることができる．水資源コンフリクトに関するマネジメントは本来この図のすべてを指し，その手順は1.7節で述べたシステムズ・アナリシスによる適応計画方

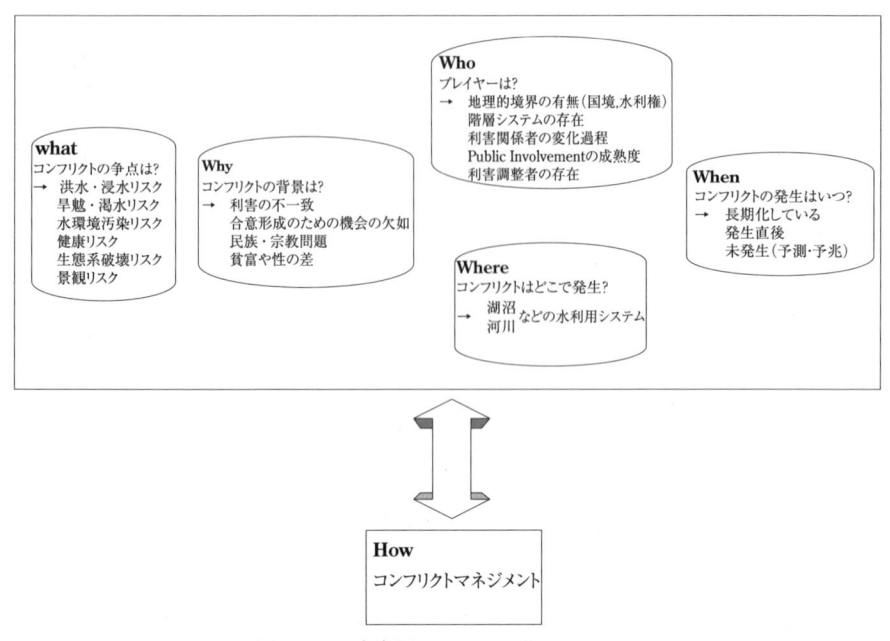

```
┌─────────────────────────────────────────────────────────────────┐
│                          Who                                    │
│                          プレイヤーは?                          │
│                          → 地理的境界の有無(国境,水利権)        │
│                            階層システムの存在                    │
│      what        Why       利害関係者の変化過程                  │
│   コンフリクトの争点は?  コンフリクトの背景は? Public Involvementの成熟度   When        │
│   → 洪水・浸水リスク  → 利害の不一致   利害調整者の存在     コンフリクトの発生はいつ? │
│     旱魃・渇水リスク    合意形成のための機会の欠如           → 長期化している  │
│     水環境汚染リスク    民族・宗教問題                         発生直後    │
│     健康リスク          貧富や性の差                           未発生(予測・予兆) │
│     生態系破壊リスク                                                          │
│     景観リスク                    Where                                       │
│                                コンフリクトはどこで発生?                      │
│                                → 湖沼 などの水利用システム                   │
│                                  河川                                         │
│                                                                               │
└─────────────────────────────────────────────────────────────────┘
                                    ⇅
                            ┌─────────────────┐
                            │  How            │
                            │  コンフリクトマネジメント │
                            └─────────────────┘
```

図 10.1.1　水資源コンフリクトの 5W-1H

　法論の手順をすべて踏むことになる．しかし，ここでは論旨を単純明解にするために，How をコンフリクトマネジメントとして狭く捉えることにしよう．

　水不足が水資源をとりまくコンフリクトに発展する最大の原因となりうるとはいえ，その経緯はさまざまである．すでに問題の悪循環が長期化してしまっているのか，問題が上下流の力の階層システム (hierarchical system) を有する河川を出所とするのか，また国際問題なのか国内問題なのか，水不足の主な原因は量的な問題なのか水環境汚染による質的な問題なのか，プレイヤーが議論のテーブルについた後のコンフリクト問題なのか，議論のテーブルにもつかないところから問題なのかなどである．

　例えば，複数の国が依存する水資源が枯渇し，水不足が発生した場合，多国間での協力という発想が欠けていれば「共有水の悲劇 (Tragedy of the Commons)」やコンフリクトの発生は必至であると考えられる．言い換えれば，多国がおのおのの災害リスクをマネジメントしようとしたとき，マネジメントを行ううえでの文化や科学的方法を共有できないとき，コンフリクトは発生すると考えられる．もし水資源の配分方法が不公平である場合，状況はさらに深刻なものとなる．特に河川は水資源の存在形態の中でも水紛争の火種となりやすい．なぜなら，河川は海に流れ出るまでにいくつかの国々を通過し，それらの国々の間に常に上下流の関係を発生せしめるからである．上下流の関係は，水資源が不均衡に共有される絶対的な理由となるといえるだろう．世界人口の約 40%は

10 水資源コンフリクト論

2ヶ国以上が共有する約200本の河川水系に依存している[1]．実際，他国から流入する地表水への依存度が高い国を示せば，90％以上がトルクメニスタン，エジプト，ウズベキスタンなど，60～89％はカンボジア，シリア，スーダン，イラクなどでバングラデシュは42％である[7]．このように，世界人口の40％の人々が顕在的・潜在的に水資源コンフリクトのリスクにさらされていることになる．社会システムの有する潜在的リスクとして，河川や湖沼の水利用をとりまくコンフリクトをもっと広く認知する必要がある．これらの議論を10.2節で整理しておこう．

コンフリクトは人間社会によって引き起こされる現象であり，人間（集団）の頭と心はゆらぎ，あいまいさをもつ．人々の間に合意を形成するためには，少なくとも公正な合理性を前提とした議論がなされる必要があり，そのためにはコンフリクトの争点の構造を明らかにすることが重要であろう．なお，ここで本書の「公正」を英語で表現するのが困難なため，以下のように日本語で定義する．「**公正とは，ある社会に参加している人々が，公平で不正や非道がなく，明白に正しいと（全員が）認知していること．**」

いま，世界でも日本でも，必要な価値関数は，有用・無用というような2元論的知識社会の経済学的な効用関数ではなく，多様性と統一性を包含するシステム的知恵社会の（禅で言うところの）「相待」[4]的でしかも文化的な「公正関数」ではなかろうか．

以上の視座をもつためには，私たちはできるだけコンフリクトの現場に行き，そこで考えなければならない．コンフリクトの現場は，人間の愚かさを教えてくれ，己が「愚智（知）」であることを思い知らされる場である．このとき，自分が生まれ変われる，あるいは新しい発想が生まれる機会であることも多い．このような理由から，編著者がコンフリクトの現場に足を運んだ国内外の問題を本章では主として取り上げることにしよう．

まず，10.2節では，国際河川を例にして「水資源の囲い込み」によるコンフリクトを紹介しよう．この多くの例は，歴史的な不幸を背負った地域の履歴が原因で起こっている．例えば，ヨルダン川，ナイル川，そしてガンジス川などのコンフリクトには，かつての大英帝国の3枚舌外交や植民地政策に根本的な原因があり，現在の状態だけを見ても，コンフリクトの本質的理解はできず，ただ表面だけを眺めて最新の理論を適用するだけでは根本的解決は，やはり表面的損得で処理せざるを得ないのである．

日本においては，もちろん農業用水の慣行水利権による「水資源の囲い込み」により，暫定水利権で都市用水を確保するために新規ダム建設などを計画し，今度は「開発か環境か」という2ステップのコンフリクトが多い．このためにも，私たちは世界史的あるいは日本史的視点で，コンフリクト現場（例えば流域）の履歴を勉強して認識しておかなければならないのである．歴史は過去の解釈であるが，履歴は現在につながっているという意味で，現場で履歴を確認する行為が重要なのである．

次に，それではコンフリクトとは何かを明らかにしなければならない．そして，そのマネジメントとは何かを考えなければならない．メタ論理では，規範的な論理的推論を

もとに定義（特性化）し，これを実際に適用することによりその定義の正当性を確認していくだろう．アクタ論理では，多くの事例をもとにコンフリクトを分類整理することから，メタ的に定義することになるであろう．古い言葉で説明すれば，両者を「演繹と帰納」と呼ぶことができ，両方を組み合わせて「弁証法」と呼ぶのかもしれない．ただ，規範的な方法は，往々にして「制約条件（前提条件）が強すぎるため」私たちは，あまり使わない．このような議論は非常に重要ではあるが，ここではこれ以上議論はしない．しかし，本章の10.2.3項ではいろいろな局面で，これらメタとアクタ論理が組み合わされて論理を構成していることを断っておこう．10.2.4項では，多くの事例から導出した第3者機関を想定したコンフリクトマネジメントの可能性を考える．

　もっと考えなければならないことは，どのような合意形成のシステムを考えるかということである．まず，第3者機関が存在しないという前提の議論を行おう．近年の日本では，水資源開発と環境保全をめぐって利害関係者間で激しいコンフリクトが生じる事例が頻発しており，合意形成やよりよい意思決定に結びつけるための技術に注目が集まっている．こうした技術としては，

① ワークショップや公聴会など，生活者参加の場面で用いるさまざまな工夫や技術：KJ法，PCM手法，ファシリテーションの技法，検討委員の選定方法など
② 合理的な解をみつけることを目的としたアプローチ：多目的計画法，環境経済学的アプローチ，厚生経済学的アプローチなど
③ 合意形成や意思決定の過程を数学的に記述して，そのメカニズムを明らかにするアプローチ：ゲーム理論など

といったものが挙げられるが，すべての技術がこのいずれかに分類されるのではなく，これらに当てはまらない技術や，複数にまたがる技術もある．いずれにせよ，当該コンフリクト地域の直接的な利害に関わらない第3者（計画者）としては，できるだけ利害関係者間の対話や合意形成が進み，よりよい意思決定に結びつくような技術的サポートを行うことが望まれる．

　水資源開発と環境保全のコンフリクトに対する上記技術の適用可能性や，よりよい意思決定のために何ができるかということを考察し，その1つとして，代替案をよりわかりやすく評価する手法の提案を行う必要があろう．これを10.3節で論じることにしよう．

　次に，多くの国・地方の行政システムや企業組織における社会的ガバナンスで見受けられる階層システムに着目する．この階層システムをコンフリクト調整システムとして考えてみよう．

　例えば，私たちが長年交流している中国水利部の黄河水利委員会は図10.1.2のような組織になっている．

　いちばん下のプロセスに黄河があり，企画や工事などを実施する実行部隊である4つの河務局がある．それぞれが黄河の責任範囲（地域）を規定している．その本局は，下流から山東省済南，河南省鄭州，陝西省西安，甘粛省蘭州にある．正式名称は，例えば

10 水資源コンフリクト論

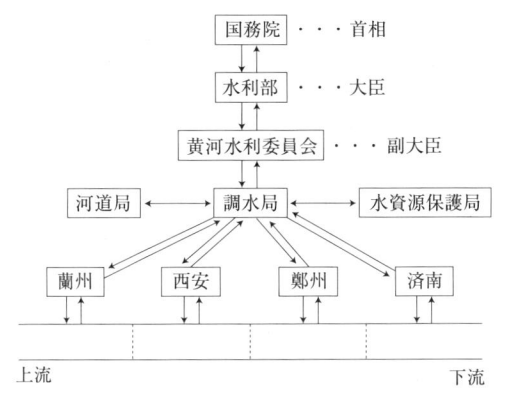

図 10.1.2 黄河水利委員会の組織図

最下流の済南は「山東黄河川務局」と呼ばれている．これらの川務局を第1レベルと呼ぼう．

第2レベルは黄河水利委員会のある鄭州の調水局で，第1レベルの4川務局の統合管理を行う．この第2レベルには調水局だけでなく，河道局・水資源保護局という2つの局がある．第3レベルが黄河水利委員会である．第4レベルは中国水利部（水資源省）で，第5レベルが国務院となっている．なお，第2レベルの河道の整備を目的とする河道局と水質保全を主たる目的とする水資源保護局は，それぞれバラバラに調水局に干渉を加えるだけであるという．

周知のように，黄河下流では1995年あたりから断流（河川表流水がないこと）現象が続いている．2007年8月洪水災害直後の済南川務局を（2度め）訪問したとき，歴代4局長が参加する3夜の宴席でいろいろ議論をすることができた．編著者の2人は，最上流の青銅峡ダムから河口まで訪れるのに約20回近くかかり，1983年以来25年以上の歳月が流れた．これで，やっと私たちなりの黄河が見えてきた．この間，第1レベルの4川務局をすべて（複数）訪問しているので，他の川務局との議論をもふまえて，水資源開発の上下流コンフリクト問題に絞って記述すれば，次のように要約することができる．

現在，中国人の母なる黄河はバラバラに切り刻まれている．切り刻まれた黄河は多様で醜いが，あまりにも大きすぎて全貌が見えず，調和がない．このため，ハードな部分的最適なガバナンス（統治）システムを構築したら，より全体のガバナンスシステムが歪むことになる．

具体的に言えば，黄河最上流部では水力発電のために，直列的な大ダムが多く建設され，とにかく水を溜め込み，囲い込むことしか考えていない．例えば蘭州下流の上流部では，1つの大ダム（青銅峡ダム）の水力発電量すべてを用いて700mの山に揚水し，かつて西夏があった地域の乾燥・沙漠地帯に黄河の水をばら撒いている．目的は，①乾燥地帯の米作，②沙漠の緑化である．このため，黄河の水量がやせ衰え，沙漠が黄河左岸

に押し寄せ，いまにも黄河を飲み込むような感じである．中流部に行けば，黄河支川の大河川は，黄土高原の灌漑のため，すべて大ダムで貯水され囲い込まれている．そして，西安を流れる渭水を合流した黄河は，潼関を過ぎればまたもや2つの直列した大ダム（三門峡ダム，小狼底ダム）によって電力と灌漑のために囲い込まれる．花園口の黄河堤防*で有名な鄭州にたどり着くころにはがりがりに痩せている．そして，都市・工業用水，そして灌漑のため，ますます水が搾り取られ，断流となるのである．しかし，最近，済南の流量観測点で50 m^3/秒の流量を確保しているから断流ではないという話に声が出なかった．また，済南の黄河堤防の計画高水流量はたった1万1000 m^3/秒であった．

長江文明と並び中国文明発祥の一翼を担う黄河文明の母なる黄河が死に体でのた打ち回り，過度の水利用で，ますます流域では沙漠化が進行している．この結果は，日本や韓国を襲う有害物質も含む「黄砂」である．これは世界的な異常気象という形で片付けるわけにはいかないのである．大気環境汚染のスピルオーバー現象である．したがって，東アジアの問題として，黄河の適正な姿を探り，豊満な母なる黄河に戻ってもらうため，情報・知識・知性・知恵を総動員して解決の糸口を探らなければならないのである．このため，中国側に共同研究を申し入れているが，どうも中国は黄河と長江の研究に関して外国人を参入させない方針をとっているようである．核兵器などの関連施設がこの流域にも集積しているため，安全保障上締め出しているのかと考えている．

このため，10.4節では，将来，中国黄河の上下流コンフリクトの合意形成の研究を行うイメージ（内容）と対比しながら，階層システム論を用いた日本の環境汚染コンフリクトを調整する分権的制度設計の議論をすることにしよう．

10.5節では，具体的にガンジス川のコンフリクト問題を取り上げる．インドは1975年にバングラデシュとの国境付近にファラッカ堰を一方的に建設し，堰完成後に水資源配分に関する暫定的な協定が両国間で締結された．しかしながら，この協定は数ヶ月後に失効し，インドはバングラデシュの合意がないまま取水を開始した．第2の協定が1977年に締結され，1984年までは両国により順守された．インドはこの協定によって，1975年の協定時よりも多く取水できる権利を得たが，バングラデシュにとっては不満の残る内容であった．1984年から12年間，両国の間にガンジス川の水資源利用に関する取り決めは何もなされなかった．そして，3度目の協定が1996年に締結され現在も履行されている．この協定では，バングラデシュは1977〜1984年までの協定よりもさらにインドに譲歩した内容となっている．

1996年の協定は2026年まで実効され，その後，両国は再締結に関して協議を行うと明文化されている．長期間の実効力をもつ1996年の協定によって，両国の水争いには一応の終止符が打たれたように見える．しかし，コンフリクトは完全に解決されたわけではない．協定は上流に位置するインドに有利な内容となっており，バングラデシュは

---

*蒋介石が日本軍を食い止めるために黄河右岸を切り，黄河の水が長江に流れ込み70万人が死亡した．

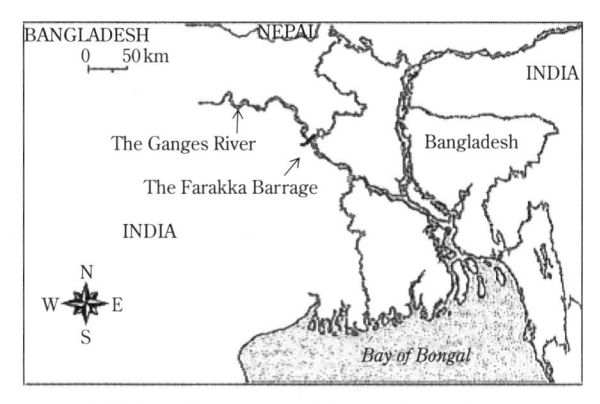

図 10.1.3　インド・バングラデシュとファラッカ堰

多くの不満を抱え協定に従っている．

　バングラデシュにおけるガンジス川の流量は，インドがファラッカ堰において取水する流量に大きな影響を受ける．したがって，両国が友好な関係を築くことは，バングラデシュにとって渇水・旱魃や洪水に対する脆弱性を減じるための重要な手段の1つとなる．このような認識のもとでは，バングラデシュにおける水資源に関する災害はインドの意向に影響を受ける人為災害 (man-made disaster) としての要素を大きく兼ね備えているといえる．もともとバングラデシュ（ベンガル人の国）とインドの西ベンガル州はインド亜大陸で高度の文化をもつベンガル人の地域であった．不幸にもヒンズーとイスラムという宗教対立を悪用した当時の大英帝国の植民地支配がベンガル人を2つの国に分け，インド政府はコルカタからではなくニューデリーからベンガルを眺めて，バングラデシュに力の外交を行っている．ガンジス川の水資源問題では，これが極端な形で現れている．

　インドとバングラデシュのガンジス川をとりまく水資源コンフリクトは，世界的にも特に深刻であるとして注目されてきた．しかし，インド・バングラデシュのコンフリクトを対象とした現状記述的な報告が多く，マネジメントを視野に入れたモデル分析による取り組みはいまだなされていない．

　以上のことから，ここでは，強国が弱国と向き合うコンフリクトの行く末と，どのような第3者機関があれば，両国が納得のいく合意に達しうる可能性があるか探ることにする．

　最後に，まずコンフリクト現象に時間軸を持ち込んだときのコンフリクトの変化要因を考えることにしよう．10.3節では，時間軸が入っていず，おのおのの利害関係者が他の利害関係者の評価を互いに知ることにより，合意形成を図るための対話を始めるきっかけを作る支援を議論したものである．当然，利害関係者は個人の集合あるいはシステムであるから，相手の意見を十分聞き，議論を行うと考えることにしよう．そうすれば，

775

当然のことながら，利害関係者内は一枚岩でなく，例えば主張の強弱など意見の分布が存在するだろう．そうならば，利害関係者が対話することによりどのように内部意見分布が変化するかを考えなくてはならないだろう．また，利害関係者間の信頼を築くためにはお互いの評価を提示し，その相互評価でもって合意形成を行うよう第3者機関が存在すれば動くはずだろう．このようなコンフリクトマネジメントを10.6節で議論することにしよう．

　以下では，各節の概要を述べておこう．

10.2節：まず，国際河川を例にして，私たちが現場に行った河川の水資源の囲い込みによるコンフリクトの7つの事例を挙げ，そのコンフリクトの履歴もふまえて論じる．そして，これらの解決法に重要なヒントを与える1816年にウイーン会議の結果創設され，2回の世界大戦をものともせずライン川の国際コンフリクト問題を（法的権力をもって）マネジメントしているライン舟運中央委員会でのヒアリング結果を述べる．そして，日本の水争いのコンフリクトマネジメントを歴史的に略述し，戦後の一級河川における水資源開発の歴史を整理・分類し，その特性を明らかにする．その後，日本社会に大きな影響を与えたコンフリクトの実情を記述する．そのうえで，水資源コンフリクトの定義を行い，第3者機関が存在する場合のその性質を仲裁者・調整者・寄贈者の3種に特性化する．

10.3節：ここでは，まず合意形成と意思決定とは何かを議論し，意思決定支援を目的とした評価モデルを提案する．いわゆる多基準分析のうちキーニーとライファが提案した価値関数は状態記述法で，コンフリクトマネジメントにはしっくりしないので，新たに「満足関数」を考案し，このモデルを吉野川可動堰問題に適応することによりその有効性を確認する．さらに，このモデルを用いて，効率と公正とは何かを数値的に評価する．

10.4節：階層システムとは何かを説明し，一番わかりやすい線型の分解原理を紹介する．そして，このアルゴリズムそのものが2階層（複数の地方政府と調整者としての中央政府）システムにおける情報交換（第1レベルのパフォーマンス変数と第2レベルの統合変数の交換）になっていることを示す．このシステムが水環境保全を目的とした分権的制度設計になりうることを，実流域に適用することにより実証する．

10.5節：もともと同じ文化基盤をもつインドの西ベンガル州とバングラデシュ（ベンガル人の国の意）の国境にあるファラッカ堰をめぐるコンフリクトを取り上げる．バングラデシュはインドの軍事的・経済的後押しで西パキスタンから独立した歴史もあり，国力も圧倒的に弱い．インドの西ベンガル州もバングラデシュの人口に匹敵し，同じベ

10 水資源コンフリクト論

ンガル人が宗教が異なるために人為的に作られた国境で分断されている．ここでは，まずどのような第3者機関が介入すれば，少しでも事態が改善する可能性があるかインドとバングラデシュの力が同等と見なした場合のコンフリクト分析の均衡解で考察し，力の差が歴然としている場合のスタッケルベルグ均衡解をみることによりバングラデシュの悲劇をみる．そのうえ，進化ゲーム理論を用いて，どのような初期状態でも行き着く状態は同じであること示す．

10.6節；各利害関係者内の個人が全員一枚岩であるという仮定は事実として容認しがたいと考え，コンフリクトの変化要因を考える．このとき，各利害関係者内に意見分布（例えば，強く反対とか仕方がないから反対など）があるとすれば，その分布がどのように変化するかをシナジェティクスで表現する．そのうえで，各利害関係者がお互いに問題をどのように評価しているかを対話する相互評価モデルを構築する．そして，第3者機関の特性をもとに，このモデルを用いた長良川河口堰問題のコンフリクトマネジメントを行う．

10.2 コンフリクト事例の特定化

10.2.1 水資源の囲い込みによるコンフリクト事例—国際河川を例として

ここでは，編著者が訪れた国際河川のコンフリクトの代表的な事例を概観しておこう．

(1) ガンジス川

水の紛争地域で最も人口の多いガンジス川をめぐって，特にインドとバングラデシュはコンフリクトを繰り広げてきた[5)6)]．1947年にインド・パキスタンは分離独立し，インドは政教分離国家，パキスタンはムスリム国家として出発することとなった．1971年に勃発した第3次インド・パキスタン戦争では，東パキスタンが西パキスタンから分離し，インドの支援のもとにバングラデシュとして独立する契機となった．この間に，インドは1951年にガンジス川のインドとバングラデシュの国境付近ファラッカに堰の建設を開始した．1974年に両国の間でファラッカ堰におけるガンジス川水利用についての暫定合意が成立し，建設が続行されたが，数ヶ月後にこの協定は失効した．バングラデシュの新しい指導者たちは中東のイスラム諸国から有形無形の援助を受けるようになり，ヒンドゥー教徒の不満の声がインド国内で上がるようになってきたためインドは強硬路線をとり，1976年に合意なしでファラッカ堰にて分水を開始した．バングラデシュはインドのガンジス川利用に対して不満を抱き続けてきたが，地理的に下流に位置し，また軍事的・経済的にもインドに劣るため，現状に甘ざるを得なかった．このよ

うに，上流国が圧倒的に下流国より強国である場合には，コンフリクトは戦争にまでいたらず，下流国の苦難な妥協が続いていくことになる．しかし，長い間にわたって苦難を強いられてきた人々がいずれ暴発するというシナリオは，歴史上何度となく繰り返されてきたのも事実である．インドとバングラデシュのコンフリクトは現在沈静化しているが，バングラデシュの人々の潜在的不満が蓄積され，紛れもなく水紛争の危機が両国の間に存在しているといえるだろう．2003年のインドのバングラデシュ国境周辺のブラマプトラ川も含む多地域の水資源の囲い込みのための開発計画の発表により，「戦争だ」とバングラデシュのマスメディアが報道していたことは記憶に新しい[7]．さらに，ガンジス川上流ではネパールとインドの間に水資源コンフリクトがある．インドはネパールとの国境のすぐ下流に堰の建設を開始したが，これにより河川がせき止められ，上流のネパール領が水没し，ネパールが堰建設取りやめの抗議を行ったという経緯もあるが，インドは無視した．

(2) インダス川

インドとパキスタンの間を流れるインダス川におけるコンフリクトは，いまはおさまっているように見えるが，かつては激しかった．この地域のコンフリクトの原因は，インド亜大陸北西部における「緑の革命」が一時的に成功したことによる．「緑の革命」とは1960年代から合衆国 (USA) により進められた低開発国の農業発展政策で，多収量品種の普及のための大量肥料・農薬・農業機械の導入・灌漑の拡大による伝統農業の革新政策であった．これは，特に両国のインダス川流域で成功した．インドのパンジャブ州などを水源とするインダス川の支川，サトレジ川・ベアーズ川・ラービ川の水資源を，インドはダムで囲い込み[8]，これらの資源を，ラジャスタン・パンジャム・ジャムカシミール州の灌漑に利用し，結果としてパキスタンを流れるインダス川本川の流量を減らし，パキスタンの利用可能河川水量を減少させることになる．しかし，カラコルム山脈から流れてくるインダス川上流本川の流量が多いためか，あるいはインド領内のシーク教徒が政府の政策に反対しているために，現在のところ問題は表面化していない．だが，1982年に，ヒンズー教徒が多く多数を占めるハリヤーナ州に送水するサトレジ川とニューデリーやアグラを流域とするジャムナ川との連結運河の起工式で，当時のインド首相インディラ・ガンジーがシーク教徒に暗殺されている．この事実は，水資源問題が民族や宗教と絡みあいながら国際情勢の不安定要因になりつつあることを暗示している．なお現在では，この「緑の革命」による耕作地の塩害や沙漠化さらに環境汚染が世界的な問題となっている．

(3) メコン川

この川はチベット高原に源を発し，中国の雲南省を経て，ミャンマー・タイ・ラオスの国境を流れ，カンボジア・ベトナムを経て南シナ海に注ぐ．1957年，当時の国連ア

10 水資源コンフリクト論

ジア極東経済委員会（ECAFE）の指導で，タイ・ラオス・カンボジア・南ベトナムの4ヶ国はメコン委員会（メコン川下流域調査調整委員会）を設置した．同委員会の目的は巨大ダムによる下流の河川管理と水力発電であった．電力の売買という点でメコン川の水利用には各国にメリットがあるが，メコン川流域（特にカンボジア）の住民は，河川の氾濫システムを利用する農漁業で生活を営んできた．ここに1つの環境と開発のコンフリクトがある．しかし，この計画はベトナム戦争・カンボジア内戦で中断した．1991年にカンボジア和平協定が成立すると，1992年にアジア開発銀行（ADB）の主導で，下流域4ヶ国に上流域の中国（雲南省）とミャンマーを加えたメコン川流域開発計画（GMS）が発足した．1996年にはASEAN10ヶ国と中国が参加して，ASEANメコン川流域開発協力会議が開催された．そして，2002年のASEAN会議では大メコン川流域圏会議が開催され，河川と道路交通の整備・エネルギー・環境・人材開発・観光などにおいて中国とメコン川流域の経済統合を目指すことになった．特に，中国は資金援助を含めた総合的な流域開発への支援計画を提案している．しかし，上流国である中国は地政学的にも経済的にも他国に比べ圧倒的な力をもっており，すでにメコン川上流域で水力発電用のダムを14ヶ所建設あるいは建設中であるという事実がある．電力の一部をタイに供給する方針を打ち出してはいるが，上流国である中国が流域国との関係の中だけでメコン川の総合開発を引導していくインセンティブは弱く，流域国が納得のいくコンフリクトマネジメントの結末が見られるかどうかは定かではない．中国による一方的なダム建設が進めば，環境と開発のコンフリクトよりも深刻な生命と生活維持のためのコンフリクトが発生しかねない．そして，中国のダム群がカンボジアのトンレサップ湖の人々の環境と生活に重大な影響を与えている．実際，現在ではトンレサップ湖の漁師の多くが湖の縮退のため畑作を行っている．なお，メコン川のナヴィゲーションによる物流は，かつての植民地宗主国のフランスも大失敗したが，ラオスのタイ・カンボジア国境のコーン滝（ピンクの河イルカで有名）が防いでいる．また，この地域の国際通貨は米ドルでなく中国元となっている．

(4) ユーフラテス川

中近東では，トルコによるユーフラテス川の水資源開発も水資源コンフリクトの火種となっている．ユーフラテス川はトルコからシリアを流れ，最後にイラクへ入る．トルコはクルド人居住地域の巨大なロックフィル形式のアタチュルクダムを含め総貯水量468億m^3を誇る3つのダムを有しており，トルコ・シリア・イラクの間で水配分量に関する協議が何度かなされてきたが，3ヶ国の間で永続的合意にいたれず政治的緊張のなかにある．実際，トルコはシリア国境近くにもダムを建設し一滴たりともシリアに渡すまいとしている．また，シリアは国境下流にアサドダムを建設して一滴でも貯水しようとしている．水環境問題も上下流間での争点である．乾燥地帯では，灌漑水の溶存成分が土壌に蓄積するため，土中の塩分濃度が上昇し（場合によっては表面に析出し），水

779

利用後に灌漑地を放棄したり，さらには脱塩処理を行わなければ下流では農業を営めなくなってしまう．最下流のイラクの低地では洪水氾濫の減少と湿地排水事業の進展により，湿地の大半が消失した．そして，湿地で半遊牧生活を続けていた人々が乾燥化農地での営農に順応できず難民化したといわれている[9]．また，トルコでは豊かな水資源を背景に，中東地域に東西2本の大型給水パイプラインを敷設し，サウジアラビアなど周辺諸国に水を供給するピース・ウォーター・パイプライン計画が議論されている．しかし，中近東にあって，トルコが石油より高価で生命・生活の維持に直結する水資源を握ることは，将来この水に依存する国にとっては生殺与奪権を奪われることと同義であるから，イスラエルの例から見ても，民族問題も絡み容易に周辺諸国が合意するとは考えられない．

(5) ヨルダン川

この川の水源は1つはハスバニ川で，シリアの西のアンティレバノン山脈から発しレバノンを流れるダン川とバニアス川は，ゴラン高原から発し合流して南に流れ，ガラリヤ湖*に流入しヨルダン川となって，地図の上ではヨルダンを流れ死海に入る．イスラエルはこのガラリヤ湖を水源として用水の約50%（テルアヴィヴやイエルサレムも含まれている）を賄っている．水資源の限界まで利用しているから，ネゲブ沙漠の開発もできない状態にある．イスラエルの生殺与奪を握っているのはガラリヤ湖の水資源である．そして，ここから流れるヨルダン川流域には帯水層があるため，ヨルダン領であるヨルダン川西岸地域から撤退するということは，国（あるいは現行の国家体制）としては自殺行為となる．もともと，連合王国（UK）の3枚舌外交が，パレスティナ人に過酷な運命を押し付けたのであるが，イスラエルも国の存続がかかっているのである[10]．第3次中東戦争（1967年）で，イスラエルはヨルダン川西岸地区・（水源地）ゴラン高原・ガザ地区を占領した．この結果，ヨルダン川の水源であるヘルモン山まで確保し，国の安全を確保した．こうして，イスラエルの軍事目的は，国の存続のための水資源の確保であったことがわかる．いまも，イスラエル人とパレスティナ人とは互いの生存のための宗教的テロと国家的テロの応酬を行っている．この根底にあるのが何よりも水資源問題である．この水資源問題が，21世紀の国際的水資源戦争の原点でなく，原型でないこと願うばかりである．また，イスラエルがトルコから水資源を買う交渉をしたが失敗している．その理由は①価格，②水資源の輸送ルート，③トルコへのイスラム諸国の敵対視であった．

(6) ナイル川

ナイル川は上流で白ナイルと青ナイルに分かれ，白ナイルの水源はケニア・ウガン

---

*地図の上ではシリアとイスラエルの国境にある．

ダ・タンザニアにまたがる世界第2のヴィクトリア湖で，青ナイルはエチオピアのタナ湖から始まる．エチオピア高原のゴンダルを源とするアトバラ川も無視できない．ナイル川の支流の年間流量比は，白ナイル(24%)，青ナイル(48%)，アトバラ川(22%)である．ただし，白ナイルの流量は年間を通じて安定しているが，他の2支川は氾濫期に異常に集中する．白ナイルと青ナイルはスーダンのカルツームで合流し，アトバラ川がその少し下流で合流しナイル川となってエジプトを貫流する．このナイル川の流量が最も少ないのは5月～6月上旬で，増水は6月半ば以降に，まず白ナイルの濃緑色の水が増し，続いて青ナイルとアトバラ川の赤褐色の水が増し，本格的な氾濫期が始まる．河川水は7月に入るとナイル河谷とデルタを潤し，8月中旬から灌漑水路に流れ込み，9月中旬～10月初旬にかけて最高水位に達し，以降徐々に減水していく．

　大英帝国の植民地から独立を回復したエジプトのナセルがスエズ運河を国有化したのは1956年のことであった．ナセルは運河の収益でアスワンハイダムを建設しようとして運河を閉鎖し，これに抗議して英仏軍が出兵したが，運河の主権は維持された[10]．ナセルは旧ソ連の援助のもとで，アスワンハイダムを建設した．このダムの環境への影響は非常に大きく，この建設が「水資源開発か環境保全か」という世界的大問題になった．なお，詳細については紙面の都合上割愛する．

　さて，ナイル川の利用で戦争が勃発しかねない状態が1958年に起こった．これは，ナイル川利用をめぐるエジプトとスーダンの交渉中に，エジプトが両国間の問題の地域に軍隊を派遣しスーダンに軍事的圧力をかけ，スーダンの政権交代を促し緊張が緩和され，ナイル川水利条約が調印された．また，旧ソ連と対立していた合衆国は，ナイル川の流量の70%を供給するエチオピアに目をつけ，援助という形で多数の巨大ダムを建設し，ナセル湖の貯水量を減少（空）にさせるという間接的戦争を仕掛けたが，これは失敗に終わった．いまも，エジプトは中東でも飛びぬけて人口の多い国で，しかも年増加約150万人となっている国である．このため，自国の急激な人口増加圧力のもとで，沙漠の開発のためにさまざまなエジプトの生命の柱であるナイル川からの取水量増加を試みている．このため，上流国が水資源開発を行う場合，特にエチオピアが人口増の結果としてさらなる水資源開発計画に着手すれば，コンフリクトが生じ，問題が国際化するのは不可避であろう．

(7) アムダリア・シルダリア

　かつて文明の十字路といわれた中央アジアの世界の屋根パミール高原と天山山脈の氷河を水源とする両河川はアラル海に注ぎ込んでいたが，いまやアラル海は消滅しそうな状態にある．1924年ロシア共産党中央委員会の主導のもと，もともとこの地域はモザイク上に入り組んでいた諸民族を一民族に一国家という国民国家の擬制のもとにいくつかの共和国に分割された．いわば，1個の生体を切断し，頭と手足，胴体を個々ばらばらに生かそうすることであった．そして，ティムールやチャガタイ語をシンボルとし

てトルキスタンの歴史的・文化的な一体性を主張した作家や詩人たちは「汎トルコ主義者」「民族主義者」として断罪され，活動の自由を奪われた．こうした時代背景のもとに1920年代後半に土地・水利改革が行われ，そして集団化が断行され，農業経営のコルホーズへの転換とともに，綿花の単作栽培が確立し，以後この地域はソ連経済の中で，「白い金」と名づけられた安価な原料綿花の供給地としての役割を担った．綿花至上主義は不動の低賃金や児童労働，労働力確保のための強制移住，水資源と農薬の濫用による環境破壊など，後に顕在化する社会問題の要因を蓄積させることになった．余談であるが，2007年夏サマルカンドにいたとき多くの朝鮮の人々がいるのに驚いた．日本の敗戦直後スパイ容疑でこの地に強制移住させられた多くの人たちの子孫であった．また，シベリアで抑留されていた約200名の元日本兵が建設した立派なオペラハウスの碑に，ソ連時代は強制移住させられ強制労働をさせられても当たり前の「捕虜」という字が，ソ連崩壊後，「日本市民」に書き直されてあった．

その後，長期にわたりソ連による経済的搾取（不変の低価格による綿花の提供，ウラン・金などの貴重な鉱物資源の供出など）が続き，特に1960年代から始まったアムダリア・シルダリアの中下流域の綿花の増産のための灌漑がもたらした（かつては世界4位の広さを誇った）アラル海の消滅の危機が大きな問題として残されたまま，1990年中央アジア諸国は主権宣言を行い，1991年8月のクーデターを契機としてソ連からの独立宣言を行った．

そして現在，キルギスタン・タジキスタン・カザフスタン・ウズベキスタン・トルクメニスタンの中央アジア諸国はおのおの灌漑用のため水資源の囲い込みを行っている．そして，綿花だけでなく，米・麦・トウモロコシ・牧草の生産のため，やはり大規模灌漑農業も継続，いや開発されている．しかも，広大な灌漑農地は塩害化で不毛化してきている．編著者が渡河したウズベキスタンの古代都市ヒヴァの近くのアムダリアには水がなかった．このため，アムダリアとシルダリアの水利用に関して，特に上下流間の厳しいコンフリクトが生じている．地球の気候変動で天山山脈やパミール高原の氷河が完全に消滅したら，この中央アジアはどうなるのか，かつての放牧民は容易に移動できたが，国境で囲い込まれた人々は国旗のために戦うのだろうかと，ふと，アムダリアの岸辺で考え込んでしまった．北極の氷が消えつつある今日，北極海の資源開発にうごめきだした，ロシア・ノルウェイ・デンマーク・合衆国・カナダの国々と同じように，アラル海の消滅がもたらす石油・天然ガスなどの開発をアラル海周辺諸国が心待ちにしているという話も現地で聞いた．ここでは，建前としての地球環境意識と現実の欲望がコインの裏表のように離れることがない．

(8) ライン川[1]

コンフリクトマネジメントが比較的成功している例としてライン川がある．少し長くなるが，以下の記述は，フランスのアルザスのEU議会のあるストラスブールにおける

著者らのライン舟運中央委員会 (Commission Centrale pour la Nabigation du Rhin,以下 CC) ヒアリング調査 (2002 年 8 月) をもとにしている.

　ライン川は,古くはローマ帝国の国境をなし,それ以来ほとんど宗教や国家間の戦争ばかりやっていたヨーロッパ史における主要な戦争がこの川を挟んで行われ,第 2 次世界大戦後 60 年間もこの川を挟む戦争がなかったのは未曾有のことである.ナポレオン没落後のウィーン会議後 1816 年にプロシア・ババリア・バーデン公国などによる協議のもとにライン川の舟運に関する CC (世界で一番古い河川舟運の管理組織) が発足し,普仏戦争でナポレオン 3 世が没落する直前の 1868 年にマンハイム合意によりライン川舟運の規制に関する合意が取り交わされた.この合意は 1958 年の EEC (欧州経済共同体) の発足を受け,1963 年のフランス・西ドイツ協力条約締結後,技術・経済および政治に関するライン川舟運の変化を考慮して大きく修正され,小幅な修正の議定書 (protocol) は 7 回だけで,現行の合意に至っている.

　CC は各国代表より構成され,修正の合意はドイツ・ベルギー・フランス・オランダ・スイス各国代表による全会一致で行われる.この委員会は特定の構成国の支配を受けず司法権 (舟運事故時の法律と規制を守らない場合の罰則法) をもち,その規制力はライン川 (支川も含む) の中では絶対的である.例えば,あるドイツの州が舟運に課税を行ったとき,CC に訴え,1868 年のマンハイム合意に照らし合わせ課税を却下した.また,船員は入国ビザを必要としないにもかかわらず,やはりドイツのある州がそれを理由に課税を行おうとしたが,これも却下したなど.CC の権限はライン川の舟運の繁栄を目的としているため,EU の規制では 1 国が賛成しなければできないのに比べ,CC で決定されたことはすべての関係国は遵守しなければならないというシステムになっている.

　次に,他の河川利用との関係について述べよう.舟運は水力発電より優先権をもつが,最近では当該国が CC に提案し,これを CC が検討するという形になってきている.ライン川にかかる橋梁や河川に沿う道路も同様である.灌漑と舟運では舟運に優先権がある.ただし,ライン川流域の灌漑量は多くないから問題にはならない.また,都市用水については地下水が豊富であるので問題にならない.工場廃水は問題だが,現在のところ大したことはないらしい.ただし,水質汚染規制については,本来 CC に権限があるが,CC の権限が強すぎるので,1967 年にドイツのコブレンツにライン川水質保全委員会を作った*.スイスが EU に参加していないなどの理由で CC の決定は全員一致が原則となっている.そして,このようなシステムづくりのため,国連のアドバイザーとしてアフリカのコンゴ川の舟運管理システムに協力した.

　CC と EU あるいは国との関係では,EU と CC で協力合意を検討中である.事故対策のための規制では CC が強い.しかし,新たな社会的問題が生じている.大西洋のビス

---

*しかし,ここでは一般的な問題を取り扱い,対策検討調査を行うが意思決定は行えない.意思決定は各国が行う.

ケー湾から黒海まで運河網でつながっているために，不法移民の問題が生じている．例えば，ライン川を運航している船舶に東欧の移民が乗船していたので，フランスはビザがないため彼らを刑務所に入れた．しかし，CCは船員には特別ビザを出す権限があるから，船員であれば出所させることができる．また，ライン川で船舶が航行中である場合，（マンハイム条約で決められている麻薬と伝染病に関わる場合を除いて）税関は船舶を停止できない．船が停泊して始めて税関業務ができるということになっている．雇用や安全の問題で，CCか国かEUのどこが優先権限をもつかという問題が生じている．現在，EUはCCを翼下におきたいようである．

　第1次世界大戦当時の4年間CCの変化はなかったが，1918年に大英帝国と合衆国がCCに参加し，1919年のベルサイユ条約で事故規制を定めた．後にヒットラーはこれを認めなかったが，CCは独仏と協力し，これを維持した．第2次世界大戦中，ライン川は一時ドイツ占領下にあったが，戦後復活した．西ドイツが再参加したとき，合衆国は参加をやめ，1990年代の始めに負担金を支払わない連合王国が参加をやめた．このとき，（前述したようにライン川とドナウ川がつながっているから）ルーマニアが参加を表明したが認められなかった．1989年のベルリンの壁の崩壊後，他の東欧の社会主義国も崩壊し，東欧の多くの人々がライン川に入ろうとしたが，あまりの多さで，ライン川に入る船舶を規制したとのことである．

　現在，ライン川の舟運に関するコンフリクトはCCにより円滑にマネジメントされているようである．ライン川の水環境問題を取り扱う独立した機関であっても，このCCの枠組みにおかれている．各国代表によるCCが全会一致でルールを取り決め，絶対的な司法権を有することができる最も大きな理由は，キリスト教という文化的な共通基盤を有し，貧富の差が相対的に少なく，戦争回避と水資源利用の合意が形成されやすい舟運という単一目的に限定されているためと考えられる．しかも，この委員会のシステムと司法権が，同時に他の目的の水資源利用のコンフリクトの抑止力になっているということも事実である．

　前述したライン川以外のガンジス川，ナイル川，チグリス・ユーフラテス川，アラル海，ヨルダン川，メコン川などの水資源コンフリクト解消あるいは減少の条件を探るうえでもライン川のコンフリクトマネジメントを観察する価値がある．例えばライン川では文化的共通基盤があると指摘したが，コンフリクト地域に擬似文化的共通基盤を創ることによりマネジメントの公正な科学的方法論の共有化を図り，宗教や民族対立の緩和として何をすればよいのかが問われている．つまり，私たちの知識や知性だけではなく知恵が問われている．

10.2.2　開発と環境のコンフリクト事例と分類—日本の一級河川を例として[11]

　水資源開発をめぐるコンフリクトの解決策を探るためには，まずコンフリクトがどのような状況・要因で生じたのかを分析する必要がある．ここでは，日本の水資源開発を

めぐるコンフリクトを，
① 反対運動の生起時期と反対理由
② 反対運動が生起した流域環境の特徴

という2点から整理・考察し，そのうちいくつかについては事例分析を行う．これにより，コンフリクトの特徴を時空間的に明らかにしよう．また，コンフリクトと合意形成に関する既往研究のレビューを行い，これまでどのような取り組みがなされてきたのかを概観しておこう．

(1) 水資源開発をめぐるコンフリクトの要因分析
 1) 反対運動の生起時期と反対理由

反対運動について収集・整理した項目は以下の8つである．
①水系名，②反対運動の生起時期，③位置と諸元，④建設目的，
⑤事業者と事業費，⑥反対運動団体名，⑦反対理由，⑧推進運動団体名

結果的に，79のダム・堰建設反対運動についてデータを収集・整理することができた．その詳細は省略するが，以下ではそれを集計した結果のみ示す．

戦後から現在までの各年代に反対運動の生起したダム・堰名を表10.2.1に，またその数と反対理由の変遷を図10.2.1に示す．なお，複数の反対理由を掲げた運動については重複してカウントしている．また，同じダム・堰であっても，時代により異なる理由・主体により反対運動の生じている場合には，複数の年代に記載している．これらより得られる各年代の反対運動の特徴は，すでに1.6.2項で述べてあるので参照されたい．

(2) 反対運動が生起した流域環境の特徴

ここでは，反対運動が生起した要因を，その流域環境の特徴から考察する．そのためには流域の「環境」の定義が必要であり，1.7節の「環境の認識」で述べたGES（ジオ・エコ・ソシオ）環境のコンセプト[41]を用いることにする．

 1) 一級水系データの主成分分析

まず流域環境の特徴をジオ・エコ・ソシオの3つの観点から整理する．ここでは，データの制約から109の一級水系に関してその環境データを整理し，主成分分析を用いて各流域の特徴を分析した．データ項目は，ジオについては降水・地形・流量に関わる11指標，エコについては生物・水質に関わる5指標，ソシオについては人口・利水・親水・土地利用・資産・対策に関わる17指標の合計33指標である．そして，一級水系データをもとに，ジオ・エコ・ソシオのそれぞれについて主成分分析を行った．なお，ここでは各データの単位が異なるため，相関行列による主成分分析を行っている．

ジオについては，第3主成分までで累積寄与率が69.7%となった．第1主成分について，流域面積や河川延長，平水時や渇水時の河川流量に関して固有ベクトルの値が大き

表 10.2.1　各年代に生起した反対運動

年代	反対運動のあったダム・堰				
～1950	尾瀬原ダム	赤岩ダム	小歩危ダム	下筌ダム	蘭原ダム
	田子倉ダム	苫田ダム	沼田ダム	日向神ダム	松原ダム
	御母衣ダム				
1960	大滝ダム	緒川ダム	早明浦ダム	徳山ダム	南摩ダム
	温井ダム	灰塚ダム	日吉ダム	矢田ダム	八ッ場ダム
1970	板取ダム	大仏ダム	小川原湖河口堰	清津川ダム	滝沢ダム
	長島ダム	長沼ダム	長良川河口堰	新月ダム	二風谷ダム
	平取ダム	細川内ダム	真名子ダム	宮ヶ瀬ダム	竜門ダム
1980	足羽川ダム	石木ダム	鴨川ダム	設楽ダム	関川ダム
	千曲川上流ダム	当別ダム	長良川河口堰	新月ダム	
1990～	家地川ダム	五木ダム	浦山ダム	永源寺第二ダム	追原ダム
	（佐賀取水堰）				
	大仏ダム	金居原下部ダム	金居原上部ダム	川上ダム	川辺川ダム
	紀伊丹生川ダム	木曽中央下部ダム	木曽中央上部ダム	相模大堰	下諏訪ダム
	蓼科ダム	徳山ダム	松倉ダム	武庫川ダム	最上小国川ダム
	簗川ダム	矢作川河口堰	山鳥坂ダム	吉野川可動堰	安威川ダム
	浅川ダム	宇奈月ダム	サンルダム	新内海ダム	津付ダム
	南摩ダム	東大芦川ダム	横尾川ダム	八ッ場ダム	

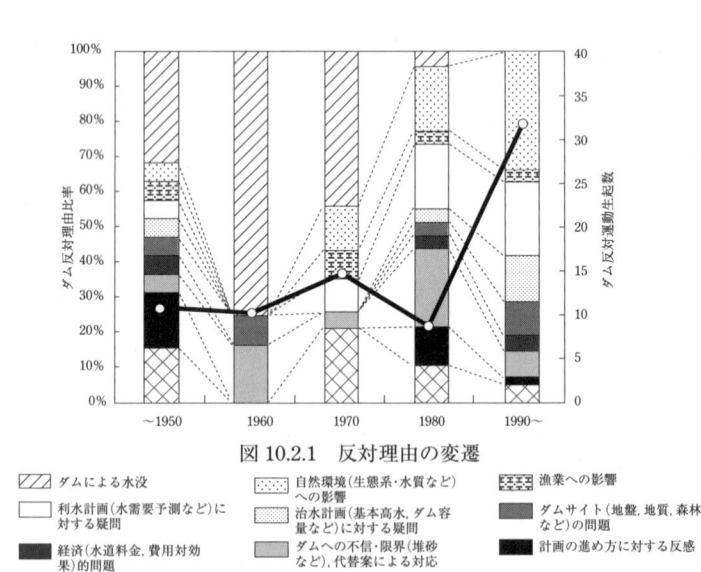

図 10.2.1　反対理由の変遷

凡例：
- ダムによる水没
- 自然環境（生態系・水質など）への影響
- 漁業への影響
- 利水計画（水需要予測など）に対する疑問
- 治水計画（基本高水，ダム容量など）に対する疑問
- ダムサイト（地盤，地質，森林など）の問題
- 経済（水道料金，費用対効果）的問題
- ダムへの不信・限界（堆砂など），代替案による対応
- 計画の進め方に対する反感
- その他
- ダム反対運動生起数

く，「流域の大きさ」に関する軸であると解釈できる．第2主成分について，年平均降水量や豪雨回数，最大流量に関して固有ベクトルの値が大きく，「洪水リスクの大きさ」に関する軸であると解釈できる．第3主成分について，平水時や渇水時の単位面積当たり河川流量に関して固有ベクトルの値が大きく，「渇水リスクの小ささ」に関する軸であると解釈できる．

エコについては，第2主成分までで累積寄与率が73.9%となった．第1主成分について，魚類や植物，鳥類の単位面積当たりの出現種数について固有ベクトルの値が大きく，「動植物の豊かさ」に関する軸であると解釈できる．第2主成分について，BOD 75%値について固有ベクトルの値が大きく，DO 75%値について固有ベクトルの値が小さいため，「水質の悪さ」に関する軸であると解釈できる．

ソシオは，第3主成分までで累積寄与率が59.3%となった．第1主成分について，人口や資産に関する固有ベクトルの値が大きく，「人口規模」に関する軸であると解釈できる．第2主成分について，市街地や水田の面積率について固有ベクトルの値が大きく，森林の面積率について固有ベクトルの値が小さいため，「人工的土地利用」に関する軸であると解釈できる．第3主成分について，単位面積当たりの河川利用者数や市街地面積率について固有ベクトルの値が大きく，水田面積率について固有ベクトルの値が小さいため，「市街地的利用」に関する軸であると解釈できる．

2) 反対運動が生起した流域の特徴

以上の分析から，ダム・堰建設反対運動が起こる流域環境の特徴の分析を行う．ダム・堰建設反対運動データのうち一級水系に該当するものを，すでに図1.6.1に示してあるので参照されたい．反対運動のうち，居住地域の水没のみが理由で生じる反対運動は，ダムサイトとして適した地域に集落が存在していたためであり，流域環境の特徴との関連性はあまり見られないと考えられる．ここでは，流域を1つのユニットとして考えたときの流域環境の特徴と反対運動の関連性について分析することを目的とし，ダムによる居住地域の水没を唯一の理由とする反対運動を除いた合計52の反対運動について分析を行った．これより，ダム・堰建設反対運動が起こる水系の特徴としては，以下のことが言える．

ジオについては，第1主成分の主成分得点が高いほど反対運動の生じる比率が高く，第2主成分や第3主成分については相関が見られない．つまり，流域の大きさが大きいほど反対運動が生じやすく，洪水や渇水のリスクとは無関係に反対運動が生じるという特徴が挙げられる．洪水・渇水リスクが小さいために建設反対運動が生じるケースは理解しやすいが，洪水・渇水リスクが大きいにもかかわらず反対運動が生じていないケースについては，近年たまたま洪水・渇水被害がないためにそれらに対する危機意識が小さくなっている可能性が示唆される．

エコについては，第1主成分の主成分得点が高いほど反対運動の生じる比率が高いが，低くても反対運動の生じるケースがある．第2主成分の主成分得点が低いほど反対運動

の生じる比率が高い．つまり，動植物が非常に豊かだと反対運動が生じるが，豊かでなくても生じるケースがあり，また水質のよいほうが反対運動が生じやすいという特徴が挙げられる．

人々が川の良さを，動植物の存在よりも水質のように見た目にわかりやすい指標でとらえる傾向にあることがわかり，また川に関して特別に詳しくはない人が反対運動に関与していることが考えられる．

ソシオについては，第1主成分の主成分得点が高いほど反対運動の生じる比率が高いが，低くても反対運動の生じるケースがある．第2主成分の主成分得点は中程度からやや低いあたりで反対運動の生じる比率が高い．第3主成分の主成分得点は中程度から低いところで反対運動の生じる比率が高い．つまり，人口規模が大きいほど反対運動が生じやすいが，小さくても生じるケースがある．また，土地利用は自然と人工の中間程度か，やや自然的なところで反対運動が生じやすく，市街地的利用があまり行われていない流域ほど反対運動が生じやすいという特徴が挙げられる．親水整備の充実した都市河川のようなところでは，川を利用していても川に対する保全意識は比較的小さいことが示唆される．

ところで，すでに述べたように，近年の反対運動は地元以外の人々が積極的に関与するものも多く，必ずしも水系の特徴のみから反対運動の生じやすさについて論じることはできない．しかしながら，地元以外の人々も，流域の自然環境の良さに惹かれて反対運動に加わったり，建設事業の社会的な影響の大きさからよく報道がなされ，それがきっかけで認知したりすることを考えると，上記のように反対運動が生じやすい流域環境の特徴について整理しておくことは重要であると考えられる．

3） 社会問題となった代表コンフリクトの事例分析

ダム・堰建設反対運動の生起理由やその時系列的変化，またダムによる居住地域の水没を除く反対運動の生起しやすい流域環境の特徴が明らかになった．これらの結果から，過去に生じた反対運動のうち，長期にわたり，かつ特に大きい社会問題となったものを含む流域について事例分析を行う．なお以下では，抽出された複数の主成分の軸を統一的に評価するために，0～1の範囲に基準化された主成分得点を用いる．基準化された主成分得点 x_i^* は，水系 i のある主成分 x の主成分得点を x_i，x_i の最大値と最小値をそれぞれ $x_{\max}$，$x_{\min}$ としたとき，次式で示される．

$$x_i^* = \frac{x_i - x_{\min}}{x_{\max} - x_{\min}}$$

ⅰ） 吉野川流域

これまで小歩危ダム，早明浦ダム，吉野川可動堰をめぐり，建設反対運動が生じている．なかでも吉野川可動堰建設をめぐっては，水の滞留による水質・生態系への影響，治水・利水両面での必要性が乏しいこと，堤防強化による対応が可能なこと，計画の進

10 水資源コンフリクト論

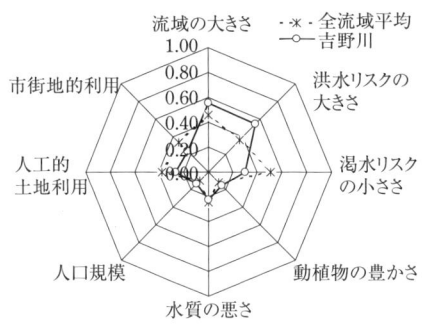

図 10.2.2　吉野川流域の特徴

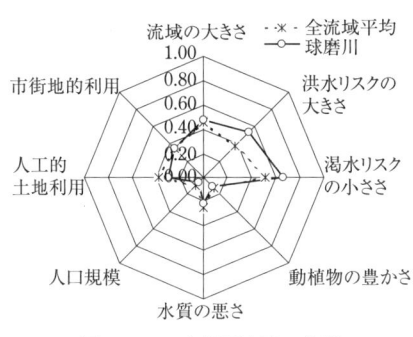

図 10.2.3　球磨川流域の特徴

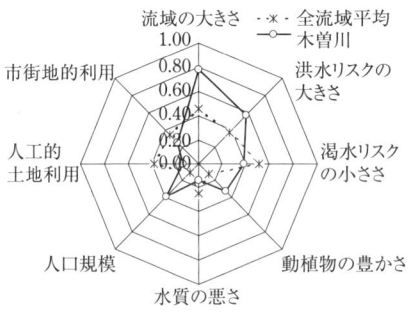

図 10.2.4　木曽三川流域の特徴

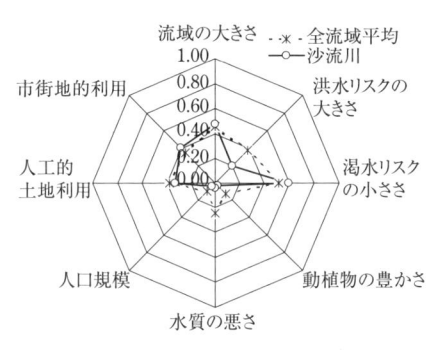

図 10.2.5　沙流川流域の特徴

め方に対する反感などの理由から強い反対運動が起き，市や県，専門家らのバックアップを得て組織的かつ理論的な反対運動が展開された．吉野川流域のジオ・エコ・ソシオに関わる基準化された主成分得点を全流域平均値と比較したのが，図10.2.2である．ジオ・エコ・ソシオの各主成分得点のいずれもがダム・堰建設反対運動の生じやすい特徴を有している．さらに，洪水や渇水の点からも相対的にリスクの高い水系であり，ダム・堰建設を推し進める主体の存在も示唆される．2000年以来，何度もの現地調査からみても，全国的に見てダム・堰建設の反対派と推進派でコンフリクトが生じやすい流域であると考えられる．なお，2009年現在，可動堰建設は凍結されている．

ⅱ）球磨川流域

球磨川流域では五木ダムや川辺川ダムの建設をめぐり，激しい反対運動が生じている．川辺川ダムについて，1960年代に計画が発表された当初は水没をめぐる反対運動が生じたが，それが和解し，1980年代まではほとんどの市町村がダム建設促進の立場をとった．しかし，1990年代に入り，市民の環境意識の高まりや他流域とのネットワークの構築，マスコミによるダム建設に対する疑問提示などから，人吉市をはじめとしてダム建設反対運動が急速に拡がった．川辺川ダムは治水と利水，発電を目的とした多目的ダ

ムであったが，2007年，農家による反対運動から農水省が利水事業計画から撤退している．球磨川流域のジオ・エコ・ソシオに関わる基準化された主成分得点を全流域平均値と比較したのが，図10.2.3である．洪水リスクの大きいこと，渇水リスクの小さいこと，人工的な土地利用が少ないことが特徴として挙げられ，治水を1つの目的としているためダム建設促進の立場をとる市町村の多いこと，利水事業からの撤退が決まったことや自然環境への影響などから反対運動の生じたことなどと一致する．なお川辺川ダムは熊本県知事の反対もあり，国土交通省は建設を停止している．

2008年の現地調査で，反対運動の拠点である旅館に宿泊し，女将にヒアリングを行った．国も女将も美しい球磨川を望んでいた．もし国の計画高水流量が正しければ，ダム建設による治水ではなく人吉市に数mのパラペットを建設する必要がある．この場合川筋の旅館から美しい球磨川が見えなくなる．

ⅲ）木曽三川流域

木曽川三川流域ではこれまで板取ダム，金居原上部ダム，木曽中央下部ダム，木曽中央上部ダム，徳山ダム，長良川河口堰の建設をめぐり，反対運動が生じている．特に長良川河口堰建設反対運動は近年にみられるダム・堰反対運動の日本における先駆けとなったものである．1960年代に利水と治水を目的とした河口堰建設計画が発表された直後は漁協による反対運動と補償交渉が中心であったが，1980年代後半に都市部のライターらが中心となり，マスメディアを用いた戦略により世論を喚起し，自然保護団体らも巻き込んで大きな反対運動へと発展した．萩原らはこれらのコンフリクト過程を数学的に表現している[1]．さて，木曽川流域のジオ・エコ・ソシオに関わる基準化された主成分得点を全流域平均値と比較したのが，図10.2.4である．洪水リスクや渇水リスクが大きく，また動植物の豊かさや水質の良さ，自然的土地利用の多さから，ダム・堰建設と自然環境保全をめぐり非常にコンフリクトが生じやすい特徴を有した流域であるといえる．なお，長良川河口堰は1995年に運用を開始し，徳山ダムは2008年に完成した．2009年の現地調査では，未だ導水路の建設は行われていない．このダムの利水目的は観光以外しかない可能性があるとも思えた．

ⅳ）沙流川流域

沙流川（さるがわ）流域ではこれまで二風谷（にぶたに）ダム，平取ダムの建設をめぐり，反対運動が生じている．二風谷ダムは多目的ダムとして計画が進められたが，その必要性に対する疑問だけでなく，建設予定地の谷がアイヌの人々にとって，かけがえのない宗教儀礼の場であることが大きな問題となった．しかし，そのことはついに考慮されず，ダムは建設された．2001年に現地調査を行ったが，「なぜここに，こんな小さなダムが必要だったのか」という疑問をもたざるを得なかった．

沙流川流域のジオ・エコ・ソシオに関わる基準化された主成分得点を全流域平均値と比較したのが，図10.2.5である．洪水リスクや渇水リスクは小さく，水質が非常によいため，河川開発の相対的な必要性は見出しにくい．さらに重要な点は，この流域がアイ

ヌ民族にとって神聖な空間であることがこうしたデータからは読み取れないことである．しかし，感性空間の履歴と場に関わるコミュニケーションの技術によってのみ見えないものを見えるようにすることができ，聞こえないもの聞こえるようにすることができる[12]と考えるならば，この事例からだけでも地域生活者意識の把握と合意形成のプロセスの重要性が示唆される．

蛇足ながら，神奈川県の宮ヶ瀬ダムについて少し語っておこう．宮ヶ瀬ダムも長くコンフリクト状態にあったが，利水面から言えば横浜・川崎・三浦半島の発展に大きく寄与し，現在でも多くの生活者が訪ねている一大リクリエーションゾーンとなっている．2009年の暮れに，水没した清川村出身の義妹と訪れたとき，ダムから横浜みなとみらい地区がよく見えていた．

ここでの問題は水没者に対する補償である．当時，村には30数戸の住居があったが，補償時には100戸以上に増えていたとのことであった．私たちの税金が，このような形で使われることに疑問がわく，また，建設が凍結されている川辺川ダムの最高補償金は10億円を越えると聞いた．国はこのような情報公開を行い，私たち納税者は看視しなければならない．

「ダムが必要か必要でないか」という議論はハード面による環境保全と補償としての直接費と地域振興としてのプロジェクトコストを含めたソフト面の両方から議論をしっかりする必要があろう．そして，ダムの建設のためには，事業者は建設により影響を受ける地元生活者との合意はもちろんその事業に関わる納税者の合意も必要かつ重要であることを認識し，その制度設計をきちっとしなくてはならないことは自明であろう．そうでなければ「ダムは必要ではない」という流行に押し切られ，真に必要なダムが造れなくなりひいては災害リスクの軽減が図れなくなり，特定の生活者の生存基盤を破壊することになるだろう．

10.2.3　水資源コンフリクトマネジメントの定義

ここで扱うコンフリクトを，まず「水資源をとりまく利害関係を有する意思決定主体の間に発生するコンフリクト」と限定する．このうえで，「コンフリクト」を，次の①，②，③が成立するような不幸な状態であると定義する．

①　複数の意思決定主体が存在し，
②　一部またはすべての意思決定主体の望む状態が異なり，
③　意思決定者らが状態を改善する意志，あるいはそのための機会やきっかけがない，もしくは動機が決定的でない．

もちろん，このようなコンフリクト状態は水資源計画に特定せずとも，計画一般に付随するコンフリクトにこの定義は適用できると考えられる．

このように定義したコンフリクトをモデル化するために必要な基本構成要素を，ゲームの理論を援用して次の3つであると定義する．

① 意思決定主体（プレイヤー）
② 代替案（オプション）
③ （意思決定主体から見た）代替案の評価（プレイヤーの選好順序）

コンフリクトマネジメントとは，すなわち，これらコンフリクトの構成要素をマネジメントすることにほかならない．したがって，これら構成要素がマネジメント（総合評価と制御）される対象となる．言い換えれば，これら構成要素は変化させることが可能であり，逆に，時間経過に伴って変化する要素でもあるといえる．これらの定義と7節のシステムズ・アナリシスに則った計画方法論をふまえ，水資源コンフリクトマネジメントを次のように定義する．

「将来に向けて複数の主体のコンフリクト極小化を目的とした，主体と彼らの代替案とその総合評価と制御を当事者相互，あるいは第3者機関が行い，時間の経過に伴う環境変化を考慮した適応システムである．」

水資源コンフリクトマネジメントを実際に行うためのアプローチは，次の2つに大きく分類できると考えられる．

① 当事者間でマネジメントを行う場合
② 当事者以外の第3者機関がマネジメントを行う場合

①の場合は当事者が議論のテーブルに着く姿勢があり，さらに当事者の間に大きな力関係の差がないことが前提とされるだろう．そうでない場合，当事者だけにコンフリクト問題を委ねても，コンフリクトマネジメントの定義とはほど遠いプロセスが繰り広げられかねない．

②に示すようなコンフリクトマネジメントは，①のような条件が満たされない場合に有効である．現象としては，当事者だけではコンフリクト状況を変化させられず，膠着状態が続くような状況として具現化する．このような場合，コンフリクトは当事者間での解決が困難なため，第3者機関の介入が必要となる．もし，第3者機関によるコンフリクトマネジメントがなされない場合，最悪の場合には戦争へと発展してしまう可能性もある．したがって，ここでは当事者間に交渉の余地がないという点で，より危機的なコンフリクトを対象としていると考えられる②に特に着目して，以下そのマネジメントについて考えることとする[13]．

コンフリクトに第3者機関が介入する際には，まずプレイヤーが彼ら自身でコンフリクトを解決できるか，あるいはコンフリクト状況を変化させられるかを考える．いずれかがYesであれば，第3者機関の介入は着目するコンフリクトにおいて必要とされない．もし，プレプレイヤー自身でコンフリクトを改善することもできず，またコンフリクト状況が膠着してしまい変化が見られないようならば，新たな主体の自発的なコンフリクトへの参加，もしくは現在コンフリクトに関与しているプレイヤーからの要請による新たな主体の参加を考える．このとき，その新たな参加主体がコンフリクトに対して自らの選好を有しているならば，その主体は通常の紛争における意思決定者（プレイ

ヤー)と考えられる．一方，もし主体が選好をもっていないならば，その主体は第3者機関である．このようにプレイヤーと第3者機関を明確に区別することで，第3者機関と名乗りながらも恣意的にコンフリクトを操作しかねないプレイヤーの可能性を排除している．ここでは第3者機関は中立であり，状態に対して選好をもっていないと仮定しているため，新たな参加主体がプレイヤーならば，コンフリクトの初期設定を再設定し再び分析を行えばよい．プレイヤーでありながら第3者機関と名乗る主体は，すなわち自身の選好に対し虚偽の表明をする主体であり，このような可能性を考えた場合には新たなコンフリクト分析のフレームが必要となる．ここではこのような可能性は考慮せず，第3者機関はコンフリクトの状況に対して中立であると仮定する．

　上述のマネジメントの対象と同様に第3者機関のマネジメントにおいても，プレイヤーの変化，オプションの変化，選好順序の変化がマネジメントの対象となる．これら変化の有無の組み合わせを考えると，8通りのコンフリクトマネジメントの方法があるといえる．これにさらに時間軸の変化の有無を考慮すれば，16通りのコンフリクトマネジメントの方法が考えられる．ここでは，これらのうち現実的に可能であると考えられる3つの方法に着目し，仲裁者(Arbitrator)，調整者(Coordinator)，寄贈者(Donor)という役割に着目して3つの第3者機関を考案する．

　これら第3者機関の役割に階層関係はなく，直面するコンフリクトによって，コンフリクトの背景をふまえて適切であると考えられる第3者機関の役割を選択する場合もあれば，すべての役割について分析し，結果を比較して役割を選択する場合もある．

　すなわち第3者機関の役割は同等であり，いずれかを率先して用いるべきであるという意図はこれら役割のうちには存在しない．また，マネジメントを行う際には，3つの役割のうちの1つに限定するばかりではなく，役割を段階的に組み合わせたマネジメントのアプローチも可能であろう．

　ここで提案する第3者機関の介入によるコンフリクトマネジメントのコンセプトにおいて重要なことは，最も適した第3者機関の役割を明らかにするということではなく，第3者機関が介入した際のマネジメント・プロセスを明確にし，コンフリクトマネジメントの可能性を分析することにある．

　着目する3つの第3者機関の役割の定義を以下に示す．

a) 仲裁者：仲裁者はコンフリクトの構造を変化させることはないが，プレイヤーの行動を規制し，コンフリクトの状態を制御するというマネジメントを行う第3者機関である．

b) 調整者：調整者は，コンフリクトに対してなんらかの選択肢を提供し，ただちにコンフリクトの構造を変化させるというマネジメントを行う第3者機関である．調整者はあたかもプレイヤーのように選択肢を携えコンフリクトに参加するが，自らはコンフリクトのいかなる状態に対しても選好をもたない．これは，マネジメントをする第3者機関は中立であるべきであるという認識に基づいてなされる仮定であ

る．この点において，調整者は従来のプレイヤーの枠組みを超えたコンフリクトへの参加者として位置づけられる．調整者の役割は，コンフリクトの改善状態を実現するために必要となる他のプレイヤーの選好の変化を生じさせるに足る選択肢を提供することである．調整者は，プレイヤーらがお互いに抱く不信感により到達できなかったコンフリクトの改善状態を実現するために，選択肢を提供することによってプレイヤーらの選好を間接的に変化させ，プレイヤー間に信頼を醸成する助けをする．

 c) 寄贈者：寄贈者はプレイヤーの選好を長期的なスパンで変化させ，コンフリクトの構造を変化させるというマネジメントを行う第3者機関である．寄贈者の操作変数としては，治水・利水に対する忘却率や，プレイヤーの相互影響力などが考えられる．寄贈者は，プレイヤーの価値観を変化させるという意味において，コンフリクトの本質的な改善を模索する第3者機関であるといえる．

10.2.4　第3者機関の事例—仲裁者・調整者・寄贈者

(1) 仲裁者の事例

　ここでは，歴史的な事例を2例あげることにしよう．まず，ヨーロッパのドナウ川の例を述べよう．

　1977年チェコ・スロバキアとハンガリーの間のダム建設を含む開発計画に，両国は同意した．しかしながら，工事開始がさまざまな原因で遅れ，1984年になってハンガリー国内にダム建設反対運動を展開する環境団体が結成された．政権交代も手伝って，ベルリンの壁が崩壊した1989年に，ハンガリーはチェコ・スロバキアと協議することなく一方的に工事中止を決定した．これをめぐり，ハンガリーと（チェコと分離した）スロバキアの関係が険悪になった．このときEC（EUの前身）が事態を憂慮し両者間に和解を求め介入し，両者合意のもとに仲裁協定をオランダのハーグにある国際司法裁判所に申請した．この結果，ハンガリー政府の条約破棄を違法行為と認めるとともに，スロバキア政府のドナウ川の自然環境の破壊も重大であったとして，両国に罰金の支払いを命じた．まるで，日本の講談の大岡裁きのような仲裁者の裁定である．

　次に，日本の慣行水利権に関する仲裁者の事例を示そう．日本の水利権はいろいろあるが最も歴史を背負っているのが「慣行水利権」である．歴史的には，これは水争いの結果，実力でもぎとったものであり，次の新たな実力と社会環境いかんで，新たな慣行が生まれるという，あやふやなものであった．慣行水利権とは，通常，「上流が下流に，早く使った者が遅い者に，水利施設を造った者が造らない者に，本田が新田に，水を優先的に利用する」権利である．下流でも取水できるように上流の堰を（上流の地域に迷惑をかけないように）漏水構造にする慣行は合理的であったが，極端な渇水や，洪水で取水口が破壊されたりすると慣行に従っていられなくなる．番水（水配分）にはいろいろな方法があるが，一見合理的にみえても，実際は力のあるほうへ多く分けられる．このこ

とを，京都の桂川の水争いの歴史[14]で眺めてみよう．

対立する地域の力が均衡していてコンフリクトが発生したり，弱いほうが泣き寝入りしたくないときには，大きな権力に調停を頼み込む．中世では水争いが領土争いにつながり，本格的な武力衝突にまでなっている．荘園領主や武士たちは水争いを幕府に持ち込み，それでも解決がつかないときは朝廷まで担ぎ出している．室町幕府は領主たちの領土を安堵するために，水争いの調停に力を入れている．さらに，室町期には，水争いの相手領主よりも，相手領の農民の実力（指導者は荘官・地侍）におされて，領主が幕府に泣きつくというケースも出始めている．

中世を戦い抜き，用水ネットワークを作り上げ，一応の確立をみた水利慣行と水利組合的自治組織とその豊富な経験は，土地に根づいた地侍が受け継ぎ江戸時代に入る．江戸時代の支配層は，領地の水利慣行と自治組織を認めて，なるべく干渉しなかった．このため，水争いに「取あつかい人（仲裁人）」が登場する．例えば江戸時代，丹波大堰川（前述の桂川の上流）八木の寅天井堰すぐ下流にある馬路村は水争いが頻繁に起こった所で，この知行所では馬路村文書約4300通のうち，水利関係が約850通，このうち約130通が水争いに関するものであったという．寅天井堰をめぐって馬路村より七ヶ村の水利組合を奉行所に告訴した1件で，上流や隣の3つの村の庄屋が仲裁して告訴を取り下げ，和解成立状を京都町奉行所に提出し，この「願下げ」が許される．こうして，幕府と領主は水の制御と配分を放棄したことになる．しかし驚くべきことに，この地域のコンフリクトは1959年の水害と伊勢湾台風のダブル災害で，1961年に寅天井堰より下流の7井堰を統合して，新たに八木町と亀岡市の境界近くに寅天井堰が建設され，両岸上下流が仲よく取水できるまで続くことになる．

(2) **調整者・寄贈者の事例**

ここでは，再びナイル川の例を取り上げる[10)15)16]．ナイル川流域には10ヶ国が位置し，最も下流のエジプトとスーダンが流量の大半の既得水利権を主張している．1959年の条約で，アスワンハイダム貯水池（年間貯水池流入量840億m^3，年間蒸発量100億m^3）からそれぞれ年間555億m^3，185億m^3の水利権を有している．しかし，エジプトの人口は7000万人（年増加は約150万人）に迫っており，水使用量は配分量の限界にきている．そのうえ，新たな灌漑のために100億m^3近い水資源を必要としている．当然，上流の各国も開発計画を有しており，エジプトの拡大計画は他の流域国との間のコンフリクトの原因になることが想定される．

特にナイル川の流量の86％の水源国エチオピアは灌漑可能な370万haの土地を有し，その5％しか灌漑用水を供給していない．このため，エチオピアは，1964年に合衆国が作成した計画を見直し，青ナイル川上流に33の灌漑と水力発電プロジェクトを考え，43万haを灌漑する計画を有している．1960年代前半，エジプトは，イスラエルとの対抗上社会主義的政策を採用し，アスワンハイダムは旧ソ連の援助で建設された．

これに対して合衆国は，エジプト弱体化のために，ダム湖（ナセル湖）の貯水を不可能にするエチオピアの水資源計画を行った．当時ほとんどの融資機関は下流国を考慮して，エジプトの攻撃目標になりやすい大規模ダムに融資したがらなかった．この計画によれば，青ナイル川に4つの大規模水力発電ダムを建設することになっていた．そして，年間総貯水容量500億m^3，青ナイル川の年間総流量とほぼ同じでエチオピアの蒸発率は平均1m/年で，ナイル川の流量を年間40～80億m^3減少させると推定されていた．エチオピアが灌漑可能な土地の半分でも灌漑を行えば，この灌漑用水は蒸発によりナイル川に還元されない．実際，もしエチオピアが180万haを灌漑すると，試算では（水消費を4000m^3/haとして）下流の年間流量は72億m^3減少することになる．下流のエジプトやスーダンにとって死活問題となる．しかしながら，エチオピアはすでに数百ヶ所の小規模ダムの建設を開始し，1998年までに直接ナイル川に影響を与える小規模ダムを約200ヶ所建設（年間約5億m^3）したと言われている．

　一方，エジプトは，1997年にナイル川の水をシナイ半島の沙漠に運ぶ大規模な水路を完成させ，25万haの土地を灌漑することになっていた．また，アスワンハイダム上流のナイル川から年間最大50億m^3を取水し，水路でエジプト西部の沙漠に送水し約20万haを灌漑し，定住可能な地域・都市計画を実施しナイル川流域の過密人口の解消を目指していた．当然，エチオピアは「正当かつ公平な利用という原則が，明確に守られないかぎりナイル川流域の諸国間に協力はありえない」と公然と非難した．エジプト側は「この計画の水は，節水，再生，再利用を強化することによって得られるもので，ナイル川の配分量を上回らない」としている．だが，このプロジェクトの水の必要量をみれば，現在のエジプトの水の余力を消滅させる．

　ナイル川流域地域はヨーロッパの植民地を経験してきた．20世紀はじめに宗主国（イタリア（エチオピア），ベルギー（コンゴ），大英帝国（その他の国））間の国境協定では，事前に同意のない，上流域の属国において，スーダンとエジプトに流入するナイル川の流量を減少させる水資源開発を禁止していた．1929年，すでに大英帝国から独立していたエジプトはまだ他の国を支配していた大英帝国との協定で，エジプトは乾期のナイル川の全流量に対する権利を獲得し，スーダンは洪水期の終わりに蓄えた水を使うことが認められた．第2次世界大戦後の各国の独立により，はじめはエジプトとスーダンのアスワンハイダム問題の「協力」と「対立」という構図が中心であったが，現在では流域全体の問題として続いている．ナイル川流域10ヶ国のうち6ヶ国から水問題の専門家が集まって，国連開発計画の主催で定期的に会議をもち，協力のための法的・制度的枠組み作りを行っている．1997年に，世界銀行をはじめとする融資機関が，流域全体の協力を条件として共同水利プロジェクトに1億ドルの融資を提案した．この融資を得る目的もあって，流域10ヶ国は協力に同意する方向に傾いた．このような信頼構築のための活動と，第3者機関の調停努力は，「対立」を「協力」に向かわせる．

　ところが，すでに述べたようにエジプトとエチオピアがおのおの独自に水資源開発計

画を有し，両国を衝突に向かわせる可能性が高い．エジプトはナイル川の水に依存度を高め，エチオピアは下流への流量を減少させようとしている．また，スーダンは，長引く内戦が解決しさえすれば，灌漑地を150万ha拡大する計画を有し，首都ハルツームの下流にダムを造ろうとしている．集計すれば，ナイル川流域諸国は新たに290万haに灌漑用水を引く計画をもっていることになる．効率の良い灌漑方法を用いたとしても，少なくとも250～350億m^3の水資源開発が必要となる．大河ナイル川でも，その目標を達成する能力は持ち合わせていない．中国の黄河のように「断流」現象が起こることになる．近未来に「共有水の悲劇」か「生死をかけた戦争」が待っているといえよう．

さらに，ナイル川流域諸国は，何10年も前に計画されたプロジェクトに対して向けられる今日の厳しい環境監視を無視することは困難になると考えられる．例えばエジプトもスーダンも，スーダン南部のスッド大湿地帯から数10年前の引水計画を有しているが，この湿地帯は世界最大級で，ゾウをはじめ野生生物の宝庫で，何100万羽の渡り鳥の飛来地でもある．また，複数の少数民族（20～40万人）の牧畜・漁業・農業という生活が，カンボジアのように，定期的な洪水のサイクルと豊かな生物多様性に依存している．そして，この広大な湿地帯が，年間約340億m^3（アスワンにおけるナイル川の年間平均流量の40%）の水を蒸発させている．このため，両国は先の引水計画を策定したのであるが，スーダンの内乱のため工事は中断している．そして，この20年の間に世界的にかけがえのないスッド湿地の重要な生態系を保護しようという気運が盛り上がり，国際機関や関連国の機関がこの湿地帯の破壊につながる開発に資金を提供しにくい環境になっている．

最近まで，エジプトがナイル川の水資源開発に主導権を有していたが，水配分の数値を一方的に他の流域国に押し付けることが困難になってきている．エチオピアとスーダンが手を組めば，どのようなコンフリクトの均衡解が得られるだろうか．また，例えば，エジプトが西部の沙漠地帯の開発を諦め，その計画のために使う予定の50億m^3を利用してエチオピアと協定を結べば，どのような均衡解が得られるであろうか．このとき，第3者機関として何が考えられるであろうか？

これまでのナイル川のコンフリクトを概観して，このマネジメントとして以下のような考察ができる．

国連と世界銀行をはじめとする融資機関は，流域全体の協力を条件として共同水利プロジェクトに1億ドルの融資を提案した．この点において，国連と世界銀行をはじめとする融資機関は第3者機関であり，新たなオプションを提供し，介入時点でプレイヤーたちの選好順序を本質的には変化させていないながらも同じテーブルに向かわせ，プレイヤー間に間接的に信頼らしきものを形成したという役割の特性上，紛れもなく調整者であると認識できる．また，コンフリクトの改善状態が均衡解として得られても，その安定性が十分に頑健なものではない場合には，第3者機関が常に関与し続けることがコンフリクト改善状態の維持のために必要である．特に，エジプトとエチオピアがおの

おの独自に水資源開発計画を有し，また，流域国間の力の関係に不均衡があり，プレイヤー間の協定などによってますます不均衡が増長しかねないというナイル川のコンフリクトの特性上，ひとたび第3者機関が介入をやめればふたたびコンフリクトは激化しかねないだろう．したがって，ナイル川でのコンフリクトでは，現在すでに第3者機関が調整者としてプレイヤー間に信頼（あるいは戦争などのカオスを回避しようという意志）関係を築くことに成功しているため，この信頼関係を維持させるために第3者機関は継続して調整者として関与し続けることがまず必要であろう．そして，結果的に寄贈者としてプレイヤーの本質的な選好順序を変化させ，コンフリクトの構造が変化し，コンフリクト改善状態が頑健な均衡解として得られるようになれば，その時点での完全なるコンフリクトマネジメントの成功であるといえるであろう．

一方で，第3者機関が継続して調整者として関与し続けるということは現時点では資金を提供し続けるということを意味しているため，金銭的にこれが難しくなればコンフリクトは再び悪化するとも考えられる．あるいは，第3者機関がなんらかの意図をもって資金を提供することになれば，言い換えれば第3者機関がプレイヤーとしてゲームに参加すれば，たちどころにコンフリクトは再び悪化状態に突入しかねないだろう．

10.3 水資源開発と環境保全の合意形成

10.3.1 合意形成と意思決定

集団の合意形成と意思決定という場合，共に集団として複数の選択肢の間に優先順位を定めること，あるいはさまざまな意見や考え方を1つに集約する問題としてとらえることができる．しかし，集団の合意形成という場合には，それを構成する小集団間の競合や意見の分散を小さくさせながら，集団としての最終的な結論にいたるまでのプロセスが強調される．一方，集団の意思決定という場合には，集団の目的を実現するうえでのさまざまな方針，あるいは直面する問題を解決するための解決法がもたらす効果や影響について分析・検討し，集団として選択すべき最適な方策を決定するという側面が強調される[17]．

ここでは，以上のような合意形成と意思決定の違いをふまえたうえで，合意形成を定義し，より良い意思決定支援とは何か考えよう．

(1) **合意形成とは**

「合意」という言葉を辞書で引くと，「当事者の意見が一致すること」と説明されている．しかし，すでに述べた水資源開発と環境保全の間で鋭いコンフリクトが生じている事例では，「当事者の意見が一致すること」は到底望めない．それでは，何をもって合意形成と呼ぶのだろうか？

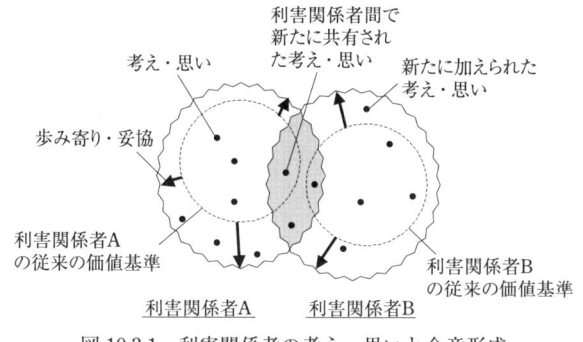

図 10.3.1　利害関係者の考え・思いと合意形成

　合意形成とは，むしろ妥協や歩み寄りの産物であると考えよう．すなわち「合意」とは，元来個人が有していた価値基準の枠組みを緩め，新たな価値基準から問題を見つめ直し，他人の主義や主張に理解を示すことを意味し，「合意形成」とは，そのもとで集団全体としての望ましい意思決定を目指していくプロセスであると定義する．
　以上のように考えれば，合意形成のためには，利害関係者に他の利害関係者の価値基準を理解してもらうことが必要である．

(2) 合理的な意思決定の問題点

　開発と環境のような複数の目的があり，それらがトレード・オフの関係にあるときにどのような意思決定を下せばよいかといった問題に対しては，多目的計画法，環境経済学，厚生経済学などの分野で関連した研究がなされてきた．
　厚生経済学の分野においては，所得分布や資源配分の社会的状態に関する順位付けの基礎となる概念として，社会厚生関数がある．これは，個々人の効用に基づき複数のオプションの選好順序を実数値で表現したバーグソン・サミュエルソンの社会厚生関数と，個々人の主観的選好の集合から合理的に社会選好を導出するための規則であるアローの社会厚生関数に分類される[18]．
　上記で述べたいずれの手法も，考え方やプロセスは違えども何らかの計算により1つの合理的な解を求めようとするものである．これらによって解を求めこれからの方向性を意思決定することは，一見客観的でスマートであるが，果たして開発と環境のコンフリクトが生じている問題に適用してよいものだろうか？　事実はそう簡単ではないこと示している．
　1つめの理由として，こうした意思決定はトップダウンで行うべきではないことが挙げられる．冒頭に述べた長良川や吉野川の事例では，開発か環境かという意見の相違がコンフリクトをもたらしたというよりは，むしろ住民に秘密裡に開発を行うことの意思決定がなされたことがきっかけでコンフリクトが生じている．そのコンフリクトの解消

のために合理的な意思決定を提示するのでは，本末転倒である．

2つめの理由として，上記の手法で導かれる合理性が，非常に限定的なものであることが挙げられる（限定合理性の問題）．いずれの手法においても，前提条件や対象範囲を変化させることで解をある程度任意に変化させることができ，また，どの手法を用いるのかによっても解が大きく変化しうる．こうした不確実性の大きな手法を用いて意思決定を行うことは危険である．

3つめの理由は2つめの理由と関連するが，合理解は市民とのやりとりによっていくらでも変化しうるということが挙げられる．永橋[19]は，市民と行政による広場づくりや計画づくりの事例を通して，新しい地域のあり方や空間の形は，他のどこからでもない，その地域の中から市民・行政・専門家によるさまざまなやりとりを経て見出されてくること，すなわち「答えはまちのなかにある」ことを述べている．コンフリクトの解決においても，解を生活者に与えることではなく，生活者とともに解を見つけていくプロセスが重要である．この時重要なことは，「合意はしないが同意する」という知恵が必要であるかもしれない．

(3) **分析的なアプローチの意義**

しかしながら，限定的な状況下でも合理的な解がどこにあるのかを知っておくことは，とりわけ行政などの政策決定者にとっては重要である．岡田[20]は，「技術的な観点から合理性を諄々と説く専門家の役割もまた重要」で，「合理性の光をかざし，合理性の呪縛を乗り越える」ことが求められていると述べている．また，田村ら[21]は生活者の選好構造の変化による解の変遷について，凸依存性を考慮した多属性効用関数を用いた分析を行っており，こうした技術の今後の発展が期待される．

また，ゲーム理論的なアプローチについて，岡田は「ガラス箱の中の生き物のふるまいの子供観察館」パラダイム（モデル）と呼び，コンフリクトが当事者によって粛々と自主的にマネジメントされるような法定型運用システムの考案に役立つと述べている．合意形成やより良い意思決定というと，現場における実際的な解決策ばかりが注目されるが，分析的なアプローチについても目的や使い方を見極めれば十分有用であると考えられる．

(4) **より良い意思決定のために計画者ができること―理論と現場をつなぐアプローチ**

もちろんそうした技術以前に，計画者としては，開発や環境に関する状況を客観的・科学的に調査・分析し，それを公表することが第1に求められる．しかし，それと同時に検討委員会や審議会などの場面では「ではどのようにすればよいのか」という率直な意見が求められることもある．そのとき，計画者は開発が自然・社会環境に及ぼすメリット・デメリット，また調査や分析の不確実性を総合的にふまえたうえで意見を述べるべきであるし，またその意見のバックボーンを関係者で共有することが望まれる．

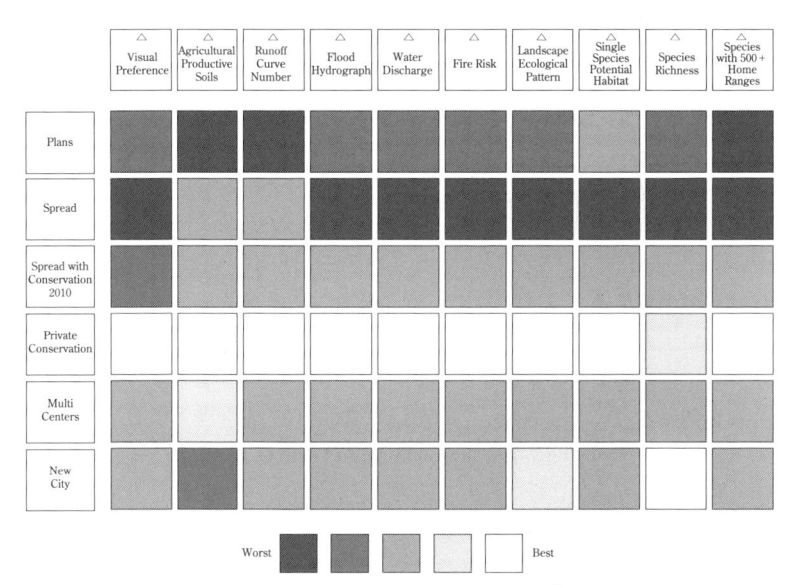

図 10.3.2　Alternative Matrix の例[6]

　Carl Steinitz ら[22]は，開発や保全に関する代替案がさまざまな因子に与える影響を"Alternative Matrix"と呼ばれる表形式で整理し，利害関係者が代替案のメリット・デメリットを多角的に眺め，意思決定のための有用な情報とする手法を考案している（図10.3.2）．これは，当事者間で議論の前提を共有するのに役立つのみでなく，分析的・理論的なアプローチと現場的なアプローチをつなぐ役割も果たしうる．
　しかし，各因子への影響の評価が恣意的にならざるを得ず，例えばある因子への影響が"Worst"というのと他の因子への影響が"Worst"というのとでは，本当に影響が同程度といえるのかという問題があった．
　そこで，水資源開発に伴う利害関係者への影響を多元的に評価しつつも，その大きさの相互比較が可能となるような方法論を提案しよう．これにより，各利害関係者は他の利害関係者への影響を自身のそれとの比較のうえで評価することが可能となり，先に定義した合意形成により近づけると考えられる．

10.3.2　水資源開発代替案の多元的評価モデルの構築[23]

(1) 満足関数による生活者意識の評価

　開発代替案が利害関係者に与える影響は，治水，利水，環境と幅広く，また評価にあたってそれぞれ軸の単位も異なる．したがって，これらを統一的に扱うためには，統一測度（貨幣など）に変換するか，あるいは変数値を何らかの基準で関数に投影して共通単位に直す尺度化が必要である．

ここでは，整合性の問題やアンケートの設計までも考慮に入れた「満足関数」というものを定義し，これによって利害関係者の選好強さを表現する．満足関数とは，利害関係者 i の評価基準の値 x_i を何らかの関数によってある価値量 s_i に変換するものである．

$$s_i = s_i(x_i) \tag{10.3.1}$$

なお以下では，この価値量 s_i を「満足度」と呼ぶことにする．

(2) 満足関数の構築手法

満足関数は以下のステップにより，利害関係者ごとに構築される．

ステップ1：各利害関係者を複数のグループに分割する

同一の利害関係者ではあっても，その便益や被害を受ける程度は人によってさまざまである．そこでまず，利害関係者を単一の評価基準の値をもつ集団として考えるのではなく，いくつかのグループに分けてとらえる．

ステップ2：各グループが改善を必要とする度合い「必要度」を求める

次に，各グループに対して「あなたの現在の状態を考えた場合，自身の評価基準に関してどこまでの改善が必要ですか？」という質問を行い，その結果からグループごとの改善を必要とする度合い「必要度」を算出する．

そのためにまず，グループごとに，現在の状態 x_i^p（各グループに固有の数値）を原点にとり，横軸を将来的に望む x_i，縦軸をその x_i までの改善が必要と考える人の比率 r_i^p（x_i の関数）で表したグラフを描き（図 10.3.3），以後これを必要グラフと呼ぶ．また，この比率 r_i^p は，現状に対して不満があり改善を必要と考える人々と，現状で満足している人々で合計が1となるように，

$$\int_{x_i^p}^{x_i^*} r_i^p dx_i = 1 - (\text{現状で満足している割合})$$

ただし，$r_i^p \geq 0$ \hfill (10.3.2)

を満たすものとする．

そして，あるグループの現在の状態が x^p であるときの必要度 $N_i(x_i^p)$ を，以下の式

$$N_i(x_i^p) = \frac{1}{x_i^* - x_i^0} \int_{x_i^p}^{x_i^*} (x_i - x_i^p) r_i^p dx_i$$

ただし，$x_i^0 \leq x_i^p \leq x_i^*$ \hfill (10.3.3)

で定義する．つまり必要度とは，現在の状態と必要とする将来値の差に，その将来値を必要とする人数の比率を掛け合わせ，最良値と最悪値の差で基準化したものであると定義する．この式 (10.3.2)，(10.3.3) を用いることにより，利害関係者の評価基準 x_i の単位にかかわらず，必要グラフの形状から「改善を必要とする度合い」を算出することが

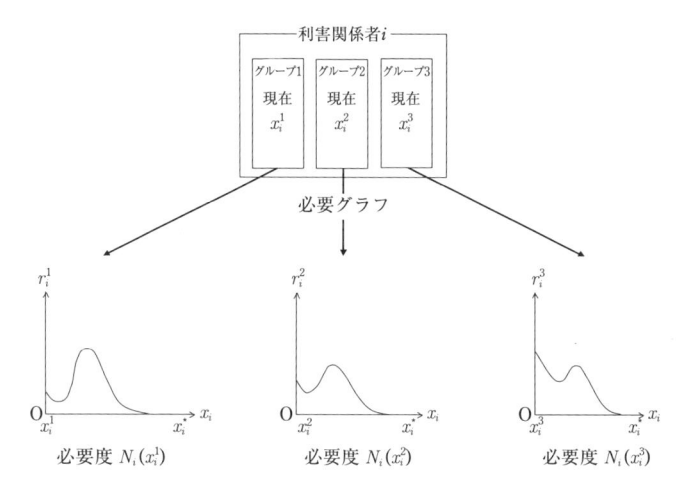

図10.3.3　グループごとの必要グラフと必要度

できる．

ステップ3：必要度から満足関数を構築する

最後に，グループごとの必要度を用いて，その利害関係者の満足関数を求める．ここでは，「x^0 から x^m になることと x^m から x^* になることが満足の面で無差別となる」ということを，「x^0 から x^m になったときに必要性の満たされた度合いと，x^m から x^* になったときに必要性の満たされた度合いが等しくなる」と解釈することで，必要度と満足関数の関係を求める．

いま，「必要性の満たされた度合い」を「必要度の減少量」とするならば，x_i 上に任意の3点 x_i^l，x_i^m，x_i^n（ただし，$x_i^l < x_i^m < x_i^n$ とする）をとったとき，「必要度の減少量が等しければ，その満足関数の値の差も同じ」であるので，

$$s_i(x_i^n) - s_i(x_i^m) = s_i(x_i^m) - s_i(x_i^l)$$
$$\Leftrightarrow N_i(x_i^m) - N_i(x_i^n) = N_i(x_i^l) - N_i(x_i^m) \tag{10.3.4}$$

が成り立つ．すなわち，満足関数の値の差が同じとなるような状態変化の例をいくつかとってくれば，それらの間では必要度の差も同じとなる．これは図10.3.4において常に

$$s_i(x_i^m) : \{1 - s_i(x_i^m)\}$$
$$= \{N_i(x_i^0) - N_i(x_i^m)\} : \{N_i(x_i^m) - N_i(x_i^*)\} \tag{10.3.5}$$

が成り立つことを意味する．したがって，満足関数と必要度の関係は，

$$s_i(x_i^p) = \frac{N_i(x_i^0) - N_i(x_i^p)}{N_i(x_i^0) - N_i(x_i^*)} \tag{10.3.6}$$

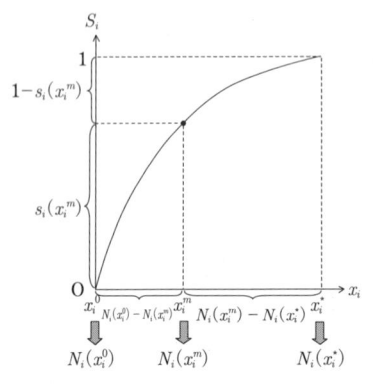

図 10.3.4 満足関数と必要度の比 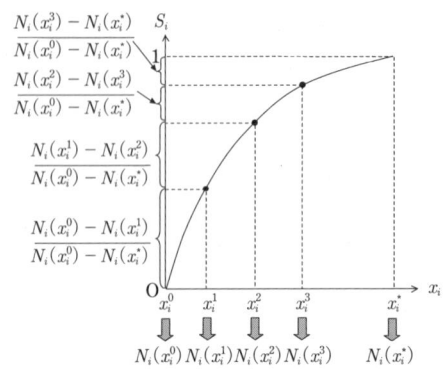   図 10.3.5 必要度と満足関数の関係

として表される（図 10.3.5）．以上のことは，必要度と満足が一意の関係にあることを意味している．

10.3.3 満足関数の吉野川可動堰問題への適用

水資源開発に関連する利害関係者間でコンフリクトが生じている問題の例として吉野川可動堰問題を取り上げ，前項で提案した，満足関数を用いた生活者意識評価モデルの適用を行う．

ここでは，利害関係者を「治水」「生態系」「親水」の観点から3種類に分類し，それぞれ以下のように評価基準を設定し，満足関数を構築した．

治水に関する利害関係者；洪水伝搬時間と最大浸水深（浸水想定区域図より）[8]をもとに生活者の「治水レベル」を得点化する（2～10点で評価し，6点以下を治水に関する利害関係者と定義する）．

生態系に関する利害関係者；魚類の目からみた生息環境のよさを，HIM (Habitat Index Morishita)[24]という指標で表現する．

親水に関する利害関係者；利用実態調査[25]をもとに，利用主体（釣り人，水遊び，カメラマン，…）からみた環境のよさを得点化する．

現地調査や既存資料，また資料がない場合はいくつかの仮定をおくことにより，可動堰建設後の各利害関係者・各グループへの影響を設定し，各利害関係者の満足関数から，現状維持と可動堰建設の代替案選択が各利害関係者の満足度に及ぼす影響をレーダーチャートで表示した（図 10.3.6）．このような図を作成することで，各代替案がどのグループにどの程度の影響を与えるのかを明確に示すことができ，より影響を受けやすいグループへの配慮を促すことができる．

この図からは以下のようなことが考察される．可動堰建設の影響はすべてのグループに同一ではなく，生態系に関する利害関係者でいえば，例えばグループ1やグループ3

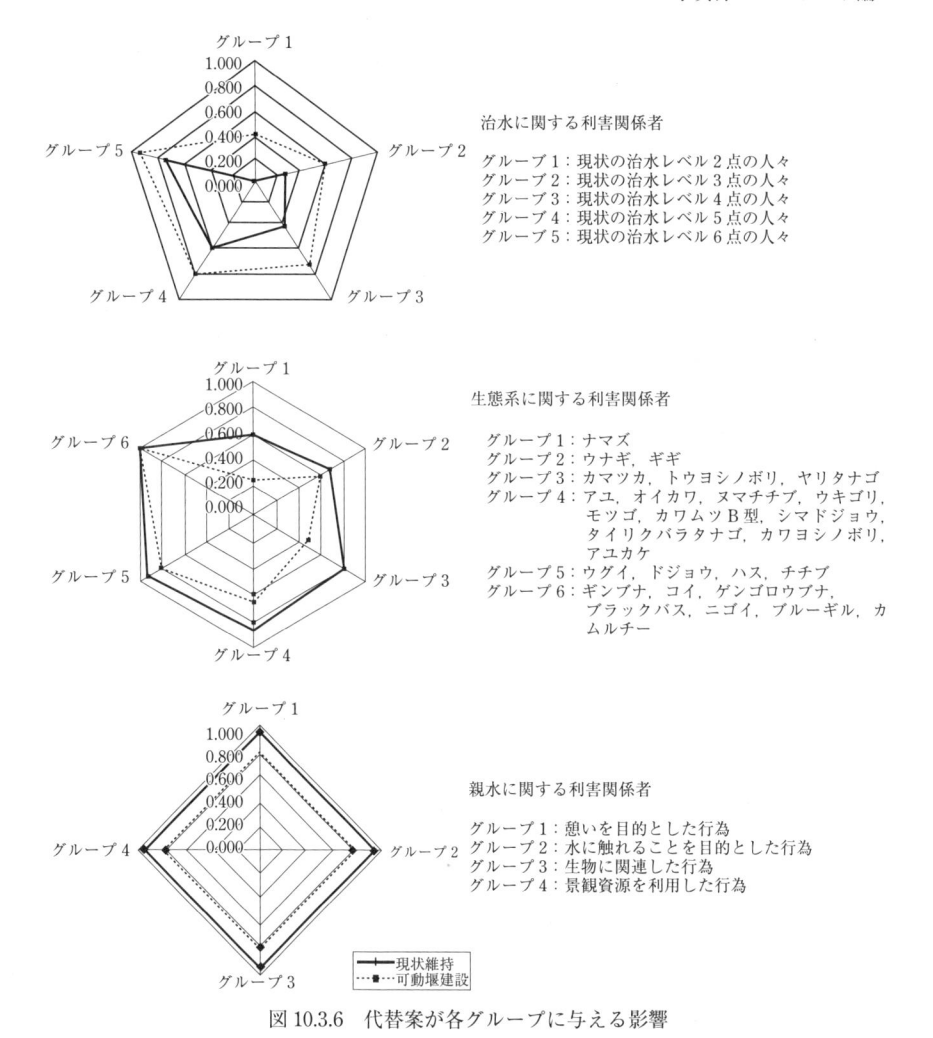

10 水資源コンフリクト論

図中凡例:

治水に関する利害関係者
グループ1：現状の治水レベル2点の人々
グループ2：現状の治水レベル3点の人々
グループ3：現状の治水レベル4点の人々
グループ4：現状の治水レベル5点の人々
グループ5：現状の治水レベル6点の人々

生態系に関する利害関係者
グループ1：ナマズ
グループ2：ウナギ，ギギ
グループ3：カマツカ，トウヨシノボリ，ヤリタナゴ
グループ4：アユ，オイカワ，ヌマチチブ，ウキゴリ，モツゴ，カワムツB型，シマドジョウ，タイリクバラタナゴ，カワヨシノボリ，アユカケ
グループ5：ウグイ，ドジョウ，ハス，チチブ
グループ6：ギンブナ，コイ，ゲンゴロウブナ，ブラックバス，ニゴイ，ブルーギル，カムルチー

親水に関する利害関係者
グループ1：憩いを目的とした行為
グループ2：水に触れることを目的とした行為
グループ3：生物に関連した行為
グループ4：景観資源を利用した行為

凡例：現状維持／可動堰建設

図10.3.6 代替案が各グループに与える影響

に対して影響が強く，逆にグループ6にはほとんど影響がない．親水に関する利害関係者のグループは，他のグループと比して可動堰建設の影響は少ないが，その中でも最も影響を受けるのは景観資源を利用している人である．このように，河川開発と環境保全の価値を公正に評価し，代替案が個別のグループや利害関係者に与える影響をとらえることのできる点が，ここで提案したモデルと手法の特徴である．

10.3.4 効率と公正の評価

満足関数を用いれば，代替案が多種多様な利害関係者に与える影響を，比較可能なか

たちで評価することができる．ここでは，開発と環境を総合的に考慮した1つの「流域のビジョン」を提示し，それを満足関数を用いて，効率と公正の観点から評価する方法について述べる．

(1) これからの「流域のビジョン」
1997年に改正された河川法の第1条には，次のように書かれている．

【この法律は，河川について，洪水，高潮等による災害の発生が防止され，河川が適正に利用され，流水の正常な機能が維持され，及び河川環境の整備と保全がされるようにこれを総合的に管理することにより，国土の保全と開発に寄与し，もって公共の安全を保持し，かつ，公共の福祉を増進することを目的とする．】

これにより，治水・利水・環境の「総合的な管理」の重要性については認識されてきているが，通常「治水はどうする，利水はどうする，環境はどうする」というように別々に検討がなされるのみで，「総合的に影響を鑑みてどんな方向を目指すのか」ということはあまり検討がなされてこなかった．それゆえ，治水や利水，環境の間でトレード・オフが生じるときに，議論が平行線をたどり共通の認識を得られないといった状況が生じていた．

そこで最近，各地で「流域のビジョン」を策定する動きが始まっている．これは，河川法にある「公共の安全を保持し，かつ，公共の福祉を増進する」という一般的な文言を地域に即した形で落とし込むこととも考えられるが，ここでは仮に以下のような「流域のビジョン」

【流域生活者が河川から受ける恩恵*が効率的に，かつ公正に配分されるよう，治水・利水・環境の整備と保全を行う】

を目的に，これを評価する方法について考えよう．

(2) 流域生活者が河川から受ける恩恵
いままで，利害関係者は，治水や生態系，親水といった単一の評価基準をもったものと仮定したが，実際には「開発と環境のせめぎあいで悩んでいる」生活者も多い．したがって，ある流域生活者 j が河川から受ける恩恵 B_j を，評価基準 i ($i=1, 2, \cdots, n$) に関して生活者 j が享受する値 x_i^j と，その満足度 $s_i(x_i^j)$ を用いて，

$$B_j = f(s_1(x_1^j), s_2(x_2^j), \cdots, s_n(x_n^j)) \tag{10.3.7}$$

---

*ここで「恩恵」とは，水資源や生態系のサービスといったプラスの側面のみならず，「洪水を受けない」といったマイナスの側面が小さいことも含むものとする．

と表す．この満足度 $s_i(x_i^j)$ は，10.3.2 項で提示した評価基準 i ごとの満足関数から算出される．

いま，評価基準が加法独立性を満たすとすると，式 (10.3.7) は

$$B_j = \sum_{i=1}^{n} a_i^j s_i(x_i^j) \qquad \text{ただし,} \sum_{i=1}^{n} a_i^j = 1 \tag{10.3.8}$$

となる（ただし，a_i^j は評価基準 i に対して生活者 j が感じる重みを表す）．

(3) 流域生活者が河川から受ける恩恵の効率性

流域生活者が河川から受ける恩恵の効率性 U を，すべての流域生活者が受ける恩恵 $B_j (j=1, 2, \cdots, m)$ を用いて，以下の CES 型の関数で表現する（最大値 1，最小値 0）．

$$U = \frac{\sum_{j=1}^{m} w_j (B_j)^{1-\rho}}{m(1-\rho)} \qquad \begin{array}{l} \text{ただし，} w_j : \text{生活者 } j \text{ に対する重み (10.3.9)} \\ \dfrac{1}{\rho} : U \text{ の代替弾力性} \end{array} \tag{10.3.9}$$

いま，この効率性を表す関数が，$\rho=0$，$w_j=1$ の功利主義的なものであると仮定し，また評価基準間の加法独立性を仮定すると，式 (10.3.9) は式 (10.3.8) を用いて，

$$U = \frac{\sum_{j=1}^{m} B_j}{m} = \frac{\sum_{j=1}^{m} \sum_{i=1}^{n} a_i^j s_i(x_i^j)}{m} \tag{10.3.10}$$

と表される（つまり，U は生活者が河川から受ける恩恵 B_j の平均値を意味する）．

(4) 流域生活者が河川から受ける恩恵の公正性

次に流域生活者が河川から受ける恩恵の公正性が，
① 河川から受ける恩恵が流域生活者全体に関して平等であり，
② 治水など人命や財産に強く関わる評価基準については，ある一定水準以下の脆弱な生活者ができるだけ少なく，また脆弱な生活者間の不平等が小さい，

という 2 つの観点から成り立つものと考える．これは，人命やかけがえのない財産の被害は基本的に環境の良さだけで代替できるものではなく，流域生活者の誰もがある一定水準以上の安全性を平等に有するべきであるとの考えに基づいている．

まず①については，すべての流域生活者が受ける恩恵 $B_j (j=1, 2, \cdots, m)$ の不平等を表現する必要がある．不平等を測る尺度は，分散，変動係数，相対平均偏差，タイルのエントロピー測度，ジニ係数などさまざまなものがあり[26)27)]，どれを選択するかは恩恵の公正性を測るうえで重要な課題であるが，ここではあらゆる所得水準における裕福な個人から貧困な個人への所得の移転にも反応し，恣意的な手続きが回避できるという特徴を有するジニ係数を用いる．これは，流域生活者 j の数を m，生活者 j が受ける恩恵を

B_j $(j=1, 2, \cdots, m)$, B_j の平均値を μ とすれば,

$$G = \frac{1}{2m^2\mu} \sum_{p=1}^{m} \sum_{q=1}^{m} |B_p - B_q| \tag{10.3.11}$$

と表される.すなわち,ジニ係数 G とは,ある生活者の満足度と,他の全生活者の満足度との格差の合計を,最大が 1,最小が 0 となるように規準化したものである.

次に②については,Sen[12] の困窮度指標を用いて表現する.いま,治水など人命や財産に強く関わる評価基準 i に関する満足度が s_i^* 以下の生活者を脆弱者と定義し,脆弱者 j の満足度を $s_i(x_i^j)$ $(j=1, 2, \cdots, m': m'$ は脆弱者の人数),生活者の総人口を m,脆弱者層内でのジニ係数を G_v とすると,これは次の式で与えられる.

$$V = \frac{1}{ms_i^*} \left[\sum_{j=1}^{m'}(s_i^* - s_i(x_i^j)) + \left(\sum_{j=1}^{m'} s_i(x_i^j)\right) \cdot G_v \right] \tag{10.3.12}$$

すなわち,満足度を用いて定義した脆弱性の指標 V は,治水などの満足度のレベルがある一定水準 (s_i^*) 以下の生活者にのみ着目し,対象となる脆弱者の数が多ければ多いほど,また脆弱者間の不平等が大きければ大きいほど,大きな値をとるものである (最大値 m'/m,最小値 0).

(5) 吉野川可動堰問題における効率と公正の評価

以上で定義した効率と公正について,満足関数を用いて試算を行おう.効率と公正の評価を行う対象生活者としては,流域生活者全体や徳島県,日本国民などが考えられるが,対象を広げすぎると問題の本質を見失う可能性があるため,まずは直接的に可動堰建設の有無の影響が及ぶと考えられる「治水に関する利害関係者」を対象とする.また,この対象生活者を現在の治水レベルから 5 つのグループに分け,それぞれが考える治水・生態系・親水に対する重みを表 10.3.1 のように仮定する (これは本来ならばアンケートなどで決定する必要がある).

いま,効率性に関しては式 (10.3.10) が,不平等性に関しては式 (10.3.11) が,治水脆弱性に関しては式 (10.3.12) が成り立つものとすると,満足関数を用いて,代替案ごとの効率性・不平等性・治水脆弱性は,表 10.3.2 のように計算される.

表 10.3.2 の結果からは,以下のようなことが考察される.まず効率性という面からみれば,現状維持の代替案のほうが優位である.しかし,可動堰を建設することで洪水に対して脆弱者が減少するため,河川から受ける恩恵の不平等性が改善され,また治水脆弱性も大きく改善される.すなわち,代替案の間で効率と公正のトレード・オフの関係が生じていることがわかる.こうした情報は,特に河川の政策決定者にとって,代替案の特徴を把握するうえで有用と考えられる.

表 10.3.1　効率と公正の評価の対象生活者と評価基準に対する重み

グループ	人口（人）	重み			治水レベル（点）	
		治水	生態系	親水	現状維持	可動堰建設
1	6946	0.1	0.45	0.45	6	8
2	3414	0.2	0.4	0.4	5	7
3	4760	0.3	0.35	0.35	4	6
4	388	0.4	0.3	0.3	3	5
5	1225	0.5	0.25	0.25	2	4

表 10.3.2　代替案ごとの効率性と公正性

代替案	効率性	公正性	
		不平等性	治水脆弱性
現状維持	0.807	0.065	0.305
可動堰建設	0.760	0.023	0.030

10.4　階層システム論的合意形成

10.4.1　階層システム論の概要と分解原理

(1) 階層システム論の概要

　水資源問題における社会環境・生態環境・物理環境を含むような大規模システムの研究は，個別モデルの解を求めるという最適化も重要であるが，システムそのもののモデリングがきわめて重要であることが強調されなければならない．そして，仮にモデル化ができたとしても，その分析の困難性に圧倒される場合が多い．この理由は，高次元性（多すぎる変数の数）や複雑性（変数間の結合や相互作用の非線形性）にある．

　次のようなジレンマにしばしば出会う．現実のシステムをきわめて忠実に表現した詳細で総合的なモデルが望ましいが，このような現実的なモデルは，一般的にあまりにも複雑で解を求める戦略（最適化方法論）ができるとしても困難すぎる場合がほとんどである．このようなジレンマの多くは，（例えば線形化のような）システムモデルのはなはだしい単純化で解決されてきた．

　階層的アプローチ (hierarchical-multilevel approach) は基本的には以下のような2つから構成される．すなわち，大規模で複雑なシステムの分解 (decomposition) とそれに続くシステムを「独立な」サブシステムにモデル化することである．この分散化

(decentralized) のアプローチは，ストレータ (strata)・レイヤー (layers)・エシェロン (echelons) という概念を使って，下位のレベルのサブシステムの分析と理解，そして高位のレベルに対して，より少ないサブシステムの情報を送ることを可能にする．

この分解は擬似変数 (pseudovariables) と呼ばれる新しい変数を導入することによって行われる．こうしておのおののサブシステムは，異なる最適化手法を応用し，サブシステムの目的関数や制約式と同様に，サブシステムモデルそのものの特性に基づき，分離的かつ独立的に最適化される．これを「第1レベルの解 (a first level solution)」と呼ぶ．サブシステムは結合変数 (coupling variables) で結ばれる．この結合変数はシステム全体の最適解に達するために第2あるいはより高次レベルで巧みに扱われる．これを「第2あるいは高次レベルの解 (the second or higher level solution)」と呼ぶ．サブシステムの独立性を保持する1つの方法は以下のようになされる．すなわち，第1レベルのサブシステムの最適性の条件の1つあるいはそれ以上を緩め，第2レベルでこれらの条件を満足させればよい．

分解と階層的最適化の特質を示せば以下のようになる．
① 複雑なシステムの概念的単純化 (Conceptual implification of complex systems)
② 次元の削減 (Reduction in dimensionality)
③ プログラミングと計算手順の単純化 (Simple programming and computational procedures)
④ より現実的なシステムモデルの作成 (More realistic system models)
⑤ サブシステム間の相互作用の許容 (Interactions among subsystems are permissible)
⑥ 静的・動的システムへの応用性 (Applicability to both static and dynamic systems)
⑦ サブシステムの解に対して異なる最適化手法が可能 (Different optimization techniques to subsystems' solution)
⑧ 既往のモデルが使用可能 (Use of existing models)
⑨ 変数の経済学的解釈が可能 (Economic interpretation of the variables)
⑩ 多目的分析に応用可能 (Applicable to multi-objective analysis)

1） 一般階層構造 (General Hierarchical Structure)[28]

階層システムあるいは構造は階層様式でアレンジされたサブシステムの集合である．おのおののサブシステムは，全体システムのある特定化された側面に関心をもち，階層システムで特定されたレベルを占める．ある与えられたレベルのサブシステムの操作は直接的かつ明白に上位レベルのサブシステムの影響を受ける．上位レベルのサブシステムの影響は下位レベルのサブシステムの制約となり，上位サブシステムの行動と目標における重要度の優先性を反映する．ここで注意すべきことは，より高次レベルの実行性は下位レベルのサブシステムの行動と成果に依存しているということである．これはシステム計画論における目的の関連構造そのものでもあることに注意してほしい．以下では，大規模複雑システムで取り扱われる3種類の階層構造を説明する．

2) 多ストレータ階層（Multistrata Hierarchy）（図 10.4.1）

これは大規模複雑システムのモデリングにおけるジレンマを解決するために考案された．コンフリクトはモデリングにおける単純化*と大規模複雑システムの多数の行動的側面を説明するモデルの能力との間で生じる．記述的なこの種の階層のレベルはストレータ（strata）と呼ばれる．より下位のストレータでは（より上位より）システムのより詳細で専門的な記述を行う．おのおののストレータ（stratum）はそれぞれのコンセプトと原理を有し，システムの異なる側面で機能する．

3) 多レイヤー階層（Multilayer Hierarchy）（図 10.4.2）

この階層システムは複雑な意思決定状況で現れる．ほとんどすべての現実生活における意思決定状況で，些細なことではあるが重要な状態がある．それは「遅れとそれによる決定の怠慢を避けるべきか」と「状況をより理解するための時間をとるべきか」というようなものである．レイヤーは，本質的には，意思決定の複雑性のレベルである．より下位のパラメータはより高次の問題の解によって固定され，すべてのサブ問題が解かれたときオリジナル問題の解が得られる．このような方法における複雑な意思決定階層は，以下の3つの基本相との関連で現れる．

① 操作的な目的と制約の決定
② 情報の収集と不確実性の低減
③ 行動の好ましいコースの選択

4) 多エシェロン階層（Multiechelon Hierarchy）（図 10.4.3）

これは明らかに多数の相互関係をもつサブシステムより構成されるとわかる大規模複雑システムで現れる．大規模複雑システムを構成する種々のサブシステム間の相互関係を扱う．おのおののサブシステムはそれぞれある目的関数の最適化あるいは望ましいレベルを満足させる目的追求システムである．

1つのエシェロンにあるサブシステム間のコンフリクトは，より高次のエシェロンサブシステムが解決する．コンフリクトの解決である統合（coordination）は干渉（intervention）により遂行される．これはより上位のエシェロンサブシステムで自由に操作されるサブシステムの目的関数のある変数を含ませることにより可能である．干渉としては以下のようなものが考えられる．

① 目的への干渉（goal intervention）；目的に関連する要素に影響する
② 情報への干渉（information intervention）；成果の期待に影響する
③ 制約への干渉（constraint intervention）；役に立つ代替行動に影響する

「すべてのサブシステムが，指示された制約内で自身の目的に沿って働くとき，システムの全体の目標（goals）が達成される．」という仮定は特に重要である．

---

*理解のための必要条件で，結果として求めた解を戦略的場面では応用しやすい．

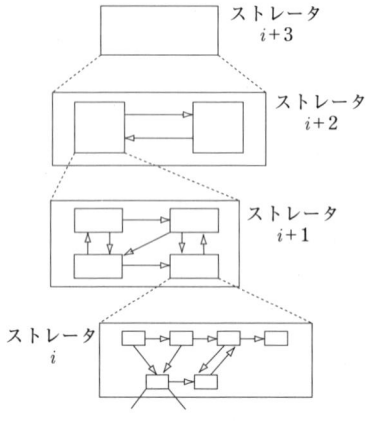

図 10.4.1　多ストレータ階層

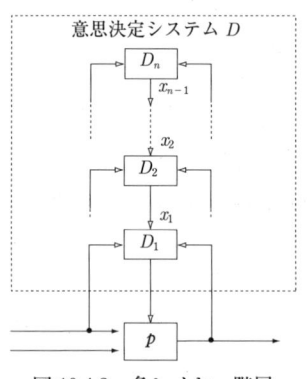

図 10.4.2　多レイヤー階層

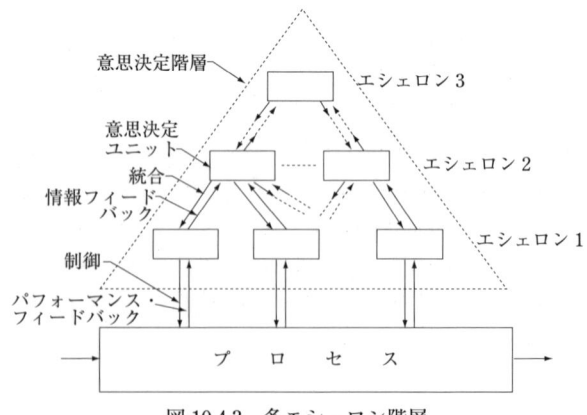

図 10.4.3　多エシェロン階層

【要約】
① 高次のサブシステムはシステム全体の大きいあるいは広い側面に関心をもつ
② 高次のサブシステムはより長い計画期間(に関心)をもつ
③ 高次のサブシステムはより下位のサブシステムに対して行動の優先をもつ

(2) **分解原理 (Decomposition Principle)**[28)~30)]

1) **分解原理の概念**

次の一番簡単な線形計画問題を考えよう．

制約条件式；
$$\left.\begin{array}{l} B_1 x_1 \quad\quad\quad\quad = b_1 \\ \quad\quad B_2 x_2 \quad\quad = b_2 \\ \quad\quad\quad \cdots \\ \quad\quad\quad\quad B_n x_n = b_n \\ A_1 x_1 + \cdots + A_n x_n = b \end{array}\right\} \tag{10.4.1}$$

目的関数； $z = cx = c_1 x_1 + c_2 x_2 + \cdots + c_n x_n \to \min$ (10.4.2)

式 (10.4.1) の最後の制約式はシステム全体を束縛するもので，それ以外は独立な制約式となっている．$x_1, x_2, \cdots, x_n$ の次元を $n_1, n_2, \cdots, n_n$，$b_1, b_2, \cdots, b_n$ の次元を $m_1, m_2, \cdots, m_n$，b の次元を m とする．

いま，式 (10.4.1) の $B_j x_j = b_j$ で定められる凸多面体の端点を $x_{j_1}, x_{j_2}, \cdots, x_{j_{k_j}}$ とすれば，$B_j x_j = b_j$ を満足する任意の x_j は次のように表される．

$$x_j = s_{j_1} x_{j_1} + s_{j_2} x_{j_2} + \cdots + s_{j_{k_j}} x_{j_{k_j}} \tag{10.4.3}$$

where $\quad s_{j_1} + s_{j_2} + \cdots + s_{j_{k_j}} = 1, \quad s_{jk} \geq 0 \quad (k = 1, 2, \cdots, k_j)$ (10.4.4)

いま，端点 $x_{jk}(k = 1, 2, \cdots, k_j)$ に対する $A_j x_j, c_j x_j$ の値を次式で表しておこう．

$$p_{jk} = A_j x_{jk}, \quad c_{jk} = c_j x_{jk} \tag{10.4.5}$$

すると，問題は s_{jk} を変数とする次の線形計画問題に帰着する．

$$\sum_{k=1}^{k_j} s_{jk} = 1, \quad \sum_{j,k} p_{jk} s_{jk} = b \quad (j = 1, 2, \cdots, n) \tag{10.4.6}$$

$$z = \sum_{j,k} s_{jk} c_{jk} \to \min \tag{10.4.7}$$

式 (10.4.6) の $(n+m)$ 個の制約条件式の両辺に未定シンプレックス乗数 $\pi_{01}, \pi_{02}, \cdots, \pi_{0n}, \pi_1, \cdots, \pi_m$ を乗じ式 (10.4.7) の両辺から減ずると，次式を得る．

$$z - (\pi_{01} + \pi_{02} + \cdots + \pi_{0n}) - (\pi_1, \pi_2, \cdots, \pi_m) b$$

$$= \sum_{j,k} s_{jk} c_{jk} - \sum_{j,k} \pi_{0j} s_{jk} k \sum_{j,k} (\pi_1, \pi_2, \cdots, \pi_m) p_{jk} s_{jk}$$

$$= \sum_{j,k} s_{jk} (c_{jk} - \pi_{0j} - (\pi_1, \pi_2, \cdots, \pi_m) p_{jk}) \tag{10.4.8}$$

この式の最後の行は全部で $(k_1+k_2+\cdots+k_n)$ 個あり,いま $(n+m)$ 個の未定シンプレックス乗数 $\pi_{01}, \pi_{02}, \cdots, \pi_{0n}, \pi_1, \pi_2, \cdots, \pi_m$ を適当に選んで $(k_1+k_2+\cdots+k_n)$ 個の $c_{jk}-\pi_{0j}-(\pi_1, \pi_2, \cdots, \pi_m) p_{jk}$ のうちちょうど $(n+m)$ 個を 0 にし*,残りの $((k_1+k_2+\cdots+k_n)-(n+m))$ 個を非負に選ぶことができれば(最適性の条件), $s_{jk} \geq 0$ であるから, s_{jk} のいかんにかかわらず式 (10.4.8) の右辺は非負であるので次式が成立する.

$$z \geq (\pi_{01}+\pi_{02}+\cdots+\pi_{0n}) + (\pi_1, \pi_2, \cdots, \pi_m) b$$

等号が成立するのは,$((k_1+k_2+\cdots+k_n)-(n+m))$ 個の非負の $c_{jk}-\pi_{0j}-(\pi_1, \pi_2, \cdots, \pi_m) p_{jk}$ に対する s_{jk} を 0 とおき,

$$c_{jk} - \pi_{0j} - (\pi_1, \pi_2, \cdots, \pi_m) p_{jk} = 0 \tag{10.4.9}$$

となる j, k に対する s_{jk} を

$$\sum_{k=1}^{k_j} s_{jk} = 1 \quad (j=1, 2, \cdots, n) \tag{10.4.10}$$

になるように選んだときである.この場合,最適解は次式のようになる.

$$z_{\min} = (\pi_{01}+\pi_{02}+\cdots+\pi_{0n}) + (\pi_1, \pi_2, \cdots, \pi_m) b \tag{10.4.11}$$

式 (10.4.9) をすべての j について成り立たせるためには,式 (10.4.9) を満足する $(n+m)$ 個の中には少なくとも必ず 1 つずつの $j=1, 2, \cdots, n$ を含んでいなければならない.

2) アルゴリズム

まず試みに任意の $(n+m)$ 個の x_{jk}(少なくとも必ず 1 つずつの $j=1, 2, \cdots, n$ を含んでいなければならない)を選び,これをもとにして式 (10.4.9) を満たす $(n+m)$ 個の方程式を $\pi_{01}, \pi_{02}, \cdots, \pi_{0n}, \pi_1, \pi_2, \cdots, \pi_m$ について解き,これらの解をもとに $j=1, 2, \cdots, n$ について δ_j を最大にする次の線形計画問題を解く.

$$\delta_j = \min_{B_j x_j = b_j} b_j (c_j x_j - \pi_{0j} - [\pi_1, \pi_2, \cdots, \pi_m] A_j x_j) \tag{10.4.12}$$

この式は,式 (10.4.9) を解いて求めたシンプレックス乗数 $\pi_{01}, \pi_{02}, \cdots, \pi_{0n}, \pi_1, \pi_2, \cdots, \pi_m$ がすべての j, k について,$c_{jk}-\pi_{0j}-(\pi_1, \pi_2, \cdots, \pi_m) p_{jk}$ を非負にするか否かを示すも

---

*この $(n+m)$ 個のうちには $j=1, 2, \cdots, n$ のおのおのが少なくとも 1 つずつ含まれていなければならない.これは式 (10.4.6) のはじめの式が $j=1, 2, \cdots, n$ について成り立たねばならないからである.

ので,すべての j について

$$\delta_j \geqq 0 \quad (j=1, 2, \cdots, n) \tag{10.4.13}$$

なら,上に選んだシンプレックス乗数の値の組が最適性の条件を満たしていることになる.

最適性の条件を満たしていないときは,式 (10.4.9) の j, k に対応する s_{jk} 以外のものを非負に選んだほうがよい.このためには例えば式 (10.4.13) の最小値を与える端点 x_{jk} あるいはこれに対応する c_{jk}, p_{ik} を非負に選べば,そうでない場合に比べ式 (10.4.8) の最終行を一般に小さくすることができる.s_{jk} をこのように選ぶためには s_{jk} の制約式 (10.4.6) を満たす範囲内で式 (10.4.8) が最小になるように選べばよい.ただし,式 (10.4.6) の $\sum_{k}$, $\sum_{j,k}$ はそれまで現れたすべての x_{jk} (はじめに選んだ $(n+m)$ 個の x_{jk} にその後式 (10.4.12) から得られた x_{jk} を加えたもの) についての和をとるものとする.結局,式 (10.4.6) の制約条件のもとで次式を最小にすることにほかならない.

$$z = \sum_{j,k} s_{jk} c_{jk} \tag{10.4.14}$$

この s_{jk} についての線形計画は式 (10.4.6) の制約条件式が $(n+m)$ 個なので,$(n+m)$ 個の s_{jk} が非負になるのみであるから,この非負の $(n+m)$ 個の s_{jk} に対応する x_{jk} あるいは c_{jk} をもとにして新しく $(n+m)$ 個の方程式 (10.4.9) を $\pi_{01}, \pi_{02}, \cdots, \pi_{0n}, \pi_1, \pi_2, \cdots, \pi_m$ について解き,再び前に述べたと同様のことを繰り返し,すべての j について式 (10.4.12) の δ_j が非負になるまで繰り返せばよい.

この操作が有限回で終わることは,$B_j x_j = b_j$ の端点 x_{jk} の数が有限なことから保証される.また,おのおのの繰り返しごとに式 (10.4.6) と (10.4.14) の線形計画の目的関数の最小値が単調に小さくなっていくことからも明らかである.以上の操作は,

① 式 (10.4.9) の $(n+m)$ 元線形方程式を解くこと,
② 式 (10.4.12) の線形計画を解くこと,
③ 式 (10.4.6),(10.4.14) の線形計画を解くこと

に帰着する.

分解原理は当初,大規模問題を効率的に解くアルゴリズムとして評価されてきたが,計画論的にはそれではすまない重要な分析手法でもあることに気がつく人は少ない.例えば,日本では地方分権論が盛んであるが,その制度設計に関して分析的な考察が十分ではない.分解原理のアルゴリズムは対話型の意思決定プロセスでもある.このことを実証するために事例を示そう.この事例は水質保全を目的とした限定的なものではあるが,一般システム論的に考えれば制度設計のための本質的なヒントを含んでいることに気づくことができよう.このため,階層システムにおけるスラック変数の意味や部分と全体の関係をも考えてみよう.

10.4.2　河川水質保全のための中央政府と地方政府の対話型分権制度設計[31),32)]

多くの国の行政は中央政府と地方政府によって行われている．そして，その構造は複雑な階層システムを構成し，上位の政府が下位の政府に対しなんらかの形で介入する．日本の場合，国から地方公共団体に支出される地方譲与税・地方交付税・国庫支出金があり，これらによって地方に介入している．このうち，国庫支出金は使途を特定して交付されている．本来，この特定補助金は公共サービスの消費量を増加させるという資源配分の調整を目的としている．公共サービスの消費量を増加させる必要がある根拠は大きく2つある．

① 経済的根拠；公共サービスの利益が拡散して他の地方公共団体にも及ぶ（スピル・オーバー効果）場合．
② 政治的根拠；価値財としての性格をもつ公共サービスの場合．

しかしながら，この使途の厳しい（縦割り行政の一律的な基準に基づく硬直化した）特定化が制度疲労を起こしている．国庫支出金は条件付き補助金とも称されているので，以下では単に補助金と呼ぶことにしよう．

ここでは，かつての日本ならびに高度成長中の中国をはじめとするアジアの近隣諸国をイメージし，河川や湖沼それに沿岸海域の水質汚染防止に有効な下水道整備における補助金配分の制度設計を考えよう．

ここで提案する補助金配分は各地方公共団体の独自性を考慮しつつ，いくつかの地方公共団体からなる地域の水質保全に最大の効果をもたらすことを目的としている．そして，補助率はすべての地方公共団体の補助金要請額を考慮に入れて，一律ではなく地方公共団体別に決められる．この補助金配分の決定プロセスは国と地方公共団体から構成される2レベル・システムでの意思決定プロセスとなっている．

(1) 補助金配分モデル

公共用水域（河川・湖沼・湾・沿岸海域など）の水質保全のための下水道計画を考える．対象となる各都市はその成熟度に対応して，独自に人口に関する下水道普及率の目標を有しているものとする．また，国から各都市への下水道事業補助財源（M）は決まっているものとする．従来は各都市の事業費に一律に補助率を決め必ずしも水質保全の効果的な補助金配分になっていなかったという反省のもとに，今回は水質保全に最も効果のある補助率を決定するために，国と各都市との対話型で，補助率を決定する制度設計を行うことになった．こうして，上記の制約のもと，公共水域の水質をできるかぎり美しくするために，国はいったいどのように M を配分し，かつ各都市は自らの土地利用計画の特性をどのように考慮した下水道計画を策定すべきか，さらに，この決定プロセスにおける国と各都市の対話型情報交換はいかにあるべきかということが問題となった．まず，この問題を線形計画法でモデル化しよう．

10 水資源コンフリクト論

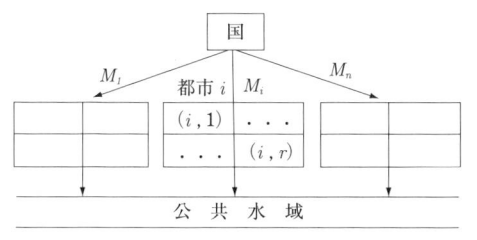

図 10.4.4　2 レベル・システムモデルの概念図

表 10.4.1　データセット

i	1					2					3					単位
j	1	2	3	4	計	1	2	3	4	計	1	2	3	4	計	
S_{ij}	100	20	1000	500	1620	667	20	200	250	1137	1333	80	200	1000	2613	ha
P_i					80					120					250	万人
f_{ij}	0.8	0.9	0.95	1.0		同左					同左					
l_{ij}	1.0	0.02	0.03	0.07		〃					〃					t/ha・日
q_{ij}	40	120	90	150		〃					〃					m³/ha・日
I_i					10					20					40	億円
γ_i					0.6					0.8					0.7	
ε_{ij}	150	250	50	20		同左					同左					人/ha

注) $e = 5 \times 10^{-6}$ (t/m³)　　$M = 40$ (億円)　　$a_i = 0.04$ (億円/ha)

$j = 1$：住居地区，$j = 2$：商業地区，$j = 3$：準工業地区，$j = 4$：工業地区

S_{ij}：都市 i の用途 j の面積，P_i：都市 i の人口，f_{ij}：流達率，l_{ij}：汚濁負荷量，q_{ij}：排水量，I_i：下水道投資上限値，γ_i：計画目標普及率，ε_{ij}：人口密度，c：プラントの放流水質，a_i：下水道整備単価

上記のことより，制約条件は①補助額に関する制約，②下水道整備の制約，③普及率の制約であり，決定変数を x_{0i}（都市 i の下水道投資額に対する国の補助額の割合），x_{ij}（都市 i の用途地域 j の下水道整備率）とすれば，これらはそれぞれ次のようになる（記号については図 10.4.4，表 10.4.1 参照）．

$$\sum_{i=1}^{n} M_i = \sum_{i=1}^{n} I_i x_{i0} \leq M \tag{10.4.15}$$

$$\sum_{j=1}^{r} a_i S_{ij} x_{ij} \leq (1 + x_{i0}) I_i \quad (i = 1, 2, \cdots, n \quad j = 1, 2, \cdots, r) \tag{10.4.16}$$

$$\sum_{j=1}^{r} \varepsilon_{ij} S_{ij} x_{ij} \geq P_i \gamma_i \quad (i = 1, 2, \cdots, n \quad j = 1, 2, \cdots, r) \tag{10.4.17}$$

また，目的関数は都市群の総負荷削減量を最大にすればよいから次式となる．

$$L' = \sum_{i=1}^{n}\sum_{j=1}^{r}\{(1-f_{ij})l_{ij}s_{ij}(1-x_{ij})+(l_{ij}-eq_{ij})s_{ij}x_{ij}\} \to \max \tag{10.4.18}$$

この式の{ }内の第1項はいわゆるノンポイント流出負荷量の自然的な削減量で，第2項は下水処理場の人為的な削減負荷量である．ここで，$d_{ij}=(f_{ij}l_{ij}-eq_{ij})S_{ij}$，とおいて L' の定数項を省くと，目的関数は次式のように簡略化される．

$$L = \sum_{i=1}^{n}\sum_{j=1}^{r}d_{ij}x_{ij} \to \max \tag{10.4.19}$$

以上のモデルは線形計画法でただちに解ける．しかしながら，今後の公共水域の水質保全を目的とした補助金配分のあり方を国と地方の対話型意思決定プロセスとして制度設計を行うためには，少し遠回りをする必要がある．

(2) 2レベル・システム間の意思決定プロセス

一般的な議論を行うために，式 (10.4.15) 〜 (10.4.17) と (10.4.19) を標準的な式 (10.4.1) (10.4.2) の形式に直しておこう．このとき，次式 (以下 0 行の次元は r, t は転置，$i=1, 2, \cdots, n$ を示す) を得る．

$$A_i = [I_i, 0, 1, \cdots, 0], \quad b_0 = {}^t[M, 0, 1, \cdots, 0],$$
$$b_i = {}^t[I_i/a_i - P_i\gamma_i], \quad c_i = [0, d_{i1}, d_{i2}, \cdots, d_{ir}],$$
$$B_i = \begin{bmatrix} I_i/a_i & S_{i1} & \cdots & S_{ir} \\ 0 & -\varepsilon_{i1}S_{i1} & \cdots & -\varepsilon_{ir}S_{ir} \end{bmatrix},$$
$$x_i = {}^t[x_{i0} \quad x_{i1} \quad \cdots \quad x_{ir}]$$

さて，図 10.4.5 は国 (中央政府) と各都市 (地方政府) からなる2レベル・システムである．この図の R は公共水域，E は目的関数値を示す．この図のような2レベル・システムの意思決定プロセスは，以下のように分解原理によるアルゴリズムのプロセスで記述することができる．以下，その手順を示す．

手順1) はじめに，各 i について $B_ix_i \leq b_i$ を満たす $(1+n)$ 個の独立した初期端点を選ぶ[33]．都市 i は国に独自の下水道計画を伝える．この計画は x_{ik} と $c_{ik}=c_ix_{ik}$ によって表される．ここに，x_{ik} ($k=1, 2, \cdots, K_i$) は各 i について $B_ix_i \leq b_i$ を満たす実行可能解の k 番めの端点で，K_i は端点の数である．また，b_i は都市 i の目標下水道普及率と下水道整備予算の上限値を示している．

手順2) 国は削減負荷量 c_{ik} と要請補助金額 M_{ik} ($=A_ix_{ik}$; 都市 i からの要請額) を知 (得) る．なお，国は A_i の値を事前情報として知っているものと想定すれば，これらの情報をもとに国はこの地域全体への補助金総額を考慮し，次式によって統合変数 (シンプレックス乗数) $\pi, \pi_{01}, \pi_{02}, \cdots, \pi_{0n}$ を決定する．

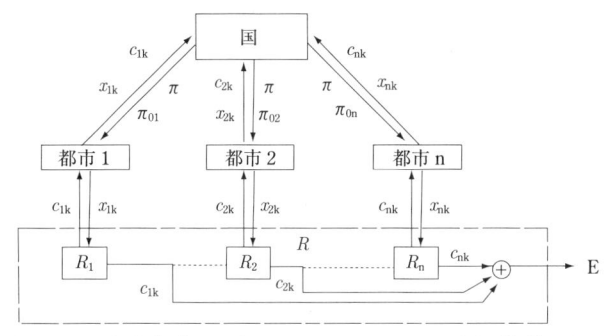

図10.4.5 国と都市からなる2レベル・システム間の情報の流れ

$$c_{ik} = \pi_{0i} + \pi M_{ik} \quad \text{for } \forall i \tag{10.4.20}$$

ただし，$\pi = \partial E/\partial M$, $\pi_{0i} = \partial E/\partial b_i$ (for $\forall i$) で，おのおのの単位はトン/日・円，トン/円である．こうして，国は統合変数 $\pi, \pi_{01}, \pi_{02}, \cdots, \pi_{0n}$ を各都市に伝える．

手順3) 各都市の目標削減負荷量がこれらの統合変数 $\pi, \pi_{01}, \pi_{02}, \cdots, \pi_{0n}$ により決定される．すなわち，$\pi_{0i} + \pi A_i x_i$ (for $\forall i$) である．$A_i x_i$ は都市 i への補助額であるから，国によって決定される目標削減負荷量 $\pi_{0i} + \pi A_i x_i$ は実際には補助額 $M_i = A_i x_i$ の関数である．各都市は目標下水道普及率を満足するように補助金を申請する．明らかに，都市の要請する補助金額が多くなればなるほど目標削減負荷量は多くなる．各都市は負荷量の多い用途地区の下水道整備を優先することが必要になるが，このような地区の人口密度が低い場合(都市部の中小商産業の集積地区)も少なくない．

こうして，各都市は多大の補助金要請と目標削減負荷量の増大というトレード・オフに直面することになる．かくして，各都市は次の最適基準 δ_i を最大にする線形計画問題を解くことになる．

$$\delta_i = \max(c_i x_i - \pi_{0i} - \pi A_i x_i) \quad \text{s.t. } B_i x_i \leq b_i \tag{10.4.21}$$

まず，各都市は $(k+1)$ 番めの代替計画案として，$x_{i,k+1}$ とそのときの削減負荷量 $c_{i,k+1} = c_i x_{i,k+1}$ を得る．次に，各都市は式 (10.4.21) の線形計画問題の結果の新代替計画案を国に伝える．

手順4) 式 (10.4.16), (10.4.17) は，$B_i x_i \leq b_i$ の実行可能集合が凸であるからどのような解 $x_i \geq 0$ も端点の凸結合で表される．国はすべての i について $\delta_i \leq 0$ を要求する．すなわち，削減負荷量 $c_{i,k+1}$ が目標値 $\pi_{0i} + \pi A_i x_i$ に等しいか，それよりも小さいという条件である．また，都市 i の新計画による削減負荷量は，手順2) で与えられた計画による削減負荷量より小さいという条件でもある．すべての i について $\delta_i \leq 0$ を満たせば，国は手順2) で得られた M_{ik} と x_{ik} を用いて σ_{ik} に関する次式を解くことになる．

$$\sum_i \sigma_{ik} = 1 \quad (\text{for } \forall i), \quad \sum_i \sum_k \sigma_{ik} M_{ik} = M, \quad \sigma_{ik} \geq 0 \quad (\text{for } \forall i, j) \qquad (10.4.22)$$

国の問題式 (10.4.22) は各都市の代替計画案に割り当てる適当なウエイトの集合をみつけることであり，このウエイトによって全体としての新代替計画案が作られる．すなわち，σ_{ik} によって国は都市 i の最適計画を次式のように決定する．

$$x_i^0 = \sum_k \sigma_{ik} x_{ik} \qquad (10.4.23)$$

手順 5) もし条件 $\delta_i \leq 0$ を満たさない都市があれば，国は以下の線形計画問題を σ_{ik} (for $\forall i, j$) に関して解く．

$$\left.\begin{array}{l} z = \displaystyle\sum_i \sum_k \sigma_{ik} c_{ik} \to \max \\[4pt] \displaystyle\sum_k \sigma_{ik} = 1, \quad \sum_i \sum_k \sigma_{ik} M_{ik} = M, \sigma_{ik} \geq 0 \end{array}\right\} \qquad (10.4.24)$$

ここで，$\sum \cdot$ はこのプロセスまでに各都市から送られてきた代替計画案のすべてを含んでいる．

意思決定プロセスは式 (10.4.24) から得られる σ_{ik} に対応する新しい計画 x_{ik} を使って手順 2) から手順 4) までが繰り返される．この式 (10.4.24) の問題は，地域全体としての総削減負荷量を最大にするように，国の補助金制約のもとで各都市の計画をうまく組み合わせる調整を行う問題である．

以上を要約すれば，次のように言える．2 レベル・システムの情報交換において，各都市は常に 2 つの情報，すなわち各都市独自の計画 x_{ik} とこの計画による削減負荷量 c_{ik} を国に伝えている．一方，国は各都市に常に 2 つの情報，統合変数（シンプレックス乗数）π と各 i の $\pi_{01}, \pi_{02}, \cdots, \pi_{0n}$ を伝えている．河川を最大限美しくしようとして，各都市は独自の計画を分権的に立てることができ，これに対して国は各都市の独自性を考慮しつつ各都市の計画を調整しながら限られた（資源である）補助金を配分している．

ここで提示した意思決定プロセスでは最近問題になっている，いわゆる「情報の非対称性」はない．情報の非対称性とは，例えば式 (10.4.24) を解かずに国が σ_{ik} を陳情や政治的暗躍の結果決定することであり，また式 (10.4.24) の 1 番めの制約条件を無視したり，各都市がでたらめな削減負荷量 c_{ik} を申告することなどによって生じる現象であろう．この意味で環境や防災のような広範囲に影響を与える問題に限って，狭い範囲の地方自治体にその責任を丸投げで押しつけることが，果たして納税者である住民の幸せにつながるかどうか疑問である．より良い制度設計とは何かを真面目に議論すべきであろう．

10.4.3 実流域への適用事例

すでに社会調査の結果として，この流域3都市のデータセットを表10.4.1に示した．以下これを用いて(2)の意思決定プロセスを解いてみよう．

ステップ1：初期実行可能計画

まず各都市の個別制約条件式(10.4.16)，(10.4.17)を満たす基底解（実行可能な端点）を各都市ごとに1つずつ求めたうえで，さらにこれらと独立な1つの端点を求めることから始まる（このような端点を機械的に求めるには，例えば2段階法のうちの1段階めを終了した時点以降の解を必要なだけ拾い出せばよい）．このような4つの端点から図10.4.6，図10.4.7のような2つの初期実行可能解が得られる．

これらの計画案はそれぞれ41.5（トン／日）の負荷量を削減するため，39.6，78.5（億円）の補助金を必要とする．補助金制約条件は $M=40$ （億円）であるから，手順5)の問題を解いて，これら2つの計画案を調整（ウエイト σ_{ik} によって1次結合する．ここに $i=1,2,\cdots,n, k \geq m+n$）する．

ステップ2：第1回調整案

初期実行可能計画の調整は，統合変数（シンプレックス乗数）を求めることから始まる．こうして，$(\pi \quad \pi_{01} \quad \pi_{02} \quad \pi_{03}) = (1.17 \quad -5.92 \quad -1.46 \quad 1.47)$ を得る．この結果，統合変数により各都市の目標削減負荷量が国から次のように指示される．

$$-5.92 + 11.7 x_{01}, \quad -1.46 + 23.32 x_{02}, \quad 1.47 + 46.64 x_{03}$$

明らかに，国から補助金 x_{0i} を受ければ受けるほど，都市 i の目標負荷削減量は増加する．こうして次の3つの部分的最適化問題（下位計画問題）を得る．

$$\delta_1 = \max_{B_1 x_1 = b_1} \left\{ [0.792 \quad 0.352 \quad 28.32 \quad 19.85] \begin{bmatrix} x_{11} \\ x_{12} \\ x_{13} \\ x_{14} \end{bmatrix} \right\} + 5.92 - 11.7 x_{10}$$

$$\delta_2 = \max_{B_2 x_2 = b_2} \left\{ [5.28 \quad 30.35 \quad 5.66 \quad 9.93] \begin{bmatrix} x_{21} \\ x_{22} \\ x_{23} \\ x_{24} \end{bmatrix} \right\} + 1.46 - 23.32 x_{20}$$

$$\delta_3 = \max_{B_3 x_3 = b_3} \left\{ [10.56 \quad 1.42 \quad 5.66 \quad 39.7] \begin{bmatrix} x_{31} \\ x_{32} \\ x_{33} \\ x_{34} \end{bmatrix} \right\} - 1.47 - 46.64 x_{30}$$

これらの線形計画問題を解くと，図10.4.8に示す第1回調整案を得る．しかしながらこの場合，最適性基準 δ_i はそれぞれ，3.1，0.7，2.9となり満たさない．したがって，

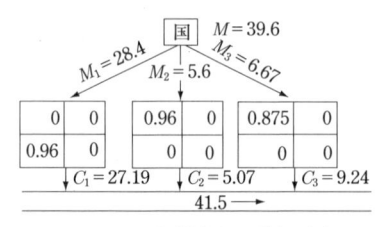

図 10.4.6　初期実行可能解 (1)

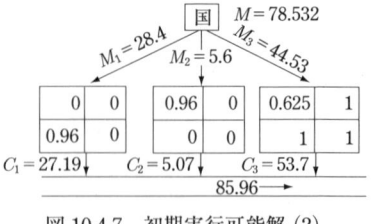

図 10.4.7　初期実行可能解 (2)

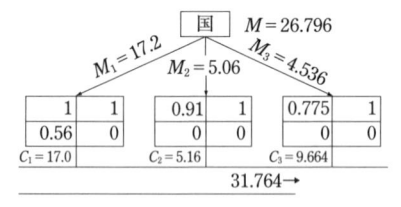

図 10.4.8　第 1 回調整案

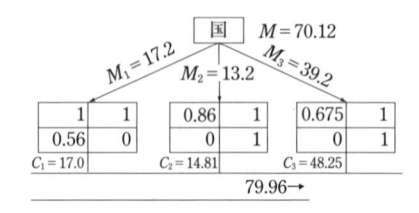

図 10.4.9　第 2 回調整案

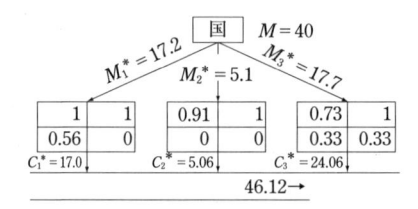

図 10.4.10　最終調整案 (最適解)

再調整が必要となり，式 (10.4.24) の線形計画問題を解けば以下のウエイトを得る．

$$(\sigma_{12}\ \ \sigma_{22}\ \ \sigma_{32}\ \ \sigma_{33}) = (1.00\ \ 1.00\ \ 0.08\ \ 0.92)$$

ステップ3：第 2 回調整案

国はいままで提出された各都市のすべての計画案を検討し，新たに各都市の目標削減負荷量を次のように指示する．

$$-1.96 + 11.0 x_{10},\ \ -0.42 + 21.9 x_{20},\ \ 4.60 + 44.1 x_{30}$$

今回の x_{10} の係数は，第 1 回調整案より小さくなっていることに注意しよう．こうして，ステップ 2 と同様に図 10.4.9 を得る．この場合最適性基準を満たしている．

ステップ4：最終調整案 (最適解)

第 2 回調整案が最適性基準 $\delta_i \leqq 0$ を満たしているので，いままでの計画案のすべてを調整し図 10.4.10 を得る．

こうして，国の補助財源の最適配分は都市 1 へ 17.2 億円，都市 2 に 5.1 億円，都市 3 に 17.7 億円となり，削減負荷量はそれぞれ 17，5.06，24.06 (トン / 日) である．

以上の結果からも明らかなように，従来も現在も国が行ってきた，一律的な地方への補助金制度は硬直的で，きわめて無駄の多い制度だと言わざるを得ないことがわかる．このような結果からも，日本と同じように中国の黄河マネジメントは，個々の地方組織がいくらベストを尽していても，全体としては効率がない．そして，公正という概念が世のため人のための計画目的にではなく事業を遂行する組織の生存あるいは成長のための計画手段に適用されているという本末転倒現象を行っているように思える．

10.5 調整者によるコンフリクトマネジメント―ガンジス川を例にして

10.5.1 第3者機関が介入するガンジス川のGMCRの均衡解

ここでは，10.2.1項の事例で述べたたガンジス川を取り上げて考えよう（図10.1.3参照）．インド・バングラデシュのガンジス川水利用に関するコンフリクトをモデル化する．まず，プレイヤーとプレイヤーの有する選択肢を表10.5.1のように設定する[34)35)]．なお，以下ではバングラデシュの選択肢「合意」は「ファラッカ堰の利用に合意する」を意味し，インドの選択肢「利用」は「ファラッカ堰を利用する」を意味し，「変更」は「ファラッカ堰の利用方針を変更する」を意味する．

次に表10.5.1に示される8個の事象をプレイヤーの選好に従って並べ，選好順序列を得る．この設定の前提条件は，現状から想定される選好と矛盾しないこと，また，分析を行った際に現状を意味する事象3が均衡解として得られることである．

最も好ましいものを一番左側に置くとし，バングラデシュの選好順序は現状をふまえ[9)23)]，|8, 6, 5, 1, 2, 7, 3, 4|と想定した．すなわち，バングラデシュは自国がファラッカ堰利用に合意し，かつインドが利用ルールを見直すことを望むが，それ以外の場合は自国に不利となるので嫌うものとした．

次にインドの選好順序を設定する．インドはファラッカ堰を利用することを最も重視しており，その次にバングラデシュが同意することを重視し，「変更」に関しては，インドはファラッカ堰の利用方針を見直さないほうを好ましいと思っているとした．以上を反映した選好順序は|4, 8, 3, 7, 2, 6, 1, 5|となる．

以上の設定のもと，GMCRにより事象3と8が均衡解として得られる．事象8は，インドはファラッカ堰を運用し，運用ルールを見直す，バングラデシュはファラッカ堰利用に合意するという状況を示す．バングラデシュとインドの選好順序からわかるように，事象8は現状を表す事象3よりも両国にとって望ましい状況である．では，なぜ両国にとって望ましい事象8が現実に実現しないのだろうか？　実現させるためにはどうすればよいのだろうか？　以下，この点に関して考察しよう．

事象3から事象8への推移に向けて，もし各プレイヤーがそれぞれ結果的に単独で移行することになってしまった場合，その結果到達する事象は初期事象3よりも両国に

表 10.5.1　プレイヤーと選択肢と事象

プレイヤー & 選択肢	事象							
バングラデシュ								
合意	N	Y	N	Y	N	Y	N	Y
インド								
利用	N	N	Y	Y	N	N	Y	Y
変更	N	N	N	N	Y	Y	Y	Y
ラベル	1	2	3	4	5	6	7	8

表 10.5.2　事象 3 からの推移

プレイヤー	選択肢	バングラデシュ		インド		両者	
バングラデシュ	合意	N → Y		N	N	N → Y	
インド	利用	Y	Y	Y	Y	Y	Y
	変更	N	N	N → Y		N → Y	
ラベル		3 → 4		3 → 7		3 → 8	
		単独悪化		単独悪化		共同改善	

とって望ましくないものとなる．このプロセスを表 10.5.2 に示す．

　表 10.5.2 左のバングラデシュの列で示されているように，もしバングラデシュのみが選択肢「合意」を実行しないから実行するに変更した場合，事象は 3 から 4 へ推移する．バングラデシュの選好順序から，この移行はバングラデシュにとって状況の悪化となることがわかる．同様に，中央のインドの列は，もしインドのみが選択肢「変更」を実行しないから実行するへ変更した場合，事象は 3 から 7 へ推移することを示しており，インドの選好順序から，この移行はインドにとって状況の悪化となることがわかる．事象 8 は事象 3 よりも好ましい状態であるが，インドとバングラデシュが共同で，それぞれの戦略を変更させなければ事象 8 は実現しない．この共同改善のプロセスは表 10.5.2 右の両者の列に示されている．現在長らく事象 3 が実現されていることから，両プレイヤーは相互信頼の欠如により事象 8 を実現できない状況にあると考えられる．このような場合には，これらプレイヤーのコミュニケーションと相互理解を確立するために，第 3 者機関の介入が有効となると考えられる．

　10.2.4 項では，第 3 者機関の役割として仲裁者，調整者，寄贈者の 3 つを定義した．インド・バングラデシュのコンフリクトはすでに長期にわたって繰り広げられているため，できるだけ短期に，かつ両者の歩み寄りによってコンフリクトが改善されることが望ましい．このような認識のもとで，ここでは短期的かつ強制力のない調整者に着目し

10 水資源コンフリクト論

表10.5.3 プレイヤーと選択肢と事象

プレイヤー	選択肢	事象															
バングラデシュ	合意	N	Y	N	Y	N	Y	N	Y	N	Y	N	Y	N	Y	N	Y
インド	利用	N	N	Y	Y	N	N	Y	Y	N	N	Y	Y	N	N	Y	Y
	変更	N	N	N	N	Y	Y	Y	Y	N	N	N	N	Y	Y	Y	Y
第3者機関	働きかけ	N	N	N	N	N	N	N	N	Y	Y	Y	Y	Y	Y	Y	Y
ラベル		1	2	3	4	5	6	7	8	9	10	11	12	13	14	15	16
現状分析におけるラベル		1	2	3	4	5	6	7	8	1	2	3	4	5	6	7	8

表10.5.4 バングラデシュの選好順序

プレイヤー	選択肢	事象															
バングラデシュ	合意	Y	Y	Y	Y	N	N	N	N	Y	N	N	N	Y	N	N	Y
インド	利用	Y	Y	N	N	N	N	N	N	N	Y	Y	Y	Y	Y	Y	Y
	変更	Y	Y	Y	Y	Y	Y	N	N	N	N	N	N	N	N	N	N
第3者機関	働きかけ	Y	N	Y	N	Y	N	Y	N	Y	Y	N	Y	N	Y	Y	N
ラベル		16	8	14	6	13	5	1	9	2	10	15	7	3	11	4	12
現状分析におけるラベル		8	8	6	6	5	5	1	1	2	2	7	7	3	3	4	4

表10.5.5 インドの選好順序

プレイヤー	選択肢	事象															
バングラデシュ	合意	Y	Y	Y	Y	N	N	N	Y	Y	Y	Y	N	N	N	N	N
インド	利用	Y	Y	Y	Y	Y	Y	Y	Y	Y	N	N	N	N	N	N	N
	変更	N	Y	N	Y	N	Y	N	Y	N	N	Y	N	N	Y	Y	Y
第3者機関	働きかけ	Y	Y	N	N	Y	Y	N	N	Y	Y	N	Y	N	Y	Y	N
ラベル		12	16	4	8	11	15	3	7	10	14	2	6	9	13	1	5
現状分析におけるラベル		4	8	4	8	3	7	3	7	2	6	2	6	1	5	1	5

た分析を示す[35]．

コンフリクトの設定と，バングラデシュとインドの選好順序の設定は現状に関する分析と同様である．また，調整者はコンフリクトの調整過程において公平かつ公正に振る舞うべきであると考え，この特徴をモデル上で表現するために調整者はすべての事象に対して同選好であるとする．

調整者が介入した際のファラッカ堰問題の設定を表10.5.3に示す．第3者機関は，「バングラデシュとインドが相互合意に到達することを促進させるための行動を起こす」と

いう選択肢「働きかけ」を有しているものとする．「働きかけ」としては直接的な対策として資金援助，水利用に関するインフラ整備などが挙げられ，間接的な対策としては教育システムの提供，飲料水ヒ素汚染に悩む両国への技術援助などが考えられる．

表 10.5.3 において事象に 1 から 16 までの番号をラベルとして与え，また，現状分析におけるラベルと等価なラベルを表の最下部に示す．第 3 者機関が介入した場合のコンフリクトにおける初期状態は事象 3 で表される．

まず，バングラデシュの選好を設定する．バングラデシュは第 3 者機関が行動を起こすほうを起こさないほうよりも好ましく思っており，それ以外の選択肢に対する選好は現状と同様であると想定する．このとき，バングラデシュの選好順序は表 10.5.4 に示すように設定される．

次にインドの選好順序を設定する．インドは第 3 者機関が行動を起こすほうを起こさないほうよりも好ましいと思っており，それ以外の選択肢に対する選好は現状と同様であると想定する．ただし，インドが重視する戦略の順序は，まず第 1 番目にファラッカ堰を運用すること，第 2 番目にバングラデシュが同意すること，第 3 番目に第 3 者機関が行動を起こすこと，最後にインドが見直しをしないこととする．このとき，インドの選好順序は表 10.5.5 のように設定される．

以上の設定のもと，GMCR により事象 3, 8, 11, 16 が均衡解として得られる．これらの均衡解のうち，事象 16 がインドとバングラデシュにとって最も望ましいコンフリクトの解決状態である．事象 16 を実現するためのプロセスを表 10.5.6 と図 10.5.1 を援用して説明しよう．

表 10.5.6 上段右の列（図 10.5.1 の右図点線矢印）では，もしバングラデシュと第 3 者機関が事象 3 から同時に移行すれば事象 12 に到達し，これはバングラデシュにとって状況の悪化になることを示している．一方，表 10.5.6 下段左の列（図 10.5.1 の右図実線矢印）に示されるように，インドと第 3 者機関が事象 3 から同時に移行すれば事象 15 に到達し，これはインドにとって状況の改善となる．

すなわち，インドはバングラデシュとの共同移行なくして状況の改善である事象 15 を実現することができる．第 3 者機関がインドと共同移行することをインドに信頼させることができるとすれば，この信頼のもとに，バングラデシュとともにインドと第 3 者機関が事象 3 から移行するということに対する信頼を，第 3 者機関はバングラデシュに与えることができる．こうして第 3 者機関を介し，バングラデシュとインドは間接的に相互信頼を形成することとなり，これが事象 3 から事象 16 への移行の動機となって，バングラデシュ・インド・第 3 者機関の共同移行により事象 16 が実現することとなる．

もし第 3 者機関が行動を起こさず，バングラデシュとインドが両国のみで共同移行した場合，表 10.5.6 下段中央の列（図 10.5.1 の左図二重線矢印）に示されるように，事象 3 から事象 8 へ推移し，これは両国にとって状況の改善となる．しかしながら，表 10.5.5 より，インドは事象 8 よりも好ましい事象 4 へ移行することが可能であることがわかる．

10 水資源コンフリクト論

表 10.5.6 事象 3 からの推移

プレイヤー	選択肢	バングラデシュ	インド	バングラデシュ & 第 3 者機関
バングラデシュ	合意	N → Y	N　N	N → Y
インド	利用	Y　Y	Y　Y	Y　Y
インド	変更	N　N	N → Y	N　N
第 3 者機関	働きかけ	N　N	N　N	N → Y
ラベル		3 → 4	3 → 7	3 → 12
		単独悪化	単独悪化	共同悪化
プレイヤー	選択肢	インド & 第 3 者機関	バングラデシュ & インド	全員
バングラデシュ	合意	N　N	N → Y	N → Y
インド	利用	Y　Y	Y　Y	Y　Y
インド	変更	N → Y	N → Y	N → Y
第 3 者機関	働きかけ	N → Y	N　N	N → Y
ラベル		3 → 15	3 → 8	3 → 16
		共同改善	共同改善	共同改善

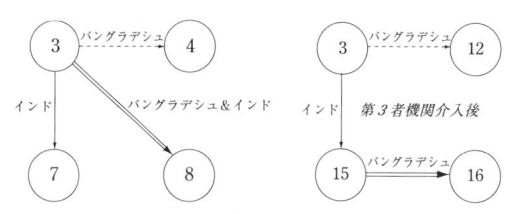

図 10.5.1 事象 3 からの推移

こうして，事象は 3 から 8 へ，その後 4 へと推移することとなる．表 10.5.4 より，事象 4 はバングラデシュにとって事象 3 よりも好ましくないため，このような推移は両国にとってコンフリクト状況の改善とはならないといえる．

以上より，調整者としての第 3 者機関の介入がプレイヤー間の相互信頼を間接的にもたらすことができ，これにより現状のコンフリクト構造では相互信頼の欠如から実現困難であったコンフリクト改善状態が達成される可能性があることが示されたといえる．

これまでのモデル化では，インドとバングラデシュはガンジス川の水利用コンフリクトにおいて同等な力を有しているとして扱ってきた．しかしながら，現実をふまえれば，バングラデシュは経済的にインドよりも貧しく，軍事力で劣る．また，ガンジス川の下流に位置していることから地政的にも不利であるため，このような扱い方は現実的では

ない．

10.5.2　スタッケルベルグ均衡解

GMCRにおけるスタッケルベルグ均衡解はプレイヤーの戦略選択の手番を考えることで，プレイヤー間の力関係を表現する．ここでは，スタッケルベルグ均衡解の概念を用いてバングラデシュとインドのコンフリクトを眺めてみることにしよう．

インド・バングラデシュのコンフリクトにおいて上位者はインドであると考えられる．このような条件でスタッケルベルグ均衡解を考慮すると，第3者機関が介入しない場合のコンフリクトでは事象3，8ともに均衡解として得られる．ここで，もしバングラデシュが上位者で，インドを下位者と想定した場合，事象8は均衡解とはなりえず，事象3のみが均衡解として得られることになる．

GMCRにおけるスタッケルベルグ均衡解は，上位者が下位者の手番を推測して下位者より先の手番で戦略を選択する．これはすなわち，上位者は下位者よりも先見的な情報を有しており，また，近視眼的なプレイヤーではないという想定のもとでの均衡概念であるといえる．ここで近視眼的 (myopic) とは，先の手番を考えられないことを意味する．無限に続く手番が考えられる場合は非近視眼的 (nonmyopic) といい，GMCRにおいては均衡概念の1つとして定義されている[1]．したがって，バングラデシュが上位者で，多くの情報を得，近視眼的でなかったとしても，現状を変えることはできないということである．すなわち，インド・バングラデシュのコンフリクト状態の改善はインドが鍵を握っており，この点でインドは紛れもなくコンフリクトの上位者であるといえる．ただし，インドが十分な情報をもたず，あるいは情報を得ようとせず，また，近視眼的であった場合にはコンフリクト改善状態である事象8は永遠に実現しないともいえる．

インド・バングラデシュのコンフリクトのモデル化で用いている第3者機関の調整者やスタッケルベルグ均衡解は，得られる均衡解がチキンゲームのように協力解と非協力解の関係にあるとき，非協力解を淘汰し，協力解が選択される助けとなる．ただし，調整者はプレイヤーの選好順序を変化させるに足る魅力的な選択肢を提供できなければ，この役割を果たすことはできない．また，スタッケルベルグ均衡解においては，たとえ内生的に協力解へ向かうような力関係が存在したとしても，上位者が近視眼的であればコンフリクトは改善しえないといえる．

10.5.3　進化ゲーム理論による均衡解

次に，以上のGMCRを適用したインド・バングラデシュのガンジス川におけるファラッカ堰運用に関するコンフリクトを，進化ゲームの理論を用いて分析してみよう．本質的なコンフリクトの争点をより明確にするために，これまでのコンフリクトを次の仮定のもとにより簡略化する．「インドがファラッカ堰を利用しないことはない．」という仮定をおくことにより，インド・バングラデシュのコンフリクトは表10.5.7のようにモ

表 10.5.7 プレイヤーと選択肢と事象

プレイヤー&選択肢	事象			
バングラデシュ				
合意	N	Y	N	Y
インド				
利用	Y	Y	Y	Y
変更	N	N	Y	Y
ラベル	1	2	3	4

表 10.5.8 利得行列の設定

バングラデシュ \ インド		y_1 利用する 変更しない	y_2 利用する 変更する
x_1	合意しない	1	3
x_2	合意する	2	4

デル化できる．なお，表 10.5.7 の事象 1 が現状を表している．

バングラデシュの選好順序は GMCR による分析を参照して，{4, 3, 1, 2} と設定する．また，インドの選好順序も同様に {2, 4, 1, 3} と設定する．

次に，プレイヤーの選好順位の順位を利得として用い，利得行列を設定する[36]．すなわち，バングラデシュを行プレイヤー，インドを列プレイヤーとしたとき，行列の要素は各プレイヤーの戦略の組み合わせ，つまり事象を意味することとなる．そこで，選好順序における好ましさの順位を対応する事象の要素に書き入れたものを利得行列として用いるのである．利得行列と事象の対応関係を表 10.5.8 に示す．

このとき，バングラデシュの利得行列 A，インドの利得行列 B はそれぞれ式 (10.5.1)，(10.5.2) のように設定できる．例えば，表 10.5.8 の行列における要素 (1, 2) の部分は「バングラデシュは合意せず，インドは利用し，変更する」を意味し，これは事象 3 にあたる．選好の低いものから順に 1, 2, … と利得を与えるとすれば，バングラデシュは 2 番目に事象 3 を好ましく思っているから，利得 3 を事象 3 に与える．この利得を事象 3 と対応するバングラデシュの利得行列の要素 (1, 2) に書き込む．インドは事象 3 を最も好ましく思っていないから，利得 1 を事象 3 に与える．この利得を事象 3 と対応するインドの利得行列の要素 (1, 2) に書き込む．こうして，バングラデシュとインドの利得行列が次の式 (10.5.1)，(10.5.2) のように得られる．

$$A = \begin{pmatrix} 2 & 3 \\ 1 & 4 \end{pmatrix} \quad (10.5.1)$$

$$B = \begin{pmatrix} 2 & 1 \\ 4 & 3 \end{pmatrix} \tag{10.5.2}$$

複数集団におけるレプリケーターダイナミクスは次式のように定式化される[1]．

$$\frac{dx_{ih}}{dt} = [u_i(e_i^h, x_{-i}) - u_i(x)]x_{ih}, \quad x_{ih} \in [0, 1] \tag{10.5.3}$$

なお，$-i$ はプレイヤー i 以外のプレイヤーを表すこととする．ただし，e_i^h とは，プレイヤー i の純粋戦略 $h \in S_i$ に確率1を割り当てた混合戦略を意味する．この式 (10.5.3) は標準 n 集団レプリケーターダイナミクス (standard n-population replicator dynamics) と呼ばれる．

式 (10.5.3) に表される複数集団におけるレプリケーターダイナミクスに式 (10.5.1)，(10.5.2) を適用する．なお，式 (10.5.3) は2集団の場合，表10.5.8 に対応してプレイヤー1の戦略選択確率を $\mathbf{x} = (x_1, x_2)$，プレイヤー2の戦略選択確率を $\mathbf{y} = (y_1, y_2)$ とすれば，次式のように書ける．

$$\frac{dx_h}{dt} = [u_1(\mathbf{e}_1^h, \mathbf{y}) - u_1(\mathbf{x})]x_h \tag{10.5.4}$$
$$= [\mathbf{e}_1^h \cdot \mathbf{Ay} - \mathbf{x} \cdot \mathbf{Ay}]x_h$$

$$\frac{dy_k}{dt} = [u_2(\mathbf{e}_2^k, \mathbf{x}) - u_2(\mathbf{x})]y_k \tag{10.5.5}$$
$$= [\mathbf{e}_2^k \cdot \mathbf{B}^\mathsf{T}\mathbf{x} - \mathbf{y} \cdot \mathbf{B}^\mathsf{T}\mathbf{x}]y_k$$

式 (10.5.3) に式 (10.5.4)，(10.5.5) を適用し展開すれば，次式を得る．

$$\frac{dx_1}{dt} = x_1 \Big[3(1-y_1) + 2y_1 - (1-x_1)\{4(1-y_1) + y_1\} - x_1\{3(1-y_1) + 2y_1\} \Big] \tag{10.5.6}$$

$$\frac{dx_2}{dt} = 1 - x_1 \tag{10.5.7}$$

$$\frac{dy_1}{dt} = y_1 \Big([4(1-x_1) + 2x_1 - \{3(1-x_1) + x_1\}(1-y_1) - \{4(1-x_1) + 2x_1\}y_1 \Big] \tag{10.5.8}$$

$$\frac{dy_2}{dt} = 1 - y_1 \tag{10.5.9}$$

式 (10.5.6)，(10.5.8) から (x_1, y_1) 空間のベクトル場を調べてみよう．(x_1, y_1) 空間の任意の点をとり式 (10.5.6)，(10.5.8) に代入し，その点のベクトルの方向と大きさを書き込んでいくと，図10.5.2 が得られる．

この図から，$(x_1, y_1) = (1, 1)$ に収束していくことがわかる．$(x_1, x_2, y_1, y_2) = (1, 0, 1, 0)$ は現状を表す事象であり，すなわち，いかなる初期状態も現状に収束することになると

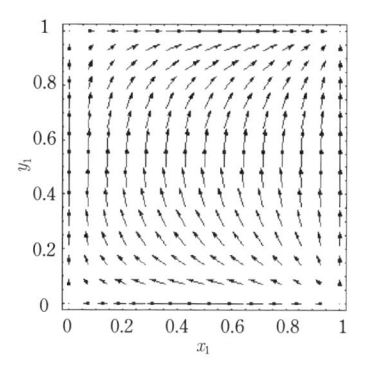

図 10.5.2　ベクトル場

表 10.5.9　プレイヤーと選択肢と事象

プレイヤー&選択肢	事象					
バングラデシュ						
合意	N	Y	N	Y	N	Y
インド						
利用	N	N	Y	Y	Y	Y
変更	N	N	N	N	Y	Y
ラベル	1	2	3	4	5	6

いえる．したがって，$(x_1, y_1) = (1, 1)$ は進化的に安定な戦略である．

次に，表 10.5.7 とは異なる設定の場合のレプリケーターダイナミクスの適用例を示そう．ここでは，インドが運用ルールを見直しながらファラッカ堰を利用しないという状態は現実には起こりがたいと仮定し，このような事象をあらかじめ排除して表 10.5.9 のようにインド・バングラデシュのコンフリクトを設定する．ここで，事象 3 が現状を表す事象である．

次に表 10.5.9 に示される 6 個の事象をプレイヤーの選好する順に並べ，選好順序を得る．以下の設定の前提条件は，現状から想定される選好と矛盾しないこと，また，分析を行った際に現状を意味する事象 3 が均衡解として得られることである．

バングラデシュの選好順序は GMCR による分析を参照して，$\{6, 1, 2, 5, 3, 4\}$ と設定する．また，インドの選好順序も同様に $\{4, 6, 3, 5, 2, 1\}$ と設定する．

以上の設定のもと，GMCR によれば，事象 3 と 6 が均衡解として得られる．事象 3 は現状を表し，事象 6 はコンフリクトの改善状況を表す事象であるといえる．

次に，伝統的な戦略形のゲーム理論の枠組みで，先と同様にインド・バングラデシュのコンフリクトをモデル化する．ここでも，プレイヤーの選好順序の選好順位を利得として用い，利得行列を設定することとする．利得行列と事象の対応関係を表 10.5.10 に

表 10.5.10　利得行列の設定

バングラデシュ \ インド	y_1 利用しない 変更しない	y_2 利用する 変更しない	y_3 利用する 変更する
x_1 合意しない	1	3	5
x_2 合意する	2	4	6

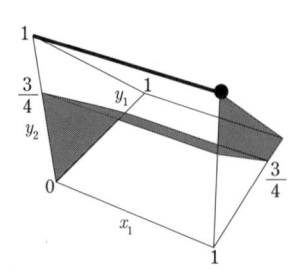

図 10.5.3　混合戦略空間

示す.
このとき，バングラデシュの利得行列 A'，インドの利得行列 B' はそれぞれ次の式 (10.5.10)，(10.5.11) のように設定できる.

$$A' = \begin{pmatrix} 5 & 2 & 3 \\ 4 & 1 & 6 \end{pmatrix} \tag{10.5.10}$$

$$B' = \begin{pmatrix} 1 & 4 & 3 \\ 2 & 6 & 5 \end{pmatrix} \tag{10.5.11}$$

こうして，インドとバングラデシュの混合戦略空間はの図 10.5.3 ように描ける．図 10.5.3 において影のついた領域がバングラデシュの最適反応戦略集合，太線がインドの最適反応戦略集合である．これらの結合領域が両者にとってのナッシュ均衡状態となるので，ここでは $(x_1, x_2, y_1, y_2, y_3) = (1, 0, 0, 1, 0)$ が解となる．これは GMCR モデルにおける事象 3 を意味する.

式 (10.5.10)，(10.5.11) を利得行列としてレプリケーターダイナミクスを適用すれば，x_1-y_1-y_2 に関するベクトル場は図 10.5.4 のようになる.

図 10.5.4 より，$(x_1, y_1, y_2) = (1, 0, 1)$ に収束することがわかり，この点は進化的に安定であるといえる．$(x_1, y_1, y_2) = (1, 0, 1)$ は事象 3 であり, 現状にほかならない．したがって，事象 3 を初期値とすれば現状は変化しようもない．ここで，図 10.5.4 でのベクトルは緩やかに放物線を描いていることから，初期状態でバングラデシュに多少なりとも合意の気持ちがあった場合，いったんはバングラデシュの合意を選択する確率は高くなる

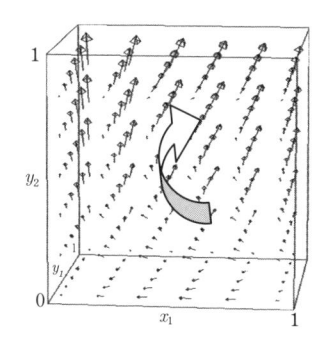

図 10.5.4 ベクトル場

が，インドの対応からバングラデシュは後ろ向きな学習を行うことになり，結局，合意を形成する気がなくなってしまうということがわかる．いずれにせよ，初期状態がどのようであっても，現状の $(x_1, y_1, y_2) = (1, 0, 1)$ に収束することとなる．

GMCR で分析を行うと，事象3「バングラデシュは合意せず，インドは運用方針を変えないまま，ファラッカ堰を利用する」に加えて，事象6「バングラデシュは合意し，インドは運用方針を変えて，ファラッカ堰を利用する．」も均衡解として得られた．この理由を GMCR, ゲーム理論，進化ゲーム理論における安定性との関連で説明しよう．

GMCR により得られる解の安定性は，ゲーム理論，進化ゲームの理論におけるような最適反応を前提としていないため，解集合は大きくなる．このような特徴から GMCR で事象3に加えて均衡解として得られる事象6は，バングラデシュにとってはナッシュ安定，インドにとっては連続型安定として構成される．連続型安定はプレイヤーのメタ的な最適反応を考慮するもので，第1手番目で最適反応とならずに均衡解の対象として通常は排除される事象も，連続手番を考えた場合にはメタ的に安定であるとして連続型安定性を有することがある．しかしながら，連続型安定は安定性としてはナッシュ安定に比べ頑健性に欠ける．これらの GMCR の解の特徴から，次のことがいえる．事象3から事象6への移行を第3者機関の介入によるコンフリクトマネジメントとして考える場合，まず，プレイヤーがメタ的な最適反応を振る舞えることが必要とされる．そして，マネジメントの結果，事象3から事象6に到達したとしても事象6は均衡状態としての頑健性に欠けるため，第3者機関が継続して介入しなければ，コンフリクトの改善状態は容易に崩れてしまうのである．このような場合，コンフリクトの改善となる安定状態に頑健性をもたせるためには，プレイヤーの選好順序を本質的に変化させるしかないことがわかる．

この結果を数度の現地調査から解釈しよう．もともとベンガルは言語などの文化的共通基盤をもっているにもかかわらず，大英帝国の植民地政策によりヒンズーとムスリムの宗教対立があおられてきた．この結果，インドは宗教的に分離独立することになった．

結局インド・バングラデシュ・パキスタンという国を形成することになり，ベンガルは2つに引きさかれた．この不幸を独立後60年以上経ても引きずっていて，水資源開発政策がベンガルのコルカタではなく，ニューデリーで決定されていることもコンフリクトを激化させ，こう着状態においていると考えられよう．ベンガルのガンジス川の問題をベンガル人が解決できないのである．また，2章2節と7章7節で述べたバングラデシュの飲料水ヒ素汚染問題はインド西ベンガル州でも同様であるが，インド政府は汚染地域の実態調査さえ行っていない．現地調査を行った結果，インドのベンガル人の多くは現在も無知のままヒ素で汚染された飲料水を利用している．悲しいことである．

10.6 調整者と寄贈者によるコンフリクトマネジメント

10.6.1 コンフリクトの変化要因モデル

(1) コンフリクトの変化要因とは[41]

コンフリクトマネジメントの適応的な基本構成要因として，
① 意思決定主体の変化＝プレイヤーの変化
② 代替案の変化＝プレイヤーの行動の選択肢の変化
③ 代替案の評価の変化＝プレイヤーの選好・価値観の変化

を考えた．このような変化はマネジメントの結果として生じる場合もあれば，内生的に生じる場合もある．したがって，これら3つが内生的または外生的なコンフリクト構造の変化要因になるといえる．

ここでは，特に③に着目し，時間経過によるプレイヤーの選好変化と，プレイヤーが集団である場合のプレイヤーの選好決定という2つの切り口で，プレイヤーの選好・価値観を3通りにモデル化する．

通常，コンフリクトに関与する意思決定主体は1人のプレイヤーとして一括りに扱われる．しかし，プレイヤーが1個の個人ではなく集団である場合，その選好を一枚岩として捉えられるものだろうか？ プレイヤー内部に意見分布があり，例えばそれが2極化している場合，その集団を1人のプレイヤーとしてではなく，2人もしくはそれ以上の数のプレイヤーとしてとらえれば良いという意見もあるだろう．しかしながら，そのように認識することは時間の経過を考慮しない静的な分析を行う場合にのみ有効であるといえる．

現実社会のように，プレイヤーが集団である場合，その構成員は相互に影響しあい，また意見分布自体も構成員の選好に影響を与え，結果としてひとつの意見分布を形作る．このように集団の選好はダイナミックに変化するものであるから，ある時間断面で集団を複数のプレイヤーに分割し一意的に選好を決定するよりも，現実社会でよく観察されるような集団全体の意見分布の変化の結果としてひとつの集団の選好を決定するほ

うが，社会現象論的に，集団である場合のプレイヤーの選好の特徴をより反映することができると考えられる．

(2) **相互評価モデル**[37]~[39]

10.2.4項において，寄贈者は「コンフリクトに対して何らかの対策を講じるが，介入時点においてプレイヤーの選好順序に直接影響を与えることはない．陰に影響を与え，長期的にゲームの構造を変化させる．」と定義した．現実において寄贈者は，教育・経済・社会システムといったソフトな社会基盤や水資源施設などのようなハードな社会基盤に変化をもたらすことによって，プレイヤーが新たな選択肢を創成する支援をしたり，プレイヤーの価値観の変化による選好順序の変化を生じさせたりするような，国際機関やそれぞれの国の中央政府や地方政府，NGOなどが該当すると考えられる．

このような視点でマネジメントを行うためには，当然，時間経過によるコンフリクトの構造変化を考慮した分析が必要となる．そこで以下では，時間軸を考慮した集団の選好決定モデルとして相互影響モデルを提示する．

10.6.2 シナジェティクスによる意見分布モデル

相互評価モデルは，プレイヤーが意見の分布をもつ集団であると認識した場合のモデルである．すなわち，集団の構成員の相互作用により意見分布が形成され，その意見分布が集団の構成員の選好に影響を及ぼし，最終的なプレイヤーの選好が決定されるモデルである．ここでは，シナジェティクス(synergetics)[40]という確率微分方程式系(stochastic differential equations)を用いて集団の意見分布をモデル化する．

シナジェティクスは，対象とするシステムが個体から構成されながらも，全体としてゆらいだり，何らかの構造を呈したりするような，個体間相互作用(cooperative interaction)に伴うシステムの時間変化を記述する理論である．

まず，集団は(水資源)開発派と環境(保護)派から構成されるものとする．ここではこの集団1つ1つをプレイヤーと呼び，これらプレイヤーがコンフリクトを形成する場合を想定する．プレイヤー i における開発派の人数を $n_{i,a}$，環境派の人数を $n_{i,b}$ と書き，時刻 t での $n_{i,a}$ と $n_{i,b}$ の分布 $\{n_{i,a}, n_{i,b}\}$ をプレイヤー i における意見分布と呼ぶものとする．ここで，これらの変数に関して以下のような関係を定める．

$$\left.\begin{array}{l} n_{i,a}+n_{i,b}=2N_i, \quad n_{i,a}-n_{i,b}=2n_i \\ n_{i,a}=N_i+n_i, \quad n_{i,b}=N_i-n_i \\ -N_i \leq n_i \leq N_i, \quad 0 \leq n_{i,a}, n_{i,b} \leq 2N_i \end{array}\right\} \quad (10.6.1)$$

すなわち，プレイヤー i の成員の総数は $2N_i$ 人であり，プレイヤー間において構成員の移動がないと仮定すると，各プレイヤーの構成員総数 $2N_i$ は常に一定であり，プレイヤー i における意見分布は1つの変数 n_i にのみ依存すると考えることができる．こう

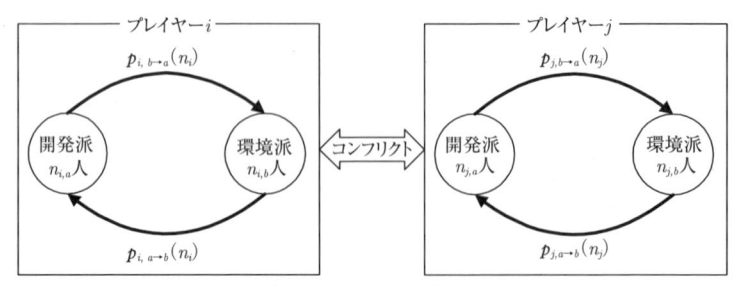

図 10.6.1 意見遷移のモデル図

して,プレイヤー i の意見分布が時刻 t で状態 $\{n_{i,a}, n_{i,b}\}$ をとる確率を $p_i(n_i; t)$ と書けば,以下の条件が導出される.

$$\sum_{n_i=-N_i}^{N_i} p_i(n_i; t) = 1 \tag{10.6.2}$$

次にプレイヤー内部(すなわち集団内部)における個人の開発派と環境派間の遷移をモデル化する.開発派と環境派の間を個人が移動するものとし,その遷移確率 (transition probability) は変数 n_i で定められるその時点の意見分布の関数であると仮定する.つまり,集団における個人は自己が属する集団の意見分布によって自分の意見を変える可能性があるという仮定をおく.実際,開発派に大きく偏った集団では,当初環境派の意見にも理解を示していた個人も開発派の影響を受けて意見を強硬にするという現象も多く見受けられる.このような仮定のもと,プレイヤー内部の個人が有する単位時間当たりの遷移確率を以下のように定義する.

$$\left. \begin{array}{l} p_{i, a \to b}(n_i)\ (開発派から環境派への遷移) \\ p_{i, b \to a}(n_i)\ (環境派から開発派への遷移) \end{array} \right\} \tag{10.6.3}$$

以上の仮定を模式的に図 10.6.1 に示す.

ここでは,簡単のためにプレイヤー内の各個人の遷移が同じ確率で現れるような一様な集団を仮定し,個人の遷移確率を次のような指数関数で定式化する.

$$\left. \begin{array}{l} p_{i, a \to b}(n_i) = \mu_i \exp(\delta_i + \kappa_i n_i) \\ p_{i, b \to a}(n_i) = \mu_i \exp[-(\delta_i + \kappa_i n_i)] \end{array} \right\} \tag{10.6.4}$$

式 (10.6.4) に含まれる 3 つのパラメータ $\mu_i, \delta_i, \kappa_i$ はプレイヤーの特徴を表し,各プレイヤー固有のものであるとする.その意義を以下のように定義する.

① δ_i は正の大きい値をとるほど意見 b(環境派)から意見 a(開発派)へ個人が変化する確率が増加し,a から b への変化確率が減少する.δ_i が負ならば逆になる.すなわち,δ_i はプレイヤー i が開発を好むか環境を好むかを示すパラメータである.

10 水資源コンフリクト論

② κ_i は正で大きくなるほど，n_i に比例して遷移確率が増加する．いいかえれば，集団の意見分布が多数を占める意見に引っ張られる傾向を示す．κ_i が負ならば逆に少数の意見に引っ張られる傾向を示す．すなわち，この項によって確率 $p_{i,a \to b}(n_i)$，$p_{i,b \to a}(n_i)$ は意見分布に依存し，κ_i は集団の構成員が集団の意見分布から受ける影響の度合いを示すパラメータとなる．

③ μ_i が正で大きくなるほど，集団の意見分布が速やかに遷移する．小さくなれば遷移速度は緩慢になる．すなわち，μ_i はプレイヤー i の意見の移り変わりやすさを表すパラメータである．そして，このパラメータの変化は，意見分布の収束までにかかる時間の変化を意味する．

式 (10.6.4) に示す個人の遷移確率は意見分布 $\{n_{i,a}, n_{i,b}\}$ の隣接遷移を表すものとする．つまり，開発派が1人増える場合 $\{n_i \to (n_i+1)\}$ と開発派が1人減る場合 $\{n_i \to (n_i-1)\}$ を考える．プレイヤーは開発派と環境派から構成されているので，前者の場合は環境派が1人減り，後者の場合は環境派が1人増えることを意味する．このとき集団全体での遷移確率は，前者の場合を $w_{i+}(n_i)$，後者の場合を $w_{i-}(n_i)$ と表せば，次式が導出される．

$$\left. \begin{array}{l} w_i((n_i+1) \leftarrow n_i) \equiv w_{i+}(n_i) = n_{i,b} p_{i,b \to a}(n_i) = (N_i - n_i) p_{i,b \to a}(n_i) \\ w_i((n_i-1) \leftarrow n_i) \equiv w_{i-}(n_i) = n_{i,a} p_{i,a \to b}(n_i) = (N_i + n_i) p_{i,a \to b}(n_i) \\ w_i(n_i' \leftarrow n_i) = 0, \quad n_i' \neq n_i \pm 1 \end{array} \right\} \quad (10.6.5)$$

この $w_+(n_i)$ と $w_-(n_i)$ を用いると，集団が時刻 t で状態 $\{n_{i,a}, n_{i,b}\}$ をとる確率 $p(n;t)$ の時間変化を（質量保存則を求める方法と同じようにして）次式のように表すことができる．

$$\frac{dp_i(n_i;t)}{dt} = [w_{i-}(n_i+1) p_i(n_i+1;t) - w_{-}(n_i) p_i(n_i;t)] \\ + [w_{i+}(n_i-1) p_i(n_i-1;t) - w_{i+}(n_i) p_i(n_i;t)] \quad (10.6.6)$$

式 (10.6.6) はマスター方程式 (master equation) と呼ばれ，システムをゆらぎも含めて記述する最も基本的な確率分布に関する式である．以下では，式 (10.6.6) の構造について説明する．

式 (10.6.6) は，時刻 t において集団の意見分布の状態が n_i であるときの確率流束 (probability flux) 収支の時間変化を表している．ここで意見分布の状態が n_i であるとは，式 (10.6.1) より $|(開発派の人数) - (環境派の人数)|$ を2で割った値が n_i である状態を指す．第1項と第3項は状態 n_i へ移入する確率流束であり，第2項と第4項は状態 n_i から移出する確率流束である．状態 n_i の隣接状態は n_i+1 と n_i-1 であり，第1項は時刻 t において集団の意見状態が n_i+1 である状態から開発派が1人減り，状態 n_i に遷移する確率を表している．したがって，時刻 t において集団の意見状態が n_i+1 である確率

に，n_i+1 の状態から開発派が 1 人減る遷移確率を乗じた形となっている．第 3 項は逆に，時刻 t において集団の意見状態が n_i-1 である状態から開発派が 1 人増え，状態 n_i に遷移する確率を表している．第 2 項は状態 n_i から開発派が 1 人減る確率を表し，第 4 項は状態 n_i から開発派が 1 人増える確率を表している．

以下では，意見分布の変化過程には着目せず，最終的な意見分布の定常状態に着目してパラメータと意見分布型の関係を分類する．したがって，式 (10.6.4) における μ_i は解が定常状態にいたるまでに要する時間に関係するパラメータなので，ここでは考慮しないものとする．

式 (10.6.6) の定常解は定常状態であるので，各 n_i で $p_{i,st}(n_i)$ はもはや変化しない．そこで，ある状態 $p_{i,st}(n_i)$ は，$n_i=0$ である場合の定常解 $p_{i,st}(0)$ からスタートして，求めたい $n_i=n$ まで順次段階的に流入と流出の遷移確率を乗除していけば得られることになる．これを式に表せば次式のようになる．

$$\left.\begin{array}{l} p_{i,st}(n_i)=p_{i,st}(0) \prod_{v_i=1}^{n_i} \dfrac{w_{i+}(v_i-1)}{w_{i-}(v_i)}, \quad \text{ただし } 1 \leqq n_i \leqq N_i \\ p_{i,st}(n_i)=p_{i,st}(0) \prod_{v_i=-1}^{n_i} \dfrac{w_{i+}(v_i+1)}{w_{i-}(v_i)}, \quad \text{ただし } -N_i \leqq n_i \leqq -1 \end{array}\right\} \quad (10.6.7)$$

なお，式 (10.6.7) における $p_{i,st}(n_i)$ は確率であるから，変数 n_i のすべての状態に対する定常解 $p_{i,st}(n_i)$ の和は確率の条件式を満たす必要がある．確率の条件式とはすなわち，次式で表される，変数が取りうるすべての状態の確率の和は 1 になるというものである．

$$\sum_{v_i=-N_i}^{N_i} p_{i,st}(v_i) = 1 \quad (10.6.8)$$

式 (10.6.7) に式 (10.6.4) と式 (10.6.6) を代入すれば定常解が得られるが，このままでは煩雑な式となるので，二項係数を用いて定常解を整理すれば，次式の定常解が求まる．

$$\binom{n}{k} = {}_nC_k = \dfrac{n!}{(n-k)!k!} \quad (10.6.9)$$

$$p_{i,st}(n_i) = p_{i,st}(0) \dfrac{(N_i!)^2}{(2N_i)!} \binom{2N_i}{N_i+n_i} \exp[2\delta_i n_i + \kappa_i n_i^2] \quad (10.6.10)$$

式 (10.6.1) から，n_i の絶対値は 0 〜 (集団の総員数÷2) の値をとる．ここで対象とするような水資源開発と環境のコンフリクトにおいて，通常関与する集団の総員数 $2N_i$ は非常に大きな値となる．したがって，モデル適用にあたっては，ほとんどの場合厳密な定常解を計算することができない．そこで，式 (10.6.10) の近似解を次に求めよう．

Stirling の公式は次式で表され,

$$\ln(M!) \approx M \ln M - M \qquad (10.6.11)$$

自然数 M の階乗を自然対数を用いて近似するものである.これを用いれば,式 (10.6.10) における階乗と二項係数の部分が近似できる.さらに,

$$x_i = \frac{n_i}{N} \quad \text{and} \quad \Delta x_i = \frac{1}{N} \equiv \varepsilon \qquad (10.6.12)$$

を用いて変数 x_i を導入すれば,$p_{i,st}(x_i)$ は次式のように求まる.

$$p_{i,st}(x_i) = p_{i,st}(0) \exp[N_i \cdot [2\delta_i x_i + \kappa_i x_i^2 - \ln\{(1+x_i)^{(1+x_i)} \cdot (1-x_i)^{(1-x_i)}\}]] \qquad (10.6.13)$$

以上,集団の総員数が非常に大きい場合の開発派と環境派の意見分布について,近似した定常分布に関する定式化を示した.

式 (10.6.13) の定常意見分布式を x_i で偏微分すると,式 (10.6.4) で定義した個人の遷移確率におけるパラメータの値によって 0~3 個の極値をもつことがわかる.この極値の個数に着目すれば,意見分布形は 3 つの型に分類することができる.極値の個数は次式によって区分される (κ, δ) の領域によって規定される.

$$2\delta \pm 2\kappa \sqrt{\frac{\kappa-1}{\kappa}} = \ln \frac{1 \pm \sqrt{\frac{\kappa-1}{\kappa}}}{1 \mp \sqrt{\frac{\kappa-1}{\kappa}}} \qquad (10.6.14)$$

すなわち,式 (10.6.14) によって描かれる図 10.6.2 の 3 つの領域によって意見分布形は 3 つの型に分類することができる[1]).

図中の①は式 (10.6.14) における ± の下側の符号による関数,②は上側の符号による関数を表している.

影部分に 2 つのパラメータ κ, δ が値をとるとき,意見分布は図 10.6.3 のように 2 つに分離する.ただし,①,②の関数上は含まない.

2 つのパラメータが①,②の直線上に値をとるとき,意見分布は図 10.6.4 のように片側に偏よる.ただし,$(\kappa, \delta) = (1, 0)$ は含まない.なお,図 10.6.4 は変曲点が明らかとなるように拡大して示してある.

それ以外の領域に 2 つのパラメータが値をとるとき,意見分布は図 10.6.5 のように正規分布的になる.

分析を行うにあたっては,まず対象とする集団が分類した 3 通りの意見分布型のいずれの型に分類される集団か検討し,さらに前述のどの分類に近い特徴をもった集団かをパラメータの値によって設定する.たとえば,意見が 2 極化している集団では極値を 3

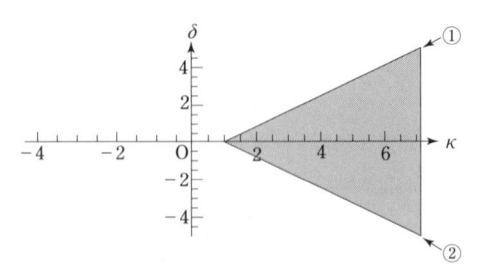

図 10.6.2 パラメータと極値の個数の分類

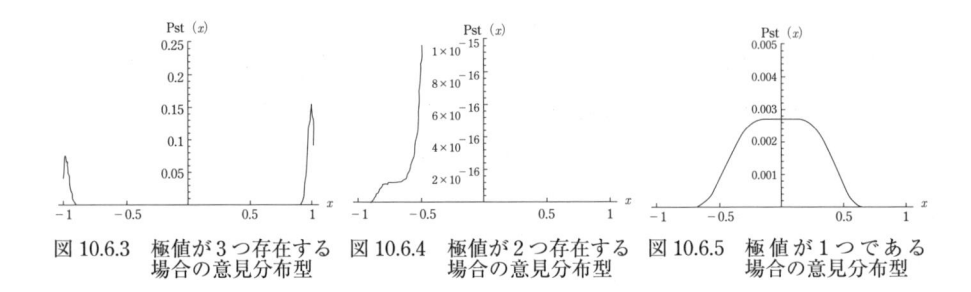

図 10.6.3 極値が 3 つ存在する場合の意見分布型　図 10.6.4 極値が 2 つ存在する場合の意見分布型　図 10.6.5 極値が 1 つである場合の意見分布型

つもつ領域に分類され，さらにどの程度分極しているのかをパラメータの値を領域内で操作して表現することが可能である．

10.6.3 相互評価モデルによるマネジメント

集団の意見分布は前項で示したように 3 通りの形態をとる．集団内での意見分布が偏っていた場合，どのように戦略に対する選好を決定すれば良いのであろうか．それは一概に決定できるものではないが，ここではプレイヤーの意見分布を用いて事象を評価し，プレイヤーの選好を決定する方法を示す．

まずはじめに，事象がどれほど開発重視よりなのか，あるいは環境保護よりなのかを評価する．この評価を初期評価と呼び，事象に対して与えられる評価値を初期評価値と呼ぶこととする．各プレイヤーはこの初期評価を受けて，自らの意見分布を反映させて初期評価を再評価する．この再評価を 2 次評価，その値を 2 次評価値と呼ぶこととしよう．

プレイヤー i ($i=1, 2, \cdots, N$) が j_i 個の選択肢を有しているとき，その k 番目の選択肢を $\pi_{i,k}$ ($1 \leq k \leq j_i$) と書くこととする．また，プレイヤー i の選択肢集合を $\{\pi_i\} = \{\pi_{i,1}, \pi_{i,2}, \cdots, \pi_{i,k} \cdots, \pi_{i,j_i}\}$ で表すこととする．各プレイヤーの戦略は，おのおのが有する選択肢を実行する場合としない場合の 2 通りの組み合わせで表されるとすれば，すべてのプレイヤーの戦略を考えたとき事象は $2^{\sum \|\{\pi_i\}\|}$ 通りとなる．ただし，$\|\{\pi\}\|$ は，集合 $\{\pi\}$ の要素の個数を示すものとする．ここで，プレイヤー i の k 番目の選択肢に関する実行の有

10 水資源コンフリクト論

表 10.6.1　$\gamma_{i,k}$ と $\Delta(\gamma)$ の関連

	$\gamma_{i,k}(k=1,2)$			
$\pi_{i,1}$	0	0	1	1
$\pi_{i,2}$	0	1	0	1
10進表記$\Delta(\gamma)$	0	1	2	3

無を $\gamma_{i,k}$（選択肢が実行される場合：$\gamma_{i,k}=1$, 実行されない場合：$\gamma_{i,k}=0$）で記述しよう．また，選択肢を実行する場合の戦略を $\Pi_{i,k}^1$，実行しない場合の戦略を $\Pi_{i,k}^0$ と書くことにしよう．

すべてのプレイヤーとすべての選択肢に対して $\gamma_{i,k}$ に 0 または 1 の値を与えた $\gamma_{i,k}$ の列は，1つの事象を意味することとなる．このような 0, 1 の数列は 2 進表記と捉えることができる．したがって，次式のような γ の関数 Δ によって事象を 10 進表記で表すことができる．

$$\begin{aligned}\Delta(\gamma) = &\gamma_{1,1}\cdot 2^0 + \gamma_{1,2}\cdot 2^1 + \cdots + \gamma_{1,j_1-1}\cdot 2^{j_1-2} + \gamma_{1,j_1}\cdot 2^{j_1-1} + \cdots \\ &+ \gamma_{l,1}\cdot 2^{\sum_m^{\Sigma} j_m} + \gamma_{l,2}\cdot 2^{\sum_m^{\Sigma} j_m+1} + \cdots + \gamma_{l,j_l-1}\cdot 2^{\sum_m^{\Sigma} j_m+j_l-2} + \gamma_{l,j_l}\cdot 2^{\sum_m^{\Sigma} j_m+j_l-1} + \cdots \\ &+ \gamma_{N,1}\cdot 2^{\sum_m^{\Sigma} j_m} + \gamma_{N,2}\cdot 2^{\sum_m^{\Sigma} j_m+1} + \cdots + \gamma_{N,j_N-1}\cdot 2^{\sum_m^{\Sigma} j_m+j_N-2} + \gamma_{N,j_N}\cdot 2^{\sum_m^{\Sigma} j_m+j_N-1}\end{aligned} \quad (10.6.15)$$

例えば，あるプレイヤー i が 2 つの選択肢をもっていたとしよう．この場合の選択肢の実行有無と事象の 10 進表記の関連は，表 10.6.1 のように表すことができる．

式(10.6.15)を用いて，すべてのプレイヤーの戦略の組み合わせから考えられる 1 つの事象を，次のように表すものとする．

$$\Pi_{\Delta(\gamma)} = \{\Pi_{1,1}^{\gamma_{1,1}}, \cdots, \Pi_{1,j_1}^{\gamma_{1,j_1}}, \cdots, \Pi_{l,1}^{\gamma_{l,1}}, \cdots, \Pi_{l,j_l}^{\gamma_{l,j_l}}, \cdots, \Pi_{N,1}^{\gamma_{N,1}}, \cdots, \Pi_{N,j_N}^{\gamma_{N,j_N}}\} \quad (10.6.16)$$

また，すべての事象を次式で表す．

$$\{\Pi\} = \bigcup_{\Delta(\gamma)}^{2^{\sum_i |\{\pi_i\}|}-1} \Pi_{\Delta(\gamma)} \quad (10.6.17)$$

ここで，ひとつの戦略に対して「開発により環境以外にもたらされる便益もしくは損失」と「開発により環境にもたらされる便益もしくは損失」が次式の評価関数によって評価されると考えよう．

$$\Theta(\Pi_m) = \Psi(\Pi_m) + \Phi(\Pi_m) \quad (10.6.18)$$

ただし，$1 \leq m \leq 2^{\sum_i |\{\pi_i\}|}$ \quad (10.6.19)

$\Theta(\Pi_m)$：総合的な評価関数
$\Psi(\Pi_m)$：開発により環境以外に対してもたらされる便益もしくは損失
$\Phi(\Pi_m)$：開発により環境にもたらされる便益もしくは損失

このとき，$|\{\Pi\}|$ 個の戦略に対する評価値を1次元の座標軸上に並べ，-1 から1までの間の値をとるように，次式を用いて基準化する．

a) $\max[\Theta(\{\Pi\})] \cdot \min[\Theta(\{\Pi\})] \geq 0$ のとき

$$\vartheta(\Pi_m) = \frac{2|\Theta(\Pi_m)| - |\max[\Theta(\{\Pi\})]| - |\min[\Theta(\{\Pi\})]|}{|\max[\Theta(\{\Pi\})]| - |\min[\Theta(\{\Pi\})]|} \tag{10.6.20}$$

b) $\max[\Theta(\{\Pi\})] \cdot \min[\Theta(\{\Pi\})] < 0$ のとき

$$\vartheta(\Pi_m) = \frac{2\Theta(\Pi_m) - \max[\Theta(\{\Pi\})] - \min[\Theta(\{\Pi\})]}{\max[\Theta(\{\Pi\})] - \min[\Theta(\{\Pi\})]} \tag{10.6.21}$$

すなわち，最大の評価値が1，最小の評価値が-1の値をとるようにし，それ以外の評価値に対しては最大値もしくは最小値からの距離の比として，$-1 \sim 1$の座標軸上の値を与えるのである．なお，正の値は便益を，負の値は損失を表している．

両式により並べ替えられた$2^{\Sigma|\{\pi_i\}|}$個の評価値に小さいものから順に1, 2, …と番号をつけ，k番目の評価値をω_k, $(k=1, 2, \cdots, 2^{\Sigma|\{\pi_i\}|})$ と書くこととする．このときの評価値群を初期評価値群 $\{\omega\}$ と呼ぶことにする．

時刻tにおけるプレイヤーの意見分布が式(10.6.13)を満たすような$p(x; t)$で与えられているとき，プレイヤーが自己の意見分布に基づいて初期評価値群 $\{\omega\}$ を再評価し，2次評価値群 $\{\Omega\}$ を得る．

次に，初期評価値と2次評価値の関係の定式化を行う．ここで，初期評価値のうち，最大値・最小値・それ以外で定式化が異なるため，以下に3通りの式を示す．

a) ω_k が $\{\omega\}$ において最大値でも最小値でもないとき．すなわち，$k \neq 1$ かつ $k \neq 2^{\Sigma|\{\pi_i\}|}$ のとき．

$$\Omega(\omega_k) = \int_{\omega_{k-1}}^{\omega_{k+1}} p(x; t) \, dx \tag{10.6.22}$$

b) ω_k が $\{\omega\}$ において最大値であるとき．すなわち，$k = 2^{\Sigma|\{\pi_i\}|}$ のとき．

$$\Omega(\omega_k) = \int_{\omega_{k-1}}^{1} p(x; t) \, dx \tag{10.6.23}$$

c) ω_k が $\{\omega\}$ において最小値であるとき．すなわち，$k = 1$ のとき．

$$\Omega(\omega_k) = \int_{-1}^{\omega_{k+1}} p(x; t) \, dx \tag{10.6.24}$$

以上の3式を初期評価値と意見分布関数に適用して得られる値を，初期評価値群においてi番目に評価の高い戦略に対する2次評価値として用いることとする．いいかえれば，初期評価値群においてi番目に評価の高い戦略に対する2次評価値は，$i-1$番目

10 水資源コンフリクト論

図 10.6.6 戦略の相互評価

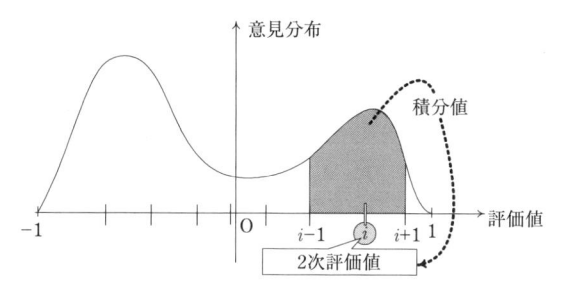

― ：初期評価された戦略
― ：着目する戦略（初期評価において i 番目に高く評価された戦略）

に評価の高い戦略に対する評価値から $i+1$ 番目に評価の高い戦略に対する評価値まで，自己の意見分布関数を積分して得られる値で表されるとする．概念的に示せば図 10.6.6 のようになる．この定式化は図 10.6.6 において影の部分の意見が，初期評価値群において i 番目に評価の高い戦略を支持するという仮定のもとでなされるものである．

以上のことから，各地域住民の意見分布を反映した $2^{\Sigma|\{\pi_i\}|}$ 個の事象の選好順序が求まる．この選好順序をもとに利得行列を設定し，レプリケーターダイナミクスを用いて分析を行うことによって，集団の意見分布を考慮したダイナミックなコンフリクト分析を行うことが可能となる．

以上の議論から，このモデルによるマネジメントを考えてみよう．相互評価モデルによるマネジメントの対象は集団の意見分布形である．すなわち，

① 式 (10.6.4) で表される個人の遷移確率を変化させる．
② 式 (10.6.6) に外的変数を加えることによって，意見分布形を変化させ，最終的に得られる均衡解を合意形成に向けて最適化する．

①における式 (10.6.4) で表される個人の遷移確率を変化させる方法は，3 つのパラメータ $\mu_i, \delta_i, \kappa_i$ を変化させるという操作に帰着する．これらのパラメータを変化させるということは，すなわち個人の価値観を変えるということにほかならない．特にこれらパラメータが表現するものを考慮すれば，価値観の変化とは具体的に，開発や環境に対する個人の本質的な選好や，他者の意見に対する個人の態度といったものの変化を意味すると解釈できる．価値観の変化は本質的なコンフリクト改善のために重要であるが，一朝一夕に成し遂げられるものではない．したがって，3 つのパラメータ $\mu_i, \delta_i, \kappa_i$ の操作によるコンフリクトマネジメントは長期的な視野でとらえられるべき方法であるといえる．

一方，②における式 (10.6.6) に外的変数を加える方法は，次式のように定式化できる．

$$\frac{dp_i(n_i;t)}{dt} = [w_{i-}(n_i+1)p_i(n_i+1;t) - w_{-i}(n_i)p_i(n_i;t)] \quad (10.6.25)$$

$$+ [w_{i+}(n_i-1)p_i(n_i-1;t) - w_{i+}(n_i)p_i(p_i;t)] + \xi$$

式 (10.6.25) における ξ が外的変数である. ξ によって意見分布は変化するわけであるが, ①とは区別するために, ξ は短期的な刺激を意見分布形にもたらすと定義することとする. したがって, ξ はより明確に,

$$\xi = \xi_0 \delta(t-t_0) \quad (10.6.26)$$

と定式化できる. ただし, ここで $\delta(t)$ は次式を満たすディラック (Dirac) のデルタ関数であるとする.

$$\delta(t-t_0) = \begin{cases} \infty, & \text{if } t=t_0 \\ 0, & \text{if } t \neq t_0 \end{cases} \quad \text{s.t.} \quad \int_{-\infty}^{\infty} \delta(t-t_0) dt = 1 \quad (10.6.27)$$

外力が断続的に繰り返されるようであれば, ξ を

$$\xi_j = \xi(t_j)\delta(t-t_j) \quad (10.6.28)$$

と定義できる.

10.6.4　相互評価による長良川コンフリクト分析

　ここでは, 長良川河口堰問題の中で1990～1994年に起こっていた開発派と流域生活者のコンフリクトに特に着目する. 1990～1994年の開発派と流域生活者のコンフリクトでは, 開発派は河口堰案を見直すことなく推進したいと考えていた. 一方, 流域生活者はマスコミの影響を大きく受ける前で, 反対運動を起こすという選択肢を有しながらも, 治水対策を望む声から計画同意の気持ちが強かった. このような当時の状況をふまえながら, コンフリクトの変化要因モデルのうち, 相互評価モデル[37]～[39]によるコンフリクトのモデル化を示す.

　相互評価モデルではプレイヤーを集団として認識する. 通常, 水資源開発に伴うコンフリクトにおいて, プレイヤーは集団として関与することが多い. しかし, ゲーム理論による従来の研究においては, 主体はある1つの意見を一枚岩として有するプレイヤーとしてモデル化される. 相互評価モデルを用いることで, 集団間だけではなく集団内にも意見のばらつきがあり, 集団の意見や選好が決して一枚岩で捉えられない場合を想定し, そして意見分布を有する集団間の異なる選好のもとでの均衡状態を分析する.

(1)　**シナジェティクスによる意見分布**

　プレイヤーは開発派と流域生活者2人である. まず, それぞれの意見分布を10.6.2項

10 水資源コンフリクト論

表10.6.2 パラメータ対応表

プレイヤー\パラメータ	N_i	δ_i	κ_i
流域生活者	100	0.002	1.1

の相互評価モデルの説明で示したシナジェティクスを用いてモデル化する．なお，モデル化において用いるパラメータの値は，史実を参照して実験的に定めたものである．

ここでは，開発派をプレイヤー1，流域生活者をプレイヤー2とする．流域生活者の単位時間当たりの個人の遷移確率は，式(10.6.4)において$i=2$とし，2つのパラメータを用いる．定常解も式(10.6.10)において$i=2$として，次式で与えられる．

$$\left.\begin{array}{l}p_{2,a\to b}(n_2) = \exp(\delta_2 + \kappa_2 x_2) \\ p_{2,b\to a}(n_2) = \exp[-(\delta_2 + \kappa_2 x_2)]\end{array}\right\} \tag{10.6.29}$$

$$p_{2,st}(n_2) = p_{2,st}(0)\exp[N_2 \cdot [2\delta_2 n_2 + \kappa_2 n_2^2 \\ - \ln\{(1+n_2)^{(1+n_2)} \cdot (1-n_2)^{(1-n_2)}\}]] \tag{10.6.30}$$

当時の開発派の特徴は，一貫して開発を唱えるプレイヤーであった．これを意見分布として定式化すれば次のようになる．

$$p_{1,st}(n_1) = \delta(n_1 - 1) \tag{10.6.31}$$

ただし，式(10.6.31)におけるδはパラメータではなく，次式を満たすディラックのデルタ関数である．

$$\delta(n_1 - 1) = \begin{cases} n_1 = 1 : \infty \\ n_1 \neq 1 : 0 \end{cases} \tag{10.6.32}$$

ただし，$\int_{-\infty}^{\infty} \delta(n_1 - 1)\,dn_1 = 1$

当時の流域生活者は開発を若干好ましいと思っていながらも，形勢をうかがい事態の成り行きによって態度を決定しようとする傾向を有していた．このような当時の流域生活者の傾向を表現するために，式(10.6.29)のパラメータを表10.6.2のように設定する．式(10.6.29)のパラメータの定義を改めて示せば，以下のとおりである．

① δ_iは正の大きい値をとるほど意見b（環境派）から意見a（開発派）へ個人が変化する確率が増加し，aからbへの変化確率が減少する．δ_iが負ならば逆になる．すなわち，δ_iはプレイヤーiが開発を好むか環境を好むかを示すパラメータである．

② κ_iは正で大きくなれば，n_iに比例して遷移確率が増加する．言い換えれば，集団の意見分布が多数を占める意見に引っ張られる傾向を示す．κ_iが負ならば逆に少数の意見に引っ張られる傾向を示す．すなわち，この項によって確率$p_{i,a\to b}(n_i)$,

図 10.6.7　開発派の意見分布

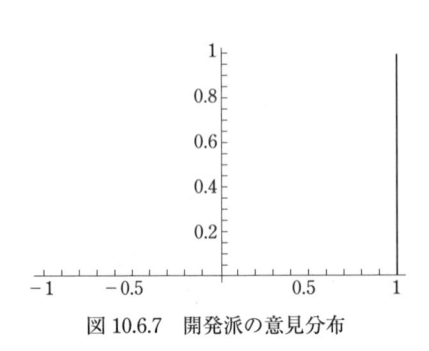

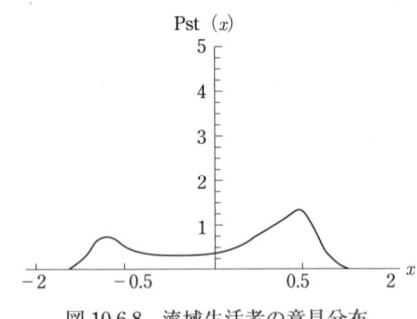

図 10.6.8　流域生活者の意見分布

$p_{i,b\to a}(n_i)$ は意見分布に依存し，κ_i は集団の構成員が集団の意見分布型により受ける影響の度合いを示すパラメータである．

これらの設定のもとで求めた定常解の分布を図 10.6.7 と図 10.6.8 に示す．なお，分布形を見やすくするために，縦軸のスケールを図によって変えてある．ここで横軸のスケールは 1 に近いほど開発派寄りの意見が強く，-1 に近いほど環境派寄りの意見が強いことを表している．

表 10.6.2 の設定のもと得られた図 10.6.8 の意見分布は 10.6.2 項において分類した意見分布型のうち「2 極対立型」にあたる．この意見分布を当時の状況に即して解釈すれば，流域生活者は治水対策を必要としながらも，マスコミや環境保護団体の影響により環境派へ遷移しており，2 極化した集団は鋭く対立していたととらえることができる．

(2) 利得行列

次に，プレイヤーが選択する戦略に割り当てられる確率の時間変化を分析するために，利得行列を設定する．プレイヤーである開発派と流域生活者は，それぞれ 2 つの選択肢を有しているとする．これらの選択肢を表 10.6.3 に示す．

各プレイヤーの選択肢の実行有無に関する組み合わせ $\{\Lambda_{i,1}^{\text{0or1}}, \Lambda_{i,2}^{\text{0or1}}\} \equiv z_{i,k}$ を戦略と呼ぶ．ただし，k はプレイヤー i の有する戦略の番号である．すべてのプレイヤーの戦略の組み合わせ $\{\Lambda_{1,1}^{\text{0or1}}, \Lambda_{1,2}^{\text{0or1}}, \Lambda_{2,1}^{\text{0or1}}, \Lambda_{2,2}^{\text{0or1}}\}$ を事象と呼ぶこととする．表 10.6.3 を行列表現として次式のように定式化する．

$$P = \begin{pmatrix} & \{\Lambda_{2,1}^0, \Lambda_{2,2}^0\} & \{\Lambda_{2,1}^1, \Lambda_{2,2}^0\} & \{\Lambda_{2,1}^0, \Lambda_{2,2}^1\} & \{\Lambda_{2,1}^1, \Lambda_{2,2}^1\} \\ \{\Lambda_{1,1}^0, \Lambda_{1,2}^0\} & 1 & 5 & 9 & 13 \\ \{\Lambda_{1,1}^1, \Lambda_{1,2}^0\} & 2 & 6 & 10 & 14 \\ \{\Lambda_{1,1}^0, \Lambda_{1,2}^1\} & 3 & 7 & 11 & 15 \\ \{\Lambda_{1,1}^1, \Lambda_{1,2}^1\} & 4 & 8 & 12 & 16 \end{pmatrix} \quad (10.6.33)$$

なお，行列における行は開発派の戦略，列は流域住民の戦略を表す．式 (10.6.33) に

10 水資源コンフリクト論

表10.6.3 選択肢の実行の有無と事象に関する対応表

プレイヤー	選択肢		事象															
開発派	$\Lambda_{1,1}$	計画を見直す	N	N	N	N	N	N	N	N	Y	Y	Y	Y	Y	Y	Y	Y
	$\Lambda_{1,2}$	流域生活者に補償を払う	N	N	N	N	Y	Y	Y	Y	N	N	N	N	Y	Y	Y	Y
流域生活者	$\Lambda_{2,1}$	計画に同意する	N	N	Y	Y	N	N	Y	Y	N	N	Y	Y	N	N	Y	Y
	$\Lambda_{2,1}$	反対運動を起こす	N	Y	N	Y	N	Y	N	Y	N	Y	N	Y	N	Y	N	Y
ラベル			1	2	3	4	5	6	7	8	9	10	11	12	13	14	15	16

おいて各要素は表10.6.3におけるラベルに対応する．

次に，各プレイヤーの利得行列を設定するために，表10.6.3の事象をプレイヤーがそれぞれ好ましいと思う順に並べた選好順序を決定する必要がある．ここでは相互評価モデルを用いてプレイヤーの選好順序を定める．

まず，戦略に対する初期評価を求める．2次評価を求めるために必要となる初期評価は事象の開発と環境に関する便益評価である．相互評価モデルを適用する際には，実際の便益評価を基準化して初期評価を得る．しかしながら，モデル化において，便益評価の困難な性質の戦略が存在したり，あるいは過去の検証としてモデルを用いる際にデータの入手が困難であったりすることも多い．このような場合には，初期評価を定性的に設定する方法が考えられる．すなわち，戦略の性質から開発寄りか環境寄りかに関する順位をつけ，これを1次元の座標軸の$-1 \sim 0 \sim 1$の間に等間隔に並べて評価値を与える方法である．ここでも，この方法を用いることとし，8つの事象を$-1 \sim 0 \sim 1$の間に等間隔に並べることで初期評価を表10.6.4に示すように設定する．

ここでは開発派を意見に偏りのない主体としてモデル化しており，意見分布形の特徴から積分値が定義できないため，相互評価による選好順序を設定する方法は適用できない．開発派の開発一辺倒であるという主体の特徴を考えれば，開発派の2次評価は初期評価において最も開発推進的である事象が最も評価が高く，ここから順に開発戦略に対する推進的事象に対して高評価が与えられ，最後に最も環境保護推進的である事象が最も低い評価を得ることになる．このような背景から，表10.6.4の初期評価値をそのまま開発派の2次評価値として用いることとする．

流域生活者の意見分布は図10.6.8に示され，これは式(10.6.30)に表10.6.2のパラメータ値を適用して得られたものである．この関数と表10.6.4における初期評価値を積分区間として式(10.6.22)～(10.6.24)に対応して用いることで，表10.6.4に示すような流域生活者による2次評価が得られる．表10.6.4のように初期評価と流域生活者の2次評価が異なるのは，図10.6.8のような特徴を有する流域生活者の意見分布を反映させることで，初期評価において環境派寄りであると評価された戦略が流域生活者の高い評価を得

表 10.6.4　初期評価値と 2 次評価値

戦略 評価値	$\Lambda_{1,1}^0$	$\Lambda_{1,1}^1$	$\Lambda_{1,2}^0$	$\Lambda_{1,2}^1$	$\Lambda_{2,1}^0$	$\Lambda_{2,1}^1$	$\Lambda_{2,2}^0$	$\Lambda_{2,2}^1$
初期評価	0.8	-0.6	0.2	-0.2	-0.4	0.6	0.4	-0.8
流域生活者	0.861	0.23	0.228	0.488	0.299	0.353	0.221	0.051

表 10.6.4　戦略の意味

		戦略の意味
$z_{1,1}$	$\Lambda_{1,1}^0, \Lambda_{1,2}^0$	開発派は計画を見直さず，流域生活者に補償を払わない．
$z_{1,2}$	$\Lambda_{1,1}^1, \Lambda_{1,2}^0$	開発派は計画を見直し，流域生活者に補償を払わない．
$z_{1,3}$	$\Lambda_{1,1}^0, \Lambda_{1,2}^1$	開発派は計画を見直さず，流域生活者に補償を払う．
$z_{1,4}$	$\Lambda_{1,1}^1, \Lambda_{1,2}^1$	開発派は計画を見直し，流域生活者に補償を払う．
$z_{2,1}$	$\Lambda_{2,1}^0, \Lambda_{2,2}^0$	流域生活者は計画に同意せず，反対運動を起こさない．
$z_{2,2}$	$\Lambda_{2,1}^1, \Lambda_{2,2}^0$	流域生活者は計画に同意して，反対運動を起こさない．
$z_{2,3}$	$\Lambda_{2,1}^0, \Lambda_{2,2}^1$	流域生活者は計画に同意せず，反対運動を起こす．
$z_{2,4}$	$\Lambda_{2,1}^1, \Lambda_{2,2}^1$	流域生活者は計画に同意して，反対運動を起こす．

たからであるといえる．

　開発派と流域生活者の 2 次評価から各主体の事象に対する選好順序を求める．選好順序は事象を好ましい順番に並べたものであり，選好順序を得るには事象に対する評価が必要となる．事象は各プレイヤーの戦略の組み合わせであることから，ここでは事象 $\{\Lambda_{1,1}^{0or1}, \Lambda_{1,2}^{0or1}, \Lambda_{2,1}^{0or1}, \Lambda_{2,2}^{0or1}\}$ の評価値として対応する戦略 $\Lambda_{1,1}^{0or1}, \Lambda_{1,2}^{0or1}, \Lambda_{2,1}^{0or1}, \Lambda_{2,2}^{0or1}$ の 2 次評価値を足し合わせ，これをこの評価値の高い事象から順に並べた順序列を選好順序として用いることとする．例えば，$\{\Lambda_{1,1}^0, \Lambda_{1,2}^0, \Lambda_{2,1}^0, \Lambda_{2,2}^0\}$ は事象 1 を表し，流域生活者のこの事象に対する評価値は表 10.6.4 において対応する戦略を足し合わせた $0.861 + 0.228 + 0.299 + 0.221 = 1.609$ となる．

　こうして，開発派の選好順序は $|5, 7, 1, 13, 3, 6, 15, 8, 9, 2, 11, 13, 4, 16, 10, 12|$ となり，流域生活者の選好順序は $|8, 4, 7, 16, 3, 12, 6, 15, 2, 11, 5, 14, 1, 10, 13, 9|$ となる．

　次に，選好順序から戦略選択モデルの分析に用いる開発派の利得行列 $\mathbf{M}_1$，流域生活者の利得行列 $\mathbf{M}_2$ を設定する．選好の高い戦略から順番に 15 から 0 までを利得として与え，式 (10.6.33) における事象の対応する位置にその利得を書き入れたものを利得行列とする．例えば，開発派の選好順序から，事象 5 は開発派にとって最も好ましいので，開発派はこの事象が実際に起これば利得 15 を得るものとし，式 (10.6.33) において事象 5 に対応する要素 (1, 2) のところに利得 15 と記入する．このようにして，すべての事象に対応する利得を記入していく．これを次式に示す．

$$\mathbf{M}_1 = \begin{pmatrix} & \{\Lambda_{2,1}{}^0, \Lambda_{2,2}{}^0\} & \{\Lambda_{2,1}{}^1, \Lambda_{2,2}{}^0\} & \{\Lambda_{2,1}{}^0, \Lambda_{2,2}{}^1\} & \{\Lambda_{2,1}{}^1, \Lambda_{2,2}{}^1\} \\ \{\Lambda_{1,1}{}^0, \Lambda_{1,2}{}^0\} & 13 & 15 & 7 & 12 \\ \{\Lambda_{1,1}{}^1, \Lambda_{1,2}{}^0\} & 6 & 10 & 1 & 4 \\ \{\Lambda_{1,1}{}^0, \Lambda_{1,2}{}^1\} & 10 & 14 & 4 & 9 \\ \{\Lambda_{1,1}{}^1, \Lambda_{1,2}{}^1\} & 3 & 8 & 0 & 2 \end{pmatrix} \quad (10.6.34)$$

$$\mathbf{M}_2 = \begin{pmatrix} & \{\Lambda_{2,1}{}^0, \Lambda_{2,2}{}^0\} & \{\Lambda_{2,1}{}^1, \Lambda_{2,2}{}^0\} & \{\Lambda_{2,1}{}^0, \Lambda_{2,2}{}^1\} & \{\Lambda_{2,1}{}^1, \Lambda_{2,2}{}^1\} \\ \{\Lambda_{1,1}{}^0, \Lambda_{1,2}{}^0\} & 3 & 5 & 0 & 1 \\ \{\Lambda_{1,1}{}^1, \Lambda_{1,2}{}^0\} & 7 & 9 & 2 & 4 \\ \{\Lambda_{1,1}{}^0, \Lambda_{1,2}{}^1\} & 11 & 13 & 6 & 8 \\ \{\Lambda_{1,1}{}^1, \Lambda_{1,2}{}^1\} & 14 & 15 & 10 & 12 \end{pmatrix} \quad (10.6.35)$$

(3) 選択確率の時間変化

開発派と流域生活者の選択肢，選好順序より設定した式 (10.6.34)，(10.6.35) の利得行列を 10.5.3 項で説明した式 (10.5.3) のレプリケーターダイナミクスに適用して，プレイヤーの戦略を選択する確率の時間変化を分析する．

$$\frac{dx_{ih}}{dt} = [u_i(e_i^h, x_{-i}) - u_i(x)]x_{ih}, \quad x_{ih} \in [0, 1] \quad (10.5.3)$$

式 (10.5.3) においてプレイヤーが 2 人の場合は，行列表現を用いて次の 2 式のように定式化できる．

$$\frac{dz_{1,h}}{dt} = [e^h \cdot \mathbf{M}_1 \mathbf{z}_2 - \mathbf{z}_1 \cdot \mathbf{M}_1 \mathbf{z}_2]z_{1,h} \quad (10.6.36)$$

$$\frac{dz_{2,k}}{dt} = [e^k \cdot \mathbf{M}_2{}^T \mathbf{z}_1 - \mathbf{z}_2 \cdot \mathbf{M}_2{}^T \mathbf{z}_1]z_{2,k} \quad (10.6.37)$$

$z_{1,h}$：プレイヤー 1 の h 番目の純粋戦略に対する戦略選択確率
$z_{2,k}$：プレイヤー 2 の k 番目の純粋戦略に対する戦略選択確率
$\mathbf{z}_1$：プレイヤー 1 の戦略ベクトル
$\mathbf{z}_2$：プレイヤー 2 の戦略ベクトル
$\mathbf{M}_1$：プレイヤー 1 の利得行列
$\mathbf{M}_2$：プレイヤー 2 の利得行列
e^h：j_i-空間の単位ベクトル

すなわち，式 (10.6.36)，(10.6.37) に式 (10.6.34)，(10.6.35) を代入することで，$z_{1,h}$ と $z_{2,k}$ の解軌道が得られる．なお，初期設定は各プレイヤーの 4 つの戦略に対して 0.25 としている．これは，交渉開始前のプレイヤーの戦略選択確率がすべての戦略に対して

同等である場合を想定した設定である．

以上の設定のもと，得られた戦略の選択確率の収束過程を示す．まず，開発派の有する4つの戦略 $z_{1,1}$, $z_{1,2}$, $z_{1,3}$, $z_{1,4}$ に対する開発派の選択確率の時間変化を図 10.6.9 〜図 10.6.12 に示す．なお，以下では各プレイヤーの戦略を簡単のために表 10.6.4 に示す略記を用いて表すこととする．

これらの図より，開発派の「計画を見直す」という戦略を含む $z_{1,2}$, $z_{1,4}$ は，即座に 0 に向かって収束し始めることがわかる．開発派の「計画を見直さない」という戦略を含む $z_{1,1}$, $z_{1,3}$ の解軌道に着目すると $z_{1,1}$ は変曲せずに 1 へと収束し，一方 $z_{1,3}$ は図 10.6.11 より一度変曲し 0 へと収束する．$z_{1,1}$, $z_{1,3}$ の戦略的相違は流域生活者に補償を払うか払わないかという点であり，$z_{1,1}$, $z_{1,3}$ の解軌道の特徴から，開発派の思考プロセスを次のように解釈することができる．すなわち，「開発派は計画を見直す意志はなく，流域生活者に補償を払うかどうかで迷っていたが，交渉を進めるなかで最終的に補償を払わないことにした．」こうして，開発派は自己の有する戦略のうち最も選好の高いものを採用するにいたっている．

次に，流域生活者の戦略の特性をみてみよう．流域生活者の有する4つの戦略 $z_{2,1}$, $z_{2,2}$, $z_{2,3}$, $z_{2,4}$ に関する流域生活者の選択確率の時間変化を図 10.6.13 〜図 10.6.16 に示す．

まず，「計画に同意しない」という戦略を含む $z_{2,1}$, $z_{2,3}$ は即座に 0 に向かって収束していく．一方，「計画に同意する」という戦略を含む $z_{2,2}$, $z_{2,4}$ の解軌道に着目すると，$z_{2,2}$ は図 10.6.14 より，変曲せずに 1 へと収束し，$z_{2,4}$ は一度変曲し 0 へと収束する．$z_{2,2}$, $z_{2,4}$ の戦略的相違は流域生活者が反対運動を起こすか起こさないという点にあり，このような $z_{2,2}$, $z_{2,4}$ の解軌道の特徴は流域生活者の「迷い」としてみることができる．そして，最終的に流域生活者は，やはり自己の有する戦略のうち最も選好の高いものを採用するにいたっている．

開発派と流域生活者の戦略選択確率の解軌道を比較すると，全般に開発派の解軌道に比べて流域生活者の解軌道が緩やかなカーブを描く．この理由として次のことが考えられる．開発派の選好順序において，開発派は流域生活者の有する戦略の実現有無よりも自己の有する戦略の実現有無を重視している．つまり，開発派は流域生活者がどの戦略を選択するかということよりも，自己の有する戦略に対して自らの望ましいと思う状態が実現することを優先事項としている．このような開発派の選好順序の性質は図 10.6.7 に表されるような「とにかく開発計画を推進したい」という意見分布に起因するものであると解釈できる．

一方，流域生活者の選好順序において，自己の有する戦略の実現有無よりも開発派の有する戦略の実現有無を重視している．つまり流域生活者は，自らが有する「計画に同意する」や「反対運動を起こす」という戦略をどのように選択するのが好ましいかということよりも，「開発派に計画を見直して欲しい」ということや「補償を払って欲しい」ということに対する選好を優先事項としている．このような流域生活者の選好順序の性

図 10.6.9 $z_{1,1}$

図 10.6.10 $z_{1,2}$

図 10.6.11 $z_{1,3}$

図 10.6.12 $z_{1,4}$

図 10.6.13 $z_{2,1}$

図 10.6.14 $z_{2,2}$

図 10.6.15 $z_{2,3}$

図 10.6.16 $z_{2,4}$

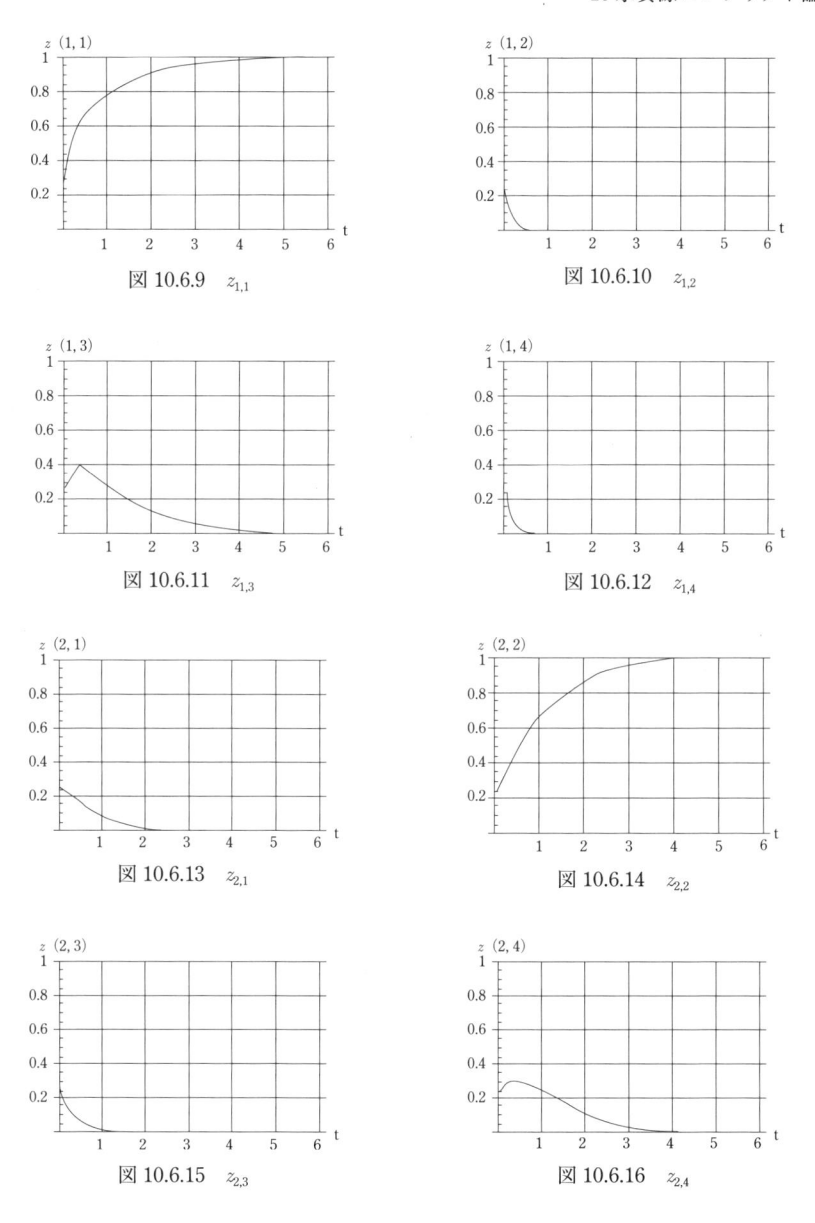

質は，図 10.6.8 の意見分布を開発派の初期評価に反映させた結果得られたものであると考えられよう．2極化した流域生活者の意見分布は，開発派と環境派それぞれに大きく偏った戦略を高く評価することとなる．ここで着目しているコンフリクトにおいて，開発派か環境派かに大きく偏る戦略はすべて開発派の有する戦略である．なぜなら，初期

評価において開発派が重視する戦略は自己の有する戦略であり，その実行有無次第で戦略の評価は大きく変わる．一方，流域生活者の戦略の実行有無は開発派によって重視されていない．したがって，必然的に初期評価において開発派の有する戦略は開発寄りの+1付近か環境派寄りの-1付近に位置し，流域生活者の戦略はその中間に位置することになる．このような初期評価に対して，2極化した意見分布から2次評価すれば当然，開発派の有する戦略ほど高い評価を得ることになる．

以上のような選好順序の性質の違いが解軌道のカーブに差異を生じさせるものと考えられる．つまり，自己の戦略の実行有無を他のプレイヤーの戦略実行有無よりも重視するプレイヤーの解軌道は鋭いカーブを描くと考えられる．逆に，他のプレイヤーの戦略実行有無を重視するプレイヤーの解軌道は緩やかなカーブを描く．なぜなら，自己の戦略より他のプレイヤーの戦略を重視するプレイヤーは相手の戦略選択の確率変化を常に気にして自己の戦略を決定しなければならないからである．したがって，自己の戦略を重視するプレイヤーの解軌道の後を追うような軌道をみせることになる．

以上のことから，流域生活者の思考プロセスを次のように解釈することができる．「流域生活者は計画に同意してもよいと思っている．問題は反対運動を起こすかどうかに帰着するが，反対運動を起こしたいと強く思っているわけではない．開発派は交渉を進めるなかで流域生活者が計画に肯定的な姿勢であることを察知し，計画を見直さず補償を払わないという決断に踏み切る気配が出てきた．開発派が強く計画推進を主張するならば，計画推進反対に生活者の意見が集約しているわけではないので，その決断を受け入れざるを得ないだろう．」

分析結果をまとめれば，最終的には$z_{1,1} \to 1$, $z_{2,2} \to 1$ に収束する．すなわち，事象 $\{\Lambda_{1,1}{}^0, \Lambda_{1,2}{}^0, \Lambda_{2,1}{}^1, \Lambda_{2,2}{}^0\}$ に収束する．事象 $\{\Lambda_{1,1}{}^0, \Lambda_{1,2}{}^0, \Lambda_{2,1}{}^1, \Lambda_{2,2}{}^0\}$ は「開発派は計画を見直さず，流域生活者に補償を払わない．流域生活者は計画に同意して，反対運動を起こさない．」という状態を指す．

(4) プレイヤー間の歩み寄りの誘導

(3)のように設定することで，現実と符合する事象 $\{\Lambda_{1,1}{}^0, \Lambda_{1,2}{}^0, \Lambda_{2,1}{}^1, \Lambda_{2,2}{}^0\}$ を均衡解として得，そして，実際にはうかがうことのできない当時の旧建設省（現：国土交通省）と流域生活者の戦略選択過程をモデル上で観察することができた．もちろん，事象 $\{\Lambda_{1,1}{}^0, \Lambda_{1,2}{}^0, \Lambda_{2,1}{}^1, \Lambda_{2,2}{}^0\}$ が得られるためのコンフリクトの設定がここで示した1通りであるとは限らない．現実のコンフリクトにモデルを適用する際には，まず社会意識調査とコンフリクトの経緯についての調査を通して現実を記述するκとδを設定する必要がある．コンフリクトをマネジメントしようとする際には，調査を通してκとδの設定を行った後，図10.6.2に示すパラメータと極値の分類図を参照しながらκとδを操作し，あるいは外生項を与えることによって，プレイヤーの性質を変化させ，この結果プレイヤーの意見分布を変化させて，現実とは異なる均衡状態へと導くという手順をふむこと

10 水資源コンフリクト論

表 10.6.5　パラメータ対応表

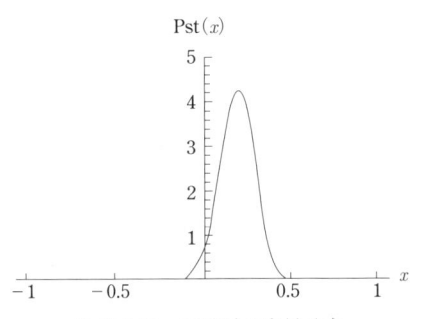

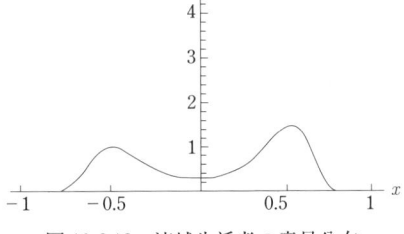

プレイヤー＼パラメータ	N_i	δ_i	κ_i
開発派	100	0.1	0.5
流域生活者	100	0.002	1.1

図 10.6.17　開発派の意見分布

図 10.6.18　流域生活者の意見分布

になる．

　以下では，第3者機関のうち，寄贈者の介入によるコンフリクトマネジメントの可能性を分析する．なお，改めて寄贈者の定義を示せば，寄贈者はプレイヤーの選好を長期的なスパンで変化させ，コンフリクトの構造を変化させるというマネジメントを行う第3者機関である．寄贈者の操作変数としては，治水・利水に対する忘却率や，プレイヤーの相互影響力などが考えられる[1]．寄贈者はまた，プレイヤーの価値観を変化させるという意味において，コンフリクトの本質的な改善を模索する第3者機関あるといえる．

　まず，寄贈者の介入により開発派の意見分布が変化し，開発一辺倒の姿勢からゆらぎ始めた場合を想定する．このときのパラメータの値を表 10.6.5 に，この設定から得られる各プレイヤーの意見分布を図 10.6.17，図 10.6.18 に示す．

　開発派のパラメータ設定は，δ が正で流域生活者よりも大きいことから，開発派は流域生活者よりも開発を好ましいと思っていることを表している．また，κ が流域生活者よりも小さいことから，開発派は流域生活者よりも集団内の意見の分布形に影響を受けないことを表している．歴史分析で設定したようなデルタ関数ではなく，また，このようにパラメータを設定することは，開発派が集団であり，しかもその内部で意見にばらつきがあるプレイヤーとして捉えていることを意味する．メディアを通した開発派の姿勢からは，もちろんこのような意見のばらつきはうかがえるものではないが，開発派が実際に集団であることから，このような意見の分布を仮定することは現実から乖離した想定ではないと考える．なお，流域生活者に関する設定は歴史分析と同様であるとす

853

表 10.6.6　戦略に対する評価値

評価値＼戦略	$\Lambda_{1,1}^0$	$\Lambda_{1,1}^1$	$\Lambda_{1,2}^0$	$\Lambda_{1,2}^1$	$\Lambda_{2,1}^0$	$\Lambda_{2,1}^1$	$\Lambda_{2,2}^0$	$\Lambda_{2,2}^1$
開発派	ε	ε	0.963	0.024	ε	0.013	0.469	ε
流域生活者	0.861	0.23	0.228	0.488	0.299	0.353	0.221	0.051

る.

　この意見分布から，戦略の評価値が表 10.6.6 に示すように得られる.

　表 10.6.6 における ε は評価値が非常に微小であることを示すものである．開発派にとって評価値が ε ではない事象に比べ，ε の事象の評価値はそれぞれ無視しうるほど小さく，開発派にとって最も好ましくない事象として同様に取り扱うこととする．

　以上の設定より得られる開発派の利得行列 $\mathbf{M}_1$ と，流域生活者の利得行列 $\mathbf{M}_2$ を次式に示す．なお，流域生活者の利得行列は歴史分析に用いたものと同様である．

$$\mathbf{M}_1 = \begin{pmatrix} & \{\Lambda_{2,1}^0, \Lambda_{2,2}^0\} & \{\Lambda_{2,1}^1, \Lambda_{2,2}^0\} & \{\Lambda_{2,1}^0, \Lambda_{2,2}^1\} & \{\Lambda_{2,1}^1, \Lambda_{2,2}^1\} \\ \{\Lambda_{1,1}^0, \Lambda_{1,2}^0\} & 3 & 5 & 10 & 3 \\ \{\Lambda_{1,1}^1, \Lambda_{1,2}^0\} & 3 & 5 & 10 & 3 \\ \{\Lambda_{1,1}^0, \Lambda_{1,2}^1\} & 13 & 14 & 15 & 13 \\ \{\Lambda_{1,1}^1, \Lambda_{1,2}^1\} & 7 & 8 & 11 & 7 \end{pmatrix} \quad (10.6.38)$$

$$\mathbf{M}_2 = \begin{pmatrix} & \{\Lambda_{2,1}^0, \Lambda_{2,2}^0\} & \{\Lambda_{2,1}^1, \Lambda_{2,2}^0\} & \{\Lambda_{2,1}^0, \Lambda_{2,2}^1\} & \{\Lambda_{2,1}^1, \Lambda_{2,2}^1\} \\ \{\Lambda_{1,1}^0, \Lambda_{1,2}^0\} & 3 & 5 & 0 & 1 \\ \{\Lambda_{1,1}^1, \Lambda_{1,2}^0\} & 7 & 9 & 2 & 4 \\ \{\Lambda_{1,1}^0, \Lambda_{1,2}^1\} & 11 & 13 & 6 & 8 \\ \{\Lambda_{1,1}^1, \Lambda_{1,2}^1\} & 14 & 15 & 10 & 12 \end{pmatrix} \quad (10.6.39)$$

　式 (10.6.38)，(10.6.39) の利得行列を用いてレプリケーターダイナミクスを適用した結果を，開発派に関するものを図 10.6.19 〜図 10.6.22 に，流域生活者に関するものを図 10.6.23 〜図 10.6.26 に示す．戦略の意味と初期設定については (3) と同様である．

　図 10.6.19 〜図 10.6.26 より，最終的に各プレイヤーの戦略選択確率は $z_{1,3} \to 1$, $z_{2,2} \to 1$ に収束することがわかる．つまり，$\{\Lambda_{1,1}^0, \Lambda_{1,2}^0, \Lambda_{2,1}^1, \Lambda_{2,2}^0\}$ が選択される確率が 1 に収束し，それ以外は確率が 0 に収束するため選択されないことになる．これは，「開発派は計画を見直さず，流域生活者に補償を払う．流域生活者は計画に同意して，反対運動を起こさない．」が選択される確率である．以上の設定のもとで得られた解は，実際の歴史とは異なるものとなる．

　実際の歴史では，開発派は計画を見直す気は即座になくなり，補償を払うか払わないかで迷う．そして，最終的には補償を払わないほうへ変化する．すなわち，歴史分析で開発派は，図 10.6.11 にみられるように戦略 $z_{1,3}$「開発派は計画を見直さず，流域生活者に補償を払う．」に対して変曲点を有しているという意味で迷いがあったものの結局，

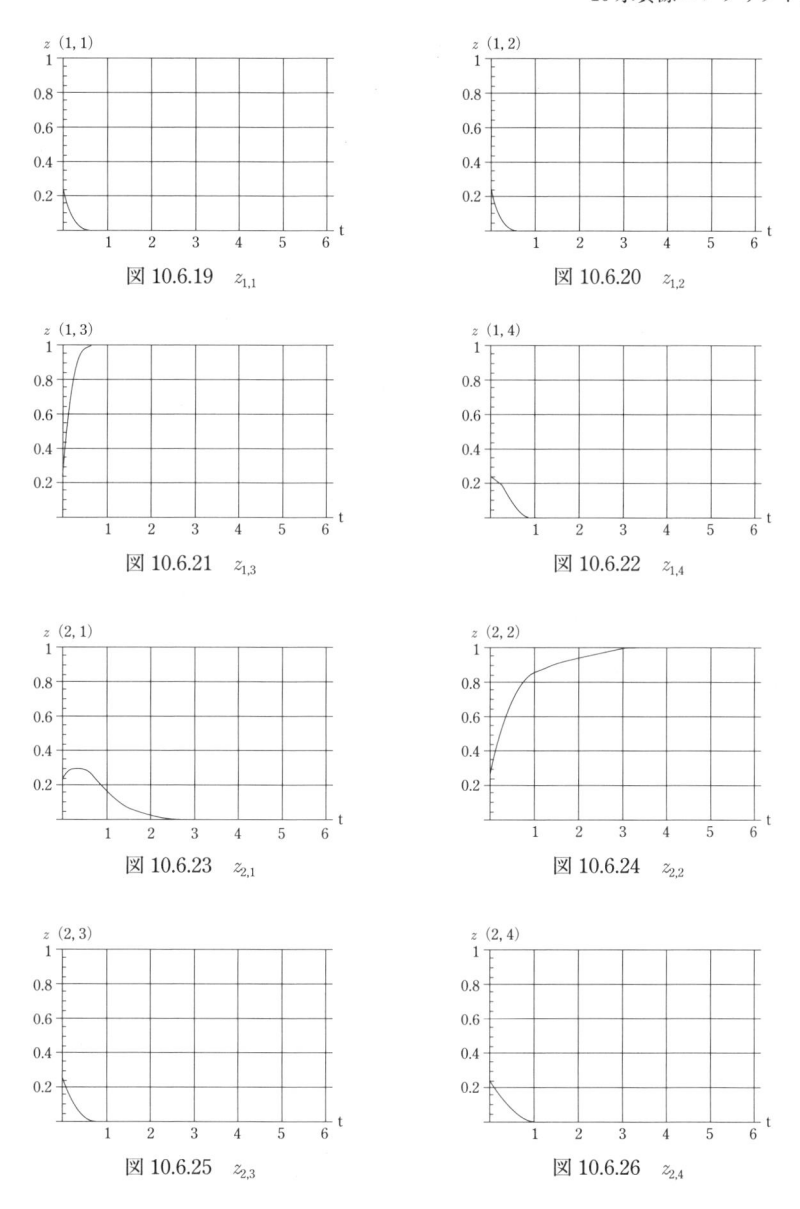

図 10.6.19　$z_{1,1}$

図 10.6.20　$z_{1,2}$

図 10.6.21　$z_{1,3}$

図 10.6.22　$z_{1,4}$

図 10.6.23　$z_{2,1}$

図 10.6.24　$z_{2,2}$

図 10.6.25　$z_{2,3}$

図 10.6.26　$z_{2,4}$

「開発派は計画を見直さず，流域生活者に補償を払わない．」の確率が1に向かう．しかし，寄贈者が介入し，開発派の意見分布が開発一辺倒でなくなった場合，図 10.6.19 の分析の結果にみられるように迷いなく戦略「開発派は計画を見直さず，流域生活者に補償を払う．」選択確率が1に収束することがわかる．

一方，流域生活者は，実際の歴史における解挙動と比べて変化はない．つまり，反対運動は起こさないながらも，計画に同意するかどうかについて迷い，そして最終的には計画に同意する．

　以上より，寄贈者の介入後は次のように状況が変化すると解釈できる．開発派内部の意見分布がゆらぎ始め，集団が開発派寄りではあるが中間的な戦略を最も好むようになると，計画を推進しながらも流域生活者に配慮して補償を払うことになる．流域生活者は歴史分析のときよりも軟化した開発派に対して非協力的になる理由はなく，計画に同意し反対運動を起こさないという戦略を取り続けることになる．以下，結果を要約する．

　寄贈者の介入により開発派の意見分布が変化すれば，実際よりも速やかにコンフリクトが収束する可能性があるといえる．すなわち，寄贈者がプレイヤー間の歩み寄りを促すことによって，コンフリクトマネジメントが行われることになる．このように，意見分布の変化でコンフリクトの行く末は大きく変わってくる．将来，日本において生活者参加の促進が予想されるため，生活者をプレイヤーとして扱うことが必要となるだろう．この場合，コンフリクトマネジメントを行ううえでは，集団であるプレイヤーとしての生活者の意見分布のばらつきがコンフリクトの展開に影響を及ぼす可能性に留意することが重要である．そして，そのような意見の分布をマネジメントの対象として認識することは，コンフリクトマネジメントにおいて重要な要素の1つであると，ここでの分析結果から結論づけられよう．逆に，社会的な意思決定に対して無責任な生活者が集まれば容易に意見分布は変化し，情報操作によって現実の意思決定を操作することも可能となってしまうという事実も示唆しているといえる．

参考文献

1) 萩原良巳・坂本麻衣子：『コンフリクトマネジメント―水資源の社会リスク』，勁草書房，2006
2) 松田徳一郎編：リーダーズ英和辞典第2版，研究社，1999
3) Random House New York: **Random House Webster's Unabridged Dictionary** -second edition-, Random House, USA, 1997
4) 萩原良巳，萩原清子，高橋邦夫：『都市環境と水辺計画―システムズ・アナリシスによる』，勁草書房，1988
5) Ohlsson, L. ed.: **Hydropolitics: Conflicts over Water As a Development Constraint**, University Press Limited, Bangladesh, 1996.
6) 近藤則夫編：現代南アジアの国際関係，アジア経済研究所，1997
7) 萩原良巳・萩原清子・Bilqis A. Hoque・山村尊房・畑山満則・坂本麻衣子・宮城島一彦：バングラデシュにおける災害問題の実態と自然・社会特性との関連，京都大学防災研究所年報，第46号B，pp. 15-30, 2003
8) フレッド・ピアス著，平澤正夫訳：『ダムはムダ―水と人の歴史―』，共同通信社，1995
9) 小林三樹：チグリス・ユーフラテス川流域管理問題の概観, International Symposium Global Governance of Water - Human Security and Water Resources -, 2004
10) 21世紀研究会編：『新・民族の世界地図』，文藝春秋，2006
11) 佐藤祐一：河川開発と環境保全のコンフリクト下における代替案の評価と合意形成に関する研

究,京都大学博士学位論文,2008
12) 桑子敏雄:『感性の哲学』,NHKブックス,2001
13) Sakamoto, M. and Y. Hagihara: *A Study on Social Conflict Management in a Water Resources Development — A Case of the Conflict between India and Bangladesh over Regulation of the Ganges River-*, **JJSHWR**, Vol. 18, No. 1, pp. 11-21, 2005
14) 辻田啓志:『水争い―河川は誰のものか―』,講談社,1978
15) Sandra Postel: ***Pillar of Sand-Can The Irrigation Miracle Last?***, Worldwatch Institute, 1999
16) Barlow, M. and Clarke, T:***Blue Gold***, Stoddart Publishing Co., 2002
17) 生天目章:『戦略的意思決定』,朝倉書店,2001
18) 依田高典:『不確実性と意思決定の経済学』,日本評論社,1998
19) 永橋為介:市民とデザイナー 共同の可能性,『環境と都市のデザイン』,pp. 129-158,学芸出版社,2004
20) 岡田憲夫:コンフリクトの構図,切り口としてのゲーム理論,土木学会誌,No. 87,pp. 25-28, 2002
21) 田村坦之・中村豊・藤田眞一:『効用分析の数理と応用』,コロナ社,1997
22) Carl Steinitz ら著,矢野桂司,中谷友樹訳:『地理情報システムによる生物多様性と景観プランニング』,地人書房,1999
23) 佐藤祐一・萩原良巳:住民意識に基づく河川開発代替案の多元的評価モデルに関する研究,環境システム研究論文集,No. 32, pp. 117-126, 2004
24) 森下郁子・森下雅子・森下依理子:『川のHの条件』,山海堂,2000
25) 村上修一・浅野智子・アロン・イスガー・佐藤祐一・永橋為介・安場浩一郎:歴史的頭首工の親水空間としての可能性―吉野川第十堰の利用観察調査をとおして,日本建築学会四国支部研究報告集,No. 4, pp. 89-90, 2004
26) アマルティア・セン著,鈴村興太郎・須賀晃一訳:『不平等の経済学』,東洋経済新報社,2000
27) Sen, A. K.: Poverty: *An Ordinal Approach to Measurement*, ***Econometrica***, Vol. 44, pp. 219-231, 1976
28) Mesarovic, M. D. et al:***Theory of Hierarchical Multilevel Systems***, Academic Press, 1970
29) Dantzig, G. B.:***Linear Programming and Extensions***, Princeton University Press, 1963
30) Lasdon, L., S.:***Optimization Theory for Large Systems***, MacMillan, 1970
31) Hagihara, Y. and K. Hagihara: *Project Grant Allocation Process Applied in Sewerage Planning*, **Water Resources Research**, Vol. 17, 3. pp. 449-454, AGU, 1981
32) Hagihara, K.: *The Role of Intergovernment Grants for Environmental Problems*, **Environment and Planning C: Government and Policy**, Vol. 3, pp. 439-450, Pion, 1985
33) 萩原清子・萩原良巳:沿岸海域への汚濁インパクトを考慮した地域水配分計画,地域学研究,第7巻,pp. 61-75, 1977
34) Fang, L., Hipel, K. W., and Kilgour, D. M.: ***Interactive Decision Making: The Graph Model for Conflict Resolution***, Wiley, New York, 1993
35) 坂本麻衣子・萩原良巳・Keith W. Hipel:インド・バングラデシュのガンジス河水利用コンフリクトにおける第3者機関の役割に関する研究,環境システム研究論文集,Vol. 32, pp. 29-36, 2004
36) 坂本麻衣子・萩原良巳:水資源の開発と環境の社会的コンフリクトにおける均衡状態到達プロセスに関する研究,環境システム研究論文集,Vol. 30, pp. 207-214, 2002
37) 坂本麻衣子,萩原良巳:開発と環境のコンフリクトにおける合意形成に関する研究,地域学研究,Vol. 32, No. 3, pp. 147-160, 2002
38) 坂本麻衣子,萩原良巳:水資源開発における開発と環境の集団コンフリクトに関する研究,土木計画学研究・論文集,Vol. 20, No. 2, pp. 295-304, 2003
39) Sakamoto, M. and Hagihara, Y.: *A Model Analysis of the Process for Building Consensus under*

the Conflict Situation between Development and Environment, Proceedings of Third International Conference on **Water Resources and Environment Research**, Vol. 1, pp. 518-523, 2002
40) W. ワイドリッヒ・G. ハーグ著,寺本英・中島久男・重定南奈子共訳:『**社会学の数学モデル**』,東海大学出版会,1986
41) 萩原良巳:『**環境と防災の土木計画学**』京都大学学術出版会,2008

水辺の歴史的変遷

11.1 水辺の歴史と履歴

　ここでは，都市の水辺をより理解するために，「水と緑」の視座で，その歴史を記述してみよう．この目的は，現在の水辺の姿を過去の履歴で眺めようという試みである．
　京都で生まれ育ち，東京で24年を過ごし，Uターンで京都に戻って16年が過ぎた．東京に住み，山々が見えず，何か落ち着かない違和感を感じながら過ごしてきた．ふと気がつくと，人工的な四季とたまに眺める汚い水辺であった．それが厭で，登山を始めた．誰も居ない山頂や山麓の高山植物を眺め，冷たい谷川の水を口に含むと，ほっとして落ち着くのである．ゆっくり時間が流れ，自分が生きていることが実感できる．誰にも干渉されない自分を見つけることができる．そのとき，自分が自分を，歴史的に（過去を断ち切って）眺めているのではなく，過去の履歴で見ていることに気がついたのである．そして，京都に帰り，鴨川のすぐ側に住居を構え，出勤するときにはほとんど毎日，鴨川を通勤路として利用しながら，また違和感を感じ始めたのである．これは，私たちの鴨川じゃない，という感じなのであった．これは，一体どういうことかと考え始めることになった．原風景とは異なったのである．あまりにも手入れやゾーン分けされている鴨川が，厚化粧の舞妓さんとダブってしまったのである．それでも，四季折々の九重の北山や東山を眺め，四季折々の鳥たちを横目で眺めながら，口笛を吹いている自分を発見するとき，やはりほっとするのである．
　ところが，ヨーロッパの水辺を散策していて，このような感覚がわいてこないのである．あまり感じないのである．パリのセーヌ川，ストラスブールのイル川やライン川，ウィーンやブダペストのドナウ川を見ていても，コルドバのグアダルキビール川や，ローマのテヴェレ川を見ていても，なぜか東京の水辺と同じように金太郎飴的に見えてくるのである．それは，完全なまでの人工河川の水辺であるからである．まだ京都では水辺から四季折々の山々が見えているから救われると，自分を慰めている自分に苦笑している自分を見て笑えてくる．それでも，そこに住み，そこを愛する生活者や観光客に

とってはすばらしいところで，観光客は別にしても，そこに住む生活者にとっては，歴史的な水辺ではなく，その人々の履歴的な存在であることには違いはないのである．

現在の水辺を自分の履歴の中に組み込んでいる生活者の立場に立って，以下では，いちばん多く訪問した外国である中国といちばん親しみをもっている京都の鴨川の現在の諸問題を取り上げる．11.3.4項では，北京を中心とした河海流域の水資源の深刻さを述べ，何故に中国が南水北調に力を注ぎ，6.5節で述べたように，北京の水辺の復活に邁進するのかを明らかにする．そして，5.3節で述べたように，ほとんどの鴨川本川の生活者が水辺に満足しているにもかかわらず上流の生活者に無関心であるため，上流の生活文化を「まつり」「あそび」「なりわい」「まもり」の視座で構成し，その苦悩を記述することにしよう．11.3節では水辺ネットワークとしてみた中国都城の歴史を語ってみたい．そして，11.4節で中国の長安の都城を模倣した京都の水辺の歴史と現代の課題を語ろうと思う．

以下，本章の概観を要約しておこう．

11.2節；1.1節ではメソポタミアの神話における水と緑の出現のみ記述した．ここでは，再びメソポタミアの神話の追加を含めた，エジプト・インド・中国の四大文明の水に関する神話を述べることにしよう．私たちの祖先の生活における水との関わりを知るためである．

11.3節；中国の都城建設は古代から，風水思想により，水資源を必要条件とした社会基盤を建設していたことを述べ，都城が全国の水辺ネットワークで位置づけられることにより，広大な中国大陸の経済，文化，そして政治の一体性が培われてきたことを記述する．中国では「水を制するものは天下を制する」と言われてきたように，洪水や旱魃あるいは水によるアメニティ（あるいはレクリエーション）空間としての庭園や林園の造営に歴代王朝が熱心に延々と努力してきた．北京が水辺ネットワークの中心都市になるべく元の時代以降，人工の湖沼を造りつづけ，水と緑の都市整備がなされてきたことを述べる．

なお，国際的に水資源（Water Resources）は水環境・洪水・旱魃・利水・生態・アメニティ・水に関わる社会・経済・文化など，その範囲は水に関する何でもありの概念である．特に，中国の水利という言葉はWater Resourcesを指し，現在の日本では何故か（ほとんど）利水（Water Utilization）に限定されている．これらの違いを理解しておくことは，国際社会で活躍するには必須条件である．

11.4節；平安京の都市計画における水辺構築とその変遷，室町時代の戦乱による水辺の荒廃，豊臣秀吉の治水と軍事的防衛を目的とした都市計画，江戸時代の治水政策と角倉了以の保津峡・高瀬川の開削による京都経済の復興，幕末の西高瀬川の開削と明治

の琵琶湖第1疎水事業による近代化過程(日本初の電車などの出現)における水辺の消滅,そして戦後の市電の路線拡大や車のための道路さらに下水道建設による水辺の喪失を記述し,現代の水辺が鴨川しか残らず,長年の市政の怠慢により,政令指定都市の中で都市公園が最小の都市になってしまったことを述べることにしよう.過去の京都文化を守るのではなく,新しい文化を創生するために水辺の歴史を眺め,計画者の履歴として考える必要があろう.また,鴨川流域懇談会に寄せられた市民の自由意見を,テキストマイニングにより文法を考慮した用語の出現頻度と共起関係に基づいた分析を行い,その意見構造が地域的事象による「中心地—山間地」軸と,河川景観事象による「美観—醜観」軸のなす空間から構成されることを示し,鴨川に対する具体的改善点として上流では産業廃棄物処理場の処遇が,下流市街地では水害対策の強化が高く指摘されていることを明示した.そして,鴨川のまもりの要にある上流域の文化と生活者の苦悩を記述することにより,上下流が一体となる鴨川流域の相矛盾する「多様性と統一性」をベースとした環境マネジメントの原点を考えることにしよう.

11.2 神話に見る水

11.2.1 川の水はどこから来ているのか[1]

「河川の水はどこから来ているのか」という質問に,いまでは誰でも降雨からだと答えるが,これがヨーロッパではっきりしたのは約350年前のことであった.

芸術家で哲学者で自然科学者でしかも技術者であった,レオナルド・ダ・ヴィンチ(1452〜1519)は「川の起源」の中で,川の水の源は海から地球の割れ目を通って山頂に上ってくる(塩はその過程で失われる)水と雨の両方であると述べていた.彼は,雨水だけで川の流れを維持するにはとても十分でないと直感的に判断していたと思われる.こうした直感はギリシャの哲学者アリストテレス(BC385〜322)以来,ヨーロッパで信じられてきた考えでもあった.

古代ギリシャ以来権威をもって受け継がれてきたこのような考えを打ち破ったのは,フランス人のピエール・ペローであった.彼は,セーヌ川の上流域を対象に丹念に調査して年間流量を推定し,それを観測された年降水量と比較して,河川流量が流域に降った雨や雪のわずか1/6にすぎないとの計算結果を得た.そして,1674年に発表した「泉の水源について」という論文の中で「雨だけでは川の流れを供給するのに十分ではないという説を訳もなく主張したアリストテレスやその他の人々の単純な否定的考えよりは,私の考えはずっと満足なものであろうと信じる」と(アジア人にとってあたりまえの)降雨が川の水の源であることをはじめてヨーロッパで近代科学的に実証した.これらのことから得られる教訓は,「常識」とは何かと考えるうえで,その(時空間)前提条件を吟味することの重要性である.マニュアル的画一的な規範的常識では困るのである.

私たちは，上のような歴史的事実から，規範的なあるいは理論的な (normative)「かくあるべき」論的な研究が，実証的なあるいは実験的な (positive)「こうである」論的な研究によって打ち砕かれ，また実証的な研究から新たな規範が生まれるという循環的な（弁証法的な）科学の発展過程を学ぶことができる．自然科学でも社会科学でも両方のアプローチが不可欠で，これを結びつけるのが人文科学で閉じられた実践（自然・社会）科学が土木工学 (civil engineering) であるといえよう．したがって，雨の議論を行うためには，私たち人類の祖先たちが，「水」をどのように認識していたかを神話から学ぶことも必要となる．

11.2.2 メソポタミアの神話[2]

旧約聖書の創世記第 11 章に大洪水に生きのびたノアの子孫が「東に移り，シナルの地に平野を得て」有名なバベルの塔を建てたと書かれている．この「シナルの地」とはシュメールがなまったものである．このシュメールの代表的な神話の人間の創造のところで，以下の記述がある．『まず天と地が創造され，チグリス川とユーフラテス川がつくられた．天には天神アン，大気の神エンリル，太陽神ウトゥ，地・水神エンキがおり，神々の議論が続いた．大気の神エンリルが言った．「天と地がつくられ，チグリス川とユーフラテス川の堤防もつくられた．次に何をつくることにしようか」神々はそれに答えて言った．「二柱のラムガ神から人間をつくることにしましょう．彼らの血から人間をつくりましょう．神々の下働きとして，いろいろな労働をしてくれるように．神々の住まいを建て，運河をつくり，畑をたがやし，国土を豊かにするように．女神アルルがその計画を完成させるでしょう．」』*

次に，シュメールを政治的に征服したアッカドの神話伝説のうち，天地創造物語の最初に『世界がまだ混沌としていたころ，真水を表す男神アプスーと塩水を表す女神ティアマト，それに生命力を代表するムンマだけが存在した．』**と書かれている．そして，後のほうで，『ティアマトの両眼はユーフラテス川とチグリス川の源とされ，その体からバビロニアの国土がつくり出された．』と書かれてある．

さらに，ギルガメッシュ叙事詩***の第 11 の書板で以下のような記述がある．『ギルガメッシュは永遠の生命を得たというウトナビシュティム（創世記のノア）に会い，ここで有名な大洪水の物語が語られる．彼の一族はシュルパックに住んでいたが，神々は大洪水によってこの町を滅ぼすことにした．知恵の神エアはウトナビシュティムに，箱船をつくって一族や動物たちとともに乗り込むよう命じ，そのとおりにことが運ばれる．大洪水が 6 日間荒れ狂い，箱船はニシルの山に流れ着いた．その後鳩，燕，大烏を放して，

---

*古バビロニア期 (BC1900～1700 年ころ) のものとされるアッシュール遺跡出土の粘土書板．
**ニネヴェ遺跡のアッシリア王宮書庫の粘土書板．
***永遠の生命を求める半神半人の英雄ギルガメッシュを主人公としたシュメールの神話群をアッカド語でまとめた叙事詩で，ニネヴェ出土のアッシリア語版で知られている．

ついに水が引いたことを知ったウトナビシュティムは，箱船から出て神々に感謝した．神々の間では，エア神がウトナビシュティム一族を助けたことについて論争があったが，結局彼らに永遠の生命が与えられ，遠方の河口に住まわせることになった．』

また，(ノアにあたる) アトラ・ハシース物語に，大洪水の原因について書かれている．『神々ははじめのころ，労役に服していたが，その仕事がきつく，反乱を起こした．それで，神々の労苦に代わって労働する人間をつくることが考えつかれた．ある神を殺害し，その肉と血を粘土にまぜあわせて人間がつくられた．人間がつくられると，急激に増加し，神殿を建て，運河を開き，田畑をたがやした．人間はあまりにも増え，その騒音は神々にとってはもはや眠ることもできなくなるほど耐え難いものになった．エンリルを中心に神々の会議が開かれ，人間どもに「大洪水」を送り込むことが決められた．』

このように，メソポタミアでは天地創造物語にまず水の男女神が存在し，神々が厳しい労苦から解放されるために人間を創造し，それがうるさいといって大洪水を引き起こし，ウトナビシュティムの一族だけを残し，他を絶滅した．そして，旧約聖書の神はノアの子孫によるバベルの塔と町の建設を放棄させ，人間の言葉を乱し，互いに言葉が通じないようにした[3]．神々や神がジオシステムを象徴するとすれば，人間は何と小さな存在であろうか．そして，現在の地球環境問題の主要な要因である人口爆発に関して，いわゆる先進国といわゆる開発途上国の関係を，上述の神話の神々と人間の関係のアナロジーに当てはめたとすれば，何と恐ろしいことであろうか．

なお，チグリス・ユーフラテス川の最低流量と最高流量の差が10倍前後である．このことが，この両河川のもつ性格をよく表しており，この流域の住民に与えた影響の強さがよくわかる．つまり，傾斜のきわめて緩やかな広大な平野と，1年を通じて絶えず大きく増減を繰り返す水量を有する両河川は，シュメールの土地に豊かな恵みを授けると同時に，ひとたび荒れ狂うと，標高差のないメソポタミア大平原に，例えようもない災害をもたらしたのである[4]．

11.2.3　エジプトの神話

ここでは，エジプトの神々の事典[5]で記述されている神々をもとに，ナイルの洪水神話を私たちなりに構成してみよう．

エジプトでは，古代の人々は，太陽神ラーが最も力をもつ灼熱の季節に，何故ナイルが毎年増水するのか考えた．このとき，イシス＝ソティス星が70日間姿を隠した後，ラーが地平線に昇る直前に出現することを知っていた．明け方の地平線でのこの天体現象は洪水の始まりと一致して生じたため，エジプト人はこの2つの出来事の間に因果関係を想定し，数多くの図象でそれを表した．エジプトの洪水はメソポタミアほど激しいものではない．ここでは，エジプトのいくつかの神々に登場していただき，その洪水に果たす役割を紹介しよう．

まず，前述したイシス＝ソティス (ソティスはシリウス星のエジプト名セペデトのギリ

シャ語形である）は，エジプト風の服を着た女性という古典的な姿で表現される．古い星の神ソティス（星々の王女）は，非常に早くからイシスと同一視されていた．イシスは大女神であり，「偉大なる神」として運命を支配し，いくつかの宗教文書において，自ら「我は，運命が従うもの」であると宣言している．したがって，「生命の女主人」であり，新生児と死者を見守る．また，死者を助けて変容を遂げさせ，再生へと導くことから，宇宙の子宮であるハトホルと同一視される．ハトホルの起源は天の女神としての雌牛である．ハトホルは何よりもまず母であり，宇宙の子宮を表している．つまり「神々と人間の母であり乳母」である．ハトホルは受胎と多産をもたらし，母親と子供を保護する．そして，夫のオシリス*を生き返らせたように，死者をよみがえらせるのである．

ナイルの増水が始まる時期はユリウス暦の7月19日ごろで，容赦なく照りつける太陽によって，乾ききった国に豊穣をもたらす水が奇跡のように到来するのは，古代人にとって神の賜物と思われた．それで，イシス＝ソティスの天空への帰還と待望の洪水ハピの開始との間に因果関係があるに違いないと考えられた．ハピは膨れた腹と垂れた乳房をもつ男性で，ほとんど両性具有である．増水期のナイルでもあるハピはエジプトに生命をもたらし，それとともに，象徴的に上下エジプトの父母となる．つまり，神々もハピの恵みなしでは生きられないのである．だから，ハピは「神々の父」である．

増水の観念は多くの宇宙創造伝説の根底にあるが，エジプトではオシリスの遺体から流れ出る体液と同一視され，ハピは，神秘的な力によってエジプトに生命をもたらし永劫回帰のシンボルとなる．このため，ナイルで溺れ死んだら天国へ行けるという信仰も生まれた．

さらに古代人たちは水がアフリカ中央部から来ていることをすでに知っていた．太陽が黄道十二宮のかに座を離れて獅子座（テフヌト）に入ると，放っておけばナイルの水がエジプトを水没させてしまう．しかし，怒り狂った雌ライオン（テフヌト）のように猛烈で荒々しい洪水は，第一カタラクト（cataract，急流の浅瀬）を超えると静かに広がって，実りをもたらすもととなるのである．古代エジプト人の考えによれば，この現象は以下のようになる．『エジプトの南のヌビアの女主人である（イシス＝ハトホル＝）テフヌトは猿の姿をした神々によってヌビアから連れ戻される．彼らは第一カタラクトの水でテフヌトを清め，テフヌトは鎮められて，若い女性であるハトホルとして水から現れる．』この神話はラーがテフヌトに入るころに洪水が始まること，および月の満ち欠けを暗示している．月が姿を消すと人間たちは苦悩に陥り，満月になると喜びと愛（ハトホル＝テフヌト）がかきたてられるのである．

なお，アヌケト（増水をもたらすものの意）は体型に合わせた女神用の服を着た女の姿で表される．その役割は豊穣をもたらすナイルの増水の，エジプト最南端に位置する第

---

*オシリスは常に人身で，一般には静止状態で，ミイラの姿をしている．その役割はさまざまな危険を一身に引き受けることである．

一カタラクトへの到着を見張るものであった．彼女は「エレファンティンから来る蘇生の水をもたらすもの」である．また，フヌム（雄羊あるいは雄羊の頭をもつ男性）はナイルのカタラクトの神として「フヌムの矢」を放って洪水を引き起こす．また，この神は豊穣の神として「交尾の巧みなもの」である．次にサテト*は洪水のサイクルに関係のある女神たちの1人である．洪水を引き起こす女神で，フヌムやアヌケトとともにエレファンティンで洪水を司り，「エレファンティンから来る新鮮な水をもたらすもの」，「第一カタラクトの女主人」である．最後にセベク（ワニ，あるいはワニの頭をもつ男性）は，まず第1に恐怖を引き起こす神であるが，第2は洪水を支配する神と考えられていた．古代エジプト人にとって，水辺や沼地に住むものは，よい運勢をもたらす神秘的な力をもっているので，水を支配すると考えられていたからである．

　以上のように，ナイルの洪水流量が多すぎれば，ナイルバレーの村落が流され，少なすぎれば農業生産が急激に減少する．このため，エジプトの複雑な性格をもったくさんの神々がナイルの洪水に関係している．

　ナイルの増水の原因は青ナイル川とアトバラ川の水源地帯であるエチオピア高原の春の大雨と雪解け水である．古代エジプトの南境の町アスワンに増水が達するのが6月，デルタ先端部のメンフィス地方では7月に始まり，水位は徐々に上昇して，9月には最高水位に達する．このとき，ナイルの水位は渇水期より7～8m上昇し，溢れた水は河岸の自然堤防を越えて両岸の沖積地帯を覆う．こうして増水が始まってから，溢れでた水が再び川に戻ってしまうまでの4ヶ月間，毎年ナイルバレーは広大な水面に覆われてしまうのである．こうして水が引くと，あとには上流から運ばれてきた肥沃な沈泥が残され，まったく自然の手によって地力は回復し，そこに種をまけば，年2～3回の豊かな収穫が保証された．アスワンハイダムの建設まで，肥料の必要はまったくといってよいほどなかったのである．このように，エジプトでは，1年間の自然のサイクルの中で，その恩恵のもとで，人々は生きていた．

11.2.4　インドの神話[6]

　BC1500年ころ，イラン方面からインドの西北部に侵入してきたアーリア人は，インダス川の上流，パンジャブ地方に定住して，ここにインド・アーリア文化の基礎を拓いた．彼らのヴェーダ神話では，神々を天・空・地の三界に配している．三界に配せられた神々のうち空界の雷神インドラ（日本名：帝釈天）に対する讃歌は，バラモン教・ヒンズー教のルーツである（完成に数100年を費やしている）「リグ・ヴェーダ」全讃歌の約1/4を占めている．インドラの起源はアーリア人がインドに侵入する以前イランにいたころ，あるいはそれ以前にさかのぼる古い神で，ヴェーダ神話においては最も有力な英雄的武神であった．

---

*女性として表現されるが，古くはハーテビーストの形で崇められていた．

インドラは右手にヴァジラ（落雷用の武器）を携え，暴風神を率い，2頭の馬の牽く戦車に乗って空中を馳せ，アーリア人の敵を征服する．インドラが，悪竜ヴリトラ（自然の過酷さ，特に旱魃の悪神）を退治して，乾ききった大地に雨をもたらしたことから，インドラは最も重要な神となった．インドラは，次第に肥沃の神としての機能を果たすようになり，創造神にもなったが「無」から世界を形成することなく，リアレンジするにすぎなかった．それでも，インドラは太陽を使って宇宙を測り，最後に家のような宇宙を創造した．そして，インドの主要な河川の水源となった．さらに，ソーマ*の力を得て，インドラは，天・日・月・季節を規制するようになった．このようにヴェーダ神話においてインドラの優位は圧倒的であったが，後のヒンズー教あるいは仏教神話では弱体化していった[5]．

「リグ・ヴェーダ」のもともとの古い部分には宇宙創造神話はあるにはあるが，明確な創造神の名は明らかではない．新しい部分（第10巻）では，いくつかの見解が見られる．このうち，最も有名な讃歌は，「その時（大初において）無もなく，有もなかりき．空界もなく，それを蔽う天もなかりき……」で始まる，宇宙開闢の讃歌である．これは神話でなく，哲学である．

ヴェーダの宗教，バラモン教はBC4世紀ころ，仏教やジャイナ教に圧倒される．そして，3～4世紀に，多くの民間信仰を採り入れて，ヒンズー教として復活する．ここでは，ヒンズー神話のいくつかの水に関する神話を概観しておこう．

人間の始祖であるマヌがすすぎの水を使っていると，1匹の魚マツヤ**が手に入ってきて，「大洪水が起こって生物が絶滅する．そのとき，助けてあげるから，私を飼ってください．」と言った．マヌはそのとおりにし，大きくなりすぎたので海に放った．その時，大洪水の起こる年を告げ，船を作って自分から離れないようにと言った．洪水が起こったとき，マヌが船に乗ると魚が近づき，その角に綱を結びつけた．魚はヒマラヤに連れて行き，マヌはただ独りこの地上に生き残った．この物語は前述したメソポタミアの物語と非常によく似ている．

次に，ガンジス川（女神ガンガ）の神話を簡単に紹介しよう．女神ガンガはヒマラヤ神の娘で天界に住んでいた．ある王の大切な馬が行方不明になり，王子たちが馬を探し回ったところ，地底界の仙人のところで見つけ，その仙人が盗んだものと誤解した．仙人は怒り，目の光によって，王子たちを灰塵にしてしまった．この灰をガンガの水で清めれば，死者は天界（国）に行けると知った王の子孫は何代にもわたって，苦行を重ね，ついにガンガも満足した．問題は，この重い天界から落下するガンガの水量を誰が受け止めることができるかである．そこで，子孫はひたすらシヴァ神（主神）に祈願した．こうして，ガンガはシヴァのもつれた毛髪に被われた頭に飛び降りたが，内心シヴァでは

---

　*酒神と呼ばれるが，幻覚作用を伴う麻薬の一種らしい．
**主神ヴィシュヌの10の化身の1番め．ヴィシュヌの化身で最も重要なのはラーマとクリシュナであるが9番めにブッダもある．

自分を支えきれまいと思っていた．これを知ったシヴァは怒り，髪の毛の中に水を閉じ込めてしまった．これを見て王の子孫は再び苦行したので，ガンジス川はついに地上に達した．さらにシヴァはその水を地底界に導いて，王子たちの灰に注いだので，彼らは聖なる川の水に清められて天界に昇った[7]．

この話で，ガンジス川がヒンズー教徒にとって，なぜ特別な存在であるかが明らかとなる．

最後に余談であるが，ペルシャ神話について少し触れておこう．インドの神話が多様性（民俗）と統一性（ヴェーダ）という相矛盾する概念を弁証法的に構成するのに対して，もとは同根であるペルシャの神話は，BC6世紀に現れた偉大な宗教改革者ゾロアスターによって，さまざまな神が二元論に基づく光明の善神「アフラ・マズダ」と暗黒の悪神「アーリマン」のもとに統括された．そして，BC5世紀後半アケメネス朝ペルシャによりユダヤ人が，バビロン捕囚（バビロニア王ネブカドネザルによりBC6世紀初期に捕囚）から開放され，当時のペルシャのゾロアスター教の影響を受けこの二元論がユダヤ教につながったと思われる．なお，現在のイラン人が自国の神話としているのは，ゾロアスター教神話ではなく，11世紀にイラン最大の詩人フィルダウスィーの完成した民族叙事詩「シャー・ナーメ」である．

11.2.5　中国の神話

中国の天地創造神話は，インドのプルシャ神話や北欧のイミル神話と，死体から万物が生じるという意味で，同型のものである．原初に宇宙は天と地の区別もなかった．そこに「盤古」という巨人が生まれ，天と地の区別ができた．そして，この巨人が死んだとき，その死体からいろいろなものが発生した．たとえば，吐いた息は風や雲となり，声は雷になった．そして，左目は太陽に，右目は月になった．手と足と体は高い山となり，流れた血は河川に，肉は土となった．髪の毛や髭は星に，体毛は草や木に，硬い歯や骨は鉱物や岩石になり，流れた汗は雨となった．

また，次のような伝承もあった．大初から四隅に天を支える柱が立っていたが，あるときその柱が折れてしまった．そして，天空の一部が落ち，大地は裂けて傾いた．川や海の水が溢れて大洪水となり，しかも炎々たる猛火が燃え広がって，地上は末期的な大混乱となった．そのとき，人間の顔をし，体が蛇の形をした「女媧（じょか）」という神がそのありさまを見て，五色の石を練り，それでひび割れした天空を修繕し，巨大な亀の4本の足を切り取り，これを東西南北の柱として天空を支えた．次に多くの芦を焼き，その灰を高く積んで溢れて流れる水をせき止め，天と地を元のように直した[2]．そして，この神が泥を練って人間を造った．

大昔，地上に人間は住んでいたが，性質の悪い人間ばかりだったので，神が大洪水を引き起こして，2人の善良な兄妹を除いて，溺死させてしまった．そこで，玉皇大帝が，この2人に，泥人形を造ることを命じ，この大帝がそれらに息を吹き込み人間を造った．

この神話もメソポタミアと共通する部分が多い.

　殷墟出土の甲骨文〈卜辞〉の中に,奴隷主が船に乗って河を渡るときは,神にひざまずいて幸運を祈らなければならなかったのだが,洪水がきて氾濫すると彼らはただちに婦女子の奴隷*を河底に投げ込み,川神の守護を哀願したと書かれている.

　また,中国には有名な夏の始祖「禹」の伝説がある[8]. 彼は,父親が治水に失敗して死亡すると,その重責を負って後を継いだ. 結婚3日にして妻と別れ,洪水との格闘を続けること13年,その間3回自分の家の門の前を通ったが家に入らず,危険をものともせず手本を示した. 太腿がやせ細り,小腿の毛がすり減っても,人々のために,自己と家庭と肉体をまったくかえりみなかった. さらに,彼は巨斧をふるい,河南の伊水を黄河へ導き,竜門や青銅峡などに打ちおろした. 彼は全国9本の河川を改修し,九州の境界を確定し,また,黄河の水源を尋ねて青海高原まで行き,海抜七千余mの山に石の標識を立てたという. 中国は「水を制した者が天下を制する」といわれるように,その歴史は水との闘いであった. 最近は黄河文明とは異なる長江文明遺跡の発掘が盛んで,いろいろな発見がなされているが,水の神話についてはどのように構成されていたかまだはっきりしない.

　以上4大文明における神話の中の水を概観した. 古代の人々が水に対して,いかに感じ,どのような思いをもっていたかがおおよそ理解できよう. なお,日本にも水に関する神話や伝説は多々あるが,天地創造のような雄大なものはない. 多くはインドや中国由来のもののようである. これも,日本人が多くの民族や種族の混血の結果であることを示していよう. 今風に言えば,私たちの先祖はボートピープルの末裔で,東は太平洋であったから,列島に閉じ込められたのである. しかし,水に関しては感受性が強かった. 現代の都会人は水に関していかに不感症になっているかと思わざるを得ないのは私たちだけであろうか. 利便性が人間の感性を衰えさせるのであろう.

11.3　中国都城の水辺ネットワークの歴史的変遷

11.3.1　中国の都市計画思想と都市構造

(1) 都市計画思想

　中国の都市構造は,古代ギリシャのアテネのアゴラ,古代ローマ都市のフォルムや中世ヨーロッパのゴチック様式の尖塔を有するEU議会のあるストラスブールのような教会と広場を中心とした都市構造と大きく異なり,幻想の「陰」と希望の「陽」というコンセプトに基づいている.

---

*当時,奴隷5人が馬一頭と絹糸一束に相当したという.

古代中国の都市の多くは，主として政治・軍事目的のため，城郭として形成されてきた．このため，まず城壁が建設され，次いで内部が発展してくるという構図になっている．つまり，中国では「外から内へ」という都市形成過程をたどってきた．

中国の都市計画思想には「風水」という陰陽の原理と法則が貫かれている[9]．「風水」は中国古来の哲学の1つで，人間が自然と宇宙の構造に適応する方法である．古代の中国人は，大自然には善と悪や光明と暗黒による二元的*影響が満ち，水の流れ，山々の勢い，都市構造物の位置，城郭の計画，街の分布などには，必ず自然の影響があり，都市や構造物は自然環境と調和をとらなければならないと考えていた．

孔子の哲学理念は「拘束と規則」で「陽」として人間の社会構造を表し，老子の哲学理念は「不拘束と不規則」で，「陰」として自然構造を表している．この2つの対称的な思想の影響により，古代中国の都市計画には鮮明な二元性**が表れている．

中国の都市計画に影響を与えた思想に，紀元前11世紀の周の時代に起源をもつ「礼」があり，春秋戦国時代の後で「礼」は「陰陽五行（象徳，四霊，四季，方向，顔色）」と結びついた．漢時代にこの思想が強められ，方向は図案化され五行における位置も次のように特定化された．すなわち，「東は木で青龍，南は火で朱雀，西は金で白虎，北は水で玄武，そして中央は土」である．万物組成の元素，木・火（陽）・土（中間）・金・水（陰）という五行の間には循環する相生相克の関係があり，青龍・朱雀・玄武・白虎などがそれぞれを象徴していると考え，都市構造物の平面構成に影響を与えることになった．

1403年，明の永楽帝は北京に遷都し，前王朝の元の「王気」を鎮めるため，風水説に従って元時代の宮殿の上に景山を築いた．明の十三陵の陵所の選択とその基本配置も風水説と占星術師の占いにより決定された．

(2) 城・郭の構造

商（殷）の時代に都市が内城と外城をもつ「重城制」が確立され，次第に内城は宮殿および皇城となり，城郭の中心に置かれたが，内城から外郭へ行く地区の階層は，皇帝・諸侯・百官・庶民の秩序で区分けされていた．また，中国都市は伝統的に，南北方向と東西方向を軸とする碁盤式の道路と排水路のネットワークを形成していた．南北の中心軸（朱雀通り）に沿って，重要な都市構造物（宮城・皇城など）を配置し，この中心軸で街全体と直結し，他の東西方向の道と排水路を貫く幹線を構成した．当然のことではあるが，城壁のために土を掘り，掘った溝に水を貯めるから城壁と堀がセットとなっている場合が多い．そのうえ，防衛・物流や都市用水を確保するため風水思想で河川の側や場合によっては河川を含んだ場所に立地する場合が多々あり，城内に運河や河川を貫通させる大城市もみられた．魏晋時代の洛陽，隋唐時代の長安，明清時代の北京などはこの

---

*古代ペルシャのゾロアスター教の原理とよく似ている倫理的二元論で，近代ヨーロッパの肉体と精神の二元論とは異なる[10]．
**規則性と対称性による明解で秩序的な構造，自然に対する憧憬ともいえる不規則で奇妙な構造．

典型的な例である．明清時代の北京城の構成は，南（永定門）から北（鼓楼・鐘楼）まで，長さ7500mの中心軸を都市の脊髄として，城内にあるすべての宮殿やその他の重要な都市構造物をすべてこの道路に沿ってつなぎ，街路を多方向へ展開して，城門―側道―宮道という見え隠れする「面」が構成され，都市全体の空間は一体に構成されていた．こうして，中国語の「城」は，「城市」と「城壁」を表すことになる．

「城」の構成は階層的であり，その最下部の組織単位は以下のように呼ばれてきた[11]．

　　　周代；「閭（ろ）」⇒漢代；「閭里」⇒隋代；「里」⇒唐代；「坊」

唐代以前に市と呼ばれていた単位は「坊」*で，都市における標準的な構成単位であり，自ら完結し坊壁と坊門を有していた．例えば，唐の長安城は，すべて面積が同じ坊で構成され，坊と坊とを区別する幹線と幹線の距離は，500～700mであった．宋の時代になると，城坊の構成が解体され始め，都市の形式と制度が，坊の「面」から街道の「線」に変わり，街道沿いに都市構造物（主として店舗）が自由に延びるようになった．北宋中期以後の首都東京（現在の開封）では，壁で囲まれた里坊と市場を解体し，いくつかの町を「廂」に組み合わせ，1つの「廂」をいくつかの坊に分けて構成するようになった．元から明の時代には城坊制が復活したが，その形は「坊十街」と呼ばれる住宅・店舗・茶館などが混在する複合的な坊を単位とする都市に変化した．

11.3.2　中国の水資源開発と水辺ネットワーク

中国は「水を制するものは天下を制する」といわれる国であることを思い出しておこう．ここでは，水資源開発と水辺ネットワークという視点から歴史を組み立てることにする．このような視座から中国の城市の歴史を理解することにより，城市を点としてとらえる従来型の狭い都市計画の発想から，地域（面あるいは帝国）ネットワークのノード（城市・水辺）とリンク（水路・水辺）を制御変数とする中国の栄華必衰の自然・社会環境マネジメントを包含したガバナンスが見えるかもしれないと期待するからである．

(1)　春秋時代（BC770～BC476）

ここでは臨淄（りんし）歴史博物館資料を用いることにしよう．史書によれば，都市は148に及ぶ．各国は地理的・自然的条件を考慮して，多くは河川の側に城を築いた．写真11.3.1によれば，斉の都城臨淄には城が大小2つあり，大城は庶民が居住していた所で南北4500m，東西3500mである．城の中には，住宅や鉄と銅の精錬作業場があり，道路と排水溝が整備されていた．小城は南北2000m東西1500mで，王族の宮殿，王族直属の銅や貨幣鋳造工場もあった．総面積は約15km²で総周辺延長21kmである．城の西は系水に，東には淄水に臨み，城内には3大排水システムと4ヶ所の排水口を有し，南と北には城を流れる川があり，統合的に水システムを使っていたようである．写

---

*構成要素は住宅だけでなく，宗教施設や公共構造物も建設された．

11 水辺の歴史的変遷

写真 11.3.1　臨淄歴史博物館資料（2007.8　萩原撮影）

真 11.3.1 の右上は排水口の写真である．通常は排水に用いるが，戦時にはこの中に兵を配備する．また，右下の写真は黄河に近く，その物流拠点の港の遺跡を示している．このように，古代から現在にいたるまで中国の都市計画のほとんどは水資源問題を重要な地理的・自然的制約としていることがわかる．

(2)　**戦国時代（BC475～221）**

　臨淄（斉），下都（燕），邯鄲（趙），大梁（魏；現在の開封），鄭城（韓），郢都（えいと；楚；現在の江陵），咸陽（秦）などが大都市となり，斉の最盛期には臨淄で人口 30 万人に達している．強国は，図 11.3.1 に示すように，物流と灌漑のための水資源開発を行い，国力を蓄えている．そしてすでに，この時代に長江と黄河が運河で結ばれていたことがわかる．
　例えば，斉は淄水の水を斉水（黄河）に導水して物流機能を強化しながら灌漑面積を増加させている．趙は特に大規模な導水を伴わない灌漑面積の拡大を図り，魏は黄河と淮水を結合した．楚もまた，物流と灌漑のために都城郢と漢水本川を結ぶ工事を行い，呉では長江から太湖に流れる中江や太湖から東シナ海に流れる南江をかなり大規模に開発した．
　特に秦は，昭王のとき，四川省の蜀郡太守の李冰（ひょう）が，成都の西北方を流れる岷（みん）江の中に都江堰を建設し，流れを二分し，水門を設けて水量の調節を図り治水問題と成都平野の大規模灌漑を行い，世界史に残る土木工事を行った（写真 11.3.2）．この後，四川省は豊かな穀倉地帯となり秦の国力は強化された．また，中国統一前に，

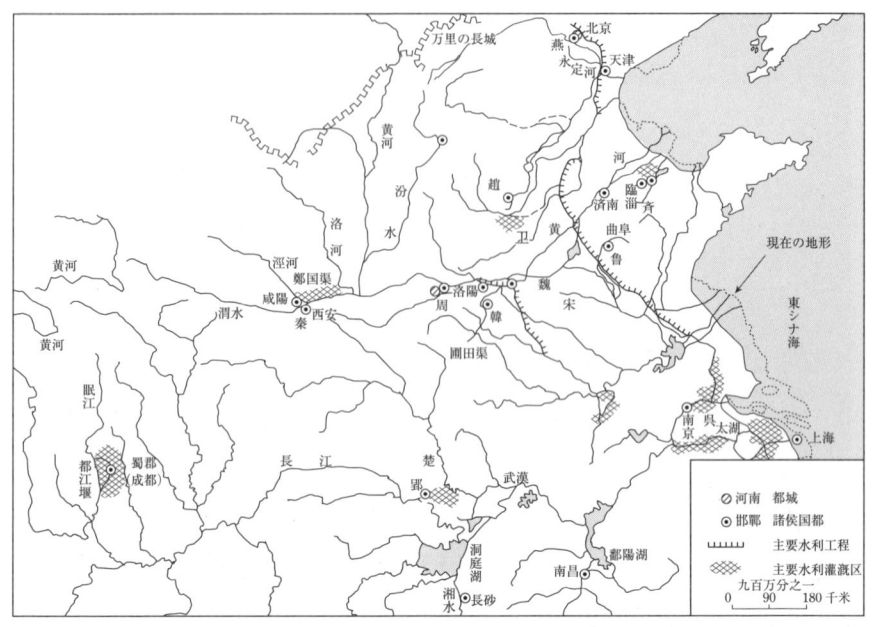

図 11.3.1　戦国時代の水資源開発[11]

写真 11.3.2　都江堰（1988.10　萩原撮影）
2008 年 5 月の四川大震災で震源となり壊滅状態

始皇帝は韓のスパイである鄭国の（大規模土木工事で秦の国力を疲弊させる）陰謀を利用して，渭河の北で涇河と洛河との間（約150 km）の用水路を完成させ，広大な面積の肥沃な農地を出現させた．これらの大土木事業の結果，秦の国力はますます充実し，六国を統一した．この時代は，諸国が富国強兵のため大規模な水資源開発を行った時代である．なお，斉が最後まで秦に抵抗できたのは，物理的距離もあったが塩の流通システムを握り莫大な富を得ていたことに起因する独自の貨幣システムや計量システムを有していたことによることが多いと考えられる．

(3) **秦・漢・三国・五胡十六国時代（BC206～439）**

始皇帝による中国統一後，現在の広西壮族自治区の景勝地で有名な桂林から北東へ約100 km行ったところに洞庭湖に流入する長江の支川湘河と珠江の支川離江を結ぶ霊（靈）渠（図11.3.2，写真11.3.3）が建設された．長江と珠江のネットワークによる物量の経済効果は大きく内陸部の開発が進行した．これにより，南北に珠江・長江・黄河が結ばれ，中国大陸の水辺ネットワークの原型が形成されたことになる．霊渠は秦の統一事業に役立ったのみならず，秦以降，明清時代にいたるまで，嶺南と中原地区との経済・文化の交流を促進し，歴代においてすたれることがなかった．隋代における南北大運河の大整備事業完了後には，霊渠の役割はさらに重要になっている．当時，広州で船に乗るとそのまま華北に行けたという．また明清時代には霊渠には巨船が鱗のごとくつらなって往来が絶えなかったという．古代の霊渠は，舟運に使用されたほか，両岸の農地への，灌漑にも使用された．

(4) **隋・唐時代（581～907）**

南北朝時代（北魏：386～534，宋・斉・梁：420～557）に，北魏は大同に首都を置き（雲崗石窟を構築），494年洛陽に遷都（竜門石窟を構築）した．洛陽は洛河を横断するように都市が形成されていた．また，南朝では，肥沃な土地を背景に経済が発展し，東晋時代（317～420）に江南文化（王羲之，陶淵明や法顕の活躍など）が勃興し，それを継いだ宋の時代に山水画（南画）が完成の域に達するようになる．この文化を支えたのは江南の経済力である．そして，持続可能な経済成長を維持したのは，長江の定期的な氾濫による肥沃な土壌による米作であり，南から北へ物資を輸送するための（長江と黄河の間の淮河の湖を利用した）運河の開削という水資源開発であった．「南水北馬」の時代である．

隋の煬帝は図11.3.3のように長江（日本人には鑑真で有名な）揚州江都（写真11.3.4：昔の面影が偲ばれる古い陽州と江都の写真を示す）から淮河を経由し洛陽にいたる大運河（通済渠，邗溝，永済渠，江南河）を大規模整備し（605），あまりの大土木事業とたび重なる高句麗遠征を行ったため民は飢え，農民蜂起が全国規模で起こった．煬帝は中原の乾燥した黄土からなる洛陽よりも文化レベルが高く，水と緑の豊かな揚州に何度も長期にわたって滞在し，この地で殺害される結末を迎えることになる．

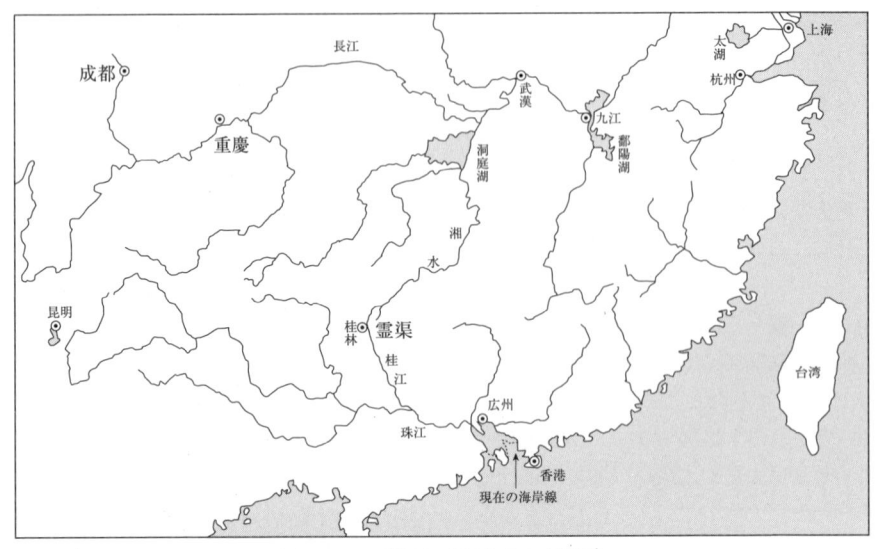

図 11.3.2　長江と珠江を結ぶ霊渠[11]

写真 11.3.3　長江と珠江を結ぶ霊渠（1987.11　萩原撮影）

　大動乱の後，再統一を行った (618) のが李淵 (高祖) であった．唐の最盛期を少し下った時代の大運河と黄河・長江中下流域を示せば図 11.3.4 のようになり，北方の (現在の) 天津・北京も運河で結ばれていた．これらからも明らかなように，唐の栄華は全国的な「水辺ネットワーク」が形成されることにより持続されていたことが理解される．グラフ理論的に述べれば，双方向の面的な農業生産物を集積する水辺リンクと商工業の技術が集積した水辺城市のノードから構成された水辺ネットワークシステムを基盤として構成された唐帝国であるといえよう．このシステムに脅威を与える外的な要因は自然的な大洪水や大旱魃 (とそれに起因する「生きるか死ぬか」という極限状態に置かれた無数の農民や流民の暴動) と人為的な北方からの遊牧民の侵入であったといえよう．以下では，後の中国，日本の平城京や平安京に決定的な影響を与えた長安城を少し見ておこう．

11 水辺の歴史的変遷

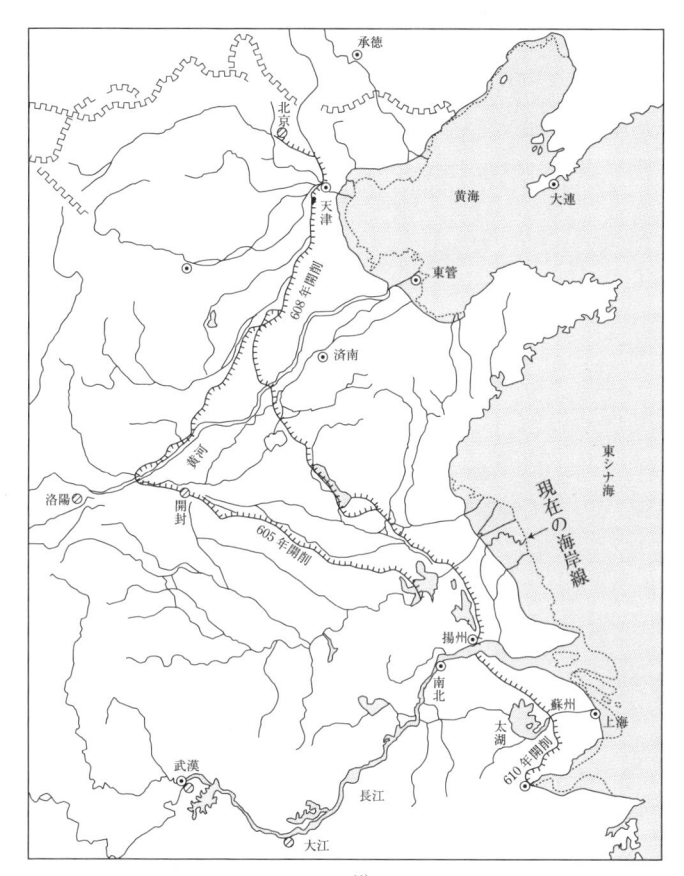

図 11.3.3　隋の大運河[11]（長江⇒洛陽・斉）

写真 11.3.4　揚州と江都の隋時代の面影を残す大運河（1983.8　萩原撮影）

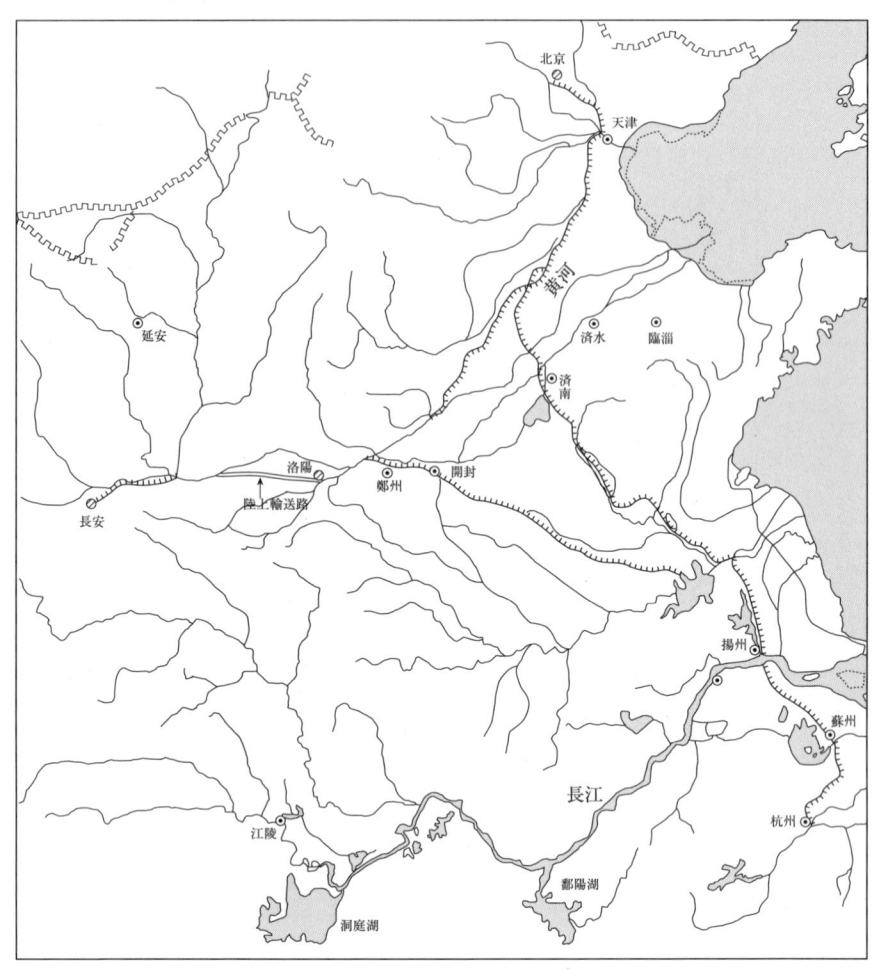

図 11.3.4 唐 (741) の大運河と黄河・長江中下流域[11]

11.3.3 長安城と北京城の歴史的変遷

(1) 長安城の歴史的変遷

　西安は3000年の歴史を有し，歴史上西周から唐まで11の王朝がここに都を置き，その期間は1100年間に及ぶ．主要な王朝の都城の位置を図11.3.5に示しておこう．

　周王朝には3つの都城があり，その1つである成周は現在の洛陽にあった．そして後の2つの岐周と宗周は関中にあった．宗周は2つの都城，酆京（BC1136）と鎬京（BC1133）が渭河の支川澧（れい）河の辺【水の豊かな川のほとり】に建設された．発掘調

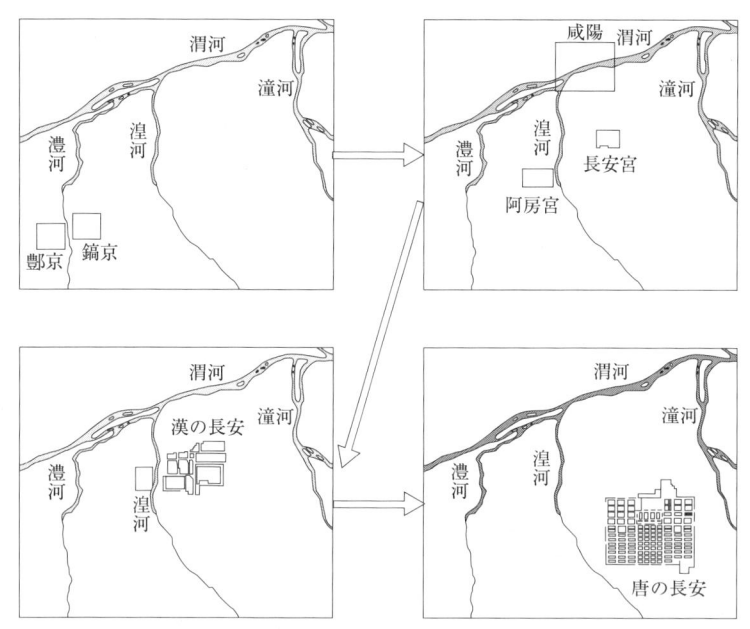

図 11.3.5　周⇒秦⇒漢⇒唐の都城の位置[8]

査から鎬京は正方形で内城と外郭をもち，鄷京遺跡からは陶磁器や瓦，それらの製造作業所跡が発掘されている．この2つの都城計画は「風水」によって場所を選び周礼の営国「制度」によって建設され，以来中国の都城建設に深く影響を与えることになった．

秦はBC350年に渭河を挟む咸陽に都を定め，この地でBC221年に中国統一事業を完成し，BC206年に滅亡するまで，咸陽は秦の国都であった．咸陽は水辺の都城である．

現在の咸陽市の東北の村で発掘された一号宮殿は高床式建築で，殿堂・ホール・回廊を有し，排水と暖房設備を備えていた．また，城内には，手工業区・冬季工場区，そして6つの宮殿があったといわれている．

漢の長安城は渭河の南岸の湟河の辺に建設された．長安は秦代の1つの集落の名前であった．漢の高祖劉邦はBC202年に長安を都に定め．BC194年に恵帝が城壁を築き始めた．この城の周囲は25100mで，台形に近い形を呈し，宮殿区が存在し，12の城門，八街九陌（道），東西九市場などが存在し，その人口は約30万人だったと推定されている．漢の長安城には次のような特徴があった．

宮殿・官庁の面積は広く，城の2/3を占め，宮廷内手工業は都市経済を支えていた．都市計画と都市経済は皇帝・貴族・官僚のためにあったと言えよう．都市の平面配置は，春秋戦国時代から変わり，宮殿は城の中央配置から，地形の高低差により南から北へ南北中軸幹線に沿って交互に配置され，城壁も地形により軍事的防御に基づいて建設されていた．

水資源の視点から特徴を以下に述べる．まず，皇帝の庭園を造園する際に，庭園用水と都市用水を結び給水システムを完成している．水源としては，昆明湖・掲水坡・滄池を水量調節用ダム貯水池として利用していた．また，渭河の黄河への流入口である潼関と長安の（軍事を含む）水運のための工事を完成させ，長安から直接黄河を利用可能にすることにより，水路から物資の供給を行うシステムを完成した．これは中国の都市建設史上に残る画期的事業と言われている．これが隋の煬帝の江南経営のための大運河建設につながり，図 11.3.3 に見られるような中国大陸水辺ネットワークを導出したと言えよう．この歴史的な長安と潼関の水辺リンクの結びつきが水辺ノードとしての長安と黄河中下流や長江下流の江南のノードとしての多くの都市を繁栄させたと言えよう．

　だが，現在の黄河では上流域は水力発電，中流域は灌漑農業，下流域では灌漑農業と都市用水の過剰水利用のため下流で断流現象を起こし瀕死の状態である．これを「最上流の青銅峡ダム流入黄河」⇒「中流の銀川」⇒「渭水と合流した潼関」⇒「鄭州の花園口」⇒「済南」⇒「東管の河口」という順で写真 11.3.5 の写真で示しておこう．

　6 世紀末に，現在の西安に空前の規模の都城が築かれた．隋（581～618）の大興，唐（618～907）の長安である．隋の文帝は 582 年に大興の造営を命じ，長安に都市の基礎を確立し，唐により長期にわたり間断なく整備された．

　長安城外郭の東西は 9721 m，南北 8651 m，周囲 37.7 km で面積は 84.1 km^2，人口約 100 万人である．長安城の皇宮，百官役所，住民の居住区は区分けして建設され，宮城は城全体の北の中心にあり，城内には皇族の居住と執務のために数多くの殿台楼閣などの建物群があった．皇城は宮城の南にあり，城内に南北 5 町東西 7 街，百官の役所を設置し，東西南の 3 面に整然とした 108 の坊と東西両市場が配置されていた．

　都市の平面軸線は対称的で整然とし，唐代長安は朱雀大路を中心軸として，東西対称の 2 つの部分（東は万年県，西は長安県；平安京では東を洛陽，西を長安と呼んだ）に分けられていた．城内には南北 11 東西 14 の通りと排水路があり，その中に 108 坊を配置し，主に住民と商人に使わせた．皇城の南の 36 坊には，各坊に東西の通りと排水路が 1 本ずつあり，その他の各坊には十字型で交差する東西方向と南北方向の 2 本の道路と排水路を設けた．東西両市場は長安城の経済活動の中心で，西市場は国際貿易を中心とした，長安城最大の繁華街であった．

　唐代の長安の各通りは広い直線で緑化を重視していた．皇城と宮城の間の道は幅員 220 m，朱雀通りの広さは 150～155 m，東西の大通り 39～120 m，南北方向の大通りはそれぞれ 25～134 m であった．宮殿は巨大で壮麗であり，仏寺や仏塔が多く，城北には青々と樹木が茂っている池を中心とした禁苑があり，城南には緑の多い芙蓉苑があった．そして，城内外を結ぶ水路や城内の給排水システムなど水資源施設が縦横に張りめぐらされていた．

　唐代長安城の計画構想は，「周礼」の営国制度の原則を体現したものであるが，曹魏

11 水辺の歴史的変遷

写真 11.3.5 黄河の変貌
左上から順に，清流の最上流から中流の砂漠に飲み込まれそうな黄河，渭水を合流するも過剰灌漑で痩せる黄河，下流の花園口と済南の黄河堤防，水のない河口の黄河（萩原撮影 1983 ～ 2007）

の鄴（ぎょう）城と北魏の洛陽城の短所を長所に変換して組み入れ，両城の集大成として，さらに都城としてレベルの高い域に達し，中国都市建設の歴史に輝きを与えた．こうして長安城は中国内の都市はもとより日本の平城京や平安京の計画に決定的に深い影響を与えたのである．

なお，唐以降，経済の急速な発展に伴い，対外交通は西域を中心としたシルクロードから海上シルクロードに重心を移し，長安は首都の地位を失い，国の中心都市から地方の中心都市になった．いよいよ北京が中国の中心都市として現れることになる．

(2) 北京の歴史的変遷

　北京城の起源は3000年余り前の燕薊（けい）故城に遡り，秦・漢・隋唐時代は軍事的要衝であった．北方に起こった契丹族の遼は938年幽州を「南京」または「燕京」と呼び，陪都とした．

　その後女真族の金は，1153年に遼を滅ぼし，南京城を拡張し，都城「中都」を建設した．形は東西に少し長い方形で，各面に3つの門があり中軸線は少し西に偏っていた．都市計画においても唐時代の密閉式の坊里制をとらず，宋の汴（べん）梁（開封府）と同様な開放式の街巷制を採用した．宮城は美しく贅沢で，都城西北に，今日の北海と中海を中心とした離宮を築いた．こうして，北京は水辺の都城としての第一歩を踏み出した．

　蒙古族の侵略で，1234年金は滅び，宮殿は大きな破壊を受けた．1264年，元の世祖フビライは北京に遷都し，ここを「大都」と呼び，1267年から城郭と宮殿の建設を始めた．この大都建設では，従来の都城建設の方法を変更した．それは水辺ネットワークを都市基盤の最優先課題とし，具体的には，城の位置を蓮花河水系から高梁河水系に変更し，都城の水源を確保した．そして，この水資源システムの基盤の上に世界都市を構築した．

　元大都は金時代の離宮（北海・中海）・大寧宮を中心に，その東に1本の南北中軸線を選定し，高梁河が流入する積水潭（現在の什刹海）を西の城壁の基準とし，ほぼ正方形であった．城の構えは整然とし，中軸で左右対称，太液池（現在の大寧宮）の庭園が美しい「水と緑の」都城であった．マルコ・ポーロは「計画は完璧，画線は整然，その完全さは言葉で表せない」と絶賛したという．そして，明・清代の北京は500年余りの間に城の形態構造が大きく変遷した．この変遷は下記のように大きく4期に分かれる．

1）　明の前期（1368～1419年）

　明は永楽帝のとき（1406年），北京の宮殿の建設を始め，14年をかけてほぼ完成させ，北京に遷都した．明の始めの都市改造は元の大都の姿を払拭することであった．

　まず，元の大都城北部の荒涼な場所を放棄し，北の城壁を南へ五里縮め南城壁を南へ2里伸ばした．次に明朝の始めの南京の構造を模して，皇城前にT字型宮前広場を形成した．そして，元の太液池の南に人造湖の南海を造り，宮城の四周に堀を設け，その土を用いて，皇城の北に「万歳山」を造り，山頂に亭を建設した．ここから，宮城を一望でき，宮城の北の障壁ともなった．

2）　明の中期（1420～1553年）

　この時期は大都の伝統の見直しと中国の伝統回帰の統合，それに江南風味の取り入れ時期である．

　1420年，城の南の中軸線両側に天地壇（後の天壇）と先農壇を建設し，中軸線を大きく伸ばした．そして，中軸線の北側に鐘鼓楼を建て，南北8kmの南北中軸線を築いたことになる．この鐘鼓楼は大都の伝統であり，天壇は漢以来の天地に祈る伝統の場所である．

明はさらに1433年,皇城の東を拡張し,元の通恵河(玉河)を皇城内に取り入れた.このため,元朝が建設した通恵河から積水譚までの舟(水)運が使えなくなり,積水譚の水も徐々に少なくなっていった.このため,市は積水譚の北岸から玉前門に移動した.大きな人造湖の積水譚も長年の堆積により湿地帯のような什刹三海が形成され,北京城の北に江南の特色に富んだ風景の名勝地が出現した.なお,明朝北京の道路・坊里のシステムは元朝時代のままであった.

3) 明の後期(1553〜1644年)

明の中期(1553年)から,外城の増築が始まり,1564年に完成し,北京城は独特な凸型平面形状を呈するに至った.内外城の総面積は62 km^{2}で,外城の南側に3つ,東西のそれぞれに1つ門が設けられた.内外城の連結する部分にもそれぞれ1つ通用門が設けられていた.外城の道路の大部分は自然形成であった.

4) 清朝の北京城(1644〜1911年)

清が山海関の内側に攻め込んできたとき,北京城の破壊を行わなかった.清は北京をそのまま都に定め,その強大な経済力を水と緑の園林整備に投入した.北京の北西郊外に「三山五園」を代表とする皇帝園林システムを創り,城姿が西山の自然の山水に映え,次世代に大切な遺産として残したことになる.

北京の中心には6つの園林水系がある.これは元の大都以来残された貴重な遺産で,北京城建設の歴史の中で,水と緑の自然(天然ではない)を生かした優れた実例である.6つの人造湖のうち北海・中海・南海は,3つとも宮廷園林で,壮麗な宮殿が周りを取り巻いている.元朝以来の北京は水と緑のネットワークを有する大都城であった.現在でも,北京は水資源の乏しい都市で気候が乾燥している.大都市の中心地にこのような大きな湖と緑地があることは生態環境の面から見ても大変貴重なものである.

北京の西北郊外には円明園と頤和園(写真11.3.6)という広大な園林がある.円明園は1709年康熙帝が皇子(後の雍正帝)のために造った園林で,乾隆帝期(1744〜1773年)に長春園と綺春園(万春園)が付設され,以後1850年代まで150年にわたり造営が続けられた.しかしながら,1860年の英仏連合軍により破壊・略奪され,さらに1900年の8ヶ国連合軍の攻撃により炎上,破壊され廃墟と化した*.頤和園は,1750年に乾隆帝により皇太后の誕生祝のために大報恩延寿寺(仏香閣)を建設することから始まり,昆明湖を造成して西郊外の水系を治めた.さらに,1764年まで大規模な地形改造を行い,杭州の西湖をモデルに,湖水面を拡張し,堤と島を建設した.こうして,西は玉泉山と西山を借景として,清漪(い)園と西山風景を一体化させた.やはり,1860年に英仏連合軍により清漪園が焼き払われるなど被害を受けたが,1888年西太后が巨額の海軍経費を流用して再建した.ほとんどの中国人は,これが原因で日清戦争で日本に敗北した

---

*なお,現在では修復・整備作業が進んでいる.この過程で水利科学者と生態学者の修復に関する論争[12]が全国的な関心となったことは記憶に新しい.

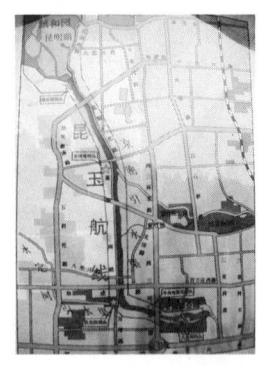

写真 11.3.6　頤和園（1988.5）・北京で大人気の都心の玉淵公園と頤和園昆明湖を結ぶ遊覧航路（2000.8）・円明園のビニール底の池と破壊された文化財（2006.8）（萩原撮影）

と信じている．

　以上，北京の歴史を「水と緑」という視点から描いた．しかし，現在の北京との「水と緑」を持続する背景として，北京を含む海河流域のきびしい自然・社会環境をみることにしよう．

11.3.4　北京市を含む海河流域の水資源危機

　中国の主な流域は長江・黄河・海河・淮河・松遼（松花江・遼河）・珠江・太湖の7流域である．その中の北京・天津・石家荘などの大都市を含む海河流域は政治・経済・文化・教育・交通・観光などの中心として重要な位置にある．ここでは，北京市が，もはや海河流域のみで持続可能な発展が不可能になり，南水北調プロジェクトに依存せざるを得ない危機的な状況を明らかにしよう[13]．

11 水辺の歴史的変遷

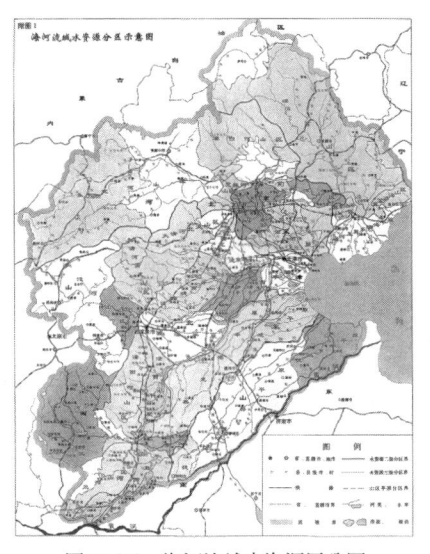

図 11.3.6　海河流域水資源区分図

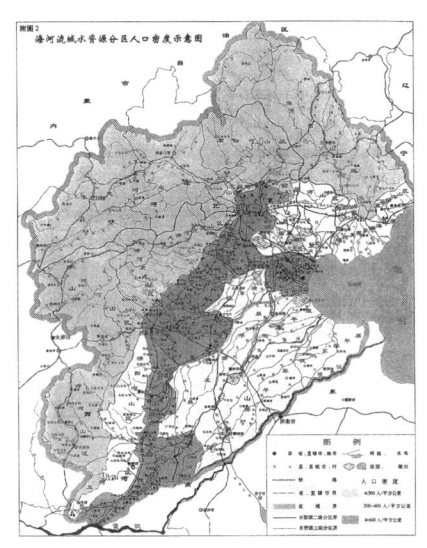

図 11.3.7　海河流域人口密度

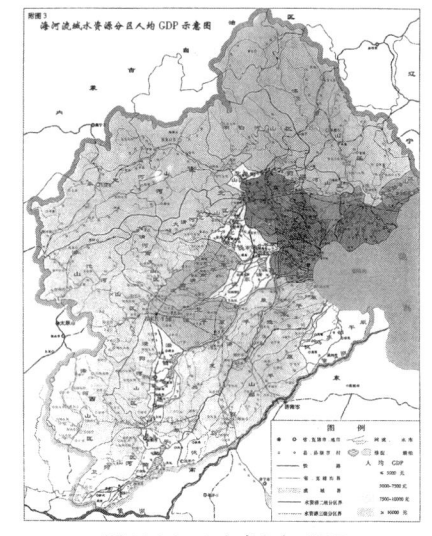

図 11.3.8　1人当たり GDP

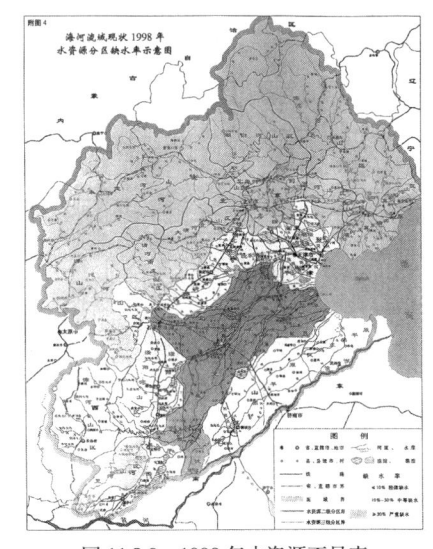

図 11.3.9　1998年水資源不足率

(1) **海河流域の概要**(図 11.3.6 ～図 11.3.9)

　海河流域には華北大平原が含まれ，海河・灤(らん)河・徒駭(かい)馬頬河の3流域から構成されている．流域総面積は 31.1 万 km^2，平野面積は 12.9 万 km^2(約 40%)で，総人口は 1.22 億人(全国の約 10%)であり，GDP(1998年)は全国の約 12%，食料生産

883

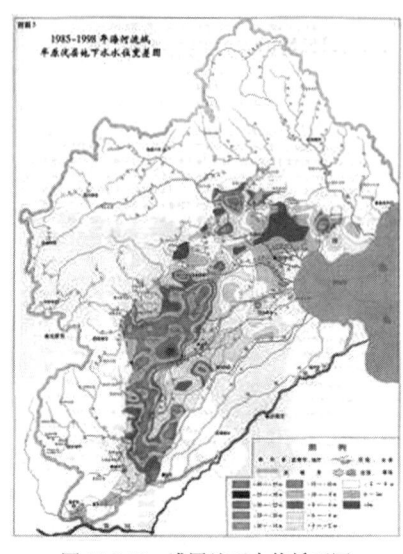

図 11.3.10　浅層地下水位低下図 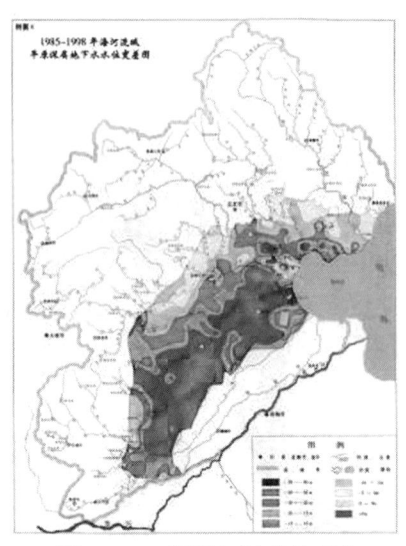　　　　図 11.3.11　深層地下水位低下図

高は全国の約 10％であるが，水資源は中国全土の約 1.3％しかない．海河流域の地表水と地下水利用量は年 301 億トンで，再利用量を含めて供給できる水資源量は 347 億トンである．これに対し，海河流域の水需要量は 447 億トンに達している．生態系や水域環境を犠牲にしても，生活と生産に不足している年間の水資源量は 100 億トンで，きわめて深刻な状態にあり，流域に多くの問題を起こしている．

(2)　流域諸問題

海河における社会の発展の基盤である水資源が，水環境と生態系を犠牲にして利用され，その結果として水環境と生態系の破壊が深刻な諸問題をもたらしたと言えよう．以下では，その深刻さを説明する．

1)　**地下水の過剰開発**（図 11.3.10，図 11.3.11）

全流域の水資源不足のため，地下水の過剰開発が 9 万 km^2（平野面積の約 69％）に及んでいる．1960 年以来，全流域地下水過剰開発総量は 896 億トンに達し，そのうち浅層地下水は 471 億トン，深層地下水は 425 億トンである．浅層地下水深度は 10～35 m で地下水位は 1 m/年の速度で下がり，深層地下水位は 30～70 m 下がり，最大 105 m 下がっている．

この結果，地盤沈下や沿岸部 27 km^2 の地下水に塩害が生じている．図 11.3.10，図 11.3.11 の北京や天津の地下水位低下の深刻さと，その南に広がる広大な華北平野の地下水位低下のひどさを見れば，流域内の自然の恵み（雨水と地下水）だけでは生きていけないことが理解されよう．

2） 水域の汚染

　流域の汚水排出量は年 60.3 億トン（汚水処理率 10%）に達し，そのうち工業廃水は 39.4 億トン（65%）を占めている．しかも汚水の大部分が灌漑用水に使われている*．1998 年調査では，全流域の主要河川 1 万 km のうち 75% が汚染されていた．この結果，地下水汚染や河口域の汚染による被害が多発した．飲料水源として可能な水量はわずか 26% で，不適は 57% である（毎日新聞 2007.9.19 大阪朝刊）．都市生活者も農民も，地下水はダメ，目の前の表流水は毒を含んでいるから飲めないという苦渋の生活が強いられている．これは人為的災害（Man-made disaster）以外の何であろうか．

3） 水域環境の悪化

　1950 年代以降流域から海域に流出する河川水量が 72% 減少し，現在の流出量はわずか年間 68.5 億トンで，水資源総量の 18% でしかない．海水（塩水）の遡上を防ぐために，多数の河口堰を建設しているが，このために土砂の河口堆積や海岸侵食の新たな問題が起こり，さらに回遊魚類が絶滅するという事態も招いた．

　中下流域には流れがなくなり，河床の流下能力も減少し，河床を構成する泥や砂により河川流域が沙漠化し風砂の被害も増加してきている．全流域 1 万 km の 1〜3 級支川のうち 4000 km が干上がり，1950 年代に 9000 km^2 もあった湿地帯のほとんどが消滅し，現在では 300 km^2 しかない．この湿地帯に太古より生息していた希少生物も絶滅している．

　しかも，海河流域には未整備の土砂流出面積 10 万 km^2（ちなみに日本の総面積は約 37 万 km^2）が存在し，土砂流出量が年 4 億トンに達し，これらが洪水や強風に運ばれ土地を退化させ，草原も栄養塩で満ちあふれ，沙漠化が進行している．実際，北京の北西 100 km に沙漠が迫っている．

4） 大震災リスク

　この地域は大震災を過去に多く経験している．清時代だけでも北京を中心とした大きな震災を 3 度も経験している[14]．図 11.3.12 の左上の図は清代の地震記録を示している．円の大きさはマグニチュードを示している．次の 3 つの地震図は北京を中心としたもので，（中国政府基準による）震度図である．なお，辛亥革命以降の記録が本として出版されていない．中華人民共和国成立までの戦乱期のため記録がないのか，あるいは故意に情報を公開しないのかはわからない．実際，中国政府は 1976 年の唐山大震災をひた隠しにしてきたし，2008 年 5 月の四川大震災の情報も十分入ってこない．最近の中国は，自分たちに都合が悪い情報を極力隠蔽する傾向が強くなってきていると思うのは私たちだけであろうか．また，ここで震災リスクを取り上げるのは，大震災直後から復旧開始までの期間，周知のように水問題が最大関心事であるからである．

---

*ヒアリングによれば，北京の未処理汚染水を天津の農民は喜んで灌漑用水として使用し，その農民は自ら食する農作物には地下水を利用するということであった．

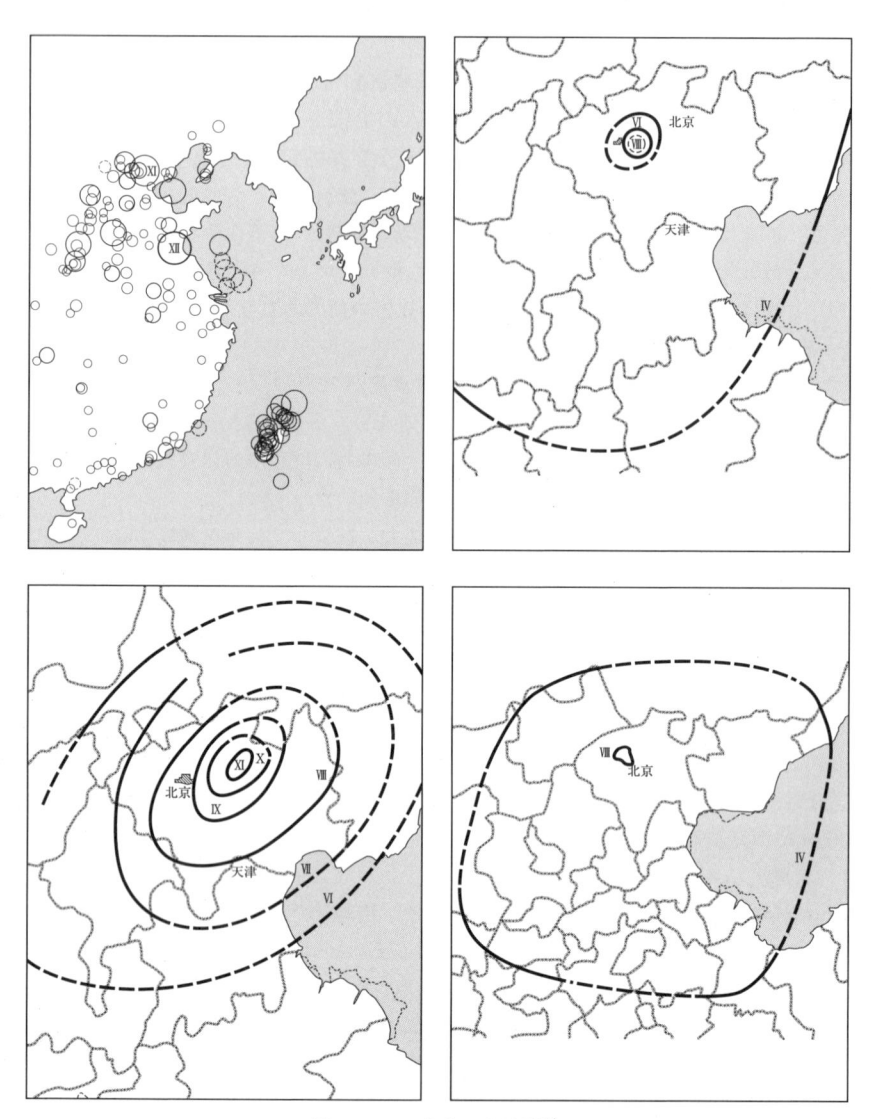

図 11.3.12 北京の大地震[14]
清時代，1665 年［震度 8・M6.5］，1679 年［震度 11・M8］，1730 年［震度 8 +・M6.5］

次に，中国の震度基準が日本と異なるので，北京に影響を与えた清代 3 つの中国語震災記述の翻訳を行うことにしよう．

図 11.3.12 の右上の説明では，「康熙 4 年 3 月 2 日（1665 年 4 月 16 日）の昼ごろ，北京通県西部（39.9° N，116.6° E）に地震が発生，県城の"雉堞"や東西の水門が破壊され，3

割の住宅が倒壊した．北京城の北部の大地に長さ約 1500 m の亀裂が生じ，裂け目の幅は約 16.5 cm，裂け目から黒い水が溢れ出す．倒壊した住宅の数は数えきれない．城壁は 100 ヶ所以上が陥没；城内にも多数の亀裂が生じ，隙間があちこちにできた．峨嵋名寺の僧寮が 5 軒倒壊．順義，潮県も被害を受けた．地震の影響は昌平州，良郷，遵化，撫寧，永平府，雄県，景州，南官，任県，内丘，唐県，青県及び山東省の陽信，済陽等二十余りの府，州，県に及んだ．」と書かれている．

また，同図の左下の説明は以下のようである．「康熙 18 年 7 月 28 日（1679 年 9 月 2 日）の午前 10 時ころ，直隷の三河，平谷（40.0°N，117.0°E）に地震が発生．人はまったく立てない，砂が舞い上がり，石が転がり，空は真っ暗で，太陽も雲も見えない，霹靂のような音が大地に響き渡り，鳥獣が驚きの余り叫び逃げまくった．地震による災害が最も深刻なのは三河と平谷，次は香河，武清，宝抵，その次は薊州と同定した．

三河の城壁周囲には生存者がほとんどいない．都市と農村を合わせて，残された家屋はわずか 50 軒ほどで，少なくとも 26000 人が建物の下敷きになった．県西部の柳河屯の道路が寸断され，約 66 cm 以上沈下し，東税関の東南境界も約 165 cm 以上沈下し，県北部の藩各庄の南境界も 3 m も沈下した．いたる所で地面に亀裂が生じ，黒い水が溢れ出す．県の境界も地面が低くなっている．平谷の都市にも農村にも，家屋や塔，廟が跡形もなく廃墟となり，生存者はわずか 30～40%．県西部の大辛塞庄の炭坑が地震で破壊され，黒い水が噴出し田んぼが浸水した．

通州にある"雄堞"，蔵，倉庫，工場，儒学塾，孔子廟，民家，楼閣，寺院，建物がすべて破壊され，点燈佛塔と孤山塔も全壊；城の周りの地面に亀裂が生じ，裂け目から黒い水が噴出する．粟の市場の地盤が陥没し温泉になった．

京師の北京城内外にある多数の軍舎や民家が全壊；皇宮の養心殿・永寿宮・景仁宮・承乾宮も多くの被害を受けた．長椿寺・広済寺・果善寺などの寺院が倒壊の家屋 12793 軒が全壊し，18028 軒が損害を受けた．徳勝門の下の地盤が陥没し大きな溝となり，茶色の水がとめどなく溢れ出す；天壇の横にも地が裂け，黒い水が溢れ出した．少なくとも 485 人が死亡した．

地震の被害は薊州，武清，順義，香河，懐柔，密雲，固定，山西の徐溝と太谷，盛京の新民など 40 以上の府，州や県広域に及んだ．さらに直隷・山西・河南・山東・陝西・盛京・江南・甘粛・広東の 9 省 140 以上の府や州や県に波及し，被害範囲はおよそ数千 km に上る．29 日の正午ころ再び大地震が発生，8 月 1 日の深夜にも前回同様に地震が発生．同じ月の 13 日に余震と思われるのが 2 回，25 日の夜にも大きな地震が 2 回発生．以降，9 月に入っても余震が止まらず続いた．

以上は【清康熙《通州志》，清朝《康熙実録》第 82 巻の第 14 頁，清乾隆《三河県志》，董含《三岡識略》第 8 巻，民国《平谷県志》，顧景星《白茅堂集》第 20 巻，《中国地震資料年表》の 83～90 頁，劉献廷《広陽雑記》】による．

同図の右下の説明を以下に訳そう．雍正 8 年 19 日（1730 年 9 月 30 日）北京（40.0°N，

116.2°E)に地震が発生した．北京の西北の沙河や昌平州および西山附近の村には多くの建物が倒壊し，多数の人々が負傷した．城内の役場・寺と廟・会館・教会・官舎・民家などのほとんどの建物が倒壊，または被害を受けた．北海白塔の東北および西南の角の地盤が陥没し，裂け目が斜めになっている．北京の内外（大興と宛平の2県を含む）では，1600軒以上の民家が全壊し，1200軒の建物が損傷し，457人が負傷した．被害は直隷，山西，盛京，山東ら4省40以上の府，州や県に波及した．地震は1ヶ月を経過してもなお続いた．

　この地域は大きな自然災害・社会災害リスクにさらされている．1976年の唐山（北京の東，約150 km）地震（当時中国政府は公表しなかった）はマグニチュード7.7で約24万人が死んでいる．1998年11月に京都大学防災研究所・日中共同研究（震災リスクマネジメント）プロジェクトで唐山を訪れたときに見た被災の痕跡は痛々しかった．

　2008年5月の四川大震災（マグニチュード8.0）で，約10万人の人々が死亡または行方不明で，7000余りの地震湖が下流の地域を飲み込もうと待ち構えていた．震災情報も2008年8月8日に開催される北京オリンピックが近づくにつれ，そしてオリンピック以降，極端に情報量が減ってきた．時折，京都大学防災研究所の中国人留学生がメールで断片的な震災情報を送ってきてくれた．環境と防災を研究している私たちは，中国の人々が苦しんでいる中国の自然・社会環境防災に無関心ではいられない．また，明日は日本かもしれないと思いながら．

(3) 北京市が存在する海河流域の評価

　この流域の諸問題を直視すれば，流域の水循環（自然の営み）のバランスを人間が徹底的に破壊していると言うことができよう．自然が与えてくれた流域の負荷循環能力を超える負荷量を人間活動が与えた結果の悲劇とも言えよう．水資源を中心とする資源の開発量が流域資源の「再生能力」を超え，流域に与える汚染量は流域の「浄化能力」を超え，流域生物の絶滅速度は流域生物の「更新能力」を超えている．流域社会や生態の安全度や快適度が大きく低下するというシステムとしては不安定で危機的方向に加速度的に向かっているといえよう．これは「持続可能性」ではなく「生存可能性」の問題である．

　1963年の海河の大洪水に対する毛沢東の宣言により，海河は治水中心の河川整備に邁進し，1700のダム（容量300億トン），そのうち大型ダム31（容量250億トン）が建設され，流域平均流出量の80％以上がダムによりコントロールされるようになった．当然，渇水・旱魃時には水はすべてダムに貯水されるため，ダム下流の河床は干上がりカチカチの日干し（レンガではなく）河床になる．つまり，河川としては死んでしまうことになる．さらに，河床を流れる水が少ないにもかかわらず，取れるだけ川から水を取水し（470億トン上昇），地下水を電力で取れるだけ取る（250億トン上昇）という現象が生じた．

11 水辺の歴史的変遷

人間社会の大規模な治水・利水活動により，海河流域の水循環が自然的なものから人為的なものに変わり，流域の自然性格（母なる河の能力）に人間社会が適応しなかった結果が噴出していると理解できよう．このような大規模流域治水活動があらゆる局面で流域水資源不足をもたらしている．この水資源計画は失敗としか言いようがない．当然，海河流域水循環の改善策として，

① 節水社会の形成，　② 洪水の資源化，　③ 他流域からの導水工事

が提案されている．このうち，①および②はソフト・テクノロジーが必要で，中国が最も苦手とするところであると思われる．したがって，ハード・テクノロジーによる最も即効性がある③に対する期待が南水北調プロジェクトである[15]．

以上，北京が含まれている海河流域の悲惨な状態を明らかにした．このような周辺の悲惨さを認識しながらも，それを犠牲にしてまで北京は，南水北調中線プロジェクトの完成を前提に，持続可能（あるいはむしろ生存可能）な世界都市として（人為的な自然豊かな）「水と緑」の水辺ネットワーク都市建設を行っている．

11.3.5　現代北京の水資源問題

中国は，2008年北京オリンピックを成功させるため，そしてその後，国を挙げて環境問題に取り組んでいた．しかしながら，2007年夏時点では，北京の空はスモッグで太陽が鈍く光り（2009年時点では少し好転してきている），アーバンヒーティングで暑さは耐えがたく，水辺環境では水の富栄養化で水路や池の水は汚くよどんでいた．一方，東北地方は旱魃で，逆に黄河下流の都市済南市（2007.7.28黄河水利委員会訪問）は7月17日の大洪水で市が水没し，長江流域でも大洪水が発生していた．また，水環境汚染のため，全国の3/4の太湖などを含む湖沼や河川の表流水が利用できないとも公表されている．中国は，北京をはじめ，全国的に水量and/or水質問題が深刻で，生命・生活・生産の根源的な資源である水問題の解決なくして持続可能な成長が不可能であるばかりではなく生存可能性も危うい状態に向かっている．これらの結果，地盤沈下や沿岸部27 km^{2}の地下水にも塩害が生じている．前出の図11.3.10，図11.3.11の北京や天津の地下水位低下の深刻さと，その南に広がる広大な華北平野の地下水位低下のひどさを見れば，流域内の自然の恵み（雨水と地下水）だけでは生きていけないことが理解されよう．

現在の北京市の水資源は，地下水の過剰揚水による水位低下と地盤沈下で，河川表流水に依存することしかできない状態である．北京の大きな水源は北京東北部の密雲ダムと西北部河北省の官庁ダムである．すでに，6.5節の「北京の水辺整備のコンセプトと実際」で詳細に述べたように，北京市では，街並の美化のため水辺整備を行い，街路の植樹を進め，また道路や街路の草花木のために，さらに公園の噴水のために大量に水資源を使用している．そして，一方では市民に節水を促している．また，北京の水のために，上流のダムや河川の水が使えない農民の辛苦は著しく増加している．

このような状況から，中国は三峡ダムの完成（2010年運用）に合わせて，2003年以来，

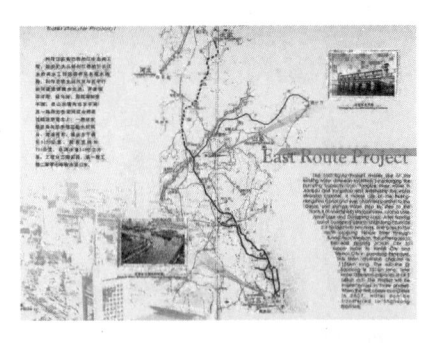

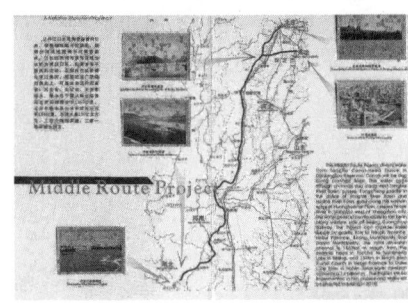

図 11.3.13　南水北調概要図[16)]
左上は3ルートの位置，順次隋代の運河を利用した東線，三国志で有名な漢水から導水する中線，青蔵高原のメコン川・長江・黄河が100 km以内で併流する大規模トンネル工事を前提とした山岳地帯の西線

長江の水を北へ，北京や天津それに断流*で困っている黄河中下流域へ，調達する「南水北調」プロジェクトを急速に行っている．そのルートと概要を中国水利部からもらった全12ページ金・銀張りの珍本の内容の一部を図11.3.13に示す[16)]．

ルートは3本あり，東線は隋代に完成された大運河を利用して建設されている．北京師範大学水科学研究院院長（元水利部南水北調局長）の許新宜教授によれば（2007.8.5），東線の目的は，江蘇省の灌漑用水と山東省の都市用水・灌漑用水で，結果的に淮河の湖沼群や大運河の水質を希釈効果で良くしているということであった．現在（2007.8）工事は，黄河をサイフォンで潜る（黄河の水と泥と戦う）難工事を行っている．

次に中線は，長江支流の漢水にある丹江口ダムから鄭州を通り華北の保定市で北京と天津に分かれることになっている．この水は東線よりも水質が良いので，北京が天津より優先権を有していることは言うまでもない．オリンピックには間に合わなかったが，2008年現在，北京の頤和園の近くで大規模な貯水池が建設中である．こうして，北京の水源は，密雲ダム・官庁ダムに次いで長江の大支流の漢水となる．

---

* 2007年8月の黄河水利委員会済南局での説明では，上流のダムの調整で50 m^3/秒の流量を確保しているから断流ではないということであったが．

11 水辺の歴史的変遷

西線については，長江上流のきれいな水を黄河上流にもってくることになっている．しかし，現在の黄河は瀕死状態であるから，そして，黄河水利委員会の4河務局（上流から蘭州・西安・委員会の本部もある鄭州・済南：私たちはすべて訪問）はおのおの個別問題対応型でベストを尽くしているが，部分最適化が全体最適化にならないシステム理論の教えることを理解していないようであった．このため，済南の宴のとき，同行の劉樹坤教授が口火を切り「黄河の10年，100年先の未来はあるか？」というテーマで激しい議論を行った．黄河全体の水資源マネジメントに階層システム論的分析あるいはコンフリクト分析[17]を組み込まなければ，いまのまま砂（漠）に水を撒き，生態システム保全以前の水質環境汚染に泣き続けることになると思われる．

以上のような議論を前提に6.5節の「北京の水辺整備のコンセプトと実際」を読み返せば，砂上都市北京の苦悩を前提としながら首都の権威を高めるために必死になっている姿が浮かび上がってくる．快適さの追求の余りきわめて脆弱な都市生存基盤のうえに栄華を極めているように思え，北京でさえこのような状況であるから，地方のメガシティも多くの水問題を抱えながら綱渡り的に経済発展を目指しているように思えてならない．

余談ではあるが，東京では長らく地盤沈下抑制を目的として地下水利用を制限したため，地下水位が高くなりすぎ地中の浮力が大きくなり，上野駅がアンカーで安定性を保っていると聞く．また，地下水位が高いために，豪雨時にはただでさえ少ない公園・緑地の出水低下機能もマヒしているのではないかと思われる．いずれにしても，都市・地域の地下水の総合的水質・水量マネジメントの重要性が見過ごされているように思われてならない．次に，日本の水辺の代表として京都の水辺を考えることにしよう．

11.4 京都の水辺の歴史的変遷

11.4.1 平安京の水辺構築とその変遷[18]～[21]

桓武天皇により京都に都が遷都された背景として，平城京の強くなった東大寺などの寺院の力を牽制することと，淀川水系の水辺ネットワークが重視されるようになったことがあり，まず784年に長岡に遷都された．ところが，長岡京は，遷都された翌年の785年，豪族で都造営の工事責任者であった藤原種継が暗殺されたことにより経済的に支障が出始め，暗殺に関与した疑いから皇弟早良皇太子は淡路国へ配流される船送途中で抗議の絶食をし自ら命を絶った．788年，夫人藤原旅子が没，百済の武寧王を祖とする母高野新笠皇太后も死去した．789年には，紀古左美を征東大将軍とする政府軍は蝦夷の胆沢城周辺で大敗北をする．さらに，790年，疫病が大流行し皇后が没し，早良の後の安殿皇子は神経症で病弱であった．これらのことから，誰いうともなく，恨みをのんで亡くなった早良前皇太子の怨霊の祟りだ，といい始めた．さらに，792年に起きた

891

大洪水で多くの被害を被ったため，794年には都を解体せざるを得なかった．そこで，次の遷都の地として京都盆地が選ばれた．

京都盆地は左京に鴨川，右京に桂川が流れ，中国の都市計画思想の四神相応の地であった．四神相応の地とは四神に応じた最も貴い地相を有する地である．左方である東に流水があるのを青龍，西に大道があるのを白虎，正面である南にくぼ地があるのを朱雀，後方である北方に丘陵があるのを玄武とする．官位・福禄・無病・長寿を併有する地相で，平安京（鴨川：青龍，木嶋大路：白虎，横大路：朱雀，船岡山：玄武）はこの地相を有するとされた．また，扇状地であったことから地下水が豊富にあった．

日本で都城が造られたのは藤原，平城，長岡，そして陪都としての難波などである．信楽・恭仁などは着工間もなく放棄され，都城といえるほどのスケールではなかった．平安京の面積は長安の1/3くらいといわれている．人口も盛唐時100万を超すといわれた長安に対し，平安京はせいぜい7～8万くらいであった．平安京は桓武天皇の晩年にいたって，度重なる東北出兵と都城建設で国家財政は破綻寸前で，人民の疲弊はさらに激しく，完全にでき上がる前に建設中止の勅がでた．

『延喜式』による都市計画範囲（図11.4.1），南北5241m（1500丈）東西4509m（1508丈）のほぼ正方形の街路区画のすべてにぎっしりと百官役所，邸宅，庶民の住宅が埋まっていたと考えることはできない．その北辺中央に南北1410m東西1148mの宮殿や収納するための蔵庫，官が経営する諸司厨殿などがある大内裏と貴族や官人たちの邸宅がそこかしこにあり，さらにその周りに粗末な土の壁と草木でできている庶民の住居が散らばっている，といった風景であったろうと想像される．また，長安に倣って九条に東寺・西寺が建てられた．東西の市も都城南部に日を決めて開かれた．また街区は大路によって左・右両京とも整然と区切られ，いくつかの街区をまとめて「坊」と呼ばれる区域に分けられていた．それらの唐名の坊の名は，今日，小学校などの旧学区の名で残っている．銅駝，教業，永昌（松），淳風，光徳，崇仁，陶化などがそれである．

唐の長安の場合，都城の四方は羅城と呼ばれる堅固な城壁で囲まれ，城外と城内をはっきりと分けていた．周辺の異民族の侵攻に対する防壁である．平安京の場合，城壁（羅城）はなかった．長安に見られる坊ごとの坊門も，朱雀大路に面した所のみにしか造られなかった．外来の思想と渡来人の技術を吸収して，あまり広くない山背盆地の条件に合わせて造り上げたものが，日本で最大の計画都市となったわが平安京（左京を洛陽，右京を長安と誇称し，後に右京が衰え，京に上ることを上洛と呼ぶ）であった．

次に，平安京の鴨川がどうしてその位置に流れているのか[19]を述べることにしよう．鴨川は少なくとも途中まで直線的に流れる人工河川であり，その位置に流される理由があるはずである．鴨川には堤防があり，京極との間には，田畑だけでなく悲田院・藤原氏の崇親院・法成寺・法興院（「法は水よ去れ」という意味）などが次第に進出するようになったのだから，そこはまともな土地利用空間である．鴨川のY字型合流点（現在の出町）の真北約400mの位置に，平安時代からの名社「鴨河合【かものかわい】神社」が下

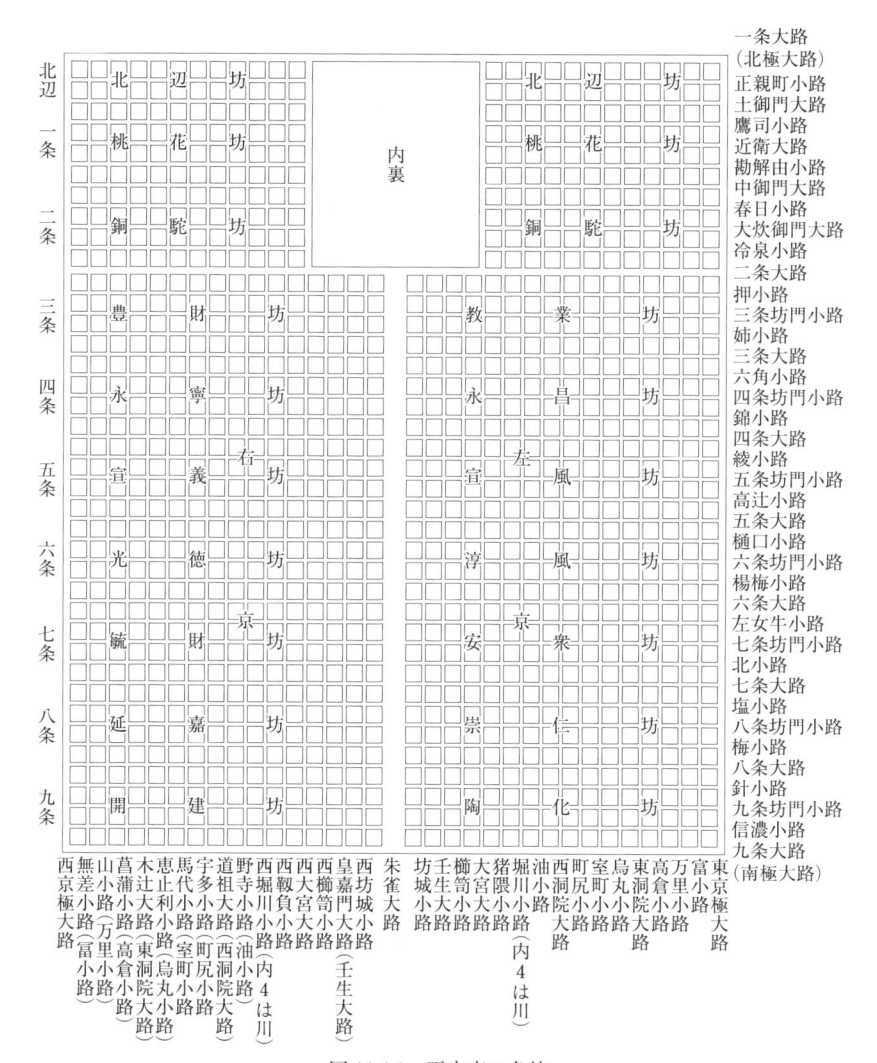

図11.4.1 平安京の条坊

賀茂神社と同じ森に鎮座し，この位置が鴨川南北河道が平安時代に遡る証である．次に，本題，鴨川は何故そこを流れているかに対する足利の答えは以下のようになる．

　すなわち，東堀川と西堀川（西堀川は消滅したが紙屋川とその南延長上の区界線）の距離が東堀川と鴨川の距離に等しく，1750 m で 3 つの人工河川が，同じ都市計画のもとで，同時に等間隔で計画されていたことを意味していることになる．しかし，これではアンバランスであるから，西堀川の西にもう 1 本人工河川があると推理し，1981 年の京都市都市計画図と 1921（大正 10）年ころの地図から，帯状地を発見した．そして，この帯

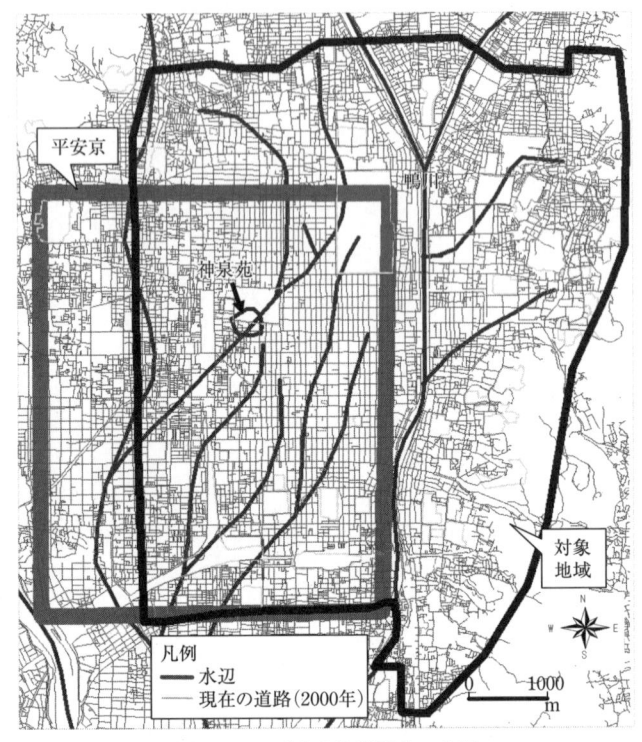

図 11.4.2　平安京造営以前の水辺

状地の北端に一般には「蚕ノ社」(木嶋坐天照御魂【このしまにますあまてるみむすび】神社)があることがわかる．この神社は先の鴨河合神社と深い関係にあり，朝廷から神位を授けられた二神は平安時代に，片方が上れば他方も上るというふうに並び立っていた．加えて鴨河合神社周辺を「糺の森」というのに対し，蚕ノ社周辺は「元糺」と呼ぶという関わりもある．こうして，『帯状地が木嶋大路であるから，東から鴨川，東堀川，西堀川，木嶋大路と御室川の4つが等間隔に配され，その中央に平安京が設けられたため，鴨川と東京極間に空き地が生じた．』という結論を導いている．これはまるで推理小説ではないかと思う推理であろう．こうして，鴨川の人工河川部の位置の意味が仮説検証されたことになる．これで安心して，鴨川を中心に京都の水辺変遷を記述することができる．

　以下ではまず，京都大学図書館から頂いた現存する古地図などのコピーをもとに，対象地域である京都市市街地の水辺を，現在の地図上へ復元することを試みた．ただし，古地図であるがゆえに，欠損，汚損していることや洛中の部分しか描かれていないなど多くの問題点があり，その場合は対象とする時代の前後の地図や洛中洛外図，それに文献を用いて推測して復元し，どのように水辺が減少し，現在の鴨川がいかに現在の京都にとって重要な水辺であるかを論じることにしよう．

11 水辺の歴史的変遷

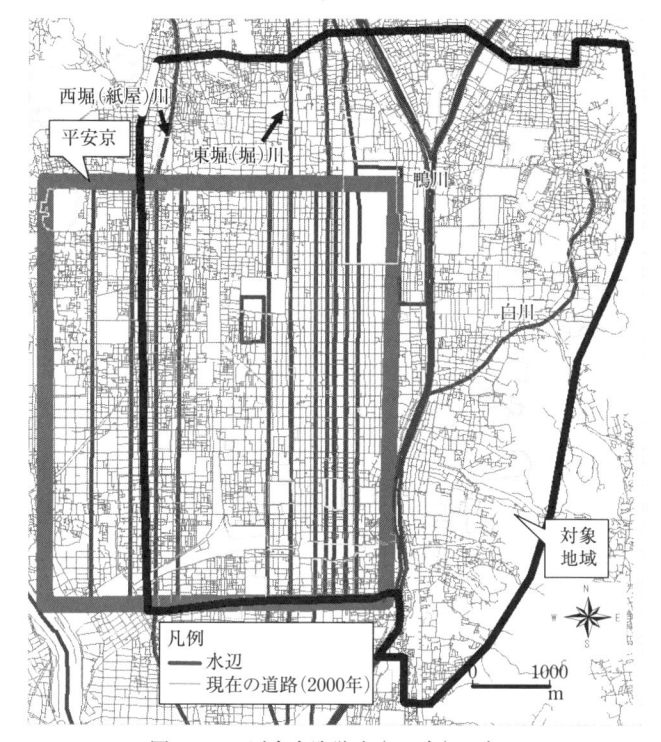

図 11.4.3 平安京造営時 (794 年) の水辺

　まず，京都に都が造営される以前の河川の状況は図 11.4.2 のように推測されている．そして，平安京が造営される前の鴨川は，人々の生活に融け込んでいた川だと想像されている[21]．日々の暮らしで，人々は，川魚を採り鳥を追い，細流を田に導き，川原は子供のあそび場であり，若者や大人は牛馬を放し，あるいは紙すきの仕事や園地の石組みをし，折々に場所を選んで恋の語らいや愛の交歓の場所にもなった．古代の人々にとって，川と川原は分けられるものではなく，人々の生活の場であった．なすすべもない洪水の被害も少なくなかった．だが，それら特別の時を除けば，村のしきたりからも離れた'自由の場'であった．平安京が造られてからも，京外の鴨川とその川原での'自由'はほとんどそのまま残されていた．平安京が造営され都市としての繁栄が進むと，鴨川の，ことに三条・四条にそのままつながるあたりから下流のほうの川原は，京への流民や細民の住処となり，川原で死に果てる者も多くなった．

　平安京では，中国の都城建設の手法に従っているとすれば，最初に都市のインフラストラクチュアである碁盤の目に整備された道路と 10 以上の人工河川が整備された（図 11.4.3）と考えておかしくない（なお，図 11.4.3 では御室川が欠落している．以下の河川変遷図も同様）．

895

当時計画された河川は（東側から順に）富小路川，東洞院川，烏丸川（子代川），室町川，堀川（東堀川）などで，河川の名前は現在，通りの名前として残っている．これらの河川や水路は後に下水・ゴミ捨て場となっていった．また，邸宅に引かれた水は寝殿造の池庭の水として利用されていた．

京に接する鴨川であるにもかかわらず鴨川にはそのただ1つの例外を除いて本格的な橋は架けられなかった．例外は「韓（辛）橋」で，九条坊門小路の延長部（現在のJR奈良線の鉄道橋の少し南に「鴨河韓（辛）橋」があったと推測されている．この橋は宇治を経て南都に向かう道につながっていたようである．平安京では，河川は基本的に人馬などが歩いて渡るものであり，橋の存在は例外であった．その背景には，日常的な鴨川の流量が渡渉を阻害するものではなかったと考えられる．もちろん増水時にはこの限りではなく，1024年には永円僧都が乗車して鴨川を渡る間に突然の出水に遭い，車ごと流されてあやうく助けられるという事件も起こっている．反対に，1004年は夏から旱魃続きで雨がほとんど降らず，11月には四条以北の京中の井戸が涸れる状態となり，鴨川の三条以北は断流となったと記録されている．

鴨川は禊ぎと祓いの川でもあった．嵯峨天皇（在位809～823）の時代に鴨川の治水を担当する防鴨川使（ぼうかし）が設置され，修理使や坊城使と同様の性格をもっていた．そして，賀茂斎院も創始している．嵯峨朝の諸政策を通じて，鴨川は古来以来の神聖な河川にとどまらず，王城としての平安京を浄化し，その粛清を保持するためになくてはならない河川となった．そして，鴨川の修禊や賀茂社の祭祀を国家行事と昇華し，鴨川と関わる信仰のために皇女を奉仕させる斎院の制度化につながったと考えられる[3]．おおむね二条以北の鴨川は，天皇や貴族の禊ぎや祓いの場であり，平安京やその支配者の清浄を保つ区間へと性格を変えたのである．

では，その下流はどうであったのであろうか．842年，朝廷は東（鴨河）悲田院に命じ鴨川原ほかに散乱する髑髏5500余頭を焼かせ葬らせた．三条以南の鴨川の川原は埋葬地としての機能ももち，また放牧地でもあった．「蜻蛉日記」は「川原には死人も臥せりと見聞けど」と記している．平安京東南部の鴨河原は，現世と幽界とを結ぶ場所であり，葬送や供養を通して貴賎の人々が集まり，僧侶が活躍する場所でもあった．悲田院はそもそも仏教思想に基づく施設で，幽界に近い川原の近くにあった．悲田院は，施薬院とともに孤児や病人の収容施設で，平安京の南辺に東西悲田院が設けられていた．この東悲田院が，1017年の洪水で300余人の収容者を流出し，その後三条辺りに移転した．鴨河原は，賑給（しんごう：貧窮者に対して国家が稲穀・塩・銭などを施す行為）の場でもあった．1032年，降り続く雨を止めることを祈願する使者を諸社に派遣し，悲田院と鴨河堤の病人や困窮者に米が施された．三条以南の川原に下層民が多く集中していたことがわかる．

次に，平安時代の大洪水をたどってみよう．830年の洪水では，鴨川が破堤し東京（左京）に流れ込み，多くの舎屋が損壊し，871年閏8月には折からの長雨で洪水となり，

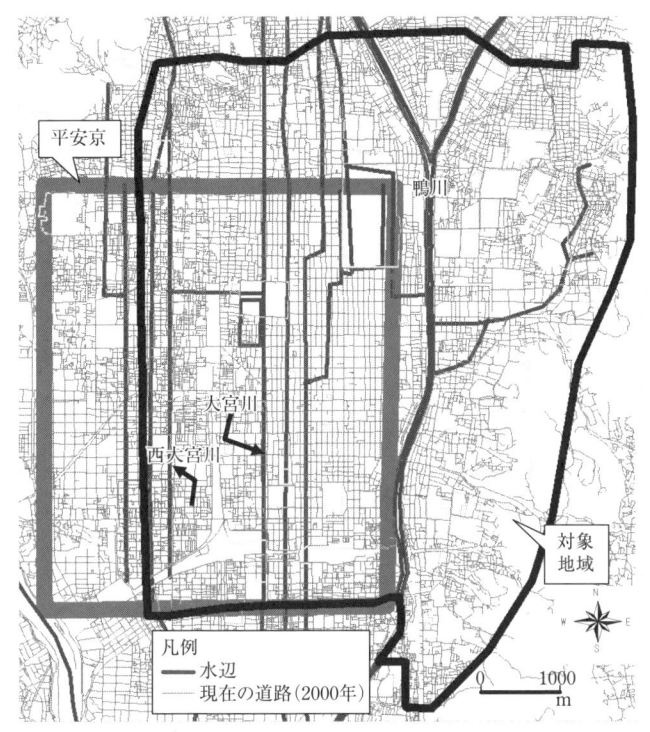

図11.4.4 平安中期から南北朝時代（900～1340年代）までの水辺

道・橋・人家などが多数流出し，被災者は左京で138人，右京で3995人に及び，873年堤防周辺の耕作中止令が出ている．938年6月には鴨川の洪水で多くの舎屋・雑物を損失し，西堀川以西は一面海のようになり，往還不能になった．939年4月の賀茂祭の際には河水が溢れて賀茂斎王が渡河できなかった．998年9月の長雨では，一条堤が決壊し鴨川の水が藤原道長の土御門第に浸入し，海のようになった．1000年8月16日夜来の大雨で破堤し京極以西の人家の多くが流出した．1010年7月には，午後の雨で出水が起こり，堤防も所々破損した．1017年には5月～6月の連日の雨で病死者もで，6月29日以来の大雨で7月2日に鴨川の一条以北で破堤した．京極大路や富小路は海のようになり京極あたりの家は皆流損し，また悲田院の病者300余人が流された．1028年9月3日，連日の大風雨で鴨川が決壊し，道長が建立した法成寺には四方から水が流入した．

これらの記事から，鴨川の洪水はおおむね一条付近が決壊することで起こっている．この地点は賀茂川・高野川の合流点に近く，また一条～二条には上級貴族の邸宅や関連寺院が多いため記録が限定的ではあることを断っておく．また，鴨川の堤防の南端は六条あたりで，六条以南は無堤で鴨川は西に蛇行し平安京の東辺（現京都駅方面）に食い込

897

む形態であった．そして，1142年の「本朝世紀」に，堤防の修復もせず，多くの貴賎が鴨東に居宅を構え，勝手に東岸に築堤し，東岸に洪水がなくなり，西岸の低い平安京内に濁水が流れ込みやすくなったと記している．

さて，右京の表層（約10 m）は粘土層で排水状況が悪く良質な地下水を得ることができない．一方，左京の表層は砂礫層で排水状況がよく，砂礫でろ過された良質な地下水が得ることができた．しかし，砂礫層であることはその場所がたびたび洪水に襲われたことを示している．10世紀の後半になると，右京は荒廃し河川が蛇行するようになった．例えば，西堀川は平安中期には埋没し，代わりに野寺小路が流路化して野寺川ができ，道祖大路を流れる道祖川が拡大したらしい．また，左京に人が集まるようになったため，大量のゴミによって下流では詰まるようになり，河川どうしを合流させて水流を早くさせる工事が行われるようになった．このため，河川は図11.4.4のような状態となり南北朝時代までこの状態が続く．

11.4.2 室町時代の水辺の変遷[18]〜[21]

鎌倉時代の1228年7月の風雨・洪水のため四条，五条の橋がともに流された．そして，このときの記録から五条橋が鴨川の最南の橋であることがわかる．

1545〜1549年ころに狩野永徳によって描かれ，織田信長が上杉謙信に与えたといわれる「上杉本洛中洛外図屏風」では，京を西北から眺め，鴨川，中川，室町川，西洞院川，四条橋，五条橋が見られる．これから，中世の鴨川は四条あたりまでほぼ北から南に直進し四条以南で川幅が大きくなり西南の方向に流れを変えているように見える．

鴨川の上流から眺めると，中世後期の三条までは河原で，「糺河原」「荒神河原」「二条河原」「三条河原」と呼ばれていた．1464年，糺河原では足利将軍家主催の勧進猿楽が行われた．二条までは川幅が広くしかも浅いため，河原は広場で，交通路で，人の集まる場で，刑場でもあった．

1427年の大洪水で，四条，五条の橋が落ち，河原在家*と呼ばれる庶民の住居が数多く流された．さらに，応仁の乱（1467〜1477年）により市街地の広い範囲が焼失し，右京と時を同じくして図11.4.5のように多くの河川も地上から姿を消していった．

1460年は凶作の年で，その冬から1461年の3月までに京都で飢え死にした人の数は，毎日最大で600〜700人といわれた．時宗の僧願阿弥は六角堂前の草屋で飢餓に苦しむ民衆に粥の施行（毎日8000人分）を行った．しかし，草屋の死者は増え続け，鴨河原と油小路の空き地に塚を作った．そして，草屋を撤収し，死者を四条と五条の橋下に穴を掘って埋め塚を作った．その数は一穴に1000〜2000人といわれている．大極という人は，四条橋から鴨川の上流を眺めると，無数の屍が捨てられ，流れをせき止め腐臭が漂っていたと記録している．また，正月から2ヶ月で捨てられた屍は82000人と数えている．

*河原に住居を構えて税を逃れていた．

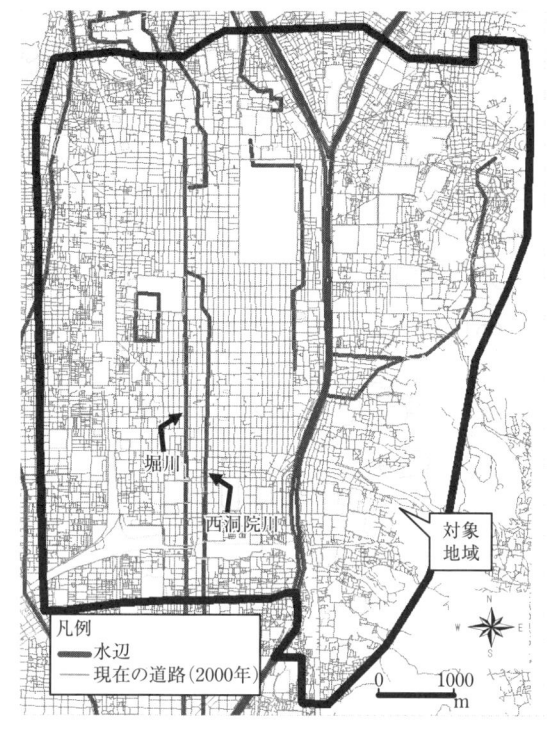

図 11.4.5 応仁の乱直後(1480年ころ)の水辺

このとき,建仁寺や五山の施餓鬼(餓死者の供養)が四条,五条橋で行われた.願阿弥の施行が餓死者を食い止めるために行ったのに対し,施餓鬼は餓死者を防ぐことを断念した仏事である.そして,1461年3月21日に大雨が降り鴨川に散乱していた無数の屍・骸骨が流され,人々は喜んだと記録している[21].このように鴨川は「無念と怨念と供養」の川であったことも記憶しておく必要があろう.

五条橋は,鴨川の中島を挟んで2つの橋からなり(上杉本洛中洛外図屏風),この中島に大黒堂があった.正式名は法城寺で,安倍清明が鴨川の治水を祈願して建てたという伝承がある.法城寺の寺名は,「水去りて土と成る」を意味し,鴨川の治水と土鎮を祈願する寺であった.この寺は禅宗の放下僧,自然居士(じねんこじ)や声聞師などの下級芸能者が拠点とした寺で,上述の勧進聖願阿弥が終焉を迎えた寺であった.また,鴨川の河原は茶売人や首をはねられた天下の悪党の綴法師,流灌頂を行い死者を供養し銭を乞う賎民的な乞食僧「いたか」など多様な職種の人々の活動の舞台であった.

11.4.3 豊臣秀吉の都市計画[19)~23) 29)]

戦国時代の1544年7月の台風による大洪水では,四条・五条の橋が落ち,黒谷の坊・

鞍馬寺大門・貴船などもすべて流失し，嵯峨の広沢の池が平地になり，下京の家は浸かり，堺の船が東寺の前に着いた．この大洪水で禁裏も水に浸かり，水の排出のため土居や堤を切り落とさなければならなかった．さらに，御所から室町小路，また，鴨川の東河原も当然被害を受けたと考えることができる．このような大規模な洪水が起これば，当然のこととして図11.4.3に示した平安京の南北に幾条にも整然と造られた水辺は，あるところでは土砂や洪水流出物で埋まり閉塞し，流れが途絶え流向が変化し，川そのものが消滅するということが容易に想像されよう．

1578年5月の洪水は信長の播州出陣の日で，洪水を押して出陣する織田軍の様子が『信長公記』に記述されている．この洪水では，鴨川・白川・桂川が一斉に洪水を起こし，2日間にわたり市街が浸水し，町全体が流された所もあった．2年前に完成したばかりの四条橋も流出した．そして，淀・山崎・鳥羽・宇治などから数百隻の船が五条油小路に集結したと記述されている．自然条件が下京の南限を五条通にしたと考えられよう．1584年8月にも賀茂川・高野川で大出水があった．連年，洪水・橋の流失が続いていた．

本能寺の変後，秀吉は光秀の家老を六条河原で切った．1590年に完成した，橋脚を63本の石柱で支えた三条大橋の擬宝珠（ぎぼし）の銘に「洛陽三条の橋，後代に至り，往還の人を化度（けど：衆生を教え導き救うこと）す」と記されている．この年3月1日秀吉は三条大橋を通って小田原攻めに向かった．京の民は壮大な出陣行列を見たことになる．

豊臣秀吉は，1586年に聚楽第を建設し，京都に本格的な統制拠点を構えることになる（1594年の伏見城建設と翌年の秀次失脚により手放す）．そして，1590～91年に都市改造が本格的に行われた．最初は天皇の御所から手をつけ，御所の周りに公家町を造り，公家を集めた．鴨川の右岸に120もの寺を集めて，寺町を造り，南北に長く並べた．その次に聚楽第と禁裏との間にあった町屋が整理され，大名屋敷となった．そして，押小路より南に合計5本の南北街路を新しく開き，従来正方形であった街路パターンを南北に長い長方形にした．これにより道路を挟んで両側に町が成立し，都市的な街区ができた．次に1591年に洛中防衛を目的とした土でできた城壁である御土居が完成した．これは鴨川や紙屋川（天神川）の洪水の氾濫にも対処するものでもあった．御土居の内側を洛中，外を洛外と区別された．北は鷹峯・紫竹，東は鴨川，西は紙屋川，南は九条通に位置し，総延長は約23kmであった．河川のない場所には人工の堀が造られ水が通された（図11.4.6）．

現在の五条大橋は，1590年秀吉による方広寺大仏殿造営に伴い，その参道であった六条坊門小路を五条通とし，その橋を五条橋と称するようになった．秀吉以前の五条橋は現在の松原橋である．

しかし，町の周囲に壁ができたことによりさまざまなものの出入りが不便になり，水も同様に洛中から洛外への排水の妨げになったと考えられる．そのため，御土居のすぐ

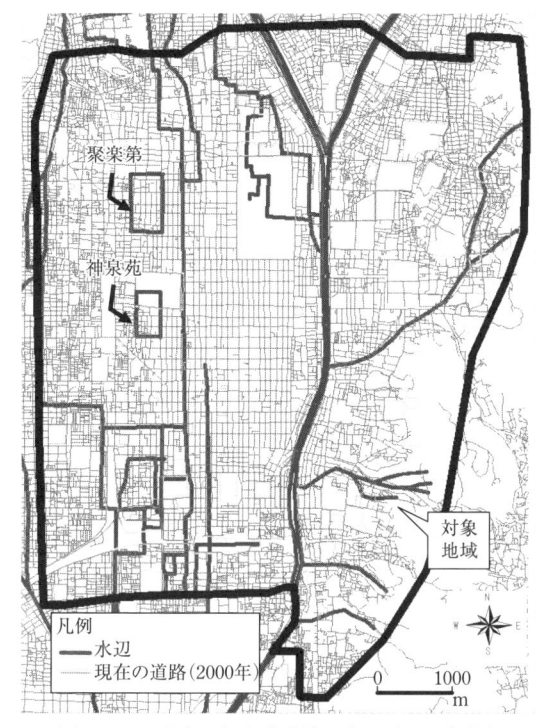

図 11.4.6　秀吉の都市改造後の水辺（1590 年代）

内側は不衛生になっていたといえる．御土居はわずか 2〜4 ヶ月で構築されており，工事を急いだことが排水（水の循環）の問題を生み出したことが原因と考えられる．また，1591 年，秀吉は「上山城堤」「京都南河原」の治水事業（1592〜1614）を始め，伏見築城との関連で「小椋堤」「槙島堤」を築堤した．

1600 年の関ヶ原の戦いに敗れた西軍の首領石田三成や小西行長らが六条河原で斬られ，三条橋の橋詰に首を晒された．後に大坂夏の陣後，長宗我部盛親や秀頼の男子国松も六条河原で斬られ，三条大橋橋詰で首を晒された．六条河原は「処刑の場」であり，東海道・東山道の出発点で最も人の往来の激しい三条大橋は「見せしめの場」であった．

11.4.4　角倉了以と保津峡・高瀬川の開削[21) 24)]

江戸時代において水辺の大きな変化は，1602 年に徳川家康が二条城を築城したことから始まる．神泉苑の湧水に着目し，城の堀に利用されたため，神泉苑の敷地は約 13 万 m^2 から約 4400 m^2（現在の敷地）まで縮小した．この時代で特に注目すべき点として，角倉了以とその息子である素庵による保津峡開削，高瀬川開削と河村与三右衛門が計画した西高瀬川が挙げられる．

角倉家は本姓を吉田といい，祖先は近江の佐々木氏で，14世紀末に京都へ出て医術で室町将軍家に仕え，のちに嵯峨へ隠退した．その後，土倉（高利貸し業者）を営み角倉と称し経済力を高めていた．了以の父宗桂は著名な医師で，1554年にその子として生まれ了以は世七と呼ばれていた．了以は父と異なり経済活動に活躍の場を求めていた．1603年徳川家康に朱印船貿易の許可を得て，1604～1634年（了以は1611年）まで角倉船と呼ばれる朱印船で安南（ベトナム）貿易を行い，莫大な財産を得ていた．了以の経済戦略は海外に向けられていただけでなく，同時期に国内における新分野の展開を模索していた．1604年，了以は美作（岡山県）にある和気川で，川底の浅い川を自由に往来する高瀬舟を見て河川開削事業を開始する．最初の舞台となったのが保津川（大堰川）で，開削工事現場は保津峡である．

　保津川は丹波と京都を結んでいる水系で，古くは長岡京や平安京の造営のための木材の供給用水路としての役目を果たしてきた．しかし，急流である保津峡は船運での通行は不可能で，丹波からのさまざまな物資は陸路で運搬されていた．1605年，江戸幕府から許可を得て保津峡開削工事を開始した．岩盤を粉砕するために火薬を使用し，川幅の広くて浅い箇所は岩を積んで狭くするなどの工事を行い，翌年に完成した．角倉家は交通料を徴収することにより，明治維新まで継続性の高い経済利潤を確保することとなった．

　さらに，1611年に高瀬川の開削工事を開始した．高瀬川は二条から鴨川の水を取り入れ，伏見で淀川に合流する運河である．御土居を築いた時に土砂を採取した溝や農業用水路などを活用したといわれている．全水域の土地を了以は自費で買収していて，総工費は75000両（現在の金額に換算すると約75億円：1両約10万円）である．1614年に高瀬川が完成し（図11.4.7），了以もその年に亡くなった．

　保津川の船運開通が可能になったことにより，角倉家支配下の丹後・丹波の米や生糸，木材が大量に京都に入るようになった．高瀬川開通によって大坂と淀川経由で直接結ばれ，さらに多くの物資が入るようになった．このため，人口が増大するようになった．ちなみに，高瀬川沿岸に木材・薪炭・米問屋が立ち並んだことにちなんで木屋町や材木町などの町名がつけられている．

　1600年の1月と7月に洪水があり，1612年の5月～6月の大雨について『当代記』には「洛中大水，新舟入の屋形・堤以下浸水」と記されている．「新舟入」は前年角倉了以に開発された高瀬川である．1627年5月～8月に3回もの洪水があった．『当代記』は，「洛中室町に水押し入り，家財浸す」，また「70年以来比類なき」大水で「洛中へ水入り，人あまた流れ死す」と記している．1614～1629年の間に17回「大雨」「大水」「洪水」が継続的に生起していた．

　京都の市街が水災害からほぼ解放されたのは，1668年の京町奉行の設置後で，1669～1670年に建設された鴨川新堤（新土居）によるところが大きい．距離は車坂から五条橋までの約9km，秀吉の御土居（古土居）の東側に建設された．禁裏を守るため大

11 水辺の歴史的変遷

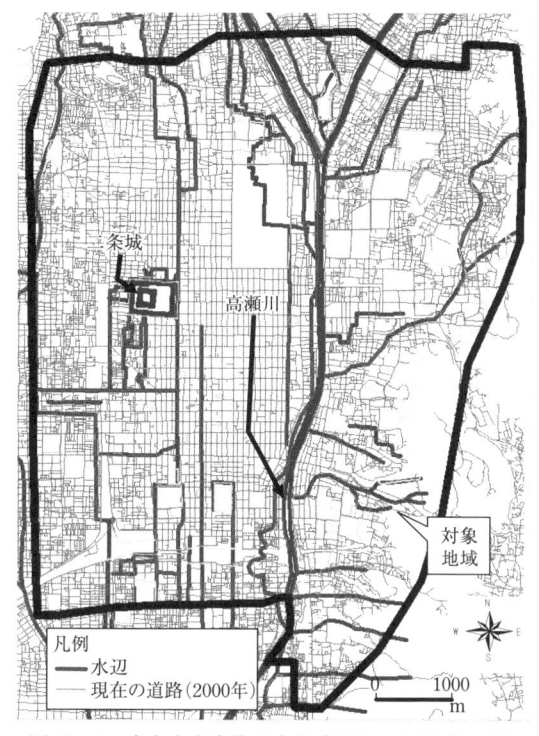

図 11.4.7 宝永大火直後の水辺（1714～1721年ころ）

宮の渡りから今出川までの約 1.8 km の公儀普請を負担し，東岸は二条から西岸は荒神口からそれぞれ石垣で町人役普請として，町中を守るために自己負担をしたことになる．また鴨川の幅は大幅に狭められた．1409 年の橋の長さは 260 m で，1711 年のそれは 115 m で半分以下になっている．鴨川の河原を減らし，洪水の疎通能力を高めたのである．堤防の強化だけではなく，洪水の際の水抜き口（悪水抜溝）も石垣で築かれた．今出川口に設けられ，上流の洪水を禁裏に及ぼさないように配慮されていた．

2007 年に拙宅の背後にマンション建設が行われる前に，いつ造られたかは不明であるが，土地の境界にあった機能麻痺の悪水抜きの水路を潰した．江戸時代から京都の背中合わせの町家の境界にこのような悪水（この場合，雨水だけでなく生活排水もあったと思われるが）抜溝が縦横に規則正しく設置されていたと想像でき，都市排水に配慮した町であったと，いまさらながらに先人の知恵に感心した．

京都が水害からほぼ解放された理由は，堤防整備だけではなかった．江戸幕府は 1666 年に治山治水のために山の緑の保全と河原の開発停止を命じた施策「諸国山川掟」を打ち出した．その内容を以下に示そう．

① 近年，草木の根を掘取るため風雨の節川筋に土砂が流れ込み，水が溢れる．今後

903

は根の掘取り（灯火用に松根などの油を採る）を禁じる．
　② 川の両岸の植生の無いところは木苗を植え，土砂が流れないようにせよ．
　③ 川筋・河原などに新しく田畑を開発することを禁じる．

　これが，まったく同文で1669年京都町奉行所の名で「城州かも川筋，高野川筋等の庄屋百姓中」に宛て出され，「川御普請奉行」が実地検分することになった．そして，「賀茂川筋小枝橋より上，大原川・鞍馬川・貴船川までの野絵図」作成が沿岸村々に命じられた．この小枝橋は城南宮の側で，かつて隣接して鳥羽離宮があり，白河・鳥羽・近衛天皇陵があり，京の最南端の津であった．鳥羽伏見の戦いはこの橋を通過しようとした幕府軍に薩摩藩が発砲したことから始まった．いわゆる近世に決別した歴史的な橋である．

　江戸時代の朝鮮通信使も京都にとって重要なイベントであった．来日が決まると公儀橋の修復が始められた．1682年には小枝橋・上鳥羽中橋・上鳥羽五丁ヶ橋が付け替えられ，このころ，被差別部落民は「洛中洛外町続」から排除され，路上の物乞いは許されたが，町中の屋敷内に入ることは禁止された．

　1711年には三条大橋・小橋と五条橋が修復された．使節の入洛に当たり，町奉行の規制は微に入り細をうがつものであった．入京2日前から，洛中洛外の町は自身番を置き，火の用心，道筋を清掃し，私的売買を禁止し，通行が近づくと散水し，通行中は貴賎によらず急用のある人以外の往来を禁止した．店先や2階で見物してもよいが，「作法よく，高声・高笑い・指差しをせず，物静かに，行儀よく見物せよ」というのが原則であった．また，橋や通り筋で見通しの良いところでは「見苦しき」物を置くことが禁止され，この中に川岸や橋詰の竹・木の積み直しや，高瀬舟を退けるよう指示している．さらに，三条大橋・小橋，五条橋ほかでは橋下や川中からの見物も規制していた．使節入洛時だけでなく，鴨川は河原と両岸を含め，身分制を前提とした整頓された「行儀よき」水辺空間に変化していった．

　1711～1735年に二条～七条間の新地開発が進行した．最初の動きが「四条河原町芝居町」の形成であった．寛文新堤の完成で，かつて河原で行われていた興行は，遊女歌舞伎や若衆歌舞伎，また多くの見世物があり混沌とした猥雑さがあったが，常設の「行儀よき」芝居小屋（6軒）が鴨川東岸に，見世物小屋が西岸に定着させられた．

11.4.5　幕末の西高瀬川の開削と琵琶湖第1疏水事業[22]

　西高瀬川は，1863年に開削された運河であるが，すでに1824年に開削計画が持ち上がっていた．1824年の開削計画当初の目的は二条城へ城米を搬入することである．その背景として，二条城の城米は下鳥羽村で陸揚げされ，鳥羽街道の車運で運ばれていたが，次第に車運が衰退したことが挙げられる．計画水路は堀川の冷泉井堰から水を引き千本通を南下させる予定であった．しかし，西院村の農民の反対により実現しなかった．そして39年後の1863年に桂川から材木や米などを運ぶために開削された．開削当

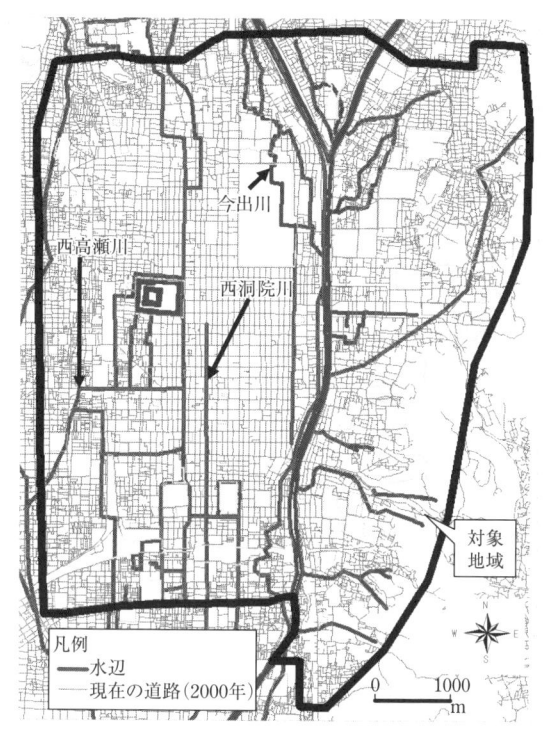

図 11.4.8 明治初期の水辺（1878 年ころ）

時は嵐山付近の桂川から取水し，壬生付近で南下，四条通を通過して二条城に到達するルートであったが，1870 年に木材や薪炭の輸送を円滑にする目的で新たに三条通をルートとする運河が京都府により開削された．この開削により昭和初期ころまで千本通から三条通の界隈は木材の集散市場として活況を呈していた（図 11.4.8）．

1868 年，明治維新によって天皇をはじめ華族，士族，商人の多くが東京に移動したことから，京都市は急激に衰退した．この京都の衰退に対し工業都市としての京都復興に向けて琵琶湖（第 1）疏水事業が計画されていた．琵琶湖疏水事業全体（第 1 疏水・第 2 疏水・疏分線）の大きな原動力となったのが田辺朔郎（1861〜1943 年，後の京都帝国大学土木工学教室第 2 代目教授）である．工部大学校の学生で角倉了以・素庵時代からあった敦賀湾—琵琶湖—京都を運河で結ぶ構想を継承し，1881 年 10 月以来京都に来て調査と設計に 2 ヶ月を費やし，卒業論文「琵琶湖疏水工事の計画」を完成させた．これは，外国雑誌にも掲載された．1883 年，23 歳で大学を卒業し 5 月に京都府に採用されて大工事を担当した．この疏水は三保ヶ崎（大津）から三井寺まで堀割，長等山はトンネルで貫通，山科でいったん地表に出て日岡山で再度トンネルとなり，蹴上までの全長 20 km である．総工費が 125 万円（現在の金額に換算すると約 175 億円：1 円約 14000 円）であった．

注目するところは，巨大な事業費の地元負担金として上京・下京地区の住民から65万円（約91億円）が充てられた点である．残りの55万円（約77億円）は，明治初年に明治天皇が京都に置かれた35万円（約49億円）と国庫補助金などが充てられた．さらに，当時の日本の技術では不可能だという意見が内務省の外人技師からも出るほどで市民の反対もあった．知事（北垣国道）は「こんど来た（北）餓鬼（垣）極道（国道）」とまで皮肉られた．設計が終わり，1885年に工事が開始された．1888年，合衆国アスペンの世界初の水力発電を見聞した田辺らによって，疏水の当初（1883年の計画公開時）の利用目的（灌漑・水力・船運・精米・防火・飲料水・衛生）が急遽変更された．翌年，蹴上に発電所が造られ，蹴上船溜—南禅寺船溜間にインクラインが造られた．1891年には出力80 kWのエジソン式直流発電機（GE製）によって世界で2番目の水力発電が開始された．

この電力は日本最初の電車営業路線（1895年京都電気鉄道株式会社：1918年京都市電に併合）の原動力となった．1894年までには第1疏水と疏水分線が完成した．さらに第2疏水の開削と発展し，京都の電車，電灯，軽工業の機械化などに計り知れない利益を与えた．

その一方，八坂神社の「祇園の森」*，上御霊神社の「御霊の森」**，鴨川の五条大橋（現在の松原橋）左岸の日吉山王七社権現の1つである「十禅師の森」***，熊野神社の「聖護院の森」****，流木（ながれぎ）神社の「半木（なからぎ）の森」*****，そして，陵墓の森として身隠の森******など多くの森[26]が失われた（図11.4.9）．

11.4.6　都市の近代化と水辺の喪失，そして現代の水辺[20) 21) 26) 27)]

明治末になると電力需要の増加，市内の井戸水位の低下といった問題が発生し，水利・上水事業・道路拡張ならびに市電敷設のいわゆる「京都市三大事業」が計画され，その一環として琵琶湖第2疏水が建設されることとなった．これは，第1疏水とほぼ平行した全線トンネルルートをとっている．1908年から工事が始まり，1912年に完成した後，蹴上浄水場が完成し水不足が解消された．しかし，このころから，御土居建設以降増加傾向であった京都市市街地の河川や水路が減少傾向に移行することとなった（図11.4.9）．

御土居建設以降増加傾向であった京都市市街地の河川や水路が次々と喪失した大きな原因として，琵琶湖疏水による水力発電を利用した電車の開通がある．まずは琵琶湖第1疏水建設により水力発電が行われ，この電力により電車営業路線の原動力となった．

　　＊1886年に公園化のため森を刈りとる．
　　＊＊応仁の乱の発端の地．
　　＊＊＊武蔵坊弁慶が牛若丸に主従の誓いをした所といわれている．
　　＊＊＊＊1893年の道路の拡張，1912年の市電の開通のため大幅に社地を削られた．
　　＊＊＊＊＊この神社はもともと西賀茂にあったが洪水で流され命名され，上賀茂と下鴨とのほぼ中間にあるのでなからぎと称し，現在京都府立植物園に取り込まれている．
　　＊＊＊＊＊＊高貴な人の亡くなった森，昔の吉田野で京都大学の西．

11 水辺の歴史的変遷

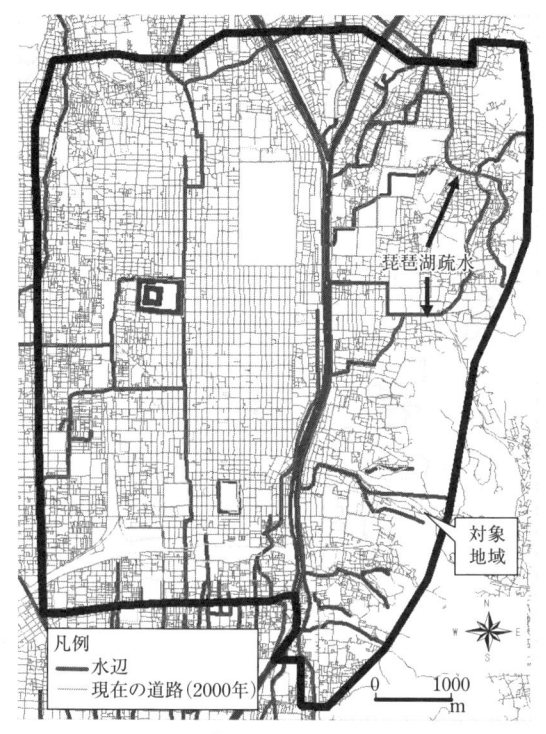

図11.4.9 琵琶湖第2疏水完成後の水辺（1923年）

1904年，西洞院川を後の市電となる京都電気鉄道の開通にあたり暗渠化し，その上にレールを敷いたため地上から姿を消した．その次に，三大事業の1つである琵琶湖第2疏水建設，および市電敷設に伴う道路拡張により，1917年に今出川は暗渠化された．さらに，二条城周辺に存在していた水路や，御土居の水堀が消滅している．堀川の源流であった大徳寺周辺の水路がこの時代までにはなくなっており，水源を賀茂川のほかに琵琶湖疏水分線に頼ることとなった．その他の河川や水路も同じように，道路拡張などの都市化により地上から姿を消していったと考えられる．河川の衰退の原因はその他に，鉄道をはじめとする陸上輸送機関の発達により舟運の占める地位が低下したことも挙げられる．また，第2琵琶湖疏水建設後の水不足の解決に伴う人口増加や工業化による急激な近代化と都市化により，水辺の水質汚濁が進行していったことも原因だと考えられている．

1934年9月の，室戸台風により甚大な風水害被害を受けた．13の小学校が全半壊になり，死者185人の大半は小学生であった．このときの「水源林の損傷」が1935年の大水害の副因といわれる．

1935（昭和10）年の京都大水害（図9.4.9参照）の概略を述べておこう．梅雨前線の活

動による豪雨が6月28日深夜から29日朝にかけて京都を襲い，28日22時からの日降雨量は281.6 mmで，22日22時からの12時間降雨量は258.6 mm，最高時間雨量は47 mmであった．鴨川水系のピーク流量は，御園橋：29日6時ころ，下鴨：7時ころ，出町〜七条：8時〜10時ころに生じた．北大路で(29日6時〜7時) 3.3 m，三条・四条・五条で(8〜10時)それぞれ，4 m，5.1 m，3.6 mであった．このとき，上賀茂橋・北大路橋・高野橋・三条大橋・四条大橋などでは，流材や流木のため「橋梁堰」現象を起こし，多くの場所で溢水した．上賀茂，下鴨，木屋町，先斗町，河原町松原で，それぞれ1.8 m，2.4 m，1.5 m，1.2 mの浸水高を記録し，高野川の八瀬の浸水高は(6時ころ) 2.7 mであった．

この他，上京区の堀川や三条以南の地域も浸水した．京都市土木局の『水禍』(1936)と市役所の『京都水害史』(1936)によれば，「市街中央は河中にあるように，河水が街路をえんえんと流下した．市民の阿鼻叫喚や避難者が右往左往し，水中に没して救いを求める人もいたし，階上で叫ぶ人もいた」，水が引いた後では「濁水は減水と同時に大量の泥土を置き，床上床下に沈積した土砂のためその悲惨さは言語で表せない」という状態であった．全半壊あるいは流出した家屋600余り，浸水戸数5万余り，浸水面積1100余万坪で市面積の27%，農耕地の浸水は3788町歩に達していた．死者数は160余人，被災者数は10数万人であった．堤防決壊ヶ所数は284，三条大橋・五条大橋をはじめ，57の橋が流出し，一部破損を加えれば86橋で，ほぼ90%に及んだ．この年8月にも213 mmの豪雨により再び京都市西部の天神川と御室川の各所で堤防が完全に決壊し，花園駅前で2.4 mの浸水高であった．西部は桂川左岸の決壊と御室川の決壊による浸水が合成され，南部ではそれらに鴨川と高瀬川からの浸水が合成され，泥海状態になった．

この後も度重なる浸水被害が生じ，「千年の治水」と呼ばれる鴨川をはじめ御室川・天神川，西洞院川など19河川を含めて以下の大改修計画が立てられた．
① 高野川：八瀬に至る両岸，総延長5234 mの急曲部の緩和，幅員の拡大，護岸の補強．
② 鴨川：桂川合流点までの17891 mの河川形状の是正，両岸堤防間の河原に本流部分のみ1.5 mの直線的な河床掘削，三条五条間の京阪電鉄地下化による河幅の拡大．
③ 天神川と御室川を合併し桂川に合流させる．

さらに，鴨川発電所や洛西興行区造成などを含む「大京都振興計画」が構想され，1939年に大京都振興審議会が設立された．

しかし，1937年に日中戦争が始まり，太平洋戦争に突入して，1943年に計画はすべて中止となった．一応の河川改修の完成をみたのは，1947年であった．現在の鴨川の両岸の堤防は，御土居や寛文堤の面影を残し，本流河道を掘削して河積を増加し，現在の姿が形成された．なお，京阪電車の地下化が完成したのは1989年のことであった．

11 水辺の歴史的変遷

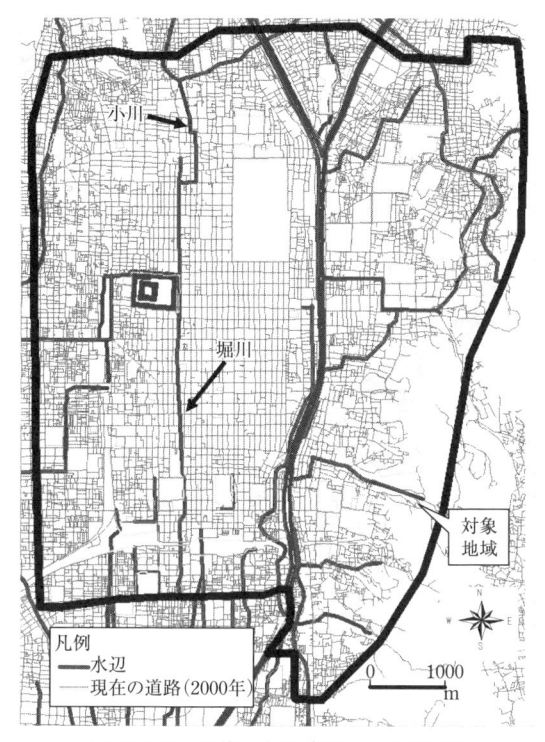

図 11.4.10　戦後の水辺（1954～1957 年）

こうして，都市化に伴う下水道整備・流域の減少などにより多くの水辺が変化してきた（図 11.4.10）．まず，天神川（紙屋川）は御室川の流れを一部利用し西方へ大きくつけかえられ，三面コンクリート化された．1963 年に堀川は分流渠の建設と第 2 疏水分線と小川の廃止により水源が絶たれ，3 面コンクリート張りに変化した．西高瀬川も現在西大路三条から鴨川間の多くは 3 面コンクリート張りまたは暗渠化されている．

図 11.4.11 に現在（2000 年）の水辺の地図を示す．2003 年 6 月 16 日の現地調査で雨天時の堀川の観察を行った．3 面コンクリート化された河川は普段水がなくとも夕立のような短期間でまとまった雨が降れば急激に水量が増す．ところが，雨が止んで 2，3 時間も経たないうちに普段の水量に戻るということが判明した．原因は，堀川が汚水と雨水が下水管で合流する合流式の下水区域であるためである．大雨などにより下水道で処理できない状況になると余剰水をそのまま堀川に流すため，雨天時堀川の水かさが急激に増加する現象が発生する．また，2003 年 6 月 19 日の京都新聞のコラムに「いつも水が無い川でも雨が降れば急激に水かさが増え危険だ」という記事が掲載され，堀川の危険性が認知されている．その他，京都市役所河川課でのヒアリング調査と現地調査で，余剰水が流れた後，悪臭が漂い白色のゴミ（トイレットペーパー）が残る，ゴミの不法投

909

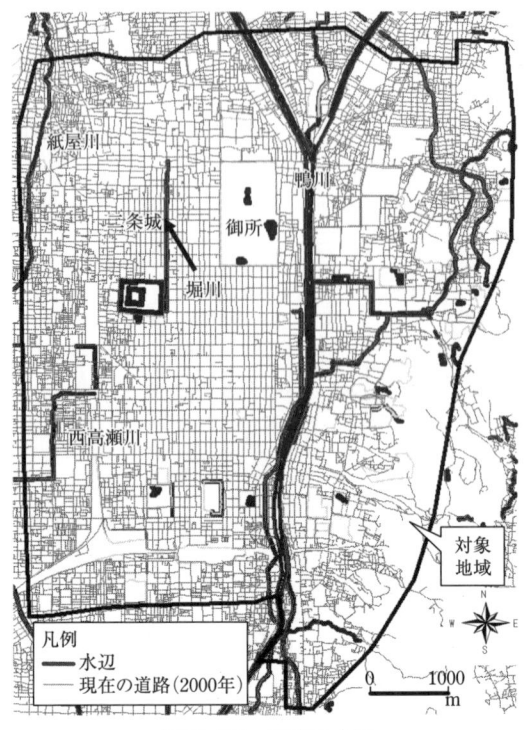

図 11.4.11　現在の水辺

棄，壁や橋に落書きが目立つ，草木の手入れがなされていない場所がある，鳩の糞害など多くの問題点があることが判明した．地震による減災・防災機能だけではなく治水や景観に関しても問題があると考えられた．なお，2009 年現在，今出川通りから御池の間は親水空間として水辺が整備されるが，防災という面では視野の狭いコンセプトの水辺空間である．

鴨川では荒神橋の計画高水流量（確率年 150 年）1500 m^3/ 秒の値に関して鴨川ダム開発の社会的コンフリクトが起こり，雲ヶ畑岩谷山志明院田中住職の激烈な自然保護のための反対闘争で，京都府はダム開発を断念したことは記憶に新しい．そして，どういうわけか京都府は現在，計画高水量を 1000 m^3/ 秒として確率年（30 年）を下げている．

11.4.7　鴨川流域の現代的課題

(1)　良い水辺と悪い水辺

大都市域に居住する多くの人々にとって「水と緑」という言葉のもつイメージはなんとなく「懐かしく」，特に大都会に居住し働いている生活者にとって「憧れ」に近いイメージをもつ人も多い．実際，私の東京生まれの東京在住の著名な江戸友禅職人の友人

11 水辺の歴史的変遷

が大都会から抜け出し，例えば京都の美山，滋賀県の長浜や茨城の笠間など，あちこちと「水と緑」で構成される風景の中の家屋を物色している姿を見ていると微笑ましくなる．

私たちも，小さいときは鴨川であそび，魚をつかみ，泳ぎ，ホタルを追いかけ，蛇をつかみ，蛙を追いかけ，チョウやトンボをとった経験がある．そして，朝早く起き，鷹が峰の山林に入り，カブトムシやクワガタを捕獲した．小学校のとき，賀茂川源流の雲ヶ畑の志明院へ行き，そこの珍しい動物や杉林や川の水がきれいなことを知った．また，高野川の大原（実ははじめ小原と呼んでいた）へ行き，のどかな田園風景の中の赤とんぼを追いかけた．そして，山の色で季節の移ろいを感じていた．これらが幼いころの日常の現実の「水と緑」でイメージではない．このため，現在巷で喧伝されている「水と緑」には，何か「作られた水と緑」ではないかと直感的に胡散臭いものを感じてしまう．

京都市は 2008 年現在，年間観光客 5000 万人を超えている．外国人，特に EU からの観光客が目立っている．これは結構なことではあるが，格差社会を前提にした低金利政策と原油価格の高騰とそれによる（特にドル以外のユーロなどに対する）円安のためである．また，この恩恵の結果，日本の大企業は 2007 年半期の利益が史上最高と長期にわたる好景気を享受していたが，合衆国発の不況の一撃で先行きは暗い．多角的な格差社会が進行し，社会の不安定要素がますます増大している．一方，円安になっても円高になっても，日本の林業は壊滅状態が続いている．後継者がいないのだから．北山杉というブランドをもっている京都市の林業も例外ではない．以下では，京都の「水と緑」を代表する鴨川上流域を例にして「水と緑」とは何かを考えることにしよう．

京都府は 150 万都市の中心の鴨川下流域を，桜を中心とした花回廊として，実に見事な美しい（コンセプト）水辺環境に造り替えた．これは（治水の問題を抱えているが）賞賛に値する．実際，6 章の「水辺環境の感性による評価論」で示した鴨川本川の社会調査の結果，鴨川に隣接する中京区末丸町の全世帯や隣接する銅陀美術工芸高校の全校生のほとんどが，鴨川の側にあってうれしいと回答している[28)29)]．しかも，水鳥を中心として，希少種のカワセミが生息し（写真 11.4.1），4 種類のサギを四条大橋近辺で同時に観察することができる．また，鴨川本川河川敷にあり平行に流れるみそぎ川ではホタル観賞ができ，ところどころに設けられた飛び石を視覚障害者がボランティアのサポートのもとに視覚を除くすべての感覚を全開し歓声を上げる姿も見ることもできる（写真 11.4.2）．周りの東山や北山に囲まれた鴨川は本当に良い川だと思う．

次に鴨川の水と緑を構成するものは，鴨川という河（水）道だけではないことを説明しよう．それは，鴨川という水辺のもつ文化（最も単純な定義として価値の体系と生活様式）である．この川から水辺を構成する森や山（東山や北山）が見え，これらの森や山々が日本の歴史を変えてきたことを実感することができる．

森を中心とした神道の代表格は賀茂氏による上賀茂・下賀茂神社である．上賀茂神社

写真 11.4.1　府立医大病院の対岸のカワセミと四条河原の4種のサギ

写真 11.4.2　みそそぎ川でホタル観賞をする地元の人々（左）と視覚障害者の歓声（右）

には「片岡の森」があり，紫式部が

　　　郭公（ほととぎす）声待つほどは片岡の
　　　　　森の雫に立ちや濡れまし　　（新古今集）

と詠っている[25]．下賀茂神社には「糺の森」があり，平安時代には水辺で禊ぎ祓いが行われ，室町時代以降は戦場となり，勧進猿楽の興行の場となり，江戸時代は納涼の場となり「糺の納涼（すずみ）」といわれていた．また，この森の中の泉川のほとりに茶店ができ，ところてんやみたらし団子を食べ，炎暑を避け遊宴していた．いまなお，榎や楠をはじめ多くの樹木が繁茂して古代の京都を忍ばせている．

　山を中心とした仏教ではその代表格が良きにつけ悪しきにつけ比叡山である．ここで，法然さん，親鸞さん，一遍さん，日蓮さんらが修行をし，鎌倉仏教という宗教改革*を行い，日本仏教を創生した．そして，日本人の精神社会に多大の影響を与え続けてきた．

　そして，この水辺に数え切れないほどの寺院（多数ある総本山）を建設したのである．

---

*同時代のヨーロッパではプロテスタントの宗教改革．

もちろん，最澄と一緒に唐へ渡った高野山の空海の東寺の勢力も強く，両山が入り乱れ，鴨川流域には寺院が多数存在することになり，鴨川と一体となった水辺文化空間を構成している．そして，8月16日の五山の送り火が宗教行事であるとともに京都の風物詩となっている．社会調査の結果[29]，五山の送り火に関して，調査に協力していただいた末丸町の住人はほとんど楽しみにし，川べりのマンション（このため拙宅から大文字は見えない）をセカンドハウスとして使う別荘族も多い．しかし，高校生は無関心であった．2008年も，妻を亡くした50年来の友人が大阪の豊中から送り火のため長男と拙宅に泊まり，河原（洪水敷）へ出かけた．しかし，丸太町橋近くでは，京都大学付属病院のため大文字山は遮られ，仕方なく荒神橋から右岸の少し上の地点で大文字の送り火を見ていたが，対岸の日独会館（ゲーテ・インスティテュート）の灯りが雰囲気を壊して，敬虔な気持ちを殺がれてしまった．このように，鴨川の水辺は周りの風景（あえてランドスケープという言葉は使わない）の影響を受ける感受性の鋭い水辺である．

(2) 鴨川の水害

約900年前，白河法皇が，どうしても自分の思いどおりにならない3つの嘆き「賀茂河の水，双六の賽，山法師，是ぞわが心にかなわぬもの（平家物語）」の筆頭に挙げられた鴨川の洪水氾濫に着目しよう．鴨川の水害史に関して中島の労作[30]がある．

中島は「1935（昭和10）年6月29日の朝，時間降雨量30〜50 mmの雨中，ごおっという雨の音と傘がめりこみそうな雨の圧力を感じながら，北大路道から植物園に渡ろうとすると，いつも渡る橋は既になく，道路の水も膝にまで達してきて水防警察から帰宅を命ぜられた．」という出だしで論文を書き出した．

その内容は「鴨川流域の最近100年間の大雨・洪水特性」で，顕著事例を分析することにより，過去の水害特性の気象学的原因を推定している．結論は，鴨川に洪水を起こさせるような大雨について，前線型と台風型のそれぞれの代表例を述べ，梅雨型のほうがやや多いとしている．そして，京都に日雨量287 mmをもたらした1960（昭和35）年8月13日の例を示し，その原因を以下のように説明している．すなわち，日本の南岸付近に停滞していた梅雨前線上を西から台風6号崩れの弱い低気圧が四国付近まで進んできて前線を強化したところへ，南海上から台風7号が北上接近してきて，この前線を京都付近まで押し上げ，京都に集中的な雨を降らせたと述べている．

そして，「鴨川1200年大雨・水害史」で，794年に平安京ができて以来の大雨・洪水の記録を，古いもので1857年（安政4年）の文献など膨大な資料から，約200を取り上げ，気象原因を含めた鴨川水害史年表を作成した．そして，大雨・洪水発生数を50年ごとにまとめ，850〜900年ころ，1400〜1450年ころ，1750〜1800年ころにピークがあると指摘している．そして，室町期以降の河川改修を考慮に入れても，なお変動のリズムが認められ，北半球全体が暖かい時代には鴨川の洪水は少なく，寒い時代には洪水が多いともいえると結論づけている．

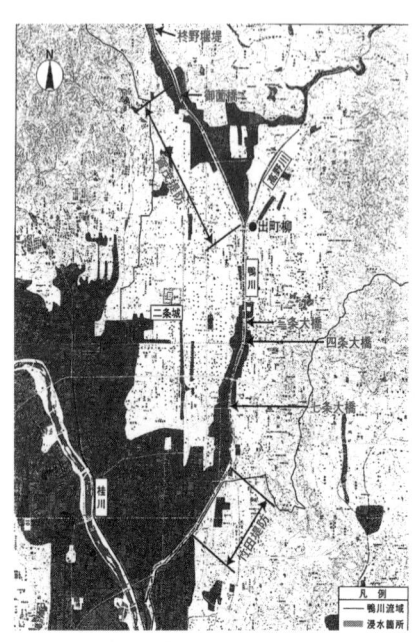

図 11.4.12　鴨川・桂川浸水ハザードマップ 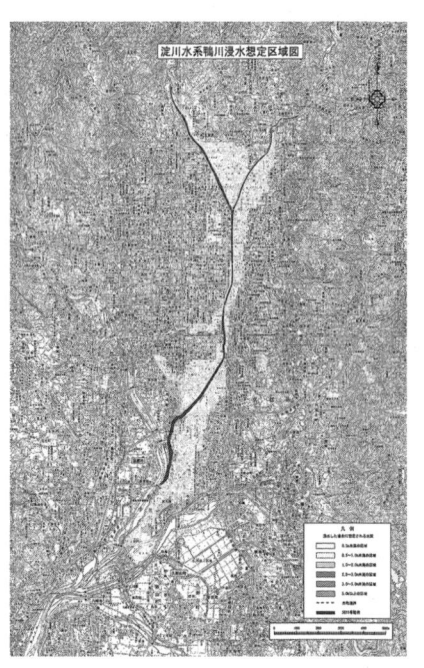　　　　図 11.4.13　鴨川浸水ハザードマップ

　ここで重要なことが浮き彫りにされている．1960年の大雨は編著者にもかすかに記憶がある．大出水の後の鴨川に魚を取りに行った記憶が鮮明にあるからである．現在は1960年より，はるかに京都の都市化が進み，都心部の水と緑は減少しアーバンヒーティング現象が慢性的に生じ，気象変動により最近では四季の紅葉がどんどん遅れるなど期間の変動も激しい．そうであるなら，どのような気象，言い換えれば，現在京都で最悪の雨を降らせる気象とは地球物理学的に考えてどのような条件かを知りたくなる．現在，京都府は，ある仮定のもとで鴨川の氾濫シミュレーションを行い浸水ハザードマップを作成している（図 11.4.12，図 11.4.13）．この図が，京都の考えうる最悪な状態なのかどうかを知りたいのである．同時に，どのように診ても鴨川本川では左岸の堤防が高く，二条大橋から河積（断面積）が減少し，さらに三条大橋の橋脚の密度から見て，ここに流木や岩，そしてゴミ（自動車なども含む）などが引っかかりたまれば，ダム効果を発揮しバックウォーター効果により御池大橋辺りで右岸から越流し，ゼスト（御池通りの地下街）を呑み込み京都駅まで氾濫水が到達することが考えられる．これについては，**9.4節都市水害とそのリスク**で詳述した．

　そのうえ，鴨川は歴史的にみれば怨念の川でもある．数例を挙げれば，1594年に石川五右衛門が三条河原で釜ゆでにされ，翌年には「殺生関白」豊臣秀次の妻子39名が処刑され，関ヶ原で敗北した西軍の武将も六条河原で首をはねられ三条大橋でさらし首に

なり，1613年キリスト教徒が二条河原で俵詰の刑にされ，1619年には「だいうす（ゼウス）町」の63人の住民のうち身重の女性や5人の子供ともども55人（8名獄死）が六条河原で十字架にかけられ火あぶりにされている（都の大殉教）．同年には秀吉の孫の幼い国松も首をはねられた．幕末には，三条小橋付近では坂本竜馬も大村益次郎，佐久間象山も暗殺された．鴨川は実に血なまぐさい川でもある．

こうして，この項の最初に述べた「まわりの東山や北山に囲まれた鴨川は本当によい川だ」と言えなくなる．

それでは，現在の鴨川流域懇談会で問題になっている事柄に関する自由意見をどのように整理し考えるかを論じてみよう．

(3) 鴨川流域懇談会に寄せられた自由意見の分析[31)32)]

近年，特に企業ソリューションの現場において，アンケートの自由回答やコールセンター，Webサイトなどに寄せられるユーザーからの文字を中心とする定性情報，掲示板などへの書き込みなどを解析することによって，顧客や市場のニーズを抽出し，自社製品への不満点などを分析する「テキストマイニング」手法が着目されつつある．テキストマイニング（text mining）とは，定型化されていない文章の集まりを自然言語解析の手法を援用して単語やフレーズに分割し，それらの出現頻度や相関関係を分析して情報を抽出するテキストデータ分析手法やシステムの総称である．同じ目的をもつ研究にデータマイニングが挙げられるが，これで扱うデータはデータベース・スキーマによって整理されているという前提に対し，テキストマイニングでは，形式化されていないテキストデータからのマイニング（知識・情報をみつけ出すこと）を目的としていることに相違がある．テキストデータ（Textual Data）のもつ利点は，その発話者・発信者・書き手の思考世界への接近が期待できることにある．一般に，アンケート調査票を用いた調査の多くでは，あらかじめ設定された尺度（選択肢回答法）において回答を求め，これをもとにデータ解析が行われる場合が多く，これまで「自由回答」は，そのデータ解釈を補完するものとして位置づけられ，自由回答が分析対象そのものになることは少なかった．得られた自由回答データ（テキスト）を可能な限り客観的に解析する手段として，日本語を形態素（意味をもつ最小の言語単位）に分類する手法を援用し，「自由回答」における意見がもつ意味や構造を明らかしよう．

ここでは，河川整備事業における流域懇談会での自由回答意見を事例として取り上げる．この背景には，1997年の改正河川法の施行以降，河川整備基本方針や河川整備計画の策定において審議会，学識経験者，公聴会などを通して住民の意見を反映させることが義務づけられ，全国各地で数多くのワークショップが展開されているものの，それらの中で集約された意見をどのようにまとめ，計画に反映させていけばよいのかに関する技術的問題が課題として残されていることが挙げられる．河川のもつ空間は，日常的にはあそびやくつろぎの空間として機能する一方，洪水災害時には危険空間となるリス

表 11.4.1 鴨川流域懇談会開催状況

	日期	論点	参加者（人数）		
			委員	行政	市民
第1回	2005/03/26	京都と鴨川	11	30	20
第2回	2005/06/11	千年の都と鴨川	8	30	30
第3回	2005/09/10	誰もが親しめる鴨川	6	30	20
第4回	2005/12/03	安心安全の鴨川	7	30	20
第5回	2006/03/18	これからの鴨川	6	30	20

クをもち，また流域には多くの異なる属性の住民が居住し河川が利活用されている．流域懇談会に出席した市民の自由意見という限定性はあるものの，その発話・記述内容は市民自身が現地において日常的な利用を通して得ている当該地域固有の地域・環境情報である点を重視し，これらを，地域を代表する意見とみなして用いることにしよう．

1）研究対象地域とデータソース

ここでは，都市の象徴として長い歴史をもつ一方，近年の流域の都市化や開発，水害対策などの現代的課題を併存する京都・鴨川を対象とする．鴨川は，北山の桟敷ヶ岳（標高 895.8 m）を源流とし，出町柳付近で高野川と合流して，京都市内をほぼ直線的に南北に貫流した後，下鳥羽付近で淀川の支流・桂川に合流する幹川流路総延長約 31 km，流域面積約 210 km^2 の河川である．本河川では，2005 年より鴨川の今後の整備について，治水・利水・環境といった河川機能面の議論のみにとどまらず，その歴史性や文化性に着目し，専門家・行政・市民による幅広い観点からの議論を行うなかで，さまざまな課題や解決の方向性，さらに今後のあるべき姿について検討することを目的とした「鴨川流域懇談会」（座長：中川博次・京都大学名誉教授）が組織され，同年度内に 5 回の懇談会が実施されている（表 11.4.1）．

同会では，設定された論点をもとに，委員による基調講演と話題提供をふまえ，併せて，公募による流域市民 20 名が参加して討論が行われ，毎回，紙面による自由回答の収集が行われた．これらは，同懇談会報告書「千年の都と鴨川—より安全で，美しく，親しまれる鴨川を目指して—」に一般意見一覧としてまとめられている．本研究では，一般意見（自由回答）として得られた全 179 件を分析の対象とする．

2）形態素分析

形態素を対象とする形態論研究（morphology）は，言語学分野における研究領域の 1 つであり，単語や品詞といった言語が意味をもつ，最小の単位の語形変化や並び方などの考察，理論から発達してきたものである．現在では，この理論枠組みを引き継ぎ，品詞間の接合規則性を分類するために，さまざまな解析プログラムが開発されており，用語の係り受け解析などへの研究の進展・蓄積がみられるが，ここでは，基礎的な記述内容の構造解析に重点をおく視点から，奈良先端科学技術大学院大学情報科学研究

11 水辺の歴史的変遷

表 11.4.2 形態素分析結果（事例）

意見事例 (1)		意見事例 (2)	
形態素	品詞	形態素	品詞
市民や観光客のための「トイレ」が不足している．	名詞-一般	鴨川上流で産業廃棄物を処理しないでほしい．	名詞-固有名詞-地域-一般
	助詞-並立助詞		名詞-一般
	名詞-サ変接続		助詞-格助詞-一般
	名詞-一般		名詞-一般
	助詞-連体化		名詞-サ変接続
	名詞-非自立-副詞可能		名詞-接尾-一般
	助詞-連体化		助詞-格助詞-一般
	記号-括弧開		名詞-サ変接続
	名詞-一般		動詞-自立
	記号-括弧閉		助動詞
	助詞-格助詞-一般		助詞-接続助詞
	名詞-サ変接続		形容詞-非自立
	動詞-自立		記号-句点
	助詞-接続助詞		
	動詞-非自立		
	記号-句点		

科・自然言語処理学講座により開発されたソフトウェア「茶筌」(http://chasen-legacy.sourceforge.jp/) を採用する．

　表 11.4.2 は，実際の自由回答をもとに意見事例「市民や観光客のための【トイレ】が不足している．」，「鴨川上流で産業廃棄物を処理しないでほしい．」の形態素分析結果を示したものである．同方法に従い，全 179 件の自由回答に個別分類を実施し，これらを変数として使用するための形態素の決定を行った．

　日本語形態素は，品詞とその前後の接続関係をもとに分類され，分析における変数の採用方法は分析者の判断に委ねられるが，「形容詞」（「形容詞―自立」「形容詞―接尾」「形容詞―非自立」）と「名詞」（「名詞―サ変接続」「名詞―一般」「名詞―形容動詞」「名詞―固有名詞―組織」）の 7 つを変数として採用した（表 11.4.3）．

　本解析の結果，全 224 形態素が抽出され，のべ出現個数は 1125 個であったが，分布型から試行した結果，出現頻度 6 回以上のものを対象として，53 形態素，651 出現個数に集約し，これにより，全 179 サンプル中 163 サンプルが採用された．これは，出現頻度により意味空間が決定されるという形態素分析の前提に基づいたものであり，また，分析結果の解釈を容易にするための手段の 1 つである．形態素抽出にあたっては，「ごみ」・「ゴミ」や「うつくしい」・「美しい」，「たのしい」・「楽しい」，「こども」・「子供」・「子ども」など同義で表記の異なるものについては統一標記による修正を実施し，また明らかな語句の誤りについては原文をもとに前後の文脈から判断し，大意を変更させずに適宜訂正を行った．以下，簡単に数量化理論第Ⅲ類を用いた結果の考察を行うことに

917

表 11.4.3 形態素の種類と解析における採否

品詞区分	詳細	採否	品詞区分	詳細	採否
記号	―	×		非自立	△
	自立	◎	副詞	一般	△
	接尾	◎		助詞類接続	△
	非自立	◎		サ変接続	◎
	格助詞-一般	×		一般	◎
	格助詞-引用	×		形容動詞語幹	◎
	格助詞-連語	×		固有名詞-組織	◎
形容詞	係助詞	×		数	△
	接続助詞	×		接尾-一般	△
	副詞化	×	名詞	接尾-助数詞	△
	副助詞	×		接尾-助動詞語幹	△
	副助詞-終助詞	×		接尾-特殊	△
	並立助詞	×		代名詞-一般	△
	連体化	×		非自立-一般	△
助動詞	―	×		非自立-副詞可能	△
接頭詞	名詞接続	×		副詞可能	△
動詞	自立	△	連体詞	―	△
	接尾	×	EOS	End of Sentense	×

注：◎：採用，△：不採用（考慮），×：不採用　△については，内容に応じて採否の考慮・検討を行ったが，本研究では不採用とした．

しよう．

3) 結果と考察

　得られた形態素別の出現頻度に着目してみると，その特徴として，「必要」の用語が最も多く，32件が抽出された（表11.4.4）．しかし本手法は活用語の語幹を対象としていることから，存在意義の否定を意味する「不必要」「必要ではない」といった用語の検出による対立解釈が成立することが想定されるため，再度全意見を対象とし，同用語のスクリーニングを実施した．この結果，これらの用語の存在は確認されず，「必要」の用語は文末において改善要求を示す意見・意味に使用されていたことが明らかになった．

　解析の結果，相関適合度の高い2軸を抽出し，これを採用した．おのおのの軸の解釈にあたっては，カテゴリスコアを対象としてクラスター分析を補完的に行い意味の集塊性を考慮して実施した．

　第1軸では，正（＋）側に「歴史」「文化」「景観」のほか，「災害」「洪水」の発災の場としての「中洲」「都市」といった都市部での流域に関する要素が，負（－）側には，近年その建設の是非や建設後の影響が盛んに報道された，上流域での産業廃棄物処理施設に関する「産業」「ゴミ」などの場の要素がそれぞれ布置され，おのおのの要素を規定する流域内での地域的発生事象となっていることから，「中心地―山間地」軸と命名することにしよう．第2軸では正（＋）側に「散歩」「河川敷」「子供」といった河川利用行動とこ

表 11.4.4　採用形態素別の出現頻度 (6 回以上)

形態素	頻度	形態素	頻度	形態素	頻度	形態素	頻度
必要	32	治水	15	地域	9	災害	6
上流	31	処理	15	都市	9	山幸	6
対策	28	住民	14	下流	8	散歩	6
景観	27	美しい	14	ハード	7	産業	6
水	26	環境	13	楽しい	7	産廃	6
流域	22	整備	13	橋	7	周辺	6
きれい	21	ゴミ	12	参加	7	場所	6
自然	21	市民	12	大切	7	水位	6
良い	21	廃棄	12	文化	7	中洲	6
洪水	19	利用	12	保全	7	撤去	6
人	18	管理	11	河川敷	6	歴史	6
施設	17	多い	11	議論	6		
行政	15	安全	10	高い	6		
子供	15	危険	9	左岸	6		

表 11.4.5　第 1 軸カテゴリスコア (中心地―山間地)

産業	−0.105	保全	−0.021	参加	0.010	洪水	0.039
廃棄	−0.092	産廃	−0.019	必要	0.011	議論	0.039
散歩	−0.089	施設	−0.013	楽しい	0.011	治水	0.043
処理	−0.085	利用	−0.012	大切	0.011	景観	0.045
ゴミ	−0.077	流域	−0.012	良い	0.012	都市	0.047
山幸	−0.056	水	−0.010	地域	0.013	対策	0.049
周辺	−0.052	子供	−0.008	住民	0.013	多い	0.051
上流	−0.051	整備	−0.003	河川敷	0.013	文化	0.065
撤去	−0.047	行政	−0.003	市民	0.013	歴史	0.091
きれい	−0.035	左岸	−0.002	安全	0.026	中洲	0.098
場所	−0.034	危険	0.002	管理	0.026	災害	0.101
橋	−0.033	自然	0.004	人	0.028		
高い	−0.030	環境	0.005	ハード	0.032		
美しい	−0.027	下流	0.006	水位	0.033		

れに付随した「楽しい」「きれい」といった肯定的評価を含む日常的な安全時の親水利用に関する要素が，負 (−) 側に「産業」「廃棄」における「処理」や「撤去」などの危険性や景観，環境悪化を指摘する要素が布置されたことから，これを「美観―醜観」軸と命名知ることにしよう (表 11.4.5，表 11.4.6)．図 11.4.14 にカテゴリスコアの配置を示す．本図より第 1 軸と第 2 軸のマイナス側において，「上流」の「危険」概念として産業廃棄物処理場の建設に関する高い懸念が示されていることが看取できる．

　ところで，上流域を別にして鴨川本川では 1935 (昭和 10) 年以来 70 年以上も大きな水害には見舞われておらず，また季節による水位変動はほとんど見られないが，2004

表 11.4.6　第 2 軸カテゴリスコア（美観―醜観）

産業	-0.069	ハード	-0.021	都市	-0.006	人	0.020
廃棄	-0.058	地域	-0.020	歴史	-0.004	水位	0.022
処理	-0.046	上流	-0.019	大切	-0.003	危険	0.037
山幸	-0.043	必要	-0.018	下流	-0.001	良い	0.040
中洲	-0.040	高い	-0.018	議論	-0.001	楽しい	0.048
周辺	-0.037	場所	-0.018	整備	0.000	きれい	0.051
産廃	-0.035	環境	-0.015	自然	0.002	左岸	0.070
撤去	-0.032	治水	-0.014	多い	0.003	河川敷	0.077
流域	-0.032	対策	-0.014	ゴミ	0.004	子供	0.095
施設	-0.031	住民	-0.014	景観	0.009	橋	0.169
保全	-0.030	参加	-0.012	利用	0.011	散歩	0.229
災害	-0.029	洪水	-0.010	文化	0.011		
行政	-0.024	市民	-0.008	安全	0.017		
管理	-0.024	美しい	-0.007	水	0.019		

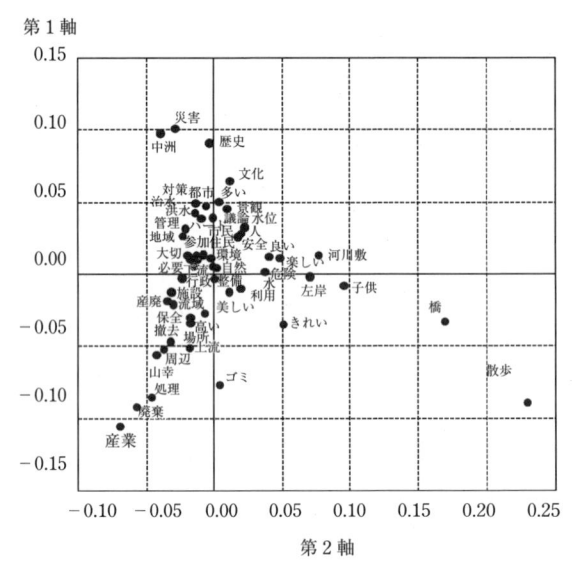

図 11.4.14　カテゴリスコア布置図

年に発生した集中豪雨により三条大橋高水敷での急速な水位上昇による市民の逃げ遅れの発生に関する報道（2004 年 8 月 8 日；朝日新聞）は，市街地市民にとって改めて本河川の危険性を認知する契機となったものと考えられる．このため，この翌年に開催された鴨川流域懇談会において出された市民の意見の中では，第 2 軸において，「災害」「行政」「管理」や「治水」「対策」，「水位」「危険」などの用語が近接性をもって発現しており，市域の洪水災害への対策の必要性が看取できる．

11 水辺の歴史的変遷

表 11.4.7 鴨川流域懇談会による自由回答集約（KJ法）

大分類		小分類	
項目	件数	項目	件数
環境・景観に関すること	82	流域環境	33
		水環境	20
		動植物	11
		大気	1
		景観	17
河川利用に関すること	34	河川利用	24
		河川管理	10
治水・防災に関すること	46	ハード対策	33
		ソフト対策	13
歴史・文化に関すること	7	歴史・文化	7
その他	10	鴨川全体	8
		その他	2

注：項目分類は鴨川流域懇談会による（件数は筆者集計）

　淀川水系においては，水害対策の一環として，2003年から過去の河川氾濫実績や地形から想定される浸水区域とその深度を記載した「河川浸水想定区域図」の公開が始められ，これをもとに自治体単位で避難場所や連絡先などを記載した「洪水ハザードマップ」が2005年から順次整備と公開が進められるようになってきている．これらによっても，近年の市域の水害に関する関心が喚起され，水害対策についての改善意向が比較的強く示されたものと考えられる．

　鴨川流域には数多くの歴史文化遺産をはじめ，人口や資産が集中しており，また同河川は京都中心部を流れる河川であることから市民の存在認知は高いことが想定される．本分析の結果，カテゴリスコアの分布から，回答者の多くは，上流（山間地）から下流（市域中心地）といった流域全般にわたり危険要素に関する改善希望がみられ，具体的には上流では「産業廃棄物処理施設」の処遇が，下流（市域）では「水害対策」が主として挙げられていることが明らかになった．また，一方で日常時の河川利用については，下流（市域）での「きれい」や「散歩」といった良好な景観の中での活発な利用行動があることが示された．

　なお，手法の精度や他の事例による再現性，有効性を担保するためには，人手によってまとめられた結果を用いてその相違を比較検討する必要がある．表11.4.7は，本分析で用いた全179の自由回答について，鴨川流域懇談会自身がKJ法を用いてとりまとめ，「大分類」と「小分類」に集約された項目と件数を示す．本表より，大分類では「環境と

景観に関すること」が82件で最も多く，これは全体の45.8%を占め，次の「治水・防災に関すること」34件（19.0%）を合わせると，この二つが全体の64.8%と大半を占めていることが看取できる．これらの下位項目に当たる小分類で最も件数の多かったものには，「流域環境」と「ハード対策」が挙げられており，これに含まれる自由意見には，前者では産業廃棄物処理施設の問題が，後者では洪水対策の問題が主として挙げられていることが明らかになった．

11.4.8 鴨川上流域の文化と苦悩

今までの議論は，平安京から出発し，京都市の人口密度の大きい市街地を中心にして，水辺の歴史的変遷と現在京都が抱えている上下流の格差，ならびに鴨川に対する思いの落差としての現代的課題に対する市民の意見をみてきた．年間5000万人に上る観光客にもほとんどその生活を無視されている鴨川の水を守ってきた上流域の社会環境を論じることにしよう．鴨川流域上流の生活地域は大きく雲ヶ畑（人口218人，65歳以上33.49%，15歳未満8.26%：2005年第19国勢調査，以下同様），貴船・鞍馬（人口712人，65歳以上28.23%，15歳未満9.55%），そして大原（人口2526人，65歳以上41.77%，15歳未満6.18%，老人ホームがかなり存在している）の3地区に分けることができる．なお，地域特性のより詳細は6.3.1項を参照されたい．

どの地区も少子高齢化で悩み，大原地区を除き人口が急減している．前2地区は賀茂川水系で，後1つは高野川水系であり，京都市全体では，いかなる指標（例えば人口や，平均所得などの経済指標）を用いても無視される，貴重な水を守っている生活者の住む地区である．以下では，まず上流域の「まつり」，「あそび」，「なりわい」そして「まもり」文化を概観しよう．

(1) 雲ヶ畑地区[32) 34)～36)]

雲ヶ畑地区には賀茂川の源流である桟敷ヶ岳（896 m）があり，雨乞いの霊場である名刹岩屋山不動志明院ある．この地区の主な「まつり」や「あそび」は4月28～29日に行われる志明院の「石楠花まつり」，7月中旬の「虫送り」（現在消滅），そして8月23～24日の「地蔵盆」と同時に行われる8月24日の「松明（まつ）上げ」である．また，この地区は惟喬（これたか）親王のゆかりの地で住民が今も忘れず追慕している．

1) まつり文化

【岩屋山志明院】 岩屋山は650年役の行者により草創され，829年弘法大師が，淳和天皇の叡願により再興，本尊不動明王は同天皇の勅により弘法大師の直作と伝えられ，根本中院本尊眼力不動明王は宇多天皇の勅により菅原道真の三礼の彫刻で皇室勅願所となり，日本最古の不動明王顕現の神秘霊峰であると略記に記されている．皇室の崇敬の一因としては，鴨川の水源地である洞窟の湧水を重視して，水神を祀り，清浄な鴨川の用水を祈願したと伝えられている．他の雨乞いの霊場として貴船神社と京都都心の神泉

写真 11.4.3　志明院と境内の鹿害（萩原撮影）

苑も有名である．

　志明院は江戸時代の「都名所図会」にも紹介され，石楠花まつりは，志明院の大祭で，柴灯大護摩供（さいとうおおごまく）と大火渡りが行われる．このころ山内の石楠花が満開となるので，俗に石楠花祭と呼ばれる．ただし，2007 年 10 月の調査での田中住職御夫妻の話によれば，鹿の異常発生のため境内にも鹿が出没し，石楠花，熊笹やわさび，ぜんまいなどが跡形もなく食い荒らされ，ねずみが消え，それを食する狐も消えるという生態異変が起こっている．また，下草が消滅し，裸地になり，豪雨により斜面崩壊をきたし，土砂が清流に流出していた．実際，山門の側でそのような現象が起こっていた．境内境界の桟敷ヶ岳に至る薬師峠まで行くと，熊笹はなく裸地が目立っていた（写真 11.4.3）．

　午後 1 時，本堂わきの飛龍の滝の前に設けられた炉に点火されると，山伏姿の男女の行者らが錫杖を手に般若心経を唱えるなか，住職が護摩木を次々に投じて世界平和をも祈る．不動明王の火災は，すべての悪難を取り除くといわれている．午後 2 時過ぎ，まだ燃え残りの炭がくすぶる火炉を真言の秘法で火伏せし，その上を住職を先頭に信者らが次々と裸足で渡り，無病息災を祈願する．期間中は本尊開帳も行われる．

　水に関係する山内諸堂を以下に紹介しよう．「飛龍の滝」：弘法大師三密の秘法を修し，一顆の玉を授けると忽ち化して龍となり滝に入る．依って一宇を建立して飛龍権現

という.「神降窟」：百尺の大岩で洞中より皇室に献上した霊水が湧出.この霊水は難病を癒すといわれる*.「蛇穴」：谷間にあり深さ底知れずといわれている.現在は岩砂のため穴口は埋まっている.

また,定期的に毎月27日午後8時から広く一般信者と不動護摩厳修を行い,また月に一度,一般の山岳道場での座禅行がある.

【惟喬神社】 この神社は桓武以来6代目の文徳天皇(24歳で即位,32歳で崩御)の第1皇子惟喬親王(844～97年)を祀る[33].文徳天皇は紀名虎の娘静子が産んだ第1子の惟喬親王を皇太子にしようとしたが,藤原良房の娘明子(あきらけいこ：染殿皇后)に惟仁親王が産まれたため,藤原家に遠慮し立太子を断念した.第4皇子惟仁親王は生後9ヶ月で皇太子,9歳で清和天皇として即位した.これは藤原一族の専横であった.雲ヶ畑との関係は静子の死後1年経った865年24歳のときに乳母の里岩屋畑一の瀬に移り,869年耕雲入道と名乗り般若経を書写していたといわれている.6年間の隠棲の後病が重くなり岩屋山を経て薬師峠を越え小野の安楽寺に移り7年後897年,36歳で薄幸の生涯を終えた.この間,数々の故事が雲ヶ畑に残されている.雲ヶ畑岩屋橋に親王の社が建つのは,この地で親王が愛育した雌鳥の遺骸を葬ったという説もあり,神社は「めんどり宮(雌鳥社)」と別称されている.

【松明(まつ)上げ】 愛宕神(火の神)への献火行事で,死者の魂の見送りと雲ヶ畑ゆかりの惟喬親王のなぐさめ,そして豊作や家内安全を願う火祭である.雲ヶ畑地区では2町で行われ,雲ヶ畑の愛宕山山頂に約3m四方の字の形をした櫓を組み,それに100束余りの松割木の松明をくくりつけて点火する.文字は毎年異なり,点火直前まで知らされない.この松明上げは力仕事のため,壮年の35歳までの住民が行うことになっていたが,最近では高齢化が進み,35歳以上の参加も余儀なくされている.

近くの北の広河原では「放(ほり)上松」と形を変え,花背では8月15日に行い,「松明上げ」がショー化し,カメラに収めるために多くの観光客が来るようになった.こうなると「まつり」と「あそび」の区別がつかなくなる.いや,「あそび」がなければ「まつり」は続かないのかもしれない.

2) あそび文化

【歌舞伎】 水の伝説として有名な歌舞伎十八番「鳴神」がある.簡単に,そのストーリーを述べよう.岩屋山の僧鳴神上人は,皇子が生まれるよう祈願して欲しいと朝廷から頼まれたが,皇子が誕生したら山上に戒壇を建てるという約束が反故にされ,怒った鳴神上人は,三千世界の竜神を飛竜の滝壺に封じ込め,黒雲坊・白雲坊を従えて護摩の洞窟(役の行者,弘法大師諸大徳行法の跡)にこもる.旱魃となって苦しむ民百姓を救うため朝廷は雲の絶間姫という洛中一の美女を遣わす.姫は色仕掛けと酒で上人を迷わせて眠らせた.その際に竜神を封じ込めた護摩洞窟の注連縄(しめなわ)を切る.上人の法力

---

*フランスにあるカトリックのルルドの泉も同様な霊水として信仰が厚い.

11 水辺の歴史的変遷

は破れ，竜神は天に昇り雨が沛然と降る．目が覚めて欺かれたことを知った上人は，悪鬼に変じて怒り狂うが，ついには姫のあとを慕ってついてゆく．この物語は人間のもろさを大胆にしかも生き生きと描いている点で近代劇的な味もあり，十八番中の傑作ともいわれている．

【虫送り（現在消滅）】 稲につく害虫を追い払い，秋の豊作を祈願する農村の伝統行事．雲ヶ畑地区では提灯を持って役員が先導し，藁で作った斉藤別当実盛の人形を村はずれまで送って行く．この時，松明を持った子供たちが鉦（かね）や太鼓に合わせて「送りば送りば，稲虫葉虫，さし虫送りば送りば，大根の虫も送りば」などと歌う．村はずれでは松明を1ヶ所に集め，実盛人形を燃やしてしまう．実盛人形は，「平家物語」で有名な実盛が，稲につまずいたために打たれ，稲の虫になったといわれることにちなむという．この文化も今はない．また，近くの賀茂川支流の静原神社の神事の後では，大小の松明を手に行列をつくり，鉦や太鼓とともに「おーく（送）らい，田の虫おーくらい」と囃す．この地の虫送りも1990年ころに消滅した．

【地蔵盆】 京都市内の町ごとに地蔵盆尊を祀り*，紅提灯・地口行灯を吊り，町内の児童を集め，多種多様なあそびに工夫をこらし，大人が奉仕する．本来は，過去より尽未来際に至るまで，六道罪苦の一切衆生を救うとされる地蔵菩薩の供養会であるが，地蔵菩薩はまた地獄で苦しむ者を救い，冥土の三途の賽の河原で遊ぶ子供を地獄の鬼から守るといわれることから，江戸時代から，この日に子供のための行事を行う習慣が生まれた．子供にとって，百万遍大数珠繰りを行って供養することもあそびとして楽しんでいるようである．私たちの子供時代は映画や水瓜割りが楽しみの主であったし，この日だけは何をしても叱られなかった．

他に夏の行事の【盆踊り】や秋の【運動会】（子供だけではすぐに終わるため大人も総出で参加してにぎわう）がある．また，日常としての【水あそび】について天然記念物のオオサンショウウオがどんどん増え**，鮎を食べるからもう稚魚の放流はしなくなった．また，オオサンショウウオは悪食だから，危なくて子供を川の中で遊ばせられない．こうして，ささやかな釣りや水「あそび」文化が消滅してきている．

3） なりわい文化

林業では生活ができないため勤め人が多く，なりわい文化が消滅している．ただ1軒，冬の「牡丹鍋」，夏の「川魚料理」が食べられる料理旅館があり，日常の買い物はマイカーであれば西賀茂へ，そうでなければ生協が1週間分届けている．街へ行く公共バスは1日4便しかない．このため，嫁が来なくなっている．また，雲ヶ畑下流地区には産業廃棄物中間処理施設や建設資材置き場のアルミ屛が河川を見えなくするぐらい乱立している．ダイオキシン問題も生じている．これを「水と緑の環境汚染」文化と呼ぶこ

＊町内によっては，例えば中京区末丸町の場合，子供を亡くした親が地蔵尊を奉じ合祀することもある．
＊＊地元の人は反対側の谷川が改修されたから，山を越えてこちらに来たのとちがうかと近所の人と話してるとのこと．

4) まもり文化

この地区も北山杉の産地である．山は細かく私有地となり，しかも林業が不振のため山の緑は荒れ放題である．例えば，四国の会社が所有している山では杉を伐採しても，切株を残し放置している．このため，いずれ腐敗し，下草を鹿に食われれば，豪雨のたびに斜面崩壊が起こり，これらの栄養塩のある土が賀茂川源流に流れ込み，河川の植生を変えることになる．これを「水と緑の環境破壊」文化と呼ぶことにしよう．

上記のような「水と緑の環境破壊・汚染」文化に対し，雲ヶ畑地区の住民は伝統的に川に対する畏敬の念をもち続けてきている．歌舞伎「鳴神」は，岩屋山が鴨川の水源を司る神の棲むところで朝廷をはじめ古代の人が，旱魃の時には降雨を，豪雨の時には止雨を，水の神に祈願した場所であることを語っている．岩屋山の下流の住人たちは古くから，雲ヶ畑川は皇居の御用水だとして清浄に保つことに努め，死者を埋葬するにも谷筋を避け，尾根を越えた西の山中に葬ってきた．同様なことが静原でもあった．鴨川の上流の人たちは古くから当たり前のように川の清浄に意を用いてきたのである．京都の街中の鴨川を愛する人々はこのようなことを知っているのであろうか．雲ヶ畑で死期を悟った木地師の祖といわれる惟喬親王は，ここで死んで葬られるのはよろしくないから，山を越えた西方へ移って亡くなったという．これも川に対する住民の意識が生み出したものかもしれない．

雲ヶ畑地区の60歳のある住人を訪ね，母親の84歳の女性ともどもインタヴューしたとき（2007年10月）の「水のまもり」の話を紹介しよう．まず，出水で怖いと思ったことはたびたびある．雲ヶ畑地区の婦人会で川の汚染を抑えるため廃油で石鹸を作っていた（たくさんもらうからとやや強制的に老婆からおすそ分けしていただいた）．家庭廃水については，昔は川に直接流さないように工夫をしていたが，今は流していて心苦しい．下水処理施設があればいいのだけど，穴掘りとパイプに費用がかかり，負担も重く困っている．集中式の浄化槽を考えてはいるが町内会で検討中とのことであったが，川をまもりたい気持ちがあるから何とかしたいと力強く語っていた．

企業の「水と緑の環境破壊・汚染」暴力に対して，雲ヶ畑の住人の「水をまもる」力は精神的にははるかに気高いが，その行為の意義を下流の街中の人々も認知しなければ，上流の住人の努力は水泡に帰することは自明であろう．悲しむべきことである．

(2) 貴船・鞍馬地区[26) 36) 37)]

貴船・鞍馬地区のまつりとあそびの歳時はそれぞれ貴船神社と鞍馬寺の歳時と大きく関係している．以下，固有の歳時を紹介する．貴船神社の独特の歳時は初辰神事から始まる．3月9日には雨乞祭，6月1日の貴船祭，7月7日の水祭，10月9日の菊花祭と続く．また，鞍馬寺の独特の歳時は毘沙門堂の初寅大祭から始まる．4月中旬の2週間の鞍馬寺花供養，5月の満月の日の五満月祭，6月20日の鞍馬竹伐り会式，8月1〜3

写真 11.4.4 紅葉と雪景色の鞍馬・貴船神社と清流（萩原撮影）

日の鞍馬山如法写経会，9月15日の鞍馬山義経祭，10月14日の鞍馬山秋の大祭（火祭り）と続く．このように，この地区は雲ケ畑や大原地区に比べて地元住人が参加する歳時が多い．以下では歳時が多いので，水と緑に関するまつりとあそび文化に着目して説明する．

1）まつり文化

【貴船神社】 日本書紀に，イザナミノミコトが火の神であるカグツチの神を生んで病み，その尿から水の精ミズハノメが生まれたと記述されている．そして，水の神龗（オカミ）は，イザナギノミコトがカグツチを斬ったとき，その血が闇龗（クラオカミ），三段に斬ったときの一段が高龗（タカオカミ）になったとされている．貴船神社は，この高龗と闇龗を祭神として祀り，奈良・平安時代から朝廷に重視されてきた．貴船神社の分社ならびに関連神社は，全国で7000社を超えると言われている．

平安時代，日照り長雨などの国家有事のとき，朝廷の勅使が貴船神社に来て，雨止には白馬や赤馬を，雨乞いには黒馬を奉納した．平安時代の約400年間に数100回の奉納があったと伝わっている．平安時代は水災害が激しかったことがうかがえる[30]．鎌倉時

代からは，馬の代わりに絵馬の奉納が行われるようになった．

　3月9日の雨乞祭の神事は，古くは旧暦2月9日に行われ，まず拝殿前では，神前に御神水を供え，宮司が五穀豊穣を願い「今年1年，五風十雨適度の雨を賜りますように」と祝詞を奏上し，禰宜が神水に酒と塩を入れ，太鼓，鈴を打ち鳴らし，神職とともに「雨たもれ，雨たもれ，雲にかかれ，鳴る雷じゃ」と唱えながら，神水を榊の枝で天に向けて振りかける．この後，奥の院の雨乞いの滝で，宮司が「大御田のうるほふばかり堰き止めて井堰に落とせ，川上の神」という和歌を奉納し，川を堰き止め，その水を神職にかけると必ず雨が降るといわれ，参詣の人々が競って神職に泥水をかけたと伝えられている．

　奥の院には，神武天皇の母玉依姫が淀川から黄船に乗って鴨川をさかのぼり貴船についてこの船を人目につかないように石を積んで囲んだという伝説の船形石があり，奥宮本殿の地下に龍神が住む龍穴もあるといわれている．

　また，中宮（結社）は縁結びの神社と知られている．平安時代の和泉式部が心変わりした夫の愛を取り戻すため参詣したといわれ，今も「恋の宮」として，若い女性の参拝が多い．

　6月1日の貴船祭りは，水神を讃える礼大祭で京都舞楽会により，乙女の舞が奉納され，午後神輿が氏子地区を巡る．夕方からは子供たちのお千度まいりが行われ，「おせんどんどん」と囃しながら船形石をまわる．7月7日の水祭は，水恩に感謝し，水徳を讃え，水恵を願うため地元観光会などの協力で行われ，裏千家の献茶会や舞楽奉納などが催される．鞍馬寺に関しては紙面の都合で割愛し，地蔵盆についても，そのコンセプトは京都中，ほとんど同じなので省略する．

2）あそび文化

　【能楽】　この地区には貴船神社と関わる「鐵輪」と鞍馬寺の「鞍馬天狗」がある[37]．

　「鐵輪」：典拠は『平家物語』剣の巻で，習俗に伝承されている「丑の刻詣」の白装束に五徳を乗せ，蝋燭を立てたオドロオドロしたスタイルは，この能の姿が原形になっているようである．登場人物は，先妻（前シテ），同女の生霊（後シテ），陰陽師安部清明（後ワキ），女の夫（ワキツレ），貴船の社人（前アイ）である．内容は新しい女を迎えた夫の不実を恨み，その報復を祈願しての貴船参りと，その結果うなされる夫の清明の占いが絡んだストーリーになっている．編者も，この能を観賞したが，夢想を聞いて，早くも怨念を浮かべて鬼の姿を見せる前シテの女，祈祷台に打ちかかる後シテの異形，報復を挑む女の表情は凄惨でゾクッとするほど恐ろしい．男に真実の愛を求める哀しい女の一途な気持ちを表している．男への思慕が深いだけに，余計に報復の気持ちを募らせ，生きる甲斐のない身には男を呪詛し，思いの深さを訴える哀しい手段しかなかったのである．

　「鞍馬天狗」：このストーリーは単純で，時期は花見の季節で，苦労している牛若丸が，猛々しい山伏姿の天狗に親切にし，この天狗が全国の天狗を鞍馬山に招集し，平家

追い落としの大サポーターを結成して終わる．いわゆる華やかな判官びいきの作品である．鞍馬山は，平安末期，鬼一法眼が僧8人に剣道の極意を伝え「鞍馬八流」といわれた武芸の山でもあった．また，貴船に向かうハイキングコースの途中に昼でも暗い「木の根道」があり，天狗杉とか義経堂とか楽しい道があるが，時々スズメ蜂に襲われたという話を聞く．

3） なりわい文化

雲ヶ畑と異なり，貴船・鞍馬は出町柳から叡山電車が連れて行ってくれるのでアクセスしやすい．沿線には北山ハイキングコースが多数ある．その1つとして，鞍馬から貴船に抜け，ゆっくり（かつては世間をはばかる男女の密会の場として有名な）【貴船川床料理旅館】でお風呂に入り料理を食べて，街に帰る高齢者や水あそびをも楽しむ親子連れも見かける．また，団体で【鞍馬温泉】にあそびに行く町内会行事も見受けられる．だが，道路が狭く駐車場が少ないため，大型観光バスやマイカーは入りにくい．この地区は，まつり文化，あそび文化，そしてなりわい文化が協働している．その典型が7月7日の貴船の水祭（祈り，お茶，舞楽，料理）といえよう．

4） まもり文化

ここもやはり，高齢化が進み，山のまもりは不十分である．狭い川筋が中心となってなりわいを行っているため目立たないが，決して水質がよいとは思えない．特にひどいことは，この地区の下流にある静原地区では，大規模な砕石を行い山を破壊していることである．当然，砕石による土砂流出や水質汚染も問題になる．山が壊されていく結果であると思われるが，調査をしているとき，猿が電線や道路に出没していたし，鹿や猪もどうなっているのか気になる．獣害がいつ社会問題になってもおかしくない．

(3) 大原地区[35)38)]

大原地区の歳時は，1月の愛宕講と8月の地蔵盆，そして9月1日の江文神社の八朔踊が地元住民の大きなまつりである．最近では，観光客目当ての大原女（おはらめ）まつりが作られている．

1） まつり文化

【愛宕講】 各町で掛け軸をまつる家が当番で決まり，そこに町内の人々が集まり，愛宕の神に祈願する．町内の社交の場で，町のアイデンティティを確認しコミュニティの結束を強める機能を果たしている．また，毎年選ばれたものが愛宕山に登りお札を町内に持ち帰る．ただし，大原の阿弥陀寺のあたりから北は，愛宕講ではなく伊勢講であることは興味深い．

また，定期的に毎月27日午後8時から広く一般信者と不動護摩厳修を行い，月に一度，一般の山岳道場での座禅行がある．

【江文神社】 この神社の神は大原の人々の産土神である．現在は林の中にひっそりとしている．近くに京都で唯一の岩登りのゲレンデである金比羅山の岩場がある．京都の

山岳部やワンダーフォーゲル部の大学生や高校生が最初の訓練に来るところである．京都府山岳連盟が山林所有者や江文神社にお願いして入山が許可されている場所でもある．破れた網が張ってあるだけの大きな絵馬が奉納してある絵馬堂（写真11.4.5左上）は立ち入り禁止となっている．ホームレス対策であろう，この絵馬堂が舞台となった艶っぽい習俗が江戸時代まであったので，紹介しておこう．これは「大原雑魚寝」として冬の季語にもなっている．

節分の夜，里村の男女が拝殿に参籠する習俗があり，これは夜通しであった．「にしき木の立聞きもなき雑魚寝かな」（蕪村）や「から人と雑魚寝もすらん女かな」（一茶）というわけで，風紀上よろしくないということから，明治期になる前に廃止された．また，その昔，近くの大池に大蛇が棲んでいて，しばしば村人に危害を加えるので，1ヶ所に集まって難を避けたことが習俗の始まりともいわれている．この習俗の東の横綱は関東の筑波山にある．

2）あそび文化

【八朔踊】大原の江文神社の宮座組織を中心に行われる芸能で，9月1日の夜，宮座に加入早々の若者たちが，菅笠をかぶり，絣のきもの，素足に草履ばきのいでたちで輪になって踊る．踊りは江戸時代以来の盆踊りを基調としたものであるが，四方に斎竹（いみだけ）を立て，注連縄を張った屋台で，各町から出た音頭取りがその町に伝わる特有の歌を順番に披露する．途中からは婦人も踊りに参加する．最近できたイベントとしては「大原女まつり」がある．地蔵盆については省略する．

【能楽】「大原御幸」：主な登場人物は，建礼門院（シテ），後白河法皇（ツレの1人），万里中納言（ワキ）で，『平家物語』の最後の語りの部分を主題にしている．全体的に舞がなく動きも少ないが，舞台全体に凛とした響きがある．安徳天皇の最後を語る部分は痛切で，「二位（清盛の妻）が安徳天皇の手をとり舟端に立ちました．天皇がどこへ行くのかとお尋ねになり，この波の下には極楽浄土があります．そこへお供いたします……」の節は，栄華必衰がしみじみと体内に入ってくるようだ．編著者が高校時代に鑑賞したときはほとんど居眠りをして，最後だけ目をパチリとあけ見入った記憶がある．

3）なりわい文化

昔は三千院，寂光院などの多くの有名寺社が人を呼んだが，いまでは大きくも立派でもないが温泉も湧出し，京野菜・京漬物の産地直売（朝市）もできるようになった．これらの協働で地区が活発化しているが，人口は横ばいである．

【京野菜・京漬物】現在では上賀茂・西賀茂が宅地化され，京野菜の産地が大原に移り，同時に京漬物の生産も大原でするようになった．また，京都駅・三条京阪から公共バスがかなりの頻度のダイヤを組み，特別な季節の時間・曜日を避ければアクセスしやすい．このため，1年を通して観光客が絶えることはない．ただし，大型哺乳類の猿・猪・鹿・熊の獣害リスクを抱え込んでいる．

【大原温泉】温泉開発は，寂光院のほうが成功したが，三千院のほうは失敗した．し

写真 11.4.5　大原の江文神社・寂光院の傍の猿害をあきらめた猪鹿熊害メッセージ・土石流で危険な急斜面の集落・大原北部集落の廃屋（萩原撮影）

かし，温泉開発により冬季も観光客が訪れるようになった．

【参道のあきない】　三千院のほうの参道のあきないは活発ではあるが，寂光院の小規模な参道は寂しい．この理由の1つに，2000年に本堂が放火され（放火犯は未だ逮捕されていない）重要文化財の本尊が焼損し，2005年に再建されたが趣きがなく，平家物語のイメージが消滅した影響も考えられよう．

4）　まもり文化

大原は鴨川上流域3地区のうち，最も人口も多く，土地も広く，開けた土地（昔は小原と呼び，大原女と書いておはらめと読む）も存在し，相対的に社会の変化に適応しやすい特性をもっているように思われる．しかし，まもり文化についてはどうだろうか．現地のヒアリングを中心に述べることにしよう．

【水と緑】　まず，川が変わり川に入れない．今では親子で水に入っているのを見たことがないということであった．この原因は温暖な水辺が好きな葦の異常繁殖ということであった．はるか背丈を越える葦などの草が生い茂って川に近づけなくなったのである．

葦が生えるようになったのは，山の手入れをしなくなり，木が茂り，下草が生えなくなり，土砂（というより栄養価の高い土）が川に流出し，しかも大原も気候変動で暖かく

なったからという返事が返ってきた．そのうえ，ゴルフ場の影響も無視できない．葦は大きくて太いため，その草刈は手動ではなく電動でやらなければ危険で，素人には手に負えないという訴えがあった．また，大原川の清掃は年2回一斉に行っているが，葦の間にあるゴミは除去できないということであった．大原には結制度（互助精神）があるが，徐々に弱体化しているとのことであった．

　寂光院の近くでは，巨大な砂防ダムと河床勾配がきつく狭く河積を増やすための掘削が深く，そのうえ曲がりくねったコンクリート三面張り水路が目についた．常日ごろは水はチョロチョロとしか流れないから，幼児や高齢者が落ちれば即死するだろう．また，大雨のときは，一瞬に下流に流されるであろう．これはどうなっているのか，と思う．

　また，三千院の近くの呂川や律川も急峻な曲がりくねったコンクリート三面張りの水路である．ここには，ホテル，料理屋や飲食店が集積しているため，特に両川は観光シーズンのピーク時（11月ごろ）にはとても汚く，真っ白になりいやな匂いがする．このため，高野川もこの両川の合流点以降水質悪化は甚だしいということであった．2009年から下水道工事が始まることになっている．

　獣害については，大原北部では猿に餌を与えないようにゴミ置き場は金網の小屋になっていた．もっとひどいのは，編著者が小さいころ，静原の里を抜け（入り方は上賀茂や岩倉など複数あった）江文峠を越え，寂光院の脇に出てくるハイキングコースの出口に，今では写真11.4.5に示すように注意書きがあり，熊・鹿・猪が人の居留地に入り込まないように金網で囲ってあったことである．

要　　約

　鴨川上流域では，少子高齢化で過疎化が進行し，特に雲ヶ畑では交通の不便さと林業の不振が経済的な面で日常生活を脅かしている．また，大原地区では大量の高齢者の流入があり，高齢者の隔離化が進行している．これらは社会生活リスクである．3地区とも林業の不振が山のまもりを困難にし，栄養分の多い土を河川に流出させるリスクと同時に豪雨時における斜面崩壊リスクを促進している．同時に，山林の放置や観光開発が大型野生動物（熊・鹿・猪・猿）の棲息地を奪い人間社会との垣根を払い，特に鹿による山の裸地化が土の流出リスクと斜面崩壊リスクを増幅している．にもかかわらず，雲ヶ畑には産業廃棄物中間処理工場や建設資材置き場が川沿いに林立し，貴船・鞍馬の少し下流の静原には大規模な採石場があり，水環境リスクを増加させている．そして，豊かな精神生活の具現としてのまつり文化・あそび文化のうちでも消滅したものもある．また，なりわい文化の盛衰をみることにより，まもり文化をどのように創生あるいは再生し，これから上記4つの文化にどのようにフィードバックをかけるかが問われている．このためには，鴨川上流域の3つの地区の人々が結束して1つの上流域文化ネットワーク圏を形成することからすべてが始まるような気がしてならない．

　しかし，鴨川源流域の雲ヶ畑，貴船・鞍馬，大原地区をはじめ，東山や市街地鴨川の

水辺では寺社が多く存在し，その本来の水と緑の文化は「まつり」を中心に「あそび」「なりわい」「まもり」で構成されていた．江戸時代以来1990年ころまでの林業の発展により雑木林が失われ，明治以降の琵琶湖疏水の開発などの近代化により，流域の文化が変化し，多くの水と緑が失われた．「まつり」や「まもり」は地元の人々にとっては重要な宗教行事であるが，いまでは観光資源化し，「あそび」が大きなウエイトをもち，それがもたらす「なりわい」が経済的に重要になってきている．このため，市街地からアクセスが悪い雲ヶ畑地区では過疎化（あえて，限界集落と呼ばない）し，「虫おい」という伝統行事が消滅し，「松明上げ」の行事を行うのも困難になりつつある．一方，大原地区では，新たに「大原女まつり」が創作され，より観光色を強化している．市街地と上流域の社会・経済的格差だけでなく，上流域にも格差が深刻になりつつある．こうして，必然的に「水と緑の計画学」は河川や森林だけの個別部分解を求めるだけではなく総合的な都市・地域計画の枠組みで議論をしなければならなくなる．

つまり，上流域の豪雨による出水・斜面崩壊・土石流などの自然災害リスク，植生やそれに伴う獣害などの生態リスク，そして集落や小学校の廃校，さらには医療制度の欠陥・交通ネットワークの縮小などの社会リスクを総合化し，下流の市街地との共生を考える上下流を統合化した生活者の生存基盤を考える総合的な「水と緑の計画学」が必要となるのである．これは，何も京都に限ったことではなく，日本全国，あるいは編著者が海外で経験した，あるいは観察した普遍的な国際的な課題でもある．このため，システム論的に，京都の鴨川からも世界が見え，地球が見えることを主張する必要があると考えるようになった．

人工衛星による映像もしくは写真を解析し，膨大なデータで地球の環境問題や災害問題[*]を議論する時，この地球で生きて苦悩している人々を仮に定量的に（ある種の基準で）同定できるとしても，その人々すべてが個々の人生を土地（最小は個人や家族の行動範囲から最大は地球まで）に張りつけ，生存に絶対不可欠な「水と緑」を前提としていることをイメージして考えれなければ，宇宙から見る地球はどんなに美しくても，私たちは「かけがえのない地球」が実感できないのではなかろうか．

以上のようなことを考え，私たちの現実に日常生活をしている時空間を超える「水と緑の計画学」を学問的に構成するためには，現在に至る社会の「水と緑」の履歴を無視するわけにいかず，画一化された文明的というよりは個性の多様性を前提とした文化的な存在としての生活者の生存可能性のための「水と緑」の適応的計画方法論とは何かを問い続けることが必要ではないかと本章を最後にもってきた．

---

[*]そもそも災害問題と環境問題は切り離すことは意味がなく，勝手に専門家という人々が自分たちに都合がよいように境界を引いているにすぎない．

参考文献

1) Biswas, A. K.: ***History of Hydrology***, Kendall Hunt Publishing Company, 1978
2) 『世界の神話伝説総解説』, 自由国民社, 1989
3) 『聖書』(1955年改訳), pp. 11-12, 日本聖書協会, 1997
4) 三笠宮崇仁編：『古代オリエントの生活』, pp. 70-74, 河出書房新社, 1991
5) ステファヌ・ロッシーニほか：『エジプトの神々事典』, 河出書房新社, 1997
6) Veronica Ions: ***INDIAN MYTHOLGY***, Hamlyn, 1983
7) 長谷川明：『インド神話入門』, 新潮社, 1987
8) 郭超人：『中国馴水記』, 全国農業土木技術連盟, 1983
9) 張在元編著：『中国都市と建築の歴史』, 鹿島出版会, 1994
10) 岡田明憲：『ゾロアスターの神秘思想』, 講談社現代新書, 1988
11) 郭沫若主編：『中国歴史地図集 上・下』, 中国地図出版社, 1990
12) 劉樹坤：『対圓明園防滲工程争论的再思考』, 2004
13) 劉樹坤：中国流域水循環の事例, 京都大学防災研究所特定研究集会『都市域における防災・減災のための水循環システムに関する研究 (研究代表者：萩原良巳)』, pp. 61-74, 2002
14) 中国国家地震局主編：『清時期中国歴史地震図表』, 1990
15) 中国水利部：「中国共産党中央委員会と中華人民共和国国務院に認められた南水北調プロジェクト計画書の概要」(劉樹坤訳), 2002
16) 中国水利部：『南水北調工程紀念币珍蔵冊』, 中国水利報社, 2002
17) 萩原良巳・坂本麻衣子：『コンフリクトマネジメント—水資源の社会リスク』, 勁草書房, 2006
18) 仲尾 宏：『京都の渡来文化』, 淡交社, 1990
19) 足利健亮：『景観から歴史を読む』, NHKライブラリー, 1998
20) 門脇禎二・朝尾直弘共編：『京の鴨川と橋 その歴史と生活』, 思文閣, 2001
21) 萩原良巳・畑山満則・岡田祐介：京都の水辺の歴史的変遷と都市防災に関する研究, 京都大学防災研究所年報第47号B, pp. 1-14, 2004
22) 赤松俊秀・山本四郎：『京都府の歴史』, 山川出版社, 1969
23) 中村武生：『御土居堀ものがたり』, 京都新聞出版センター, 2005
24) 上田正昭・村井康彦：『千年の息吹 京の歴史群像 中巻』, 京都新聞社, 1993
25) 竹村俊則：『京都ふしぎ民俗史』, 京都新聞社, 1991
26) 京都市土木局：水禍, 1936
27) 京都市：京都水害史, 1936
28) 萩原良巳・萩原清子・松島敏和・柴田 翔：地元住民から見た鴨川流域環境評価, 京都大学防災研究所研究年報, 第50号B, pp. 765-772, 2007
29) Hagihara, K., Hagihara. Y. and S. hibata: *Environmental Valuation through Impression Analysis: the Case of Urban Waterside Area in Kyoto*, ***Water Down in 2008***, pp. 387-397 Australia
30) 中島暢太郎：鴨川水害史, 京都大学防災研究所年報, 第26号, B-2, pp. 1-18, 1983
31) 坪井塑太郎・萩原清子：テキストマイニングによる自由回答の構造分析—京都鴨川流域懇談会を事例として, 環境情報科学論文集, 22, pp. 327-332, 2008
32) 坪井塑太郎・萩原清子：京都鴨川の水文特性と水害対策に関する基礎研究, **環境情報研究**, 15, pp. 23-s31, 2008
33) 波多野文雄：敬慕 惟喬親王 雲が畑における伝承, 蝸居庵紀要, 2006
34) 正井泰夫監修：『図説歴史で読み解く京都の地理』, 青春出版社, 2003
35) 宗政五十緒・森谷尅久編著：『京都歳時記』, 淡交社, 1986
36) 鈴木康久・大滝裕一・平野圭祐：『もっと知りたい！京都水の都』, 人文書院, 2003
37) 高橋洋二ほか編集：『別冊太陽 京の百祭, 平安建都1200年記念特集号』, 平凡社, 1993
38) 京都新聞社編/杉田博明・三浦隆夫：『能百番を歩く』, 京都新聞社, 1990

数学的補遺

社会調査や感性表現を分析するためによく使用される統計的手法とモデルを補遺としてまとめておくことにした．これらの手法やモデルは 6 章水辺環境の感性評価論で多用されるクラメールの関連係数と因子分析，それに因子分析を構成する重要なウィシャート分布の導出過程である．現在の日本の大学生・院生，そして実務家の多くが市販のソフトを多用するのはやむを得ないとしても，入力と出力のみに関心が行き，その確率・統計的基礎をないがしろにすることは日本人の知的後退あるいは縮少をもたらすことに危惧を感じ，あえてこの数学的補遺をつけ加えることにした．本書の他の数学的手法や数理モデルと実際の適用例に関しては参考文献 [1] を勉強して頂ければ幸いである．

補遺 A　クラメールの関連係数[2]

標本の n 個の個体が 2 つの変数（定量的であってもなくてもよい）によって，表 A.1 に示した型の 2 元表に分割されたとする．

表 A.1　contingency table

変数	1	2	$\cdots$	s	合計
1	v_{11}	v_{12}	$\cdots$	v_{1s}	$v_{1\cdot}$
2	v_{21}	v_{22}	$\cdots$	v_{2s}	$v_{2\cdot}$
.	$\cdots$	$\cdots$	$\cdots$	$\cdots$	.
.	$\cdots$	$\cdots$	$\cdots$	$\cdots$	.
r	v_{r1}	v_{r2}	$\cdots$	v_{rs}	$v_{r\cdot}$
合計	$v_{\cdot 1}$	$v_{\cdot 2}$	$\cdots$	$v_{\cdot s}$	n

この種の表を分割表といい，しばしば 2 つの変数が独立であるという仮説を検定する必要が生ずる．無作為にとられた個体が表の i 行，j 列に属する確率を p_{ij} で表す．

このとき，独立性の仮説は

$$p_{ij} = p_{i\cdot} p_{\cdot j} \qquad \sum_i p_{i\cdot} = \sum_j p_{\cdot j} = 1$$

となるような $(r+s)$ 個の定数 $p_{i\cdot}$ と $p_{\cdot j}$ が存在するという仮説と同値である．この仮説によれば，2 つの変数の結合分布は $(r+s-2)$ 個の未知のパラメータを含んでいる．なぜならば，最後の関係によって $(r+s)$ 個の定数の 2 つ，例えば $p_{r\cdot}$ と $p_{\cdot s}$ は残りの $(r+s-2)$ 個によって表されるからである．

この問題に χ^2 検定を適用するためには

$$\chi^2 = \sum_{i,j} \frac{(v_{ij} - np_{i\cdot}p_{\cdot j})^2}{np_{i\cdot}p_{\cdot j}} \tag{A.1}$$

を計算しなければならない．ここで，和は rs 個のクラス全部にわたってとるものとする．なお，これらの2式はいまの場合には

$$\sum_j \left(\frac{v_{ij}}{p_{i\cdot}} - \frac{v_{rj}}{p_{r\cdot}} \right) = 0 \quad (i=1, 2, \cdots, r-1)$$

$$\sum_j \left(\frac{v_{ij}}{p_{\cdot j}} - \frac{v_{is}}{p_{\cdot s}} \right) = 0 \quad (j=1, 2, \cdots, s-1)$$

となる．これらの方程式の解は

$$p_{i\cdot} = \frac{v_{i\cdot}}{n}, \qquad p_{\cdot j} = \frac{v_{\cdot j}}{n}$$

であり，結局推定量としては単に周辺頻度から計算した頻度比を用いればよい．これらの推定量を $p_{i\cdot}$ と $p_{\cdot j}$ に代入すれば，χ^2 の式は次のようになる．

$$\chi^2 = n \sum_{i,j} \frac{(v_{ij} - v_{i\cdot}v_{\cdot j}/n)^2}{v_{i\cdot}v_{\cdot j}} = n \left(\sum_{i,j} \frac{v_{ij}^2}{v_{i\cdot}v_{\cdot j}} - 1 \right) \tag{A.2}$$

また，χ^2 は観測度数と期待度数とのずれを定量化する測度として用いられ，

$$\chi^2 = \sum_{i,j} \frac{(v_{ij} - E_{ij})^2}{E_{ij}} \tag{A.3}$$

とも表される．ただし，E_{ij} は期待度数で，$E_{ij} = np_{i\cdot}p_{\cdot j}$ である．すなわち，2つの変数が独立ならば $p_{ij} = p_{i\cdot}p_{\cdot j}$ となり，観測度数と期待度数は一致し $\chi^2 = 0$ となる．
一方，変量

$$\varphi^2 = \frac{\chi^2}{n} = \sum_{i,j} \frac{(v_{ij}/n - (v_{i\cdot}/n)(v_{\cdot j}/n))^2}{(v_{i\cdot}/n)(v_{\cdot j}/n)} \tag{A.4}$$

は属性相関係数の1つである K. Pearson によって導入された平均2乗コンティンジェンシィ (Mean Square Contingency) φ^2 である．$\varphi^2 = 0$ となるのは変数が独立のとき，またそのときに限る．一方，不等式 $p_{ij} \leq p_{i\cdot}$ および $p_{ij} \leq p_{\cdot j}$ を用いて，式 (A.4) から $q = \min(r, s)$ とすれば，$\varphi^2 \leq q-1$ であることがわかる．これと上式より

$$0 \leq \frac{\varphi^2}{q-1} = \frac{\chi^2}{n(q-1)} \leq 1$$

となる．大きいほうの限界1は各行の ($r \geq s$ のとき) あるいは各列 ($r \leq s$ のとき) が 0 と

異なる要素をただ1つ含んでいるとき，またそのときに限って達成される．したがって，クラメールのコンティンジェンシィ係数（Cramer's coefficient of contingency）

$$C_r = \frac{\chi^2}{n(q-1)} \tag{A.5}$$

は標本によって示された関連性の度合いの尺度と見なされる．この尺度の分布は，もちろんχ^2分布に簡単な変数変換を行えば求められる．

クラメールのコンティンジェンシィ係数は他のコンティンジェンシィ係数やPearsonの積率相関係数とオーダーが異なる．むしろその平方根をとるほうが望ましく，その慣行が確立しつつある．そこで，クラメールのコンティンジェンシィ係数の平方根

$$V = \sqrt{C_r} = \sqrt{\frac{\chi^2}{n(q-1)}} \tag{A.6}$$

をクラメールの関連係数と呼ぶことにする．ここで，サンプル数をn，2つの変量をカテゴリー$r \times s$，$q = \min(r, s)$とするとVはこれらの値によって大きく変化する．有意確率αが0.1，0.05，0.01におけるχ^2の値におけるVについて計算したものを表A.2に示す．

クラメールの関連係数は特にサンプル数によって値が大きく異なり，用いるときには注意が必要である．例えばカテゴリー数2×2，自由度1で有意確率$\alpha = 0.05$におけるVについてみてみよう．サンプル数$n = 60$のとき$V = 0.253$だが，$n = 1000$のとき$V = 0.062$，$n = 10000$のとき$V = 0.020$とサンプル数が大きくなるにつれてVの値は小さくなる．Vを用いるときはサンプル数を考慮して値を設定する必要がある．

補遺B　因子分析[1]

因子分析は多変量解析の1手法と考えてもよいが，本書では，パラメータ推定に最尤法を用いることや，後述の共分散構造分析との関連で本章に入れることにした．因子分析には，探索的因子分析と検証的因子分析がある[3]．どちらも観測変数間の相関関係の背後に「共通した原因がある」と考え，それを探る多変量解析法である．両者の違いは次の点である．前者は共通した原因（共通因子，または単に因子）の数やどの因子がどの観測変数に影響しているかがわからないときに行う方法である．一方，後者は因子の数および影響を及ぼす観測変数をあらかじめ設定してモデル化し，データを用いてその因果関係を明らかにする方法である．

また，探索的因子分析はマーケティングリサーチではメンタルマップ[3]の作成に使用されている．メンタルマップとはある対象群を対象者がどのように認知しているか，いいかえれば各対象をどのように差別化しているかを表現したものである．このとき，探索的因子分析の因子は対象群を認知する主要な軸であるとともに差別化するための軸でもある．

表 A.2　Cramer's coefficient of contingency

有意確率 α	χ^2 値									
0.1	2.706	4.605	7.779	6.251	10.64	14.68	7.779	13.36	18.55	23.54
0.05	3.841	5.991	9.488	7.815	12.59	16.92	9.488	15.51	21.03	26.3
0.01	6.635	9.21	13.28	11.34	16.81	21.67	13.28	20.09	26.22	32
自由度	1	2	4	3	6	9	4	8	12	16
カテゴリ数	2×2	3×2	3×3	4×2	4×3	4×4	5×2	5×3	5×4	5×5
q	2	2	3	2	3	4	2	3	4	5
サンプル数										
10	0.520192	0.678602	0.623659	0.790633	0.729383	0.699524	0.881986	0.817313	0.786342	0.767138
	0.619758	0.774016	0.688767	0.884025	0.79341	0.750999	0.974064	0.880625	0.837257	0.810864
	0.814555	0.959687	0.814862	1.064894	0.916788	0.849902	1.152389	1.002247	0.93488	0.894427
20	0.367831	0.479844	0.440993	0.559062	0.515752	0.494638	0.623659	0.577927	0.556028	0.542448
	0.438235	0.547312	0.487032	0.6251	0.561026	0.531037	0.688767	0.622696	0.59203	0.573367
	0.575977	0.678602	0.576194	0.752994	0.648267	0.600971	0.814862	0.708696	0.66106	0.632456
30	0.300333	0.391791	0.360069	0.456472	0.42111	0.40387	0.509215	0.471876	0.453995	0.442907
	0.357817	0.446878	0.39766	0.510392	0.458076	0.43359	0.562376	0.508429	0.483391	0.468152
	0.470284	0.554076	0.470461	0.614817	0.529308	0.490691	0.665332	0.578648	0.539753	0.516398
40	0.260096	0.339301	0.311829	0.395316	0.364692	0.349762	0.440993	0.408656	0.393171	0.383569
	0.309879	0.387008	0.344384	0.442012	0.396705	0.3755	0.487032	0.443012	0.418629	0.405432
	0.407278	0.479844	0.407431	0.532447	0.458394	0.424951	0.576194	0.501124	0.46744	0.447214
50	0.232637	0.30348	0.278909	0.353582	0.32619	0.312836	0.394436	0.365513	0.351663	0.343074
	0.277164	0.34615	0.308026	0.395348	0.354824	0.335857	0.435615	0.393827	0.374433	0.362629
	0.36428	0.429185	0.364417	0.476235	0.41	0.380088	0.515364	0.448219	0.418091	0.4
100	0.164499	0.214593	0.197218	0.25002	0.230651	0.221209	0.278909	0.258457	0.248663	0.24259
	0.195985	0.244765	0.217807	0.279553	0.250898	0.237487	0.308026	0.278478	0.264764	0.256418
	0.257585	0.30348	0.257682	0.336749	0.289914	0.268763	0.364417	0.316938	0.295635	0.282843
200	0.116319	0.15174	0.139454	0.176791	0.163095	0.156418	0.197218	0.182757	0.175831	0.171537
	0.138582	0.173075	0.154013	0.197674	0.177412	0.167929	0.217807	0.196914	0.187216	0.181315
	0.18214	0.214593	0.182209	0.238118	0.205	0.190044	0.257682	0.224109	0.209045	0.2
1000	0.052019	0.06786	0.062366	0.079063	0.072938	0.069952	0.088199	0.081731	0.078634	0.076714
	0.061976	0.077402	0.068877	0.088402	0.079341	0.0751	0.097406	0.088062	0.083726	0.081086
	0.081456	0.095969	0.081486	0.106489	0.091679	0.08499	0.115239	0.100225	0.093488	0.089443
10000	0.01645	0.021459	0.019722	0.025002	0.023065	0.022121	0.027891	0.025846	0.024866	0.024259
	0.019598	0.024477	0.021781	0.027955	0.02509	0.023749	0.030803	0.027848	0.026476	0.025642
	0.025758	0.030348	0.025768	0.033675	0.028991	0.026876	0.036442	0.031694	0.029563	0.028284

1　因子分析とは[4]

　p 個の変量（特性）$\{x_1, x_2, \cdots, x_p\}$ に関し，n 組の対象（個体，標本，サンプルともいう）についての観測データが表 B.1 のように与えられているとする．

　表 B.1 のデータでは一般に変量間に何らかの関連があり，その関連具合いの強弱を表す尺度の 1 つとして相関係数行列が用いられる．因子分析における基本的な考え方は「観測，分析の対象となる多変量間の相関は各変量に潜在的に共通に含まれている少数個の因子（共通因子，common factor）によって生ずる」ということであり，このことを前提とし

表 B.1　因子分析のためのデータ

変数＼個体	x_1	x_2	⋯	x_i	⋯	x_p	
1	x_{11}	x_{12}	⋯	x_{1i}	⋯	x_{1p}	
2	x_{21}	x_{22}	⋯	x_{2i}	⋯	x_{2p}	$= X$
3	x_{31}	x_{32}	⋯	x_{3i}	⋯	x_{3p}	$(n \times p)$
⋮	⋮	⋮		⋮		⋮	
α	$x_{\alpha 1}$	$x_{\alpha 2}$	⋯	$x_{\alpha i}$	⋯	$x_{\alpha p}$	
⋮	⋮	⋮		⋮		⋮	
n	x_{n1}	x_{n2}	⋯	x_{ni}	⋯	x_{np}	

て観測された相関行列から，共通因子を見つけだすこと，および各変量への共通因子の含まれ具合いを分析することが因子分析の主たる課題となる．

2　因子分析モデル

表 B.1 の $x_{\alpha i}$ は各変量ごとに次のように規準化する．すなわち実際に観測された $x_{\alpha i}^*$ から

$$x_{\alpha i} = \frac{x_{\alpha i}^* - \overline{x}_i^*}{s_i^*} \quad \begin{pmatrix} i = 1, 2, \cdots, p \\ \alpha = 1, 2, \cdots, n \end{pmatrix}$$

ここに，

$$\overline{x}_i^* = \sum_{\alpha=1}^n x_{\alpha i}^* / n, \quad s_i^* = \sqrt{\sum_{\alpha=1}^n (x_{\alpha i}^* - \overline{x}_i^*)^2 / (n-1)}$$

となる変換で得られるものとする．観測されたデータは上述のように規準化したものを以下では前提とする．この場合分散・共分散行列は相関行列と一致する．

標本分散・共分散行列 S はデータ行列 X を用いて以下のようになる．なお，t は転置を意味する．

$$S = \frac{1}{n-1} {}^t\!X X \tag{B.1}$$

こうして，次の因子分析モデルを得る．

$$x = Af + \varepsilon \tag{B.2}$$

ここに，$x = (x_1, x_2, \cdots, x_p)^t$，$A = (a_{ik})$（$m \times p$ 行列），$f = (f_1, f_2, \cdots, f_m)^t$，$\varepsilon = {}^t(\varepsilon_1, \varepsilon_2, \cdots, \varepsilon_p)$ である．ここで，m は因子数，$f_1, f_2, \cdots, f_m$ は共通因子，$\varepsilon_1, \varepsilon_2, \cdots, \varepsilon_p$ は各変量に固有のもので特殊因子（specific factor）と呼ばれる．a_{ik} は第 i 変量に対する第 k 共通因子の因子負荷量（factor loading）と呼ばれ，x_i に対する因子 f_k の含まれ具合いを示す量である．

この式 (B.2) の構造を調べる場合，一般性を失うことなく次のような仮定をおくことができる．

$$
\left.\begin{array}{l}
E[f_k]=0, \quad E[\varepsilon_i]=0 \\
V[f_k]=1, \quad V[\varepsilon_i]=v_i \\
\mathrm{Cov}[f_k, f_{k'}]=0 \ (k \neq k') \\
\mathrm{Cov}[\varepsilon_i, \varepsilon_{i'}]=0 \ (i \neq i'), \quad \mathrm{Cov}[\varepsilon_i, f_k]=0
\end{array}\right\} \quad \binom{k=1,2,\cdots,m}{i=1,2,\cdots,p} \tag{B.3}
$$

なお：Cov は共分散を表す．上記の仮定から，

$$
V[x_i]=c_{ii}=\sum_{k=1}^{m} a_{ik}^2 + v_i \ (=h_i^2 + v_i), \qquad \mathrm{Cov}[x_i, x_j]=c_{ij}=\sum_{k=1}^{m} a_{ik} a_{jk} \ (i \neq j)
$$

となり，式 (B.2) は，次式のようになる．

$$
C = A^t A + V \quad (V = \mathrm{diag}(v_1, v_2, \cdots, v_p)) \tag{B.4}
$$

ただし，母分散・共分散行列を $C=(c_{ij})$ としている．また v_i には特殊因子と標本誤差の分散が混じっているため，これを残差分散 (residual variance) と呼ぶことにする．なお，$\sum_{k=1}^{m} a_{ik}^2 (=h_i^2)$ は共通度 (communality) と呼ばれ，この値が大きいほど共通因子で説明される割合が大きくなる．

さて式 (B.4) において $m \times m$ の正規直交行列 T を導入して因子負荷行列 A に直交回転を施す．すなわち，$B=AT$ で定義される新たな行列 B を導入すると

$$
B^t B = AT^t(AT) = AT^t TA = A^t A
$$

となり，式 (B.4) は，

$$
C = B^t B + V
$$

とも書くことができる．

このことは因子負荷行列 A には回転の任意性があることを示し，実用的な立場からは適当な回転によって解釈のしやすい因子を探しだすことが，前述のように因子分析の重要な課題となっている．

3 因子負荷量の推定

ここでは，与えられた標本分散・共分散行列に対する尤度を最大にする母パラメータとして因子負荷量行列 A，残差分散行列 V を求める方法を取り上げる．なお，最尤法による求解は固有値・固有ベクトルを何度も反復して解かなければならないことを断っておく．

$x_1, x_2, \cdots, x_p$ が多次元正規分布に従い，その分散・共分散行列が正則であるとき標本分散・共分散行列 S はウィシャート分布に従う．なおウィシャート分布は χ^2 分布を多変量に一般化したもので，この確率密度関数 φ は次式のようになる．

$$\varphi(C,S) = K\,|C|^{-(n-1)/2}\,|S|^{(n-p-2)/2}\exp\left\{-\frac{1}{2}(n-1)\sum_{i,j}s_{ij}c^{ij}\right\} \tag{B.5}$$

ここに，K は定数，n は対象数，s_{ij}, c^{ij} はそれぞれ S, C^{-1} の要素である．p が 1 で，この x_1 の分散が 1 の場合，ウィシャート分布は χ^2 分布になる．

最尤推定法では密度関数を最大にする未知パラメータを求めるが，この場合の未知パラメータは式 (B.4) の構造をもつ行列 C すなわち A および V である．

式 (B.5) をパラメータ A, V について最大にすることは次式を最小にすることと同じである．

$$\phi(A,V) = \ln|C| + \mathrm{tr}(SC^{-1}) - \ln|S| - p \tag{B.6}$$

式 (B.6) は式 (B.5) の対数をとり，A, V に関係のない項を除いて導いた．第 3 項，第 4 項は $\phi(A,V)$ の値がある特定の量となるように付加したものである．

式 (B.6) がパラメータ A, V について最小となるためには次の両式を満たさなくてはならない．

$$\frac{\partial \phi(A,V)}{\partial A} = 0 \tag{B.7}$$

$$\frac{\partial \phi(A,V)}{\partial V} = 0 \tag{B.8}$$

式 (B.7) は

$$\frac{\partial \phi(A,V)}{\partial A} = \frac{\partial \ln|C|}{\partial A} + \frac{\partial \mathrm{tr}(SC^{-1})}{\partial A} = 0 \tag{B.9}$$

となり，これに

$$\frac{\partial \ln|C|}{\partial A} = 2C^{-1}A$$

$$\frac{\partial \mathrm{tr}(SC^{-1})}{\partial A} = -2C^{-1}SC^{-1}A$$

を代入して整理すると次式を得る．

$$SC^{-1}A = A \tag{B.10}$$

さらにこの式に

$$C^{-1} = V^{-1} - V^{-1}A(I + {}^tAV^{-1}A)^{-1}\,{}^tAV^{-1} \tag{B.11}$$

を代入して C^{-1} を消去すると次の基本方程式を得る．

$$(V^{-1/2}SV^{-1/2})(V^{-1/2}A) = (V^{-1/2}A)(I + {}^tAV^{-1}A) \tag{B.12}$$

ここで,

$$I + {}^tAV^{-1}A = \text{diag}(\theta_1, \theta_2, \cdots, \theta_m) = \Theta \tag{B.13}$$

という制約をつけると,式 (B.12) は行列 $V^{-1/2}SV^{-1/2}$ に関し,$I + {}^tAV^{-1}A$ の対角要素が固有値,$V^{-1/2}A$ が固有ベクトルとなることを表している.式 (B.13) の制約をつけることは A に直交変換の任意性があるので可能である.

式 (B.12) は V が未知なのでただちに固有値問題を解くことはできない.しかし,V をなんらかの方法で仮定すれば,式 (B.7) を満たす解として A を次のように求めることができる.

式 (B.12) の固有値を $\theta_1, \theta_2, \cdots, \theta_m$ は降順に並べられているとし,対応する長さ 1 の固有ベクトルを $\omega_1, \omega_2, \cdots, \omega_m$ とする.ω_k を各列とする行列を $\Omega(p \times m)$ と表しておく.式 (B.13) より,

$${}^tAV^{-1}A = ({}^tAV^{-1/2})({}^tAV^{-1/2})^t = \Theta - I \tag{B.14}$$

となる.${}^tAV^{-1/2}$ の各行を $b_k^t (k = 1, 2, \cdots, m)$ とすると,式 (B.14) は

$$b_k^t b_{k'} = \delta_{kk'}(\theta_k - 1), \quad \delta ;クロネッカーのデルタ \tag{B.15}$$

となっている.一方

$$\omega_k^t \omega_{k'} = \delta_{kk'} \tag{B.16}$$

であり,b_k は ω_k と定数倍異なるだけであるから,

$$b_k = \sqrt{\theta_k - 1}\,\omega_k \tag{B.17}$$

の関係式が得られる.式 (B.17) をまとめて行列表現すると

$$V^{-1/2}A = \Omega(\Theta - I)^{1/2} \Rightarrow A = V^{1/2}\Omega(\Theta - I) \tag{B.18}$$

で求められることがわかる.V を与えると A が求められるから,私たちの問題は V をパラメータとする関数 $\phi(A, V)$ の最小値問題を解くことに帰せられた.この解法として,収束性がよくかつ反復回数の少ない Fletcher–Powell 法を使うことが考えられる.

因子数の決め方にもいくつかの方法がある.最尤推定法で因子負荷量行列を求める場合には,式 (B.12) からもわかるように,$V^{-1/2}SV^{-1/2}$ の固有値が 1 より大きくなくてはならないので因子数の上限は

① $V^{-1/2}SV^{-1/2}$ の固有値で 1 より大きいもの

に抑えられる.この他に一般によく使われる規準としては,

② S(相関行列として)の固有値で 1 より大きいものの数

③ $S - \{\mathrm{diag}(S^{-1})\}^{-1}$ の固有値で正のもの

④ $m \leq p + \dfrac{1}{2} - \dfrac{\sqrt{8p+1}}{2}$

などがある．

4 因子軸の回転（規準バリマックス法）

因子の解釈は，因子負荷量をみて行われる，あるいは確認される．因子負荷量の絶対値が，各因子について，1に近いものと0に近いものに分離できれば，それだけ因子の解釈が容易となる．これを実現するために「各因子について因子負荷量の2乗値の分散を最大にする」という規準で因子軸に直交回転を施す方法がバリマックス法である．斜交回転もあるが，ここでは割愛する．

規準バリマックス法の基準という意味は，正規直交変換で不変な共通度 h_i^2 で各行の要素を割ったうえでバリマックス法を適用するということである．因子負荷量をこのように規準化して各変数を m 次元空間に射影すると m 次元球面上に映し出される．直観的には球面上で変量が最も集まっている中心に第1の因子軸をおき，第2の因子軸をそれと直交した空間で変量が集まっている中心を貫くということになる．

規準バリマックス法では，因子負荷量行列 A の各要素 a_{ik} を共通度 h_i^2 により $a_{ik} \leftarrow a_{ik}/h_i (i=1, 2, \cdots, p; k=1, 2, \cdots, m)$，ここで $h_i^2 = \sum_{k=1}^{m} a_{ik}^2$ と変換し，回転後の行列 $B = (b_{ik})$ の列ごとの2乗値の分散の総和

$$Q = \sum_{k=1}^{m} \frac{1}{p} \left\{ \sum_{i=1}^{p} (b_{ik}^2)^2 - \frac{1}{p} \left(\sum_{i=1}^{p} b_{ik}^2 \right)^2 \right\} \tag{B.19}$$

を最大とするような直交行列 $T(m \times m)$ を見つけ，

$$B = AT \tag{B.20}$$

によって生成される B を新たな因子負荷量行列とする．

5 因子得点の推定

因子負荷量が推定され因子の解釈がなされると，観測対象となった個体（標本）に対し各共通因子のとる得点（因子得点，factor score）を推定することも実用上しばしば有用となる．因子得点によって，主成分分析の場合と同様，個体の分類などが可能となるからである．

因子得点の求め方もいろいろあり，利用目的などによって使い分けられる．ここでは代表的な方法の1つである回帰による方法のみを説明するにとどめる．

回帰による方法では k 番目の因子の得点 $f_{\alpha k}(\alpha = 1, 2, \cdots, n; k = 1, 2, \cdots, m)$ が観測されているとして，その x_α に対する回帰式

$$\hat{f}_{\alpha k} = b_k^t x_\alpha$$

によって因子得点 $\hat{f}_{\alpha k}$ を推定する．

その解として得られる因子得点行列 F は，

$$\underset{(n\times m)}{F} = \underset{(n\times p)}{X} \underset{(n\times p)}{S^{-1}} \underset{(p\times m)}{A} \tag{B.21}$$

と表される．式 (B.21) は次のように導かれる．

重回帰分析の場合と同じように，最小2乗法を用いて，

$$Q_k = \sum_{\alpha=1}^{n} (f_{\alpha k} - \hat{f}_{\alpha k})^2 \Rightarrow \min. \tag{B.22}$$

とする回帰係数 b_k を求めることとなる．上式を変形すると

$$\begin{aligned}Q_k &= \sum_\alpha f_{\alpha k}^2 - 2\sum_\alpha f_{\alpha k}\hat{f}_{\alpha k} + \sum_\alpha \hat{f}_{\alpha k}^2 \\ &= f_k^t f_k - 2b_k^t X^t f_k + b_k^t X^t X b_k\end{aligned} \tag{B.23}$$

ただし，$f_k^t = (f_{1k}, f_{2k}, \cdots, f_{nk})$ である．

式 (B.23) の右辺に $X = FA^t + E$, $X^t X/(n-1) = S$ を代入し，因子得点の残差に対する直交性 $F^t E = 0$，および各因子の正規直交性 $F^t F/(n-1) = I$ を考慮すれば，

$$Q_k^t = 1 - 2b_k^t a_k + b_k^t S b_k, \qquad Q_k^t = (n-1) Q_k \tag{B.24}$$

を得る．ここで a_k は k 番目の因子の負荷量で $A = (a_1, a_2, \cdots, a_m)$ である．

Q_k^t を最小にするために b_k で偏微分した式を0とおくと

$$\frac{\partial Q_k^t}{\partial b_k} = -2a_k + 2Sb_k = 0 \tag{B.25}$$

となり，最小2乗解として次式が求められる．

$$b_k = S^{-1} a_k \tag{B.26}$$

この b_k を用いて因子得点行列を計算する式が式 (B.21) である．回転後の因子得点行列 G は

$$G = XS^{-1}B = XS^{-1}AT = FT \tag{B.27}$$

によって計算できる．特に回転前・後の行列 A, B が既知の場合，回転行列 T は

$$T = ({}^t A V^{-1} A)^{-1} {}^t A V^{-1} B \tag{B.28}$$

となることが実際の計算では利用できる．

補遺 C　ウィシャート分布の導出過程[5)6)]

1　多変量正規分布からの独立標本

X を p 次元の確率ベクトルとする．確率ベクトル X の平均値のベクトルを μ とする．X の $p \times p$ 分散共分散行列を Σ で表す．すなわち Σ の対角要素は X の各要素の分散である．

X の密度関数が次の形で与えられるとき，X の分布を平均ベクトル μ，分散（共分散）行列 Σ の多変量正規分布と呼ぶ．なお，$'$ は転置を意味する．

$$f(x; \mu, \Sigma) = \frac{1}{(2\pi)^{p/2} |\Sigma|^{1/2}} \exp\left[-\frac{1}{2}(x-\mu)' \Sigma^{-1} (x-\mu)\right]$$

多変量正規分布をこのように密度関数で定義する場合は，Σ は正定値でなければならない．X が多変量正規分布に従うことを $N(\mu, \Sigma)$ または次元を明示して $N_p(\mu, \Sigma)$ と書く．ここで多変量正規分布において $\mu=0$，$\Sigma=I$ とおいたものを多変量標準正規分布と呼ぶ．多変量標準正規分布の密度関数は

$$f(x; 0, I) = \frac{1}{(2\pi)^{p/2}} \exp\left[-\frac{1}{2}x'x\right] = \prod_{i=1}^{p} \frac{1}{\sqrt{2\pi}} e^{-x_i^2/2}$$

となる．この場合密度関数の形から明らかなように X の各要素は独立に 1 変量標準正規分布に従う．

多変量解析の推測理論における基本的な枠組みは「確率ベクトル X_t, $t=1, 2, \cdots, n$ が互いに独立に多変量正規分布 $N_p(\mu, \Sigma)$ に従う」と想定することである．ここでまず記法についてふれておくことにする．以上の想定を簡潔に

$$X_1, X_2, \cdots, X_n \sim N_p(\mu, \Sigma), \text{i.i.d}$$
$$X_t, t=1, 2, \cdots, n, \sim N_p(\mu, \Sigma), \text{i.i.d}$$

などと書くことにする．繰り返し観測に関する添え字には主に t, s などを用いることにする．なお，i.i.d は上記の「　」の文の意味内容を示し，英語の independent identically distributed の略である．

1 変量の場合には i, j などを用いるほうが通常であるが，本文では i, j などを主にベクトルの要素の添え字に用いることにする．次に $X_1', X_2', \cdots, X_n'$ を各行とする行列を

$$X = \begin{pmatrix} X_1' \\ X_2' \\ \vdots \\ X_n' \end{pmatrix} \tag{C.1}$$

と書く．ここまで確率ベクトルは列ベクトルで記述してきたが，ここでは記述統計的な多変量解析や回帰分析で用いられる通常のデータ行列の記法と合わせるために確率ベクトルの行ベクトルとしていることに注意する．独立な正規確率変数は多変量正規分布の特別な場合であるから np 個のすべての要素をまとめた同時多変量正規分布を考えることもできる．このような記法も最近はよく用いられるのでここで説明しておこう．いま $p \times q$ 行列 A の各列を $a_1, a_2, \cdots, a_q$ として $a_1, a_2, \cdots, a_q$ を1列に縦に積んだ $pq \times 1$ のベクトル $\mathrm{vec}(A)$ を

$$\mathrm{vec}(A) = \begin{pmatrix} a_1 \\ a_2 \\ \vdots \\ a_q \end{pmatrix} \tag{C.2}$$

で定義する．次に2つの行列 $A(p \times q)$, $B(m \times n)$ のクロネッカー積 $A \otimes B (mp \times nq)$ を

$$A \otimes B = \{a_{ij}B\} = \begin{pmatrix} a_{11}b_{11} & \cdots & a_{11}b_{1n} & a_{12}b_{11} & \cdots & a_{1m}b_{1n} \\ \vdots & \ddots & \vdots & \vdots & & \vdots \\ a_{11}b_{q1} & \cdots & a_{11}b_{qn} & a_{12}b_{q1} & \cdots & a_{1m}b_{qn} \\ a_{21}b_{11} & \cdots & a_{21}b_{n1} & a_{22}b_{11} & \cdots & a_{2m}b_{1n} \\ \vdots & & \vdots & \vdots & \ddots & \vdots \\ a_{p1}b_{q1} & \cdots & a_{p1}b_{qn} & a_{p2}b_{q2} & \cdots & a_{pm}b_{qn} \end{pmatrix} \tag{C.3}$$

で定義する．すなわち，$A \otimes B$ を $m \times n$ の小行列のブロックから成り立っているとみるとき，その第 (i, j) ブロックが $\alpha_{ij}B$ によって与えられているということである．クロネッカー積は概念的にテンソル積と同じである．4つの添え字をもつ多次元配列とみるほうが自然であるが，多変量解析においては行列の形のクロネッカー積を用いることが多い．ここで上記の X について $\mathrm{vec}(X')$ の分布を考えれば，

$$\mathrm{vec}(X') \sim N_{np}(1_n \otimes \mu, I_n \otimes \Sigma) \tag{C.4}$$

と書けることがわかる．ただし 1_n はすべての要素が1である n 次元ベクトルであり I_n は n の単位行列である．このことを簡単に，あるいは次元を明示して

$$X \sim N_{n \times p}(M, I_n \otimes \Sigma) \tag{C.5}$$

と記す場合が多い．ただし $M = E(X) = 1_n \mu'$ である．この記法は転置の入り方が少々わかりにくい面があるが最近の教科書でよく用いられているので，ここでもこの記法を採用する．式 (C.5) の分散行列 $I_n \otimes \Sigma$ は X の列ごとの分散行列が I_n に比例し，X の行ごとの分散行列が Σ に比例すると考えれば覚えやすい．ただし，この記法はまだ完全に一般化しているわけではなく，

$$\mathrm{vec}(X) \sim N_{np}(\mu \otimes 1_n, \Sigma \otimes I_n) \tag{C.6}$$

のように著者によっては異なる記法を用いる場合がある.

次に多変量正規分布からの n 個の確率ベクトルに関して n 次元空間での回転の影響を考える. すなわち, Γ を $n\times n$ の直交行列として $Y=\Gamma X$ とおく. いま, X, Y を列ごとに考えれば Y の各列は X の各列から左に Γ が掛かったものであるから, クロネッカー積を用いれば

$$\mathrm{vec}(Y)=(I_p\otimes\Gamma)\mathrm{vec}(X)$$

と表すことができる. したがって式 (C.6) より

$$\mathrm{vec}(Y)\sim N_{np}(\mu\otimes\Gamma 1_n, \Sigma\otimes I_n) \tag{C.7}$$

となることがわかる. あるいは

$$\mathrm{vec}(Y)\sim N(M, I_n\otimes\Sigma) \tag{C.8}$$

と表すことができる. ただし式 (C.8) を導くには, AC, BD が定義できるとき

$$(A\otimes B)(C\otimes D)=(AC\otimes BD) \tag{C.9}$$

と表せることを用いた. 式 (C.8) は Y の各行が互いに独立に分散共分散行列 Σ の多変量正規分布に従うことを示している.

$n\times p$ 確率行列 X の各行が独立に共通の分散共分散行列 Σ の多変量正規分布に従うとし, Γ を n 次の直交行列とする. このとき $Y=\Gamma X$ の各行は独立に分散共分散行列 Σ の多変量正規分布に従う.

2 ウィシャート分布の定義

いま, $X_t, t=1, 2, \cdots, n$ が互いに独立に $N_p(\mu, \Sigma)$ に従うとする. ここでは一般性のために各確率ベクトルの平均ベクトルは異なってもよいものとしている. 平方和積和行列 W を

$$W=\sum_{t=1}^{n} X_t X_t' = X_t X_t' \tag{C.10}$$

とおく. また

$$\Psi=\Sigma^{-1}\sum_{t=1}^{n}\mu_t\mu_t'=\Sigma^{-1}M'M \tag{C.11}$$

とおく. このとき, W の分布を自由度 n, 分散共分散行列 Σ, 非心度行列 Ψ の非心ウィシャート分布と呼び, $W(n, \Sigma, \Psi)$ あるいは $W_p(n, \Sigma, \Psi)$ と書く. 非心ウィシャート分布がこれらのパラメータのみに依存して決まる分布であることはこの後の 4 項で示される. 非心ウィシャート分布は, 1 変量における非心 χ^2 分布の一般化である. χ^2 分布と同様に

平均 $M=0$ の場合には単にウィシャート分布といい $W_p(n, \Sigma)$ と書く．ウィシャート分布については定義から自明な性質を定理としてあげておこう．

【定理 1】
(a) $W_1 \sim W_p(m, \Sigma, \Psi_1)$, $W_2 \sim W_p(n, \Sigma, \Psi_2)$ で W_1 と W_2 は互いに独立に分布しているものとする．このとき，$W_1 + W_2 \sim W_p(m+n, \Sigma, \Psi_1 + \Psi_2)$ となる．
(b) $W \sim W_p(n, \Sigma)$ とし W が

$$W = \begin{pmatrix} W_{11} & W_{12} \\ W_{21} & W_{22} \end{pmatrix}$$

と分割されている場合を考える．ただし W_{11} は $q \times q$ であるとする．また Σ も同様に分割されているものとする．このとき $W_{11} \sim W_q(n, \Sigma_{11})$ となる．
(c) $W \sim W_p(n, \Sigma)$ とし A を $q \times p$ 行列とする．このとき，$AWA' \sim W_q(n, A\Sigma A')$ となる．

3 平均ベクトルと分散共分散行列の独立性

多変量正規分布からの独立な標本について，基本的な統計量は標本平均ベクトルおよび標本分散共分散行列である．

$$\overline{X} = \frac{1}{n} \sum_{t=1}^{n} X_t$$

$$S = \frac{1}{n-1} \sum_{t=1}^{n} (X_t - \overline{X})(X_t - \overline{X})' = \frac{1}{n-1} W$$

ここでは S を $n-1$ で除いた形の標本分散共分散行列，W を平均からの偏差ベクトルの積和行列とする．いま，$n \times n$ の直交行列 Γ でその第 1 行が $1_n'/\sqrt{n}$ で与えられるような行列を考え $Y = (Y_1, Y_2, \cdots, Y_n)' = \Gamma X$ としよう．$Y_1, Y_2, \cdots, Y_n \in R^p$ は互いに独立に分散共分散行列 Σ に従っている．また，Γ の第 1 行が $1_n'$ に比例し，第 2 行以下が $1_n'$ に直交することから

$$Y_1 = \sqrt{n}\overline{X}, \quad E(Y_t) = 0, t = 2, 3, \cdots, n$$

となることがわかる．さらに

$$W = \sum_{t=1}^{n} (X_t - \overline{X})(X_t - \overline{X})' = \sum_{t=1}^{n} X_t X_t' - n\overline{X}\,\overline{X}'$$
$$= X'X - Y_1 Y_1' = Y'Y - Y_1 Y_1' = Y_2 Y_2' + \cdots + Y_n Y_n'$$

となり W は Y_1 を含まない形となる．このことから次の結果が成り立つ．

【定理2】 $N_p(\mu, \Sigma)$ からの大きさ n の独立標本に基づく標本平均ベクトルを $\overline{X}$，標本分散共分散行列を S とする．このとき

$\overline{X} \sim N(\mu, \Sigma/n)$

$W = (n-1)S \sim W_p(n-1, \Sigma)$

であり，これらは互いに独立である．

4 多変量回帰分析

通常の重回帰分析について，目的変数が複数 (q 個) の場合を多変量回帰分析と呼ぶことにする．目的変数を複数と考えても，説明変数を共通にとるかぎり結果は通常の回帰分析の場合とあまり変わらない．重回帰分析における結果は既知とする．

いま，Y を $n \times q$ の目的変数の行列とする．また，X を $n \times p$ の（共通の）説明変数の行列とし rank $X = p$ とする．Y の各列を $Y(i), i = 1, 2, \cdots, q$ と表し通常の線形回帰モデルを

$$Y(i) = X\beta(i) + \varepsilon(i), \qquad i = 1, 2, \cdots, q \tag{C.12}$$

とおく．ここで $\beta(i)$ を第 i 列とする $p \times q$ の（母）回帰係数行列を $B = (\beta(1), \beta(2), \cdots, \beta(q))$，$\varepsilon(i)$ を第 i 列とする $n \times p$ 行列を $E = (\varepsilon(1), \varepsilon(2), \cdots, \varepsilon(q))$ とおけば，式 (C.12) をまとめて

$$Y = XB + E \tag{C.13}$$

と書くことができる．式 (C.13) を多変量線形モデルと呼ぶ．ここで誤差項に関する仮定として，E の各行は互いに独立に $N_q(0, \Sigma)$ に従うと仮定する．

すなわち $s \neq t$ ならば

$$\mathrm{Cov}(\varepsilon_{si}, \varepsilon_{tj}) = 0, \; s \neq t$$

であるが，$s = t$ の場合には

$$\mathrm{Cov}(\varepsilon_{ti}, \varepsilon_{tj}) = \sigma_{ij}$$

と仮定するわけである．なお，Cov はすでに述べた共分散を表す．

ここで一方，方程式間の相関を無視して，個別に $\beta(i)$ の最小 2 乗推定を行えば

$$\hat{\beta}(i) = (X'X)^{-1}X'Y(i) \tag{C.14}$$

となる．式 (C.14) をまとめて表記すれば

$$B = (X'X)^{-1}X'Y \tag{C.15}$$

となる．

B の推定として，式 (C.15) は方程式間の相関を無視した形になっているから，これで

よいかどうか疑問が残りうる．しかし，方程式間の相関を考慮しても実は式 (C.15) でよい．その基本的な理由は任意の $p \times q$ 行列 C について

$$(Y-XC)'(Y-XC) \geq (Y-X\hat{B})'(Y-X\hat{B}) \tag{C.16}$$

となることである．ただし式 (C.16) の不等式は両辺の差が非負定値行列となることを意味している．式 (C.16) から $\hat{B}$ が最尤推定量であること，および一般化最小2乗法であることが導かれる．

ただし以上の議論が成り立つには説明変数 X が共通であることが本質的である．方程式によって取り入れられる説明変数が異なっていたり回帰係数間に線形制約が入っている場合には，方程式間の相関を考慮した最適な推定方程式は各方程式を最小2乗法で別個に推定するものとは異なる．この問題は例えば計量経済学においては Seemingly Unrelated Regression と呼ばれて研究されている．

式 (C.14) と式 (C.12) より

$$\hat{\beta}(i) - \beta(i) = (X'X)^{-1}X'\varepsilon(i)$$

となることがわかる．これより $\hat{\beta}(i)$ と $\hat{\beta}(j)$ の共分散は

$$\begin{aligned}
\mathrm{Cov}(\hat{\beta}(i), \hat{\beta}(j)) &= E\left[(\hat{\beta}(i) - \beta(i))(\hat{\beta}(j) - \beta(j))'\right] \\
&= (X'X)^{-1}X'E(\varepsilon(i)\varepsilon(j)')X(X'X)^{-1} \\
&= (X'X)^{-1}X'E(\sigma_{ij}I_n)X(X'X)^{-1} \\
&= \sigma_{ij}(X'X)^{-1}
\end{aligned} \tag{C.17}$$

で与えられることがわかる．$i=j$ のときには通常の回帰分析の結果に一致することに注意しよう．$\hat{B}$ のすべての要素の共分散を考え，式 (C.4) の記法を用いれば，

$$\hat{B} \sim N(B, (X'X)^{-1} \otimes \Sigma) \tag{C.18}$$

と表せる．すなわち，$\hat{B}$ の列ごとの分散行列は $(X'X)^{-1}$ に比例し，行ごとの分散行列は Σ に比例する．

第 i 回帰式の残差ベクトル $e(i)$ は

$$\begin{aligned}
e(i) &= (I - X(X'X)^{-1}X')\varepsilon(i) \\
&= (I - P_x)\varepsilon(i)
\end{aligned} \tag{C.19}$$

と表される．ただし

$$P_x = X(X'X)^{-1}X'$$

は X の列の張る線形部分空間への直交射影子である．各方程式の残差ベクトルをまとめて表記すれば

$$\hat{E} = (\varepsilon(1), \varepsilon(2), \cdots, \varepsilon(q)) = (I - P_x)E \tag{C.20}$$

となる．ここで $e(i)$ と $\hat{\beta}(j)$ の共分散を考えよう．

$$\begin{aligned}
\mathrm{Cov}(e(i), \hat{\beta}(j)) &= E[e(i)(\hat{\beta}(j)-\beta(j))'] \\
&= (I-P_x)E(\varepsilon(i)\varepsilon(j)')X(X'X)^{-1} \\
&= \sigma_{ij}(X-X)(X'X)^{-1} \\
&= 0
\end{aligned} \qquad (\text{C.21})$$

となる．$\hat{B}$ と $\hat{E}$ の同時分布は多変量正規分布であるから，B と E は互いに独立であることがわかる．

残差はしばしば残差分散共分散の形で用いられる．ここでは（自由度 $n-p$ あるいは標本数 n で割る前の）残差の平方和（積和）行列

$$W_E = \hat{E}'\hat{E}$$

を考える．W_E の対角要素は各回帰方程式の残差平方和であり，非対角要素は2つの回帰式の残差の積和である．W_E を残差平方和行列と呼ぶ．式 (C.20) より

$$W_E = E'(I-P_x)E \qquad (\text{C.22})$$

と表すことができる．いま，X の列ベクトルを張る空間 L とし，L の正規直交規底を γ_1, $\gamma_2, \cdots, \gamma_p$ とする．$\Gamma_1 = (\gamma_1, \gamma_2, \cdots, \gamma_p)$ $(n \times p)$ とおく．rank $X = p$ と仮定したから X の各列も L の基底であり，$p \times p$ の非特異行列 G を用いて $X = \Gamma_1 G$ と表すことができる．このとき

$$\begin{aligned}
P_x &= X(X'X)^{-1}X' = \Gamma_1 G(G'\Gamma_1'\Gamma_1 G)^{-1} G'T_1' \\
&= \Gamma_1 G(G_1'G)^{-1}G'T_1' = \Gamma_1 \Gamma_1'
\end{aligned}$$

と表される．次に $n \times n$ の直交行列 Γ を

$$\Gamma' = (\gamma_1, \gamma_2, \cdots, \gamma_p, \gamma_{p+1}, \cdots, \gamma_n) = (\Gamma_1, \Gamma_2)$$

とする．ここで $\gamma_{p+1}, \cdots, \gamma_n$ は $\gamma_1, \gamma_2, \cdots, \gamma_p, \cdots, \gamma_n$ が R^n の正規直交基底となるように適当に選ぶものとする．いま，$Y = \Gamma E$ とおき，Γ の分割に合わせて $Y' = (Y_1', Y_2')$ とする．$E = \Gamma'Y = \Gamma_1 Y_1 + \Gamma_2 Y_2$ を式 (C.22) に代入すれば，

$$W_E = Y_2'Y_2$$

を得る．Y の各行は互いに独立に分散行列 Σ の多変量正規分布に従う．また，Γ_2 の選び方より $E(Y_2) = 0$ となる．したがってウィシャート分布の定義より

$$W_E \sim W_q(n-p, \Sigma) \qquad (\text{C.23})$$

となることがわかる．また $\hat{E}$ と $\hat{B}$ が独立であることから，$W_E = \hat{E}'\hat{E}$ と $\hat{B}$ も独立になることも注意する．

残差平方和行列と並んで，回帰平方和行列も考えることができる．回帰平方和行列 W_H

は
$$W_H = \hat{Y}'\hat{Y} = \hat{B}'X'X\hat{B} = Y'X(X'X)^{-1}X'Y \tag{C.24}$$

と定義される．いま，$(X'X)^{1/2}$ を $X'X$ の行列平方根とする式 (C.5) の記法を用いれば

$$(X'X)^{1/2'}\hat{B} \sim N((X'X)^{1/2'}B, I_p \otimes \Sigma) \tag{C.25}$$

となることがわかる．すなわち，$(X'X)^{1/2'}\hat{B}$ の各行は互いに独立であるから分散共分散行列 Σ の多変量正規分布に従う．このことから

$$W_H \sim W_q(p, \Sigma, \Sigma^{-1}B'X'XB) \tag{C.26}$$

となる．

以上の議論は通常の重回帰分析の場合とほとんど同じであり，説明はかなり簡潔にしたので．ややわかりにくかったかもしれない．より詳しくは回帰分析に関する書物を参照されたい．

5 多変量正規分布からの標本における条件付分布とウィシャート分布

もとの設定に戻って X_t, $t=1, 2, \cdots, n$, $X_t \sim N_p(0, \Sigma)$, i.i.d. とする．ここでは（中心）ウィシャート分布を考えるため $\mu = 0$ とする．X_t を $(p-q)$ 個と q 個の要素に分割し

$$X_t = \begin{pmatrix} X_{t1} \\ X_{t2} \end{pmatrix}, t=1, 2, \cdots, n$$

とする．同様にデータ行列全体を分割して

$$X = (X(1), X(2)), X(1): n \times (p-q), X(2): n \times q$$

とおく．また平方和行列をそれぞれ

$$W = X'X$$
$$W_{ij} = X(i)'X(j), \qquad i, j = 1, 2$$

とおく．

この項では，$X(1)$ を説明変数行列，$X(2)$ を目的変数行列とみて多変量回帰分析を行ったときの標本分布について考察する．回帰分析では説明変数行列は固定したものと見なしている．ここでは，まずそれに対応して $X(1)$ のすべての要素を固定した条件付分布について考える．いま

$$\varepsilon_t = X_{t2} - E(X_{t2} \mid X_{t1}) = X_{t2} - \Sigma_{21}\Sigma_{11}^{-1}X_{t1}$$
$$= X_{t2} - B'X_{t1}$$

とおくと

$$\varepsilon_t \mid X(1), t=1, 2, \cdots, n, \sim N(0, \Sigma_{22 \cdot 1}) \quad \text{i.i.d}$$

となる．ただし，$B = \Sigma_{11}^{-1} \Sigma_{12}$ は母回帰係数行列で，$\Sigma_{22 \cdot 1} = \Sigma_{22} - \Sigma_{21} \Sigma_{11}^{-1} \Sigma_{12}$ は残差分散共分散行列である．ε_t' を第 t 行とする $n \times q$ の行列を E とおけば

$$X(2) = X(1)B + E, \qquad E \mid X(1) \sim N(0, I_n \otimes \Sigma_{22 \cdot 1}) \tag{C.27}$$

と表されるから，式 (C.13) で表される多変量線形モデルとなり，前項の議論が適用される．ただし，前項と異なり $X(1)$ の列数は $p-q$ である．回帰係数行列は

$$\hat{B} = (X(1)'X(1))^{-1} X(1)'X(2) = W_{11}^{-1} W_{12} \tag{C.28}$$

の形に残され，残差平方和行列は

$$W_E = X(2)'(I_n - P_{x(1)}) X(2) = W_{22} - W_{21} W_{11}^{-1} W_{12} = W_{22 \cdot 1} \tag{C.29}$$

と表される．また，回帰平方和行列は

$$W_H = W_{21} W_{11}^{-1} W_{12} \tag{C.30}$$

となる．

これらについて前項の議論をまとめて定理の形で示す．

【定理3】 $X(1)$ を固定した条件付きで

$$\hat{B} = W_{11}^{-1} W_{12} \sim N(B, W_{11}^{-1} \otimes \Sigma_{22 \cdot 1}), \qquad (B = \Sigma_{11}^{-1} \Sigma_{12})$$
$$W_E = W_{22 \cdot 1} \sim W_q(n - p + q, \Sigma_{22 \cdot 1})$$

であり，これらは互いに（条件付き）独立である．

回帰係数行列の代わりに平方和行列を考えれば

〔系1〕$X(1)$ を固定した条件付きで

$$W_H \sim W_q(p - q, \Sigma_{22 \cdot 1}, \Sigma_{22 \cdot 1}^{-1} B' W_{11} B),$$
$$W_E \sim W_q(n - p + q, \Sigma_{22 \cdot 1})$$

であり，これらは互いに（条件付き）独立である．ただし，$W_H = \hat{B}' W_{11} \hat{B} = W_{21} W_{11}^{-1} W_{12}$ である．

以上の定理および系において，$\hat{B}$ の条件付分布は W_{11} のみに依存し，$W_E = W_{22 \cdot 1}$ の分布は $X(1)$ に依存しないことに注目しよう．したがって定理3より次の定理が成り立つ．

【定理4】 $W \sim W_p(n, \Sigma)$ とし,

$$W = \begin{pmatrix} W_{11} & W_{12} \\ W_{21} & W_{22} \end{pmatrix}$$

と分割されている場合を考える.ただし W_{22} は $q \times q$ であるとする.W_{11} を固定した条件付きで

$$\begin{aligned} W_{11}^{-1} W_{12} &\sim N(B, W_{11}^{-1} \otimes \Sigma_{22 \cdot 1}), \quad (B = \Sigma_{11}^{-1} \Sigma_{12}) \\ W_{22 \cdot 1} &\sim W_q(n-p+q, \Sigma_{22 \cdot 1}) \end{aligned} \quad \text{(C.31)}$$

でありこれらは互いに条件付独立である.

さらに W_{11} に関して積分することにより無条件の分布を考えよう.$W_{22 \cdot 1}$ の分布は W_{11} に依存しない.このことから無条件の分布で考えても $W_{11}^{-1} W_{12}$ と $W_{22 \cdot 1}$ は互いに独立で $W_{22 \cdot 1}$ の周辺分布は上記の条件付分布と一致することがわかる.また $W_{22 \cdot 1}$ は条件 W_{11} とも独立になる.これらのことから周辺分布について次の定理が成り立つ.

【定理5】 $W \sim W_p(n, \Sigma)$ とし,W が定理4のように分割されているとする.このとき $W_{22 \cdot 1}$ と (W_{11}, W_{12}) は互いに独立であり,

$$W_{22 \cdot 1} \sim W_q(n-p+q, \Sigma_{22 \cdot 1})$$

となる.

定理5において W_{11} と W_{12} は一般の場合には独立とはいえない.また W_{12} の周辺分布は正規分布の混合分布となり複雑である.ただし Σ がブロック対角であり $\Sigma_{12} = 0$ の場合にはきれいな結果が成り立つ.系1において $B = 0$ ならば W_H の条件付分布も W_E の条件付分布も W_{11} によらないから,この場合には次の定理が成り立つ.

【定理6】 $\Sigma_{12} = 0$ とする.このとき,W_{11},$W_{21} W_{11}^{-1} W_{12}$,$W_{22 \cdot 1}$ は互いに独立で

$$\begin{aligned} W_{11} &\sim W_{p-q}(n, \Sigma_{11}) \\ W_{21} W_{11}^{-1} W_{12} &\sim W_q(p-q, \Sigma_{22}) \\ W_{22 \cdot 1} &\sim W_q(n-p+q, \Sigma_{22}) \end{aligned} \quad \text{(C.32)}$$

となる.

また定理6の場合,$W_{11}^{1/2}$ を W_{11} の行列平方根とすれば式 (C.25) を導いた議論と同様の議論で,定理6を以下の形に書くこともできる.

[系2] $\Sigma_{12}=0$ とする．このとき

$$W_{11} \sim W_{p-q}(n, \Sigma_{11})$$
$$W_{11}^{-1/2} W_{12} \sim N_q(0, I_{p-q} \otimes \Sigma_{22})$$
$$W_{22\cdot 1} \sim W_q(n-p+q, \Sigma_{22})$$

であり，これらは互いに独立である．

6 ウィシャート行列の三角分解

前項と同様に $n \times p$ 行列 X の各行が独立に $N_p(0, \Sigma)$ に従うものとする．X の各列を $X(1)$, $X(2), \cdots, X(p)$ と表そう．ここで，$X(1), X(2), \cdots, X(p)$ に関してグラム－シュミットの直交化を行うことによって得られる正規直交ベクトルを $h(1), h(2), \cdots, h(p)$ とする．よく知られているように $h(1), h(2), \cdots, h(p)$ は次のようにして得られる．

$$\begin{aligned}
h(1) &= X(1)/\|X(1)\| \\
h(2) &= e(2)/\|e(2)\|, \quad e(2) = X(2) - h(1)h(1)'X(2) \\
&\cdots \\
h(k) &= e(k)/\|e(k)\|, \quad e(k) = X(k) - h(1)h(1)'X(k) \\
&\qquad\qquad\qquad\qquad\quad - \cdots - h(k-1)h(k-1)'X(k) \\
&\cdots
\end{aligned} \tag{C.33}$$

回帰分析を幾何学的に考えれば，$e(k)$ が $X(k)$ を $X(1), X(2), \cdots, X(k-1)$ に回帰分析したときの残差ベクトルとなることも明らかであろう．いま

$$\begin{aligned}
t_{ii} &= \|e(i)\|, \\
t_{ij} &= h(j)'X(i), \quad i > j
\end{aligned} \tag{C.34}$$

とおけば式 (C.33) より

$$X(k) = t_{k1}h(1) + t_{k2}h(2) + \cdots + t_{kk}h(k), \quad k=1, 2, \cdots, p \tag{C.35}$$

と書ける．いま $H = (h(1), h(2), \cdots, h(p))$, $T = \{t_{ij}\}$ (t_{ij} を要素とする下三角行列) とおくと式 (C.35) は

$$X = HT'$$

と表される．したがって，ウィシャート行列 $W = X'X$ は

$$W = TH'HT' = TT' \tag{C.36}$$

と分解できる．式 (C.36) は正定値行列 W を下三角行列 T とその転置の積として表したもので，この形の分解を三角分解あるいはコレスキー分解と呼ぶ．

以上ではコレスキー分解をグラム-シュミットの直交化から導いたが，任意の正定値行列 A が $A = TT'$，T は正の対角要素をもつ下三角行列に一意的に分解できることは容易に示すことができる．

いま

$$W = \begin{pmatrix} W_{11} & W_{12} \\ W_{21} & W_{22} \end{pmatrix}$$

とブロックに分けて考え，これに対応して T を

$$\begin{pmatrix} T_{11} & 0 \\ T_{21} & T_{22} \end{pmatrix}$$

と分割する．$W = TT'$ を書き下せば

$$\begin{aligned} W_{11} &= T_{11} T'_{11} \\ W_{12} &= T_{11} T'_{21} \\ W_{22} &= T_{21} T'_{21} + T_{22} T'_{22} \end{aligned}$$

となる．これより

$$\begin{aligned} T_{11} &= W_{11}^{1/2} \\ T'_{21} &= W_{11}^{-1/2} W_{12} \\ T_{22} &= W_{22 \cdot 1}^{-1/2} \end{aligned} \tag{C.37}$$

となっていることがわかる．つまり三角分解において対角部分は平方和行列にあたり，非対角部分は回帰係数行列にあたる．ところで (T_{11}, T_{21}) は (W_{11}, W_{12}) のみの関数であり，T_{22} は $W_{22 \cdot 1}$ のみの関数であるから，定理 5 より (T_{11}, T_{21}) と T_{22} は互いに独立であることがわかる．

さらに分割する大きさを順次かえていき，T_{11} のサイズを 1 から $p-1$ まで順次大きくしていくことを考えよう．まず T の第 1 列と $(p-1) \times (p-1)$ の T_{22} は互いに独立である．次に T の第 2 列は (0 要素を除いて) T_{22} の第 1 列と同じものである．ところで，$T_{22} T'_{22} = W_{22 \cdot 1}$ は $W_{22 \cdot 1}$ の三角分解になっており，定理 5 より $W_{22 \cdot 1}$ はやはりウィシャート分布に従っている．したがって，T_{22} の第 1 列すなわち T の第 2 列は残りの $(p-2) \times (p-2)$ の部分から独立である．以下帰納法により定理 5 の系として次の結果を得る．

〔系 3〕 $W = TH'HT' = TT'$ をウィシャート行列の三角分解とする．このとき T の各列は互いに独立である．

ところで，$\Sigma = I$ と仮定すると以上の帰納法の各段階において系 2 を用いることができる．その結果は次のようになる．

【定理7】 $W \sim W_p(n, \Sigma)$ とする．$W = TT'$ を W の三角分解とする．このとき T の要素 t_{ij} はすべて互いに独立であり，$t_{ii} \sim \chi^2(n-i+1)$，$t_{ij} \sim N(0, 1)$，$i > j$，となる．$T$ の対角要素の 2 乗は重回帰分析を順次行っていく際の残差平方和にあたり，説明変数の数が増すごとに自由度が 1 ずつ減っていく形となっている．また T の非対角要素は正規化された回帰係数にあたり互いに独立に標準正規分布に従う．

定理 7 の分解はバートレット分解と呼ばれることもある．定理 7 の結果はウィシャート分布に従う確率行列をモンテカルロ法により発生させる場合にも便利である．まず $\Sigma = I$ の場合のウィシャート分布行列 W を定理 6 に基づいて発生させる．任意の Σ については定理 1 (c) により，A を Σ の行列平方根として AWA' を用いればよい．

【定理8】 $n \times p$ 行列 X の各行が互いに独立に $N_p(0, \Sigma)$ に従っているものとする．V_h，$h = 1, 2, \cdots, k$ を R^n の互いに直交する部分空間とし P_{V_h} を V_h への直交射影行列とする．このとき $W_h = X'P_{V_h}X \sim W_p(\dim V_h, \Sigma)$ でもあり，$W_1, W_2, \cdots, W_k$ は互いに独立である．ただし $\dim V_h$ は V_h の次元を表す．

〔系4〕 W_h を定理 1 と同様に定義し，さらに $W_h = X'P_V X - W_1 - \cdots - W_k$ とおく．このとき $W_1, W_2, \cdots, W_{k+1}$ は互いに独立で W_{k+1} の分布は $W_{k+1} \sim W_p(\dim V - \dim V_1 - \dim V_2 - \cdots - \dim V_k, \Sigma)$ となる．

【定理9】 $W_h \sim W_p(n_h, \Sigma)$，$h = 1, 2, \cdots, k$ を互いに独立なウィシャート行列とする．$W = W_1 + W_2 + \cdots + W_k$，$n = n_1 + n_2 + \cdots + n_k$ とする．Σ は正定値とし $n \geq p - q$ とする．W_h，W を分解し，

$$W = \begin{pmatrix} W_{11} & W_{12} \\ W_{21} & W_{22} \end{pmatrix} \qquad W_h = \begin{pmatrix} W_{h,11} & W_{h,12} \\ W_{h,21} & W_{h,22} \end{pmatrix}$$

とおく．ただし W_{22} および $W_{h,22}$ は $q \times q$ である．ここで $W_{h,22\cdot 1}$ を退化する場合を含めて

$$W_{h,22\cdot 1} = \begin{cases} W_{h,22} - W_{h,21}W_{h,11}^{-1}W_{h,12}, & \text{if } n_h \geq p - q \\ 0, & \text{otherwise,} \end{cases}$$

とする．このとき $W_{h,11}$，$h = 1, 2, \cdots, k$，$W_{h,22\cdot 1}$，$h = 1, 2, \cdots, k$，$W_{22\cdot 1} - \sum_{h=1}^{k} W_{h,22\cdot 1}$ はすべて互いに独立であり，それぞれの分布は

$$W_{h,11} \sim W_{p-q}(n_h, \Sigma_{11})$$
$$W_{h,22\cdot 1} \sim W_q(\max(n_h - p + q, 0), \Sigma_{22\cdot 1})$$
$$W_{22\cdot 1} - \sum_{h=1}^{k} W_{h,22\cdot 1} \sim W_q\left(n - p + q - \sum_{h=1}^{k} \max(n_h - p + q), W_{22\cdot 1}\right)$$

で与えられる．ただし自由度が 0 のウィシャート行列とは，0 行列（定数行列）を意味し，

957

また定義上定数は他の任意の確率変数および定数から独立とする．

【定理10】 定理9と同様の設定の下で $W_h = T_h T_h'$, $T_h = \{t_{h,ij}\}$ とおく. $t_{h,jj}^2$, $h=1,2,\cdots,k$, $j=1,2,\cdots,p$, $t_{jj}^2 - \sum_h t_{h,jj}^2$ はすべて互いに独立で，それらの分布は

$$t_{h,jj}^2/\sigma_{jj\cdot 1,2,\cdots,j-1} \sim \chi^2(\max(n_h-j+1,0))$$
$$\left(t_{jj}^2 - \sum_h t_{h,jj}^2\right)/\sigma_{jj\cdot 1,2,\cdots,j-1} \sim \chi^2\left(n-j+1-\sum_h \max(n_h-j+1,0)\right)$$

で与えられる．

7 ウィシャート分布の密度関数

ここではこれまでの結果に基づいてウィシャート分布の密度関数を求める．それには6項で用いた三角分解の結果を用いることができる．まず，$\Sigma=I$ の場合について，W を三角分解した T の密度関数を求めよう．この場合，T の要素はすべて互いに独立であるから，T の（対角線を含む下三角部分の）要素の同時密度関数は

$$\begin{aligned} f(T) &= \prod_{i \geq j} f(t_{ij}) = \prod_i f(t_{ii}) \prod_{i>j} f(t_{ij}) \\ &= c \prod_i (t_{ij}^2)^{(n-i+1)/2-1} \exp\left(-\frac{1}{2}t_{ii}^2\right) \times \prod_{i>j} \exp\left(-\frac{1}{2}t_{ij}^2\right) \\ &= c \prod_i t_{ij}^{n-i} \exp\left(-\sum_{i \geq j} \frac{1}{2}t_{ij}^2\right) = c \prod_i t_{ij}^{n-i} \exp\left(-\frac{1}{2}\operatorname{tr} TT'\right) \end{aligned} \tag{C.38}$$

と書ける．ただし，基準化定数は

$$\frac{1}{c} = 2^{p(n-2)/2} \pi^{p(p-1)/4} \prod_{i=1}^p \Gamma\left[\frac{n-i+1}{2}\right] \tag{C.39}$$

で与えられる．これで $\Sigma=I$ の場合のウィシャート行列を三角分解したときの T の密度関数が求められた．

次に Σ が一般の正定値行列の場合を考えよう．このため Σ を三角分解して $\Sigma=AA'$ とおく．ただし A は正の対角要素をもつ下三角行列とする．いま $\tilde{W} \sim W(n,I)$ とすれば $W = A\tilde{W}A' \sim W(n,\Sigma)$ となる．W を三角分解したものを $W=TT'$ とし $\tilde{W}$ を三角分解したものを $\tilde{W}=\tilde{T}\tilde{T}'$ とおけば

$$W = TT' = A\tilde{T}\tilde{T}'A'$$

と表される．ところで $A\tilde{T}$ はやはり正の対角要素をもつ下三角行列である．したがって三角分解の一意性から $T=A\tilde{T}$ とならなければならない．$\tilde{T}$ の密度関数はすでに求められているから，この関係式から T の密度を求めることができる．$\tilde{T}$ から T の変換を要素ごとに書き下せば

$$\begin{aligned}
t_{11} &= a_{11}\tilde{t}_{11}\\
t_{21} &= a_{21}\tilde{t}_{11} + a_{22}\tilde{t}_{21}\\
&\cdots\\
t_{p1} &= a_{p1}\tilde{t}_{11} + a_{p2}\tilde{t}_{21} + \cdots + a_{pp}\tilde{t}_{p1}\\
t_{22} &= a_{22}\tilde{t}_{22}\\
t_{32} &= a_{32}\tilde{t}_{22} + a_{33}\tilde{t}_{32}\\
&\cdots\\
t_{ij} &= a_{ij}\tilde{t}_{jj} + a_{i,j+1}\tilde{t}_{j+1,j} + \cdots + a_{ii}\tilde{t}_{ij}
\end{aligned} \tag{C.40}$$

となっている．ここで t_{ij} の右辺における $\tilde{t}$ の添え字は (i,j) および (i,j) 以前に現れたものであることに注意しよう．このことからヤコビ行列

$$\frac{\partial(t_{11},t_{21},\cdots,t_{p1},t_{22},\cdots,t_{p2},\cdots,t_{pp})}{\partial(\tilde{t}_{11},\tilde{t}_{21},\cdots,\tilde{t}_{p1},\tilde{t}_{22},\cdots,\tilde{t}_{p2},\cdots,\tilde{t}_{pp})}$$

(t_{ij} が行，$\tilde{t}_{ij}$ が列として) は下三角行列となり，その対角要素が

$$a_{11},a_{22},\cdots,a_{pp},a_{22},\cdots,a_{pp},\cdots,a_{pp}$$

で与えられることがわかる．したがって，ヤコビアンの絶対値は

$$J[T\to\tilde{T}] = 1/J[\tilde{T}\to T] = a_{11}a_{22}^2\cdots a_{pp}^p \tag{C.41}$$

の形で与えられる．そこで $\tilde{t}_{ii} = t_{ii}/a_{ii}$ に注意して，$\tilde{T}$ の密度関数より T の密度関数を求めると

$$\begin{aligned}
f(T) &= c\prod_i \left(\frac{t_{ii}}{a_{ii}}\right)^{n-i}\exp\left(-\frac{1}{2}\mathrm{tr}A^{-1}TT'A^{-1'}\right)J[\tilde{T}\to T]\\
&= c\prod_i t_{ii}^{n-i}\exp\left(-\frac{1}{2}\mathrm{tr}A^{-1'}A^{-1}TT'\right)\Big/\left[\prod a_{ii}\right]^n\\
&= c\prod_i t_{ii}^{n-i}\exp\left(-\frac{1}{2}\mathrm{tr}\Sigma^{-1}TT'\right)\Big/|\Sigma|^{n/2}
\end{aligned} \tag{C.42}$$

となることがわかる．ただし c は式 (C.39) で与えられている．以上で三角分解された T の密度関数が求められた．さて，W と T の関係は 1 対 1 であるから T から W への変換のヤコビアンを求めれば式 (C.42) より W の密度関数が求めることができる．$W=TT'$ の関係を書き下せば，

$$\begin{aligned}
w_{11} &= t_{11}^2 \\
w_{21} &= a_{11}t_{21} \\
&\cdots \\
w_{p1} &= t_{11}t_{p1} \\
t_{22} &= t_{21}^2 + t_{22}^2 \\
t_{32} &= t_{21}t_{31} + t_{22}t_{32} \\
&\cdots \\
w_{ij} &= a_{j1}t_{i1} + a_{j2}t_{i2} + \cdots + t_{jj}t_{ij}
\end{aligned} \tag{C.43}$$

となる．式 (C.40) におけると同様に w_{ij} の右辺において t の添え字は (i,j) および (i,j) 以前に現れたものだけである．したがって，ヤコビ行列はやはり下側三角行列となり，その対角要素は

$$2t_{11}, t_{11}, \cdots, t_{11}, 2t_{22}, t_{22}, \cdots, t_{22}, \cdots, 2t_{pp}$$

である．したがって，ヤコビアンの絶対値は

$$\begin{aligned}
1/J[T \to W] &= 2t_{11}^p 2t_{22}^{p-1} \cdots 2t_{pp} \\
&= 2^p \prod t_{ii}^{p-i+1}
\end{aligned} \tag{C.44}$$

の形で与えられる．これより W の密度関数を求めると

$$f(W) = (c/2^p)\prod t_{ii}^{n-p-1} \exp\left(-\frac{1}{2}\mathrm{tr}\,\Sigma^{-1}W\right)\bigg/|\Sigma|^{n/2}$$

となる．ところで $|W| = |T|^2 = \prod t_{ii}^2$ となることから，

$$f(W) = c'|W|^{(n-p-1)/2}\exp\left(-\frac{1}{2}\mathrm{tr}\,\Sigma^{-1}W\right)\bigg/|\Sigma|^{n/2}, \quad \left(c' = \frac{c}{2^p}\right)$$

と書ける．規準化定数を簡潔に記すために多変量ガンマ関数 $\Gamma_p(a)$ を

$$\Gamma_p(a) = \pi^{p(p-1)/4}\prod_{i=1}^{p}\Gamma\left[a - \frac{1}{2}(i-1)\right] \tag{C.45}$$

と定義する（式 (C.39) 参照）．この記法を用いれば W の密度関数は次の定理の形にまとめられる．

【定理11】 $W \sim W_p(n, \Sigma)$ とする.$n \geq p$ とし Σ は非特異とする.このとき W の対角要素を含む下側三角部分の要素の同時密度は

$$f(W) = \frac{|W|^{(n-p-1)/2} \exp\left(-\frac{1}{2}\mathrm{tr}\,\Sigma^{-1}W\right)}{2^{pn/2}|\Sigma|^{n/2}\Gamma_p(n/2)} \tag{C.46}$$

で与えられる.これがウィシャート分布の密度関数である.

もちろん,式 (C.46) の密度関数は W が正定値の領域における密度関数であり,W が正定値でなければ密度は 0 である.

また,式 (C.46) は密度であるから全積分は 1 となる.したがって変数変換によって容易に

$$\Gamma_p(a) = \int_{V>0} |W|^{a-(p+1)/2} \exp(-\mathrm{tr}\,W)\,dW \tag{C.47}$$

となることが示される.ただし,積分範囲は W が正定値の領域である.

参考文献

1) 萩原良巳:『環境と防災の土木計画学』京都大学学術出版会,2008
2) Cramer, H: ***Mathematical Methods of Statics***, Princeton Univ. Press, 1946 (Almquist and Wiksells, 1945)
3) 片平秀樹:『マーケティング・サイエンス』,東京大学出版会,1987
4) 芝 祐啓:『因子分析法』,東京大学出版会,1979
5) 柴田 翔:Wishart 分布の導出過程,京都大学防災研究所萩原研究室討議資料,2008
6) 竹村彰通:『多変量推測統計学の基礎』,共立出版,1991

あとがき

　本書の出版のきっかけは，小林潔司教授（京都大学大学院工学研究科）と渡辺晴彦博士（（株）日水コン）の企画による私の還暦記念シンポジウムで，それは「水と緑の計画学—新しい都市の姿を求めて—」という題目で，2005年12月17日～18日の2日間，京都市国際交流会館で行われた．雪の降る寒い2日間で雪景色の美しい東山が印象的であった．

　もともと小林教授が，私の還暦祝賀会の幹事役をかってでて，その話を持ち込んでいただいたとき，伝統的には恩師の参加はなく，単なるお祝いパーティということであった．何度も恩師の吉川和広京都大学名誉教授御夫妻に参加をお願いしたが，強く固辞された．「これは実にもったいない．遠くから来てくださる人に申し訳ない．また，つまらない」と小林先生にゴネ，「何でも言うことを聞くから，せっかくだから研究交流の場にしてほしい」とお願いをした．そこで，小林先生は，私が24年間勤めた会社の吉川研究室の同級生である渡辺博士と相談し，2人が幹事役となって先の題目を考えられ，講演スピーカーも決められ，シンポジウムが開催された．吉川先生の参加も実現し，内藤正明名誉教授ならびに池淵周一名誉教授（当時教授・元防災研究所所長）に花を添えていただいた．2009年2月に亡くなった，癌と闘病中にもかかわらず，必死に研究活動され多忙の中の北村隆一教授も17日の夜のパーティに参加していただいた．彼の御尊父は会社時代の大阪の上司で，大阪出張のたびにお会いしたときはいつも飲みにつれていただき，飲んだ日は必ず箕面市のご自宅に泊めていただいた．お母さまにも非常にお世話になった．私が京大に戻った時，2人で「親父さんが生きていたら，びっくりしただろうな」と杯を交わしたこともあった．悲しいことである．合掌．

　発表された論文は25篇で，発表者は岡田憲夫，小林潔司，多々納裕一教授をはじめ，京都大学での教え子や会社時代の研究仲間が中心であった．同じ会社を辞めて大学に職を得た，小泉明東京都立大学（当時）教授，酒井彰流通科学大学教授，張昇平名城大学教授や環境経済学の草分けの萩原清子東京都立大学教授の発表もあった．シンポジウムの内容は「水と緑」に関する大学とコンサルタンツにおける最先端の研究で，岡田教授がすべての発表に対し議論を吹っかけ，厳しい内容であった．発表者の何人かは演壇で立ち往生する場面も多々あった．和気あいあいの中の厳しい議論が2日間続いた．最後に，私がすべての発表を厳しく評価した．私に厳しく批判された（私のために集まってくれた）人も厳しかったが，私のほうがもっと厳しかった．そして楽しかった．何故なら，

気持ちが通じあえるからである．終了後，学術的にレベルの高いものが多いうえに産学共同（理論的なものと実践的なものがごちゃまぜでどのように整理してよいのかわからないという意味で）の面白い内容だったので，これを何とか本として出版したいと思った．

しかし，このとき私は2つの本の出版を間近に控え，次の1冊の本を執筆したいと思っていたので，出版したいという気持ちだけを持ち，その実現に関しては考える余裕はなかった．出版間近だった本の1冊は，京都大学防災研究所総合防災研究部門の研究成果を萩原良巳・岡田憲夫・多々納裕一が編集し，それをまとめた『総合防災学への道』（京都大学学術出版会，2006年3月）で，亀田弘行名誉教授の退職記念を兼ね先生には監修者になっていただいた．これで8年間務めた総合防災研究部門 自然・社会環境防災研究分野（Environmental Disaster Mitigation）の教授から水資源環境研究センター 社会・生態環境研究領域（Socio-Eco Environment Risk Management）の教授に名実共に転任することができ，新しい研究にチャレンジする土台ができた．もう1冊は，坂本麻衣子長崎大学准教授（当時学生）の博士学位論文をたたき台として激しい議論の末にストーリーを構成しなおした『コンフリクトマネジメント―水資源の社会リスク』（勁草書房，2006年3月）であった．これが，水資源環境研究センターの教授としての最初の本であった．次に書きたいと思っていた本は，大学院・学部の講義ノートを中心に論理を転がし，実際的なコンサルティング・エンジニアとしてのプラグマティックな事例を豊富に論理過程に絡ませた，理論と実際を1冊にした『環境と防災の土木計画学』（京都大学学術出版会，2008年3月）であった．原稿作成には2006年5月から2006年11月までかかった．

それから，ただちに『水と緑の計画学』の編集にとりかかり2ヶ月で編集作業を終え，直ちに原稿を2つの著名な出版社に持ち込んだが断られた．理由は「分量が多く，内容が多岐にわたり難しく，営業の者がこれでは売れない」ということであった．仕方がないから，また京都大学学術出版会に持ち込んだ．このとき，ただちに，これではだめだといわれた．理由は「これは本ではない，論文の寄せ集めである．学会などの特集号としては意味があるが本ではない．」ということであった．なるほどと思った．少なくとも，『総合防災学への道』や分担執筆したハンドブック類の本を除いた4冊の本は，自分で全責任を負って考え抜いて書いていたから，当然だと思った．したがって，『水と緑』を，私の考えで再構成することにした．1ヶ月間考えた．「水と緑の計画学としては還暦シンポジウムの論文では専門性が偏っているし社会現象はあるが自然現象がほとんどない，これらの論文だけでは自分の考えていることを表現できない．」そして，「ジオ・エコ・ソシオの3層で論理を組み立てなおそう．」と編集方針を拡大・深化した．

結果は，京都大学関係者に関しては，特に研究者として尊敬している，（2005年に防災研究所特定研究集会『京のみやこの防災学』を一緒に考え，実行した）数値水理学が専門で実際的な問題にも強い戸田圭一教授や（そのときの参加者である）水災害リスクをもベー

あとがき

スに置きながら景観形成の研究に携わっている川崎雅史教授，それに自ら観測しデータを計測することの重要性をしっかり実践し解析する水文・水資源研究に携わっている中北英一教授と中北研の城戸由能准教授に参加していただくようお願いした．これでもまだ足りないので，従来型の環境経済評価法にあきたらず，底性動物やそれを捕食する魚類や鳥類の擬似（生活者の印象から見た）生態を組み込んだ環境感性評価法を協働研究していた現首都大学東京の元萩原清子研究室の参加をお願いした．この研究室には経済学，造園学，地理学等を母体とするユニークな研究者が博士号を取得していた．こうして，自分の考えているイメージができ，主たる執筆者全員に「論文の趣旨は尊敬するが，ぼくの考え方で自由に料理させてくだい．」とお願いし快諾を得た．はじめは，私の単名の編著の予定であったが，そうはいかなくなった．編集段階で，特に「緑環境」の議論や「環境感性評価法」を始めとしていろいろな場面における萩原清子教授の貢献があまりに大きく，単名の編著として出版することに研究者として恥ずかしくなってきた．このため，ついに共編著になっていただくようお願いした．快諾は得られなかったが「合意はしないが同意する」ということで，私の恥は救われた．

こうして，2007年4月から2008年1月まで必死になって『環境と防災の土木計画学』の校正と『水と緑の計画学』の編集と新たな研究の追加執筆を行なった．『環境と防災の土木計画学』の出版を待ち，2008年3月に本の構想と荒っぽい草稿を京都大学学術出版会に持ち込んだ．後1年の定年退職までに出版したかったが，出版会の勧めで草稿を用いて学振の出版助成金を申請することにした．そして，2008年3月から8月半ばまでこの本の原稿の完成に集中した．（このため，学部の講義や大学院の講義で何を話したのか余り記憶がない．学生には申し訳ないことをしたと反省している．）夏が過ぎる頃，新たな研究室の研究成果が続々出てきた．「もし，学振の助成金が採択になれば，これらの新しい研究成果は本に載せることができない，いっそ採択されないほうが良いか」等を思いながら，それから学生と定年退職直前の2009年3月26日まで最後の研究バトルを繰り返し，4月～5月は少し余裕をもって原稿の部分的編集と文体のスタイルならびに表現などの修正に没頭し，5月の採択を待った．

不採択であった．その理由は以下のようなものであった．「意見；独創性又は先駆性がもう少し高いと良い．応募課題に対する評価は高かったが配分予算の都合上採択に至らなかった」とのことであった．始めは日本が科学技術立国を国是としながら，いわゆる先進国といわれるOECDで教育・科学費のGDP比率が最低であること．国立大学を独法人化し，文科省官僚の天下り機関としたうえ，毎年研究費を既定のごとく削減し，最近出版助成金の配分予算を半減した事実を知り，少し腹がたった．しかしながら，むしろ，全体の枠組みを変えずに，研究室の学生の良い研究や共同執筆者の新しい良い研究を本に加えることもできるということのほうがより重要であるので腹の虫がおさまっ

た．幸い，助成金が不採択になったので，最新の研究成果を追加したりして，もう一度本書の構成を練り直し再構成した．これは考えていたより時間がかかった．最終原稿が完成したのは 2009 年 8 月末のことであった．

以上が本書誕生のプロセスである．伝統的な還暦祝賀会を新しい還暦シンポジウムに変換していただいた世話役の小林潔司教授ならびに渡辺晴彦博士の企画に乗り，『水と緑の計画学』というテーマをいただき，私は現役教授としての最後の 1 年間を，出版のため，多くの執筆者の研究を楽しみ教えていただき，考えては眠れず執筆し，また同じことを繰り返す日々を送り，日夜，励むことができました．これは研究者として至福の 1 年間でした．

まず，この本の出版のきっかけを作っていただいた小林教授（京都大学大学院経営管理研究科；ビジネススクール科長）と渡辺博士に感謝いたします．次に，シンポジウムに研究の厳しさと緊張感を持ち込むことにより，充実した研究交流を誘導していただいた岡田憲夫教授（現京都大学防災研究所所長）に感謝いたします．岡田先生は，2009 年 1 月 13 日（恩師吉川和広教授も参加してくださった）の私の最終講義【題目；何をして，何ができず，そして何をしたかったのか？】で司会をしていただき，そのとき，私の研究の流れを「うたうような萩原学」と評された言葉に「へーっ」と驚きました．そういう見方をされていたのかと，いまさらながらに私の歩んできた道を振り返るきっかけをいただきました．さらに，京都大学学術出版会の鈴木哲也氏には出版会のプライド（自負心）を知り納得し，現役最後の教授として燃えるような情熱を本書に注ぐ「気」をいただいたことに感謝いたします．また，この「気」を実行するために協力していただいた戸田圭一教授，中北英一教授，川崎雅史教授に感謝いたします．最後に，言わずもがなですが，執筆に参加していただいた方々全員に謝意を表したいと思います．

本書が，専門横断型の『水と緑』の研究の魁となり（もちろんこれ以外のテーマに関しても），執筆者や読者のみなさまが，個別専門型の蛸壺から出ない研究スタイルから脱却して，勇気をもって互いの専門性を尊敬しながら，真の友情をもって，21 世紀の複雑で困難な研究を，各自の知性で自ら課題を設定し，互いの知恵を共有しながら，真の知性と知恵の人的ネットワークを形成し，協働して，自らの研究や実務に立ち向かい，それらを完成されることを祈念いたします．

最後に，2009 年 4 月 25 日の同期の 4 人の教授との合同退職祝賀会で述べた，私の教授生活のすべてを表現する次の言葉を，蛇足ながら付け加えさせていただきます．

あとがき

「研究三昧・ゼミ三昧・現場三昧・執筆三昧・酒飲み三昧」

ありがとうございました．

萩原良巳
2010 年 5 月 15 日

索　引

[あ　行]

RP データ　37
R 緑地　252
ISM 法　106, 125, 362, 507
アサダム　779
アスワンハイダム　781
遊び　11
遊びの地域差　441
遊びのデザインクライテリア　336
愛宕講　929
アタチュルクダム　779
アトラ・ハシース物語　863
アヌケト　864
アムダリア・シルダリア　781
アメニティ　56
アメニティ空間　316
アラル海　782
アレのパラドックス　40
EIA　67
和泉式部　928
1 次元経路問題　687
溢水型都市水害の特徴　719
一般階層構造　810
井戸水ヒ素汚染問題　101
意味の構造　98, 134
頤和園　881
岩屋山不動志明院　922
因子得点　943
因子負荷量　939
因子分析　368, 453
印象　396
印象のプロフィール　410
インダス川　778
インドラ　865
飲料水リスク軽減　491
禹　868
ウィーン会議　783
ウィシャート分布　940, 955
ウィシャート分布の密度関数　958
上杉本洛中洛外図屏風　898
失われた 20 年　26
雨水計画　44
雨水調整池　678
雨水調節池の生態系　467
雨水利用　113
雨天時の面源負荷流出モデル　226

ウパニシャッド哲学　72
運動方程式　721
運動量式　722
HIM　804
H_2O　4
AHP 手法　741
エコ環境評価　442
エコロジカルサニテーション　117
エシェロン　810
SIA　68
SP データ　37
越流水対策　678
n 次元ガンマ密度関数　691
江文神社　929
MIMIC モデル　348
エルスバーグのパラドックス　40
猿害問題　95
延喜式　892
塩素臭味　498
エントロピー　686
エントロピー最大化問題　688
エントロピーモデル　687
役の行者　922
円明園　881
園林水系　881
オイラー・マクローリン公式　684
大原御幸　930
押し付けられた水辺　396
汚染伝搬モデル　63
汚染発生源　639
汚染評価指標の決定プロセス　639
汚染リスク診断　573
汚濁物質挙動モデル　197
お茶屋の空間構成　328
御土居　900
オプション価格　40
オプション価値　40
怨念の川　914
陰陽五行　869
陰陽の原理　869

[か　行]

絵画情報処理プロセス　333
絵画情報の構成要素　334
外水　671
階層システム　629, 770

969

階層システム論　809
回避費用アプローチ　35
化学的健康リスク　502
格差社会　26
格差社会の分布　27, 32
確率（計画）降雨　671
確率降雨強度式　677
確率降雨モデル　678
確率微分方程式系　835
確率流束　837
蜻蛉日記　896
河川環境　166
河川の分割　49
河川流下モデル　187
仮想タスク空間　751
仮想的市場法　37
過疎度　428
渇水　563, 566
渇水の評価　596
渇水被害関数　570, 597
渇水リスク　61, 571
渇水履歴　620
活力　428
家庭生ゴミ堆肥化システム　286
河道内湧水　202
鐵輪　928
ガバナンスの定義　42
ガバナンス論　43, 91
歌舞伎十八番「鳴神」　924
鴨川新提（新土居）　902
鴨川筋絵図　318
川床の位置と形態　323
川の起源　861
河原の祝祭空間　317
簡易水道　112
ガンガ　866
環境インパクトアセスメント　62
環境汚染リスク　61
環境ガバナンス論　96
環境感性評価システム　25
環境感性評価法　398
環境経済評価　396
環境と防災のガバナンス　44
環境の価値　33
環境の総経済的価値　34
環境防災ガバナンス論　97
環境容量　63
観光依存度　623
慣行水利権　794
観察能力の限界　541
ガンジス川　777

勧進田楽　318
関数方程式　696
感性　17, 21
感性空間　17
「感性」都市　14
感性評価システム　395
感性風景　317, 395
完全競争　535
完全合理性　38, 540
観測誤差の除去方法　228
簡便法的合理性　41, 540
咸陽　877
管理安全度　568, 594
管路更新　549
記紀神話　5
危険事象　564
危険事情　564
擬似変数　810
希釈論　54
規準パリマックス法　943
季節の違いによる印象の差異　405
寄贈者　793, 794
木曽三川流域　790
期待効用定理　538
期待効用理論　40, 541
帰納法　20
貴船神社　927
キャピタリゼーション仮説　35
キャベンディシュ　1
ギャンブラーの誤信　40
旧約聖書　862
共助・自助のネットワーク　152
協治概念　142
共通因子　938
京都大水害　907
共分散構造分析　347, 514
共分散構造モデル　121
共有水の悲劇　770
魚類と鳥類の生態調査　209
ギリシャの自然哲学　71
ギルガメシュ叙事詩　5, 862
金太郎飴的なマニュアル　315
空間の減災価値評価　385
クールアイランド効果　248
区間の違いによる印象の差異　405
臭いものに蓋　50
球磨川流域　789
クラスター分析　377, 918
グラフ理論　573
クラマーの関連係数　708
鞍馬天狗　928

索　引

グラム–シュミットの直交化　955
クラメールの関連係数　406
クリプトスポリジウム　496, 542
グローバルコモンズ　96
クロラミン　496
計画安全度　567, 594
計画降雨　671, 677
計画降雨規模　672
計画降雨分布　672
計画高水量　671
計画の輪廻　82
計画マネジメント者　97
景観要素の測定　268
形態論研究　916
KJ法　507, 921
下水処理水を利用した水辺創生　652
下水道モデル　722
健康リスク　61
健康リスクバランス　503
健康リスク評価　500
顕示選好法　35
原体験　22
限定合理性　41, 540
合意形成　798
降雨強度曲線　677
公園・緑地の減災機能　316
公園緑地の階層性　362
公園緑地の双対機能　361
公害国会　48
公共部門　74
洪水　671
公正　771
合成安全評価　651
厚生経済学の基本定理　494, 535
構造方程式　348
弘法大師　922
合理式　677
合理的な意思決定　799
合流式下水道　53
五感　17
五感のデザイン　339
国際司法裁判所　794
極低頻度災害　563
個体間相互作用　835
子供たちが描く水辺の絵　333
子供たちの遊び文化　316
コミュニケーションゲーム　136
コモンズの悲劇　95
コレスキー分解　955
惟喬親王　924
コンコーダンス分析　486

コンジョイント分析　37
コンセプト空間　20
コンセプト風景　317, 395
コンフリクト　767, 791
コンフリクトマネジメント　767
コンポスト　119

[さ　行]

災害ガバナンス論　96
災害復旧時の情報支援　592
最尤推定法　941
サテト　865
沙流川流域　790
参加型適応的計画方法論　83
参加型水辺環境評価システム　399
産業構造　429
三峡ダム　889
3C・4A　13
三内丸山遺跡　16
残留塩素リスク　496
GES環境　25, 80
GES環境構造　444
GAモデル　553
GMCR　823
ジェームズ・ワット　4
市街地モデル　721
視覚の専制　19
時間地理学　21
弛緩モード　148
時系列渇水被害関数　569
事後型リスクマネジメント　543
事後対策のための情報システム　583
四条河原町芝居町　904
市場の普遍性　535
地震　563
四神相応の理想　45
地震対策システム　580
自然　79
事前対策のための情報システム　583
四川大震災　563
自然を相手としたゲーム理論　681
持続可能性　769
持続可能な開発に関する地球サミット　91
実践適用科学　98
実用的正統性　139
シナジェティクス　835
ジニ係数（G）　26, 808
シネジェティクス　835
支配の構造　98, 134
支払い意思額　39
指標生物　220

971

シビル・ミニマム 48
注連縄 9
社会からみた生態(エコ)環境評価 457
社会的心理被害 566
主成分分析 426, 599, 609, 622, 785
循環型社会の構築 249
情報の経済学 145
情報の非対称性 547
初期評価値群 842
諸国山川掟 903
自律的避難 676
人為災害 775
進化ゲーム理論 828
震災時の減災空間 316
震災被害強度 579
震災リスク 61
人種不平等論 20
心象の緑 11
浸水 671
浸水対策 678
浸水リスク 61
信長公記 900
シンプレックス乗数 813
信頼ゲーム 143
心理的被害 569, 599
森林ガバナンス 95
森林ガバナンスの構造 133
森林の利用価値・非利用価値 130
水害リスク・コミュニケーション 748
水害リスク・コミュニケーション支援システム 676
水害リスク情報 748
水源システム 564
水源の富栄養化 566
水質分析手法 180
水質リスクマネジメント 542
水神エア 6
水神エンキ 862
水神ナーガ 9
水道飲料水リスク 491
水道サービス 563
水道システムの老朽化 494
水道施設被害 576
水道の危機 564
水道の民営化 73
水理実験模型 727
水理模型実験 674
数量化理論 584
数量化理論第Ⅲ類 447, 604, 640, 917
数量化理論第Ⅱ類 713
スタッケルベルグ均衡解 828

ステークホルダー 768
ストレータ 810
角倉了以 901
生活者 56
生活者参加型治水計画の評価システム 705
生活者参加の計画場面 85
生死をかけた戦争 797
生存可能性 769
生態環境の推移 219
生態水利 479
生態リスク 61
正統化の構造 98, 134
制度的情報システム 574
生物相の保全 217
生物の更新流量 171
生命体システム 147
積分型(底生動物相)指標 165
設計降雨 677
節水(被害)行動 570
節水意識 570
節水意識構造 602
節水行動 610
節水行動パターン 614
切迫モード 148
セベク 865
背割下水 46
遷移確率 836
線形加法モデル 484
選好の完備性 536
選好の推移性 536
選好の連続性 536
選択確率の時間変化 849
剪定枝葉回収システム 304
Sen の困窮度指標 808
戦略選択確率 849
相互評価モデル 835
創世記 7
双対関係 361
双対グラフ 382
測定可能な不確実性 38
測定方程式 348

[た 行]
大運河 873
太閤下水 46
第3者機関 792
大数の法則 29
代替技術 511
大都市域人工系水循環ネットワーク 573
大都市域水循環システム 569
大都市域水循環システムモデル 629

索　引

大都市域水循環ネットワーク　631
堆肥の品質　280
代表性効果　40
対話型分権制度設計　816
多エシェロン階層　811
多基準評価手法　252
多基準分析　298
多基準分析法　396
多元的評価モデル　801
多次元情報経路問題　687
多ストレータ階層　811
縦割水行政　569
田辺朔郎　905
多変量正規分布　945
多目標計画法　690
他律的避難　676
多レイヤー階層　811
タレス　1
断水　576
断流　890
地域環境評価関数　447
地域診断結果　642
地域分析　425
チェビシェフの不等式　29, 683
地下空間浸水過程　729
地下空間の浸水解析法　732
地下水からの湧水　183
地下水の過剰揚水　889
地下水流動モデル　189
治水安全度　50
地表面・地下水路系氾濫現象解析モデル　742
地表面分水モデル　743
中国大陸水辺ネットワーク　878
仲裁者　793
中心極限定理　31
中流意識　26
長安　877, 878
調整者　793
土づくり　248
ツバメの生態調査　213
強い意味の擬凹性　537
釣り人のプロフィール　455
DP（動的計画法）　695
底生動物調査　199
DiMSIS　753
ディラックのデルタ関数　844
デカルト　21
適応計画システム　86
テキストマイニング　915
適正技術　92, 117
デザイン要素の具象化　351

デンドログラム　584
天然　79
動機の限界　540
唐山地震　888
同時多変量正規分布　946
島嶼地域の水資源・水道事業　618
道徳的正統性　139
動物のいる遊び場　332
都江堰　871
都市域の豪雨氾濫モデル　719
都市型浸水問題　675
都市浸水問題　735
都市水環境のリスク　61
凸環境　535
凸選好　537
取あつかい人（仲裁人）　795
ドルトンの法則　4
トレード・オフ　41

[な　行]

内水　671
内水氾濫解析　739
内省概念　142
ナイル川　780
長岡京　45
南水北調　860, 890
2次評価値群　842
2変数ガンマ分布理論　679
2変数指数型確率分布　679
ニュートンラプソン法　697
ニューラルネットワークモデル　230
人間の五感　315
認識的正統性　139
認知心理学　38, 541
認知能力の限界　540

[は　行]

ハイエトグラフ　678
バイオガス　119
バイオマス資源　105
排出枠取引制度　233
箱庭自然　58
箸墓伝説　8
鉢植えの役割　259
八朔踊　930
ハピ　864
ハビタット　168
パラダイムシフト　69
パラメータ推定問題　227
バルトン　47
ハロゲン化副生成物　497

973

盤古　867
阪神・淡路大震災　563
PFI方式　145
ピーク流出量　677
PDCAサイクル　97
ピエール・ペロー　861
被害軽減行動　584
被害発生ポテンシャル　675
比重二層論　53
微生物学的健康リスク　500
非線形計画問題　688
非線形整数計画問題　553
非線形連立方程式　697
悲田院　896
避難アニメーション　757
避難空間　373
避難行動　316
避難シミュレータ　754
避難メンタルモデルの構造　749
非ハロゲン化副生成物　498
微分型（物理化学的）指標　165
非飽和　537
費用節約アプローチ　35
費用便益分析　396
標本　28
表明選好法　37
非利用価値　33
琵琶湖第1疎水事業　861
ヒンズーイズム　81
ファラッカ堰　777
風水　869
風水思想　860
副生成物由来異臭味　499
藤原京　45
船形石　928
フレーミング効果　41
プロスペクト　537
プロフェショナル　140
文化　80, 315
分解原理　813
文化価値　315
分散・共分散行列　939
フンババ　7
平安京　45
平均　28
平均降雨強度曲線　678
平城京　45
北京　880
ヘドニック・アプローチ　35
ベルサイユ条約　784
防災・減災の情報支援システム　569

母集団　28
保全インセンティブ　127
保津峡・高瀬川の開削　901
ホモ・ルーデンス　11
ボロノイ点　365
ボロノイ分割　317
ボロノイ領域　363
本末論　46

［ま　行］
マイハイム合意　783
マスター方程式　837
マルコ・ポーロ　880
マルタ宣言　12
満足関数　801
見えの構造　251
水・物質循環のメカニズム　175
水環境汚染のメカニズム　638
水供給システム　564
水供給リスク　563
水資源　860
水資源コンフリクト　74, 767
水資源コンフリクトマネジメント　792
水資源の囲い込み　771
水資源の社会リスク　72
水需要構造変化　625
水循環圏　573
水循環圏の概念　630
水循環システム　57
水循環ネットワーク　572
水循環ネットワークの安全性　648
水循環ネットワークの安定性　645
水循環ネットワークの安定性と安全性　573
水と緑のネットワーク　248
水鳥の生態調査　215
水のある遊び場　330
水運びストレス　494, 516, 521
水文化　315
水辺イメージ尺度　344, 346
水辺空間の意味空間　357
水辺形成過程　315
水辺住民の鳥類評価　461
水辺創生水路　573, 629
水辺デザイン概念　340
水辺デザイン仮説　317
水辺デザインの意義　315
水辺デザイン要素　347
水利用システム　57
禊ぎと祓いの川　896
緑のある遊び場　331
緑の革命　778

索　引

緑の機能　247
ミニマックス戦略　681
宮城県沖地震　572
都名所図会　923
民間部門　74
無視状態　769
メコン川　778
メコン川流域開発計画　779
メソポタミア神話　5
メタ論理　79
面源負荷流出モデル　225
メンタルマップ　937
メンタルモデルアプローチ　749

[や　行]
山並みの稜線の見え　271
有機性廃棄物堆肥利用　274
有機性廃棄物のリサイクル　247
遊興空間　315
ユーフラテス川　779
ゆとりの律動的価値　148
吉野川流域　788
欲求度の構造化　517
淀川水循環圏の地域震災リスク診断　660
ヨハン・ホイジンガ　377
ヨルダン川　780

[ら　行]
ライン川　782
ライン舟運中央委員会　783
ラボアジェ　1
リグ・ヴェーダ　20

離散的選択モデル法　36
利水安全度　567, 594
利水安全度評価　567
リスク　39
リスク・メッセージ　748
リスク回避政策　39
リスク下での選好　539
リスク関数　680
リスク心理学　38
リスク低減政策　39
リゾート開発　56
利得行列　846
流動および水質解析モデル　186
流動変動　167
利用価値　33
緑視率　254
緑地の概念　277
緑被空間　257
緑被率　255
緑量　248
緑量指標　256
緑量評価　251, 263
旅行費用アプローチ　35
履歴的な存在　860
霊渠　873
レイヤー　810
レオナルド・ダ・ヴィンチ　861
レプリケーターダイナミクス　830
連結行列　633
連続式　721
連立積分方程式　691
ローカルコモンズ　96

著者（担当）一覧

（執筆順，所属は 2010 年 4 月 1 日現在）

（＊下線は，担当節の第一著者）

編著者

萩原　良巳（はぎはらよしみ）　　京都大学名誉教授　工博（<u>1, 2.1, 2.2, 3.1, 3.4, 4.1, 4.3, 5.1, 5.3, 5.4, 5.5, 6,</u> <u>7.1, 7.3, 8, 9.1, 9.2, 9.3, 10, 11</u>）

萩原　清子（はぎはらきよこ）　　首都大学東京名誉教授・佛教大学社会学部教授　元京都大学客員教授　工博（1.3.2, 1.3.3, 1.7.4, 2.2.1, <u>4, 5.3, 6, 7.3, 7.4, 10.4, 11.3, 11.4</u>）

著　者

酒井　　彰（さかいあきら）　　流通科学大学情報学部教授　博（工）(1.4.3, 2.2.1, <u>7.3</u>)
山村　尊房（やまむらそんぼう）　　（財）日本環境協会・元厚生労働省水道課長 (2.2.1)
高橋　邦夫（たかはしくにお）　　NPO 日本下水文化研究会　博（工）(2.2.1, <u>5.4</u>)
坂本麻衣子（さかもとまいこ）　　長崎大学准教授　博（工）(<u>1.6</u>, 1.7.4, <u>2.2</u>, <u>7.3</u>, 10.2.3, 10.2.4, <u>10.5</u>, <u>10.6</u>)
福島　陽介（ふくしまようすけ）　　国土交通省 (2.2.1, <u>7.3</u>)
森野　真理（もりのまり）　　九州保健福祉大学講師　博（工）(2.2.2)
神谷　大介（かみやだいすけ）　　琉球大学工学部助教　博（工）(2.2.2, <u>5.5</u>, 8.3.3)
小林　潔司（こばやしきよし）　　京都大学大学院工学研究科教授・経営管理研究科科長　工博（<u>2.3</u>）
羽鳥　剛史（はとりつよし）　　東京工業大学大学院理工学研究科助教 (<u>2.3</u>)
岡田　憲夫（おかだのりお）　　京都大学防災研究所所長　工博（<u>2.4</u>）
水上　象吾（みずかみしょうご）　　慶應義塾大学大学院特別研究助教　博（都市科学）(<u>4.2</u>, <u>4.3</u>, 6.4.4)
堀江　典子（ほりえのりこ）　　（財）公園緑地管理財団　博（都市科学）(<u>4.4, 4.5</u>)
吉澤源太郎（よしざわげんたろう）　　大阪市 (5.5.1)
坂元美智子（さかもとみちこ）　　兵庫県神河町 (5.5.2)
畑山　満則（はたやまみちのり）　　京都大学防災研究所准教授　博（工）(5.5.3, 8.4.4, <u>9.6</u>)
小池　達男（こいけたつお）　　いであ（株）(<u>3.2</u>)
中川　芳一（なかがわよしかず）　　（株）日水コン　工博 (3.2, 8.3.1, 9.2.1, <u>9.3</u>)
城戸　由能（きどよしのぶ）　　京都大学防災研究所准教授　博（工）(<u>3.3</u>)
井口　貴正（いぐちたかまさ）　　（株）サンコーコンサルタント (<u>3.3</u>)
川久保愛太（かわくぼあいた）　　NTT (<u>3.3</u>)
田中　幸夫（たなかゆきお）　　京都大学工学研究科修士課程 (<u>3.3</u>)
中北　英一（なかきたえいいち）　　京都大学防災研究所教授　博（工）(<u>3.3</u>)
鈴木　淳史（すずきあつのり）　　国土交通省 (3.4.1, 6.4.1)
小林　昌毅（こばやしまさつよ）　　（株）日水コン (<u>3.4.4</u>)
中村　彰吾（なかむらしょうご）　　（株）日水コン (3.4.4, <u>5.4</u>)
張　　昇平（ちょうしょうへい）　　名城大学情報学部教授　工博 (3.5, 6.5, 9.2.4)
許　　新宜（きょしんぎ）　　北京師範大学水科学研究院院長・前中国水利部南水北調局局長 (3.5)
清水　　丞（しみずすすむ）　　（株）日水コン　博（都市科学）(<u>3.6</u>)
渡辺　晴彦（わたなべはるひこ）　　（株）日水コン　博（工）(3.6, 8.3.2)
川崎　雅史（かわさきまさし）　　京都大学大学院工学研究科教授　博（工）(<u>5.2</u>)
水野　　萌（みずのもえ）　　（株）武田薬品工業 (5.2)
林　　倫子（はやしみちこ）　　京都大学工学研究科博士課程 (5.2)

柴田　　翔（しばたしょう）	（株）ニュージェック (6.2, 6.3.6)	
河野　真典（かわのまさのり）	国土交通省 (6.2, 6.3, 6.5)	
松島 Fiona（まつしまふぃおな）	京都文教学園 (3.4.3, 6.4.2)	
石田　裕子（いしだゆうこ）	摂南大学工学部講師　博（工）(3.4.2, 6.4.3)	
松島　敏和（まつしまとしかず）	（株）中央復建コンサルタンツ (6.3.1, 6.4.2, 6.4.3)	
劉　　樹坤（りゅうじゅこん）	中国水利水電科学研究院教授，元京都大学客員教授　工博 (6.5, 11.3.4, 11.3.5)	
森　　正幸（もりまさゆき）	（株）日水コン (7.2, 8.2)	
小棚木　修（おだなぎおさむ）	（株）日水コン　博（工）(7.2, 7.5, 8.2)	
朝日ちさと（あさひちさと）	首都大学東京准教授　博（都市科学）(7.4)	
小泉　　明（こいずみあきら）	首都大学東京都市環境学部教授　工博 (7.5, 8.3.2)	
西澤　常彦（にしざわつねひこ）	（株）ジオプラン (8.2, 8.3.2, 9.3)	
今田　俊彦（こんだとしひこ）	（株）日水コン　博（工）(8.3.2)	
清水　康生（しみずやすお）	（株）日水コン　博（工）(8.4)	
秋山　智広（あきやまともひろ）	JR東日本情報システム (8.4.1)	
中瀬　有祐（なかせありよし）	（株）復建調査設計 (8.4.2)	
西村　和司（にしむらかずし）	（株）東芝 (8.4.4, 8.4.5)	
戸田　圭一（とだけいいち）	京都大学防災研究所教授　博（工）(9.4)	
平井真砂郎（ひらいまさろう）	（株）日水コン　博（工）(9.5)	
川嶌　健一（かわしまけんいち）	京都大学大学院情報学研究科後期博士課程 (9.6)	
多々納裕一（たたのひろかず）	京都大学防災研究所教授　博（工）(9.6)	
佐藤　祐一（さとうゆういち）	滋賀県琵琶湖環境科学研究センター　博（工）(1.6.2, 10.2.2, 10.3)	
渡邊　祐介（わたなべゆうすけ）	自営業 (11.4.1～4.6)	
坪井塑太郎（つぼいそたろう）	社団法人産業環境管理協会環境人材育成センター　博（都市科学）(11.4.7)	

［編著者略歴］

萩原良巳（はぎはらよしみ）　工学博士
略　歴　（株）日水コン（1970-1994）
　　　　流通科学大学商学部教授（1994-1997）
　　　　京都大学防災研究所総合防災研究部門自然・社会環境防災研究分野教授（1997-2005年）
　　　　京都大学防災研究所水資源環境研究センター社会・生態環境リスク研究領域教授（2005-2009年）
現　在　京都大学名誉教授
主要著書：『土木計画学演習』（共著）森北出版，1985
　　　　『21世紀の都市と計画パラダイム』（共著）丸善，1995
　　　　『水文水資源ハンドブック』（共著）朝倉書店，1997
　　　　『都市環境と水辺計画』（共著）勁草書房，1998
　　　　『都市環境と雨水計画』（共著）勁草書房，2000
　　　　『防災学ハンドブック』（共著）朝倉書店，2001
　　　　『防災事典』（共著）築地書館，2002
　　　　『総合防災学への道』（共編著）京都大学学術出版会，2006
　　　　『コンフリクトマネジメント・水資源の社会リスク』（共著）勁草書房，2006
　　　　『環境と防災の土木計画学』京都大学学術出版会，2008
　　　　など

萩原清子（はぎはらきよこ）　工学博士
略　歴　東京都立大学都市研究所助教授（1991-1993年）
　　　　東京都立大学大学院都市科学研究科教授（1993-2006年）
　　　　京都大学防災研究所水資源研究センター客員教授（1996-1998年）
現　在　東京都立大学・首都大学東京名誉教授，佛教大学社会学部公共政策学科教授
主要著書：『水資源と環境』勁草書房，1990
　　　　『生活者からみた経済学』（編著）文眞堂，1997
　　　　『都市環境と水辺計画』（共著）勁草書房，1998
　　　　『都市環境と雨水計画』（共著）勁草書房，2000
　　　　『新・生活者からみた経済学』（編著）文眞堂，2001
　　　　『環境の評価と意思決定』（編著）東京都立大学出版会，2004
　　　　『総合防災学への道』（共著）京都大学学術出版会，2006
　　　　『生活者からみた環境のマネジメント』（編著）昭和堂，2008
　　　　『生活者が学ぶ経済と社会』（編著）昭和堂，2009
　　　　など

水と緑の計画学——新しい都市・地域の姿を求めて
© Y.HAGIHARA & K.HAGIHARA 2010

2010年10月1日　初版第一刷発行

編著者　　萩　原　良　巳
　　　　　萩　原　清　子
発行人　　檜　山　爲次郎
発行所　　京都大学学術出版会
　　　　　京都市左京区吉田近衛町69番地
　　　　　京都大学吉田南構内（〒606-8315）
　　　　　電話（075）761-6182
　　　　　FAX（075）761-6190
　　　　　Home page http://www.kyoto-up.or.jp
　　　　　振替 01000-8-64677

ISBN 978-4-87698-956-0
Printed in Japan
印刷・製本　㈱クイックス
定価はカバーに表示してあります